D1704145

Krause · **Gerätekonstruktion**

Gerätekonstruktion

Herausgeber:
Prof. Dr.-Ing. habil. Werner Krause

2., stark bearbeitete Auflage

VEB Verlag Technik Berlin

Federführung und Gesamtredaktion:
Prof. Dr.-Ing. habil. Werner Krause
unter Mitarbeit von Doz. Dr.-Ing. Günter Röhrs
Sektion Elektronik-Technologie und Feingerätetechnik der Technischen Universität Dresden

Autorenkollektiv:
Doz. Dr. sc. techn. Manfred Bauerschmidt, Ingenieurschule für Maschinenbau Schmalkalden (Abschn. 4.3.)
Dr.-Ing. Lothar Böhme, Technische Universität Dresden (Abschn. 6.1.1., 6.1.2.)
Prof. Dr.-Ing. habil. Erich Bürger, Technische Hochschule Karl-Marx-Stadt (Abschn. 6.3.2., Mitarbeit Abschn. 2.3.)
Prof. Dr. sc. techn. Günter Höhne, Technische Hochschule Ilmenau (Abschn. 2.)
Doz. Dipl.-Formgestalter Ing. Alfred Hückler, Kunsthochschule Berlin (Abschn. 7.)
Prof. Dr.-Ing. Erwin Just, Technische Hochschule Ilmenau (Abschn. 5.8.)
Ing. Alfred Kalusa, Kombinat VEB Carl Zeiss JENA (Abschn. 8.)
Prof. Dr.-Ing. Woldemar Kienast, Technische Hochschule Ilmenau (Abschn. 5.7.)
Prof. Dr.-Ing. habil. Werner Krause, Technische Universität Dresden (Abschn. 3.2.5.4., 4.4., 5.9., 6.2.5.2., 6.3.1., 6.3.3., 6.3.4.)
Prof. Dr.-Ing. Conrad Markert, Technische Universität Dresden (Abschn. 5.1. bis 5.6.)
Prof. Dr. sc. techn. Manfred Rauch, Technische Hochschule Karl-Marx-Stadt (Abschn. 6.2., 6.3.2.)
Doz. Dr.-Ing. Eberhard Richter, Technische Universität Dresden (Abschn. 6.4.3.)
Doz. Dr.-Ing. Günter Röhrs, Technische Universität Dresden (Abschn. 1., 3., 6.1.4., 6.1.5., 6.3.5., 6.4.4., 6.5.1.)
Prof. Dr. sc. techn. Manfred Schilling, Technische Hochschule Ilmenau (Abschn. 4.1., 4.2., 4.3., 4.5., 6.4.1., 6.4.2.)
Prof. Dr. sc. techn. Benno Schmidt, Humboldt-Universität Berlin (Abschn. 6.5.)
Dipl.-Ing. Axl Schreiber, Technische Hochschule Ilmenau (Abschn. 5.7.)
Dipl.-Ing. Wolfgang Schuster, Institut für Nachrichtentechnik Berlin (Abschn. 6.1.3.)
Dr.-Ing. Inge Witte, Technische Universität Dresden (Abschn. 5.1. bis 5.6.)

Gerätekonstruktion / Hrsg.: Werner Krause. – 2., stark bearb. Aufl. – Berlin : Verl. Technik, 1986. – 672 S. : 519 Bilder, 232 Taf.
NE: Hrsg.

ISBN 3-341-00093-3

2., stark bearbeitete Auflage

Lizenz 201 · 370/92/86
Printed in the German Democratic Republic
Gesamtherstellung: Offizin Andersen Nexö, Graphischer Großbetrieb, Leipzig III/18/38
Lektor: Dipl.-Phys. Hartmut Rößler
Schutzumschlag: Kurt Beckert
LSV 3574 · VT 3/5576-2
Bestellnummer: 553 624 7
04900

Vorwort zur ersten Auflage

Die konstruktive Entwicklung hat die Aufgabe, unter Nutzung von Ergebnissen der wissenschaftlichen Forschung die Herstellung leistungsfähiger Industrieerzeugnisse vorzubereiten. In den Entwicklungs- und Konstruktionsbereichen entstehen somit wesentliche Voraussetzungen für den Ausbau der materiell-technischen Basis der Volkswirtschaft. Zugleich werden ständig neue, höhere Anforderungen an die Funktion sowie an das technisch-ökonomische Niveau und die Qualität der Erzeugnisse gestellt. In Verbindung mit der steigenden Zahl verfügbarer Forschungsergebnisse muß das Leistungsvermögen der betrieblichen Konstruktionsbereiche bei sinkenden Entwicklungszeiten und -kosten wesentlich gesteigert werden. Das zwingt zur weiteren Rationalisierung der Konstruktionsarbeit sowie zum schnellen und zuverlässigen Bereitstellen aufbereiteter Informationen und Daten, bedingt aber auch eine hohe Qualifikation der Mitarbeiter. In besonderem Maße gilt dies für die Gerätetechnik, die sich unter dem Einfluß der Mikroelektronik außerordentlich schnell entwickelt. Ihr kommt mit der Effektivierung wissenschaftlicher Arbeiten und mit der Automatisierung von Produktionsprozessen in der wissenschaftlich-technischen Revolution eine herausragende Bedeutung zu.

Das vorliegende Buch soll für das Gebiet der Gerätekonstruktion zur Bewältigung derartiger Aufgaben beitragen. Es baut auf den Standardwerken „Grundlagen der Konstruktion – Lehrbuch für Elektroingenieure“, „Feinmechanische Bauelemente“ und „Fertigungsgerechtes Gestalten in der Feingerätetechnik“ auf und strebt eine geschlossene Darstellung der Baugruppen- und Gerätekonstruktion für den feinmechanischen, optischen und elektronischen Gerätebau an.

Der Inhalt vermittelt sowohl für in der Praxis tätige Konstrukteure und Technologen als auch für Direkt- und Fernstudenten an Hoch- und Fachschulen die erforderlichen Grundlagen des konstruktiven Entwicklungsprozesses sowie des funktionellen und geometrisch-stofflichen Aufbaus von Geräten. Des weiteren werden wesentliche, Konstruktion, Herstellung und Einsatz der Erzeugnisse beeinflussende Faktoren der Genauigkeit und Zuverlässigkeit sowie des Schutzes von Geräten und der Umwelt dargestellt. Ganz bewußt darauf aufbauend, nimmt die Beschreibung typischer und in der Gerätetechnik häufig verwendeter elektrisch-elektronischer, elektromechanischer, feinmechanischer und optischer Funktionsgruppen breiten Raum ein. Dabei wurde der Versuch unternommen, die enorme Vielfalt von Gerätefunktionen zu verallgemeinern und systematisiert als Zielstellung der konstruktiven Entwicklung darzustellen. Abschließend werden die technische Formgestaltung und die Verpackung von Geräten behandelt.

Vom Aufbau her folgt das Buch den an Universitäten, Hoch- und Fachschulen eingeführten Lehrprogrammen des Fachstudiums gerätetechnisch orientierter Studienrichtungen. Bei der inhaltlichen Konzipierung konnten die Erfahrungen in der Ausbildung an der Technischen Universität Dresden sowie den Technischen Hochschulen Ilmenau und Karl-Marx-Stadt und die im Jahre 1977 erschienene Lehrbriefreihe „Gerätekonstruktion“ berücksichtigt werden. Die umfassende Darstellung der einzelnen Abschnitte aber war nur dadurch möglich, daß sich namhafte Hochschullehrer und Wissenschaftler bereit erklärten, die ihrem jeweiligen Lehr- und Forschungsgebiet entsprechenden Themen unter Berücksichtigung des neuesten Erkenntnisstands zu bearbeiten. Allen Mitarbeitern des Autorenkollektivs sowie den Herren Prof. Dr. sc. techn. *G. Bögelsack*, Prof. Dr. sc. techn. *E. Kallenbach*, Prof. Dr.-Ing. *H. Töpfer*, Dr.-Ing. *H. Rotsch* und Dipl.-Ing. *L. Schlegel*, die durch eine Reihe von Anregungen zur Gestaltung des Inhalts beitrugen, möchte ich an dieser Stelle herzlich danken. Des weiteren gebührt für die hervorragende Beteiligung an der redaktionellen Gesamtbearbeitung Herrn Doz. Dr.-Ing. *G. Röhrs* sowie für die zusätzliche Unterstützung bei der Ausarbeitung und Ergänzung einer Reihe von Teilgebieten den Herren Doz. Dr.-Ing. *E. Seydel* (Abschn. 2.3.2.4.), Dr.-Ing. *A. Holfeld* (Abschn. 6.3.1.), Dr.-Ing. *R. Lautenschläger* (Abschn. 4.5.), Dr.-Ing. *Ch. Richter* (Abschn. 6.2.), Dipl.-Ing. *H. Ringk* (Abschnitte 6.3.3., 6.3.4.) und Dr.-Ing. *J. Thümmler* (Abschn. 5.9.) mein besonderer Dank. Nicht zuletzt danke ich aber auch dem VEB Verlag Technik Berlin für die gute Zusammenarbeit, die wesentlich zur schnellen Herausgabe dieses Buches beitrug.

W. Krause

Vorwort zur zweiten Auflage

Die große Nachfrage nach diesem Buch in der DDR und im Ausland sowie viele positive Einschätzungen durch Fachkollegen in der Industrie und an den Hochschulen lassen den Schluß zu, daß mit der geschlossenen Darstellung der Baugruppen- und Gerätekonstruktion für den feinmechanischen, optischen und elektronischen Gerätebau eine gute Synthese von Lehr- und Fachbuch gelungen ist. Verlag und Herausgeber haben sich deshalb zu einer zweiten, stark bearbeiteten Auflage entschlossen.

Da die Rationalisierung des Produktionsprozesses eine automatisierte Montage von Einzelteilen zu Baugruppen und Geräten verlangt, ist im Abschnitt „Geometrisch-stofflicher Geräteaufbau" die automatisierungsgerechte Gestaltung berücksichtigt. Bei den elektrisch-elektronischen Funktionsgruppen wird die Leiterplattenkonstruktion ausführlicher beschrieben. Zusätzlich ist ein Abschnitt „Optoelektronische Funktionsgruppen" eingefügt, der in umfassender Form konstruktive Richtlinien enthält.

Die raschen Fortschritte auf dem Gebiet der Antriebstechnik zwangen zur Neufassung des Abschnitts über Positionierantriebe für lineare Schrittbewegungen und zur Berücksichtigung der Übertragungselemente für Rotations-Translations-Bewegungen sowie der in geregelten Antriebssystemen erforderlichen Geber für Weg- und Winkelmessungen.

Die Gerätekonstruktion wird heute in hohem Maße durch die Entwicklung der Mikroelektronik beeinflußt. Die Autoren haben sich deshalb bemüht, auch in dieser Hinsicht dem modernsten Stand gerecht zu werden. Zugleich wurden Literaturangaben aktualisiert und, der Vertiefung der internationalen Wirtschaftskooperation Rechnung tragend, gleichwertig TGL-Standards und DIN-Normen aufgenommen.

Für die bewährte kollegiale Zusammenarbeit auch bei der Herausgabe dieser zweiten Auflage danke ich allen Autoren sowie dem VEB Verlag Technik Berlin.

W. Krause

Inhaltsverzeichnis

1. Einleitung

Die gesellschaftliche Funktion technischer Erzeugnisse besteht in immer stärkerem Maß darin, höhere und wirksamere Beiträge zur Steigerung der Arbeitsproduktivität und damit zur Erhöhung des Nationaleinkommens zu leisten [1.18] [1.19]. Bei dieser Aufgabe kommt der Gerätetechnik eine erstrangige Bedeutung zu, sowohl in der materiellen Produktion und in der Produktionsvorbereitung (also in Forschung, Entwicklung und Konstruktion) als auch in solchen Bereichen wie dem Verkehrswesen, dem Gesundheitswesen, der Volksbildung u. a. Für die menschliche Tätigkeit sind technische Geräte heute unentbehrlich.

Die klassische Nutzung von Feingeräten, die Gewinnung von naturwissenschaftlich-technischen Erkenntnissen mit geeigneten Meßverfahren und -prinzipen, erweiterte sich besonders zu Beginn der zweiten Hälfte des 20. Jahrhunderts. Mit den wachsenden Informationsbedürfnissen und mit der Entlastung des Menschen von geistiger und körperlicher Routinetätigkeit entstanden für die Gerätetechnik neue Einsatzgebiete (Tafel 1.1). Das Gerät wurde damit zu einem entscheidenden volkswirtschaftlichen Wachstumsfaktor [1.20]. Die Befriedigung des menschlichen Informationsbedürfnisses geschieht durch Informationsgewinnung, -verarbeitung, -speicherung, -übertragung und -bereitstellung in einer durch den Menschen weiterverarbeitbaren Form. Mit diesem Anwendungsgebiet wurde der Übergang vom klassischen Meßgerät zum informationsverarbeitenden System vollzogen; so kann man das Gerät heute allgemein charakterisieren, im Gegensatz zur Maschine, bei der die Energie- und die Stoffverarbeitung dominieren [1.1] [1.6] [1.7].

Der historisch jüngste Einsatz, der für die Gerätetechnik neue Anforderungen und große Entwicklungsperspektiven bringt, ist die Ausführung, Beeinflussung und Überwachung von materiellen und geistigen Prozessen, d. h. die Automatisierung **(Tafel 1.1).** Die Entlastung des Menschen von geistiger Routinearbeit in Forschung, Entwicklung und Konstruktion sowie bei der Organisation und Leitung ist Aufgabe der Gerätetechnik schon seit der Entwicklung des Rechenschiebers, der mechanischen Tischrechenmaschine, der Zeichen- oder Schreibmaschine. Die teilweise oder vollständige Automatisierung formalisierbarer geistiger Prozesse steht jedoch trotz der bereits erreichten Ergebnisse noch am Anfang. Gerätetechnischer Repräsentant für dieses Aufgabengebiet ist die elektronische Rechenanlage in allen ihren technischen Generationen und Konfigurationen. Bei der Konstruktion von Erzeugnissen werden heute durch den elektronischen Rechner die vielfältigsten Aufgaben bearbeitet, von der automatischen Unterlagenerstellung über naturwissenschaftlich-technische Berechnungen, die Simulation technischer Systeme bis zur automatischen Synthese technischer Lösungen [1.11] bis [1.14] [1.26]. Der Entwicklungstrend verläuft allerdings nicht zum vollständig automatisierten Konstruktionsprozeß, da die schöpferischen Phasen des Prozesses dem Konstrukteur vorbehalten bleiben. Es entwickelt sich immer stärker das rechnerunterstützte Konstruieren, das seinerseits aufgrund der Notwendigkeit variabler und effektiver Eingriffsmöglichkeiten in den Programmablauf eine neue Generation von Geräten zur Kommunikation des Menschen mit dem Rechner hervorbringt.

Tafel 1.1. Einsatz von Geräten

Zweck	Aufgaben	Gebrauchsanforderungen	Einsatzbereiche	Umweltbedingungen
Befriedigung der gesellschaftlichen Bedürfnisse an Information	Informations- – gewinnung – verarbeitung – speicherung – übertragung – bereitstellung	– Leistungsfähigkeit – Zuverlässigkeit – Lebensdauer (funktionell, moralisch) – Genauigkeit und Reproduzierbarkeit der Funktion – Umfang der Verwendbarkeit, Programmierbarkeit der Funktion – Typisierungs- und Standardisierungsgrad – Materialökonomie – Energieökonomie – Erzeugnisökonomie (Preis, Betriebskosten) – Design (ästhetische, ergonomische, soziale Anforderungen) – Nutzungsgerechtheit • Einfachheit, Bequemlichkeit, Zeitersparnis • Kombinierbarkeit • Kompatibilität • Widerstands-, Strapazierfähigkeit • Lagerungsfähigkeit – Instandhaltungsgerechtheit – Schutzgüte (Selbsttätigkeit der Sicherungsfunktionen, Sicherheit der Anwendung)	– Wirtschaft (Forschung, Entwicklung, Produktion) – Landesverteidigung – Gesundheitswesen – Verkehrswesen – Handel und Versorgung – Finanzwesen – Volksbildung – gesellschaftliche und private Konsumtion – Umweltschutz	– Fremdkörper – Wasser – elektromagnetische Einstrahlung – Schalleinstrahlung – Lichteinstrahlung – radioaktive Strahlung – Wärmestrahlung – mechanische Schwingungen und Stöße – klimatische Einflüsse (Temperatur, Feuchte, Luftdruck, Sonnenstrahlung, Wind, Regen, Tau, Nebel, Schnee, Eis, chemische Bestandteile der Atmosphäre, wie SO_2, CO_2, NaCl; Sand, Pilze, Bakterien, Insekten, Nagetiere) – Einflüsse des Menschen bei Bedienung, Wartung, Reparatur, Transport
Entlastung des Menschen von körperlicher und geistiger Routinearbeit	– Ausführung – Beeinflussung (Steuerung) – Überwachung (Kontrolle) von materiell-technischen Prozessen (Produktion, Verkehr usw.) und geistigen Prozessen (Forschung, Konstruktion, Organisation usw.)			
Gewinnung von naturwissenschaftlich-technischen Erkenntnissen	Meßwert- – erfassung – wandlung – verarbeitung – bereitstellung			

Die interessanteste und volkswirtschaftlich bedeutsamste Entwicklung vollzieht sich derzeit bei der Anwendung von Geräten zur Ausführung, Beeinflussung und Überwachung materiell-technischer Prozesse in der Produktion, im Verkehrswesen und in anderen Bereichen. Ausgelöst und befruchtet wurde diese Entwicklung durch die Mikroelektronik. Aufgrund der hohen Integrationsgrade sowie der Komplexität und Variabilität der elektronischen Funktionen von integrierten Schaltungen, der damit einhergehenden Erhöhung der Verarbeitungsgeschwindigkeit und Zuverlässigkeit, der geringen Abmessungen und angemessenen Kosten werden neue gerätetechnische Lösungen möglich, die bisher nicht denkbar oder nicht zweckmäßig waren. Der gegenwärtige Stand der durch die Gerätetechnik realisierbaren Automatisierung wird gekennzeichnet durch den Einsatz von hochintegrierten elektronischen Mikroprozessorschaltkreisen in Verbindung mit frei programmierbaren elektronischen Speicherbauelementen und einer internen Struktur mit einfachen Informationskopplungs- und -austauschmöglichkeiten zu vielen peripheren Funktionseinheiten (BUS-Struktur) [1.16] [1.17]. Damit existiert ein äußerst universelles Mikrorechnersystem als Herzstück eines allgemeinen Automatisierungssystems für beliebige Prozesse der Stoff-, Energie- oder Informationsverarbeitung **(Bild 1.1)** [1.15] [1.30].

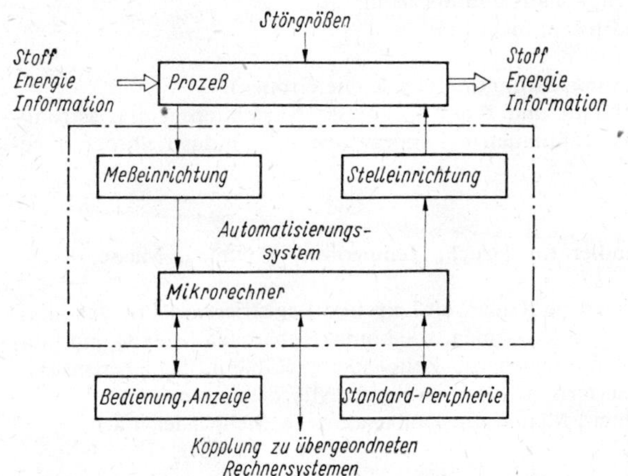

Bild 1.1
Allgemeines Automatisierungssystem mit Mikrorechner

Neben der Prozeßautomatisierung ermöglicht die Mikroelektronik selbstverständlich auch eine interne Geräteautomatisierung, d.h. entsprechend Bild 1.1 die Beeinflussung des Verarbeitungsprozesses im Gerät [1.27] [1.29]. Das eröffnet nicht nur Perspektiven für den automatisierten und damit optimierten Ablauf von Gerätefunktionen und die Integration von zusätzlichen gebrauchswerterhöhenden, aber bisher unzweckmäßigen oder technisch unmöglichen Funktionen, sondern vor allem auch für den Aufbau von Geräten, die mit geeigneten Mitteln der Fehlererkennung, Diagnose und Fehlerbeseitigung ausgerüstet sind. Es sei auch darauf hingewiesen, daß sich der Trend zur Automatisierung nicht nur auf bekannte Prozeßabläufe bezieht, sondern vor allem auf technisch bisher nicht realisierte Prozesse, z.B. die Nachbildung der menschlichen Handbewegungen durch Industrieroboter. Solche und andere neue Hardwarelösungen sind zukünftig in immer stärkerem Maß mit der Erarbeitung umfangreicher Software verbunden, deren Anteil an den Gerätekosten in vielen Fällen beträchtlich steigt.

Bedingt durch die digitalen Verarbeitungsprinzipe der Mikroelektronik und die damit verbundenen funktionellen Vorteile werden traditionelle analogverarbeitende Prinzipe der Gerätetechnik in digitalverarbeitende übergeführt. Anschauliche Beispiele sind die

Tafel 1.2. Geräteklassen

- Geräte der Datenverarbeitungstechnik
  - Rechentechnik (Digitalrechner als Groß-, Klein- und Mikrorechner, Analogrechner, Hybridrechner, periphere Geräte wie Lochband-, Lochkarteneingabe- und -ausgabegeräte, Magnetband-, Magnetplatten- und Magnettrommelspeicher, Bildschirmgeräte, Drucker, Zeichengeräte u.a.)
  - Organisations- und Bürotechnik
    (Schreibmaschinen, Textverarbeitungsgeräte, Buchungsgeräte, Diktiergeräte u.a.)
- Geräte der Nachrichtentechnik
  Rundfunk- und Fernsehempfangsgeräte, Ton- und Bildspeichergeräte (Magnetband, Schallplatte), Fernsprechgeräte, Fernschreibgeräte, Tonaufnahme- und -widergabegeräte (Mikrofone, Lautsprecher), Rundfunk- und Fernsehsende- und -studiogeräte, Sende- und Empfangsantennen, Geräte der Richtfunk-, Radar- und Funkortungstechnik, Nachrichtenübertragungs- und -vermittlungsgeräte (Leitungen, Kabel, Trägerfrequenzeinrichtungen, Wähler, Koordinatenschalter, verschiedene Endgeräte) u.a.
- Geräte der Meßtechnik
  - Längenmeßtechnik (Lineale, Platten, Maße, Meßschieber, Meßschrauben, Meßuhren, Mikroskope, Fernrohre, Komparatoren, Koordinatenmeßgeräte, Oberflächenmeßgeräte u.a.)
  - Zeitmeßtechnik (Armband- bis Großuhren, Schalt- und Spezialuhren)
  - Kraftmeßtechnik (Waagen aller Art, Kraftmeßaufnehmer)
  - elektrisch-elektronische Meßtechnik
    (Labor- und Betriebsmeßgeräte für Spannung, Strom und abgeleitete Größen)
  - optische Meßtechnik (Mikroskope der Licht- und Elektronenoptik, Navigationsgeräte, astronomische Beobachtungsgeräte, Geräte der Fotogrammetrie [Landesvermessung, Industriefotogrammetrie], Laser u.a.)
- Geräte der Automatisierungstechnik
  - Sensortechnik (Meßfühler und Meßwandler für Druck, Temperatur, Volumen, Masse, Kraft, Feuchte, Weg, Drehzahl u.a.)
  - Steuerungs- und Regelungstechnik (verschiedene Regler mit Leit- und Registriereinrichtungen, digitale Steuerungssysteme mit verschiedenen Logiksystemen, wie kontaktbehafteten [Relais] und kontaktlosen [elektronischen] Logikelementen, Speichern, Zeitgliedern, Zählern, Schieberegistern, Analog/Digital- und Digital/Analog-Umsetzern, Mikroprozessoren, Mikrorechnern u.a.)
  - Stelltechnik (Elektromotorantriebe, Magnet-, Membran-, Kolbenantriebe, Stellglieder u.a.)
- Geräte der Kamera- und Kinotechnik
  Kameras, Film- und Fotoprojektoren, Geräte der Mikrofilmaufnahme, -vervielfältigungs-, -wiedergabetechnik, Reproduktionsgeräte, Vervielfältigungsgeräte u.a.
- Geräte der Medizin- und Labortechnik
  Diagnose-, Therapie- und Prophylaxegeräte (Kardiographen, Bestrahlungsgeräte, Heimtrainer), Geräte der Operationstechnik, Prothesen, physikalisch-chemische Analysenmeßgeräte u.a.
- Geräte der Produktionstechnik
  Geräte zur Produktion mikroelektronischer Bauelemente (Geräte für die Mikro- und Präzisionslithografie, Bondgeräte, Sondentester, Kreuztische u.a.), Geräte zur Kontaktierung von Leitungen (Löt- und Wickelgeräte), Manipulatoren, Industrieroboter u.a.
- Geräte der Haushalttechnik
  Waschmaschinen, Kühlschränke, Staubsauger, Nähmaschinen, Mikrowellenherde u.a.
- Technisches Spielzeug
  mechanische und optische Spielzeuge, Spielautomaten, TV-Spiele, Spielzeugcomputer u.a.

digitalarbeitende und -anzeigende Uhr und digitale Tonaufzeichnung und -abtastung von Magnetband und Schallplatte.

Die Gewinnung von naturwissenschaftlich-technischen Erkenntnissen (Tafel 1.1) entspricht der traditionellen Aufgabe der Messung physikalischer Größen. Heute ist das Meßgerät in allen Bereichen menschlicher Tätigkeit unentbehrlich. In der verarbeitenden Industrie werden beispielsweise etwa 15% der lebendigen Arbeit auf das Messen verwendet, in der Elektronikindustrie sogar 60%, wobei dieser Anteil steigt [1.20]. Die umfangreichen und z.T. komplizierten meßtechnischen Aufgaben der Meßwerterfassung, -wandlung, -verarbeitung und -bereitstellung sind mehr und mehr nur noch durch die Verknüpfung mit der Datenverarbeitungstechnik zu lösen. Automatische Meßsysteme, die eine Vielzahl von Einzelgeräten verketten und den Gesamtprozeß der Meßwerterfassung, -verdichtung, -wandlung, -verarbeitung und -bereitstellung autonom durchführen, sind für die Lösung der in diesem Abschnitt bereits genannten Automatisierungsaufgaben unumgänglich. Mit dem immer tieferen Eindringen menschlicher Erkenntnis in Mikro- und Makrobereiche, die mit den Sinnesmodalitäten nicht mehr zu erfassen sind, wird auch die Meßgerätetechnik vor ständig neue Aufgaben gestellt [1.23] [1.24].

Aus den Einsatzzielen ergeben sich Geräteklassen gemäß **Tafel 1.2.** Die Fülle der aufgeführten Beispiele verdeutlicht, daß sich nahezu alle physikalischen Bereiche technisch nutzen lassen, mit Vorrang jedoch die Bereiche der Elektrotechnik/Elektronik, der Optik und Mechanik, die als die eigentliche technische Basis der Gerätetechnik angesehen werden können. **Tafel 1.3** gibt mit Schätzwerten für einige wichtige Geräteklassen die zu erwartenden Entwicklungstendenzen an. Der Trend zur Realisierung von Funktionen durch elektronische Lösungen ist eindeutig. Er bezieht sich grundsätzlich auf alle informationsverarbeitenden Operationen innerhalb von Geräten, erfaßt ständig neue Bereiche und greift zunehmend in traditionelle nichtelektronische Gerätelösungen ein, z.B. die vollelektronische Uhr, die ohne sich bewegende mechanische Teile aufgebaut werden kann [1.32]. Unabhängig davon behalten nichtelektronische, insbesondere mechanische Lösungen aus elementaren funktionellen Gründen ihre volle Berechtigung [1.21] [1.22]. Die Beibehaltung mechanischer Lösungen bezieht sich in erster Linie auf die Peripherie des Geräts, d.h. einerseits auf die Kommunikation mit dem Menschen und andererseits auf die Schnittstellen der Erfassung von Meßgrößen und Ausgabe von Stellgrößen in der Automatisierungstechnik. Die Kommunikation bedingt wegen der Anpassung an die sensorischen und motorischen Fähigkeiten des Menschen Einrichtungen zur mechanischen Eingabe (Hebel, Tastaturen u.a.) und zur mechanischen, optischen und akusti-

Tafel 1.3. Prozentuale Veränderungen der Wertanteile von Mechanik (*M*), Optik (*O*) und Elektrotechnik/Elektronik (*E*) [1.20]

Geräteklasse	1950			1975			2000		
	M	*O*	*E*	*M*	*O*	*E*	*M*	*O*	*E*
Automatisierungstechnik	55	10	35	45	10	45	35	15	50
Nachrichtentechnik	30	5	65	25	5	70	15	10	75
Datenverarbeitungstechnik	75	5	20	45	5	50	30	10	60
Optische Meßtechnik	70	25	5	70	20	10	60	20	20
Mechanische Meßtechnik	80	10	10	65	10	25	55	15	30
Medizin- und Labortechnik	60	25	15	50	20	30	40	20	40
Kamera- und Kinotechnik	50	40	10	50	35	15	40	35	15
Mittelwert	60	17	23	50	15	35	39	18	43

schen Ausgabe. Die Erfassung von Meßgrößen und die Ausgabe von Stellgrößen in Automatisierungssystemen erfordert eine Fülle von Signal- und Energiewandlern. Dadurch sind gerade durch die Gerätetechnik die Elektromechanik, Elektromagnetik, Elektroakustik, Thermoelektrik, Piezoelektrik, Optomechanik, Optoelektronik u.a. zu einem hohen Entwicklungsstand geführt worden **(Bild 1.2).**

Wegen der notwendigen Anpassung an Eigenschaften und Möglichkeiten der elektronischen Funktionen und hinsichtlich optimaler Schnittstellen entstehen zunehmende Anforderungen an die entsprechenden nichtelektronischen, speziell mechanischen Bauelemente.

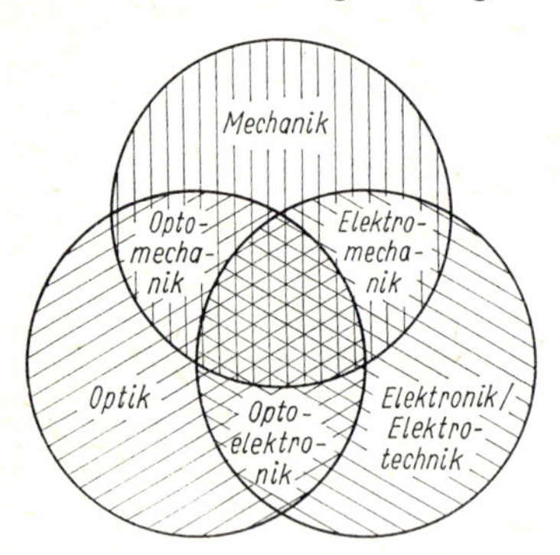

Bild 1.2
Physikalische Bereiche der Gerätetechnik

Sie beziehen sich auf Steigerung der Leistungsfähigkeit, Erweiterung der Leistungsgrenzen, weitergehende Miniaturisierung der geometrischen Abmessung und Erhöhung von Genauigkeit, Zuverlässigkeit, Lebensdauer, Wartungsabständen und Umweltfreundlichkeit (besonders hinsichtlich des Geräuschpegels). Gesichert zu betrachtende Analysen besagen, daß der wertmäßige Anteil mechanischer Elemente in den Erzeugnissen der Gerätetechnik heute noch anderthalbmal so groß ist und auch im Zeitraum der nächsten zwei Jahrzehnte noch etwa ebenso groß bleiben wird wie der elektronischer Elemente. Deshalb besteht auf dem Gebiet der Gerätekonstruktion die dringende Aufgabe, durch eine noch sicherere Beherrschung der Mechanik und durch Erarbeitung moderner konstruktiver Lösungen mit der Entwicklung der Mikroelektronik Schritt zu halten. Es sind vielfach immer wieder neue, an die Möglichkeiten der zunehmend unifizierten mikroelektronischen Bauelemente angepaßte Arbeitsprinzipe erforderlich, um die Vorzüge der Mikroelektronik in Verbindung mit Mechanik und Elektromechanik innerhalb eines Erzeugnisses voll zur Geltung bringen zu können [1.21] [1.33] [1.34] [1.35]. Dabei vollzieht sich die Einführung neuer Gerätegenerationen in immer kürzeren Zeiträumen, bei Rechenanlagen derzeit im Abstand von etwa drei Jahren. Infolge der breiten Palette von Disziplinen, die die gerätetechnische Realisierung von Erzeugnissen beeinflussen (Bild 1.2), ist zur Beherrschung des Zeitfaktors kollektives Zusammenwirken dringende Voraussetzung, um von Beginn einer Entwicklung an die zukunftsträchtigsten Lösungen für Gesamtkonzeption, elektronische Funktionen, elektromechanische, feinmechanische, optische und optoelektronische Baugruppen sowie die geeignetsten Herstellungsverfahren erarbeiten zu können.

Mit den dargestellten Veränderungen im Aufgaben- und Einsatzbereich entstehen zwangsläufig auch neue Gebrauchsanforderungen und Umweltbedingungen für Geräte. Von den in Tafel 1.1 aufgeführten Gebrauchsanforderungen gehören folgende zu den wichtigsten, die Weiterentwicklung der Gerätetechnik bestimmenden Kenngrößen:
Leistungsfähigkeit. Die Leistungsfähigkeit, z.B. eines Meßgeräts, einer elektronischen Rechenanlage oder einer elektronischen Werkzeugmaschinensteuerung, entwickelt sich mehr und mehr zum entscheidenden Leistungskriterium [1.23] [1.25]. Besonders deutlich wird dieser Anspruch für Geräte, die als Elemente der Betriebsmeß-, steuerungs- und -regelungstechnik bereits heute zu Produktionsmitteln geworden sind. Die Leistungsfähig-

keit eines Geräts ist daher vorrangig als quantitative Kenngröße im Sinne höherer Operations- oder Verarbeitungsgeschwindigkeiten bzw. niedrigerer Verzögerungs- oder Zugriffszeiten aufzufassen, wird demgegenüber aber auch in immer stärkerem Maß zur qualitativen Kenngröße im Sinne der Erreichung komplexer und völlig neuer Gerätefunktionen, im Sinne höherer Genauigkeit und Zuverlässigkeit. **Bild 1.3** zeigt als Maß für die Leistungsfähigkeit die „Produktivitätsfläche" von Meßgeräten. Die Forderung nach Produktivitätserhöhung führt in der Endkonsequenz zu der vorher dargestellten Automatisierung von Funktionen durch den Einsatz von Mikroprozessoren bzw. Mikrorechnersystemen in den Geräten selbst.

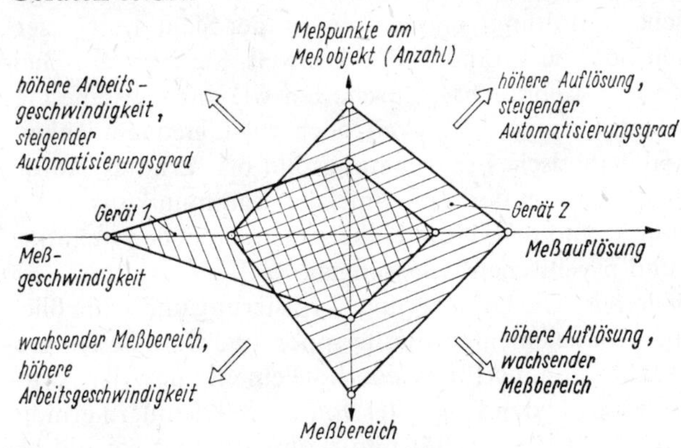

Bild 1.3
Meßproduktivität, ihre Darstellung als „Produktivitätsfläche" und ihre Einflußgrößen [1.23]

Zuverlässigkeit und Genauigkeit. Mit dem wachsenden Einsatz von Geräten zu Automatisierungszwecken steigt zwangsläufig der Anspruch an die Zuverlässigkeit und Genauigkeit der Funktionen. Die Zuverlässigkeitsanforderungen an das einzelne Gerät werden auch in dem Maß verstärkt, wie seine Verkettung in komplexen Systemen zunimmt, da für eine bestimmte Systemzuverlässigkeit die Zuverlässigkeitswerte der einzelnen Systemelemente i. allg. wesentlich größer sein müssen. Mit dem weiteren Eindringen in Mikrobereiche der Materie, der Erhöhung von Verarbeitungsgeschwindigkeiten und dem Anwachsen der gegenseitigen Abhängigkeit von Geräten in automatisierten Systemen steigt auch die Bedeutung der Genauigkeit.

Material- und Energieökonomie. Von den zahlreichen ökonomischen Kriterien seien hier die Material- und Energieökonomie herausgegriffen. Beiträge der Gerätetechnik zur Materialökonomie in anderen Bereichen sind z. B. der Ersatz materialintensiver mechanischer Systeme durch entsprechende mikroelektronische Lösungen, die Einsparung hochwertiger Werkstoffe, wie z. B. Kupfer, für Übertragungsleitungen durch optische Übertragungssysteme (Lichtleitkabel) bzw. drahtlose Verfahren und die mit Anwendung der Mikroelektronik einhergehende generelle Miniaturisierung und damit Materialeinsparung. Für die Geräte selbst sind materialökonomische Lösungen die konsequente Anwendung von Leichtbauprinzipien, neue Prinzipe wie die Mikrofilmtechnik (Papiereinsparung), die Substitution hochwertiger Werkstoffe und die Anwendung materialökonomischer Technologien.

Die Energieökonomie ist ein Aufgabenfeld von volkswirtschaftlicher Tragweite. Durch die gerätetechnische Optimierung energieverarbeitender Prozesse in Produktion, Verkehr usw. können Energiemengen in großem Ausmaß eingespart werden. Das Kriterium der Energieökonomie bezieht sich natürlich auch auf das Gerät, selbst wenn berechtigterweise dessen energetischer Wirkungsgrad nicht das entscheidende Gütekriterium ist, sondern z. B. der Wirkungsgrad der Informationsverarbeitung. Dagegen ist es nicht mehr angängig, dem Energieverbrauch von Geräten nahezu keine Beachtung zu schenken und energetische Wirkungsgrade von $<1\%$ zuzulassen. Notwendig sind auch hier neue, energetisch günstige Wirkprinzipe, wie sie z.B. die Mikroelektronik mit Senkungen des Energiebedarfs auf $\frac{1}{10}$ bis $\frac{1}{100}$ gegenüber der Technik mit diskreten Bauelementen darstellt.

Design. Das immer stärkere Eindringen der Gerätetechnik in alle Lebensbereiche einerseits und die hohen Ansprüche an die Arbeits- und Lebensbedingungen andererseits lassen das Kriterium Design immer mehr in den Vordergrund treten. Darunter ist die Gestaltung des gesamten Gerätegebrauchsprozesses zu verstehen, d.h. die ästhetische, ergonomische und arbeitsschutztechnische Gestaltung von Geräten aus der Sicht des Nutzers unter Einbeziehung der bestehenden oder zu verändernden Umwelt. Sie trägt entscheidend zur Herausbildung solch wichtiger Gebrauchseigenschaften wie angemessene Gebrauchsfunktion, Funktionstüchtigkeit, Strapazierfähigkeit, Sicherheit, Bequemlichkeit, Zeitersparnis in der Anwendung und ästhetisches Erscheinungsbild bei. Erhöhte Anforderungen an die Gestaltung ergeben sich aus der Zunahme der kommunikativen Beziehungen des Menschen mit dem Gerät und den damit einhergehenden neuen quantitativen und qualitativen physischen und psychischen Belastungen.

Unifizierung, Typisierung, Standardisierung. Die Unifizierung, Typisierung und schließlich die Standardisierung von Einzelteilen, Bauelementen, Baugruppen und kompletten Geräten ist nicht nur wegen der Stückzahlerhöhung für Wiederholelemente und der Automatisierung der technologischen Prozesse für den Hersteller von Vorteil, sondern ermöglicht dem Anwender eine hohe Variabilität, Flexibilität und Kompatibilität sowohl bei der Nutzung als auch der Wartung und Reparatur. Die Entwicklung führt über Typen- oder Baureihen von Bauelementen, Baugruppen und Geräten bis zum Aufbau umfassender Baukastensysteme. Einen wesentlichen Beitrag zu dieser Entwicklungstendenz leistet auch hier die Mikroelektronik, die durch variable Programmierbarkeit Funktionsänderungen durch einfachen Programmwechsel ermöglicht und somit einen Übergang vom Einzweck- zum variabel einsetzbaren Gerät, ja sogar zum „Universalgerät" einleitet.

Umweltbedingungen. Die Umweltbedingungen in den Anfangsjahren der Gerätetechnik waren ausschließlich klar abgegrenzte, unkritische Laborbedingungen für den Einsatz von Geräten. Heute besteht dagegen eine breite Palette von Umweltbedingungen einschließlich aller denkbaren Extrema, mit denen kein anderer Erzeugnisbereich konfrontiert wird. Moderne Geräte sind in Wohnräumen, Labors und Industriehallen, auf Bau- und Landmaschinen, in Kraftwagen, Flugzeugen und auf Schiffen, in Raketen und Raumflugkörpern, unter Tage und im Freien unter den verschiedensten klimatischen Bedingungen im Einsatz. Sie unterliegen zusätzlichen Belastungen durch den Menschen beim Transport, bei der Bedienung, Wartung und Reparatur. Es ist daher nicht verwunderlich, daß in der Gerätekonstruktion den Fragen des Geräteschutzes eine vorrangige Bedeutung beigemessen wird und dazu umfangreiche Vorschriften und Standards bestehen.

Literatur zu Abschnitt 1.

Bücher

[1.1] *Hildebrand, S.:* Feinmechanische Bauelemente. 4. Aufl. Berlin: VEB Verlag Technik 1981 und München: Verlag Carl Hanser 1983.

[1.2] *Hildebrand, S.:* Einführung in die feinmechanischen Konstruktionen. 3. Aufl. Berlin: VEB Verlag Technik 1976.

[1.3] *Hildebrand, S.; Krause, W.:* Fertigungsgerechtes Gestalten in der Feingerätetechnik. 2. Aufl. Berlin: VEB Verlag Technik 1982 und 1. Aufl. Braunschweig: Verlag Vieweg 1978.

[1.4] Taschenbuch Feingerätetechnik. 2. Aufl. Berlin: VEB Verlag Technik 1969.
[1.5] *Philippow, E.*: Taschenbuch Elektrotechnik, Bde. 3 und 4. Berlin: VEB Verlag Technik 1978 und 1979 und München: Verlag Carl Hanser 1978 und 1979.
[1.6] *Krause, W.*: Grundlagen der Konstruktion – Lehrbuch für Elektroingenieure. 3. Aufl. Berlin: VEB Verlag Technik 1984 und New York/Wien: Springer-Verlag 1984.
[1.7] *Kuhlenkamp, A.*: Konstruktionslehre der Feinwerktechnik. München: Carl Hanser Verlag 1971.
[1.8] *Hansen, F.*: Konstruktionswissenschaft, Grundlagen und Methoden. Berlin: VEB Verlag Technik 1974.
[1.9] *Pahl, G.; Beitz, W.*: Konstruktionslehre. Berlin, Heidelberg, New York: Springer-Verlag 1977.
[1.10] *Görlich, P.*: Über den wissenschaftlichen Gerätebau. Berlin: Akademie-Verlag 1973.
[1.11] *Claussen, U.*: Konstruieren mit Rechnern. Berlin, Heidelberg, New York: Springer-Verlag 1971.
[1.12] *Polovinkin, A.I.*: Synthese technischer Lösungen. Moskau: Verlag Nauka 1977.
[1.13] *Werler, K.H.*: Probleme der graphischen Datenverarbeitung. Berlin: Akademie-Verlag 1975.
[1.14] *Baatz, U.*: Bildschirmunterstütztes Konstruieren. Düsseldorf: VDI-Verlag 1973.
[1.15] *Töpfer, H.; Kriesel, W.*: Funktionseinheiten der Automatisierungstechnik. Berlin: VEB Verlag Technik 1977 und Düsseldorf: VDI-Verlag 1978.
[1.16] *Kanton, D.*: Mikroprozessorsysteme in der Automatisierungstechnik. Berlin: VEB Verlag Technik 1978.
[1.17] *Meiling, W.*: Mikroprozessor – Mikrorechner, Funktion und Anwendung. Berlin: Akademie-Verlag 1978.

Aufsätze

[1.18] Rationalisierung der Konstruktion – eine Aufgabe für Forschung, Ausbildung und Industrie. Maschinenbautechnik **23** (1947) 10, S. 446.
[1.19] Rationelles Konstruieren – Grundstruktur eines allgemeinen Konstruktionsverfahrens. Die Technik **33** (1978) 1, S. 17.
[1.20] *Müller, K.H.; Mütze, K.; Pohlack, H.*: Geräte als Wachstumsfaktoren der Volkswirtschaft. Feingerätetechnik **23** (1974) 10, S. 435.
[1.21] *Krause, W.*: Feinmechanische Bauelemente. Feingerätetechnik **23** (1974) 10, S. 455.
[1.22] *Görlich, P.*: Beziehungen zwischen Feingerätetechnik und Elektronik. Feingerätetechnik **23** (1974) 11, S. 482.
[1.23] *Mütze, K.*: Optischer Präzisionsgerätebau – Entwicklung der Gerätetechnik, Automatisierung und Präzision. Feingerätetechnik **28** (1979) 10, S. 437.
[1.24] *Frühauf, U.*: Entwicklungsrichtungen der elektronischen Meßtechnik. Feingerätetechnik **28** (1979) 10, S. 462.
[1.25] *Bögelsack, G.*: Erfolgreiche Grundlagenforschung für die Konstruktionstechnik. Feingerätetechnik **28** (1979) 10, S. 473.
[1.26] *Seydel, E.; Quass, H.; Völkel, T.*: Rechnergestützte Konstruktion feingerätetechnischer Baugruppen unter Verwendung der digitalen Simulation. Feingerätetechnik **24** (1975) 3, S. 112.
[1.27] *Böhme, L.*: Feingeräte unter dem Einfluß der Mikroelektronik. Feingerätetechnik **27** (1978) 5, S. 194.
[1.28] *Höhne, W.*: Entwicklungstendenzen der Informationsverarbeitung bei wissenschaftlichen Geräten. Die Technik **32** (1977) 1, S. 9; **32** (1977) 2, S. 84.
[1.29] *Furchert, H.-J.; Kallenbach, E.; Schatter, G.; Schilling, M.; Winkler, G.; Wurmus, H.*: Mikroelektronik in der Gerätetechnik. Feingerätetechnik **28** (1979) 5, S. 223 und folgende Hefte.
[1.30] *Töpfer, H.; Kriesel, W.; Fuchs, H.*: Automatisierungsgeräte, Mikroprozessoren – Entwicklungstendenzen. Tagungsbericht der Wissenschaftlichen Gesellschaft für Meßtechnik und Automatisierung (WGMA) der DDR 1976.
[1.31] *Paul, R.*: Mikroelektronik – gestern, heute, morgen. Nachrichtentechnik – Elektronik **27** (1977) 8, S. 413.
[1.32] *Aßmus, F.*: Die Entwicklung der Uhrentechnik unter dem Einfluß der Elektronik. Feinwerktechnik und Meßtechnik **86** (1978) 1, S. 9.
[1.33] *Krause, W.*: Präzisionsmechanik in der Feingerätetechnik. Feingerätetechnik **22** (1973) 9, S. 385.
[1.34] *Krause, W.*: Konstruktionsausbildung in der Gerätetechnik. Feingerätetechnik **28** (1979) 10, S. 477.
[1.35] *Krause, W.*: Wissenschaftliches Symposium „Feingerätetechnik und Mikroelektronik". Feingerätetechnik **29** (1980) 1, S. 40.
[1.36] *Krause, W.; Röhrs, G.*: Aufgabenstellungen und Tendenzen in der Gerätekonstruktion. Feingerätetechnik **31** (1982) 2, S. 65.

2. Konstruktiver Entwicklungsprozeß von Geräten

Symbole und Bezeichnungen
(Abschn. 2. und 3.)

A Ausgangsgröße
C Drehfedersteifigkeit eines Stabelements in N · mm
D Biegesteife eines Plattenelements in N · mm
E Eingangsgröße, Elastizitätsmodul in N/mm^2
F Funktion, Kraft in N
I Flächenträgheitsmoment in mm^4, Information, elektrischer Strom in A
K Bewertungskriterium
M Menge von Elementen, Drehmoment in N · mm
N Nebenwirkung, Anzahl von Komplexionen
P Informationsparameter, Leistung in W
Q Signal
R Relation zwischen Systemelementen, elektrischer Widerstand in Ω
S Struktur eines Systems
U Umwelt eines Systems, elektrische Spannung in V
V Variante, Kontrollgröße
W Steuergröße, Energie in J
X Rückführgröße
Y Stellgröße
Z Systemoperator (Gerätekennwerte)
a Kantenlänge in mm
b Kantenbreite in mm
c Federsteife in N/mm
d Durchmesser in mm
e Exzentrizität in mm
f Frequenz in kHz
g Einflußzahl
k Dämpfungskonstante in N · s/mm
l Länge in mm
m Masse in g
n Drehzahl in u/min
p Wahrscheinlichkeit, Bewertungspunkt
r Radius in mm
s Dicke in mm, Weg in mm
t zeitabhängige Variable
v Geschwindigkeit in m/s
w Durchbiegung in mm
x Wert einer Variante
x, y, z ortsabhängige Variable
ΔZ innere Störgröße (system-, geräteintern)
Δ Änderung, Differenz einer Größe
Σ Summe
α, β Koeffizienten, Winkel in rad
γ Verformungsbeiwert
ϑ Temperatur in K
ν Querkontraktionszahl
ϱ Dichte in g/mm^3
φ, ψ Winkel in rad
$\{x\}$ Menge einer Größe x
$\wedge$ Konjunktion

Indizes

E Energie
EP Erdpotential
I Information
MP Massepotential
NP Nullpotential
S Stoff
a Ausgang
e Eingang
el elektrisch
f funktionsrelevant
g gesamt
i, j Zählgrößen
k kommunikativ
n nichtfunktionsrelevant
th thermisch
ü Übergang
v Verarbeitung
z Störung

Bei der Entwicklung von Geräten nimmt der Konstrukteur mit seiner Aufgabe, eine technisches Gebilde schöpferisch vorauszubestimmen, einen herausragenden Platz ein. Damit Qualität und Produktivität seiner Tätigkeit mit den wachsenden Anforderungen Schritt halten, müssen im konstruktiven Entwicklungsprozeß wissenschaftliche Grundlagen, Methoden und technische Hilfsmittel zur Anwendung kommen [2.1] [2.2] [2.3] [2.5] [2.6] [2.7] [2.10] [2.11] [2.14] [2.15] [2.16] [2.35]. Dabei sind die Besonderheiten des Entwicklungsgegenstands zu berücksichtigen.

2.1. Begriffe und Grundlagen

2.1.1. Allgemeine Eigenschaften von Geräten und ihre Beschreibung

Eine für das Gebiet der Gerätetechnik gültige Darstellung des Konstruktionsablaufs und der dazu notwendigen Methoden erfordert Abgrenzungen und Verallgemeinerungen zur einheitlichen Behandlung der verschiedenen Geräte. Auch für die konstruktive Tätigkeit hat es sich als nützlich erwiesen, Geräte als Systeme zu betrachten. Der Systembegriff ermöglicht es, Geräte mit unterschiedlicher physikalischer Wirkungsweise und unterschiedlicher Komplexität, wie Geräteketten, Einzelgeräte und deren Bestandteile (Baugruppen und Einzelteile), bezüglich ihrer Wesensmerkmale einheitlich darzustellen.

Ein technisches *System* ist ein abgegrenzter Bereich der Wirklichkeit, der Beziehungen

Tafel 2.1. Systembegriffe

Systemparameter	Eingangsgrößen {E}	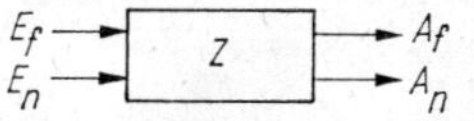 $E_f \to$ [Z] $\to A_f$; $E_n \to$ [Z] $\to A_n$ E_f, A_f funktionsrelevante Größen E_n, A_n nichtfunktionsrelevante Größen (Umstände, Bedingungen, Nebenwirkungen) Z Systemoperator (Gerätekennwerte)	{A} Ausgangsgrößen
Definition	Umwelt (U) ist die Gesamtheit der Objekte außerhalb eines Systems, die Beziehungen zum System haben.	Funktion (F) ist die für einen bestimmten Zweck ausgenutzte Eigenschaft eines Systems, die dazu notwendigen Eingangsgrößen E_f in die Ausgangsgrößen A_f unter bestimmten Bedingungen E_n und A_n zu überführen.	Struktur (S) ist die Gesamtheit der Elemente M und der zwischen ihnen bestehenden Relationen R innerhalb eines Systems. $S = \{M, R\}$
Zusammenhänge	Die Umweltbeziehungen werden über die Ein- und Ausgänge realisiert. $U = \{E_f, E_n; A_f, A_n\}$	Die technische Funktion beschreibt den Zusammenhang zwischen Umwelt und Struktur. $A = Z(E)$	Durch die Umwelt (E, A) werden bestimmte Elemente und Relationen der Struktur aktiviert, die infolge ihrer Eigenschaften die geforderte Zuordnung über den Systemoperator Z realisieren.

zu seiner *Umwelt* (*U*) hat, bestimmte *Funktionen* (*F*) erfüllt und eine *Struktur* (*S*) aufweist. Für den Konstrukteur folgt daraus, daß er die Eigenschaften *U*, *F* und *S* eindeutig festlegen muß, um ein Gerät hinreichend zu beschreiben. Eine Zusammenstellung der Systembegriffe zeigt **Tafel 2.1** (s. auch Abschn. 4.2.1., Tafel 4.1).

Tafel 2.2. Umweltbeziehungen eines Geräts

Umweltobjekte	Umweltsituationen
– technische Objekte	– Fertigung
	– Kontrolle
– Mensch	– Erprobung
	– Lagerung, Transport
– Medien, Felder	– Installation, Inbetriebnahme
	– Einsatz (Nutzung)
	– Wartung, Reparatur
	– Verschrottung, Wiederaufbereitung

Tafel 2.3. Umweltbeziehungen eines Prismenstuhls beim Einsatz
($K_1 \dots K_4$ Koppelstellen zur Umwelt)

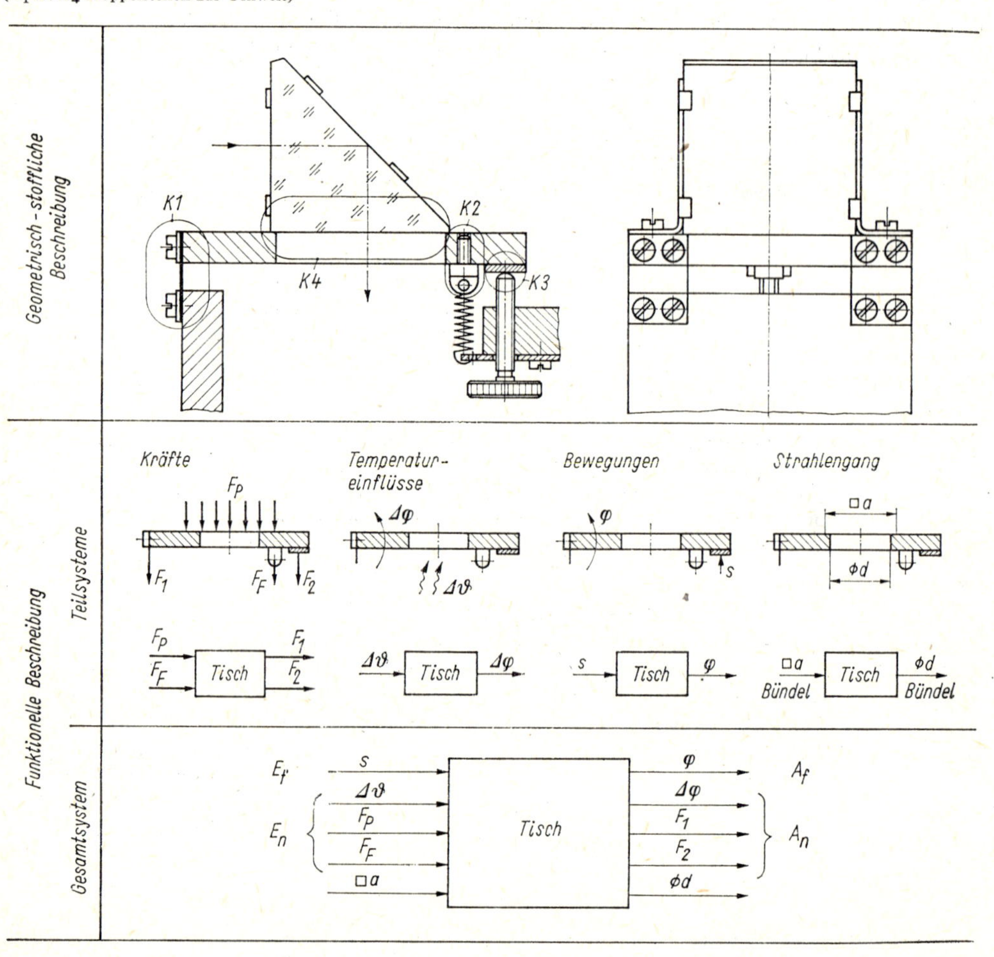

2.1.1.1. Umwelt

Ein Gerät ist nur einsetzbar, wenn es Beziehungen zu seiner Umwelt hat. Diese können sehr vielgestaltig sein **(Tafel 2.2).**

Jedes Gerät tritt im Verlauf seiner Existenz in den verschiedenen Umweltsituationen mit typischen Umweltobjekten in Wechselwirkung. Diese Beziehungen müssen beim Konstruieren gedanklich vorausbestimmt und die daraus resultierenden Forderungen konstruktiv umgesetzt werden (Abschn. 5. und 8.). Dazu dient eine geeignete Beschreibung, für die es zwei Möglichkeiten gibt **(Tafel 2.3)**:

- Darstellung der geometrisch-stofflichen Eigenschaften der Umweltsysteme (geometrisch-stoffliche Beschreibung)
- Darstellung der Ein- und Ausgangsgrößen, die zwischen System und Umwelt ausgetauscht werden (funktionelle Beschreibung).

Bei der Ermittlung der Umweltbeziehungen können gedankliche Modelle nach **Bild 2.1** das systematische Vorgehen unterstützen.

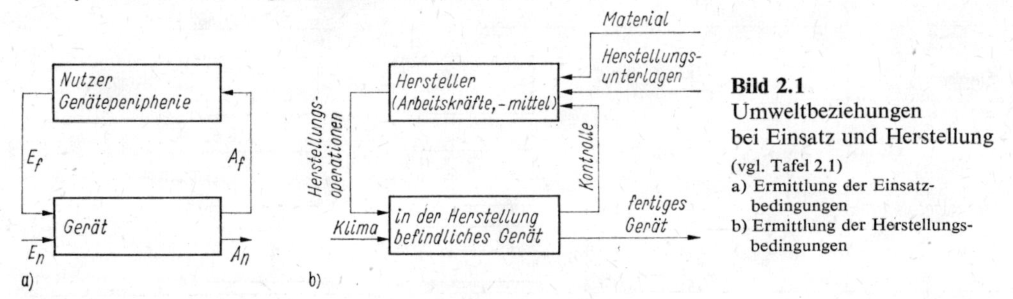

Bild 2.1
Umweltbeziehungen bei Einsatz und Herstellung
(vgl. Tafel 2.1)
a) Ermittlung der Einsatzbedingungen
b) Ermittlung der Herstellungsbedingungen

2.1.1.2. Funktion

Die Funktion eines technischen Gebildes ist eine objektive, meßbare Eigenschaft, die sich durch die in Tafel 2.1 angegebenen Systemparameter charakterisieren läßt. Die Anzahl der einem technischen Gebilde potentiell übertragbaren Funktionen entspricht der Zahl seiner ausnutzbaren physikalischen Eigenschaften. Erfüllt ein Gerät oder ein Bauelement mehrere technische Funktionen, so müssen die zwischen ihnen bestehenden Relationen beachtet werden.

An einem System lassen sich *Gesamt-* und *Teilfunktionen* unterscheiden. Die Gesamtfunktion umfaßt die Mengen aller Ein- und Ausgangsgrößen, die das betrachtete Gebilde (Gerät, Baugruppe oder Einzelteil) als Ganzes verarbeitet. Teilfunktionen lassen sich abgrenzen

1. nach der Bedeutung für die Erfüllung des Zwecks:
   Haupt- und Nebenfunktionen
2. nach der Art der Veränderungen von Funktionsgrößen innerhalb des Funktionsflusses in einem Gerät:
   Grundfunktionen (Wandeln, Leiten, Speichern usw.) oder Elementarfunktionen
3. nach dem physikalischen Charakter der Funktionsgrößen:
   Teilfunktionen der Stoff-, Energie- und Informationsverarbeitung.

Durch diese Untergliederung des Funktionsflusses entstehen funktionell abgegrenzte Teilsysteme in einem Gerät. Alle drei Möglichkeiten der Bildung von Teilfunktionen können je nach Anwendungsfall einzeln oder auch gleichzeitig bei einem Gerät benutzt werden. Bei der Elementarisierung nach Punkt 2 entsteht die Frage, wie weit die Aufgliederung einer Gesamtfunktion in Teilfunktionen getrieben werden soll. Diese Grenze ist in der Regel gegeben, wenn man bei der vorliegenden Struktur zur weiteren Zerlegung der Teilfunktionen den makroskopischen Bereich verlassen müßte. Zur Kennzeichnung der untersten Ebene der Zerlegung benutzt man den Begriff der *Elementarfunktion* [2.1]. In vielen Fällen ist es jedoch sinnvoll, die Zerlegung bereits vorher abzubrechen.

Tafel 2.4. Beispiele für Grundfunktionen

Bauelement		Konkrete Funktion	Verallgemeinertes Funktionselement	
Bezeichnung	Skizze		Funktion	Bezeichnung
biegsame Welle	n_1, n_2, y, x	n_1 $(x_1;y_1)$ → $n_2 = n_1$ → n_2 (x_2,y_2)	E(Ort$_1$) → A = E → A(Ort$_2$)	Leiter
Anschlag	φ_A, φ, ω	ω → $\omega = 0$ bei $\varphi = \varphi_A$	E → Funktionsfluß verhindert	Sperre
Elektromagnet	I, F	I → $F = \frac{\mu_0 I^2 w^2}{l^2}$ → F	E → E u. A qualitativ verschieden → A	Wandler
Winkelhebel	s_1, l_1, l_2, s_2	s_1 → $s_2 = \frac{l_2}{l_1} s_1$ → s_2	E → A > E → A	Verstärker
		s_2 → $s_1 = \frac{l_1}{l_2} s_2$ → s_1	E → A < E → A	Reduzierer

Bei der Analyse und Synthese ist zu beachten, daß die Elementarisierung der Funktion und der Struktur eines Geräts zu unterschiedlichen Ergebnissen führt. Die in **Tafel 2.4** als Beispiel angegebenen Strukturen sind funktionell auf der gewählten Abstraktionsebene elementar, obwohl sie weiter in Einzelteile zerlegbar sind. Demgegenüber gibt es die Erscheinung, daß ein Einzelteil funktionell nicht elementar ist. Die Spannbänder eines elektrischen Meßwerks z.B. **(Bild 2.2)** werden funktionell mehrfach genutzt. Diese Erscheinung heißt *Funktionenintegration*. Sie wird in der Gerätekonstruktion zur Vereinfachung des Geräteaufbaus und zur Miniaturisierung genutzt, hat jedoch den Nachteil, daß sich die Funktionen innerhalb des Bauelements störend beeinflussen können. Dies läßt sich durch eine *Funktionentrennung* vermeiden (s. Abschn. 4.2.).

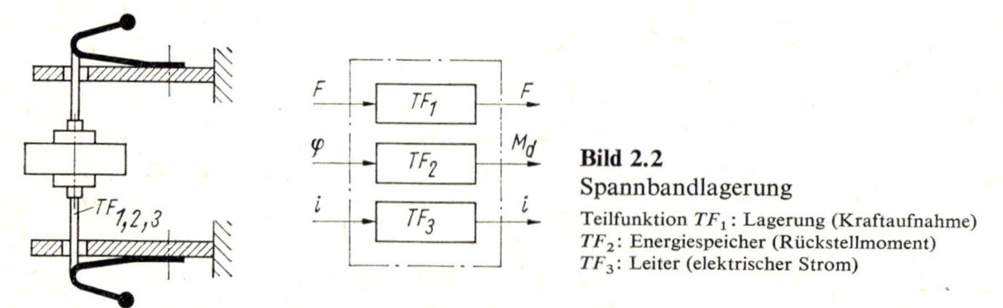

Bild 2.2
Spannbandlagerung
Teilfunktion TF_1: Lagerung (Kraftaufnahme)
TF_2: Energiespeicher (Rückstellmoment)
TF_3: Leiter (elektrischer Strom)

Untersuchungen technischer Gebilde haben ergeben, daß die Anzahl der technischen Funktionen überschaubar ist und daß bei geeigneter Abstraktion die gleichen Funktionen nicht nur in Geräten, sondern in allen Bereichen der Technik auftreten. Die notwendige Verallgemeinerung besteht darin, von den konkreten physikalisch-technischen

Merkmalen zu abstrahieren. Diese wiederkehrenden, verallgemeinerten Funktionen sollen als *Grundfunktionen* bezeichnet werden. Eine Grundfunktion gibt die wesentlichen funktionellen Eigenschaften einer Klasse von Bauelementen wieder. Damit sind die Voraussetzungen geschaffen, sie als Bausteine (Funktionselemente) für die Synthese von Strukturen zu benutzen. Den Vorgang der Abstraktion veranschaulicht Tafel 2.4 an einigen ausgewählten Beispielen.

Tafel 2.5. Ordnungssysteme für technische Funktionen (s. auch Tafel 3.4)

Veränderungs-klasse	Grund-funktion	Zugeordnete Funktionen	Merkmale
Qualität	Wandeln		Verändern der stofflichen oder energetischen Qualität (Art) einer Größe (E und A physikalisch unterschiedlich)
	Umsetzen		Verändern des Verlaufs oder Zustands einer Größe (E und A physikalisch gleich)
Quantität	Umformen	Verstärken	Vergrößern des Betrags einer Größe ($A > E$)
		Reduzieren	Verkleinern des Betrags einer Größe ($A < E$)
	Schalten		Unterbrechen und/oder Wiederherstellen eines Funktionsflusses
		Sperren	Ausschließliches Unterbrechen bzw. Verhindern eines Funktionsflusses
Ort	Übertragen	Leiten	Übertragen einer Größe längs eines Wegs
		Fördern	Übertragen eines Stoffs mittels Hilfsenergie
		Koppeln	Übertragen einer Größe zwischen benachbarten Elementen
Anzahl (Menge)	Verknüpfen	Selektieren	Auswählen einer Teilmenge aus einer Gesamtmenge entsprechend einem definierten Kriterium
		Vereinigen	Verknüpfen mehrerer gleichartiger Funktionsflüsse zu einem Gesamtfluß
		Verzweigen	Aufteilen eines Funktionsflusses in mehrere Teilflüsse
		mathematisches Verknüpfen	Verknüpfen gleichartiger Größen entsprechend mathematischen Operationen
		logisches Verknüpfen	Verknüpfen gleichartiger Größen entsprechend logischen Operationen
Zeit	Speichern		Aufnehmen einer Größe und unverändertes Abgeben nach bestimmter Zeitdauer
		Bereitstellen	Ausschließliches Abgeben einer Größe (Quelle)
		Aufnehmen	Ausschließliches Aufnehmen einer Größe (Senke)

Zahlreiche Bemühungen verfolgen das Ziel, die allgemein anwendbaren Funktionen zu definieren und zu ordnen: [2.1] [2.5] [2.10] [2.11] [2.13] [2.54], TGL 28261.

Als Ordnungsmerkmale werden benutzt

- die an den Funktionsgrößen vollzogenen Änderungen:
  Qualität, Quantität, Ort, Zeit, Anzahl
- die Art der Funktionsgröße:
  Stoff, Energie, Information.

Tafel 2.5 ordnet Funktionen nach dem ersten Ordnungsmerkmal. Weitere Einzelheiten der Funktionsbeschreibung von Geräten sind im Abschnitt 3. enthalten.

2.1.1.3. Struktur

Ein Gerät kann seine Funktion nur dann erfüllen, wenn es in der dazu notwendigen Weise aufgebaut ist. Den inneren Aufbau eines Systems bezeichnet man als Struktur, die sich aus Elementen und Relationen zusammensetzt (Tafel 2.1).

Aus systemtheoretischer Sicht sind Elemente Systembestandteile, die innerhalb dieser Gesamtheit nicht weiter zerlegt werden. In Abhängigkeit von der Komplexität des betrachteten Objekts haben sich verschiedene Betrachtungsebenen **(Tafel 2.6)** als zweckmäßig erwiesen.

Tafel 2.6. Komplexitätsebenen der Struktur

Komplexitätsebene	Beispiele
Gerätesystem (Gerätekette)	EDVA mit Peripherie (Bilder 2.25, 2.26 und 2.27) Pentakta-Gerätesystem für Mikrofilmtechnik Meßplätze mit Meß-, Anzeige-, Registrier- und Auswertegeräten
Einzelgerät	Schreibmaschine, Uhr, Fotoapparat, Mikrometerschraube, Digitalvoltmeter, Oszillograph
Baugruppe	Anzeigeeinheit, Netzteil, Beleuchtungseinrichtung, Relais, Lagerung, Führung, Kupplung, Anschlag, Gestell
Einzelteil	Schraube, Stift, Scheibe, Zahnrad, Welle, Feder, Linse, Prisma
Wirkfläche	Ebene, Zylinder, Kugel, Kegel (elementare geometrische Flächen) Rändel, Spiegelfläche

Bauelemente sind sowohl Einzelteile als auch Baugruppen, die beim Konstruieren nicht weiter zerlegt werden und demnach unterschiedliche Komplexität besitzen können. Betrachtet man nicht deren Gestalt, sondern nur ihre Funktion, so heißen sie *Funktionselemente.*

Baugruppen sind abgegrenzte, selbständige Gruppen von Einzelteilen, die miteinander gekoppelt sind. Sie werden unter dem Systemaspekt auch als Teilsystem betrachtet. Baugruppen werden als Bauelemente bezeichnet, wenn sie z. B. als Kauf- oder Zulieferteile in das Gerät einzubauen sind (Relais, Steckverbinder, integrierte Schaltkreise, standardisierte Kupplungen, Getriebe, Motoren).

Einzelteile sind die niedrigste Ebene für die körperliche Zerlegung eines Geräts.

Einzelteile sind Bauelemente, die durch Bearbeiten eines Werkstoffs ohne Fügen mit anderen Bauelementen entstehen. Sie haben keine inneren Kopplungen.

Beim Konstruieren können die Einzelteile jedoch nicht als gegebene Elemente betrachtet werden. Sie setzen sich aus Formelementen (geometrischer Grundkörper, Flächen) und dem Werkstoff zusammen.

Wirkflächen sind die am Funktionsfluß beteiligten Flächen mit einer für diesen Zweck geeigneten Gestalt.

Relationen. Eine Menge von Elementen ergibt erst dann ein funktionsfähiges technisches Gebilde, wenn diese in Zusammenhang gebracht werden und zwischen ihnen definierte Beziehungen bestehen. Diese Beziehungen heißen Relationen.

Im konstruktiven Entwicklungsprozeß sind solche Relationen von Interesse, die den konstruktiven Aufbau und die Funktion betreffen. Das sind die Anordnungen und die Kopplungen.

Anordnungen sind Relationen zwischen Systemelementen, die die geometrischen Relativlagen der Elemente beschreiben.

Die Anordnung kann durch Koordinatensysteme (körperfeste für die Elemente und ein raumfestes Bezugssystem für das Gesamtgerät) eindeutig beschrieben werden. Durch sie ist die Grundlage für eine formale Beschreibung von Konstruktionsergebnissen gegeben. Die geometrische Struktur eines technischen Gebildes ist durch Angabe der geometrischen Form der Elemente und ihrer Anordnung vollständig beschrieben. Zwischen den Bauelementen bestehen neben den geometrischen auch funktionelle Beziehungen. Es muß demnach Relationen geben, die die Übertragung der Funktionsgrößen zwischen den Elementen realisieren. Das sind die Kopplungen.

Tafel 2.7. Abstraktionsebenen der Strukturbeschreibung

Abstraktionsebene		Definition	Darstellungsmittel
Funktionelle Beschreibung	Verfahrensprinzip (Wirkprinzip)	abstrahierte Darstellung der Struktur, die physikalisch-technische Operationen und systeminnere Zustandsfolgen mit ihren Verknüpfungen enthält	Graph, Blockbild
	Funktionsstruktur (Topologie, Blockschema)	abstrahierte Darstellung der Struktur, die die Funktionselemente und deren Kopplungen enthält	Blockbild, Graph (für bestimmte Bereiche standardisiert)
Geometrisch-stoffliche Beschreibung	technisches Prinzip (Arbeitsprinzip, Funktionsprinzip)	abstrahierte Darstellung der Struktur, in der die geometrisch-stofflichen Eigenschaften der funktionswichtigen Bauelemente und Relationen qualitativ bestimmt sind	Prinzipskizze (gestaltähnliche Symbole, für bestimmte Bereiche standardisiert)
	technischer Entwurf	Strukturbeschreibung, die die geometrisch-stofflichen Eigenschaften des technischen Gebildes in ihrer Gesamtheit quantitativ darstellt	technische Zeichnung (standardisiert)

Kopplungen sind Relationen zwischen Systemelementen, die der Übertragung von Stoff, Energie oder Information zwischen den Elementen dienen.

An der Kopplung von Bauelementen sind gewöhnlich nicht die ganzen Elemente, sondern nur Teile von ihnen, meist aber nur ihre Ränder beteiligt.

Koppelstelle. Der geometrische Ort für die Übertragung der Funktionsgrößen wird als Koppelstelle bezeichnet. Jede mechanische Verbindung zwischen Bauelementen stellt eine

Koppelstelle dar. Kopplungen lassen sich über die verschiedensten physikalischen Mittel erreichen (mechanische Verbindung, Felder, Wellen, Teilchenströme).

Ebenso wie die technische Funktion kann die Struktur auf verschiedenen Abstraktionsebenen und mit verschiedenen Darstellungsmitteln beschrieben werden. Je nach Entwicklungsstufe und Zweck ist es möglich, bei der Darstellung bestimmte Eigenschaften der Struktur in den Vordergrund zu stellen **(Tafel 2.7).** Strukturbeschreibungen dienen beim Konstruieren der Dokumentation der Zwischen- und Endergebnisse und als methodische Hilfsmittel zur Unterstützung der Vorstellungen des Konstrukteurs sowie zur Manipulation mit dem Objekt.

2.1.2. Ablauf des konstruktiven Entwicklungsprozesses

2.1.2.1. Einordnung und Charakter des Konstruierens

Das Konstruieren als gedankliche Vorausbestimmung eines Erzeugnisses nimmt eine zentrale Stellung im Reproduktionsprozeß eines technischen Gebildes ein.

Konstruktionsaufgaben entspringen ebenso wie die übrigen technischen Aufgaben stets einem gesellschaftlichen Bedürfnis. Sie werden in enger Wechselwirkung mit den anderen Prozessen der technischen Vorbereitung, wie der technologischen Entwicklung, der Vorlaufforschung, des Musterbaus u. a., gelöst.

Der konstruktive Entwicklungsprozeß (KEP) ist ein Teil der technischen Vorbereitung der Produktion. Er umfaßt alle zur Vorausbestimmung eines technischen Gebildes notwendigen gedanklichen, manuellen und maschinellen Operationen, die ausgeführt werden müssen, um von einer konstruktiven Aufgabenstellung zu einer für Produktion und Einsatz hinreichenden Beschreibung des technischen Gebildes zu gelangen.

Der Konstruktionsvorgang hat demnach entscheidenden Einfluß auf den Gebrauchswert des Produkts und auf die Ökonomie von Produktion und Einsatz. Untersuchungen haben ergeben, daß die Kosten eines Erzeugnisses zu 75% im Verlauf des konstruktiven Entwicklungsprozesses festgelegt werden. Die Kostenverantwortung wächst mit dem Grad der Arbeitsteilung und dem Niveau der technischen Ausrüstung und erfordert vom Konstrukteur eine darauf eingestellte Arbeitsweise.

Das methodische Vorgehen bei der Lösung von Konstruktionsaufgaben wird durch die Merkmale der Struktursynthese geprägt. Der Konstrukteur vollzieht gedankliche Vorgriffe auf alle Phasen der Existenz eines künftigen Gebildes. Das Bestimmen der Struktur S für eine vorgegebene Funktion F stellt einen nichtdeterminierten Schritt mit einer Übergangswahrscheinlichkeit $p_{ü} < 1$ dar [2.3] [2.1], dessen Ergebnis eine unbegrenzte Zahl von Varianten umfaßt:

$$F \underset{p_{ü} < 1}{\longrightarrow} \{S_i\}. \tag{2.1}$$

Aus dieser Mehrdeutigkeit und Unbestimmtheit der Beziehung Funktion → Struktur folgt, daß im Verlauf dieser Tätigkeit nicht nur die Bestimmung der Konstruktionslösung, sondern vor allem das Herausfinden des notwendigen Lösungswegs zu bewältigen sind.

Unter Beachtung der objektiv gegebenen Einschränkungen lassen sich Maßnahmen für das prinzipielle Vorgehen beim Konstruieren ableiten **(Tafel 2.8).** Die Mehrdeutigkeit bei der Lösungsfindung bietet zum einen die Möglichkeit zur Optimierung, erfordert zum anderen aber einen erhöhten Arbeitsaufwand.

Tafel 2.8. Grundlagen einer systematischen Arbeitsweise beim Konstruieren

Problem-situation		F Geforderte Funktion	$\xrightarrow{p_ü < 1}$ Lösungsweg mit Übergangswahrscheinlichkeit	$\{S_i\}$ Menge der funktionserfüllenden Strukturen
Maßnahmen	Ziel	Vervollständigen und Konzentrieren der Anfangsinformation	Einschränken der Unbestimmtheit	Ausnutzen und Einschränken der Lösungsvielfalt
	Mittel	durch – Präzisieren – Verallgemeinern (Abstraktion) – Einschränken	durch – schrittweises Vorgehen – Ausnutzung vorhandener Lösungen (Speicher) – zyklische Arbeitsweise (Rückkopplung)	durch – Erschließen des Lösungsfelds – Ordnen (Klassifizieren, Systematisieren) – Auswahl der optimalen Variante

Die Unbestimmtheit bei der Synthese kann dadurch gemindert werden, daß man den notwendigen Informationszuwachs in zweckmäßigen Schritten erarbeitet, vorhandene Lösungen benutzt und durch schöpferische Vorgriffe auf Lösungen bzw. Lösungselemente sowie bewußte Rückkopplung auf die Ausgangssituation iterativ die gewünschte Struktur entwickelt. Das Finden eines Lösungsansatzes wird erleichtert, wenn man die unvollständigen Angaben der Konstruktionsaufgabe (Funktion) ergänzt und dann auf das Wesentliche beschränkt. Die in Tafel 2.8 angegebenen Maßnahmen erweisen sich als methodische Grundregeln für die Lösung jeder Konstruktionsaufgabe. Ihre Anwendung erfordert eine konsequente, systematische Arbeitsweise, wie sie das heuristische Oberprogramm [2.3] im **Bild 2.3** angibt.

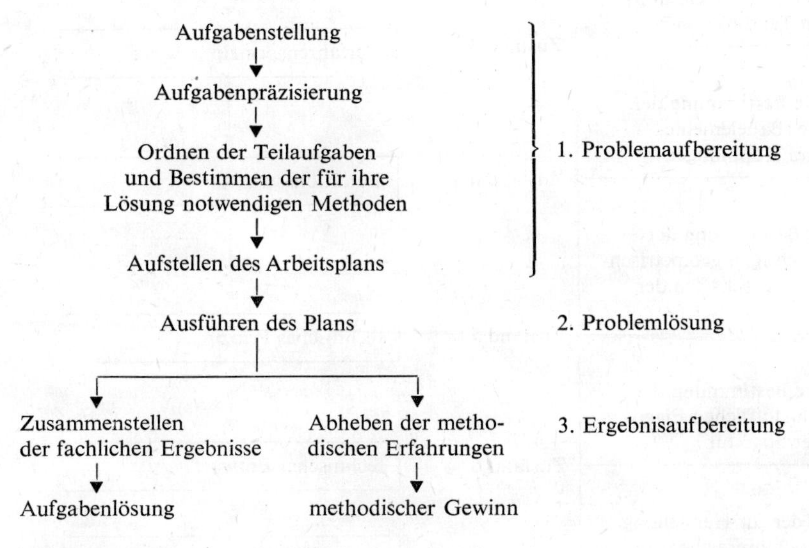

Bild 2.3. Ablauf einer systematischen Arbeitsweise

2.1.2.2. Struktur des konstruktiven Entwicklungsprozesses

Für die Synthese gelten zunächst folgende Etappen:

1. Ermittlung der Gesamtfunktion des technischen Gebildes
2. Ermittlung der Funktionsstruktur
3. Ermittlung der geometrisch-stofflichen Eigenschaften der Struktur.

Unter Berücksichtigung der in Tafel 2.7 dargestellten Abstraktionsebenen kann eine allgemeine Struktur des konstruktiven Entwicklungsprozesses [2.51] angegeben werden **(Tafel 2.9).** Sie ist charakterisiert durch eine Folge von Entwicklungsstadien, die einem bestimmten Abstraktionsgrad der Beschreibung des Entwicklungsobjekts entsprechen. Durch diese Gliederung entstehen Tätigkeitsabschnitte und Phasen, die unter Nutzung spezifischer Methoden und Darstellungsmittel durchlaufen werden. **Tafel 2.10** zeigt dazu

Tafel 2.9. Grundstruktur des konstruktiven Entwicklungsprozesses

Phasen	Arbeitsschritte	Zustände des Entwicklungsobjekts	
		Zustand 0	Aufgabenstellung ↓
Aufbereitungsphase	Schritt 1 Präzisieren der Aufgabenstellung durch Konkretisieren, Ordnen und Vervollständigen der Angaben		
		Zustand 1	präzisierte Aufgabenstellung ↓
Aufbereitungsphase	Schritt 2 Abstrahieren der Aufgabenstellung durch qualitative Festlegung der funktionswichtigen Größen E, A und Z		
		Zustand 2	Gesamtfunktion ↓
Prinzipphase	Schritt 3 Bestimmung der physikalisch-technischen Operationsfolge durch Zerlegung der Gesamtfunktion in Teilfunktionen		
		Zustand 3	Verfahrensprinzip ↓
Prinzipphase	Schritt 4 funktionelle Bestimmung der Teilsysteme (Bauelementeklassen) und Kopplungen		
		Zustand 4	Funktionsstruktur ↓
Prinzipphase	Schritt 5 qualitative Bestimmung der funktionswichtigen geometrisch-stofflichen Eigenschaften der Struktur		
		Zustand 5	technisches Prinzip ↓
Gestaltungsphase	Schritt 6 quantitative Bestimmung der geometrisch-stofflichen Eigenschaften der Struktur		
		Zustand 6	technischer Entwurf ↓
Gestaltungsphase	Schritt 7 Erarbeiten der für Herstellung und Gebrauch hinreichenden Beschreibung des technischen Gebildes		
		Zustand 7	Konstruktionsdokumentation

Tafel 2.10. Ablauf einer Baugruppenentwicklung (Relais)

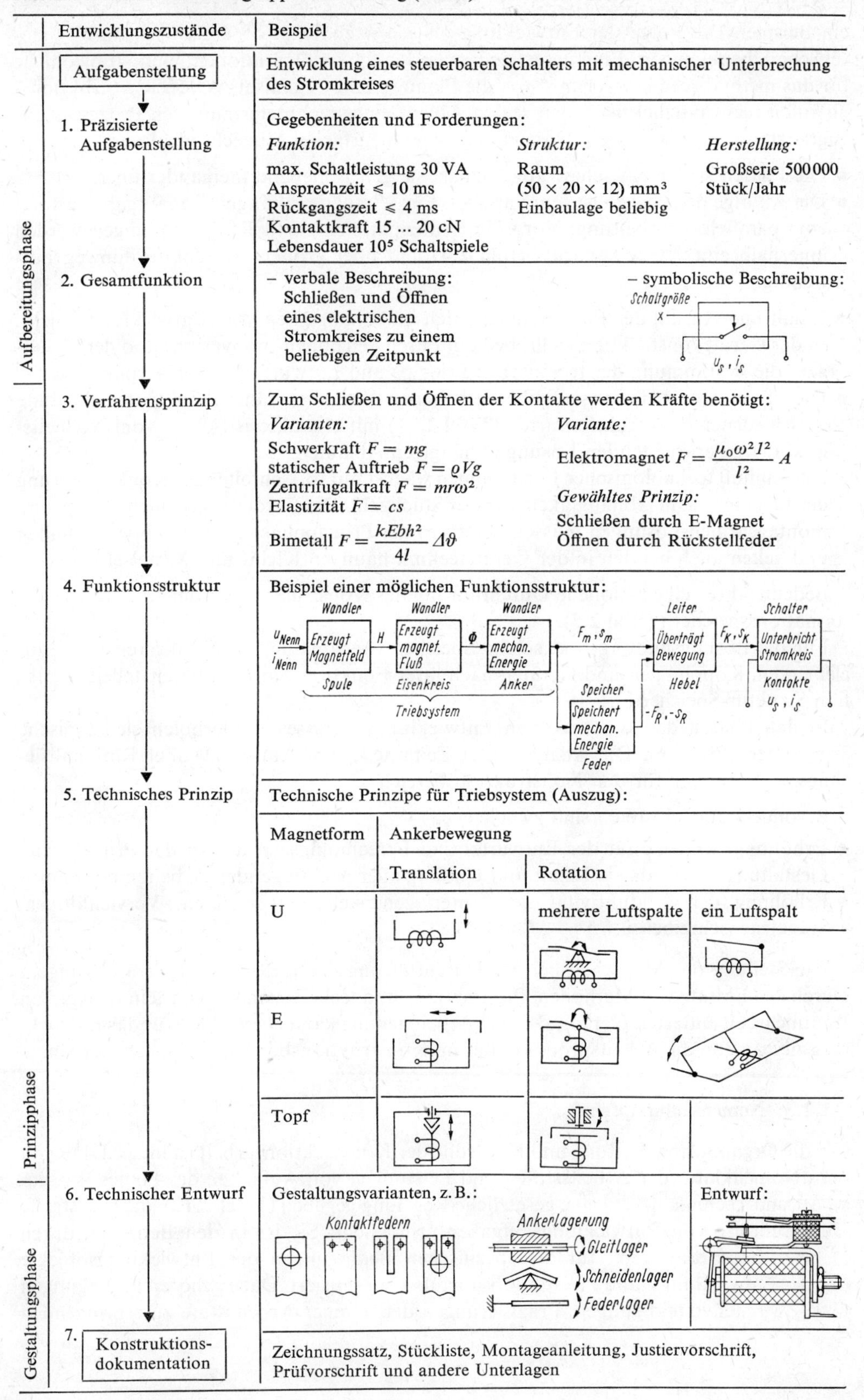

Phase	Entwicklungszustände	Beispiel
Aufbereitungsphase	Aufgabenstellung	Entwicklung eines steuerbaren Schalters mit mechanischer Unterbrechung des Stromkreises
	1. Präzisierte Aufgabenstellung	Gegebenheiten und Forderungen: *Funktion:* max. Schaltleistung 30 VA; Ansprechzeit $\leqslant$ 10 ms; Rückgangszeit $\leqslant$ 4 ms; Kontaktkraft 15 ... 20 cN; Lebensdauer 10^5 Schaltspiele *Struktur:* Raum $(50 \times 20 \times 12)$ mm^3; Einbaulage beliebig *Herstellung:* Großserie 500000 Stück/Jahr
	2. Gesamtfunktion	– verbale Beschreibung: Schließen und Öffnen eines elektrischen Stromkreises zu einem beliebigen Zeitpunkt – symbolische Beschreibung: (Schaltgröße x; u_S, i_S)
	3. Verfahrensprinzip	Zum Schließen und Öffnen der Kontakte werden Kräfte benötigt: *Varianten:* Schwerkraft $F = mg$; statischer Auftrieb $F = \varrho Vg$; Zentrifugalkraft $F = mr\omega^2$; Elastizität $F = cs$; Bimetall $F = \frac{kEbh^2}{4l} \Delta\vartheta$ *Variante:* Elektromagnet $F = \frac{\mu_0 \omega^2 I^2}{l^2} A$ *Gewähltes Prinzip:* Schließen durch E-Magnet; Öffnen durch Rückstellfeder
	4. Funktionsstruktur	Beispiel einer möglichen Funktionsstruktur: u_{Nenn}, i_{Nenn} → Wandler: Erzeugt Magnetfeld (Spule) → H → Wandler: Erzeugt magnet. Fluß (Eisenkreis) → Φ → Wandler: Erzeugt mechan. Energie (Anker) → F_m, s_m → Leiter: Überträgt Bewegung (Hebel) → F_K, s_K → Schalter: Unterbricht Stromkreis (Kontakte) u_S, i_S Spule, Eisenkreis, Anker: Triebsystem Speicher: Speichert mechan. Energie (Feder); $-F_R, -s_R$
Prinzipphase	5. Technisches Prinzip	Technische Prinzipe für Triebsystem (Auszug): Magnetform / Ankerbewegung: Translation; Rotation (mehrere Luftspalte, ein Luftspalt) U; E; Topf
Gestaltungsphase	6. Technischer Entwurf	Gestaltungsvarianten, z. B.: Kontaktfedern; Ankerlagerung: Gleitlager, Schneidenlager, Federlager Entwurf:
	7. Konstruktionsdokumentation	Zeichnungssatz, Stückliste, Montageanleitung, Justiervorschrift, Prüfvorschrift und andere Unterlagen

ein Beispiel. Die Folge der Entwicklungsphasen nach Tafel 2.9 ergab sich durch theoretische Überlegungen. Eine derartige lineare Kette von Operationen kann – obwohl sie für das methodische Vorgehen sowie die Planung und Organisation von Konstruktionsabläufen recht nützlich ist – den realen Ablauf eines nichtdeterminierten Prozesses nur begrenzt wiedergeben. Diese Darstellung ist in mehrfacher Hinsicht idealisiert:

- Die Phasen sind nicht scharf abgrenzbar; sie gehen fließend ineinander über.
- Die Abfolge der Phasen ist sehr variabel. Für relativ unabhängige Teilaufgaben erfolgt eine parallele Bearbeitung. Vorgriffe (Antizipationen) und Rückkopplungen werden innerhalb eines Arbeitsschritts **(Bild 2.4)** und über größere Abschnitte hinweg notwendig.
- Inhalt und Anzahl der Phasen ändern sich in Abhängigkeit vom Entwicklungsobjekt. In der Gerätekonstruktion stellt, bedingt durch den hohen Innovationsgrad der Lösungen, die Bestimmung des technischen Prinzips und Entwurfs den Schwerpunkt dar.
- Die in der Konstruktionsaufgabe enthaltenen Vorgaben führen zur Unterscheidung verschiedener Konstruktionsarten **(Tafel 2.11)** mit charakteristischen, vom Neuheitsgrad der zu erarbeitenden Lösung abhängigen Abläufen.
- Der Einfluß technologischer Forderungen wächst mit fortschreitender Konkretisierung der Lösung u. a. in Abhängigkeit von der Stückzahl. Die Forderungen nach justier- und montagearmen Lösungen müssen bereits in der Prinzipphase Berücksichtigung finden und gelten auch bei den in der Gerätetechnik häufigen Klein- und Mittelserien.

Bedeutend für eine rationelle Durchführung des Konstruierens ist der Einsatz von Informationsspeichern **(Bild 2.5)**.

Für die Lösungsfindung sind solche Speicher zweckmäßig, die Strukturen von Bauelementen, Kopplungen und Geräten nach ihrer Funktion geordnet bereitstellen (Funktion-Struktur-Speicher [2.17]).

In den Phasen des konstruktiven Entwicklungsprozesses wiederholen sich typische Tätigkeiten **(Bild 2.6)**. Die Analyse ihrer Zeitanteile gibt Aufschluß über Rationalisierungsmöglichkeiten für den Konstruktionsbereich.

Besonders aussichtsreich sind zwei Wege:

- Erhöhung der Qualität der Entwurfs- und Berechnungsarbeiten in der Prinzip- und Gestaltungsphase, da sie Inhalt und Umfang aller nachfolgenden Arbeiten bestimmen
- Erhöhung der Produktivität der Unterlagenerstellung (Zeichnen, Vervielfältigen, Stücklistenschreiben u. ä.).

Die Stellung des Menschen bei der Durchführung des KEP erfährt Veränderungen. Durch den Einsatz von Methoden, Programmen und technischen Hilfsmitteln wird er von Routinearbeit entlastet. Der Grad dieser Arbeitsteilung kann als ein Maß für das Entwicklungsniveau und die Arbeitsproduktivität im Konstruktionsbereich betrachtet werden.

2.1.2.3. Nomenklaturstufen

Für die Organisation, Leitung und Kontrolle der Konstruktionsarbeit ist in der DDR mit der „Nomenklatur der Arbeitsstufen und Leistungen von Aufgaben des Planes Wissenschaft und Technik" [2.76] eine gesetzliche Regelung gegeben **(Tafel 2.12)**, die eine straffe Durchführung von Entwicklungsaufgaben ermöglicht. Sie ist in den Betrieben durch „Überleitungsordnungen" für die spezifischen Bedingungen der Entwicklungsobjekte und des Entwicklungs- und Produktionsablaufs konkretisiert. Dazu gehören Festlegungen über Zwischenverteidigungen, Präzisierungen der in einer Arbeitsstufe zu erbringenden

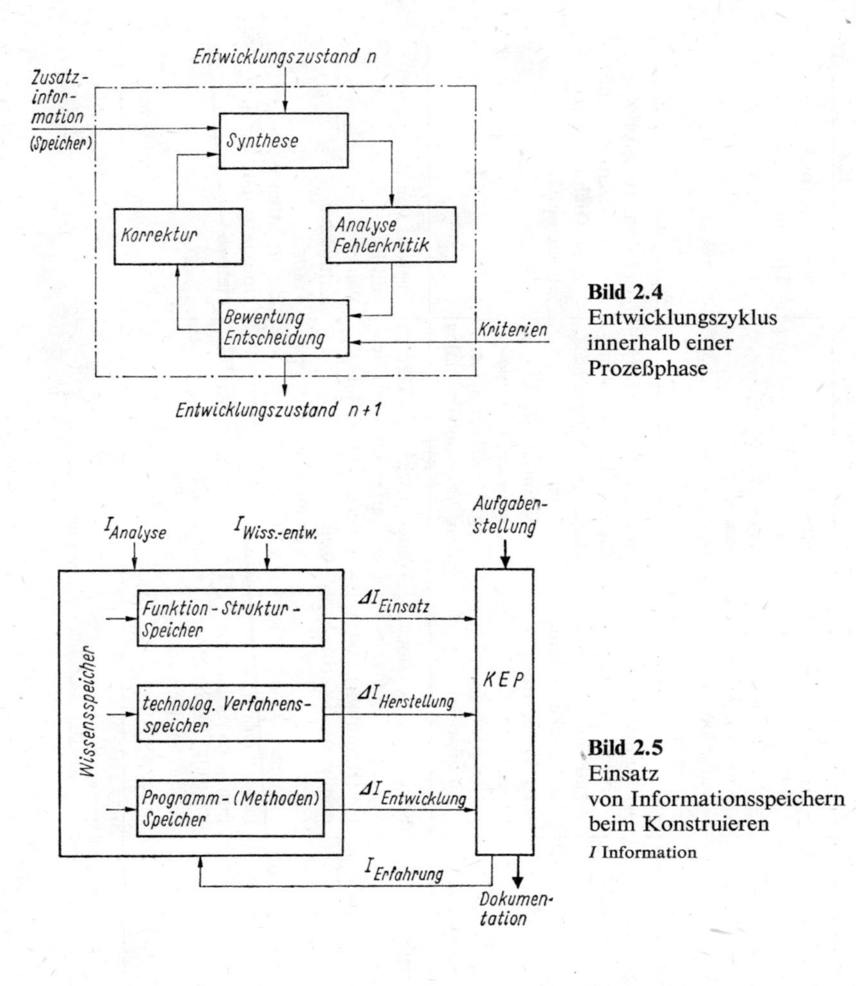

Bild 2.4
Entwicklungszyklus
innerhalb einer
Prozeßphase

Bild 2.5
Einsatz
von Informationsspeichern
beim Konstruieren
I Information

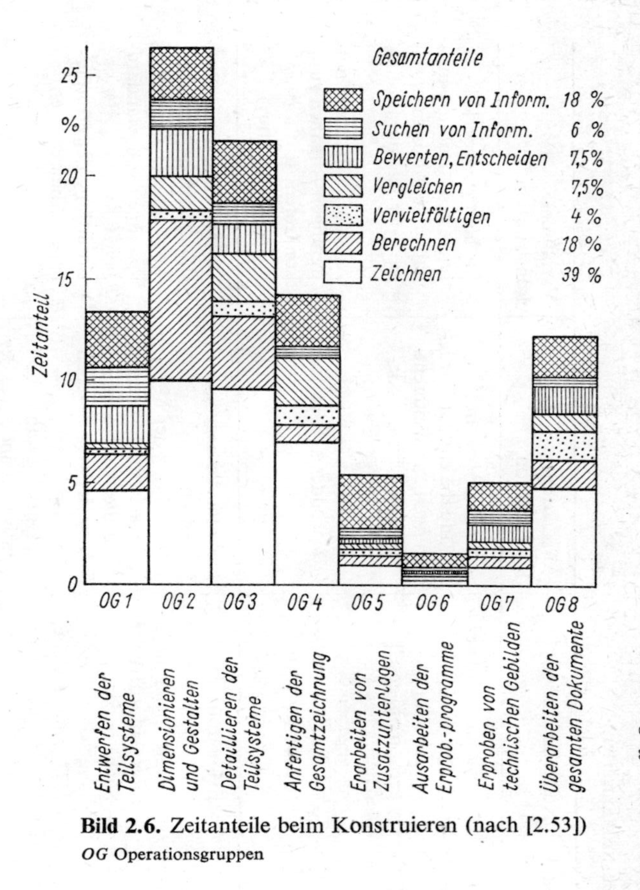

Bild 2.6. Zeitanteile beim Konstruieren (nach [2.53])
OG Operationsgruppen

Tafel 2.11. Konstruktionsarten

Konstruktionsart		Neukonstruktion	Anpassungs-konstruktion	Varianten-konstruktion
Inhalt der Konstruktions-aufgabe		– Struktur unbekannt – Aufgabenstellung oft nur sehr allgemein als gesellschaftliches Bedürfnis gegeben – keine Lösungsvorschläge gegeben	– Struktur bekannt – Aufgabe enthält Forderungen zur Weiterentwicklung bzw. Änderung der gegebenen Lösung – Vorbilder z.T. bekannt	– für häufig wiederkehrende Konstruktionsaufgaben liegt Lösungsprinzip oder Standardlösung vor – Aufgabe enthält alle notwendigen Angaben zur konkreten Ausführung der Konstruktion
Typische Konstruktions-tätigkeiten		– Erkundung des Einsatzgebiets – exakte Ermittlung aller Anforderungen – Suche neuer Lösungen – z.T. umfangreiche Laborerprobungen	– Kritik der gegebenen Lösung – Ermittlung der Möglichkeiten und Grenzen für die Weiterentwicklung des vorhandenen Prinzips – qualitative und quantitative Veränderung der Struktur zur Anpassung an die Forderungen	– Überprüfung der Vollständigkeit der Angaben – Auswahl und Zusammenfügen von Standardelementen – Ermittlung der erforderlichen Abmessungen
Hilfs-mittel	Methoden	– Applikations-forschung – Trendanalyse – Kombination – Variation – Ideenfindung	– Fehlerkritik – Variation – Dimensionierungs-rechnungen – Optimierung	– Katalogprojektierung – Dimensionierungs-rechnungen
	technische Mittel	– Informations-speicher für physikalische Effekte und technische Prinzipe – EDV-Einsatz begrenzt (Berechnung, Simulation)	– Informationsspeicher für Bauelemente, Werkstoffe, technologische Parameter – EDV-Einsatz für Berechnungen, Optimierung, Unterlagenerstellung, Variation im Dialog	– Projektierungskataloge – EDV-Einsatz mit und ohne Dialog (AKV-Systeme)[1]
Beispiele		Sonderkonstruktion auf speziellen Gebieten (Raumfahrt, Astronomie, Automatisierung) Übergang zu einer neuen Gerätegeneration (Analog/Digital-Technik, Ersatz mechanischer Prinzipe durch elektronische)	Weiterentwicklung aller Gerätearten mit dem Ziel – höhere Leistungsfähigkeit – Vereinfachung der Herstellung Zusammenfügen von Einzelgeräten zu Gerätesystemen	Entwurf von Baugruppen und Einzelteilen: Wellen Zahnräder Transformatoren Leiterplatten Optikfassungen Getriebe

[1]) EDV Elektronische Datenverarbeitung
AKV Automatische kundenwunschabhängige Vorbereitung der Produktion

Tafel 2.12. Nomenklaturstufen[1])

a) Übersicht

Phasen und Arbeitsstufen		Grundlagen-forschung	Angewandte Forschung	Entwicklung und Einführung von Erzeugnissen			Verfahren			EDV Projektierung	Zentralisierte Fertigungen
Vorbereitung	Aufgabenstellung	G1	A1	K1			V1			E1	ZF1
Durchführung	Lösungsweg	G2	A2	K2			V2			E2	ZF2
	Erarbeiten der Lösung	G3	A3	K3 K4	K6 K7	K9	V3 V4	V6 V7	V9	E3	ZF3
	Nachweis der Reproduzierbarkeit			K5	K8	K10	V5	V8	V10	E4	
	Freigabe zur Produktion bzw. zur Nutzung	G4	A4	K 5/0	K 8/0	K 10/0	V 5/0	V 8/0	V 10/0	E5	
Produktionseinführung		–	–	K11			V11			E6	ZF4

b) Arbeitsstufen zur Entwicklung und Einführung von Erzeugnissen (K1 ... K11, Auszug)

Arbeitsstufe	Kurzzeichen	Erfüllungsnachweis
Ausarbeitung der Aufgabenstellung	K1	bestätigtes Pflichtenheft
Erarbeitung des Lösungswegs und Präzisierung der Aufgabenstellung	K2	bestätigtes präzisiertes Pflichtenheft, bestätigtes Arbeitsprogramm
Erarbeitung der konstruktiven und technologischen Lösung für den Bau des Funktionsmusters	K3	Fertigungsdokumentation für Funktionsmuster, Erprobungsprogramm
Bau des Funktionsmusters	K4	Funktionsmuster
Erprobung der konstruktiven Lösung und Nachweis der Reproduzierbarkeit der Funktion	K5	bestätigter Erprobungsbericht, präzisiertes Arbeitsprogramm
(Freigabe zur Produktion)	K5/0	(s.u.)
Vorbereitung des Baus des Fertigungsmusters/der Errichtung des Experimentalbaus	K6	Fertigungsdokumentation – Fertigungsmuster/Experimentalbau, Erprobungsprogramm
Bau des Fertigungsmusters/Errichtung des Experimentalbaus	K7	Fertigungsmuster bzw. Experimentalbau
Erprobung des Fertigungsmusters/ Experimentalbaus und Nachweis der Fertigungsreife	K8	bestätigter Erprobungsbericht, ggf. Fertigungsdokumentation – Nullserie
(Freigabe zur Produktion)	K8/0	(s.u.)

[1]) Nomenklaturstufen sind in der DDR gesetzlich geregelt, in der BRD und anderen westeurop. Ländern i. allg. gemäß betriebsinterner Festlegung nach [2.82] ... [2.87] u. a.

Tafel 2.12. Nomenklaturstufen (Fortsetzung)

b) Arbeitsstufen zur Entwicklung und Einführung von Erzeugnissen (K1 ... K11, Auszug)

Arbeitsstufe	Kurzzeichen	Erfüllungsnachweis
Bau der Nullserie unter den Bedingungen der künftigen Serienproduktion	K9	Nullserienerzeugnisse
Erprobung der Nullserienproduktion und Nachweis der Serienproduktionsreife	K10	bestätigter Erprobungsbericht
(Freigabe zur Produktion)	K10/0	(s. u.)
Mitwirkung bei der Einführung in die Produktion	K11	Abnahmeprotokoll der TKO[1]) über die im Plan der Einführung festgelegte Warenproduktion
Freigabe zur Produktion:		
auf Grundlage des Funktionsmusters (Einzelfertigung)	K5/0	Fertigungsdokumentation – Produktion, bestätigter FE-Bericht
auf Grundlage des Fertigungsmusters/des Experimentalbaus (Serienfertigung)	K8/0	
auf Grundlage der Nullserie (Großserien- und Massenfertigung)	K10/0	

[1]) TKO Technische Kontrollorganisation in Betrieben der DDR

Leistungen, Kriterien für die Produktionsreife der Entwicklung, Kompetenzen u. a. Derartige Festlegungen können jedoch nur günstige äußere Bedingungen für die Lösung von Konstruktionsaufgaben schaffen. Sie werden erst durch eine zielgerichtete systematische Arbeitsweise des Konstrukteurs wirksam.

Die methodischen Arbeitsschritte nach Tafel 2.9 können deshalb Grundlage für die Problembearbeitung in allen Arbeitsstufen der Nomenklatur sein. Ihr Inhalt und ihre Folge werden durch die Zielstellung der jeweiligen Nomenklaturstufe bestimmt.

Für die Geräteentwicklung ist es typisch, daß große Teile der Entwicklungsarbeit in den A-Stufen geleistet werden. Oft gelingt es, die während dieser Tätigkeit aufgebauten Labormuster so weit funktionssicher zu gestalten, daß sich die nachfolgenden Konstruktionsstufen auf eine Anpassung an technologische und andere Forderungen einschränken. Vor allem bei Neuentwicklungen von Präzisionsgeräten oder auch von elektronischen Geräten wird die Prinzipfindung bis hin zu Vorschlägen für den technischen Entwurf in Labors während der „angewandten" Forschung unter Mitwirkung von Physikern, Mathematikern, Elektronikern und anderen Fachleuten bearbeitet. Man erreicht damit eine Beschleunigung des Entwicklungsablaufs.

2.2. Methoden

Als Methode wird ein System von Regeln bezeichnet, das die Verfahrensweise zur Lösung von Aufgaben in einem bestimmten Bereich festlegt.

Die bisherigen Bemühungen konstruktionswissenschaftlicher Arbeiten führten zu einem gesicherten Fundus von Methoden für alle Arbeitsschritte des Konstruierens. Bereits bei der Entwicklung der Konstruktionssystematik [2.4] [2.2] [2.50] wurde deutlich, daß man für die Anwendung von Methoden bestimmte Voraussetzungen zu beachten hat. Sie sind durch die systematische Heuristik klar formuliert [2.3]:

- Da Methoden stets verallgemeinerte Regeln enthalten, ist für eine erfolgreiche Arbeit die Anpassung von Methode und Problem erforderlich. Zunächst muß man den Kern des vorliegenden Problems erkennen, woraufhin die Auswahl einer Methode möglich wird. Danach lassen sich die Abstraktionen der Methode mit den Informationen des konkreten Problems belegen, um ggf. die Verfahrensweise zu modifizieren.
- Eine zweite Voraussetzung ist die Anpassung von Methode und Bearbeiter. Bei der Ausarbeitung von Methoden werden ein bestimmtes Wissensniveau und die Beherrschung bestimmter Routinen beim Bearbeiter vorausgesetzt. Die rationelle Anwendung einer Methode hängt deshalb von der Erfahrung und Übung im Umgang mit ihr ab. Jeder Anwender ist gut beraten, wenn er sich bemüht, das Prinzip der Methode zu erkennen und ohne zu strenge Bindung an die einzelnen Vorschriften das Problem zu bearbeiten.

Die Effektivität des Vorgehens ist durch den Grad an Routine des Bearbeiters und durch den Stand der logischen Aufklärung eines Problembearbeitungsprozesses charakterisiert. Die in den nachfolgenden Abschnitten besprochenen Methoden stellen eine Auswahl dar, die vor allem zur Herausbildung einer systematischen Arbeitsweise des Konstrukteurs beitragen sollen. Ein solches schrittweises (diskursives) Vorgehen ist u.a. die Voraussetzung, um Rechentechnik, Informationsspeicher sowie andere Rationalisierungsmittel beim Konstruieren einsetzen zu können.

2.2.1. Elementare Methoden

Die Darstellungen im Abschnitt 2.1. haben bereits gezeigt, daß bei der Analyse und Synthese technischer Gebilde bestimmte gedankliche Operationen immer wieder vorkommen. Zu ihnen gehören das Abstrahieren und das Klassifizieren.

Abstrahieren. Der Begriff Abstraktion (lat.: abziehen) bezeichnet das Verfahren zur Gewinnung von Begriffen und idealen Gegenständen wie auch das Resultat dieses Verfahrens **(Tafel 2.13).** Beim Konstruieren dient es

- dem Herausheben des Wesentlichen zur Vorbereitung der Problemlösung
- der Ermittlung gemeinsamer Merkmale von Konstruktionslösungen (Klassifizierung)
- der Vereinfachung von Zusammenhängen.

Tafel 2.13. Abstraktionsarten

	Generalisierende Abstraktion	Isolierende Abstraktion	Idealisierende Abstraktion
Vorgang	Aussondern unwesentlicher Elemente und Relationen, Hervorheben der für einen bestimmten Zweck wesentlichen Merkmale	Herauslösen bestimmter Eigenschaften von Gegenständen aus einem Zusammenhang und relativ selbständige Behandlung	Schaffung begrifflicher Modelle unter Vernachlässigung von störenden Abweichungen; es entstehen ideale Gegenstände
Anwendung	Grundprinzip, Übergang von konkreten zu abstrakten Strukturbeschreibungen	Bestimmen eines Funktionselements, Modellbildung für bestimmte Eigenschaften (Schwingungen, thermisches Verhalten, Optiksystem) eines Geräts	Bildung idealisierter Elemente, wie Punktmasse, idealer Leiter, starrer Körper, ideales Lager, rein ohmscher Widerstand u.ä.

Generalisierung, Isolierung und Idealisierung werden dabei gemeinsam zweckentsprechend benutzt und sind am Ergebnis oft kaum zu trennen.

Die Wahl der Abstraktionsebene beim Konstruieren hat Einfluß auf den Lösungsvorgang. Formuliert man die Aufgabenstellung oder die Ausgangsbasis eines Syntheseschritts (die Funktion) zu allgemein, so erhält man eine große Lösungsmenge. Zu detaillierte Vorgaben können das Auffinden einer Lösung u. U. völlig in Frage stellen.

Klassifizieren. Durch die Mehrdeutigkeit beim Konstruieren entsteht die Notwendigkeit der Ordnung und Systematisierung der Lösungsmenge. Das Aufstellen eines Ordnungssystems schafft darüber hinaus die Voraussetzung, Lücken und damit neue Prinzipe zu finden.

Die Ordnung von Unterlagen, Daten und anderen Informationen ist die Grundlage für ihre Wiederfindung und Nachnutzung. Ein zweckmäßiges Ordnungssystem bildet das Hauptproblem beim Aufbau von Informationsspeichern für den KEP. Eine Klassifikation ist somit für zahlreiche Aufgaben erforderlich. Durch eine Klassifikation werden Objekte (Begriffe, Merkmale, Elemente, Funktionen u. a.) eines abgegrenzten Bereichs in ein geeignetes (zweckmäßiges) System eingeordnet.

Zur eindeutigen Einordnung eines Objekts in ein Ordnungssystem dient ein Klassifikator. Er ist eine Vorschrift, in der die Klassen durch entsprechende Merkmale definiert, wenn notwendig durch Schlüsselzahlen gekennzeichnet sowie in der festgelegten Klassifikationsstruktur angeordnet sind.

Ein Ordnungssystem kann durch eine hierarchische oder parallele (Facetten-)Klassifikation aufgebaut werden. Die hierarchische Klassifikation ermöglicht einen guten Überblick über den Objektbereich und unterstützt die Bildung eindeutiger Begriffe.

Die parallele Klassifikation eignet sich besonders für den Aufbau von Informationsspeichern, da sie eine mehrdimensionale Recherche ermöglicht und leicht erweiterbar ist. Beim Aufbau derartiger Ordnungssysteme kann man synthetisch und analytisch vorgehen [2.7].

Tafel 2.14. Leitblatt für das Grundprinzip

Funktion		Gegebenheiten	
Funktionsziel	eingrenzende Bedingungen	Elemente	Eigenschaften
....			

Erforderliche Maßnahmen

Elemente	Eigenschaften	Funktionen
....		

Entscheidend bei jeder Klassifikation ist die Bestimmung der Klassifikationsmerkmale, die durch Abstraktion gewonnen werden. Ein gutes Hilfsmittel zur Abstraktion und zur Vorbereitung einer Klassifikation für konstruktive Zwecke ist der von der Konstruktionssystematik entwickelte Gedanke des Grundprinzips [2.50]. Es enthält alle Wesensmerkmale der betrachteten Klasse technischer Gebilde in Form einer Tabelle **(Tafel 2.14).** Die Eintragungen in die Tabelle sind so vorzunehmen, daß nur qualitative Angaben über die Eigenschaften dargestellt werden **(Tafel 2.15a).**

Das Funktionsziel entspricht einer konzentrierten Aussage über die Gesamtwirkung, die in der Regel durch Angabe der Ausgangsgröße charakterisiert ist. Diese allgemeingültige Aussage ist durch eingrenzende Bedingungen zu konkretisieren, indem Hinweise auf typische andere Bestandteile der Gesamtfunktion hinzugefügt werden. Man beachte, daß die Funktionsangabe im Grundprinzip im Sinne der Definition unvollständig ist. Sie enthält nur die unbedingt geforderten Merkmale der zu realisierenden Funktion. Alle übrigen variablen Merkmale führen zu Lösungsvarianten bei der Synthese und bilden den Vorrat an unterscheidenden Merkmalen für die Klassifikation. Die Spalte Gegebenheiten enthält Angaben über Bauelemente, die nicht verändert oder abgewandelt werden können. Sie sind unerläßliche Voraussetzung für die Existenz und Funktion des technischen

Tafel 2.15. Grundprinzip und Ordnungssystem

a) Grundprinzip Festhaltungen (zum Zweck der Analyse und Definitionen wurde das Leitblatt nach Tafel 2.14 in geeigneter Weise abgewandelt)

	Durch eine Festhaltung	
Gegebenheiten	wird	ein gelagertes Teil
Funktionsziel		an einer möglichen Bewegung ① gehindert
Eingrenzende Bedingungen	und zwar	vorübergehend und in einem gewünschten Grade ②
Erforderliche Maßnahmen	wenn	1. mindestens ein weiteres Teil hinzutritt, das 2. Kräfte aufnehmend ③ und 3. ausschaltbar ist.

b) Ordnungssystem Festhaltungen (Rotation)

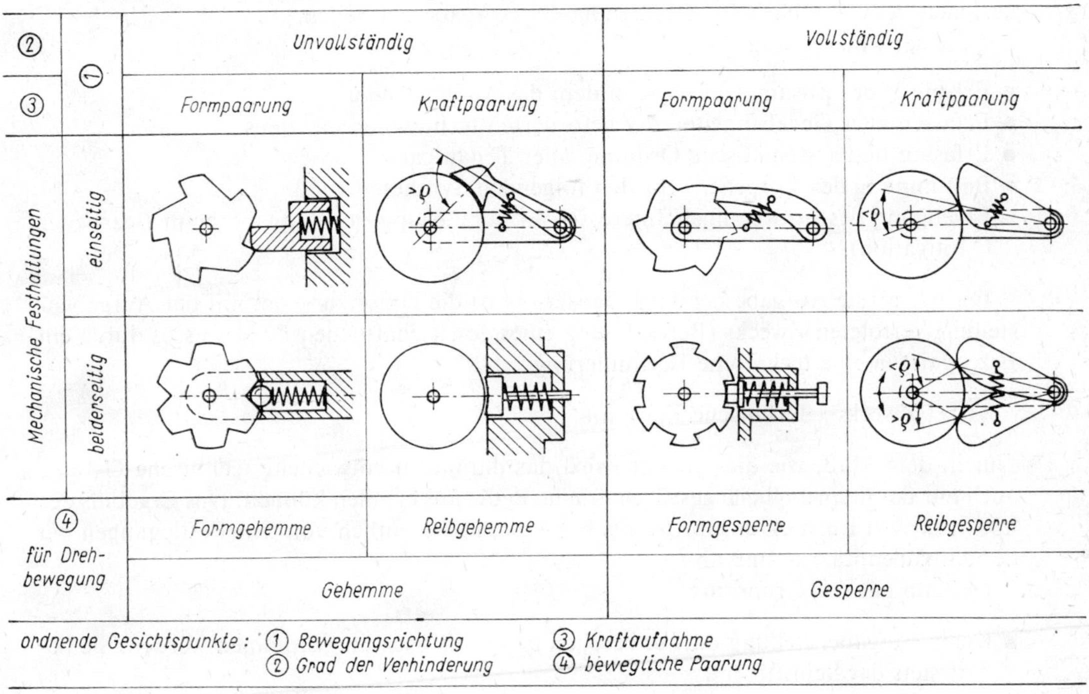

②	①	*Unvollständig*		*Vollständig*	
③		*Formpaarung*	*Kraftpaarung*	*Formpaarung*	*Kraftpaarung*
Mechanische Festhaltungen	*einseitig*		>ρ		<ρ
	beiderseitig				<ρ >ρ
④ *für Drehbewegung*		*Formgehemme*	*Reibgehemme*	*Formgesperre*	*Reibgesperre*
		Gehemme		*Gesperre*	

ordnende Gesichtspunkte: ① *Bewegungsrichtung* ② *Grad der Verhinderung* ③ *Kraftaufnahme* ④ *bewegliche Paarung*

Gebildes. Im allgemeinen sind es die funktionswichtigen Randelemente. Dieser erste Teil des Grundprinzips stellt den Kern der Aufgabe dar. Im zweiten Teil werden die erforderlichen Maßnahmen zur Lösung der Aufgabe angegeben. Sie drücken in abstrakter Form die Struktur des technischen Gebildes aus. Charakteristisch für die Maßnahmen im Grundprinzip ist ihre Abwandelbarkeit. Sie ist damit die Quelle für den Variantenreichtum an Lösungen und die Gewinnung von Klassifikationsmerkmalen zur Ordnung vorhandener Gebilde.

Bei der Analyse kann das Grundprinzip zur Vorbereitung und für den zweckmäßigen Aufbau eines Ordnungssystems benutzt werden **(Tafel 2.15b)**. Es ermöglicht, den Wesenskern einer abgegrenzten Klasse technischer Gebilde zu erfassen, zweckmäßige Benennungen abzuleiten, Ordnungsmerkmale zu gewinnen, die dem Zweck anpaßbar sind, sowie Lücken innerhalb der Klasse festzustellen.

Bei der Synthese unterstützt das Grundprinzip den Übergang Funktion–Struktur. Der Zwang zur Abstraktion impliziert eine große Lösungsvielfalt und liefert Denkanstöße für neuartige Lösungen. Es ist zu beachten, daß die Ableitung der Maßnahmen intuitiv oder durch Analyse (gebunden an Vorbilder) erfolgt, daß die Maßnahmen unterschiedliches Abstraktionsniveau haben können, daß das Grundprinzip nur eine geordnete Liste der wesentlichen Merkmale und keine ganzheitliche Beschreibung des Systems sein kann. Demzufolge ist auch keine bildliche Darstellung des Grundprinzips möglich.

2.2.2. Präzisieren von Konstruktionsaufgaben

Die Bearbeitung einer Konstruktionsaufgabe beginnt mit der Auseinandersetzung mit dem gestellten Problem.

Durch die Präzisierung soll der Konstrukteur die vorliegende Problemsituation genau erkennen und sich durch eine systematische Ordnung der gegebenen Informationen eine geeignete Ausgangsbasis für die Lösung der Aufgabe erarbeiten.

Ziele der Präzisierung sind

- Erkennen des Zusammenhangs, in dem die Aufgabe steht
- Erfassen aller Gegebenheiten des geforderten technischen Gebildes
- Erfassen und systematische Ordnung aller Teilaufgaben
- Bestimmung des Vorgehens für den folgenden Syntheseprozeß
- Erzeugung des notwendigen Interesses an der Lösung der Aufgabe beim Bearbeiter (Motivation).

Die wichtigste Aufgabe bei der Präzisierung ist die Umsetzung des mit der Aufgabenstellung verfolgten Zwecks (Befriedigung eines gesellschaftlichen Bedürfnisses durch ein Erzeugnis) in eine technische Formulierung:

$$\text{Zweck} \rightarrow \text{technische Funktion.}$$

Nur in dem Maß, wie dies gelingt, wird das daraufhin entwickelte technische Gebilde auch nur das ursprüngliche gesellschaftliche Bedürfnis erfüllen können. Das Ergebnis des konstruktiven Entwicklungsprozesses hängt somit wesentlich von den Festlegungen bei der Aufgabenpräzisierung ab.

Deshalb gilt der Grundsatz:

■ Keine Aufgabenstellung darf unbesehen und unkritisch hingenommen werden. Sie bedarf stets der Schriftform.

Konstruktionsaufgaben entstehen in der Regel außerhalb des Konstruktionsbereichs bei der Marktforschung, durch den Kundendienst, bei prognostischen Untersuchungen und bei der Wirtschaftsplanung. Umfang, Genauigkeit und Zuverlässigkeit der Angaben streuen sehr.

Im allgemeinen ist eine Konstruktionsaufgabe durch folgende Merkmale charakterisiert:

- Sie enthält Informationen über Umgebung, Funktion und Struktur als Gegebenheiten oder Forderungen.
- Sie beschreibt eine Problemsituation:
  - Die Aufgabe ist in einen gesellschaftlichen und technischen Zusammenhang eingebettet.

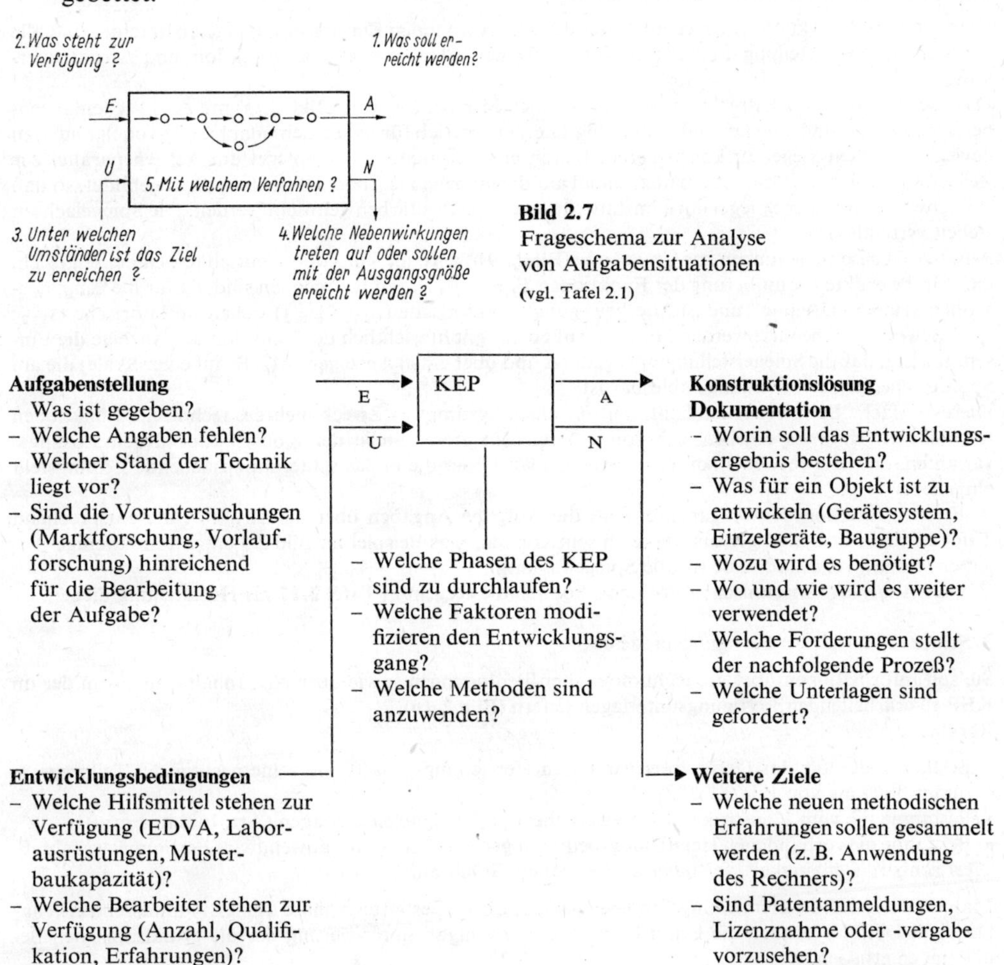

2. Was steht zur Verfügung ?
1. Was soll erreicht werden?
E
A
U
N
5. Mit welchem Verfahren ?
3. Unter welchen Umständen ist das Ziel zu erreichen ?
4. Welche Nebenwirkungen treten auf oder sollen mit der Ausgangsgröße erreicht werden ?
Aufgabenstellung
– Was ist gegeben?
– Welche Angaben fehlen?
– Welcher Stand der Technik liegt vor?
– Sind die Voruntersuchungen (Marktforschung, Vorlaufforschung) hinreichend für die Bearbeitung der Aufgabe?
KEP
E
A
U
N
Konstruktionslösung
Dokumentation
– Worin soll das Entwicklungsergebnis bestehen?
– Was für ein Objekt ist zu entwickeln (Gerätesystem, Einzelgeräte, Baugruppe)?
– Wozu wird es benötigt?
– Wo und wie wird es weiter verwendet?
– Welche Forderungen stellt der nachfolgende Prozeß?
– Welche Unterlagen sind gefordert?
– Welche Phasen des KEP sind zu durchlaufen?
– Welche Faktoren modifizieren den Entwicklungsgang?
– Welche Methoden sind anzuwenden?
Entwicklungsbedingungen
– Welche Hilfsmittel stehen zur Verfügung (EDVA, Laborausrüstungen, Musterbaukapazität)?
– Welche Bearbeiter stehen zur Verfügung (Anzahl, Qualifikation, Erfahrungen)?
– Welcher Entwicklungszeitraum ist vorgesehen?
– Welche Kooperationsmöglichkeiten bestehen?
– Wie ist die Materialsituation in der Entwicklungsphase?
Weitere Ziele
– Welche neuen methodischen Erfahrungen sollen gesammelt werden (z.B. Anwendung des Rechners)?
– Sind Patentanmeldungen, Lizenznahme oder -vergabe vorzusehen?
– Sind Teil- oder Zwischenergebnisse für andere Arbeiten zu erwarten?
– Soll eine Qualifizierung von Mitarbeitern bei der Bearbeitung erreicht werden?

Bild 2.7
Frageschema zur Analyse von Aufgabensituationen (vgl. Tafel 2.1)

Bild 2.8. Analyse des konstruktiven Entwicklungsprozesses (KEP)

Tafel 2.16. Vorgehensweise bei der Aufgabenpräzisierung

---

1. Schritt: Analyse des KEP

Bei Übergabe der Aufgabenstellung ist es zunächst ratsam, sich global mit der Aufgabe ohne Beachtung der technischen Details zu befassen und sie einzuordnen. Dabei geht man von den Eingangs- und Ausgangsgrößen des zu vollziehenden Konstruktionsprozesses aus. Die Fragen des Schemas können in der im **Bild 2.8** enthaltenen Zusammenstellung wichtige Anhaltspunkte liefern.
Die Angaben über den zu vollziehenden Konstruktionsvorgang sind in dieser Situation nicht vollständig bestimmbar. In der Regel sind die Angaben über das Entwicklungsergebnis nicht ausreichend. Dazu sind Informationen aus anderen Problemschichten heranzuziehen. Die offenen Fragen werden zurückgestellt und zunächst die technischen Forderungen untersucht.

2. Schritt: Analyse des technischen Problems

Hierbei werden das künftige Erzeugnis unter den zu erwartenden Einsatzbedingungen betrachtet und alle aus der Aufgabenstellung ableitbaren Informationen über Umgebung, Funktion und Struktur ermittelt.
Dazu sei ein einfaches Beispiel betrachtet: Für einen Monochromator **(Bild 2.9a)** mit zwei Wellenlängenbereichen λ_1, λ_2 sind eine koaxiale Lagerung und der Antrieb für die beiden unabhängig voneinander zu bewegenden Planspiegel zu konstruieren. Durch eine Kippung φ der Spiegel um Achsen parallel zur Zeichenebene wird der Eintrittsspalt zweimal auf den danebenliegenden Austrittsspalt abgebildet, so daß bei Schwenkungen der Spiegel um δ im Austrittsspalt Spektralfarben gemischt werden. Die Spiegelachsen stehen vertikal.
Aus den Wechselbeziehungen zur Umgebung **(Bild 2.9b)** wird die Funktion ermittelt (c). Dabei zeigt sich, daß für die exakte Formulierung der Funktionen F_1 und F_4 Varianten möglich sind, da für die Eingangsgrößen „Handbetätigung" und „Justierbewegung" rotatorische ($\alpha_{1,2}$; $\psi_{1,2}$) oder translatorische ($s_{1,2}$; $l_{1,2}$) Bewegungen benutzt werden können. Außerdem gilt hinsichtlich der Funktion der Anzeige die Einschränkung, daß die Spiegelstellung $\delta_{1,2}$ genutzt und über einen Anzeigeweg (z.B. auf einer Skale) die am Spalt erscheinende Wellenlänge ablesbar ist.
Dieses einfache Beispiel verdeutlicht, daß für einen bestimmten Zweck mehrere technische Funktionen formulierbar sind. Es ergeben sich somit bereits an dieser Stelle der Konstruktionsarbeit Lösungsvarianten, über die entweder sofort entschieden wird oder die in das später aufzusuchende Lösungsfeld eingehen.
Außer den funktionellen Angaben enthält die Aufgabe Angaben über die Struktur, die entsprechend Tafel 2.7 mehr oder weniger umfangreich sein können. Das Beispiel im Bild 2.9 enthält nur wenige Angaben (Raum, Anschlußmaße für die Spiegelfassung).
Für die Analyse des technischen Problems können die Regeln in **Tafel 2.17** als Hilfestellung dienen.

3. Schritt: Analyse des Fertigungsprozesses

Sie soll Informationen über die technologischen Bedingungen sowie über Art, Inhalt und Form der im KEP zu erarbeitenden Fertigungsunterlagen liefern **(Bild 2.10).**
Regeln:

- Bestimme den für das Gerät zu erwartenden Herstellungsprozeß und seine wichtigsten Teilprozesse (unter Nutzung von Bild 2.7)!
- Bestimme die vom Konstrukteur bereitzustellenden Fertigungsunterlagen (Art, Inhalt, Form)!
- Bestimme die vorhandenen Herstellungsbedingungen (Fertigungsart, anwendbare Fertigungsverfahren, erreichbare Genauigkeit, verfügbare Materialien, Stückzahl)!

Man beachte, daß die Herstellungsforderungen erst in der Gestaltungsphase des KEP umfassend erkennbar sind. Deshalb können die Ermittlungen bei der Aufgabenpräzisierung nur die grundsätzlichen Bedingungen erfassen.

Neben dem Einsatz und der Herstellung müssen je nach Aufgabenstellung weitere Bereiche, wie Transport, Inbetriebnahme, Wartung u.a., in gleicher Weise analysiert werden. Bei dieser Tätigkeit ist zu berücksichtigen, daß alle technischen Gegebenheiten in einem ökonomischen Bedienungsfeld stehen. Hinsichtlich der Ökonomie sind mit dem Aufgabensteller festzulegen:

- Kennwerte der Gebrauchseigenschaften
- Preis
- Selbstkosten, Material- und Energiekosten

Tafel 2.16. (Fortsetzung)

- Gebrauchswert–Preis-Verhältnis
- Anwenderaufwand
- Nutzeffekt für Entwickler, Hersteller und Anwender
- Kennwerte für die Zuverlässigkeit
- Devisenerlös
- Beginn und Ende der Marktperiode
- Entwicklungsdauer u.a.

Die Gebrauchswert-Kosten-Analyse (TGL 28919, VDI 2801, 2802 [2.86]) gibt hierzu die notwendigen methodischen Hinweise.
Wenn alle Gegebenheiten erfaßt sind, kann man zu den offenen Fragen des ersten Präzisierungsschritts zurückkehren. Dem Analyseteil der Präzisierung folgt nun die Auswertung und die Planung der Aufgabenlösung.

4. Schritt: Zusammenstellen von Teilaufgaben

Es sind die zur Lösung der Konstruktionsaufgabe notwendigen Teilaufgaben zu formulieren. Alle bei der Analyse der Problemschichten festgestellten Defekte führen zu Teilaufgaben. Für die Untergliederung der Gesamtaufgabe gibt es folgende Gesichtspunkte:

a) technische (Funktion, Struktur, Herstellung u.ä.)
b) methodische (Arbeitsstufen des KEP)
c) arbeitsorganisatorische (Spezialisten, die an der Aufgabe mitarbeiten, Bereitstellung von Hilfsmitteln, Musterbaukapazität, Kooperationsleistungen u.ä.)
d) zeitliche (Termine für Zwischenergebnisse, Überleitung).

Teilaufgaben werden in einer Tabelle zusammengestellt. **Tafel 2.18** zeigt für das behandelte Beispiel einen Vorschlag, der sich auf technische Teilaufgaben beschränkt.
In den Industriebetrieben sind organisatorische Regelungen in Verbindung mit den Nomenklaturstufen gemäß Tafel 2.11 zur Erfassung der präzisierten Angaben in Pflichtenheften getroffen. Außerdem haben sich für abgegrenzte Aufgabenbereiche Leitblätter, Frage- oder Checklisten als nützlich erwiesen [2.1] [2.5]. Bei der Formulierung der Teilaufgaben oder der Anforderungsliste sind die Analyseergebnisse zu bewerten. Man unterscheidet:

- Festforderungen, die unter allen Umständen zu erfüllen sind
- Mindest- und Sollforderungen, die mit bestimmten Abweichungen zu erfüllen sind
- Wünsche, die nach Möglichkeit erfüllt werden sollen, u.U. auch, wenn damit ein Mehraufwand verbunden ist
- Ziele, die hinsichtlich bestimmter Entwicklungstendenzen zu berücksichtigen sind, um sie bei späteren Entwicklungen zu realisieren.

Zur Fundierung der Aufgabenpräzisierung werden auch Weltstandsvergleiche mit Konkurrenzerzeugnissen notwendig. Sie liefern wertvolle Hinweise bei der Festlegung der Leistungsparameter und der ökonomischen Ziele.

5. Schritt: Bestimmen des Vorgehens bei der Aufgabenlösung

Im letzten Schritt ist der Arbeitsplan aufzustellen. Die ermittelten Teilaufgaben sind unter Berücksichtigung der Entwicklungsphasen des Konstruktionsprozesses in eine zweckmäßige Folge zu bringen.
Regeln:

- Bestimme eine Rangfolge der Teilaufgaben (beachte dabei sachliche Abhängigkeit und Wichtigkeit der Teilaufgaben für die Gesamtlösung)!
- Bestimme die für die Lösung der Teilaufgaben notwendigen Voraussetzungen (Literatur, technische und methodische Hilfsmittel u.a.)!
- Vernetze die Teilaufgaben in ihrer zeitlichen Folge (Darstellung in einem Ablauf- oder Netzplan)!
- Bestimme die notwendigen Bearbeitungszeiten!

Bild 2.11 zeigt ein Beispiel für einen Arbeitsplan.

Tafel 2.17. Regeln zur Analyse des technischen Problems bei der Aufgabenpräzisierung

1.	Bestimme den Zweck des technischen Gebildes! • Grenze das System ab! • Formuliere seine technische Aufgabe verbal! • Definiere den Einsatzbereich!
2.	Präzisiere die Angaben über die Funktion! a) Wechselbeziehungen zur Umgebung – Bestimme die Systeme der Umwelt! – Ermittle E und A aus den Wechselbeziehungen mit dem Menschen, mit anderen technischen Gebilden und den umgebenden Medien! – Bestimme Wertebereiche und Toleranzen für E und A! – Erfasse alle Details! b) Interner Funktionsablauf – Bestimme gegebene und geforderte Teilfunktionen! – Bestimme funktionswichtige Strukturparameter! – Bestimme mögliche Zustände! – Ermittle die Zuordnung zwischen E und A! – Beachte gegebene physikalische Effekte und mathematische Beziehungen! c) Ordnung der Funktionsmenge – Unterscheide E_f und E_n, A_f und A_n! – Bestimme Abhängigkeiten zwischen den Funktionen! – Bewerte die Funktionen nach ihrer Wichtigkeit für den Zweck (Haupt-, Nebenfunktionen u.ä.)! – Bestimme den Grad der Unvollständigkeit der Funktionsangaben und leite Teilaufgaben ab!
3.	Präzisiere die Angaben über die Struktur! • Bestimme den Charakter der zu entwickelnden Struktur (BE, BG, selbständiges Gerät)! • Bestimme die gegebenen Strukturbestandteile (Elemente, Kopplungen – interne und solche zur Umwelt –, Anordnungen), beachte dabei die verschiedenen Abstraktionsebenen der Strukturbeschreibung! • Ermittle Angaben über die Struktur aus der Umwelt (räumliche Bedingungen, Anschlußmaße u.ä.)!

Tafel 2.18. Teilaufgaben für die Aufgabenstellung im Bild 2.9a
($F_1 \cdots F_4$ s. Bild 2.9c)

Nr.	Teilaufgabe	Gegebenheiten und Forderungen	Bemerkungen
1	Antriebseinrichtung	F_1: $\delta = 20° \pm 2''$, Begrenzung durch harten Anschlag, Feinfühligkeit $F_ü = 1°/2'' = 3600/2$	z.B. – Bearbeitungszeit – benötigte Hilfsmittel – verantwortlicher Bearbeiter – Kontrolltermine und Zwischenergebnisse – Kosten
2	Anzeigeeinrichtung	F_2: Gesamtbereich 4000 Skt. Reproduzierbarkeit: $2''$	
3	Spiegellagerung	F_3: Achsen koaxial und vertikal, nicht umlaufende, langsame Bewegung $\delta = 20° \pm 2''$	
4	Halterung und Justierung der Spiegel	F_4: Spiegelgröße und -masse beachten	
5	Eichkurven	Dispersionsprismen aus Quarz ($\varkappa = 60°$) und Steinsalz ($\varkappa = 50°$) gesucht: $\alpha(\lambda)$ bzw. $\delta(\lambda)$	

- Die Situation ist durch Widersprüche, Lücken, Mängel (Defekte) gekennzeichnet.
- Für die Lösung der Aufgabe muß ein Bedürfnis vorliegen.
- Das technische Problem impliziert Probleme in anderen Bereichen (Herstellung, Vertrieb usw.); die Problemsituation ist stets mehrschichtig.

Die Präzisierung einer Konstruktionsaufgabe erfolgt durch Analyse der mit ihr gegebenen Problemsituation. Dabei hat der Konstrukteur nicht nur den gegebenen Zustand, sondern auch alle während der Entstehung und Existenz des zu entwickelnden Geräts eintretenden Bedingungen (s. Tafel 2.2) gedanklich vorauszubestimmen. Für die Analyse der Prozesse hat sich das Frageschema [2.3] nach **Bild 2.7** bewährt. Die Vorgehensweise bei der Präzisierung zeigt **Tafel 2.16.** Sie führt zu umfangreichen und detaillierten Angaben. Bei der nachfolgenden Synthese werden jedoch neue Bedingungen erkennbar, wodurch sich Ergänzungen oder Korrekturen ergeben. Somit ist die Arbeit an der Aufgabenpräzisierung mit dem Übergang zur nächsten Phase nicht abgeschlossen, sondern ist systematisch fortzusetzen.

2.2.3. Synthesemethoden

Der Begriff Synthese (griech.; Zusammenfassung, Verknüpfung) bezeichnet ein Verfahren, das in der praktischen oder gedanklichen Verbindung einzelner Elemente zu einem Ganzen besteht. Syntheseaufgaben treten in allen Phasen des Konstruktionsprozesses auf. Im folgenden sollen Methoden besprochen werden, die der Lösungsfindung dienen. Grundlage dafür sind nach [2.2] drei Axiome der Konstruktionswissenschaft:

1. Ganzheitsaxiom (Aufbaubedingung). Jede Konstruktionslösung ist nach Form, Inhalt und Wirkung durch ihre Elemente und deren Relationen bestimmt.
2. Fehleraxiom. Jede Konstruktionslösung ist fehlerbehaftet. Der Fehler resultiert aus Mängeln beim gedanklichen Vorausbestimmen und bei der stofflichen Realisierung.
3. Zeitwertaxiom. Jede Konstruktionslösung wird im Lauf der Zeit durch eine bessere abgelöst (moralischer Verschleiß).

Diese Sätze fixieren den Standpunkt, von dem aus der Konstrukteur an die Entwicklung und Beurteilung seiner Lösung herangehen muß.

2.2.3.1. Ermitteln der Gesamtfunktion

Bei der Neuentwicklung von Erzeugnissen sowie bei Weiterentwicklungen mit dem Ziel, neue Prinzipe zu verwenden, ist es erforderlich, für die Lösungsfindung eine solche Ausgangsposition zu schaffen, die sich von bekannten Vorbildern löst, Konventionen und „Betriebsblindheit“ überwinden hilft. Dazu ist eine entsprechende Abstraktion notwendig. Als Ergebnis der Aufgabenpräzisierung liegen detaillierte Angaben über die Gesamtfunktion vor (Beispiel s. Bild 2.9b, c). Es ist nicht möglich, für diese komplexe Gesamtfunktion den Übergang zur Struktur zu vollziehen. Wesentliches und Nebensächliches stehen noch gleichberechtigt nebeneinander. Die Abstraktion erfolgt schrittweise:

1. Vernachlässigung nichtfunktionsrelevanter Größen
   Nach Abschnitt 2.2.2. können die Funktionen F_3 $(F_{sp1,2} \rightarrow F_{Gest})$ und F_4 $(\psi_{1,2} \rightarrow \varphi_{1,2})$ im Bild 2.9 zunächst unberücksichtigt bleiben.
2. Vernachlässigung quantitativer Angaben
   Wichtige qualitative Relationen zwischen den Größen, die aus den quantitativen Angaben folgen, müssen erfaßt werden ($\delta \ll \alpha$).

3. Vernachlässigung von Merkmalen der funktionswichtigen Eingangs- und Ausgangsgrößen
   Im Beispiel handelt es sich um zwei gleichartige Lagerungen und Antriebe für die beiden Planspiegel. Für die Lösung der Syntheseaufgabe genügt es, sich bis auf weiteres auf ein System zu beschränken.

Als Hilfsmittel kann bei diesen Überlegungen die Methode des Grundprinzips (s. Abschnitt 2.2.1.) – die Formulierung des Funktionsziels und der eingrenzenden Bedingungen – benutzt werden.

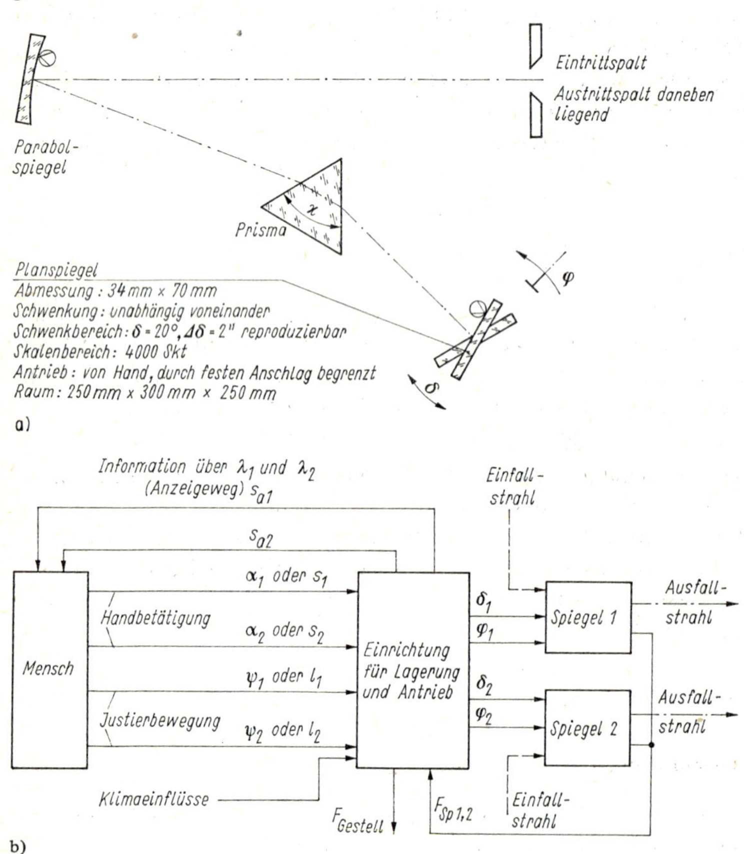

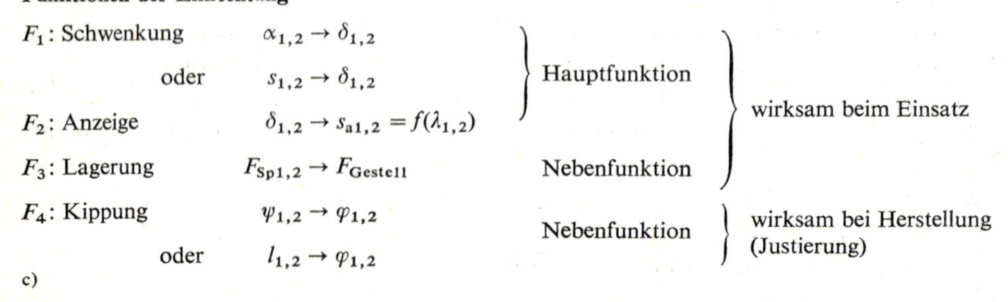

Funktionen der Einrichtung

F_1: Schwenkung	$\alpha_{1,2} \to \delta_{1,2}$	Hauptfunktion	wirksam beim Einsatz
oder	$s_{1,2} \to \delta_{1,2}$		
F_2: Anzeige	$\delta_{1,2} \to s_{a1,2} = f(\lambda_{1,2})$		
F_3: Lagerung	$F_{Sp1,2} \to F_{Gestell}$	Nebenfunktion	
F_4: Kippung	$\psi_{1,2} \to \varphi_{1,2}$	Nebenfunktion	wirksam bei Herstellung (Justierung)
oder	$l_{1,2} \to \varphi_{1,2}$		

c)

Bild 2.9. Ermittlung der Funktion bei der Aufgabenpräzisierung
(Aufgabe Planspiegelverstelleinrichtung; s. Tafel 2.16, 2. Schritt)
a) Aufgabenstellung; b) Wechselbeziehungen zur Umwelt; c) ermittelte Funktionen

Das Formulieren der Gesamtfunktion dient der Vorbereitung der Synthese. Die vernachlässigten Größen bzw. Teilfunktionen müssen im Verlauf der Entwicklung wieder hinzugefügt werden. Die verallgemeinerte Gesamtfunktion läßt sich auch zur Suche von Lösungen mit ähnlichen Funktionen benutzen.

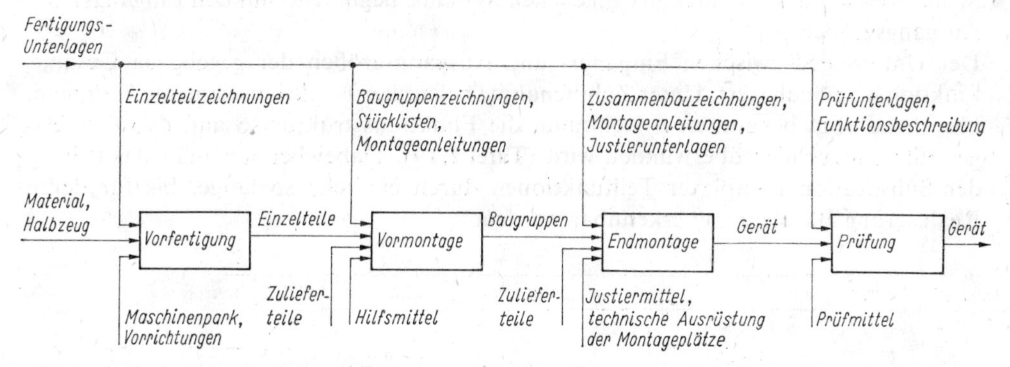

Bild 2.10. Analyse des Fertigungsprozesses

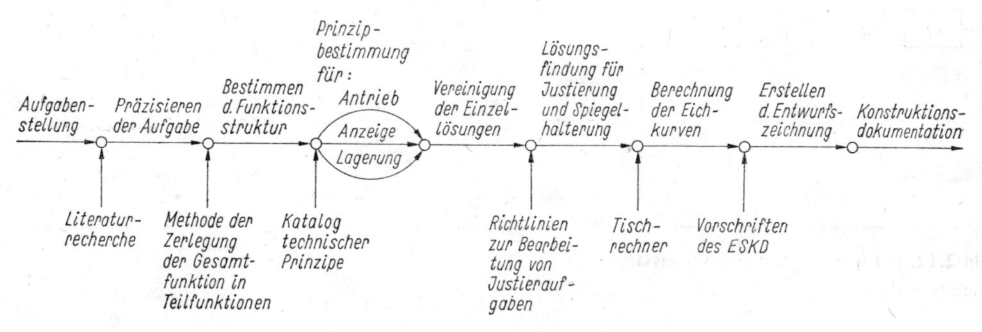

Bild 2.11. Arbeitsplan für die Aufgabe Planspiegelverstelleinrichtung nach Bild 2.9 (vereinfacht)

2.2.3.2. Synthese von Funktionsstrukturen

Im ersten Syntheseschritt sind für eine gegebene Gesamtfunktion mögliche Teilfunktionen und ihre Relationen zu bestimmen. Die Betrachtungen können dabei entweder verfahrensorientiert oder funktionselementorientiert erfolgen (s. **Tafel 2.17**). Der Gerätetechniker wird in der Regel mit bekannten Funktionselementen operieren, da die für die Signalverarbeitung benötigten Bausteine weitgehend bekannt sind. Für die Ermittlung von Funktionsstrukturen (oder Verfahrensprinzipen) gibt es mehrere Methoden.

Suche und Verknüpfung von Teilfunktionen. Die Eingangs- und Ausgangsgrößen der Gesamtfunktion sowie der Teilfunktionen, die bei der Präzisierung der Aufgabenstellung ermittelt wurden, liefern die Grundlage für die gesuchte Funktionsstruktur.

- Nutzung gegebener Teilfunktionen aus der präzisierten Aufgabe
  Aus der im Bild 2.9 nach Abschnitt 2.2.3.1. verallgemeinerten Gesamtfunktion können die Teilfunktionen F_1 (Reduzierer) und F_2 (Wandler) als Ausgangspunkt für die Synthese dienen. Für die Kopplung der Funktionselemente gibt es prinzipiell drei Möglichkeiten **(Bild 2.12).** Im ersten Fall wird die Strahlablenkung des außerhalb liegenden Spiegels zur Anzeige genutzt. Spalte *2* verdeutlicht, daß anstelle von δ auch der Antriebswinkel α zur Anzeige nutzbar ist. Schließlich lassen sich die gegebenen Teilfunk-

tionen weiter zerlegen. So kann die Untersetzung von α mehrstufig erfolgen, wobei die unbekannte physikalische Zwischengröße x beispielsweise noch für eine einfache Messung wählbar ist. In Fortführung dieser Überlegungen sind weitere Varianten angebbar.

- Strukturierung des als blackbox gegebenen Systems, beginnend mit den Eingangs- und Ausgangsgrößen
  Der Unterschied zwischen Eingangs- und Ausgangsgrößen der gegebenen Gesamtfunktion wird analysiert. Unter Zuhilfenahme bekannter Funktionselemente baut man, ausgehend vom bekannten Systemrand, die Funktionsstruktur so auf, daß der festgestellte Unterschied überwunden wird **(Tafel 2.19).** Dabei benutzt man das Prinzip der Substitution komplexer Teilfunktionen durch einfache so lange, bis für deren Realisierung Bauelemente erkennbar werden.

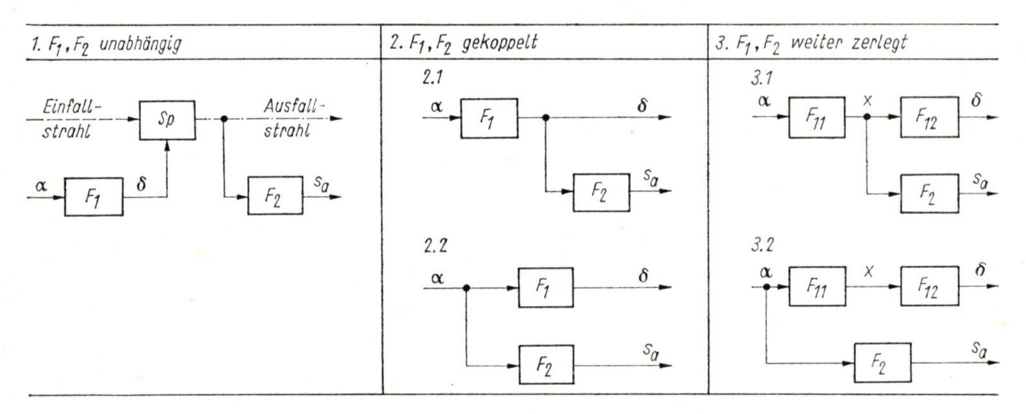

Bild 2.12. Ermittlung von Funktionsstrukturen
(Aufgabe nach Bild 2.9)

Ausnutzung physikalischer Effekte. Physikalische Zusammenhänge sind als Grundlage für die Strukturierung eines technischen Gebildes zu benutzen, wenn neuartige Lösungen gewünscht werden. Nicht selten ist gerade der Gerätekonstrukteur der dem im Labor tätigen Physiker folgende Fachmann bei der Anwendung physikalischer Effekte. Zunächst sind bei dieser Methode die für die Realisierung der Gesamtfunktion geeigneten Effekte zu bestimmen. Hierzu sind Kataloge entwickelt worden [2.10] [2.18], die die Effekte für die von ihnen realisierbaren technischen Funktionen (Eingangs- und Ausgangsgrößen) in geordneter Folge bereithalten.

Für die Erarbeitung von Verfahrensprinzipien und Funktionsstrukturen gibt es zwei Etappen:

- Aufbau einer Struktur aus einer Menge von Effekten, die in geeigneter Weise zu koppeln sind (s. Abschn. 2.3.2.2., Bild 2.37)
- Komplettieren der Struktur durch Funktionselemente, die für die technische Realisierung der Gesamtfunktion notwendig sind.

Im zweiten Fall sind durch Analyse des physikalischen Gesetzes und der Anforderungen der Aufgabenstellung die für die technische Nutzung des Effekts notwendigen Teilfunktionen weitgehend ableitbar **(Tafel 2.20).** Man erhält in der Regel nicht nur Hinweise für den Aufbau der Funktionsstruktur, sondern auch für geometrisch-stoffliche Eigenschaften, so daß der Übergang zum technischen Prinzip sich unmittelbar anschließen kann.

Ermittlung der Funktionsstruktur durch Systemanalyse. Man benutzt die Funktionsstruktur bekannter Lösungen als Grundlage für die Erarbeitung neuer Varianten auf gleicher Ebene oder versucht, sie auf andere Weise technisch zu realisieren. Dabei muß die Abstraktion so weit getrieben werden, daß man sich von dem vorhandenen Vorbild lösen kann.

Tafel 2.19. Entwicklung der Funktionsstruktur für eine Zweikoordinatenpositioniereinrichtung, ausgehend von den Eingangs- und Ausgangsgrößen der Gesamtfunktion

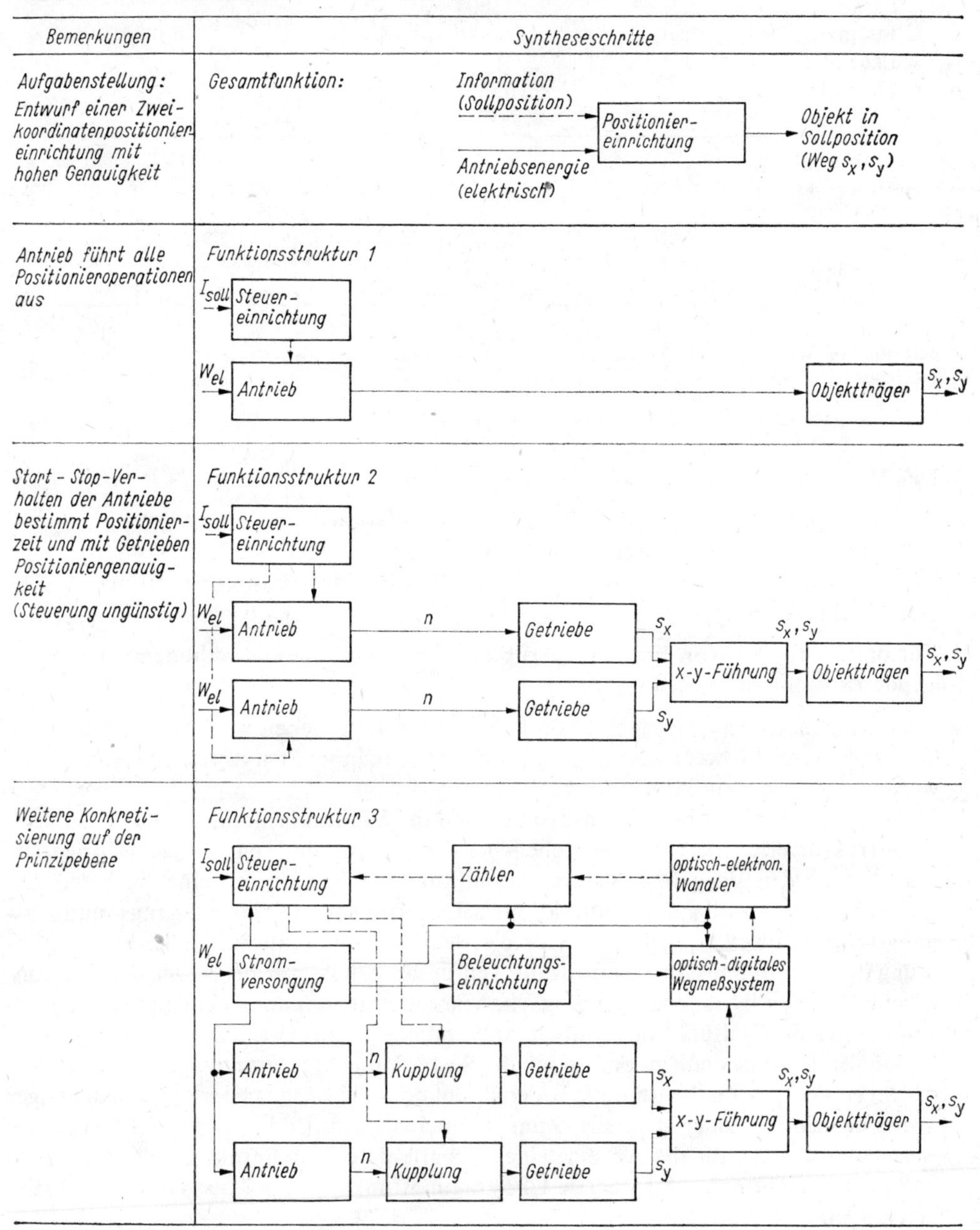

Tafel 2.20. Entwicklung einer Lösung für einen gegebenen physikalischen Effekt

Bemerkungen	Syntheseschritte
Aufgabe: Schalten eines elektrischen Stromes unter Nutzung der Wärmedehnung eines Körpers	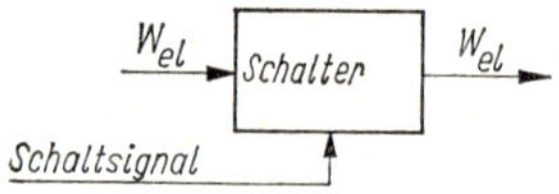 W_{el} → Schalter → W_{el}; Schaltsignal → Schalter
Funktion des Wandlers: $\Delta l = l_0 \alpha \, \Delta\vartheta$ $\alpha_{St} = 13 \cdot 10^{-6}\,K^{-1}$ $\alpha_{Ms} = 18{,}5 \cdot 10^{-6}\,K^{-1}$ $\alpha_{Al} = 23{,}8 \cdot 10^{-6}\,K^{-1}$ Δl sehr klein	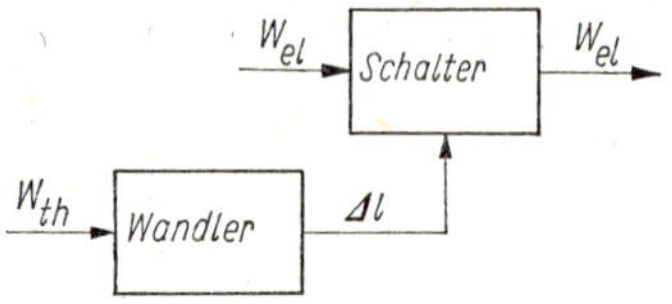 W_{el} → Schalter → W_{el}; W_{th} → Wandler → Δl → Schalter
Verstärker erzeugt nutzbaren Kontaktweg *s*, durch Wandler *1* Schaltsignal besser steuerbar	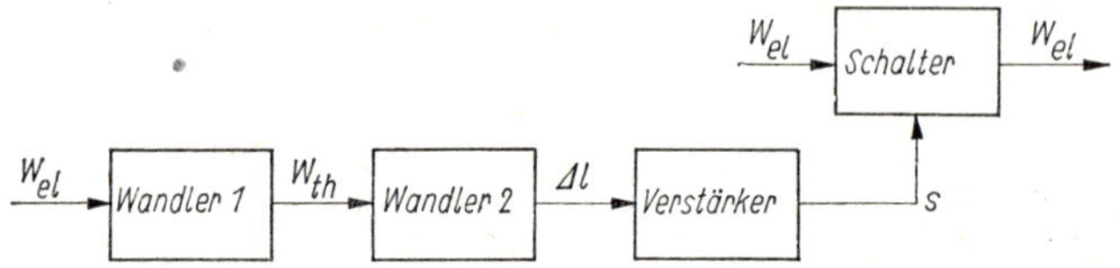 W_{el} → Schalter → W_{el}; W_{el} → Wandler 1 → W_{th} → Wandler 2 → Δl → Verstärker → s → Schalter
Bimetall ist eine Funktionenintegration von Wandler *2* und Verstärker	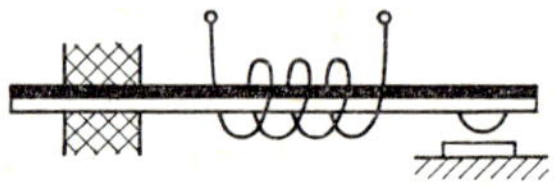

Das Vorgehen läßt sich wie folgt zusammenfassen:

1. Aufsuchen einer Lösung mit ähnlicher Gesamtfunktion
2. Analyse und Bestimmung der Funktionsstruktur

3a. Variation der Funktionsstruktur (s. Abschn. 2.2.3.4.) oder 3b. Prinzipbestimmung mit neuen Realisierungsvarianten.

Für das Erarbeiten von Funktionsstrukturen mit Hilfe dieser Methoden sollen noch folgende Hinweise dienen:

- Die Zerlegung einer Gesamtfunktion kann sehr weit getrieben werden. Eine sinnvolle Grenze ist erreicht, wenn für die Teilfunktionen bekannte Strukturen einsetzbar sind, was bei den Grundfunktionen der Fall ist.
- Die Ausnutzung des Abstraktionsbereichs und der Variationsmöglichkeiten der Funktionsstruktur erleichtert das Vorgehen bei der Lösungsfindung. Zunächst orientiert man sich an den Vorgaben der Gesamtfunktion und beginnt mit einer verbalen, begrifflichen Bestimmung der Teilfunktionen. Danach werden deren Eingangs- und Ausgangsgrößen soweit festgelegt, wie es die Bearbeitungssituation zuläßt. Die Bestimmung der Zuordnungsvorschrift für die Teilfunktionen ist nur bei Vorgriffen auf konkrete technische Realisierungen möglich. Man beachte, daß die Festlegung der einzelnen Größen der Teilfunktionen Inhalt und Umfang der zu erwartenden Lösungsmenge beeinflußt. Es ist deshalb zu prüfen, ob die Bestimmung der Systemparameter den Forderungen in der Aufgabenstellung widerspricht oder die Lösungsmenge in unzulässiger Weise einschränkt oder erweitert. Zum Beispiel wäre im Bild 2.12 die Festlegung der Beziehung $\alpha = cs_a$ für die Anzeige eine unbegründete Einschränkung, da Proportionalität zu α nicht gefordert ist. Die Übertragungsfunktion des Teilsystems muß lediglich eindeutig und bekannt sein.

- Eine gute Hilfe für das Entwerfen von Funktionsstrukturen ist die Unterscheidung von Informations-, Stoff- und Energiefluß im Gerät sowie die Wichtung der Funktionsflüsse bezüglich des zu erreichenden Zwecks (vgl. Abschn. 3.1.).

2.2.3.3. Kombination

Bei jeder Synthese sind zwei Operationen auszuführen:

- Ermittlung der benötigten Elemente
- Verknüpfung dieser Elemente.

Durch die in der Technik gegebenen vielfältigen Verknüpfungsmöglichkeiten bieten sich kombinatorische Methoden an. Die Kombination von Elementen führt zu neuen Eigenschaften, die nicht aus der Summe der Einzeleigenschaften der Elemente ableitbar sind. Aus einer kleinen Anzahl von Elementen kann man eine Vielzahl verschiedener Gebilde aufbauen.

Für die Anwendung der Kombinationsmethode muß vorausgesetzt werden, daß

- das zu behandelnde Objekt strukturierbar ist, d. h., es läßt sich (wenigstens gedanklich) in Elemente und Relationen zerlegen
- für die zur Strukturierung beitragenden Bestandteile (Elemente und Relationen) mehr als eine Variante (Realisierungsmöglichkeit) angebbar ist.

Diese Bedingungen sind bei der Konstruktion technischer Gebilde erfüllt. Für die Durchführung der Kombination eignen sich in besonderem Maß Kombinationstabellen [2.2]. Eine Kombinationstabelle („Kombinationsmatrix“, „morphologischer Kasten“ [2.20]) enthält eine übersichtliche Zusammenstellung von Lösungselementen **(Tafel 2.21).**

Die Oberbegriffe (auch „ordnende Gesichtspunkte“, „Variable“) sind die in jeder Lösung enthaltenen allgemeinen Strukturbestandteile, für die Realisierungsvarianten bestimmbar sind.

Alle Varianten („unterscheidende Merkmale“), die das gleiche Merkmal haben, sind unter einem Oberbegriff zusammengefaßt. Die Varianten lassen sich hierarchisch ordnen.

Beim Kombinationsvorgang wird je Oberbegriff eine Variante herausgegriffen und zu einer *Komplexion* formal zusammengestellt. Diese Zusammenstellung von Lösungselementen ist das erste Teilergebnis der Synthese, das zu einer vollständigen Struktur weiterentwickelt werden muß.

Für die Anzahl der in einer Kombinationstabelle enthaltenen Komplexionen gilt

$$N = \sum V_{\mathrm{OB1}} \sum V_{\mathrm{OB2}} \dots \sum V_{\mathrm{OB}n}. \tag{2.2}$$

Als Oberbegriff können Teilfunktionen, verallgemeinerte Bauelemente, Relationen sowie deren wesentliche Merkmale benutzt werden.

Tafel 2.22 zeigt eine Kombinationstabelle, in der die Oberbegriffe direkt aus der Funktionsstuktur von Bild 2.12 folgen. Sie entsprechen den Teilfunktionen (für die Größe x wurde ein Weg s angenommen).

Sucht man technische Prinzipe für einfachere technische Gebilde, für die das Aufstellen einer Funktionsstruktur nicht sinnvoll ist, so müssen geometrisch-stoffliche Merkmale als Oberbegriffe benutzt werden. Die Ermittlung der Varianten ist ein nichtdeterminierter Schritt. Das Ergebnis hängt vom Ideenreichtum und von der Erfahrung des Bearbeiters ab. Folgende Methoden sind dazu geeignet:

- Speicherabfrage (Literatur, Informationsspeicher für technische Prinzipe, wie z.B. in Tafel 6.2.9 im Abschn. 6.2.; s. auch [2.17] [2.35] [2.49])
- Variation (s. Abschn. 2.2.3.4.)
- Ideenfindung (s. Abschn. 2.2.3.5.).

Das Aufsuchen der Teillösungen geschieht völlig losgelöst vom Gesamtzusammenhang. Die Methode unterstützt dadurch das Einbeziehen unkonventioneller, neuartiger Lösungselemente und wirkt anregend auf die Kreativität des Konstrukteurs.

Tafel 2.21. Kombinationstabelle

Oberbegriffe (OBi)	Varianten V_{ij}	
OB 1	V_{11}	V_{111} V_{112} V_{113} ⋮
	⋮ V_{1m}	⋮
OB 2	V_{21}	V_{211} V_{212} ⋮
	⋮ V_{2m}	⋮
⋮	⋮	⋮
OBn	V_{n1} ⋮ V_{nk}	

Tafel 2.22. Kombinationstabelle für die Funktionsstruktur 3.1 aus Bild 2.12

Oberbegriffe	Varianten
1. Wandler 1 $\alpha \to s$	1.1 Schraubengetriebe 1.2 Zugmittelgetriebe 1.3 Koppelgetriebe
2. Wandler 2 $s \to \alpha$	2.1 Koppelgetriebe 2.2 Federgetriebe 2.3 Zugmittelgetriebe
3. Anzeige $s \to s_{\text{Anzeige}}$	3.1 Maßstab mit optischer Ableseeinrichtung 3.2 Feinmeßschraube 3.3 Feinzeiger

Da der Kombinationsvorgang keine vollständigen Lösungen liefert, müssen die formal zusammengestellten Varianten in den für die Erfüllung der Gesamtfunktion nötigen Zusammenhang gebracht und durch die fehlenden Strukturbestandteile ergänzt werden **(Bild 2.13)**. Aus einer Kompexion sind mehrere Prinzipvarianten synthetisierbar. Gezielte Variation kann unter Berücksichtigung der Funktionenintegration oder Funktionentrennung zu einfachen Strukturen führen (z.B. wurden in allen Prinzipen Meß- und Antriebsschraube integriert). Die große Anzahl der möglichen Komplexionen macht die Handhabung der Kombinationsmethode aufwendig und umständlich. Hinzu kommt, daß durch den formalen Vorgang der Kombination auch physikalisch und technisch unverträgliche Lösungselemente zusammengebracht werden. Außerdem hat man keinen Einfluß auf die Bildung ökonomisch günstiger Lösungen.

Für die praktische Anwendung ergibt sich die Notwendigkeit der Einschränkung der Komplexionsmenge. Da sich die Gesamtzahl N aus Lösungen und Nichtlösungen zusammensetzt, besteht das Problem, solche Komplexionen zu eliminieren, die nicht zu technisch sinnvollen Strukturen führen. Die Einschränkung kann beim Aufstellen und Abarbeiten der Kombinationstabelle erfolgen **(Tafel 2.23).**

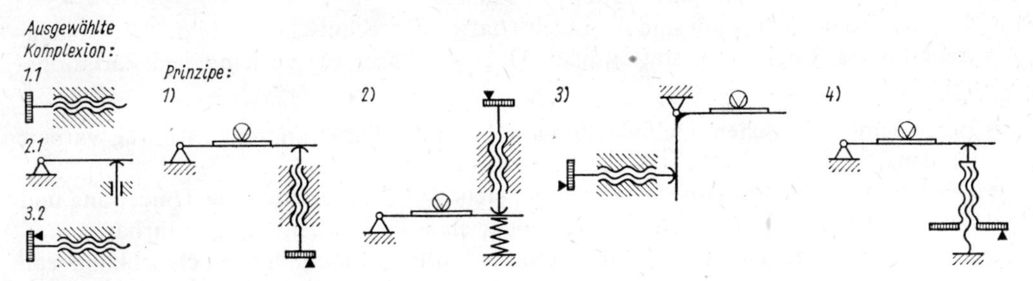

Bild 2.13. Entwicklung vollständiger Lösungen aus einer Komplexion
(ausgewählte Komplexionen 1.1, 2.1, 3.2 gemäß Tafel 2.22)

Tafel 2.23. Einschränkung von Kombinationstabellen

Einschränkungen 1. Beim Aufbau	2. Beim Abarbeiten
1.1. Verminderung der zu kombinierenden Objekte (Teilfunktionen, Teilstrukturen)	2.1. Taktweises Kombinieren Nach jedem OB wird bewertet
1.2. Einschränkung der Oberbegriffe	2.2. Selektives Kombinieren Es werden nur einzelne ausgewählte bewertete Varianten kombiniert
1.3. Verminderung der Varianten	

Beim praktischen Vorgehen werden in der Regel mehrere Einschränkungsmöglichkeiten gleichzeitig benutzt. Dabei ist es vorteilhaft, wenn die Lösungselemente grafisch dargestellt sind.

Man beachte, daß die Bewertung in diesem Entwicklungsstadium unter Informationsmangel vorgenommen werden muß. Man geht also das Risiko ein, brauchbare Lösungen zu verwerfen. Die Kombinationsmethode kann in allen Phasen des konstruktiven Entwicklungsprozesses angewendet werden. Hauptanwendungsgebiet ist die Prinzipfindung. Die Kombinationsmethode eignet sich für die Anwendung des Rechners (s. Abschn. 2.3.2.2.).

2.2.3.4. Variation

Bei der Bearbeitung von Konstruktionsaufgaben tritt nicht selten der Fall auf, daß vorhandene oder neu gefundene Strukturen den gestellten Anforderungen nicht voll genügen, aber einen neuen, entwicklungsfähigen Ansatz enthalten. Solche Lösungen sind hinsichtlich ihrer Verbesserungsmöglichkeiten zu prüfen und ggf. so zu verändern, daß sie einer Kritik standhalten. Dazu dient die Variation. Sie bezeichnet den Austausch von Merkmalen eines Objekts oder Oberbegriffs, der dem Ziel dient, von diesem Varianten abzuleiten, die einer gegebenen Forderungsmenge genügen. Voraussetzung für die Variationsmethode ist eine gegebene Lösung. Aus ihr werden durch partielle Veränderungen der

Struktur neue Lösungen erarbeitet. Die Variationsmethode kann man im konstruktiven Entwicklungsprozeß in vielfältiger Weise anwenden:

Verbesserung und Weiterentwicklung von Lösungen, Abwandlung von Lösungen für bestimmte Forderungen, Vervollständigung des Lösungsfelds, Erreichen der Kopplungsfähigkeit mit Elementen der Umgebung, zielgerichtete Entwicklung von Wiederholteilen, Umgehen von bekannten (patentierten) Lösungen.

Gegenstand der Variation sind die Eigenschaften der technischen Gebilde. Die Systembetrachtung (s. Tafel 2.1) gestattet einen Überblick über die vorhandenen Variationsmöglichkeiten:

- Bei einem technischen Gebilde können Umwelt, Funktion und Struktur variiert werden.
- Die Variation der Funktion $A = Z(E)$ ist stets auf eine Variation der Umgebung und der Struktur des technischen Gebildes (oder eines von beiden) zurückführbar.
- Da eine Variation der Umwelt nur über deren Strukturänderung möglich ist, kann jede Variation konstruktiv nur durch eine Strukturvariation realisiert werden.
- Die Variation ist auf allen Abstraktionsebenen der Strukturbeschreibung möglich.

Im Gegensatz zur Kombinationsmethode verbleibt man bei der Variation auf der Abstraktionsebene der gegebenen Lösung. Der Austausch von Merkmalen führt zu keiner Konkretisierung. Die Lösungsmenge wird erweitert.

Das Variieren gehört zu den ständig benutzten Methoden des Konstrukteurs, ohne daß er sich dessen bei jeder Anwendung bewußt ist. Die nachfolgenden Beispiele sollen einige typische Variationsmaßnahmen in ihrer praktischen Anwendung zeigen.

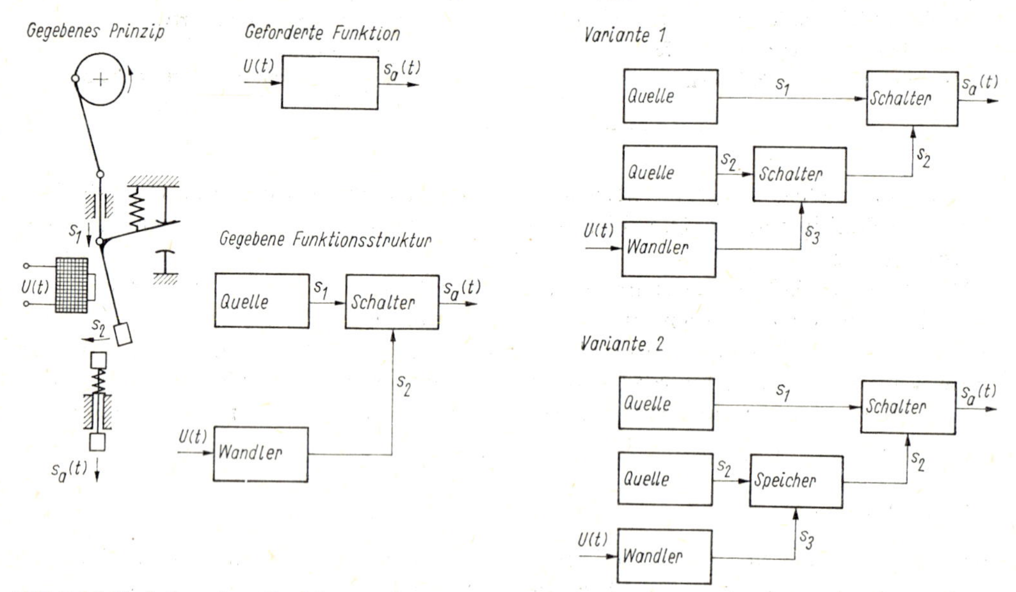

Bild 2.14. Variation einer Funktionsstruktur

Für eine Verarbeitungsmaschine wird ein nichtperiodisch gesteuertes Stellglied benötigt. Der notwendige Stellweg s_a mit einer ausreichenden Kraft läßt sich, wie das Prinzip im **Bild 2.14** zeigt, über eine zusätzliche Energiequelle (im Beispiel die Schubkurbel) gewinnen. Über einen mechanischen Schalter steuert der Elektromagnet die Übertragung des Wegs s_1 nach s_a. Die benötigte Schalterenergie ist jedoch noch so groß, daß die geforderte Frequenz nicht erreicht wird. Über die verallgemeinerte Darstellung im Blockbild lassen sich neue Lösungsansätze finden. In Variante 1 wird das gleiche Prinzip noch einmal auf die Betätigung des Schalters angewendet und s_2 nicht durch den Elektromagneten, sondern von einer zusätzlichen Quelle erzeugt. Der für s_2 notwendige Schalter ist in Variante 2 durch einen steuerbaren Speicher ersetzt, der periodisch geladen wird. Die Variation erfolgte durch Hinzufügen und Austausch von Funktionselementen. Überlegungen auf dieser Abstraktionsebene geben sehr schnell einen guten Überblick über eine größere Anzahl z.B. patentrechtlich geschützter Lösungen und eröffnen Wege zu neuen Prinzipen. Ein technisches Prinzip muß bei seiner konstruktiven Realisierung oft unter Beibehaltung der Funktion abgewandelt werden. **Bild 2.15** zeigt, wie sich für ein Sinusgetriebe Ansätze für verschiedene konstruktive Ausführungen durch Variation gewinnen lassen. Variationsmerkmal und -gegenstand bieten hier eine zweckmäßige Ordnungsmöglichkeit für die Variationsschritte (nicht für die Lösungen). Variante 1.1 ist aus der Anfangslösung durch Erhöhung der Anzahl der Koppelstellen (zweistellige Führung) entstanden usw.

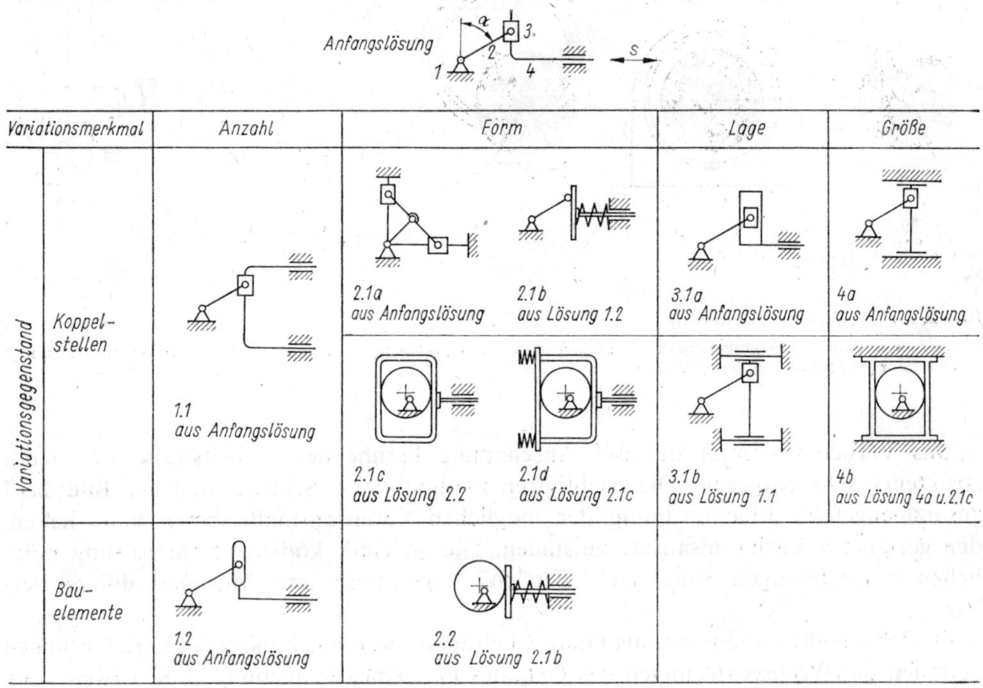

Anfangslösung

Variationsmerkmal		Anzahl	Form		Lage	Größe
Variationsgegenstand	Koppelstellen		2.1a aus Anfangslösung	2.1b aus Lösung 1.2	3.1a aus Anfangslösung	4a aus Anfangslösung
		1.1 aus Anfangslösung	2.1c aus Lösung 2.2	2.1d aus Lösung 2.1c	3.1b aus Lösung 1.1	4b aus Lösung 4a u. 2.1c
	Bauelemente	1.2 aus Anfangslösung	2.2 aus Lösung 2.1b			

Bild 2.15. Prinzipvariation (systematisiert nach [2.9])

Die Drehgelenkerweiterung **(Bild 2.16)** ist eine spezielle Anwendung der Variationsmethode, bei der Abmessungen von Koppelstellen (Gelenken) und Hauptmaße von Bauelementen relativ zueinander so verändert werden, daß sich ihr Größenverhältnis umkehrt. Wird der Durchmesser des Zapfens A_0 gegenüber der Kurbellänge a vergrößert ($d_{A0} > 2a$), so kann man bei A_0 einen Strahlengang hindurchlegen, wie z.B. bei einer Irisblende. Die Vergrößerung von d_A führt zu einem Exzenter.

Nach dem gleichen Prinzip lassen sich beliebig kleine Hebellängen ($\overline{AA_0}$) bei raumsparenden Anordnungen und günstigen Lagerabmessungen realisieren (Bild 2.16e).

Für das Vorgehen bei der Variation lassen sich aus den Beispielen Verallgemeinerungen ableiten:

- Außer der Anfangslösung kann jede gefundene Variante Ausgangspunkt eines neuen Variationsschritts sein.
- Bestimmte Variationsmaßnahmen ziehen notwendige Veränderungen anderer Strukturbestandteile nach sich. Im Bild 2.15 erfordern der Wegfall des Gleitsteins in Variante 1.2 ein Gelenk mit dem Freiheitsgrad $f = 2$ und der Übergang von einem geschlossenen Gelenk in 1.2 zu einem offenen in 2.1 b eine zusätzliche Feder, um die Funktionsfähigkeit zu erhalten.
- Die formal möglichen Varianten werden durch die gegebenen Forderungen eingeschränkt (im Beispiel die Übertragungsfunktion), wodurch sich leere Felder ergeben können.

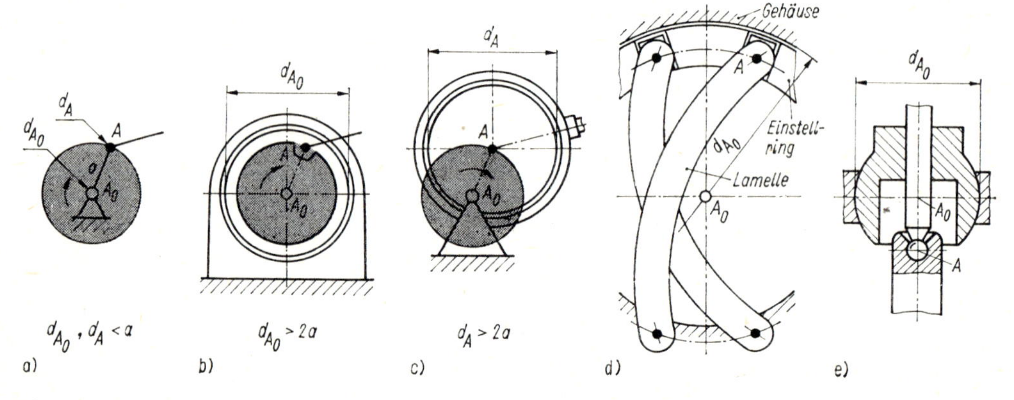

Bild 2.16. Drehgelenkerweiterung

a) gegebene Struktur; b) Vergrößerung des Lagerzapfens A_0; c) Vergrößerung des Lagerzapfens A (Exzenter); d) Irisblende; e) Vorrichtung für feinfühlige Bewegung

Das Variieren kommt der auf Anschauung beruhenden Arbeitsweise des Konstrukteurs sehr entgegen. Die wichtigsten methodischen Schritte sind im **Bild 2.17** zusammengefaßt. Eine Ordnung der möglichen Variationsmaßnahmen kann helfen, den geeigneten Variationsansatz zu finden. Die an einer konstruktiven Lösung möglichen Veränderungen sind nach Bereich, Gegenstand und Merkmal differenzierbar.

Zunächst sollte das System als Ganzes betrachtet werden. Zahlreiche Veränderungen betreffen die Wechselwirkungen des Gebildes mit seiner Umgebung (z.B. Erweiterung des Funktionsbereichs, neue Herstellungsbedingungen u.a.). Dabei ist zu prüfen, ob man durch eine Variation innerhalb oder außerhalb des technischen Gebildes die Forderungen erfüllen kann. So ergibt sich die Festlegung des Variationsbereichs, der die Umgebung, die Struktur oder beides umfassen kann. Für die Weiterentwicklung von Erzeugnissen kommen oft nur bestimmte Teile der Struktur in Betracht. Die Bestimmung der zu verändernden Bauelemente, Kopplungen und Anordnungen liefert den Gegenstand der Variation. In vielen Fällen werden Bauelemente und Kopplungen nicht einfach ausgetauscht, sondern nur bezüglich ausgewählter Merkmale verändert (Zahlen-, Formen-, Lage-, Größen-, Materialwechsel [2.10] [2.11]).

Zwischen dem angestrebten Variationsziel und den dazu erforderlichen Variationsmaßnahmen besteht kein determinierter Zusammenhang (Übergang $F \rightarrow S$; s. Abschnitt 2.1.2.1.). Jeder Variationsschritt führt zu einer neuen Variante; jedoch ist die Erfüllung der Forderungen nicht sicher, so daß stets eine Kritik der erzeugten Lösung erfolgen muß.

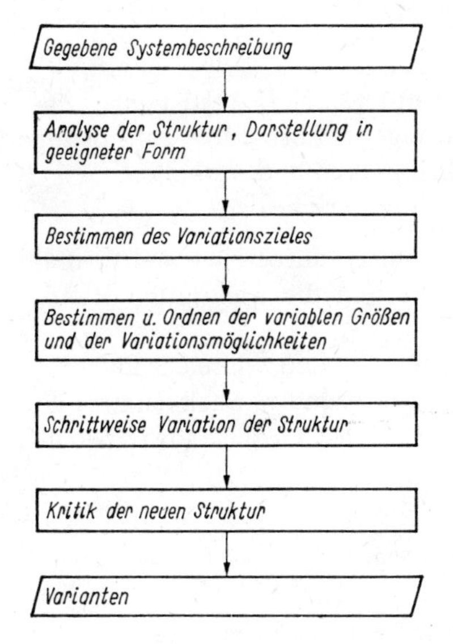

Bild 2.17. Ablauf der Variationsmethode

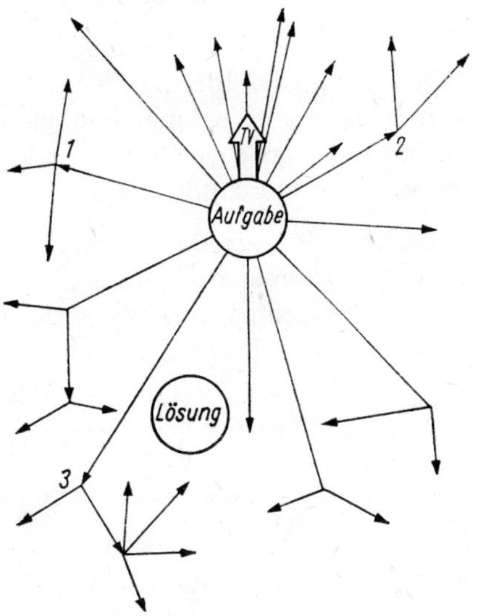

Bild 2.18. Versuch-und-Irrtum-Methode [2.19]

2.2.3.5. Ideenfindung

In wissenschaftlichen Arbeiten über das Konstruieren wird oft die Frage gestellt, welchen Beitrag Phantasie, Intuition, die Idee oder der „geniale Einfall" zur Lösung konstruktiver Aufgaben leisten. Historisch bestand die Auffassung, das Konstruieren sei eine Kunst, welche eine besondere Begabung erfordere und deshalb nicht erlernbar sei. Infolge dieses Standpunkts entstanden Lehrmethoden, die nur auf der Vermittlung von Beispielen beruhten und eine Konstruktionsausbildung durch Nachkonstruieren betrieben. Die Genialität des Konstrukteurs sei allein die Quelle für die Qualität des Erzeugnisses. Als Arbeitsstufen für den Erfindungsakt wurden die Vorbereitung, das Brüten, die Erleuchtung und die nüchterne Durcharbeitung formuliert. Diese Mystifizierung des Konstruierens widerspricht jeder wissenschaftlichen Betrachtung. Ihr rationeller Kern besteht in der Erkenntnis, daß Intuition und Phantasie einen wichtigen Platz in der schöpferischen Tätigkeit einnehmen. Das Konstruieren erfordert, die Ideenfindung als Hilfsmittel zur Lösung von Konstruktionsaufgaben anzuwenden. Intuition und Phantasie sind in ihrem Wesen wissenschaftlich noch nicht so weit aufgeklärt, daß sie zielgerichtet im Einzelfall wie ein anderes Hilfsmittel einsetzbar sind. Es sind Zufallsprozesse, die nach dem Prinzip der Versuch-und-Irrtum-Methode (trial and error) zu einer Lösung gelangen **(Bild 2.18)**. Ausgehend von der Konstruktionsaufgabe werden verschiedene Lösungsversuche unternommen, wovon einige (Sekundärausgangspunkte *1*, *2*, *3*) erfolgversprechend scheinen, aber dann nicht realisierbar sind. Schrittweise entsteht ein gedankliches Modell auf der Basis der Versuche. Durch den Wissensstand und die Erfahrungen des Bearbeiters kann eine Häufung der Vorstöße (Trägheitsvektor *TV*) entstehen, die nicht in Richtung der Lösung führen.

Die Aufgabe der Methoden zur Ideenfindung besteht darin, die Effektivität dieses Prozesses zu erhöhen, indem

- eine möglichst große Anzahl von Ideen produziert wird
- eine relativ gleichmäßige Überdeckung des Lösungsfelds entsteht.

Die folgenden Methoden dienen diesem Ziel.

Ideenkonferenz. Eine sog. Ideenkonferenz (brainstorming) [2.21] [2.22] ist eine Zusammenkunft, in der die Teilnehmer in möglichst ungezwungener Form Ideen zur Lösung eines vorher bekanntgegebenen Problems vorbringen, diskutieren und festhalten.

Bei der praktischen Durchführung sind drei Etappen zu unterscheiden:

① *Vorbereitung:* Die Problemstellung muß zunächst analysiert, aufbereitet und formuliert werden. Die Formulierung muß die Notwendigkeit und die wichtigsten Randbedingungen für den Teilnehmerkreis verdeutlichen.

Die Teilnehmer (etwa 5 bis 15 Personen) werden so ausgesucht, daß zahlreiche und sehr breit streuende Lösungsvorschläge zu erwarten sind. Eine tiefgründige Sachkenntnis ist nicht bei allen Teilnehmern erforderlich. Fachleute verschiedener Gebiete sowie Nichttechniker sollten einbezogen werden.

Die Teilnehmer erhalten die Aufgabe rechtzeitig vor der Konferenz.

② *Durchführung:* Der Problemsteller leitet die Ideenkonferenz.

Es gelten folgende Diskussionsregeln:

- Phantasie ist Pflicht; je mehr Einfälle, um so besser.
- Kritik ist verboten.
- Vorgebrachte Ideen können ergänzt, kombiniert und variiert werden.
- Bestätigungen, Kommentare usw. sind zu vermeiden.

Die Ideen werden stichwortartig geäußert und protokolliert. Jeder Teilnehmer erhält zur weiteren Ergänzung ein Protokoll. Eine Ideenkonferenz sollte die Dauer von 30 min nicht überschreiten und in aufgelockerter Atmosphäre stattfinden.

③ *Auswertung:* Die während der Konferenz untersagte Kritik der vorgeschlagenen Lösungen wird bei der Auswertung vorgenommen. Die Ideen werden geordnet, bewertet und einer Entscheidung über die weitere Bearbeitung zugeführt. Dabei ist eine tiefgründige Analyse des sachlichen Inhalts der Ideen notwendig. Das Ergebnis sollte mit den Teilnehmern nochmals diskutiert werden.

Die Wirksamkeit der Ideenkonferenz ergibt sich aus der Trennung von Ideenfindung und Kritik, dem kreativ zusammengesetzten Teilnehmerkreis und der Kombination und Variation der vorgebrachten Ideen durch die Teilnehmer. Eine solche Konferenz liefert keine fertigen Lösungen, sondern Denkanstöße. Viele Vorschläge sind technisch oder ökonomisch nicht realisierbar.

Eine abgewandelte Form der Ideenkonferenz ist die *Methode 635*, bei der die Übermittlung der Lösungsvorschläge schriftlich erfolgt [2.58]. Sechs Teilnehmer bringen jeweils drei Vorschläge zu Papier. Diese werden dem Nachbarn übergeben, der durch Weiterentwicklung, Ergänzung, Abwandlung drei weitere hinzufügt. Die Runde ist beendet, wenn die Vorschläge fünfmal weitergegeben wurden. Die Beschäftigung mit einer Lösungsidee erfolgt hierbei systematischer. Allerdings wird die in der Diskussion nutzbare spontane Aktivität der Teilnehmer nicht wirksam.

Delphimethode. Sie benutzt das Prinzip der Expertenbefragung [2.59] (Delphi – Ort der Orakelbefragung im alten Griechenland). Einem sehr unterschiedlichen Bearbeiterkreis wird das Problem mitgeteilt. Die Befragten äußern schriftlich zum Gesamtproblem bzw.

zu vorbereiteten Teilproblemen ihre Vorstellungen. Sie arbeiten dabei unabhängig voneinander. Die Methode ist vor allem für die Ermittlung von Entwicklungstrends und für eine langfristige Entscheidungsvorbereitung bei bedeutsamen Entwicklungsvorhaben anwendbar. Der Ablauf gliedert sich wie folgt:

① Problemformulierung, Auswahl der Experten, Übergabe von Fragen, z.B.:
  - Welche Lösungen sind für das Problem denkbar?
  - Unter welchen Voraussetzungen ist die Lösung möglich?
  - Welche Auswirkungen hat die Problemlösung auf andere Bereiche?
  - Welchen Aufwand an Zeit und Kosten erfordert die Lösung?

② Zusammenstellen der Ergebnisse der ersten Befragungsrunde in einer Liste, Übergabe dieser Liste zur Ergänzung durch Experten
③ Systematisierung der Ideen in einer Übersicht und Übergabe an die Experten zur Bewertung der Lösungen
④ Auswertung durch den Bearbeiter.

Geeignete Formblätter unterstützen die Erfassung und Auswertung. Bei der Auswertung können Häufigkeitsbetrachtungen (bei 10 bis 20 Experten) zu den vorgeschlagenen Lösungen und festgehaltenen Schätzwerten Anhaltspunkte über günstige oder wahrscheinlich zu erwartende Entwicklungen geben. Einer besonderen Untersuchung sind Vorschläge zu unterziehen, die weit vom Durchschnitt abweichen.

Die Methode ist zeitaufwendig, kann aber für die Vorbereitung von Grundsatzentscheidungen eine wertvolle Hilfe sein.

Synektik (Kunstwort aus dem Griechischen) bedeutet Austausch und Zusammenfügen verschiedener und scheinbar unbedeutender Begriffe. Man gewinnt Lösungen durch Analogien aus Bereichen, die außerhalb der betrachteten Problemsituation liegen (nichttechnische Bereiche) [2.24]. Gleichnisse und Assoziationen sollen zunächst vom Problem wegführen. Durch Analyse und Präzisierung des neuen Betrachtungsstandpunkts in bezug auf das ursprüngliche Problem können neue Lösungsaspekte entstehen. Synektik kann in Form von Ideenkonferenzen oder vom Einzelbearbeiter nach folgendem Prinzip angewendet werden:

- Suche Ähnliches, was bereits gelöst ist!
- Trenne Ideenfindung und Kritik!
- Notiere jeden Einfall!

Bei der Anwendung der Synektik ergeben sich folgende Arbeitsschritte:

① Darlegung des Problems
② Vertrautmachen mit dem Problem (Analyse)
③ Verfremden des Vertrauten (Analogien und Vergleiche aus anderen Lebensbereichen)
④ Analyse der gefundenen Analogie
⑤ Vergleich zwischen Analogie und bestehendem Problem
⑥ Entwicklung einer neuen Idee aus dem Vergleich
⑦ Entwicklung einer möglichen Lösung.

Das Hauptproblem ist das Auffinden einer Analogie, die Denkanstöße für die Problemlösung liefert. Bei technischen Aufgaben können oft Vorbilder aus der Natur herangezogen werden. So lieferte z.B. der Skelettaufbau eines Dinosaurierhalses die Anregung für die Konstruktion eines 20 m hohen Antennenmastes, der zerlegbar und in einem Tornister zu transportieren ist. Er besteht analog den Wirbelknochen aus Ringen, die ineinandergesteckt und verspannt werden (Kulikow-Antenne).

Zur Stabilisierung hoher Masten wurde eine neue Lösung gesucht. Hinweise für eine zweckmäßige Verwendung von Zugmitteln liefert die Befestigung eines Spinnennetzes **(Bild 2.19a, b).** Die versetzten Ansatzpunkte bieten erhöhte Sicherheit und erreichen eine mehrstellige Krafteinleitung. Bei den gegenwärtigen technischen Mitteln würde jedoch die Materialeinsparung durch den Mehraufwand für die Befestigung aufgehoben. Neue, der Natur ähnliche Haftprinzipe sind zu suchen. Als Beispiele wären zu nennen das Festsaugen durch Saugnäpfe (Bandwurm), Ankrallen mit Hilfe kleiner Häkchen (Klette), Ankleben mit Hilfe spezieller Sekrete (Insekten), Eindringen in die Oberfläche durch partielle Zerstörung (niedere Pflanzen) oder das Umschlingen von Gegenständen (Schlingpflanzen).

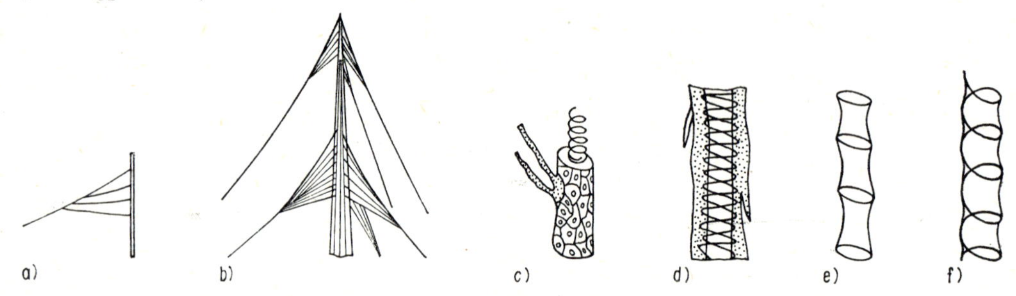

Bild 2.19. Natürliche Gebilde als Vorbilder für technische Lösungen [2.25]

a) Befestigung des Netzfadens einer Spinne; b) „organische" Lösung für das Stabilisieren eines Mastes; c) spiralversteifte Tracheenrohre der Insekten; d) spiralverstreifte Schwebeborsten von Diatomeen; e), f) Vorschlag für die Versteifung von Folienschläuchen

Für die Versteifung flexibler Rohre findet der Konstrukteur ebenfalls Vorbilder in der Biologie (Bild 2.19c, d, e, f). In der Bionik werden diese Zusammenhänge erforscht.

Die Lösungssuche mit Hilfe von Phantasie und Intuition bedarf eines bestimmten Trainings. Abstraktion und Flexibilität der Gedankengänge können geübt und durch bestimmte Regeln unterstützt werden [2.26].

Tafel 2.24 zeigt, daß Ideenfindung und systematisches Vorgehen verbunden werden müssen. Dabei haben sich folgende heuristische Prinzipe bewährt:

Analogie, Inversion (Negation, Umkehrung des Bestehenden), Analyse (Aufspaltung, Zerlegung, Zerstückelung), Synthese (Verknüpfung, Kombination), Transformation (in einen anderen Bereich), Translokation (Veränderung der Ortsbedingungen), Temporaländerung (Veränderung der Zeitbedingungen).

Tafel 2.24. Intuitiv-praktische Suche nach Erfindungsideen [2.26]

<table>
<tr><td colspan="3">Aufgabenverwandlung</td><td colspan="2">Auswahl der heuristischen Mittel</td></tr>
<tr><td>Verzeichnis der aufeinanderfolgend zu lösenden Aufgaben</td><td>Ideen, die durch logisches Variieren gefunden wurden</td><td>Ideenumformulierung</td><td>Vorgaben aus früheren Ideen</td><td>Bestimmung der Strategie und des Suchprogramms</td></tr>
</table>

<table>
<tr><td colspan="6">Ideengenerierung</td><td>Systematisierung</td></tr>
<tr><td>Assoziationsgirlanden</td><td>Ideenthesauren</td><td>Erfindungsspiele</td><td>schöpferische Diskussionen</td><td>„wilde" Experimente</td><td>Synthese von Ideen</td><td>Ideenklassifikation und Feststellung der Vollständigkeit</td></tr>
</table>

Ihre bewußte Anwendung unterstützt den Konstrukteur, sich von Vorbildern zu lösen und bekannte Lösungen unter völlig anderen Bedingungen zu betrachten.

Die Methoden der Ideenfindung sind mit Vorteil anzuwenden, wenn die Lösungssuche in eine Sackgasse geraten ist, völlig neuartige Prinzipe gesucht werden oder wenn noch kein realisierbarer Lösungsweg vorliegt. Bei der Vorbereitung und Auswertung der Ideenfindung sind stets die systematischen Methoden heranzuziehen, insbesondere zur Ordnung der Lösungsvorschläge und zum Erkennen von freien Feldern.

2.2.4. Methoden zur Entscheidungsfindung

Beim Konstruieren treten wiederholt Situationen auf, in denen man aus einer Lösungsmenge die ungeeigneten aussondern und eine günstige Lösung für die weitere Bearbeitung wählen muß. In derartigen Situationen steht man vor einem Entscheidungsproblem. Entscheidungssituationen treten beim Konstruieren am Beginn und am Ende einer Entwicklungsphase auf. Zu Beginn jeder Phase ist über eine zweckmäßige Vorgehensweise bzw. Methode zu entscheiden. Am Ende jeder Phase muß sich der Konstrukteur für eine oder mehrere Lösungsvarianten entscheiden, die er im nächsten Entwicklungsabschnitt weiterbearbeitet. Obwohl sich beide Situationen nach ihrem Gegenstand unterscheiden, sind sie methodisch in gleicher Weise zu behandeln. Damit eine sachlich richtige und für den Gesamtablauf des KEP günstige Entscheidung getroffen werden kann, ist diese Entscheidung gut vorzubereiten. Das erfolgt in zwei Schritten:

- kritische Analyse der vorliegenden Varianten (Fehlerkritik, Schwachstellenforschung, Mängelanalyse)
- Bewertung der Varianten.

Auf der Grundlage der dabei gewonnenen Informationen ist die Entscheidung zu treffen.

2.2.4.1. Fehlerkritik

Das Fehleraxiom besagt, daß jede Konstruktionslösung fehlerbehaftet ist. Die Aufgabe der Fehlerkritik besteht in der Bestimmung dieser Mängel zum Zweck ihrer Beseitigung.

Der Konstruktionsgrundsatz „Schaffe das Bestmögliche" wird methodisch zweckmäßiger realisiert mit der Forderung „Vermeide das Nachteilige" oder „Suche die Lösung mit der geringsten Mängelsumme" [2.2].

Unter Fehler versteht man allgemein die Abweichung eines vorliegenden Ergebnisses von einem Soll. Der beim Konstruieren auftretende Fehler ist die Abweichung zwischen dem gedanklich vorausbestimmten technischen Gebilde und seiner stofflichen Realisierung. Als Fehler einer Konstruktionslösung sind somit Mängel (Schwachstellen, Defekte) jeder denkbaren Art, bezogen auf die Forderungen der Aufgabenstellung, zu verstehen. Der grundlegende Ablauf der Fehlerkritik besteht in drei Schritten:
Fehlererkennung (Analyse), Fehlerbeurteilung (Bewertung), Fehlerbekämpfung (Synthese).

Die Fehlererkennung ist ein Analyseprozeß, in dem die Existenz eines Fehlers festgestellt wird. Das erfolgt durch Gegenüberstellung der Eigenschaften des konstruierten Gebildes mit den Forderungen der Aufgabenstellung. Dabei stellt man zunächst die Fehlererscheinungen fest. Sie können in vielfältigen Formen auftreten.

Danach müssen die Zusammenhänge, in denen der Fehler steht, aufgeklärt werden. Es sind Ursachen und Auswirkungen des Fehlers zu ermitteln. Je nach Situation und Aufgabenstellung erweisen sich verschiedene Vorgehensweisen als zweckmäßig **(Tafel 2.25)**.

Tafel 2.25. Arten der Fehlerkritik

	Vorausschauende Fehlerkritik	Nachträgliche Fehlerkritik	Akute Fehlerkritik
Ziel	Ermittlung aller möglichen Fehler für eine noch nicht realisierte Konstruktionslösung	Ermittlung der Fehler einer abgeschlossenen Entwicklung, die als Entwurf oder gegenständlich vorliegt	Ermittlung von Fehlerursache und -auswirkung für einen plötzlich auftretenden Fehler, der den Fortgang der Entwicklung, die Herstellung, den Gebrauch u.a. in Frage stellt
Anwendung	als Hilfsmittel zur Optimierung von Konstruktionslösungen in allen Phasen des KEP	– Beurteilung von Konkurrenzerzeugnissen (Weltstandsvergleich) – Übernahme von Lösungen aus früheren Entwicklungen – Beurteilung von Entwürfen bei Verteidigungen	– Anpassung einer Lösung an plötzlich veränderte Forderungen und Bedingungen – Erprobung an Mustern – Überleitung von Konstruktionsergebnissen in die Produktion – Betreuung der Fertigung
Ablauf	Strukturbeschreibung auf bestimmter Abstraktionsebene ↓ Ermittlung aller denkbaren Abweichungen der Strukturbestandteile (Fehlererkennung) ↓ Ermittlung des Einflusses der Fehler auf Funktion, Herstellung u.a. Umweltsituationen (Tafel 2.2) ↓ Vergleich der ermittelten Fehlerauswirkungen mit den Forderungen der präzisierten Aufgabe (Bewertung) ↓ Entscheidung über die zu bekämpfenden Fehler ↓ Ermittlung von Maßnahmen zur Fehlerbekämpfung ↓ Strukturvariation ↓ verbesserte Lösung	technischer Entwurf, fertiges Gerät ↓ Analyse von Zweck und Umwelt des Geräts, Ermittlung der Zielstellung der Konstruktionskritik ↓ Ermittlung des technischen Prinzips aus dem technischen Entwurf ↓ Ermittlung der Prinzipfehler ↓ Ermittlung der Fehler der konstruktiven Ausführung ↓ Vergleich der Fehler mit den Forderungen bezüglich Funktion, Herstellung, Gebrauch u.a. (Bewertung) ↓ Erarbeiten von Vorschlägen zur Fehlerbekämpfung ↓ Gesamturteil über den vorliegenden Entwurf	festgestellte Fehlererscheinung ↓ exakte Erfassung aller Merkmale der Fehlererscheinung qualitativ und quantitativ (falls möglich, Messung) ↓ Vergleich der Abweichungen mit den Soll-Größen ↓ Darstellung des technischen Gebildes in einer für die Fehleranalyse relevanten Form ↓ Ermittlung der Einflußfaktoren auf den Fehler in Struktur und Umgebung (theoretisch, experimentell) ↓ Erarbeiten von Vorschlägen zur Fehlerbekämpfung ↓ Auswahl und Realisierung der geeigneten Variante ↓ korrigierte Lösung

Zur Erkennung und Beurteilung von Fehlern kann ein allgemeingültiges Ordnungssystem **(Tafel 2.26)** herangezogen werden. Es dient zur qualitativen Bestimmung von Ursache und Auswirkung. Die quantitative Ermittlung von Fehlern wird im Abschnitt 4.3. behandelt.

Tafel 2.26. Einteilung der Fehler

Oberbegriff	Merkmale	Fehlerarten
Ursache	Bereich der Entstehung des Fehlers	Prognosefehler, Planungsfehler, Entwicklungsfehler, Herstellungsfehler, Transportfehler usw.
	Ort innerhalb des Geräts	Strukturfehler
	Ort außerhalb des Geräts	Umweltfehler
	Art der Ursache	subjektive Fehler objektive Fehler
Erscheinung	Art der fehlerhaften Strukturkomponenten	Elementefehler, Kopplungsfehler, Anordnungsfehler
	Art der fehlerhaften Eigenschaft	technische Fehler, ökonomische Fehler, ergonomische Fehler, ästhetische Fehler
	Charakter der fehlerhaften Größen	skalare Fehler, vektorielle Fehler statische Fehler, dynamische Fehler
Auswirkung	Bereiche der Auswirkung des Fehlers	Entwicklungsschwierigkeiten, Herstellungsschwierigkeiten, Transportschwierigkeiten usw.
	Größenordnung des Fehlereinflusses auf das Ergebnis	Fehler erster Ordnung Fehler höherer Ordnung Fehler ohne Einfluß
	Wichtung entsprechend den Forderungen der Aufgabe	Verletzung der Festforderungen Verletzung der Mindestforderungen Verletzung der Wünsche Verletzung der Ziele

Für die Fehlerbekämpfung bestehen grundsätzlich folgende Alternativen:

- Inkaufnahme des Fehlers: Man findet sich mit einem bestimmten Mangel ab. Dieser Kompromiß muß Bedeutung und Größenordnung der Fehlerauswirkung in Relation zum ökonomischen Aufwand für die Fehlerbekämpfung berücksichtigen.
- Vorbeugen: Es wird die Fehlerursache beseitigt. Der dazu notwendige Aufwand ist mitunter hoch. Er führt aber zu der besten und sichersten Fehlervermeidung.
- Entgegenwirken:
  – Durch quantitative oder qualitative Strukturvariation sind die Fehlereinflüsse auf das geforderte Maß zu reduzieren (s. auch Abschn. 4.3.).
  – Die Umwelt wird verändert (Einsatz in klimatisierten Räumen, Zusatzgeräte zur Anpassung u. a.)

2.2.4.2. Bewertung und Entscheidung

Die Bewertung hat die Aufgabe, gleichartige Objekte zu vergleichen, um eine Rangfolge oder den absoluten Wert der Objekte bezüglich einer Menge von Forderungen zu ermitteln. Zur Bestimmung des Werts werden die Istwerte der Eigenschaften der Objekte in Klassen gleichen Nutzens eingeteilt. Es handelt sich im Prinzip um eine Bestimmung des Abstands, den ein Teil-, Zwischen- oder Gesamtergebnis im konstruktiven Entwicklungsprozeß gegenüber der in der Aufgabenstellung formulierten Zielstellung (Forderungsmenge), dem bisherigen Entwicklungsstand (bzw. dem Welthöchststand) oder dem möglichen Ideal bzw. dem theoretisch oder praktisch anzustrebenden Grenzwert hat.

Bild 2.20 veranschaulicht die Situation [2.27]. Man erkennt, daß für die Ermittlung einer Wertaussage zwei Gegenüberstellungen notwendig sind. Zunächst müssen die in einer Lösung enthaltenen technischen, ökonomischen und anderen Eigenschaften möglichst exakt ermittelt werden. Danach sind die Ergebnisse an einem vom Zweck der Entwicklung diktierten Maßstab zu beurteilen. **Bild 2.21** zeigt ein zweckmäßiges Verfahren.

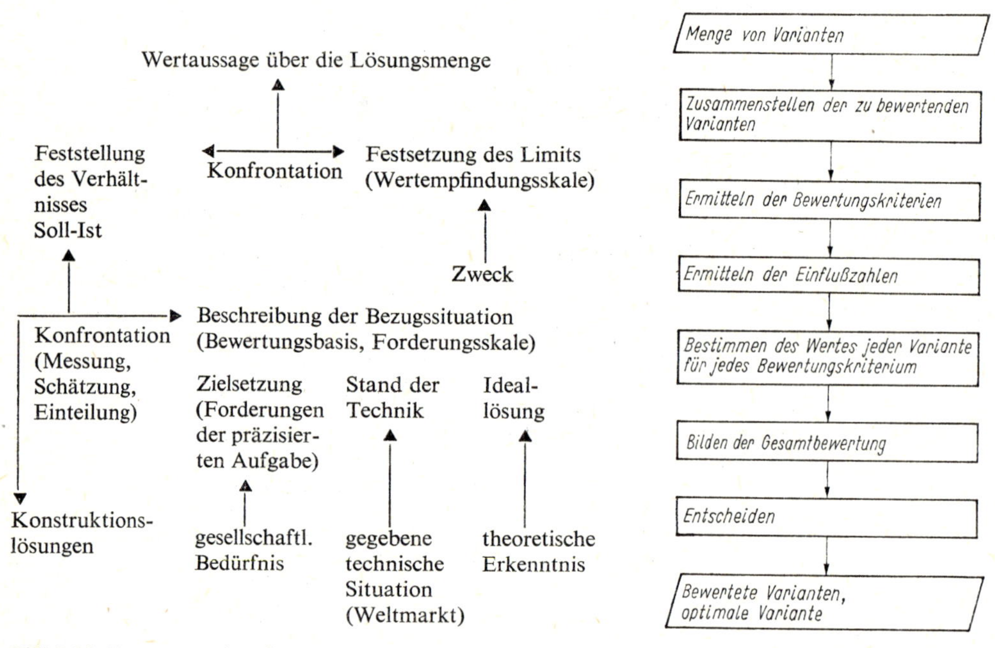

Bild 2.20. Bewertungssituation

Bild 2.21. Ablauf der Bewertung

Die zu bewertenden Lösungsvarianten müssen vergleichbar sein, d.h. das gleiche Abstraktionsniveau haben. Die Beurteilung der Varianten wird erleichtert, wenn man sie vorher einer Fehlerkritik unterzieht.

Die für das konstruktive Gesamtergebnis wesentlichen Forderungen werden als Bewertungskriterien benutzt und bilden in ihrer Gesamtheit die Bewertungsbasis. Die Bewertungskriterien müssen für die zu bewertenden Konstruktionslösungen des betrachteten Entwicklungsstadiums relevant sein und auf alle Varianten zutreffen. Man gewinnt sie aus den Forderungen der präzisierten Aufgabenstellung, aus den Ergebnissen der Fehlerkritik, aus dem Stand der Technik sowie aus denkbaren Ideallösungen. **Tafel 2.27** stellt wichtige Bewertungskriterien zusammen. Die Anzahl der Kriterien ist im Hinblick auf die Bedeutung der nachfolgenden Entscheidung sinnvoll zu beschränken, da bei einer

Tafel 2.27. Beispiele für wichtige Bewertungskriterien

Bereich	Kriterien
Gesellschaft, Volkswirtschaft	Erfüllung des gesellschaftlichen Bedürfnisses, Gebrauchswert, wissenschaftlich-technisches Niveau der Lösung, Verbesserung der Arbeits- und Lebensbedingungen, Steigerung der Arbeitsproduktivität, Freisetzung von Arbeitskräften, Umweltschutz, territoriale Auswirkungen, internationale Arbeitsteilung, Ablösung von Importen, Deviseneinsparung, Exporterweiterung, Devisenerlös
Funktion	Zuverlässigkeit, Genauigkeit, Wertebereich, Leistung, Lebensdauer, Wirkungsgrad, Wirkungsweise, Automatisierungsgrad
Struktur	benötigtes Bauelementesortiment, Teileanzahl, verwendete Werkstoffe, Anschlußmaße, Raumbedarf; Wiederholteilgrad, Standardisierungsgrad; Masse
Herstellung	notwendige Fertigungsverfahren, notwendige Vorrichtungen und Hilfsmittel, fertigungsgerechte Gestaltung, montagegerechte Gestaltung, prüfgerechte Gestaltung; Eignung für Einzel-, Serien- oder Massenfertigung; Anforderungen an Arbeitskräfte; Automatisierbarkeit der Fertigung
Gebrauch	Energiebedarf; Ergonomie, Bedienkomfort, Formgestaltung; Arbeitsschutz, Arbeitsgeschwindigkeit, Wartung, Instandsetzung, Variabilität des Einsatzes
Ökonomie	Kosten bei Entwicklung, Herstellung, Einsatz; Preis; Devisenerlös, Deviseneinsparung; Gütezeichen
Rechtssituation	Rechtsmängelfreiheit, Patentfähigkeit Lizenznahme/Lizenzvergabe, Standardisierung (national – international)

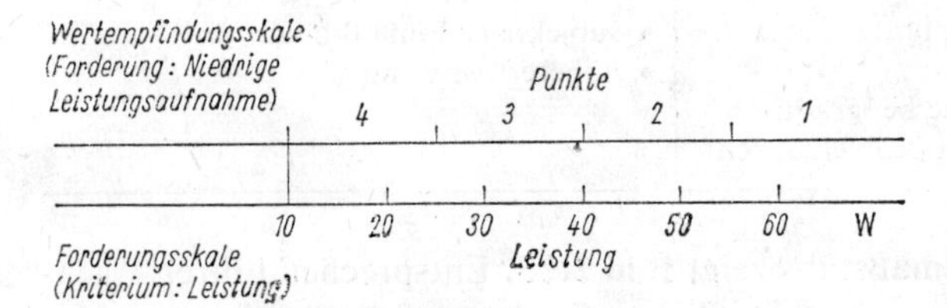

Bild 2.22
Bewertungsmaßstab

großen Anzahl ein hoher Bewertungsaufwand entsteht und die Übersichtlichkeit leidet. Jedes Kriterium bezieht sich auf eine Eigenschaft der zu bewertenden Lösungen. Zur Feststellung der Istwerte dieser Eigenschaften dient eine Forderungsskale. Damit werden die Kriterien exakt und eindeutig (nach Möglichkeit quantitativ) definiert. Außerdem vermeidet man Überschneidungen von Kriterien. Um zu einer Gesamtbewertung zu gelangen, müssen die Forderungen vergleichbar sein. Dazu benutzt man eine für alle Kriterien einheitliche Wertempfindungsskale **(Bild 2.22).** Sie wird entsprechend der Zielstellung der Entwicklung festgelegt und berücksichtigt vorgegebene Limits, Wertebereiche, Toleranzen u.ä. Ihre Teilung hängt von der Tendenz der Forderung ab (im Beispiel niedrige Leistungsaufnahme). Beide Skalen bilden gemeinsam den Bewertungsmaßstab [2.28]. Die Relativlage der beiden Skalen ist entscheidend für die Wertbestimmung. Man kann bei ihrer Festlegung den Einfluß subjektiven Ermessens reduzieren, wenn man zur Bestimmung der maximalen und minimalen Punktezahl theoretische

Grenzwerte (z.B. Leistungsaufnahme 10 W), Werte von Vergleichserzeugnissen des Weltmarkts u.ä. heranzieht. Außerdem ist zu beachten, wie der Verlauf der Eigenschaftswerte bezüglich der Forderung ist (linear, quadratisch, exponentiell; symmetrisch oder unsymmetrisch; monoton fallend oder steigend). Jede Forderung benötigt einen gesonderten Bewertungsmaßstab. Die Forderungsskale wird nach Möglichkeit metrisch (Maßeinheit und Zahl) skaliert. Anderenfalls kann man eine relative Ordnung (Rangfolge, Präferenz) festlegen, die sich an qualitativen Merkmalen orientiert. Zur Wertfestlegung haben sich zwei Nominalskalen bewährt **(Tafel 2.28).** Die duale oder zweiwertige Bewertung wird für die Festforderungen benutzt und dient oft der Vorselektion von Lösungen. Für die mehrwertige Bewertung hat sich die fünfstufige Einteilung als zweckmäßig erwiesen [2.29] [2.2].

Tafel 2.28. Nominalskalen für die Bewertung

	Zweiwertig			Mehrwertig		
	Erfüllungsgrad		p	Erfüllungsgrad	Note	p
	erfüllt nicht erfüllt	j n	1 0	sehr gut gut ausreichend noch tragbar unbefriedigend	1 2 3 4 5	4 3 2 1 0
Vorteile	• sehr einfach • subjektiver Einfluß gering • gut geeignet zur Vorselektion von Varianten bezüglich Festforderungen (z.B. Funktionsfähigkeit, Herstellbarkeit)			• feinere Differenzierung der Varianten • für alle Klassen von Forderungen geeignet		
Nachteile	• keine Differenzierung brauchbarer Varianten • Festlegung der Grenze bei graduierten Forderungen ist problematisch			• subjektiver Einfluß hoch • höherer Aufwand		

Die Handhabung des Bewertungsmaßstabs zeigt **Bild 2.23.** Entsprechend ihrer Wichtigkeit haben die Bewertungskriterien unterschiedlichen Einfluß auf die Bestimmung des Gesamtwerts. Bereits bei der Aufgabenpräzisierung (s. Abschn. 2.2.2.) unterscheidet man Festforderungen, Mindestforderungen, Wünsche und Ziele.

Innerhalb der Bewertungsbasis mit den Kriterien $K_1, K_2, \ldots, K_n$ differenziert man dementsprechend die Kriterien nach dem Grad der Notwendigkeit und drückt dies durch Einflußzahlen g_i (Wichtungsfaktoren u.ä.) aus **(Bild 2.24).** Ihr absoluter Wert ist beliebig, jedoch müssen ihre Relationen die realen Verhältnisse erfassen. Wesentliche Kriterien erhalten eine hohe Einflußzahl. Kriterien und Einflußzahlen gelten unabhängig von der bewerteten Variante und der Höhe des Werts. Die Festlegung der Einflußzahlen entspricht einer Bewertung der Forderungen. Als Hilfsmittel zur übersichtlichen Bewertung dient eine Bewertungstabelle **(Tafel 2.29).** Mit Hilfe der Bewertungsmaßstäbe werden die Werte p_{ij} ermittelt. Innerhalb einer solchen Tabelle muß man eine einheitliche Wertempfindungsskale benutzen. Das Hauptproblem bei der Bewertung ist die exakte Ermittlung der Eigenschaften der Lösungen. Dazu ist es notwendig, durch gedankliche Verschiebung der Lösung in die Bereiche der Herstellung, der Nutzung usw. die notwendigen Informationen zu gewinnen. Diese gedanklichen Vorgriffe sind mit Unsicherheiten verbunden. Sie hängen vom Abstraktionsniveau der gegebenen Lösung ab. So ist eine als Funktionsstruktur gegebene Lösung nur nach der formalen Erfüllung der Gesamtfunktion bewertbar. Eine Bewertung des zu erwartenden Aufwands aus der Anzahl der Teilfunktionen bzw. der Anzahl und Kompliziertheit der Verknüpfungen kann zu schwerwiegenden Fehlurteilen führen, da sowohl komplizierte Funktionsstrukturen zu einfachen Gebilden führen können (Funktionenintegration) als auch einfache Strukturen komplizierte Ausführungen nicht ausschließen. Eine Ausnahme bildet die Realisierung einer Funktionsstruktur durch ein System vorliegender Bausteine.

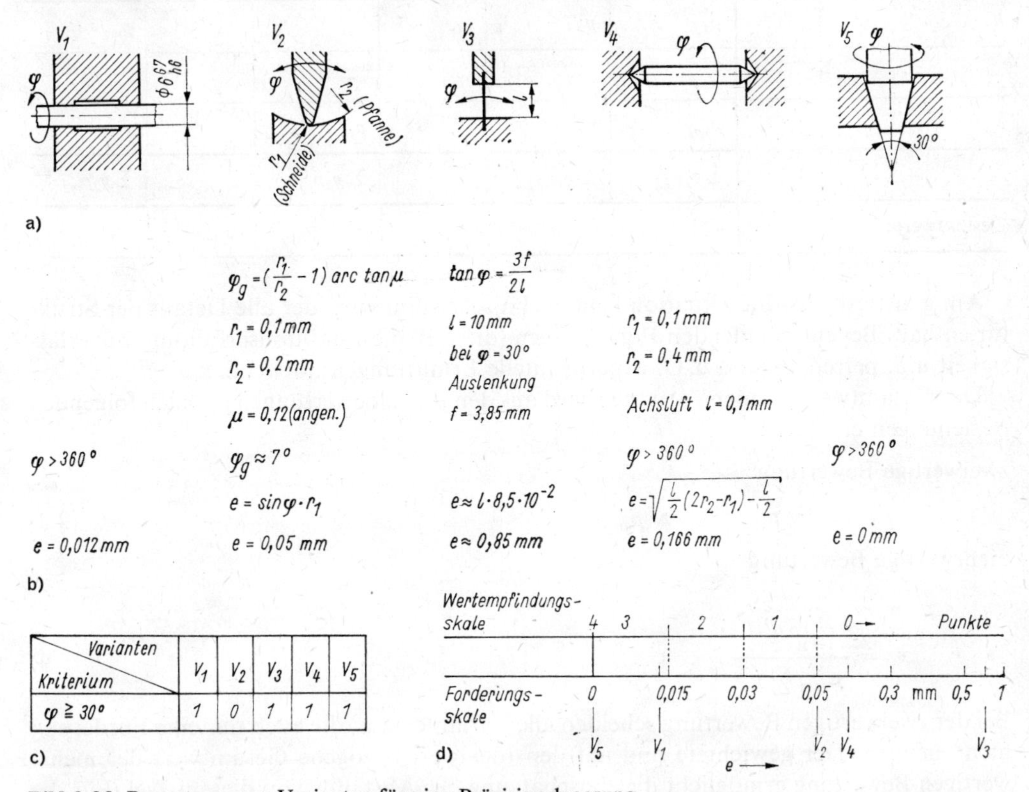

Bild 2.23. Bewertung von Varianten für eine Präzisionslagerung

Forderungen: 1. Drehwinkel $\varphi = \pm 30°$; 2. zulässige Verlagerung der Drehachse $e \leq 0{,}05$ mm
a) Varianten; b) ermittelte Eigenschaften; c) zweiwertige Bewertung (Forderung 1); d) mehrwertige Bewertung (Forderung 2)

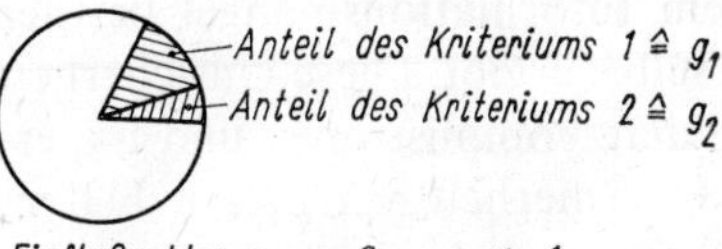

Einflußzahlen g_j: $0 < g_j \leqq 1$
$1 \leqq g_j \leqq 10$

Bild 2.24
Festlegung von Einflußzahlen

Das technische Prinzip läßt nur eine qualitative Beurteilung der Funktionserfüllung und anderer Forderungen zu. Erst durch wenigstens überschlägliche Berechnungen erhält man hinreichende Aussagen für die Bewertung.

Tafel 2.29. Bewertungstabelle

Bewertungskriterien / Varianten	g	V_1	V_2	…	V_i	…	V_m
K_1	g_1	p_{11}	p_{21}	…	p_{i1}	…	p_{m1}
K_2	g_2	p_{12}	p_{22}	…	p_{i2}	…	p_{m2}
⋮	⋮	⋮	⋮		⋮		⋮
K_j	g_j	p_{1j}	p_{2j}	…	p_{ij}	…	p_{mj}
⋮	⋮	⋮	⋮		⋮		⋮
K_n	g_n	p_{1n}	p_{2n}	…	p_{in}	…	p_{mn}
	Σg_j	$\Sigma g_j p_{1j}$	$\Sigma g_j p_{2j}$	…	$\Sigma g_j p_{ij}$	…	$\Sigma g_j p_{mj}$
Gesamtwerte		x_1	x_2	…	x_i	…	x_m

Am günstigsten ist die Situation beim technischen Entwurf, der alle Details der Struktur enthält. Bei entscheidenden Forderungen (die z.B. die Funktionserfüllung, Zuverlässigkeit u.ä. betreffen) sind u.U. experimentelle Ermittlungen notwendig.

Der Gesamtwert x_i einer Variante i wird aus den Einzelbewertungen p_{ij} nach folgenden Beziehungen ermittelt:

zweiwertige Bewertung

$$x_i = p_{i1} \wedge p_{i2} \wedge \dots \wedge p_{in}, \tag{2.3}$$

mehrwertige Bewertung

$$x_i = \frac{\sum_{j=1}^{n} g_j p_{ij}}{p_{\max} \sum g_j}. \tag{2.4}$$

Bei der zweiwertigen Bewertung scheiden alle Varianten aus, die auch nur eine Forderung nicht erfüllen. Der gewichtete und auf den Idealwert bezogene Gesamtwert der mehrwertigen Bewertung ermöglicht die Einschätzung des Abstands von diesem Ziel. Für die Dokumentation der Bewertungsergebnisse ist zu empfehlen, neben den Werten p_{ij} auch die Eigenschaftswerte der Forderungsskale für die jeweilige Variante in der Tabelle mit festzuhalten [2.5]. Man beachte, daß der errechnete Gesamtwert mit einer Unsicherheit behaftet ist, die sich aus subjektiven Urteilsfehlern, dem Informationsmangel bei der Eigenschaftsbestimmung und dem Bewertungsverfahren selbst ergibt. Diese Unsicherheit bestimmt das Risiko der nachfolgenden Entscheidung. Schätzkommissionen und Expertenbefragung können bei bedeutenden Projekten die Unsicherheit verringern helfen. Auf der Grundlage der Gesamtbewertung läßt sich dann die Entscheidung treffen.

■ **Entscheidungsregeln**

① Regel des maximalen Nutzens:
Wähle die Variante, die in der Rangfolge an erster Stelle steht!

$$V_i \quad \text{mit} \quad x_i = x_{\max}. \tag{2.5}$$

② Regel der befriedigenden Lösung:
Wähle alle Varianten, die hinreichend die Forderungen erfüllen!

$$V_i \quad \text{mit} \quad x_i \gg x_{\text{befriedigend}}. \tag{2.6}$$

Die Anwendung einer dieser Regeln muß entsprechend der Entscheidungssituation erfolgen.

Regel 1 führt zur Auswahl einer Variante. Regel 2 selektiert solche Lösungen, die für eine weitere Bearbeitung geeignet sind.

Die im Abschnitt 2.2. behandelten Methoden stellen eine Auswahl dar, die sich auf die wichtigsten beschränkt. Für die Phase des Dimensionierens und Gestaltens sind hier keine allgemeinen Verfahren angegeben. Sie werden in den einzelnen Abschnitten am konkreten Objekt verdeutlicht und als verallgemeinerte Konstruktionsprinzipien im Abschn. 4.2. zusammengestellt. Für die Unterstützung des methodischen Vorgehens insgesamt soll auf die von der systematischen Heuristik zusammengetragene Methodensammlung verwiesen werden [2.7].

2.3. Einsatz technischer Mittel

Technische Hilfsmittel haben die Aufgabe, die Wirksamkeit der gedanklichen und manuellen Tätigkeiten des Konstrukteurs zu unterstützen. Der Entwicklungsstand ist so weit vorangeschritten, daß für alle wichtigen Konstruktionstätigkeiten (s. Bild 2.6) Hilfsmittel bereitstehen. Der Einsatz einer zweckmäßigen Gerätetechnik im Konstruktionsbereich kann folgende Rationalisierungseffekte hervorbringen:
Reduzierung der Zeitbelastung für Routinearbeiten (Unterlagenerstellung, Informationssuche, Änderung), Erhöhung der Qualität des Entwicklungsergebnisses (höherer Informationsumsatz beim Entwerfen, Berechnen, Bewerten), Automatisierung der nachfolgenden Prozesse (Fertigungsvorbereitung, Materialwirtschaft, Fertigungssteuerung u.a.).

Die Entwicklung schreitet auf diesem Gebiet gegenwärtig rasch voran, woraus sich neue Anforderungen an den Konstrukteur ergeben: Kenntnisse über Eigenschaften und Leistungsfähigkeit der Mittel, rationelle Handhabung der Mittel, Anpassung der Arbeitsweise an die Erfordernisse der technischen Einrichtungen.

2.3.1. Rechnerunterstützte Konstruktion

2.3.1.1. Voraussetzungen

Möglichkeiten und Grenzen des Rechnereinsatzes ergeben sich aus der Leistungsfähigkeit der **E**lektronischen **D**aten-**V**erarbeitungs-**A**nlagen (EDVA) und der Algorithmierbarkeit der beim Konstruieren auszuführenden Operationen.

Die Nutzung von CAD-Systemen (**C**omputer **A**ided **D**esign) in der Konstruktion ist durch die in **Tafel 2.30** zusammengestellten Bedingungen charakterisiert. Sie wird erst möglich, wenn eine für jeden neuen Anwendungsfall notwendige Vorbereitung mit den folgenden Etappen durchlaufen wurde:

1. Problemaufbereitung;
2. Algorithmierung;
3. Programmierung;
4. Datenbereitstellung.

Aus der Unbestimmtheit und Mehrdeutigkeit des Konstruierens (s. Abschn. 2.1.2.1.) folgt, daß eine Algorithmierung von Konstruktionsvorgängen nur mit Einschränkungen möglich ist. Das betrifft besonders die Synthese neuer Lösungen und die Bewertung. Der Rechner kann die Kreativität und das Urteilsvermögen des Konstrukteurs bei diesen Operationen nicht ersetzen. Er kann sie unterstützen, indem er Informationen bereitstellt und zahlreiche formale Manipulationen übernimmt. Mit einem solchen Dialog wächst der Zwang, die Problembearbeitung streng systematisch zu organisieren.

Tafel 2.30. Bedingungen für den Einsatz der elektronischen Datenverarbeitung (EDV) im konstruktiven Entwicklungsprozeß (KEP)

Leistungsmerkmale der EDV	Voraussetzungen für den EDV-Einsatz			
	Gerätetechnik (Hardware)	Systemunterlagen (Software)	Qualifikation der Konstrukteure	Organisation des KEP
– Verarbeitbarkeit von Zahlen, Text und grafischen Darstellungen – Hohe Bearbeitungsgeschwindigkeit – Gute Reproduzierbarkeit der Ergebnisse – Hohe Genauigkeit – Verarbeitbarkeit großer Datenmengen – Maschinelle Dokumentation der Ergebnisse – Automatische Speicherung und Wiedergabe von Informationen	**Konfiguration der EDVA** bestimmt Einsatzmöglichkeiten im KEP **Rechengeschwindigkeit und Speicherkapazität** bestimmen Art, Datenumfang und Komplexität der bearbeitbaren Aufgaben **Peripheriegeräte** bestimmen Organisation des Arbeitsablaufs und Kommunikationsmöglichkeiten zwischen Mensch und Rechner	**Maschinenorientierte Systemunterlagen** ermöglichen Rechenbetrieb, beeinflussen Effektivität der Programmentwicklung und -abarbeitung **Problemorientierte Systemunterlagen** ermöglichen die Problembearbeitung, müssen vom Anwender erstellt werden, erfordern z.T. hohen Aufwand (Problemaufbereitung, Programmierung)	**Kenntnisse** über Gerätetechnik, Programmsysteme zur Entscheidung über deren Anwendbarkeit **Fähigkeiten** zur Anwendung systematischer Methoden **Fertigkeiten** bei Datenerfassung, Programmnutzung, Gerätebedienung (bei Dialogbetrieb)	– exakte Festlegung der **Informationsflüsse** – EDV-gerechte **Erzeugnisgliederung** (Sachnummern- und Klassifizierungssysteme) – EDV-gerechte **Unterlagengestaltung** (Datenerfassungsbelege, Stücklisten, Zeichnungen, technologische Unterlagen) – **Standardisierung** von Erzeugnissen und Unterlagen – Anpassung von **Rechnerbetrieb und Konstruktionsablauf**

Eine wichtige Bedingung für Art und Umfang des Einsatzes der EDV sind die erreichbaren ökonomischen Vorteile. Eine Analyse des Konstruktionsprozesses mit quantitativer Bestimmung der Zeitanteile von Tätigkeiten, der Struktur der Objekte sowie aller Kostenanteile liefert die notwendigen Informationen, um den Einsatz effektiv zu gestalten [2.14] [2.15] [2.16] [2.62].

2.3.1.2. EDVA für die Konstruktion

Im konstruktiven Entwicklungsprozeß kommen Elektronenrechner aller Größenordnungen zum Einsatz. Neben Taschen- und Tischrechnern ohne periphere Zusatzgeräte für einfache Berechnungen haben sich für anspruchsvollere Aufgaben die in **Tafel 2.31** dargestellten Gerätekonfigurationen der Groß- und Kleinrechner bewährt. Großrechner mit einer leistungsfähigen Peripherie nach **Bild 2.25** sind als integrierte Datenverarbeitungssysteme in den Betrieben eingesetzt, durch die der Konstrukteur Zugang zu umfangreichen Programmsystemen und Datenbeständen erhält. Die Verbindung dieser zentralisierten Datenverarbeitung mit dem Konstruktionsablauf ist jedoch nicht unproblematisch. Deshalb haben sich zur Lösung zahlreicher Aufgaben Mikro- und Kleinrechnersysteme durchgesetzt **(Bild 2.26)**. Optimale Bedingungen für das rechnerunterstützte Konstruieren werden erreicht, wenn sich am Arbeitsplatz des Konstrukteurs alle notwendigen Geräte befinden **(Bild 2.27)**.

Für die rechnerunterstützte Konstruktion sind des weiteren Geräte zur grafischen Datenverarbeitung von Interesse. Trotz stärkerer Nutzung maschinenlesbarer Daten-

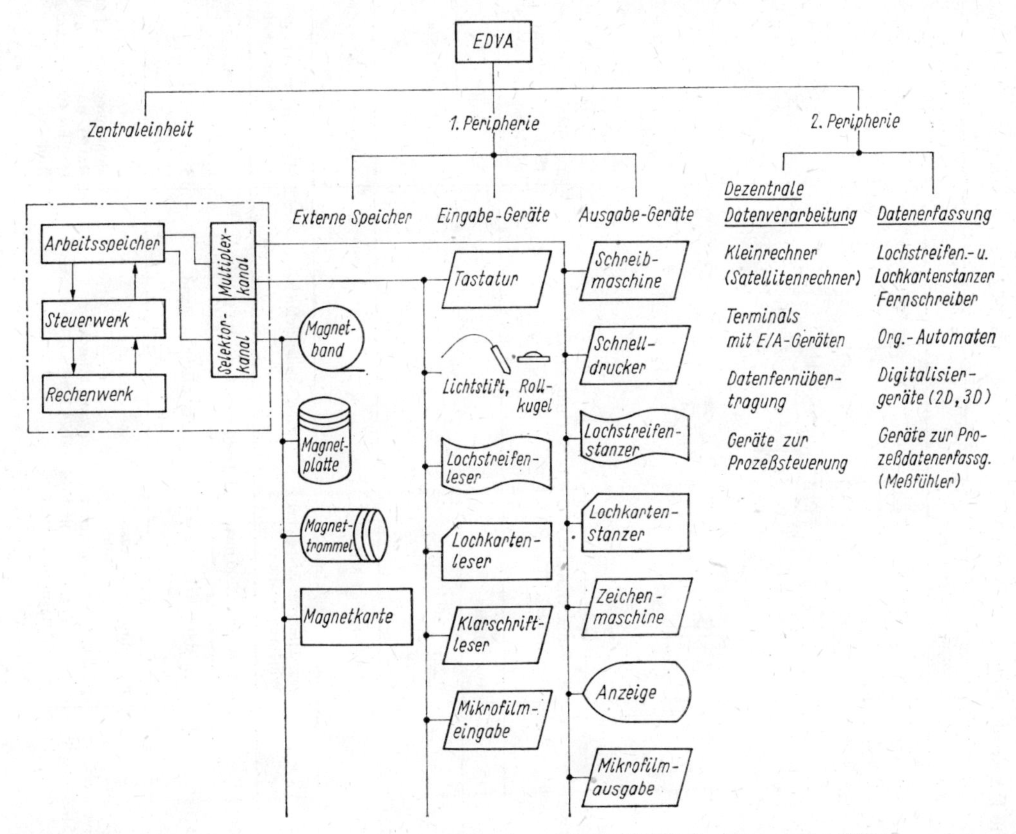

Bild 2.25. Geräte der elektronischen Datenverarbeitung (EDVA) für den Einsatz im KEP

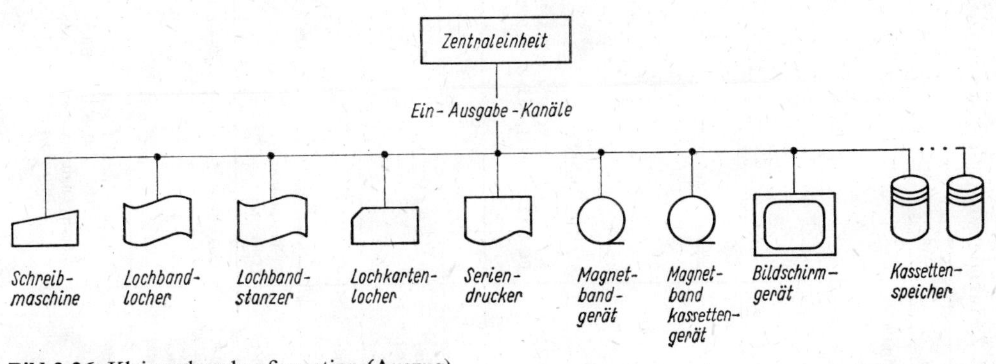

Bild 2.26. Kleinrechnerkonfiguration (Auszug)

Tafel 2.31. Hardware für das rechnerunterstützte Konstruieren

	Mikrorechnerarbeitsplätze		Kleinrechnersysteme		Großrechner	
Konfiguration			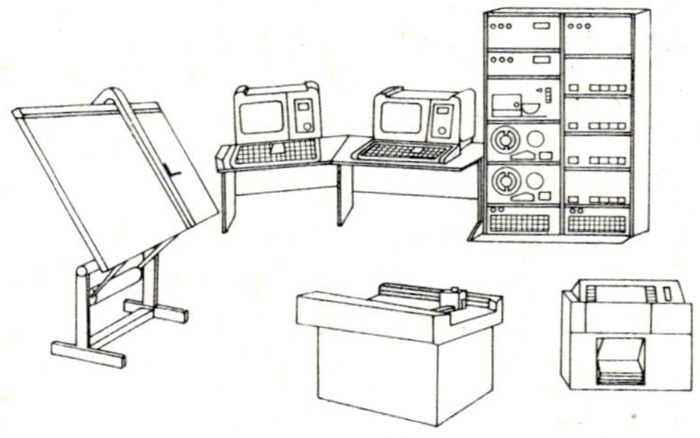		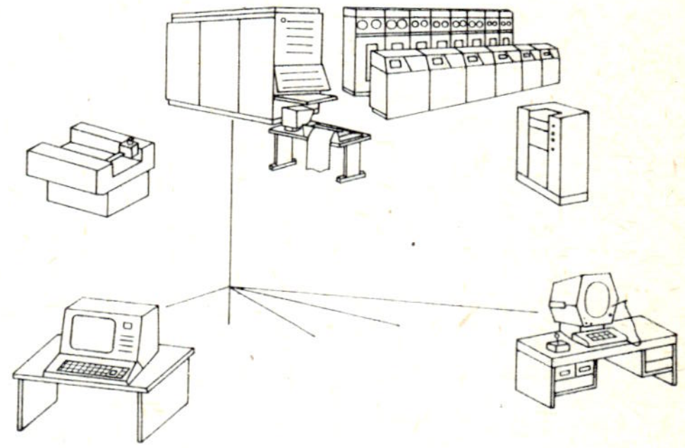	
Rechnertyp	K 1520, MC 80, BCA 5110, A 5120, A 5130, PC 1715, HP 9821, NOVA, TI 9900, Prime 350		K 1630, CM 3, CM 4, CM 1420, I 100, I 102F, PDP 11, HP 3000, VAX 11/725 ... 785		EC 1040, EC 1035, EC 1055, EC 1065, IBM 370, UNIVAC 1100, CDC CYBER 170, SIEMENS S 7500, S 7700	
Wortbreite	8 ... 32 Bit		16 ... 32 Bit		32 ... 64 Bit	
Rechen-geschwindig-keit	0,1 ... 0,4 Mill. Op./s		0,2 ... 1 Mill. Op./s		0,5 ... 5 Mill. Op./s	
Speicher-kapazität	4 ... 512 KByte		64 KByte ... 1 MByte		512 KByte ... 32 MByte	
Externe Speicher	Folienspeicher (Diskette)	Kassettenmagnetband	Kassettenplattenspeicher Winchesterplatten	Magnetbandspeicher	Wechselplattenspeicher Festkopfmagnetplatten	Magnetbandspeicher
Zugriff	direkt (90 ... 500 ms)	sequentiell (5 ... 20 s)	direkt (30 ... 200 ms)	sequentiell (0,5 ... 15 min)	direkt (5 ... 70 ms)	sequentiell (5 ... 15 min)
Speicher-kapazität	0,1 ... 2,4 MByte	128 Kbyte ... 75 MByte	2 ... 300 MByte	4 ... 60 MByte je Band	5 ... 1000 MByte	4 ... 60 MByte je Band
Dialogtechnik	alphanumerisch: Tastatur, Drucker, alphanum. Bildschirm grafisch: Digitalisiergerät, Menüfeld, passiver graf. Bildschirm (128 × 128 bis 512 × 512 Punkte)		alphanumerisch: Tastatur, Drucker, alphanum. Bildschirm grafisch: Digitalisiergerät, aktiver graf. Bildschirm (128 × 128 bis 1024 × 1024 Punkte), Funktionstastatur, Kursor		über Terminals oder dezentrale Kleinrechner, alphanumerisch und grafisch: Raster- oder Vektorbildschirm (512 bis 4096 Punkte je Achse), Farbgrafik, Lichtstift, Rollkugel	

Grafische Unterlagenerstellung	quasigrafischer Druck Rasterdruck	Rasterdruck Plotterzeichnung Hardcopy	Rasterdruck Plotterzeichnung Hardcopy
Anzahl der Konstrukteure je Anlage	≈ 10	≈ 100	> 200
Typische Anwendungen	Berechnungen Bauelementeauswahl Datenerfassung, Änderungsdienst Digitalisierung Variantenkonstruktion geringer Komplexität	Berechnungen (Simulation, Optimierung) Katalogprojektierung Variantenkonstruktion Entwerfen mittels Menütechnik integrierte Lösungen für Konstruktion und Technologie (CAD/CAM)	Umfangreiche Berechnungen (FEM u.ä.), datenintensive Konstruktionsarbeiten, integrierte Systeme für Konstruktion, Technologie, Materialwirtschaft, Produktion periodische Unterlagenerstellung (z.B. Stücklisten, Änderungsdienst) Systeme der Informationsversorgung (Literatur- und Patentdienst)

träger in der Produktionsvorbereitung und -durchführung bleibt die technische Zeichnung das wichtigste Darstellungsmittel für den Konstrukteur [2.63]. Die Vorteile analoger grafischer Darstellungen (Anschaulichkeit, gute Überschaubarkeit, Eindeutigkeit, große Informationsdichte, leichte Erkennbarkeit struktureller Gemeinsamkeiten) sind unentbehrlich für das manuelle Arbeiten in Konstruktion, Technologie, Produktion, Vertrieb und Einsatz. Da Digitalrechner analoge grafische Informationen nicht verarbeiten können, besteht das Hauptproblem der grafischen Datenverarbeitung in der Umsetzung der analogen in äquivalente digitale Beschreibungen (Digitalisierung) sowie in der Rücktransformation nach der Verarbeitung durch den Rechner in ein entsprechendes Bild.

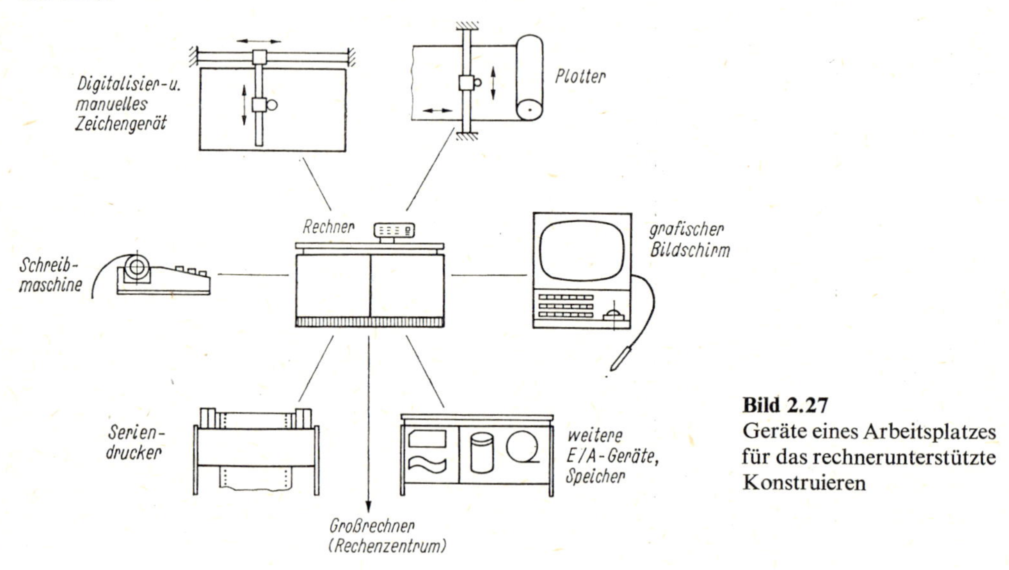

Bild 2.27
Geräte eines Arbeitsplatzes für das rechnerunterstützte Konstruieren

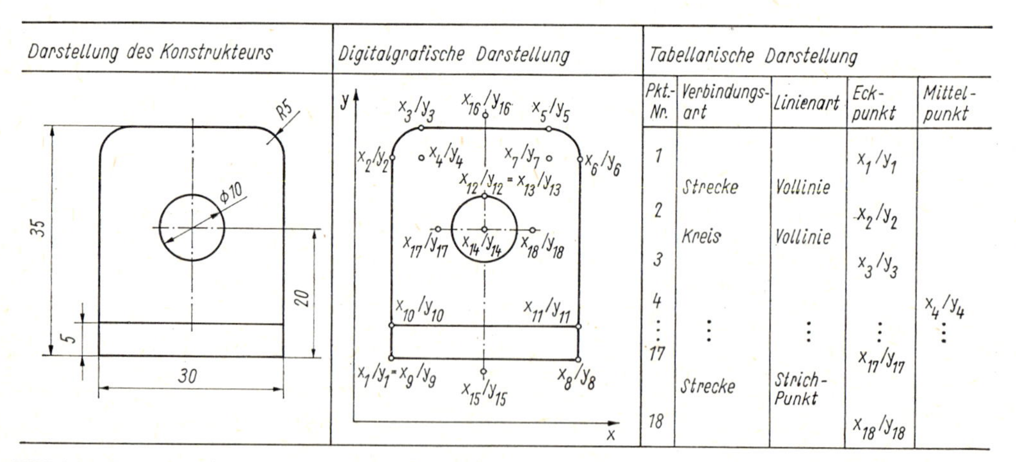

Bild 2.28. Konstruktive und digitalgrafische Darstellung [2.65]

Dazu können folgende Geräte eingesetzt werden [2.30]:

- **Datenerfassung und Eingabe** (analog → digital): Digitalisiergeräte (Abtastmaschinen 2D und 3D), Geräte der Industriefotogrammetrie, Mikrofilmeingabegeräte (CIM – computer input microfilm)

- **Ausgabe** (digital → analog): Zeichenmaschinen, passive grafische Bildschirmgeräte, Mikrofilmausgabegeräte (COM – computer output microfilm), Rasterdrucker
- **Dialog:** aktive grafische Bildschirmgeräte.

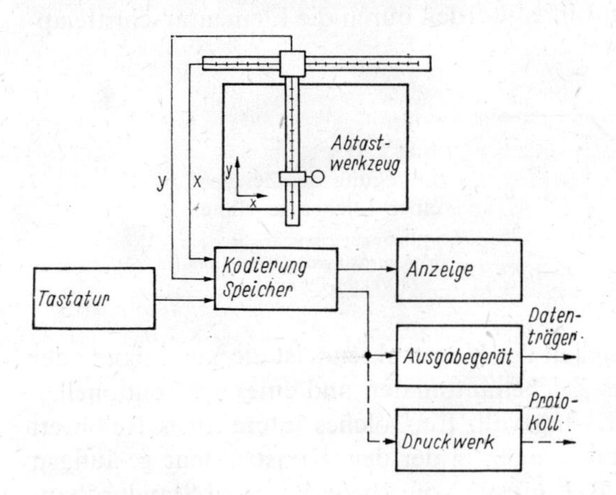

Bild 2.29
Digitalisiereinrichtung

Am häufigsten finden Anwendung Digitalisiergeräte (2D), Zeichenmaschinen und aktive Bildschirmeinheiten. Beim Digitalisieren werden die grafischen Darstellungen in geometrische Elemente (Punkt, Gerade, Kreis, Kreisbogen) zerlegt und in kodierter Form beschrieben **(Bild 2.28).** Den prinzipiellen Aufbau eines Digitalisiergeräts zeigt **Bild 2.29.** Es ermöglicht das Erfassen von Punktkoordinaten. Durch eine Funktionstastatur lassen sich zusätzlich alphanumerische Informationen zur rechnerinternen Verarbeitung oder Steuerung der Zeichenmaschine eingeben. Man erreicht beim manuellen Abtasten eine Erfassungsgeschwindigkeit von etwa 10 ... 40 Punkten/min [2.63]. **Bild 2.30**

Prinzip	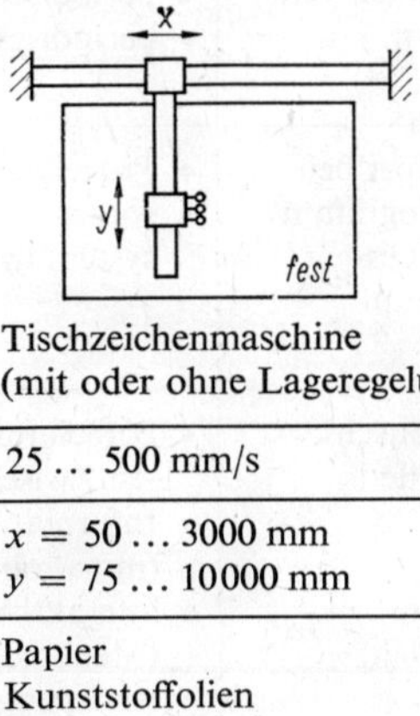 Tischzeichenmaschine (mit oder ohne Lageregelung)	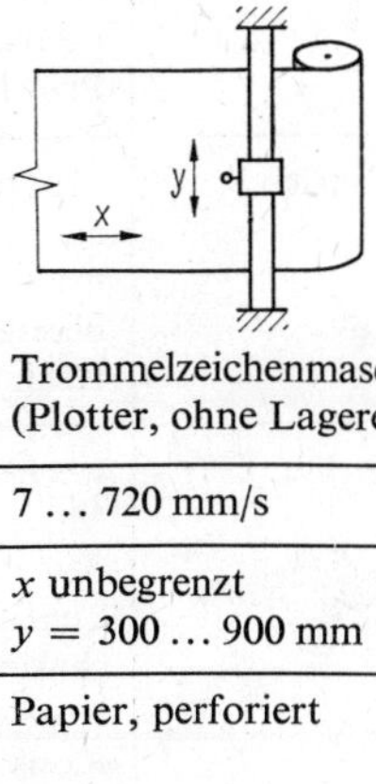 Trommelzeichenmaschine (Plotter, ohne Lageregelung)
Zeichengeschwindigkeit	25 ... 500 mm/s	7 ... 720 mm/s
Zeichenfläche	$x = 50 \ldots 3000$ mm $y = 75 \ldots 10000$ mm	x unbegrenzt $y = 300 \ldots 900$ mm
Zeichnungsträger	Papier Kunststoffolien Metallfolien lichtempfindlicher Träger	Papier, perforiert
Zeichenwerkzeuge	mehrere Werkzeuge, automatisch betätigt (Tuschefeder, Bleistiftminen, Kugelschreiber, Faserstifte, Gravier-, Schneidwerkzeuge, Lichtzeichenkopf)	ein Werkzeug (Tuschefeder, Faserstift, Kugelschreiber)
Zeichengenauigkeit	0,012 ... 0,4 mm	0,1 ... 0,5 mm

Bild 2.30. Prinzipe und wichtige Daten von Zeichenmaschinen

zeigt die beiden typischen Ausführungsvarianten von rechnergesteuerten Zeichenmaschinen [2.30] [2.31] und deren Eigenschaften, die für den Einsatz in der Konstruktion wichtig sind. Das Zeichenwerkzeug ist in 8 Grundrichtungen (selten 24 oder 48) geradlinig zu bewegen **(Bild 2.31).** Alle übrigen Linien werden durch die Elementarschritte approximiert.

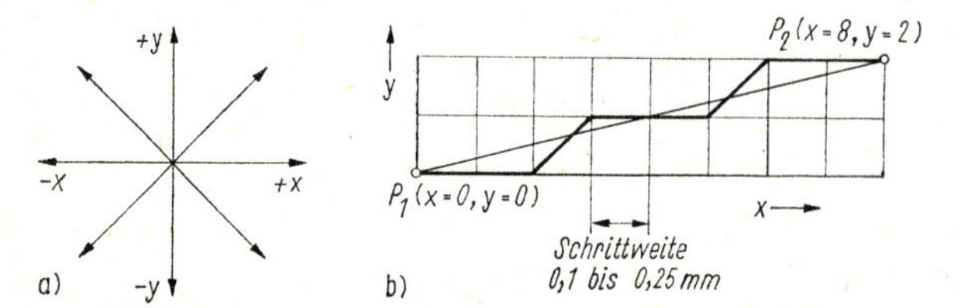

Bild 2.31
Bewegung des Zeichenkopfs einer Zeichenmaschine
a) Bewegungsgrundrichtungen
b) Approximation einer Geraden (8-Vektor-Format)

Für die Unterstützung der Entwurfstätigkeit des Konstrukteurs ist die Vereinigung der Funktionen eines Digitalisiergeräts, eines Zeichenautomaten und eines konventionellen Reißbretts in einem Gerät besonders wirkungsvoll. Ein solches interaktives Reißbrett [2.16] [2.66] gestattet großformatige Darstellungen in der dem Konstrukteur geläufigen Arbeitsweise unter Nutzung der EDV (z.B. Einfügen von Wiederhol- und Standardbauelementen). Nach dem technischen Entwurf lassen sich unmittelbar die Einzelteilzeichnungen anfertigen, wobei Arbeitszeiteinsparungen bis zu 75% zu erreichen sind [2.63].

Tafel 2.32. Betriebsarten von EDVA

Betriebsart	Merkmale	Eignung für den KEP
Stapelbetrieb	Nutzer hat keinen Zugriff zur Anlage, festes Zeitregime, Ergebnisse erst nach Stunden oder Tagen verfügbar, Warteschlange (evtl. mit Prioritäten)	• Berechnungen ohne Eingriff durch Konstrukteur • periodische Speicherabfragen • periodische Unterlagenbearbeitung
Echtzeitbetrieb	Programmabarbeitung sofort bei auftretendem Problem, Programm muß bei Datenanfall betriebsbereit sein, Direktzugriff zum Rechner	• Prozeßsteuerungen • sofort antwortendes Datenbanksystem (nur für Sonderfälle)
Dialogbetrieb	wechselseitiger Datenaustausch Mensch–Maschine, Eingriffe in den Programmablauf möglich, Teilnehmerbetriebssysteme (timesharing), Führung des Konstrukteurs durch Rechner möglich, Konstrukteur bedient Anlage selbst	• Berechnungen mit nichtdeterminierten Zwischenentscheidungen • Informationssuche in Speichern (mit veränderbaren Suchfragen) • interaktive grafische Synthese (Menütechnik) • Änderung von Konstruktionsunterlagen

Für einen raschen Dialog mit einem überschaubaren Datenumfang werden aktive Bildschirmgeräte (Displaygeräte) eingesetzt. Die grafischen Darstellungen auf dem Bildschirm einer Katodenstrahlröhre sind aus Leuchtpunkten (0,1 ... 0,3 mm Dmr.) in einem Raster von 1024 × 1024 bis 4096 × 4096 Punkten zusammengesetzt. Das Erstellen grafischer und alphanumerischer Darstellungen wird durch Hard- und Software unterstützt.

Die Dateneingabe erfolgt über eine alphanumerische Tastatur und eine Funktionstastatur, die geometrische Operationen ermöglicht. Entscheidend für den aktiven grafischen Dialog ist die Identifikation von Bildelementen auf dem Bildschirm. Dazu dient der Lichtstift oder ein Lichtzeichen, das sich durch eine Rollkugel oder einen Steuerknüppel verschieben läßt. Die notwendigen Operationen zum Aufbau und zur Veränderung geometrischer Darstellungen werden durch frei programmierbare Funktionstasten ermöglicht. Diese kann man auch auf dem Bildschirm durch Lichtmarken (Zeichen, Wörter, Abkürzungen an bestimmten Positionen) darstellen.

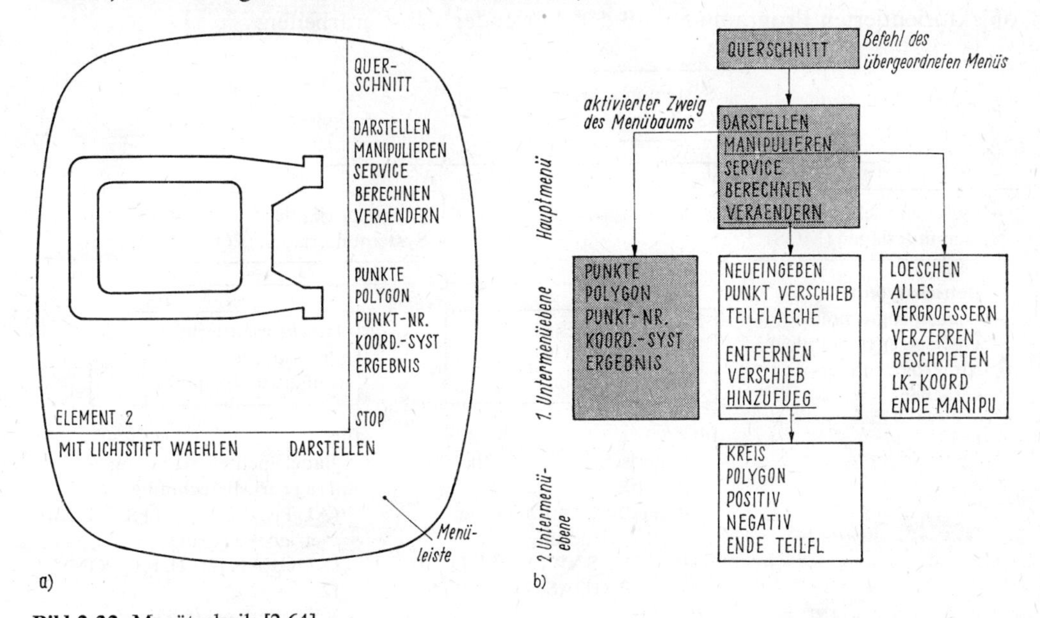

Bild 2.32. Menütechnik [2.64]

a) Bildschirmbild mit aktiviertem Menü aus dem Menübaum; b) Hauptmenü zur Querschnittsvariation

Das Aktivieren des durch eine Lichtmarke symbolisierten Befehls erfolgt mit dem Lichtstift. Für das Bearbeiten einer Konstruktionsaufgabe mit dem Bildschirm wird ein bestimmtes Sortiment von Befehlen (Menü) benötigt, das das Erzeugen und Manipulieren der Formelemente und ähnlicher Operationen umfaßt. **Bild 2.32** zeigt den Menübaum für die Querschnittsvariation bei einer Tragwerkkonstruktion. Durch die Gliederung in Haupt- und Untermenüs braucht nur der aktivierte Teil auf dem Bildschirm zu erscheinen. Die Menütechnik (s. auch Abschn. 6.3.5.) gestattet dem Konstrukteur, ohne Programmierkenntnisse im Dialog mit dem Rechner zu arbeiten. Die mittels Bildschirm erzeugten geometrischen Darstellungen können in exakter Form über einen Zeichenautomaten ausgegeben werden.

2.3.1.3. Systemunterlagen

Als Systemunterlagen (Software) wird die Gesamtheit der Programme bezeichnet, die zur Lösung von Aufgaben mit Hilfe der EDVA notwendig sind. Eine für den KEP vereinfachte Gliederung der Systemunterlagen zeigt **Bild 2.33.**

Die maschinenorientierten Programmsysteme werden vom EDVA-Hersteller entwickelt. Sie ermöglichen erst den Betrieb der Rechenanlage. Die Aufgabe bzw. der Lösungsalgorithmus muß in einer Programmiersprache beschrieben werden. Sie kann ebenfalls maschinenorientiert (z. B. ASSEMBLER) oder problemorientiert (z. B. ALGOL,

FORTRAN, PL/1, BASIC, PASCAL) sein. Die Übersetzung in die für die Abarbeitung notwendige rechnerinterne Darstellung übernehmen die Übersetzungsprogramme.

Die beim Konstruieren benutzten Programme gehören zur problem- oder anwenderorientierten Software. Methoden- oder verfahrensorientierte Programmpakete (VOPP) bzw. Programmiersysteme (VOPS) sowie sachgebietorientierte Programmsysteme (SOPS) [2.68] haben einen breiten Anwenderkreis und sind deshalb vom EDVA-Hersteller in bestimmtem Umfang beziehbar, müssen aber vom Anwender angepaßt werden. Die objektorientierten Programme muß der Anwender selbst erarbeiten.

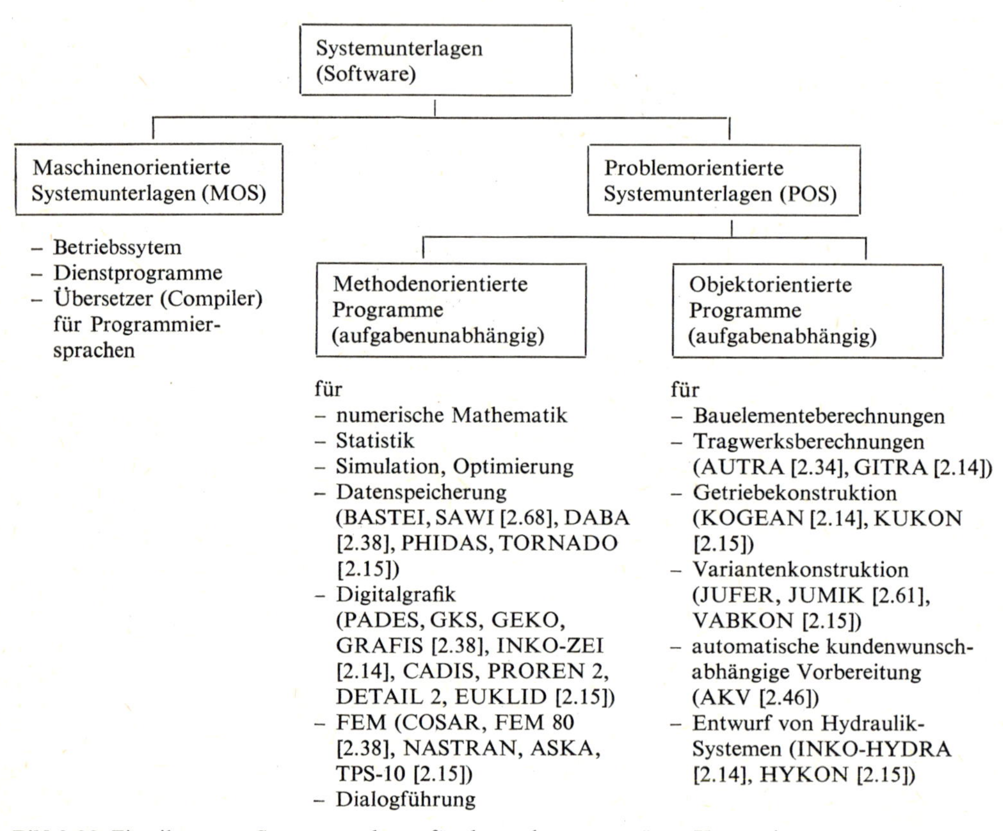

Bild 2.33. Einteilung von Systemunterlagen für das rechnerunterstützte Konstruieren

Bei der Entwicklung von Programmen für die Lösung von Konstruktionsaufgaben ist die Mitwirkung des Konstrukteurs unumgänglich. Die EDV-gerechte Aufbereitung konstruktiver Zusammenhänge umfaßt folgende Maßnahmen:

Formale Beschreibung des Entwicklungsobjekts. Eine solche Beschreibung muß die für die Lösung der Konstruktionsaufgabe benötigten Parameter und ihre Beziehungen erfassen. Als ein bewährtes Prinzip hat sich die Modellierung technischer Gebilde mittels diskreter Ersatzelemente erwiesen (z. B. Methode der finiten Elemente [2.32]; s. auch Abschnitt 3.2.4.1.). In mechanischen Systemen werden Massepunkte, Stäbe, Plattenelemente und Volumenelemente als Ersatzelemente benutzt. Für die rechentechnische Behandlung ist es zweckmäßig, möglichst wenige unterschiedliche Grundelemente zu benutzen. Damit wird eine rechnerfreundliche Strukturbeschreibung in Form von Graphen oder Matrizen möglich.

Die Beschreibung des Objekts erfordert außerdem die Festlegung aller Parameter. Die bei der Problemaufbereitung zu ermittelnden Parameter lassen sich in drei Gruppen einordnen:

- funktionelle Parameter: Kräfte, Momente, Temperaturen, Drehzahlen, elektrische Ströme, Spannungen u.ä.
- restriktive Parameter: Lebensdauer, räumliche Bedingungen, Fertigungstoleranzen, Kosten usw.
- systembeschreibende Parameter: Koordinaten der Ersatzelemente, Abmessungen, Werkstoffkenngrößen, geometrische Formen u.a.

Erarbeitung der logischen Folge von Operationen. Der Konstruktionsablauf für die betreffende Aufgabe wird bis zu elementaren determinierten Operationen aufgegliedert (Konstruktionslogik). Im einfachsten Fall einer Bauelementedimensionierung geschieht das durch Zusammenstellung der notwendigen Berechnungsformeln.

Tafel 2.33. Entscheidungstabellen

a) prinzipieller Aufbau; b) Entscheidungstabelle zur Auswahl von Lagerungsprinzipien (j: ja; n: nein; x: Maßnahme erfüllt Bedingungen)

Bedingungen	Regeln			
	R_1	R_2	...	R_m
B_1		(Bedingungsanzeiger)		
B_2				
⋮			→ WENN	
B_n				
Maßnahmen				
M_1				
M_2				
⋮	←		DANN	
M_K		Maßnahmeanzeiger)		

a)

	Regeln							
Reibungsfrei	j	–	–	j	n	j	n	–
Spielfrei	–	j	–	j	j	j	j	–
Drehwinkel > 2π	–	–	j	j	j	n	n	n
Zylindergleitlager			×					
Kegellager (offen)		×	×		×			
Spitzenlager			×					×
Schneidenlager		×					×	
Wälzlager			×					×
Federgelenk	×	×				×		

b)

Sehr viele konstruktive Zusammenhänge sind jedoch nicht durch mathematische Beziehungen zu beschreiben. Deshalb ist es notwendig, alle zu befolgenden Konstruktionsregeln, Bewertungen und Entscheidungen in eine formale Fassung in Form logischer WENN-DANN-Beziehungen zu bringen. Die Darstellung erfolgt als Flußbild (TGL 22451; DIN 6241, 40700, 66001; [2.82]) oder als Entscheidungstabelle [2.33].

Eine Entscheidungstabelle **(Tafel 2.33)** enthält über Entscheidungsregeln verknüpfte Bedingungen und Maßnahmen. Dabei sind die Bedingungen so zu formulieren, daß sie die Wahrheitswerte „ja" oder „nein" annehmen können. Treffen sie in einem bestimmten Zusammenhang nicht zu, so trägt man „–" ein. In einer Entscheidungstabelle können sowohl qualitative als auch quantitative Zusammenhänge erfaßt werden. Entscheidungstabellen stellen ein zweckmäßiges Mittel zur Formalisierung von Konstruktionsabläufen mit folgenden Vorteilen dar:
vollständige und eindeutige Problembeschreibung, leichte Überprüfbarkeit auf fachliche Richtigkeit, leichte Änderungsmöglichkeit, kompakte übersichtliche Darstellung, maschinelle Überführbarkeit in EDV-Programme.

Bereitstellung der erforderlichen Daten. Die Datenaufbereitung ist für folgende Gruppen erforderlich:

- Eingabedaten sind für jede Aufgabe durch den Konstrukteur neu aufzubereiten.
- Speicherdaten müssen für jedes Problem einmalig unter Mitwirkung des Konstrukteurs aufbereitet werden und sind dann aus Dateien für jeden Anwendungsfall abrufbar.
- Ausgabedaten sind nach Inhalt und Form bei der Programmentwicklung nutzergerecht festzulegen. Sie werden dann über das Programm ausgegeben.

2.3.2. Anwendungsgebiete der EDV

Die Anwendung der **E**lektronischen **D**aten-**V**erarbeitung (EDV) in der Konstruktion reicht von Einzelprogrammen zur Bearbeitung ausgewählter Einzelprobleme bis zu integrierten Systemen mit der kompletten Erstellung von Fertigungsunterlagen. In der Gerätetechnik ist die EDV-Nutzung am weitesten bei der Elektronikkonstruktion entwickelt. Der Entwurf elektronischer Schaltungen und vor allem die konstruktive Ausführung von Leiterplatten werden in großem Maß rechnerunterstützt durchgeführt.

Bei der Konstruktion feinmechanischer Baugruppen kommen aufgrund des hohen Innovationsgrads der ausgeführten technischen Prinzipe und Konstruktionslösungen bisher nur Einzelprogramme zum Einsatz. Der Zwang zur Optimierung von Gerätekonstruktionen, die verstärkte Anwendung von Wiederholelementen, die zunehmende Nutzung des Baukastenprinzips bei der Gerätekonzeption sowie die gewachsene Leistungsfähigkeit der EDVA führen zu einer breiten Einbeziehung des Rechners in die Entwicklungsarbeit (CAD/CAM-Systeme; CAD: **C**omputer **A**ided **D**esign; CAM: **C**omputer **A**ided **M**anufakturing).

Hauptanwendungsgebiete sind Berechnungen, Verfahren zur Strukturermittlung (Lösungssuche, Kombination, Variantenkonstruktion) und die Unterlagenerstellung.

2.3.2.1. Berechnungen

Die Durchführung von Berechnungen war die erste Anwendung der EDV in der Konstruktion. Die bei der Lösung von Konstruktionsaufgaben notwendigen Berechnungen sind durch bestimmte Merkmale charakterisiert, nach denen man eine Einteilung vornehmen kann **(Tafel 2.34)**. Jede Berechnung bezieht sich auf eine bestimmte Klasse von

Tafel 2.34. Übersicht über Berechnungen mittels EDVA

Verfahren	Merkmale	Typische Aufgaben	Beispiele
Nachrechnung	Berechnung ausgewählter Parameter einer Konstruktionslösung, deren Struktur qualitativ und quantitativ vorgegeben ist; die Nachrechnung dient der Überprüfung der Funktionserfüllung und anderer Forderungen	Berechnung von Abmessungen, Kräften, Spannungen, Deformationen, Verlagerungen, Schwingungen, Bahnkurven für Einzelteile, Baugruppen und Geräte	System AUTRA [2.34] Programmsystem KOGEAN [2.14] Finite-Elemente-Methode [2.32] Berechnung von Federführungen (Bild 2.34)
Auslegung	Berechnung funktionswichtiger Strukturparameter für eine qualitativ entworfene Struktur aus vorgegebenen Funktionswerten (Maßsynthese)	Berechnung von Abmessungen, Werkstoffkennwerten, Zähnezahlen u.ä. aus vorgegebenen Belastungen, Leistungen, Drehzahlen für Einzelteile und Baugruppen	Getriebeauslegungen [2.79] Dimensionierung von Federantrieben [2.48]
Optimierung	Ermittlung von Strukturparametern einer gefundenen Lösung, so daß eine vorgegebene Zielfunktion unter Berücksichtigung eingrenzender Bedingungen (Restriktionen) erfüllt wird	Optimierung von Konstruktionen bezüglich • Menge (Material-, Energiebedarf) • Qualität (Toleranzen, Lebensdauer) • Kosten (bei Herstellung, Nutzung)	Optimierung von Bauelementen und Maschinen [2.36] Optimierung von Zahnrädern [2.70]
Simulation	Nachbildung des Verhaltens einer entworfenen Struktur mit Hilfe eines Ersatzsystems (Modells); man unterscheidet analoge und digitale Modelle (für Analog- bzw. Digitalrechner; s. auch Abschn.2.3.2.4.)	Überprüfung des dynamischen, thermischen und anderen Verhaltens von Bauelementen und Geräten, Ermittlung des Einflusses von Störgrößen auf die Funktion	Programmsystem CSMP [2.71] Simulation elektromechanischer Systeme (SPAS, DIGSIM, BORIS 1, DIMAN, DIWASIM u.a.) [2.75] [2.79] [2.80] [2.81]

Strukturen, deren Umfang vom Abstraktionsniveau des verwendeten Modells bestimmt ist.

Die Gestaltung des Rechenprogramms muß die Erfordernisse der Aufgabe berücksichtigen, wie Stellenanzahl der Rechengrößen (Genauigkeit), Anzahl der zu berechnenden Parameter (Datenumfang), Art und Weise der Verknüpfung der Variablen (z.B. Formel nicht explizit nach einer Größe auflösbar) sowie Wiederholgrad der Berechnung.

Zahlreiche Berechnungen von Bauelementen, Baugruppen und Geräten sind erst durch die maschinelle Abarbeitung bestimmter mathematischer Verfahren möglich, wodurch die weitverbreiteten Überdimensionierungen verringert, das Schwingungsverhalten der Geräte verbessert, der Aufbau von Erprobungsmustern (z.B. durch Simulation; s. Abschnitt 2.3.2.4.) eingeschränkt, die Genauigkeit erhöht und andere Verbesserungen erreicht werden können.

Als ein Beispiel sei hier die Berechnung von Federführungen [2.39] angeführt. Wegen ihrer Vorteile, wie vernachlässigbare Reibung, Wartungsfreiheit, Spielfreiheit und geringer Verschleiß, haben Federführungen eine sehr breite Verwendung gefunden. Die komplizierte Bewegungsbahn, die von äußeren räumlichen Einflüssen abhängt, wurde bisher aufgrund des hohen Rechenaufwands kaum exakt ermittelt, wodurch man die Leistungsfähigkeit dieser Baugruppe nicht ausschöpfte. Mit Hilfe der EDV ist es möglich (Bild 2.34a), das Bewegungsverhalten eines interessierenden Koppelpunkts B zu er-

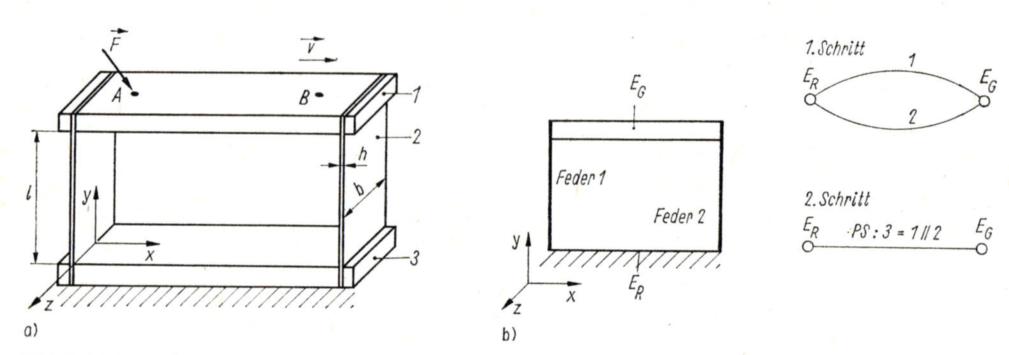

Bild 2.34. Berechnung von Federführungen

a) technisches Prinzip

b) Abstraktion und Reduktion der Struktur

1 Koppel; *2* Feder; *3* Gestell; E_G Gangsystem; E_R Rastsystem; *PS* Parallelschaltung

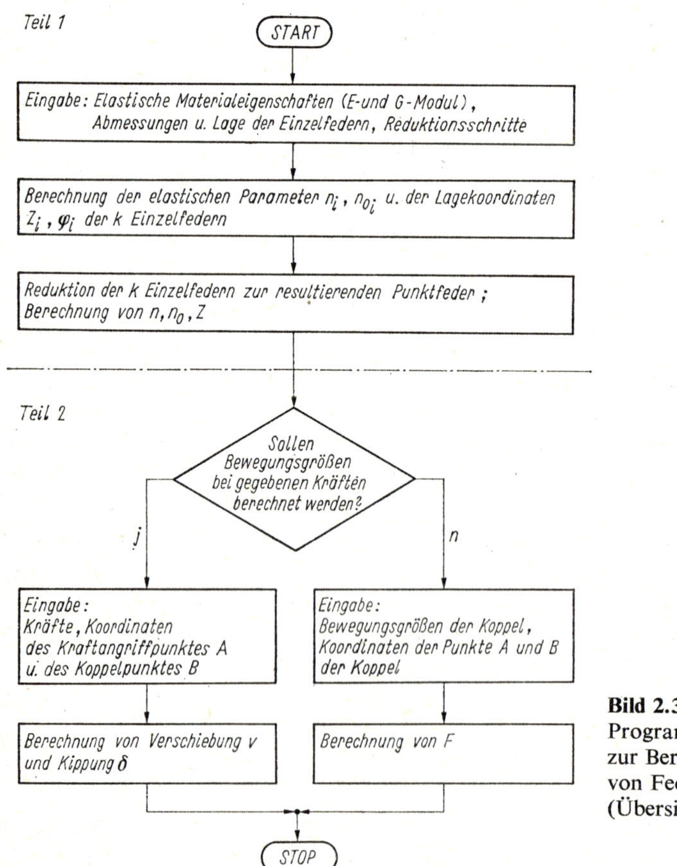

Bild 2.35
Programmablaufplan zur Berechnung von Federführungen (Übersicht)

mitteln, an dem sich z. B. eine Meßmarke, ein Tastelement, ein Spiegel o. ä. befinden. Dabei können die Auslenkkraft F (F_x, F_y, F_z), die Koordinaten der Punkte A und B sowie die Abmessungen der Federführung variiert werden. **Bild 2.34** zeigt dabei die wichtigsten Abstraktions- und Berechnungsschritte bei der Problemaufbereitung. Sie liefert die für die Berechnung des Bewegungsverhaltens notwendigen Angaben und wird durch Teil 1 des Programms **(Bild 2.35)** sowie eine formatierte Datenliste **(Tafel 2.35)** unterstützt.

Tafel 2.35. Datenliste für Teil 1 des Programms für die Berechnung von Federführungen

Grundstruktur des Federsystems	gst	Gesamtzahl der Federn und Teilsysteme	gs	Anzahl der maximal durchzuführenden Berechnungszyklen	anm
Verschiebungsweg der Führung (maximal)	vm	Nr. des laufenden Berechnungszyklus	an	Anfangsauslenkung	vo

Lfd. Nr.	Operation		gkz	1	2	3	4	5	6	7	8	9	10
1	Gerade Feder	GF	501	E-Modul	x_1	y_1	φ_0	l	b	h	u	–	–
2	Lagerfeder	LF	502	E-Modul	x_1	y_1	φ_0	l	e	α_e	b	h	u
3	Führungsfeder	FF	503	E-Modul	x_1	y_1	φ_0	l	v	b	h	u	–
4	Elastisches Zentrum	EZ	504	x_Z	y_Z	α	n_1	n_2	n_0	–	–	–	–
5	Reihenschaltung	RS	505	n	k_1	k_2	...	...	k_n	–	–	–	–
6	Parallelschaltung	PS	506	n	k_1	k_2	...	...	k_n	–	–	–	–

```
Federsystem   Nr.:   3
Kennzahl        :  602


xA   = 25 mm         yA   = 40 mm
xB1  =  0 mm         yB1  = 40 mm
xB2  = 50 mm         yB2  = 40 mm

           Fx     Fy    ubx1     ubx2     uby1     uby2     delta
v=1min:  1.00  -0.10  4.6286   4.6286  -0.1388  -0.1389  -1.4867 . 10^-4
v=2min:  1.00  -0.10  4.6279   4.6279  -0.2778  -0.2781  -4.2043 . 10^-4
   .       .      .      .        .        .        .        .
   .       .      .      .        .        .        .        .
   .       .      .      .        .        .        .        .
```

Bild 2.36. Ergebnisausdruck einer Federführungsberechnung

ubx_i, uby_i Auslenkungen nach der linearen Biegetheorie (ergeben durch schrittweises Zusammensetzen die realen Verschiebungen v_{xi}, v_{yi})

Das Programm berechnet wahlweise die Bewegung des geführten Teils (Verschiebung, Drehung) bei gegebener Kraft oder die auslenkende Kraft für eine gewünschte Bewegung. Die Ergebnisse werden in übersichtlicher Form ausgedruckt **(Bild 2.36)** und besonders interessierende Zusammenhänge in Form von Diagrammen mit plotter gezeichnet [z. B. $v_x = f(v_y)$; $v_x = f(F_x, F_y)$; $v_y = f(F_y)$].

Für zahlreiche Bauelemente und Funktionsgruppen erweisen sich derartige wiederholt nutzbare Programme als sehr vorteilhaft und sollten deshalb in noch größerem Umfang Anwendung finden. Dazu ist eine für das Aufgabenprofil eines Konstruktionsbüros zugeschnittene Programmbibliothek zu empfehlen. Die Praxis zeigt aber auch, daß Berechnungsprogramme für komplizierte und datenintensive Rechnungen bei einmaliger Anwendung sinnvoll sein können [2.67].

2.3.2.2. Struktursynthese

Ebenso wie bei der manuellen Synthese (s. Abschn. 2.2.3.) muß der Rechner drei notwendige Operationen ausführen, wenn eine gewünschte Struktur entstehen soll:

- Bereitstellen der Synthesebausteine
- Verknüpfen der Synthesebausteine zu Strukturen
- Bewertung und Auswahl der optimalen Lösung.

Programmsysteme, die diese Teilaufgaben in geschlossener Folge über die Entwicklungsphasen des KEP lösen, liegen nicht vor. Das Bereitstellen der für jede Synthese notwendigen Elemente ist ein Problem der Informationsspeicherung, das mittels EDVA lösbar ist und den ersten Schritt für eine rechnerunterstützte Synthese darstellt. Das Weiterverarbeiten der dem Speicher entnommenen Informationen kann dann maschinell oder manuell erfolgen. Art und Aufbereitungsgrad der in einem Speicher enthaltenen Lösungsbestandteile bestimmen den Synthesevorgang. Im einfachsten Fall hält der Speicher einzelne, nicht im Zusammenhang stehende Lösungselemente bereit. Die zum Aufbau der Struktur notwendigen Relationen werden durch nachfolgende Syntheseprogramme erzeugt. Die für eine Synthese am besten geeignete Informationsbereitstellung ist durch Aufbereiten des Lösungsfelds in Form von Tabellen oder Graphen gegeben. Solche Kombinationstabellen [2.45] oder Bäume technischer Lösungen [2.43] (s. Bild 2.40a, b)

Tafel 2.36. Verfahren zur rechnerunterstützten Struktursynthese

1. Syntheseoperationen

- **Aufbau von Kettenstrukturen durch Reihenschaltung von Elementen.** Nach diesem Verfahren werden Verfahrensprinzipe bzw. Funktionsstrukturen synthetisiert [2.41] [2.72] [2.73]
  (**Bild 2.37** zeigt das Ergebnis der Synthese eines Verfahrensprinzips unter Nutzung eines Speichers physikalischer Effekte. Die Lösungsmenge wurde im Dialog durch Verkürzung der Kettenlänge eingeschränkt.)
- **Aufbau verzweigter Strukturen.** Das kann durch Verknüpfung von Funktionsgleichungen erfolgen, die die pysikalischen Zusammenhänge beschreiben. Aus dem Netz der verknüpften Gleichungen lassen sich unter Nutzung von Blockbildern und Graphen technische Strukturen erarbeiten [2.72].
- **Kombination von Lösungsbausteinen auf der Grundlage einer abstrakt vorgegebenen Struktur.** Dieses Verfahren wird angewendet beim Übergang von der Funktionsstruktur zum technischen Prinzip und beim Übergang vom technischen Prinzip zum technischen Entwurf für einfache Baugruppen [2.44] [2.45] (Bild 2.38).
- **Suche technischer Lösungen in einem Graphen, der alle bekannten Lösungselemente enthält.** Der Algorithmus ermittelt für eine gegebene Aufgabenstellung alle Teilgraphen, die den Forderungen der Aufgabenstellung entsprechen und die Lösungen auf der Abstraktionsebene der dem Graphen zugrunde liegenden Strukturbeschreibung darstellen [2.43].

2. Bewertungsoperationen

- **Einzelbewertung** von Lösungselementen, denen zum Vergleich mit den Forderungen Eigenschaftsvektoren (technische und ökonomische Parameter) zugeordnet werden [2.41] [2.43] [2.73].
- **Kontextabhängige Bewertung** mit Hilfe statistischer Verfahren im Dialog [2.44] [2.45].

haben eine Reihe herausragender Eigenschaften. So enthalten sie nur solche Lösungselemente, die Bestandteil neuer Strukturen sein können. Die Lösungselemente sind in Gruppen zusammengefaßt (Oberbegriffe in Kombinationstabellen, UND-Knoten in Graphen), die konjunktiv verknüpft die neue Struktur bilden. Die Lösungselemente einer Gruppe gehen disjunktiv in die neue Struktur ein (Varianten in Kombinationstabellen, ODER-Knoten in Graphen). Alle bekannten Lösungen lassen sich außerdem in einer Tabelle bzw. einem Lösungsbaum zusammenfassen.

Die Aufbereitung der Lösungsmenge in dieser Form erfordert einen hohen Aufwand. Deshalb bemüht man sich, den Aufbau solcher Graphen nicht durch manuelle Analyse, sondern rechnerunterstützt unter Nutzung der einfacheren Speicherformen zu realisieren [2.41].

■ **Aufgabenstellung:** Ermittlung des Verfahrensprinzips für einen Lichtmotor
Gesamtfunktion:

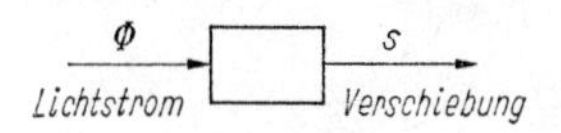

Rechnerprotokoll:

```
 Technische Aufgabe    Nr. 24                         DATUM 22.09.78
====================
 SUCHE DES PRINZIPS:   LICHTMOTOR
 EINGANGSGRÖSSE:       LICHTSTROM
 AUSGANGSGRÖSSE:       VERSCHIEBUNG
 MAXIMAL ZULÄSSIGE ZAHL VON EFFEKTEN:   15
 AUFGABENSTELLER:     ................

  BESCHREIBUNG DER PRINZIP:              ZAHL DER VARIANTEN: 0010
  ===========================================================

N001  N002  N003  N004  N005  N006  N007  N008  N009  N010
0027  0032  0015  0101  0106  0027  0032  0015  0101  0106
0029  0029  0029  0029  0029  0098  0098  0098  0098  0098
0010  0010  0010  0010  0010
```

Auswertung: Variante N007 0032 Fotoeffekt
0098 Elektroosmose

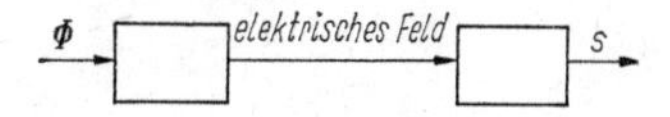

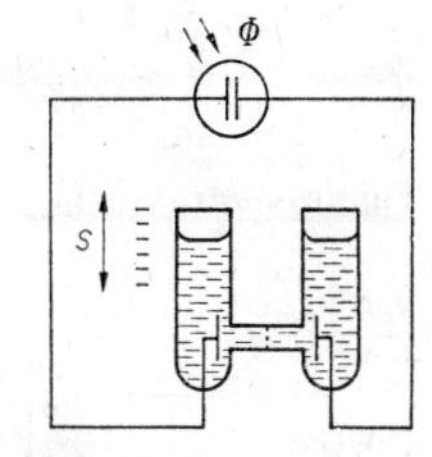

Bild 2.37. Rechnerunterstützte Synthese technischer Prinzipe aus physikalischen Effekten (Programmsystem des Mariischen Polytechnischen Instituts Joschkar Ola/UdSSR [2.72])

Das Zusammenfügen von Synthesebausteinen zu Strukturen erfolgt in Abhängigkeit von den diskutierten Gegebenheiten mit Hilfe der in **Tafel 2.36** angegebenen Verfahren.

Mit Hilfe der rechnerunterstützten Kombination **(Bild 2.38)** sei die Konstruktionsaufgabe nach **Bild 2.39** zu lösen. Die Teilfunktionen bilden die Oberbegriffe für die Kom-

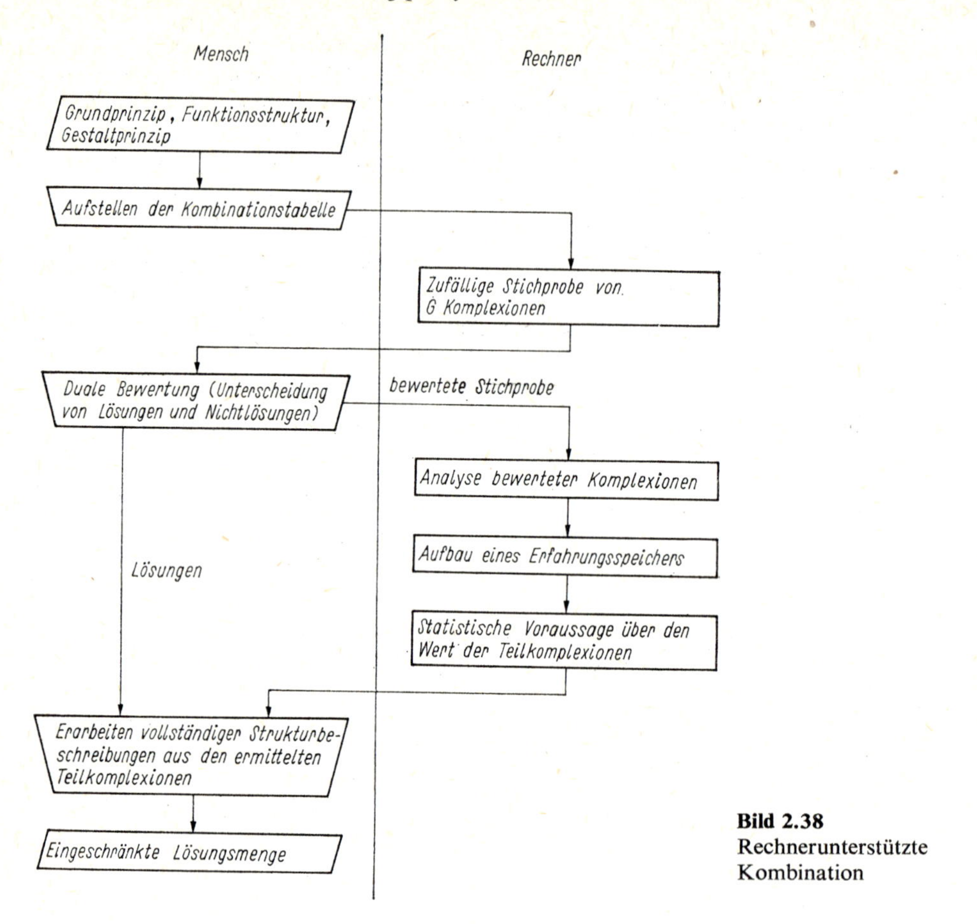

Bild 2.38
Rechnerunterstützte Kombination

■ **Aufgabenstellung:** Konstruktion einer transportablen, rasch wechselbaren Halterung für 50 Meßwiderstände, die über Steckverbinder mit einer automatischen Meßwerterfassung verbunden sind.

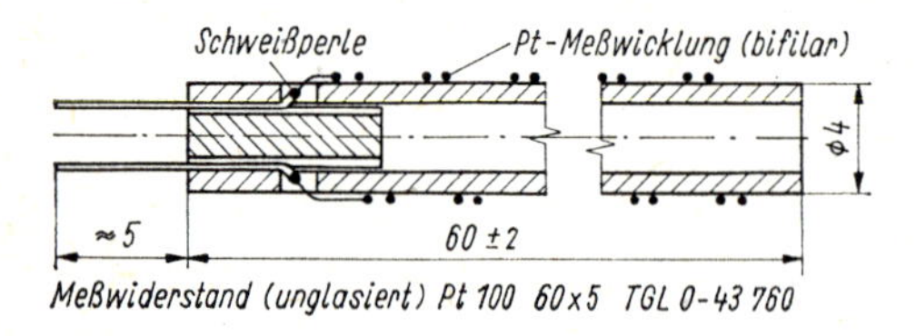

Funktionsstruktur:

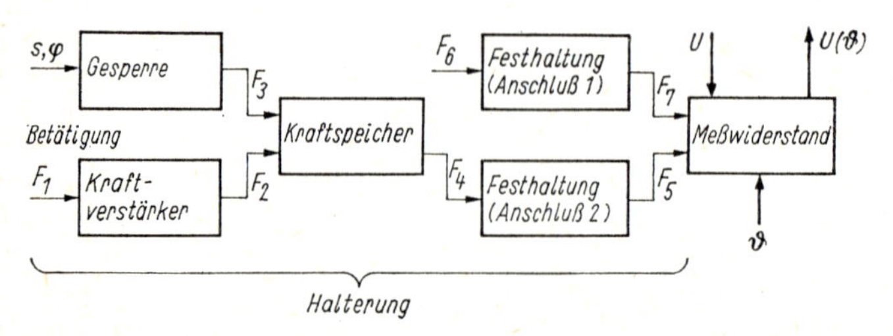

Bild 2.39 Aufgabenstellung und Funktionsstruktur einer Halterung für Meßwiderstände

binationstabelle **(Bild 2.40)**, die mit Hilfe der Kurzzeichen in den Rechner eingegeben werden. Er ermittelt aus der Menge der $N = 540$ möglichen eine zufällige Stichprobe aus $G = 20$ Komplexionen.

Oberbegiff	Varianten (1.0)	Varianten (2.0)	Kurz-zeichen
1. Gesperre	1.1 Formgesperre	1.1.1 translatorisch	X 11
		1.1.2 rotatorisch	X 12
	1.2 Reibgesperre	1.2.1 translatorisch	X 13
		1.2.2 rotatorisch	X 14
2. Kraft-verstärker	2.1 einarmiger Hebel	2.1.1 einseitig	X 21
		2.1.2 zweiseitig	X 22
	2.2 zweiarmiger Hebel	2.2.1 einseitig	X 23
		2.2.2 zweiseitig	X 24
	2.3 Parallelkurbel		X 25
	2.4 Exzenter		X 26
	2.5 allgemeine Kurve		X 27
	2.6 Schraubengetriebe		X 28
	2.7 Keilgetriebe		X 29
3. Kraft-speicher	3.1 Gummielement		X 31
	3.2 Schraubenfeder	3.2.1 Zugfeder	X 32
		3.2.2 Druckfeder	X 33
	3.3 Blattfeder		X 34
	3.4 Massestück		X 35
4. Fest-haltung	4.1 Anschlußfahnen, gemeinsam geklemmt	4.1.1 parallel radial	X 41
		4.1.2 in Reihe radial	X 42
	4.2 Anschlußfahnen, einzeln geklemmt		X 43

a) Kombinationstabelle „Halterung für Meßwiderstände“

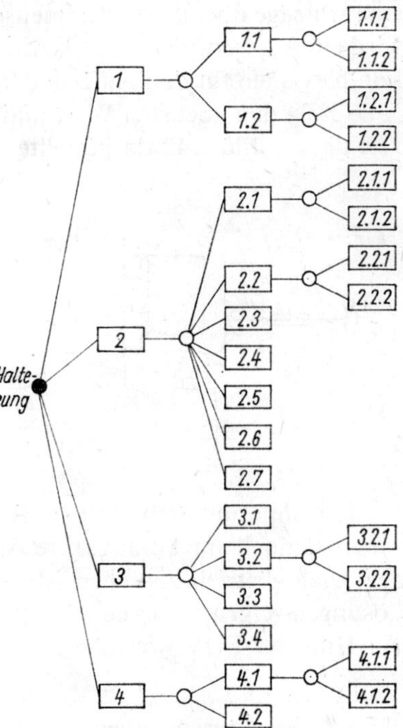

b) Graph der Lösungselemente

Bild 2.40. Aufbereitung des Lösungsfelds
● UND-Knoten; ○ ODER-Knoten

```
 .    .
 .    .
 .    .
X 25  X 42  0/1  N = 20 KMIN= 0 KMAX= 19 KU= 0 KO= 10 KA= .0
X 25  X 43  1/0  N = 20 KMIN= 1 KMAX= 20 KU=10 KO= 20 KA=5.0

X 26  X 31  1/1  N = 12 KMIN= 1 KMAX= 11 KU= 2 KO= 10 KA=1.7
X 26  X 32  0/1  N = 12 KMIN= 0 KMAX= 11 KU= 0 KO=  7 KA= .0
X 26  X 33  0/1  N = 12 KMIN= 0 KMAX= 11 KU= 0 KO=  7 KA= .0
X 26  X 34  2/0  N = 12 KMIN= 2 KMAX= 12 KU= 9 KO= 12 KA=7.5
X 26  X 35   TEILKOMPLEXION IST NICHT IN DER STICHPROBE

X 26  X 41 1/1  N = 20 KMIN= 1 KMAX= 19 KU= 3 KO= 17 KA=1.5
X 26  X 42 1/0  N = 20 KMIN= 1 KMAX= 20 KU=10 KO= 20 KA=5.0
 .    .
 .    .
 .    .
```

Bild 2.41. Rechnerausdruck der bewerteten Teilkomplexionen (Auszug)

Der Konstrukteur entscheidet, welche Komplexion zu einer Lösung führt. Diese duale Bewertung wird dem Rechner mitgeteilt. Nach Analyse der zweistelligen Teilkomplexionen in der Stichprobe erarbeitet das Programm mit einer wählbaren Wahrscheinlichkeit eine Aussage über die Zusammensetzung der zu erwartenden Lösungen **(Bild 2.41).** Dazu wird ein Auswertkoeffizient KA berechnet, der ein Maß für die Verwendbarkeit der Teilkomplexionen für den Aufbau der Gesamtlösung ist. Im Beispiel hat die Teilkomplexion X 26 X 34 den höchsten Wert und ist an zwölf möglichen Gesamtlösungen beteiligt, wovon die im **Bild 2.42** dargestellte als optimale ermittelt wurde.

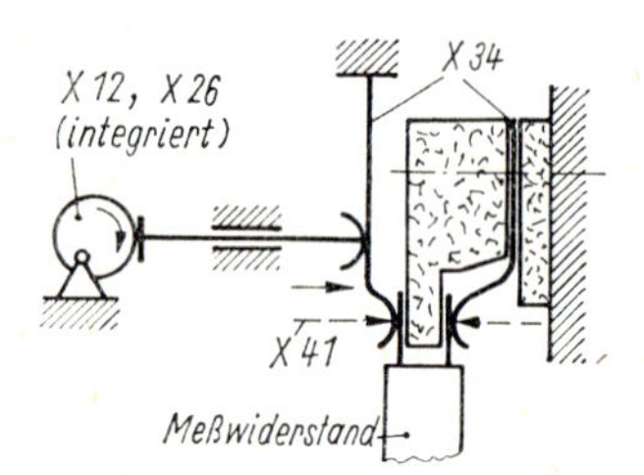

Bild 2.42
Technisches Prinzip einer Halterung für Meßwiderstände

Die rechnerunterstützte Ermittlung neuer Konstruktionslösungen steht in ihrer Entwicklung noch am Anfang. Ihre Anwendung setzt eine Rechnerkonfiguration voraus, die den Dialogbetrieb zwischen Mensch und Rechner ermöglicht. Die bisher erarbeiteten Lösungen zeigen, daß auch die kreativen Phasen der Prinzipfindung und des Entwerfens mit Hilfe der EDV wirksam unterstützt werden können.

2.3.2.3. Strukturanpassung

Ausgereifte technische Lösungen werden für wiederkehrende Aufgaben verwendet. In solchen Fällen sind vorhandene technische Prinzipe oder Entwürfe so zu verändern, daß sie anderen Umweltbedingungen entsprechen.

Die dazu notwendigen Konstruktionsschritte lassen sich in der Regel streng systematisieren und die durch Strukturvariation zulässigen Varianten für alle Aufgabenstellungen eindeutig vorausbestimmen. Die als *Variantenkonstruktion* (Prinzipkonstruktion, Ähnlichkeitskonstruktion) [2.5] [2.16] bezeichnete Konstruktionsart (s. Tafel 2.11) ist für eine vollständige Übertragung auf den Rechner geeignet. In der einfachsten Form lassen sich Konstruktionsparameter für eine festliegende Gestalt durch Berechnung, Auswahl oder mit Hilfe formalisierter Konstruktionsrichtlinien ermitteln. Häufig wiederkehrende Teilaufgaben, wie die Konstruktion von Welle-Nabe-Verbindungen, Zahnrädern, Wellen, Lagern, Transformatoren usw., sind nach diesem Prinzip rationalisierbar, was am Beispiel eines Programms für ein Zahnriemengetriebe **(Bild 2.43)** veranschaulicht werden soll [2.69]:

Eingangsgrößen:

1. funktionelle Parameter (Leistung P; Drehmomente M_1, M_2; Drehzahlen n_1, n_2; Beanspruchung der Wellen)
2. restriktive Parameter (räumliche Bedingungen nach Bild 2.43b, maximale Zähnezahl des Riemens < 100)
3. systembeschreibende Parameter (für Zahnriemen: Länge, Breite, Modul; für Zahnriemenräder: Zähnezahl, Modul).

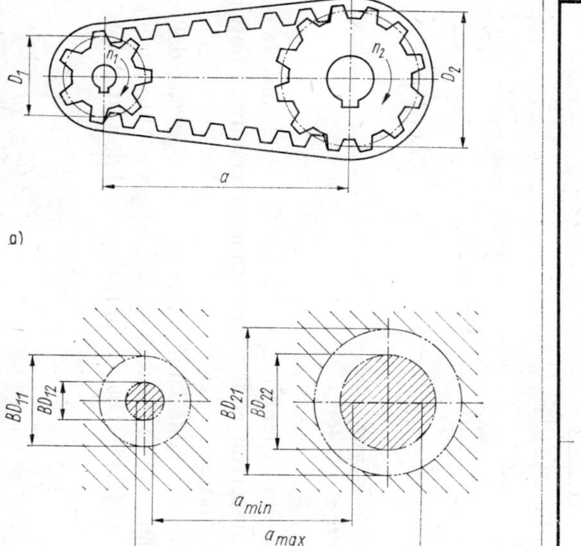

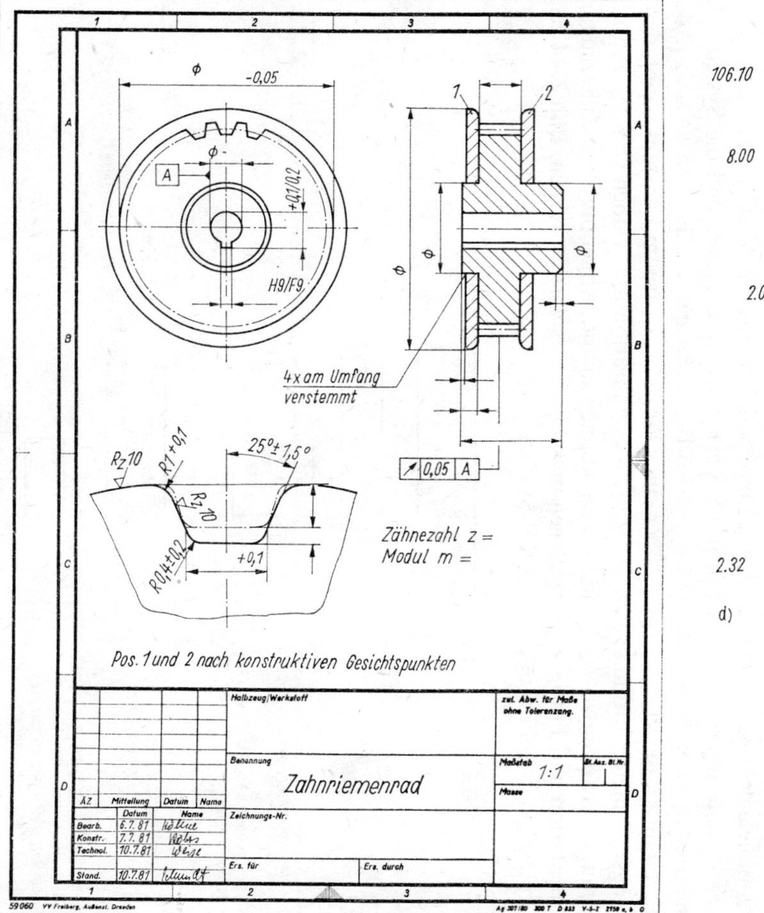

Großes Zahnrad

106.10 17.50

8.00

9.00 111.0 100.0 100.0

2.00

40

1.7

45

2.32 2.3765

d)

Bild 2.43
Variantenkonstruktion eines Zahnriemengetriebes [2.69]

a) einstufiges Zahnriemengetriebe
b) räumliche Umgebung
c) Bauteilzeichnung eines Zahnriemenrads (Beispiel)
d) Ausdruck der Maßtopologie
a Achsabstand
D Durchmesser
BD Begrenzungsdurchmesser

Ausgangsgrößen:

Einzelteilzeichnungen mit notwendigen Maßen, Baugruppenzeichnung (Bild 2.43c) und ausgewählte standardisierte Elemente (Zahnriemen, Paßfeder).

In den Dateien des Programms sind die lieferbaren Zahnriemen und standardisierten Paßfedern für die Welle-Nabe-Verbindung enthalten.

Der Rechner druckt alle Ergebnisse in einer Liste und die für die Maßeintragung in eine vorbereitete Zeichnung benötigten Werte in Form einer Maßtopologie aus (Bild 2.43d). Eine umfangreichere Unterstützung des Konstrukteurs wird erreicht, wenn die Struktur des technischen Gebildes nach einem vorgegebenen Prinzip variierbar ist und ein definiertes Bauelementesortiment für den technischen Entwurf zur Verfügung steht.

Die am weitesten entwickelte Form der Variantenkonstruktion sind die Systeme der **a**utomatischen **k**undenwunschabhängigen **V**orbereitung der Produktion (AKV) [2.46]. Für Erzeugnisse, deren Konzeption über einen längeren Zeitraum konstant bleibt, deren Leistungsparameter, räumliche Anordnung, Konfiguration u.ä. jedoch von den Einsatzbedingungen (Kundenwünschen) abhängen, können sowohl Angebote als auch Erzeugnisdokumentation und Fertigungsunterlagen maschinell angefertigt werden. **Bild 2.44** zeigt den prinzipiellen Ablauf in einem AKV-System.

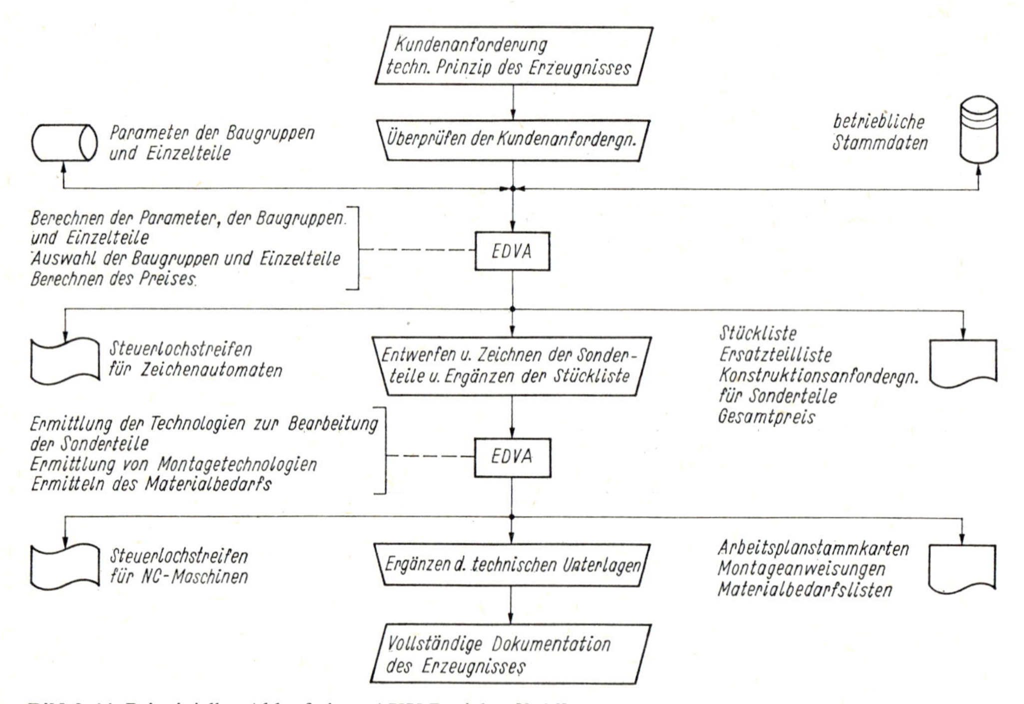

Bild 2.44. Prinzipieller Ablauf eines AKV-Projekts [2.46]

Die zunehmende Anwendung des Baukastenprinzips in der Gerätetechnik (s. Abschnitt 3.2.5.2.) schafft auch hier Voraussetzungen für den rechnerunterstützten Entwurf nach dem Prinzip der Variantenkonstruktion.

Die Formalisierung des Konstruktionsablaufs kann dabei so weit erfolgen, daß die Programmabarbeitung ohne Dialog möglich ist, wodurch nicht so hohe Anforderungen an die Hardware gestellt werden müssen [2.15]. Die Variantenkonstruktion ist bereits im Stapelbetrieb möglich.

2.3.2.4. Rechnersimulation

[2.71] [2.75] [2.79] [2.80] [2.81]

Die Simulationsmethode mit Digitalrechner ist ein effektives Mittel, den Konstrukteur durch neuartige, umfassendere und genauere Modelle und Experimentierverfahren zu unterstützen, wenn das Operieren mit intuitiven Vorstellungen, mathematischen Formelsystemen oder mit dem Reißbrett nicht mehr ausreicht, moderne komplizierte und nichtlineare Systeme unter dynamischen Aspekten zu beherrschen.

Das Prinzip besteht darin, im Rechner ein geeignetes Modell des zu schaffenden technischen Systems aufzubauen und mit diesem zweckgerichtet zu experimentieren. Das Modell kann in Form von strukturierten Daten (Datenstrukturmodell) oder in Form von Programmen (algorithmisches Modell) im Rechner existieren. Durch Modellberechnung imitiert der Rechner das Original und dient oft gleichzeitig als Experimentator. Er ist in der Lage, Variationen am Modell vorzunehmen, die sich aus der Berechnung ergebenden Eigenschaften mit den Sollwerten zu vergleichen, zu bewerten und Entscheidungen zu treffen über Richtung und Umfang der Variation bzw. über das Akzeptieren des Entwurfs. Dazu dienen geeignete Optimierungsverfahren.

Das Hauptproblem ist, ein geeignetes mathematisch-logisches Modell sowohl des Objekts als auch des Optimierungsprozesses (z. B. der Bewertung) aufzustellen. Universell nutzbare Simulationssysteme (CSMP, BORIS 1, SPAS u. a.; s. auch Tafel 2.34) verlangen, über die Differentialgleichungen des dynamischen Verhaltens ein Zustandsgleichungssystem aufzustellen und dieses durch die betreffende Simulationssprache zu beschreiben.

Eine wesentliche Erleichterung und Rationalisierung kann erreicht werden, wenn man dem Rechner für die gebräuchlichsten Funktionselemente (für Antriebssysteme z. B. Stell-, Wandler-, Übertragungs-, Meß- und Regeleinrichtungen) überprüfte Modellbausteine übergibt, die wie die realen Objekte verkoppelt werden können, ohne daß dabei der Bearbeiter die physikalisch-technische Denkebene verlassen muß.

Auf diese Weise kann eine direkte Modellierung durch Synthese von Modellen im Rechner erfolgen. Anschließend läßt sich anstelle des Experiments am Original ein Rechnerexperiment mit teilweise automatisierter Experimentauswertung und -steuerung vollziehen.

Von großer Bedeutung ist dabei eine interaktive Arbeitsweise, um eine Überprüfung des synthetisierten Modells und eine Beeinflussung des Experimentiervorgangs durch den Bearbeiter zu ermöglichen.

Die Simulationsmethode für dynamische Systeme sei an einem Kleinrechner-Dialogsystem DIWASIM mit einem Modellbausteinsystem für elektromechanische Antriebssysteme dargestellt. Als gerätetechnische Basis dient ein Kleinrechner KRS 4200 mit einer Bedienschreibmaschine als alphanumerisches Eingabe- und Ausgabegerät und einem Seriendrucker. Die Dialogarbeit wird durch das Dialogsystem DIWA 4200 für wissenschaftlich-technische Berechnungen unterstützt. Es enthält nur zwölf Befehle sowohl für die Dialogführung als auch für das Programmieren und ist leicht erlernbar.

Ein im **Bild 2.45** skizzierter elektromechanischer Druckhammerantrieb sei zu optimieren. Dazu werden aus dem Modellspeicher die Blöcke U EIN AUS, E-MAGNET, HEBEL und FEDER ausgewählt und in projektierender Weise zusammengefügt.

Diese vorbereitete Modelldarstellung ist Grundlage für die Kommunikation mit dem Rechner zur Generierung des rechnerinternen Modells. Die Modellbausteine haben außer ihrem Namen eine Identitätsnummer. Sie dient zur Eingabe. Der zugehörige Dialog ist im **Bild 2.46** sichtbar. Eingegeben werden die Zahlen nach dem Doppelpunkt. Nach der Eingabe der Identitätsnummer quittiert der Rechner mit der Blockbezeichnung und fragt die anzukoppelnden Eingangsgrößen ab. Die Ausgänge eines Blocks haben feste Nummern, die zur Ankopplung sowie zur Identifizierung der auszugebenden Signalverläufe dienen.

Im nächsten Schritt werden, wie im **Bild 2.47** gezeigt, für die verkoppelten Modellbausteine die geometrischen und stofflichen sowie die funktionellen Eingangsparameter im Dialog eingegeben. Es sind keinerlei Formulare auszufüllen. Die Änderung der Daten ist direkt möglich durch die sog. direkten Kommandos der DIWA-Dialogführung. Danach schließt sich das im **Bild 2.48** gezeigte Spezifizieren der Ausgabe sowie der Steuerung des Versuchs an. Das Ergebnis des Simulationslaufs wird auf dem Seriendrucker in Tabellen- und Kurvenform **(Bild 2.49)** ausgegeben. Der Experimentierprozeß

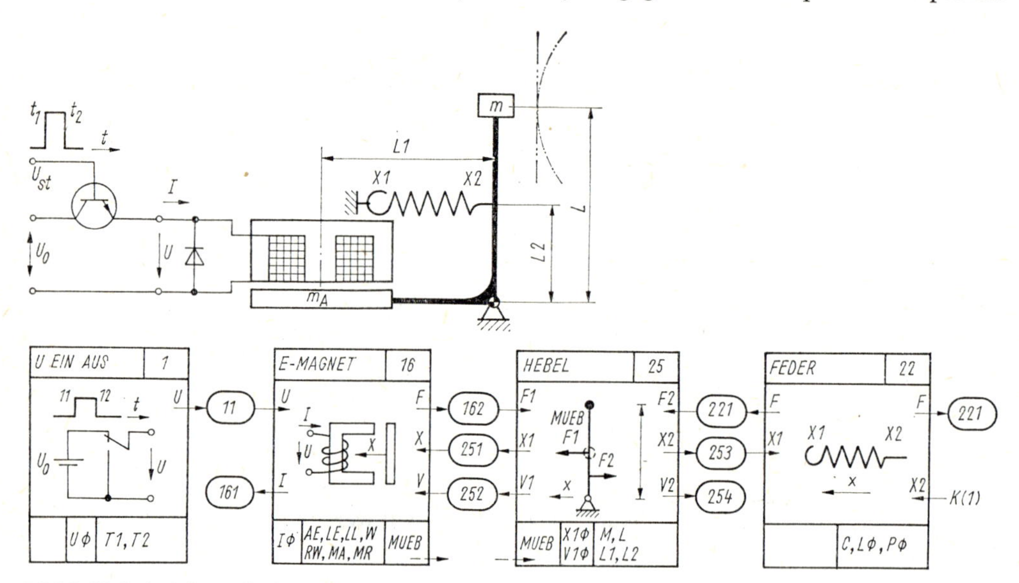

Bild 2.45. Beispiel zur direkten Modellierung eines Druckkammermechanismus

```
  S A
                - DIWASIM -
Simulation dynamischer Systeme

Synthese des Simulationsmodells
LSS eingeschaltet?:1

Block-Nr. 01 Id-Nr.:1   == UEINAUS
   Ausgang: U1=(11)

Block-Nr. 02 Id-Nr.:16   == MAGNET
   Eingänge: U:11  X:251  V:252
   Ausgänge: I=(161)   F=(162)

Block-Nr. 03 Id-Nr.:25   == HEBEL
   Eingänge: F1:162  F2:221
   Ausgänge: X1=(251)  V1=(252)
             X2=(253)  V2=(254)

Block-Nr. 04 Id-Nr.:22   == FEDER
   Eingänge: X1:253  X2:1
   Ausgang:  FC=(221)

Block-Nr. 05 Id-Nr.:0   == Ende
                           der Synthese
LB eingelegt?1
```

Bild 2.46
Interaktive Modellsynthese (Rechnerprotokoll)

```
Modelldaten-Eingabe

UEINAUS
U0:30   T1:0   T2:0.02

MAGNET
Anf.-Luftspalt LL:.001       Windgsz. W:10000
Eisenquerschn. AE:152E-6      Eisenweg LE:0.148
Wickl.-Widerst. RW:2000      Ankermasse MA:0
rel. Permeabilitaet:800      Anf.-Wert Strom I:0
tau= .43687E-02

HEBEL
Hebellaengen: L:0.05    L1:0.1    L2:0.06
Anfangswerte: X1(0):0   V1(0):0   Masse M:0.04

FEDER - Zug/Druck(0/1)?:0
Laenge L0:0.018  C/N/m:50    P0/N:0.05
```

Bild 2.47. Interaktive Modelldateneingabe

```
Ausgabe-Spezifizierung - Kurvendarst.?:1

Spaltenzahl YQ:40

Variable 1 Index =:161 Kurve?:1 Min:0 Max:0
Variable 2 Index =:162 Kurve?:1 Min:0 Max:0
Variable 3 Index =:253 Kurve?:1 Min:0 Max:0
Variable 4 Index =:0
Ausgabeschrittzahl QQ:1

Steuerung des Integrationsverfahrens

T0:0    TMAX:0.02    SCHRW. SQ:0.0005
Integrator: EULER(=1) RK2(=2) RK4(=4)?:2

Druck Variablenliste?:0    Lauf-Nr.:0
```

Bild 2.48. Interaktive Spezifizierung der Ausgabeprozesse und des Experimentiervorgangs

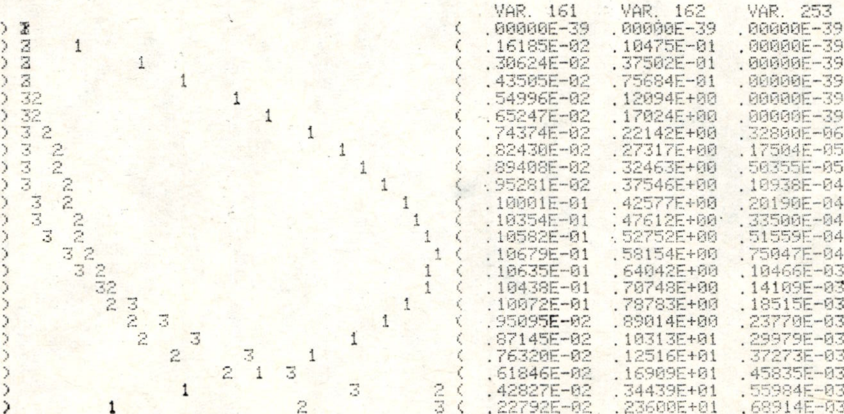

```
ERGEBNISSE DES SIMULATIONSLAUFES NR. 01.0

SQ= .50000E-03     INTGR.-VERF. 2

     T                                                         VAR. 161     VAR. 162     VAR. 253
 .00000E-39   ) I                                            ( .00000E-39  .00000E-39  .00000E-39
 .50000E-03   ) 3    1                                       ( .16185E-02  .10475E-01  .00000E-39
 .10000E-02   ) 3        1                                   ( .30624E-02  .37502E-01  .00000E-39
 .15000E-02   ) 3           1                                ( .43505E-02  .75684E-01  .00000E-39
 .20000E-02   ) 32              1                            ( .54996E-02  .12094E+00  .00000E-39
 .25000E-02   ) 32                1                          ( .65247E-02  .17024E+00  .00000E-39
 .30000E-02   ) 3 2                  1                       ( .74374E-02  .22142E+00  .32800E-06
 .35000E-02   ) 3  2                   1                     ( .82430E-02  .27317E+00  .17504E-05
 .40000E-02   ) 3  2                     1                   ( .89408E-02  .32463E+00  .50355E-05
 .45000E-02   ) 3   2                      1                 ( .95281E-02  .37546E+00  .10938E-04
 .50000E-02   )  3  2                        1               ( .10001E-01  .42577E+00  .20190E-04
 .55000E-02   )  3   2                        1              ( .10354E-01  .47612E+00  .33500E-04
 .60000E-02   )   3  2                         1             ( .10582E-01  .52752E+00  .51559E-04
 .65000E-02   )     3 2                         1            ( .10679E-01  .58154E+00  .75047E-04
 .70000E-02   )      3 2                       1             ( .10635E-01  .64042E+00  .10466E-03
 .75000E-02   )       32                       1             ( .10438E-01  .70748E+00  .14109E-03
 .80001E-02   )        2 3                   1               ( .10072E-01  .78783E+00  .18515E-03
 .85000E-02   )         2  3                1                ( .95095E-02  .89014E+00  .23770E-03
 .90000E-02   )          2   3            1                  ( .87145E-02  .10313E+01  .29979E-03
 .95000E-02   )             2     3     1                    ( .76320E-02  .12516E+01  .37273E-03
 .10000E-01   )                 2  1  3                      ( .61846E-02  .16909E+01  .45835E-03
 .10500E-01   )            1               3               2 ( .42827E-02  .34439E+01  .55984E-03
 .11000E-01   )      1                 2                   3 ( .22792E-02  .23600E+01  .68914E-03
```

Bild 2.49 Druckerprotokoll der Simulationsergebnisse

Diese bei einer vollständigen Zusammenstellung als Stammdaten bezeichneten Informationen lassen sich zweckmäßig in Dateien speichern und können mit Hilfe des Rechners für die verschiedensten Unterlagen selektiert, aufbereitet und ausgegeben werden. Zahlreiche Prozesse der Produktionsvorbereitung, -durchführung und -kontrolle benötigen Unterlagen, die alphanumerische Angaben in Listenform enthalten (Stücklisten, Bestellisten, Versandlisten u.a.). Programmsysteme, wie z.B. AUTRA [2.34] und BASTEI [2.68], ermöglichen das automatische Erstellen von Unterlagen dieser Art, die mit Hilfe von Schnelldruckern ausgegeben werden. Wesentlich aufwendiger ist die maschinelle Zeichnungserstellung. Mit der Entwicklung der Digitalgrafik entstanden verschiedene Verfahren, die in **Tafel 2.37** mit ihren wesentlichen Merkmalen nach steigender Leistungsfähigkeit geordnet sind. Alle Verfahren gestatten grafische Darstellungen beliebiger Art: Diagramme mit Kurvenverläufen, technische Zeichnungen (für Einzelteile, Baugruppen und Geräte), Schaltpläne, Prinzipdarstellungen mit Symbolen (z.B. für Rohrleitungen, Mechanismen u.ä.), Blockschaltbilder, Präzisionszeichnungen als Fertigungsvorlagen (Schablonen, Leiterplattenoriginale, Layouts für Mikroelektronikbauelemente), Netzpläne, Programmablaufpläne u.a. (z.B. INKO [2.14], CADAM, CADIS, MEDUSA, DETAIL, PROREN [2.15].

Bei der maschinellen Erstellung von Zeichnungen **(Bild 2.51)** können die herkömmlichen Standards für technische Darstellungen aus technischen und ökonomischen Gründen nicht eingehalten werden. Deshalb sind auch unter Beachtung der Forderungen der Mikrofilmtechnik neue Standards im Rahmen des **E**inheitlichen **S**ystems der **K**onstruktions-**D**okumentation (ESKD des RGW) sowie u.a. in VDI-Richtlinien [2.82] fest-

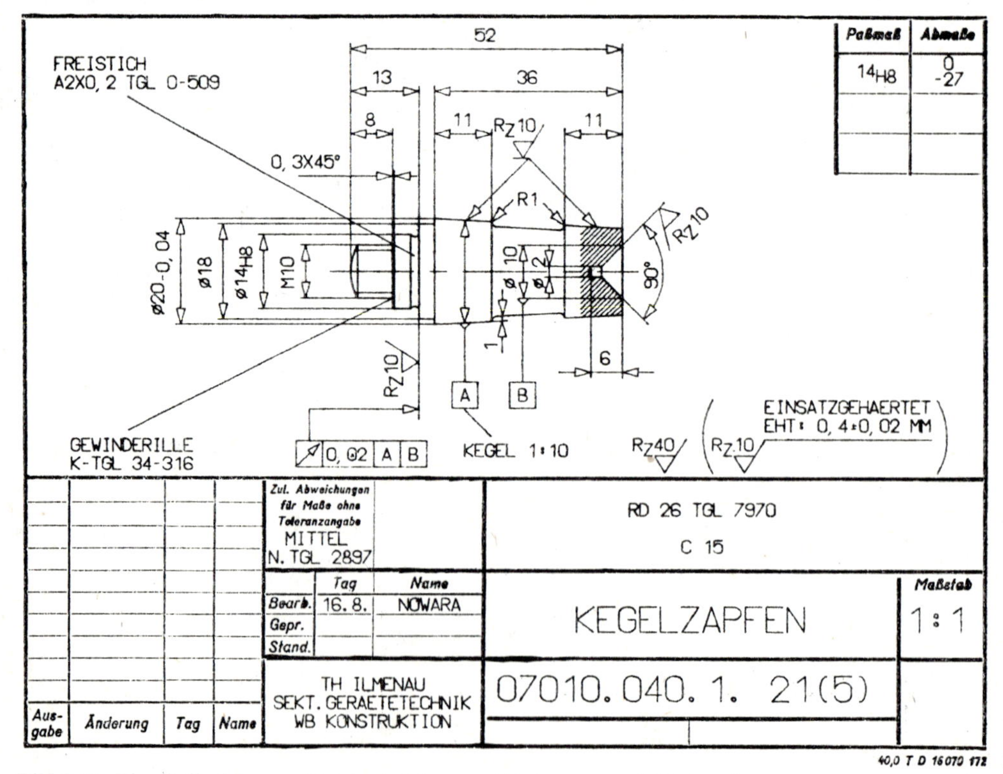

Bild 2.51. Einzelteilzeichnung (Originalzeichnung, Zeichenautomat Digigraf)

gelegt. Neben Listen und Zeichnungen gewinnen maschinell lesbare Datenträger als Bestandteile der Konstruktions- und Fertigungsdokumentation an Bedeutung (Steuerlochstreifen, Magnetbänder u. a.). Sie enthalten die Steuerdaten für automatische Fertigungs- und Prüfeinrichtungen oder auch die geräteorientierte Software für den Anwender.

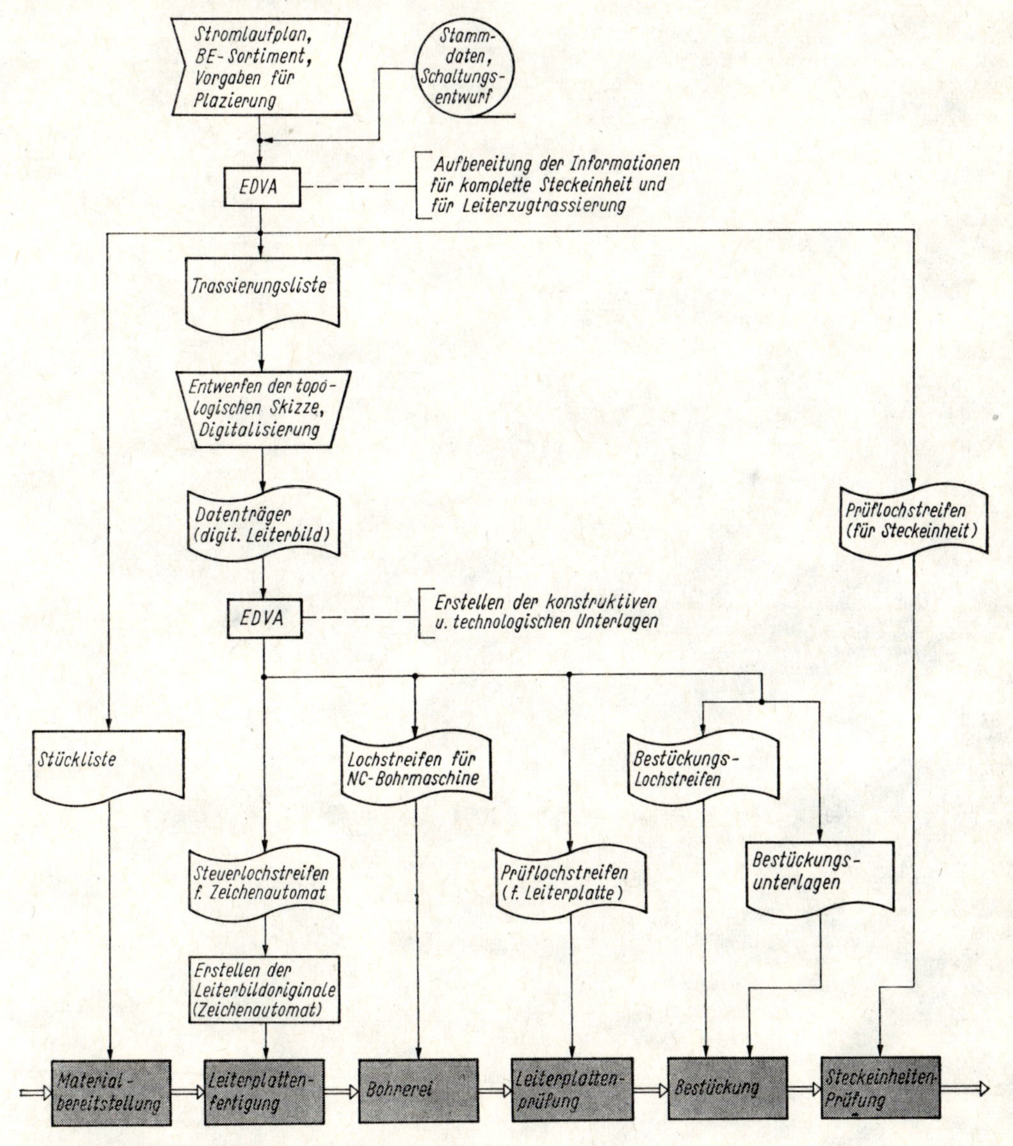

Bild 2.52. CAD/CAM-System für Leiterplatten
(s. auch Abschn. 6.1.5.3.)

Ein hoher Rationalisierungseffekt ist erreichbar, wenn aus einer vollständigen rechnerinternen Objektbeschreibung alle benötigten Unterlagen maschinell erzeugt werden. Die Leiterplattenkonstruktion ist ein Beispiel für ein integriertes System der Unterlagenerstellung **(Bild 2.52).**

Aus dem Schaltungsentwurf und den Vorgaben über die technische Realisierung der

Tafel 2.40. Mikrofilmformen [2.78]

Grundformen des Mikrofilms:

Filmform	Abmessungen	Speicherdichte	Anwendung
Rollfilm			
16 mm	30 m/50 m	80 Bilder/m	Schriftgutverfilmung
35 mm	30 m/50 m	20 Bilder/m	Zeichnungsverfilmung und Schriftgutverfilmung
Planfilm A 6 (Microfiche) Form A	105 mm × 148 mm	6 Bilder mit Titel	Zeichnungsverfilmung
Form B Titelfiche	105 mm × 148 mm	60 A 4 bzw. 30 A 3 oder A 2 Bilder für Information 3 Bilder für Codierung 9 Bilder für Titel	für Schriftgutverfilmung
Form C Folgefiche	105 mm × 148 mm	72 A 4 bzw. 36 A 3 oder A 2 Bilder für Informationen	für Schriftgutverfilmung
Form D	105 mm × 148 mm	2 Bilder	für großformatige Vorlagen (z. B. kartographische Vorlagen)
Planfilm A 7	74 mm × 106 mm	1 Bild	Zeichnungsverfilmung (Vereinzelung)
Sonderformat (Bibliotheksformat)	75 mm × 125 mm	1 Bild	Schriftgutverfilmung

Abgeleitete Formen des Mikrofilms:

Grundform	Hilfsmittel	Kombination	angeleitete Form	Anwendung
Filmstreifen (Strip)	Klarsichtfolie mit Einschüben	Streifen werden in Folie eingeschoben	Jacket	Schriftgut- und Zeichnungsverfilmung
	Selbstklebefolie	Streifenweise kann der Film aufgeklebt werden	Klarsichtfolie	Schriftgut- und Zeichnungsverfilmung
	Schuppentasche	Filmstreifen werden eingeschoben	Schuppentasche	Schriftgut- und Zeichnungsverfilmung
Einzelbild (Ship)	Lochkarte	Einzelbilder werden eingeklebt bzw. eingesteckt	Filmlochkarte	Zeichnungsverfilmung
	Diazokarte	Einzelbilder werden eindupliziert	Filmlochkarte	Zeichnungsverfilmung (Vereinzelung)

Leiterplatte (s. Abschn. 6.1.5.) ermittelt der Rechner die notwendigen Daten für die Prüfung der kompletten Steckeinheit, für die Listen zur Materialbestellung sowie Vorgaben für die manuelle Erstellung des Leiterbilds. Nachdem die Daten der topologischen Skizze über eine Digitalisiereinrichtung eingegeben wurden, verfügt die EDVA über alle Informationen, um die für die Fertigung erforderlichen Datenträger zu erstellen, wovon Bild 2.52 die wichtigsten enthält.

2.3.3. Weitere technische Mittel

Neben der elektronischen Datenverarbeitung, die sich als wirksamstes Mittel für die Rationalisierung des KEP erwiesen hat, kommen weitere technische Einrichtungen zum Einsatz. Die Übersicht in **Tafel 2.38** ordnet alle wichtigen technischen Hilfsmittel nach den von ihnen ausgeführten Operationen der Informationsbearbeitung beim Konstruieren. Ein zentrales Problem bei der Rationalisierung der Konstruktionstätigkeit ist die Verbesserung der Informationsversorgung. Bis zu 20% der Arbeitszeit [2.53] werden für das Aufsuchen und Abspeichern von Informationen benötigt. Dem Aufbau zweckmäßiger Speicher sowie der Beurteilung vorhandener Informationsträger sollte deshalb besonderes Augenmerk geschenkt werden. Dabei sind inhaltliche, organisatorische und technische Bedingungen **(Tafel 2.39)** zu berücksichtigen.

Günstige Voraussetzungen für die Lösung der Probleme der Speicherung sowie der Dokumentation von Konstruktionsergebnissen bietet die Mikrofilmtechnik [2.47] [2.77]. Sie ermöglicht eine mechanisierte Erstellung und Handhabung von Schriftgut und Zeichnungen. Gegenüber Papierdokumenten bietet der Mikrofilm durch seine hohe Speicherdichte eine Raumeinsparung von 95 ... 98%. Weitere Vorteile sind einfache Vervielfältigung, größere Sicherheit gegen Vernichtung und Fälschung, einfacher Versand, einfache und übersichtliche Ablage. Die Formen des Mikrofilms **(Tafel 2.40)** sind den verschiedenen Anwendungsbereichen angepaßt. Die Notwendigkeit der Rückvergrößerung schränkt jedoch die umfassende Nutzung dieser Technik ein.

Weitere Hilfsmittel, wie Büroausrüstungen, Zeichenmaterial und -geräte, erfahren eine ständige Weiterentwicklung, die sich der Konstrukteur zunutze machen kann.

Nicht zuletzt sei auf technische Einrichtungen verwiesen, die für experimentelle Überprüfungen von Konstruktionsergebnissen benötigt werden. Ein hohes technisches Niveau im Musterbau und Labor ist unerläßlich für kurze Entwicklungs- und Überleitungszeiten.

Die Weiterentwicklung der Konstruktionstechnik führt zu einer Erhöhung des technischen Ausrüstungsgrads des Arbeitsplatzes eines Konstrukteurs, wobei ähnliche Größenordnungen wie in der materiellen Produktion erreicht werden.

Literatur zu Abschnitt 2.

Bücher

[2.1] *Hansen, F.:* Konstruktionswissenschaft – Grundlagen und Methoden. Berlin: VEB Verlag Technik 1974 und München: Carl Hanser Verlag 1974.

[2.2] *Hansen, F.:* Konstruktionssystematik. Berlin: VEB Verlag Technik 1965.

[2.3] *Müller, J.:* Grundlagen der systematischen Heuristik. Schriften zur soz. Wirtschaftsführung. Berlin: Dietz-Verlag 1970.

[2.4] *Bischoff, W.; Hansen, F.:* Rationelles Konstruieren. Berlin: VEB Verlag Technik 1953.

[2.5] *Pahl, G.; Beitz, W.:* Konstruktionslehre. Berlin, Heidelberg, New York: Springer-Verlag 1977.

[2.6] *Polovinkin, A.I.:* Methoden der Suche neuer technischer Lösungen. ZIS Halle, AdW der DDR, ZKI; Halle und Berlin 1976.

[2.72] *Polovinkin, A.I.:* Untersuchung und Entwicklung von Konstruktionsmethoden. Maschinenbautechnik **28** (1979) 7, S.297.

[2.73] *Höhl, G.:* Rechnereinsatz in der kreativen Phase des Konstruktionsprozesses. Feinwerktechnik und Meßtechnik **83** (1975) 1, S.14.

[2.74] *Rugenstein, J.:* Digitalgrafik bei der Konstruktion von Antrieben. Maschinenbautechnik **27** (1978) 10, S.438.

[2.75] *Seydel, E.; Quass, H.; Völkel, T.:* Rechnergestützte Konstruktion feingerätetechnischer Baugruppen unter Verwendung der digitalen Simulation. Feingerätetechnik **24** (1975) 3, S.112.

[2.76] Nomenklatur der Arbeitsstufen und Leistungen von Aufgaben des Planes Wissenschaft und Technik (Arbeitsstufennomenklatur). Hrsgg. v. Minist. f. Wissensch. u. Technik der DDR, Berlin 1975.

[2.77] *Hummel, R.; Jehmlich, G.; Kundorf, W.:* Das Pentacta-System. Bild und Ton **75** (1972) 6, S.165.

[2.78] *Hummel, R.; Jehmlich, G.; Kundorf, W.:* Mikrofilmtechnik. Technische Gemeinschaft **26** (1978) 3, S.45.

[2.79] *Schelinski, U.; Seydel, E.; Eberl, H.-W.:* DIWASIM – ein Kleinrechner-Dialogprogramm zur Dynamiksimulation. Feingerätetechnik **28** (1979) 8, S.353.

[2.80] *Schelinski, U.:* DIWASIM. Blockorientierte Dynamiksimulation auf dem Kleinrechner KRS4200/01. Anwenderbeschreibung.. Preprint 10-04 bis 06-80 der TU Dresden.

[2.81] *Püttmann, R.; Schelinski, U.; Seydel, E.:* DIMAN. Programmsystem zur Simulation von Antrieben. Anwenderinformation. Preprint 10-01 bis 03-80 der TU Dresden.

[2.82] VDI-Richtlinien 2210 bis 2217: Datenverarbeitung in der Konstruktion. Düsseldorf: VDI-Verlag 1973ff.

[2.83] VDI-Richtlinie 2222, Blatt 1: Konstruktionsmethodik; Konzipieren technischer Produkte. Düsseldorf: VDI-Verlag 1977.

[2.84] VDI-Richtlinie 2222, Blatt 2: Konstruktionsmethodik; Erstellung und Anwendung von Konstruktionskatalogen. Düsseldorf: VDI-Verlag 1977.

[2.85] VDI-Richtlinie 2225, Blatt 1 u. 2: Technisch-wirtschaftliches Konstruieren. Düsseldorf: VDI-Verlag 1977.

[2.86] VDI-Richtlinien 2801 u. 2802: Wertanalyse. Düsseldorf: VDI-Verlag 1970.

[2.87] VDI-Richtlinie 2221: Methodik zum Entwickeln und Konstruieren technischer Systeme und Produkte. Düsseldorf: VDI-Verlag 1985.

3. Geräteaufbau

Für eine sachgerechte und effektive Analyse und Synthese von Geräten ist die Kenntnis ihrer wesentlichen Eigenschaften und deren Bestimmung unerläßlich. Konkrete Ausprägung erfahren diese Eigenschaften im technischen Aufbau des Geräts. Dessen Gesetzmäßigkeiten, Prinzipe und konstruktive Lösungen sind im folgenden dargestellt. Systemtheoretisch betrachtet, stellt der Geräteaufbau die Struktur des Geräts dar, d.h. die Gesamtheit seiner Elemente und der zwischen ihnen bestehenden Relationen. Die Beschreibung der Struktur erfolgt zweckmäßigerweise auf zwei Abstraktionsebenen, der funktionellen Ebene mit dem funktionellen Geräteaufbau und der geometrisch-stofflichen Ebene mit dem geometrisch-stofflichen Geräteaufbau.
(*Symbole und Bezeichnungen* s. Abschn. 2.)

3.1. Funktioneller Geräteaufbau

Entsprechend der gegebenen Definition stellt der funktionelle Geräteaufbau die Abstraktionsebene dar, in der nur die funktionelle Struktur des Geräts betrachtet wird, d.h. die Gesamtheit der funktionellen Elemente, der sog. *Funktionselemente*, und der funktionellen Relationen zwischen diesen Elementen, der sog. *Kopplungen*.

Die Notwendigkeit dieser vom konkreten Geräteaufbau abstrahierten Betrachtung erklärt sich daraus, daß

- wesentliche Zusammenhänge und Gesetzmäßigkeiten des Geräteaufbaus nur durch entsprechend hohe Abstraktion erkennbar und allgemeingültig darstellbar sind,
- die in der Regel hohe Komplexität und Kompliziertheit des Geräteaufbaus, die sich i.allg. einer vollständigen logischen und mathematischen Beschreibung entziehen, besser durchschaubar werden,
- damit ein Mittel für den Konstrukteur zur Verfügung steht, mit dem er die Analyse und Synthese von Geräten mit höherer Effektivität vollziehen kann.

Die Beschreibung des funktionellen Geräteaufbaus ist innerhalb eines Abstraktionsspielraums möglich, der vom allgemeinen Funktionsmodell bis zur detaillierten funktionellen Struktur aus Funktionselementen und ihren Kopplungen reicht.

3.1.1. Allgemeines Funktionsmodell

Die „Umweltbeziehungen" des Geräts werden durch das allgemeine Funktionsmodell **(Bild 3.1)** beschrieben, dessen Grundlagen bereits im Abschnitt 2.1.1. behandelt worden sind. Ausgehend vom Charakter der Umweltbeziehungen erweisen sich drei Kategorien von Schnittstellen zwischen Gerät und Umwelt als besonders bedeutungsvoll für Wirkungsweise und Aufbau von Geräten.

Geräte dienen in erster Linie der Verarbeitung von Information. Das entspricht ihrem hauptsächlichen Einsatzzweck und begründet die Abgrenzung und Selbständigkeit der Gerätetechnik gegenüber dem Maschinenbau. Auf die wichtigsten Aspekte der Informationsverarbeitung in Geräten wird deshalb im Abschnitt 3.1.2.2. gesondert eingegangen. Mit der Übersicht in **Tafel 3.1** soll gezeigt werden, daß aber auch Energie- und Stoffverarbeitung in Geräten eine nicht unwesentliche Rolle spielen.

Tafel 3.1. Energie- und Stoffverarbeitung in Geräten, Beispiele

Energieverarbeitung	Stoffverarbeitung
Baugruppen zur elektrischen Energieversorgung in Geräten (Stromversorgungsbaugruppen)	Baugruppen für Eingabe und Ausgabe, Transport, Positionierung und Speicherung fester, blattförmiger Medien (Papier, Papierstreifen, Papierbelege, Lochband, Lochkarten, Magnetband, Rollfilm, Planfilm u.ä.)
mechanische Antrieb und Laufwerke	Baugruppen für Eingabe und Ausgabe, Transport und Speicherung flüssiger und pastöser Medien (Kugelschreiber, Tintenschreiber, Injektionsspritze, Kühlmitteltransportsysteme, mechanische Druck- und Zeichensysteme, chemische und medizinische Labormeßtechnik u.ä.)
elektromagnetische, mechanische, pneumatische, hydraulische Steuer-, Regel- und Stellglieder	Baugruppen zur Realisierung chemischer Umwandlungen (Filmaufnahme-, -entwicklungs- und -kopiertechnik, Fotolithografie, Ätztechnik u.ä.)
Baugruppen zur Wärmeerzeugung (Heizaggregate, Öfen u.ä.)	Baugruppen zur Zustandsänderung fester, flüssiger und pastöser Medien (Haushaltrühr- und -mixgeräte, Waschgeräte u.ä.)
Baugruppen zur Kälteerzeugung (Kühlaggregate u.ä.)	
Lichtquellen (Leuchten, Bestrahlungsgeräte, Laser u.ä.)	
elektrisch-elektronische Leistungsgeneratoren (Sendeanlagen für Funk und Fernsehen u.ä.)	

3.1.2.2. Informationsverarbeitung

Information und Signal. Für die Klasse der informationsverarbeitenden Geräte besteht die Hauptfunktion in der Verarbeitung von Eingangs- in Ausgangsinformation, während Stoff- und Energieverarbeitungsoperationen nur Nebenfunktionscharakter im Sinne der Gewährleistung der Hauptfunktion haben. Die Information stellt eine letztlich stets auf den Menschen bezogene erkenntnistheoretische und kommunikationswissenschaftliche Kategorie dar, die für den Sendenden und Empfangenden mit einem bestimmten Bedeutungsinhalt, einer Semantik, verbunden ist.

Vom Standpunkt des Gerätekonstrukteurs ist jedoch eine technische Deutung des Informationsbegriffs erforderlich, d.h. eine materielle Verkörperung des Begriffs und eine mathematische Beschreibbarkeit, um informationsverarbeitende Geräte überhaupt entwerfen, berechnen, dimensionieren und bewerten zu können. Informationsverarbeitung ist an die Existenz einer physikalischen Größe als Informationsträger gebunden. Der Träger ist also materiell existent in Form einer bestimmten Verteilung von Stoff und/oder Energie über Raum oder Zeit und damit auch mathematisch beschreibbar. Den zeitlichen Verlauf dieser physikalischen Größe bezeichnet man als *Signal Q*, die physikalische Größe selbst als *Signalträger*. Der Informationsinhalt des Signals wird durch den Verlauf des *Informationsparameters P* dargestellt [3.8] **(Tafeln 3.2** und **3.3)**. Es ist daher eine zulässige ingenieurgerechte Vereinfachung, von der Semantik zu abstahieren und mit der technischen Kategorie „Signal“ nur die physikalische Realisierung der Information zu

Tafel 3.2. Signalbestandteile und ihre Merkmale

1. Signal $Q = f(x, y, z, t)$	2. Signalträger	3. Informationsparameter P	4. Signalform
1.1. Zeitsignal $Q = f(t)$ (Übertragungsform) 1.1.1. Stetiges Signal 1.1.2. Unstetiges Signal 1.2. Raumsignal $Q = f(x, y, z)$ (Speicherform) 1.2.1. Eindimensionales Signal $Q = f(x)$ 1.2.2. Zweidimensionales Signal $Q = f(x, y)$ 1.2.3. Dreidimensionales Signal $Q = f(x, y, z)$	2.1. Mechanisches Signal (Geschwindigkeit, Beschleunigung, Kraft, Masse, Druck, Arbeit usw.) 2.2. Geometrisches Signal (Länge, Dicke, Winkel, Fläche, Volumen, Niveauhöhe, Schriftzeichen usw.) 2.3. Hydraulisches Signal (Druck, Druckdifferenz, Flüssigkeitsmenge usw.) 2.4. Pneumatisches Signal (Druck, Druckdifferenz, Gasdurchsatz usw.) 2.5. Akustisches Signal (Schallstärke, Tonhöhe usw.) 2.6. Thermisches Signal (Temperatur, Wärmemenge usw.) 2.7. Magnetisches Signal (Induktivität, Feldstärke, Magnetfluß usw.) 2.8. Elektrisches Signal (Strom, Spannung, Leistung usw.) 2.9. Optisches Signal (Leuchtdichte, Brechungsindex, Wellenlänge usw.) 2.10. Kernphysikalisches Signal (Neutronendichte usw.) 2.11. Chemisches Signal (pH-Wert, Gaskonzentration usw.)	3.1. Amplitude 3.2. Frequenz 3.3. Phase 3.4. Anzahl von Impulsen 3.5. Dauer von Impulsen 3.6. Folge von Impulsen 3.7. Lage von Impulsen 3.8. Anzahl von Punkten 3.9. Anordnung von Punkten 3.10. Abstand von Punkten zu Bezugspunkt bzw. von Winkeln zu Bezugswinkel	4.1. Analoges Signal P kann innerhalb eines bestimmten Bereichs beliebige Werte annehmen 4.2. Diskretes Signal P kann nur endlich viele Werte annehmen 4.2.1. Binäres Signal P kann nur genau zwei Werte annehmen 4.2.2. Digitales Signal Die Werte von P entsprechen Wörtern eines vereinbarten Alphabets 4.2.3. Mehrpunktsignal Diskretes Signal ohne vereinbartes Alphabet 4.3. Kontinuierliches Signal P kann sich zu jedem beliebigen Zeitpunkt ändern 4.4. Diskontinuierliches Signal P kann sich nur zu bestimmten Zeitpunkten ändern

Tafel 3.3. Kombinationen unterschiedlicher Merkmale der Signalbestandteile

Signal	Signalform, Informationsparameter	Beispiel
Zeitsignal, stetig	analog, kontinuierlich, Amplitude	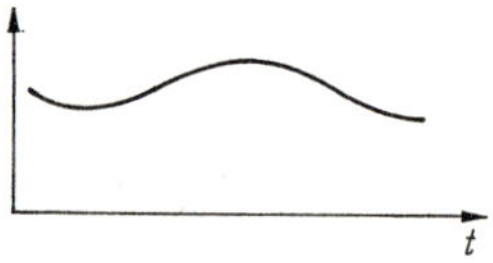
Zeitsignal, unstetig	analog, diskontinuierlich, Amplitude	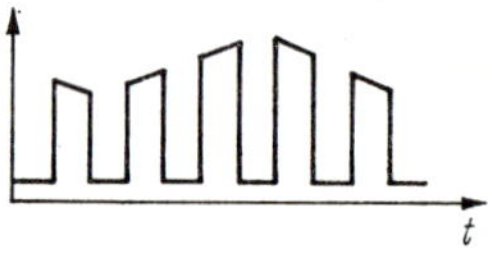
Zeitsignal, unstetig	diskret, kontinuierlich, Amplitude (zwei Werte 0 oder L)	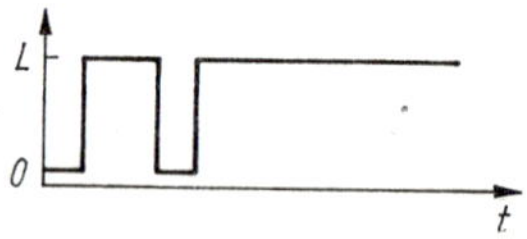
Zeitsignal, unstetig	diskret, diskontinuierlich, Amplitude	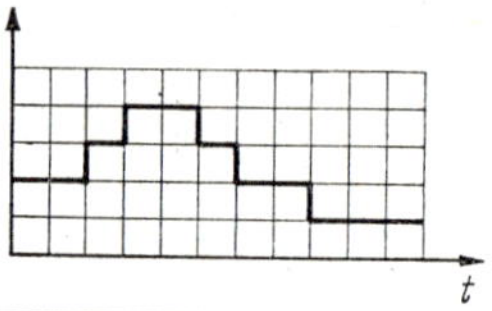
Zeitsignal, stetig	analog, kontinuierlich, Frequenz	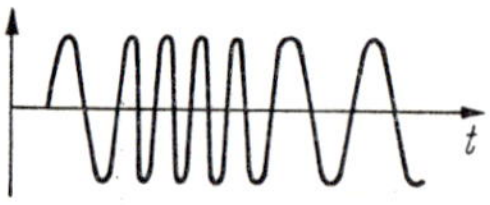
Raumsignal, zweidimensional	diskret, Anzahl und Anordnung von Punkten	 Lochkarte

betrachten und anzuwenden. Dementsprechend wird im folgenden von Signalen und Signalverarbeitung gesprochen, wobei zu verarbeitende Signale zur Unterscheidung gegenüber Signalen zur Steuerung und Kontrolle als Arbeitssignale bezeichnet werden. Man darf aber bei dieser technischen Betrachtungsweise den Unterschied zwischen Signal und Information nie außer acht lassen, d.h., die Signalverarbeitung im Gerät ist stets so zu gestalten, daß die Informationsverarbeitung optimal verläuft. Daher läßt sich das entscheidende Gütekriterium für die Signalverarbeitung in Geräten (in Analogie zum Energiewirkungsgrad bei energieverarbeitenden Maschinen bzw. Materialwirkungsgrad bei stoffverarbeitenden Maschinen) als Informationswirkungsgrad postulieren:

- maximale Erhaltung bzw. minimale Verfälschung der Information, d.h. Einhaltung einer vorgegebenen Informationsverarbeitungsfunktion durch minimale lineare und nichtlineare Verzerrungen der Information und keinen Ausfall von Teilen bzw. der gesamten Information.

Überzeugende Beispiele für die Bedeutung dieses Gütekriteriums sind die Geräte der Sprach- und Bildübertragung, der Datenverarbeitung und der Meßtechnik.

Signalverarbeitungsoperationen. Die vielfältigen und z.T. sehr komplexen Signalverarbeitungsfunktionen, die Geräte zu erfüllen haben, lassen sich durch eine begrenzte Menge elementarer Signalveränderungsoperationen realisieren. Sie werden in unterschiedlicher Kombination und Anzahl zu den gewünschten signalverarbeitenden Gesamtstrukturen zusammengefügt. Daraus lassen sich Grundfunktionen ableiten, die in allgemeingültiger Form im Abschnitt 2.1.1. behandelt wurden. Unter dem Aspekt der Signalverarbeitung ergeben sich mit Berücksichtigung der physikalisch-technischen Realisierbarkeit, der praktischen Anwendbarkeit und der im Bereich der Informationsverarbeitung gebräuchlichen Terminologie die in **Tafel 3.4** aufgeführten Signalgrundfunktionen. Die physikalische Realisierung dieser Funktionen erfolgt im wesentlichen in den vier Bereichen Elektrotechnik/Elektronik, Optik, Mechanik und Pneumatik/Hydraulik.

Historisch gesehen hat sich die Informationsverarbeitung in der Gerätetechnik aus der Mechanik entwickelt. Noch anzutreffende Beispiele mechanischer Informationsverarbeitung sind Rechengetriebe in mechanischen Tischrechenmaschinen, Schwingungs- und Impulserzeuger, z.B. das Unruhsystem einer mechanischen Uhr, Signalübertrager, wie Hebel, biegsame Wellen u.ä. Wegen der Nachteile der Mechanik (insbesondere Operationsgeschwindigkeit) ist diese „Informationsmechanik" in der Gerätetechnik mehr und mehr zurückgedrängt worden. Sie behauptet sich nur noch bei der Informationseingabe und -ausgabe, für die wegen der Arbeitsgeschwindigkeiten und Sinnesmodalitäten des Menschen keine grundsätzlich anderen Lösungen in Frage kommen. Die Informationsverarbeitung wird heute und in Zukunft durch die Elektronik (Mikroelektronik) beherrscht, der durch die optische Informationsverarbeitung aber ein nahezu gleichwertiger Konkurrent erwächst [3.28]. Die pneumatische und hydraulische Informationsverarbeitung ist besonders in der Automatisierungstechnik berechtigt, bei der die z.T. extremen Bedingungen (radioaktive Strahlung, explosive Gase, Fremdkörper u.ä.) andere Lösungen in der Regel nicht zulassen [3.1].

Typische Funktionsstrukturen der Signalverarbeitung. In Abhängigkeit von den notwendigen Verarbeitungsbedingungen sind grundsätzlich zwei Signalverarbeitungssysteme zu unterscheiden: *analoge Systeme*, deren Zustand in einem begrenzten Bereich stetig veränderbar sein muß, und *diskrete Systeme*, deren Zustand nur eine bestimmte Menge diskreter Werte anzunehmen braucht. Analoge Systeme sind z.B. viele Geräte der konventionellen Meßtechnik, bei denen i.allg. die Amplitude eines elektrischen, optischen, mechanischen oder auch pneumatischen Signalträgers als Informationsparameter dient, um die über Meßfühler und -wandler aufgenommene analoge Information in eine geeignete auswertbare Ausgangsinformation zu übertragen **(Bild 3.6a).** Bei diskreten Systemen wird eine aus einem Alphabet der Informationsquelle ausgewählte Zeichenmenge einem Signal aufgeprägt, das Signal dann verarbeitet, um durch anschließende Entnahme der Information vom verarbeiteten Signal wieder eine zugeordnete Zeichenmenge im Alphabet der Informationssenke zu erhalten **(Bild 3.6b).** Digitalrechner sind repräsentative Vertreter diskreter Systeme. Eine Kombination von analogem und diskretem System stellt die Funktionsstruktur nach Bild 3.6c dar, die für Geräte zur Prozeßautomatisierung, d.h. zur Ermittlung von Zustandsgrößen eines Prozesses, zu ihrer Verarbeitung und Umsetzung in prozeßbeeinflussende Stellgrößen, allgemein gültig ist.

Die drei Funktionsstrukturen weisen Teilfunktionen auf, die für die Signalverarbeitung in Geräten typisch sind. Sie werden nachfolgend näher beschrieben.

Signalgewinnung. Aus der externen Informationsquelle muß ein Signal gewonnen werden. Dazu gehören die Ermittlung von Stoff- und Zustandsgrößen eines Prozesses (Prozeßmeßtechnik) und die Aufnahme von Nachrichten (Bild- und Tonaufnahmetechnik). Die Signalgewinnung ist generell mit Signalwandlungsoperationen verbunden, da Wege,

Tafel 3.4. Signalgrundfunktionen

Signalgrundfunktion	Symbol	Merkmale	Beispiele
Signalwandeln	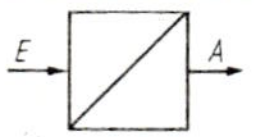 E, A	Verändern der stofflichen oder energetischen Qualität des Eingangssignals (E und A physikalisch unterschiedlich)	elektroakustische Wandler (Lautsprecher, Mikrofon); elektromagnetische Wandler, fotoelektrische Wandler (Fotodiode, Leuchtdiode); Thermoelemente, piezoelektrische Wandler
Signalumsetzen	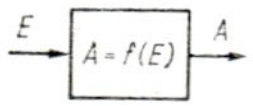 E, $A = f(E)$, A	Verändern des zeitlichen Verlaufs oder Zustands eines Signals entsprechend $A = f(E)$ (E und A physikalisch gleich)	mechanische Funktionsgetriebe, elektronische Funktionsschaltungen Digital/Analog-, Analog/Digital-Umsetzer, Kodierer, Modulatoren
Signalumformen	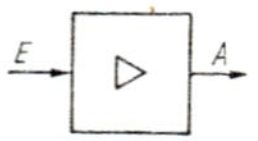 E, ▷, A	Verändern des Signalbetrags mit dem Verstärkungsfaktor V ($A = VE$) $V > 1$: (positiv) verstärken, (herauf-)transformieren $V < 1$: negativ verstärken, transformieren, dämpfen	elektronische Verstärker (RC-Verstärker, Selektiv-, Differenz-, Operations-, Leistungsverstärker), magnetische Verstärker, Transformatoren, Hebel- und Rädergetriebe, pneumatische und hydraulische Verstärker
Signalschalten	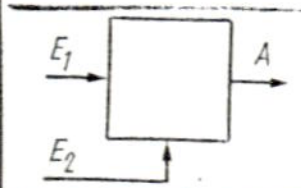 E_1, E_2, A	Unterbrechen und/oder Wiederherstellen eines Signalflusses $E_1 \rightarrow A$, i. allg. mittels einer zusätzlichen Eingangsgröße E_2; Sonderfall: Sperren (ausschließliches Unterbrechen bzw. Verhindern eines Signalflusses)	mechanische Schalter, elektronische Schalter (z. B. Thyristor), elektromechanische Schalter (z. B. Relais), Sperrglieder (mechanische Gesperre, Halbleiterdiode)
Signalübertragen	E, Ort 1, A, Ort 2	Übertragen eines Signals von einem Ort 1 an einen Ort 2	elektrische Leitungen und Kabel, Bowdenzug, Wellen, Rohre, Schläuche, Kanäle, Linsen, Prismen, Lichtleitfasern
Signalfiltern	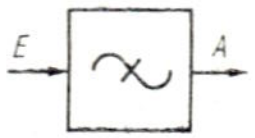 E, ∼, A	Auswählen (Selektieren) einer Teilmenge aus einer Signalmenge entsprechend einem definierten Kriterium	elektronische Bandfilter, Hochpässe, Tiefpässe, mechanische Filter, optische Filter (Polarisationsfilter, Farbfilter)
Signalverknüpfen	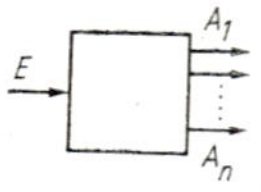 E, A_1 … A_n	Verzweigen eines Signals in mehrere Signale ($A_1 \ldots A_n$), beachte: $E = A_1 = (A_2 \ldots A_n)$	elektrische Leitungsverzweigungen, Getriebe
	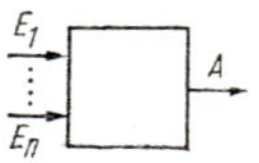 E_1 … E_n, A	mathematisches Verknüpfen zweier oder mehrerer Signale ($E_1 \ldots E_n$)	Funktionseinheiten zum Addieren, Subtrahieren bzw. Mischen, zum Multiplizieren, Dividieren u. a.
		logisches Verknüpfen zweier oder mehrerer Signale ($E_1 \ldots E_n$)	Funktionseinheiten für UND-, ODER-, NEGATOR-Funktionen u. a.
Signalspeichern	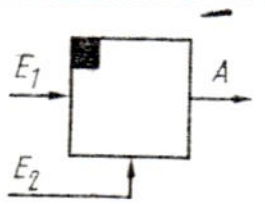 E_1, E_2, A	Aufnehmen einer Signalmenge und unverändertes Abgeben nach einer festen oder wählbaren Zeitdauer i. allg. auf Abruf (E_2)	elektronische Speicher (Flipflop, Register, Zähler, Speicherbildröhre), magnetische Speicher (Ferritkern, Magnetband), Fotografie, Hologramm, Unruh, Lochkarte, gedruckte Zeichen, Schallplatte
	 A	Generieren/Bereitstellen von Signalen (E nicht relevant)	Signalgeneratoren (Sinus- und Impulsgeneratoren)

Drücke, Temperaturen, Geschwindigkeiten, Winkel usw. Größen unterschiedlicher physikalischer Beschaffenheit sind und auf einen bestimmten Signalträger, in der Regel einen elektrischen, abgebildet werden müssen. Die Teilfunktion der Signalgewinnung wird also repräsentiert durch Meßfühler (Sensoren), Meßwandler, Schall- und Bildwandler, die vielfach auch weit außerhalb des Geräts „vor Ort“ einzusetzen sind.

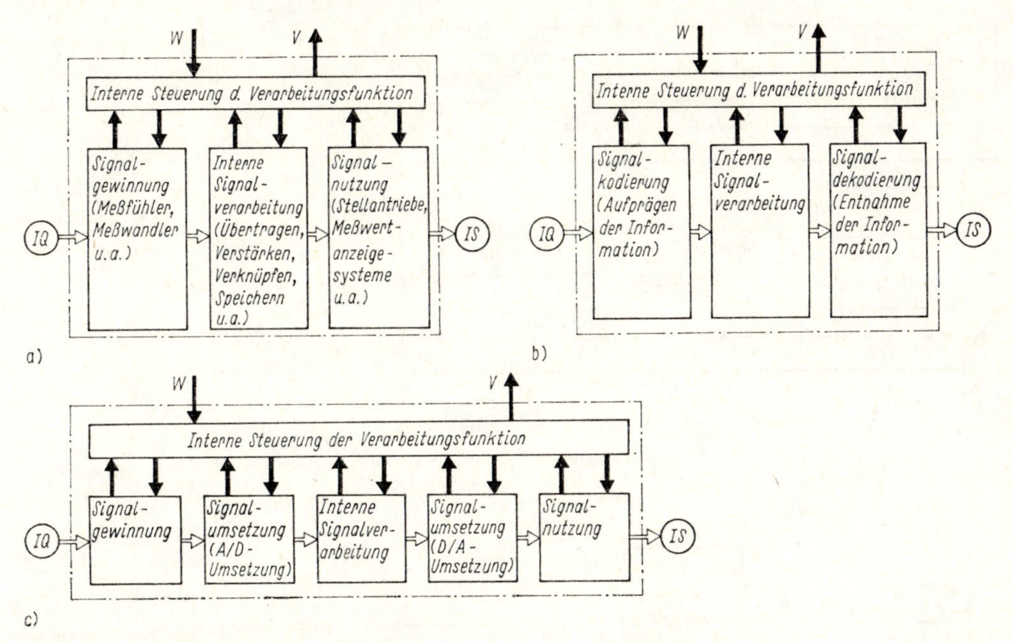

Bild 3.6. Allgemeine Funktionsstrukturmodelle der Signalverarbeitung in Geräten

a) analoges System; b) diskretes System; c) gemischtes System
IQ Informationsquelle; *IS* Informationssenke

Interne Signalverarbeitung erfolgt auf der Basis der Grundfunktionen der Signalverarbeitung (s. Tafel 3.4) mit Hilfe spezieller Strukturen, deren Behandlung nicht Gegenstand dieses Buches ist (s. auch [3.1] bis [3.10]). Generell haben sich auch dafür typische Strukturen innerhalb von Geräteklassen herausgebildet, die in mehr oder weniger starker Modifikation immer wieder in Geräten einer bestimmten Klasse anzutreffen sind, so z. B. bei analogen Meßgeräten **(Bild 3.7)** oder Digitalrechnern **(Bild 3.8)**.

Signalnutzung sind Signalwandlungsoperationen, mit deren Hilfe z. B. Stellantriebe zur Prozeßbeeinflussung betätigt, Meßwerte angezeigt und Bild- oder Toninformation ausgegeben werden. Im allgemeinen sind diese Wandlungsoperationen mit Signalverstärkungsoperationen verbunden.

Signalkodierung und -dekodierung. Die Aufprägung einer diskreten Information auf einen Signalträger bezeichnet man als Signalkodierung. Sie liegt z. B. vor, wenn eine Informationsmenge aus numerischen Zeichen zwecks Verarbeitung in einem Digitalrechner in geeignete elektrische Impulse übergeführt werden muß. Das geschieht mit einer Kodiervorschrift, die aus numerischen Zeichen verarbeitbare Kombinationen der Binärzeichen L und 0, sog. Kodewörter, bildet. Bekannte Kodierungen sind der Dezimal-, Dual-, Gray-Kode und Fernschreibkode [3.2].

Die Signalkodierung bietet außerdem günstige Möglichkeiten zur Erhöhung der Sicherheit der Informationsverarbeitung durch fehlererkennende bzw. fehlerkorrigierende Kodes und zur Einsparung von Redundanz durch redundanzmindernde Kodes [3.5] [3.6].

Die Signaldekodierung entnimmt die Information vom verarbeiteten Signal durch Vergleich der aufgenommenen Kodewörter mit der Kodetabelle und vollzieht die Auswahl entsprechender Zeichen aus der Zeichenmenge der Informationssenke.

Signalumsetzung wird erforderlich, wenn analoge Signale digital verarbeitet und danach wieder analog ausgegeben werden sollen. Diese Umsetzungen haben in der Geräte-

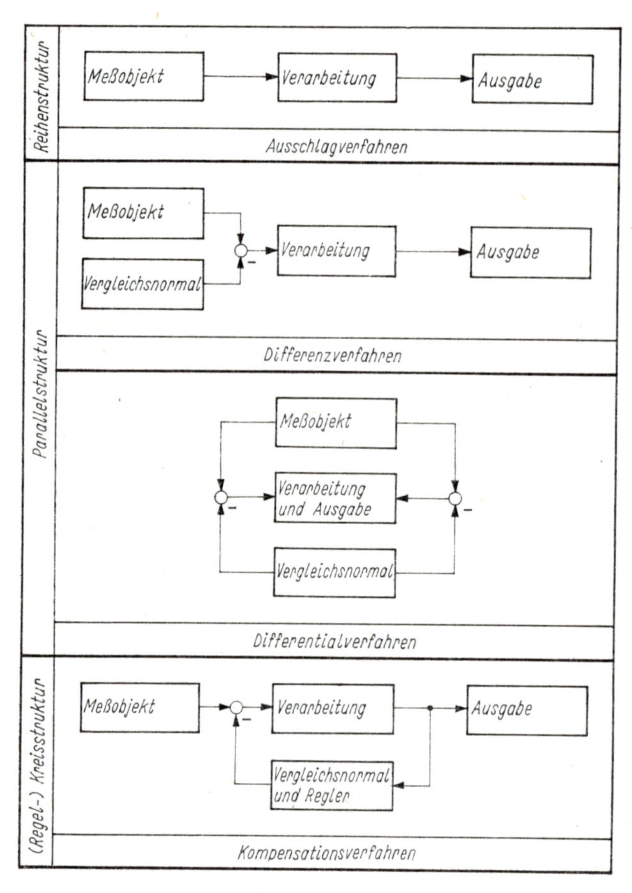

Bild 3.7
Funktionsstrukturmodelle der internen Signalverarbeitung von analogen Meßgeräten

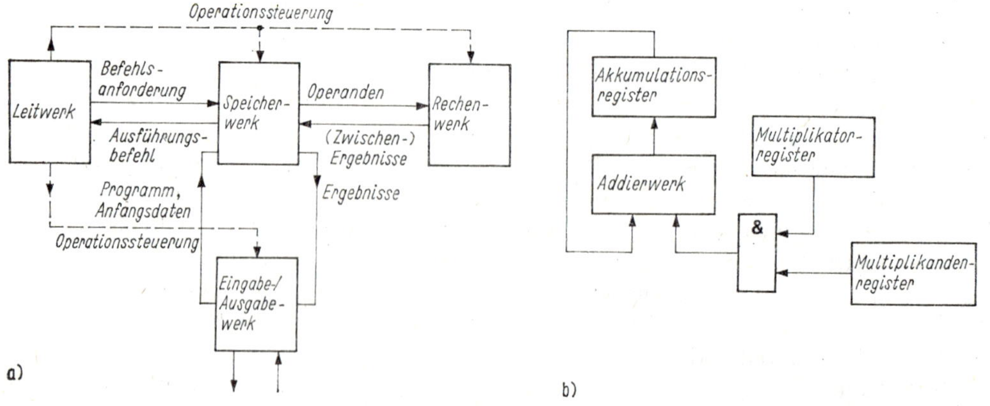

Bild 3.8. Funktionsstrukturmodell eines Digitalrechners [3.9]
a) Zentraleinheit; b) Rechenwerk

technik Bedeutung erlangt, da einerseits der Einsatz von Prozeßrechnern Umsetzungen analoger Prozeßgrößen in digitale und digitaler Verarbeitungsgrößen in analoge Stellgrößen verlangt, andererseits aber auch in der Meßtechnik wegen des schaltungstechnischen Aufwands, der erreichbaren Verarbeitungsgeschwindigkeit und -zuverlässigkeit mehr und mehr digitale Signalverarbeitungsprinzipe Anwendung finden. Für Analog/Digital-Umsetzer (A/D-Umsetzer) und Digital/Analog-Umsetzer (D/A-Umsetzer) besteht eine Fülle technischer Lösungen [3.2] [3.7] [3.30].

Interne Steuerung. Zur Steuerung des gesamten Signalverarbeitungsprozesses und zur Anpassung an die Kommunikationsfunktion des Geräts ist eine interne Steuerung erforderlich. Zur Veranschaulichung der prinzipiellen steuerungstechnischen Bedingungen und der Anpassung an die Kommunikationsfunktion dient **Bild 3.9.** Die Eingabegröße E_k wird in eine Steuergröße W umgesetzt, die i. allg. eine mechanische Bewegungsgröße ist. In der Steuereinheit erfolgt neben notwendigen Signalwandlungen, z. B. der mechanischen Steuergröße W in elektrische Signale, und entsprechenden Signalverstärkungen hauptsächlich eine geeignete Verarbeitung in die Stellgröße Y. Die Stellgröße steuert die Signalverarbeitungsfunktion (Steuerstrecke) i. allg. durch Parameteränderung von Funktionselementen oder durch Änderung der Funktionsstruktur der Verarbeitungsfunktion. Die Zustandsmeldung erfolgt durch die Rückführgröße X in die interne Gerätesteuerung. Über die Kontrollgröße V wird eine Informationsrückführung an die Eingabeeinheit vorgenommen. Aus dieser allgemeinen Struktur lassen sich spezielle Steuerungsstrukturen für Geräte ableiten, die **Tafel 3.5** in einer Übersicht zeigt.

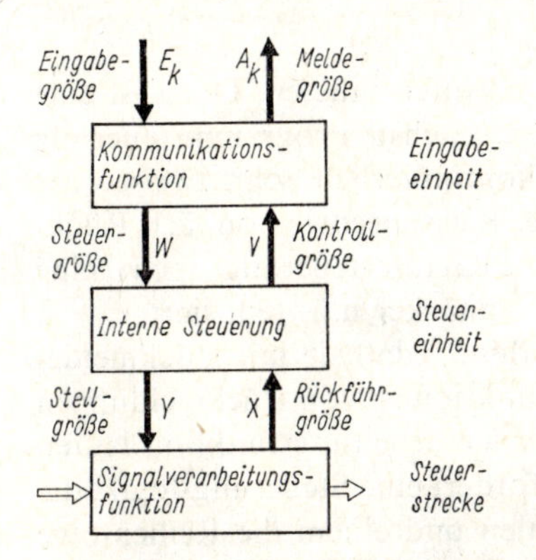

Bild 3.9
Prinzipielle steuerungstechnische Struktur signalverarbeitender Geräte

Bei *Führungssteuerung* ist die gesteuerte Größe A der Steuergröße W entsprechend $A = f(W)$ fest zugeordnet. Das Automatisierungsniveau ist also sehr niedrig und Führungssteuerung daher in der Gerätetechnik wenig gebräuchlich. Allerdings gilt diese Steuerung in ihrer Trivialvariante grundsätzlich für jedes Gerät, wenn die interne Steuerung nur als Signalübertragung wirkt. Dann reduziert sich die Steuerung auf den einfachsten Fall des Schaltens, z. B. des Ein- und Ausschaltens eines Geräts, und auf eine Parameteränderung von Funktionselementen innerhalb der Verarbeitungsfunktion. Die Behandlung jedes Geräts als gesteuertes System erscheint zweckmäßig. Damit werden einheitlich alle Beeinflussungen der Ausgangsgröße eines Geräts, einer Baugruppe oder auch eines Einzelteils, die rückwirkungsfrei sein müssen (z. B. beim Justieren), als Steuerungsoperationen aufgefaßt. Das ist für die Automatisierung von Gerätefunktionen unter dem Einfluß der Mikroelektronik von Bedeutung.

Programmsteuerungen werden in der Gerätetechnik dann eingesetzt, wenn die Geräteverarbeitungsfunktion so komplex wird, daß viele einzelne Verarbeitungsoperationen

Tafel 3.5. Arten und Strukturen von Steuerungen in signalverarbeitenden Geräten
KF Kommunikationsfunktion; *VF* Verarbeitungsfunktion; *St* interne Steuerung; *μP* Mikroprozessor; *μR* Mikrorechner

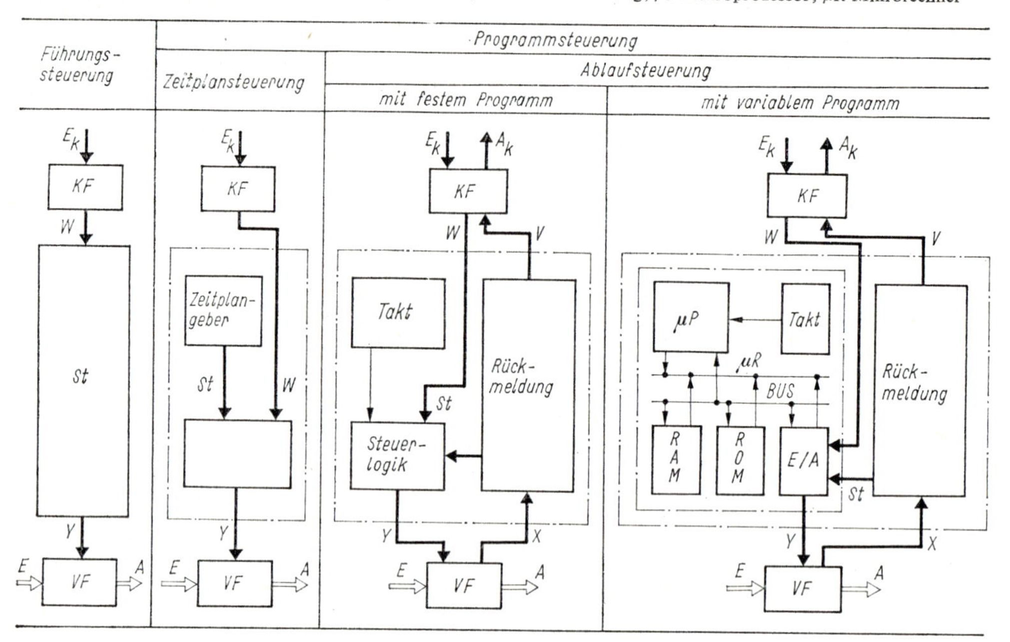

nach einer bestimmten Vorschrift, einem Algorithmus, ablaufen müssen. Dazu ist eine entsprechende Folge von Stellgrößen Y_i erforderlich. Die einfachste Programmsteuerung ist die *Zeitplansteuerung* mit Hilfe eines Zeitplangebers (kontinuierlich, schrittweise oder anderweitig getaktete Zeitsignale von Uhr, Nockenwelle, Kurvenscheibe od. ä.). Rückmeldesignale werden nicht verwendet, so daß die interne Gerätesteuerung noch keine logischen Elemente enthält, sondern sich auf Wandler, Verstärker u.ä. reduziert.

Ablaufsteuerungen unterscheiden sich von anderen dadurch, daß sie mit Rückmeldesignalen arbeiten, d.h., die Steuerung der Verarbeitungsfunktion ist von Rückmeldungen über bestimmte Zustände abhängig. Die Operationen der Verarbeitungsfunktion laufen nach einem Ablaufprogramm ab. Diese Steuerungsart erfordert eine Steuerungslogik, die die logischen Verknüpfungen zwischen Rückmeldesignalen und einem die Reihenfolge bestimmenden Taktgeber herstellt. Diese Ausführungsform ist gerätespezifisch und entspricht in ihrem logischen System einem festen Ablaufprogramm, das entsprechend den Taktsignalen abgearbeitet wird. Damit sind Geräte realisierbar, deren gesamter Funktionsablauf sich nach festem Programm selbst steuert und durch den Menschen nur gestartet, unterbrochen oder gelöscht wird. Diese Steuerungsart charakterisiert den in den vergangenen Jahren erreichten Stand der automatisierten Gerätetechnik. Auf ihrer Basis sind eine Fülle von gerätespezifischen Steuerungen entstanden, die Einzweckcharakter tragen und grundsätzlich für andere Anwendungsfälle nicht geeignet sind. Die Entwicklung drängt folglich immer mehr dahin, diese gerätebezogenen Lösungen durch eine beliebig programmierbare Steuerung zu ersetzen, die damit auch je nach Programm unterschiedliche Steuerungsaufgaben übernehmen kann und somit in verschiedensten Geräten einsetzbar ist. Eine geräteunabhängige Steuerungslogik wird heute durch den Mikroprozessor repräsentiert, der (entsprechend eingespeichertem Programm) praktisch jede beliebige gerätespezifische Steuerung realisiert. Tafel 3.5 zeigt die prinzipielle Struktur der geräteinternen Steuerung bei Einsatz eines Mikrorechners.

Daß außer den genannten Steuerungen verschiedene Regelungsstrukturen in der Gerätetechnik Anwendung finden, ist selbstverständlich und bedarf hier keiner weiteren Erläuterung [3.10].

3.1.3. Kommunikationsfunktion

Die Kommunikation, also der gegenseitige „Informationsaustausch“ zwischen Gerät und Umwelt, hat in den vergangenen Jahrzehnten an Umfang und Bedeutung ständig zugenommen und wird künftig eine noch entscheidendere Rolle spielen. Gründe dafür sind:

- Das hauptsächliche Verarbeitungsobjekt des Geräts – die Information – ist eine ausschließlich und direkt auf den Menschen bezogene Kategorie, die des besonderen Einsatzes der sensorischen, motorischen und intellektuellen Fähigkeiten des Menschen bedarf und deshalb spezielle funktionelle und konstruktive Lösungen notwendig werden läßt.
- Mit der stürmischen Entwicklung der Gerätetechnik, d.h. mit zunehmender Anzahl und Breite der Nutzer von Geräten, die immer weniger die notwendige Qualifikation zum Verständnis der inneren Vorgänge im Gerät haben, entsteht mehr und mehr der Zwang, die Schnittstelle zwischen Mensch und Gerät optimal an die Fähigkeiten des durchschnittlichen Nutzers anzupassen und ihm absolut eindeutige Informationen zum notwendigen eigenen Verhalten und zum Betriebszustand des Geräts zu übermitteln.
- Die direkten kommunikativen Beziehungen Mensch–Gerät nehmen ständig an Umfang und Anteil an der Gesamtarbeit des einzelnen Menschen zu, so daß insbesondere aus der damit einhergehenden physischen und psychischen Belastung funktionelle und konstruktive Konsequenzen hinsichtlich arbeitsschutztechnischer, ergonomischer und ästhetischer Gestaltung gezogen werden müssen.
- Die wachsende Automatisierung auch in der Gerätetechnik führt zur Steuerung von Geräten durch zentrale Steuereinheiten (Mikroprozessoren, Mikrorechner, Klein- und Großrechner) und damit zu einer immer enger werdenden Verflechtung und gegenseitigen (kommunikativen) Abhängigkeit von Geräten innerhalb komplexer Gerätesysteme.

Bedenkt man, daß z.T. sehr hohe volkswirtschaftliche Werte und auch Menschenleben von der sachgerechten Informationseingabe und -ausgabe abhängen können (z.B. bei der Bedienung und Überwachung großer Schaltwarten), daß völlig neue kommunikative Beziehungen zwischen Gerät und Mensch entstehen (z.B. durch interaktive Bildschirmdisplays) und daß die Mikroelektronik die Gerätetechnik gerade durch die Möglichkeiten der automatischen Steuerung von Gerätefunktionen revolutioniert, wird noch einmal die Notwendigkeit deutlich, eine Kommunikationsfunktion innerhalb des Gerätefunktionsmodells zu unterscheiden und daraus Schlußfolgerungen für den funktionellen und konstruktiven Geräteaufbau abzuleiten.

■ Die Kommunikationsfunktion realisiert die notwendigen informationellen Kopplungen zwischen dem Menschen und dem Gerät und anderen technischen Gebilden **(Bild 3.10)** zum Zweck
  - der Steuerung oder Führung der Verarbeitungsfunktion des Geräts durch Überführung externer Steuerungs- oder Führungsgrößen E_k bzw. E'_k in interne Steuerungsgrößen W bzw. W'
  - der Kontrolle oder Überwachung der Verarbeitungsfunktion des Geräts durch Über-

führung interner Kontrollgrößen V bzw. V' in externe Kontroll- oder Überwachungsgrößen A_k bzw. A'_k

- der Steuerung und Kontrolle der Verarbeitungsfunktion anderer technischer Gebilde durch Überführung interner Steuergrößen W'' in externe Steuergrößen A''_k und Überführung externer Kontrollgrößen E''_k in interne Kontrollgrößen V''.

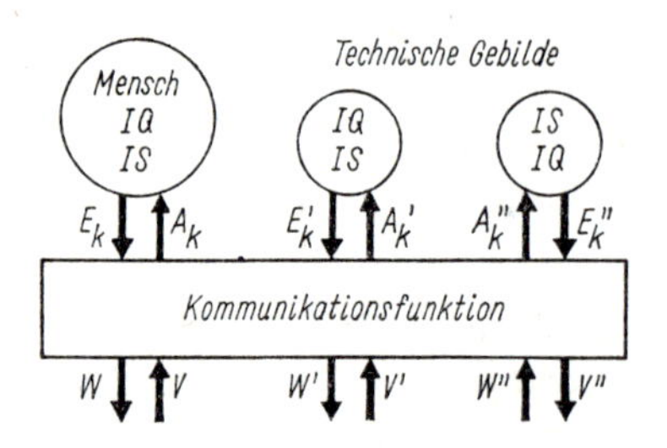

Bild 3.10
Grundbeziehungen der Kommunikation zwischen Gerät und Umwelt
IQ Informationsquelle
IS Informationssenke

Da es sich bei der Kommunikation ausschließlich um informationelle Beziehungen handelt, sind die Eingangs- und Ausgangsgrößen Signale und ihrem Zweck entsprechend Steuer- und Kontrollsignale. Damit liegt auch eine klare begriffliche Abgrenzung zu den im Abschnitt 3.1.2. behandelten Arbeitssignalen vor.

Eine Grobstrukturierung der Kommunikationsfunktion ergibt sich einerseits aus den sensorischen und motorischen Fähigkeiten des Menschen und andererseits aus den geräteseitigen physikalisch-technischen Möglichkeiten **(Bild 3.11).**

Die Informationseingabe erfolgt über die Stellorgane Finger, Hand, Arm bzw. Fuß und Bein, die die Teilfunktion „mechanisch Eingeben" oder „Betätigen", also ein Bewegen erfordern. Sonderfälle des Bewegens sind Halten, Fixieren (Positionieren) und Berühren (s. Abschn. 6.3.5.). Insbesondere das Berühren ist wegen des kraftlosen mechanischen Anlegens eines Körperteils (i. allg. eines Fingers) an ein Eingabeelement eine ergonomisch gute Lösung und findet zunehmend Verbreitung. Aber auch der Einsatz der menschlichen Sprachorgane für die akustische Informationseingabe gewinnt an Bedeutung.

Die sensorischen Fähigkeiten des Menschen werden fast in ihrer gesamten Breite für die Informationsausgabe, d. h. für die Teilfunktion „Anzeigen" („Melden"), genutzt. Trotzdem nimmt die optische Informationsanzeige eine Vorrangstellung ein, da der Mensch etwa 78 % aller Informationen über das Auge aufnimmt (s. Abschn. 7.5. und zu Anzeigeeinrichtungen Abschn. 6.4.4.). Ein wesentlicher Vorteil akustischer Informationsausgabe besteht darin, daß man einen größeren Personenkreis relativ unabhängig von der Stellung des Einzelnen im Raum informieren kann. Besonders hingewiesen sei auf die sprachliche Ausgabe, die in künftigen Gerätegenerationen eine Rolle spielen wird, indem z. B. Anweisungen aus Wörtern oder kurzen Sätzen problemabhängig im Gerät generiert und ausgegeben werden. Für die mechanische Informationsausgabe lassen sich der taktile oder Tastsinn, aber auch die Informationsaufnahmemöglichkeit über die Sensoren nutzen, die die Spannung der Sehnen und Muskeln erfassen. Dabei ist grundsätzlich Berührungskontakt erforderlich. Die Informationskopplung erfolgt durch Vibration oder ähnliche mechanische Bewegungen und durch unterschiedliche Form, Oberflächenstruktur oder Gegendruck mechanischer Bedienelemente. Anwendungen von Geschmacks- und Geruchsanzeigen sind in der Gerätetechnik nicht bekannt.

Die Teilfunktionen „Bedienen" und „Anzeigen" sind konstruktiv so zu gestalten, daß sie sich einerseits optimal an die Fähigkeiten des Menschen anpassen (und nicht umgekehrt der Mensch zwecks Anpassung an das Gerät zum Spezialisten werden muß) und daß sie andererseits eine sinnvolle Arbeitsteilung zwischen Mensch und Gerät realisieren, die insbesondere die Informationsverarbeitungsmöglichkeiten des Menschen (parallele Informationsverarbeitung, geringe Verarbeitungsgeschwindigkeit, relativ geringe Zuverlässigkeit der Verarbeitung) und des Geräts (serielle Informationsverarbeitung hoher Geschwindigkeit und Zuverlässigkeit) optimal ausschöpft.

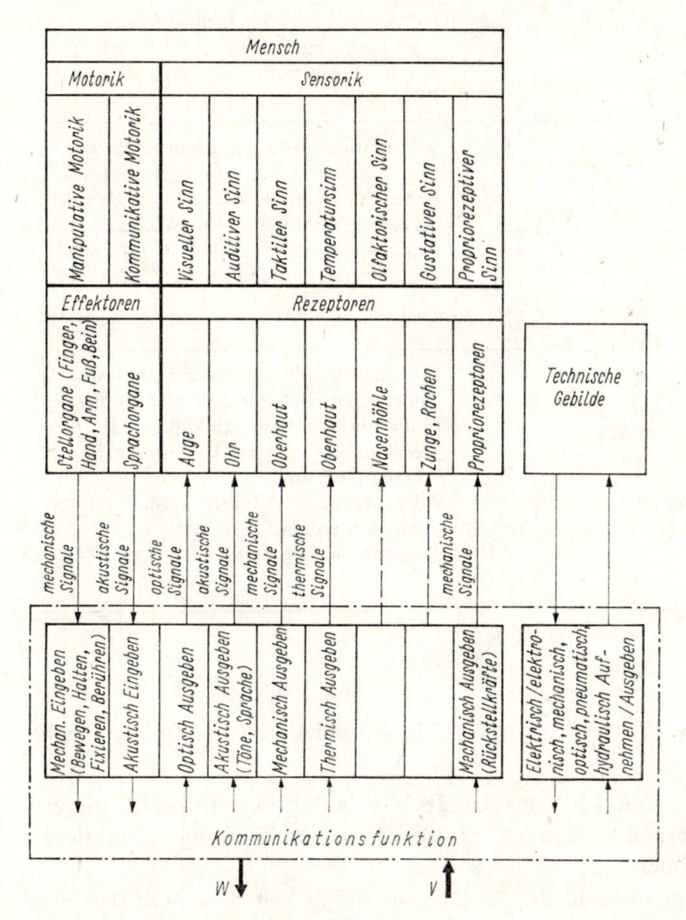

Bild 3.11
Prinzipielle Struktur des Kommunikationsfunktionsmodells eines Geräts und seiner Beziehungen zur Umwelt

Zur Kommunikationsfunktion zählt man auch den Informationsaustausch zwischen Gerät und anderen technischen Gebilden, die in der Regel wiederum Geräte, aber auch Maschinen bzw. entsprechende Baugruppen in Maschinen sind. Dieser Informationsaustausch erlangt Bedeutung beim Aufbau automatisierter technischer Systeme, für die die Anzahl der Funktionseinheiten so groß wird, daß vereinheitlichte informationelle und energetische Wechselbeziehungen zu schaffen sind. Die Vorschriften dazu bezeichnet man als *Interface*. Ein weiterer notwendiger Schritt ist die Normierung dieser Wechselbeziehungen auf ein bestimmtes Wertespektrum, das die Anschlußfähigkeit unterschiedlicher Funktionseinheiten eines Systems garantiert. Man spricht von einem *Standard-Interface*. Da nun weiterhin Inhalt und Umfang eines Interface von der Struktur des automatisierten Systems abhängig sind, unterscheidet man Standard-Interfaces für einzelne Systemstrukturen. **Tafel 3.6** zeigt die Bedingungen für die in der Gerätetechnik charakteristischen ketten-, stern- und linienartigen Verbindungen [3.11].

Tafel 3.6. Geräteinterface für verschiedene Systemstrukturen [3.11]
FE Funktionseinheit; *ZFE* zentrale Funktionseinheit; *SI* Standard-Interface; *V* Kontrollgröße; *W* Steuergröße

Kettenstruktur	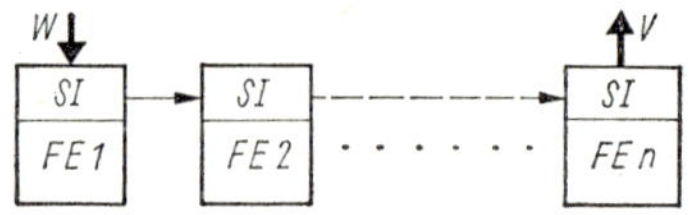 W, V; SI FE 1 → SI FE 2 · · · · · · → SI FE n	Informationsaustausch unmittelbar von FE zu FE Funktionseinheiten steuern sich gegenseitig Adressierung der FE nicht erforderlich Programmierung (wenn erforderlich) durch FE gegenseitig und/oder durch Programmier-FE
Sternstruktur	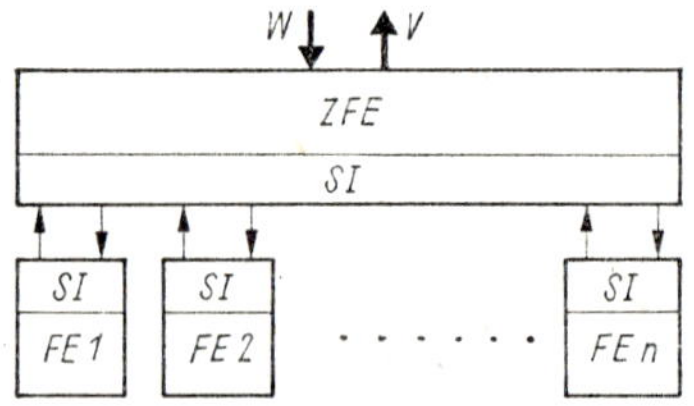 W, V; ZFE, SI; SI FE 1, SI FE 2 · · · · · · SI FE n	Informationsaustausch unmittelbar von Funktionseinheit an zentrale Funktionseinheit und von dieser evtl. an andere FE Steuerung unmittelbar durch ZFE Adressierung der FE nicht erforderlich Programmierung unmittelbar durch ZFE
Linienstruktur	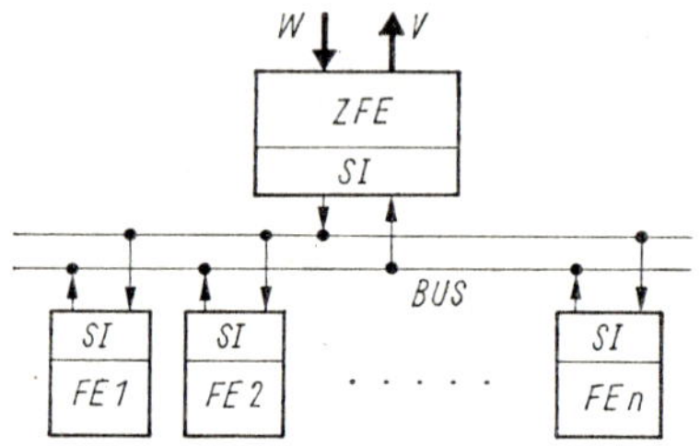 W, V; ZFE, SI; BUS; SI FE 1, SI FE 2 · · · · · SI FE n	Informationsaustausch von Funktionseinheit über BUS zur zentralen Funktionseinheit und evtl. an andere FE Steuerung erfolgt über BUS in der Regel von der ZFE aus Adressierung der FE erforderlich, erfolgt über BUS von der ZFE aus Programmierung durch ZFE über BUS

3.1.4. Sicherungsfunktion

Unter Bezugnahme auf Abschnitt 3.1.1. und Bild 3.2 lassen sich drei Teilaufgaben für die Sicherungsfunktion ableiten:

- Sicherung der Verarbeitungsfunktion des Geräts vor möglichen *Umweltstörungen* durch Überführung der externen Eingangsstörgrößen E_z in (verarbeitungs-) funktionsunwirksame interne Störgrößen ΔZ_e
- Sicherung der Verarbeitungsfunktion des Geräts vor möglichen innerhalb der Verarbeitungsfunktion entstehenden *Eigenstörungen* durch Überführung dieser internen Störgrößen ΔZ_a in externe Ausgangsstörgrößen A_z
- Sicherung der Umwelt des Geräts vor möglichen *Gerätestörungen* durch Überführung der internen Störgrößen ΔZ_a in umweltfreundliche Ausgangsstörgrößen A_z.

Für den praktischen Gebrauch ist diese aus rein systemtheoretischer Sicht abgeleitete Beschreibung noch zu allgemein und daher zu spezifizieren. Von den Störgrößen müssen die mechanischen Wirkungen durch Gravitation sowie durch andere statische und dynamische Kräfte eine exponierte Rolle spielen, weil es sich hierbei um ständig einwirkende Größen handelt. Da diese mechanischen Wirkungen Halte- oder Stützmaßnahmen für die Funktionselemente eines Geräts zur Sicherung ihrer definierten räumlichen Anordnung erfordern, wird diese Teilfunktion der Sicherungsfunktion als *Stützfunktion* des Geräts definiert. Wie **Tafel 3.7** zeigt, geht die Stützfunktion aber über diese spezielle Aufgabe hinaus. Aus der geometrischen Anordnung der Verarbeitungsfunktionselemente ergibt sich nämlich die Möglichkeit, der Stützfunktion auch die Aufgaben des Bezugs-

Tafel 3.7. Teilfunktionen der Sicherungsfunktion eines Geräts

Sicherungsfunktion				
Stützfunktion		Schutzfunktion (s. auch Abschn. 5.)		
interne Stützfunktion	externe Stützfunktion	Schutz des Geräts		Schutz der Umwelt vor Störungen des Geräts (A_z)
		Schutz vor externen Störungen (E_z)	Schutz vor internen Störungen (ΔZ_a)	
– Anordnung aller Funktionselemente – Bezugssystem für die Verarbeitungsfunktion	Ermöglichung der Operationen – Aufstellen – Legen – Aufhängen – Umhängen – Tragen – Einschieben – Einstecken – Rollen – Schieben – Anstecken – Anschrauben	– klimatische Einflüsse (Temperatur, Feuchte, Luftdruck, Sonnenstrahlung, Wind, Regen, Tau, Nebel, Schnee, Eis, chemische Bestandteile der Atmosphäre SO_2, CO_2, NaCl u.a., Sand, Pilze, Bakterien, Insekten, Nagetiere) – Fremdkörper – Wasser – Wärmeeinwirkung – elektromagnetische Einstrahlung – mechanische Schwingungen und Stöße – Schalleinwirkung – radioaktive Strahlung – Einflüsse des Menschen bei Bedienung, Wartung, Reparatur, Transport	– interne Wärmequellen – interne Schwingungs- und Stoßerreger	– Berührungsschutz (sich bewegende Teile, gefährliche Engen, elektrischer Strom, elektrische Spannung, elektrostatische Aufladung, wärmeführende Teile, toxische Gase, Stäube, Dämpfe, sonstige Chemikalien) – Wärmeabgabe – elektromagnetische Abstrahlung – mechanische Schwingungen und Stöße – Schallabgabe – radioaktive Strahlung

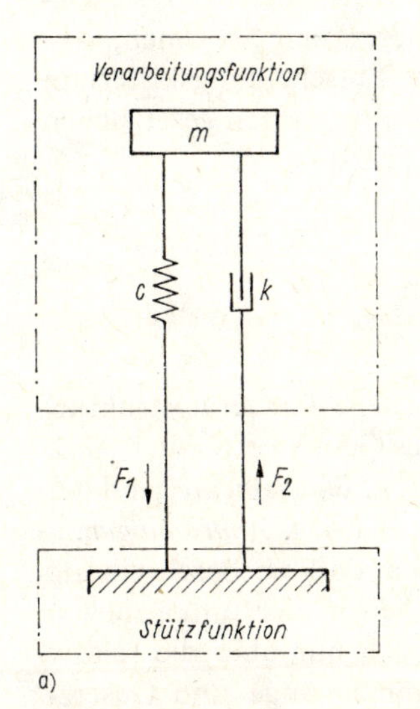

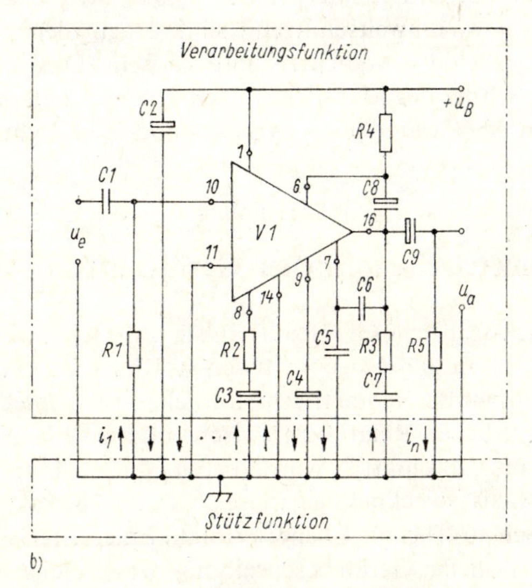

Bild 3.12. Stützfunktion als Bezugssystem für die Verarbeitungsfunktion eines Geräts

a) mechanisches System; b) elektronisches System; *m* Masse; *c* Federsteife; *k* Dämpfungskonstante

systems für die Verarbeitungsfunktion zu übertragen. Das sind z.B. für elektrische Systeme das Null-, Masse- oder Erdpotential und für mechanische Systeme die Ruhemasse. Die Stützelemente eines Geräts sind also in der Regel in die Verarbeitungsfunktion einbezogen, werden von Funktionsflüssen durchsetzt und sind folglich auch nach Kriterien der Verarbeitungsfunktion zu dimensionieren **(Bild 3.12).** Man kann die beiden

Teilaufgaben der Anordnung von Funktionselementen und der Gewährleistung des Bezugssystems, da sie sich auf das Geräteinnere beziehen, als interne Stützfunktion bezeichnen. Darüber hinaus bestehen noch nach außen wirkende, externe Stütztaufgaben, die sich auf die Einordnung des Geräts in die Umwelt beziehen. Tafel 3.7 zeigt eine Zusammenstellung der für Geräte i. allg. in Frage kommenden Operationen.

Die restlichen Aufgaben der Sicherungsfunktion sollen unter dem Begriff der *Schutzfunktion* zusammengefaßt werden. Dementsprechend gliedert sich die Schutzfunktion in Schutz der Umwelt, speziell des Menschen, und in Schutz des Geräts, unterteilt in Schutz gegen externe und interne Störungen (Tafel 3.7, s. auch Abschn. 5.). Den möglichen Umweltstörungen ist durch Isolieren und Schirmen, Abdecken und Verkleiden, Abdichten und Kapseln so zu begegnen, daß die externen Störgrößen E_z in funktionsunwirksame interne Störgrößen ΔZ_e umgewandelt werden.

Gegenüber den innerhalb der Verarbeitungsfunktion entstehenden Eigenstörungen sind Ableitung und Abführung erforderlich, um die internen Störgrößen ΔZ_a möglichst vollständig in Ausgangsgrößen A_z zu überführen. Interne Störungen der Verarbeitungsfunktion durch Bauelementeausfälle, Toleranzüberschreitungen von Bauelementewerten, Dejustage od. ä. fallen nicht in den Aufgabenbereich der Schutzfunktion, da es sich hierbei um Funktionsfehler handelt. Funktionsfehler müssen mit entsprechenden, in die Verarbeitungsfunktion integrierten Korrektur- oder Kompensationsmitteln (einschließlich der sich mehr und mehr durchsetzenden selbsttätigen automatischen Fehlerkorrektur) ausgeschaltet werden. Dafür gibt es im elektronischen Gerätebau eine Reihe von Kompensations- und Fehlerkorrekturschaltungen, im feinmechanisch-optischen Gerätebau entsprechende fehlerarme Konstruktionsprinzipien u. ä. (s. Abschn. 4. und zu Gerätefehlern Abschn. 4.3.1.). Die internen Störgrößen ΔZ_a sind so umzuwandeln, daß sie umweltfreundlich bzw. umweltschützend sind. Dazu dienen Isolieren und Schirmen, Abdecken und Verkleiden, Abdichten und Kapseln. Das primäre Entscheidungskriterium ist hierbei der Schutz des Menschen, ausgedrückt durch die entsprechenden gesetzlichen Bestimmungen des Gesundheits-, Arbeits- und Brandschutzes [3.29].

3.2. Geometrisch-stofflicher Geräteaufbau

Der geometrisch-stoffliche Geräteaufbau stellt die Abstraktionsebene der Gerätestrukturbeschreibung dar, in der die geometrisch-stoffliche Struktur des Geräts betrachtet wird, d. h. die Gesamtheit der geometrisch-stofflichen Elemente, der sog. *Bauelemente*, und der geometrisch-stofflichen Relationen zwischen diesen Elementen, der sog. *Anordnungen*.

Einleitend zum Abschnitt 3. wurde bereits darauf hingewiesen, daß die Beschreibung des Geräteaufbaus zweckmäßigerweise in zwei Abstraktionsebenen, der funktionellen und geometrisch-stofflichen Ebene, erfolgt. Einerseits lassen sich nur über die relativ abstrakte funktionelle Gerätebeschreibung wesentliche Zusammenhänge und Gesetzmäßigkeiten des Geräteaufbaus erkennen und allgemeingültig darstellen, und andererseits muß sich der geometrisch-stoffliche Geräteaufbau zwangsläufig aus dem funktionellen Geräteaufbau als notwendige konstruktive Realisierung aller Teilfunktionen und Kopplungen ergeben. Aus dem allgemeinen Funktionsmodell ist folglich ein allgemeines geometrisch-stoffliches Modell des Geräts ableitbar, das eine vollständige und systematische funktionsorientierte Beschreibung des geometrisch-stofflichen Geräteaufbaus ermöglicht. Es soll im nachfolgenden kurz als allgemeines Geometriemodell bezeichnet werden.

3.2.1. Allgemeines Geometriemodell

Bild 3.13 zeigt das allgemeine Geometriemodell als geometrisch-stoffliche „Projektion“ des allgemeinen Funktionsmodells nach Bild 3.2. In der geometrisch-stofflichen Ebene ergeben sich aus den bekannten Teilfunktionen der Verarbeitungs-, Kommunikations- und Sicherungsfunktion zunächst drei Klassen von Bauelementen, die mit ihren Anordnungen untereinander eine funktionsorientierte geometrisch-stoffliche Einheit bilden und daher als Funktionsgruppen bezeichnet werden sollen:

- Bauelemente mit Verarbeitungsfunktion und ihre Anordnung untereinander (Funktionsgruppen mit Verarbeitungsfunktion)
- Bauelemente mit Kommunikationsfunktion und ihre Anordnung untereinander (Funktionsgruppen mit Kommunikationsfunktion)
- Bauelemente mit Sicherungsfunktion (Stütz- und Schutzfunktion) und ihre Anordnung untereinander (Funktionsgruppen mit Stütz- und Schutzfunktion).

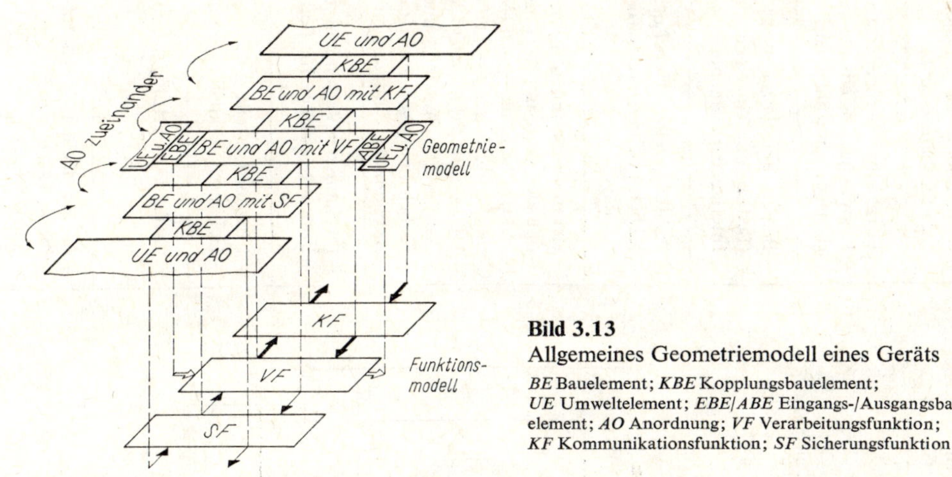

Bild 3.13
Allgemeines Geometriemodell eines Geräts
BE Bauelement; *KBE* Kopplungsbauelement; *UE* Umweltelement; *EBE*/*ABE* Eingangs-/Ausgangsbauelement; *AO* Anordnung; *VF* Verarbeitungsfunktion; *KF* Kommunikationsfunktion; *SF* Sicherungsfunktion

Innerhalb der drei Bauelementeklassen sind die Bauelemente integriert, die die Kopplungen geometrisch-stofflich als Leitungs- und Verbindungselemente verwirklichen. Anders verhält es sich mit den Bauelementen, die die Kopplungen zwischen den drei Teilfunktionen des allgemeinen Funktionsmodells und zwischen Funktionsmodell und Umwelt realisieren. Diese Kopplungsbauelemente erfüllen für den geometrisch-stofflichen Geräteaufbau grundsätzlich zwei Aufgaben:

- geometrisch-stoffliche Realisierung funktioneller Kopplungen zwischen den genannten Bauelementeklassen
- Realisierung der Anordnungen der genannten Bauelementeklassen zueinander.

Dieser Sachverhalt wird im Geometriemodell durch die Darstellung der Klassen von Kopplungsbauelementen besonders hervorgehoben **(Bild 3.13).**

Tafel 3.8 verdeutlicht, daß mit dem entwickelten Geometriemodell eine funktionsorientierte Systematik aller Bauelemente eines Geräts entsteht und die beteiligten Elemente, von den motorischen und sensorischen Organen des Menschen über die inneren Geräteelemente bis hin zu den Aufstellelementen und -flächen, vollständig erfaßt werden.

Die drei Funktionsgruppen (mit Verarbeitungs-, Kommunikations- und Sicherungs-

Tafel 3.8. Beispiele für Bauelemente und Anordnungen des allgemeinen Geometriemodells

BE Bauelement; *KBE* Kopplungsbauelement; *UE* Umweltelement; *EBE*/*ABE* Eingangs-/Ausgangsbauelement

Geometriemodell	Beispiele für Bauelemente und Anordnungen
Mensch/technisches Gebilde mit kommunikativen Elementen und ihre Anordnungen untereinander	– Hände, Füße, Augen, Ohren u.ä. und ihre Anordnungen untereinander (anthropometrische Daten) – Interfacebauelemente
KBE zwischen Mensch/technischem Gebilde und BE mit Kommunikationsfunktion und ihre Anordnungen zueinander	– Form und Oberflächenstruktur von Betätigungselementen – Kopplungsbauelemente von Anzeigeelementen (Linsen, Schirmflächen, Lichtleiter, Parallaxespiegel u.ä.)
Bauelemente mit Kommunikationsfunktion und ihre Anordnungen untereinander	– Bedien- und Anzeigeelemente und ihre Anordnungen (Bedien- und Anzeigeflächen) – Interfacebauelemente
KBE zwischen BE mit Kommunikationsfunktion und BE mit Verarbeitungsfunktion und ihre Anordnungen zueinander	– Achsen, Wellen, Hebel u.ä. – Kabel, Leitungen (elektrisch, optisch, pneumatisch u.ä.)
UE – EBE – Bauelemente mit Verarbeitungsfunktion und ihre Anordnungen untereinander – ABE – UE	– elektronische Baugruppen (Leiterplatten u.ä.) – optische Baugruppen (Linsensysteme u.ä.) – elektrische Baugruppen (Motoren u.ä.) – mechanische Baugruppen (Getriebe u.ä.) – UE + EBE (Meßstellen, Meßaufnehmer, Datenträgereingabe u.ä.) – ABE + UE (Antriebs- und Stellglieder, Datenträgerausgabe u.ä.) – Kabel, Leitungen und Kontaktelemente (elektrische Steckverbinder, mechanische Kupplungen u.ä.)
KBE zwischen BE mit Verarbeitungsfunktion und BE mit Stütz- und Schutzfunktion und ihre Anordnungen zueinander	– mechanische Verbindungselemente (Schrauben, Niete u.ä.) – Führungsschienen für Leiterplattensteckeinheiten
Bauelemente mit Stütz- und Schutzfunktion und ihre Anordnungen untereinander	– Chassis, Gestelle u.ä. – Gehäuse, Verkleidungen u.ä.
KBE zwischen BE mit Stütz- und Schutzfunktion und Umweltelementen und ihre Anordnungen zueinander	– Griffe, Füße, Rollen, Riemen, Gurte, Haken u.ä.
Umweltelemente und ihre Anordnungen untereinander	– Aufstellflächen, Anschraubflächen u.ä. – Etuis, Taschen u.ä. – Verpackungen

funktion) repräsentieren auch innerhalb des geometrisch-stofflichen Gesamtaufbaus einen jeweils abgrenzbaren funktionsorientierten Teilaufbau, also einen Aufbau aus Funktionsgruppen mit Verarbeitungs-, mit Kommunikations- sowie mit Sicherungsfunktion.

3.2.2. Funktionsgruppen mit Verarbeitungsfunktion

Eine Systematik aller theoretisch möglichen allgemeinen Funktionsgruppen mit Verarbeitungsfunktion ergibt sich aus der Verknüpfung von Verarbeitungsobjektklassen, also von Stoff, Energie und Signal, mit den allgemeinen Veränderungsklassen für Funktionsgrößen bezüglich Qualität, Quantität, Ort, Menge und Zeit (Tafel 2.5). Damit entstehen fünfzehn Klassen von allgemeinen Funktionsgruppen, die technisch unterschiedlich realisiert werden, so daß sie um die technischen Systemklassen Elektrotechnik/Elektronik, Mechanik, Optik usw. zu erweitern sind. Damit sind alle technisch realisierbaren Funktionsgruppen mit Verarbeitungsfunktion erfaßbar. Die nähere Behandlung gerätebautypischer Funktionsgruppen einschließlich charakteristischer Eingangs- und Ausgangsbauelemente erfolgt im Abschnitt 6. (s. [3.12] [3.13]).

3.2.3. Funktionsgruppen mit Kommunikationsfunktion

Entsprechend der im Abschnitt 3.1.3. entwickelten Grobstruktur der Kommunikationsfunktion (Bild 3.11) und dem allgemeinen Geometriemodell (Bild 3.13 und Tafel 3.8) ergeben sich als wesentliche Bestandteile für den Geräteaufbau aus Funktionsgruppen mit Kommunikationsfunktion die Bedien-, Anzeige- und Interfacebauelemente einschließlich der Kopplungsbauelemente zur Umwelt und zur Verarbeitungsfunktion.

Bedien- und Anzeigeelemente. Bedienelemente untergliedern sich in Bauelemente zur mechanischen Informationseingabe, den Betätigungselementen, und in Bauelemente zur akustischen Informationseingabe. Die letztgenannten spielen in der Gerätetechnik eine sekundäre Rolle und bieten wegen der Verwendung bekannter Schallwandlerbauelemente (Mikrofone) auch keine konstruktiven Besonderheiten [3.2] [3.14]. Die Betätigungs- und Anzeigeelemente werden in den Abschnitten 6.3.5. und 6.4.4. ausführlich dargestellt (s. auch Abschn. 7.6.2.).

Interfacebauelemente. Die Festlegung informationeller und energetischer Wechselbeziehungen bei der kommunikativen Kopplung von Funktionseinheiten (s. Abschn. 3.1.3.) muß zwangsläufig auch konstruktive Konsequenzen haben. Das betrifft die Anordnung der Funktionseinheiten in einem geeigneten Gefäßsystem, die Leitungsverbindungen zwischen den einzelnen Funktionseinheiten (Kabel und Leitungen) und die Verbindungstechnik zwischen den Leitungsverbindungen und Funktionseinheiten (Steckverbinder). Charakteristische Interfacebauelemente sind folglich Gefäßsysteme für Funktionseinheiten, Kabel, Leitungen und entsprechende Steckverbinder. An einem international verbreiteten Standard-Interface des ESONE-Komitees (**E**uropean **S**tandard **O**f **N**uclear **E**lectronics) unter dem Namen CAMAC sollen der prinzipielle Aufbau und die konstruktive Ausführung der einzelnen Interfacebauelemente demonstriert werden. Das CAMAC-System ist ein Interface für Linienverkehr (s. Tafel 3.6) zur Realisierung rechnergestützter Meß- und Steuerungsaufgaben im Bereich der Nukleartechnik, das aber auch in anderen Bereichen eine große Verbreitung gefunden hat. **Bild 3.14** zeigt den prinzipiellen Aufbau des CAMAC-Systems. Die elementaren Funktionseinheiten, die Module, werden innerhalb eines gemeinsamen Gefäßes, des Rahmens (crate, CR), über einen gemeinsamen hori-

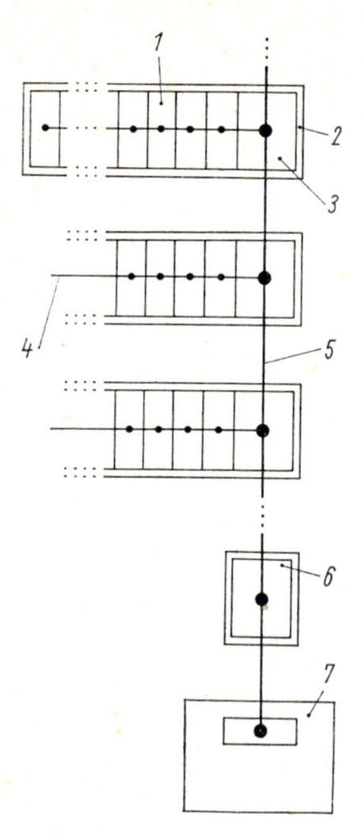

Bild 3.14. Prinzipieller Aufbau des Interfacesystems CAMAC [3.31]

1 Funktionseinheiten (Module); *2* Rahmen zur Aufnahme der Module; *3* Rahmensteuerung; *4* horizontaler Datenweg; *5* vertikaler Datenweg; *6* zentrale Steuerung; *7* Rechner

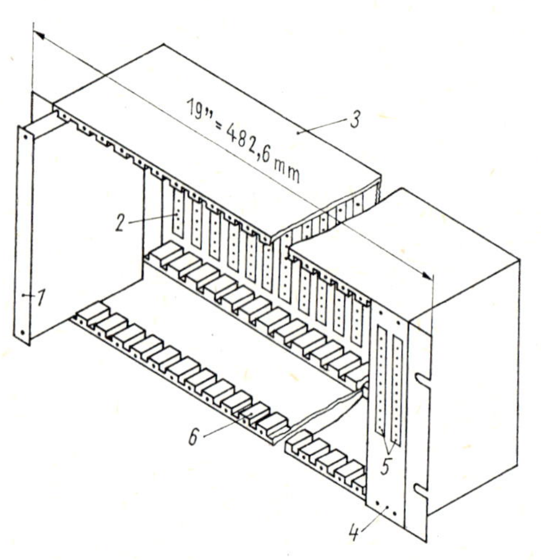

Bild 3.15. Prinzipieller Aufbau des Gefäßsystems für das Interface CAMAC [3.31]

1 Einfachmodul (single-width module); *2* Steckverbinder (86polig) für horizontalen Datenweg; *3* Rahmen; *4* Rahmensteuerung als Zweifachmodul (double-width module); *5* Steckverbinder (je 132polig) für vertikalen Datenweg; *6* Führungsschiene

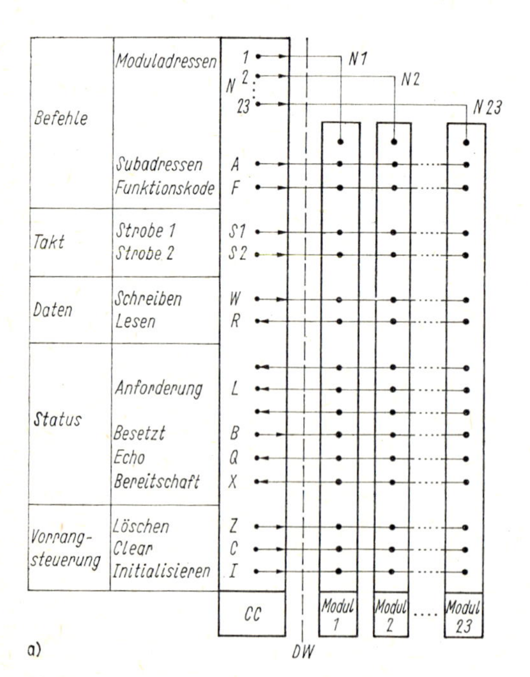

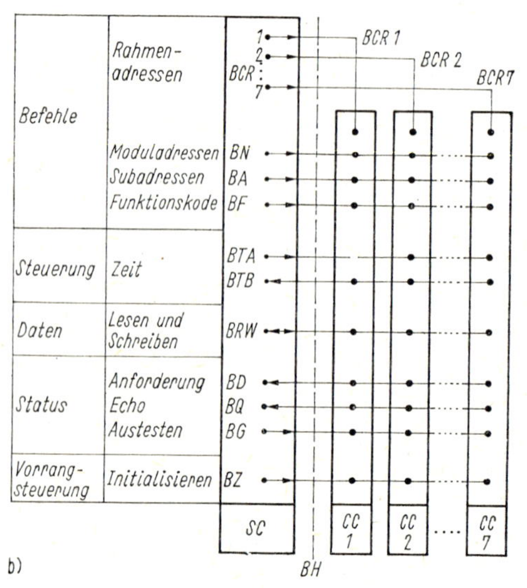

Bild 3.16. Anschlußbelegungen der Steckverbinder des Interface CAMAC [3.31]

a) für horizontalen Datenweg (*DW*); b) für vertikalen Datenweg (*BH*)

zontalen Datenweg (dataway, DW) mit der Rahmensteuerung (crate controller, CC) verbunden. Die Rahmensteuerung verbindet über einen vertikalen Datenweg (branch highway, BH) die einzelnen Rahmen mit einer zentralen Steuerung (system controler, SC) und über diese mit einem Rechner oder einer anderen digitalen Steuerung. Die konstruktive Realisierung **(Bild 3.15)** widerspiegelt den prinzipiellen Aufbau. In dem standardisierten 19-Zoll-Volleinschubrahmen können bis zu 25 Einfachmodule als Steckeinheiten untergebracht werden. Jeder Modul wird über einen 86poligen Steckverbinder mit standardisierter Anschlußbelegung **(Bild 3.16a)** mit dem horizontalen Datenweg verbunden, der als ebenfalls festverdrahteter BUS die Verbindung zur stets rechts angeordneten Rahmensteuerung herstellt. Die Rahmensteuerung selbst hat an ihrer Frontseite für die Teilnahme am Informationsaustausch im vertikalen Datenweg zwei 132polige Steckverbinder, deren Anschlußbelegung ebenfalls standardisiert ist **(Bild 3.16b).** Das Beispiel verdeutlicht die Universalität des CAMAC-Systems, mit dem praktisch alle Meßwertverarbeitungsaufgaben in einfacher Weise realisiert werden können. Weitere Einzelheiten sind in [3.31] enthalten.

Wichtige Interfaces innerhalb des RGW sind das System IMS-I zum Aufbau von automatisierten Meßeinrichtungen und/oder Meßwerterfassungs- und -verarbeitungssystemen, das Interface SIAL zur Realisierung von Anlagen der Prozeßmeß- und -regelungstechnik sowie das umfangreiche System zur Zusammenschaltung von Funktionseinheiten des Einheitlichen Systems der Elektronischen Rechentechnik (Sif ESER). Zu anderen Standard-Interfaces wird auf [3.11] verwiesen.

Die Gestaltung des Geräteaufbaus aus Funktionsgruppen mit Kommunikationsfunktion, insbesondere die anwendungsgerechte Anordnung und Zuordnung von Bedien- und Anzeigeelementen, bestimmt in entscheidendem Maß die Gebrauchseigenschaften eines Geräts. Die in ergonomischer und ästhetischer Hinsicht wichtigsten Gestaltungsgrundsätze und -richtlinien sind im Abschnitt 7. enthalten. Aufgrund der starken Gebrauchsbezogenheit ist der Geräteaufbau aus Funktionsgruppen mit Kommunikationsfunktion für die Mehrzahl aller Geräte ein in sich abgeschlossener Geräteteil, der zwar oft mit anderen Geräteaufbauten eine konstruktive Einheit bildet, dann aber i. allg. als einfach lösbarer Geräteteil ausgebildet wird. Eine dafür beispielhafte konstruktive Lösung stellt die Frontplatte von elektronischen Geräten dar **(Bild 3.17a).** Verschiedentlich wird auch dem Geräteaufbau aus Funktionsgruppen mit Kommunikationsfunktion eine exponierte Anordnung innerhalb des Gesamtaufbaus des Geräts zuerkannt, um die Bedien- und Anzeigeelemente nicht im Gesamtaufbau „untergehen“ zu lassen **(Bild 3.17b)** bzw. um eine hohe Variabilität der Anordnung des Kommunikationselements „Bildschirm“ zu sichern **(Bilder 3.17c, d).** Verstärkt ist ein Trend zur Realisierung konstruktiv völlig getrennter Geräteaufbauten aus Funktionsgruppen mit Kommunikationsfunktion zu erkennen. Gefördert wird diese Entwicklung durch den Einsatz mikroelektronischer Bauelemente, die zwischen Bedien- und Anzeigeelementen einerseits und den Funktionsgruppen mit Verarbeitungsfunktion andererseits beliebig lange, funktionell unkritische Gleichspannungssteuerleitungen ermöglichen, und durch die Anwendung opto- bzw. akustoelektronischer Bauelemente, die eine drahtlose Fernbedienung und -anzeige zwischen dem Geräteaufbau mit Verarbeitungs- und dem mit Kommunikationsfunktion herstellen. Dieser Trend wird sich auch deshalb fortsetzen, weil aufgrund des sehr hohen Schaltungsintegrationsgrads in der Elektronik Funktionsgruppen mit Verarbeitungsfunktion Gesamtabmessungen annehmen, die schon heute oft um ein vielfaches kleiner sind als bei Funktionsgruppen mit Kommunikationsfunktion. Die Vorteile dieser Entwicklung sind gestalterisch zweckmäßige Lösungen für den Geräteaufbau aus Funktionsgruppen mit Kommunikationsfunktion, funktionell zweckmäßige Lösungen für den

Aufbau aus Funktionsgruppen mit Verarbeitungsfunktion, technologische Vorteile, hohe Variabilität des Gesamtaufbaus, Baukastenlösungen für die einzelnen Geräteaufbauten.

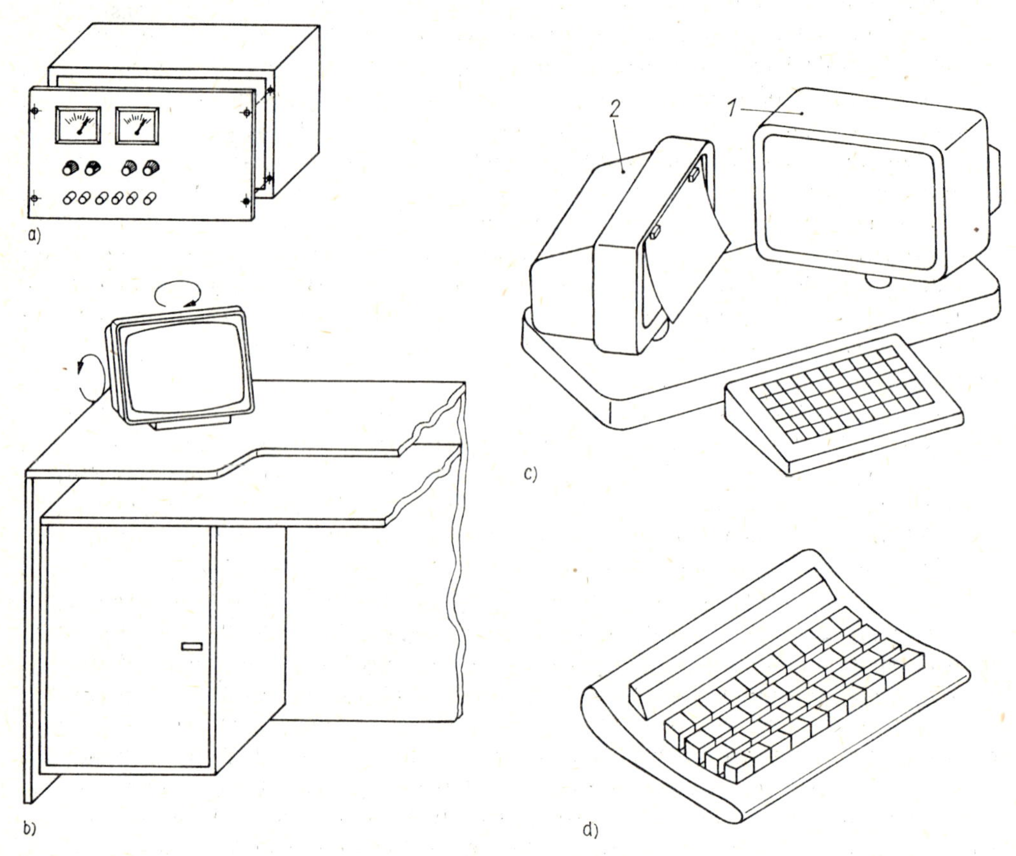

Bild 3.17. Gestaltungsbeispiele für Geräteaufbau aus Funktionsgruppen mit Kommunikationsfunktion
a) Frontplatte eines elektronischen Geräts; b) exponierte und veränderbare Anordnung einer Bildschirmanzeigeeinheit; c) freie Aufstellbarkeit von Tastatur, Bildschirm (*1*) und Disketteneinheit (*2*) mit Belegbefestigung auf der Rückseite; d) Tastatureinheit mit ergonomisch günstig gestaltetem konvexem Tastenfeld und Handwurzelauflage auf der Tischplatte

3.2.4. Funktionsgruppen mit Sicherungsfunktion

Aus der Sicherungsfunktion (s. Abschn. 3.1.4.) und ihren Teilfunktionen (s. Tafel 3.7) und dem allgemeinen Geometriemodell (s. Abschn. 3.2.1., Bild 3.13 und Tafel 3.8) ergeben sich für den Geräteaufbau mit Sicherungsfunktion folgende wesentliche Bauelementeklassen:

- Bauelemente mit Stützfunktion (Stützelemente)
- Bauelemente mit Schutzfunktion (Schutzelemente)

einschließlich der Kopplungsbauelemente zur Umwelt und zur Verarbeitungsfunktion.

Eine Trennung in „reine" Stütz- und Schutzelemente ist in der Regel nicht möglich, da wegen der Verwandtschaft von Stütz- und Schutzfunktion und wegen der Bemühungen um Funktionenintegration i. allg. Stützelemente auch Schutzaufgaben und umgekehrt Schutzelemente auch Stützaufgaben mit übernehmen.

3.2.4.1. Bauelemente mit Stützfunktion

In Übereinstimmung mit der im Abschnitt 3.1.4. (s. auch Tafel 3.7) vorgenommenen Unterteilung in eine interne und externe Stützfunktion lassen sich wiederum Bauelemente mit interner und externer Stützfunktion unterscheiden.

Bauelemente mit interner Stützfunktion (Platten, Stäbe, Rahmen, Gestelle) haben die definierte räumliche Anordnung aller Funktionselemente des Geräts unter allen zulässigen internen und externen Belastungen zu sichern und bilden gleichzeitig das Bezugssystem für die Verarbeitungsfunktion des Geräts.

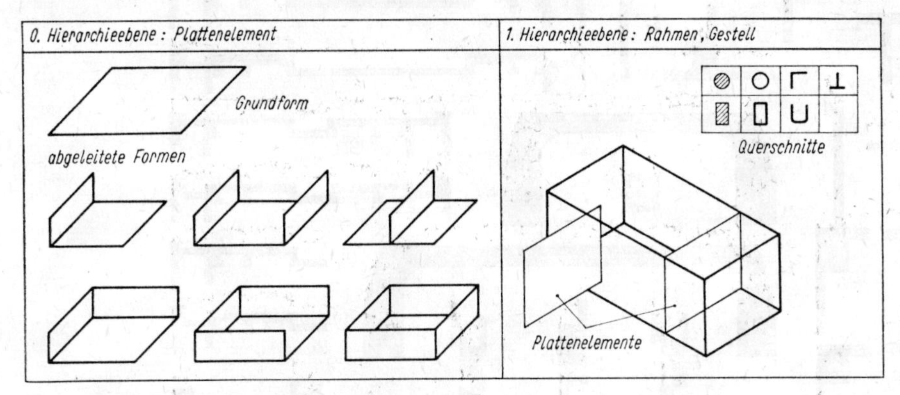

Bild 3.18. Elemente des Stützsystems eines Geräts

Die elementare Ausführungsform eines Stützelements ist ein ebenes *Plattenelement*, das die Anordnung von Bauelementen in einer Ebene gestattet **(Bild 3.18).** Von dieser Grundform abgeleitete Formen, von der L- über die U- und T-Form bis zur Schalenform, ermöglichen die Anordnungen von Bauelementen in zwei und drei unterschiedlichen Ebenen. Die Plattenelemente bilden jedoch erst die nullte Hierarchieebene des gesamten Stützaufbaus eines Geräts. Da die Unterbringung der Verarbeitungsfunktionselemente eines Geräts i. allg. mehrere Plattenelemente erfordert, die ihrerseits wiederum gestützt werden müssen, ergibt sich zwangsläufig eine weitere Hierarchieebene des Stützsystems mit den Ausführungsformen *Rahmen* oder *Gestell.* Rahmen und Gestelle sind aus *Stabelementen* mit rundem, rechteckigem oder Profilquerschnitt (L-, U-, T-Profil) aufgebaut (Bild 3.18). Für universelle Baukästen zum Aufbau von Stützsystemen werden auch Spezialprofile verwendet **(Bild 3.19).**

Typische Beispiele für Plattenelemente sind die Leiterplatte zur Anordnung elektronischer Bauelemente und die verschiedenen Grundplatten für den Aufbau feinmechanischer Funktionsgruppen, wie z. B. Getriebe **(Bild 3.20).** Typische Rahmenkonstruktionen sind die sog. Einschubrahmen für die Aufnahme von Leiterplattensteckeinheiten und Gestelle für optische Geräte sowie Geräte der Datenverarbeitung **(Bild 3.21).** Für Sonderformen von Bauelementen mit Verarbeitungsfunktion, z. B. optische Linsen, sind auch besondere Formen von Stützelementen erforderlich. Zu speziellen konstruktiven Fragen des Fassens (Stützens) optischer Bauelemente sei auf Abschnitt 6.4. verwiesen. Als Werkstoffe für Stützelemente dienen Stahl, Aluminium und immer stärker Plast. Die eingesetzten technologischen Verfahren für die Herstellung von Stützelementen sind Trennen, Biegen, Schweißen, Löten, Verschrauben, Gießen und Pressen [3.15].

Grundlage für Berechnung, Dimensionierung und spezielle konstruktive Gestaltung der Stützelemente sind die statischen und dynamischen internen und externen mechanischen Belastungen. Die Tafeln 5.43 und 8.3 vermitteln einen Eindruck von Größe und Vielfalt der in der Gerätetechnik auftretenden mechanischen Belastungen.

Gestaltung von Platten- und Stabelementen. Eine wichtige konstruktive Gestaltungsaufgabe ist die Erhöhung der Verdrehsteife und Biegefestigkeit. Das geschieht bei dünnen metallischen und thermoplastischen Elementen durch Umlegen von Rändern, Eindrücken von Spiegeln, Anbringen von Sicken, Rippen und Ecken, durch Wölbung, Profilierung und das Aufbringen zusätzlicher Versteifungselemente, z. B. durch Schwei-

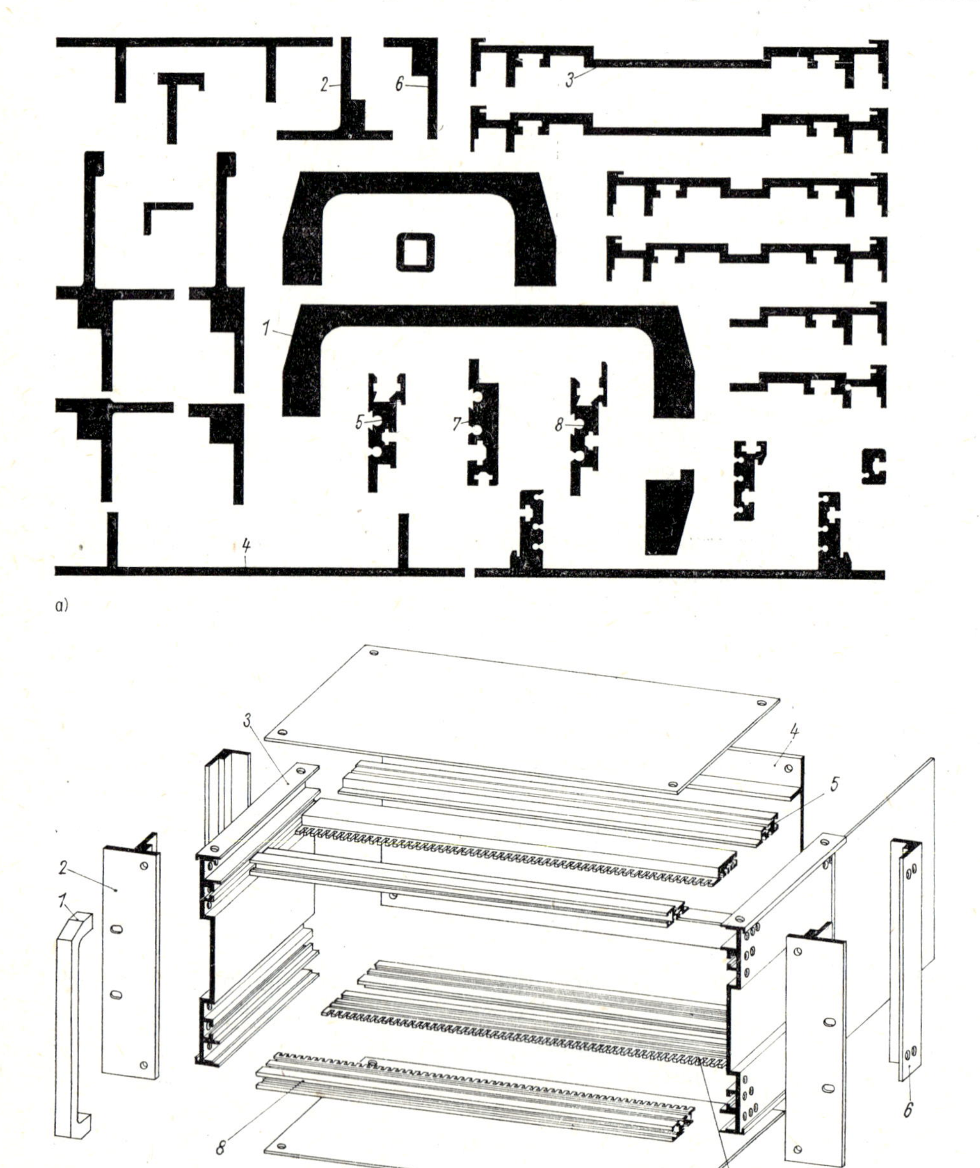

Bild 3.19. Spezialprofile für den Stützaufbau von Geräten [3.35]

a) Profilarten; b) Stützaufbau

Ziffern kennzeichnen Zuordnung zwischen den beiden Teilbildern.

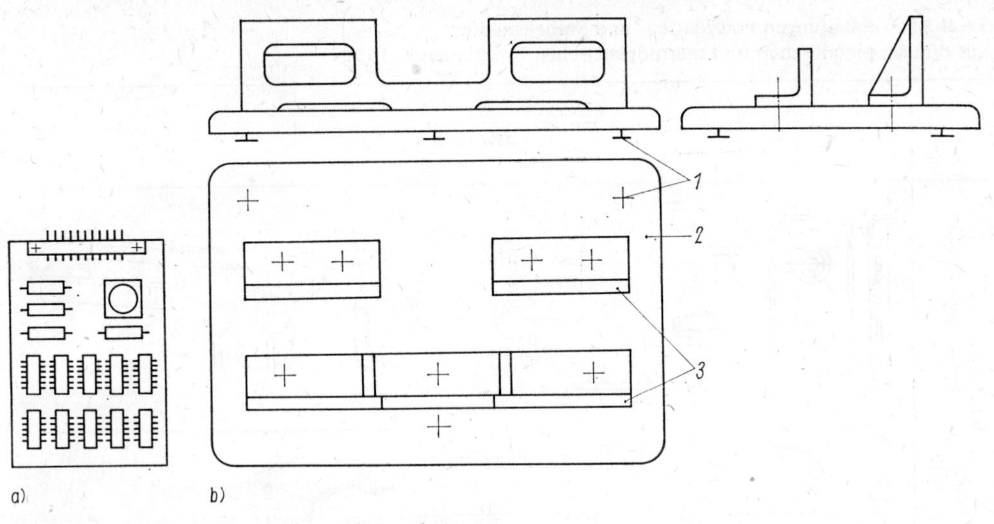

Bild 3.20. Ausführungsformen von Plattenelementen

a) Leiterplatte mit elektronischen Bauelementen; b) Grundplatte für den Aufbau feinmechanischer Funktionsgruppen
1 Auflagepunkte; *2* Grundplatte; *3* Montageplatten, auf Grundplatte verschraubt und verstiftet

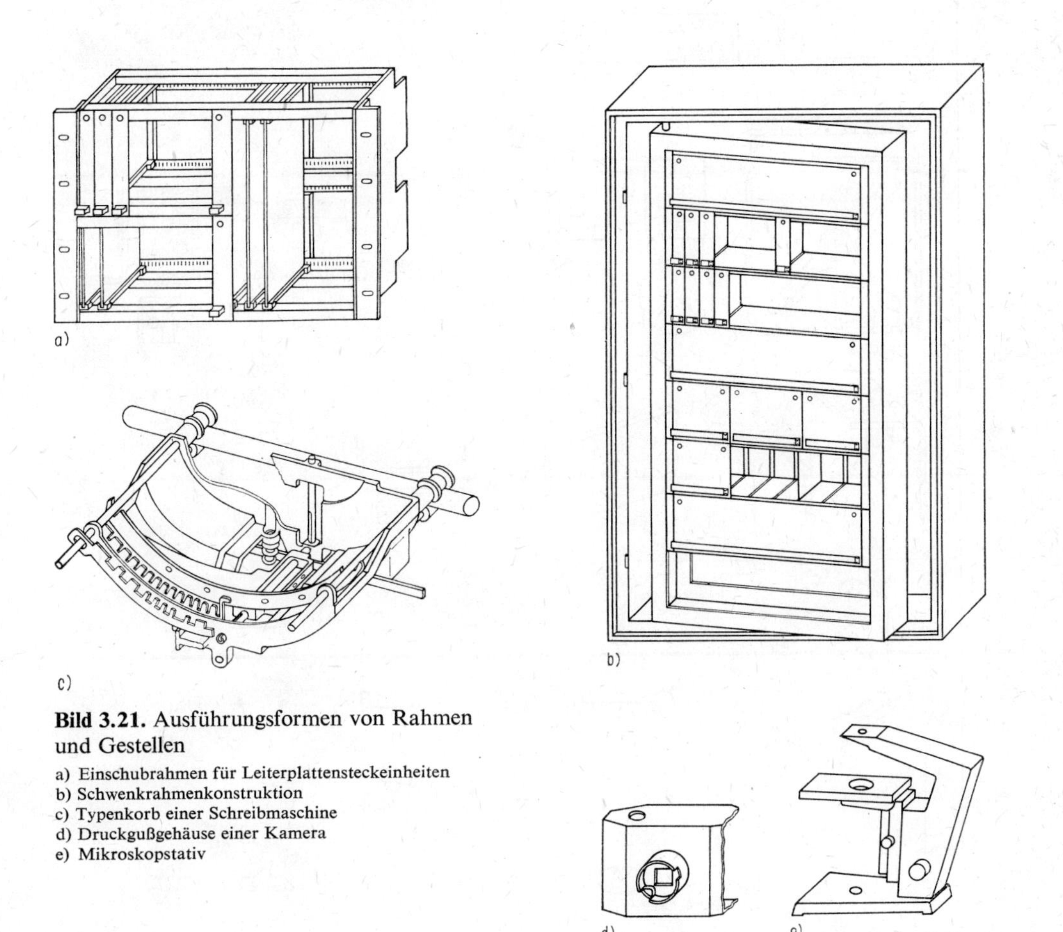

Bild 3.21. Ausführungsformen von Rahmen und Gestellen

a) Einschubrahmen für Leiterplattensteckeinheiten
b) Schwenkrahmenkonstruktion
c) Typenkorb einer Schreibmaschine
d) Druckgußgehäuse einer Kamera
e) Mikroskopstativ

Tafel 3.9. Versteifungen von Platten- und Stabelementen aus dünnen metallischen und thermoplastischen Formteilen [3.15]

Versteifungsmaßnahme	Beispiele
Hochgezogene Ränder	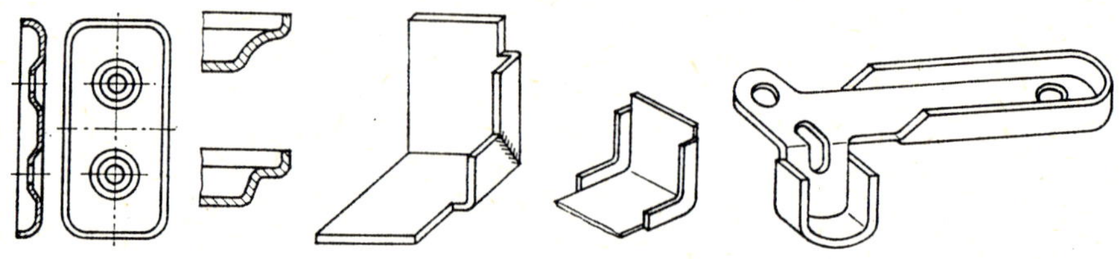
Eindrücken von Spiegeln	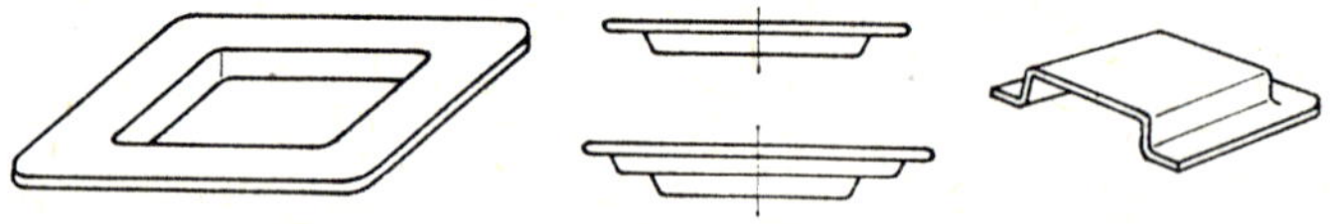
Anbringen von Wölbungen	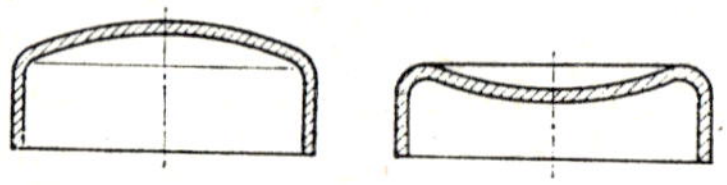
Anbringen von Sicken, Rippen, Ecken	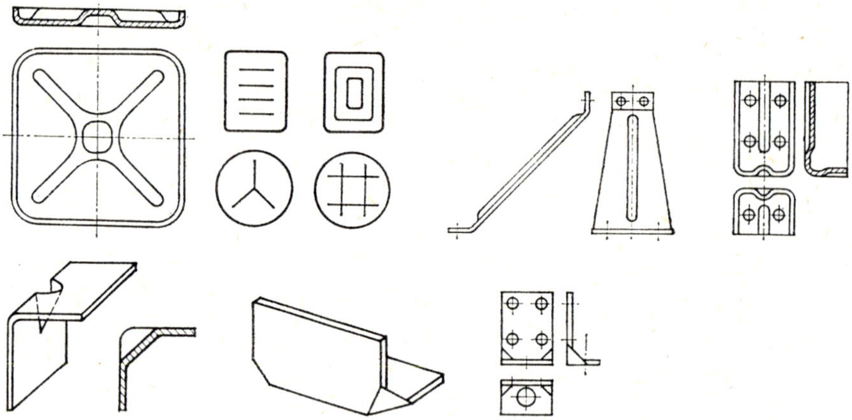
Profilierung	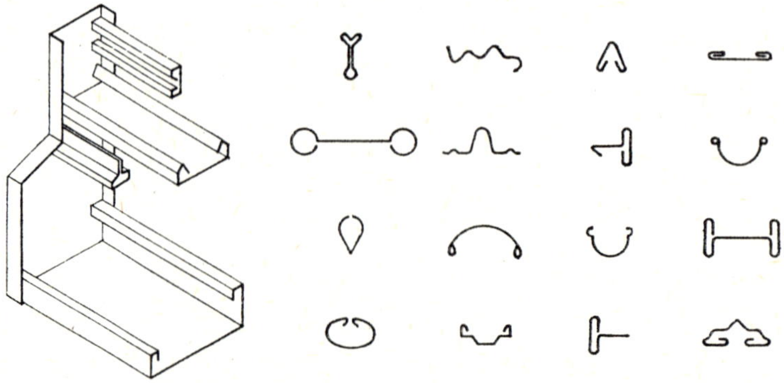

Tafel 3.9 (Fortsetzung)

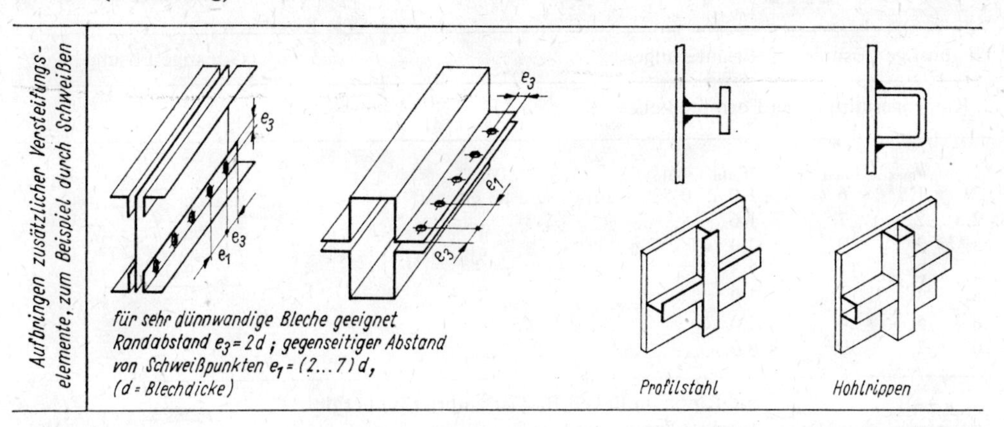

ßen **(Tafel 3.9).** Bei gegossenen oder durch Pressen hergestellten Elementen werden im wesentlichen Rippen zur Versteifung angewendet **(Tafel 3.10).** Detaillierte Gestaltungshinweise und weitere konstruktive Lösungsbeispiele sind [3.15] zu entnehmen. Für Grundplatten feinmechanisch-optischer Geräte ist oft von entscheidender Bedeutung, daß die auftretenden Verformungen der Grundplatte keinen Einfluß auf die Verarbeitungsfunktion des Geräts haben. In diesen Fällen werden justierbare Auflagepunkte (s. Stützelemente in Tafel 3.15) wegen der statischen Eindeutigkeit in der Regel in Dreipunkt- oder Quasidreipunktanordnung geschaffen, deren Anordnung von den Belastungsbedingungen der Grundplatte abhängig ist bzw. so gewählt wird, daß die Verformung ein Minimum ergibt [3.16].

Aufbringen zusätzlicher Versteifungs-
elemente, zum Beispiel durch Schweißen
e_3
e_3
e_1
e_3
e_1
e_3
für sehr dünnwandige Bleche geeignet
Randabstand $e_3 = 2d$; gegenseitiger Abstand
von Schweißpunkten $e_1 = (2...7)\,d$,
(d = Blechdicke)
Profilstahl
Hohlrippen

Dimensionierung von Platten- und Stabelementen. Unter der Annahme rein elastischer Verformungen ergeben sich für Platten- und Stabelemente die bekannten einfachen Beziehungen für Zug- und Druck-, Torsions- und Biegebelastung [3.13] [3.21]. Für die Durchbiegung w frei aufliegender Plattenelemente bei Einzellast gilt nach [3.22] die Näherungsbeziehung

$$w = (1/\gamma)\,(Fa^2/Es^3)\,. \tag{3.1}$$

Der Verformungsbeiwert γ ist von den Lagerbedingungen und dem Verhältnis der Kantenlängen des Plattenelements abhängig **(Tafel 3.11).**

Tafel 3.10. Versteifungen von Platten- und Stabelementen aus Guß- und Preßteilen [3.15]
Maße in mm

Ungünstige Lösung	Erläuterungen	Günstige Lösung
1. Rippengestaltung bei Metallgußteilen		
	auf Zug beanspruchte Rippen sind wegen der niedrigen Zugfestigkeit der Gußwerkstoffe durch Wülste zu verstärken (biegesteife, aber formtechnisch ungünstige Lösung) oder geeignet zu bemessen: $a = (0{,}6 \ldots 1)\,s$; $b = (1 \ldots 1{,}3)\,s$; $R_a \leqq 0{,}5$ mm; $R_b \geqq 0{,}5\,s$; $h \leqq 5s$	

Tafel 3.10 (Fortsetzung)

Ungünstige Lösung	Erläuterungen	Günstige Lösung
2. Rippengestaltung bei Formpreßteilen		

s	b_{max}	h_{max}	R_{min}	a_{min}	α
2	1,5	6	1,0	0,5	wahlweise 2°, 3°, 5°, 10°
2,5	2	7	1,6		
3	2	9	2,0		
4	2	12	2,5		
5	3	15	3,0		
8	5	24	5,0		
10	7	30	6,0		

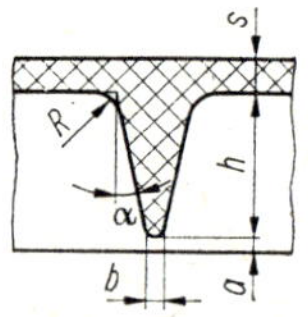

Ungünstige Lösung	Erläuterungen	Günstige Lösung
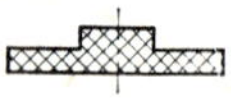	die Rippe im linken Bild ist zu breit und ergibt Werkstoffanhäufungen; eine Hohl- oder Doppelrippe (rechts) ergibt gleichmäßigere Wanddicken	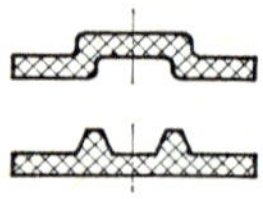
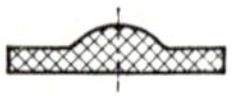	ungünstig ist ein Vollprofil mit Werkstoffanhäufung (links); günstiger ist eine Gestaltung als Rippe oder Sicke (rechts)	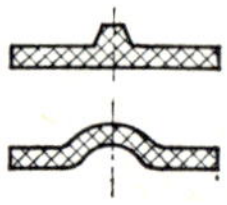
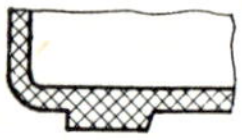	zu voller Fuß (links) ist günstiger durch ein Z-Profil zu ersetzen	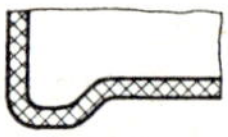
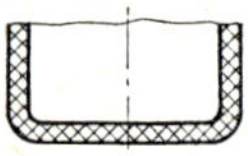	die linke Bodengestaltung führt zum Einzug der Seitenwände, während bei gewölbtem Boden die Schwindung die Bodenfläche ohne Einzug der Seitenwände strafft	
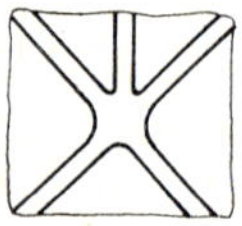	die linke, unzweckmäßige Rippenanordnung führt zum Verzug, während die rechte Rippenanordnung die Schwindungsspannungen gut auffängt	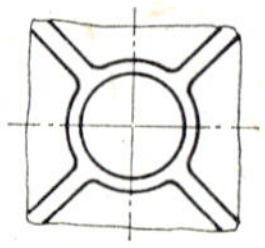
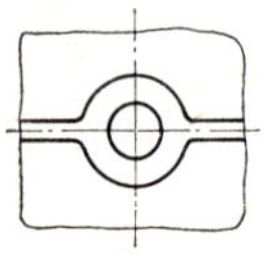	die einseitig abgestützte Nabe wird infolge von Schwindungsspannungen unrund, während die allseitig abgestützte Nabe ihre Form kaum verändert	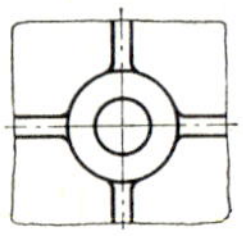
3. Anordnung von Rippen		
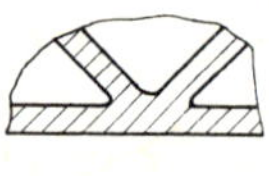	bei diagonalen Rippen und Wänden Knotenpunkt auflösen	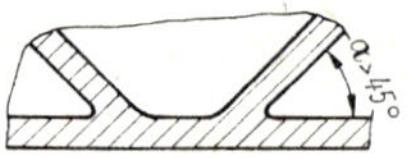
	versetzte oder nach Wabenmuster angeordnete Rippen oder Zwischenwände sind weniger spannungs- und verzugsanfällig	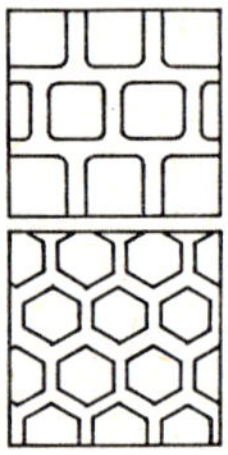

Tafel 3.11. Durchbiegungen frei aufliegender Plattenelemente [3.22]

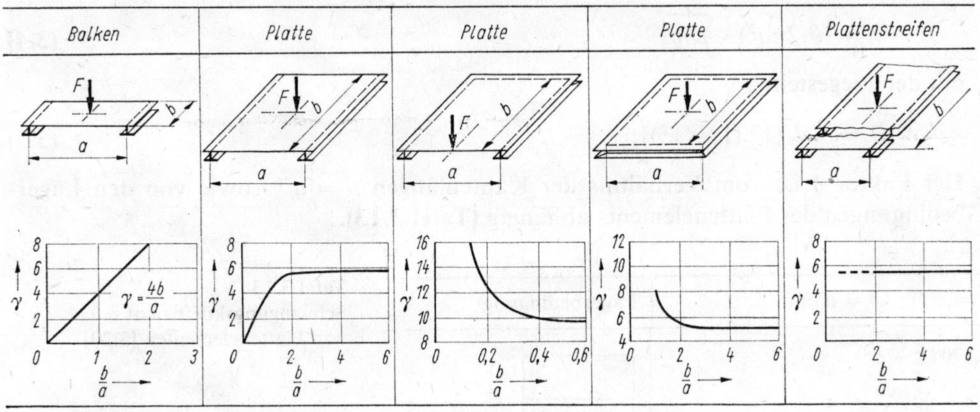

Balken	Platte	Platte	Platte	Plattenstreifen
$\gamma = \frac{4b}{a}$				

Bei dynamischer Beanspruchung ist die Kenntnis der Eigenfrequenzen der Stützelemente notwendig, da bei Resonanzerregung hohe Amplituden der Auslenkung oder Durchbiegung auftreten und z.T. rasche Materialermüdung die Folge ist (s. Tafeln 5.42 und 8.3):

- *Eigenfrequenzen von Stabelementen* [3.20]. Für die Eigenfrequenzen f_i von Stabelementen gilt die Beziehung

$$f_i = (\alpha_i^2/2\pi)\sqrt{(c/m)} \qquad (i = 0, 1, 2, \ldots) \tag{3.2}$$

mit der Federsteife

$$c = EI/l^3. \tag{3.3}$$

Die Abhängigkeit des Koeffizienten α von den Lagerbedingungen des Stabelements zeigt **Tafel 3.12.**

Tafel 3.12. Schwingungskoeffizient α von Stabelementen [3.20]

Grundwelle	1. Oberwelle	i-te Oberwelle ($i > 1$)	Lagerbedingung
4,7300	7,8532	$\frac{2(i+1)+1}{2}\pi$	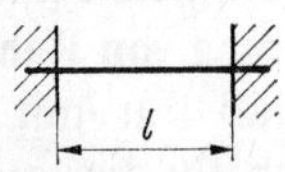 l
3.9266	7,0685	$\frac{4(i+1)+1}{4}\pi$	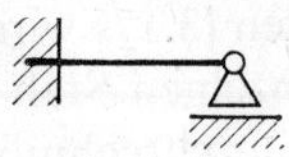
1,8750	4,6944	$\frac{2(i+1)+1}{2}\pi$	
3,9266	7,0685	$\frac{4(i+1)+1}{4}\pi$	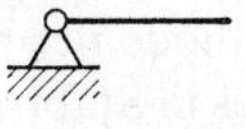
π	2π	$(i+1)\pi$	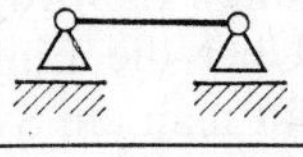

- *Eigenfrequenzen von Plattenelementen* [3.20]. Es gilt

$$f_0 = (\vartheta/2\pi a^2)\sqrt{D/\varrho s} \tag{3.4}$$

mit der Biegesteife

$$D = Es^3/[12\,(1 - \nu^2)]. \tag{3.5}$$

Der Faktor δ ist vom Verhältnis der Kantenlängen $\beta = a/b$ sowie von den Lagerbedingungen des Plattenelements abhängig **(Tafel 3.13).**

Tafel 3.13
Schwingungskoeffizient δ von Plattenelementen [3.20]

$\delta = f(\beta) \quad (\beta = a/b)$	Lagerbedingung
$9{,}870\,(1 + \beta^2)$	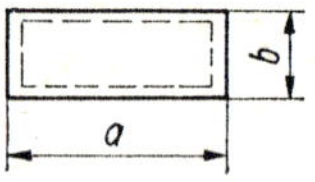 a, b
$22{,}373\sqrt{1 + 0{,}605\beta^2 + \beta^4}$	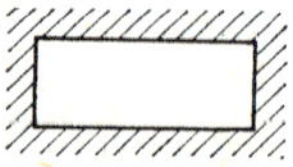
$9{,}875\sqrt{1 + 2{,}566\beta^2 + 5{,}138\beta^4}$	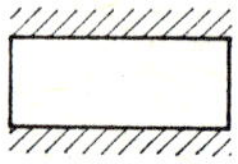
$15{,}421\sqrt{1 + 1{,}115\beta^2 + 2{,}441\beta^4}$	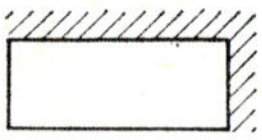
$9{,}870\sqrt{1 + 2{,}333\beta^2 + 2{,}441\beta^4}$	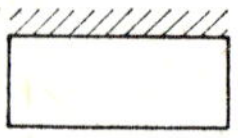
$22{,}373\sqrt{1 + 2{,}908\beta^2 + 2{,}441\beta^4}$	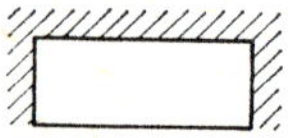

Gestaltung von Rahmen und Gestellen. Für die konstruktive Gestaltung von Rahmen und Gestellen sind die Richtlinien zu beachten, die für die Konstruktion von Schweiß-, Guß- und Preßteilen gelten [3.12] [3.15].

Dimensionierung von Rahmen und Gestellen. Rahmen und Gestelle sind derart komplexe Kontinua, daß nur mit starken Vereinfachungen bzw. großem Rechenaufwand eine mathematisch fundierte Dimensionierung möglich ist. Bei der Methode der Übertragungsmatrizen [3.17] wird das räumliche Gebilde in eine Anzahl von Stäben zerlegt und für jeden einzelnen Stab eine Übertragungsmatrix aufgestellt. Über einen Großrechner erfolgt die Durchrechnung eines jeden Stabes mit Hilfe von Anfangsbedingungen und vorgegebenen Materialkenngrößen. Es ist damit möglich, Aussagen über Eigenfrequenzen und die statische und dynamische Festigkeit zu erhalten. Der Rechenaufwand ist jedoch sehr hoch.

Bei der Methode der finiten Elemente [3.17] [3.23] erfolgt eine Aufteilung des räumlichen Gebildes in Stabtragwerke (Knoten und elastische oder starre Stäbe mit oder ohne Massebelegung). Es wird von der Schwingungsgleichung des ungedämpften Systems ausgegangen. Über die Einführung von Polynomen zur Beschreibung der Schwingungsformen erhält man ein System reeller, linearer homogener Gleichungen. Damit läßt sich das Problem auf eine Eigenwertaufgabe zurückführen. Die Lösung liefert Eigenfrequenzen und Eigenschwingungsformen. Mit diesen Ergebnissen läßt sich die Festigkeit des Systems überprüfen. Der Rechenaufwand ist wiederum erheblich und erfordert einen Großrechner.

Eine weitere Dimensionierungsmöglichkeit besteht in der experimentellen Überprüfung der dynamischen Eigenschaften eines materiell vorhandenen Gerätegestells durch ein geeignetes Prüfverfahren. Der für den Bereich der Informations- und Meßtechnik gültige Fachbereichstandard TGL 200-0057 zur Stoßfolge- und Schwingungsprüfung wird auch für den Feingerätebau empfohlen. Dieser Standard ist die gesetzliche Grundlage zum Nachweis der mechanisch-dynamischen Festigkeit von Geräten. Es sind folgende Prüfformen festgelegt (s. Abschn. 5.8. und 8.7.):

- Prüfung auf Dauerfestigkeit zur Erkennung mechanisch schwacher Stellen, wie Materialmüdigkeit, Veränderungen an Verbindungsstellen und Abrieberscheinungen
- Prüfung auf Funktionssicherheit zum Auffinden von Funktionsbeeinträchtigungen
- Prüfung auf Frühausfallursachen zur Aufdeckung verdeckter Mängel.

Folgende Prüfverfahren werden angewendet:

- FA (mit ableitender Frequenz)
- FB1 (mit aufzusuchenden Resonanzfrequenzen)
- FB2 (mit Festfrequenz)
- Eb (Stoßfolgeprüfung).

Für Geräte und Geräteteile sowie für elektrische und elektronische Bauelemente erfolgt eine Einteilung in Einsatzgruppen entsprechend den Einsatzbedingungen und Aufstellarten **(Tafel 3.14)**. Jeder Einsatzgruppe wird in den drei Prüfformen jeweils ein Prüfverfahren zugeordnet.

Tafel 3.14. Einsatzgruppen für Geräte und Geräteteile nach TGL 200-0057

Einsatzgruppe für Geräte und Geräteteile	Einsatzbedingungen	Beispiele
G0	extrem ruhige Aufstellung	Präzisionsgeräte mit festem Standort
GI	geringe Schwingungen und Stöße am Einsatzort	tragbare Laborgeräte, fest installierte Geräte in Schaltwarten
GII	mittlere Schwingungen und Stöße am Einsatzort	tragbare Geräte für schonungsvollen Feldeinsatz, fest installierte Geräte an ruhig laufenden Maschinen
GIII	starke Schwingungen und Stöße am Einsatzort	schonungsloser Feldeinsatz, fest installierte Geräte an stark vibrierenden Maschinen

Gestaltung des Stützsystems als Bezugssystem. Aufgabe des Stützsystems ist es, für die Verarbeitungsfunktion des Geräts ein zeitlich und räumlich konstantes Bezugssystem zu bilden (s. Abschn. 3.1.4. und Bild 3.12). In Abhängigkeit vom physikalischen Wirkungsmechanismus der Verarbeitungsfunktion ist bei elektronischen Geräten ein elektrisches Bezugspotential herzustellen. Bei feinmechanischen, optischen, pneumatischen und hydraulischen Wirkungsmechanismen ist ein mechanisches Bezugssystem notwendig, gegenüber dem mechanische, optische, pneumatische und hydraulische Vorgänge ablaufen müssen.

Elektrische Bezugspotentiale (s. Abschn. 5.2. und 5.3.) sind das Massepotential als internes Bezugspotential für elektronische Funktionseinheiten, das Nullpotential oder die sog. Betriebserde des Geräts und das eigentliche Erdpotential **(Bild 3.22).** Die Zusammenführung von Masse- und Nulleitungen hat grundsätzlich sternförmig zu erfolgen, um vagabundierende Ausgleichsströme zu vermeiden. Bild 3.22 zeigt aber auch, daß durch den ohmschen Widerstand der einzelnen Leitungen und ihre Addition zu einem Gesamtwiderstand $R_g = R_{MP} + R_{NP} + R_{EP}$ z.T. erhebliche Potentialunterschiede auf den Leitungen und vor allem galvanische Störspannungen auftreten können, mit denen sich elektronische Funktionseinheiten gegenseitig stören. Die Gegenmaßnahme kann daher nur sein, die ohmschen Leitungswiderstände so klein wie möglich zu halten, und zwar

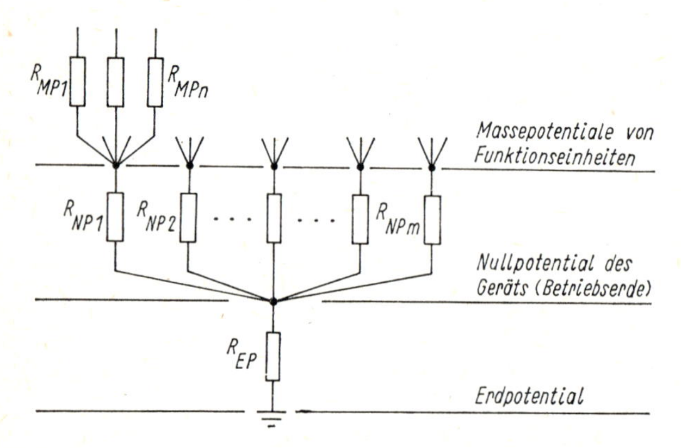

Bild 3.22. Elektrische Bezugspotentialverhältnisse beim Gerät

R_{MP} Widerstand einer Masseleitung; R_{NP} Widerstand einer Nulleitung; R_{EP} Widerstand der Erdleitung

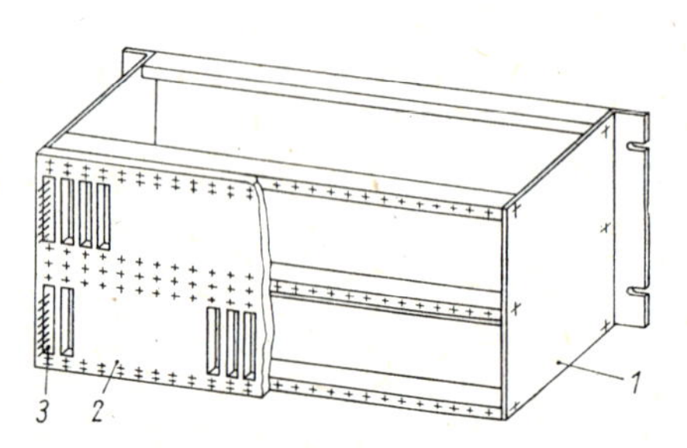

Bild 3.23. Rückseite eines Leiterplattensteckeinheitenrahmens mit Nullplatte

1 Rahmen; *2* Nullplatte; *3* Steckverbinder mit Wickelstiften

von der Masse- über die Null- bis zur Erdleitung in immer stärkerem Maß, da in dieser Richtung die möglichen Verkopplungen über gemeinsame Leitungswiderstände zunehmen. Diese funktionell notwendige Niederohmigkeit kann nur durch Stützelemente mit möglichst großem Leitungsquerschnitt erreicht werden. Während man für die Masseleitung einzelner auf Leiterplatten untergebrachter elektronischer Funktionseinheiten noch gitterförmig vermaschte Netze bzw. bei Mehrlagenleiterplatten einzelne vollständige Masseebenen vorsehen kann (s. Abschn. 6.1.1.), muß für die Nulleitung eines Steckeinheitenrahmens u.U. ein wesentlicher Teil des Rahmens als Nullplatte ausgebildet werden **(Bild 3.23).** Schließlich sind für die Erdung alle Stützelemente so niederohmig wie möglich mit dem Erdungspunkt zu verbinden. Damit wird die wichtige Rolle der Kopplungselemente zwischen Sicherungs- und Verarbeitungsfunktion deutlich. Kopplungsbauelemente sind z.B. Steckerstifte und -buchsen von Steckverbindern, die bei Masseverbindungen zwecks Niederohmigkeit oft mehrfach parallelgeschaltet werden, und es gehören dazu auch entsprechende Schraubenverbindungen mit notwendigem niedrigem Übergangswiderstand zur Verbindung einzelner Platten, Gestelle, Rahmen und Leitungen miteinander. Ein anschauliches Beispiel für ein mechanisches Bezugssystem ist der Tragarm eines Schallplattenabspielgeräts. Als Stützelement für das Schallplattenabtastsystem muß der Tragarm eine Auslenkung der Abtastnadel gewährleisten, d.h. gegenüber der Bewegung der Nadel in Ruhe sein. Das wird durch ein entsprechend großes Massenträgheitsmoment des Tragarms gegenüber dem Massenträgheitsmoment des Nadelträgers erreicht. Ihr Verhältnis ist so zu wählen, daß man den Tragarm für die niedrigste abzutastende Frequenz noch als Ruhemasse ansehen kann.

Bauelemente mit externer Stützfunktion. Die Bauelemente mit externer Stützfunktion stellen die Kopplungsbauelemente zwischen Sicherungsfunktion und Umwelt dar (siehe Bild 3.13 und Tafel 3.8). Sie haben als Aufstellfüße, Rollen, Griffe, Haken, Etuis u.a. eine störungsfreie „Abstützung" des gesamten Geräts gegenüber den Umweltelementen zu gewährleisten. **Tafel 3.15** gibt dazu eine Übersicht. Zur Berechnung und Dimensionierung solcher Stützelemente sind ausreichende Grundlagen in [3.12] enthalten. Auf einige spezielle Elemente, z.B. Stützelemente zur schwingungsisolierten Aufstellung von Geräten, wird außerdem im Abschnitt 5.8. hingewiesen.

Tafel 3.15. Externe Stützelemente

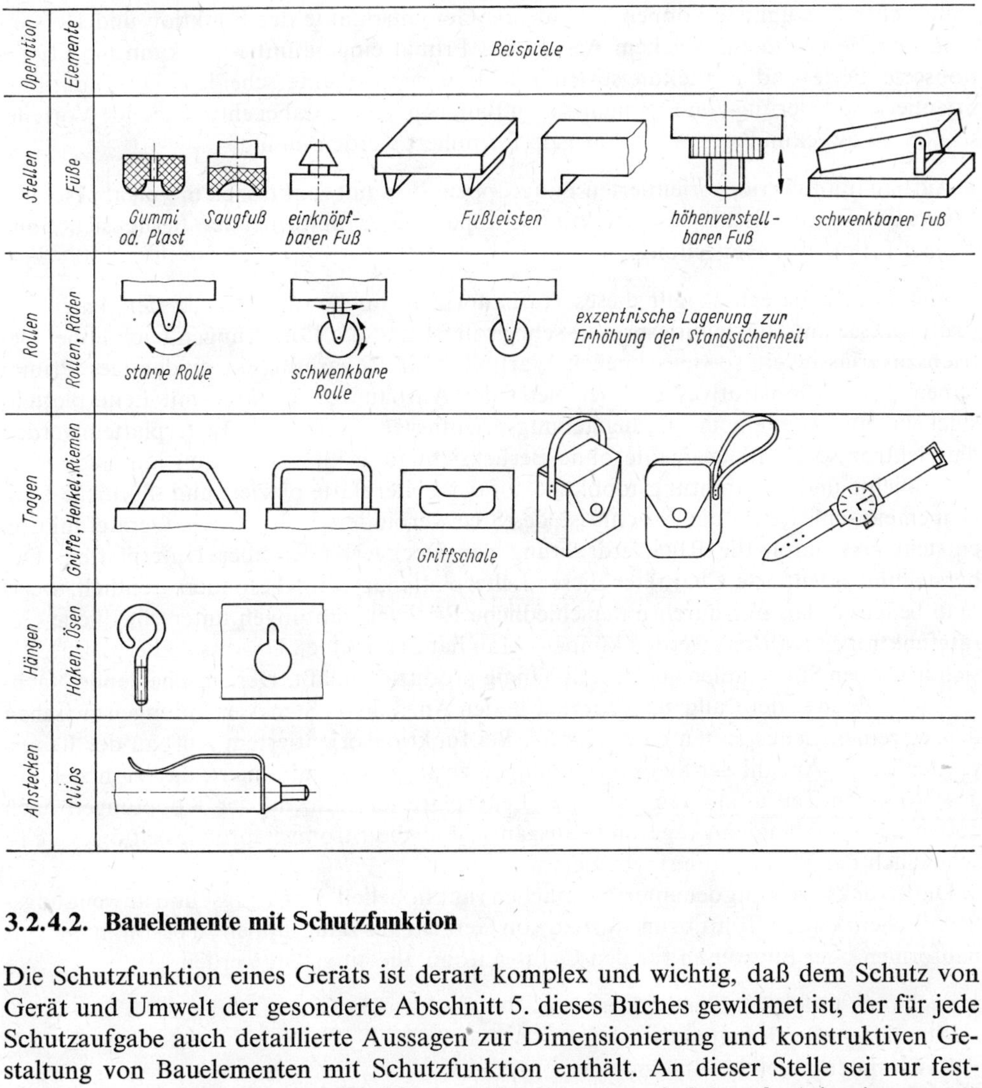

Operation	Elemente	Beispiele
Stellen	Füße	Gummi od. Plast; Saugfuß; einknöpfbarer Fuß; Fußleisten; höhenverstellbarer Fuß; schwenkbarer Fuß
Rollen	Rollen, Räder	starre Rolle; schwenkbare Rolle; exzentrische Lagerung zur Erhöhung der Standsicherheit
Tragen	Griffe, Henkel, Riemen	Griffschale
Hängen	Haken, Ösen	
Anstecken	Clips	

3.2.4.2. Bauelemente mit Schutzfunktion

Die Schutzfunktion eines Geräts ist derart komplex und wichtig, daß dem Schutz von Gerät und Umwelt der gesonderte Abschnitt 5. dieses Buches gewidmet ist, der für jede Schutzaufgabe auch detaillierte Aussagen zur Dimensionierung und konstruktiven Gestaltung von Bauelementen mit Schutzfunktion enthält. An dieser Stelle sei nur festgestellt, daß unabhängig von der Schutzart Bauelemente mit Schutzfunktion im wesentlichen „hüllende" Elemente sind, deren typische Vertreter Gehäuse als selbsttragende Gesamthülle eines Geräts und Verkleidungen als Plattenelemente auf Geräterahmen oder Gestellen sind. Für die Werkstoffe dieser Elemente gelten die zu den Stützelementen (s. Abschn. 3.2.4.1.) getroffenen Aussagen.

3.2.5. Bauweisen des Geräts

3.2.5.1. Grundlagen

Jedes technische Erzeugnis, also auch jedes Gerät, ist materiell aus Einzelteilen und Baugruppen aufgebaut. Baugruppen sind abgegrenzte, selbständige Gruppen von miteinander gekoppelten Einzelteilen. Daraus ergibt sich die Frage nach den Gesichtspunkten oder Prinzipien für die Aufteilung in Baugruppen. Ausgehend von der Zweckbestimmung technischer Erzeugnisse können das nur die Gesichtspunkte der Funktion und Herstellung sein. Je nachdem, welchem Aspekt das Primat eingeräumt wird, kann man funktionsorientierte und herstellungsorientierte Baugruppen unterscheiden. Die funktionsorientierte Gliederung von Erzeugnissen in Baugruppen hat dabei entscheidende Vorteile, so daß als zweckmäßiges Aufbauprinzip formuliert werden kann:

■ Aufbau mit funktionsorientierten Baugruppen, d.h. mit funktionell in sich abgeschlossenen Baugruppen als sog. Funktionsgruppen unter weitgehender Berücksichtigung einer rationellen Herstellung.

Für die Gerätetechnik gilt dieses Aufbauprinzip im besonderen, da der Anteil der Prüfprozesse am Herstellungsprozeß sehr groß ist und die Forderungen nach hoher Betriebszuverlässigkeit sowie schneller Wartung und Reparatur ein eindeutiges Primat haben. Ein demonstratives Beispiel bietet der Aufbau von Geräten mit Leiterplattensteckeinheiten. Bei einem rein herstellungsorientierten Aufbau der Leiterplatten werden die elektronischen Bauelemente ohne Berücksichtigung ihrer Funktion nur nach Pakkungsdichte und Verdrahtungstopologie auf der Leiterplatte plaziert und sämtliche Bauelementeanschlüsse an die Anschlüsse des Steckverbinders geführt. Die Gerätefunktion entsteht erst durch die Rückverdrahtung der Steckverbinder aller Leiterplatten. Der herstellungsorientierte Charakter dieser Leiterplattenart wird besonders deutlich, wenn man bedenkt, daß nur durch unterschiedliche Rückverdrahtungen unterschiedliche Gerätefunktionen realisiert werden können. Man hat damit eine „Universalleiterplatte", die sich in großen Stückzahlen geräteunabhängig produzieren läßt. Der entscheidende Nachteil liegt jedoch in der i. allg. unvertretbar hohen Anzahl von Steckverbindungen zwischen den einzelnen Leiterplatten eines Geräts. Bei funktionsorientiertem Aufbau der Leiterplatten ist die Anzahl der Steckverbindungen zwangsläufig minimiert, da bei in sich abgeschlossenen Teilfunktionen auf jeder Leiterplatte die Anzahl der Kopplungen nach außen auf die Signaleingänge und -ausgänge und die Stromversorgungsleitungen (einschließlich der Masseleitung) reduziert wird.

Die Berücksichtigung der unterschiedlichen funktionellen, fertigungs- und anwendungstechnischen Aspekte führt beim Aufbau von Geräten aus Baugruppen zu bestimmten Aufbauformen oder Bauweisen für den Geräteaufbau, die eingeteilt werden

- nach dem Grad der Elementarisierung des Geräteaufbaus
  - Komplett- oder Kompaktbauweise
  - Baugruppen- oder Modulbauweise
  - Baukastenbauweise,

- nach der Art der Teilung des Geräteaufbaus
  - Einschubbauweise
  - Verschalungsbauweise
  - Klappbauweise,
- nach der Art der Automatisierungsgerechtheit der Montage des Geräteaufbaus
  - Chassis- oder Nestbauweise
  - Schicht- oder Stapelbauweise,
- nach der Art der Einordnung des Geräteaufbaus in die Umwelt
  - Einbau- oder Anbaugerät
  - Standgerät
  - Koffergerät
  - Pultgerät
  - Traggerät.

Die Bauweisen werden nachfolgend näher behandelt.

3.2.5.2. Elementarisierung des Geräteaufbaus

Komplett- oder Kompaktbauweise

Die Bezeichnung besagt bereits, daß der Geräteaufbau praktisch ohne Funktionsbaugruppenbildung erfolgt. Das Gerät wird als komplette Einheit aus seinen Bauelementen nach Kompaktheit oder Einfachheit des Aufbaus montiert. Die Bauweise ist geeignet

- für Geräte mit geringer Anzahl von Teilfunktionen, die eine Funktionsbaugruppenbildung unzweckmäßig erscheinen lassen
- für Geräte mit minimalen inneren und äußeren Abmessungen, die eine Baugruppenbildung nicht zulassen (Herzschrittmacher, medizinische Sonden, sonstige Meßsonden, bestimmte Geräte der Raumfahrttechnik)
- für Geräte mit sehr geringen Stückzahlen und geringer Nutzungsdauer, die den Aufwand einer Baugruppenkonstruktion nicht rechtfertigen (z. B. für Meßgeräte, die nur als spezielle Betriebsmittel kurzzeitig Verwendung finden).

Die Vor- und Nachteile sind geringer konstruktiver Aufwand, Ermöglichung minimaler Abmessungen, relativ hoher Montage-, Justage- und Prüfaufwand.

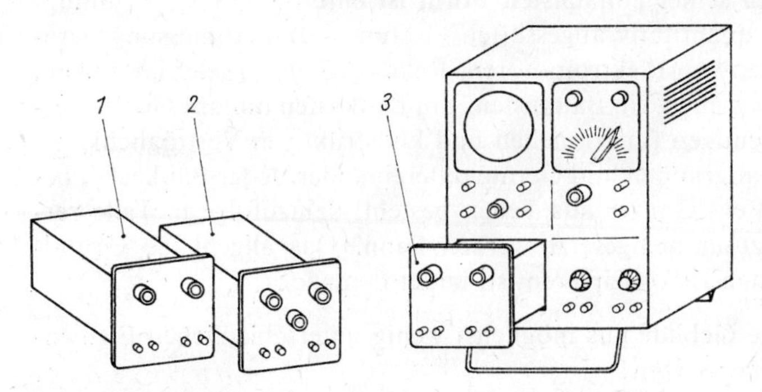

Bild 3.24
Gerät in Baugruppenbauweise
1, 2, 3 gegeneinander auswechselbare Baugruppen als unterschiedliche, in sich abgeschlossene Funktionseinheiten

Baugruppen- oder Modulbauweise

Bei dieser Bauweise wird das Gerät systematisch und konsequent aus Funktionsbaugruppen, d. h. aus Baugruppen mit in sich abgeschlossenen Teilfunktionen, sog. Moduln, aufgebaut **(Bild 3.24)**.

Die wesentlichen Vorteile sind

- Variabilität der Gesamtverarbeitungsfunktion durch Austausch von Funktionsbaugruppen
- Ermöglichung von Typenserien eines Erzeugnisses unter ständiger Wiederverwendung bestimmter Baugruppen für unterschiedliche Typen eines Geräts
- Ermöglichung der schnellen Weiterentwicklung eines Geräts durch Modifikation vorhandener Baugruppen bzw. Entwicklung neuer Baugruppen
- Wartungs- und Reparaturerleichterungen durch schnelles Auswechseln von Baugruppen, die i.allg. steckbar oder zumindest einfach lösbar gestaltet sind
- herstellungstechnische Vorteile durch Bildung von Baugruppentypen (Stückzahlerhöhung), spezialisierte und parallele Fertigung, Montage und Prüfung der einzelnen Baugruppen.

Baukastenbauweise

Die konsequente Weiterführung der Baugruppenbauweise zu noch höheren Graden der Baugruppenelementarisierung führt zum Baukastenprinzip [3.31] [3.32]. Die technische Nutzung des Baukastenprinzips ist heute in allen Erzeugnisbereichen und besonders auch in der Gerätetechnik in einem Umfang und Vervollkommnungsgrad anzutreffen, daß darauf näher eingegangen werden muß. Ausschlaggebend für die verbreitete Anwendung ist die Forderung nach ständiger Erhöhung der Produktivität sowohl bei der Entwicklung als auch bei der Herstellung und Anwendung technischer Erzeugnisse. Ein entscheidender Weg dazu ist die Unifizierung und Standardisierung von Erzeugnissen und Verfahren und die arbeitsteilige Spezialisierung und Entwicklung der Produktion im nationalen und internationalen Rahmen. Das bedeutet aber nichts anderes als konsequente Anwendung des Baukastenprinzips. In der Gerätetechnik wurde der Schritt zur Baukastenbauweise vollzogen, als man Geräte nicht mehr als voneinander unabhängige Einzellösungen entwickelte, sondern Gerätesysteme schuf [3.3]. Unter einem Gerätesystem ist eine begrenzte Menge von Gerätetypen innerhalb eines bestimmten Anwendungsbereichs zu verstehen, die einheitlichen Aufbau- und Ordnungsprinzipien gehorchen. Diese Prinzipe beziehen sich auf den funktionellen und geometrisch-stofflichen Aufbau, sind jedoch grundsätzlich beliebig erweiterbar, so auf Fertigung, Montage, Prüfung u.a. Ein Gerätesystem in seiner einfachsten Form ist eine Baureihe. Sie umfaßt Geräte gleicher Funktion mit quantitativ abgestuften Leistungs- und Abmessungsparametern. Bekannt sind Baureihen von Elektromotoren, Relais, Schaltern oder Getrieben. Ein Gerätesystem in höchster Form ist ein Baukasten. Ein Baukasten umfaßt Geräte verschiedener Funktion mit eindeutigen funktionellen und konstruktiven Verträglichkeitsbedingungen der Einzelteile, Baugruppen und Geräte untereinander. Jeder Baukasten beruht auf dem Grundsatz, daß ein Ganzes aus Teilen besteht, demzufolge in Teile zerlegt und aus diesen wieder zusammengesetzt werden kann. Das allgemeine Grundprinzip, nach dem ein Baukasten zu konzipieren ist, lautet demnach:

- Möglichst viele verschiedene Gebilde aus möglichst wenig unterschiedlichen Elementen, den Bausteinen, zusammensetzen!

Der Baustein ist wie folgt zu definieren:

- Der Baustein für Geräte ist ein nach bestimmten, vorrangig funktionellen und geometrisch-stofflichen Gesichtspunkten unifiziertes Aufbauelement für Geräte, das kombinations-(paß-)fähig und in der Regel wiederverwendbar ist.

Schließlich gilt für den Gerätebaukasten:

- Der Gerätebaukasten besteht aus einer begrenzten Menge von Bausteintypen, aus denen sich durch verschiedene Auswahl, Kopplung und Anordnung viele verschiedene Baugruppen und Geräte, in der Regel wiederzerlegbar, zusammensetzen (kombinieren) lassen.

Die eingangs erwähnten Ordnungsprinzipe werden durch das Baukastensystem dokumentiert. Das Baukastensystem für einen Gerätebaukasten ist das übergeordnete, vollständige Ordnungssystem (Regeln, Vorschriften) für den Aufbau von Baugruppen und Geräten aus Bausteinen nach einem Bauprogramm oder Baumusterplan **(Tafel 3.16).** Das Baukastensystem besteht aus mehreren Teilsystemen, so aus dem Funktionssystem, dem Geometriesystem, dem Werkstoff-, Form-, Farb-, Schutz-, Toleranz-, Zuverlässigkeitssystem, aber auch aus dem Herstellungs-, Transport-, Wartungs- und Reparatursystem. Mit steigender Anzahl verbindlich festgelegter Teilsysteme steigen der Vervollkommnungsgrad der Baukastenkonstruktion, aber auch der Aufwand bei der Entwicklung des Baukastens.

Tafel 3.16. Arten von Kombinationsprogrammen bei Baukästen

Baukasten	Kombinationsprogramm
Begrenzte Anzahl von Kombinationsmöglichkeiten	*Bauprogramm* als vollständiges Verzeichnis der Kombinationen
Unbegrenzte Anzahl von Kombinationsmöglichkeiten	*Baumusterplan* als beispielhaftes Verzeichnis bevorzugter Kombinationen

Entsprechend den Geräteteilaufbauten und ihren internen und externen Kopplungen können unterschieden werden:

- Bausteine mit Verarbeitungs- und Kommunikationsfunktion (Funktionsbausteine)
- Bausteine mit Sicherungsfunktion (Stütz- und Schutzbausteine)
- Bausteine mit Kopplungsfunktion (Kopplungsbausteine).

Es versteht sich, daß es i. allg. „reine" Formen dieser Bausteine nicht gibt, sondern Überschneidungen durch Funktionenintegration immer auftreten. Genauso ist auch die Anwendung „reiner" Baukästen i. allg. nicht möglich, weil durch einzelne Extremforderungen und Sonderwünsche des Anwenders Adaptierungsmaßnahmen notwendig werden. Es entstehen dabei Sonderbausteine.

Bekannte Anwendungsfälle für Baukästen sind

- Getriebebaukästen, z. B. für Zahnradgetriebe
- Baukästen für elektronische Schaltungen, speziell in der digitalen Schaltungstechnik
- Baukästen für elektrische Bauelemente, z. B. Schalter- und Tastaturbaukästen
- Baukästen der mechanischen Meßtechnik, z. B. Endmaßbaukästen
- Baukästen der Haushalttechnik, z. B. Geräte zur Speisenzubereitung
- Spielzeugbaukästen, z. B. Metall-, Optik-, Elektronikbaukästen.

Aus der Fülle der bestehenden Baukästen sollen zwei gerätebautypische Beispiele näher vorgestellt werden.

Das Einheitliche Gefäßsystem (EGS) [3.32] [3.33]. Das EGS ist aus der Überlegung entstanden, daß gerade im elektronischen Gerät die Bauelemente mit Sicherungsfunktion (Stütz- und Schutzfunktion) eine ausschlaggebende Rolle spielen. Sie sind im wesentlichen geräteunabhängig. Aufgrund der gut abgrenzbaren Teilfunktionen bietet sich die Entwicklung eines Baukastens mit Stütz- und Schutzbausteinen (Gefäßbausteinen) geradezu an. Wegen des hohen Wiederverwendungsgrads ist ein hoher Nutzen bei der Entwicklung, Herstellung und Anwendung von Geräten möglich. Das EGS ist also nur als Teilsystem eines Gerätebaukastens anzusehen. Aus einer systematischen Analyse der Stütz- und Schutzaufgaben wurden folgende Bausteine entwickelt

- Stützbausteine (intern): verschiedene Stützelemente von der einfachen Leiterplatte über Einschübe bis zu großen Gestellen und Wartenzellen
- Stützbausteine (extern): verschiedene Aufstellfüße, Griffe und andere Tragelemente sowie unterschiedliche Befestigungsmöglichkeiten an Front- und Rückseite von Gehäusen
- Schutzbausteine: verschiedene Gefäße von der geschützten Leiterplatte über Gerätegehäuse bis zu Schränken, Pulten, Tischen mit diversen Verschlußelementen (Klappen, Türen, Hauben, Scharniere, Schlösser) einschließlich Festlegungen zu Lüftungsöffnungen in Gefäßwänden
- spezielle Kopplungsbausteine: Leiterplattenführungsschienen, Steckverbinder u.ä.

Bild 3.25 zeigt eine einfache Systemübersicht. Mit den Gefäßen nullter bis dritter Ordnung werden die für den Anwender nutzbaren Bausteine beschrieben. Die Elementarisierung des EGS geht jedoch wesentlich weiter, da die Gefäßbausteine aus Elementarbausteinen, d.h. aus Schienen, Platten, Stäben, Scheiben, Schrauben u.ä. zusammengesetzt sind **(Bild 3.26)**. Die weitgehende Elementarisierung läßt eine große Variabilität des Geräteaufbaus zu, zeigt aber auch sehr deutlich, daß mit steigender Elementarisierung die Bedeutung der Koppelstellen und damit der Kopplungsbausteine erheblich zunimmt [3.26].

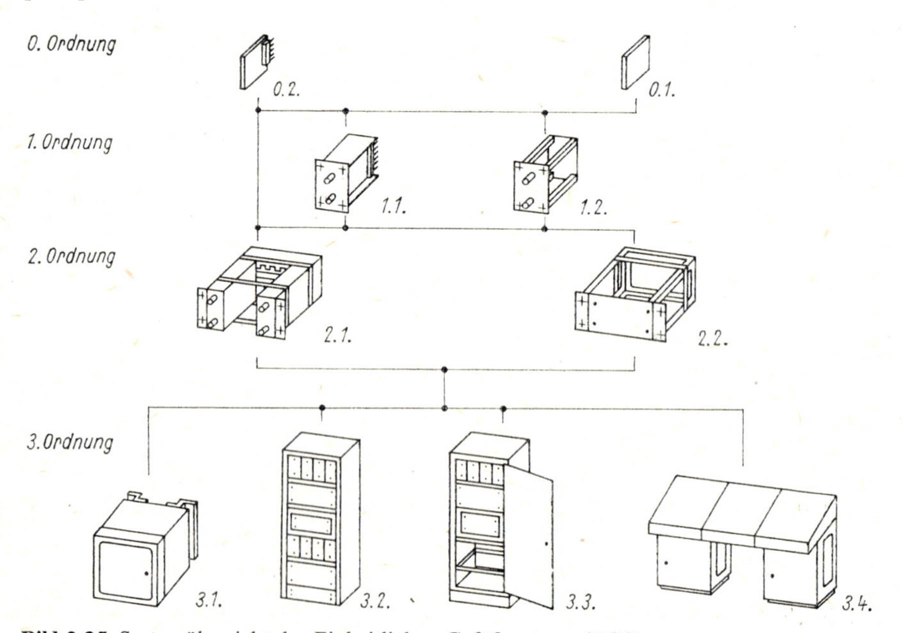

Bild 3.25. Systemübersicht des Einheitlichen Gefäßsystems (EGS)

0.1 Karte; *0.2* Karteneinschub, ungeschützt; *1.1* Karteneinschub; *1.2* Gestelleinschub; *2.1* Baugruppeneinschub; *2.2* Kasteneinschub; *3.1* Aufbaugehäuse; *3.2* Kastengehäuse; *3.3* Schrank; *3.4* Pult

Das geometrische System des EGS baut auf dem Rastermaß 20 mm auf und berücksichtigt damit internationale Standards (u.a. GOST 12863-67 und IEC-Entwurf TC 45). Die Teilungsmaße für Breite, Höhe und Tiefe der Gefäße **(Tafel 3.17)** sind in unterschiedlichen Stufungen Vielfache des Rastermaßes 20 mm (s. TGL 25064). Die insgesamt 39 Gefäßtypen können zu 1199 Varianten kombiniert werden. Das in TGL 25064 festgelegte Bauprogramm gibt sinnvolle Kombinationen und Entscheidungshilfen an. International ist ein weiteres Maßsystem für den Aufbau elektronischer Geräte üblich, das auf dem Zollsystem basiert [3.36]. **Bild 3.27** zeigt die Anordnung unterschiedlicher Gefäßeinheiten in einem Gestell. Die Breitenabmessungen sind Vielfache der Teilungseinheit

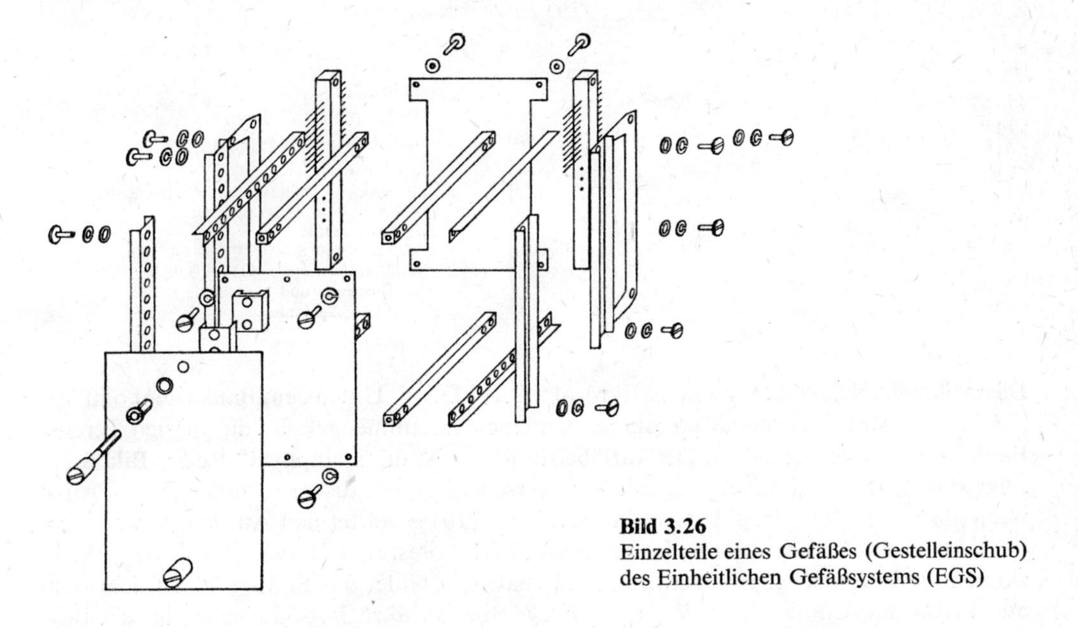

Bild 3.26
Einzelteile eines Gefäßes (Gestelleinschub) des Einheitlichen Gefäßsystems (EGS)

Tafel 3.17. Maßsystem der Einschubeinheiten des Einheitlichen Gefäßsystems (EGS)

Maße in mm

Gefäße	Bezeichnung	Breite b		Höhe h		Tiefe t	
		Nennmaß	Stufenmaß	Nennmaß	Stufenmaß	Nennmaß	Stufenmaß
0. Ordnung	Karteneinschub, ungeschützt	10 ... 80	5	120 ... 240	40, 80	240	0
	Karteneinschub, geschützt, geschirmt	20 ... 240	10, 20, 40	120 ... 240	40, 80	240	0
1. Ordnung	Gestelleinschub	40 ... 360	20, 40, 80, 120	120 ... 240	40, 80	240 ... 300	60
2. Ordnung	Kasteneinsatz	120 ... 480	120	120 ... 240	40, 80	240 ... 540	60, 120
	Kasteneinschub	480	0	120 ... 280	40	240 ... 420	60, 120
	Baugruppeneinschub	240 ... 480	120	120 ... 240	40, 80	240 ... 300	60
	Baugruppenträger	480	0	120 ... 320	40, 80	240 ... 300	60
	Baugruppeneinsatz	120 ... 480	120	120 ... 240	40, 80	240 ... 300	60

$T = 0{,}2'' = 5{,}08$ mm, die Maximalbreite des Einbaugestells ist auf $19'' = 482{,}6$ mm festgelegt worden. Die Höhenabmessungen der Gefäße sind in der Höheneinheit $E = 1{,}75''$ $= 44{,}45$ mm gestuft. Die Gefäßtiefen sind von den verwendeten Leiterplatten und Steckverbindern abhängig (entsprechende DIN-Normen s. Literatur zum Abschn. 3.).

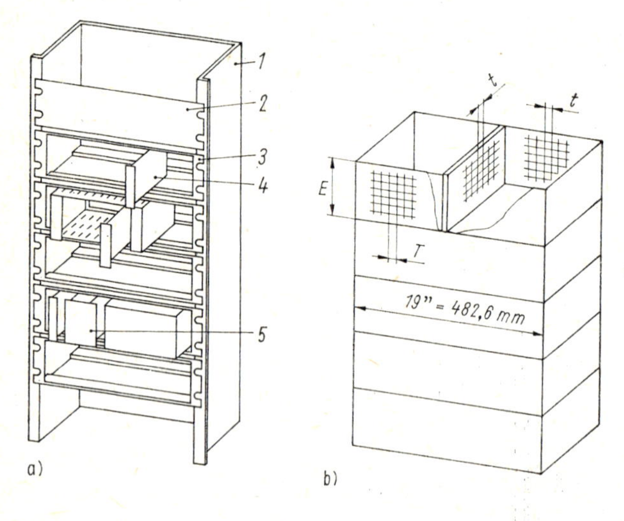

Bild 3.27
Prinzipieller Aufbau
des 19″-Gefäßsystems

a) Gesamtaufbau
1 Gestell; *2* Tafel (Gerät); *3* Einbaugestell;
4 Leiterplatte; *5* Steckeinheit
b) Systemmaße
Höheneinheit $E = 1{,}75'' = 44{,}45$ mm
Teilungseinheit $T = 0{,}2'' = 5{,}08$ mm
Bauelemente- und Verdrahtungsraster $t = T/2$
$= 0{,}1'' = 2{,}54$ mm

Das Mikroskopbaukastensystem „Mikroval" [3.18] [3.34]. Unter dem Baukastenkomplex „Mikroval" sind mehrere Mikroskoptypenreihen zusammengefaßt, die in sich bereits Baukastensysteme darstellen. Die variabelste Reihe ist die „Amplival"-Reihe. **Bild 3.28** zeigt das Kombinationsschema mit den verschiedenen Bausteinvarianten. Das Auswechseln des Funktionsbausteins „Tubusträger" (*16*) gestattet den Aufbau von Durchlicht-, Auflicht-, Polarisations-, Interphako- und Fluoreszenzmikroskopen sowie Mikroskopen für Fotometrie. Den zentralen Stützbaustein bildet das Stativ (*0*), auf dem sich alle Typen des Amplivalkomplexes und einige Spezialmikroskope aufbauen lassen. Beispiele für Kopplungsbausteine sind Schwalbenschwanzführungen, Schrauben- und Klemmverbindungen sowie Steckverbinder.

3.2.5.3. Teilung des Geräteaufbaus

Aus fertigungs- und anwendungstechnischen Gründen wird der Gerätegesamtaufbau geteilt. Dabei ergeben sich Bauweisen, die in einer vereinfachenden Übersicht (nur mit den wesentlichen Stütz- und Schutzelementen) im **Bild 3.29** enthalten sind. Die im Bild gewählte Rechteckform von Geräten ist nur als Darstellungsbeispiel speziell für elektronische Geräte zu werten. Mit anderen geometrischen Formen bzw. mit geringfügigen Modifikationen und Erweiterungen gilt diese Übersicht ebenfalls für feinmechanische und optische Geräte, so z. B. die Bauweise B11 für eine Kamera und in runder Ausführung für eine Armbanduhr.

Einschubbauweise. Bei der Einschubbauweise muß die Stabilität des Geräts weitgehend vom Schutzaufbau übernommen werden, der dadurch relativ aufwendig sein muß. Die Bauweise findet hauptsächlich Anwendung bei kleinen und mittleren Geräten und dort, wo das Gesamtgerät aus mehreren, in sich abgeschlossenen Stützaufbauten besteht, z. B. bei Leiterplattensteckeinheiten, Teileinschüben, Volleinschüben und Schränken im elektronischen Gerätebau.

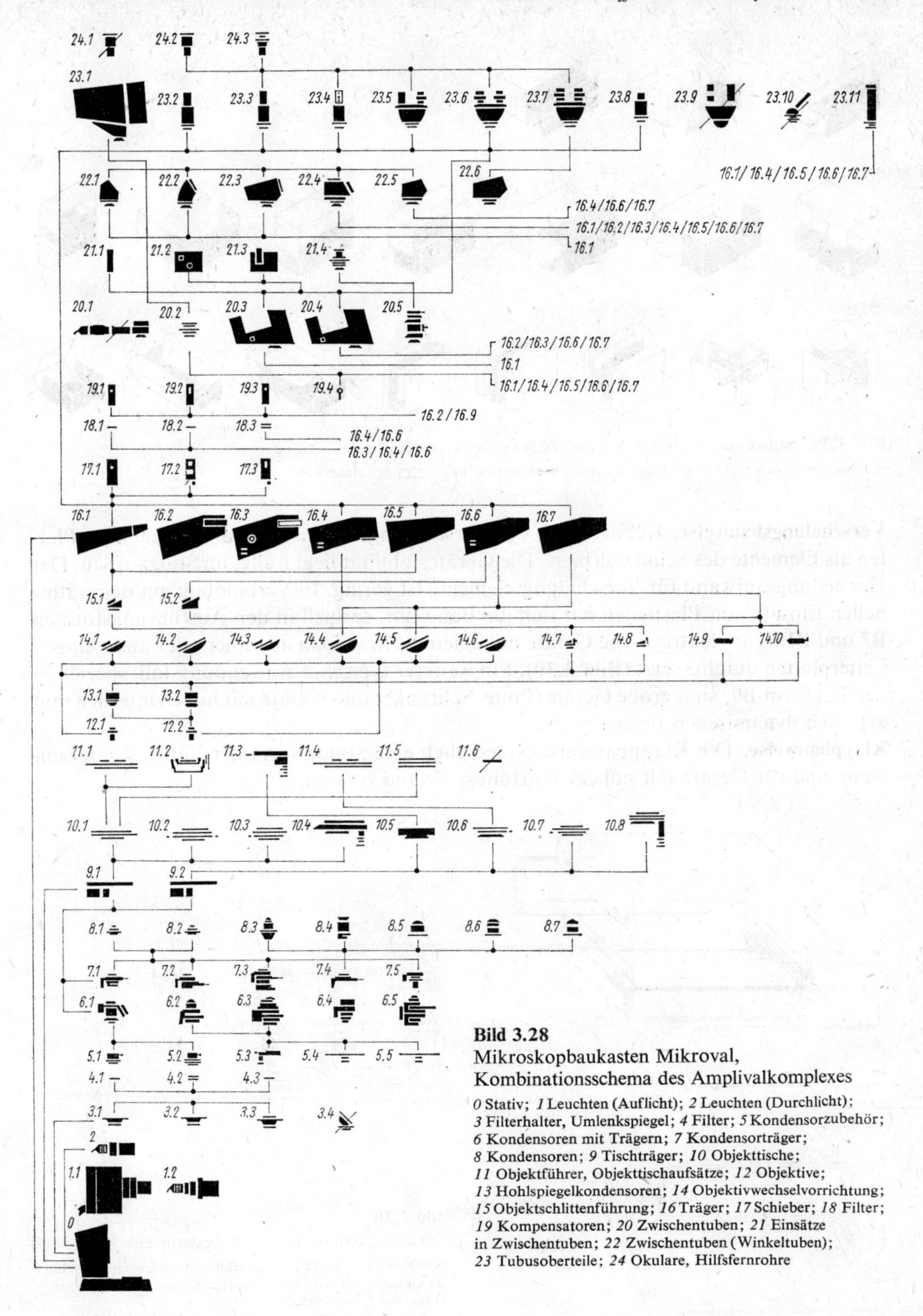

Bild 3.28
Mikroskopbaukasten Mikroval,
Kombinationsschema des Amplivalkomplexes

0 Stativ; *1* Leuchten (Auflicht); *2* Leuchten (Durchlicht); *3* Filterhalter, Umlenkspiegel; *4* Filter; *5* Kondensorzubehör; *6* Kondensoren mit Trägern; *7* Kondensorträger; *8* Kondensoren; *9* Tischträger; *10* Objekttische; *11* Objektführer, Objekttischaufsätze; *12* Objektive; *13* Hohlspiegelkondensoren; *14* Objektivwechselvorrichtung; *15* Objektschlittenführung; *16* Träger; *17* Schieber; *18* Filter; *19* Kompensatoren; *20* Zwischentuben; *21* Einsätze in Zwischentuben; *22* Zwischentuben (Winkeltuben); *23* Tubusoberteile; *24* Okulare, Hilfsfernrohre

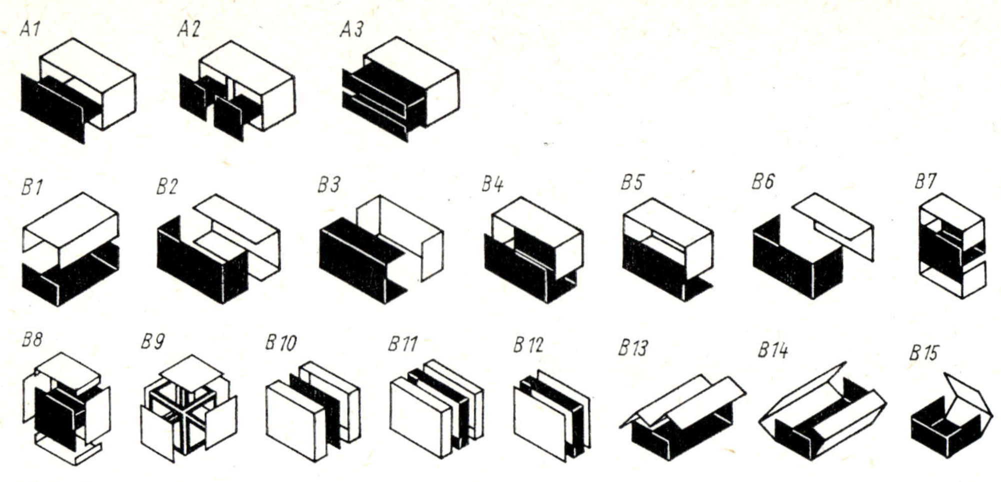

Bild 3.29. Bauweisen nach der Art der Teilung des Geräteaufbaus
A Einschubbauweise; *B* Verschalungsbauweise; ▬ Stützaufbau; ▭ Schutzaufbau

Verschalungsbauweise. Kennzeichen der Verschalungsbauweise sind Schalen oder Platten als Elemente des Schutzaufbaus. Die Gerätestabilität liegt i. allg. im Stützaufbau. Der Herstellungsaufwand für Verschalungselemente ist gering. In Verbindung mit dem rationellen Einsatz von Plastteilen hat sich die Bauweise, speziell in den Ausführungsformen B7 und B10, für elektronische Geräte mit einem Stützaufbau aus einer oder aus wenigen Leiterplatten durchgesetzt **(Bild 3.30).** Ein weiterer typischer Anwendungsfall, speziell in der Bauform B9, sind große Geräte (Pulte, Schränke) und Geräte mit hohen internen und externen dynamischen Belastungen.

Klappbauweise. Die Klappbauweise ist lediglich eine Sonderform der Verschalungsbauweise und für Geräte mit hohem Wartungsaufwand typisch.

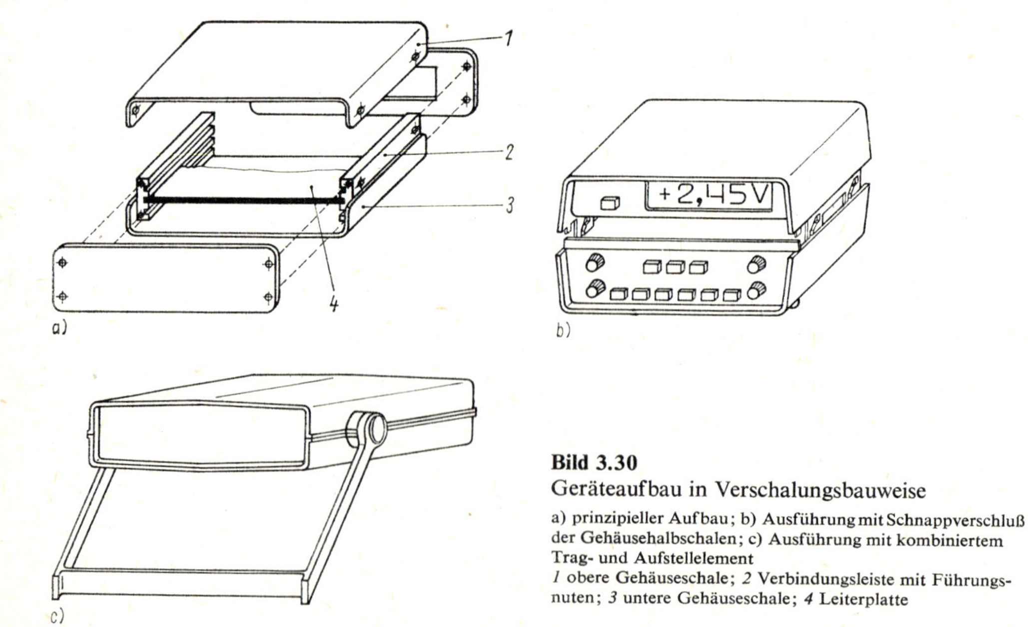

Bild 3.30
Geräteaufbau in Verschalungsbauweise

a) prinzipieller Aufbau; b) Ausführung mit Schnappverschluß der Gehäusehalbschalen; c) Ausführung mit kombiniertem Trag- und Aufstellelement
1 obere Gehäuseschale; *2* Verbindungsleiste mit Führungsnuten; *3* untere Gehäuseschale; *4* Leiterplatte

3.2.5.4. Automatisierungsgerechter Geräteaufbau [3.3] [3.4] [3.40] bis [3.43]

Die zur Steigerung der Arbeitsproduktivität notwendige Automatisierung der Produktionsprozesse stellt auch die Gerätekonstruktion vor neue Aufgaben. Durch Standardisierung und Typisierung, insbesondere mit dem Einsatz der Baukastenbauweise, ist bereits ein hoher Grad der Automatisierung der Einzelteil- und Bauelementefertigung in der Gerätetechnik erreicht worden. Die Montage der Einzelteile und Bauelemente zu Baugruppen und zum vollständigen Gerät erfolgt jedoch noch weitgehend manuell durch Bewegungsabläufe, die oft nur der Mensch mit seinen Händen sowie einer bestimmten Qualifikation und Erfahrung ausführen kann. Damit liegt der Automatisierungsgrad der Montage zur Zeit bei nur etwa 4%. Unter den Bedingungen des prinzipiell höheren Montageaufwands in der Gerätetechnik, der durch den technischen Fortschritt ausgelösten ständigen Veränderung und Erneuerung des Gerätespektrums und der mit steigender Spezifizierung der Erzeugnisse einhergehenden weiteren Stückzahlreduzierung von Geräten ist die Automatisierung der Montage aus technischen, ökonomischen und sozialen Gründen unerläßlich. Deshalb wurden in der jüngsten Vergangenheit programmierbare technische Handhabeeinrichtungen entwickelt, die mit ihren dem menschlichen Arm ähnlichen Bewegungsmöglichkeiten und mit verschiedenen Greifersystemen (Finger-, Zangen-, Sauger-, Magnetgreifer) als programmgesteuerte Manipulatoren oder Industrieroboter bezeichnet werden **(Bild 3.31).** Ihr Einsatz als Montageroboter in der Gerätefertigung stellt sehr hohe Anforderungen einerseits an die Leistungsfähigkeit des Roboters hinsichtlich Beweglichkeitsgrad, Miniaturisierungsgrad, Erkennungssystem (Positioniergenauigkeit) sowie Programmierbarkeit (Flexibilität des Einsatzes) und andererseits an den konstruktiven Geräteaufbau hinsichtlich der für die Montage erforderlichen automatisierungsgerechten Gestaltung der Einzelteile, Bauelemente und Baugruppen.

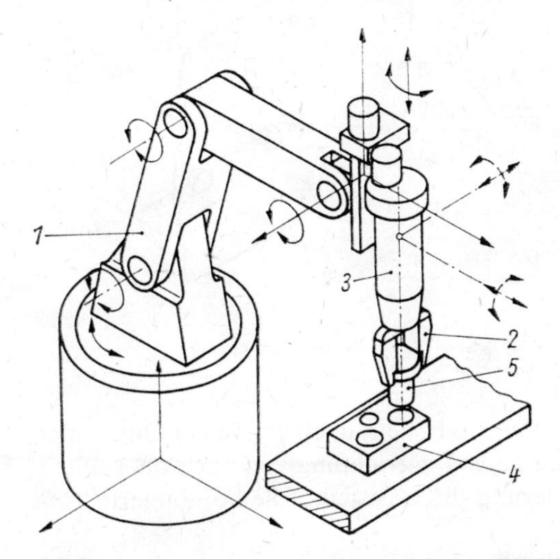

Bild 3.31
Prinzipieller Aufbau eines Montageroboters [3.3]
1 Greiferführungsgetriebe
2 Greifer
3 Fügemechanismus
4 Basisteil
5 Montageteil

Für die den Gerätekonstrukteur betreffende Aufgabe der Gestaltung lassen sich sowohl allgemeine Prinzipien als auch einzelne Gestaltungsrichtlinien für den Geräteaufbau angeben.

Die allgemeinen Prinzipien finden ihren Ausdruck in einer automatisierungsgerechten Bauweise:

Chassis- oder Nestbauweise (Bild 3.32). Das Prinzip besteht darin, für jede Baugruppe ein einfaches, möglichst flächiges und leicht zu fixierendes Basisteil (Chassis) vorzusehen, auf dem alle Einzelteile und Bauelemente der Baugruppe in einem „Nest“ ohne Lageveränderung des Basisteils montiert werden. Die Basisteile aller Erzeugnisse, die von einem Montagesystem zu montieren sind, sollten sich mit der gleichen Einrichtung fixieren lassen. Ein anschauliches Beispiel stellt der Aufbau von Leiterplattenbaugruppen dar (Bild 3.32b, s. auch Bild 6.1.42).

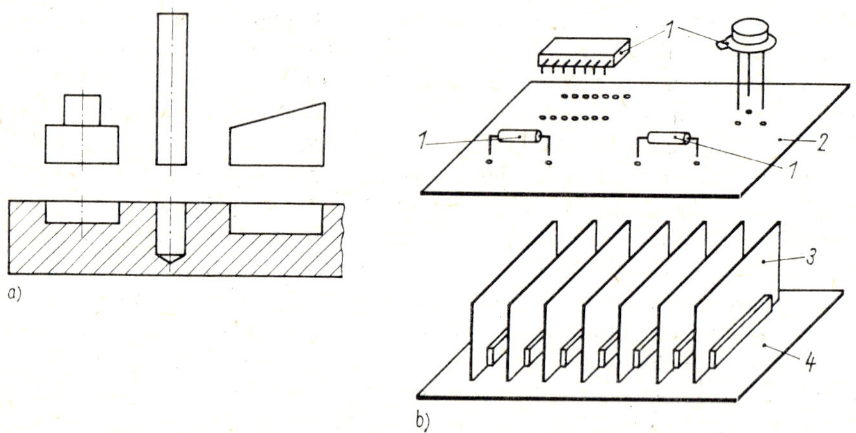

Bild 3.32. Chassis- oder Nestbauweise

a) Prinzip; b) Beispiel für den Aufbau von Leiterplatten
1 Bauelemente; *2* Leiterplatte; *3* Leiterplattensteckeinheit; *4* Trägerleiterplatte

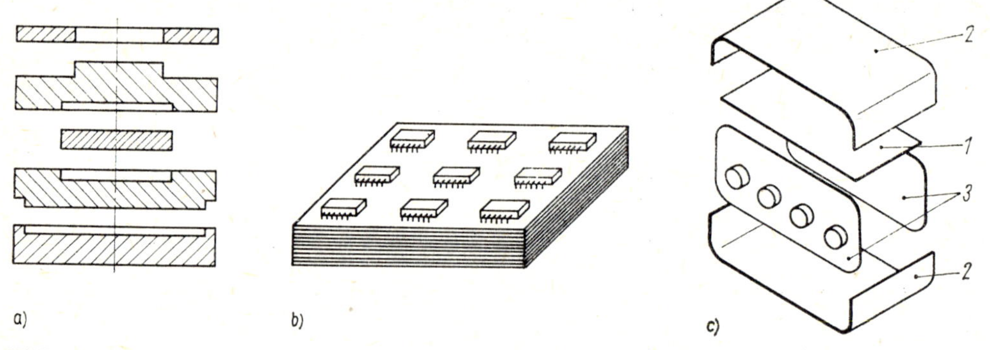

Bild 3.33. Schicht- oder Stapelbauweise

a) Prinzip; b) Beispiel für den Aufbau einer Mehrlagenleiterplatte; c) Beispiel für den Aufbau eines Geräts
1 Chassisleiterplatte; *2* Gehäusehalbschalen; *3* Gehäusefront- und -rückplatte

Schicht- oder Stapelbauweise (Bild 3.33). Das Prinzip besteht in einer „Schichtung“ oder „Stapelung“ der zu montierenden Teile in nur einer Fügerichtung von oben oder unten bzw. von oben und unten ohne Lageveränderung des Basisteils. Die kombinierte Anwendung beider Bauweisen ist möglich.

Gestaltungsrichtlinien für Einzelteile, Bauelemente und Baugruppen sind in **Tafel 3.18** nach allgemeinen Gesichtspunkten und nach Aspekten der Handhabungs-, Füge-, Prüf- und Justiergerechtheit zusammengefaßt.

3.2.5.5. Einordnung des Geräteaufbaus in die Umwelt

Beim *Einbau- oder Anbaugerät* sind am Gerät Befestigungsmöglichkeiten zum Einbau oder Anbau vorhanden. Für ein *Standgerät* sind Stützelemente nach Tafel 3.15 die Kopp-

Tafel 3.18. Gestaltungsrichtlinien für die Automatisierung der Montage [3.40] bis [3.43]

1. Allgemeine Richtlinien

Ungünstige Lösung	Erläuterungen	Günstige Lösung
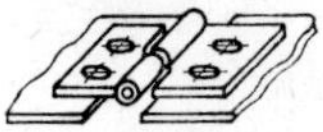	**Minimiere die Zahl der Bauelemente je Baugruppe bzw. Gerät!** Herkömmliche Scharniere können durch elastische Scharniere ersetzt werden (Funktionenintegration).	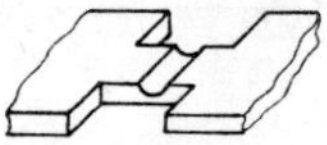
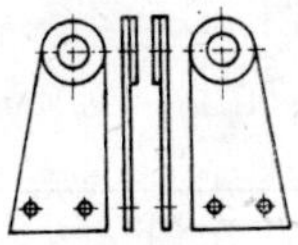	**Strebe großen Wiederholteilgrad an!** Gestalte ähnliche Teile zu konstruktiv gleichen um! Ersetze „rechte" und „linke" Bauelemente durch symmetrische Ausführungen!	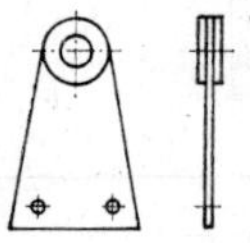
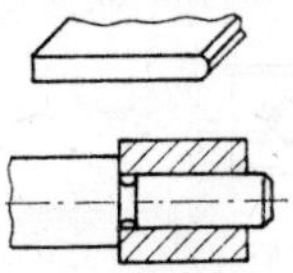	**Gewährleiste vollständige Austauschbarkeit!** Durch Toleranzrechnung ist Einhaltung entsprechender Einzeltoleranzen zu sichern, und durch die konstruktive Ausführung sind z.B. Grate und Drehbutzen auszuschließen.	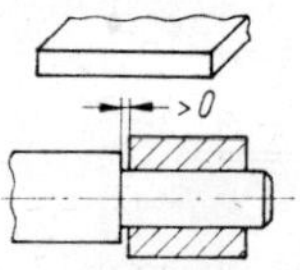 >0
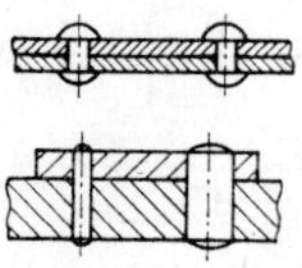	**Wähle geeignete Verbindungstechniken!** Ersetze mittelbare Verbindungen (z.B. Niete) durch unmittelbare Verbindungen (z.B. Punktschweißen)! Sind mehrere Verbindungselemente erforderlich, so setze möglichst nur gleichartige ein.	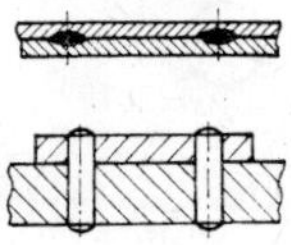
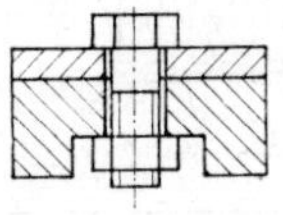	**Vermeide Halteoperationen!** Schraubenverbindungen mit Mutter sind in jedem Fall zu vermeiden. Führe Schraubenverbindungen immer so aus, daß sich das Innengewinde im Basisteil befindet.	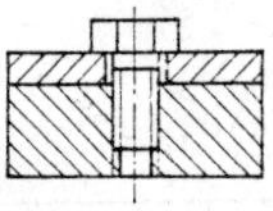
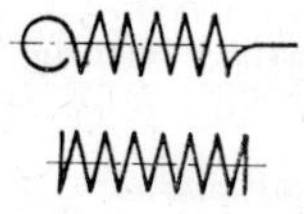	**Vermeide das Verhaken, Verschachteln und Verschlingen von Bauelementen!** Zugfedern z.B. sind eng zu wickeln, bei Druckfedern müssen die Enden angewickelt werden.	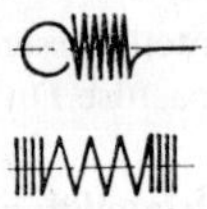
	**Gestalte Bauteile und fertigmontierte Baugruppen standfest und stapelbar!** Durch geeignete Unterstützungspunkte und zweckmäßige Lage des Massenschwerpunkts ist eine standfeste Anordnung zu sichern.	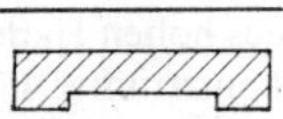

2. Handhabungsgerechte Gestaltung

Ungünstige Lösung	Erläuterungen	Günstige Lösung
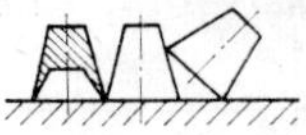	**Sichere die Gleit- bzw. Rollfähigkeit oder Hängefähigkeit der Bauelemente!** Durch Veränderung der Bauelemente kann z.B. die Gleitfähigkeit in Zuführeinrichtungen gewährleistet und ein Aufsteigen der Teile aneinander verhindert werden.	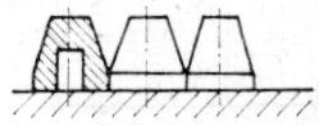

Tafel 3.18 (Fortsetzung)

Ungünstige Lösung	Erläuterung	Günstige Lösung
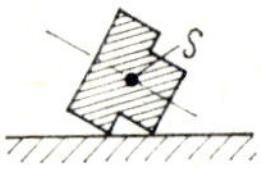	**Gestalte ausgeprägte Polaritätseigenschaften durch gezielte Massenverteilung!** Die Veränderung des Massenschwerpunkts führt zu einer bestimmten Vorzugslage des Bauelements.	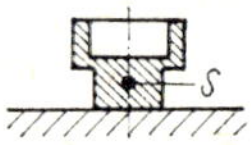
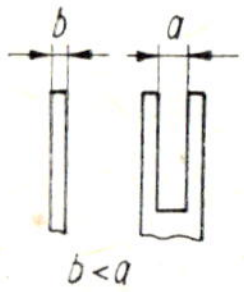	**Strebe zusammenhängende Begrenzungsflächen an! Vermeide das Verklemmen von Bauelementen!** Durch Variation des Verhältnisses von Werkstückdicke zur Spaltbreite kann z. B. das Verklemmen von Stanzteilen verhindert werden.	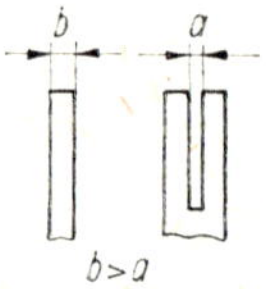
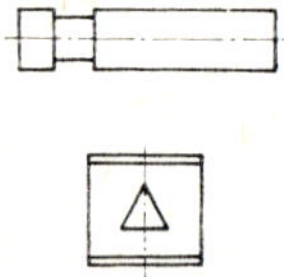	**Strebe Symmetrie um möglichst viele Achsen und gleiche Symmetrieachsen für die Innen- und Außenform an!** Rotationssymmetrische Teile sollten auch in der dritten Dimension symmetrisch gestaltet werden. Ebenso sind Stanzteile symmetrisch auszuführen.	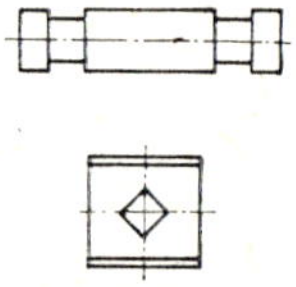
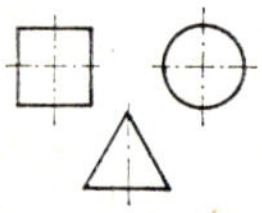	**An möglichst vielen Bauelementen sind gleichartige Greifflächen zu gestalten!** Vereinheitlichung der Greifflächen vereinfacht die Greiferkonstruktion.	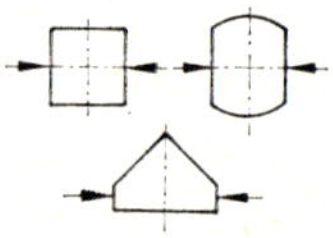
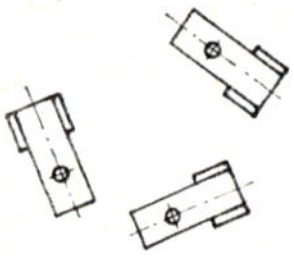	**Wende automatisierungsgerechte Zulieferteile an!** Behalte die bei der Fertigung einmal hergestellte Ordnung der Bauelemente bei und führe z. B. kleine Stanzteile in Stanzstreifen zu!	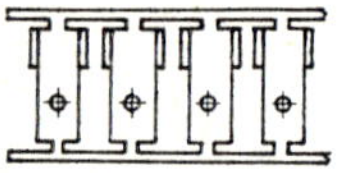

Vermeide biegeschlaffe Bauelemente!

Gummiformteile lassen sich z. B. nur bedingt handhaben und fügen. Elastische Dichtungsringe oder dgl. sind durch pastöse Dichtmittel aus Kartuschen zu ersetzen.

Vermeide Kleinteile!

Wegen des hohen Handhabeaufwands sind z. B. Unterlegscheiben, Federringe, Isolierbuchsen durch geeignete konstruktive Lösungen zu umgehen.

3. Fügegerechte Gestaltung

Ungünstige Lösung	Erläuterung	Günstige Lösung
	**Minimiere die Zahl der Verbindungselemente!** Der Festsitz einer Welle z. B. kann durch Formschluß nach Verpressen erreicht werden.	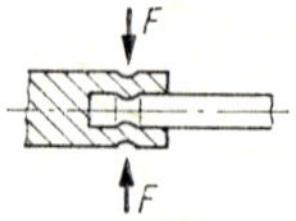
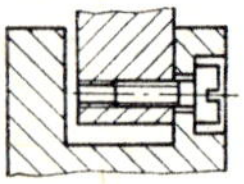	**Nutze die Schwerkraft als Fügehilfe aus!** Durch Ausnutzung der Schwerkraft wird das Positionieren der Bauteile erleichtert.	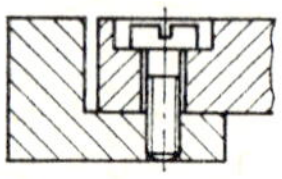

Tafel 3.18 (Fortsetzung)

Ungünstige Lösung	Erläuterung	Günstige Lösung
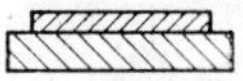	**Bevorzuge Formschluß zwischen zu fügenden Bauelementen!** Die Teile sollten sich möglichst selbständig zueinander positionieren.	
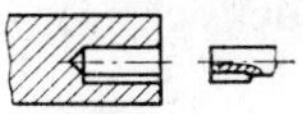	**Strebe kreisförmige Zentrierung an!** Bevorzuge bei Formschluß z.B. das Kerbzahnprofil, da es nur eine geringe Drehung der Fügepartner zueinander beim Zusammenstecken erfordert.	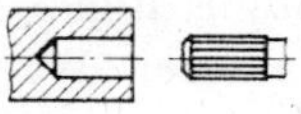
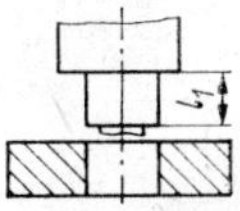	**Strebe kurze Fügewege an!** Fügeflächen sind unter Beachtung von Stabilität und Lebensdauer so klein wie möglich zu gestalten.	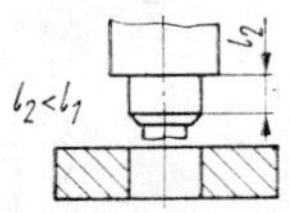 $l_2 < l_1$
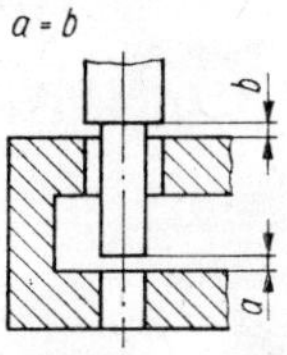 $a = b$	**Vermeide in jedem Fall das gleichzeitige Anschnäbeln mehrerer Fügestellen!** Indem das rotationssymmetrische Teil zuerst oben zentriert wird, erleichtert man danach das Fügen an der unteren Paßstelle.	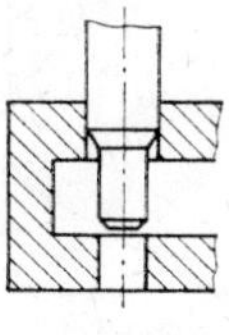
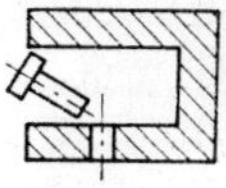	**Vermeide das kinematisch komplizierte Einführen von Bauelementen!** Gestalte so, daß Bahnkurvenbewegungen des Greifers nicht erforderlich sind, sondern senkrechte Montagerichtungen ermöglicht werden.	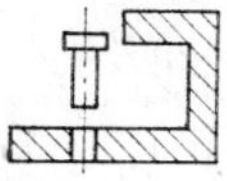
4. Prüf- und justiergerechte Gestaltung		
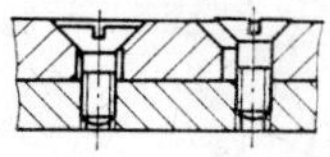	**Vermeide Überbestimmtheiten und Mehrfachpaßstellen!** Bedenke, daß jedes Maß toleranzbehaftet ist! Zwei oder mehr Senkschrauben, die zwei Bauteile miteinander verbinden, zwingen zur gemeinsamen Bearbeitung der Bohrungen der beiden Bauteile. Bei Verwendung von Zylinderkopfschrauben wird dieser Nachteil umgangen.	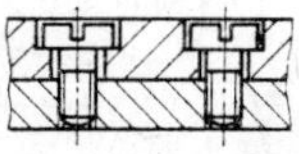
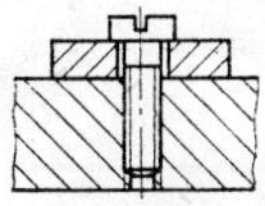	**Verwende selbstformende und selbstkorrigierende Bauelemente!** (z.B. kegelförmige Schneidschrauben bei geringen Anforderungen an Festigkeit)	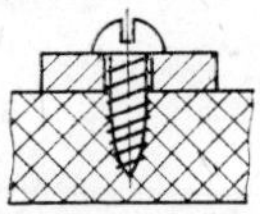
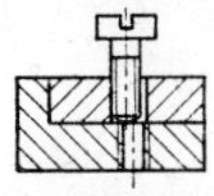	**Gestalte toleranzausgleichende Bauelemente!** Durch die spezielle Gestaltung von Bauelementen können Fertigungstoleranzen ausgeglichen werden (hier durch Langloch). Eine Justage ist erforderlich.	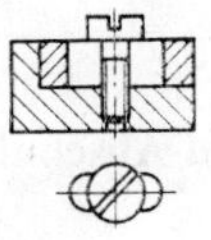
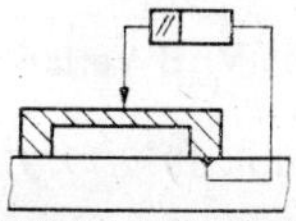	**Wende bei unvermeidbarer Justierung das Einstellen anstelle von Passen an!** Bei Justagemöglichkeit werden Bearbeitungsvorgänge an Paßflächen eingespart.	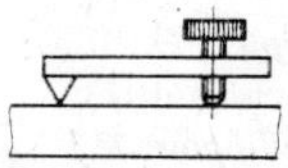

lungselemente zur Umwelt. Ein *Koffergerät* hat Möglichkeiten zur Abdeckung bzw. zum Verschluß der kommunikativen Elemente **(Bild 3.34).** Ein *Traggerät* ist für nichtstationäre Verwendung bestimmt und mit entsprechenden Tragelementen nach Tafel 3.15 ausgerüstet. Beim *Pultgerät* ist der Geräteaufbau mit Kommunikationsfunktion entsprechend den anthropometrischen und ergonomischen Forderungen gestaltet. Angesichts der Zunahme direkter kommunikativer Beziehungen zwischen Mensch und Gerät (s. Abschn. 3.1.3. und 3.2.3.) verdient die Gestaltung dieses Geräteaufbaus besondere Beachtung. **Bild 3.35** vermittelt einen Eindruck von der Vielfalt der zu berücksichtigenden Faktoren. Weitere Hinweise sind Abschnitt 7. zu entnehmen.

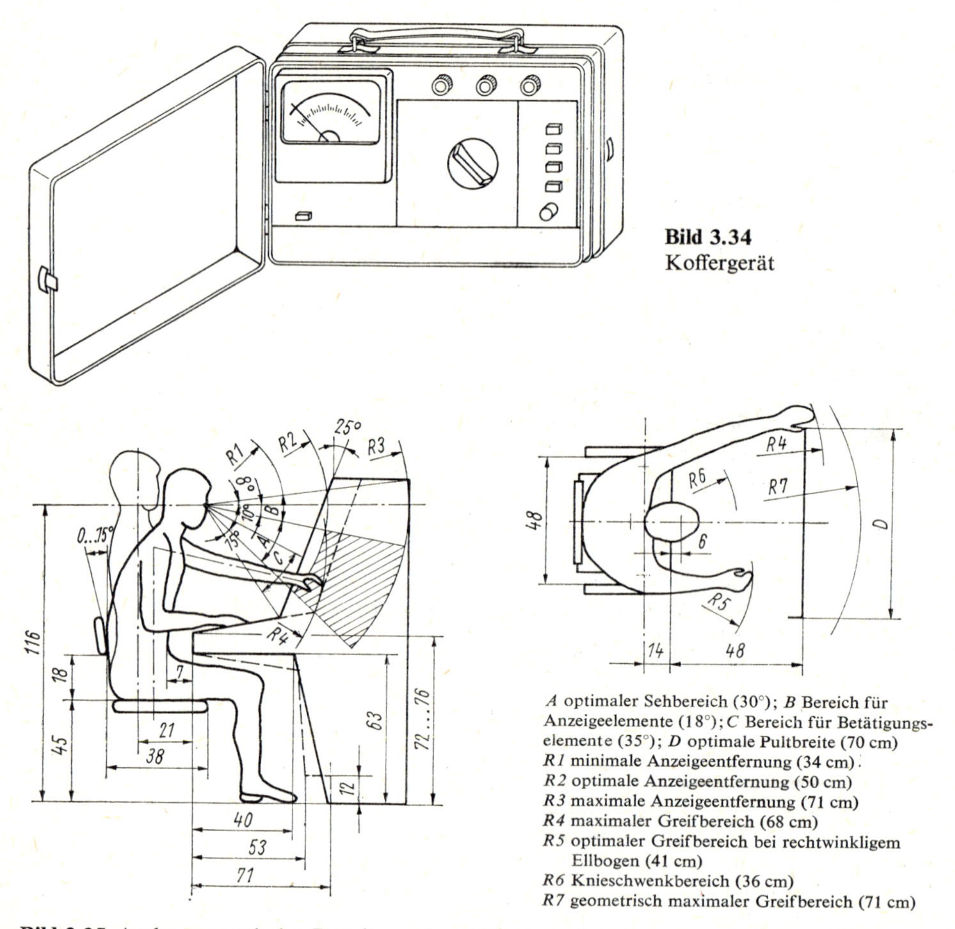

Bild 3.34
Koffergerät

A optimaler Sehbereich (30°); *B* Bereich für Anzeigeelemente (18°); *C* Bereich für Betätigungselemente (35°); *D* optimale Pultbreite (70 cm)
R1 minimale Anzeigeentfernung (34 cm)
R2 optimale Anzeigeentfernung (50 cm)
R3 maximale Anzeigeentfernung (71 cm)
R4 maximaler Greifbereich (68 cm)
R5 optimaler Greifbereich bei rechtwinkligem Ellbogen (41 cm)
R6 Knieschwenkbereich (36 cm)
R7 geometrisch maximaler Greifbereich (71 cm)

Bild 3.35. Anthropometrische Gestaltung eines Sitzarbeitsplatzes an einem Pultgerät (Maße in cm)

Literatur zu Abschnitt 3.

Bücher

[3.1] *Töpfer, H.,* u.a.: Pneumatische Bausteinsysteme der Digitaltechnik. 2. Aufl. Berlin: VEB Verlag Technik 1973.

[3.2] *Philippow, E.:* Taschenbuch Elektrotechnik, Bd. 2 bis 4. Berlin: VEB Verlag Technik 1977/1979 und München: Carl Hanser Verlag 1977, 1978, 1979.

[3.3] *Volmer, J.:* Industrieroboter, Entwicklung. Berlin: VEB Verlag Technik 1983 und Heidelberg: Dr. Alfred Hüthig Verlag 1983.

[3.4] *Bögelsack, G.; Kallenbach, E.; Linnemann, G.:* Roboter in der Gerätetechnik. Berlin: VEB Verlag Technik 1984 und Heidelberg: Dr. Alfred Hüthig Verlag 1984.

[3.5] *Fey, P.:* Informationstheorie. Berlin: Akademie-Verlag 1963.

[3.6] *Woschni, E.-G.:* Informationstechnik – Signal, System, Information. Berlin: VEB Verlag Technik 1973 und Heidelberg: Dr. Alfred Hüthig Verlag 1973.

[3.7] *Ebert, J.; Jürres, E.:* Digitale Meßtechnik. Berlin: VEB Verlag Technik 1974.

[3.8] *Töpfer, H.; Rudert, S.:* Einführung in die Automatisierungstechnik. Berlin: VEB Verlag Technik 1976.

[3.9] *Reinisch, K.:* Kybernetische Grundlagen und Beschreibung kontinuierlicher Systeme. Berlin: VEB Verlag Technik 1974.

[3.10] *Oppelt, W.:* Kleines Handbuch technischer Regelvorgänge. 4. Aufl. Berlin: VEB Verlag Technik 1964.

[3.11] *Naumann, G.; Meiling, W.; Stscherbina, A.:* Standard-Interfaces der Meßtechnik. Berlin: VEB Verlag Technik 1980.

[3.12] *Hildebrand, S.:* Feinmechanische Bauelemente. 4. Aufl. Berlin: VEB Verlag Technik 1981 und München: Carl Hanser Verlag 1983.

[3.13] *Krause, W.:* Grundlagen der Konstruktion. Lehrbuch für Elektroingenieure. 3. Aufl. Berlin: VEB Verlag Technik 1984 und New York/Wien: Springer-Verlag 1984.

[3.14] *Reichardt, W.:* Elektroakustik. Leipzig: Teubner-Verlag 1971.

[3.15] *Hildebrand, S.; Krause, W.:* Fertigungsgerechtes Gestalten in der Feingerätetechnik. 2. Aufl. Berlin: VEB Verlag Technik 1982 und 1. Aufl. Braunschweig: Verlag Vieweg 1978.

[3.16] *Leinweber, P.:* Taschenbuch der Längenmeßtechnik. Berlin, Göttingen, Heidelberg: Springer-Verlag 1954.

[3.17] *Chien, N.D.:* Schwingungs- und Stoßuntersuchungen an Gestellen von Magnetspeichergeräten. Diss. TH Ilmenau 1977.

[3.18] *Beyer, H.; Riesenberg, H.:* Handbuch der Mikroskopie. 3. Aufl. Berlin: VEB Verlag Technik 1987.

[3.19] *Klein, R.:* Automatisierungsanlagen – Aufbau und Verbindungstechnik. Berlin: VEB Verlag Technik 1972.

[3.20] *Frolow, A.D.:* Teoretičeskie osnovy konstruierovanija i nadežnosti radioelektronnoj apparatury. Moskau: Izd. Vysšaja škola 1970.

[3.21] *Göldner, H.; Holzweißig, F.:* Leitfaden der technischen Mechanik. 5. Aufl. Leipzig: Fachbuchverlag 1976.

[3.22] *Feiertag, R.:* Formsteifigkeit von dünnwandigen Bauelementen der Feinwerktechnik. Diss. TH Karlsruhe 1967.

[3.23] *Zienkiewicz, O.C.:* Methode der finiten Elemente. Leipzig: VEB Fachbuchverlag 1974.

[3.24] *Borowski, K.-H.:* Das Baukastensystem in der Technik. Berlin, Göttingen, Heidelberg: Springer-Verlag 1961.

[3.25] *Pahl, G.; Beitz, W.:* Konstruktionslehre. Berlin, Heidelberg, New York: Springer-Verlag 1977.

[3.26] *Seidel, U.:* Zu einigen konstruktiven Problemen bei der Entwicklung von Koppelstellen in Baukästen unter Beachtung ökonomischer Aspekte. Diss. TH Ilmenau 1977.

[3.27] Zentraler Artikelkatalog der Volkswirtschaft der DDR, Katalog Gefäßeinheiten für Erzeugnisse der Elektrotechnik, Elektronik und des Gerätebaus (Nr. 13998). Berlin: Ministerium für Materialwirtschaft 1977.

Aufsätze

[3.28] Optical Computing. Proceedings of the IEEE 65 (1977) 1.

[3.29] Arbeitsschutz- und Brandschutzanordnung 3/1 – Schutzgüte der Arbeitsmittel und Arbeitsverfahren. Gesetzblatt der DDR, Teil II, Nr. 87 vom 12. 8. 1966.

[3.30] *Tietze, G.:* Analog-Digital-Umsetzer der elektronischen Meßtechnik. radio fernsehen elektronik **21** (1972) 19, S. 620; 20, S. 670; 21, S. 689; 22, S. 736; 23, S. 776.

[3.31] CAMAC, ein modernes Instrumentierungssystem in der Datenverarbeitung (überarbeitete Beschreibung und Spezifikation). EUR 4100e, ESONE-Commitee 1972.

[3.32] *Winkler, R.:* Das einheitliche Gefäßsystem – ein unifiziertes, mechanisches Baukastensystem für Elektrotechnik, Elektronik und den Wissenschaftlichen Gerätebau. Die Technik **28** (1973) 12, S. 757.

[3.33] *Ulrich, C.; Decke, S.:* Bedeutende Rationalisierungseffekte bei der Anwendung des einheitlichen Gefäßsystems (EGS) der Elektrotechnik, Elektronik und des Wissenschaftlichen Gerätebaus. Rationalisierung **I** (1973) 3, S. 59.

[3.34] *Illig, W.; Trittler, P.:* Meßmikroskope im Baukastensystem. Feingerätetechnik **74** (1970) 6, S. 235.
[3.35] Gefäßsystem ALMES. Prospektmaterial TESLA Bratislava 1978.
[3.36] Draft – Dimensions of sub-racks for mounting in structures according to Publication 297 and associated plug-in units. International Electrotechnical Commission (IEC), Technical Committee Nr. 48, Sub-Commission Nr. 48 D. Genf 1977.
[3.37] *Biegert, H.:* Die Baukastenbauweise als technisches und wirtschaftliches Gestaltungsprinzip. Diss. TH Karlsruhe 1971.
[3.38] Firmenschrift „Intermas-Aufbausystem für die Elektronik". AEG Telefunken.
[3.39] 19-Zoll-Bauweise nach DIN 41494 ISEP 2000. Prospektmaterial ITT.
[3.40] *Hoenow, G.:* Roboter-montagegerechtes Konstruieren. Maschinenbautechnik **30** (1981) 5, S. 202 und **33** (1984) 4, S. 150.
[3.41] *Sauerbrey, W.:* Richtlinie „Montageautomatisierungsgerechte Gestaltung von technischen Gebilden". Friedrich-Schiller-Universität Jena, Mai 1979.
[3.42] TGL 13394 (Juni 1971). Montagegerechtes Konstruieren, Regeln und Beispiele.
[3.43] *Weißmantel, H.:* Regeln zum montagegerechten Konstruieren. XI. Internationale Tagung „Wissenschaftliche Fortschritte der Elektronik-Technologie und Feingerätetechnik" Dresden 1986 und: Intelligente flexible Greifer für Montageroboter der Feinwerktechnik. Fachtagung „Automatisierung der Montage in der Feinwerktechnik." VDI-Bericht 556.

Entsprechende DIN-Normen zu den TGL-Standards des Abschnitts 3.:

DIN IEC 65 (CO) 22	Industrielle Prozeß-, Meß- und Regelungstechnik, Einsatzbedingungen
DIN 41494	Bauweisen für elektronische Einrichtungen
DIN 43350	Begriffe für elektrisch-mechanische Bauweisen
DIN E IEC 480 (CO)3	Schrankabmessungen und Gestellreihenteilungen der 19-Zoll-Bauweise für allgemeine Anwendungen
DIN IEC 68/2–6	Elektrotechnik, grundlegende Umweltprüfverfahren.

4. Genauigkeit und Zuverlässigkeit von Geräten

Mit dem zunehmenden Einsatz von Erzeugnissen der Gerätetechnik in allen Bereichen des gesellschaftlichen Lebens werden in verstärktem Maß Forderungen nach hoher Genauigkeit und Zuverlässigkeit gestellt.

Im Gegensatz zu den Maschinen, die vornehmlich die physische Leistungsfähigkeit des Menschen erweitern und ergänzen, leisten Geräte ähnliches für den Bereich der Sinne (s. Abschn. 1.). Da in allen Zweigen von Wissenschaft und Technik Informationen erfaßt und weiterverarbeitet werden, hat die Gerätetechnik bedeutenden Anteil und Einfluß bei der Entwicklung dieser Bereiche. Dies betrifft besonders Geräte zur Messung, Steuerung und Regelung, in jüngster Zeit aber auch solche der automatischen Handhabung und unmittelbar als Produktionsinstrumente dienende Geräte. Oft müssen zur Gewinnung von Informationen kleinste Meßwerte erfaßt und möglichst unverfälscht verstärkt und weiterverarbeitet werden. Das erklärt, daß *Empfindlichkeit und Genauigkeit* in der Gerätetechnik schon immer eine dominierende Rolle spielten und wegen der steigenden Forderungen an die Leistungsfähigkeit in erhöhtem Maß Bedeutung erlangen.

Darüber hinaus muß der *Zuverlässigkeit* größere Beachtung geschenkt werden. Die meist komplizierter werdenden Geräte sind infolge größerer Bauelementeanzahl i. allg. störempfindlicher als einfache technische Gebilde. Das Absinken der Zuverlässigkeit läßt sich aber nicht allein mit der Zunahme der Komplexität der Geräte erklären; denn in einigen Fällen kann auch mit mehr Elementen eine höhere Genauigkeit und Zuverlässigkeit realisiert werden (s. Abschn. 4.2.3.1.). Eine wesentliche Ursache für die Verringerung der Zuverlässigkeit besteht darin, daß in Verbindung mit höheren Leistungsparametern und Arbeitsgeschwindigkeiten viele Elemente nahe den Grenzen ihrer Widerstandsfähigkeit betrieben werden. Während früher vielfach eine Überdimensionierung auf Erfahrungsbasis die Zuverlässigkeit weitgehend sicherte, sind für moderne Erzeugnisse lastabhängige Dimensionierungen unter Ausnutzung spezieller Werkstoffeigenschaften erforderlich.

Die Festlegung der notwendigen Zuverlässigkeitsforderungen ist aus den Einsatzbedingungen der Erzeugnisse abzuleiten. Dabei müssen alle zuverlässigkeitsbeeinträchtigenden Vorgänge während des gesamten Reproduktionsprozesses von der Entwicklung bis zur Nutzung berücksichtigt werden.

Bezüglich der Zuverlässigkeitsziele lassen sich zwei Grenzfälle unterscheiden:

- Für eine vorgesehene Betriebszeit muß mit einer sehr hohen Wahrscheinlichkeit die Funktion des Erzeugnisses gesichert sein. Diese Forderung besteht bei solchen Systemen, die die Sicherheit von Menschen oder den Schutz hoher materieller Werte zu gewährleisten haben, deren Ausfall hohe ökonomische Verluste nach sich zieht bzw. die nach Inbetriebnahme nicht mehr für Reparaturen zugänglich sind. Beispiele sind die Luft- und Raumfahrt-, die Reaktortechnik sowie Systeme der Militärtechnik. Im Mittelpunkt steht hier die Erfolgschance, d.h. die Wahrscheinlichkeit der ausfallfreien Arbeit (Überlebenswahrscheinlichkeit).
- Für die Nutzung eines Erzeugnisses ist ein optimales Verhältnis von Gebrauchswert

und Kosten anzustreben. Der Gebrauchswert wird für die hier interessierenden Gesichtspunkte durch die realisierten technischen Parameter des Produkts und deren zeitliches Verhalten (Zuverlässigkeit) bestimmt. Hohe Zuverlässigkeit ist meist mit hohen Anschaffungs-, aber geringen Instandhaltungskosten verbunden. Bei niedriger Systemzuverlässigkeit kehrt dieses Verhältnis um. Angestrebt wird ein Kostenminimum, aus dem sich Zielwerte für die Kenngrößen der Entwurfszuverlässigkeit ableiten lassen. In der Kostenbilanz sind aber auch Materialökonomie und Instandhaltungskapazität zu berücksichtigen, die im gesamtgesellschaftlichen Rahmen große Bedeutung haben. Diese Zuverlässigkeitsziele gelten für die meisten Industrieerzeugnisse.

Da Genauigkeit und Zuverlässigkeit eines Geräts bereits durch Entwicklung und Konstruktion im wesentlichen festgelegt werden, müssen die dafür Verantwortlichen über die notwendigen Kenntnisse und Einstellungen verfügen.

4.1. Grundbegriffe der Zuverlässigkeit, Beschaffenheit und Verhalten von Geräten

Der Preis eines Erzeugnisses wird neben dem gesellschaftlich notwendigen Arbeitsaufwand durch seinen *Gebrauchswert* bestimmt. Dieser wird durch eine Vielzahl objektiver Qualitätskennziffern beschrieben, z.B. Leistung, Abmessungen, Wirkungsgrad, Masse, Materialeinsatz, Genauigkeit, Umweltbeeinflussung, Hygiene, Störanfälligkeit, Reparaturaufwand, Formgestaltung, Schutzgüte, Standardisierung. Je nach Erzeugnisart und Betrachtungsstandpunkt haben diese das Erzeugnis letztlich kennzeichenden Parameter unterschiedliches Gewicht und unterliegen je nach technischem Fortschritt auch ständiger zeitlicher Veränderung.

Es muß vorausgeschickt werden, daß für die folgenden Begriffe – national, aber auch international – keine einheitlichen Auffassungen und Festlegungen bestehen. Widersprüche mit dem einschlägigen Schrifttum sind nicht zu vermeiden.

Unter der *Qualität* eines Erzeugnisses ist die Gesamtheit seiner Eigenschaften zu verstehen, die – ohne Berücksichtigung seiner Verwendungsart – lediglich seine Erkennung und Charakterisierung ermöglichen. Anders dagegen ist es bei dem Begriff Güte. Die *Güte* eines Erzeugnisses ist die Gesamtheit seiner positiven Eigenschaften im Hinblick auf eine bestimmte Verwendungsart, d.h. der Eigenschaften, die den an das Erzeugnis gestellten zweckentsprechenden Anforderungen genügen. Die Qualität ist also ein absoluter, die Güte ein relativer Begriff. Beide werden aber im täglichen Sprachgebrauch und häufig auch im Schrifttum als gleichbedeutend verwendet. Im folgenden wird deshalb nur noch der Begriff Qualität benutzt [4.65].

Die Qualität (Güte) eines Erzeugnisses verkörpert einen bestimmten Gebrauchswert. Dabei versteht man unter Qualität sowohl solche Parameter, die den Zustand eines Erzeugnisses zu einem bestimmten Zeitpunkt, meist dem des Neuwerts, kennzeichnen, als auch jene, die zur Beschreibung des Verhaltens eines Erzeugnisses über einen längeren Zeitraum dienen.

Zu den erstgenannten Kennziffern gehören:

- Kennziffern der Zweckbestimmung, z.B. Leistungs-, Produktivitäts- und Aufwandskennziffern
- Kennziffern der Umwelt, d.h. einerseits Kennziffern der Umweltbeeinflussung und andererseits Kennziffern der Arbeitswissenschaften (z.B. hygienische, anthropometrische, physiologische und psychologische)

- Kennziffern der Formgestaltung
- Kennziffern der Standardisierung und Normung
- Kennziffern des Schutzrechts.

In der zweiten Gruppe werden alle Angaben des zeitlichen Verhaltens zusammengefaßt. Sie bestimmen die *Zuverlässigkeit*. Solche Kennziffern sind nicht nur physikalisch-technischer Natur, sondern unterliegen wegen ihrer Abhängigkeit von Herstellung und Nutzung auch ökonomischen und organisatorischen Einflüssen. Unter Zuverlässigkeit eines technischen Erzeugnisses versteht man – in Anlehnung an die Bedeutung dieses Begriffs in der Umgangssprache – die Fähigkeit des Erzeugnisses, seinem Verwendungszweck während einer bestimmten Zeitdauer zu genügen.

Die erstgenannte Gruppe von Qualitätsparametern bezieht sich auf *ein* Exemplar eines Erzeugnisses, sie charakterisieren es. Sie gestatten keine Aussage über das zeitliche Verhalten.

Die Zuverlässigkeit ist eine durch Kenngrößen belegte Eigenschaft, die das zeitliche Verhalten in bezug auf Ausfälle, Reparatur und Vorbeugung beschreibt. Die Zuverlässigkeitskennwerte können nur aus einer Anzahl von Erzeugnissen oder aus der Beobachtung eines Erzeugnisses über einen langen Zeitraum gewonnen werden. Die Angaben sind deshalb entweder Prognosen mit einer bestimmten Wahrscheinlichkeit (z.B. mittlere Ausfallrate) oder selbst Wahrscheinlichkeiten (z.B. Wahrscheinlichkeit der ausfallfreien Arbeit). Hierin besteht der grundsätzliche Unterschied zwischen den Kennziffern der beiden genannten Gruppen. Selbstverständlich können Kennwerte der ersten Gruppe auch mit einer Toleranzangabe versehen sein; Angaben zur Zuverlässigkeit sind jedoch stets mit einer Wahrscheinlichkeit behaftet, so daß Aussagen über das tatsächliche zeitliche Verhalten eines Einzelexemplars nicht getroffen werden können.

Die Genauigkeit dagegen bezieht sich auf das Erreichen und Beibehalten der geforderten Funktionsparameter eines technischen Systems innerhalb der zulässigen vereinbarten Abweichungen. Sie betrifft damit sowohl den Ausgangszustand eines Geräts als auch dessen Zustandsveränderungen für einen bestimmten Zeitraum.

Die Funktionserfüllung eines Geräts, d.h. die Qualität, wird maßgeblich durch dessen Konzeption, also der gewählten Struktur, durch Herstellungs-, Montage- und Nutzungsbedingungen und durch Umwelteinflüsse und Alterung, Ermüdung oder Verschleiß bedingt. Dabei hängt der Grad der Einflußnahme der äußeren und inneren Störfaktoren weitgehend von den qualitativen und quantitativen strukturellen Beziehungen ab. Deshalb besteht für die Konstruktion ein enger *Zusammenhang zwischen Genauigkeit und Zuverlässigkeit* der Geräte.

Es ist Aufgabe der folgenden Abschnitte, aus der Sicht des Konstrukteurs die Einflußgrößen auf Genauigkeit und Zuverlässigkeit, Grundlagen ihrer Behandlung, Maßnahmen zu ihrer Verbesserung und Zusammenhänge für den Bereich der Konstruktion darzulegen.

Ausgehend von den im Abschnitt 2. angeführten Methoden und Mitteln, deren Aufgabe darin besteht, eine optimale Struktur für eine geforderte Funktion zu erarbeiten, beschränken sich die folgenden Ausführungen auf das Fehler- und Ausfallverhalten der Struktur und ihrer Bestandteile und auf diesbezügliche Möglichkeiten der Strukturverbesserung.

4.2. Konstruktionsprinzipien

[4.1] bis [4.5] [4.9] [4.10] [4.11] [4.36] [4.39] [4.40] [4.41]

4.2.1. Konstruktionsmethode, -richtlinie, -prinzip

Es muß vorausgeschickt werden, daß für die in der Überschrift genannten Begriffe keine einheitliche Auffassung besteht und eine z.T. recht willkürliche Anwendung gebräuchlich ist. Hinzu kommen weitere Begriffe, wie Konstruktionsgrundsatz, -leitlinie, -grundregel u.ä. Alle haben letztlich das Ziel, die Technik des Konstruierens – eingedenk der Problematik, die aus der Mehrdeutigkeit und Unbestimmtheit des Übergangs von der Funktion zur Struktur herrührt – zielgerichtet und rationell zu gestalten und dabei die während des Konstruierens schier unübersehbare Menge von Einzelforderungen durch übergeordnete und geordnete Regeln zu berücksichtigen. Die Summe all dieser Forderungen läßt sich zunächst zwei großen Bereichen zuweisen.

Tafel 4.1. Drei Grundregeln des Konstruierens

	Einfach	Eindeutig	Sicher
Umwelt	sinnfällige, verständliche, übersichtliche Beziehungen zum Menschen (Bedienung, Wartung, Kontrolle, Reparatur) und zu gekoppelten technischen Gebilden	Irrtümer ausschließende Montage, Bedienung, Kopplung und Instandhaltung; eindeutige und vollständige technische Dokumentation für Fertigung und Nutzung	mittelbare Sicherheit durch Schutz des Systems gegenüber Einflüssen der Umwelt bzw. Schutz der Umwelt gegenüber dem System und dessen möglichem Versagen
Funktion	möglichst wenige Teilfunktionen, übersichtlich und logisch verknüpft; durchschaubare physikalische Gesetzmäßigkeiten	definierte Zuordnung der Teilfunktionen, geordnete Führung des Energie-, Stoff- und Informationsflusses; Ausnutzung reproduzierbarer physikalischer Effekte mit klarer Beschreibbarkeit zwischen Ein- und Ausgangsgrößen	Vermeiden schädlicher Wechselwirkungen zwischen den Teilfunktionen; Anstreben geringer Kompliziertheit und Komplexität
Struktur	möglichst wenige Systemelemente; einfache, leicht herstellbare geometrische Formen, die auch der Berechnung leicht zugänglich sind	Vermeiden von Zwangszuständen durch nicht überbestimmte Koppelstellen, definierte Belastungsfälle nach Größe, Art und Richtung; eindeutiges Verhalten gegenüber Störgrößen (Temperatur, Toleranzen, Verschleiß u.a.)	unmittelbare Sicherheit durch 1. Sicherheitsprinzip „sicheres Bestehen" infolge ausreichender Dimensionierung oder 2. Sicherheitsprinzip „zugelassenes Versagen" ohne schwerwiegende Folgen

Zu dem einen Bereich gehören die unmittelbar an das zu entwickelnde Erzeugnis gerichteten speziellen Festforderungen oder Wünsche, im wesentlichen die technisch-physikalischen und ökonomischen Parameter betreffend.

Zum anderen Bereich gehören alle diejenigen Forderungen, die unabhängig vom speziellen Erzeugnis bei jeder Entwicklung zu berücksichtigen und für deren Erfüllung keine festen Werte oder Grenzen vorgegeben sind, die letztlich alle auf wirtschaftliche Abhängigkeiten zurückgehen und die deshalb – im Gegensatz zu denen des ersten Bereichs – als sog. Extremalforderungen formuliert werden können.

Tafel 4.2. Abgrenzung zwischen Konstruktionsmethoden, -richtlinien und -prinzipien

	Konstruktions- Methoden	Richtlinien	Prinzipien
sind	Handlungsvorschriften zur Optimierung der Vorgehensweise der Konstruktionstätigkeit	Vorschriften und Empfehlungen für die Struktur des technischen Gebildes und ihre Bestandteile	grundsätzliche Möglichkeiten
mit dem Ziel	die Struktur eines technischen Gebildes mit optimaler Erfüllung der Funktion aufzufinden, anzupassen und zu verbessern		
durch	Empfehlen einer Folge von Operationen zur optimalen Gestaltung des Konstruktionsprozesses	Berücksichtigen der durch Herstellung, Gebrauch und Vorschriften gegebenen Forderungen	in der Struktur selbst vorhandenen Zusammenhänge
Beispiele	Methode – der Abstraktion – der Klassifikation – des Grundprinzips – der Präzisierung – Kombinations- und Variationsmethode – Ideenkonferenz – Synektik – Bewertungsmethoden u.a.	– fertigungsgerecht (z.B. gieß-, schweiß-, montage-, justier-, prüfgerecht) – standardgerecht – baukastengerecht – verschleißgerecht – korrosionsgerecht – ausdehnungsgerecht – bediengerecht – wartungsgerecht u.a.	Prinzip – der Funktionentrennung – der Funktionen-integration – der fehlerarmen Anordnungen (Invarianz, Innozenz) – der Selbstunterstützung – der Kraftleitung – des Vermeidens von Überbestimmtheiten u.a.

Sie lassen sich folgenden fünf übergeordneten Forderungen zuordnen:

- **minimale Herstellungskosten** (durch geringstmögliche Kosten für Forschung und Entwicklung, für Werk- und Hilfsstoffe, für den Fertigungsprozeß, für die Amortisation der Grundmittel u. a.)
- **minimaler Raumbedarf** (durch gute Raumausnutzung, Wahl eines geeigneten Arbeitsprinzips u. a.)
- **minimale Masse** (durch hochfeste Werkstoffe und ihre optimale Ausnutzung u. a.)
- **minimale Verluste** (durch Vermeiden von energetischen und stofflichen Verlusten u. a.)
- **optimale Nutzung** (durch günstige Handhabung, optimale Schutzgüte, Vermeiden schädigender und belästigender Folgen, zuverlässige Funktionserfüllung u. a.).

Aus diesen durch den Konstrukteur zu berücksichtigenden Forderungen ergeben sich die stets gültigen

■ **Grundregeln des Konstruierens** [4.2] [4.3]: **einfach, eindeutig und sicher.**

Sie sind in allen Phasen des konstruktiven Entwicklungsprozesses anwendbar, von der Präzisierung der Aufgabenstellung bis hin zu Überlegungen konstruktiver Einzelheiten.

Sie drücken aus das Streben nach einfachen technischen Lösungen als Voraussetzung für deren wirtschaftliche Realisierung, nach eindeutigen Zusammenhängen zwischen Ursache und Wirkung, Einflußgröße und Verhalten als Voraussetzung für deren Erfaßbarkeit, Berechnung und damit zuverlässiger Voraussage und schließlich nach sicherer Funktionserfüllung mit optimaler Zuverlässigkeit und Abwendung von Gefahren für Mensch und Umwelt.

Gemäß Abschnitt 2.1. (Tafel 2.1) kann ein technisches Gebilde als System aufgefaßt und durch seine Umwelt, Funktion und Struktur eindeutig beschrieben werden. So lassen sich die drei genannten Grundregeln nach diesen Aspekten ordnen und sind in **Tafel 4.1** näher erläutert, können jedoch erheblich weiter präzisiert und untersetzt werden, wie dies z.B. in [4.2] geschehen ist.

Die Anwendung der drei Grundregeln verlangt vom Konstrukteur erstens ein methodisches Vorgehen, zweitens das Beachten bestehender verbindlicher Vorschriften oder Empfehlungen und drittens das Ausnutzen grundsätzlicher Möglichkeiten der Strukturierung technischer Gebilde, der sog. Konstruktionsprinzipien. **Tafel 4.2** veranschaulicht diesen Sachverhalt und grenzt die drei angeführten Begriffe gegeneinander ab. Die Konstruktionsmethoden sind Gegenstand von Abschn. 2. Konstruktionsrichtlinien werden in diesem Buch nicht in geschlossener Form abgehandelt, da hierzu umfangreiche Literatur existiert, besonders zur fertigungsgerechten Konstruktion [4.11].

Einige Konstruktionsprinzipien werden im folgenden näher erläutert.

4.2.2. Übersicht über Konstruktionsprinzipien

Konstruktionsprinzipien sind grundsätzliche Möglichkeiten der Strukturierung technischer Gebilde und ihrer Bestandteile aufgrund der in der Struktur selbst vorhandenen inneren Zusammenhänge und Veränderungsmöglichkeiten. Sie haben, wie auch die Konstruktionsmethoden und -richtlinien, das Ziel, die geforderte Funktion optimal erfüllen zu helfen. Ihre Anwendung trägt den im Abschnitt 4.2.1. genannten fünf übergeordneten Forderungen Rechnung, indem die Strukturbestandteile (Elemente, Anordnungen und Kopplungen) so aufzufinden, anzupassen und zu verbessern sind, daß sich bestimmte Vorteile hinsichtlich der sicheren Funktionserfüllung ergeben. Einige der bekanntesten Konstruktionsprinzipien enthält **Tafel 4.3.** Es ist verständlich, daß nicht alle Prinzipien zugleich in einem technischen Gebilde angewendet werden, im Gegenteil, in vielen Fällen schließt die Anwendung eines Konstruktionsprinzips die eines anderen aus. Auch ist das vorteilhafte Ausnutzen eines Konstruktionsprinzips an bestimmte Voraussetzungen der Struktur selbst und an bestimmte äußere Bedingungen geknüpft, wobei die Zusammenhänge zwischen der Möglichkeit oder Notwendigkeit der Anwendung eines Konstruktionsprinzips einerseits und den Bedingungen andererseits noch weitgehend ungeklärt sind. Die Frage, inwieweit also die Anwendung eines Konstruktionsprinzips wichtig, notwendig, wünschenswert, überhaupt möglich oder gar von Nachteil ist, kann nicht generell beantwortet werden. Konstruktionsprinzipien sind deshalb nur eine Hilfe für den Konstrukteur, über deren zweckmäßige Anwendung er selbst entscheiden muß. Dies kann er nur eingeordnet in eine streng methodische Vorgehensweise tun – von der Präzisierung der Aufgabe bis zur Bewertung und Entscheidung gemäß Abschnitt 2.2.

Nachfolgend werden einige Konstruktionsprinzipien näher erläutert und mit Beispielen belegt.

Tafel 4.3. Zusammenstellung von Konstruktionsprinzipien

Konstruktionsprinzip	Beispiele/Erläuterungen
Prinzip der Funktionentrennung	Bilder 4.2, 4.3, 4.4
Prinzip der Funktionenintegration	Bild 4.1
Prinzip der Strukturtrennung	Gehäuseteilung wegen Montierbarkeit
Prinzip der Strukturintegration	Leiterplatte; integrierter Schaltkreis; Gestell und Gehäuse aus einem Stück
Prinzipien des Kraftflusses	
– Prinzip der direkten und kurzen Kraftleitung	Bild 4.16a, b
– Prinzip der gleichen Gestaltfestigkeit	strebt überall gleich hohe Ausnutzung der Festigkeit an, z.B. Träger gleicher Festigkeit
– Prinzip der abgestimmten Verformungen	Bild 4.16c, d
– Prinzip des Kraftausgleichs	Bild 4.16e, f
– Prinzip der definierten Kraftverzweigung	Bild 4.17a, b
Prinzipien der Selbstunterstützung	Wahl einer Struktur mit gegenseitig unterstützender Wirkung, Hilfsfunktionen unterstützen die Hauptfunktion
– Prinzip der Selbstverstärkung	sich selbst anpressende Dichtung mit anwachsender Flächenpressung bei steigendem Druck im Medium; anwachsende Normalkraft in einem Reibgetriebe bei größer werdendem Drehmoment (Prym-Getriebe)
– Prinzip des Selbstschutzes	Einleiten eines zusätzlichen Kraftleitungswegs bei Überlast, z.B. zusätzliche Festanschläge in elastischen Anschlägen oder Kupplungen, die bei Überlast einsetzen
– Prinzip des Selbstausgleichs	Hilfswirkung einer Nebengröße zur Erfüllung der Hauptfunktion, z.B. Stabilisierung durch Fliehkraft einer dünnen schnell rotierenden Scheibe; schwimmendes Abtastsystem eines Magnetplattenspeichers; selbstzentrierende Luftlager
Prinzipien der fehlerarmen Anordnungen	Wahl einer Struktur mit minimierten Fehlern oder Fehlern zweiter und höherer Ordnung
– Prinzip der Fehlerminimierung	Bild 4.22 (Tafel 4.4)
– Prinzip der Innozenz	Bilder 4,5, 4.8, 4.9, 4.10, 4.23 und 4.24 (Tafel 4.4)
– Prinzip der Invarianz	Bilder 4.5, 4.6, 4.7, 4.10
– Prinzip der Fehlerkompensation	Bilder 4.30, 4.31 (s. Abschn. 4.3.8.)
Prinzip des Vermeidens von Überbestimmtheiten	Bilder 4.12, 4.13, 4.14, 4.15
Prinzip Funktionswerkstoff an Funktionsstelle	Beschränken des funktionsnotwendigen Werkstoffs auf funktionsnotwendige Strukturbestandteile

4.2.3. Ausgewählte Konstruktionsprinzipien und Beispiele

4.2.3.1. Funktionentrennung und Funktionenintegration

Technische Gebilde sind i.allg. so aufgebaut, daß eine Teilstruktur, bestehend aus einem oder mehreren Bauelementen (Einzelteilen), nicht nur eine einzige Teilfunktion realisiert, sondern an mehreren Teilfunktionen beteiligt ist. Man nennt diese Erscheinung integrierte Funktionsausnutzung oder kurz Funktionenintegration (s. Abschn. 2.1.). Beispielsweise werden in einem einfachen Gleitlager nach **Bild 4.1a**, das aus Welle und Lagerkörper aufgebaut ist, die Hauptfunktionen „Lagerung“ (Gestellfunktion, Realisierung einer Drehachse), „Aufnahme der Radialkräfte“ und „Aufnahme der Axialkräfte“ verwirklicht. Ferner werden gleichzeitig die Nebenfunktionen „Aufnahme des Reibmoments“ und „Wärmeabfuhr“ und die Hilfsfunktion „Erzeugen bestimmter Schmierungsverhältnisse“ mit übernommen. Diese Funktionenintegration ergibt sich in den meisten Fällen zwangsläufig bei der vorzunehmenden Strukturierung, wird jedoch auch bewußt angestrebt, da sie folgende Vorteile mit sich bringt:

- Verringerung der Bauelementeanzahl
- Vereinfachung des Geräteaufbaus
- Miniaturisierung (geringere Massen, Verbesserung des dynamischen Verhaltens, geringeres Volumen)
- Einsparung von Montage- und Justierungsaufwand
- intensive Werkstoffausnutzung.

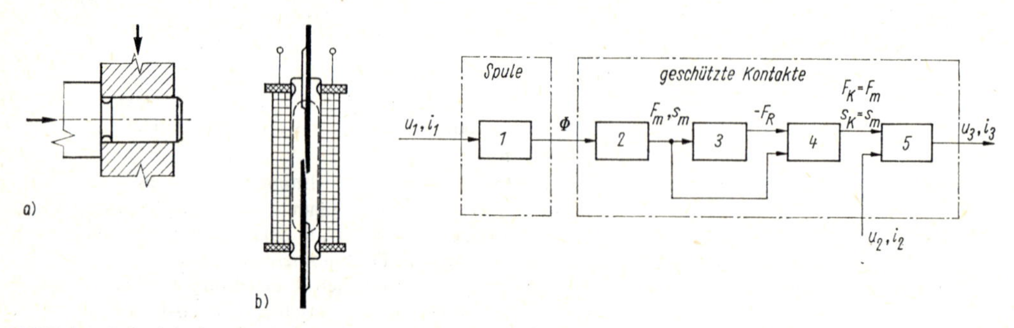

Bild 4.1. Beispiele für Funktionenintegration

a) Gleitlager
Teilfunktion *1*: Aufnahme der Radialkraft; Teilfunktion *2*: Aufnahme der Axialkraft
b) Ge-Ko-Relais (geschützte Kontakte)
Teilfunktion *1*: Magnetfluß erzeugen
Die Teilfunktionen *2* bis *5* werden von den Kontaktzungen übernommen.
Teilfunktion *2*: Kontaktkraft erzeugen (ferromagnetisches Material, Anker)
Teilfunktion *3*: Rückstellkraft erzeugen (Blattfeder)
Teilfunktion *4*: Kontaktstücke lagern (Federgelenk)
Teilfunktion *5*: Strom leiten (Kontaktstücke) F Kraft; s Weg; u Spannung; i Strom; Φ Magnetfluß
Indizes: *1* Spuleneingang; *2* Kontakteingang; *3* Kontaktausgang mit Magnet; K Kontakt; R Rückstellkraft; m Magnet

Es können sowohl Teilfunktionen aus einem physikalischen Bereich als auch aus verschiedenen physikalischen Bereichen integriert werden. Beispiele zeigt **Bild 4.1**, wo im Fall a zwei Teilfunktionen des gleichen Bereichs und im Fall b vier Teilfunktionen verschiedener Bereiche integriert ausgenutzt werden.

Funktionenintegration bedeutet, daß die Eigenschaften eines Strukturbestandteils in mehrfacher Weise ausgenutzt werden. In diesem Sinne ist z. B. das Aufbringen zahlreicher Transistoren und Widerstände auf dem Chip eines integrierten Schaltkreises höchstens im mechanischen Sinne eine Funktionenintegration. In bezug auf die elektrischen Funktionen liegt keine Funktionen-, sondern eine Strukturintegration vor.

Aus der Vereinigung mehrerer Teilfunktionen in nur einem Strukturbestandteil mit der mehrfachen Ausnutzung bestimmter stofflicher Eigenschaften des Funktionsträgers ergeben sich die Nachteile der Funktionenintegration:

- Gefahr der gegenseitigen störenden Beeinflussung der Teilfunktionen (z. B. bei dem Ge-Ko-Relais nach Bild 4.1 b Erwärmung durch Stromdurchgang und daraus folgende Veränderung der Federkonstanten)
- wegen der stets notwendigen Kompromisse kann die Teilstruktur bezüglich einer einzelnen Teilfunktion nie optimal gestaltet und bemessen werden

- Verstoß gegen die Grundregel „eindeutig" erschwert die Berechnung und damit die zuverlässige Voraussage des Verhaltens
- Teilstruktur kann bezüglich einer einzelnen Teilfunktion nicht bis zur möglichen Grenzleistung ausgenutzt werden; das betrifft insbesondere Fragen der Belastungsfähigkeit und Genauigkeit
- hohe Anforderungen an die Herstellung zum Erreichen der Parameter aller beteiligten Teilfunktionen
- meist keine Möglichkeit einer eindeutigen Justierung (s. Abschn. 4.3.) bzw. gezielten Beeinflussung einer einzelnen Teilfunktion.

Funktionenintegration ist deshalb in der Gerätetechnik mit hohen Forderungen hinsichtlich Genauigkeit und Zuverlässigkeit oft nicht vereinbar. Sobald die notwendigen Einschränkungen oder gegenseitigen Behinderungen und Störungen die zuverlässige Funktionserfüllung nicht ermöglichen, kann das Prinzip der Funktionentrennung angewendet werden.

Funktionentrennung ist die der Integration entgegengesetzte Maßnahme und hat das Ziel, den zur Erfüllung der Gesamtfunktion relevanten Teilfunktionen gesonderte Teilstrukturen zuzuweisen. In den meisten Fällen wird eine einzige, besonders wichtige oder an der Grenze der Erfüllbarkeit liegende Teilfunktion durch eine eigens dafür geschaffene Teilstruktur realisiert und damit aus den übrigen Teilfunktionen herausgelöst. Die dafür vorgesehene Struktur kann dann optimal dimensioniert werden. Die obengenannten Nachteile der Funktionenintegration werden weitgehend beseitigt, wobei jedoch die Gesamtanzahl der notwendigen Bauelemente und i.allg. auch der benötigte Bauraum bzw. die Gesamtmasse anwachsen. Dies ist aber nicht gleichbedeutend mit schlechter Wirtschaftlichkeit oder Zuverlässigkeit, da die Funktionentrennung gerade die eindeutige und bessere Beherrschbarkeit der gestellten Forderungen an die Gesamtfunktion mit sich bringt. In der Gerätetechnik wird das Prinzip der Funktionentrennung vorzugsweise dort angewendet, wo hohe Genauigkeit und Zuverlässigkeit gefordert werden. Im Maschinenbau wird sie häufig genutzt, um die Werkstoffe den einwirkenden Kräften und Momenten entsprechend optimal auszunutzen. Einige Beispiele mit unterschiedlichen Zielstellungen sollen das für die gesamte Technik wichtige Prinzip der Funktionentrennung näher erläutern.

Bild 4.2 zeigt, wie durch Anwendung von zwei Wälzlagern Axial- und Radialkräfte voneinander getrennt und gegenseitig unbeeinflußt aufgenommen werden können. Wichtig ist die axiale Beweglichkeit innerhalb des Radiallagers. Schräg angreifende Kräfte werden eindeutig in die zwei möglichen definierten Richtungen zerlegt.

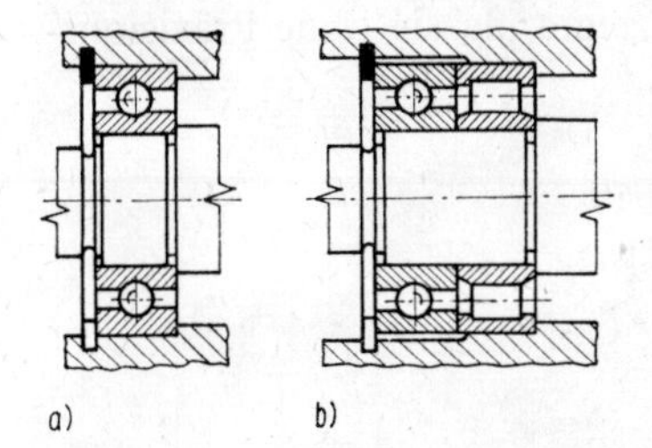

Bild 4.2
Funktionentrennung an einer Wälzlagerung

a) Kugellager nimmt sowohl Axial- als auch Radialkräfte auf (Funktionenintegration)
b) Kugellager nimmt ausschließlich Axialkräfte, das Rollenlager ausschließlich Radialkräfte auf

Bild 4.3 veranschaulicht schematisch eine für die Präzisionsgerätetechnik typische Lösung zur Trennung der von jeder Lagerung und Führung zu übernehmenden beiden Teilfunktionen „Kraftaufnahme" und „Verwirklichung der Drehachse bzw. Leitgeraden". Durch äußere Kräfte und Momente werden Lagerungen und Führungen wegen der eintretenden Verformung in ihrer Funktion (Genauigkeit, Reibung) beeinträchtigt. Durch Realisierung zweier miteinander gekoppelter Systeme mit aber völlig unterschiedlichen Aufgaben wird dies weitgehend vermieden. Eine Hebelanordnung entlastet das die Genauigkeit bestimmende Lager bzw. die Präzisionsführung, so daß die dort aufzunehmenden Restkräfte beliebig klein gehalten und Deformationen vermieden werden können. Das erfordert die Verlagerung des Schwerpunkts *S* in ein zweites, die Kräfte aufnehmendes Lager bzw. in eine zweite Führung, an die jedoch keinerlei Genauigkeitsforderungen gestellt sind. Auf diese Weise wird auch der Verschleiß der genauigkeitsbestimmenden Teile nahezu vollständig vermieden. Entlastete Lagerungen und Führungen gelangen in der Gerätetechnik z. B. in astronomischen und feinmeßtechnischen Großgeräten zur Anwendung.

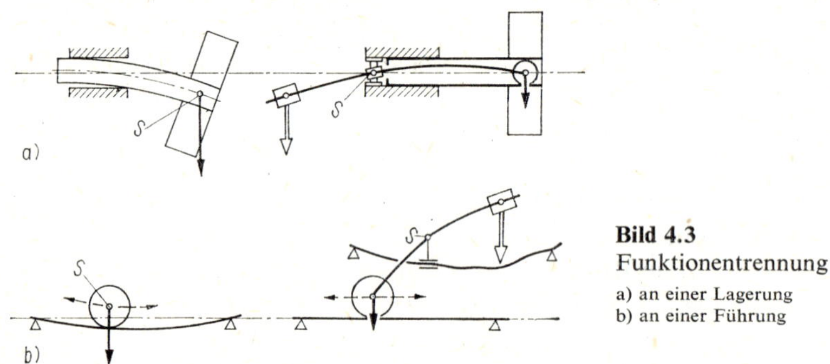

Bild 4.3
Funktionentrennung
a) an einer Lagerung
b) an einer Führung

Als weiteres Beispiel sei die Schwenkeinrichtung eines Spiegels angeführt, deren technisches Prinzip im **Bild 4.4** dargestellt ist. Zur zeitweiligen Ablenkung eines Strahlengangs soll ein Spiegel durch Schwenken um eine Drehachse in eine Stellung gebracht werden, an die hohe Lageforderungen gestellt sind, da ein Kippfehler des Spiegels eine doppelt so große Ablenkung der Lichtstrahlen bewirkt. Im Bild 4.4a wird die Lagegenauigkeit des Spiegels durch den Anschlag und das Schwenklager bestimmt, wobei letzteres außerdem einem Verschleiß unterliegt. Durch Trennung der Funktionen „Schwenken" und „Lagefixierung" gelangt man zur Ausführung Bild 4.4b, bei der die Lagegenauigkeit des im Hebel über eine kugelartige Lagerung beweglichen Spiegels ausschließlich durch die drei Anschläge gegeben ist. Das Lager selbst hat keinen Einfluß darauf. Hier wird konsequent der Grundsatz befolgt, Genauigkeitsforderungen nur dort zu erfüllen, wo sie tatsächlich verlangt werden; denn außerhalb der Funktionsstellung des Spiegels ist dies nicht der Fall. Obwohl Ausführung Bild 4.4b mehr Teile enthält, ist sie wirtschaftlicher und zuverlässiger als die im Bild 4.4a gezeigte, da sie ohne Präzisionslager auskommt.

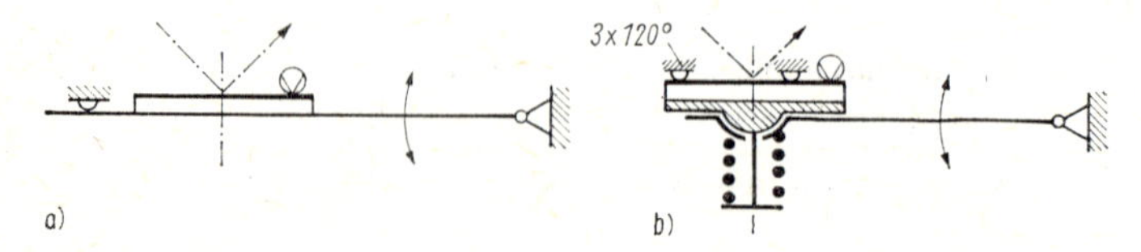

Bild 4.4. Funktionentrennung an einer Spiegelschwenkeinrichtung

Teilaufgaben, bei denen ein Bauteil außerhalb einer Funktionsstellung bevorratet und wahlweise in eine exakte Position bewegt wird, sind recht häufig in der Gerätetechnik anzutreffen. Dabei ist für die Teilfunktionen „Bevorraten" und „Transport" selten Genauigkeit vorgeschrieben, weshalb die im Bild 4.4 vorgenommene Funktionentrennung für viele analog geartete Fälle zutrifft, z. B. beim Einbringen oder Auswechseln von Dispersionsgittern, bei Objektiven verschiedener Brennweiten eines Objektivrevolvers und anderen vorzugsweise optischen Bauelementen.

4.2.3.2. Innozenz und Invarianz

Die Konstruktionsprinzipien *Innozenz* und *Invarianz* sind Mittel, um das Fehlerverhalten von Geräten, also die Genauigkeit auch über lange Zeiträume, entscheidend zu verbessern. Man versteht darunter solche Strukturen von Elementen oder Teilsystemen, die sich gegenüber bestimmten Störeinflüssen invariant oder innozent verhalten, d.h., die Ausgangsgröße wird nicht von der Störgröße beeinflußt, oder es treten nur Fehler zweiter und höherer Ordnung auf. Beide Konstruktionsprinzipien entstammen der Gerätetechnik und haben dort eine außerordentliche Bedeutung. Wie im Abschnitt 4.3. ausführlich dargelegt ist, wird die Gerätefunktion durch das Einwirken äußerer und innerer Störgrößen beeinträchtigt. Dort sind auch die Maßnahmen zur Verbesserung des Fehlerverhaltens zusammengestellt, und zwar allgemein gegenüber Störgrößen beliebiger Art.

Viele der bisher bekannt gewordenen invarianten und innozenten Anordnungen richten sich gegen eine der hauptsächlichsten Störgrößen in der Gerätetechnik, gegen geometrische Fehler, d. h. gegen Fehler bezüglich Abmessungen und Lage der Bauelemente (Toleranzen, Grenzabweichungen, Grenzabmaße usw.). Diese entstehen durch unvermeidliche Herstellungs- und Montagetoleranzen und durch Lage- und Abmessungsveränderungen infolge der durch Kräfte und Temperatur [4.48] hervorgerufenen Deformationen und infolge Verschleißes. Deshalb haben invariante und innozente Strukturen häufig das Ziel, den Einfluß gerade dieser Störgrößen auf die Gerätefunktion völlig zu beseitigen oder möglichst klein zu halten.

Beispiele für invariante optische Bauelemente gegenüber Verlagerungen sind im **Bild 4.5** zusammengestellt.

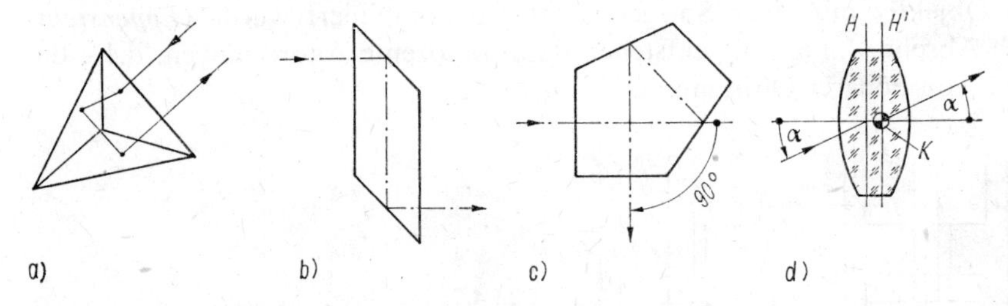

Bild 4.5. Beispiele für invariante optische Bauelemente
a) Tripelprisma; b) rhombisches Prisma; c) Pentaprisma; d) Objektiv
K Knotenpunkt

Tripelprisma und rhombisches Prisma (s. Abschn. 6.4.1.) sind allseitig lageinvariant, d.h., die Eigenschaft, das Licht um 180° abzulenken (Tripelprisma) bzw. es parallel zu versetzen (Rhomboidprisma), bleibt erhalten trotz möglicher Kippungen des Bauelements um alle drei Achsen eines kartesischen Koordinatensystems. Die 90°-Ablenkung des Pentaprismas ist invariant gegenüber Kippungen um Achsen senkrecht zu seinem Hauptschnitt. Die Richtung des vom Objektiv abgebildeten Lichts bleibt unbeeinflußt, wenn dieses um Achsen gekippt wird, die durch den hinteren Knotenpunkt gehen. Die letztere Eigenschaft wird in Kollimatoren ausgenutzt, um sog. invariante Kollimatoren aufzubauen, wie sie im **Bild 4.6** dargestellt sind.

Der Kollimator nach Bild 4.6a enthält die abzubildende Marke M im hinteren Knotenpunkt des Objektivs O. Diese wird durch den raumfesten Planspiegel im Abstand $f/2$ nach M_1 in die Brennebene des Objektivs abgebildet. Beim Fokussieren auf endliche Entfernungen durch Verschieben des Objektivs bleiben dessen Verlagerungen und Verkippungen ohne Einfluß auf die Richtung der Zielachse, die stets orthogonal zum Spiegel steht, da sich das Markenbild M_2 um den gleichen Betrag verlagert. Der Schlotterfehler des Objektivs wird damit völlig ausgeschaltet. Der Doppelkollimator nach Bild 4.6b ist so aufgebaut, daß sich die jeweilige Marke des einen Kollimators im hinteren Knotenpunkt des Objektivs vom anderen Kollimator befindet. Bei möglichen Verlagerungen und Kippungen der Objektive (gestrichelt dargestellt), z. B. wegen Durchbiegung des Tubus infolge einseitiger Erwärmung oder Krafteinwirkung, bleibt die Koinzidenz beider Zielachsen erhalten. Dieses Prinzip findet z. B. in optischen Entfernungsmessern Anwendung.

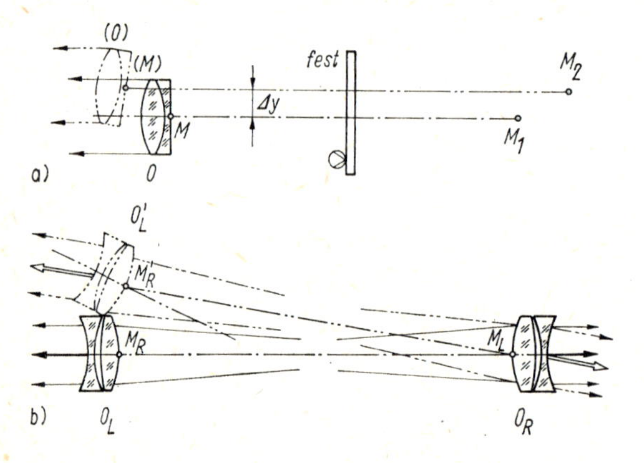

Bild 4.6
Kollimatoren invarianter Bauweise
a) fokussierbarer Kollimator mit richtungsinvarianter Zielachse
O Objektiv; M Marke
b) invarianter Doppelkollimator
O_L, O_R linkes und rechtes Objektiv
M_L, M_R linke und rechte Marke

Die Unempfindlichkeit gegenüber Kippungen um Achsen, die durch den positiven Knotenpunkt gehen, wird in abgewandelter Form in optischen Ableseeinrichtungen ausgenutzt, deren Objektiv mit einer Spiegelanordnung kombiniert wurde (*Eppenstein-Prinzip*; s. auch Abschn. 4.3.6.). Es entstehen dann innozente Anordnungen, d.h., die Fehler sind klein von höherer Ordnung.

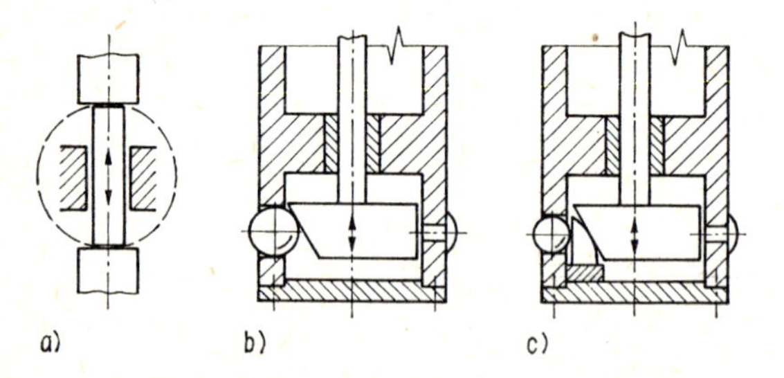

Bild 4.7
Spielinvariante Anordnungen
a) Druckstelze als Übertragungsglied
b), c) Bohrungsmeßgerät in zwei Ausführungsformen

Auch für rein mechanische Funktionen sind invariante und innozente Strukturen bekannt. Sie haben ebenfalls meist die Aufgabe, den Einfluß von Herstellungs- oder Montageabweichungen oder von während des Betriebs eintretenden Verlagerungen auf die Ausgangsgröße klein zu halten. **Bild 4.7** zeigt spielinvariante Anordnungen. Wenn in a) die als Zylinderstift ausgebildete, zur Übertragung eines Wegs dienende Druckstelze mit solchen Kuppelkappen versehen ist, die Teile einer gemeinsamen Kugel sind (gestrichelt dargestellt), so bleiben selbst größere Kippungen infolge des unvermeidlichen Führungsspiels ohne Auswirkung auf den Abstand zwischen An- und Abtriebsglied. In der Ausführung des Bohrungsmeßgeräts nach Bild 4.7b wird die Meßbewegung der Abtastkugel an der Schräge des Tastbolzens, der am oberen Ende mit einem Feinzeiger versehen ist, rechtwinklig umgelenkt. Dabei verfälscht das Führungsspiel der Kugel die Anzeige bis zum vollen Betrag des Spiels, da die Kugel beim Suchen nach dem Umkehrpunkt (mittels Kippbewegungen des Tastkopfs) in der zu messenden Bohrung verschiedene Möglichkeiten der Anlage in der Wand ihres Führungszylinders hat. Die Ausführung nach Bild 4.7c vermeidet diesen Fehler wegen des eingelegten Zwischenteils, das die Form eines Zylindersegments hat. Das Führungsspiel kann sich nicht auf die Anzeige auswirken.

Ein seit langem bekannter Spezialfall des Innozenzprinzips ist das *Abbesche Komparatorprinzip.* Beim Messen sollen Prüfling und Normal fluchtend hintereinander angeordnet sein, um Fehler erster Ordnung zu vermeiden (Bild 4.9a). Kippungen zwischen Prüfling und Normal bewirken dann nur noch Fehler zweiter Ordnung.

Allgemein gilt für den Fehler einer Ausgangsgröße

$$\Delta A = V_{F1}\,\Delta Z + V_{F2}\,(\Delta Z)^2 + V_{F3}\,(\Delta Z)^3 + \dots + V_{Fn}\,(\Delta Z)^n \tag{4.1}$$

A Ausgangsgröße, ΔZ Störgröße (s. Abschn. 4.3.1.), V_{F1} bis V_{Fn} Fehlerfaktoren:

$V_{F1} \neq 0$ Fehler erster Ordnung
$V_{F1} = 0$ Fehler zweiter (und höherer) Ordnung
$V_{F1} = V_{F2} = 0$ Fehler dritter (und höherer) Ordnung.

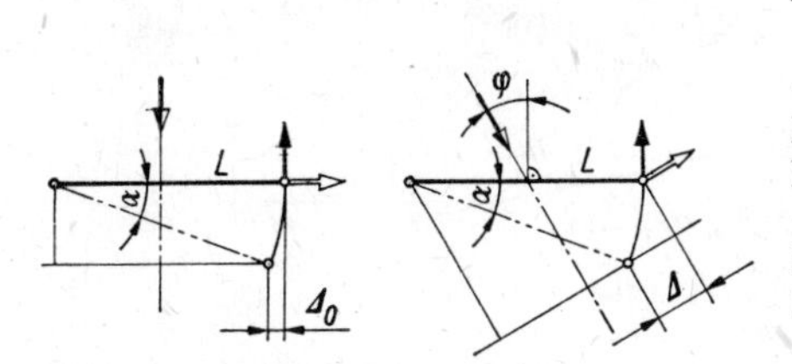

	Δ	Δ_0
Für die Einheitsstrecke	$\cos\varphi - \cos(\varphi + \alpha)$	$1 - \cos\alpha$
Für kleine Kippwinkel α	$\frac{\alpha^2}{2}\cos\varphi + \alpha\sin\varphi$	$\frac{\alpha^2}{2}$

Bild 4.8. Veränderung der Projektion gekippter Strecken
L Strecke (Meß- oder Übertragungslänge); α Kippwinkel; Δ Fehler (Meß- oder Übertragungsfehler); φ Projektionswinkel

Dieses Prinzip läßt sich geometrisch sehr anschaulich darstellen und damit auch über reine Meßaufgaben hinaus verallgemeinern **(Bild 4.8).** Bei Kippung einer Strecke L um kleine Winkel α ändert sich die Projektion der Strecke nur dann um Beträge, die klein zweiter Ordnung bleiben, wenn die Projektionsrichtung zur Ausgangslage der Strecke rechtwinklig verläuft. Kippungen um beliebige Punkte lassen sich stets durch eine Parallelverschiebung und eine Kippung um einen Endpunkt der Strecke ersetzen. Sollen die Fehler Δ einer um kleine Winkel α gekippten Strecke vernachlässigbar klein zweiter Ordnung bleiben, so müssen die Richtungen einer möglichen Verlagerung (schwarzer Pfeil) und der Projektionsrichtung (schwarzweißer Pfeil) zusammenfallen und rechtwinklig zur Meßrichtung (weißer Pfeil) stehen. Mit dieser geometrisch gedeuteten Forderung läßt sich an Übertragungsmechanismen oder Meßeinrichtungen, bei denen eine weg- oder winkeltreue Bewegungsübertragung gefordert ist, schnell überprüfen, ob Fehler erster Ordnung vermieden werden. Beispiele enthält **Bild 4.9.** Zunächst wird ermittelt, um welche Punkte P bzw. P_0 Kippungen infolge Spiels, fehlerhafter Montage, Deformation, Verlagerung u.ä. stattfinden können. Diese bewirken an der Abtast- oder Koppelstelle kleine Bewegungen (schwarze Pfeile). Die Auswirkungen in bezug auf die zu messende oder zu übertragende Strecke bzw. den Radius eines zu übertragenden Winkels bleiben nur dann klein zweiter Ordnung, wenn die Verlagerungsbewegung (schwarze

Pfeile) senkrecht auf der Meß- bzw. Übertragungsbewegung (weiße Pfeile) stehen. Der Taster nach Bild 4.9a ist also so aufzubauen, daß Maßstab und Prüfling fluchten *(Abbesches Komparatorprinzip)*, und die Mitnehmerkupplung nach Bild 4.9b ist so anzuordnen, daß die Ebene des durch die Berührungsstellen an der Kugel bei Drehung der Wellen sich ergebenden Kreises den Punkt P_0, d.h., die Kegelspitzen, enthalten muß. Für die Wälzhebelanordnung nach Bild 4.9c bedeutet die genannte Forderung, daß die Drehpunkte beider Hebel und der Kugelmittelpunkt auf einer Geraden liegen müssen und die Berührungsebene dazu parallel sein muß.

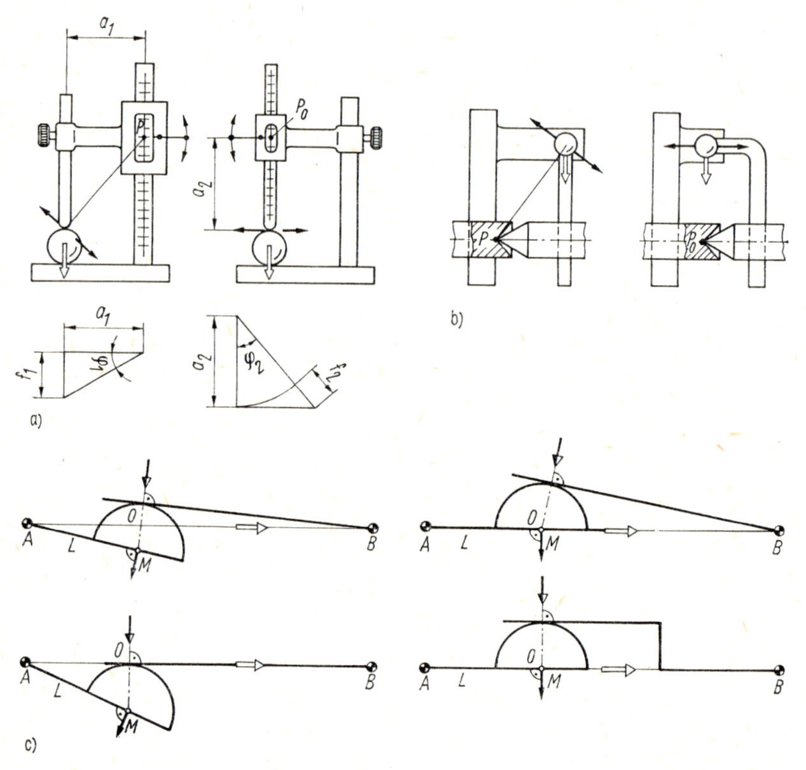

Bild 4.9. Beispiele für innozente Anordnungen

a) Höhenmesser

f_1 Meßfehler erster Ordnung: $\tan \varphi_1 = f_1/a_1$; $f_1 = a_1\widehat{\varphi}_1$

f_2 Meßfehler zweiter Ordnung: $\cos \varphi_2 = a_2/(a_2 + f_2)$; $f_2 = a_2\widehat{\varphi}_2{}^2/2$

$P(P_0)$ Kippunkt bei Fehler erster (zweiter) Ordnung; $\varphi_{1,2}$ Kippfehler; $a_{1,2}$ Abstände; $f_{1,2}$ Meßfehler

b) Mitnehmerkupplung

$P(P_0)$ Kippunkt bei Fehler erster (zweiter) Ordnung

c) Wälzhebelübertragung

A, B Drehpunkte; L Hebellänge; M Kugelmittelpunkt; O Punkt, der das Hebelverhältnis definiert

Als abschließendes Beispiel für invariante und innozente Anordnungen zeigt **Bild 4.10** eine Doppelbelegtrenneinrichtung. Sie hat die Aufgabe, papierförmige Datenträger unterschiedlicher Dicke von einem Stapel *1* zu vereinzeln und nacheinander in einem bestimmten Abstand einer nicht näher dargestellten Transportbahn *T* zuzuführen. Dazu werden die Datenträger durch Saugluft von einer ständig rotierenden Saugtrommel angesaugt, was jedoch zeitweilig durch befehlsgesteuerte Kippbewegungen des Taktierkamms *4* so unterbrochen wird, daß die Datenträger einzeln abgerufen werden können. Trotz geschickter konstruktiver Maßnahmen läßt es sich nicht vermeiden, daß manchmal mehr als ein Datenträger, sog. Doppelbelege, gleichzeitig das Magazin verlassen wollen. Um dies zu verhindern, ist ein Trennmechanismus nachgeordnet, der aus einer gegenläufigen Reibrolle *5* besteht. Ein ständiges Gleiten der Rolle *5* auf der Saugtrommel, was zu Erwärmung und vorzeitigem Verschleiß führt, wird durch die Justierschraube *7* verhindert, die so eingestellt werden muß, daß der Spalt zwischen Saugtrommel *2* und Reibrolle *5* größer als die Dicke eines Einzelbelegs, aber kleiner als die Dicke zweier Belege ist. Da Belege unterschiedlicher Dicke verarbeitet werden, ist die zulässige Toleranz für die Spaltgröße sehr klein. Sie hängt unmittelbar vom Verschleiß der Reibrolle *5* ab. Es besteht deshalb das Bedürfnis, eine solche Anordnung zu finden, deren Spalt auch bei verschleißender Rolle konstant bleibt. Die für diesen Zweck verbesserte Anordnung zeigt Bild 4.10b. Der jetzt als Reibrolle ausgebildete Antrieb *6* dient gleichzeitig als Anschlag. Wenn nun, wie sich zeigen läßt, der Mittelpunkt M der Reibrolle *5* auf der Bahn P einer Parabel geführt wird, so bleibt die Spaltgröße konstant, ist also invariant gegenüber dem Verschleiß. Da Mechanismen, die diese Parabelbahn verwirklichen, zu aufwendig werden, kann diese angenähert werden. Bringt man den Anlenkpunkt D in den Krümmungsmittelpunkt auf der Normalen n der Parabel, so entstehen nur Fehler klein dritter Ordnung. Liegt der Drehpunkt D beliebig auf der Normalen n außerhalb des Krümmungsmittelpunkts, so entstehen Fehler zweiter Ordnung. In beiden Fällen liegt also eine innozente Anordnung gegenüber einer Verschleißgröße vor. Liegt D nicht auf n, z.B. wie im Bild 4.10b, so entstehen Fehler erster Ordnung.

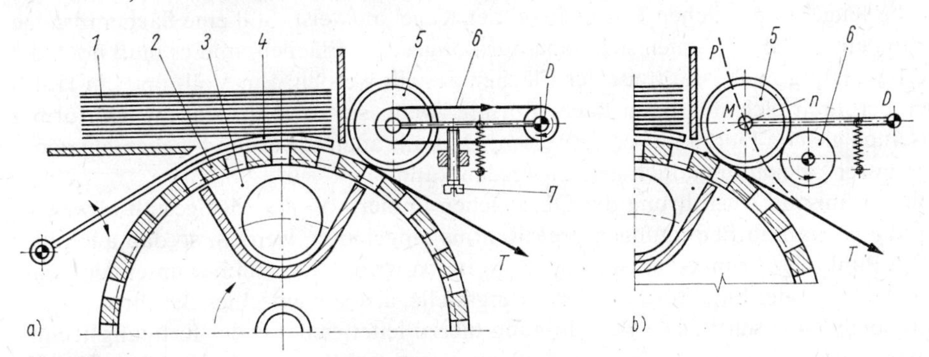

Bild 4.10. Trenneinrichtung gegen Doppelbelege

a) in ursprünglicher; b) in verbesserter Ausführung

1 Zufuhrstapel; *2* Vereinzelungstrommel; *3* Saugkammer; *4* Taktierkamm; *5* gegenläufige Reibrolle; *6* Antriebselement; *7* Justierschraube; *D*, *M* Drehpunkt; *P* Parabel; *T* Transportbahn

Besonders das letzte Beispiel verdeutlicht, daß invariante oder innozente Anordnungen stets zwei Bedingungen genügen müssen. Erstens ist eine dafür geeignete qualitative Struktur zu finden, und zweitens ist sie quantitativ richtig zu bemessen.

Dieses für die Zuverlässigkeit und Genauigkeit gleichermaßen wichtige Prinzip wird noch zuwenig genutzt, weil es heute noch keine Regeln gibt, wie man eine solche Struktur auffinden kann. Hat man jedoch eine geeignete Struktur mit der latenten Eigenschaft für Invarianz oder Innozenz gefunden, obgleich man es einer solchen auf den ersten Blick nicht ansehen kann, ob sie über die erforderlichen Eigenschaften verfügt, dann gibt es Methoden der quantitativen Strukturierung [4.8] [4.35] [4.36] [4.39] (s. auch Tafel 4.4).

4.2.3.3. Vermeiden von Überbestimmtheiten

Jedes technische Gebilde ist aus Einzelteilen aufgebaut, die in ihrer Gesamtheit die Struktur des Gebildes darstellen, um durch ihr Zusammenwirken eine technische Funktion zu erfüllen. Dazu ist es notwendig, die Einzelteile oder Gruppen derselben in geeigneter

Weise anzuordnen, d.h. fest oder beweglich miteinander zu verbinden. Voraussetzung ist u.a. eine solche Paarungsfähigkeit der Teile, die der Paarung zweier Elemente einen zweckgerichteten Sinn erteilt.

Unter einer Paarung versteht man das Zusammenbringen zweier Teile zu einem Elementenpaar, die sich an ihren Oberflächenelementen (Rändern) punkt-, linien- oder flächenförmig an einer oder mehreren Stellen berühren, so daß beide Teile entweder fest miteinander verbunden sind oder eine bestimmte Beweglichkeit zwischen ihnen möglich ist.

Eine Paarung enthält ein oder mehrere Berührungspaare, wobei man unter einem Berührungspaar die einzelnen in sich abgeschlossenen punkt-, linien- oder flächenförmigen Berührungsstellen versteht, die bei der Paarung zweier Teile zustande kommen und deren Anzahl und Art durch Form und Abmessungen der Oberflächengestalt beider gepaarter Teile bedingt ist.

Zwei beliebig geformte Körper werden sich zunächst immer nur punktförmig berühren können, ohne besondere Bedingungen an die Oberflächen zu stellen. Soll jedoch eine linienförmige Berührung zustande kommen, so ist neben der Forderung nach dazu geeigneten Flächen auch Formtreue notwendig. So ergibt z.B. eine in einem Kegel liegende Kugel nur dann eine linienförmige Berührung, wenn beide Flächen von der Idealgestalt nicht abweichen, aber es ist in bestimmten Grenzen gleichgültig, welchen Durchmesser die Kugel und welchen Kegelwinkel der Kegel aufweist. Soll eine flächenförmige Berührung entstehen, so eignen sich dazu nur kongruente Flächen, und es muß noch die weitere Bedingung nach Maßtreue der Flächen gestellt werden. Ein Voll- und ein Hohlzylinder berühren sich nur dann flächenförmig, wenn sie sowohl ideal zylinderförmig sind als auch gleiche Durchmesser aufweisen. Dies gilt auch für ebene Flächen, da deren „Durchmesser" gleich unendlich gesetzt werden kann.

Da die technische Ausführung der Oberflächen immer von der Idealgestalt abweicht, können die genannten Bedingungen praktisch nie eingehalten werden, so daß auch hier eigentlich Punktberührungen entstehen. Im weiteren wird jedoch immer unterstellt, eine einzelne flächen- oder linienförmige Berührungsstelle, also ein einzelnes Berührungspaar, auch als solche anzusehen. Die Berechtigung hierzu leitet sich aus der fertigungstechnischen Beherrschbarkeit der form- und maßgetreuen Ausführung einzelner Oberflächenelemente ab.

Bei jedem Berührungspaar hat das eine Teil (gegenüber dem anderen, als fest angenommenen) einen Bewegungsbereich, d.h. einen Bereich, innerhalb dessen es sich bewegen läßt, ohne die Berührung aufzugeben. Der Einfachheit halber reduziert man diesen Bewegungsbereich auf die sog. Freiheiten f, indem man dem Festteil ein kartesisches Koordinatensystem zuordnet. Entsprechend den drei möglichen Translationen längs der Achsen und den drei möglichen Rotationen um die Achsen erhält man sechs mögliche Freiheiten. Jede verhinderte, d.h. gesperrte Freiheit stellt eine Unfreiheit u dar.

Die Paarung zweier Teile enthält mindestens ein Berührungspaar mit einer entsprechenden Anzahl Freiheiten und Unfreiheiten. Da eine Paarung die Aufgabe hat, die Relativlage der beteiligten Teile zu bestimmen, und dabei Bewegungen und Kräfte übertragen kann, muß sie mindestens eine Unfreiheit u haben. **Bild 4.11** zeigt die in der Technik am häufigsten auftretenden Paarungen. Die Unfreiheit einer Paarung ist die Differenz ihrer vorhandenen Freiheiten gegenüber den sechs maximal möglichen. Die Anzahl der Unfreiheiten einer Paarung mit mehr als einem Berührungspaar ergibt sich aus der Summe der Unfreiheiten aller beteiligten Berührungspaare. Die gewünschte Einschränkung der Beweglichkeit einer Paarung kann durch Berührungspaare geeigneter Formgebung nach Bild 4.11 oder durch Kombination derselben vorgenommen werden.

Bei festen Verbindungen wird die Beweglichkeit einer Paarung bis zur Unbeweglichkeit eingeschränkt. Damit hat sie den Freiheitsgrad Null, und die Summe aller vorhandenen Unfreiheiten muß $u = 6$ sein. Ist sie größer, dann ist mindestens eine Freiheit mehr als einmal gesperrt worden, und man spricht von einer überbestimmten Verbindung. Häufig wird dies auch mit dem Begriff „Doppelpassung" bezeichnet.

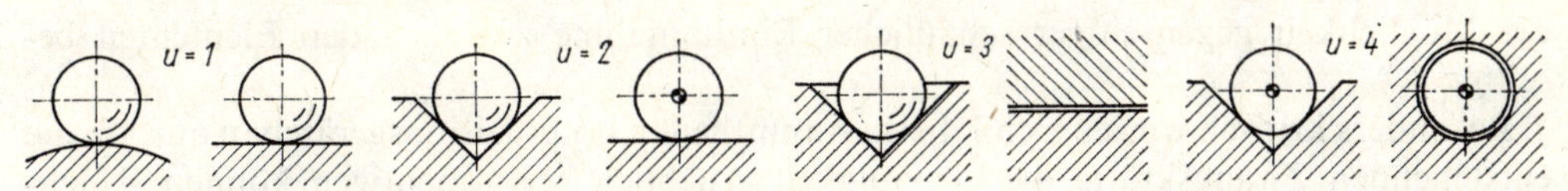

Bild 4.11. Unfreiheiten u von häufigen Paarungen

Analoges gilt für Paarungen, die beweglich sind. Sie können Freiheitsgrade von $f = 1 \dots 5$ aufweisen. Die Anzahl der zulässigen Unfreiheiten einer Paarung mit dem Freiheitsgrad f errechnet sich stets aus der Beziehung $u = 6 - f$. Jede Paarung, die mehr Unfreiheiten enthält, als eigentlich notwendig sind, ist überbestimmt. Um festzustellen, ob eine Paarung überbestimmt ist, erweist es sich als zweckmäßig, nicht von deren Freiheiten, sondern von den Unfreiheiten auszugehen.

Technische Gebilde sind i. allg. aus mehr als zwei Teilen aufgebaut. Bei einem starren Gebilde aus n Teilen mit einem als fest vorgegebenen Teil ergibt sich die Summe der maximal zulässigen Unfreiheiten aus der Beziehung

$$\sum u = 6\,(n - 1). \tag{4.2a}$$

Liegt ein Mechanismus mit dem Getriebefreiheitsgrad (Beweglichkeitsgrad) F vor, so ergibt sich die Summe der zulässigen Unfreiheiten aus

$$\sum u = 6\,(n - 1) - F. \tag{4.2b}$$

Es sei an dieser Stelle bemerkt, daß man mit diesen Beziehungen nicht ohne weiteres auch umgekehrt aus der Anzahl der vorhandenen Unfreiheiten auf die Starrheit oder den Laufgrad eines mehrteiligen Mechanismus schließen kann. Dazu müssen die gegenseitige räumliche Orientierung der Freiheiten oder Unfreiheiten der einzelnen Paarungen, deren Abhängigkeit voneinander und evtl. vorhandene sog. identische Freiheiten berücksichtigt werden. Um aber technische Gebilde hinsichtlich evtl. vorhandener Überbestimmtheiten zu untersuchen, erweisen sich die obigen einfachen Beziehungen als brauchbar.

Wird die Anzahl der zulässigen Unfreiheiten überschritten, ergeben sich stets besondere Probleme bei der technischen Ausführung der Konstruktion, die man allgemein als leere, überflüssige Strukturredundanz und in ihrer Auswirkung mit dem Begriff Zwang bezeichnet. Werden nämlich bei irgendeiner Paarung (Kopplung) mehr als die notwendigen Unfreiheiten vorgesehen, so ist diese um den Grad überbestimmt, als zu viele Unfreiheiten vorhanden sind. Derartige Gebilde sind eigentlich funktionsuntüchtig. Sie gewährleisten ihre vorgesehene Berührung erst dann, wenn die Berührungsflächen gegenseitig maßlich zugeordnet werden, was strenggenommen eine Identitätsforderung darstellt, die sich durch Einhalten enger Fertigungstoleranzen oder entsprechender Justierung bei der Montage nur angenähert erfüllen läßt. Geht diese Zuordnung durch irgendwelche Einwirkungen, z. B. Verschleiß oder Deformationen infolge von Kräften oder Temperatureinwirkung, verloren, so wird die Funktion mehr oder weniger bis zur Untüchtigkeit eingeschränkt. Überbestimmte Paarungen sind deshalb sowohl durch Mehraufwand in der Fertigung als auch durch Empfindlichkeit gegenüber äußeren Einflüssen gekennzeichnet, da es entweder nicht zur mechanischen Berührung in den vorgesehenen Koppelstellen kommt oder diese gewaltsam durch elastische oder plastische Deformation erzwungen wird. Das Gebilde arbeitet unter Zwang.

Die zwangfreie Gestaltung der Koppelstellen beweglicher und fester Verbindungen ist ein Hauptproblem der Genauigkeit und Zuverlässigkeit mechanischer Systeme. Nur beim Vermeiden jeglicher Überbestimmtheit wird der Grundregel „eindeutig" entsprochen und die Möglichkeit gegenseitiger schädlicher Einflußnahme zwischen den Elementen beseitigt.

Besonders kritisch wirken sich Überbestimmtheiten im Präzisionsgerätebau aus, da die entstehenden Zwangskräfte die Genauigkeit erheblich beeinträchtigen können. Nachstehende Beispiele sollen dies näher erläutern.

Die statisch bestimmten Dreipunktaufstellungen nach **Bild 4.12** sind Kraftpaarungen zweier Teile mit dem Freiheitsgrad $F = 0$. Die dazu maximal zulässigen sechs Unfreiheiten können auf unterschiedliche Art verwirklicht werden. Die sechs Punktberührungen kommen stets zustande, auch wenn sich die Abmessungen zwischen den Berührungsstellen verändern, z.B. infolge Herstellungstoleranzen, unterschiedlicher Temperaturen oder Längen-Temperaturkoeffizienten beider Teile oder bei der Durchbiegung durch Lastaufnahme.

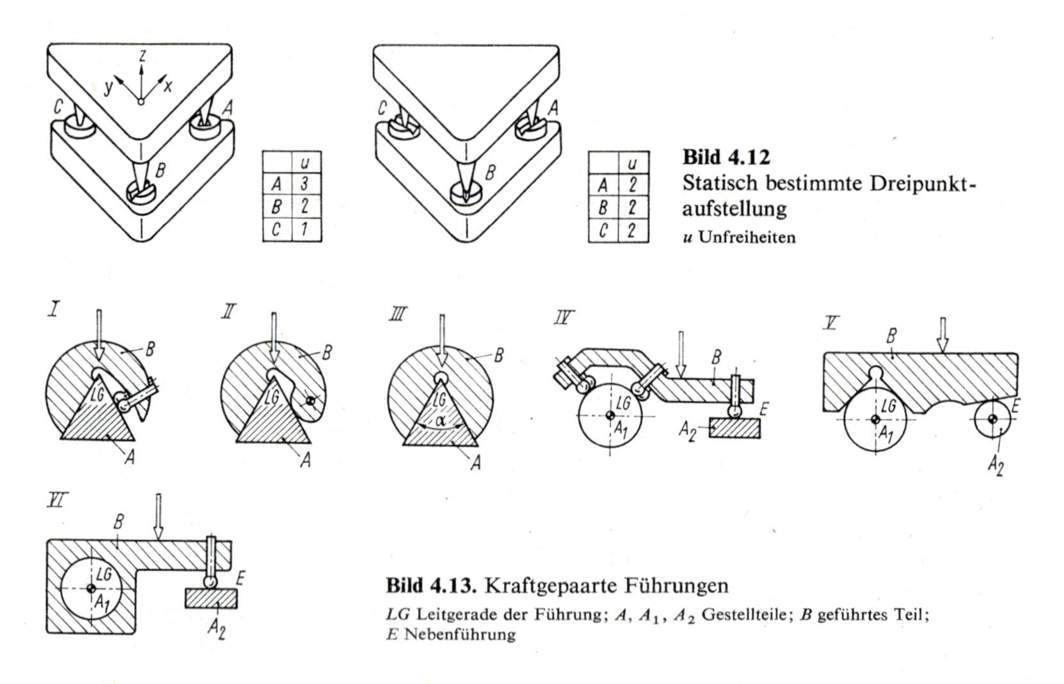

Bild 4.12
Statisch bestimmte Dreipunktaufstellung
u Unfreiheiten

Bild 4.13. Kraftgepaarte Führungen
LG Leitgerade der Führung; *A*, A_1, A_2 Gestellteile; *B* geführtes Teil; *E* Nebenführung

Von besonderer Bedeutung in der Gerätetechnik sind nichtüberbestimmte Präzisionsgeradführungen. Im **Bild 4.13** entsprechen die Führungen *I*, *II*, *IV* und *VI* diesem Grundsatz, da die Summe der vorhandenen Unfreiheiten 5 beträgt. Die vorgesehenen Berührungen kommen stets zustande, ohne maßliche Forderungen zu stellen. Die beiden jeweils um den Grad „eins" überbestimmten Führungen *III* und *V* erfordern je eine fertigungstechnisch einzuhaltende zusätzliche Bedingung, damit die vorgesehene Berührung stattfindet. Bei *III* wird dies nur dann der Fall sein, wenn die Winkel α für beide Teile *A* und *B* identisch sind, und bei *V* muß der Nebenführungszylinder A_2 parallel zur Leitgeraden *LG* angeordnet sein. Die Leitgerade einer Führung bestimmt deren Führungsrichtung und wird bei prismatischen Führungen durch die Schnittgerade zweier Ebenen, bei zylindrischen Führungen durch die Achse eines Zylinders gebildet. Zusätzliche maßliche Forderungen erhöhen den Aufwand, gehen durch einwirkende Störgrößen verloren und beeinträchtigen deshalb Genauigkeit und Zuverlässigkeit. Besonders deutlich wird dies z.B. bei der mehrfach überbestimmten, hinreichend bekannten Schwalbenschwanzführung.

Die Geradführung mit Spindelantrieb nach **Bild 4.14** besteht aus drei Teilen. Deshalb darf die Summe der Unfreiheiten die zulässige Anzahl von 11 nicht übersteigen. Die Ausführung im Bild 4.14a enthält jedoch 15 Unfreiheiten, jeweils 5 an Führung, Spindel-Mutter-Paarung und Spindellagerung, ist also vierfach überbestimmt. Das entspricht den vier zusätzlichen Maßnahmen, die Spindel längs der Achsen y und z und um dieselben auszurichten. Zur Ausführung in Bild 4.14b gelangt man, wenn zu den 10 unvermeidbaren Unfreiheiten an Führung und Gewinde nur eine einzige hinzutritt. Die Kopplung Führung–Antrieb muß also fünf Freiheitsgrade haben. Die dadurch bei A bedingte, wegen zu großer Kräfte oft unerwünschte Punktberührung kann durch eine Kombination mehrerer Teile mit Flächenberührung nach A_1 ersetzt werden, die insgesamt ebenfalls den Freiheitsgrad 5 hat.

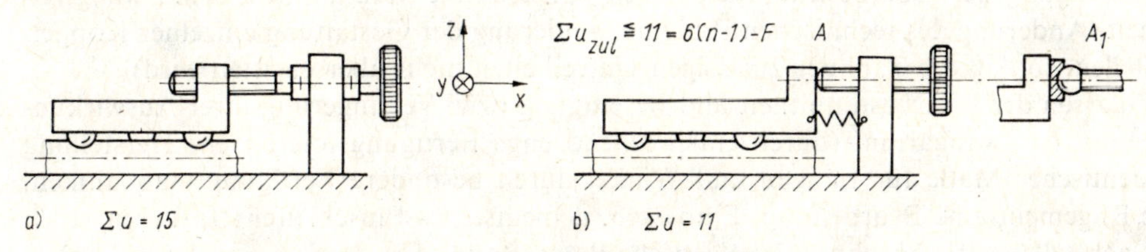

Bild 4.14. Spindelantrieb (Schraubengetriebe) für eine Geradführung

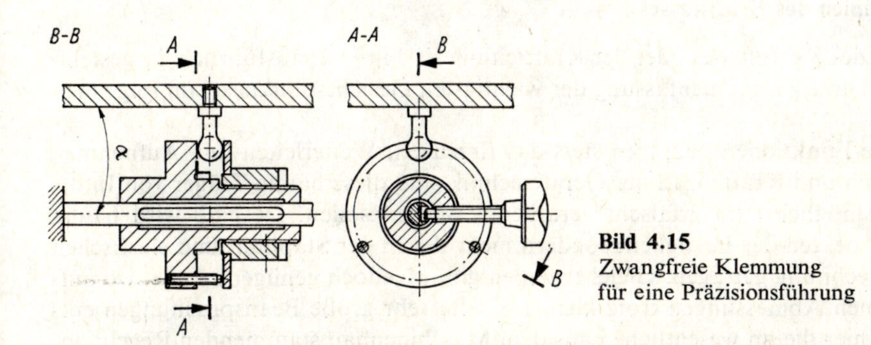

Bild 4.15 Zwangfreie Klemmung für eine Präzisionsführung

Analoge Forderungen ergeben sich beim Koppeln von anderen Funktionsgruppen, z.B. bei Kupplungen zwischen zwei Wellen und Klemmungen an Führungen und Lagerungen. Kupplungen haben die Aufgabe, eine Drehbewegung zu übertragen; sie dürfen deshalb eine und nur eine Unfreiheit, nämlich in Richtung der Drehung aufweisen. Die Mitnehmerkupplung nach Bild 4.9b ist in diesem Sinne zwangfrei. Kupplungen mit mehr als einer Unfreiheit rufen in den Lagern der Wellen schon bei geringen Fluchtungsabweichungen große Zwangskräfte hervor. Präzisionsführungen und -lager dürfen beim Klemmen nicht belastet werden. Das erfordert einen Aufbau ähnlich dem Beispiel im **Bild 4.15**, bei dem jegliche beim Klemmen auftretenden Kräfte ferngehalten werden, indem nur der verbliebene Freiheitsgrad der Lagerung bzw. Führung aufgehoben ist. Der Kugelbolzen befindet sich an der nicht näher dargestellten Führung und realisiert diese eine notwendige Unfreiheit. Er bildet die Kopplung zu dem stets notwendigen, zusätzlich geführten Teil, das geklemmt wird.

Zusammenfassend ist festzustellen, daß sich jedes technische Gebilde prinzipiell so aufbauen läßt, daß die maximal zulässige Anzahl an Unfreiheiten nicht überschritten wird.

Das ist insbesondere bei Präzisionsgeräten von Bedeutung, bedingt jedoch oft Berührungselemente mit Punkt- oder Linienberührung, was aufgrund der zu übertragenden Kräfte, der dabei auftretenden lokalen Deformationen oder Spannungen und der dadurch zu erwartenden Abnutzung nicht zulässig ist. Punkt- und linienförmige Berührungen lassen sich stets ersetzen durch Paarungskombinationen aus mehreren Bauteilen mit dem gleichen Gesamtfreiheitsgrad. Der dadurch erforderliche Mehraufwand ist oft unvertretbar hoch. Deshalb ist es nicht sinnvoll, überbestimmte Gebilde zu vermeiden, wenn diese fertigungstechnisch so beherrscht werden, daß die Funktion einwandfrei gewährleistet wird. Häufig lassen sich überbestimmte Koppelstellen elastisch ausbilden. Damit werden die entstehenden Zwangskräfte klein gehalten.

Zum Beherrschen der durch überbestimmte Gebilde entstehenden Zwangserscheinungen gibt es grundsätzlich folgende Möglichkeiten:

- Beseitigung der Überbestimmtheit durch konstruktive Maßnahmen, d. h. Zwangfreiheit (Änderung des technischen Prinzips; Änderung der Gestaltung einzelner Koppelstellen, so daß die Zahl der zulässigen Unfreiheiten nicht überschritten wird)
- Zulassen der Überbestimmtheit und Beseitigung bzw. Verringerung ihrer Auswirkungen, d. h. Zwangarmut (durch entsprechend enge Fertigungstoleranzen; Herstellung identischer Maße für Längen und Winkel durch besondere Fertigungsmaßnahmen, z. B. gemeinsame Bearbeitung, Einpassen, gemeinsames Einschleifen; Justieren, auch Nachstellen, vgl. Abschn. 4.3.; elastische Bauweise [4.11]).

4.2.3.4. Prinzipien des Kraftflusses

Die Prinzipien des Kraftflusses oder der Kraftleitung sind in [4.2] ausführlich dargestellt. Lediglich eine kurze Zusammenfassung der wichtigsten Gesichtspunkte sei im folgenden gegeben.

Mechanische Funktionen bedingen stets das Erzeugen, Weiterleiten und Aufnehmen von Bewegungen und Kräften. In der Gerätetechnik sind diese häufig Träger von Informationen, die möglichst unverfälscht verarbeitet werden sollen. Deshalb wird häufig weniger den Aspekten der Festigkeit, sondern mehr denen der Stabilität und elastischen Verformung Rechnung getragen. Gleichermaßen gibt es jedoch genügend Fälle, wo aufgrund der kleinen Abmessungen trotz kleiner Kräfte sehr große Beanspruchungen entstehen, so daß hier die im wesentlichen aus dem Maschinenbau stammenden Regeln der kraftflußgerechten Gestaltung Anwendung finden können. Dieser Begriff soll das Berücksichtigen von Momenten einschließen.

In [4.2] werden vier Prinzipien der Kraftleitung unterschieden. Dabei ist grundsätzlich von der Tatsache auszugehen, daß der Kraftfluß kreisläufig ist, d. h., er ist in sich abgeschlossen, er kann nicht plötzlich beginnen oder abbrechen.

Das Prinzip der gleichen Gestaltfestigkeit beabsichtigt, die überall gleich hohe Ausnutzung der Festigkeit durch geeignete Gestalt, Abmessungen und geeigneten Werkstoff der Bauteile herzustellen. Diese intensive Form der Werkstoffausnutzung kann jedoch aus Gründen der wirtschaftlichen Herstellbarkeit nicht immer verwirklicht werden. Für den Präzisionsgerätebau hat dieses Prinzip eine untergeordnete Bedeutung, da seine Anwendung zu große elastische Verformungen mit sich bringt.

Das Prinzip der direkten und kurzen Kraftleitung besagt, daß der kürzeste und direkte

Weg für das Weiterleiten einer Kraft oder eines Moments mit den geringsten Verformungen verknüpft ist. Die Verformungen werden außerdem dann minimal, wenn lediglich Zug- oder Druckspannungen entstehen, denn die Beanspruchungsarten Biegung und Torsion rufen größere Verformungen hervor **(Bild 4.16a, b).**

Das Prinzip der abgestimmten Verformungen hat zum Ziel, zwei miteinander verbundene Teile so zu gestalten, daß Belastungen an der Paarungsstelle möglichst keine Relativverformung hervorrufen. Das wird erreicht, wenn die Deformationen beider Teile

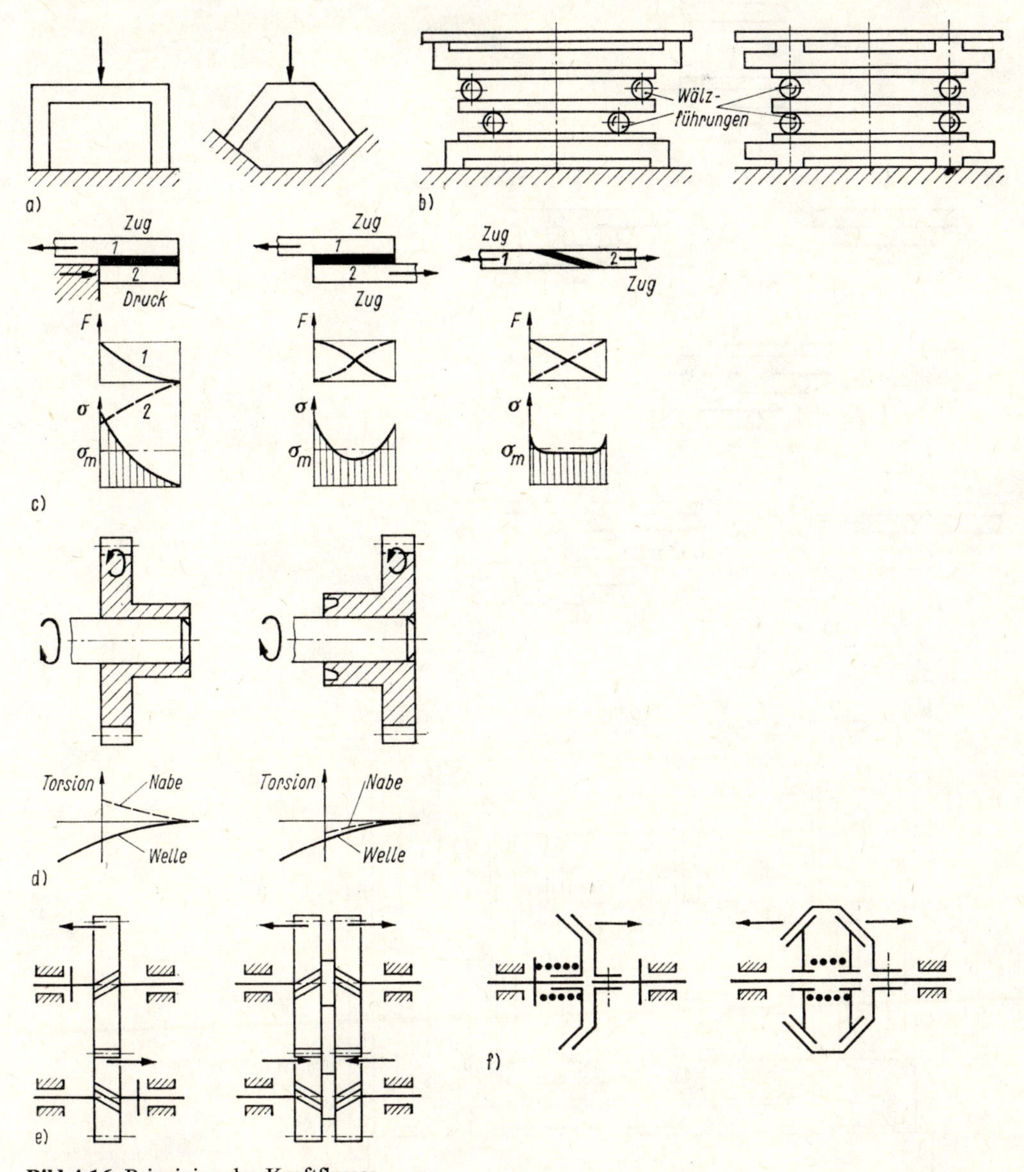

Bild 4.16. Prinzipien des Kraftflusses

a), b) Vermeiden zusätzlicher Biegebeanspruchung durch kurze und direkte Kraftleitung am Beispiel einer Abstützung (a) und eines Kreuztisches (b) führt zu minimalen elastischen Verformungen; c), d) möglichst gleichgerichtete und partiell gleich große Verformungen bewirken kleinste Relativverformungen in einer Klebeverbindung (c) und einer Preßverbindung (d); e), f) durch symmetrische Anordnung gleicher Bauteile in entgegengesetzter Richtung in einem schrägverzahnten Getriebe (e) und einer Kegelreibkupplung (f) werden die Axialkräfte auf kürzestem Wege in sich geschlossen und Lagerkräfte ferngehalten

gleichgerichtet und gleich groß sind. Besonders wichtig ist dieses Prinzip für alle stoff- und kraftschlüssigen Verbindungen, wie z.B. bei Kleb-, Schweiß-, Löt- und Preßverbindungen. Die abgestimmte Verformung trägt der gleichmäßigen Belastung innerhalb der Verbindung Rechnung. Verstöße dagegen rufen eine ungleichmäßige Verteilung der Spannungen mit hohen Spitzen hervor, die der Berechnung nicht zugänglich sind. Der-

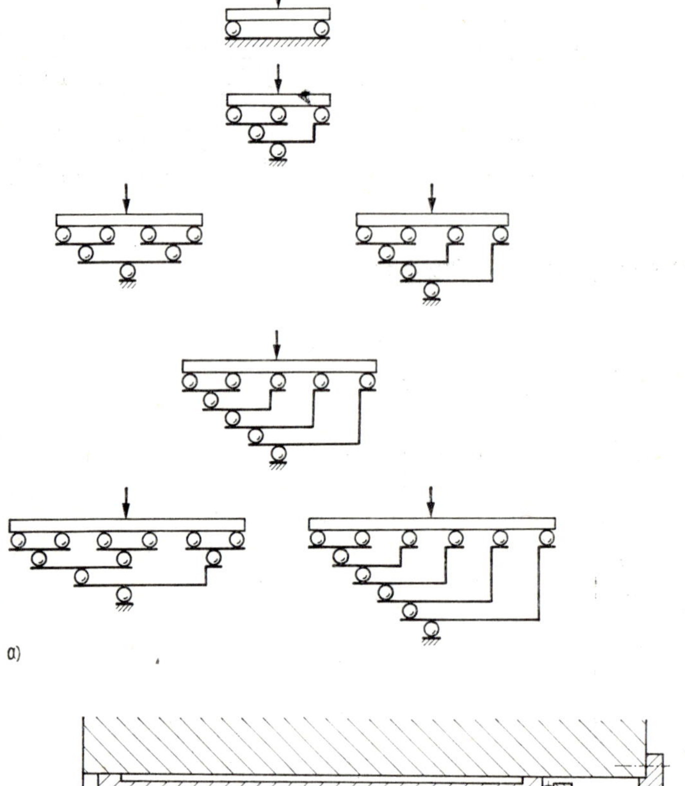

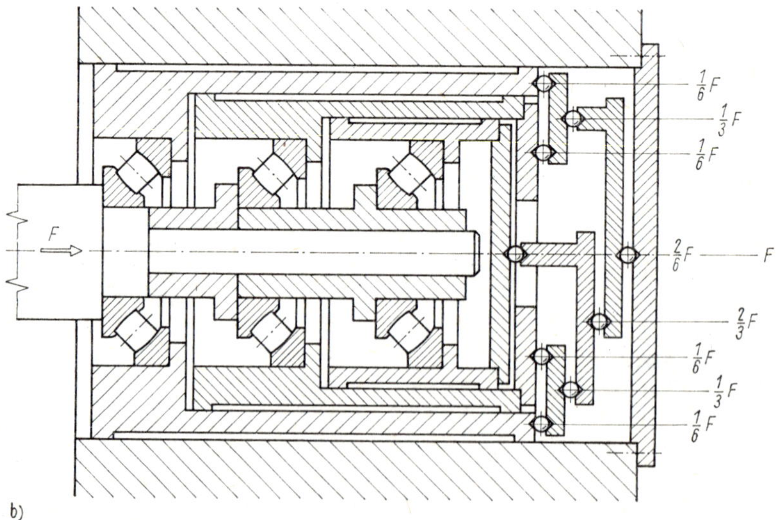

Bild 4.17. Definierte Kraftverzweigung

a) prinzipielle Vorgehensweise durch statisch bestimmte Hebelanordnung; b) Beispiel zur Aufteilung der Axialkräfte auf drei Kegelrollenlager

artig ungünstige Verhältnisse ergeben sich auch bei schroffen Änderungen der Gestalt oder der Abmessungen der Bauteile, z.B. Kerbspannungen **(Bild 4.16c, d).**

Das Prinzip des Kraftausgleichs soll die nichtfunktionsrelevanten, aber häufig bei der Funktionserfüllung als Nebenwirkungen entstehenden Kräfte auf möglichst kurzem Weg schließen. So ist es z.B. nicht günstig, die an einer Schrägverzahnung oder Kegelreibkupplung entstehenden Axialkräfte in den Lagern aufzunehmen.

Durch symmetrische Anordnung des gleichen Bauteils in entgegengesetzter Richtung können die Axialkräfte innerhalb der Welle auf kürzestem Weg in sich geschlossen werden **(Bild 4.16e, f).**

Das Prinzip der definierten Kraftverzweigung ist in der Gerätetechnik von Bedeutung. Die einwirkenden Kräfte werden häufig auf mehrere strukturell parallel angeordnete Bauelemente verteilt, um entweder die hervorgerufenen elastischen Deformationen oder die Belastung einzelner Bauelemente oder Koppelstellen, besonders bei Punktberührung, zu verkleinern. Dabei soll der Kraftfluß in definierten Verhältnissen auf die einzelnen Strukturbestandteile verzweigt werden, ohne daß Fertigungs- und Montageabweichungen oder während der Nutzung eintretende geometrische Veränderungen darauf Einfluß nehmen. Deshalb ist grundsätzlich ein statisch bestimmtes Arbeitsprinzip notwendig. Das „Prinzip der definierten Kraftverzweigung“ setzt also das „Prinzip des Vermeidens von Überbestimmtheiten“ voraus und kann als Sonderfall desselben aufgefaßt werden. **Bild 4.17a** veranschaulicht die Vorgehensweise, wenn ein Bauteil an mehreren Stellen abgestützt werden soll, um seine Verformung, z.B. durch die Eigenmasse, klein zu halten. Ein Ausführungsbeispiel ist die Spiegelhalterung für große Abmessungen (s. Abschn. 6.4.2., Bild 6.4.19). Analog kann gemäß Bild 4.17a die Schiene einer Geradführung gegenüber dem Gestell an mehreren Stellen so abgestützt werden, daß Deformationen oder Fertigungsabweichungen des Gestells keinen Einfluß auf die Durchbiegung der Schiene nehmen. Die Umkehrung der Betrachtungsweise nach Bild 4.17a wird benutzt, um eine Kraft auf mehrere Bauelemente zu verteilen, z.B. an Rollenführungen, wenn die Last auf vielen Rollen abgestützt werden muß. Als Beispiel diene die Wellenlagerung im **Bild 4.17b**, wo die Axialkraft auf drei Kegelrollenlager zu verteilen war. Die ideale Kraftaufteilung läßt sich neben den genannten, statisch bestimmten Hebelanordnungen (Hebel durch Drehgelenke miteinander gekoppelt) auch durch hydrostatische Mittel erzielen, eine Lösung, die im Maschinenbau bevorzugt wird. In Näherung gelangt das „Prinzip der definierten Kraftaufteilung“ auch durch eine elastische Bauweise zur Anwendung, indem die Bauteile selbst elastisch ausgebildet oder zusätzliche elastische Mittel eingeführt werden [4.11].

4.3. Genauigkeit und Fehlerverhalten

[4.6] [4.7] [4.35] bis [4.40]

Die Funktion eines Geräts wird durch seine Struktur und deren Beziehungen zur Umwelt bestimmt. Die Genauigkeit, mit der die Gerätefunktion zu realisieren ist, hängt von vielen Faktoren ab. Den Fragen der Genauigkeit wurde in der Gerätetechnik schon immer eine große Bedeutung beigemessen, und mit der ständigen Bemühung, das Fehlerverhalten zu verbessern, sind bewährte Konstruktionsprinzipien, die Prinzipien der fehlerarmen Anordnungen entstanden.

(*Symbole und Bezeichnungen* s. Abschn. 2.).

4.3.1. Gerätefehler

Jedes Gerät erfüllt die vorgegebene Funktion nur ungenau. **Bild 4.18** zeigt die Einflußgrößen und die Einzelfehler (s. auch Tafel 2.1).

E_{fi} und A_{fi} sind die funktionsrelevanten Eingangs- und Ausgangsgrößen. Sie verkörpern die Sollfunktion.

Schwankungen ΔE_{fi} der funktionsrelevanten Eingangsgrößen haben Einzelfehler ΔA_{fi} zur Folge.

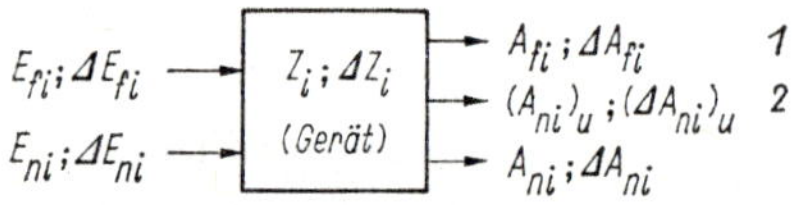

$E_{fi}; \Delta E_{fi}$ → $Z_i; \Delta Z_i$ (Gerät) → $A_{fi}; \Delta A_{fi}$ 1
$E_{ni}; \Delta E_{ni}$ → → $(A_{ni})_u; (\Delta A_{ni})_u$ 2
→ $A_{ni}; \Delta A_{ni}$

Bild 4.18
Einzelfehler, Blockbilddarstellung

E_{ni} und deren Schwankungen ΔE_{ni} sind nichtfunktionsrelevante Größen (äußere Störgrößen), die auf das Gerät wirken und Einzelfehler ΔA_{fi}, aber auch Einzelfehler in Form von unerwünschten Nebenwirkungen $(A_{ni})_u$ und deren Schwankungen $(\Delta A_{ni})_u$ hervorrufen können.

Die unschädlichen Nebenwirkungen A_{ni} und ΔA_{ni} bleiben unberücksichtigt.

Z_i sind die Gerätekennwerte, die sich nur mit Abweichungen ΔZ_i herstellen lassen. ΔZ_i sind somit innere Störgrößen, die Einzelfehler hervorrufen können.

Sieht man von den Schwankungen ΔE_{fi} ab, sind es die äußeren und inneren Störgrößen, die den Gerätefehler hervorrufen. Er setzt sich aus Einzelfehlern zusammen, die jeweils durch eine Einflußgröße hervorgerufen werden. Gleiche Einzelfehler faßt man zu einer Fehlerkomponente zusammen, entsprechend den unterschiedlichen Teilfunktionen, die zu erfüllen sind. Der Gesamtfehler ist die Summe der Fehlerkomponenten.

Es ist sehr zweckmäßig, in zwei unterschiedliche Fehleranteile einzuteilen:

- Der Fehleranteil 1 enthält nur die Abweichungen ΔA_{fi} der funktionsrelevanten Ausgangsgrößen.
- Im Fehleranteil 2 werden nur die unerwünschten Nebenwirkungen zusammengefaßt.

Fehleranteil 1 hat gegenüber Fehleranteil 2 Priorität.

Fehlerkomponenten des Anteils 1 dürfen Schranken (Forderungen) nicht überschreiten. Forderungen bezüglich der Fehlerkomponenten von Anteil 2 sind meist als Wünsche formuliert, z. B. darf das Ticken einer mechanischen Uhr nicht übermäßig laut sein. Für einzelne unerwünschte Nebenwirkungen können jedoch auch quantitative Forderungen vorliegen, so daß sie wie Fehlerkomponenten des Anteils 1 zu behandeln sind, z. B. dürfen Erwärmungen durch Lichtquellen vorgegebene Werte nicht überschreiten.

Der Konstruktionsprozeß ist mehrdeutig, und es lassen sich verschiedene Strukturen finden, die eine vorgegebene Funktion erfüllen. Geräte mit unterschiedlicher Struktur verhalten sich gegenüber gleichen fehlerverursachenden Einflußgrößen unterschiedlich. Das Verhalten des Geräts gegenüber solchen Einflußgrößen wird als Fehlerverhalten bezeichnet. Ein Gerät hat gegenüber einem anderen ein besseres Fehlerverhalten, wenn unter sonst gleichen Bedingungen kleinere Einzelfehler und kleinere Fehlerkomponenten entstehen, die sich auch über längere Zeiträume möglichst nicht wesentlich vergrößern dürfen.

4.3.2. Erfassung der Einflußgrößen

Um das Fehlerverhalten verbessern zu können, müssen die Einflußgrößen bekannt sein.

Außer den Abweichungen ΔE_{fi} der bekannten funktionsrelevanten Eingangsgrößen erweist sich die Ermittlung der die Einzelfehler verursachenden inneren und äußeren Störgrößen als schwierig, da während der Geräteentwicklung vorwiegend nur die gedankliche Ermittlung in Frage kommt.

Das Erkennen der inneren und äußeren Störgrößen kann durch Hilfsmittel, wie Blockbild-, Graphendarstellungen und auch Erfassungslisten, wirkungsvoll unterstützt werden.

Bild 4.19 zeigt die Blockbilddarstellung einer Spindel-Mutter-Anordnung in Verbindung mit der symbolischen Darstellung. Die Spindel ist gegenüber dem Gestell mittels Fest- und Loslagers gelagert. Bei Drehung der Spindel um den Winkel α verschiebt sich die gegenüber dem Gestell geführte Mutter längs der Spindelachse um l.

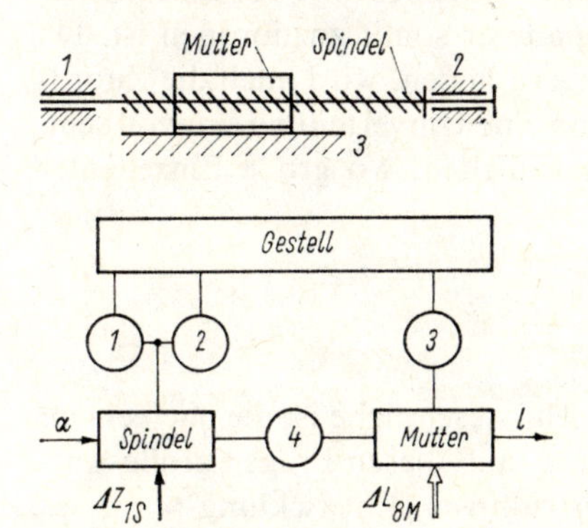

Bild 4.19
Spindel-Mutter-Anordnung, Symbol- und Blockbilddarstellung
1 Loslager; *2* Festlager; *3* Gegenführung; *4* Bewegungspaarung

Als Darstellungselemente werden für die Bauelemente das Rechteck und für die Kopplungen zwischen den Bauelementen der Kreis gewählt. Äußere Störgrößen sind als Leerpfeile und die inneren Störgrößen als Vollpfeile dargestellt. Beispielhaft sind lediglich ΔZ_{1S} (die Steigungsabweichung als innere Störgröße; fortlaufende Nummer 1 für das Bauelement Spindel) und ΔL_{8M} (die Schwankung der Last an der Mutter M; fortlaufende Nummer 8) angetragen.

Nr.	Bauelement / Kopplung	Einflußgrößen																						Einzelfehler			Σ Fehler
							Störgrößen																				
		Abweichungen					innere								äußere									fehlerarme Anordnung	Justierung	Toleranz-festlegung	
		ΔE_{fi}					ΔZ_i								E_{ni}; ΔE_{ni}												
		1	2	3	4	5	1	2	3	4	5	6	7	8	1	2	3	4	5	6	7	8	9	F	J	T	
1																											
2																											
n																											
															Fehler gesamt												

Bild 4.20. Erfassungsliste (Schema)

Alle Einflußgrößen werden systematisch, vom Ende der Funktionskette beginnend, erfaßt und in die Blockbilddarstellung übertragen. Im nächsten Schritt wird der durch jede Einflußgröße hervorgerufene Einzelfehler ermittelt oder zumindest abgeschätzt. Die Ergebnisse trägt man in die Erfassungsliste **(Bild 4.20)** ein. Diese enthält Spalten für die

Einflußgrößen und die durch sie entstehenden Einzelfehler, die jeweils einer der drei Spalten zuzuordnen sind. Die Spalten entsprechen den drei grundsätzlichen Möglichkeiten der Verbesserung des Fehlerverhaltens (s. Abschn. 4.3.4.). Für jedes Bauelement und für jede Kopplung ist eine Zeile vorgesehen.

Eine vollständig ausgefüllte Fehlerliste liefert einen guten Überblick über den Gerätefehler und initiiert Überlegungen zur weiteren Verbesserung des Fehlerverhaltens. Die jeweilige Zeilensumme läßt erkennen, durch welche Bauelemente und Kopplungen größere Einzelfehler ausgelöst werden. Die Spaltensummen geben wichtige Hinweise über einzuleitende Maßnahmen. In jedem Fall ist darüber nachzudenken, wie der Einzelfehler verringert bzw. beseitigt werden kann und welcher Spalte er somit zuzuordnen ist. Da sich Einzelfehler oft auf unterschiedliche Weise verringern lassen, wird auch die Zuordnung zu unterschiedlichen Spalten möglich, bzw. es kann eine Umverteilung sinnvoll sein.

Man wird zweckmäßig zunächst dort Maßnahmen einleiten, wo große Einzelfehler vorliegen.

4.3.3. Fehlerverhalten, Geräteentwicklung

An ein Gerät werden viele Forderungen gestellt. Eine sehr wesentliche ist die nach einem guten Fehlerverhalten. Bereits während der Entwicklung muß diesen Fragen große Aufmerksamkeit geschenkt werden. Während des konstruktiven Entwicklungsprozesses (KEP) wird das Fehlerverhalten in den Phasen

- Suchen der Funktionsstruktur
- Aufstellen des technischen Prinzips und
- Konkretisierung des technischen Prinzips

wesentlich beeinflußt, wobei der Schwerpunkt in der Phase der Konkretisierung zu sehen ist.

Auch bei der Festlegung der Funktionsstruktur wird das Fehlerverhalten entscheidend mitbestimmt, obwohl in dieser Phase noch keine konkreten Aussagen dazu möglich sind. Dieser Widerspruch führt häufig zu Rückkopplungen während der Entwicklung.

Wenn in der Phase der Konkretisierung eingehende fehlertheoretische Betrachtungen ein nicht ausreichendes Fehlerverhalten ergeben, kann durch Wahl eines anderen physikalisch-technischen Prinzips und erneutes Durchlaufen der folgenden Phasen eine Verbesserung erreicht werden.

4.3.4. Verbesserung des Fehlerverhaltens

Im **Bild 4.21** sind Möglichkeiten zur Verbesserung des Fehlerverhaltens zusammengestellt, die nur über Veränderungen der Struktur gelingt. Entsprechend dem Entwicklungsstand können funktionelle Eigenschaften der Struktur oder lediglich konkrete geometrisch-stoffliche Eigenschaften verändert werden. Neben der direkten Verbesserung des Fehlerverhaltens aufgrund struktureller Veränderungen ist die rechnerische Korrektion von Einzelfehlern am realen Geräteexemplar möglich, auf die hier mit Nachdruck hingewiesen sei. Insbesondere bei Meßgeräten können sowohl systematische als auch zufällige Fehler rechnerisch bei der Auswertung der Meßergebnisse berücksichtigt werden. Infolge des hohen Stands der Rechentechnik (Mikrorechentechnik) gewinnt die umfassende rechnerische Korrektion der Meßergebnisse weiter an Bedeutung und ist in die Überlegungen einzubeziehen.

Phasen des KEP			Verbesserung des Fehlerverhaltens durch:	
Suchen der Funktionsstruktur Aufstellen des technischen Prinzips	Eigenschaften der Struktur	funktionelle	physikalisch-technisches Prinzip	rechnerische Korrektion von Einzelfehlern am Geräteexemplar
Konkretisieren des technischen Prinzips Erarbeiten des technischen Entwurfs		geometrisch-stoffliche	fehlerarme Anordnungen – Fehlerminimierung – Innozenz – Invarianz – Kompensation Justierung Toleranzfestlegung quantitative Anpassung an Forderungen	

Bild 4.21. Verringerung des Gerätefehlers in den Phasen des KEP

4.3.5. Prinzip der fehlerarmen Anordnung

Bei einem technischen Prinzip ist die Struktur qualitativ weitgehend festgelegt, so daß nur noch geringfügige Veränderungen möglich sind. Das setzt einerseits aber voraus, daß ein geeignetes technisches Prinzip ausgewählt wurde, mit dem man ein gutes Fehlerverhalten erreichen kann. Andererseits ist damit der Verbesserung des Fehlerverhaltens von technischen Prinzipen eine natürliche Grenze gesetzt.

Fehlerarme Anordnungen entstehen, wenn für ein vorliegendes technisches Prinzip in der Phase der Konkretisierung durch quantitative und noch geringfügige qualitative Veränderungen der Struktur das Fehlerverhalten deutlich verbessert werden kann. Die bewußte Suche nach fehlerarmen Anordnungen ist sehr gewissenhaft durchzuführen, weil i. allg. erhebliche Verbesserungen des Fehlerverhaltens ohne großen zusätzlichen technischen und ökonomischen Aufwand zu erzielen sind. Fehlerarme Anordnungen lassen sich erzielen durch Minimierung des Fehlerfaktors und durch Kompensation. Ferner kann durch Justierung und Tolerierung das Fehlerverhalten verbessert werden.

4.3.6. Minimierung des Fehlerfaktors

Für jeden Einzelfehler gibt der Fehlerfaktor V_F den Zusammenhang zwischen der entsprechenden Einflußgröße und dem durch sie hervorgerufenen Einzelfehler an. Es gilt

$$(\Delta A_i)_1 = V_{F1}\,\Delta Z_i; \qquad V_{F1} = (\partial A/\partial Z_i)_1 \tag{4.3}$$

$$(\Delta A_i)_2 = V_{F2}\,\Delta E_{ni}; \qquad V_{F2} = (\partial A/\partial E_{ni})_2 \tag{4.4}$$

$$(\Delta A_i)_3 = V_{F3}\,\Delta E_{fi}; \qquad V_{F3} = (\partial A/\partial E_{fi})_3 . \tag{4.5}$$

Der Einzelfehler ΔA_i kann durch Schwankungen der funktionsrelevanten Eingangsgrößen, Gl. (4.5), durch innere, Gl. (4.3), und äußere Störgrößen, Gl. (4.4), hervorgerufen werden. i ist der fortlaufende Index, und mit 1, 2, 3 wird die Stelle im betrachteten Arbeitsbereich gekennzeichnet.

Der Einzelfehler bleibt klein, wenn der Fehlerfaktor V_F klein ist. Vom Prinzip der Minimierung des Fehlerfaktors spricht man dann, wenn der Fehlerfaktor mit Hilfe mathematischer Optimierungsverfahren merklich verkleinert werden kann.

Je nach Grad der Verkleinerung des Fehlerfaktors entstehen fehlerminimierte, innozente oder invariante Anordnungen.

Sehr wirkungsvoll erweisen sich Strukturen, deren Fehlerfaktor V_F man so weit verkleinern kann, daß lediglich Einzelfehler von zweiter (bzw. höherer) Ordnung entstehen [s. Gl. (4.1)]. Solche Strukturen werden als *innozente Anordnungen* bezeichnet, und ihre bewußte Nutzung ist als Prinzip der Innozenz bekannt geworden. Der Fehlerfaktor V_F nimmt dann die Gestalt an

$$V_F = C \cdot \text{Einflußgröße}, \tag{4.6}$$

wobei C eine Konstante ist.

Da nach den Gln. (4.3) bis (4.5) der Einzelfehler $\Delta A_i = V_F \cdot$ Einflußgröße ist, entstehen Einzelfehler von zweiter Ordnung, die meist sehr klein und vernachlässigbar sind. Innozente Anordnungen stellen einen Sonderfall fehlerminimierter Anordnung dar.

Invariante Anordnungen entstehen, wenn der Fehlerfaktor zu Null wird. Dieser interessante Sonderfall erweist sich als invariant gegenüber der entsprechenden Einflußgröße.

Tafel 4.4. Minimierung des Fehlerfaktors, Beispiele

1. Fehlerminimierte Grenzmomentkupplung

Im **Bild 4.22** ist eine sehr einfache Grenzmomentkupplung dargestellt, die als Sicherheitskupplung eingesetzt werden kann. Infolge der Reibung zwischen den beiden Reibscheiben *3* und dem Zahnrad *4* wird ein Moment M von der Welle *1* über das Zahnrad *4* übertragen. Das übertragbare Grenzmoment

$$M_G = 2\mu F_F r_w$$

ist vom Reibwert μ, der Federkraft F_F und dem wirksamen Reibradius r_w abhängig. Wird aus Platzgründen eine scheibenförmige Feder *2* mit steiler Federkennlinie *5* eingesetzt, führt z.B. der eintretende Verschleiß an den Reibstellen zu einer relativ großen Veränderung der Federkraft und damit zur Veränderung des Grenzmoments M_G. Setzt man jedoch eine Feder mit nichtlinearer Kennlinie *6* ein, so wird der Einfluß des Verschleißes innerhalb des Arbeitsbereichs $\overline{AB}$ entscheidend verringert.

Eine solche Kennlinie kann man mittels Tellerfeder erreichen. Durch einfache Überlegungen entsteht eine fehlerminimierte Anordnung mit nur geringem Einfluß des Verschleißes und der Dickentoleranzen auf das Grenzmoment.

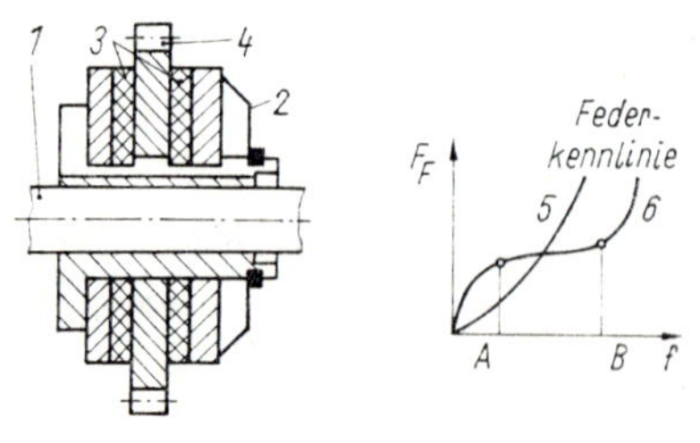

Bild 4.22. Grenzmomentkupplung

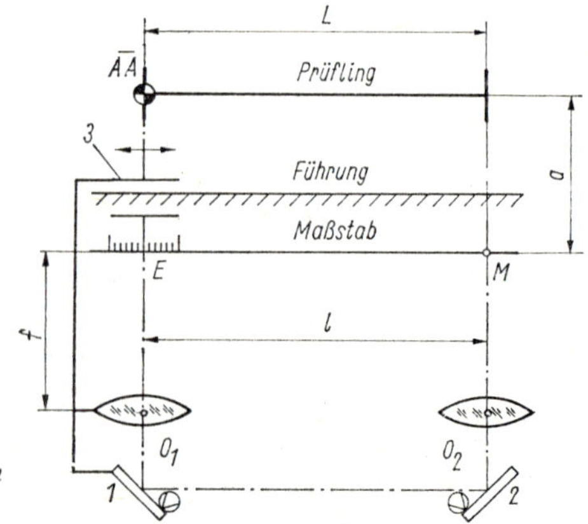

Bild 4.23
Meßanordnung nach *Eppenstein*

Tafel 4.4 (Fortzetzung)

2. Eppenstein-Prinzip

Das Abbesche Komparatorprinzip (Abschn. 4.2.) führt bei fluchtender Anordnung von Maßstab und Prüfling infolge Verkippung zwischen Prüfling und Maßstab bzw. Normal nur zu kleinen Fehlern. Bei Verletzung dieses Prinzips treten größere Meßfehler erster Ordnung auf. Mit einem Meßschieber kann man z.B. daher nur weniger genaue Messungen ausführen. In [4.35] wurden optische Meßsysteme entwickelt, die innozente Anordnungen darstellen, obwohl Maßstab und Prüfling nicht fluchten. Auch die von *Eppenstein* stammende und in Meßmaschinen verwirklichte Meßanordnung **(Bild 4.23)** ist ein Spezialfall der genannten optischen Meßsysteme. Dennoch soll an diesem Spezialfall das prinzipielle Vorgehen zur Fehlerminimierung erläutert werden.

Entsprechend Bild 4.23 befindet sich der Prüfling zwischen den beiden vertikalen Meßflächen und der Maßstab an der Meßmaschine parallel zum Prüfling.

Das Objekt O_1 mit der Brennweite f bildet den Punkt E des Maßstabs nach unendlich und über die Einzelspiegel *1* und *2* sowie das Objektiv O_2 auf die Marke M des Maßstabs ab.

Die Länge L des Prüflings soll der Länge l des Maßstabs entsprechen. Der mittels Führung verschiebbare Meßschlitten *3* enthält die eine Meßfläche sowie die Leseeinheit (O_1 und *1*) und gestattet, unterschiedlich lange Prüflinge zu vermessen. Infolge von Führungsfehlern kippt der Meßschlitten um die Achse $\overline{AA}$, so daß Meßfehler entstehen.

Im **Bild 4.24** ist der infolge Verkippung des Meßschlittens entstehende Meßfehler Δx dargestellt.
Es gilt:

$$\Delta\delta = 2\omega \qquad \overline{EF} = \overline{BB'} \qquad \Delta x = \overline{EF} - \overline{E'F}$$

$$\sin\omega = \frac{\overline{EF}}{a+f} \qquad \overline{BE} = \overline{B'F} \qquad \Delta x = (a+f)\sin\omega - \overline{B'F}\tan\Delta\delta$$

$$\tan\Delta\delta = \frac{\overline{E'F}}{\overline{B'F}} \qquad \cos\omega = \frac{a+\overline{EB}}{a+f} \qquad \Delta x = (a+f)\sin\omega - [\cos\omega\,(a+f) - a]\tan 2\omega\,.$$

Da die Verkippungen ω klein sind, kann man $\sin\omega$, $\cos\omega$ und $\tan 2\omega$ durch die Anfangsglieder der Reihenentwicklung ersetzen, so daß $\Delta x \approx (a-f)\,\widehat{\omega} - f\widehat{\omega}^3$ als Näherung gilt.

Für $a = f$ verbleibt lediglich ein sehr kleiner Meßfehler $\Delta x = -f\widehat{\omega}^3$. Das bedeutet, daß die Antaststelle $\overline{AA}$ vom Maßstab im Abstand $a = f$ angeordnet werden muß.

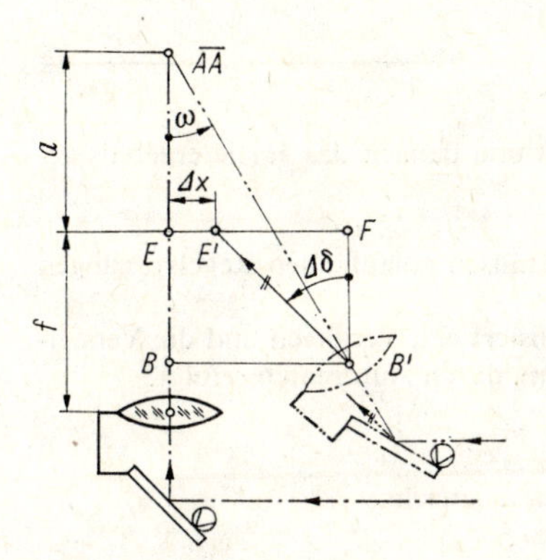

Bild 4.24
Meßfehler der Meßanordnung nach Verkippung

Der Einzelfehler bleibt selbst für große Einflußgrößen immer Null. Die Nutzung von invarianten Anordnungen wird auch als Prinzip der Invarianz bezeichnet.

Innozente und invariante Anordnungen sind im Abschnitt 4.2. dargestellt. Mit den Beispielen in **Tafel 4.4** wird daher nur auf die Vorgehensweise bei der Suche solcher Strukturen Wert gelegt.

4.3.7. Justierung

[4.6] [4.7] [4.38] [4.39]

Die Justierung ist ein Prozeß, bei dem durch Veränderung von Gerätekennwerten Einzelfehler wesentlich verringert oder beseitigt werden können. Im **Bild 4.25a** ist der Justierprozeß schematisch dargestellt. Der Justierer verstellt mittels einer Stelleinrichtung einen Gerätekennwert, vergleicht die eingetretene Wirkung möglichst am Geräteausgang mit der gewünschten und verstellt so lange, bis der Sollwert erreicht ist. Das erzielte Ergebnis wird gesichert, und damit ist die Justierung beendet.

Mit der Justierung können vor allem innere Störgrößen unschädlich gemacht werden. Sie erfolgt während oder nach der Montage, ist aber während der Geräteentwicklung zu projektieren.

Jeder Justierprozeß *muß* gemäß **Tafel 4.5** allgemeine und *sollte* spezifische Merkmale haben.

Im folgenden sollen die unterschiedlichen Justierverfahren näher charakterisiert werden.

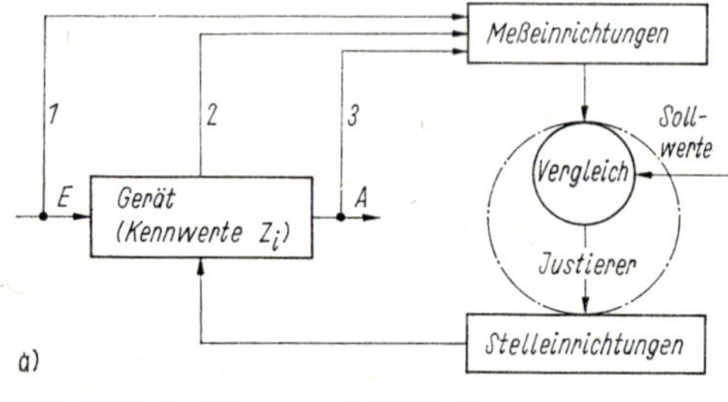

Ordnungsgesichtspunkte	Merkmale/Justierverfahren			
1. Art der Ausgangsgrößen	ein diskreter Wert einfacher Justierkreis	mehrere diskrete Werte	funktionell abhängig (mehrere einfache oder gekoppelte Justierkreise)	
2. Art des Justierkreises	geschlossen kontinuierliche Justierung		offen Sukzessivjustierung	
3. Art der Informationserfassung	Erfassung der Eingangsgrößen	Erfassung der Ausgangsgrößen	Kennwerte	kombinierten Größen

b)

Bild 4.25. Justierungsmöglichkeiten

a) Justierprozeß; b) Justierverfahren

Tafel 4.5. Merkmale einer Justierung

Allgemeine Merkmale

- einmaliger Vorgang, der beendet ist, wenn der Sollwert erreicht und danach das Justierergebnis gesichert wurde
- Justierung muß sich gut in den Montageablauf einfügen
- Justierung ist statisch, da die Justierzeiten im Vergleich zu dynamisch ablaufenden Regelvorgängen lang sind
- der Justierer ist i.allg. in den Justierprozeß einbezogen und realisiert den Vergleich und die Verstellung; es gibt zunehmend auch Lösungen, bei denen die Justierung durch Automaten erfolgt.

Spezifische Merkmale

- zu justierende Größe ist ein bestimmter Wert innerhalb eines Wertebereichs
- Justierung läuft in einem geschlossenen Kreis ab
- zu justierende Größe wird gemessen und mit dem Sollwert verglichen
- Verstellung muß mit der erforderlichen Feinfühligkeit erfolgen
- Verstellung muß zielstrebig und direkt (in kurzer Zeit) zum gewünschten Ergebnis führen.

Sind diese spezifischen Merkmale erfüllt, handelt es sich um die einfachste Form der Justierung, die in [4.6] als bestimmte Justierung bezeichnet wird.

Sind bestimmte spezifische Merkmale nicht erfüllt, so wird die Justierung schwieriger. In der Literatur [4.6] und [4.7] sind solche Justierungen als unbestimmte Justierungen charakterisiert, die man nach Möglichkeit vermeiden muß.

4.3.7.1. Justierverfahren

In der Tabelle im **Bild 4.25b** sind die Ordnungsgesichtspunkte und die unterschiedlichen Merkmale mit den zugehörigen Justierverfahren zusammengestellt.

Als Ordnungsgesichtspunkte wurden die Art der Ausgangsgrößen, des Justierkreises und der Informationserfassung ausgewählt, die die drei wichtigsten spezifischen Merkmale enthalten.

Danach ist die einfachste Form der Justierung gegeben, wenn als Ausgangsgröße ein diskreter Wert vorliegt, wenn die Justierung in einem geschlossenen Kreis abläuft und die Ausgangsgröße selbst gemessen und mit dem Sollwert verglichen wird. Diese Justierung ist ein einfacher Justierkreis, ein kontinuierlich ablaufender Justierprozeß mit direkter Erfassung der Ausgangsgröße.

Wird z. B. anstelle der Ausgangsgröße ein charakteristischer Gerätekennwert oder gar eine Eingangsgröße gewählt, dann ist mit größeren verbleibenden Fehlern zu rechnen.

Die nachfolgend dargestellten ausgewählten Beispiele beziehen sich lediglich auf solche Aspekte wie einfacher Justierkreis, Sukzessivjustierung, gekoppelte Justierkreise, kontinuierlich ablaufende Justierung und Ausgangsgrößenerfassung.

Justierung einer Grenzmomentkupplung – einfacher Justierkreis

In Tafel 4.4 ist eine einfache Grenzmomentkupplung beschrieben. Wenn das Grenzmoment M_G bei in Serie herzustellenden Kupplungen innerhalb enger Toleranzen gefordert wird, erweist sich eine Justierung erforderlich, da man die Dickentoleranzen der Scheiben und die Toleranzen für die Feder nicht beliebig verkleinern kann.

Das Grenzmoment als Ausgangsgröße liegt als einziger diskreter Wert vor, so daß ein einfacher Justierkreis genügt. Zum Beispiel kann die Federvorspannung so lange verändert werden, bis das Grenzmoment M_G den Sollwert erreicht hat. Sichert man dieses Justierergebnis durch ein geeignetes Verbindungsverfahren (z. B. Bördeln), ist der Justiervorgang abgeschlossen. Die spezifischen Merkmale, wie geschlossener Kreis, direkte Erfassung der zu justierenden Größe, angepaßte Verstellung, sind leicht zu erfüllen, so daß die einfachste Form der Justierung möglich wird. Für größere Stückzahlen ist es sehr leicht, diesen einfachen Justiervorgang zu automatisieren und damit den Justierer freizusetzen.

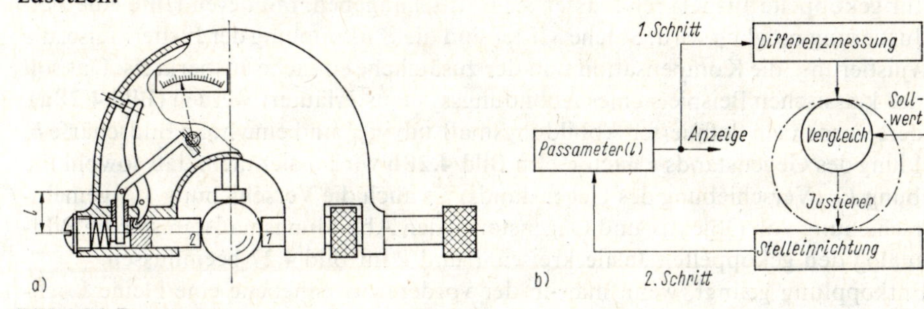

Bild 4.26. Passameter
a) Aufbau; b) Justierfolge

Justierung eines Passameters – Sukzessivjustierung

Ist der Justierkreis nicht geschlossen, wird Sukzessivjustierung (in mehreren Schritten) erforderlich. **Bild 4.26** zeigt das Schema eines Passameters, mit dem Abweichungen von einem einzustellenden Maß bestimmt werden können. Für dieses Maß wird ein Endmaß eingelegt und die Meßfläche *1* so lange verstellt, bis der Zeiger auf Null zeigt. Nun können

Teile geprüft und Abweichungen ermittelt werden. Das setzt die Übertragung der Verschiebung der beweglichen Meßfläche *2* mit richtiger Übersetzung auf einen Zeiger voraus. Die richtige Übersetzung wird durch Justierung der Hebellänge l des Getriebes erreicht. Sie läßt sich leicht durch Differenzmessung ermitteln. Man legt dazu zwei unterschiedliche Endmaße ein und vergleicht den Ausschlag.

Die Justierung muß in Schritten erfolgen; denn der Justierkreis ist unterbrochen. Nach erfolgter Justierung, ohne daß das Resultat der Verstellung beobachtet werden kann, ist immer erst wieder die Differenzmessung durchzuführen. Eine zielstrebige Justierung ergibt eine Justierfolge in Zyklen von je zwei Schritten:

- Bestimmung des Anzeigefehlers durch Differenzmessung
- diskrete Verstellung der Hebellänge l.

Diese Folge wird so lange wiederholt, bis die Anzeigegenauigkeit ausreichend ist. Die Verstellungen in der Nähe des Justierziels müssen klein genug gewählt werden.

Eine wesentliche Verbesserung dieser Form der Justierung ist zu erreichen, wenn der Zusammenhang zwischen Anzeigeänderung ΔA und Hebellängenänderung Δl ermittelt und z.B. grafisch dargestellt wird. Sieht man nun noch die Messung der Hebellängenänderung vor, genügt oft schon ein Zyklus.

Justierung eines Abbildungssystems – gekoppelte Justierkreise

Gekoppelte Justierkreise ergeben sehr schwierige Justierungen, weil sich die Justierkreise gegenseitig beeinflussen. Im **Bild 4.27** haben die Kennwerte Z_1 und Z_2 Einfluß sowohl auf A_{f1} als auch auf A_{f2}.

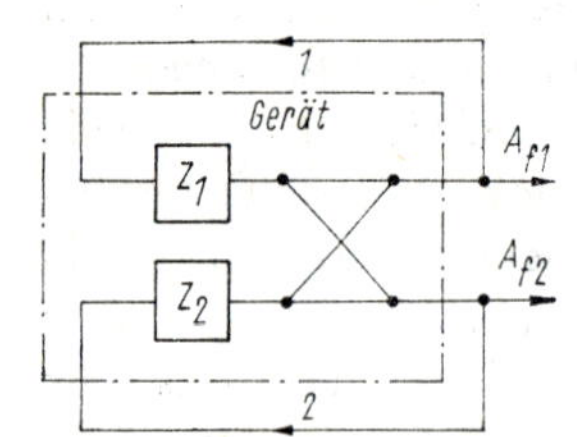

Bild 4.27
Zwei gekoppelte Justierkreise

Auch für gekoppelte Justierkreise lassen sich Mittel angeben, mit deren Hilfe eine zielstrebige Justierung möglich wird. Solche Mittel sind die Entkopplung der Justierkreise, die Sukzessivjustierung, die Kompensation und der zusätzliche einfache Justierkreis. Das soll anhand des klassischen Beispiels eines Abbildungssystems erläutert werden **(Bild 4.28a)**.

Gefordert werden ein definierter Abbildungsmaßstab γ_{Soll} und eine hohe Bildschärfe b_s bei Abbildung des Gegenstands y nach y'. Im **Bild 4.28b** wird ersichtlich, daß sowohl die Verschiebung V_1 (Verschiebung des Gegenstands) als auch die Verschiebung V_2 (gemeinsame Verschiebung von Objektiv und Gegenstand) den Abbildungsmaßstab wie die Bildschärfe analog den gekoppelten Justierkreisen *1* und *2* im Bild 4.27 beeinflussen.

Eine Entkopplung gelingt, wenn man in der vorderen Brennebene eine kleine Lochblende (*BL*) anordnet **(Bild 4.28c)**; beide Justierkreise werden damit unabhängig voneinander. Bei eingeschalteter Lochblende wird das Objektiv um V_1 verstellt, bis der Abbildungsmaßstab γ_{Soll} erreicht ist.

Durch die Lochblende wird mit telezentrischem Strahlengang gearbeitet, und es ergibt sich eine große Tiefenschärfe. Bei Ausschwenken der Lochblende ergibt sich wieder ein unscharfes Bild. Es läßt sich durch Verschiebung V_2 scharf stellen, und die Justierung ist meist schon beendet, weil sich der eingestellte Abbildungsmaßstab nicht ändert. Auch bei Anwendung der Sukzessivjustierung ist die Justierung zielsicher.

Man stellt zunächst auf Bildschärfe ein. Die Justierung besteht dann aus einer Folge von Zyklen mit je zwei Schritten:

- Mit einer Verstellung V_2 wird der Maßstab von γ_0 nach γ_1 (γ_1 nicht bestimmbar, da Bild unscharf) verändert.
- Mit einer Verstellung V_1 wird auf Bildschärfe eingestellt, und damit ergibt sich in Verbindung mit dem ersten Schritt eine meßbare Vergrößerung γ_1.

Die Zyklen werden so lange wiederholt, bis der gewünschte Abbildungsmaßstab erreicht ist.

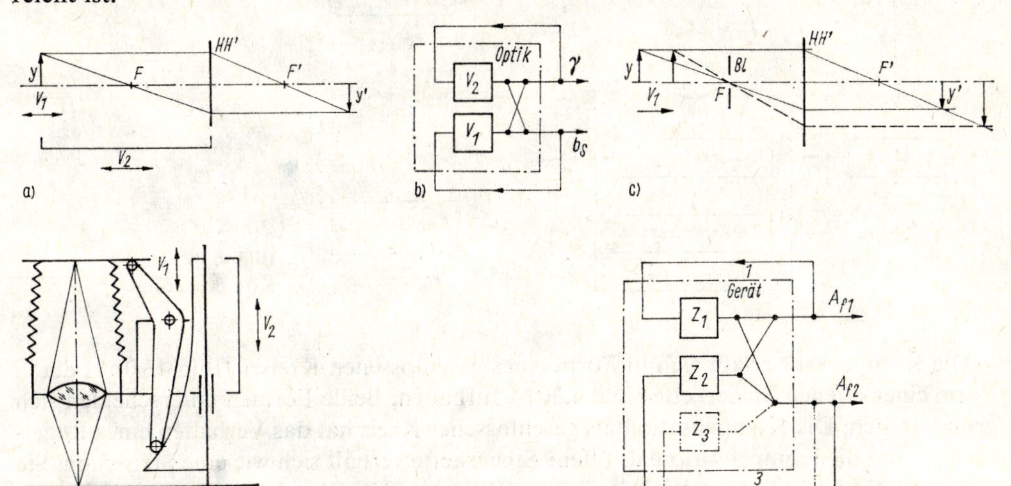

Bild 4.28. Abbildungssystem, gekoppelte Justierkreise
a) Abbildungssystem; b) Schema der Justierung; c) Entkopplung; d) Kompensation

Bild 4.29. Gekoppelte Justierkreise (1, 2) und ein zusätzlicher Justierkreis (3)

Im **Bild 4.28d** ist der Einsatz eines sehr einfachen Kompensators zu erkennen. Durch Verschiebung von V_2 wird der Abbildungsmaßstab γ verändert. Der Kompensator (Hebelgetriebe mit Kurvenabtastung) sorgt dafür, daß infolge der zwangläufigen Verschiebung V_1 das Bild immer scharf bleibt.

Im **Bild 4.29** ist schematisch noch die Möglichkeit eines zusätzlichen einfachen Justierkreises *3* dargestellt, der die Justierung der gekoppelten Justierkreise *1* und *2* wesentlich erleichtert. Über Z_1 oder Z_2 (ein Kreis genügt) wird A_{f1} auf den Sollwert justiert. A_{f2} hat sich aufgrund der Kopplung verändert und ist nun mittels Z_3 auf den Sollwert zu justieren.

4.3.7.2. Justierunterlagen

Zur Justierung während der Montage sind eindeutige Unterlagen zu schaffen. Nach Erfassung aller Einflußgrößen (Erfassungsliste, Blockbilddarstellung) ist eine Justiervorschrift zu erarbeiten, die alle Justiervorgänge in geordneter Reihenfolge und die entsprechenden Justier- und Prüfmittel (exakte Angaben) enthält.

Ergänzt wird diese Justiervorschrift meist durch einen Justierplan (zeichnerische Darstellung geeigneten Abstraktionsgrads) zur Verdeutlichung der Justiervorschrift.

4.3.8. Kompensation

Eine Kompensation sorgt dafür, daß entsprechende, durch innere oder äußere Störgrößen hervorgerufene Einzelfehler ständig kompensiert werden. Der Kompensator als Zusatzeinrichtung **(Bild 4.30)** arbeitet fortwährend, so daß auch die durch äußere Störgrößen bedingten und zeitlich veränderlichen Einzelfehler kompensierbar sind.

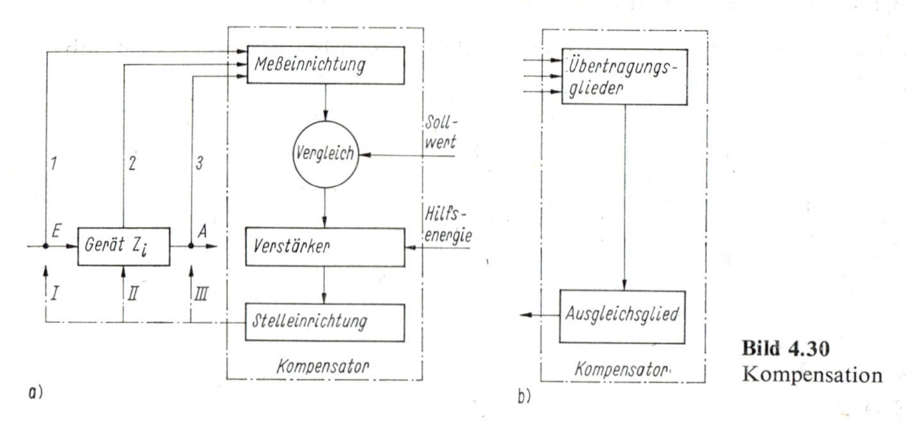

Bild 4.30
Kompensation

Die Kompensation läßt sich in Form eines geschlossenen Kreises (Bild 4.30a) oder in Form einer offenen Steuerkette (Bild 4.30b) aufbauen. Beide Formen unterscheiden sich grundsätzlich. Die Kompensation als geschlossener Kreis hat das Verhalten eines Regelkreises, und die Kompensation als offene Steuerkette verhält sich wie eine Steuerung. Sie erreicht nicht die hohe Genauigkeit eines geschlossenen Kreises, ist dafür aber wesentlich weniger aufwendig und wird daher in der Gerätetechnik sehr häufig genutzt.

Das Blockbild (Bild 4.30) läßt die vielfältigen Einsatzmöglichkeiten erkennen.

Die Erfassung von Eingangsgrößen *1*, Gerätekennwerten *2* oder Ausgangsgrößen *3* direkt und auch kombiniert sowie die unterschiedliche Eingriffsstelle des Kompensators am Geräteeingang *I*, am Gerät *II* und am Geräteausgang *III* führen in Verbindung mit der Kompensationsform als Regelung oder Steuerung zu sehr unterschiedlichen und dem entsprechenden Zweck angepaßten Varianten. Anhand zweier Beispiele sollen der Einsatz und die Wirkungsweise von Kompensationen erläutert werden.

Thermostat

Ein *Thermostat* wird häufig genutzt, wenn Temperaturschwankungen als äußere Störgrößen zu unvertretbar großen Gerätefehlern führen. Zum Beispiel sind Schwingquarze temperaturabhängig, so daß Temperaturänderungen zu Frequenzänderungen führen. Deshalb erhöht eine Kompensation mit Ausgleich der Temperaturänderungen die Genauigkeit. Die Kompensation arbeitet mit Erfassung der Temperatur als Eingangsgröße und greift auch am Eingang wieder ein (*I*). Die temperaturabhängige Schaltung wird zweckmäßig in einem abgeschlossenen Raum untergebracht, der mit Kompensator auf einer entsprechend höheren Temperatur als die der Umgebung gehalten wird. Die Kompensation läßt sich in Form der Regelung oder auch als Steuerung aufbauen.

Ausgleich der Pupillenlage mit Kompensator

Zunehmend werden Mikroskope mit auf unendlich korrigierten Objektiven und Tubuslinse eingesetzt. Das Objekt befindet sich in der vorderen Brennebene des Objektivs, und die Tubuslinse vereinigt die parallelen Abbildungsstrahlen des Objektivs in der hinteren

Brennebene. Die Scharfstellung des Bildes erfolgt hier lediglich durch Objektivverschiebung, und in dem Raum zwischen Objektiv und Tubuslinse lassen sich weitere optische Bauelemente anordnen. Das sind erhebliche Vorteile. Mit der Scharfstellung des Objektivs tritt nun allerdings eine oft unerwünschte Verlagerung der Austrittspupillen im Mikroskop auf.

Durch Kompensation gelingt es, die Lage der Pupille unabhängig von Objektivverstellungen beizubehalten [4.8]. Im **Bild 4.31** ist die Wirkungsweise der Kompensation zu erkennen. Bei Verschiebung des Objektivs mit Pupille M und ΔZ verschiebt sich das Pupillenbild um $\Delta Z'$. Diese Verschiebung wird kompensiert.

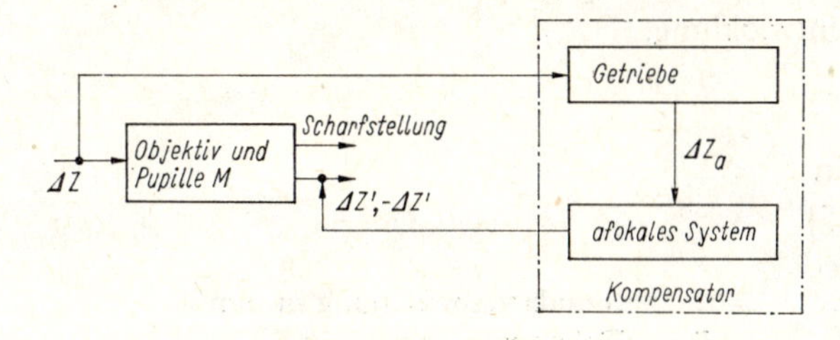

Bild 4.31
Kompensation der Pupillenverlagerung

Tafel 4.6. Maßnahmen zur Verbesserung des Fehlerverhaltens

Verringerung des Gerätefehlers	
durch	– Fehlerkorrektion – Verbesserung des Fehlerverhaltens
Maßnahmen	1. Entscheidung – durch Korrektion zu berücksichtigende Einzelfehler – Einzelfehler, die zu verringern sind durch Verbesserung des Fehlerverhaltens 2. Auswahl eines geeigneten technischen Prinzips (gutes Fehlerverhalten) 3. Gründliches Erfassen aller zum Gerätefehler führenden Einflußgrößen (Hilfsmittel: Erfassungsliste, Graphendarstellung) 4. Fehlertheoretische Bestimmung der zu erwartenden Einzelfehler 5. Gründliche Überlegungen zum Erhalt fehlerarmer Anordnungen möglich durch: — mit Wirkung auf: 5.1. Minimierung des Fehlerfaktors — innere, äußere Störgrößen Ziel: – fehlerminimierte – innozente – invariante Anordnungen 5.2. Justierung — innere 5.3. Toleranzfestlegungen (s. Abschn. 4.4.) — innere 5.4. Kompensation — innere, äußere 6. Entscheidung, welche Einzelfehler durch 5.1 bis 5.4 zu verringern sind. Beachte: – fehlerarme Anordnungen: nur geringer technischer und ökonomischer Aufwand erforderlich – nur realisierbare und ökonomisch vertretbare Toleranzen wählen (s. Abschn. 4.4.) – zur Justierung sind aussagefähige Justierunterlagen zu erarbeiten (Justiervorschrift, Justierplan); Justierung muß in den Montageablauf eingefügt werden und sicher zum Ziel führen – die Kompensation ist den speziellen Gegebenheiten gut anzupassen (Einsatz besonders, wenn veränderliche Fehler aufgrund äußerer Störgrößen).

Mittels Getriebes wird das afokale System als optisches Ausgleichssystem um ΔZ_a verschoben, so daß das Pupillenbild seine Lage beibehält. Es handelt sich um eine Kompensation in Form einer Steuerung. Die Eingangsgröße (hier als Störgröße) wird erfaßt und der Fehler am Ausgang direkt kompensiert.

4.3.9. Maßnahmen zur Verbesserung des Fehlerverhaltens

Das methodische Vorgehen zur Verbesserung des Fehlerverhaltens ist in **Tafel 4.6** dargestellt und soll dem Konstrukteur eine Hilfestellung geben bei der Verbesserung des Fehlerverhaltens während der Geräteentwicklung.

4.4. Maß- und Toleranzketten

[4.9] bis [4.14] [4.42] bis [4.55]

Symbole und Bezeichnungen

- a Koeffizient der relativen Asymmetrie
- C Toleranzmittenmaß in mm
- c Koeffizient der relativen Standardabweichung
- E Abmaß in mm (in DIN: A)
- ES, EI oberes, unteres Abmaß einer Bohrung in mm (in DIN: A_{oB}, A_{uB})
- es, ei oberes, unteres Abmaß einer Welle in mm (in DIN: A_{oW}, A_{uW})
- G Größtmaß in mm
- f relative Häufigkeit
- K Kleinstmaß in mm
- K_S Stirnlauftoleranz in mm
- k Richtungskoeffizient ($k = +1$ oder -1)
- M Maß in mm
- N Nennmaß in mm
- p Ausfallquote in %
- S Spiel in mm
- s Standardabweichung in mm
- T Toleranz in mm
- t Faktor der Student-Verteilung (Risikofaktor)
- U Übermaß in mm

Indizes

- C bezogen auf Toleranzmitte
- g bezogen auf Größtwert
- i Laufvariable für auf Einzelmaße oder Einzeltoleranzen bezogene Größen
- k bezogen auf Kleinstwert
- m Anzahl der Einzelmaße oder Einzeltoleranzen
- n Zählnummer eines Einzelmaßes oder einer Einzeltoleranz
- 0 bezogen auf Schlußmaß oder Schlußtoleranz
- ' bezogen auf Größen der wahrscheinlichkeitstheoretischen Methode

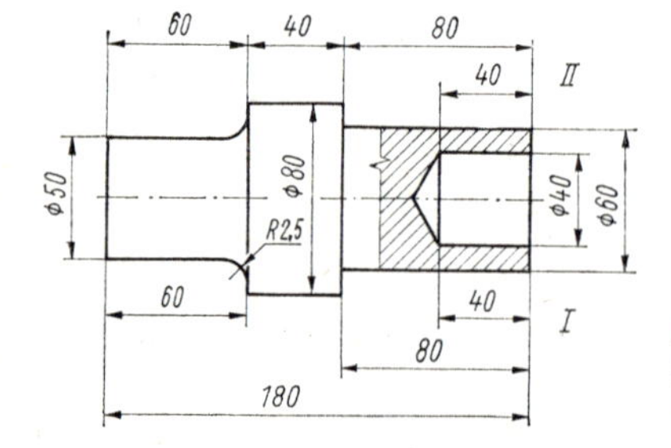

Bild 4.32
Zweckmäßige (I) und unzweckmäßige (II) Bemaßung eines Einzelteils

Die Gewährleistung von Funktionssicherheit und wirtschaftlicher Fertigung erfordert die Tolerierung der Maße und weiterer geometrischer Merkmale von Bauteilen. Da es nicht immer möglich ist, alle Kanten und Flächen von einer Maßbezugslinie aus festzulegen **(Bild 4.32)**, ergibt sich demzufolge eine Aneinanderreihung der Einzelmaße sowie der Toleranzen. Mehr noch tritt dies bei der Montage der Teile zu Baugruppen und Geräten auf. Es entstehen somit Maßketten und, da jedes Teil eine große Zahl unterschiedlicher Toleranzen aufweist, Toleranzketten.

4.4.1. Begriffe und Grundlagen

Unter einer *Maßkette* versteht man die fortlaufende Aneinanderreihung der in einem technischen Gebilde (Einzelteil, Baugruppe, Gerät) zusammenwirkenden Einzelmaße M_i und des Schlußmaßes M_0. Bei schematischer Darstellung bilden M_i und M_0 einen in sich geschlossenen Linienzug (Beispiel s. **Bild 4.33a, b**). Zwischen den Einzelmaßen M_i und dem Schlußmaß M_0 müssen, um Funktion und Montage zu sichern, bestimmte Abhängigkeiten beachtet werden. Sie lassen sich allgemein folgendermaßen formulieren:

$$M_0 = f(M_1, M_2, \ldots, M_i, \ldots, M_m). \tag{4.7}$$

Das Schlußmaß M_0 ist hierbei stets das zur Maßkette gehörende abhängige Maß, das aus den Einzelmaßen M_i resultiert.

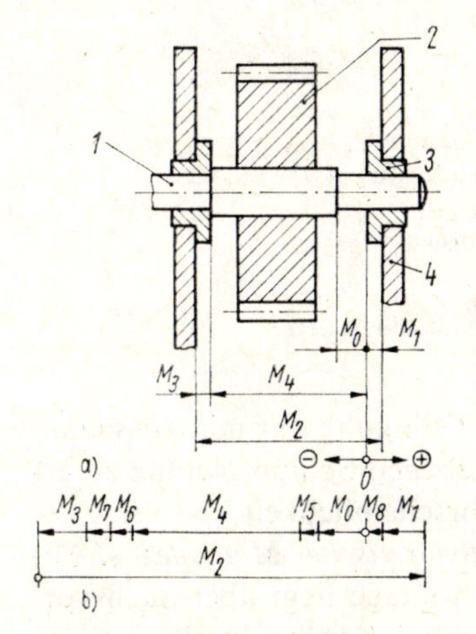

Bild 4.33
Maß- und Toleranzkette bei der Lagerung eines Zahnrads

a) Baugruppe
b) Maßkette
1 Welle; *2* Zahnrad; *3* Buchsen; *4* Gestell
$M_1 = (4 \pm 0{,}1)$ mm
$M_2 = (30 \pm 0{,}3)$ mm
$M_3 = (4 \pm 0{,}1)$ mm
$M_4 = \left(20 \begin{smallmatrix} -0{,}05 \\ -0{,}10 \end{smallmatrix}\right)$ mm
$M_5 \ldots M_8$ Anteile von Stirnlauftoleranzen (vgl. auch Beispiel 4 im Abschn. 4.4.3.)

Liegen *lineare Maßketten* vor, deren einzelne Glieder voneinander unabhängig sind, kann das Nennmaß N_0 des Schlußmaßes M_0 einer Kette als algebraische Summe der vorzeichenbehafteten Nennmaße N_i der Einzelmaße ermittelt werden:

$$N_0 = \sum_{i=1}^{m} k_i N_i. \tag{4.8}$$

Entsprechend erhält man das Nennmaß N_n eines beliebigen Einzelmaßes M_n:

$$N_n = \frac{1}{k_n} \left(N_0 - \sum_{i=1}^{n-1} k_i N_i - \sum_{i=n+1}^{m} k_i N_i \right). \tag{4.9}$$

Bei *nichtlinearen (funktionellen) Maßketten* ergibt sich das Nennmaß aus dem funktionellen Zusammenhang innerhalb der Kette (s. Abschn. 4.4.2.2.).

Analog zur Maßkette stellt eine *Toleranzkette* die fortlaufende Aneinanderreihung der in einem technischen Gebilde zusammenwirkenden Einzeltoleranzen T_i und der von diesen abhängigen Schlußtoleranz T_0 dar, die bei schematischer Darstellung ebenfalls einen geschlossenen Linienzug bilden.

Die Berechnung der Maß- und Toleranzketten hat i. allg. zum Ziel, die meist aus der

Gesamtfunktion abgeleitete und damit vorgegebene Toleranz des Schlußmaßes einer Kette zu verwirklichen. In dem Standard TGL 19115/01 bis /06 „Berechnung von Maß- und Toleranzketten" sind dazu mehrere Methoden angegeben, die u.a. abhängig davon anzuwenden sind, ob eine vollständige oder eine nur unvollständige Austauschbarkeit der Teile, z.B. einer Losgröße, gefordert wird (s. DIN 7186).

Vollständige Austauschbarkeit ist gegeben, wenn alle Teile eines durch die Maß- und Toleranzkette erfaßten technischen Gebildes ohne Überschreiten der erforderlichen Schlußtoleranz so montiert werden können, daß die Funktion in jedem Fall gewährleistet ist. Die Berechnung von Lage und Größe der Toleranzen erfolgt dann unter Berücksichtigung der ungünstigsten Kombinationen der Istwerte (*Maximum-Minimum-Methode*; s. Abschn. 4.4.2.).

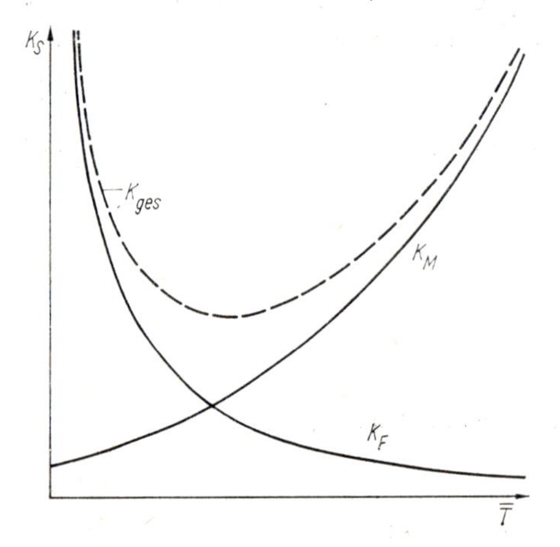

Bild 4.34
Abhängigkeit der Kosten von der Toleranzgröße (aus [4.9])

K_S Produktionsselbstkosten
K_F Kosten für Teilefertigung
K_M Montagekosten
K_{ges} Gesamtkosten ($K_{ges} = K_F + K_M$)
$\overline{T}$ durchschnittliche Größe der Toleranz

Bei **unvollständiger Austauschbarkeit** hingegen ist diese Bedingung nur mit Ausschluß eines geplanten Umfangs an Überschreitungen der vorgegebenen Schlußtoleranz zu erfüllen unter Berücksichtigung der Verteilung und der Wahrscheinlichkeit von verschiedenen Kombinationen der Istwerte (*wahrscheinlichkeitstheoretische Methode*; s. Abschnitt 4.4.3.). Unvollständige Austauschbarkeit bei der Montage liegt aber auch vor, wenn man die zunächst vorhandene Überschreitung der Schlußtoleranz durch *Justieren* bzw. *Kompensieren* (s. Abschn. 4.3. und 4.4.4.) beseitigt oder die *Methode der Gruppenaustauschbarkeit* (z.B. durch Auslesepaarungen) anwendet (s. Abschn. 4.4.5.). Die Entscheidung darüber, welche der genannten Methoden jeweils am vorteilhaftesten ist, sollte unter Beachtung der Anwendungsgrenzen durch Variantenvergleich herbeigeführt werden. In [4.9] wird darauf hingewiesen, daß mit kleiner werdender Toleranz die Kosten der Herstellung der Einzelteile i.allg. nach einer hyperbolischen Funktion ansteigen. Die Vergrößerung der Einzeltoleranzen dagegen zwingt vielfach zu zusätzlichen Aufwendungen z.B. während der Montage, in deren Folge sich die Kosten exponentiell erhöhen **(Bild 4.34).** Es bedarf deshalb zunächst einer genauen Analyse, ob die gewählte konstruktive Lösung hinsichtlich der Festlegung von möglichst groben Einzeltoleranzen und damit der Vermeidung einer unvertretbar kleinen Schlußgliedtoleranz bereits ein Optimum darstellt (s. Abschn. 4.2. und 4.3. sowie die in [4.10] und [4.11] dargestellten Regeln des toleranz- und passungsgerechten Gestaltens).

Nachfolgend werden die Maximum-Minimum-Methode und die wahrscheinlichkeitstheoretische Methode ausführlich betrachtet und anhand von Beispielen erläutert. Die Methoden des Justierens bzw. Kompensierens wurden bereits im Abschnitt 4.3. (bei Genauigkeit und zum Fehlerverhalten) eingehend behandelt. Der wirtschaftliche Anwen-

Tafel 4.7. Empfohlene Lösungsschritte für die Berechnung von Maß- und Toleranzketten

Lfd. Nr.	Lösungsschritt
1	Festlegung der Maß- und Toleranzkette sowie der Ausgangsgleichung für die Toleranzrechnung Ausgehend von einer Analyse der zeichnerischen Darstellung des technischen Gebildes sind die Maß- und Toleranzkette zu ermitteln sowie Schlußmaß und Schlußtoleranz festzulegen. Letztere stellen die funktionell abhängigen Größen dar, während die Einzelmaße und -toleranzen in diesem Sinne unabhängige Größen sind. Im Ergebnis dieser Betrachtungen können die für die weitere Toleranzrechnung wichtige Ausgangsgleichung, Gl. (4.7), in der Form $M_0 = f(M_i)$ festgelegt und die Kette grafisch dargestellt werden. Dazu verfährt man zweckmäßig so, daß an einer beliebigen Schnittstelle der Kette ein Ausgangspunkt O festgelegt und von diesem aus der geschlossene Linienzug mit den einzelnen Kettengliedern (einschließlich von Spielen und Übermaßen, die vielfach ein Nennmaß Null haben) unter Beachtung der konstruktiven Reihenfolge sowie des gewählten Richtungssinns (Richtungskoeffizient k_i) gebildet wird. Die Koeffizienten k_i sind dabei positiv, wenn sie mit der willkürlich gewählten positiven Richtung übereinstimmen, und M_0 ist wie ein Einzelmaß M_i zu behandeln (s. Bild 4.33).
2	Aufbereitung und Zusammenstellung der gegebenen Konstruktionswerte und -daten, wie der vorliegenden Paßmaße, der in der Maß- und Toleranzkette wirksamen Form- und Lagetoleranzen usw. Dies erfolgt zweckmäßig in Tabellenform (s. Tafel 4.8), deren Aufbau sich nach der anzuwendenden Berechnungsmethode richtet und in der die aus den gegebenen Werten ermittelten Größen im Verlauf der Toleranzrechnung ergänzt werden (s. Beispiele 1 bis 4).
3	Abhängig von der Anzahl der Kettenglieder und der Art der Aufgabe (vgl. Beispiel 3) entweder Berechnung des Nennmaßes N und des Toleranzmittenabmaßes E_C oder des Toleranzmittenmaßes C für das interessierende Maß (Schlußmaß oder ein Einzelmaß), zu dem die Toleranz symmetrisch liegt.
4	Berechnung der Schlußtoleranz T_0 oder einer entsprechend der Aufgabenstellung gesuchten Einzeltoleranz T_i
5	Berechnung des Paßmaßes bzw. anderer gesuchter Größen sowie Aufbereitung derselben für die Zeichnungseintragung

Anmerkung

Bei Maßketten an Einzelteilen, mitunter als sog. technologische Ketten bezeichnet, muß besonders darauf geachtet werden, daß die Ketten jeweils ein nichttoleriertes Maß enthalten, da sonst eine Überbestimmung vorliegt. Als Schlußmaß einer solchen Kette ist immer dasjenige Maß festzulegen, das sich im Ergebnis der Bearbeitung der anderen Maße von selbst ergibt. Typisch bei der Behandlung derartiger Ketten ist deshalb oft die Ermittlung der erforderlichen Fertigungs- bzw. Werkzeugmaße aus den geforderten Funktionsmaßen (s. auch Abschn. 4.4.2., Beispiel 1).

Tafel 4.8. Empfehlung für die tabellarische Zusammenstellung der gegebenen Konstruktionswerte und -daten (nach TGL 19115/02 und DIN 7186)

i	Konstruktions-maße M_i mm	N_i mm	E_{Ci} mm	k_i –	T_i mm	a_i –	c_i –	E_{Ei} mm
	…							

Tafel 4.9. Berechnung von Maß- und Toleranzketten, Begriffe

Begriff	Definition
Einzelmaß M_i	Ein Einzelmaß ist eines der zur Maßkette gehörenden untereinander unabhängigen Maße.
Schlußmaß M_0	Das Schlußmaß ist das zur Maßkette gehörende abhängige Maß, das ausschließlich aus den Einzelmaßen resultiert und bei dem sich die Toleranzen der anderen Nennmaße voll auswirken.
Positives Maß	Ein positives Maß ist ein Einzelmaß, dessen Vergrößerung oder Verkleinerung eine gleichsinnige Veränderung des Schlußmaßes der Maßkette bewirkt (negat. Maß analog).
Richtungskoeffizient k_i	Der Richtungskoeffizient ist ein Koeffizient des Einzelmaßes, der dessen Vorzeichen gemäß dem Einfluß auf das Schlußmaß angibt. Er ist bei einem positiven Maß $+1$, bei einem negativen Maß -1.
Toleranzmittenmaß C	Das Toleranzmittenmaß ist der arithmetische Mittelwert aus dem Größtmaß und dem Kleinstmaß (Bild 4.35).
Toleranzmittenabmaß E_C	Das Toleranzmittenabmaß ist die algebraische Differenz zwischen dem Toleranzmittenmaß und dem Nennmaß (Bild 4.35).
Erwartungsmaß E	Das Erwartungsmaß ist der arithmetische Mittelwert der Istwerte der Stichprobe, die für das jeweilige Montagelos repräsentativ ist.
Erwartungsabmaß E_E	Das Erwartungsabmaß ist die algebraische Differenz zwischen Erwartungsmaß und Nennmaß (Bild 4.35).
Einzeltoleranz T_i	Eine Einzeltoleranz ist eine der zur Toleranzkette gehörenden untereinander unabhängigen Toleranzen.
Schlußtoleranz T_0	Die Schlußtoleranz ist die zur Toleranzkette gehörende und ausschließlich aus den Einzeltoleranzen resultierende Toleranz.
Koeffizient der relativen Asymmetrie a	Der Koeffizient der relativen Asymmetrie drückt die relative Differenz zwischen dem Erwartungsabmaß und dem Toleranzmittenabmaß, bezogen auf die Toleranz, aus (Bild 4.35, Tafel 4.11). Er charakterisiert den Einfluß der Häufigkeitsverteilung innerhalb der Einzeltoleranzen auf die Lage der Schlußtoleranz.
Koeffizient der relativen Standardabweichung $c = 2s/T'$	Der Koeffizient der relativen Standardabweichung drückt die relative Streuung, bezogen auf die Einzeltoleranz, aus. Er charakterisiert den Einfluß der Istwertverteilungen innerhalb der Einzeltoleranzen auf die Größe der Schlußtoleranz.
Ausfallquote p	Die Ausfallquote ist der prozentuale Anteil der Istwerte des Schlußmaßes, der außerhalb der Schlußtoleranz anfällt, an der Gesamtzahl der Istwerte des Schlußmaßes.

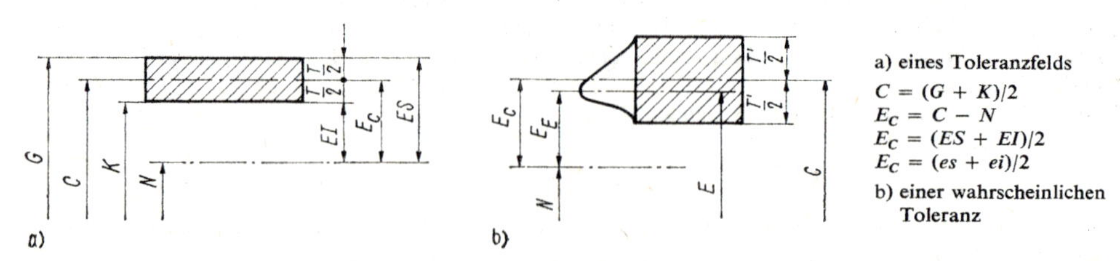

Bild 4.35. Darstellung der Lage und Größe

dungsbereich der Gruppenaustauschbarkeit ist in der Gerätetechnik begrenzt. Deshalb werden im Rahmen dieses Abschnitts zu diesen zuletzt genannten Methoden nur kurze Hinweise gegeben und vor allem die Anwendungsgrenzen mit Bezugnahme auf weiterführende Literatur aufgezeigt.

Im allgemeinen liegen bei Maß- und Toleranzketten folgende Aufgabenstellungen vor:

- Schlußmaß sowie Schlußtoleranz einer Kette sind, z.B. abgeleitet aus funktionellen oder fertigungstechnischen Forderungen, vorgegeben, und ein noch festlegbares Einzelmaß der Kette ist so zu bemaßen und zu tolerieren, daß Schlußmaß und Schlußtoleranz eingehalten werden können.
- Alle Einzelmaße sowie Einzeltoleranzen einer Kette sind vorgegeben, und es ist eine Nachrechnung mit dem Ziel vorzunehmen, Größt- und Kleinstwerte des Schlußmaßes zu bestimmen.

Bei der Lösung derartiger Aufgabenstellungen empfiehlt sich unter Beachtung der Besonderheiten der jeweiligen Berechnungsmethode das Einhalten der in den **Tafeln 4.7 und 4.8** dargestellten Lösungsschritte ([4.49], s. auch TGL 19115 und DIN 7186).

Die dabei in den nachfolgenden Abschnitten verwendeten Begriffe enthält **Tafel 4.9.**

4.4.2. Maximum-Minimum-Methode

Bei dieser Methode werden die Toleranzen der Einzelmaße so festgelegt, daß sich die Toleranz des Schlußmaßes bei beliebiger Kombination der Einzelteile in jedem Fall einhalten läßt. Die damit erreichte vollständige (absolute) Austauschbarkeit ergibt eine Reihe wesentlicher Vorteile, insbesondere hinsichtlich der Ökonomie, da während der Montage keine zusätzlichen Maßnahmen, wie Auswählen oder Zusammenpassen der Teile, erforderlich sind und sich z.B. auch an die Qualifikation der Arbeitskräfte keine besonderen Forderungen ergeben. Zugleich gestaltet sich die Festlegung des Montagezeitaufwands relativ einfach, die Möglichkeiten der Arbeitsteilung bezüglich Fertigung der Einzelteile und Herstellung der Finalerzeugnisse werden erweitert sowie ein umfassender Austauschbau (Auswechseln z.B. schadhaft gewordener Teile ohne Nacharbeit od. dgl.) gesichert [4.9]. Die Methode der vollständigen Austauschbarkeit ist deshalb zunächst immer anzustreben. Allerdings setzt ihre Anwendung zur Wahrung der Wirtschaftlichkeit weniggliedrige Ketten oder bei vielgliedrigen Ketten große Schlußtoleranzen voraus, um hinreichend große fertigungstechnisch reale Einzeltoleranzen erreichen zu können. Die Lösung der Ausgangsgleichung einer Maßkette in der allgemeinen Form $M_0 = f(M_i)$ wird bei der Maximum-Minimum-Methode nach dem linearen Toleranzfortpflanzungsgesetz vorgenommen:

$$T_0 = \sum_{i=1}^{m} \left| \frac{\partial f}{\partial M_i} \right| T_i . \tag{4.10}$$

Die Berechnung der weiteren Größen muß abhängig davon, ob lineare oder nichtlineare (funktionelle) Maßketten vorliegen, nach unterschiedlichen Gesichtspunkten erfolgen.

4.4.2.1. Lineare Maßketten

Die Ausgangsgleichung einer linearen Maßkette läßt sich in der Form

$$M_0 = M_1 \pm M_2 \pm M_3 \pm \ldots \pm M_i \pm \ldots \pm M_m \tag{4.11}$$

schreiben.

Wegen der Unabhängigkeit der Kettenglieder können die partiellen Ableitungen in Gl. (4.10) nur die Werte +1 oder −1 annehmen. Sie werden als Richtungskoeffizienten k_i bezeichnet (s. Tafel 4.9).

Für die Toleranz T_0 des Schlußmaßes M_0 der Kette ergibt sich damit der einfache Zusammenhang

$$T_0 = T_1 + T_2 + T_3 + \ldots + T_i + \ldots + T_m = \sum_{i=1}^{m} T_i. \tag{4.12}$$

Eine beliebige Einzeltoleranz T_n innerhalb der Kette kann daraus errechnet werden zu

$$T_n = T_0 - \sum_{i=1}^{n-1} T_i - \sum_{i=n+1}^{m} T_i. \tag{4.13}$$

Die berechnete Toleranz für ein Maß M liegt symmetrisch zum Toleranzmittenmaß C. Mit den Beziehungen im **Bild 4.35** gilt:

$$M = C \pm T/2 = N + E_C \pm T/2. \tag{4.14}$$

Die Größen N und C (s. Tafel 4.9) des gesuchten Maßes M lassen sich aus der Maßkette berechnen. Für das Schlußmaß M_0 erhält man E_{C0} aus der Beziehung:

$$E_{C0} = \sum_{i=1}^{m} k_i E_{Ci}. \tag{4.15}$$

Analog ergibt sich das Toleranzmittenabmaß E_{Cn} eines Einzelmaßes M_i:

$$E_{Cn} = \frac{1}{k_n}\left(E_{C0} - \sum_{i=1}^{n-1} k_i E_{Ci} - \sum_{i=n+1}^{m} k_i E_{Ci}\right). \tag{4.16}$$

Diese Gleichungen zeigen, daß z.B. bei gegebener Schlußtoleranz die in der Kette enthaltenen Maße so zu tolerieren sind, daß bei Überlagerung aller Einzeltoleranzen T_i die Schlußtoleranz T_0 nicht überschritten werden darf. Je mehr Maße also in einer Kette enthalten sind, um so kleiner müssen demzufolge die Einzeltoleranzen festgelegt werden.

▲ **Beispiel 1:** Bemaßung und Tolerierung eines Schnitteils
Für das Blechteil im **Bild 4.36 a**, das durch Ausschneiden [4.11] herzustellen ist, sind das Nennmaß N_0 sowie die Toleranz T_0 des für die Fertigung des erforderlichen Schnittwerkzeugs interessierenden Schlußmaßes M_0 so zu bestimmen, daß vollständige Austauschbarkeit gewährleistet ist.

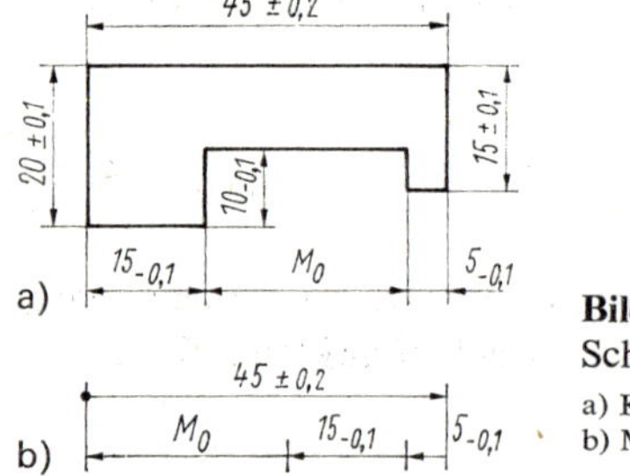

Bild 4.36
Schnitteil
a) Konstruktionszeichnung
b) Maßkette

Gemäß den in Tafel 4.7 empfohlenen Lösungsschritten werden zunächst die zugehörige Maßkette gezeichnet und die Ausgangsgleichung aufgestellt (1). Danach erfolgen das Aufbereiten aller gegebenen Werte in einer Tabelle (2), die Berechnung des Nennmaßes N_0 und des Toleranzmittenabmaßes E_{C0} (3) sowie der Schlußtoleranz T_0 (4). Mit diesen Größen läßt sich das Schlußmaß M_0 eindeutig festlegen (5).

Lösung

(1) Maßkette (**Bild 4.36b**) und Ausgangsgleichung:

$M_1 - M_2 - M_3 - M_0 = 0$ bzw. $M_0 = M_1 - M_2 - M_3$.

(2) Aufbereitung der gegebenen Werte:

i	M_1 mm	N_i mm	E_{Ci} mm	k_i –	T_i mm
1	$45 \pm 0{,}2$	45	0	+1	0,4
2	$5_{-0,1}$	5	−0,05	−1	0,1
3	$15_{-0,1}$	15	−0,05	−1	0,1

(3) Nennmaß N_0 des Schlußmaßes, Gl.(4.8):

$$N_0 = [(+1) \cdot 45 + (-1) \cdot 5 + (-1) \cdot 15] \text{ mm} = 25 \text{ mm}.$$

Toleranzmittenabmaß E_{C0} des Schlußmaßes, Gl. (4.15):

$$E_{C0} = [(+1) \cdot 0 + (-1)(-0{,}05) + (-1)(-0{,}05)] \text{ mm} = 0{,}1 \text{ mm}.$$

(4) Schlußtoleranz, Gl. (4.12):

$$T_0 = (0{,}4 + 0{,}1 + 0{,}1) \text{ mm} = 0{,}6 \text{ mm}.$$

(5) Schlußmaß, Gl. (4.14):

$$M_0 = N_0 + E_{C0} \pm T_0/2 = (25 + 0{,}1 \pm 0{,}3) \text{ mm} = (25{,}1 \pm 0{,}3) \text{ mm}$$

mit einem Größtmaß $G_0 = 25{,}4$ mm und einem Kleinstmaß $K_0 = 24{,}8$ mm.

▲ **Beispiel 2:** Toleranzanalyse einer elektromechanischen Baugruppe

Der Hebel *1* der Baugruppe im **Bild 4.37a** wird durch einen Hubstift *2* einem Elektromagneten *3* so weit genähert (Anbietstellung), daß der Magnet den Hebel anziehen kann. Der Abstand zwischen Magnet und Hebel beträgt in Anbietstellung $c = 2{,}4$ mm, der Ruheabstand $c_1 = 3$ mm. Es ist zu untersuchen, welche Werte dieser Abstand des Hebels vom Magneten in Anbietstellung bei Einfluß der Toleranzen des Hubgetriebes annehmen kann.

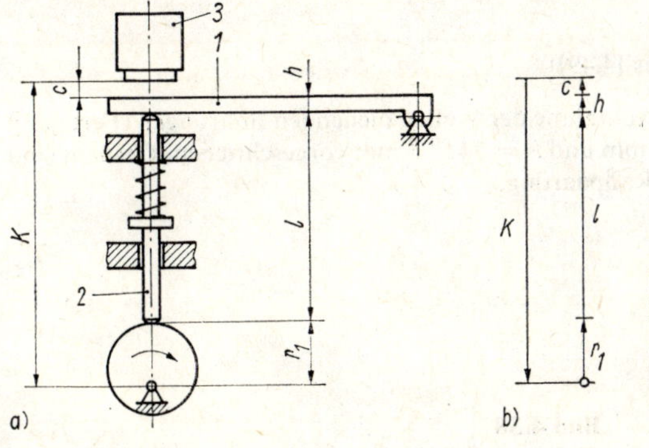

Bild 4.37
Elektromechanische Baugruppe
a) Aufbau
b) Maßkette

Gegeben sind:

$l = (30 \pm 0{,}05)$ mm, $K = (52{,}4 \pm 0{,}05)$ mm, $r_1 = (15 \pm 0{,}01)$ mm, $h = (5 \pm 0{,}02)$ mm.

Lösung

(1) Maßkette **(Bild 4.37b)** und Ausgangsgleichung:

$$c = K - h - l - r_1.$$

(2) Aufbereitung der gegebenen Werte:

i	Maße	M_i mm	N_i mm	E_{Ci} mm	k_i	T_i mm
1	$K = M_1$	$52{,}4 \pm 0{,}05$	52,4	0	+1	0,1
2	$h = M_2$	$5 \pm 0{,}02$	5	0	−1	0,04
3	$l = M_3$	$30 \pm 0{,}05$	30	0	−1	0,1
4	$r_1 = M_4$	$15 \pm 0{,}01$	15	0	−1	0,02
	$(c = M_0)$					

(3) Nennmaß N_0 des Schlußmaßes, Gl. (4.8):

$$N_0 = [(+1)(52{,}4) + (-1)(5) + (-1)(30) + (-1)(15)]\ \text{mm} = 2{,}4\ \text{mm}$$

Toleranzmittenabmaß E_{C0} des Schlußmaßes, Gl. (4.15):

$$E_{C0} = 0\ \text{mm}.$$

(4) Schlußtoleranz, Gl. (4.12):

$$T_0 = (0{,}1 + 0{,}04 + 0{,}1 + 0{,}02)\ \text{mm} = 0{,}26\ \text{mm}.$$

(5) Schlußmaß, Gl. (4.14):

$$M_0 = N_0 + E_{C0} \pm T_0/2 = (2{,}4 \pm 0{,}13)\ \text{mm}$$

mit einem Größtmaß $G_0 = 2{,}53$ mm und einem Kleinstmaß $K_0 = 2{,}27$ mm.

Der Abstand c ist also mit einer Toleranz von 0,26 mm symmetrisch zum Nennmaß behaftet.

4.4.2.2. Nichtlineare Maßketten

Bei der Aufstellung der Ausgangsgleichung und damit bei der Berechnung von Nennmaß und Toleranzmittenabmaß sowie Schlußmaß und Schlußtoleranz muß der funktionelle Zusammenhang der einzelnen Glieder innerhalb der Kette beachtet werden (s. Beispiel 3). Die Toleranzmittenabmaße lassen sich dabei unter der Bedingung, daß sie klein gegenüber den Nennmaßen sind, aus folgender Gleichung ermitteln:

$$E_{C0} = \sum_{i=1}^{m} \frac{\partial f}{\partial M_i} E_{Ci}. \tag{4.17}$$

▲ **Beispiel 3:** Platine eines Präzisionsgetriebes (aus [4.49])

In der Platine im **Bild 4.38a** sind für die zwei zur Aufnahme der Wellen dienenden Bohrungen (Fertigung auf Koordinatenbohrwerk) die Maße $b = 48_{-0{,}2}$ mm und $h = 34^{+0{,}2}$ mm vorgeschrieben. Gesucht sind Größt- und Kleinstmaß des Achsabstands a der Radpaarung.

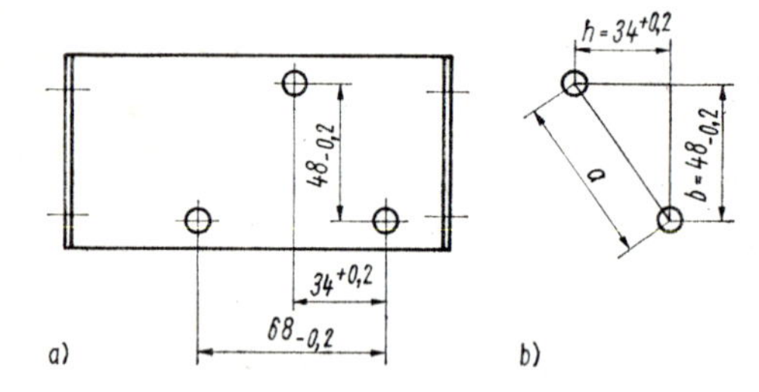

Bild 4.38
Platine eines Präzisionsgetriebes
a) Koordinaten der Bohrungen
b) Maßkette

Lösung

(1) Maßkette **(Bild 4.38b)** und Ausgangsgleichung:

$$a = \sqrt{b^2 + h^2}.$$

(2) Aufbereitung der gegebenen Werte:

i	Maße	M_i mm	N_i mm	E_{Ci} mm	T_i mm
1	$b\,(= M_1)$	$48_{-0{,}2}$	48	−0,1	0,2
2	$h\,(= M_2)$	$34^{+0{,}2}$	34	+0,1	0,2
	$(a = M_0)$				

(3) Im Vergleich zu dem in den Beispielen 1 und 2 gewählten weiteren Lösungsweg ergibt sich bei diesem Beispiel eine einfachere Möglichkeit der Berechnung des Schlußmaßes durch die direkte Ermittlung des Toleranzmittenmaßes C_a anstelle von Nennmaß N_a und Toleranzmittenabmaß E_{Ca}, Gl. (4.14). Mit den Bezeichnungen im Bild 4.38a erhält man:

$$C_b = 47{,}9 \text{ mm}, \; C_h = 34{,}1 \text{ mm und } C_a = \sqrt{C_b^2 + C_h^2} = 58{,}798 \text{ mm}.$$

(4) Schlußtoleranz, Gl. (4.10):

$$T_a = |\partial a/\partial b| \, T_b + |\partial a/\partial h| \, T_h$$

$$T_a = \frac{b}{\sqrt{b^2 + h^2}} T_b + \frac{h}{\sqrt{b^2 + h^2}} T_h = \frac{b}{a} T_b + \frac{h}{a} T_h$$

mit $a = \sqrt{b^2 + h^2}$

$$T_a = (0{,}163 + 0{,}116) \text{ mm} = 0{,}279 \text{ mm} \approx 0{,}280 \text{ mm}.$$

(5) Schlußmaß, Gl. (4.14):

$$a = C_a \pm T_a/2 = (58{,}798 \pm 0{,}140) \text{ mm}$$

mit einem Größtmaß $G_a = 58{,}938$ mm und einem Kleinstmaß $K_a = 58{,}658$ mm.
Zur Kontrolle des Ergebnisses könnte die Berechnung von a aus N_a, E_{Ca} und T_a herangezogen werden, wobei sich für den Lösungsschritt (3) aber der aufwendigere Rechenweg ergibt:

(6) Nennmaß N_a des Schlußmaßes:

$$N_a = \sqrt{N_b^2 + N_h^2} = 58{,}822 \text{ mm}.$$

Toleranzmittenabmaß E_{Ca} des Schlußmaßes, Gl. (4.16):

$$E_{Ca} = \frac{\partial a}{\partial b} E_{Cb} + \frac{\partial a}{\partial h} E_{Ch} = [0{,}816 \cdot (-0{,}1) + 0{,}578 \cdot (+0{,}1)] \text{ mm} = -0{,}024 \text{ mm}.$$

Toleranzmittenmaß (s. Bild 4.35a):

$$C_a = N_a + E_{Ca} = 58{,}798 \text{ mm}.$$

4.4.3. Wahrscheinlichkeitstheoretische Methode

Diese Methode ermöglicht die Berechnung von Lage und Größe der Toleranzen unter Berücksichtigung der Verteilung der Istwerte und der Wahrscheinlichkeit von verschiedenen Kombinationen der Istwerte bei einem geplanten Umfang an Überschreitungen der Schlußtoleranz. Da bei vielgliedrigen Ketten die ungünstigsten Extremwerte praktisch nur sehr selten zusammentreffen, lassen sich die nach den Gln. (4.10), (4.12) und (4.13) ermittelten Toleranzen unter Beachtung wahrscheinlichkeitstheoretischer Gesetzmäßigkeiten erweitern. Dadurch werden für die Fertigung der Einzelteile wesentliche Erleichterungen geschaffen, ohne auf eine Austauschbarkeit verzichten zu müssen. Es ist lediglich eine verhältnismäßig kleine, vorher festlegbare Ausfallquote (Überschreiten der vorgegebenen Schlußtoleranz durch die Istabmessungen) in Kauf zu nehmen und daraus abgeleitet eventueller Mehraufwand für Nacharbeit bzw. in Form von Ausschuß. Allerdings lassen sich die zunächst nicht verwendbaren Einzelteile bei anderen willkürlichen Kombinationen vielfach noch funktionsfähig montieren. Die wahrscheinlichkeitstheoretische Methode kann also immer dann Anwendung finden, wenn aus technischen oder wirtschaftlichen Gründen eine unvollständige Austauschbarkeit im vorher beschriebenen Sinne zulässig ist. Sie setzt voraus, daß die Verteilungsgesetze der Istmaße der Maßkettenglieder bekannt oder zumindest abschätzbar sind, daß relativ große Fertigungsstückzahlen (i. allg. Montagelosgrößen von mindestens 50 Teilen je Los) und vielgliedrige Ketten mit i. allg. mindestens fünf Einzelmaßen bzw. Einzeltoleranzen vorliegen. Weniggliedrige Ketten können nur dann mit dieser Methode untersucht werden, wenn die Istmaße in bestimmten Verteilungen anfallen, wobei im Rahmen der Fertigungsvorbereitung meist technisch-organisatorische Maßnahmen zur Sicherung von Art und Lage dieser Verteilungen festzulegen sind [4.9] (TGL 19115, DIN 7186). Wird durch die Fertigung gewährleistet, daß die Istmaße symmetrisch zum Toleranzmittenmaß liegen und annähernd normalverteilt sind (Gaußsche Glockenkurve; s. Tafel 4.11), kann die Lösung der Ausgangsgleichung $M_0 = f(M_i)$ einer Maßkette nach dem quadratischen Toleranzfortpflanzungsgesetz erfolgen:

$$T_0' = \sqrt{\sum_{i=1}^{m} \left(\frac{\partial f}{\partial M_i} T_i' \right)^2}. \tag{4.18}$$

Bei linearen Maßketten vereinfacht sich diese Beziehung wegen der bereits im Abschnitt 4.4.2.1. dargestellten Gründe unter Beachtung der für Gl. (4.12) geltenden Bedingungen zu

$$T_0' = \sqrt{\sum_{i=1}^{m} T_i'^2}. \tag{4.19}$$

Sind die Istmaße über dem jeweiligen Toleranzfeld nicht normalverteilt oder treten innerhalb einer Kette Glieder mit Normalverteilung und anderen Verteilungen auf, läßt sich die wahrscheinliche Größe der Schlußtoleranz näherungsweise aus Gl. (4.20) berechnen. Voraussetzung dafür sind mindestens vier Kettenglieder mit Normalverteilung, fünf mit Simpson-Verteilung oder sieben mit gleichmäßiger Verteilung der Istmaße [4.9]:

$$T_0' = t \sqrt{\sum_{i=1}^{m} (c_i T_i')^2}. \tag{4.20}$$

Analog Gl. (4.13) kann daraus eine beliebige wahrscheinliche Einzeltoleranz T_n' innerhalb der Kette errechnet werden zu

$$T_n' = \frac{1}{c_n} \sqrt{\left[\frac{1}{t} (T_0')^2 - \sum_{i=1}^{n-1} (c_i T_i')^2 - \sum_{i=n+1}^{m} (c_i T_i')^2 \right]}. \tag{4.21}$$

Der Faktor der Student-Verteilung (Risikofaktor) t ist in Abhängigkeit von der festzulegenden wirtschaftlich vertretbaren Ausfallquote p **Tafel 4.10** zu entnehmen. Werte für den Koeffizienten c der relativen Standardabweichung enthält für häufige Verteilungen **Tafel 4.11.**

Tafel 4.10. Faktor der Student-Verteilung (Risikofaktor) t in Abhängigkeit von der Ausfallquote p

p in %	0,1	0,2	0,5	1	2	5	10
t	3,37	3,09	2,81	2,58	2,33	1,96	1,65

Zur Bestimmung des Nennmaßes N sowie des Maßes M und des Toleranzmittenmaßes C bzw. des Toleranzmittenabmaßes E_C gelten die gleichen Beziehungen wie bei der Maximum-Minimum-Methode, Gln. (4.8), (4.9) und (4.14) bis (4.16).

Zusätzlich ist bei Anwendung der wahrscheinlichkeitstheoretischen Methode mitunter noch das Erwartungsabmaß E_{E0} des Schlußmaßes (s. Bild 4.35b und Tafel 4.9)

$$E_{E0} = \sum_{i=1}^{m} k_i E_{Ei} = \sum_{i=1}^{m} k_i (E_{Ci} + a_i T_i') \tag{4.22}$$

Tafel 4.11. Koeffizienten der relativen Standardabweichung c und der relativen Asymmetrie a

$c = 2s/T'$; s Standardabweichung; statt h_1/h_2 lies f_1/f_2

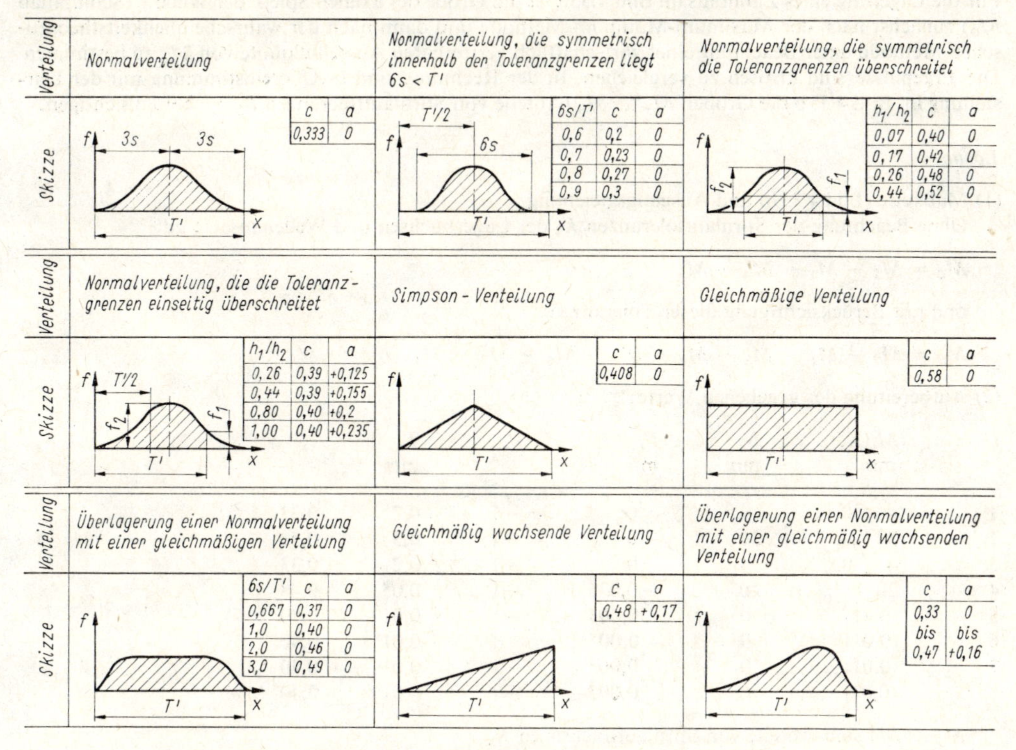

bzw. das Erwartungsabmaß $E_{\mathrm{E}n}$ eines beliebigen Einzelmaßes innerhalb der Kette

$$E_{\mathrm{E}n} = \frac{1}{k_n}\left[E_{\mathrm{E}0} - \sum_{i=1}^{n-1} k_i E_{\mathrm{E}i} - \sum_{i=n+1}^{m} k_i E_{\mathrm{E}i}\right]$$

$$= \frac{1}{k_n}\left[E_{\mathrm{E}0} - \sum_{i=1}^{n-1} k_i\,(E_{Ci} - a_i T'_i) - \sum_{i=n+1}^{m} k_i\,(E_{Ci} - a_i T'_i)\right] \tag{4.23}$$

von Interesse.

Die Koeffizienten a der relativen Asymmetrie (s. Tafel 4.11) des Schlußmaßes (a_0) bzw. eines Einzelmaßes (a_n) ergeben sich dabei aus den Beziehungen

$$a_0 = \left(1\Big/\sum_{i=1}^{m} T'_i\right)(E_{\mathrm{E}0} - E_{C0}) \tag{4.24}$$

bzw.

$$a_n = (1/T'_n)\,(E_{\mathrm{E}n} - E_{Cn}). \tag{4.25}$$

Die nach der wahrscheinlichkeitstheoretischen Methode z.B. ermittelte Schlußtoleranz einer Kette beträgt im Vergleich zu der nach der Maximum-Minimum-Methode ermittelten oft nur etwa 50 bis 60% (s. Beispiel 4 sowie [4.9]). Die Toleranzen der einzelnen Maße können also um einen solchen Betrag vergrößert werden. Dabei ist nach dem Grundsatz zu verfahren, das Teil am gröbsten zu tolerieren, das am wertvollsten ist bzw. dessen Fertigung den größten Aufwand erfordert.

▲ **Beispiel 4:** Analyse des Axialspiels in einer Getriebebaugruppe

Für die Lagerung eines Zahnrads im Bild 4.33a ist die Größe des axialen Spiels der Welle *1* (Schlußmaß M_0) zunächst nach der Maximum-Minimum-Methode und dann nach der wahrscheinlichkeitstheoretischen Methode unter Beachtung einer wirtschaftlich vertretbaren Ausschußquote von 2% zu bestimmen. Die Ergebnisse sind kritisch zu vergleichen. In der Rechnung sind in Übereinstimmung mit der Darstellung im Bild 4.33b die Größen $M_5 \ldots M_8$ (Anteile von Stirnlauftoleranzen K_S) zu berücksichtigen.

Lösung

(1) Maßkette (Bild 4.33b) und Ausgangsgleichung:
Ohne Beachtung der Stirnlauftoleranzen K_S der Lagerbuchsen und Wellenabsätze gilt

$$M_0 = M_2 - M_1 - M_4 - M_3$$

und mit Berücksichtigung dieser Toleranzen

$$M_0 = M_2 - M_1 - M_8 - M_5 - M_4 - M_6 - M_7 - M_3 .$$

(2) Aufbereitung der gegebenen Werte:

i	$M_i(K_S)$ mm	N_i mm	E_{ci} mm	k_i –	T_i mm	c_i –
1	$4 \pm 0{,}1$	4	0	−1	0,2	0,33
2	$30_{-0,2}$	30	−0,15	+1	0,3	0,58
3	$4 \pm 0{,}1$	4	0	−1	0,2	0,33
4	$20^{-0,05}_{-0,10}$	20	−0,075	−1	0,05	0,48
5	(0,01)	0	0,005	−1	0,01	0,40
6	(0,01)	0	0,005	−1	0,01	0,40
7	(0,01)	0	0,005	−1	0,01	0,40
8	(0,01)	0	0,005	−1	0,01	0,40

$M_5 \ldots M_8$ sind Anteile von Stirnlauftoleranzen K_S.

Erläuterungen und ergänzende Annahmen für c_i und t:

a) Durch ausreichend große Anzahl von Messungen wurde bei den Einzelmaßnahmen M_1 und M_3 eine Normalverteilung ermittelt, bei den Stirnflächen der Lagerbuchsen und Wellenabsätze (K_S) eine mit einer gleichmäßig wachsenden Verteilung überlagerte Normalverteilung.

b) Für die Einzelmaße M_2 und M_4 liegen keine Meßergebnisse vor. Aus Kenntnis ähnlicher Fertigungsverfahren wird mit hoher Wahrscheinlichkeit auf eine relativ schiefe Verteilung der Istmaße von M_4 geschlossen (gleichmäßig wachsende Verteilung) und für M_2 die ungünstigste Verteilung angenommen, die praktisch zu erwarten ist (gleichmäßige Verteilung).

c) Die laut Aufgabenstellung zugelassene wirtschaftlich vertretbare Ausfallquote p beträgt 2%, d.h. $t = 2{,}33$.

Berechnung nach der Maximum-Minimum-Methode

(3) Nennmaß N_0 der Schlußmaßes, Gl. (4.8):

$$N_0 = [(+1) \cdot 30 + (-1)(4) + (-1) \cdot 20 + (-1)(4)]\,\text{mm} = 2\,\text{mm}.$$

Toleranzmittenabmaß E_{C0} des Schlußmaßes, Gl. (4.15):

$$E_{C0} = [(+1)(-0{,}15) + (-1) \cdot 0 + (-1)(-0{,}075) + (-1) \cdot 0 + 4 \cdot (-1)(0{,}005)]\,\text{mm} = -0{,}095\,\text{mm}.$$

(4) Schlußtoleranz, Gl. (4.12):

$$T_0 = (0{,}3 + 0{,}2 + 0{,}05 + 0{,}2 + 4 \cdot 0{,}01)\,\text{mm} = 0{,}79\,\text{mm}.$$

(5) Schlußmaß, Gl. (4.14):

$$M_0 = N_0 + E_{C0} \pm (T_0/2) = (2 - 0{,}095 \pm 0{,}395)\,\text{mm} = (1{,}905 \pm 0{,}395)\,\text{mm bzw. } (2^{+0,3}_{-0,49})\,\text{mm}$$

mit einem Größtmaß $G_0 = 2{,}3$ mm und einem Kleinstmaß $K_0 = 1{,}51$ mm.

Berechnung der Schlußtoleranz nach der wahrscheinlichkeitstheoretischen Methode
Nach Gl. (4.20) berechnet sich die wahrscheinliche Größe der Schlußtoleranz zu

$$T_0' = t\sqrt{\sum_{i=1}^{m}(c_i T_i')^2}$$

$$= 2{,}33\sqrt{(0{,}33\cdot 0{,}2)^2 + (0{,}58\cdot 0{,}3)^2 + (0{,}33\cdot 0{,}2)^2 + (0{,}48\cdot 0{,}05)^2 + 4\cdot(0{,}01)^2}\ \text{mm}$$

$$= 0{,}464\ \text{mm}.$$

Diese Toleranz beträgt im Vergleich zu der nach der Maximum-Minimum-Methode ermittelten nur etwa 60%. Erfüllt z.B. die im Lösungsschritt (4) errechnete Schlußtoleranz bereits die Funktion, dann werden für die Tolerierung der Einzelteile unter Beachtung der wahrscheinlichkeitstheoretischen Zusammenhänge mindestens 0,326 mm nicht ausgenutzt.

Um etwa diesen Betrag lassen sich in erster Näherung die Toleranzen geeigneter Einzelmaße erweitern:

$$M_1 = (4 \pm 0{,}15)\ \text{mm}; \qquad M_3 = (4 \pm 0{,}15)\ \text{mm}; \qquad M_4 = 20_{-0,2}\ \text{mm}.$$

Die Maße M_2 und $M_5 \ldots M_8$ sollen unverändert bleiben.

Mit dieser gewählten Toleranzvergrößerung von 0,35 mm würde die Maximum-Minimum-Methode bereits eine Schlußtoleranz von $T_0 = 1{,}14$ mm ergeben, die wahrscheinlichkeitstheoretische Methode dagegen einen Wert von $T_0' = 0{,}57$ mm. In zweiter Näherung könnte nochmals eine Toleranzentfeinerung erfolgen, wenn damit weitere Vorteile für die Fertigung zu erwarten sind.

Entsprechend kann auch verfahren werden, wenn in der Aufgabenstellung bereits ein bestimmtes Axialspiel vorgegeben ist, dessen Größe mit den in der Tabelle (2) aufgeschlüsselten Einzeltoleranzen aber nicht einzuhalten ist.

Stehen für die Lösung einer solchen Aufgabe gesicherte Angaben zu den vorliegenden Verteilungen nicht zur Verfügung und bereitet das Festlegen ergänzender Annahmen [gemäß Punkt (2) der obigen Lösung] Schwierigkeiten, genügt es in vielen Fällen, mit guter Näherung zunächst von einer Normalverteilung der Istwerte mit $c = 0{,}333$ auszugehen [4.47].

4.4.4. Justier- und Kompensationsmethode

Justier- und Kompensationsmethoden finden dann Anwendung, wenn Berechnungen nach der Maximum-Minimum-Methode oder nach der wahrscheinlichkeitstheoretischen Methode sehr kleine Einzeltoleranzen ergeben, deren Einhaltung durch die Fertigung entweder nicht gewährleistet oder unwirtschaftlich wäre. Man legt dann für die am Aufbau einer Kette beteiligten Glieder bewußt gröbere Einzeltoleranzen fest. Die sich ergebende Überschreitung der Schlußtoleranz wird durch Verändern eines i.allg. dazu (z.B. innerhalb einer Baugruppe oder eines Geräts) vorgesehenen Justier- oder Kompensationselements ausgeglichen. Das kann u.a. durch Veränderung (Drehung, Kippen usw.) oder durch Nacharbeit dieses Elements (Schleifen, Schaben, Läppen, Biegen) erfolgen.

Dem Vorteil dieser Methode, wirtschaftlich erzielbare Einzeltoleranzen festlegen zu können, stehen als Nachteile ein meist komplizierterer Aufbau des Erzeugnisses sowie zusätzliche Arbeitsgänge und höhere Kosten während der Montage gegenüber, für deren gesicherten Ablauf außerdem besondere Arbeitsunterlagen (z.B. Justiervorschriften) sowie Arbeits- und Meßmittel zur Verfügung gestellt werden müssen.

Die Hauptanwendungsgebiete liegen im Präzisions- und Meßgerätebau. Aber auch dann, wenn z.B. im Rahmen einer inner- oder überbetrieblichen Arbeitsteilung eine getrennte Baugruppenfertigung erforderlich ist oder sich eine Toleranzentfeinerung durch „elastische Bauweise" (Einsatz federnd gestalteter Bauteile [4.11]) verbietet, kann sich ein Justieren bzw. Kompensieren unzulässig großer Schlußtoleranzen als zweckmäßig erweisen.

Eine ausführliche Darstellung enthält Abschnitt 4.3.; Berechnungsmethoden s. außerdem TGL 19115/05 und DIN 7186.

4.4.5. Methode der Gruppenaustauschbarkeit

Bei der Gruppenaustauschbarkeit (Auswahlmethode) werden die Einzelteile mit relativ großen wirtschaftlich vertretbaren Toleranzen gefertigt. Danach erfolgt ein Sortieren in n einander zugeordnete Toleranzgruppen und das (beliebige) Paaren jeweils nur der Teile dieser Gruppen **(Bild 4.39**, s. auch [4.9]), wodurch sich eine vorgegebene Schlußtoleranz einhalten läßt. Allerdings müssen die Gesamttoleranzen der Glieder der Maßkette die gleiche Größe aufweisen und sich in eine gleiche Anzahl gleich großer Teiltoleranzen T_t unterteilen lassen, da sonst der Charakter der Passung von Gruppe zu Gruppe geändert wird **(Bild 4.40)**.

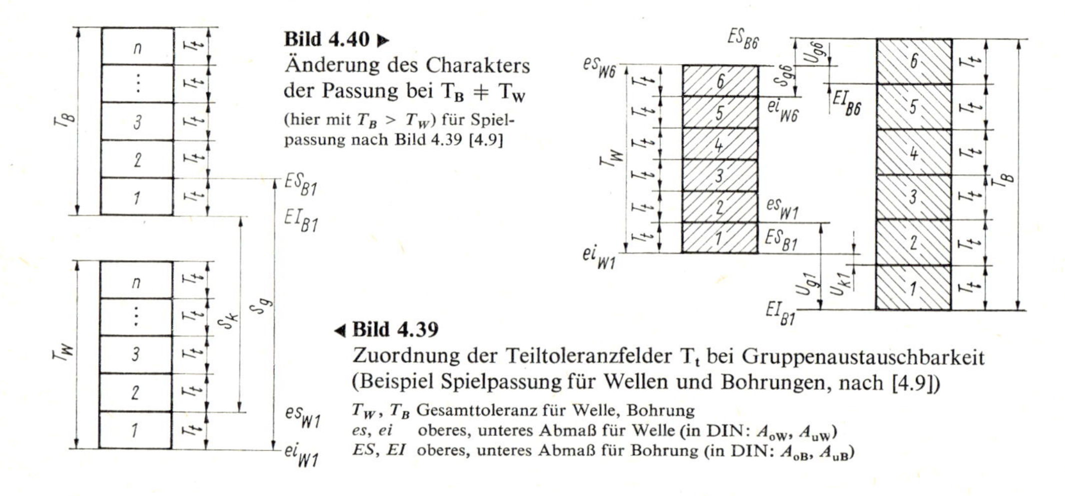

Bild 4.40 ▶
Änderung des Charakters der Passung bei $T_B \neq T_W$
(hier mit $T_B > T_W$) für Spielpassung nach Bild 4.39 [4.9]

◀ **Bild 4.39**
Zuordnung der Teiltoleranzfelder T_t bei Gruppenaustauschbarkeit (Beispiel Spielpassung für Wellen und Bohrungen, nach [4.9])

T_W, T_B Gesamttoleranz für Welle, Bohrung
es, *ei* oberes, unteres Abmaß für Welle (in DIN: A_{oW}, A_{uW})
ES, *EI* oberes, unteres Abmaß für Bohrung (in DIN: A_{oB}, A_{uB})

Der Anwendungsbereich der Methode erstreckt sich allerdings mit Rücksicht auf die Wirtschaftlichkeit der Fertigung besonders auf Ketten mit nur wenigen Gliedern bei kleiner Schlußtoleranz T_0 (z. B. Herstellung von Wälzlagern). Das Vermeiden von Fehlern bei der Montage erfordert Hinweise auf Zeichnungen und Markieren der jeweils zusammengehörigen Einzelteile. Neben diesen zusätzlichen Maßnahmen ergeben sich u. a. auch Nachteile bei notwendiger Bereitstellung von Ersatzteilen. Deshalb ist stets sorgfältig zu prüfen, ob dieser Mehraufwand die infolge der größeren Einzeltoleranzen erreichbare Verringerung der Fertigungskosten ausgleicht.

Weitere Grundlagen und die Berechnungsmethoden sind in TGL 19115/06 dargestellt (s. auch [4.9] und DIN 7186).

4.5. Zuverlässigkeit

[4.15] bis [4.34] [4.56] bis [4.68]

Symbole und Bezeichnungen

E	Erwartungswert in h
F	Ausfallwahrscheinlichkeit
K	Kosten
Θ	mittlerer Ausfallabstand in h
N	Elementeanzahl
P	Wahrscheinlichkeit
R	Wahrscheinlichkeit der ausfallfreien Arbeit (Intakt- oder auch Überlebenswahrscheinlichkeit)
R_s	System-Überlebenswahrscheinlichkeit
T	Lebensdauer in h

Symbole und Bezeichnungen		*Indizes*	
V	Verfügbarkeit	A	Ausfall
c	Konstante	D	Dauer
f	Dichtefunktion	N	Nutz
h	Stunden	f	früh
k	Minderungsfaktor	i	laufender Index
n	Anzahl	m	mittlerer Wert
s	Standardabweichung	r	redundant (Reserve)
t	Zeit in h	s	System
ϑ	Temperatur in K, °C	t	Zeit
λ	Ausfallrate in h^{-1}	z	Zufall
τ	Zeit in h	0	Ausgangsanzahl

4.5.1. Einflußbereiche auf die technische Zuverlässigkeit

Die Funktion eines technischen Gebildes ist bestimmt durch seine Struktur und deren Beziehungen zur Umwelt. Analog hierzu können die Einflußfaktoren auf die Zuverlässigkeit geordnet werden **(Tafel 4.12).**

Tafel 4.12. Einflußfaktoren auf die Zuverlässigkeit

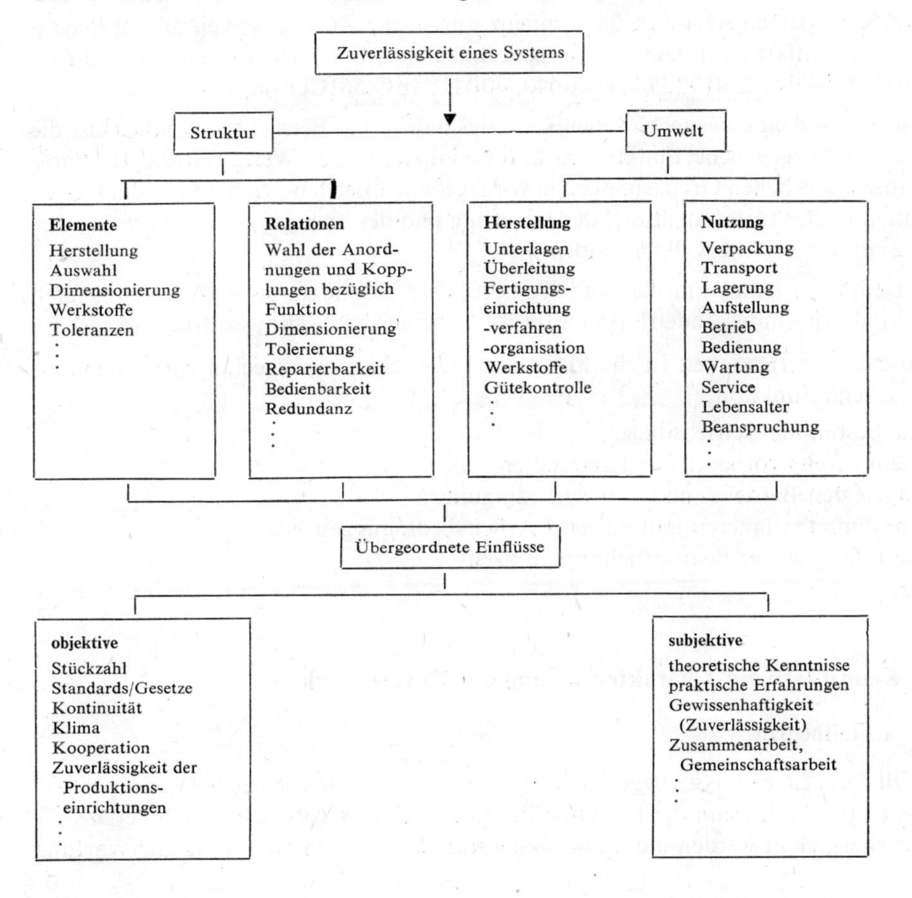

Die Zusammenstellung der Faktoren, die sich noch erweitern und verfeinern läßt, verdeutlicht:

- Die Einflußgrößen entstammen sehr unterschiedlichen Bereichen. Sie sind miteinander verflochten und überlagern sich.
- Die Zuverlässigkeit ist eine Eigenschaft, deren noch zu bildende Kenngrößen teils physikalisch-technischer, teils ökonomisch-organisatorischer Natur sind, die unterschiedliche Einheiten haben und nicht summierbar sind. Die Zuverlässigkeit kann nicht durch eine einzige Kennziffer charakterisiert werden.
- Zur Verbesserung der Zuverlässigkeit gibt es entsprechend der Vielzahl der Einflußfaktoren zahlreiche Möglichkeiten.

4.5.2. Definition der technischen Zuverlässigkeit

Entsprechend Abschnitt 4.1. ist die Zuverlässigkeit eine Teileigenschaft der Qualität eines Erzeugnisses, ausgedrückt durch Kenngrößen, die das zeitliche Verhalten in bezug auf Ausfälle, ihre Vorbeugung und Reparatur beschreiben. Diese Parameter sind Mittelwerte einer Gesamtheit, Wahrscheinlichkeitsangaben oder wahrscheinlichkeitsbehaftete Prognosen. Für den Begriff der technischen Zuverlässigkeit hat sich international noch keine einheitliche Definition durchgesetzt. Dieser Wissenschaftszweig ist relativ jung. In einigen Publikationen wird die Zuverlässigkeit auf ein spezielles quantitatives Zuverlässigkeitsmaß (Überlebenswahrscheinlichkeit, Ausfallrate usw.) reduziert. Mit der Schaffung vieler möglicher Kenngrößen setzt sich die Tendenz durch, die Zuverlässigkeit an die Bedeutung dieses Begriffs in der Umgangssprache anzulehnen. Sie ist wie folgt definiert (s. TGL 26096/01; DIN 25419, 25424, 40040, 40041; IEC 56(CO)66):

- Die Zuverlässigkeit eines technischen Gebildes (einer sog. Betrachtungseinheit) ist die Eigenschaft, vorgegebene Funktionen unter Einhaltung der Werte festgelegter Parameter in vorgegebenen Grenzen, die den vorgegebenen Betriebsarten und Bedingungen der Nutzung, der Instandhaltung, der Lagerung und des Transports entsprechen, über ein bestimmtes Zeitintervall zu erfüllen.

Diese Definition kann, um die vom Konstrukteur besonders zu berücksichtigenden und durch ihn zu beeinflussenden Faktoren hervorzuheben, wie folgt ausgedrückt werden:

Technische Zuverlässigkeit ist die komplexe Eigenschaft eines technischen Gebildes, die vorgesehene Funktion

- für eine bestimmte Betriebsdauer
- bei einem bereits vorhandenen Lebensalter
- bei festgelegten Betriebs- und Umweltbedingungen
- unter bestimmten inneren und äußeren Arbeitsbedingungen
- innerhalb festgelegter Beanspruchungsgrenzen

zu erfüllen.

4.5.3. Kennziffern zur Charakterisierung der Zuverlässigkeit

4.5.3.1. Ausfallbegriff

Ein Ausfall eines Erzeugnisses liegt vor, wenn dieses seinen vorgesehenen Zweck nicht erfüllt. Das ist der Fall, wenn die Funktion durch einen nicht vorgesehenen äußeren Eingriff wiederhergestellt werden muß. Die Reperatur ist also – im Gegensatz zur Wartung oder planmäßigen vorbeugenden Instandhaltung (PVI) – ein nicht planmäßiger Eingriff zur Beseitigung des Ausfalls.

Das zeitliche Funktionsverhalten eines Elements oder Systems läßt sich durch **Bild 4.41** darstellen.

Werden die unterschiedlichen Zeitanteile während der Zeit der Nutzung summiert, so kann das Funktionsverhalten nach **Bild 4.42** beschrieben werden.

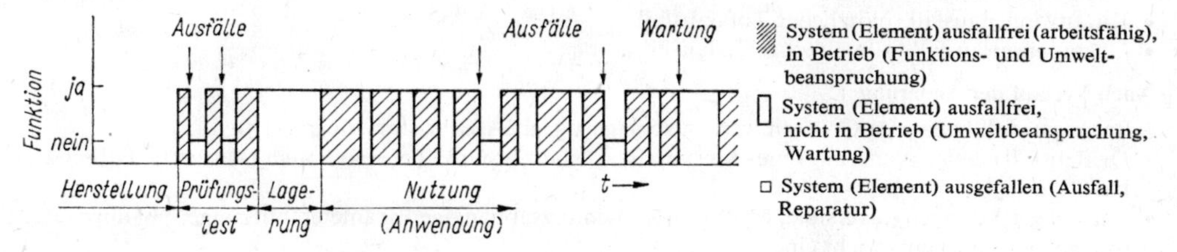

Bild 4.41 Zeitliches Funktionsverhalten eines Systems

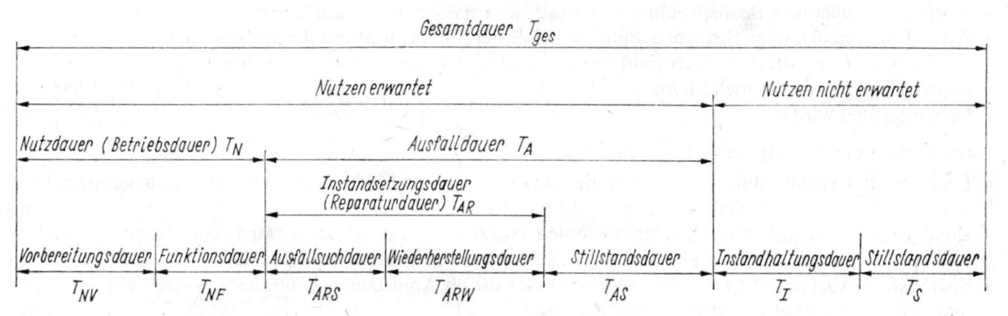

Bild 4.42. Zeitanteile während der Nutzung eines Systems

Die Vorbereitungsdauer dient der technischen und organisatorischen Vorbereitung auf die Funktion, z.B. Programmeingabe, Warmlaufen, Einstellen (Justieren) der Betriebsparameter. Wartung und Stillstand werden geplant, weshalb während dieser Zeit eine Nutzung nicht erwartet wird. Ferner kann innerhalb der Ausfalldauer noch die sog. nutzlose Funktionsdauer eintreten (nicht im Bild 4.42 dargestellt), wenn Ausfälle zu spät bemerkt werden (z.B. wenn Ausschuß produziert wurde) oder ein zusammenhängender Funktionsprozeß unterbrochen wird, so daß auch Teilabschnitte bis zum Auftreten des Ausfalls zu wiederholen sind (z.B. Programm in einer EDVA erneut beginnen).

Zur zielgerichteten Bekämpfung von Schäden und zur Verhinderung der daraus resultierenden Ausfälle ist deren Klassifikation nach technischen (*nicht* ökonomischen) Gesichtspunkten zweckmäßig (s. **Tafel 4.13**). Eine vollständige Klassifizierung der Ausfälle ist in den im Abschnitt 4.5.2. genannten Standards und Normen enthalten.

Die Vielzahl der Begriffe gestattet, die Ausfälle zweckmäßig zu ordnen, vor allem bei der praktischen Zuverlässigkeitsverbesserung, der kausalen Schwachstellenanalyse und beim Prüfen und Testen von Elementen und Erzeugnissen. Für die rechnerische Behandlung der Zuverlässigkeit und für die Bildung bestimmter Kenngrößen ist diese Klassifizierung von untergeordneter Bedeutung.

4.5.3.2. Ausfallcharakteristiken

Man betrachtet die Funktionserfüllung eines Erzeugnisses in einem Zeitabschnitt $(0, t)$. Zum Zeitpunkt $t = 0$ (z.B. Verkauf oder Inbetriebnahme des Erzeugnisses) sei die Funk-

Tafel 4.13. Technische Gesichtspunkte zur Klassifikation von Ausfällen

---

Nach technischem Umfang

- Totalausfall (Funktion ist nicht möglich)
- Teilausfall (ein oder mehrere Parameter haben die zulässigen Grenzen überschritten; Funktion teilweise möglich je nach Zulässigkeit der Überschreitungen entsprechend Zweckbestimmung des technischen Gebildes)
- Katastrophenausfall (plötzlicher Totalausfall)
- Degradationsausfall (allmählicher Teilausfall).

Nach Verlauf der Änderung

- Sprungausfall (zulässige Grenzen werden schlagartig, meist sehr stark überschritten)
- Driftausfall (stetige Änderung eines Merkmals, Ausfallzeitpunkt bei bekanntem Driftverlauf abschätzbar)
- zeitweiliges Versagen (reversible, meist beanspruchungsabhängige Parameteränderungen; häufiges zeitweiliges Versagen entspricht einem Driftausfall).

Nach Beanspruchung

- Ausfall bei zulässiger Beanspruchung (Ausfall bei zulässigem Verlauf der Beanspruchung)
- Ausfall bei unzulässiger Beanspruchung (Ausfall bei Überschreitung der festgelegten Grenzen)
- Folgeausfall (Ausfall, der durch Fehler oder Ausfall anderer Elemente hervorgerufen wird)
- unabhängiger Ausfall eines Elements (Ausfall, der nicht durch Fehler oder Ausfall anderer Elemente hervorgerufen wird).

Nach Verlauf der Ausfallrate (s. auch Bild 4.46)

- Frühausfall (Ausfall durch ungenügende Qualität während der Frühausfallphase, gekennzeichnet durch Abnahme der Ausfallrate)
- Zufallsausfall (Ausfall während der normalen Nutzungszeit durch das statistische Zusammenwirken vieler voneinander unabhängiger Faktoren, gekennzeichnet durch eine konstante Ausfallrate)
- Spätausfall (Ausfall am Ende der Nutzungsdauer durch Abnutzung, Ermüdung, Verschleiß, Alterung usw., gekennzeichnet durch Zunahme der Ausfallrate)
- systematischer Ausfall (Ausfall durch erkennbaren Zusammenhang zwischen Einflußfaktoren und Ausfallzeitpunkt, gekennzeichnet durch Änderung der Ausfallrate; Ausfallmechanismus durch Schwachstellenanalyse erkennbar).

Nach Entstehungsursache

- konstruktionsbedingter Ausfall (verursacht während des konstruktiven Entwicklungsprozesses)
- fertigungsbedingter Ausfall (verursacht während der Produktion oder Instandsetzung)
- nutzungsbedingter Ausfall (verursacht durch unsachgemäße Nutzung infolge Verletzung der festgelegten Vorschriften für die Betriebsbedingungen).

Bemerken des Ausfalls

- nicht angezeigter Ausfall (infolge Drifterscheinungen oder kleinerer Teilausfälle hervorgerufene Funktionsabweichungen)
- angezeigter Ausfall (absolute Funktionsunfähigkeit oder Ausfallmeldesignal bei Teilausfällen).

---

tion mit Sicherheit erfüllt. Der Zeitpunkt des Ausfalls, d. h. die Lebensdauer eines Einzelerzeugnisses aus einer Gesamtheit von Erzeugnissen gleichen Typs und gleicher Lebensgeschichte, kann nicht exakt vorausgesagt werden. Die Lebensdauer der Gesamtheit wird deshalb als Zufallsgröße interpretiert. Somit können zur mathematischen Behandlung der Zuverlässigkeit die bekannten Methoden der Wahrscheinlichkeitsrechnung und der mathematischen Statistik herangezogen werden.

Die als Zufallsgröße interpretierte Lebensdauer T der betrachteten Gesamtheit hat dann eine bestimmte Ausfallwahrscheinlichkeit F oder Ausfallwahrscheinlichkeitsverteilung

$$F(t) = P(T \leqq t). \tag{4.26}$$

F gibt die Wahrscheinlichkeit an, daß die Lebensdauer $T \leqq t$ ist. Die hierzu komplementäre Wahrscheinlichkeit R wird mit *Wahrscheinlichkeit der ausfallfreien Zeit, Überlebenswahrscheinlichkeit* oder auch *Intaktwahrscheinlichkeit* bezeichnet. Damit gilt für die Intaktwahrscheinlichkeitsverteilung

$$R(t) = 1 - F(t) = P\,(T > t). \tag{4.27}$$

R gibt die Wahrscheinlichkeit an, daß der Ausfall nach dem Zeitpunkt t eintritt.

Da T in den meisten Fällen als stetige Zufallsgröße aufgefaßt werden kann, existiert die *Ausfallwahrscheinlichkeitsdichte* f bzw. *Ausfallwahrscheinlichkeitsdichteverteilung*

$$f(t) = \mathrm{d}F(t)/\mathrm{d}t. \tag{4.28}$$

Die Größe $f(t)\,\mathrm{d}t = \mathrm{d}F(t) = F(t + \mathrm{d}t) - F(t)$ bezeichnet dann die Wahrscheinlichkeit, daß ein Ausfall im Intervall $(t, t + \mathrm{d}t)$ eintritt.

Bild 4.43 zeigt das Überlebens- und Ausfallverhalten von 500 Erzeugnissen.

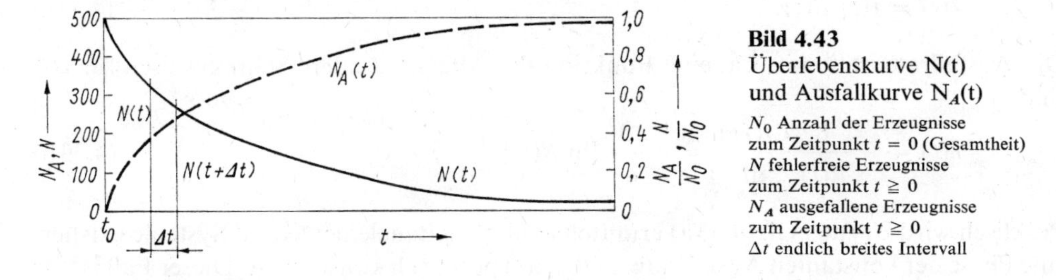

Bild 4.43
Überlebenskurve N(t)
und Ausfallkurve N_A(t)
N_0 Anzahl der Erzeugnisse zum Zeitpunkt $t = 0$ (Gesamtheit)
N fehlerfreie Erzeugnisse zum Zeitpunkt $t \geqq 0$
N_A ausgefallene Erzeugnisse zum Zeitpunkt $t \geqq 0$
Δt endlich breites Intervall

Die Überlebenswahrscheinlichkeitsverteilung ergibt sich dann zu

$$R\,(t, \Delta t) = \frac{N\,(t + \Delta t)}{N(t)} \tag{4.29a}$$

und für $t \to t_0$ und $\Delta t \to 0$ mit $N(t) \to N_0$ und $N\,(t + \Delta t) \to N(t)$ zu

$$R(t) = N(t)/N_0. \tag{4.29b}$$

Für die Ausfallwahrscheinlichkeitsverteilung folgt analog

$$F\,(t, \Delta t) = [N(t) - N\,(t + \Delta t)]/N(t) \tag{4.30a}$$

und unter den gleichen Bedingungen

$$F(t) = [N_0 - N(t)]/N_0 = N_A(t)/N_0. \tag{4.30b}$$

Ferner gilt mit der Voraussetzung von Gl. (4.27)

$$R(t) + F(t) = 1. \tag{4.31}$$

Beide Größen sind eine Funktion der Betriebsdauer (Operationsdauer), denn je länger ein Erzeugnis arbeitet, desto größer wird die erwartete Ausfallwahrscheinlichkeit bzw. desto kleiner wird die Überlebenswahrscheinlichkeit sein.

Die *Ausfallrate* $\lambda(t)$ ist die Anzahl einer Menge von Erzeugnissen gleichen Typs und gleicher Lebensgeschichte, die schon das Alter t erreicht hat und im Intervall $(t, t + \mathrm{d}t)$ ausfällt, bezogen auf die Gesamtanzahl der bis zum Zeitpunkt t nicht ausgefallenen Erzeugnisse. $\lambda(t)\,\mathrm{d}t$ ist somit die Wahrscheinlichkeit, daß ein bis zum Zeitpunkt t noch nicht ausgefallenes Erzeugnis im Intervall $(t, t + \mathrm{d}t)$ ausfällt. Mit den bisherigen Bezeichnungen (s. Bild 4.43) und $\mathrm{d}N_A$ als die im Intervall $\mathrm{d}t$ ausfallenden Exemplare ergibt sich

$$\lambda(t + \mathrm{d}t) = \frac{\mathrm{d}N_A}{N_0 - N_A} \frac{1}{\mathrm{d}t} = \frac{1}{1 - N_A/N_0} \frac{\mathrm{d}(N_A/N_0)}{\mathrm{d}t}.$$

Für $\mathrm{d}t \to 0$ und $N_0 \to \infty$ gilt wegen $\lim\limits_{N_0 \to \infty} \frac{N_A}{N_0} = F(t)$

$$\lambda(t) = \frac{1}{1 - F(t)} \frac{\mathrm{d}F(t)}{\mathrm{d}t}, \tag{4.32}$$

und unter Verwendung der Gln. (4.28) und (4.31) mit

$$f(t) = \mathrm{d}F(t)/\mathrm{d}t = -\mathrm{d}R(t)/\mathrm{d}t$$

folgt

$$\lambda(t) = f(t)/R(t). \tag{4.33 a}$$

Die Ausfallrate ist somit u.a. eine Funktion des Alters t. Andere Schreibweisen für $\lambda(t)$ sind

$$\lambda(t) = -\frac{1}{R(t)} \frac{\mathrm{d}R(t)}{\mathrm{d}t} = -\frac{\mathrm{d}}{\mathrm{d}t} [\ln R(t)]. \tag{4.33 b}$$

Praktisch wird $\lambda(t)$ aus Gl. (4.33 a) ermittelt. Für viele Bauelemente und Systeme existiert eine Phase der konstanten Ausfallrate, in der $\lambda(t)$ praktisch konstant ist. Dieser Fall ist für viele theoretische Betrachtungen von besonderem Interesse. Auf ihn wird noch näher eingegangen. Praktisch wird λ mit der Einheit h^{-1} ausgedrückt durch das Verhältnis Ausfälle/h, Ausfälle/1000 h, Prozent der Ausfälle/1000 h oder Ausfälle/1 000 000 h.

▲ **Beispiel**

Aus einer Menge von 100 Exemplaren fallen im Mittel in 1000 h fünf Exemplare aus:

$$\lambda = 5/(100 - 5) \cdot (1/1000)\,\mathrm{h}^{-1} = 5{,}26 \cdot 10^{-5}\,\mathrm{h}^{-1}.$$

Derartige Angaben für Bauelemente und Systeme beziehen sich stets auf die Periode $\lambda(t)$ = konst. Die Ausfallrate ist abhängig von den verschiedenen Umgebungsbedingungen (Temperatur, Druck, Feuchtigkeit usw.) und den Betriebsbedingungen (Beanspruchung, Tolerierung, Betriebstemperatur usw.) und kann als Summe von partiellen Ausfallraten entsprechend den erfaßten Einflußgrößen aufgefaßt werden. Sie bezieht sich deshalb stets auf gewisse anzugebende Parameter der Umgebung und Beanspruchung.

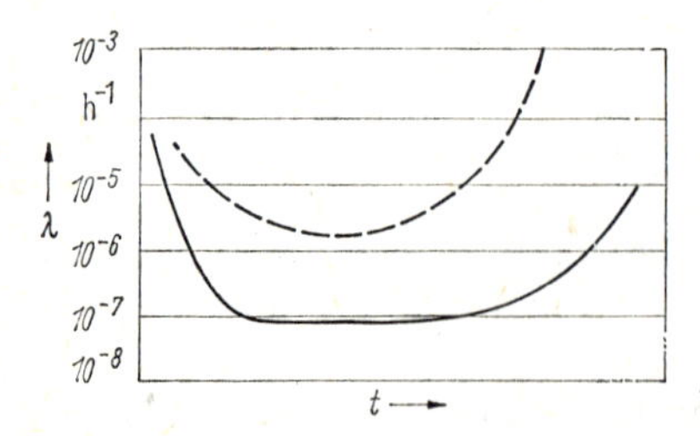

Bild 4.44
Charakteristik der Ausfallraten
—— elektronische, – – – mechanische Bauelemente (Systeme)

Für viele elektronische und mechanische Bauelemente gilt als charakteristischer Verlauf von $\lambda(t)$ **Bild 4.44.**

Der Zusammenhang zwischen Überlebenswahrscheinlichkeit $R(t)$ und Ausfallrate $\lambda(t)$ ist durch Gl. (4.33b) gegeben und kann auch geschrieben werden

$$-\int_0^t \lambda(\tau)\,d\tau = \ln R(\tau)\Big|_0^t = \ln R(t) - \ln R(0)$$
$$= \ln R(t) - \ln 1 = \ln R(t).$$

Daraus folgt

$$R(t) = \exp - \int_0^t \lambda(\tau)\,d\tau \tag{4.34}$$

und für den Spezialfall $\lambda(t) = \text{konst.}$

$$R(t) = e^{-\lambda t}. \tag{4.34a}$$

Das Rechnen mit den Ausfallraten λ setzt die Kenntnis ihrer funktionellen Abhängigkeit voraus. Man versucht deshalb, empirisch ermittelte Dichteverteilungen $f(t)$ durch bekannte Verteilungsgesetze anzunähern. Dazu werden folgende Verteilungen herangezogen:

1. Exponentialverteilung
2. Gaußsche Normalverteilung oder die abgeschnittene Normalverteilung
3. Gammaverteilung
4. Weibull-Verteilung (mit dem Spezialfall der Rayleigh-Verteilung).

Die Verteilungen 3 und 4 sind Kombinationen von 1 und 2 und dienen zur Darstellung spezieller Ausfallverteilungen für Bauelemente. Sie werden hier nicht behandelt (Erläuterung der Verteilung s. **Bild 4.45**).

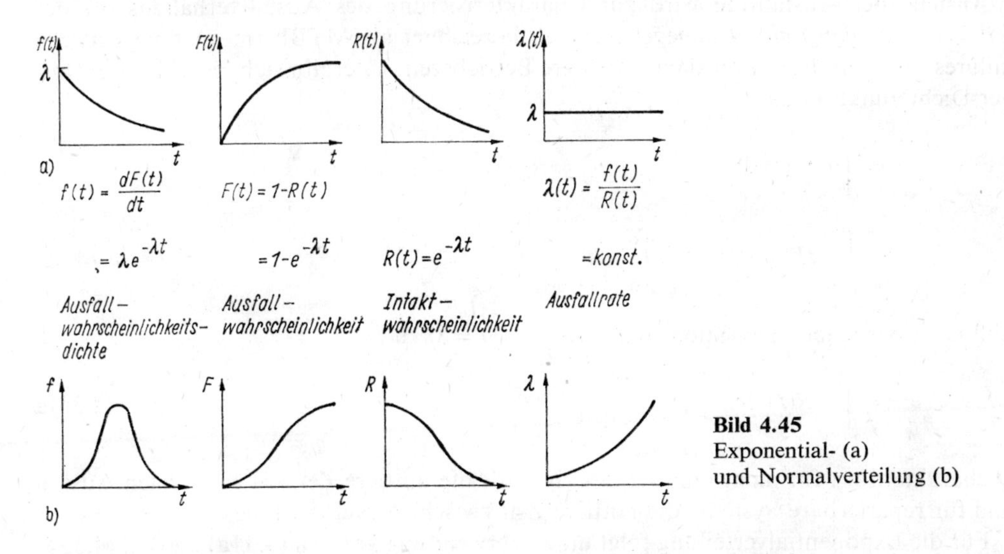

Bild 4.45
Exponential- (a)
und Normalverteilung (b)

Die Exponentialverteilung ist ein Spezialfall von 3 bzw. 4. Obwohl sie keinesfalls hinreichend ist, um das Ausfallverhalten von verschiedenen Elementen und Systemen zu beschreiben, spielt sie bei theoretischen Betrachtungen zur Zuverlässigkeit eine wichtige Rolle, weshalb sich alle folgenden Ausführungen auf sie beschränken.

Als Begründung hierfür kann angegeben werden:

- Viele Elemente und insbesondere Systeme zeigen das charakteristische Verhalten nach **Bild 4.46** *(Badewannenkurve)*. Nachdem die Frühausfälle („Kinderkrankheiten") ausgemerzt, ausgefallene Bauelemente durch neue ersetzt und systematische Ausfälle, z. B. infolge Unterdimensionierung, beseitigt worden sind, folgt eine Phase mit relativ konstanter Ausfallrate. Ihre Dauer ist je nach Bauelement oder Systemtyp unterschiedlich. Bei vielen mechanischen Geräten oder Bauteilen ist sie sehr kurz (s. Bild 4.44). Die Zufallsausfälle, d. h. ihr *zeitlich* zufälliges Auftreten, sind den Früh- und Ermüdungsausfällen überlagert; denn sie treten während der gesamten Zeit auf.
  Für die Periode $\lambda(t)$ = konst. gilt exakt die Exponentialverteilung.
- Viele Systeme, deren Elemente selbst anderen Verteilungsgesetzen unterliegen, können in guter Näherung durch die Exponentialverteilung beschrieben werden.
- Bei vielen Systemen, die erneuert oder repariert werden, d. h. deren ausgefallene Elemente durch neue ersetzt werden, stellt sich nach einiger Zeit ein Zustand konstanter Ausfallrate ein.
- Die Exponentialverteilung ist rechnerisch einfach zu handhaben.

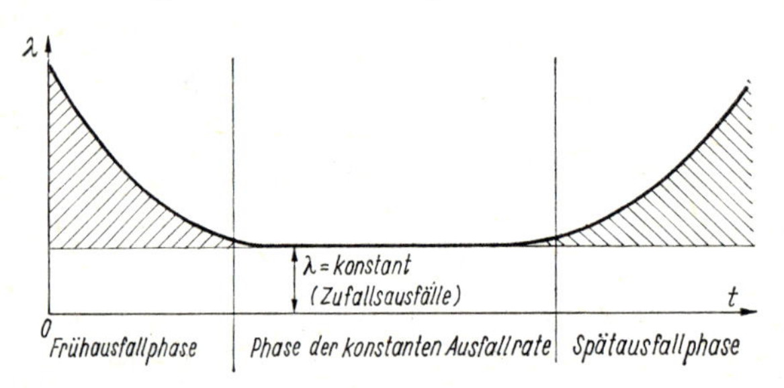

Bild 4.46 Idealisierter zeitlicher Verlauf der Ausfallrate

Anstelle der Ausfallrate wird zur Charakterisierung des Ausfallverhaltens oft der *mittlere Ausfallabstand* Θ angegeben, auch bezeichnet als MTBF (mean time between failures), mittlere Funktionsdauer, mittlere Betriebszeit. Er ergibt sich als Mittelwert aus der Dichtefunktion zu

$$\Theta = \int_0^\infty t f(t)\,\mathrm{d}t$$

$$= \int_0^\infty t F'(t)\,\mathrm{d}t = -\int_0^\infty t R'(t)\,\mathrm{d}t \tag{4.35}$$

und nach partieller Integration wegen $\lim\limits_{t\to\infty} t R(t) = 0$ zu

$$\Theta = \int_0^\infty R(t)\,\mathrm{d}t. \tag{4.35a}$$

Θ charakterisiert für nicht reparierbare Systeme die mittlere Zeit bis zum ersten Ausfall und für reparierbare Systeme die mittlere Zeit zwischen zwei Ausfällen.

Für die Exponentialverteilung folgt unter Verwendung von Gl. (4.34a) aus Gl. (4.35a)

$$\Theta = 1/\lambda. \tag{4.36}$$

Der mittlere Ausfallabstand ist gleich dem Kehrwert der Ausfallrate; er wird in Stunden angegeben.

4.5.3.3. Überlebenswahrscheinlichkeit

Die Überlebenswahrscheinlichkeit R (Intaktwahrscheinlichkeit) für die Exponentialverteilung wird durch **Bild 4.47** dargestellt.

Das Verständnis für das grundsätzliche Verhalten soll durch einige markante Punkte erläutert werden. Für eine Funktionsdauer $t = \Theta$ ergibt sich eine Überlebenswahrscheinlichkeit von 37%, für $t = (\Theta/10)$ 90% und für $t = (\Theta/20)$ 95%. Das bedeutet: Werden z.B. 100 Geräte bis zu ihrem mittleren Ausfallabstand betrieben, so überleben davon nur 37%, 63% sind ausgefallen, oder, anders gesagt, ein System mit einem mittleren Ausfallabstand von $\Theta = 100$ h wird mit 37% Wahrscheinlichkeit 100 h ohne Ausfall arbeiten bzw. mit 90% Wahrscheinlichkeit 10 h.

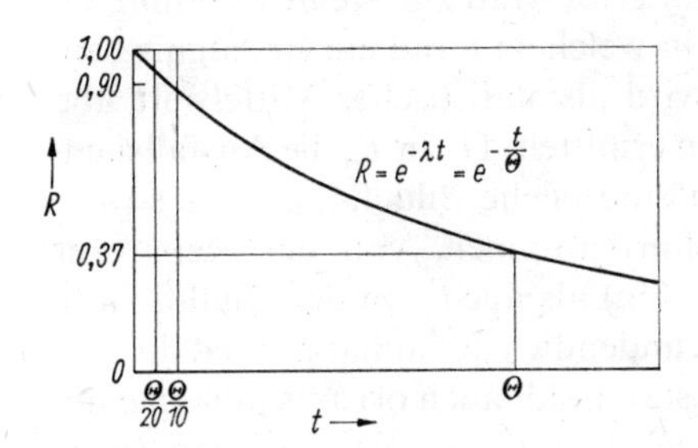

Bild 4.47
Überlebenswahrscheinlichkeit R für λ (t) = konst.

▲ **Beispiel**

Ein Gerät mit einem mittleren Ausfallabstand $\Theta = 100$ h wird 24 h betrieben. Die Wahrscheinlichkeit der ausfallfreien Arbeit beträgt

$$R = e^{-t/\Theta} = e^{-24/100} = 0{,}78 \mathrel{\hat{=}} 78\%.$$

Von 100 derartigen Geräten sind nach 24 h 22 ausgefallen.

Bei bekanntem mittlerem Ausfallabstand bzw. Ausfallrate λ kann also die Wahrscheinlichkeit des Überlebens für eine bestimmte Betriebszeit berechnet werden. Es ist wichtig zu bemerken, daß sich Einzelereignisse nicht voraussagen lassen. Ein Gerät mit einem mittleren Ausfallabstand von 100 h kann nach 1 h, aber auch erst nach 1000 h ausfallen. Die Berechnung von $R(t)$ besagt lediglich, mit welcher Wahrscheinlichkeit das Gerät für eine bestimmte Zeit funktionieren wird bzw. mit welcher Wahrscheinlichkeit wieviel Geräte aus einer bestimmten Menge in einer vorgegebenen Betriebszeit funktionieren bzw. ausfallen werden. Umgekehrt kann man aus vorgegebener Überlebenswahrscheinlichkeit und Betriebszeit den notwendigen mittleren Ausfallabstand bzw. die Ausfallrate $\lambda(t)$ berechnen.

Da die Überlebenswahrscheinlichkeit praktisch eine Kennziffer zur Charakterisierung der wahrscheinlichen Funktionsdauer bis zum Ausfall ist, wird sie vor allem zur Bewertung der Zuverlässigkeit von *nicht reparierbaren Erzeugnissen* herangezogen, z.B. für Seekabelverstärker, Raketen, Satelliten, Wetterballonsonden, integrierte Schaltkreise, elektronische Bauelemente, Wälzlager. Ferner ist die Überlebenswahrscheinlichkeit ein wichtiges Maß auch für reparierbare Systeme, wenn es festzustellen gilt, mit welcher Wahrscheinlichkeit ein System oder eine Gruppe von Systemen für eine bestimmte Operationszeit ausfallfrei arbeiten wird, insbesondere für strategisch-taktische Aufgaben oder für Prozesse bestimmter Zeitdauer, deren Unterbrechung zu großen Verlusten führt.

4.5.3.4. Dauerverfügbarkeit

Die Dauerverfügbarkeit V_D, im folgenden kurz Verfügbarkeit genannt (in Analogie zum Wirkungsgrad auch manchmal Nutzungsgrad), kann errechnet werden aus

$$V_D = \frac{\text{mittlere Zeit zwischen zwei Ausfällen}}{\text{mittlere Zeit zwischen zwei Ausfällen} + \text{mittlere Ausfalldauer}}, \quad (4.37)$$

$$V_D = \frac{\Theta}{\Theta + \bar{T}_A}. \quad (4.37\,a)$$

Häufig wird V_D mit 100 multipliziert, und die Angabe der Verfügbarkeit erfolgt damit in Prozent. Die Verfügbarkeit ist ein anwendungsorientiertes Maß zur Kennzeichnung der Zuverlässigkeit eines Erzeugnisses und drückt aus, in welchem Grad ein Erzeugnis beim Anwender verfügbar bzw. funktionsfähig ist. Sie wird als statistischer Mittelwert über einen längeren Zeitraum oder bestimmte Zeitetappen ermittelt. Da in $\bar{T}_A$ die Ausfallsuch-, Wiederherstellungs- und Stillstandsdauer enthalten sind (siehe Bild 4.42), diese sowohl von evtl. vorhandenen Fehleranzeigen, Fehlersuchprogrammen, von der Reparaturfreundlichkeit (d.h. von der konstruktiven Ausführung) als auch von der Qualifikation des Reparaturpersonals und der Organisation des Kundendienstes abhängen, ist die Verfügbarkeit keine reine Erzeugniskennziffer, sondern sie enthält auch organisatorische und subjektive Einflußfaktoren. Für *reparierbare Systeme* ist sie jedoch eine wichtige Zuverlässigkeitskennziffer; denn sie erfaßt, im Gegensatz zur Überlebenswahrscheinlichkeit, das Geschehen *nach* dem Ausfall, d.h. die Dauer der Ausfälle, was u.a. auf die Größe des Schadens schließen läßt.

Die Kennziffer Verfügbarkeit orientiert den Hersteller auf konstruktive Lösungen mit kleinen Fehlersuch- und Reparaturzeiten (z.B. leichte Zugänglichkeit, Bausteinbauweise, geringer Justieraufwand) und auf Verbesserung seines Kundendienstes. Sie ist für viele Nutzer reparierbarer Erzeugnisse von größerer Bedeutung als die Kenntnis von Ausfallrate, mittlerem Ausfallabstand oder Überlebenswahrscheinlichkeit.

▲ Zwei **Beispiele** mögen dies erläutern:

Ein Lochkartenstanzer habe in einer Betriebsdauer von 1000 h 100 kurze Ausfälle von je 3 min Dauer (z.B. Stau im Zufuhrmagazin).

Daraus ergeben sich $\lambda(t)$, $R(t)$ und V_D für 100 h Operationszeit zu

$$\lambda = 100/1000 = 0{,}1\ \text{h}^{-1}$$

$$R = \text{e}^{-0{,}1 \cdot 100} = \text{e}^{-10} = 0{,}00005 \mathrel{\hat{=}} 0{,}005\,\%$$

$$V_D = 100/(100 + 10 \cdot 0{,}05) = 100/100{,}5 = 99{,}5\,\%.$$

Der gleiche Lochkartenstanzer habe in der Betriebsdauer von 1000 h 20 Ausfälle mit je 5 h Ausfallzeit gehabt (z.B. Matrizenbruch der Stanzstation).

Für ebenfalls 100 h Operationszeit ergeben sich die gleichen Größen zu

$$\lambda = 20/1000 = 0{,}02\ \text{h}^{-1}$$

$$R = \text{e}^{-2} = 0{,}135 \mathrel{\hat{=}} 13{,}5\,\%$$

$$V_D = 100/110 \mathrel{\hat{=}} 91\,\%.$$

Die beiden Berechnungsbeispiele zeigen, daß in diesem Fall die völlig unzureichende Überlebenswahrscheinlichkeit kaum von Interesse ist; denn das Gerät war zu 99,5% bzw. 91% verfügbar. Für die meisten reparierbaren Systeme der Gerätetechnik, insbesondere bei Bagatellreparaturen oder einfachen Handgriffen zur Wiederherstellung der Funktionstüchtigkeit, ist die Zuverlässigkeitskennziffer $R(t)$ von untergeordneter Bedeutung und die Verfügbarkeit ein besseres Kriterium. Für ein Gerät jedoch, das an einem automatischen Prozeß beteiligt ist, dessen Unterbrechung zu großen materiellen Verlusten führt oder Menschenleben gefährdet, ist wiederum $R(t)$ die wichtigere Kennziffer.

Je nach Betrachterstandpunkt und Einsatzkriterium können die Kennziffern

$$\lambda(t),\ \Theta,\ R(t) \quad \text{und} \quad V_D$$

herangezogen werden, um die Zuverlässigkeit eines Erzeugnisses zu beschreiben. Eine einzige Zuverlässigkeitskennziffer ist dafür nicht hinreichend. In der Gerätetechnik, deren Erzeugnisse mit überwiegender Mehrheit reparierbar sind, bevorzugt man die Kennziffern V_D und Θ. Oftmals werden weitere Kenngrößen herangezogen, z. B. die mittlere Ausfalldauer $\bar{T}_A$, d. h. die auf die Zahl der Ausfälle bezogene Summe der Ausfallzeiten. Sie charakterisiert die Instandhaltungseignung (Servicefreundlichkeit) eines Geräts. Analog zum mittleren Ausfallabstand kann eine Kennziffer „mittlerer Reparaturabstand" gebildet werden.

4.5.3.5. Kosten und Zuverlässigkeit

Die dem Anwender entstehenden Kosten setzen sich zusammen aus den

- Anschaffungskosten (Industrieabgabepreis) K_1
- Instandhaltungskosten (Kosten zur Beseitigung und Vermeidung von Ausfällen) K_2
- Folgeschadenkosten (Kosten durch zeitweilige Funktionsuntüchtigkeit der Geräte) K_3.

Sie können zur sog. ökonomischen Grundgleichung der Zuverlässigkeit zusammengefaßt werden:

$$K_{ges} = K_1 + (K_2 + K_3), \tag{4.38}$$

wobei K_2 und K_3 die für einen bestimmten Zeitraum, z. B. die vorgesehene Betriebsdauer, die Abschreibungszeit oder eine vereinbarte Zeit von z. B. fünf Jahren, anfallenden Kosten sind.

Alle drei Kostenanteile sind von der Zuverlässigkeit eines Erzeugnisses abhängig. Je höher die Zuverlässigkeit ist, desto mehr Aufwendungen müssen vom Entwickler bzw. Hersteller erbracht werden und desto kleiner werden Instandhaltungs- und Folgeschadenkosten. Ihr prinzipieller Verlauf ist durch **Bild 4.48** gegeben. Zur quantitativen Darstellung der Zuverlässigkeit kann auf der Abszisse z. B. der mittlere Ausfallabstand aufgetragen werden.

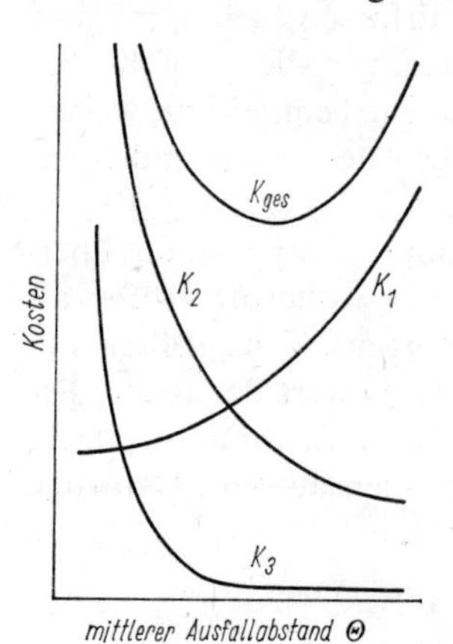

Bild 4.48
Kostenoptimum

Das für K_{ges} entstehende Kostenminimum besagt, daß es vom Standpunkt der Wirtschaftlichkeit her nicht zweckmäßig ist, grundsätzlich hohe Zuverlässigkeit anzustreben, sondern es existiert eine optimale Zuverlässigkeit, z. B. ein optimaler mittlerer Ausfallabstand von 250 h.

Die Ermittlung der Kostenfunktionen K_1, K_2 und K_3 stößt auf große Schwierigkeiten, besonders wenn schon während der Entwicklung eines Erzeugnisses derartige Betrachtungen notwendig sind. Man ermittelt sie dann aus vergleichbaren Erzeugnissen, für die Untersuchungen während ihrer Anwendung vorliegen oder angestellt werden können. Ferner ist zu bedenken, daß sich nicht alle Zuverlässigkeitsforderungen in Kosten ausdrücken lassen, z.B. volkswirtschaftliche Notwendigkeiten, militärische und politische Aspekte und Gefahren für Gesundheit und Leben.

4.5.4. Ausfallverhalten von Elementen und Systemen

Das Ausfallverhalten von Elementen wird i.allg. durch die Ausfallrate $\lambda(t)$ angegeben. Ihr prinzipieller Verlauf ist durch Bild 4.44 gegeben. Die Funktionen $\lambda(t), f(t)$, $R(t)$ oder $F(t)$ sind meist nicht in geschlossener Form angebbar, sondern häufig nur für einzelne Zeitabschnitte. Bei mechanischen und elektromechanischen Bauelementen wird anstelle der Ausfallrate oft der wahrscheinliche Mittelwert der zulässigen *Funktionszyklen* (Umdrehungen, Lastwechsel, Schaltspiele) angegeben. Mit den im Einsatz je Zeiteinheit stattfindenden Funktionszyklen (z.B. Anzahl der Operationen je Stunde) läßt sich daraus die mittlere Lebensdauer bzw. mittlere ausfallfreie Betriebsdauer errechnen.

Die Angabe der Ausfallraten (Funktionszyklen) ist sinnlos ohne Randbedingungen für die Beanspruchung der Elemente. Man unterscheidet zwei Beanspruchungsbereiche:

Umweltbeanspruchung (Umgebungstemperatur, Feuchtigkeit, Druck, aggressive Medien, Staub, Mikroben, Insekten, Schwingungen, Stöße, Strahlung, elektromagnetische Felder usw.)
Funktionsbeanspruchung (Spannung, Strom, Leistung, Drehmoment, Drehzahl, Weg, selbsterzeugte Wärme [Verlustleistung], Frequenz, Reibung, Unwucht usw.).

Die einzelnen Beanspruchungsarten haben je nach Bauelementetyp sehr unterschiedlichen Einfluß auf die Ausfallraten.

Da die experimentelle Erfassung der Abhängigkeit der Ausfallraten von den Einflußfaktoren sehr zeit- und kostenaufwendig und eine theoretische Erfassung selten möglich ist, beschränkt man sich auf die wichtigsten Beanspruchungsarten, vor allem auf die Abhängigkeit der Ausfallrate von der Funktionsbeanspruchung und der Temperatur, weiterhin auf die Phase der konstanten Ausfallrate, d.h., die Perioden der Früh- und Spätausfälle werden ausgeklammert.

Die Umweltbeanspruchung wirkt ständig, ist also der Funktionsbeanspruchung überlagert. Bei mechanischen Bauelementen ist der Umwelteinfluß in Ruhe oft größer als während des Betriebs (Rost, keine Schmierung, Staubanlagerungen). Die größten Beanspruchungen treten häufig beim Einschalten der Geräte auf (Reibwert der Ruhe, Beschleunigungen, Stöße) und bei elektronischen Bauelementen durch Spannungsspitzen, notwendige Formierungen (z.B. Selengleichrichter, Elektrolytkondensatoren). Derartige Einflüsse auf die Ausfallraten können selten exakt erfaßt werden.

Die Angabe der Ausfallraten (Schaltspiele) erfolgt

1. als fester Wert unter den entsprechenden Funktions- und Umweltbeanspruchungen (Nenndaten), z.B. Schutzgaskontakt $I = 50$ mA; $U = 24$ V; $\vartheta = +5 \ldots +70\,°C$; mittlere Schaltspielanzahl bis zum ersten Ausfall (mittlerer erster Ausfallabstand): $5 \cdot 10^6$ Schaltspiele
2. in Form von Tabellen für bestimmte Funktions- und Umweltbeanspruchungen in Ab-

hängigkeit von den wichtigsten Einflußparametern, z.B. Ausfallraten für Papierkondensatoren 0,1 μF; $U = 400$ V; 50 Hz in Prozent/1000 h (**Bild 4.49** [4.23])
3. wie unter Pkt. 2 in Form von grafischen Darstellungen, z.B. Ausfallraten für Kohleschichtwiderstände 0,1 W (**Bild 4.50** [4.24])
4. in Form von Gleichungen; für manche elektronischen Bauelemente ist es gelungen, die Abhängigkeit der Ausfallrate von bestimmten Einflußfaktoren (meist Temperatur und/oder Funktionsbeanspruchung) theoretisch und experimentell zu erfassen, z.B. für Ge-Transistoren $\lambda\,(t, \vartheta) = \lambda(t)\, c_1 \exp\,(-c_2/\vartheta)$ (Arrheniussches Gesetz für elektrochemische und Diffusionsvorgänge).

Umgebungs-temperatur in °C	Verhältnis von Betriebs- zu Nennspannung 0,2	0,4	0,6	0,8	1,0
40	0,003	0,006	0,016	0,042	0,130
60	0,004	0,007	0,020	0,054	0,165
80	0,005	0,011	0,028	0,076	0,230
90	0,006	0,130	0,034	0,095	–

Bild 4.49
Beispiel für Ausfallraten (Papierkondensatoren)

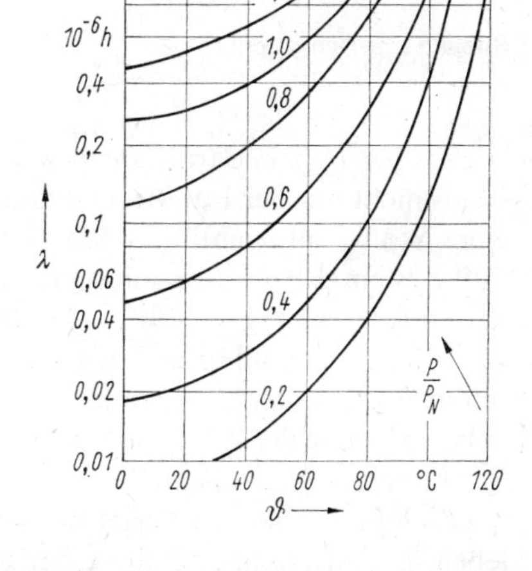

Bild 4.50
Beispiel für Ausfallraten (Kohleschichtwiderstände)
P/P_N = Verlustleistung/Nennverlustleistung; λ Ausfallrate; ϑ Umgebungstemperatur

Bestimmte Einflüsse lassen sich auch durch sog. Minderungsfaktoren berücksichtigen in Form von

$$\lambda = k\lambda_{\text{Nenn}},$$

wobei k als
$k = f$ (Umgebungstemperatur) oder
$k = f$ (Funktionsbeanspruchung) oder
$k = f$ (Umwelt)
angegeben werden kann, z.B. Laboratorium $k = 1$, Eisenbahn $k = 40$, Erdboden $k = 10$, Flugzeug $k = 150$, Schiff $k = 20$, Rakete $k = 1000$ [4.24].

Wenn von den Ausfallraten, dem mittleren Ausfallabstand oder der Überlebenswahrscheinlichkeit der Elemente auf das Ausfallverhalten eines Systems geschlossen werden soll, so ist stets folgende wichtige Bedingung vorausgesetzt:

Das Verhalten bzw. Versagen eines Elements ist unabhängig von den anderen Elementen, d.h., es liegt keine gegenseitige Beeinflussung vor. Das bedeutet, die Struktur des Systems (Anordnungen und Kopplungen) hat keinen Einfluß auf das Ausfallverhalten der Elemente. Diese notwendige Voraussetzung ist für viele elektronische Systeme praktisch nahezu erfüllt, für viele mechanische (elektromechanische, mechanisch-optische) Systeme jedoch nicht oder nur in Ausnahmefällen. Das ist einer der Gründe, warum die Zuverlässigkeitstheorie für elektronische Systeme weiter fortgeschritten ist und auch praktisch brauchbare Ergebnisse liefert, jedoch für mechanische Systeme erhebliche Lücken bestehen.

Der Grad der gegenseitigen Beeinflussung der mechanischen Bauelemente ist wegen ihres gegenseitigen Zusammenhangs, ihrer Vermaschung und integrierten Funktionsausnutzung oft derart hoch, daß Ausfallraten für ein einzelnes Bauelement (losgelöst aus dem Zusammenhang) nicht angegeben werden können oder die rechnerische Ableitung der Systemzuverlässigkeit keine sinnvollen Ergebnisse liefert. Ein Ausweg ist, Ausfallraten für Baugruppen (z.B. Motoren, Getriebe, Relais, Kupplungen) empirisch zu ermitteln und durch konstruktive Maßnahmen dafür zu sorgen, daß ihr Ausfallverhalten von anderen miteinander gekoppelten Baugruppen unbeeinflußt bleibt (s. Abschn. 4.2.3.3.).

Unter der obengenannten Voraussetzung kann die Systemzuverlässigkeit aus den Ausfallraten der Elemente (Baugruppen) – man beachte die Relativität der Begriffe System, Gruppe, Element (bei Zuverlässigkeitsbetrachtungen spricht man ganz allgemein von „Betrachtungseinheit") – errechnet werden, und zwar je nach vorliegender Serien- oder Parallelstruktur des Systems.

Seriensysteme. Ein Seriensystem ist ein System ohne strukturelle Redundanz und liegt vor, wenn das ganze System als Folge eines Ausfalls von mindestens einem Element ausfällt. Fast alle Geräte können als Seriensystem aufgefaßt werden, da sie versagen, wenn ein Element versagt **(Bild 4.51).**

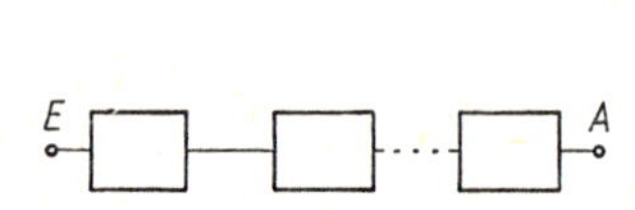

Bild 4.51. Seriensystem
E Eingang; A Ausgang

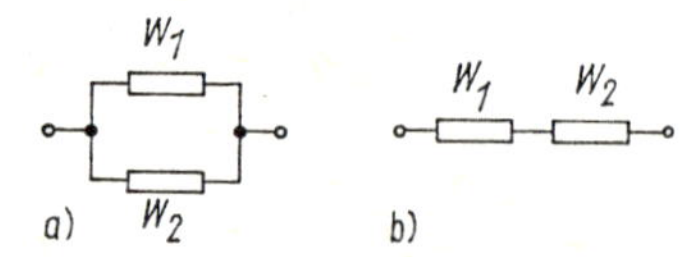

Bild 4.52. Beispiele für ein Seriensystem
$W_{1,2}$ Widerstände

Es ist besonders darauf hinzuweisen, daß die Zuverlässigkeitsersatzschaltung eines Systems nicht mit der Funktionsstruktur oder dem schaltungstechnischen Aufbau im Sinne eines Stoff-, Informations- oder Energieflusses gleichgesetzt werden darf. Im **Bild 4.52** fällt System *a* bei Kurzschluß eines der beiden Widerstände (oder beider) aus, System *b* bei Unterbrechung von W_1 oder W_2. Spielt die genaue Größe des Gesamtwiderstands keine Rolle, kann dagegen das System *a* bei Unterbrechung bzw. das System *b* bei Kurzschluß eines Widerstands noch als funktionstüchtig angesehen werden (Parallelsystem).

Ob im Sinne der Zuverlässigkeit also eine Serienstruktur vorliegt, hängt sowohl von der Funktionsstruktur als auch von der Art des Ausfalls (Fehler) ab.

Das Überleben eines Seriensystems setzt voraus, daß alle Elemente (Teilsysteme) überleben. Damit ergibt sich die Überlebenswahrscheinlichkeit des Systems als Produkt aus den Überlebenswahrscheinlichkeiten der n Elemente des Systems zu

$$R_s(t) = \prod_{i=1}^{n} R_i(t). \tag{4.39}$$

Unter Verwendung von Gl. (4.34) erhält man

$$R_s(t) = \prod_{i=1}^{n} \exp\left[-\int_0^t \lambda_i(\tau)\,d\tau\right] = \exp\left[-\int \sum_{i=1}^{n} \lambda_i(t)\,dt\right], \tag{4.40}$$

woraus für die Systemausfallrate folgt

$$\lambda_s(t) = \sum_{i=1}^{n} \lambda_i(t). \tag{4.41}$$

Für die Exponentialfunktion ergibt sich

$$R_s = e^{-\lambda_s t} \tag{4.42}$$

mit

$$\lambda_s = \frac{1}{\Theta_s} = \sum_{i=1}^{n} \lambda_i. \tag{4.43}$$

Für die Systemausfallwahrscheinlichkeit gilt

$$F_s(t) = 1 - R_s(t) = 1 - \prod_{i=1}^{n} R_i(t) = 1 - \prod_{i=1}^{n} [1 - F_i(t)]. \tag{4.44}$$

Mit diesen Beziehungen können die Systemkennziffern der Zuverlässigkeit aus den Kennziffern der Elemente berechnet werden. Für gleich große $R_i = R$ aller Elemente folgt

$$R_s = R^n, \tag{4.45}$$

was verdeutlicht, wie schnell die Überlebenswahrscheinlichkeit mit der Anzahl der Elemente abnimmt.

▲ **Beispiel**

	$R_i = R = 0{,}990$
$n = 10$	$R_s = 0{,}990^{10} = 0{,}904$
$n = 100$	$R_s = 0{,}990^{100} = 0{,}36$
$n = 1000$	$R_s = 0{,}990^{1000} = 0{,}00004$

Parallelsysteme. Ein Parallelsystem im Sinne der Zuverlässigkeit besteht aus einer Grundeinheit und mindestens einer Reserveeinheit und hat zur Folge, daß das System nicht versagt, wenn eine einzige Einheit arbeitsfähig ist. Durch die Reserveeinheit sind weitere Elemente vorhanden, die die Funktion des ausgefallenen Elements übernehmen. Diese Elemente stellen eine strukturelle Redundanz dar. Sind r gleiche oder ähnliche Elemente zur Ausübung einer Teilfunktion vorhanden, so ist $r - 1$ der *Redundanzgrad.* Sind diese (im Sinne der Zuverlässigkeit) parallel angeordneten Elemente ständig an der Funktion beteiligt, so spricht man von *belasteter (heißer) Reserve,* sind sie so angeordnet, daß stets nur ein Element in Betrieb ist, d.h. durch Umschalten bei Ausfall eines Elements das Reserveelement (die Reserveeinheit) dessen Funktion übernimmt, so spricht man von *unbelasteter (kalter) Reserve* (Beistandssysteme). Die Parallelstruktur wird als Zuverlässigkeitsersatzschaltung im **Bild 4.53** dargestellt.

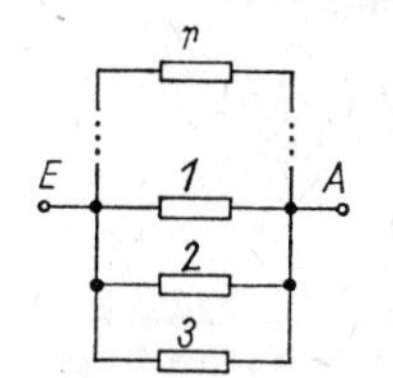

Bild 4.53
Parallelsystem
E Eingang; *A* Ausgang;
1 Grundeinheit
2, 3, r Reserveeinheiten

C_1 C_2

Bild 4.54. Beispiel für ein Parallelsystem
$C_{1,2}$ Kondensatoren

Es muß noch einmal betont werden, daß ein Parallelsystem nicht hinsichtlich seiner Funktionsstruktur ein Parallelsystem sein muß. Im **Bild 4.54** kann das System bei Kurzschluß eines Kondensators als redundantes System aufgefaßt werden, wenn C_{ges} unwesentlich ist (z.B. Entstörkondensator; s. auch Bemerkungen zu Bild 4.52). Die Überlebenswahrscheinlichkeit für Systeme mit belasteter Reserve errechnet man über die Ausfallwahrscheinlichkeiten der redundanten Elemente, da das System genau dann ausfällt, wenn in der Zeit t alle r Elemente ausgefallen sind. Damit gilt das Produktgesetz der Ausfallwahrscheinlichkeiten mit

$$F_s(t) = \prod_{i=1}^{r} F_i(t) \tag{4.46}$$

oder mit Gl. (4.31)

$$R_s(t) = 1 - \prod_{i=1}^{r} F_i(t) = 1 - \prod_{i=1}^{r} [1 - R_i(t)]. \tag{4.47}$$

Da in den meisten Fällen gleiche oder ähnliche Elemente redundant angeordnet sind, ist $R_i = R$ gleich für alle Elemente. Es folgt

$$R_s(t) = 1 - [1 - R(t)]^r \tag{4.48}$$

und für die Exponentialfunktion

$$R_s(t) = 1 - (1 - e^{-\lambda t})^r \tag{4.49}$$

mit dem Redundanzgrad $r - 1$.

Da für alle $r > 1$ immer $R_s > R$ ist, erhöht Redundanz die Überlebenswahrscheinlichkeit, wie im Bild 4.55 gezeigt wird. Man erkennt, daß sich die Redundanz in erster Linie auf die Erhöhung der Überlebenswahrscheinlichkeit für kleine t auswirkt. Besonders in der Umgebung von $t = 0$ bleibt R_s nahezu gleich groß.

Die Anwendung redundanter Techniken wird durch den notwendigen ökonomischen Aufwand, Größe, Masse und Energiebedarf begrenzt. Auch große Redundanzgrade verbessern R_s nur noch unwesentlich **(Bild 4.55)**. Deshalb wird der Redundanzgrad praktisch auf zwei bis vier beschränkt und Redundanz nur bei solchen Systemen angewendet, bei denen man sehr großes R_s verlangt und die nicht oder nur in bestimmten Zeitabständen repariert werden können (Raketen, Flugzeuge, Zugverkehr, automatisierte Fertigungseinrichtungen).

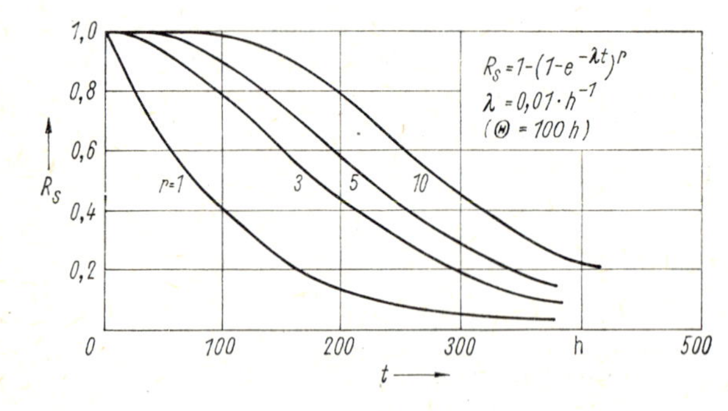

Bild 4.55
Überlebenswahrscheinlichkeit bei belasteter Reserve für die Redundanzgrade $r - 1 = 0, 2, 4, 9$

Für jederzeit reparierbare Systeme, also für die meisten Systeme der Gerätetechnik, ist die Redundanz keine sinnvolle Lösung zur Verbesserung der Zuverlässigkeit.

Man unterscheidet, ob die Redundanz auf der Ebene der Elemente (Elementereservierung), Teilsysteme oder des ganzen Systems (Systemreservierung) eingesetzt wird. Es läßt sich beweisen, daß auf Elementenebene eine höhere Überlebenswahrscheinlichkeit erzielt wird als bei gleichgradiger Redundanz auf System- oder Teilsystemebene.

Auf die Berechnung der Ausfallrate und des mittleren Ausfallabstands für belastete Reserve und auf die analogen Kennziffern $R(t)$, $\lambda(t)$ und Θ für unbelastete Reserve wird in diesem Zusammenhang nicht eingegangen (s. [4.23]).

Oftmals ist die Anwendung beider Reservierungsarten aus physikalischen und strukturellen Gründen unmöglich, oder sie führt zu unvertretbarem Aufwand. Man beachte auch, daß für die unbelastete Reserve ein Ausfalldetektor und eine Umschalteinrichtung notwendig sind, die ihrerseits hohe Zuverlässigkeit aufweisen müssen.

4.5.5. Besonderheiten des Ausfallverhaltens mechanischer Systeme

Mechanische Systeme weisen gegenüber denen der Elektronik einige grundlegende Unterschiede im Ausfallverhalten auf, die zu entsprechenden Konsequenzen bei der Zuverlässigkeitsberechnung von Systemen sowie bei der Datenermittlung von Bauelementen führen. Die meisten mechanischen Bauelemente sind während der Nutzung einer systematischen Schädigung durch Funktions- und Umweltbedingungen ausgesetzt. Daraus ergeben sich Spätausfälle durch Abnutzung, die zu einer stetigen Zunahme der Ausfallrate führen. Daneben können aber ebenfalls Früh- und Zufallsausfälle auftreten. Im Resultat entsteht eine ausgeprägte „Badewannenkurve“ (s. Bild 4.46) für mechanische Objekte. Die Phase mit konstantem oder minimalem Wert wird meist als relativ kurz angenommen.

Der Anteil der Frühausfälle hängt i. allg. von der Stabilität der Fertigung sowie vom Stand und von dem Umfang der Qualitätskontrolle ab.

Zufallsausfälle können zu jedem Zeitpunkt auftreten und sind vor allem vom Verhalten verschiedener Störgrößen und der Störsicherheit des Systems abhängig. Bei Systemen mit vorbeugender Instandhaltung bestimmen nach der Einlaufzeit die Zufallsausfälle die Zuverlässigkeit des Systems. Für diesen Fall ist die Angabe einer konstanten Ausfallrate gerechtfertigt.

Zur Konstruktion kostengünstiger Austauschbaugruppen müssen die Abnutzungs-Ausfall-Verteilungen der Elemente zur Bestimmung eines optimalen Instandhaltungstermins bekannt sein. Außerdem sollten die Erneuerungszeitpunkte für möglichst viele Elemente bzw. bestimmte Verschleißbaugruppen übereinstimmen, um die Leistungsreserven des jeweiligen Geräts voll auszuschöpfen. Das erfordert neben einer lebensdauerorientierten Dimensionierung auch eine servicegerechte Konstruktion.

Im allgemeinen Fall, der Nutzung des Objekts bis zum Spätausfall (Abnutzungsausfall) – sofern nicht vorher ausgefallen –, wird die Ausfallrate einen zeitabhängigen Verlauf aufweisen. Damit entfallen bei Berechnungen die im Abschnitt 4.5.4. angegebenen Vereinfachungen. Für die Mechanik erscheint es daher zweckmäßig, andere Kenngrößen mit gleichem Informationsgehalt (Überlebens- bzw. Ausfallwahrscheinlichkeit, Ausfallwahrscheinlichkeitsdichte) zu verwenden. Die Struktur im Sinne der Zuverlässigkeit ist bei mechanischen Systemen der Gerätetechnik in den meisten Fällen seriell, soweit es sich um die Erfüllung mechanischer Funktionen handelt. Bei mechanischen Elementen zur Auslösung elektrischer Funktionen (z. B. Schalter) ist strukturelle Redundanz in Form belasteter Reserve gebräuchlich. Prinzipiell ist belastete Reserve auch auf der Ebene mechanischer Bauelemente und Verbindungen möglich. Sind aber mehrere Elemente gleichzeitig an der Erfüllung einer Funktion beteiligt, tritt gegenseitige Beeinflussung ein (s. Abschn. 4.2.3.3.).

Infolge herstellungsbedingter Ungleichheit der Elemente arbeitet das System bei Parallelschaltung unter Zwang, wenn nicht konstruktive Maßnahmen zur Entkopplung vorgesehen wurden. Bei Ausfall eines der redundanten Elemente ändert sich sprunghaft die Beanspruchung und somit auch die Ausfallrate für die übrigen Teile. Neben der Zeitabhängigkeit der Ausfallrate ist die gegenseitige Beeinflussung des Ausfallverhaltens ein

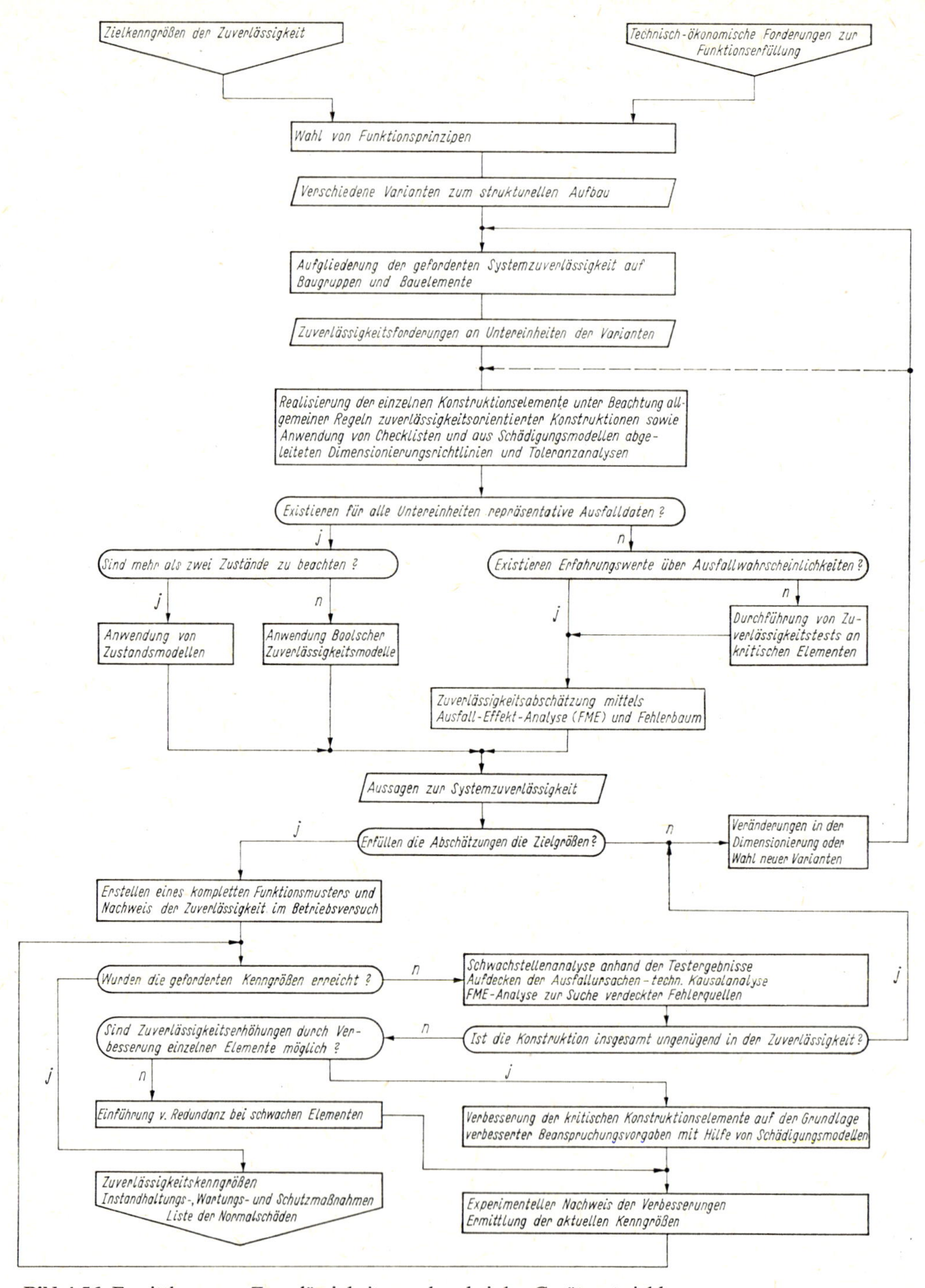

Bild 4.56. Ermittlung von Zuverlässigkeitsangaben bei der Geräteentwicklung

weiterer Nachteil für die Anwendung von Reserveeinheiten bei mechanischen Baugruppen. Durch diese Faktoren wird eine rechnerische Erfassung der Systemzuverlässigkeit sehr erschwert. Eine Möglichkeit wäre die Verwendung bedingter Wahrscheinlichkeiten als Ausdruck der Verkopplung. Eine praktische Ermittlung dieser Größen scheitert aber am Aufwand.

Bei zwangfreier Gestaltung der Koppelstellen kann man aber auch die Berechnungsverfahren der Elektronik verwenden. Es müssen dabei solche Untersysteme gefunden werden, die unabhängig voneinander ausfallen, und für diese Systeme sind die notwendigen Daten aufzubereiten. Die Zuverlässigkeit der mechanischen Systeme läßt sich dann nach Gl. (4.39) berechnen:

$$R_{\text{Mech}}(t) = \prod_{i=1}^{n} R_i(t). \tag{4.50}$$

$R_i(t)$ ist die Überlebenswahrscheinlichkeit der unabhängigen Teilsysteme

$$R_i(t) = \int_0^{\infty} f_i(\tau)\,\mathrm{d}\tau = \exp - \int_0^t \lambda_i(\tau)\,\mathrm{d}\tau. \tag{4.51}$$

Das *Angebot an geeigneten Daten* für die rechnerische Bestimmung der Systemzuverlässigkeit mechanischer Baugruppen und Geräte ist das Hauptproblem für Zuverlässigkeitsabschätzungen in der Konzeptionsphase eines Erzeugnisses. Dieses zwingt immer wieder zu einer Kombination unterschiedlichster Verfahren der Zuverlässigkeitstechnik **(Bild 4.56).**

Die Ursachen für das mangelnde Datenangebot sind:

- vergleichsweise geringe Stückzahlen mechanischer Elemente
- Bauelemente für spezielle Anwendungsfälle entwickelt
- niedriger Standardisierungsgrad bei mechanischen Funktionselementen
- Standardbauteile in einem breiten Beanspruchungsspektrum einsetzbar
- zu erwartende Beanspruchungen bei der Komplexität der Funktionen vielfach nur schwer abschätzbar.

All diese Faktoren stehen einer statistischen Datenermittlung entgegen, da die geringe Wiederverwendbarkeit der Daten den ökonomischen Aufwand (Laborversuche, Datenrückmeldung vom Anwender) nicht rechtfertigt.

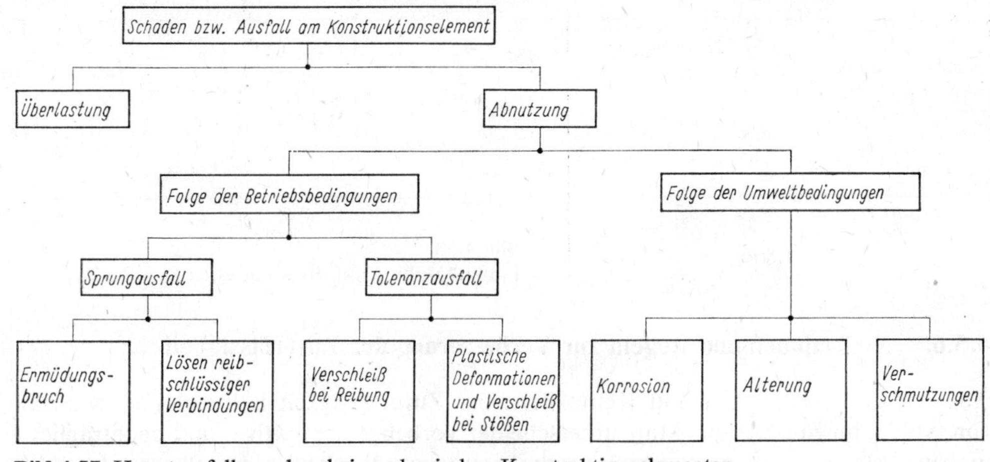

Bild 4.57. Hauptausfallursachen bei mechanischen Konstruktionselementen

Bessere Zuverlässigkeit von Bauelementen kann nur auf der Basis von Untersuchungen zum Entstehen der ausfallverursachenden Schäden erreicht werden. Je nach Betriebs- und Umweltbedingungen läßt sich einzelnen Objekten eine Hauptausfallursache zuordnen **(Bild 4.57).** Das praktische Verhalten anderer Elemente zeigt, daß mehrere Schädigungsmechanismen wirken. Während Federn z. B. meist durch Ermüdung ausfallen, sind u. a. bei Wälzlagern und Zahnrädern sowohl Ermüdung als auch Verschleiß als Ausfallursachen bekannt. Dabei wird durch die Ermüdung tragender Oberflächen die mögliche Lebensdauer bestimmt, die sich je nach auftretendem Verschleiß verringert.

An einzelnen, häufig wiederkehrenden mechanischen Grundelementen erfolgten bisher Zuverlässigkeitsuntersuchungen hinsichtlich der Schädigungsmechanismen. Dabei wurden sowohl eine Reihe technologischer Größen als auch Werkstoff, geometrisch-stoffliche Gestaltung sowie verschiedene Parameter der Betriebs- und Umweltbedingungen als Einflußfaktoren festgestellt. Ausfallanalysen an feinmechanischen Systemen, wie Uhren, mechanischen Druckwerken, Tonbandgeräten, Schreibmaschinen und Kinoprojektoren, ergänzen die Bauelementeuntersuchungen durch Aussagen über die gegenseitige Beeinflussung und das Zusammenwirken vieler Elemente. Im Resultat ergeben sich neben den Gewaltschäden (Überlastung) verschiedene Kategorien von Abnutzungsschäden. Ausfälle entstehen daraus, wenn zulässige Grenzen der funktionsbestimmenden Parameter überschritten werden (Bild 4.57).

Eine Zuordnung von typischen Schäden zu einzelnen Funktionselemente- und Verbindungsklassen erscheint nicht sinnvoll, da je nach konstruktiver Gestaltung und realer Beanspruchung verschiedene Formen und Kombinationen von Ausfällen auftreten können. Geeigneter ist eine Zusammenstellung von Abnutzungsschäden und verursachender Beanspruchung **(Bild 4.58).** Dabei bleiben Kombinationen von Betriebs- und Umweltbedingungen bzw. von Schädigungsmechanismen unberücksichtigt.

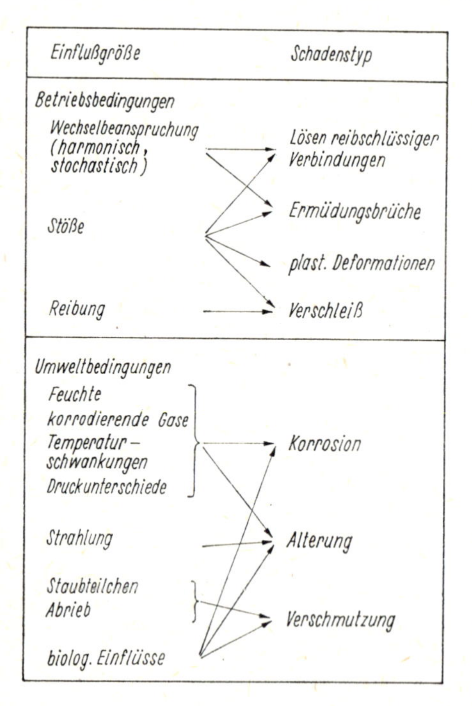

Bild 4.58
Einflußfaktoren auf die wichtigsten Schadenstypen

4.5.6. Maßnahmen und Regeln zur Verbesserung der Zuverlässigkeit

Aus den Einflußbereichen und Kennziffern der Zuverlässigkeit läßt sich eine Vielzahl von Maßnahmen ableiten. Man unterscheidet vorbeugende (aktive) und nachträgliche (passive) Maßnahmen, nach dem Bereich ihrer Anwendbarkeit in den Phasen des KEP

(s. Abschn. 2.) oder in den Etappen der Lebensgeschichte jedes Erzeugnisses (z.B. Forschung, Entwicklung, Herstellung, Testung, Anwendung und Service). In **Tafel 4.14** wurden gemäß Abschnitt 4.5.2. berücksichtigt:

- das Zeitintervall (Operations- oder Betriebsdauer)
- das Lebensalter (Einlauf-, nützliche Lebens-, Ermüdungsdauer)
- die Arbeitsbedingungen (innere und äußere)
- die Beanspruchung.

Diese Maßnahmen sind in Tafel 4.14 zugleich in Form pragmatischer Regeln zusammengefaßt. Sie sind speziell für den Konstrukteur (Entwickler) der Gerätetechnik gedacht, beschränken sich auf wesentliche Maßnahmen und Bereiche, auf die Einfluß genommen werden kann und soll. Sie sind nicht hinsichtlich ihrer Wichtigkeit geordnet.

Tafel 4.14. Maßnahmen und Regeln zur Verbesserung der Zuverlässigkeit

1. Maßnahmen mit Rücksicht auf die Betriebsdauer (Operationsdauer)

Aus Gl. (4.34a) folgt, daß für die Verbesserung der Überlebenswahrscheinlichkeit die Betriebsdauer möglichst klein zu halten ist. Zunächst scheint es, als ob die Betriebsdauer durch die Benutzung gegeben ist, also vom Konstrukteur gar nicht beeinflußt werden kann. Die Forderung besteht jedoch darin, die *erforderlichen Operationszeiten* der Geräte, ihrer Teilsysteme und Bauelemente möglichst klein zu halten und nicht schlechthin die Betriebsdauer. Es sind solche Prinzipe zu bevorzugen, mit denen bei kürzerer Zeit das gleiche oder mehr geleistet werden kann oder ein Gerät nur so lange eine Operation ausführt, wie dies innerhalb der Gesamtfunktion notwendig ist (also keine zeitredundanten Operationen).

- *Regel 1:*

  Prinzip der minimalen zeitlichen Redundanz:
  Für Systeme, Teilsysteme und Elemente die minimal erforderlichen Operationszeiten wählen.

Beispiele:

- Abschalten von Lampen
- Abschalten von peripheren Geräten einer EDVA, wenn z.B. nach 30 s durch die Kanalsteuereinheit kein neuer Aufruf erfolgt
- eine zeitredundante Lösung liegt bei allen Schritttransporten vor, wenn nicht bei jedem Schritt eine Operation vollzogen wird (Lochkarten, Lochstreifen, die nicht nach jedem Schritt gelocht werden); ein Prinzip, das nur solche Schritte ausführt, bei denen tatsächlich eine Operation (Lochung) stattfindet, entspricht Regel 1.

Die Regel ist insofern bedeutend, als bei mechanischen Geräten die Belastung für unnötige, also redundante Operationen, in vielen Fällen höher ist als bei ausgesetzter Operation.

Die bei Beachten dieser Regel oft notwendigen Ein-/Ausschaltvorgänge können zuverlässigkeitsmindernd wirken (Stöße, Beschleunigungen, Reibung, Formierung), wie bereits angeführt wurde (Beispiel s. **Bild 4.59**).

Deshalb ist es für viele Geräte (Elemente) sinnvoller, sie nicht gänzlich ab-, sondern auf eine verminderte Belastungsstufe, einen sog. Schongang zu schalten, z.B. auf halbe Drehzahl oder 10% Unterspannung.

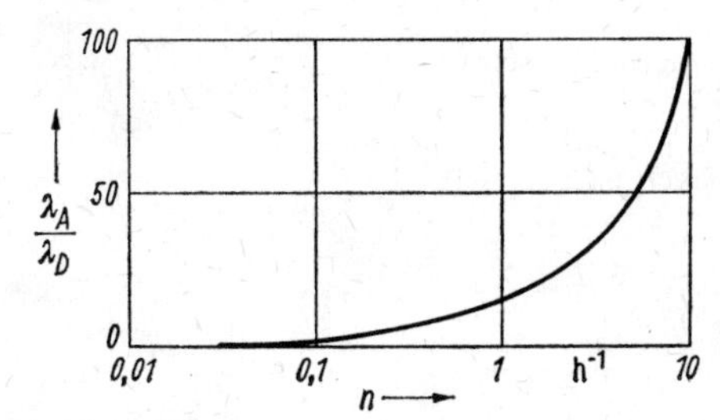

Bild 4.59
Verhältnis der Ausfallraten in Abhängigkeit von den Einschalt-/Ausschaltvorgängen eines elektronischen Geräts

λ_A Ausfallrate bei Einschalt-/Ausschaltbetrieb
λ_D Ausfallrate bei Dauerbetrieb
n Anzahl der Einschalt-/Ausschaltvorgänge je Stunde

Tafel 4.14 (Forsetzuug)

- *Regel 1a:*

Beachten der Folgen häufiger Ein-/Ausschaltvorgänge. Sie beeinflussen die Zuverlässigkeit meist ungünstiger als ein möglicher Dauerbetrieb. Ein Optimum besteht häufig in einem Dauerbetrieb bei herabgesetzter Beanspruchung.

2. Maßnahmen mit Rücksicht auf das Lebensalter

Entsprechend den drei charakteristischen Phasen der sog. Badewannenkurve (Bild 4.46) können diese Maßnahmen geordnet werden.

Maßnahmen während der Frühausfallphase

Diese Maßnahmen betreffen hauptsächlich die Einlauf- bzw. Erprobungszeit und dienen besonders der *Frühausfallausmerzung* und können zusammengefaßt werden in

- *Regel 2:*
  - Frühausfälle rechtzeitig und möglichst vollständig ausmerzen
  - die technischen Voraussetzungen bei der Konzeption des Geräts und die organisatorischen Voraussetzungen des Entwicklungsablaufs so schaffen, daß Bauelemente, aber insbesondere in sich abgeschlossene Funktionsgruppen des Geräts getrennt in Betrieb genommen und erprobt werden können;
    Ausfälle schon in den Funktionsgruppen ausmerzen, ehe das Gesamtgerät in Betrieb genommen wird (s. Anmerkung A)
  - Ausfallausmerzung gewissenhaft protokollieren und Ausfallhistogramm zeichnen (es gestattet, Richtwerte für die Ausmerzungsdauer abzuleiten) (s. Anmerkung B)
  - Beachten des Problems der sog. Starmechaniker in jeder Versuchswerkstatt (s. Anmerkung C)
  - wenn zeitlich und funktionell möglich, sollten bei und nach der Frühausfallausmerzung auch schon Lebensdaueruntersuchungen hinsichtlich Verschleiß oder Drift erfolgen, insbesondere für in sich abgeschlossene Funktionsgruppen (s. Anmerkung D).

Anmerkung A: Besonders günstige Voraussetzungen sind bei Bausteinbauweise gegeben. Für völlig neue Wirkprinzipe empfehlen sich Aufbau und Erprobung mehrerer Varianten.

Anmerkung B; Von großem Interesse ist der Erwartungswert $E(t)$ der Ausmerzzeit der Frühausfälle. Es ist vorteilhaft, ihn aus einem Ausfallhistogramm **(Bild 4.60)** abzuleiten. Aufgetragen wird über der Zeitachse die Anzahl der Ausfälle je Zeiteinheit, z.B. je Tag.

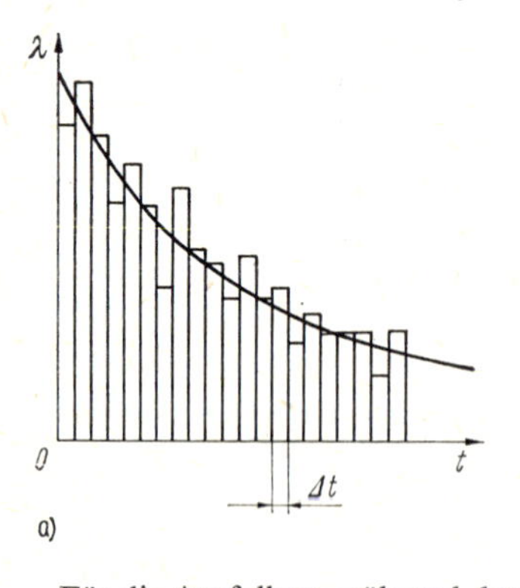

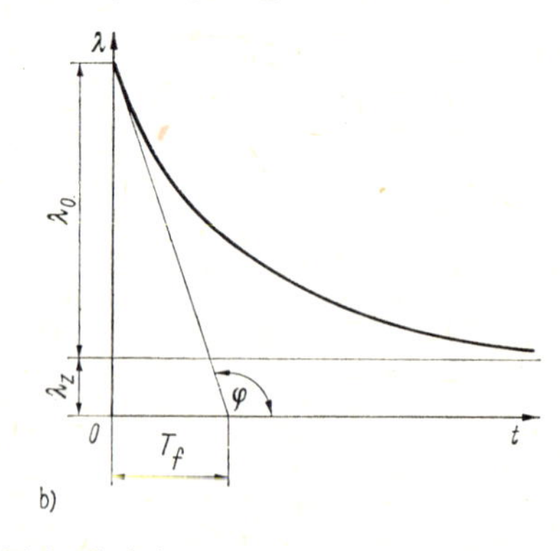

Bild 4.60
Frühausfallphase
a) Ausfallhistogramm
b) Ermittlung der Frühausfallausmerzdauer

Für die Ausfallrate während der Einlaufzeit kann man angenähert setzen

$$\lambda_f = \lambda_z + \lambda_0 \, e^{-t/E},$$

da die Zufallsausfallrate λ_z der Frühausfallrate $\lambda_0(t)$ überlagert ist.

Durch Differentiation folgt

$$d\lambda_f/dt = \tan \varphi = -(\lambda_0/E) \, e^{-t/E}$$

und für $t = 0$

$$\tan \varphi = -\lambda_0/E.$$

Tafel 4.14 (Fortsetzung)

Andererseits gilt nach Bild 4.60b

$$\tan(2\pi - \varphi) = -\tan\varphi = (\lambda_z + \lambda_0)/T_f.$$

Durch Gleichsetzen folgt

$$T_f = E(1 + \lambda_z/\lambda_0)$$

und, da $\lambda_z/\lambda_0 \ll 1$, gilt $T_f \approx E$.

Wegen der nur zu 63% bestehenden Wahrscheinlichkeit, daß E die Zeit der Frühausfälle darstellt, gilt als Richtwert für die vollständige Ausmerzzeit

$$T_{fv} = (3 \dots 5)\,E.$$

Aus Bild 4.60 kann auch λ_z extrapoliert werden.

Anmerkung C: Bei der Fertigung der Teile in einer Versuchswerkstatt fallen die Toleranzen wesentlich enger aus, als es innerhalb der zulässigen Toleranz und später unter Fertigungsbedingungen möglich ist. Viele hochqualifizierte Mechaniker der Montage sehen ihren ganzen Ehrgeiz darin, eine Gerätebaugruppe zur Funktion zu bringen, obgleich dies eigentlich laut Zeichnungssatz gar nicht möglich ist. Deshalb sind Protokollierung und Rückmeldung jedes Fehlers und jeder Unstimmigkeit an den Konstrukteur unerläßlich.

Anmerkung D: Die während der Entwicklung entstehenden Muster werden häufig lediglich dazu benutzt, die Funktion prinzipiell nachzuweisen. Danach werden sie beiseite gestellt, abgerüstet oder verschrottet. Sie sind jedoch geeignet für weitere Untersuchungen hinsichtlich der Lebensdauer bestimmender Bauelemente oder Funktionsgruppen. Derartige Erkenntnisse sollten so früh wie möglich gesammelt werden.

Maßnahmen während der Phase der konstanten Ausfallrate

Da die Ausfallzeitpunkte während dieser Periode rein zufälliger Natur sind und die Ausfallrate einen konstanten Minimalwert annimmt, folgt, daß eigentlich keine Maßnahmen zur Verbesserung der Zuverlässigkeit möglich sind und Systeme nur innerhalb dieser Phase betrieben und nur solche Bauelemente eingesetzt werden sollten, deren Frühausfallphase abgeschlossen ist bzw. noch keine Spätausfälle auftreten.

Dies gilt für elektronische Systeme, prinzipiell aber auch für mechanische Systeme, obwohl für diese eingeschränkt werden muß, daß eine ausgeprägte Phase konstanter Ausfallrate oft nicht vorliegt (siehe Bild 4.44). Deshalb sind Instandhaltungsmaßnahmen (Inspektion) angebracht. Weiterhin ist es vorteilhaft, das Ausfallverhalten zu erfassen, um für analoge Geräte (Funktionsgruppen, Elemente) Angaben für deren Zuverlässigkeit zu erhalten.

Maßnahmen während der Spätausfallphase

Abgesehen von der Verwendung möglichst langlebiger Bauelemente, der jedoch aus physikalischen und ökonomischen Gründen Grenzen gesetzt sind, werden die wesentlichen Maßnahmen zusammengefaßt in

● *Regel 3:*

- Alterungs- und Abnutzungserscheinungen können durch Kompensation beseitigt bzw. hinausgezögert werden (s. Anmerkung A).
- Instandhaltungsmaßnahmen, d.h. Wartung und Reparatur, dienen der Verlängerung der Lebensdauer (s. Anmerkung B).

Anmerkung A: Die Kompensation kann durch Steuerung oder Regelung erreicht werden. Die Steuerung benutzt gleich- oder gegenläufige Charakteristika korrespondierender Elemente, so daß deren Gesamtfunktion länger konstant bleibt.

Beispiele:

- *RC*-Kombinationen gleichbleibender Zeitkonstante mit gegenläufigen Bauelementen (Anwachsen des Widerstands, Absinken der Kapazität)
- gleichläufige Teilsysteme, z.B. Hintereinanderschaltung eines in der Leistung absinkenden Verstärkers und einer Kippstufe mit absinkendem Schwellwert
- Beseitigung von Lagerspiel durch gefederte Gelenke.

Die Regelung entspricht einem Regelkreis, sie ist in jedem Falle möglich, wenn auch oft nur mit erheblichem Aufwand, im Gegensatz zur Steuerung, die nur bei bestimmtem strukturellem Aufbau möglich wird.

Tafel 4.14 (Fortsetzung)

Anmerkung B: Die Instandhaltung kann korrigierend (nicht festgesetzt) – besser als Instandsetzung bezeichnet – oder vorbeugend (planmäßig, festgesetzt) durchgeführt werden. Für mechanische Systeme ist die vorbeugende Instandhaltung am geeignetsten, da ohnedies zyklische Wartungsmaßnahmen in den meisten Fällen vorzunehmen sind. Wichtig ist, ermüdete oder verschlissene Elemente *rechtzeitig* und *vollständig*, d.h. typenweise, zu ersetzen. Wenn die Zuverlässigkeit verbessert werden soll, müssen alle Elemente eines Typs, auch die noch funktionstüchtigen, ausgewechselt werden (gleiche Belastung vorausgesetzt). Deshalb ist die korrigierende Instandhaltung (Reparatur), bei der nur das ausgefallene Element ersetzt wird, auch kein wirksames Mittel der Zuverlässigkeitserhöhung in der Spätausfallphase.

3. Maßnahmen mit Rücksicht auf die Arbeitsbedingungen

Maßnahmen mit Rücksicht auf die inneren Bedingungen

Hierunter fällt in erster Linie die Konzeption des Geräts, also seine Arbeitsweise aufgrund der Nutzung physikalisch-technischer Effekte. *Masing* sagt hierzu [4.25]:
„Es ist wichtig, festzuhalten, daß die Zuverlässigkeit eines komplexen Gebildes zwar von der Zuverlässigkeit der Einzelteile abhängt, aus denen es besteht, daß jedoch die Zuverlässigkeit des Gebildes ganz wesentlich von seiner Gesamtkonzeption, von der Konstruktion bestimmt wird. Es ist eine bekannte Tatsache, daß man aus reichlich fragwürdigen Elementen noch ein recht gutes System bauen kann, dagegen ist es hoffnungslos, ein schlecht durchdachtes System durch Verwendung hervorragender Einzelteile erstklassig machen zu wollen."

Das Ergebnis ist mehr als die Summe der Teile. Die Zuverlässigkeit hängt zwar von Anzahl und Güte der Einzelteile ab, aber die Eigenschaft „Zuverlässigkeit" ist mehr als die Abhängigkeit der Überlebenswahrscheinlichkeit von der Anzahl der Elemente. Damit entsteht die Frage nach der optimalen Konzeption eines Geräts hinsichtlich seiner physikalisch-technischen Wirkprinzipe, seiner Zerlegung in Teilsysteme usw. Diese Fragen sind Gegenstand des KEP, wie er im Abschn. 2. dargestellt ist, und es läßt sich ableiten

● *Regel 4:*

Zuverlässig konstruieren heißt wissenschaftlich nach den Vorgehensweisen des KEP konstruieren. Besonders hervorzuheben sind

- exakte Aufgabenpräzisierung (Eindeutigkeit und Zweckmäßigkeit der Aufgabe, keine Multifunktionsgeräte, exakte Unterscheidung in Fest- und Mindestforderungen)
- exakte Beschreibung der Funktion auf möglichst hoher Abstraktionsebene
- Bestimmung der Teilsysteme und der Relationenmenge
- Finden einfachster Strukturen mit einem Minimum an Elementen und Relationen
- Bestimmung mehrerer Prinzipe, Bewertung und Optimierung und viele andere Maßnahmen entsprechend den Phasen und Stadien des KEP, deren Kenntnis hier vorausgesetzt werden kann (s. Abschn. 2.).

Hinsichtlich der Struktur lassen sich jedoch auch speziellere Hinweise geben (s. Regeln 5 bis 9).

● *Regel 5:*

Strukturelle Redundanz in Form von belasteter und unbelasteter Reserve ist ein geeignetes Mittel der Zuverlässigkeitserhöhung, wenn der damit verbundene höhere Aufwand vertretbar ist.
Für mechanische Systeme ist die belastete Reserve auf Elementeebene am ehesten anwendbar. Für Teilsystemebene ist die unbelastete Reserve i. allg. zweckmäßiger.

Beispiel für Reservierung:

- Doppelkontakte in Relais (belastete Reserve)
- Bürstenkontakte in Lochkartengeräten (belastete Reserve)
- Vorschubeinrichtungen mit mehreren Zähnen für Film oder Lochstreifen (belastete Reserve)
- Verdopplung von Lampen in Signalanzeigen (geschaltet oder ungeschaltet, unbelastete oder belastete Reserve)
- Reservebatterie bei Netzausfall (unbelastete Reserve).

Viel wichtiger für die Zuverlässigkeit von mechanischen Systemen ist jedoch das Vermeiden der sog. nutzlosen oder leeren Redundanz. *Nutzlose Redundanz* liegt vor, wenn in einem System mehrere Elemente, Elementepaare oder auch Teilsysteme existieren, die gleichzeitig an einer Teilfunktion Anteil haben, ohne daß sie hierfür erforderlich sind. Dieser Überfluß ist Ursache für die gegenseitige Beeinflussung der Teilsysteme, denn mehrere Elemente können nur dann gleichzeitig die gleiche Funktion im

Tafel 4.14 (Fortsetzung)

Zusammenhang erfüllen, wenn sie miteinander verträglich gemacht werden. Deshalb ist leere Redundanz nicht nur nutzlos, sondern in den meisten Fällen für die Zuverlässigkeit schädlich und letztlich unverzeihlich, da sie stets vermeidbar ist. Daraus folgen

- *Regel 6:*

  Leere, nutzlose Redundanz vermeiden; gleichbedeutend mit dem Prinzip des Vermeidens von Überbestimmtheiten für den mechanischen Aufbau von Systemen (s. auch Abschn. 4.2.3.3.).

- *Regel 7:*

  Prinzip der Funktionentrennung anwenden! (s. Abschn. 4.2.3.1.).

- *Regel 8:*

  Die Prinzipien der fehlerarmen Anordnungen anwenden (s. Abschn. 4.2.3.2. und 4.3.5.).

Die Regeln 6, 7 und 8 sind im Abschn. 4.2.3. ausführlich dargestellt und durch Beispiele erläutert. Sie haben besonders in der Gerätetechnik große Bedeutung. Regel 6 ist elementare Voraussetzung für jede erfolgreiche Konstruktionstätigkeit in der Gerätetechnik. Die zwangfreie Gestaltung der Koppelstellen beweglicher und fester Verbindungen ist ein Hauptproblem der Zuverlässigkeit (und Genauigkeit) mechanischer Systeme. Nur bei Vermeidung jeglicher Überbestimmtheit wird der Bedingung entsprochen, daß zwischen den Elementen keine unkontrollierbare gegenseitige Beeinflussung stattfindet, und es wird damit überhaupt erst theoretisch zulässig und praktisch möglich, die Überlebenswahrscheinlichkeit eines Systems aus den Ausfallraten der Elemente zu berechnen.

Analoge Betrachtungen liegen der Regel 7 zugrunde.

Beim mechanischen Aufbau in der Gerätetechnik wird die integrierte Funktionsausnutzung wegen Reduzierung der Kosten, des Raumbedarfs und der Teileanzahl häufig angewendet (typische Beispiele: Spannbandlagerung, Reed-Relais). Diese Funktionenintegration bringt neben den genannten Vorteilen stets den Nachteil einer möglichen gegenseitigen Beeinflussung der Teilsysteme mit sich. Sobald Genauigkeitsforderungen über längere Zeiträume an eine oder mehrere der mit einem Element verwirklichten Teilfunktionen gestellt werden, erhöhen sich die Schwierigkeiten, diese zu erfüllen. In solchen Fällen sollte man die Teilfunktionen jeweils getrennt und unabhängig voneinander konstruktiv ausführen. Damit ergibt sich die Möglichkeit, jede Teilfunktion mit dem jeweils für die Gesamtfunktion notwendigen Grad zu erfüllen und die gegenseitige Abhängigkeit und die daraus resultierende Beeinflussung zu eliminieren.

Von den fehlerarmen Anordnungen haben in der Gerätetechnik besonders die invarianten und innozenten Strukturen die größte Bedeutung. Man versteht darunter solche Strukturen, deren Funktion sich invariant oder innozent gegenüber bestimmten Störeinflüssen verhält, d. h., die Ausgangsgröße wird überhaupt nicht von der Störgröße beeinflußt, oder es treten nur Fehler zweiter und höherer Ordnung auf. Sie sind hinsichtlich Zuverlässigkeit und Genauigkeit nahezu ideal.

Eine Reihe weiterer Maßnahmen, die spezielle Hinweise für die Strukturierung geben sollen, sind zusammengefaßt in

- *Regel 9:*

  - Sicherstellung einer guten Instandhaltungseignung durch leichte Zugänglichkeit und Reparaturfreundlichkeit, besonders bei störanfälligen sowie leicht verschleißenden Elementen und Teilsystemen
  - übertriebene Packungsdichte vermeiden
  - sich bewegende Teile weitgehend vermeiden; wenn dies nicht möglich ist, folgende, für die Zuverlässigkeit günstige Rangordnung der Bewegungsart wählen
    - Biegung (Federgelenke)
    - Rollbewegung, kontinuierlich
    - Rollbewegung, pulsierend
    - Gleitbewegung
    - Stoßbewegung
  - weitgehend schon erprobte, bewährte Elemente und Systeme verwenden (möglichst Standardteile)
  - Schmierung, besonders beim Anwender, vermeiden.

Maßnahmen mit Rücksicht auf die äußeren Bedingungen

Hierzu zählen alle Maßnahmen, die die Einflußfaktoren nach Tafel 4.12 unter dem Faktor Umwelt berücksichtigen. Herstellung und Nutzung bieten zahlreiche Möglichkeiten, auf die Zuverlässigkeit Einfluß

Tafel 4.14. (Fortsetzung)

zu nehmen. Das sind sowohl technische als auch organisatorische Maßnahmen. Aus der Sicht des Konstrukteurs seien einige wenige Hinweise hervorgehoben, die vor allem die Konzeption der Geräte betreffen, also von ihm maßgeblich beeinflußbar sind (s. Abschn. 5.).

- *Regel 10:*
  - Die technischen, physikalischen, biologischen und klimatischen Bedingungen beim Einsatz der Geräte beachten;
  - keine Universalgeräte für beliebige Umwelt schaffen, sondern dies durch verschiedene Ausführungsformen berücksichtigen.
  - Geräte vor wesentlichen Umwelteinflüssen schützen, z.B. durch Abschirmung, Stoß- und Schwingungsdämpfung, Abdichtung und dgl. und durch Anwendung von Regel 8.
  - Eine einfache, übersichtliche und narrensichere Bedienung vorsehen.

4. Maßnahmen mit Rücksicht auf die Beanspruchung

Diese Maßnahmen können am anschaulichsten aus **Bild 4.61** abgeleitet werden [4.24].

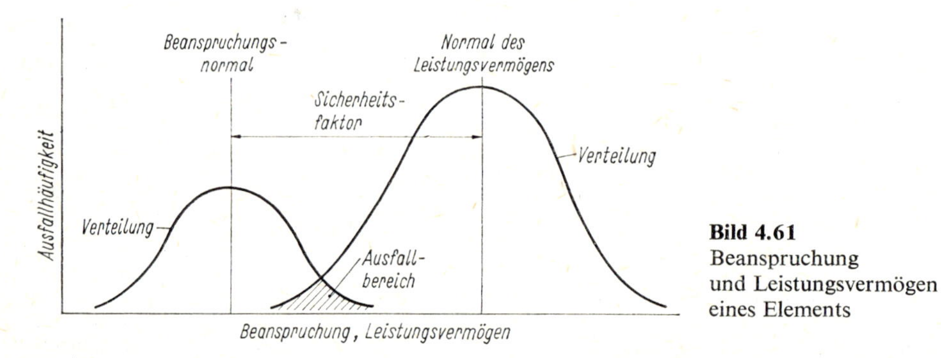

Bild 4.61
Beanspruchung und Leistungsvermögen eines Elements

Der Ausfallbereich wird um so kleiner, je größer der Sicherheitsfaktor, d.h. die Belastungsredundanz (Überdimensionierung bzw. Unterlastung) ist und je kleiner die Schwankungen von Beanspruchung und Leistungsvermögen gehalten werden können, d.h., je kleiner die Streuung der beiden Verteilungskurven ist.

Die Streuung des Leistungsvermögens der Elemente wird in erster Linie durch die Fertigung bestimmt. Die Streuung der Beanspruchung durch die Umwelt wird durch Nutzung und Konzeption des Geräts bestimmt, durch die die auftretenden Beanspruchungen eingeschränkt werden, z.B. durch technische Sicherheitsvorkehrungen.

Zusammenfassend läßt sich formulieren

- *Regel 11:*

  Zur Erhöhung der Zuverlässigkeit bieten sich an
  - die Methode der Unterlastung (Überdimensionierung, Belastungsredundanz)
  - das Einschränken auftretender Beanspruchungsschwankungen
  - das Einschränken der Schwankungen des Leistungsvermögens der Elemente durch fertigungstechnische Maßnahmen und geeignete Prüf- und Kontrolltechnologie.

Es muß darauf hingewiesen werden, daß Unterlastung in manchen Fällen auch zu einem Ansteigen der Ausfallrate bzw. zur Herabsetzung der Lebensdauer führen kann, z.B. bei Unterlastung von Halogenlampen und Elektronenröhren oder bei Herabsetzung der Drehzahl hydrodynamisch geschmierter Lager.

Besonders hingewiesen sei darauf, daß, um Regel 11 sinnvoll anwenden zu können, der prinzipielle Schädigungsverlauf bekannt sein muß. Speziell bei mechanischen Bauelementen läßt sich daraus eine lebensdauerorientierte Dimensionierung ableiten. Abgesehen von unzulässig hohen Beanspruchungen, tritt bei allen im Bild 4.58 dargestellten Schadenstypen mit zunehmender Zeit eine Schadensakkumulation auf.

Für die vier unter Betriebsbedingungen vorkommenden Ausfallursachen wird im folgenden der Schädigungsverlauf erläutert.

Bei Abtragungsprozessen (verschiedene Verschleißtypen bei Reibung, Verschleiß und plastische Deformation bei Stoßvorgängen) tritt eine zunehmende Abweichung $\Delta x(t)$ vom Ausgangswert eines betrachteten Parameters x auf. Je nach Größe der zulässigen Toleranzen Δx_{zul} entsteht zu einem bestimmten Zeitpunkt ein Driftausfall, wobei dieser Zeitpunkt von den notwendigen Toleranzen abhängt **(Bild 4.62).** Die Abnutzungskurve wird von stochastischen Faktoren bestimmt, was zu einer statistischen Verteilung der Ausfallzeitpunkte führt $(f(t)_{\Delta x zul})$. Beim Zusammenwirken vieler Elemente können bei entsprechender Struktur Kompensationseffekte auftreten. Meist ist die zulässige Toleranz für ein Element dann ebenfalls zeitabhängig und über eine Gesamtheit von Bauelementen auch statistisch verteilt **(Bild 4.63).**

Für eine Vorausbestimmung der Lebensdauer müssen alle Einflußfaktoren bekannt sein (Beanspruchung; Betriebs- und Umweltbedingungen, s. Abschn. 5.; Werkstoffparameter usw.) [4.18] [4.31] [4.61] bis [4.64]. Unter Einfluß wechselnder oder stocha-

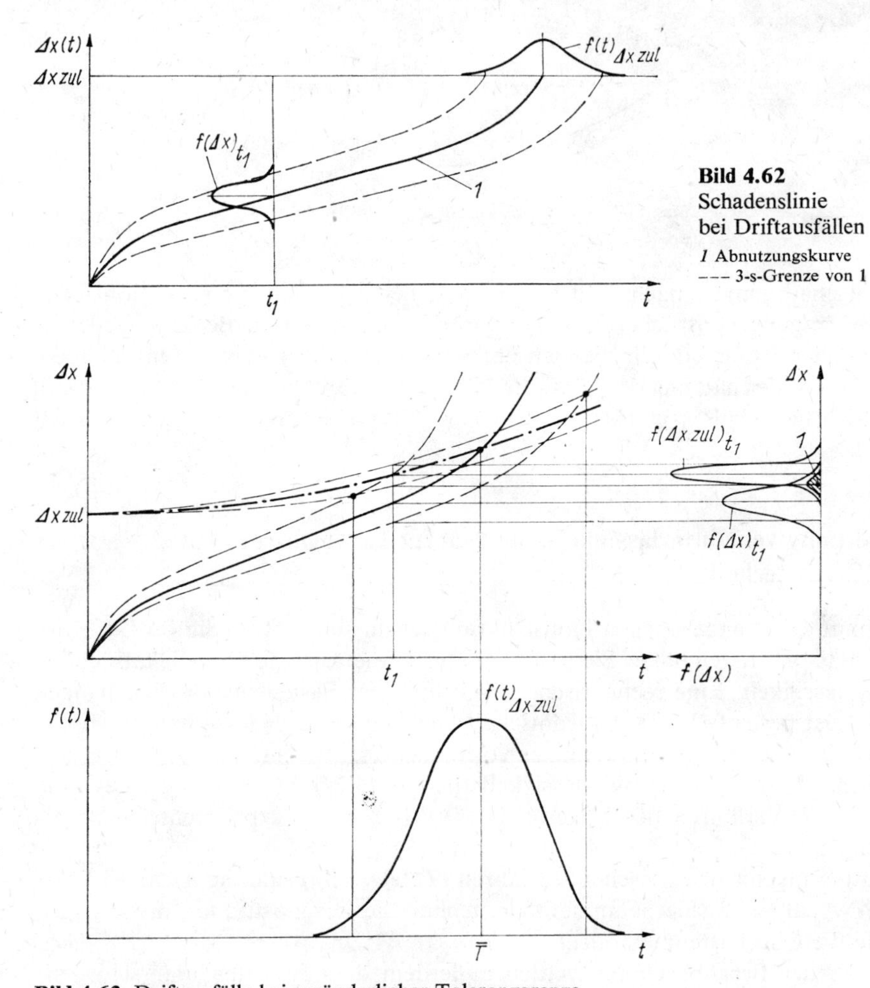

Bild 4.62
Schadenslinie
bei Driftausfällen
1 Abnutzungskurve
--- 3-s-Grenze von 1

Bild 4.63. Driftausfälle bei veränderlicher Toleranzgrenze

— Δx (Mittelwert); — — 3-s-Grenze von Δx (Standardabweichung s, vgl. Tafel 4.11); —·— Δx_{zul}; --- 3-s-Grenze von Δx_{zul}; *1* Unzuverlässigkeit bei t_1

stisch verteilter Beanspruchung treten bei Bauelementen und Verbindungen nach einer bestimmten Betriebszeit Totalausfälle auf – Ermüdungsbrüche sowie Lösen von Schrauben-, Steck- und Klemmverbindungen. Die Ursachen liegen in einer visuell meist nicht erkennbaren Schadensakkumulation, zu der alle Beanspruchungen über einer Mindestgrenze (Dauerfestigkeit) beitragen. Die Schädigung äußert sich in einer Verschlechterung der ursprünglichen Eigenschaften. Aus Modellversuchen wurde in Abhängigkeit von den wirkenden Bedingungen eine Schadenslinie **(Bild 4.64)** ermittelt, die Grundlage für Lebensdauerberechnungen darstellt. Eine zerstörungsfreie Analyse des vorhandenen Schadens ist bisher nur in Sonderfällen möglich. Die Schädigungslinie – bei Ermüdungsschäden die Wöhler-Linie – ist als Mittelwertkurve anzusehen, bei deren Anwendung die Streuung der Meßwerte berücksichtigt werden muß. Im Bild 4.64 ist der prinzipielle Weg der Zuverlässigkeits- und Lebensdauerermittlung angegeben [4.19] [4.20] [4.32].

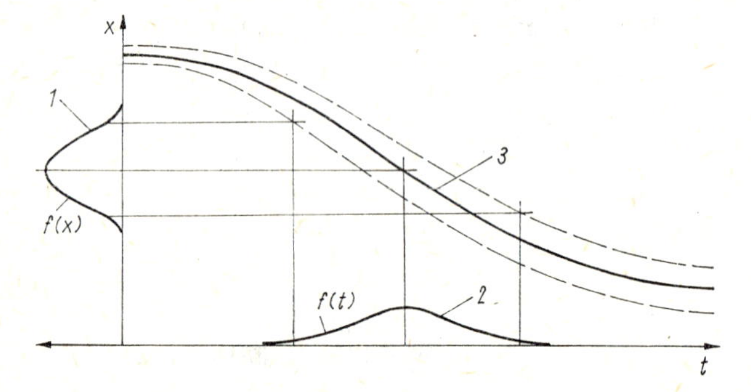

Bild 4.64
Zuverlässigkeitsermittlung bei Schadensakkumulation
1 Verteilung der Belastung
2 Lebensdauerverteilung
3 Schadenskurve

Die Umweltschädigungen nach Bild 4.58 führen bei ruhenden Konstruktionsteilen ebenfalls zu Abtragungen, Brüchen, Strukturveränderungen u. a. m. Bewegte Teile bedingen eine Forcierung der durch die Betriebsbedingungen hervorgerufenen Schäden. Eine modellmäßige Abschätzung des Umwelteinflusses (s. Abschn. 5.) ist bei der Vielzahl der zu berücksichtigenden Parameter problematisch [4.21]. Hier sind in jedem Fall Streßtests vorzuziehen.

4.5.7. Ermittlung von Zuverlässigkeitsangaben für Erzeugnisse der Gerätetechnik

Die im Abschnitt 4.5.6. angegebenen Konstruktionsregeln sind notwendig für die Konstruktion zuverlässiger Erzeugnisse. Sie gestatten aber keine Aussage über die tatsächlich erreichte Zuverlässigkeit. Eine rechnerische Ermittlung der Systemzuverlässigkeit nach Abschnitt 4.5.4. ist bestenfalls für elektronische Baugruppen möglich. Für mechanische Systeme sind dafür keine Voraussetzungen vorhanden (s. Abschn. 4.5.5.). Neben den mathematischen Modellen der Zuverlässigkeitstheorie [4.22] bis [4.27] gibt es sog. ingenieurtechnische Verfahren der Zuverlässigkeitsarbeit sowie experimentelle Untersuchungsmethoden.

Die wichtigsten ingenieurtechnischen Verfahren **(Tafel 4.15a)** sind die Ausfall-Effekt-Analyse (FME-Analyse), Fehlerbaummethode, technische Diagnostik, technische Kausalanalyse und die Checklistenmethode.

Je nach Höhe der Beanspruchung werden außerdem drei Testarten unterschieden: Betriebsversuche, forcierte Tests und Streßtests **(Tafel 4.15b).**

Aufgrund der Unterschiede im Ausfallverhalten verschiedener Gruppen eingesetzter

Tafel 4.15. Ermittlung von Zuverlässigkeitsangaben
a) ingenieurtechnische Verfahren; b) experimentelle Methoden

---

a) **Ingenieurtechnisches Verfahren**

Ausfall-Effekt-Analyse (FME-Analyse/failure mode and effect). Mit Hilfe eines Logiktests werden die Auswirkungen aller möglichen Bauelementeschäden und -ausfälle auf das System untersucht. Das Ziel ist die Ableitung von Schutzmaßnahmen, die Aufdeckung von Schwachstellen sowie die Aufstellung einer Liste von Normalschäden als Grundlage für die Instandhaltung.

Fehlerbaummethode. Ausgehend vom Systemausfall wird unter Anwendung logischer Verknüpfungen die Systemstruktur so dargestellt, daß bei bekannter Wahrscheinlichkeit von Bauelementeausfällen die Systemzuverlässigkeit abgeschätzt werden kann (vom Fehlerbaum bestehen Analogien zum Booleschen Modell). Mit diesem Verfahren lassen sich Schwachstellen ermitteln sowie qualitative und quantitative Zuverlässigkeitsaussagen treffen.

Technische Diagnostik. Anhand meßbarer Parameter des technischen Gebildes wird eine Einschätzung des vorhandenen Schadens und der noch zu erwartenden Lebensdauer vorgenommen (Beispiele: Rausch- und Oberwellenmessungen an elektrischen Widerständen, Geräuschmessungen an Lagern). Anwendung finden Verfahren der technischen Diagnostik sowohl für Selektionstests zur Aussonderung potentiell unzuverlässiger Elemente noch vor ihrem Einsatz als auch zur Überwachung in Betrieb befindlicher Erzeugnisse. Einschränkend muß bemerkt werden, daß die Verfahren meist sehr aufwendig sind und für viele Schadensfälle sich noch im Erprobungsstadium befinden.

Technische Kausalanalyse. Untersuchung ausgefallener Systeme bzw. Bauelemente nach den aufgetretenen Schäden und Aufdeckung der Kausalkette Belastung–Schaden–Ausfall einschließlich schädigender Einflüsse bei der Herstellung.

Checklistenmethode. Programm zur Sicherung der Zuverlässigkeit eines Erzeugnisses von der Entwicklung bis zur Nutzung. Es beinhaltet ingenieurtechnische, mathematische und experimentelle Methoden der Zuverlässigkeitsarbeit sowie Fragen der Qualitätskontrolle, Lager- und Transportvorschriften, Bedienungs- und Wartungsanleitungen.

b) **Experimentelle Methoden**

Betriebsversuche. Nutzung der Erzeugnisse bei Nennbeanspruchung unter Simulation möglichst vieler, real auftretender Einflußfaktoren mit dem Ziel der Ermittlung von Zuverlässigkeitskenngrößen oder dem Nachweis einer bestimmten Mindestzuverlässigkeit.

Forcierte Tests. Tests bei Erhöhung der Belastung über die Nennwerte zur Zeitraffung der gesamten Brauchbarkeits- oder Lebensdauer sowie für sog. Selektionstests zur Vermeidung von Frühausfällen.

Streßtests. Tests bei Belastungen nahe den Beanspruchungsgrenzen des Erzeugnisses zur Ermittlung von Sicherheitsfaktoren sowie zur Schwachstellenanalyse und Erkundung von Ausfallursachen.

Hinweis

Zur Gewinnung von Zuverlässigkeitsaussagen mit hoher statistischer Sicherheit sind die angeführten experimentellen Methoden nach Verfahren der statistischen Versuchsplanung zu organisieren, wobei für Betriebsversuche speziell die Sequential-Quotienten-Tests immer breitere Anwendung in der Gerätetechnik finden.

Für die Ermittlung quantitativer Zuverlässigkeitskenngrößen sind forcierte Tests und Streßtests wegen der weitgehend ungeklärten Zusammenhänge zwischen Lebensdauer und Belastung bei mechanischen Elementen jedoch nicht zu empfehlen.

Bauelemente und der damit verbundenen Schwierigkeiten bei der Gewinnung von Ausfalldaten ist es nicht möglich, die Zuverlässigkeit eines komplexen Systems mit nur einem der angeführten Verfahren ausreichend zu bewerten. Es ist also notwendig, geeignete Kombinationen von Verfahren aller drei Kategorien zu verwenden. Im Bild 4.56 sind verschiedene Bearbeitungsstufen bei der Ermittlung von Zuverlässigkeitsangaben als Programmablaufplan dargestellt. Ein wichtiges Problem ist dabei die Festlegung der Zielkenngrößen für die Zuverlässigkeit. Sie können **Bild 4.65** entnommen werden.

Mit der weiteren Verbesserung der theoretischen Grundlagen zu den im Bild 4.56 angegebenen Verfahren werden sich die Proportionen zugunsten der weniger zeit- und kostenaufwendigen Berechnungen verschieben, ohne allerdings den experimentellen Zuverlässigkeitsnachweis vollständig zu ersetzen.

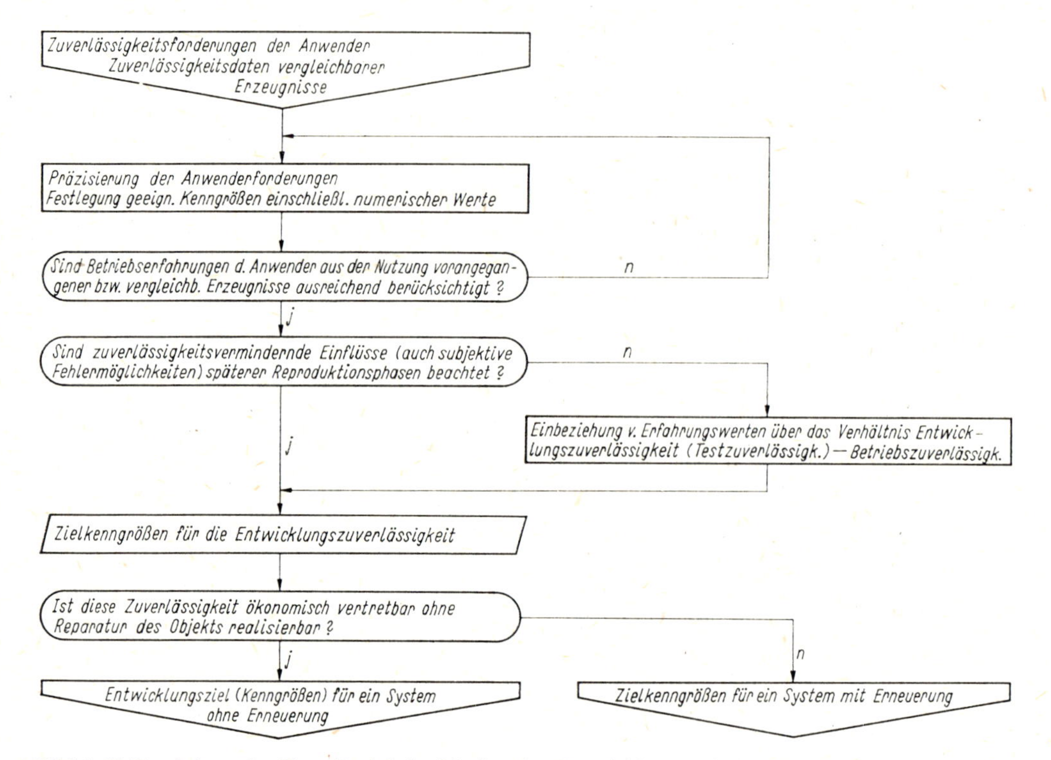

Bild 4.65. Ermittlung der Zuverlässigkeitsziele für eine Entwicklungsaufgabe

Literatur zu Abschnitt 4.

Bücher

[4.1] *Altschuller, G.S.:* Erfinden – Wege zur Lösung technischer Probleme. 2. Aufl. Berlin: VEB Verlag Technik 1986.

[4.2] *Pahl, G.; Beitz, W.:* Konstruktionslehre. Berlin, Heidelberg, New York: Springer-Verlag 1977.

[4.3] *Kretzschmar, G.:* Die anwendungsgerechte Konstruktion und ihre Anforderungen an den Konstrukteur. In: Anwendungsgerechte Konstruktionen und deren Beurteilung. Berlin: Akademie-Verlag 1978.

[4.4] *Leyer, A.:* Allgemeine Gestaltungslehre. Maschinenkonstruktionslehre. H. 1 bis 6. technika-Reihe. Basel, Stuttgart: Birkhäuser 1963 bis 1971.

[4.5] *Matousek, R.:* Konstruktionslehre des allgemeinen Maschinenbaus. Berlin, Göttingen, Heidelberg: Springer-Verlag 1957 (Reprint 1974).

[4.6] *Hansen, F.:* Justierung. 2. Aufl. Berlin: VEB Verlag Technik 1967 und London: Iliffe books 1969.

[4.7] Taschenbuch Feingerätetechnik, Bd. 2. 2. Aufl. Berlin: VEB Verlag Technik 1971.

[4.8] *Bauerschmidt, M.:* Beitrag zur Verbesserung des Fehlerverhaltens von Geräten. Diss. B. TH Ilmenau 1975.

[4.9] *Richter, E.; Schilling, W.; Weise, M.:* Montage im Maschinenbau. 2. Aufl. Berlin: VEB Verlag Technik 1978.

[4.10] *Krause, W.:* Grundlagen der Konstruktion – Lehrbuch für Elektroingenieure. 3. Aufl. Berlin: VEB Verlag Technik 1984 und New York/Wien: Springer-Verlag 1984.

[4.11] *Hildebrand, S.; Krause, W.*: Fertigungsgerechtes Gestalten in der Feingerätetechnik. 2. Aufl. Berlin: VEB Verlag Technik 1982 und 1. Aufl. Braunschweig: Verlag Vieweg 1978.
[4.12] *Felber, E.; Felber, K.*: Toleranz- und Passungskunde. 11. Aufl. Leipzig: VEB Fachbuchverlag 1982.
[4.13] *Trumpold, H.; Beck, Ch.; Riedel, T.*: Tolerierung von Maßen und Maßketten im Austauschbau. Berlin: VEB Verlag Technik 1984.
[4.14] *Smirnow, N. W.; Dunin-Barkovski, I. W.*: Mathematische Statistik in der Technik. Berlin: VEB Dt. Verlag d. Wissenschaften 1973.
[4.15] *Wohllebe, H.*: Technische Diagnostik. Berlin: VEB Verlag Technik 1979 und München: Carl Hanser Verlag 1978.
[4.16] *Hesse, D.*: Praktische Erfahrungen der Zuverlässigkeitsarbeit. REIHE AUTOMATISIERUNGSTECHNIK, Bd. 146. Berlin: VEB Verlag Technik 1973.
[4.17] Autorenkollektiv: Technische Zuverlässigkeit. Heidelberg, Berlin, New York: Springer-Verlag 1971.
[4.18] *Kragelski, J. W.*: Reibung und Verschleiß. Berlin: VEB Verlag Technik 1971 und München: Carl Hanser Verlag 1971.
[4.19] *Günther, W.*: Schwingfestigkeit. Leipzig: Dt. Verlag f. Grundstoffindustrie 1973.
[4.20] *Lenk, A.; Rehnitz, J.*: Schwingungsprüftechnik. Berlin: VEB Verlag Technik 1974.
[4.21] *Jubisch, M.*: Klimaschutz elektronischer Geräte. Berlin: VEB Verlag Technik 1965.
[4.22] *Reinschke, K.*: Zuverlässigkeit von Systemen, Bd. 1. Berlin: VEB Verlag Technik 1973.
[4.23] *Dummer, G. W. A.; Griffin, N. B.*: Zuverlässigkeit in der Elektronik. Berlin: VEB Verlag Technik 1968.
[4.24] *Hummitzsch, P.*: Zuverlässigkeit von Systemen. REIHE AUTOMATISIERUNGSTECHNIK, Bd. 28. Berlin: VEB Verlag Technik 1965.
[4.25] *Rosemann, H.*: Zuverlässigkeit und Verfügbarkeit technischer Anlagen und Geräte. Berlin, Heidelberg, New York, Tokio: Springer-Verlag 1981.
[4.26] *Beichelt, F.*: Zuverlässigkeit und Erneuerung. REIHE AUTOMATISIERUNGSTECHNIK, Bd. 101. Berlin: VEB Verlag Technik 1970.
[4.27] *Gnedenko/Beljajew/Solowjew*: Mathematische Methoden der Zuverlässigkeit, Bd. 1. Berlin: Akademie-Verlag 1968.
[4.28] Bibliographie zu Fragen der Qualität und Zuverlässigkeit. Berlin: Amt für Standardisierung, Meßwesen und Warenprüfung der DDR 1973.
[4.29] Grundlagen der Theorie und Praxis der Zuverlässigkeit. Ausgewählte Publikationen. Berlin: Amt für Standardisierung, Meßwesen und Warenprüfung der DDR, ab 1975.
[4.30] *Kamarinopoulos, L.*: Direkte und gewichtete Simulationsmethode für Zuverlässigkeitsuntersuchung technischer Systeme. Diss. TU Berlin 1972.
[4.31] *Schmidt, E.*: Sicherheit und Zuverlässigkeit aus konstruktiver Sicht – ein Beitrag zur Konstruktionslehre. Diss. TH Darmstadt 1981.
[4.32] *Hage, H.-J.*: Ein Beitrag zum Problem des Lösens mechanisch-dynamisch beanspruchter Reibverbindungen. Diss. TU Dresden 1975.
[4.33] *Kurt, J.*: Ein Beitrag zur Zuverlässigkeit elektromechanischer Geräte. Diss. TH Ilmenau 1977.
[4.34] *Lautenschläger, R.*: Probleme der Zuverlässigkeit mechanischer Systeme der Feingerätetechnik. Diss. TU Dresden 1977.

Aufsätze

[4.35] *Bauerschmidt, M.*: Leseeinheiten in optischen Ableseeinrichtungen. Feingerätetechnik **21** (1972) 8, S. 352.
[4.36] *Bauerschmidt, M.*: Einsatz fehlerarmer Anordnungen zur Erhöhung der Gerätegenauigkeit. Feingerätetechnik **24** (1975) 6, S. 255.
[4.37] *Bauerschmidt, M.*: Beitrag zur Gerätejustierung. Feingerätetechnik **19** (1970) 6, S. 241.
[4.38] *Bauerschmidt, M.*: Über einige Probleme bei der Gerätejustierung. Feingerätetechnik **20** (1971) S. 151.
[4.39] *Schilling, M.*: Konstruktionsprinzipien der Gerätetechnik. Diss. B. TH Ilmenau 1982.
[4.40] *Schilling, M.*: Genauigkeit, Zuverlässigkeit und Systemstruktur. XIX. IWK der TH Ilmenau 1974, H. 3, S. 93.
[4.41] *Leyer, A.*: Kraftflußgerechtes Konstruieren. Konstruktion **16** (1964) 10, S. 402.
[4.42] *Trumpold, H.; Beck, Ch.*: Optimale Toleranzfestlegung unter Berücksichtigung der Maßkettentheorie und der statistischen Eigenschaften des Fertigungsprozesses. Fertigungstechnik und Betrieb **21** (1971) 4, S. 242.
[4.43] *Terplan, K.*: Optimale Zuteilung von Toleranzen mit Hilfe der dynamischen Optimierung. Feingerätetechnik **20** (1971) 1, S. 20.

[4.44] *Palej, M.A.:* Abhängige und komplexe Toleranzen für Maße sowie Form- und Lageabweichungen. Feingerätetechnik **20** (1971) 5, S. 227.

[4.45] *Kiper, G.:* Fertigungstoleranzen als konstruktives Problem in der Feinwerktechnik. Konstruktion **23** (1971) 4, S. 146.

[4.46] *Görler, E.:* Rationelle Verfahren bei der statistischen Qualitätsanalyse in der mechanischen Fertigung. Fertigungstechnik und Betrieb **26** (1976) 3, S. 142.

[4.47] *Görler, E.:* Berücksichtigung der Lage und Form statistischer Verteilungen bei der Tolerierung von Maßketten. Vortrag zur INFERT Dresden 1978.

[4.48] *Franze, K.:* Passungsprobleme bei veränderlichen Temperaturen. Feingerätetechnik **16** (1967) 3, S. 135.

[4.49] *Trumpold, H.; Schubert, N.:* Maßketten. Studienanleitung für das Fach Austauschbau der TH Karl-Marx-Stadt, 1979.

[4.50] *Schwerdtfeger, R.:* Die Aufteilung der Funktionstoleranz auf die Fertigungstoleranzen. Werkstatt und Betrieb **88** (1955) 3, S. 124.

[4.51] *Kleinschmidt, M.:* Zur wahrscheinlichkeitstheoretischen Methode der Toleranzuntersuchungen bei Maßkombinationen ohne Korrelation der Einzelmaße. Standardisierung **10** (1964) 6, S. 212.

[4.52] *Sproed, G.:* Maß- und Toleranzangabe – verantwortliche Aufgabe des Konstrukteurs. Technik **30** (1975) 11, S. 708.

[4.53] *Vechet, V.; Glaubitz, W.:* Berechnung von Maßketten unter Verwendung der Edgeworthschen Reihe. Feingerätetechnik **27** (1980) 10, S. 458.

[4.54] *Krause, W.; Sang, Le Van:* Berechnung der Drehwinkeltreue mehrstufiger Stirnradgetriebe der Feingerätetechnik. Feingerätetechnik **29** (1980) 9, S. 387.

[4.55] *Sauer, W.; Dreyer, H.:* Statistische Methoden in der Feingerätetechnik. Feingerätetechnik **26** (1977) 4, S. 184 (Fortsetzungsreihe).

[4.56] *Werner, G. W.; Hellmuth, V.:* Die Schadbild-Effektanalyse – ein wirksames Mittel zur Zuverlässigkeitsarbeit. Fertigungstechnik und Betrieb **24** (1974) 1, S. 15.

[4.57] *Löffler, Ch.:* Die Störfallanalyse – ein wichtiges Mittel zur Erhöhung der Zuverlässigkeit. Feingerätetechnik **23** (1974) 4, S. 168.

[4.58] *Balfanz, H.P.:* Bestimmung von Ausfallraten und Ausfallarten mechanischer und elektrischer Bauteile mit der Fehlerbaummethode und der Ausfall-Effekt-Analyse. Kerntechnik **13** (1971) 9, S. 392.

[4.59] *Groß, H.:* Verhütung von Maschinenschäden. VDI-Zeitschrift **117** (1975) 17, S. 797.

[4.60] *Kubat, L.:* Technical diagnostics as a tool for reliability improvment. EOQC 18th annal conference, Helsinki 1974. Proceedings Vol. 2, S. 13.1.

[4.61] *Werner, G. W.; Blume, J.; Leistner, F.:* Ansätze und Konzeption einer Theorie der integrierten Schadbekämpfung. Technik **29** (1974) 7, S. 421.

[4.62] *Thum, H.:* Beurteilung des Zuverlässigkeitsverhaltens von Baugruppen bei verschleißbedingten Ausfällen. Schmierungstechnik **5** (1974) 8, S. 230, Fortsetzung bis 12, S. 365.

[4.63] *Koch, H.; Müller, R.:* Zuverlässigkeitssicherung bei der Entwicklung von Seriengeräten. Feinwerktechnik und Meßtechnik **91** (1983) 5, S. 233.

[4.64] *Gröger, H.; Kobold, G.:* Modellierung und Bilanzierung des Verschleißvorgangs. Schmierungstechnik **4** (1973) 9, S. 274.

[4.65] Lehrblatt L2: Gütesicherung – Begriffe. TH Ilmenau, Sektion Gerätetechnik 1984.

[4.66] *Bajenescu, T.I.:* Zuverlässigkeit elektronischer Komponenten. Feinwerktechnik und Meßtechnik **89** (1981) 5, S. 232.

[4.67] *Koch, H.; Müller, R.:* Zuverlässigkeitssicherung bei der Entwicklung von Seriengeräten. Feinwerktechnik und Meßtechnik **91** (1983) 5, S. 233.

[4.68] Technische Zuverlässigkeit – ihre Verwirklichung unter den Bedingungen der Zukunft. Tagung in Nürnberg 1981. Düsseldorf: VDI-Verlag 1981.

5. Schutz von Gerät und Umwelt

Mit dem immer stärkeren Eindringen der Erzeugnisse der Gerätetechnik in nahezu alle Bereiche der Gesellschaft kommt den Wechselwirkungen von Gerät und Umwelt zunehmende Bedeutung zu. Aufgaben des Schutzes von Gerät und Umwelt müssen bereits im Rahmen der konstruktiven Entwicklung vorrangig beachtet werden. Sie betreffen unter Beachtung des Trends zu höheren Leistungsdichten und größeren Arbeitsgeschwindigkeiten in erster Linie den Schutz vor Lärmbelästigung und Schwingungsbeanspruchung. Sie beinhalten aber auch Maßnahmen des Berührungsschutzes, des Schutzes gegen die Wirkung von Wärme, von elektromagnetischen Feldern usw.

Aus veränderten Umweltbedingungen und größeren Einsatzbereichen, z.B. extreme klimatische Verhältnisse, ergeben sich zugleich erhöhte Anforderungen zur Sicherung von Funktion und Zuverlässigkeit sowie zum Schutz der Erzeugnisse selbst. Das Klima nimmt sowohl bei Transport und Lagerung als auch unmittelbar im Betrieb durch Lufttemperatur, Luftfeuchte, Eindringen von Staub, Schädlingen usw. wesentlichen Einfluß auf die Funktionstüchtigkeit, so daß konstruktive Maßnahmen zum Schutz, aber auch Prüfungen unter entsprechenden Bedingungen erforderlich sind. Für eine zielgerichtete Erzeugnisentwicklung und -handhabung setzt dies gesicherte Kenntnisse zu Fragen der klimatischen Beanspruchungen, zu erforderlichen Schutzgraden (einschließlich Netzstörschutz) sowie zunehmend zum Schutz gegen thermische Belastungen, Feuchteeinwirkung und mechanische Beanspruchungen voraus.

5.1. Klimaschutz

[5.1] [5.2] [5.3] [5.15] [5.39]

Das Klima umfaßt allgemein die atmosphärischen Bedingungen, die im Freien sowie im Außen- oder Innenraum in Abhängigkeit von der Tages- und Jahreszeit auftreten. Zum Klima (s. Abschnitte 8.3. und 8.6.) gehören die Einflußgrößen Temperatur, Luftfeuchtigkeit, Luftdruck, Wärme, Sonnenstrahlung, Wind, Regen, Tau, Schnee, Eis u.ä., Industriegase in der Atmosphäre (z.B. NaCl, CO_2, SO_2), Fremdkörper, Sand, Staub usw., biologische Einwirkungen, wie Schimmelpilze und Bakterien sowie u.a. auch Schädlingsbefall durch Insekten, Nagetiere und Termiten (s. Tafel 5.13).

5.1.1. Klimagebiete und Klimabereiche

Für technische Zwecke ist die Erde in neun *Klimagebiete* eingeteilt. Diese werden durch meteorologisch und statistisch gesicherte Grenzwerte der Umgebungsbedingungen (Lufttemperatur, relative Luftfeuchte, partieller Wasserdampfdruck und Globalstrahlung) beschrieben. Außerdem unterscheidet man Makroklimate **(Tafel 5.1)**, Lokalklimate und Mikroklimate.

Die Randwerte der Umgebungsbedingungen, die ein Klimagebiet charakterisieren,

Tafel 5.1 Klimagebiete

Klimagebiet	Zeichen	Beispiel
Gemäßigt	n	Mitteleuropa
Kaltgemäßigt	nf	Skandinavien
Kalt	f	Kanada
Extrem kalt	ff	Zentralsibirien
Trockenwarm	ta	Süd- und Mittel-USA
Extrem trockenwarm	taa	Sudan
Feuchtwarm	th	Äquatorialstaaten
Alternierend	tha	Vietnam
Extrem feuchtwarm	thh	Persischer Golf

n normal t tropicus – warm h humidus – feucht
f frigidus – kalt a aridus – trocken

lassen sich mit Hilfe eines *Klimatogramms* **(Bild 5.1)** übersichtlich darstellen. In ein Koordinatensystem werden nacheinander zwei Parallelen zur Abszisse für den höchsten und den niedrigsten Wasserdampfdruck e, zwei Parallelen zur Ordinate für die höchste und niedrigste registrierte Lufttemperatur ϑ sowie zwei Linien entlang den Schaulinien konstanter relativer Feuchte für den höchsten und niedrigsten Wert der relativen Luftfeuchte eingetragen. Alle weiteren Daten sind den entsprechenden Standards zu entnehmen.

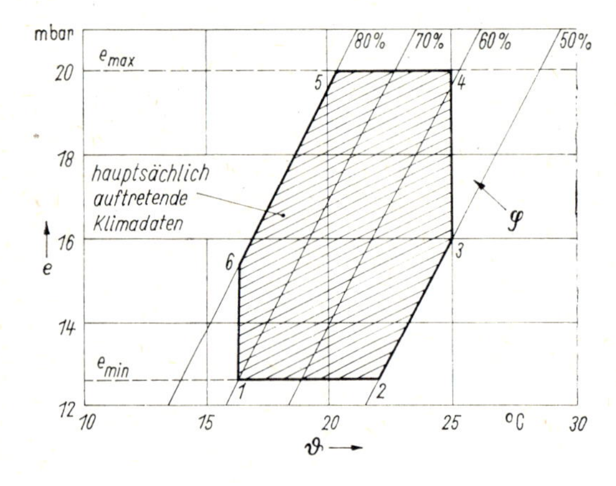

Bild 5.1
Klimatogramm für gemäßigtes Klima
(Normalwerte der Monatsmittel im wärmsten Monat, bezogen auf die relative Luftfeuchte φ vgl. auch Abschn. 5.7.)

Das so entstandene Klimatogramm läßt Wahrscheinlichkeitsaussagen über das Eintreffen bestimmter Witterungsverhältnisse für ein betrachtetes Gebiet während eines interessierenden Zeitraums wie folgt zu:

Am Rand: Klimadaten aus den Teilen des betrachteten Gebiets, die extreme Witterungsabläufe aufweisen; selten vorkommende Witterungsverhältnisse.

Im Innern: häufig auftretende Witterungsverhältnisse.

Eckpunkte: seltene, aber beachtenswerte Witterungsabläufe mit

1 niedrigstem Wärmeinhalt der Luft, *2* niedrigster Luftfeuchte, *3* größter Trockenwärme, *4* größtem Wärmeinhalt der Luft, *5* größter Luftfeuchte und *6* größter Luftkühle.

Über 90% aller vorkommenden Witterungsabläufe liegen innerhalb des durch die Extremwerte des Tagesmittels gebildeten Klimatogramms.

Da Geräte und Anlagen oft in mehreren Klimagebieten betriebsfähig sein müssen, faßt man verschiedene Klimagebiete zu *Klimabereichen* zusammen **(Tafel 5.2)**. Die Herstellung eines Erzeugnisses für nur ein Klimagebiet ist eine Ausnahme.

Tafel 5.2 Zusammenfassung von Klimagebieten zu Klimabereichen

Klimabereich	Zeichen	Klimagebiet (Zeichen)
Normal	N	n, nf
Frigidal	F	n, nf, f, ff
Aritrop	TA	ta, taa
Humitrop	TH	th, tha, thh
Tropical	T	n, ta, th, tha
Frigitrop	FT	f, nf, n, ta, tha, th
Universal	U	alle Festlandklimate
Maritim	M	Meeresklimate

5.1.2. Ausführungs-, Einsatz- und Prüfklassen, Lagerung und Transport[1])

Ausführungsklassen. Die Ausführungsklasse eines Erzeugnisses gibt an, für welche Einsatzbedingungen es vorgesehen ist. Sie setzt sich aus den Kurzzeichen des jeweiligen Klimabereichs (s. Abschn. 5.1.1.) und der *Aufstellungskategorie* (AK) **(Tafel 5.3)** zusammen. Diese gibt den Einsatzort an (ein Gerät der Ausführung N II z.B. ist für den Einsatz in normalem und kaltgemäßigtem Klima unter Überdachung geeignet). Sind Erzeugnisse vorwiegend makroklimatischen Bedingungen ausgesetzt, so werden sie nach Ausführungsklassen klassifiziert. Die Daten der zu erwartenden makroklimatischen Beanspruchungen sind Standards zu entnehmen.

Tafel 5.3. Aufstellungskategorien

Aufstellungs-kategorie	Einsatzort	Einsatzbedingungen	Beanspruchungen
AK I	Freiluft	ungehinderte Einwirkung aller am Einsatzort auftretenden Klimaeinflüsse	(Luftverunreinigungen) Schimmelwachstum, schneller Temperaturwechsel, Sand und Staub, Tau, Kondensation, Rauhreif, Regen, Schnee, Sonnenstrahlung
AK II	unter Überdachung	Schutz gegen Regen, Schnee und direkte Sonnenbestrahlung, ansonsten Freiluftklima	(Luftverunreinigungen) Schimmelwachstum, schneller Temperaturwechsel, Sand und Staub, Tau, Kondensation, Rauhreif
AK III	geschlossene Räume	keine unmittelbare Einwirkung des Freiluftklimas; Änderungen der Lufttemperatur und relativen Luftfeuchte treten stark gedämpft und zeitlich verzögert auf	(Luftverunreinigungen) Schimmelwachstum

Der Tauglichkeitsnachweis von nach Ausführungsklassen klassifizierten Erzeugnissen erfolgt im Rahmen von Typprüfungen nach Prüfprogrammen, die Bestandteil eines Standards bzw. Pflichtenhefts sind. Die jeweilige Klasse ist durch die Erzeugnisunterlagen auszuweisen und darf als Kurzzeichen entsprechend dem gültigen Standard auf dem Typen- bzw. Leistungsschild geführt werden (s. Tafel 5.13).

[1]) Abschnitt 5.1.2. bezieht sich auf TGL-Standards gemäß Tafel 5.13

Einsatzklassen. Durch technische Gegebenheiten können die makroklimatischen Umgebungsbedingungen für Geräte erheblich verändert oder völlig ignoriert werden, so daß eine Klassifizierung nach Ausführungsklassen wertlos ist. Erfolgt der Betrieb in Räumen, deren Klima stark von den makroklimatischen Bedingungen abweicht oder aus technischen Prozessen resultiert (z. B. EDV-Anlagen in klimatisierten Räumen), ist die Klassifizierung nach Einsatzklassen erforderlich. Die Einsatzklasse kennzeichnet Werte, in deren Grenzen (Schwellwerte) die Funktionssicherheit eines Erzeugnisses gewährleistet ist. Zur Festlegung der zulässigen Beanspruchung werden z. B. die Parameter niedrigste und höchste Umgebungstemperatur, relative Luftfeuchte, Staub und Spritzwasser, Luftverunreinigungen, Schimmelwachstum und mechanische Schwingungen und Stöße verwendet. Die Einsatzklassen werden aus den durch Schrägstrich getrennten Einsatzgrenzwerten der klimatischen Parameter gebildet (außer bei Temperaturwerten ohne Angabe der Vorzeichen) und der hinter einem Doppelstrich stehenden Kodeziffer der übrigen Parameter **(Bild 5.2).**

```
−40/+70/+30/90//1 1 1 1
  |   |    |  |  | | | |
  1   2    3  4  5 6 7 8
```

Bild 5.2. Beispiel für die Bildung der Einsatzklassen

Bedeutung der Ziffern: *1* niedrigste zulässige Umgebungstemperatur; *2* höchste zulässige Umgebungstemperatur; *3* höchste, mit der höchsten relativen Luftfeuchte gekoppelte Umgebungstemperatur; *4* höchste zulässige relative Luftfeuchte; *5* Kodeziffer für Staub und Spritzwasser (Ziffern *0 ... 4*, höchste Belastung *4*)[1]; *6* Kodeziffer für Luftverunreinigungen (Ziffern *0 ... 3*, höchste Belastung *3*)[1]; *7* Kodeziffer für Schimmelwachstum (*0* günstige Schimmelwachstumsbedingung, unzulässig; *1* zulässig); *8* Kodeziffer für mechanische Schwingungen und Stöße (Ziffern *0 ... 3*, höchste Belastung *3*)[1]

[1]) Die Zuordnung der Kodeziffern zu den entsprechenden Werten der Umgebungsbedingungen ist entsprechenden Standards zu entnehmen (s. Tafel 5.13).

Wenn für ein Erzeugnis die Angabe von Einsatzgrenzwerten oder Kodeziffern nicht möglich oder unwichtig ist, so wird an deren Stelle (Bild 5.2) ein Querstrich gesetzt. Bis zu den angegebenen Einsatzgrenzwerten müssen die Erzeugnisse zeitlich unbegrenzt funktionssicher sein und dürfen keine Minderung wesentlicher Eigenschaften aufweisen. Der Tauglichkeitsnachweis erfolgt meist im Rahmen der Typprüfungen nach in den Entwicklungsunterlagen enthaltenen Prüfprogrammen. Die Einsatzklasse wird in den Erzeugnispapieren ausgewiesen.

Prüfklassen. Die Prüfklasse gibt an, welchen Prüfbeanspruchungen ein Gerät unterzogen wurde. Erzeugnisse, die zu einer Prüfklasse gehören, sollen die Forderungen der erzeugnisgebundenen Prüfprogramme erfüllen bzw. den Festlegungen entsprechender

Tafel 5.4. Verpackungsarten (s. Abschn. 8)

Kurzzeichen	Verpackungsart	Korrosionsschutzdauer
VA 1	–	ohne
VA 2	Teilverpackung	ohne
VA 3	Verkaufs- oder Transportverpackung	ohne
VA 4 VA 5 VA 6	Transportverpackung	bis 1 Monat bis 4 Monate bis 6 Monate
VA 7	Spezial-Transportverpackung einschließlich Ersatzteillagerung	bis 8 Jahre

Standards und Vorschriften genügen. Prüfklassen werden aus drei mit Schrägstrichen getrennten Zifferngruppen gebildet:

Gruppe 1: Temperatur der Kälteprüfung in °C (zwei Ziffern)
Gruppe 2: Temperatur der Prüfung in trockener Wärme in °C (drei Ziffern)
Gruppe 3: Anzahl der Beanspruchungstage in konstanter feuchter Wärme (zwei Ziffern).

Wenn bei der zweiten oder dritten Zifferngruppe nur zwei bzw. eine Ziffer zur Angabe notwendig sind, so ist die Zweier- bzw. Dreiergruppe durch Voranstellen einer Null zu ergänzen.

Ein Gerät der Prüfklasse 25/085/04 muß demnach folgenden Prüfbeanspruchungen unterzogen werden: 1. Kälte −25 °C, 2. trockene Wärme +85 °C und 3. feuchte Wärme 4 Tage.

Prüfklassen werden zur Klassifizierung von Erzeugnissen angewendet, die überwiegend betriebsbedingten Beanspruchungen ausgesetzt sind und die als Baugruppen oder -elemente innerhalb verschiedener Finalerzeugnisse eingesetzt werden. Die Prüfklasse ist in der Erzeugnisdokumentation auszuweisen.

Tafel 5.5. Klimatische Transportbeanspruchungen
(vgl. auch Tafeln 5.1 und 5.2 sowie Abschn. 8.)

Transportmittel		Klima- bzw. Seegebiet[1]	ϑ_{min} °C	ϑ_{max} °C	φ_{max} %	e_{max} kPa	e_{min} kPa
LKW		f	−35	40	95	2,0	
		n	−10	40	95	2,666	
		th, ta, tha	− 5	50	95	4,0	
Land-transport (Güter-wagen)	Frachtraum aus Holz	f	−40	45	95	2,0	
		n	−15	45	95	2,666	
		th, ta, tha	−10	50	95	4,666	
	Stahl-container	f	−50	50	95	2,0	
		n	−20	50	95	2,666	
		th, ta, tha	−10	55	95	4,666	
See-transport	über Wasserlinie	Nord-, Ostsee, Nordatlantik	−10	25	90	2,666	
		Tropen, Subtropen	25	40	90	4,0	
	unter Wasserlinie	Nord-, Ostsee, Nordatlantik	5	20	90	2,666	
		Tropen, Subtropen	20	30	85	4,0	
Luft-transport	Frachtraum klimatisiert		15	25	gering	0,667	75
	Frachtraum nicht klimatisiert		−30	±0	*	0,667	45

* wechselnd, Betauung möglich; φ relative Luftfeuchte; e Wasserdampfdruck
[1]) s. TGL 9199/01 und DIN 50010, 50019 in Tafel 5.13

Lagerung und Transport. Während Lagerung und Transport von Geräten und deren Ersatzteilen ist zu gewährleisten, daß keine härteren Klimabeanspruchungen vorliegen, als es die jeweilige Ausführungs- oder Einsatzklasse zuläßt. Durch Auswahl einer geeigneten Verpackungsart **(Tafel 5.4)** ist sicherzustellen, daß die Erzeugnisse durch die Transportdauer, die wahrscheinliche Umschlaghäufigkeit, die klimatischen Transportbeanspruchungen **(Tafel 5.5)** und die Lagerungsbedingungen **(Tafel 5.6)** nicht beschädigt werden (s. Abschn. 8.).

Tafel 5.6. Ausgewählte Lagerungsbedingungen

Verpackungsart	Lufttemperatur in °C		Relative Luftfeuchte in %	
	ϑ_{min}	ϑ_{max}	φ_{min}	φ_{max}
VA 3	Lagerung nur in geschlossenen Räumen im Einsatzklima des verpackten Erzeugnisses			
VA 4[1])	−30	40	40	90
VA 5[1])	−30	40	40	90
VA 6[1])	−30	40	40	90
[2])	−10	45	20	95

[1]) zutreffend für allseitig geschlossene, ungeheizte Räume in den Klimagebieten f, nf, n, ta, th, tha
[2]) zutreffend für Lagerung im Freien unter niederschlagsicherer Abdeckung in den Klimagebieten th, tha, ta

5.1.3. Korrosionsschutz[1])

Zum Klimaschutz gehört die Auswahl von geeigneten Werkstoffen sowie deren Oberflächenschutz. Im Mittelpunkt steht dabei die Korrosion. Als Korrosion bezeichnet man die von der Oberfläche ausgehende unbeabsichtigte Zerstörung fester Körper durch chemische oder elektrochemische Einflüsse. Der Korrosionsschutz kann durch natürliche Schutzschichtbildung, Anstriche, Tauchverfahren, Metallfärbungen, Chromatieren, Galvanisieren, geeignete Werkstoffauswahl und andere Verfahren erfolgen [5.1] [5.3]. Die Auswahl von Schutzschichten erfolgt nach der Korrosionsbeanspruchungsklasse, der geplanten Lebensdauer und der Lage des Teils im Geräteinnen- oder -außenraum.

Die *Korrosionsbeanspruchungsklassen* bezeichnen statistisch den Zustand der Atmosphäre des Einsatzorts für ein Gerät bezüglich korrosionswirksamer Größen in bestimmten Wertebereichen. Sie dienen zur Auswahl geeigneter Korrosionsschutzmaßnahmen und werden aus Beanspruchungsart und Beanspruchungsstufe gebildet. Unter der *Beanspruchungsart* versteht man die auf das Erzeugnis einwirkende spezifische korrosive Luftverunreinigung. Beanspruchungsarten werden durch die Buchstaben A bis D **(Tafel 5.7)** gekennzeichnet. Die korrosive Beanspruchung in Abhängigkeit von dem Klimagebiet,

Tafel 5.7
Beanspruchungsarten

Beanspruchungsart	Korrosive Luftverunreinigung
A	unwesentlich
B	Schwefeldioxid
C	Chloride
D	Chloride und Schwefeldioxid

[1]) Abschnitt 5.1.3. bezieht sich auf TGL-Standards gemäß Tafel 5.13

Tafel 5.8. Beanspruchungsstufen

Beanspruchungsart	Immissionsstufen	Charakteristischer Einsatzort	Aufstellungskategorie	Klimagebiet ta, taa f, ff	n, nf	th, tha thh
				Beanspruchungsstufe		
B	SO_2 < 0,1 g/(m^2 Tage) NaCl < 0,3 mg/(m^2 Tage)	Industriegebiet	I, II, III	3 2	4 3	5 4

der Aufstellungskategorie und den Immissionswerten charakterisiert die *Beanspruchungsstufe*, ausgedrückt durch die Ziffern 1 bis 5. Ein Beispiel in Abhängigkeit von Klimagebiet und Aufstellungsort in einem Industriegebiet (Beanspruchungsart B) enthält **Tafel 5.8.** Eine Korrosionsbeanspruchungsstufe B 4 gibt die „Korrosionsaggressivität" für ein Industriegebiet im gemäßigten und kaltgemäßigten Klima an. **Tafel 5.9** berücksichtigt typische Korrosionsbeanspruchungsklassen und die Lebensdauer eines Erzeugnisses. Für die Korrosionsbeanspruchungsstufe B4, Lebensdauer 5 Jahre und Stahl im Innenraum, sind z.B. die Schutzschichten gal Zn 15 c (gal Herstellungsart, Zn Schichtmetall, 15 Dicke in μm, c Nachbehandlung), gal Cd 25c und gal Ni 25p möglich.

Tafel 5.9
Wichtige Klassen der Korrosionsbeanspruchung und geplante Lebensdauer von Erzeugnisgruppen

Erzeugnisgruppe	Klasse	Lebensdauer
Fernmeldetechnik	A 2	bis 20 Jahre
Meßtechnik	B 2	bis 5 Jahre
Rechentechnik	A 2	bis 10 Jahre
Regelungstechnik	B 3	bis 10 Jahre
Schiffselektronik	C 4	bis 5 Jahre
Wissenschaftlicher Gerätebau	B 2	bis 10 Jahre

5.1.4. Werkstoffauswahl und Oberflächenschutz[1])

Die Auswahl eines geeigneten Werkstoffs ist außer von funktionellen Gesichtspunkten auch von seinen Korrosionseigenschaften abhängig. Darüber hinaus ist die Paarung der Grundwerkstoffe von Bedeutung. Bei leitend verbundenen Metallen kommt es durch Anwesenheit eines Elektrolyten (z.B. Schwitzwasser, atmosphärische Niederschläge) zur Kontakt- oder galvanischen Korrosion. Der Korrosionsprozeß ist von der Kontaktspannung des gebildeten Lokalelements der sich berührenden Metalle (Spannnungsreihe, **Tafel 5.10**) abhängig. Die gebildeten Potentiale werden sehr stark von der Zusammensetzung des Wassers beeinflußt. Die Reihenfolge der Metalle kann sich in den verschiedenen Spannungsreihen ändern [5.2].

Aus der Spannungsreihe ergeben sich für die Werkstoffauswahl folgende Richtlinien:

- Verwendung von Grundwerkstoffen mit kleinen Potentialdifferenzen. In der Nachrichtentechnik sind Kontaktspannungen bis 0,5 V und bei Präzisionsgeräten bis 0,25 V zugelassen.
- Überziehen der Grundwerkstoffe mit einer Schutzschicht, die die Paarung isoliert.
- Die Berührungsflächen unterschiedlicher Metalle sind klein zu halten, da sich die Kontaktkorrosion mit zunehmendem Flächenverhältnis verstärkt.

[1]) Abschnitt 5.1.4. bezieht sich auf TGL-Standards gemäß Tafel 5.13

Praktische Spannungsreihe für Wasser pH 6,0		Praktische Spannungsreihe für Meerwasser pH 7,5	
Metall	mV	Metall	mV
Silber	+194	Silber	+149
Kupfer	+140	Nickel	+ 46
Nickel	+118	Kupfer	+ 10
Aluminium	(−169)	Blei	−259
Zinn	(−175)	Zink	−284
Blei	(−283)	Stahl	−335
Stahl	−350	Kadmium	−519
Kadmium	−574	Aluminium	−667
Zink	−823	Zinn	−809

Tafel 5.10
Spannungsreihe wichtiger Gebrauchsmetalle [5.2]

Weitere Maßnahmen zur Korrosionseinschränkung sind:

Oberflächenschutz durch metallische Schutzschichten. Der edlere Werkstoff von zwei elektrisch leitend verbundenen Metallen ist an der Berührungsstelle und in deren Umgebung mit einer Schutzschicht zu versehen, die unedler als die beiden Werkstoffe sein muß. Die Auswahl der Schutzschicht erfolgt entsprechend der Werkstoffpaarung, den technologischen Möglichkeiten und den Angriffsbedingungen nach folgenden Kriterien:

- Korrosionsbeanspruchungsklasse (s. Abschn. 5.1.3.)
- geplante Lebensdauer (s. Abschn. 5.1.3., Tafel 5.9)
- Werkstoff und Art des Teils (Außen- oder Innenteil)
- gewünschtes Aussehen der Oberflächen (z.B. matt oder glänzend)
- Herstellungsverfahren für die Schutzschicht.

In **Tafel 5.11** sind Anwendungsbeispiele für ausgewählte Schutzschichten zusammengestellt (s. auch [5.1] [5.3]).

Isolationsmaßnahmen. Der elektrische oder galvanische Kontakt zwischen zwei sich berührenden Metallen läßt sich z.B. durch Metallkleben anstelle elektrisch leitender Verbindungen oder durch Anstrich bei mechanisch weniger beanspruchten Verbindungsstellen unterbrechen. Weitere konstruktive Varianten sind im Abschnitt 5.1.5. aufgezeigt.

Korrosionsschutz gegen Hilfsstoffe. Durch Hilfsstoffe und den Austritt korrosiver Stoffe wirken Korrosionserscheinungen in zwei Richtungen, unmittelbar am Teil und auf andere Teile. Hierbei sind Einwirkungen von Formaldehyd, Säuren und Chloriden besonders zu beachten.

Beispiele für die Einschränkung der Korrosion sind Vermeidung der Einwirkung der Hilfsstoffe (z.B. häufiges und gründliches Spülen bei der Leiterplattenätzung sowie Anwendung säurefreier Lötmittel), Schutzüberzüge der Störstellen (z.B. Schutzlackierung von Leiterplatten), geeignete Konstruktion der Baugruppen (z.B. getrennte Batteriekästen).

Kadmium- und Zinkschutzschichten. Die Korrosionsbeständigkeit von Zink- und Kadmiumüberzügen läßt sich durch nachträgliches Passivieren (Chromatisieren oder Phosphorieren) wesentlich erhöhen. Bei der Auswahl der Schutzschicht ist vom Korrosionsverhalten der chromatisierten Schutzschichten, von den Einsatzbedingungen und den im Geräteinnenraum auftretenden korrosiven Schadstoffen auszugehen. Wirtschaftliche Überzugswerkstoffe sind vorrangig Zink und Kadmium. Darüber hinaus werden beim Galvanisieren Silber, Nickel, Chrom und Zinn eingesetzt, die man aus einer wäßrigen

Tafel 5.11. Anwendungsbeispiele für Schutzschichten

Zu beschichtende Teile	Material	Mögliche Schutzschichten	Schichtdicke
Mechanische Einzelteile ohne Passungstoleranzen	unlegierter oder niedriglegierter Stahl	gal Cd c gal Zn c gal Ni p	5 ... 20 μm 5 ... 25 μm 10 ... 25 μm
Hohlkörper ohne galvanisierfähige Form		chem Ni	5 ... 20 μm
Mechanische Einzelteile mit Passungstoleranzen	unlegierter oder niedriglegierter Stahl	chem Ni gal Cr phr H/k[1]) k[1])	5 ... 25 μm 20 μm abhängig vom Phosphatverfahren; zulässige Maßänderung berücksichtigen wird nicht angegeben
Mechanische Einzelteile mit Federeigenschaften	unlegierter oder niedriglegierter Stahl	gal Cd c gal Zn c phr H/k[1]) ox Br/k[1]) k[1])	5 ... 15 μm 5 ... 15 μm wird nicht angegeben
Mechanische Einzelteile mit Gewinde	unlegierter oder niedriglegierter Stahl	gal Cd c gal Zn c gal Ni p	vom Gewinde abhängig
Mechanische Einzelteile	Aluminium oder Aluminiumlegierung	anox GS W anox GS A anox GS B	5 ... 25 μm 10 ... 25 μm 10 ... 25 μm
Mechanische Einzelteile	Kupfer oder Kupferlegierung	gal Ni p gal Sn	5 ... 15 μm 5 ... 25 μm

[1]) Die Auswahl eines geeigneten Konservierungsmittels bzw. Schmieröls oder -fetts erfolgt anhand der gültigen Standards

Lösung elektrolytisch auf dem Grundmetall niederschlagen kann. In der Elektrotechnik/Elektronik ist es wegen der zunehmenden Verknappung und der hohen Kosten des Kadmiums notwendig, für Außenteile, sofern sie nicht in der Schiffselektronik angewendet werden, verstärkt Zinkschichten einzusetzen. Generell ist der Kadmiumersatz durch Zink jedoch nicht möglich, da Zink bei relativen Luftfeuchten oberhalb 75 bis 80% gegen im Geräteinnenraum auftretende spezifische korrosive Einflüsse besonders empfindlich ist. Die Verwendung verzinkter Teile erfordert darüber hinaus, längeres Einwirken von Schwitzwasser beim Einsatz, Transport und Lagern auszuschließen.

Korrosionsschutzöle und -wachse. Sie dienen zum temporären Korrosionsschutz für Halbzeuge und Halbfertigteile während der Lagerung und des Transports oder für Geräteinnenteile, die aus technologischen oder technischen Gründen keinen oder aufgrund begrenzter Schichtdicke nur unzureichenden Dauerschutz erhalten können (z.B. Federn, Getriebeteile). Temporäre Korrosionsschutzmittel müssen entsprechend der Wartungsvorschrift des jeweiligen Erzeugnisses und in Abhängigkeit von den Umgebungseinflüssen in einem bestimmten Zeitraum erneuert werden.

Bei ihrer Auswahl sind die Art der Oberflächenbehandlung (Passivierung) vor dem Konservieren, die Korrosionsbeanspruchungsklasse des Finalerzeugnisses, der Zweck der Konservierung (Zwischen- oder Endkonservierung) und die konstruktive Gestaltung des jeweiligen Teils zu berücksichtigen. Korrosionsschutzöle und -fette halten atmosphärische Feuchtigkeit von der Oberfläche der Metalle fern. Sie können durch Zusatz korrosionshemmender Stoffe (Inhibitoren) unterstützt werden.

Auswahl und Anwendung von Anstrichen [5.1] [5.2] [5.3]. Ein Anstrichsystem besteht i. allg. aus dem Grund- und Deckanstrich. Der Grundanstrich dient zur Passivierung der zu schützenden Oberfläche sowie zur Herstellung einer sicheren Verbindung zwischen Untergrund und Deckanstrich. Der Deckanstrich besteht aus Vorstreich- und Lackfarbe, wobei die Vorstreichfarbe die sichere Verbindung zwischen Grundanstrich und dem unmittelbar gegen Umwelteinflüsse schützenden Deckanstrich herstellen soll und zur Vorbereitung der Farbgebung dient.

Bei Anstrichen hat sich in der Praxis gezeigt, daß besonders bei feingliedrigen Konstruktionen aus Eisenmetallen das Rosten an den Kanten beginnt, da hier die Schichtdicke nicht ausreicht. Dadurch tritt eine Unterrostung auf, die nach und nach die Schutzschicht abhebt. Das gleiche gilt auch für Niete und Schrauben sowie für Schweißnähte. Abhilfe kann durch zusätzlichen Kantenschutz geschaffen werden. Bei Plastwerkstoffen dagegen tritt durch Feuchtigkeitsaufnahme, Angriff chemischer Agenzien, thermische Belastungen (Erweichen und Versprödung), Bakterien, Termiten, Schimmelpilzwuchs u.ä. vorzeitig ein Altern bzw. eine Zerstörung ein. Deshalb sind deren Eigenschaften gegenüber extremen Umwelteinflüssen besonders zu beachten.

5.1.5. Konstruktionsrichtlinien

Neben den in den Abschnitten 5.1.3. und 5.1.4. genannten Maßnahmen zum Korrosionsschutz (Werkstoffauswahl und Oberflächenschutz) können die Klimaeigenschaften von Geräten durch zusätzliche konstruktive Maßnahmen weiter verbessert werden. Sie sind so zu konstruieren, daß das korrodierende Medium nur sowenig wie möglich angreifen kann. Außerdem muß eine gute Zugänglichkeit bei Korrosionsschutzmaßnahmen möglich sein, und besonders zu beachten sind korrosionsverstärkende Einflüsse (Schwingungen, Spannungen, örtliche Temperaturunterschiede, Erosion, Staub od.ä.) und die Beanspruchungsbedingungen (Atmosphärentyp, Umgebungsbedingungen, Aufstellungskategorie, Einsatzklasse, Zusatzbeanspruchungen durch chemische und thermische Einflüsse). Darüber hinaus bedarf es einer sorgfältigen Überwachung des Korrosionsschutzes. Die klimatisch günstigste Möglichkeit bietet ein geschlossenes, abgekapseltes Gefäß, das jedoch z.B. hinsichtlich Wärmebeanspruchung zusätzliche Probleme bei höheren

Tafel 5.12. Klimaeigenschaften verschiedener Gerätebauweisen

Bauweise	Vorteile	Nachteile
Gut abgedichtet	Schutz gegen Wasser und Pilze langsame Wasserdampfdiffusion hohe Lebensdauer für Trockenmittel	Kondenswasser langsames Anpassen an günstigere Umgebung Trockenmittelwechsel
Wenig abgedichtet	rascher Feuchtigkeitsaustausch weitgehender Staubschutz	Eindringen von Spritzwasser Pilze kleine Lebensdauer für Trockenmittel → häufiger Wechsel
Offen (mit guter Durchlüftung)	Geräteklima ≙ Umgebungsklima gute Ventilation → kaum Schimmelbildung	Gefährdung durch Fremdkörper feuchteempfindlich

Verlustleistungen bringt. In **Tafel 5.12** sind Vor- und Nachteile der verschiedenen Bauweisen unter klimatischen Gesichtspunkten zusammengestellt. Weitere Maßnahmen bestehen darin, die Außenflächen bei AK I (Freiluftklima) weitgehend senkrecht anzuordnen, waagerechte Deckflächen durch schräge, kegelige oder konvexe Flächen zu ersetzen sowie kleine und glatte Flächen anzustreben. Des weiteren ist eine hohe Luftzirkulation an Außenteilen zu ermöglich; ablaufendes Wasser darf nicht auf andere Teile tropfen; Hohlprofile an Stirnflächen sind luftdicht zu verschließen und Vertiefungen ggf. mit Entwässerungsöffnungen zu versehen.

Demgegenüber sind enge Spalten, scharfe Ecken, spitze Innenwinkel, profilierte Flächen und Möglichkeiten für Schmutzansammlungen zu vermeiden. Bei elektronischen Baugruppen erweist sich vielfach das Vergießen mit Kunstharz oder Silikongummi als zweckmäßig. Für abgedichtete Bauweisen (Tafel 5.12) eignen sich u.a. geschlossene Gehäuse, Schutzkappen, Abdeckungen und Dichtungen **(Bild 5.3).** Neben Werkstoffauswahl und Oberflächenschutz sind in den **Bildern 5.4** und **5.5** weitere Möglichkeiten zur Verhinderung der Kontaktkorrosion aufgezeigt. Wichtige Standards enthält **Tafel 5.13.**

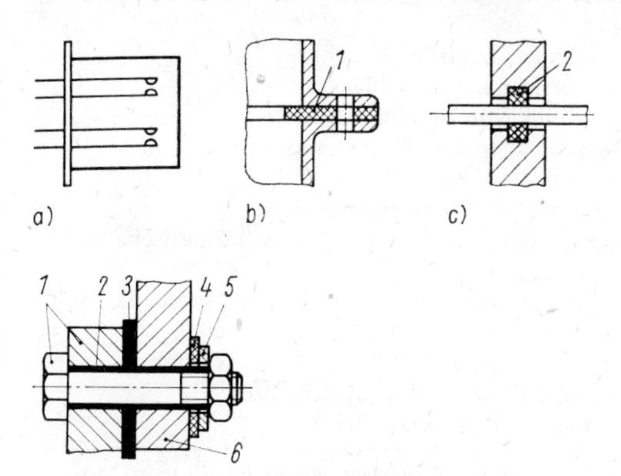

Bild 5.3
Beispiele für den Schutz von Einzelteilen
a) Schutzkappe für Relais; b) Abdichtung eines Gußgehäuses; c) Abdichtung einer Welle
1 Dichtung; *2* Filzring

Bild 5.4. Schraubenverbindung von Blechen
1 Aluminium; *2* Plastwerkstoffhülse oder Wickel aus Isolierbinde; *3* Isolierbinde; *4* Plastwerkstoffscheibe; *5* gal Cd; *6* Stahl

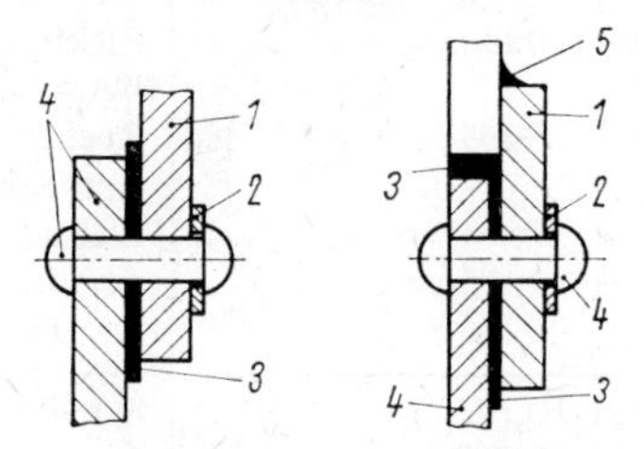

Bild 5.5. Nietverbindungen von Blechen
1 Aluminium; *2* gal Cd; *3* Isolierbinde, Dichtpaste oder Anstrich; *4* Stahl; *5* Schweißnaht

5.2. Schutzgrade

Der Schutzgrad umfaßt die Anforderungen an Berührungs-, Fremdkörper- und Wasserschutz. Für Geräte, die in explosionsgefährdeten Räumen und Betriebsanlagen sowie in schlagwettergefährdeten Grubenanlagen eingesetzt werden, ist zusätzlich Explosions- und Schlagwetterschutz notwendig.

Die Angabe des Schutzgrads erfolgt durch ein Kurzzeichen **(Tafel 5.14)** und bezieht sich auf den Schutz spannungsführender oder sich bewegender Teile. Besteht keine Festlegung bezüglich des Schutzes gegen das Eindringen von Wasser, so ist die zweite Ziffer durch den Großbuchstaben X zu ersetzen (s. Tafel 5.13).

5.2.1. Berührungs- und Fremdkörperschutz

Der Berührungsschutz bezeichnet Schutzmaßnahmen gegen die Gefährdung des Bedienenden durch das Gerät (spannungsführende oder sich bewegende Teile, Chemikalien usw.). Der Fremdkörperschutz bezeichnet Maßnahmen, die eine störende Beeinflussung

Tafel 5.13. Standards zu den Abschnitten 5.1 bis 5.9 (Auswahl)

(Verbindlich sind jeweils die Standards der neuesten Ausgabe.)

Abschnitt	Standard, Norm	Inhalt
TGL-Standards		
5.1.	TGL 9198	Klimabeanspruchung
	TGL 9199/01	Klimabeanspruchung, Klimatische Einteilung
	TGL 9199/03	Korrosionsbeanspruchung
	TGL 9200/01	Umgebungseinflüsse, Ausführungsklassen
	TGL 9200/02	Umgebungseinflüsse, Prüfklassen
	TGL 9200/03	Umgebungseinflüsse, Einsatzklassen
	TGL 9219	Klimaschutz
	TGL 18700/01	Korrosionsschutz, Allgemeine Begriffe und Einteilung
	TGL 18700/02	Korrosionsschutz, Begriffe, Vorbehandlung von Metallen für das Herstellen von Schutzschichten
	TGL 18700/03	Korrosionsschutz, Begriffe, Metallische und nichtmetallische anorganische Schutzschichten auf Metallen
	TGL 18700/05	Korrosionsschutz, Begriffe, Temporärer Korrosionsschutz
	TGL 18700/06	Korrosionsschutz, Begriffe, Elektrochemischer Korrosionsschutz
	TGL 18700/07	Korrosionsschutz, Begriffe, Schichtdicken
	TGL 18701	Korrosion der Metalle, Begriffe
	TGL 18702	Nachbehandlung von Schutzschichten
	TGL 18703	Korrosionsschutzgerechte Gestaltung, Allgemeine Forderungen
	TGL 18704	Korrosionsaggressivität der Atmosphäre
	TGL 20200/02	Elektronische Heimgeräte, Schutz gegen klimatische Umgebungseinflüsse
	TGL 26465	Rechen- und Schreibtechnik, Beständigkeit gegen Umwelteinflüsse
	TGL 27364	Elektrochemisch hergestellte Metallschutzschichten
	TGL 27365	Anodisch hergestellte Oxidschutzschichten
	TGL 27366	Öl-, Fett- und Wachsschutzschichten
5.2.	TGL RGW 778	Schutzgrade, die durch Gehäuse gewährleistet werden
	TGL 30060	Gesundheits- und Arbeitsschutz, Brandschutz, Schutz gegen Elektrizität Allgemeine sicherheitstechnische Forderungen
5.3.	TGL 14283/07	Elektronische Meßgeräte, Sicherheitstechnische Forderungen und Prüfungen
	TGL 21366	Schutzklassen
	TGL 34364	Erdungs-, Schutz-, Schutzisolierungs- und Massezeichen
	TGL 200-0044/02	Technische Forderungen an Geräte und Einrichtungen der elektrischen Nachrichtentechnik
	TGL 200-0602/03	Schutzmaßnahmen in elektrotechnischen Anlagen
5.4.	TGL 14283/07	Elektronische Meßgeräte, Sicherheitsbestimmungen, Forderungen, Prüfungen
	TGL 200-0044/02	Technische Forderungen an Geräte und Einrichtungen der elektrischen Nachrichtentechnik
	TGL 200-7045	Netzbetriebene elektronische Heimgeräte, Sicherheitsforderungen und -prüfungen
	TGL 200-8420/01	Kühlkörper und Kühlschellen für Transistoren, Bauform A, B, C und P
	TGL 200-8420/02	Kühlkörper und Kühlschellen für Transistoren, Bauform B
5.5.	TGL 32602/01	Elektrische, magnetische und elektromagnetische Felder, Begriffe und zulässige Werte
	TGL 32602/02	Elektrische, magnetische und elektromagnetische Felder, Begriffe und Grenzwerte

Tafel 5.13 (Fortsetzung)

Abschnitt	Standard, Norm	Inhalt
TGL-Standards		
5.6.	TGL 20885/01 ... 19	Funkentstörung
	TGL 20886	Funkentstörung, Sicherheitsbestimmungen für die Anwendung von Funkentstörelementen
5.7.	TGL 9206 ... 9211	Prüfungen bei feuchter Wärme
	TGL 16756	Erzeugung von Luftfeuchten und Probelagerung
	TGL 17169	Feuchtebestimmung an festen Stoffen
	TGL 20344	Feuchte fester Stoffe
	TGL 24373	Prüfung von Plasten, Alterungsverfahren
5.8.	TGL 15001	Metallbeläge
	TGL 25049	Zulässige Werte für die Schwinggüte rotierender elektrischer Maschinen (Kleinstmotoren 1 ... 500 W)
	TGL 25731/01 ... 04	Dynamisch beanspruchte Fundamente und Stützkonstruktionen
	TGL 33787	Schwingfestigkeit, regellose Zeitfunktionen, statistische Auswertung
	TGL 200-0057/01 ... 06	Stoßfolge- und Schwingungsprüfung
5.9.	TGL 37345	Lärmmeßverfahren, Allgemeine Forderungen
	TGL 39253	Lärm, Bestimmung des Schalleistungspegels im halligen Raum, Technische Meßverfahren
	TGL 39254	Lärm, Bestimmung des Schalleistungspegels von Maschinen, Orientierungsverfahren
	TGL 39255	Lärm, Bestimmung des Schalleistungspegels von Maschinen im freien Schallfeld über einer schallreflektierenden Fläche, Technisches Verfahren
DIN-Normen, VDE-Richtlinien		
5.1.	DIN 40046 T7	Umweltprüfungen für die Elektronik, Prüfgruppe E, Prüfung Ea
	DIN 40046 T8	Klimatische und mechanische Prüfungen für elektrische Bauelemente und Geräte der Nachrichtentechnik
	DIN 50010	Klimabeanspruchung, Allgemeine Begriffe
	DIN 50019 T2	Werkstoff-, Bauelemente- und Geräteprüfung, Freiklimate, Klimadaten
	DIN 50900	Korrosion der Metalle
	DIN 50902	Behandlung von Metalloberflächen
5.2.	DIN 31000/VDE 1000	Allgemeine Leitsätze für das sicherheitsgerechte Gestalten technischer Erzeugnisse
	DIN 31001	Sicherheitsgerechtes Gestalten technischer Erzeugnisse
	DIN 40050	IP-Schutzarten, Berührungs-, Fremdkörper- und Wasserschutz für elektrische Betriebsmittel
5.3.	DIN IEC 348/VDE 0411	Sicherheitsbestimmungen für elektronische Meßgeräte
	DIN 40100	Bildzeichen der Elektrotechnik
	DIN 57106/VDE 0106	Schutz gegen elektrischen Schlag
5.4.	DIN IEC 65	Sicherheitsbestimmungen für netzbetriebene elektronische Geräte und deren Zubehör für den Heimgebrauch
	DIN 57410/VDE 0410	VDE-Bestimmung für elektrische Meßgeräte
	DIN 57700/VDE 0700	Sicherheit elektronischer Geräte für den Hausgebrauch

Tafel 5.13 (Fortsetzung)

Abschnitt	Standard, Norm	Inhalt
DIN-Normen, VDE-Richtlinien		
5.5.	DIN 1324 DIN 1325	Elektrisches Feld, Begriffe Magnetisches Feld, Begriffe
5.6.	DIN 57875/VDE 0875	VDE-Bestimmung für die Funkentstörung von elektrischen Betriebsmitteln und Anlagen
5.7.	DIN 50011 DIN 50015 DIN 50016 DIN 50019	Klimaprüfeinrichtungen Prüfklimate Beanspruchung in Feuchte-Wechselklimaten Feuchtluftklimate
5.8.	DIN 40046 T21 DIN 45661 bis 45669	Umweltprüfungen für die Elektrotechnik, Prüfgruppe G, Prüfung Ga: Gleichförmiges Beschleunigen, Zentrifugal Schwingungsmeßgeräte; Begriffe, Kenngrößen, Störgrößen, Eigenschaften, Angaben in Typenblättern, Ankopplung, Anforderungen; Messung von Schwingungsimmissionen
5.9.	DIN 1318 DIN 45631 DIN 45635	Lautstärkepegel, Begriffe, Meßverfahren Berechnung des Lautstärkepegels aus dem Geräuschspektrum Geräuschmessung

Tafel 5.14. Kennbuchstaben für Schutzgrade

IP	Kennbuchstabe für Schutzgrade
0 bis 6	erste Ziffer: Schutz gegen Berühren und Eindringen von Fremdkörpern
0 bis 8	zweite Ziffer: Schutz gegen Eindringen von Wasser
Zusatzbuchstabe	
C	Tropfwasserschutzprüfung von schiffstechnischen Erzeugnissen beim Wasserschutzgrad 2
R	Schutzgehäuse mit Rohranschluß (z.B. Fremdbelüftung)
W	Überflutungsschutzprüfung mit Angabe der Eintauchtiefe (z.B. W 5,5 m Eintauchtiefe)

des Geräts durch Fremdkörper von außen verhindern (unzulässige mechanische Einwirkungen). Die Zuordnung der Kennziffern bei Berührungs- und Fremdkörperschutz zeigt **Tafel 5.15a.**

5.2.2. Wasserschutz

Wasserschutz kennzeichnet den Schutz eines Erzeugnisses gegen das Eindringen von Wasser. Schutzmaßnahmen sind Abdecken und Abdichten gefährdeter Teile oder des gesamten Geräts. Dem erforderlichen bzw. erzielten Schutzgrad sind ebenfalls Kennziffern zugeordnet (**Tafel 5.15b**; s. auch Abschn. 5.7.).

Tafel 5.15. Anordnung der Kennziffern bei Berührungs- und Fremdkörperschutz (a) sowie bei Wasserschutz (b)

a)

Erste Kennziffer	Art des Schutzes Berührungsschutz	Fremdkörperschutz
0	Kein Schutz gegen Berührung	Kein Schutz gegen Fremdkörper
1	Schutz gegen unbeabsichtigte, großflächige Berührung mit der Hand	Schutz gegen das Eindringen fester Fremdkörper mit Durchm. $\geqq$ 50 mm
2	Schutz gegen Berührung mit den Fingern	Schutz gegen das Eindringen fester Fremdkörper mit Durchm. $\geqq$ 12 mm
3	Schutz gegen Berührung mit Werkzeugen und das Eindringen von Fremdkörpern mit einem Durchmesser $\geqq$ 2,5 mm	
4	Schutz gegen Berührung mit Werkzeugen und das Eindringen von Fremdkörpern mit einem Durchmesser $\geqq$ 1,0 mm	
5	Vollständiger Schutz gegen Berührung	Schutz gegen schädliche Staubablagerung im Inneren
6		Schutz gegen das Eindringen von Staub

b)

Zweite Kennziffer	Art des Schutzes
0	Kein Schutz gegen Wasser
1	Schutz gegen schädliche Wirkung senkrecht fallender Wassertropfen bei waagerechter Gebrauchslage des Prüflings
2 (2C)	Schutz gegen schädliche Wirkung senkrecht fallender Wassertropfen auch bei Neigung des Prüflings um $\pm 15°$ (22,5° bei 2C) in zwei zueinander senkrechten Ebenen aus der waagerechten Gebrauchslage
3	Schutz gegen schädliche Wirkung von Wasser, das als Regen von allen Seiten in einem Winkel bis zu 60° in bezug auf die Senkrechte fällt
4	Schutz gegen schädliche Wirkung von Spritzwasser aus beliebiger Richtung
5	Schutz gegen schädliche Wirkung von Strahlwasser aus beliebiger Richtung
6	Schutz gegen das Eindringen von Strahlwasser aus beliebiger Richtung unter verschärften Bedingungen
7	Schutz gegen schädliche Wirkung von Wasser beim Überfluten mit Wasser unter konstanten Druck- und Zeitbedingungen
8	Schutz gegen das Eindringen von Wasser bei zeitlich unbegrenztem Überfluten mit Wasser bei vereinbartem Druck

5.2.3. Klassifizierung und Anwendung von Schutzgraden

Entsprechend der geplanten Einsatzart und dem Einsatzort sind die Schutzgrade in fünf Anwendungsklassen eingeteilt **(Tafel 5.16)**. Der Schutzgrad ist so auszuwählen, daß spannungsführende Teile mit Spannungen über 42 V Wechselstrom oder 65 V Gleichstrom von Menschen und Nutztieren auch unter Verwendung von Hilfsmitteln nicht gefahrbringend berührt werden können (Mindestschutzgrad IP 3X). Bei Anlagen mit Nennspannungen bis 1000 V Wechselstrom oder 1500 V Gleichstrom sind in Abhängigkeit vom Berührungsschutz Mindestabstände zu unisolierten, betriebsmäßig unter Spannung stehenden Teilen entsprechend den standardisierten Forderungen einzuhalten (Mindestschutzgrad IP 4X). Bei der Festlegung des Schutzgrads sind die gesetzlichen Forderungen des Gesundheits-, Arbeits- und Brandschutzes zu berücksichtigen.

Tafel 5.16. Anwendungsklassen von Schutzgraden

Anwendungsklasse	Einsatzbedingungen	Beispiele für Einsatzorte	Schutzgrad
1 Leicht geschützt	– trockene Innenräume ohne Kondenswasserbildung	Büros, Wohn- und Geschäftsräume, Verkaufsräume	IP 00[1]), IP 10, IP 20
2 Mäßig geschützt	– Innenräume, in denen Kondenswasser auftreten kann – Betrieb der Geräte in Landfahrzeugen – Geräte, die einen höheren Berührungs- und Fremdkörperschutz, als in Anwendungsklasse 1 angegeben, haben müssen	Küchen, Kühlräume, Keller, geschlossene Ställe, PKW, geschlossene LKW	IP 30, IP 40, IP 41, IP 22
3 Mittelstark geschützt	– Außenräume, zeitweiliger Betrieb im Freien	Wetterschutzräume, Zelte, überdachte Flächen, im Tagebau	IP 22C, IP 34, IP 43, IP 44
4 Stark geschützt	– ständiger Betrieb im Freien	Orte, an denen ständig die Witterungseinflüsse wirksam werden	IP 54, IP 56, IP 65, IP 66
5 Total geschützt	– zeitweilige oder ständige Überflutung von Wasser		IP 67, IP 68

[1]) Der Schutzgrad IP 00 ist nur zulässig
- bei Geräten, deren Spannung 42 V ~ oder 65 V – nicht übersteigt
- in elektrischen Betriebsräumen bei Geräten mit maximal 65 V ~ oder 100 V – gegen Erde
- in elektrischen Betriebsräumen bei Geräten mit Spannungen bis 600 V gegen Erde, wenn der Schutz nachweislich die Bedienung behindert
- in abgeschlossenen elektrischen Betriebsräumen mit Spannungen bis maximal 1 kV.

5.2.4. Konstruktionsbeispiele

Berührungs- und Fremdkörperschutz erreicht man durch Abdecken gefährdeter Teile oder Geräte mit Schutzgittern, Schutzkappen oder entsprechend gestalteten Gehäusen. Die Maschenweite eines Schutzgitters oder die Abmessungen der Perforation eines Gehäuses werden vom erforderlichen Schutzgrad bestimmt.

Für den Wasserschutz eines Bauteils oder Geräts sind zusätzliche konstruktive Maßnahmen notwendig. Einige prinzipielle Lösungen für Dichtungen bei Geräteaufbauten zeigt **Bild 5.6** [5.4]. Beispiele zur Abdichtung von EGS-Gefäßen sind im **Bild 5.7** dargestellt. Eine Möglichkeit der Perforierung eines spritzwassergeschützten Gehäuses zeigt **Bild 5.8.** Wichtige Standards enthält Tafel 5.13; s. auch Abschnitt 5.7.

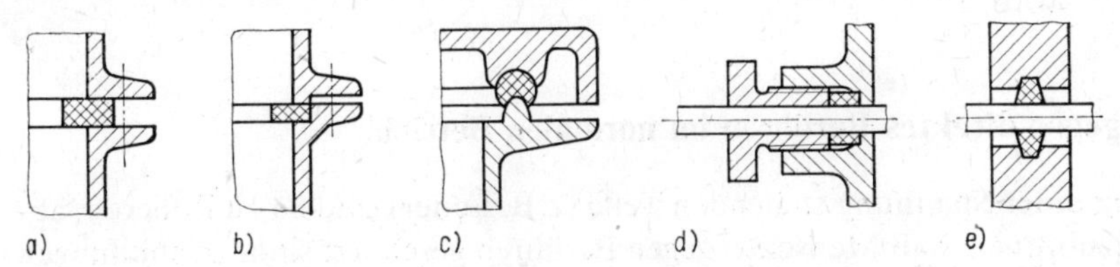

Bild 5.6. Prinzipielle Lösungen für Dichtungsmaßnahmen bei Geräteaufbauten [5.4]
ruhende Teile: a) Guß ohne Zentrierung; b) Guß mit Zentrierung; c) Guß mit Dichtnut und Profil
bewegte Teile: d) Stopfbuchse; e) Filzring

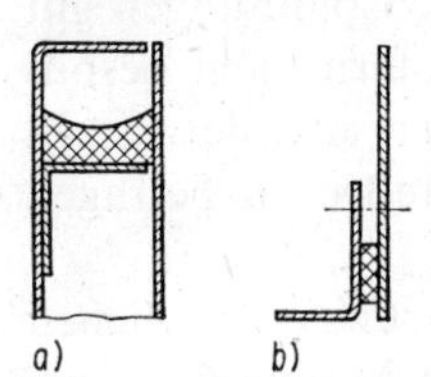

Bild 5.7
Abdichtung von EGS-Gefäßen
a) Türabdichtung mit Profilgummi (IP 54)
b) Gummiabdichtung einer Schrankwand (IP 54)
(s. Abschn. 3.2.5.2.)

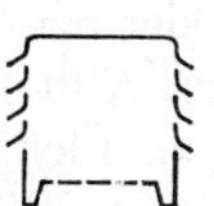

Bild 5.8. Belüftung eines Geräts mit dem Schutzgrad IP 43

5.3. Schutz gegen elektrischen Schlag [5.5] [5.40]

Symbole und Bezeichnungen

I	elektrischer Strom in A
P	elektrische Leistung in W
R	elektrischer Widerstand in Ω
U	elektrische Spannung in V

Indizes

ab	abgeführt	l	Leerlauf-
eff	Effektivwert	$-$	Gleich-
i	Innen-	$\sim$	Wechsel-
k	Kurzschluß-		

Der Schutz gegen elektrischen Schlag (neue internationale Kurzbezeichnung für Schutzmaßnahmen gegen berührungsgefährliche Spannungen) gliedert sich für elektronische Geräte und Anlagen in den Schutz gegen direktes Berühren im normalen Betrieb und Schutz bei indirektem Berühren im Fehlerfall **(Bild 5.9)** [5.40] (s. Tafel 5.13).

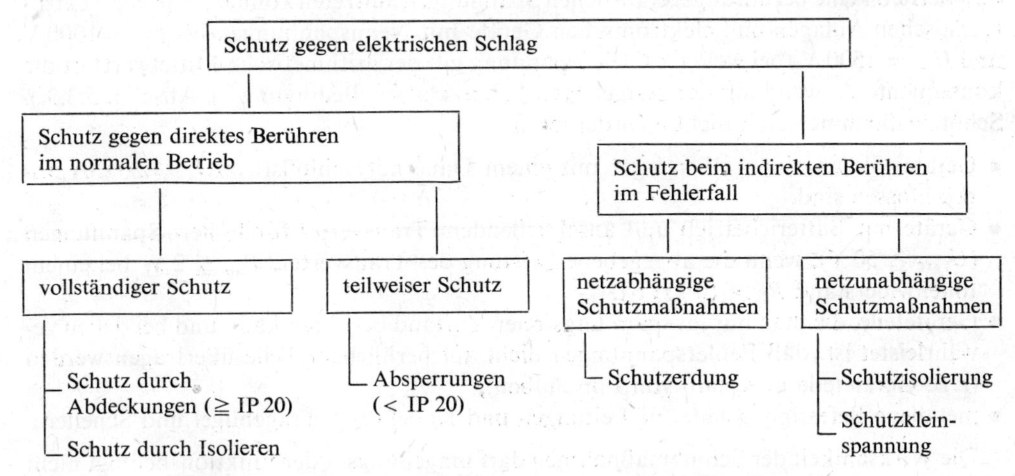

Bild 5.9. Einteilung der Maßnahmen zum Schutz gegen elektrischen Schlag [5.40]

Für elektronische Geräte und Einrichtungen der Nachrichtentechnik, elektronische Meßgeräte und Heimgeräte gelten zusätzlich zu den Vorschriften für elektronische Einrichtungen spezielle Sicherheitsvorschriften, worauf in den folgenden Abschnitten detailliert eingegangen wird.

5.3.1. Schutz gegen direktes Berühren im normalen Betrieb

Alle betriebsmäßig unter Spannung stehenden Teile (z.B. Leiter) sind so zu isolieren, abzudecken bzw. anzuordnen, daß Menschen gegen Berühren geschützt sind. Umhüllungen und Abdeckungen von Geräten zum Berührungsschutz dürfen nicht von Hand, d.h. nicht ohne Verwendung von Werkzeugen, entfernbar sein. Bei Wechselspannungen bis 50 V (Effektivwert) oder bei Gleichspannungen bis 60 V (bei welligen Gleichspannungen gilt der arithmetische Mittelwert) darf der Berührungsschutz entfallen, sofern nicht besondere Bedingungen auch bei diesen Spannungen Sicherheitsmaßnahmen erfordern (z.B. bei der Anwendung elektromedizinischer Geräte). Für elektronische Meßgeräte betragen berührungsgefährliche Spannungen z.B. $U_{\sim} \geqq 42$ V und $U_{-} \geqq 65$ V.

Für elektronische Meßgeräte müssen alle Anschlußstellen mit berührungsgefährlichen Spannungen (z.B. Spannungsklemmen) durch geeignete konstruktive Maßnahmen geschützt und in einem bestimmten Sicherheitsabstand gegenüber anderen spannungsführenden und berührbaren Teilen angeordnet werden. Der Berührungsschutz muß bei beliebiger Reihenfolge der Betätigung von Bedienelementen gewährleistet sein. Öffnungen an Gehäusen (z.B. Perforationen zur Belüftung) sind so auszuführen, daß der für das Gerät festgelegte Schutzgrad eingehalten wird und daß man mit einem frei hängenden Stab von 4 mm Durchmesser bei einer Eindringtiefe von höchstens 100 mm keine Teile berühren kann, die unter berührungsgefährlicher Spannung stehen. Gehäuseöffnungen bei elektronischen Heimgeräten werden mit Prüfdorn, Prüffinger oder Prüfkette geprüft.

5.3.2. Schutz beim indirekten Berühren im Fehlerfall

Betriebsmäßig nicht unter Spannung stehende berührbare Teile von elektronischen Geräten und Anlagen (z.B. Gehäuse, Verkleidungen) sind so aufzubauen, daß auch bei gestörtem Betrieb keine berührungsgefährlichen Spannungen auftreten können. Für alle elektrotechnischen Anlagen und elektronischen Geräte mit Nennspannungen bis $U_{\sim} = 1000$ V und $U_{-} = 1500$ V (bei welliger Gleichspannung gilt der arithmetische Mittelwert) ist die konsequente Anwendung der festgelegten Schutzklassen Bedingung (s. Abschn. 5.3.3.). Schutzmaßnahmen sind nicht erforderlich für

- Geräte, die an einen Übertrager mit einem Dauerkurzschlußstrom $I_k = 20$ mA angeschlossen sind,
- Geräte mit Batteriebetrieb und anschließendem Transverter für höhere Spannungen ($U_{1\,\mathrm{eff}} \geqq 50$ V), wenn die abgegebene Leistung des Transverters $P_{ab} \leqq 2$ W bei einem Innenwiderstand $R_i > 10$ kΩ ist,
- Geräteteile, die man nur im spannungsfreien Zustand berühren kann und bei denen gewährleistet ist, daß Fehlerspannungen nicht auf berührbare Teile übertragen werden (z.B. Geräteteile innerhalb von Einschüben),
- metallene Befestigungsteile für Leitungen und Kabel (z.B. Tragebügel und Schellen).

Die Wirksamkeit der Schutzmaßnahmen darf umgebungs- oder funktionsbedingt nicht eingeschränkt sein. So müssen beispielsweise bei elektronischen Meßgeräten Schraubenverbindungen durch Federringe und Lötverbindungen durch Abbinden des Drahts oder Umbiegen des Drahtendes in der Lötöse zusätzlich mechanisch gesichert werden, um den Berührungsschutz durch unbeabsichtigtes Lösen nicht zu verringern.

5.3.3. Schutzklassen

Mit den Schutzklassen sind die Maßnahmen gegen berührungsgefährliche Spannungen an betriebsmäßig nicht unter Spannung stehenden Teilen elektrotechnischer bzw. elektronischer Anlagen und Geräte festgelegt. Dabei werden die Schutzklassen I (Schutzerdung, z.B. Schutzleiteranschlußstelle, Gerätestecker mit Schutzkontakt, Anschlußleitung mit Schutzleiter), II (Schutzisolierung) und III (Schutzkleinspannung) unterschieden. Die Schutzklasse 0 ist nicht mehr zulässig.

5.3.3.1. Schutzerdung

Bei Schutzerdung fließt durch eine impedanzarme Verbindung der Geräte- oder Anlagenteile (z.B. Schrank, Gehäuse, Gestell, Einschub) mit dem Schutzleiter im Fehlerfall ein so großer Strom, daß innerhalb kurzer Zeit eine Überstromschutzeinrichtung (Schmelzsicherung oder Leistungsschutzschalter) anspricht. Daher müssen Schutzleiter niederohmig sein, was über eine entsprechende Werkstoff- und Querschnittsauswahl erreichbar ist **(Tafel 5.17).** Außerdem gilt:

- Schraubenverbindungen für Schutzleiter dürfen keine andere Funktion haben und müssen gegen Lockern gesichert sein. Je Verbindung ist nur ein Schutzleiter zulässig **(Bild 5.10).**
- Die sichere Verbindung aller leitenden Teile, die direkt oder indirekt berührt werden und Fehlerspannung annehmen können, ist zu gewährleisten. Der Leitwert dieser Verbindungen muß dem Leitwert des erforderlichen Schutzleiterquerschnitts entsprechen. Bei Lackierungen, Schachtelverbindungen u.ä. ist die auftretende Korrosion zu beachten.

Tafel 5.17. Mindestquerschnitte für Schutzleiter

Stromleiter				Schutzleiter/Mindestquerschnitt in mm²							
A mm²	d mm	I_{max} A		Isoliert und gegen mechanische Beschädigung				Nicht isoliert und gegen mechanische Beschädigung			
				geschützt		ungeschützt		geschützt		ungeschützt	
		Cu	Al	Cu	Al	Cu	Al	Cu	Al	Cu	Al
0,5	0,8	6	–	0,5	1,5	4,0	10,0	1,0	2,5	4,0	10,0
0,75	1,0	10	6	0,75	1,5	4,0	10,0	1,0	2,5	4,0	10,0
1,0	1,2	16	10	1,0	1,5	4,0	10,0	1,0	2,5	4,0	10,0
1,5	1,4	20	16	1,5	1,5	4,0	10,0	1,5	2,5	4,0	10,0
2,5	1,8	25	20	2,5	2,5	4,0	10,0	2,5	2,5	4,0	10,0
4,0	2,3	35	30	4,0	4,0	4,0	10,0	4,0	4,0	4,0	10,0

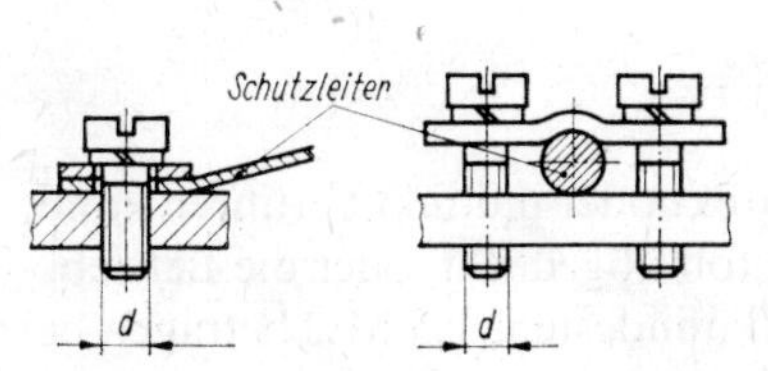

d_{min}	A_{max} mm²
M3	0,5
M4	1,0
M5	2,5
M6	4,0
M8	6,0

Bild 5.10
Beispiele für Schraubenverbindungen bei Schutzleitern

- Schutzleiter müssen eine grün-gelbe Isolierung haben, und die Schutzleiteranschlußstellen der Geräte müssen mit dem Schutzzeichen nach **Bild 5.11** gekennzeichnet sein.
- Bei Schutzklasse I sind ortsfeste Geräte über einen festen Schutzleiteranschluß mit Klemmen und ortsveränderliche Geräte über Schutzkontaktstecker anzuschließen. Tragbare Geräte der Schutzklasse I sind nicht zugelassen.
- Leitungen müssen zugentlastet ausgeführt werden. Bei Defekten an der Zugentlastung oder beim Herausreißen der Zuführungsleitung muß sich der Schutzleiter als letzter lösen (z. B. durch eine längere Anschlußschlaufe). Die Zugentlastung darf keine Spannung führen und nicht durch Verknoten von Leitungen oder durch Verknoten von Fäden, Drähten u. ä. erreicht werden **(Bild 5.12).**
- Bei Steckverbindern (z. B. Schutzkontaktstecker–Schutzkontaktsteckdose) muß beim Verbinden der Schutzleiter gegenüber der Betriebsspannung voreilend verbunden und bei Kontakttrennung nacheilend gelöst werden. Schutzkontaktstecker sind nur für Schutzkontaktsteckdosen zu verwenden **(Bild 5.13).**

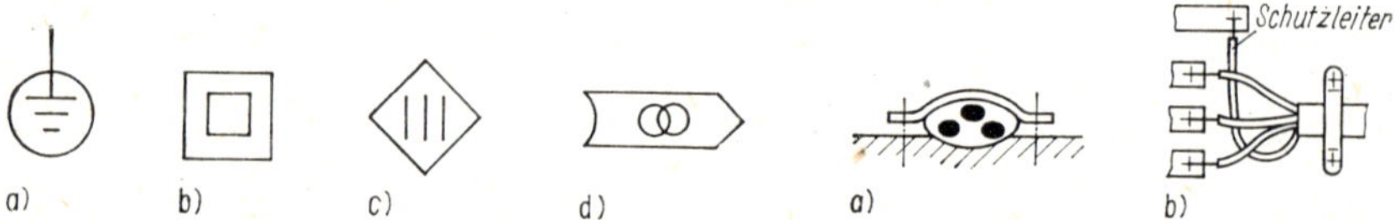

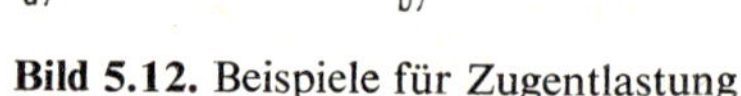

Bild 5.11. Sinnbilder zum Geräteschutz

a) Schutzzeichen für Schutzerdeanschluß (Schutzklasse I)
b) Schutzisolierungszeichen für Schutzklasse II
c) Zeichen für Schutzkleinspannung (Schutzklasse III)
d) Schutztransformator

Bild 5.12. Beispiele für Zugentlastung

(Anwendung z. B. bei Gerätesteckern)
a) Schelle zur Zugentlastung
b) Schutzleiter

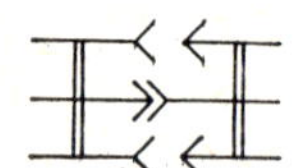

Bild 5.13. Prinzip der Schutzkontaktsteckverbindung

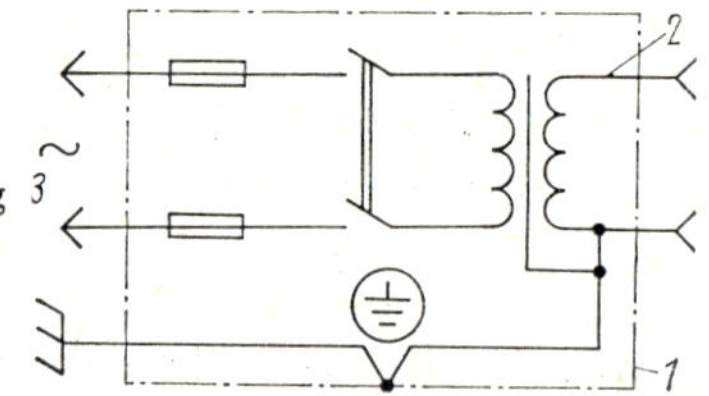

Bild 5.14
Beispiel einer Schutzerdung

1 metallisches Gehäuse
2 schutzgeerdeter Betriebsstromkreis
3 Netzanschluß

Bei nachrichtentechnischen Erzeugnissen der Schutzklasse I mit Einschüben bzw. Einsätzen muß jeder Einschub und Einsatz gut leitend mit der Schutzleiteranschlußstelle im Schrank, Gestell usw. verbunden werden, sofern der Einsatz oder Einschub nicht schutzisoliert (Schutzklasse II) oder isoliert aufgebaut ist. Im Schrank oder Gestell darf jeweils nur eine Schutzleiteranschlußstelle vorhanden sein. Bei isoliertem Einbau von Einschüben, Einsätzen und kompletten Erzeugnissen in ein Gerät ist der Schutzleiter getrennt zur Schutzleiteranschlußstelle zu führen.

Für Meßgeräte der Schutzklasse I sind die Schutzmaßnahmen Schutzerdung, Schutzschirmtrennung und Kombination Schutzerdung/Schutzschirmtrennung zulässig. Der Widerstand zwischen dem Schutzleiteranschluß und allen leitenden Teilen, die im Fehlerfall Netzspannung annehmen können, muß $\leq 1\ \Omega$ sein (z. B. im Inneren des Geräts als Lötstelle). Ein Beispiel für Schutzerdung zeigt **Bild 5.14.**

5.3.3.2. Schutzisolierung

Bei Schutzisolierung werden alle Geräteteile, die man direkt oder indirekt berühren kann, zusätzlich zur Betriebsisolierung mit einem Isolierwerkstoff abgedeckt, oder die Betriebsisolierung wird verstärkt. Der Isolationswiderstand muß mindestens 1,5 MΩ betragen bei einer Mindestprüfspannung von 4 kV (Effektivwert) je 1 min. Dabei unterscheidet man Schutzisolierumhüllung, Schutzzwischenisolierung und verstärkte Isolierung **(Tafel 5.18).**

Der Isolierstoff muß eine gute mechanische, elektrische und thermische Festigkeit sowie chemische Beständigkeit aufweisen, um die Schutzmaßnahme bei sachgemäßem Gebrauch zu gewährleisten. Leitfähige Teile, die berührt werden können, dürfen keinen Schutzleiteranschluß aufweisen.

Tafel 5.18. Ausführungen der Schutzisolierung

1 Schutzisolierung; *2* Metallumhüllung; *3* Betriebsisolierung, normal; *4* Betriebsisolierung, verstärkt

Schutzisolierumhüllung	Schutzzwischenisolierung	Verstärkte Isolierung
Teile, die Fehlerspannung annehmen können, werden mit Isolierstoff umhüllt	Der Berührung zugängliche Teile von leitfähigen Teilen, die Fehlerspannung annehmen können, werden durch Isolierstoff getrennt	Betriebsisolierung oder unmittelbar darauf befindliche Schutzisolierung bietet Schutz gegen elektrischen Schlag

Für nachrichtentechnische Einrichtungen besteht bei Schutzklasse II die Forderung, daß an berührbaren und zugänglichen Teilen keine statischen Aufladungen eintreten und die höchstzulässige Nennleistung 6,3 kW beträgt.

Bei Meßgeräten der Schutzklasse II können die Schutzmaßnahmen Schutzisolierumhüllung, Schutzzwischenisolierung und verstärkte Isolierung beliebig kombiniert werden. Ein schutzisolierumhülltes Gerät muß ein festes, aus Isoliermaterial bestehendes Gehäuse haben, das alle Teile umschließt, die berührungsgefährliche Spannungen annehmen können (ausgenommen kleine Teile, z. B. Schrauben, Niete, wenn diese getrennt verstärkt isoliert sind). Beispiele zeigen die **Bilder 5.15** und **5.16.** Verstärkte Isolierung kann, wie in Tafel 5.18 zusammengestellt, durch normale Betriebsisolierung und zusätzliche Isolierung oder verstärkte Betriebsisolierung realisiert werden.

5.3.3.3. Schutzkleinspannung

Bei Schutzkleinspannung beträgt die Betriebsspannung maximal 42 V; bei Wechselspannung gilt der Effektivwert. Nachteilig ist, daß aufgrund der niedrigen Spannung nur ge-

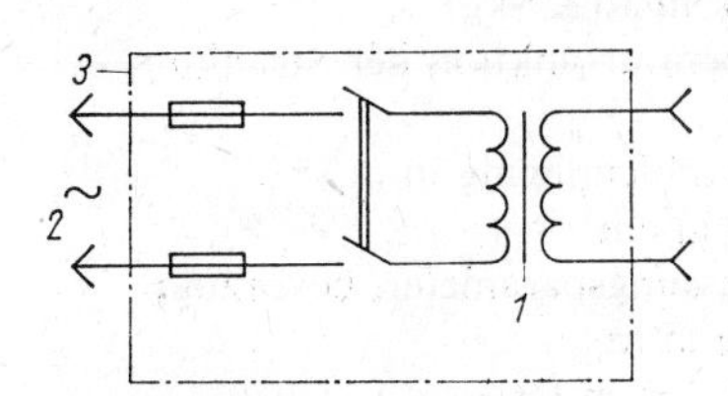

Bild 5.15. Beispiel einer Schutzisolierumhüllung

1 Netzanschlußtransformator, Schutzklasse II
2 Netzanschluß
3 Gehäuse aus Isolierstoff

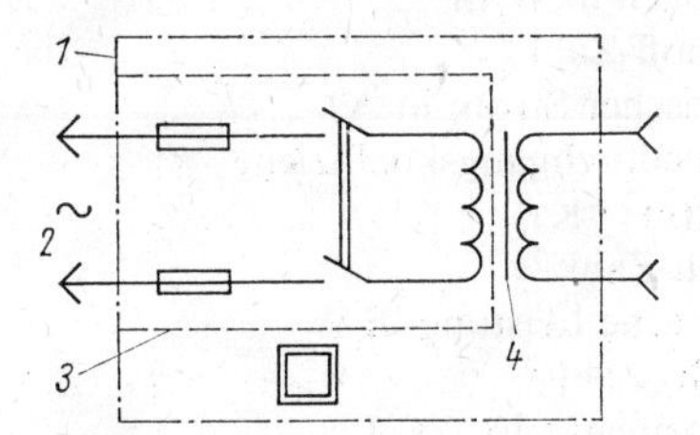

Bild 5.16. Beispiel einer Schutzzwischenisolierung

1 metallisches Gehäuse; *2* Netzanschluß;
3 Schutzzwischenisolierung;
4 Netzanschlußtransformator, Schutzklasse II

ringe Leistungen übertragen werden können. Die Erzeugung der Schutzkleinspannung erfolgt mit Schutztransformatoren, Generatoren, Umformern und elektrisch getrennten Wicklungen, Akkumulatoren oder Primärelementen. Unter Spannung stehende Leiter von Schutzkleinspannungsgeräten dürfen nicht betriebsmäßig geerdet und nicht mit Leitern anderer Stromkreise oder Schutzleitern verbunden sein. Geräte und Leitungen sind für mindestens 250 V zu isolieren. Steckverbinder für Schutzkleinspannung müssen ohne Schutzkontakt und unverwechselbar zu Steckverbindern für höhere Spannungen ausgeführt werden. Schaltungsbeispiele für Schutzkleinspannungen zeigt **Bild 5.17.** Wichtige Standards erhält Tafel 5.13.

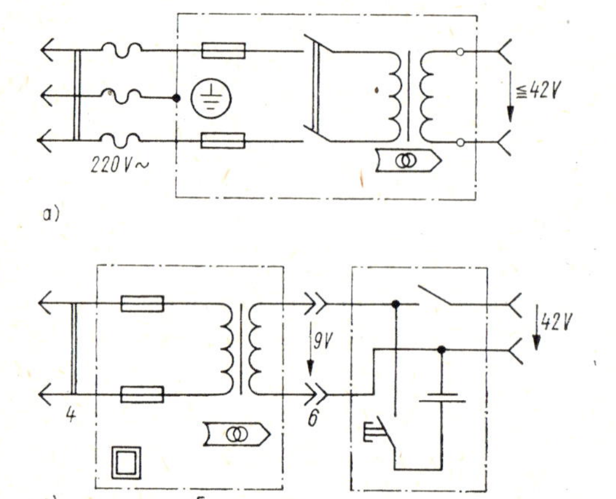

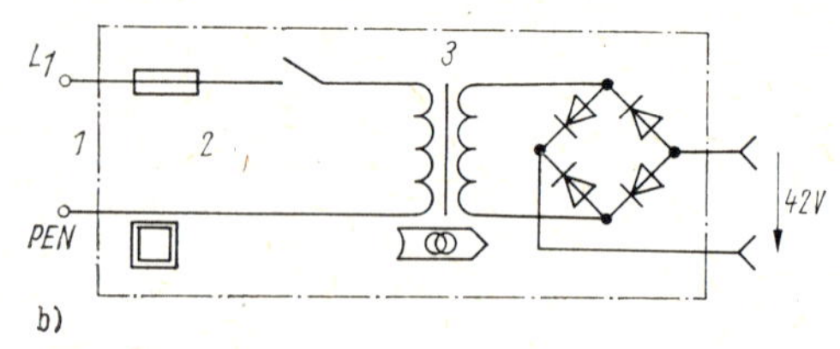

Bild 5.17. Schaltungsbeispiele für Schutzkleinspannungen

Erzeugung der Schutzkleinspannung mit a) Schutzklasse I, b) Schutzklasse II und c) Kleinnetzteil

1 fester Anschluß (220 V); *2* schutzisoliert; *3* Schutztransformator; *4* Flachstecker (220 V) ohne Schutzkontakt; *5* Kleinnetzteil mit Schutztransformator; *6* Kleinstecker (9 V)

5.4. Schutz gegen thermische Belastungen

[5.6] [5.7] [5.8] [5.41] bis [5.48]

Symbole und Bezeichnungen

A	Fläche in m²
A^*	Absorptionsvermögen
C	Wärmekapazität in J/K
C_S	Strahlungszahl des schwarzen Körpers (= 5,77 W · m⁻² · K⁻⁴)
D	Durchlaßvermögen
E	Strahlungsvermögen, Emissionsvermögen in W/m²
Gr	Grashoff-Zahl
I	elektrischer Strom in A
K	Wärmedurchgangskoeffizient in W/(m² · K)
Nu	Nußelt-Zahl
P	elektrische Leistung in W
Pr	Prandtl-Zahl
Q	Wärmemenge in Ws, J
R	Wärmewiderstand in K/W; natürlicher Radius in m
R^*	Reflexionsvermögen
Re	Reynolds-Zahl
S	elektrische Stromdichte in A/m²
T	absolute Temperatur in K
U	elektrische Spannung in V
V	Volumen in m³
$\dot{V}$	Volumenstrom in m³/s
a	Plattenabstand in cm
b	Abmessungsparameter, bevorzugt Breite in mm
c	spezifische Wärme in J/(K · kg)
c_p	spezifische Wärme bei konstantem Druck in J/(K · kg)
f_S	Temperaturfunktion der Strahlung in K³
g	Erdbeschleunigung in m/s²
h	Höhe in cm
l	Abmessungsparameter, bevorzugt Länge in m
p	Luftdruck in Pa
q	Wärmestromdichte in W · m⁻²
s	Dicke, Wanddicke in m
t	Zeit in s; Tiefe in m
u	Umfang in m

Symbole und Bezeichnungen

v	Geschwindigkeit in m/s
w	Wurzelfunktion, reziproker natürlicher Radius in 1/m
Φ	Wärmestrom in W
Ψ	Belüftungsfaktor in %
α	Wärmeübergangskoeffizient in $W/(m^2 \cdot K)$
β	räumlicher Ausdehnungskoeffizient in 1/K
γ	elektrische Leitfähigkeit in S/m
ε	Emissionsvermögen
η	Wirkungsgrad in %, dynamische Zähigkeit in $N \cdot s/m^2$
ϑ	Temperatur in °C
$\Delta\vartheta$	Temperaturdifferenz in K
λ	Wärmeleitfähigkeit in $W/(K \cdot m)$
λ'	Wellenlänge in µm
μ_r	relative Permeabilität
ν	kinematische Zähigkeit in m^2/s
ϱ	Dichte in g/m^3
φ	Winkel in Grad; relative Luftfeuchte in %

Indizes

K	Konvektion
L	Leitung
S	Strahlung
V	Verlust-
a	außen
ab	abgegeben
e	Ende; Elektron
f	Flüssigkeit
g	Gehäuse-
i; *i*	innen; Laufindex, Strom
j	Junktion, Sperrschicht
k	Kurzschluß
l	Leerlauf-
m	Mittelwert
opt	optimal
q	Querschnitt
s	Schwingungs-
u; u	Spannung; Umgebung
ü	Übergang
w	Wand
z	Zwangs-
zu	zugeführt

Thermische Belastungen sind insbesondere in elektronischen Geräten durch die in Wärme umgesetzte Verlustleistung oft in erheblichem Umfang vorhanden und haben neben der Wirkung auf die Funktion einen negativen Einfluß auf die Zuverlässigkeit. Die durch die Mikroelektronik und Halbleitertechnik möglichen Packungsdichten in den Geräten sind meist durch die thermischen Belastungen begrenzt. Damit wird die thermische Dimensionierung zu einem entscheidenden konstruktiven Problem (s. Tafel 5.13).

5.4.1. Temperaturbereiche

Jeder Temperaturpunkt kann durch seine Temperatur sowohl in Kelvin (K) als auch in Grad Celsius (°C) angegeben werden **(Bild 5.18)**, wobei in der Technik das Kelvin zu bevorzugen ist. In **Tafel 5.19** sind die nachfolgend benutzten Temperaturschreibweisen für *Temperaturpunkte* und *Temperaturunterschiede* dargestellt.

Der *Betriebstemperaturbereich* umfaßt die Umgebungstemperaturen der Geräte, die im Betriebszustand auftreten können. Bei Bauelementen wird er durch die an der Oberfläche

Tafel 5.19
Temperaturschreibweisen

Formelzeichen	Maßeinheit	Erklärung
T	K	Temperatur, bezogen auf absoluten Nullpunkt
ϑ	°C	Temperatur, bezogen auf Schmelzpunkt des Eises
$\Delta\vartheta$	K	Temperaturdifferenz zw. zwei Punkten

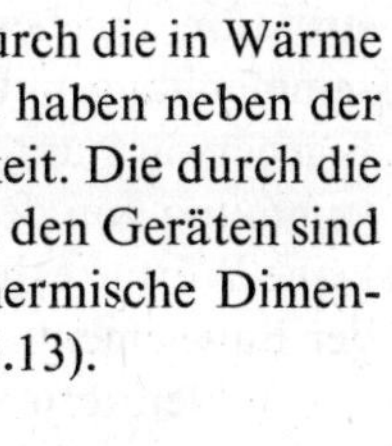

K: 373,15 · 273,15 · 100 · 0 — Skale der Kelvin-Temperatur
°C: 100 · 0 · −173,15 · −273,15 — Skale der Celsius-Temperatur

Bild 5.18
Temperaturskalen

zulässigen Temperaturen bestimmt. Die Umgebungstemperaturen ergeben sich aus den möglichen Temperaturbeanspruchungen bei natürlichen Umgebungsklimaten (angegeben durch die Klimabereiche; s. Abschn. 5.1.1.) und „künstlichen" Umgebungsklimaten (angegeben durch die Prüfklassen; s. Abschn. 5.1.2.). Für Geräte liegen die Umgebungstemperaturen der Luft i. allg. im Bereich von $-30 \ldots +55\,°C$.

Der *Durchgangstemperaturbereich*, der gleich oder meist größer als der Betriebstemperaturbereich ist, gibt den Bereich von Umgebungstemperaturen an, der im nichteingeschalteten Zustand der Geräte oder Bauelemente überstrichen werden kann, z. B. bei Montage, Lagerung oder Transport. Sind in einem Gerät Wärmequellen vorhanden, so ist dessen Innentemperatur ϑ_i entsprechend der zulässigen Eigenerwärmung höher als die Umgebungstemperatur ϑ_a. Die Temperaturdifferenz $\Delta\vartheta_{ia} = \vartheta_i - \vartheta_a$ wird im entscheidenden Maß durch die Konstruktion der Geräte und Bauelemente beeinflußt. Das gleiche gilt für die Temperaturunterschiede im Geräteinneren. Die maximal zulässigen Temperaturen an den verschiedenen Stellen im Inneren der Geräte werden durch deren Eigenschaften, wie Lebensdauer, Genauigkeit, Aussehen, Berührungsschutz, Brand- und Explosionsschutz, Aufheizen des Umgebungsmediums u. a., bestimmt. Sie müssen somit vor Beginn der Konstruktion genau festgelegt werden, wobei für elektronische Geräte die Forderungen nach Lebensdauer und Genauigkeit meist dominieren.

Bei Geräten ohne innere Wärmequellen sind die Temperaturen gleich den möglichen Geräte- und Bauelementetemperaturen. Bei Geräten mit Wärmequellen ist demgegenüber zu beachten, daß zwischen deren Betriebstemperaturbereich und dem der eingebauten Bauelemente ein wesentlicher Unterschied besteht. Die Anforderungen an die Konstruktion ergeben sich dabei aus dem Betriebstemperaturbereich des Geräts im Zusammenhang mit den Betriebstemperaturbereichen der Bauelemente. Bei Geräten mit Eigenerwärmung muß immer die Oberflächentemperatur der Bauelemente für die Bestimmung von deren Betriebstemperaturbereich verwendet werden, auch wenn sie selbst keine Wärme erzeugen. In Geräten ohne Eigenerwärmung ist die Oberflächentemperatur der Bauelemente dagegen mit der Umgebungstemperatur identisch.

Die Gerätezuverlässigkeit erfordert die Einhaltung einer bestimmten maximalen Geräteinnentemperatur $\vartheta_{i\,max}$, die sich nach dem temperaturempfindlichsten Bauelement (z. B. Germaniumtransistoren $\vartheta_{u\,max} \approx 60\,°C$) richtet.

Tafel 5.20 Ausgewählte Beispiele für zulässige Temperaturerhöhungen

Bauteile, Werkstoffe	Zulässige Temperaturerhöhung $\Delta\vartheta$ in K	
	normaler Betrieb	gestörter Betrieb
Metallteile, außen		
– Gefäße und Gefäßteile	40	65
– Betätigungselemente	25	65
Nichtmetallische Teile, außen		
– Gefäße und Gefäßteile	60	65
– Betätigungselemente	35	65
Nichtmetallische Teile, innen	60[1])	90[1])
Wicklungen	55 … 95	75 … 160

[1]) zulässige Temperaturerhöhung $\Delta\vartheta$ für die Innenseite von Gefäßen aus Isolierstoff entsprechend Standardangaben für Isolierstoffe

In den Standards sind die Sicherheitsforderungen in bezug auf die zulässigen Übertemperaturen für normalen und gestörten Betrieb für unterschiedliche Anwendungsgebiete (Geräte und Einrichtungen der elektrischen Nachrichtentechnik, elektronische Meßgeräte und elektronische Heimgeräte) festgelegt. Bei einer maximalen Umgebungstemperatur von 35 °C dürfen die in **Tafel 5.20** angegebenen Übertemperaturen aus Sicherheitsgründen nicht überschritten werden.

5.4.2. Wärmemodelle

Die sehr komplizierten thermischen Prozesse z. B. in einem elektronischen Gerät mit verteilten Wärmequellen sind nicht exakt mathematisch erfaßbar. Für die Modellbildung ist eine Abstraktion des gesamten Geräteaufbaus (s. auch Abschn. 3.2.) erforderlich.

Zur analytischen Bestimmung des Wärmezustands eines Geräts sind nach [5.6] zur Beschreibung der Temperaturfelder die Relaxationsmethode und der Differentialgleichungs-

Tafel 5.21. Analogie Wärmegrößen – elektrische Größen

Wärmegrößen		Elektrische Größen	
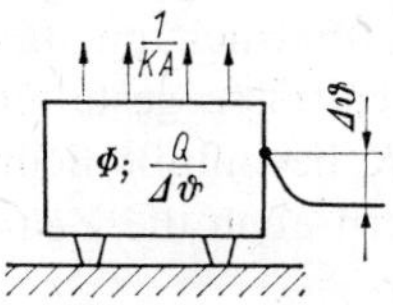 $\frac{1}{KA}$; Φ; $\frac{Q}{\Delta\vartheta}$; $\Delta\vartheta$		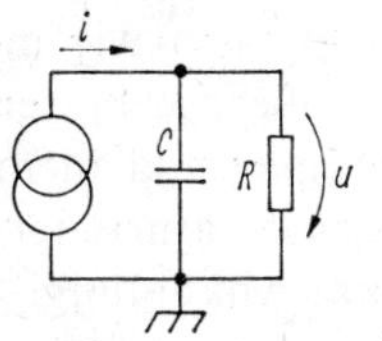 i; C; R; u	
$\Phi(t) = \frac{Q}{\Delta\vartheta}\frac{\mathrm{d}(\Delta\vartheta)}{\mathrm{d}t} + KA\,\Delta\vartheta$		$i(t) = C\frac{\mathrm{d}u}{\mathrm{d}t} + \frac{1}{R}u$	
Stationärer Fall			
$\Phi = KA\,\Delta\vartheta$		$I = U/R$	
Wärmestrom $\Phi = Q/t$	W	Strom I	A
Wärmestromdichte q	$\mathrm{W \cdot m^{-2}}$	Stromdichte S	$\mathrm{A \cdot m^{-2}}$
Temperaturdifferenz $\Delta\vartheta$	K	Spannungsabfall U	V
Wärmewiderstand $\Delta\vartheta/\Phi = 1/(KA)$	K/W	Widerstand R	Ω, V/A
Wärmekapazität $Q/\Delta\vartheta$	Ws/K	Kapazität C	F, A · s/W
Wärmeleistung $\Phi\,\Delta\vartheta = (Q/t)\,\Delta\vartheta$	W · K	Leistung P	W, V · A
Wärmeleitfähigkeit λ	W/(K · m)	Leitfähigkeit $\gamma = l/(R \cdot A)$	S/m
Wärmeübergangszahl α, K	W/(K · m²)		

ansatz möglich. Grundlage der Relaxationsmethode ist die Annahme isothermer Oberflächen für die einzelnen Abschnitte des Geräts. Die Bestimmung der mittleren Oberflächentemperatur erfolgt über die Lösung eines Systems inhomogener algebraischer Gleichungen. Vorteilhafter ist jedoch die Anwendung eines geeigneten Analogiesystems Wärmeübertragung–Elektrotechnik [5.7]. Wird die gesamte erwärmte Zone des Geräts als anisotroper homogener Körper betrachtet, erhält man, ausgehend von den Wärmeübertragungsprozessen in einem Volumenelement, Differentialgleichungen, die mit den entsprechenden Randbedingungen zu lösen sind.

Für die Analogie Wärmeübertragung–Elektrotechnik sind verschiedene Systeme entwickelt worden. Die für die vorliegenden Betrachtungen vorteilhafteste und auch in der Literatur am meisten verwendete Analogie enthält **Tafel 5.21.** Ihre Vorteile sind die weitgehende Identität zwischen Wärmegrößen und elektrischen Größen (Widerstand, Kapazität, Strom, Leitfähigkeit) sowie die einfache Möglichkeit der Modellierung stationärer Zustände. Für die Analogie ergibt sich eine grundsätzliche Ersatzschaltung nach **Bild 5.19a.** Der zu übertragende Wärmestrom Φ wird durch den Strom I nachgebildet. Da in der Regel die Aufgabe darin besteht, einen bestimmten Wärmestrom Φ zu übertragen, ist der Strom I die vorgegebene Größe. Die Spannungsabfälle und damit die einzelnen Temperaturdifferenzen werden durch die Größe der Widerstände R_i (z.B. Innenraum) und R_a (z.B. Außenraum) bestimmt. Bei Forderung eines kleinen Wertes $\Delta\vartheta_{ia}$ müssen R_i und R_a so klein wie möglich gehalten werden. Die Wärmekapazität $C \sim \Phi t/\Delta\vartheta_{ia}$ ist um so größer, je besser die Wärmeübertragungsverhältnisse gestaltet sind (großer Wert Φ bei möglichst kleinem $\Delta\vartheta_{ia}$). Das Verhältnis R_i zu R_a beeinflußt nicht nur das Verhältnis der Temperaturunterschiede $\Delta\vartheta_{iw}$ zu $\Delta\vartheta_{wa}$, sondern auch die Zeitdauer der Erwärmung bzw. Abkühlung.

Bei Betrachtung des stationären Zustands braucht man die Wärmekapazität nicht zu berücksichtigen, und es ergibt sich eine rein ohmsche Ersatzschaltung **(Bild 5.19b).**

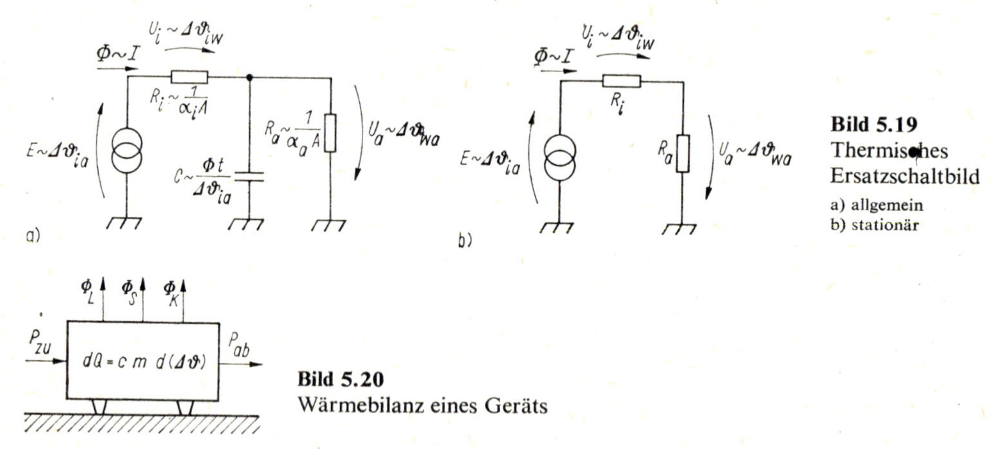

Bild 5.19
Thermisches Ersatzschaltbild
a) allgemein
b) stationär

Bild 5.20
Wärmebilanz eines Geräts

5.4.3. Wärmeübertragung

Bei der Wärmeübertragung wirken gleichzeitig die drei physikalischen Vorgänge Wärmeleitung, Wärmestrahlung und Konvektion (Mitführung), wobei je nach den vorhandenen Bedingungen einer oder zwei dieser Vorgänge dominieren können.

Für ein Gerät oder Bauelement erhält man nach **Bild 5.20**

$$P_v = P_{zu} - P_{ab} = \Phi_L + \Phi_S + \Phi_K + dQ/dt. \tag{5.1}$$

Im stationären Zustand gilt:

$$\mathrm{d}\,(\Delta\vartheta) = 0; \quad \mathrm{d}Q = 0; \quad \mathrm{d}Q/\mathrm{d}t = 0. \tag{5.2}$$

Da in einem solchen Gerät die zugeführte elektrische Leistung oft annähernd zu 100% in Wärme umgesetzt wird, ist $P_{ab} \approx 0$ und somit $P_{zu} \approx P_V$.

5.4.3.1. Wärmeleitung

Ausgehend vom Grundgesetz der Wärmeleitung (Fouriersches Gesetz) [5.8]

$$q = -\lambda\,(\mathrm{d}\vartheta/\mathrm{d}x) = -\lambda \operatorname{grad} \vartheta \tag{5.3}$$

ist die Wärmeleitfähigkeit λ die charakteristische Größe der Wärmeleitung; λ ist eine Materialgröße, die von Struktur, Dichte, Temperatur, Feuchte, Druck u. a. abhängt. Man kann sie teilen in λ_e (Wärmeleitfähigkeit der Elektronen) und λ_s (Wärmeleitfähigkeit der thermischen Schwingungen und Wellen):

$$\lambda = \lambda_e + \lambda_s. \tag{5.4}$$

Für *Metalle* ist $\lambda_e \gg \lambda_s$. Nach dem Wiedemann-Franzschen Gesetz gilt für reine Metalle $\lambda_e \sim \gamma$, d. h., gute elektrische Leiter sind auch gute Wärmeleiter **(Tafel 5.22).** *Halbleiter-*

Tafel 5.22. Wärmeleitfähigkeit λ verschiedener Stoffe

Metalle	$\frac{W}{m \cdot K}$	Nichtmetalle	$\frac{W}{m \cdot K}$
Aluminium (99,9)	225	Asbest	0,18
Aluminium (99)	205	Filz	0,05
Silumin (85 Al, 13 Si)	160	Glas	0,80
Blei	34	Glaswolle	0,05
Bronze (25 Sn, 75 Cu)	27	Quarzglas	1,45
Al-Bronze (95 Cu, 5 Al)	82	Glimmer	0,36
Eisen (99,9)	60	Gummi	0,17
Gußeisen	58	Hartgewebe	0,34
Kohlenstoffstahl	45	Epoxidglashartgewebe	0,31
Wolframstahl (20 W)	39	Hartpapier	0,26
Nickelstahl (40 Ni)	10	Phenolhartpapier	0,29
Dynamoblech, längs	65	Holz	0,1 ... 0,3
Dynamoblech, quer	1	Keramik (AlO_3 + Ton)	0,46
Trafoblech, längs	25	Papier	0,13
Trafoblech, quer	0,5	Pappe	0,18
Gold, rein	310	Polyäthylen (PE)	0,51
Konstantan	23	Polystyrol (PS)	0,17
Kupfer, Elyt (99,9)	390	Polyvinylchlorid (PVC)	0,16
Kupfer (99)	360	Porzellan	1,21
Messing	110	Quarz	10
Quecksilber	10		
Silber, rein	456	Wasser 10 °C	0,575
Silber, technisch	410	30 °C	0,618
Zink	110	50 °C	0,647
Zinn	64	Trafoöl	0,16
		Luft 10 °C	0,025
		30 °C	0,027
		50 °C	0,028
		70 °C	0,03

werkstoffe sind durchschnittliche Wärmeleiter; λ_e und λ_s werden wirksam. Bei *Nichtleitern* ist $\lambda_s \gg \lambda_e$, d.h., sie sind schlechte Wärmeleiter. Zwischen λ und γ ist kein Zusammenhang mehr vorhanden. λ_s wird durch die Stoffstruktur und die Dichte des Stoffes bestimmt. Für Plastwerkstoffe liegt die Wärmeleitfähigkeit mit $\lambda = (0{,}2 \ldots 0{,}8)$ W/(K · m) etwa zwei Größenordnungen unter der von Stahl; sie sind also Wärmeisolatoren. λ läßt sich durch die Verarbeitung wesentlich beeinflussen: so z.B. durch Verschäumen bedeutend herabsetzen oder durch Zumischen geeigneter Füllstoffe und durch Einlagern von Verstärkungsmaterial verbessern **(Bild 5.21)** [5.41]. Bei Luft und Wasser ist λ sehr klein und temperaturabhängig.

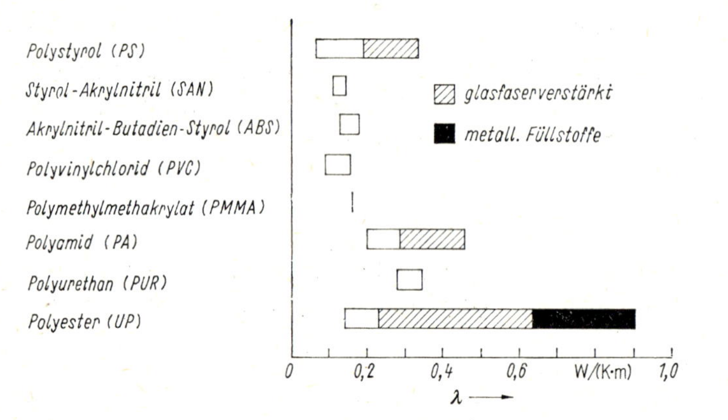

Bild 5.21. Wärmeleitfähigkeit λ für ausgewählte Plastwerkstoffe bei 20°C

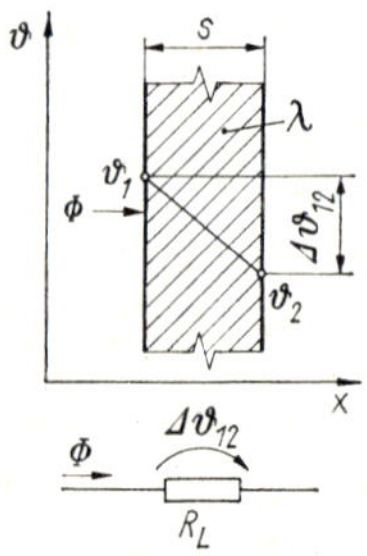

Bild 5.22. Wärmeleitung einer ebenen, einschichtigen Wand

Wärmeleitung einer Wand. Für die ebene einschichtige Wand wird nach Gl. (5.3) und **Bild 5.22**

$$q = \frac{\lambda}{s}(\vartheta_1 - \vartheta_2) = \frac{\lambda}{s}\Delta\vartheta_{12} \tag{5.5}$$

$$\Phi_L = qA = \frac{\lambda}{s} A\,\Delta\vartheta_{12} = \alpha_L A\,\Delta\vartheta_{12}. \tag{5.6}$$

Für den Wärmewiderstand der Leitung gilt:

$$R_L = 1/(\alpha_L A) = s/(\lambda A). \tag{5.7}$$

Bei Metallwänden ist im Gerätebau der Temperaturabfall über der Wanddicke vernachlässigbar. Bei Gehäusewänden aus Plastwerkstoff muß er bei der Ermittlung des Wärmeübergangs berücksichtigt werden.

Für die mehrschichtige Wand, im Gerätebau z.B. in Form lackierter oder plastbeschichteter Bleche, gilt gemäß **Bild 5.23**:

$$\Phi_L = \frac{A}{\sum\limits_{i=1}^{i=3} \frac{s_i}{\lambda_i}}\,\Delta\vartheta_{14}. \tag{5.8}$$

Auch für lackierte und plastbeschichtete Gehäusewände ist der Temperaturabfall über der Wand bei der Ermittlung des Wärmeübergangs vernachlässigbar.

Für die **Temperaturverteilung eines Stabes** mit dem Umfang u, dem Querschnitt A_q, der

Länge l und dem natürlichen Radius $1/w = R$ (bzw. einer Fläche mit diesen Abmessungen) gilt die Differentialgleichung **(Bild 5.24)**:

$$\frac{d^2 (\Delta\vartheta)_{wa}}{dx^2} = \frac{\alpha u}{\lambda A_q} \Delta\vartheta_{wa} = w^2 \Delta\vartheta_{wa} \tag{5.9}$$

mit

$$w = \pm \sqrt{\alpha u/(\lambda A_q)}.$$

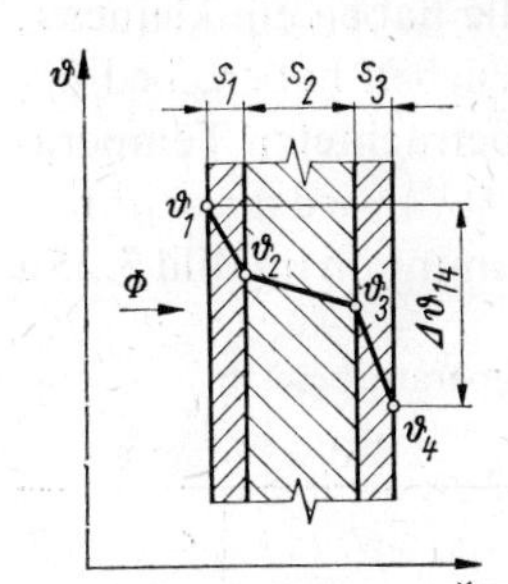

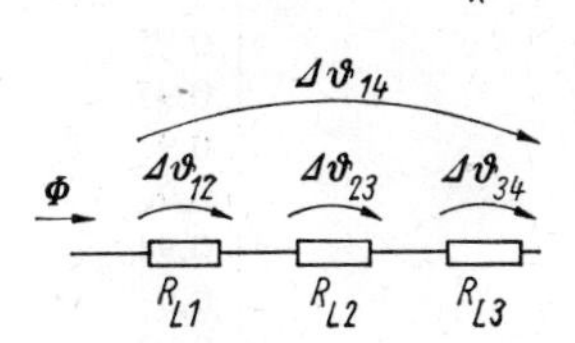

Bild 5.23
Wärmeleitung
einer ebenen, mehrschichtigen Wand

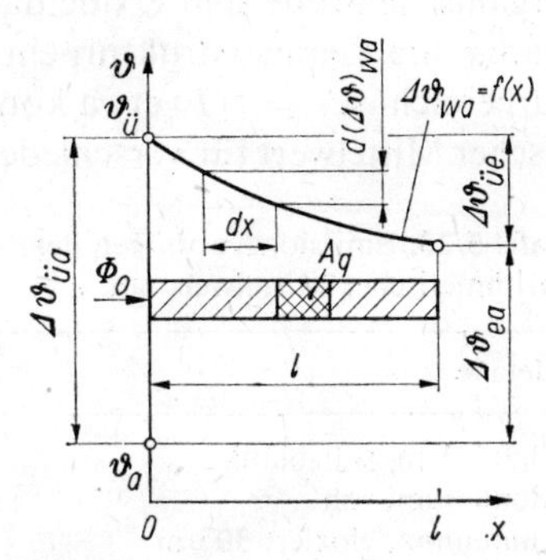

Bild 5.24. Wärmeleitung eines Stabes oder einer Wand in Längsrichtung

Ist $w \neq f(x)$, was zur Vereinfachung angenommen werden soll, so lautet die Lösung der Gl. (5.9):

$$\Delta\vartheta_{wa} = \Delta\vartheta_{üa} (\cosh [w (x - l)]/\cosh wl) \tag{5.10}$$

$$\Delta\vartheta_{ea} = \Delta\vartheta_{üa} (1/\cosh wl). \tag{5.11}$$

Für den in die Stirnfläche eingeleiteten Wärmestrom Φ_0 erhält man

$$\Phi_0 = \lambda A_q w \Delta\vartheta_{üa} \tanh wl. \tag{5.12}$$

Diese Gleichungen gelten sowohl für Stäbe beliebiger Querschnittsformen als auch für ebene Flächen, z.B. für Kühlrippen oder Kühlbleche.

5.4.3.2. Wärmestrahlung

Die Energieübertragung erfolgt bei Strahlung durch elektromagnetische Schwingungen der Wellenlänge $\lambda' = (0{,}4 \ldots 40)\ \mu m$ (z.B. Lichtstrahlen 0,4 ... 0,75 μm, Sonne 0,5 μm, Infrarotstrahlen 0,8 ... 40 μm, Infrarotstrahler 2 ... 4 μm, Ofen 8 μm). Die Wärmestrahlen sind dem Licht wesensgleich und somit im wesentlichen auch hinsichtlich ihrer physikalischen Eigenschaften.

Trifft Wärmestrahlung auf einen Körper, so wird sie absorbiert, reflektiert oder durchgelassen:

$$A^* + R^* + D = 1. \tag{5.13}$$

Grenzfälle:	$A^* = 1$	$R^* = 0$	$D = 0$	schwarzer Körper (nur Absorption)
	$R^* = 1$	$A^* = 0$	$D = 0$	weißer Körper (nur Reflexion)
	$D = 1$	$A^* = 0$	$R^* = 0$	diathermaner Stoff (nur Durchlässigkeit).

Die Wörter „schwarz" und „weiß" charakterisieren hier physikalische Eigenschaften von Körpern, die jedoch nicht mit den Farben dieser Körper identisch sein müssen.

Absorptions- und Strahlungsvermögen sind einander direkt proportional (Kirchhoffsches Gesetz): A^*/E = konst. Für technische Rechnungen wurde das Emissionsvermögen ε eingeführt, das zahlenwertgleich dem Absorptionsvermögen A^* ist ($A^* = \varepsilon$); ε ist abhängig von der Wellenlänge und dem Einfallwinkel der Strahlung sowie der Art und Temperatur der Oberfläche: $\varepsilon = f(\varphi, T, A_{\text{Art}}, \lambda')$. In Tafel 5.23 ist das Emissionsvermögen für verschiedene Stoffe in Abhängigkeit vom Einfallwinkel für senkrechte Normalstrahlung ε_n und von der Oberflächenart angegeben. Blanke Metalle haben ein kleines ε, organische Stoffe und Oxide dagegen ein großes ε. Metallhaltige Farben haben, bedingt durch ihre Pigmentstruktur, ein kleineres ε als andere Farben. Im betrachteten Temperaturbereich ist $\varepsilon = f(T)$ etwa konstant. Das Frequenzverhalten $\varepsilon = f(\lambda')$ wird als arithmetischer Mittelwert für verschiedene Stoffe in **Tafel 5.23** sowie für Aluminium im **Bild 5.25a**

Tafel 5.23. Emissionsvermögen der Normalstrahlung im interessierenden Temperaturbereich (arithmetischer Mittelwert von ε_n)

Metalle	ε	Nichtmetalle	ε
Aluminium, walzblank	0,04	Eis, Wasser	0,95
Aluminium, roh	0,08	Asbest	0,95
Aluminium, eloxiert 30 µm	0,65	Eiche, glatt	0,9
Chrom, poliert	0,08	Emaille, weiß	0,9
Gußeisen, roh	0,9	Glas	0,94
Gußeisen, bearbeitet	0,7	Gummi, weich	0,9
Kupfer, poliert	0,03	Hartpapier	0,92
Kupfer, oxydiert	0,76	Mauerwerk	0,91
Messing, poliert	0,05	Papier	0,92
Messing, matt	0,22	Porzellan, glasiert	0,93
Nickel, poliert	0,07		
Nickel, oxydiert	0,4	**Anstriche**	ε
Silber, poliert	0,02		
Stahl, gewalzt	0,6	Lack, schwarz, matt	0,96
Stahl, leicht angerostet	0,7	Lack, schwarz, hochglänzend	0,89
Stahl, stark verrostet	0,85	Lack, weiß, matt	0,92
Stahl, blank geschmirgelt	0,24	Mennige	0,92
Stahl, blank geätzt	0,13	Ölfarbe	0,9
Stahlblech, roh	0,6	Emaillelack	0,9
Stahlblech, verzinkt	0,27	Aluminiumfarbe	0,3
Stahlblech, vernickelt (nicht poliert)	0,11	Spezialalufarbe	0,2
Zinn, blank	0,06	Hammerschlaglack	0,35
Zink, poliert	0,05		
Zink, oxydiert	0,11		
Zink, rauh	0,25		

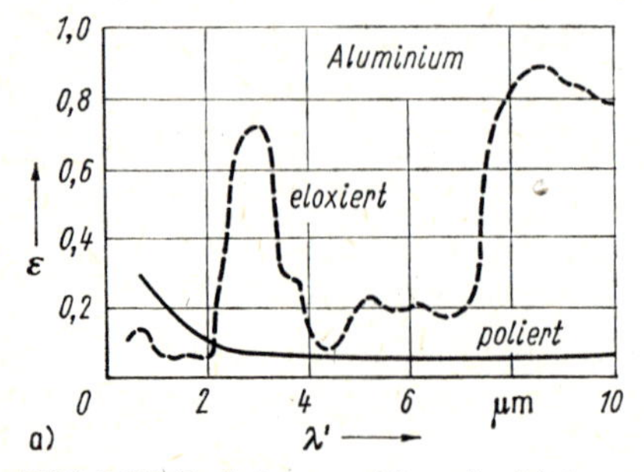

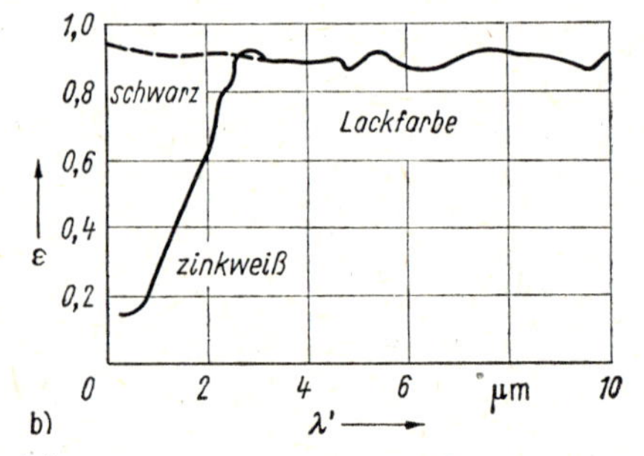

Bild 5.25. Emissionsvermögen im Licht- und Infrarotbereich
a) Aluminium; b) unterschiedliche Farbtöne

und für verschiedene Lackfarben im **Bild 5.25b** als Diagramm dargestellt. Im Infrarotbereich können keine Farbunterschiede wahrgenommen werden. Die Wärmestrahlung erfolgt immer zwischen zwei Flächen. Steht eine Fläche A_1 mit höherer Temperatur T_1 mit einer Fläche A_2 mit niederer Temperatur T_2 im Strahlungsaustausch, so erhält man nach dem Stefan-Boltzmann-Gesetz

$$q_{S12} = \varepsilon_x C_S f_{12} \Delta\vartheta_{12} \tag{5.14}$$

mit der Temperaturfunktion der Strahlung **(Bild 5.26)**

$$f_{S12} = [(T_1/100)^4 - (T_2/100)^4]/\Delta\vartheta_{12}. \tag{5.15}$$

Die Größen- und Lageverhältnisse der Flächen A_1 und A_2 sind dabei im resultierenden Emissionsverhältnis ε_x durch die Einstrahlungszahl φ_{12} (teilweise auch Winkelverhältnis genannt) berücksichtigt.

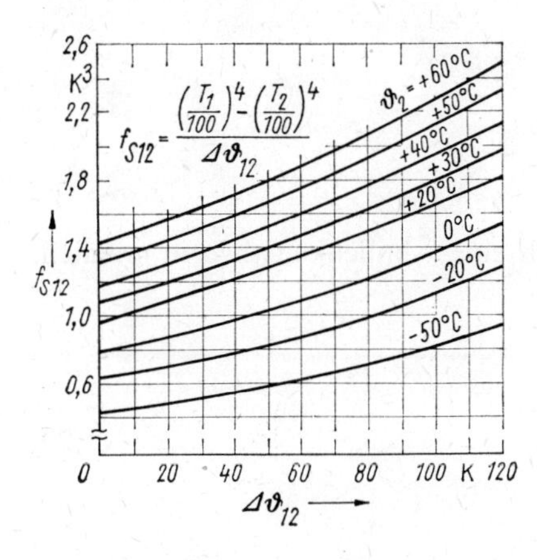

Bild 5.26
Temperaturfunktion der Strahlung

Für den Wärmewiderstand der Strahlung gilt

$$R_S = 1/(\alpha_{S12} A_1) \tag{5.16}$$

mit

$$\alpha_{S12} = \varepsilon_x C_S f_{S12}.$$

Soll durch Strahlung ein großer Wärmestrom übertragen werden, so muß das resultierende Emissionsvermögen ε_x groß sein. Bei Sonneneinstrahlung verkleinert sich die Strahlung von der Oberfläche des Geräts in den Außenraum um den Betrag, der durch die Sonneneinstrahlung zugeführt wird. Die durch Sonnenstrahlung zugeführte Wärme wird klein bei kleinem Absorptionsvermögen für Sonneneinstrahlung A^*_{So} (s. Bild 5.25a, b, da $\lambda_{So} \approx 0{,}5\ \mu m$). Im Gerätebau kann man ein kleines A^*_{So} durch weiße Lacke oder eloxiertes Aluminium als Oberfläche erreichen.

5.4.3.3. Konvektion

Die *Wärmeübertragung* von einer *Wand* zur *Luft* (bzw. umgekehrt) erfolgt durch Wärmeleitung. Die Luft wird erwärmt bzw. abgekühlt, und infolge des Dichteunterschieds der Luft bei verschiedenen Temperaturen strömt die Luft aufwärts bzw. abwärts. Man spricht von Eigenkonvektion oder Wärmemitführung (laminare Strömung).

Für den durch Konvektion übertragenen Wärmestrom zwischen einer Wand und Luft gilt **(Bild 5.27)**:

$$\Phi_{K1I} = \alpha_{K1I} A_1 \, \Delta\vartheta_{1I}. \tag{5.17}$$

Für den Wärmewiderstand der Konvektion gilt:

$$R_K = 1/(\alpha_{K1I} A_1). \tag{5.18}$$

Der Wärmeübergangskoeffizient α_K ist von sehr unterschiedlichen Einflußfaktoren (Temperatur der Gehäusewand ϑ_W, Umgebungstemperatur ϑ_u, Wärmeleitfähigkeit λ, Strömungsgeschwindigkeit v, spezifische Wärme c_p, Dichte ϱ, dynamische Zähigkeit η, räumlicher Ausdehnungskoeffizient β, Erdbeschleunigung g, Wandhöhe h, Form der Wandfläche) abhängig.

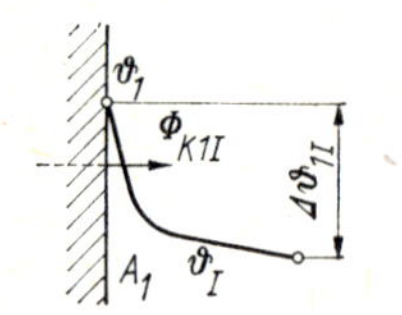

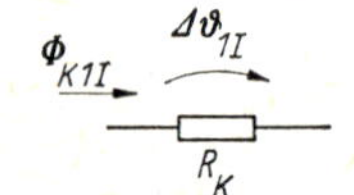

Bild 5.27
Konvektion an einer senkrechten Wand

Die Berechnung von α_K ist näherungsweise durch eine Ähnlichkeitstheorie möglich. Man rechnet mit den charakteristischen Zahlen

$$\mathrm{Nu} = \alpha_K l/\lambda_f \quad \text{(Nußelt-Zahl)} \tag{5.19}$$

$$\mathrm{Gr} = l^3 g\beta \, \Delta\vartheta/\nu_f^2 \quad \text{(Grashoff-Zahl)} \tag{5.20}$$

$$\mathrm{Pr} = \nu_f/\alpha_f \quad \text{(Prandtl-Zahl)} \tag{5.21}$$

$$\mathrm{Re} = vl/\nu_f \quad \text{(Reynolds-Zahl)}. \tag{5.22}$$

Für *freie Konvektion* gilt die Kriteriumsgleichung in Verbindung mit Gl. (5.19):

$$\mathrm{Nu} = c\,(\mathrm{GrPr})^n. \tag{5.23}$$

Der Exponent n ist von der Strömung abhängig und beträgt bei laminarer Strömung 0,25 für $5 \cdot 10^2 < \mathrm{GrPr} < 2 \cdot 10^7$ und bei turbulenter Strömung 0,33 für $\mathrm{GrPr} > 2 \cdot 10^7$. Für Luft als strömendes Medium ergibt sich die Näherung $n = 0{,}25$ für $\Delta\vartheta \leqq (0{,}84/l)^3$ und 0,33 für $\Delta\vartheta > (0{,}84/l)^3$.

Den Konvektionskoeffizienten für Luft bei Normaldruck im vorgegebenen Temperaturbereich erhält man für laminare und unbehinderte Strömung aus [5.7]

$$\mathrm{Nu} = 0{,}54 \sqrt[4]{\mathrm{GrPr}}. \tag{5.24}$$

Zur wärmetechnischen Berechnung von Geräten genügen meist Näherungswerte für α_K **(Tafel 5.24)** [5.6]. Die Koeffizienten c_1 und c_2 sind von verschiedenen Parametern abhängig; ihre Werte für Luft und Wasser enthält **Tafel 5.25.** Aus den Gleichungen in Tafel 5.24 geht hervor, daß ein flaches und tiefes Gehäuse einer hohen und schmalen Anordnung vorzuziehen ist.

Tafel 5.24. Wärmeübergangskoeffizient α_K für verschiedene Anordnungen im unendlichen Raum [5.6]

Betrachtete Anordnung	$n = 0{,}25$	$n = 0{,}33$
Kugel bzw. horizontaler Zylinder mit dem Durchmesser d	$\alpha_K = c_1 \left(\frac{\Delta\vartheta}{d}\right)^{0,25}$	$\alpha_K = c_2 \, (\Delta\vartheta)^{0,33}$
Vertikale Platte bzw. vertikaler Zylinder mit der Höhe h	$\alpha_K = c_1 \left(\frac{\Delta\vartheta}{h}\right)^{0,25}$	$\alpha_K = c_2 \, (\Delta\vartheta)^{0,33}$
Horinzontale Platte, Wärmeabgabe nach oben ($l_{\min}$, kleinere Abmessung)	$\alpha_K = 1{,}3 c_1 \left(\frac{\Delta\vartheta}{l_{\min}}\right)^{0,25}$	$\alpha_K = 1{,}3 c_2 \, (\Delta\vartheta)^{0,33}$
Horizontale Platte, Wärmeabgabe nach unten	$\alpha_K = 0{,}7 c_1 \left(\frac{\Delta\vartheta}{l_{\min}}\right)^{0,25}$	$\alpha_K = 0{,}7 c_2 \, (\Delta\vartheta)^{0,33}$

$$c_1 = 0{,}54 \, (\beta g \, \mathrm{Pr})_m^{1/4} \, \frac{\lambda_m}{\nu_m^{1/2}} \quad \text{in} \quad \frac{\mathrm{W}}{\mathrm{m}^{7/4} \cdot \mathrm{K}^{5/4}}$$

$$c_2 = 0{,}135 \, (\beta g \, \mathrm{Pr})_m^{1/3} \, \frac{\lambda_m}{\nu_m^{2/3}} \quad \text{in} \quad \frac{\mathrm{W}}{\mathrm{m}^{2} \cdot \mathrm{K}^{4/3}}$$

Tafel 5.25. Koeffizienten c_1 und c_2 für Luft und Wasser bei verschiedenen mittleren Temperaturen

	ϑ_m					
	0 °C	20 °C	40 °C	60 °C	80 °C	100 °C
c_1 (Luft)	–	1,38	1,34	1,31	1,29	1,27
c_1 (Wasser)	–	105	149	178	205	227
c_2 (Luft)	1,69	1,61	1,53	1,45	1,39	1,33
c_2 (Wasser)	102	198	290	363	425	480

5.4.4. Wärmeabführung von Bauelementen

Wärmeerzeugende Bauelemente in einem elektronischen Gerät oder einer Anlage sind z.B. integrierte Schaltkreise, Transistoren, Gleichrichter, Thyristoren, Transformatoren u.a. Aus Gründen der Zuverlässigkeit darf bei Halbleiterbauelementen die maximal zulässige Sperrschichttemperatur nicht überschritten werden. Sie beträgt abhängig von der Ausführungsart und dem Hersteller für Germanium $\vartheta_j = 60 \ldots 100\,°\mathrm{C}$ und für Silizium $\vartheta_j = 125 \ldots 200\,°\mathrm{C}$ [5.42]. Bei Bauelementen mit einer höheren Verlustleistung ist durch Kühlschellen, Kühlbleche oder Kühlkörper die Abführung der Wärme an die Umgebung zu verbessern.

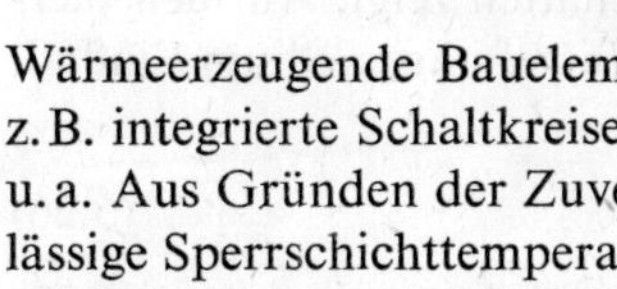

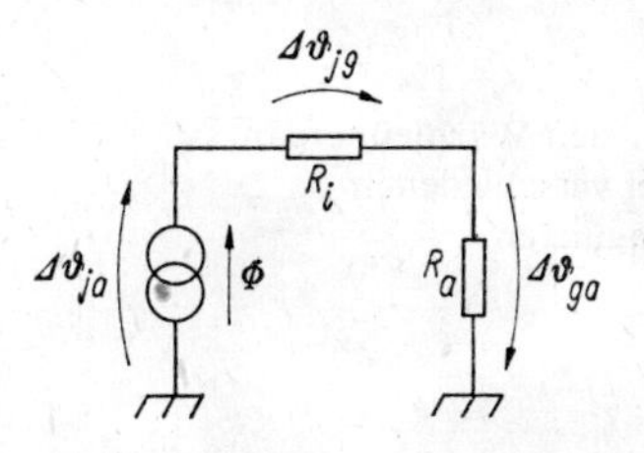

Bild 5.28
Thermisches Ersatzschaltbild eines Halbleiterbauelements ohne Kühlfläche

Für das thermische Ersatzschaltbild eines **Halbleiterbauelements ohne zusätzliche Kühlflächen (Bild 5.28)** gilt im stationären Zustand

$$\Delta\vartheta_{ja} = \Phi R_i + \Phi R_a = P_v (R_i + R_a) = P_v R \tag{5.25}$$

mit dem inneren thermischen Widerstand R_i, der vom Bauelementehersteller festgelegt wird, und dem äußeren thermischen Widerstand R_a zwischen Gehäuse und Umgebung. Bei ohne zusätzliche Kühlfläche betriebenen Halbleiterbauelementen ist es üblich, daß der thermische Gesamtwiderstand R vom Hersteller angegeben wird. Bei Transistoren kleiner Verlustleistung erfolgt die Wärmeabführung direkt an die umgebende Luft ($R > 15$ K/W).

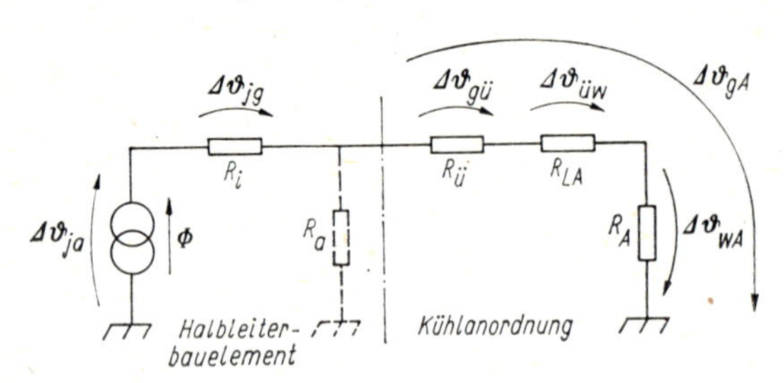

Bild 5.29
Thermisches Ersatzschaltbild eines Halbleiterbauelements mit Kühlelement

R_i thermischer Innenwiderstand des Bauelements
R_a thermischer Außenwiderstand des Bauelements
$R_ü$ Übergangswiderstand Bauelement-Kühlelement
R_{LA} thermischer Leitwiderstand des Kühlelements
R_A thermischer Außenwiderstand des Kühlelements

Für **Halbleiterbauelemente mit zusätzlichen Kühlflächen** läßt sich ein stationäres thermisches Ersatzschaltbild **(Bild 5.29)** angeben [5.43]. Da $R_a \gg (R_ü + R_{LA} + R_A)$, kann R_a vernachlässigt werden. R_i wird vom Bauelementehersteller im Kenndatenblatt angegeben. Für Leistungstransistoren mit Metallgehäuse beträgt $R_i = (0{,}5 \dots 6)$ K/W, im Plastgehäuse $R_i = (5 \dots 10)$ K/W und für Transistoren im TO 5-Gehäuse $R_i = (20$ bis $60)$ K/W [5.42]. Der Übergangswiderstand $R_ü$ ist von der Berührungsfläche, der Oberflächengüte und der Flächenpressung abhängig. Um eine minimale Kühlfläche zu gewährleisten, ist es erforderlich, $R_ü$ klein zu halten. In **Tafel 5.26** sind einige Werte für $R_ü$ bei verschiedenen Montagebedingungen zusammengestellt [5.43]. Bei Bestreichen der Montageflächen mit Wärmeleitpaste oder Silikonfett erhält man einen sehr geringen Wärmeübergangswiderstand. Ist es notwendig, das Halbleiterbauelement von der Kühlvorrichtung elektrisch zu isolieren, addieren sich zu $R_ü$ die Widerstandswerte $R_ü^*$ nach **Tafel 5.27.** R_{LA} ist von den Kenngrößen des Werkstoffs der Kühlanordnung abhängig. Für Kühlkörper und Kühlprofile wird vorwiegend Aluminium eingesetzt, das neben einer großen Wärmeleitfähigkeit λ auch gute Verarbeitungseigenschaften zeigt. Auf den thermischen Widerstand R_A hat die Art der Oberfläche und das Umgebungsmedium Einfluß. Nach der Ersatzschaltung (Bild 5.29) gilt:

$$\Delta\vartheta_{ja} = \Delta\vartheta_{jg} + \Delta\vartheta_{gA} \tag{5.26}$$

$$\Delta\vartheta_{jg} = \Phi R_i = P_v R_i \tag{5.27}$$

$$\Delta\vartheta_{gA} = \Phi (R_ü + R_{LA} + R_A) = P_v (R_ü + R_{LA} + R_A) \tag{5.28}$$

$$\Delta\vartheta_{ja} = P_v (R_i + R_ü + R_{LA} + R_A). \tag{5.29}$$

Tafel 5.26
Richtwerte für den Wärmeübergangswiderstand bei verschiedenen Montagebedingungen

$R_ü$ in K/W	Montagebedingungen
0,7	Kühlvorrichtung eloxiert
0,5	Kühlvorrichtung unbearbeitet
0,3	Kühlvorrichtung eloxiert, mit Paste
0,2	Kühlvorrichtung blank, mit Paste

$R_{ü}^{*}$ in K/W	Isolierzwischenlage
1,2	Glimmerscheibe 50 µm
1,4	Glimmerscheibe 100 µm
1,0	Hartpapierscheibe 100 µm
0,6	Glimmerscheibe 100 µm beiderseitig mit Siliconfett bestrichen

Tafel 5.27
Richtwerte für den Wärmewiderstand verschiedener Isolierzwischenlagen

Die exakte Ermittlung des thermischen Gesamtwiderstands des Kühlblechs oder Kühlkörpers $R_{ga} = R_{ü} + R_{LA} + R_{A}$ erfolgt über die Erfassung der Leitungs-, Strahlungs- und Konvektionswiderstände, die sehr kompliziert ist. **Bild 5.30** zeigt den Gesamtwärmewiderstand eines Kühlblechs aus Aluminium, der durch Näherungsrechnung ermittelt wurde, in Abhängigkeit von der Kühlfläche [5.42]. In [5.6] ist $R_{ga} = f(A)$ für Temperaturdifferenzen zwischen Kühlkörper und Umgebung mit $\Delta\vartheta_{Ku} = (10 \ldots 120)$ K angegeben. Relative Wärmewiderstände eines Aluminiumkühlblechs enthält **Tafel 5.28.**

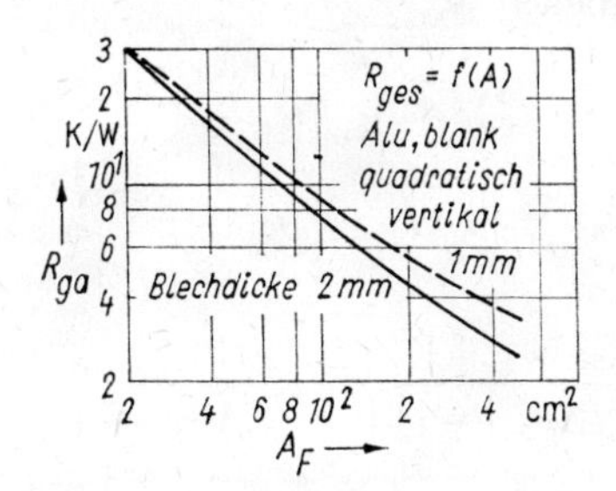

Bild 5.30
Wärmewiderstand in Abhängigkeit von der Fläche für ein quadratisches Aluminiumblech

$\Delta\vartheta_{Ku}$ in K	10	30	60	120
R_{ges} in %	100	83	67	56

Tafel 5.28
Relativer Wärmewiderstand für ein Aluminiumblech
(s = 2 mm, A = 100 cm²)

Die exakte Berechnung von $(R_{LA} + R_{A})$ ist ebenfalls sehr kompliziert und erfolgt über Bessel-Funktionen imaginären Arguments. Für praktische Berechnungen ist es übersichtlicher, mit dem Kühlflächenwirkungsgrad η zu arbeiten:

$$\Delta\vartheta_{ja} = P_{v}\,(R_{i} + R_{ü} + R_{A}/\eta) \tag{5.30}$$

mit

$$\eta = 1/(1 + R_{LA}/R_{A}). \tag{5.31}$$

Der Wärmewiderstand R_{A} einer ebenen Kühlfläche ist allgemein **(Bild 5.31)**

$$R_{A} = R_{K1} \| R_{S1} \| R_{K2} \| R_{S2}\,. \tag{5.32}$$

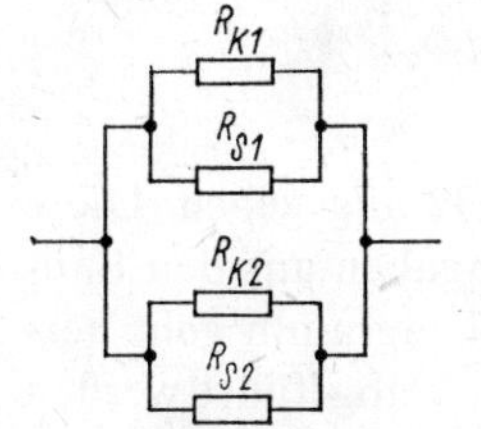

Bild 5.31
Wärmeersatzschaltung einer ebenen Kühlfläche
R_{K1}, R_{K2} Konvektionswiderstand der Seiten 1 und 2
R_{S1}, R_{S2} Strahlungswiderstand der Seiten 1 und 2

Daraus folgt mit $R = 1/\alpha A$ für eine ebene dünne Kühlfläche A_F:

$$R_A = \frac{1}{[(\alpha_{K1} + \alpha_{S1}) + (\alpha_{K2} + \alpha_{S2})] A_F} = \frac{1}{\alpha_F A_F}. \quad (5.33)$$

Die Kenndatenblätter der Bauelementehersteller beziehen sich meist auf $\alpha_F = 15\ W/(m^2 \cdot K)$.

Kühlflächendimensionierung [5.43]. Ausgangspunkt der Betrachtung ist die Temperaturverteilung über dem Stab (s. Bild 5.24):

$$d^2 (\Delta\vartheta)_{wa}/dx^2 = (\alpha U/\lambda A_q)\, \Delta\vartheta_{wa} = w^2\, \Delta\vartheta_{wa}. \quad (5.34)$$

Ist $w \neq f(x)$, was mit guter Näherung gilt, so lautet die Lösung der Differentialgleichung

$$\Delta\vartheta_{wa} = \Delta\vartheta_{üa} (\cosh [w (x - l)])/\cosh wl \quad (5.35)$$

$$\Delta\vartheta_{ea} = \Delta\vartheta_{üa} (1/\cosh wl). \quad (5.36)$$

Für kleine Temperaturunterschiede $\Delta\vartheta_{üe}$ kann man schreiben:

$$\Delta\vartheta_{wa} = 0{,}5\, (\Delta\vartheta_{üa} + \Delta\vartheta_{ea}) \quad (5.37)$$

$$\Delta\vartheta_{üw} = \Delta\vartheta_{üa} - \Delta\vartheta_{wa}. \quad (5.38)$$

Nach den Gln. (5.31), (5.37) und (5.38) ist

$$\eta = \frac{1}{1 + R_{LA}/R_A} = \frac{1}{1 + \Delta\vartheta_{üw}/\Delta\vartheta_{wa}} = \frac{1}{1 + [(\Delta\vartheta_{üa}/\Delta\vartheta_{ea}) - 1]/[(\Delta\vartheta_{üa}/\Delta\vartheta_{ea}) + 1]}.$$

Mit Gl. (5.36) erhält man nach Umformung

$$\cosh wl = 1/(2\eta - 1).$$

Da $s \ll h$ ist, wird

$$w = \sqrt{2\alpha/(\lambda s)}.$$

Damit ergibt sich die Materialdicke s für die Kühlfläche:

$$s = \frac{2\alpha}{\lambda}\, l^2\, \frac{1}{\operatorname{arccosh}^2 [1/(2\eta - 1)]}. \quad (5.39)$$

Für das letzte Glied erhält man die Werte nach **Tafel 5.29.** Um zwischen Kühlflächendicke s und Kühlflächengröße A_F optimale Verhältnisse zu erreichen, ist bei Eigenkonvektion $\eta \geqq 0{,}9$ und bei Zwangskonvektion $\eta \geqq 0{,}7$ anzustreben.

Tafel 5.29 Berechnung der Kühlflächendicke

η	0,95	0,9	0,85	0,8	0,7
$\frac{1}{\operatorname{arccosh}^2 [1/(2\eta - 1)]}$	4,5	2,1	1,25	0,8	0,4

Von den Bauelementeherstellern werden oft Kurven nach **Bild 5.32** angegeben. Diese Diagramme sind nur für die dargestellten Parameter gültig. Die Angaben aus den Bauelementedatenblättern sind jedoch oft nicht vollständig. Aus dem Diagramm geht hervor, daß mit einer größeren Kühlfläche eine höhere Verlustleistung P_V abgeführt werden kann. Die Vergrößerung der Kühlfläche ($A \to \infty$) wird durch R_i begrenzt. Aus diesem Grunde ist es sinnvoll, $R_i \leqq R_ü + R_A/\eta$ anzustreben und, um große Flächen zu umgehen, Kühlkörper mit entsprechend ausgebildeten Kühlrippen einzusetzen.

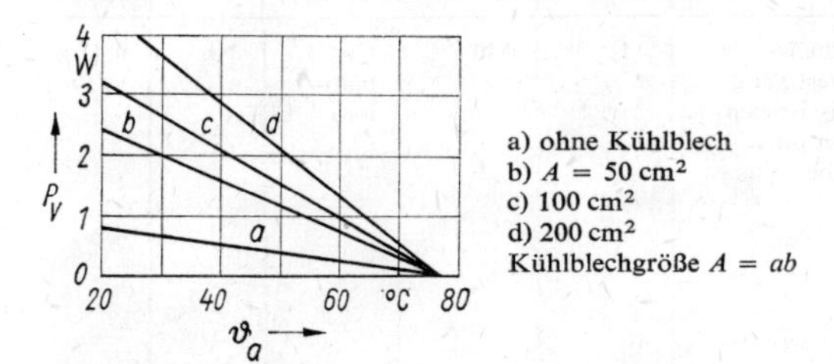

Bild 5.32. Leistungs-Temperatur-Charakteristik eines Germaniumtransistors (Kühlblech Alu, blank, 3 mm dick, waagerecht angeordnet, eben $R_i \leqq 7$ K/W, $R_ü \leqq 1{,}5$ K/W)

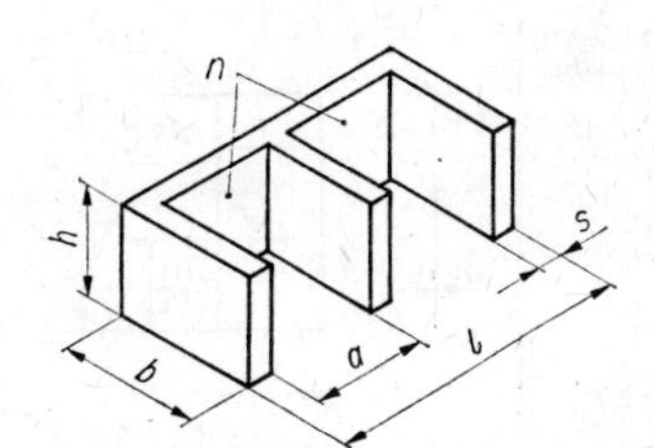

Bild 5.33. Prinzipieller Aufbau eines Kühlkörpers
n Anzahl der Plattenzwischenräume

Kühlkörperdimensionierung [5.43]. Den prinzipiellen Aufbau eines Kühlkörpers für die Kühlung von Halbleiterbauelementen zeigt **Bild 5.33.** Für die wirksamen Flächen der Wärmeübertragung erhält man für die Konvektion der Außenflächen $A_K = 2h(b + l)$, für die Konvektion der Innenflächen $A_i = 2hbn$ und für die Strahlungsflächen $A_S = A_K + bl$.

Der Wärmewiderstand R_A eines Kühlkörpers wird damit

$$R_A = 1/(\alpha_{KS}A_K + \alpha_{Ki}A_i + \alpha_S A_S). \tag{5.40}$$

Um mit minimalem Kühlkörpervolumen *hbl* einen möglichst kleinen Wärmewiderstand R_A zu erreichen, ist es erforderlich, den Plattenabstand a zu optimieren. Bei sehr kleinem Abstand a erhält man zwar eine große Fläche A_i, aber einen kleinen Wert α_{Ki}, und bei sehr großem Abstand a eine kleine Fläche A_i und einen großen Wert α_{Ki}. Zur Optimierung ist für α_{Ki}/a ein Minimum zu suchen. Bestimmend für den Wärmeübergang bei Eigenkonvektion ist die Nußelt-Zahl nach Gl. (5.19) und damit das zu optimierende Verhältnis

$$\alpha_{Ki}/a = \mathrm{Nu}\,\lambda/a^2. \tag{5.41}$$

Für parallele Platten gilt auf der Grundlage von Arbeiten nach [5.45]

$$\mathrm{Nu} = \frac{1}{24}\,y\left(1 - \exp\frac{-24}{\sqrt[4]{8y^3}}\right) \tag{5.42}$$

mit y nach [5.7]:

$$y = \frac{a^4}{h}\,\frac{\beta c_p \varrho g}{v\lambda}\,\Delta\vartheta_{wa} = \frac{a^4}{h}\,f(\vartheta). \tag{5.43}$$

Aus den Gln. (5.41) bis (5.43) ergibt sich

$$\frac{\alpha_{Ki}}{a} = \frac{1}{24}\,\frac{a^2}{h}\,\lambda\,f(\vartheta)\left[1 - \exp\frac{-14{,}3}{(a\sqrt[4]{f(\vartheta)/h})^3}\right]. \tag{5.44}$$

Tafel 5.30. Kühlkörper und Kühlschellen für Transistoren [5.42]

Form	Darstellung	Anwendung	Wärmewiderstand		Werkstoff	Oberfläche	Masse
			R_{LA} in K/W	$R_{LA} + R_A$ in K/W			
A	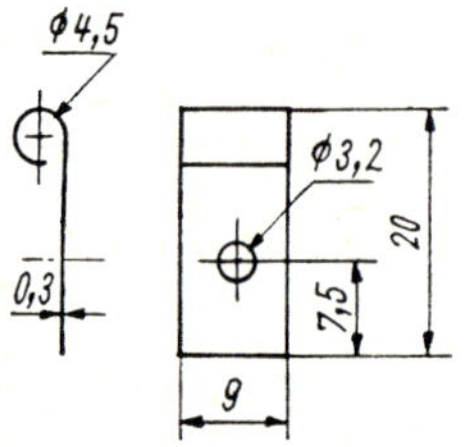	Kühlschelle zur Befestigung an Chassisteilen mit Niet oder Schraube	11	140	Cu halbhart	Ni	0,45 g
B	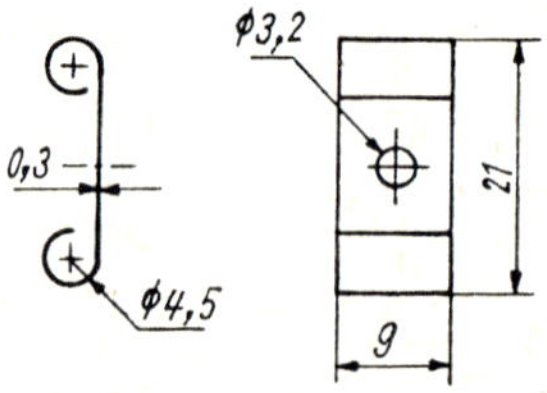	Doppelschelle für Transistorpaar mit Befestigung wie unter A	11 halbseitig		Cu halbhart	Ni	0,9 g
C	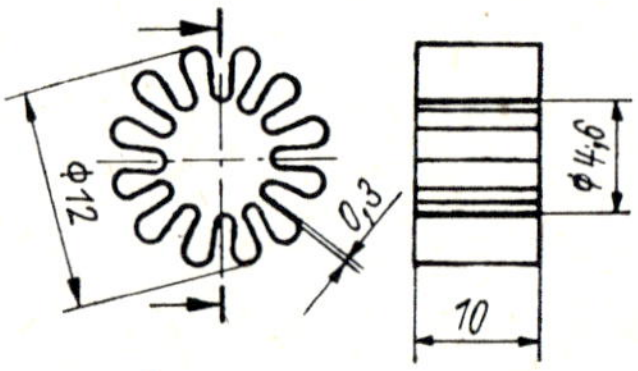	Kühlkörper für frei tragende Anwendung		140	Al 99,5 F 7	blank (bk)	1,0 g
P	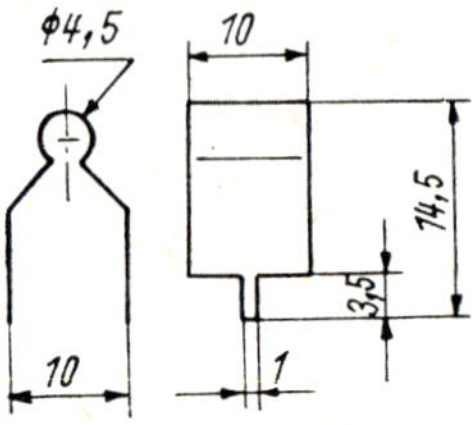	Kühlschelle für gedruckte Schaltungen, Befestigung durch zusätzliches Verlöten auf der Leiterplatte		130	Cu halbhart F 25	Ni	1,0 g
L	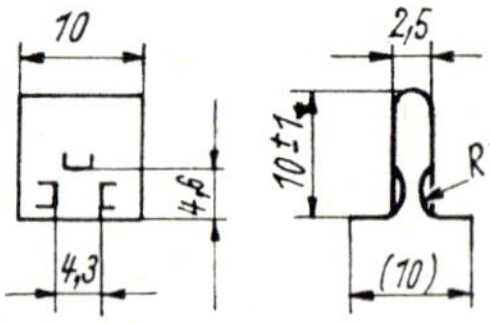	Kühlschelle für frei tragende Anwendung		170	Cu halbhart F 37	Ni 6 bk	0,8 g
M	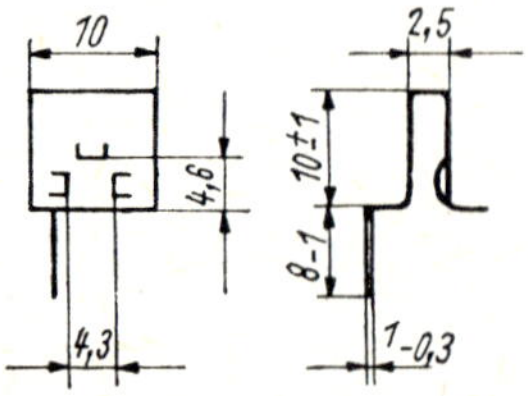	Kühlschelle für gedruckte Schaltungen, zusätzliche Befestigung durch Verlöten auf der Leiterplatte		170	Cu halbhart F 37	Ni 6 bk	0,8 g

Durch Nullsetzen der ersten Ableitung dieser Funktion (und Überprüfung mit der zweiten Ableitung) erhält man das Maximum von α_{Ki}/a und damit den optimalen Plattenabstand a_{opt}:

$$\exp \frac{-14{,}3}{(a_{opt} \sqrt[4]{f(\vartheta)/h})^3} = 1 + \frac{21{,}4}{(a_{opt} \sqrt[4]{f(\vartheta)/h})^3}. \tag{5.45}$$

Diese Gleichung ist durch Iteration lösbar. Für eine mittlere Kühlkörpertemperatur $\vartheta_w = 60\,°C$ und $\lambda = 2{,}9 \cdot 10^{-2}$ W/(m · K) für Luft ergibt sich der optimale Plattenabstand a_{opt} nach der zugeschnittenen Größengleichung:

$$a_{opt} = 1{,}3 \sqrt[4]{h/\Delta\vartheta_{wa}}. \tag{5.46}$$

Tafel 5.31. Kühlkörper für Transistoren [5.42]

Form	Darstellung	Wärmewiderstand $R_{LA} + R_A$ in K/W	Werkstoff	Oberfläche	Masse
F	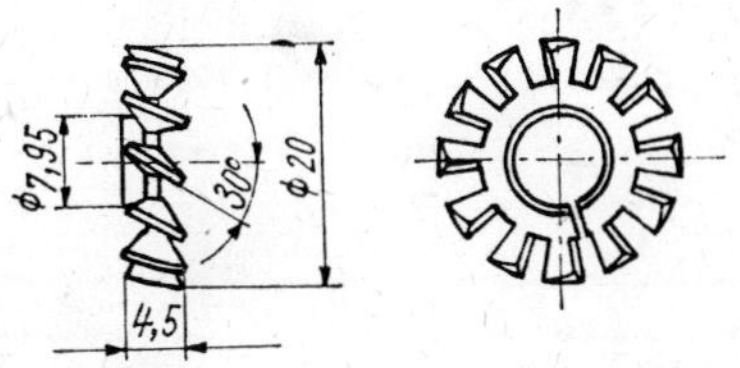	90	Al 99,5 oder AlMg 3	blank	0,75 g
G	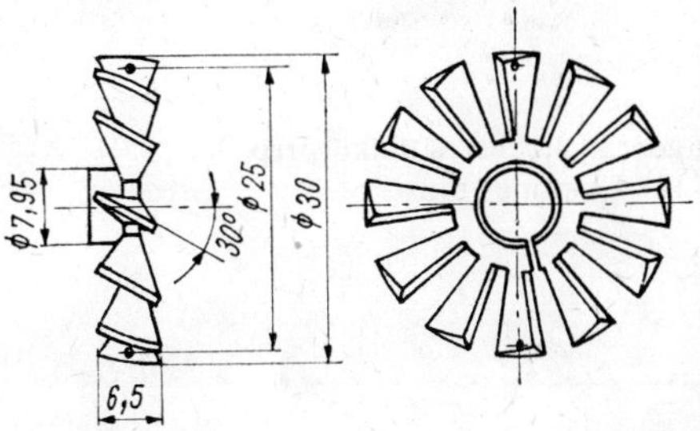	50	Al 99,5 oder AlMg 3	blank	1,6 g
N	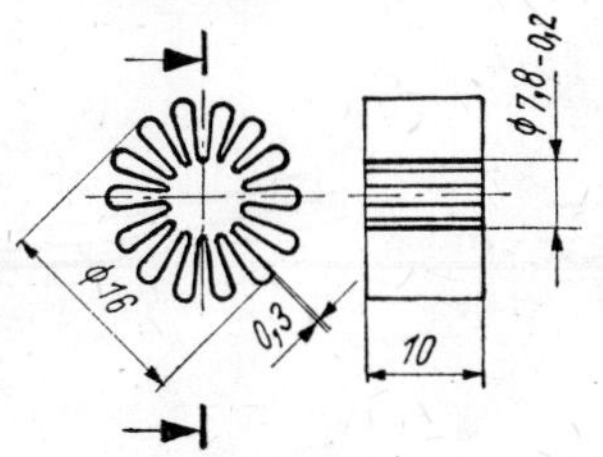	80	Al 99,5 F 7	blank	0,5 g
Kühlkörperprofil 06183	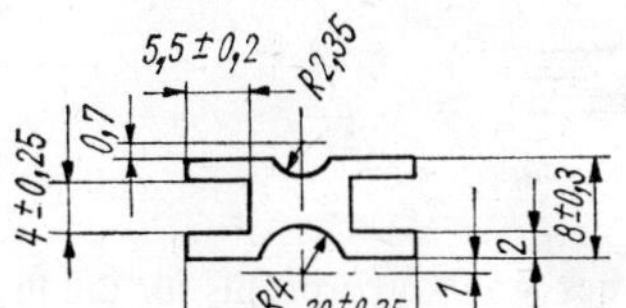	Länge in mm 45 8 40 12 30 25	AlMg Si 0,5 F 14	blank	254 g/m

Unter Voraussetzung der Anwendung dieses optimalen Werts gilt nach [5.7] $b/h = 1 \dots 2$ und $bh \geqq 5$ l.

Errechnet man den optimalen Plattenabstand für die Bedingungen der Zwangskühlung, so erhält man in Abhängigkeit von der Luftgeschwindigkeit v die zugeschnittene Größengleichung:

$$a_{\text{opt}} = 0{,}4\sqrt{h/v}. \tag{5.47}$$

In den **Tafeln 5.30** und **5.31** sind gebräuchliche Kühlkörper und Kühlschellen mit ihren mechanischen und thermischen Kennwerten aufgeführt. Die angegebenen Wärmewiderstände der Kühlelemente stellen Richtwerte dar, die unter folgenden Bedingungen er-

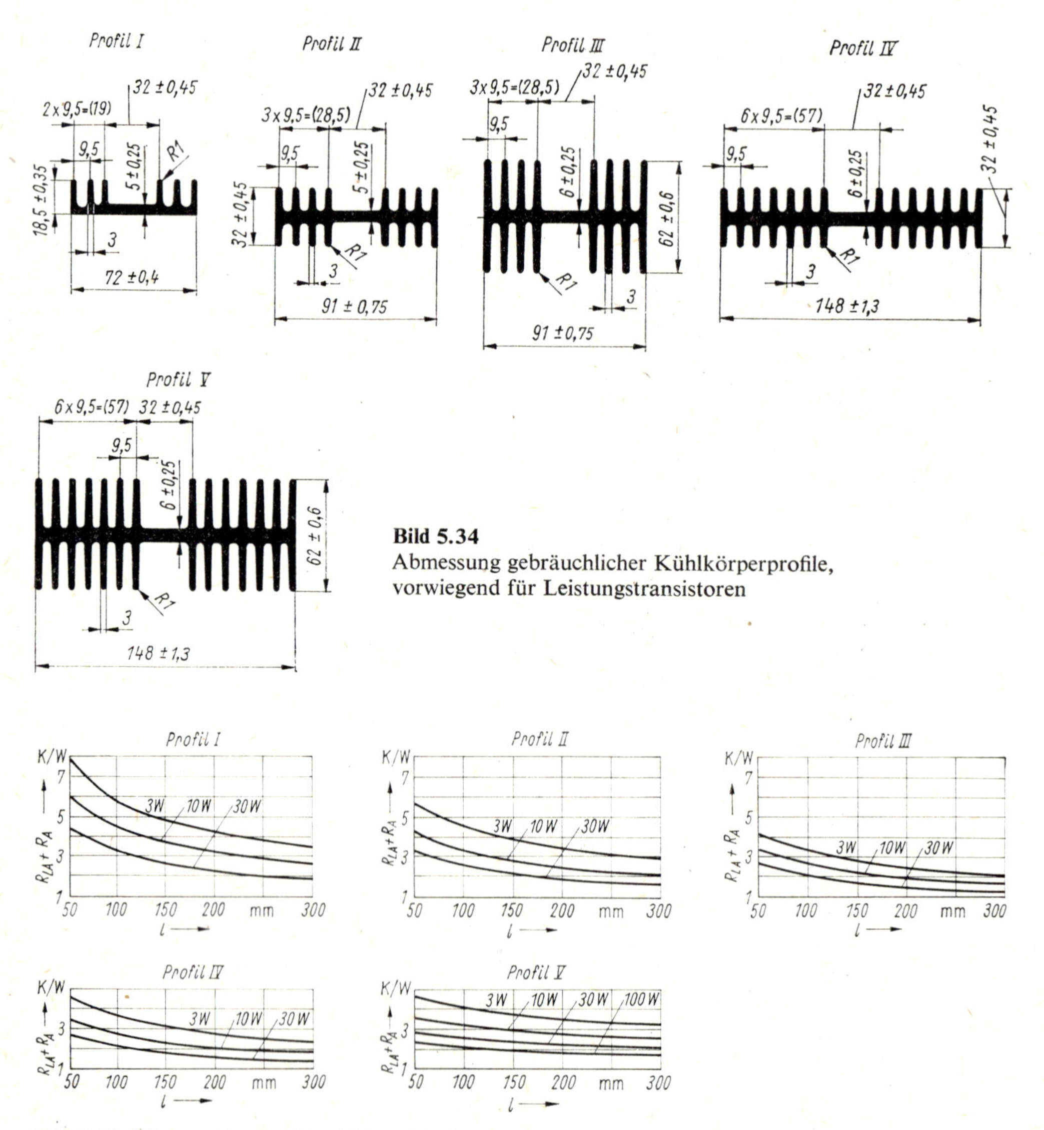

Bild 5.34
Abmessung gebräuchlicher Kühlkörperprofile, vorwiegend für Leistungstransistoren

Bild 5.35. Wärmewiderstand in Abhängigkeit von der Länge des Kühlkörperprofils für die Profile *I* bis *V* nach Bild 5.34

mittelt wurden: horizontal angeordnete Leiterplatte, bestückt mit Transistoren mit ungekürzten Anschlüssen und aufgesteckten Kühlkörpern bei freier Konvektion in einem geschlossenen Gehäuse mit einem Volumen von etwa 20 l. Bei den Kühlelementen nach Tafel 5.30 beträgt die zugeführte Verlustleistung $P_V = 250$ mW und bei den Kühlkörpern nach Tafel 5.31 $P_V = 1$ W. Zur Abführung der Wärme von Leistungstransistoren, Gleichrichterdioden und Thyristoren werden stranggepreßte Kühlkörperprofile nach **Bild 5.34** benutzt. Aufgrund des optimierten Rippenabstands haben diese Profile sehr günstige thermische Kennwerte. Der thermische Widerstand des Kühlkörperprofils ist von der Profillänge abhängig **(Bild 5.35)**. Die in den Diagrammen angegebenen Werte gelten für Kühlkörperprofile mit unbehandelter Oberfläche in vertikaler Einbaulage bei freier Konvektion.

5.4.5. Wärmeabführung aus Geräten

Die Geräteinnentemperatur ist von der in Wärme umgesetzten Verlustleistung P_V im Gerät sowie von der Anordnung der Wärmequellen abhängig und entspricht einem räumlichen Temperaturfeld. Der Wärmezustand gilt als normal, wenn die Temperatur der einzelnen Bauelemente unter Betriebsbedingungen die höchstzulässigen Werte nicht überschreitet. Die Übertragung der Wärme erfolgt durch die drei bekannten Methoden Wärmeleitung, Wärmestrahlung und Konvektion.

Nach dem Kühlverfahren unterscheidet man Geräte mit Luft-, Flüssigkeits- und Verdampfungskühlung.

5.4.5.1. Wärmeabführung durch freie Konvektion mit Luft

Die Ausnutzung der natürlichen oder freien Konvektion der Luft ist das einfachste Kühlverfahren.

In einem **geschlossenen Geräteinnenraum** entstehen umlaufende, oft komplizierte Luftströmungen, die von der Geometrie des Raums und vom Temperaturgefälle abhängig sind. Die Konvektion beträgt dabei näherungsweise $\frac{1}{3}$ der des Außenraums, bezogen auf gleiche kritische Abmessungen und gleiche Temperaturunterschiede. In engen Spalten ($a < 5$ mm) bildet sich im geschlossenen Raum keine Eigenkonvektion aus; es ist nur noch reine Wärmeleitung vorhanden. Aus einem geschlossenen Gehäuse erfolgt die Wärmeabführung von den Bauelementen durch Konvektion und teilweise durch Strahlung zur Gehäusewand, die Wärme gelangt durch Leitung durch die Gehäusewand zur Gehäuseoberfläche und wird durch Konvektion und Strahlung von der Gehäusewand an die Umgebung abgegeben. Nachfolgend sollen näherungsweise die wärmetechnisch bedingten Geräteabmessungen bei geschlossenem Gehäuse betrachtet werden. Die Wärmequellen seien so im Gerät angeordnet, daß eine möglichst gleichmäßige Wärmebelastung von Gerät und Gehäuse vorhanden ist. Bei der wärmetechnischen Gerätedimensionierung ist von Interesse, welche Verlustleistung P_V bei einer maximal zulässigen Geräteinnentemperatur aus dem Gerät abgeführt werden kann. Eine vereinfachte Ableitung für den Gehäuseersatzwiderstand R_g, der sich aus zahlreichen Teilwiderständen im Innen- und Außenraum zusammensetzt, ist im **Bild 5.36** dargestellt. Dabei ist jeder Gehäusefläche ein innerer, ein Leit- und ein äußerer thermischer Widerstand zugeordnet. Bei einem Metallgehäuse kann der Wärmeleitungswiderstand R_L vernachlässigt werden. Die Teilwiderstände sind zum Wärmedurchgangswiderstand des Gehäuses R_g zusammengefaßt.

Es gilt

$$R_g = 1/(K \cdot A_g)$$

$$= \frac{1}{(\alpha_{Ki} + \alpha_{Si})\,A_g} + \frac{1}{\alpha_L A_g} + \frac{1}{(\alpha_{Ka} + \alpha_{Sa})\,A_g}. \tag{5.48}$$

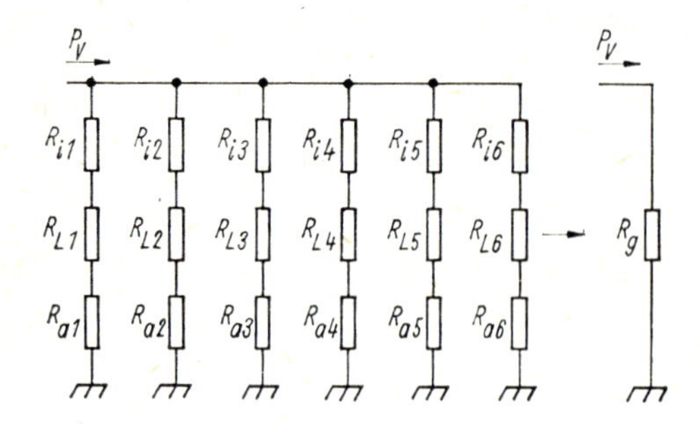

Bild 5.36
Vereinfachtes thermisches Ersatzschaltbild eines Gehäuses

Bei gleichem Emissionsvermögen im Innen- und Außenraum kann man näherungsweise setzen (gleiche Oberflächenbeschaffenheit):

$$\alpha_{Si} \approx \alpha_{Sa} \approx \alpha_S. \tag{5.49}$$

Nach einer Vereinfachung in [5.7] ist weiterhin

$$\alpha_{Ki} \approx \alpha_{Ka} \approx \alpha_K.$$

Damit wird der Gehäuseersatzwiderstand für ein geschlossenes Gehäuse näherungsweise

$$R_g = 2/[(\alpha_K + \alpha_S)\,A_g]. \tag{5.50}$$

Für ein Metallgehäuse gilt für die Temperaturdifferenz eines geschlossenen Gehäuses zwischen Geräteinnen- und -außenraum

$$\overline{\Delta\vartheta_{ia}} = P_V\, 2/[(\alpha_K + \alpha_S)\,A]. \tag{5.51}$$

Bei der Berechnung eines Plastgehäuses läßt sich der Wärmeleitwiderstand R_L nicht vernachlässigen. Mit $R_L = s/(\lambda A) = 1/(\alpha_L A)$ ergibt sich aus Gl. (5.51)

$$\overline{\Delta\vartheta_{ia}} = \frac{P_V}{A}\left(\frac{2}{\alpha_K + \alpha_S} + \frac{1}{\alpha_L}\right). \tag{5.52}$$

Im **Bild 5.37** ist die abführbare Verlustleistung P_V für ausgewählte Gehäuseabmessungen in Abhängigkeit von der Gerätehöhe h dargestellt.

Bei einem **belüfteten Gerät**, das mit geeigneten Lüftungsöffnungen im Gehäuse versehen ist, findet im Geräteinnenraum eine erhöhte Eigenkonvektion statt. Diese Konvektion ist von Art, Größe und Anordnung der Lüftungsöffnungen im Gehäuse und der Lüftungskanäle im Gerät abhängig. Eine Bestimmung der Größe dieser Konvektion ist sehr schwierig und rechnerisch fast unmöglich. Zur Erfassung der Wirkung der Belüftung beim belüfteten Gerät wurde deshalb der Belüftungsfaktor Ψ eingeführt [5.7]:

$$\Psi = (2A_L/A_{ges})\,100\,\%, \tag{5.53}$$

wobei A_L der wirksame Gesamtquerschnitt der Strömungskanäle und A_{ges} die gesamte Oberfläche des unbelüfteten Gehäuses sind. Der Belüftungsfaktor kann im Bereich

$2\% < \Psi < 25\%$ liegen; eine Vergrößerung von über 25% bringt keine wirksame Verbesserung.

Durch verstärkte Konvektion gegenüber geschlossenen Gehäusen wird bei belüfteten Geräten ein Teil der Wärme durch Konvektion von der Wärmequelle direkt aus dem Gerät abgeführt. Die Wärmeabführung ist von der Größe und Anordnung der Lüftungskanäle abhängig. Eine mathematische Erfassung der Wärmeabführung bei einem belüfteten Gerät erfolgt über den Belüftungsfaktor Ψ nach Gl. (5.53). Ψ ist nach [5.7] eine Funktion der Verlustleistung P_V, der Gehäuseoberfläche und der Geräteinnentemperatur. Als Näherungslösung erhält man:

$$\sqrt{\Psi} = 0,9\ [P_V/(A\alpha_K\ \Delta\vartheta_{ia})]. \tag{5.54}$$

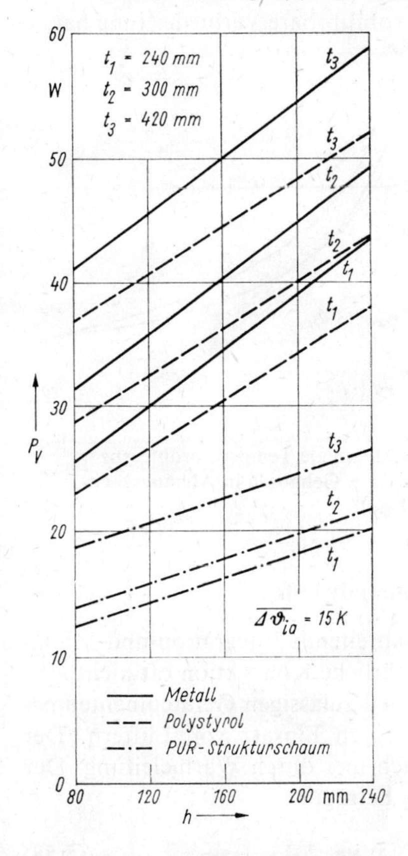

Bild 5.37
Abführbare Verlustleistung bei geschlossenen Gehäusen für ausgewählte Gehäuseabmessungen (EGS-Kastengehäuse A der Breite 480 mm)

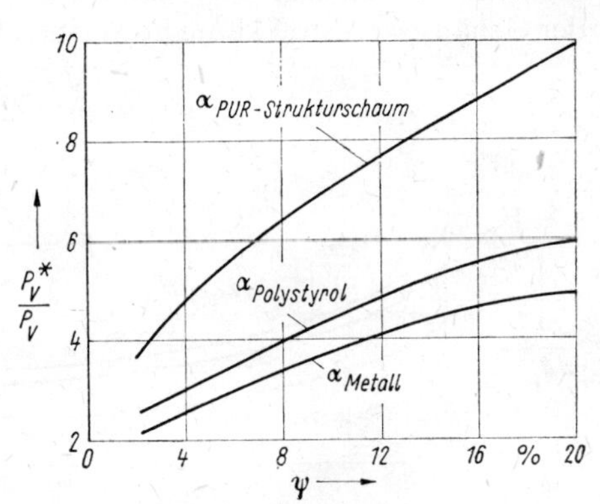

Bild 5.38. Verhältnis der abführbaren Verlustleistung eines belüfteten Gehäuses zu der eines geschlossenen Gehäuses

Die Berechnung von α_K ist sehr kompliziert, da auf diesen Wert viele Einflußgrößen einwirken. Näherungswerte für verschiedene α_K sind in Tafel 5.24 angegeben. Für ein perforiertes Gehäuse wird der Wärmedurchgangskoeffizient des Gehäuses K_g über

$$K_g = \alpha^*/[1 + 1/(1 + 0,5\sqrt{\Psi})] \tag{5.55}$$

mit $\alpha^* = \alpha_K(\sqrt{\Psi} + 1) + \alpha_s$ berechnet. Für die abführbare Verlustleistung P_V^* aus einem belüfteten Gerät gilt die Gleichung

$$P_V^* = \frac{\alpha^* A_g\ \overline{\Delta\vartheta_{ia}^*}}{1 + 1/(1 + 0,5\sqrt{\Psi})}. \tag{5.56}$$

Das Verhältnis P_V^*/P_V ist für verschiedene Gehäusewerkstoffe im **Bild 5.38** dargestellt.

Die Temperaturdifferenz zwischen Innen- und Außenraum eines belüfteten Gerätes $\overline{\Delta\vartheta_{ia}^*}$ berechnet sich nach

$$\overline{\Delta\vartheta_{ia}^*}(\Psi) = \frac{P_{VW}(\Psi)}{A(\Psi)} \left(\frac{1}{K_M} + \frac{1}{\alpha_L}\right). \tag{5.57}$$

Bild 5.39 enthält das Verhältnis $\overline{\Delta\vartheta_{ia}^*}/\overline{\Delta\vartheta_{ia}}$ eines belüfteten Geräts zu einem unbelüfteten Gerät in Abhängigkeit vom Belüftungsfaktor. Bei Annahme eines Wärmestroms $q = 200\ \mathrm{W/m^2}$ (für elektronische Geräte ist dies eine hohe Oberflächenbelastung) ergeben sich für verschiedene Werkstoffe die im **Bild 5.40** dargestellten maximalen Temperaturdifferenzen. Aus dem Diagramm geht hervor, daß mit zunehmendem Belüftungsfaktor der Gehäusewerkstoff kaum noch einen Einfluß auf die abführbare Verlustleistung hat.

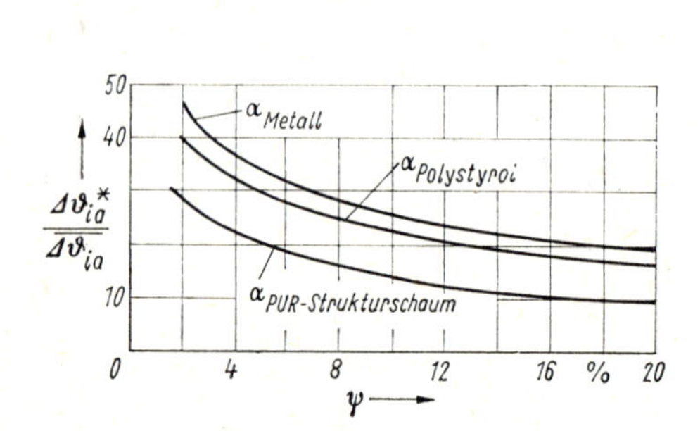

Bild 5.39. Verhältnis der Temperaturdifferenz Innenraum-Außenraum des belüfteten Geräts zum unbelüfteten Gerät in Abhängigkeit vom Belüftungsfaktor

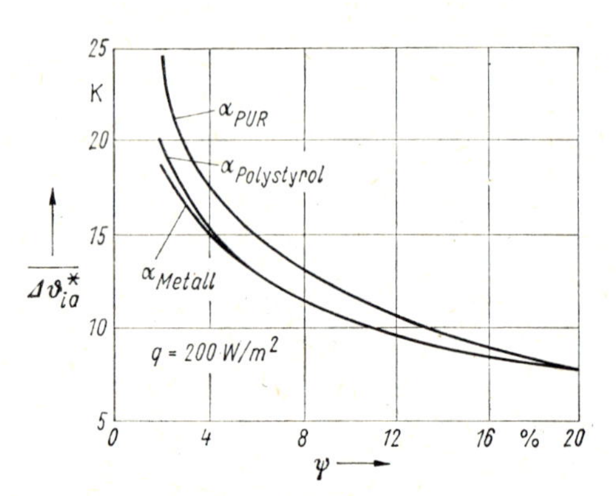

Bild 5.40. Maximale Temperaturdifferenz bei perforierten Gehäusen in Abhängigkeit vom Werkstoff

5.4.5.2. Wärmeabführung durch erzwungene Konvektion mit Luft

Bei höheren Packungsdichten, bedingt durch die fortschreitende Integration und Miniaturisierung der elektronischen Bauelemente, ist die natürliche Konvektion oft nicht ausreichend, und es kommt zur Überschreitung der maximal zulässigen Geräteinnentemperatur. Einen Ausweg bietet die Zwangskonvektion durch Einsatz von Lüftern. Der Wärmeübergang von einer Wand zur Luft erfolgt auch hier durch Wärmeleitung. Der durch Zwangskonvektion abgeführte Wärmestrom Φ_z beträgt

$$\Phi_z = \alpha_z A \overline{\Delta\vartheta_{wm}}. \tag{5.58}$$

Während man bei freier Konvektion einen Wert $\alpha_K \approx 5\ \mathrm{W/(m^2 \cdot K)}$ erreichen kann, liegt α_K bei erzwungener Konvektion zwischen 20 und 120 $\mathrm{W/(m^2 \cdot K)}$.

Voraussetzung für die Bestimmung des Wärmeübergangs bei erzwungener Konvektion mit Luft sind definierte Strömungsverhältnisse im Gerät zwischen den Leiterplatten und Baugruppeneinheiten. Um das gesamte Volumen der durchströmenden Luft zur Wärmeabführung zu nutzen, müssen Strömungskanäle ausgebildet werden, und durch Abdichten ist Nebenluft zu vermeiden.

In Abhängigkeit von der Anordnung der Lüfter im Gerät oder überwiegend in Anlagen kann man Druck- und Sauglüftung unterscheiden. Bei Drucklüftung wird der Lüfter im Boden der Anlage eingebaut und treibt die Luft durch die Anlage. Durch Nebenluft bzw. Undichtheiten kommt es mit zunehmender Höhe zu einem Abfall der Geschwindigkeit bzw. des Volumenstroms der Luft. Infolgedessen werden die Bauelemente im oberen Teil der Anlage schlechter gekühlt. Bei Sauglüftung wird im Deckenbereich der Anlage der Lüfter eingebaut und saugt die Kühlluft durch die Anlage. Undichtheiten bewirken ein Ansaugen von Nebenluft, wobei die angesaugte Nebenluftmenge mit der Höhe zunimmt. Die Geschwindigkeit bzw. der Volumenstrom der Luft ist am Kanaleintritt am geringsten. Häufig wird eine Kombination von Druck- und Sauglüftung angewendet. Dabei wirkt bis etwa zur halben Höhe des Strömungskanals die Drucklüftung und im oberen Bereich die Sauglüftung.

Auswahl von Lüftern. Bei der Auswahl der Lüfter sind sehr unterschiedliche Einflüsse zu berücksichtigen. Sie erfolgt zweckmäßig über die Ermittlung eines Arbeitspunkts anhand der Lüfterkennlinie und der Geräte- bzw. Anlagenkennlinie. Den unterschiedlichen Kennlinienverlauf von Axial-, Radial- und Querstromlüftern zeigt **Bild 5.41.** Daraus geht hervor, daß bei Radiallüftern bei einem geringeren Volumenstrom ein großer Förderdruck, bei Querstromlüftern dagegen ein großer Volumenstrom bei einem kleinen Förderdruck erzielt wird. Am verbreitetsten ist die Anwendung von Axiallüftern, wobei man oft mehrere Lüfter in einer Anlage kombiniert. Bei einer Kombination von Saug- und Drucklüftung sind die Lüfter in Reihe geschaltet, und die Förderdrücke addieren sich bei konstantem Volumenstrom, während Lüfter nebeneinander angeordnet einer Parallelschaltung entsprechen und sich bei gleichem Förderdruck die Volumenströme addieren. Für Gestelle und Schränke beispielsweise gibt es Lüftereinheiten mit drei Axiallüftern, die nebeneinander montiert und als Einschub im Schrank angeordnet werden können. Radiallüfter kommen in Gestellen und Schränken zum Einsatz, wenn eine Belüftung mit hohem Strömungswiderstand möglich ist, während Querstromlüfter gegenwärtig nur sehr selten zur Anwendung gelangen.

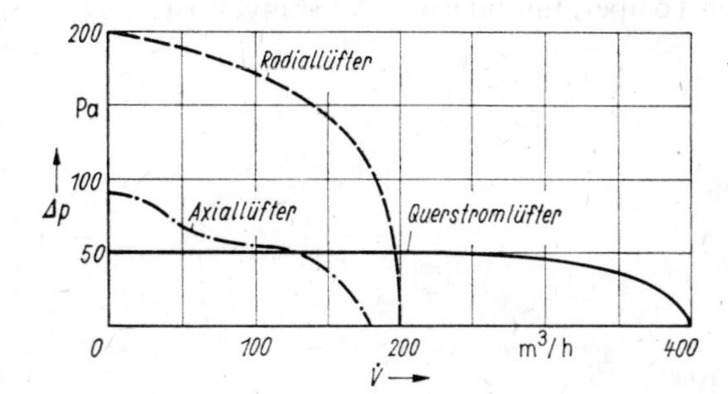

Bild 5.41
Kennlinienverlauf verschiedener Lüfter

Die Gerätekennlinie, die zur Festlegung des Arbeitspunkts eines Lüfters notwendig ist, hängt von der konstruktiven Gestaltung des inneren Geräteaufbaus ab. Mit steigender Anzahl der Einschübe wächst der Strömungswiderstand, wodurch bei gleicher Lüfteranordnung der Volumenstrom abnimmt. Die Strömungswiderstände werden weiterhin von der Bauelementebestückung und dem Leiterplattenabstand bestimmt.

Beim Einsatz von Filtern zum Reinigen und Entfeuchten der in den Strömungskanal eindringenden Luft entsteht ein zusätzlicher, vom Filterwerkstoff abhängiger Druckabfall. Die Kennlinien verschiedener Geräteaufbauten zeigt **Bild 5.42.** Bei der Anwendung von Gefäßkonstruktionen entstehen unterschiedliche Varianten von Gerätekennlinien.

Die Festlegung des Lüfterarbeitspunkts erfolgt im Schnittpunkt der Lüfter- und der Gerätekennlinie. Ein optimaler Arbeitspunkt garantiert, daß Förderdruck und Fördervolumen der Lüfterkombination mindestens gleich dem Druckabfall und dem benötigten

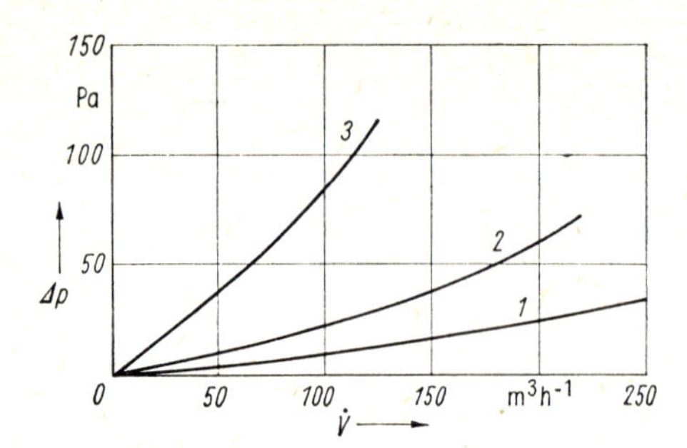

Bild 5.42. Kennlinien verschiedener Geräteaufbauten

1 drei Einschübe übereinander (Leiterplattenabstand 15 mm)
2 drei Einschübe mit kleinem Filter
3 drei Einschübe mit großem Filter und günstiger Perforation

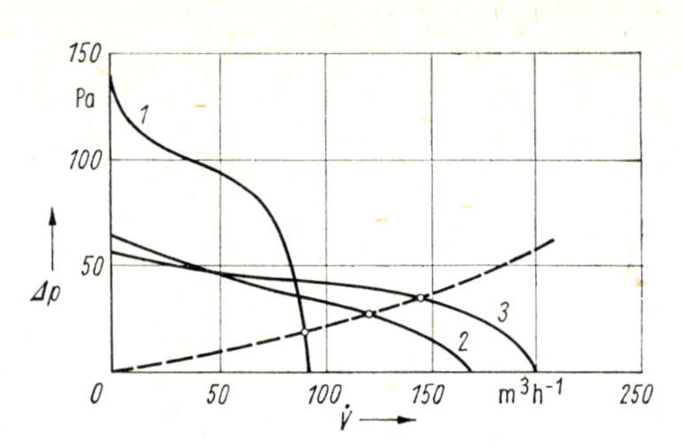

Bild 5.43. Festlegung des Arbeitspunkts eines Lüfters mit Hilfe der Gerätekennlinie

Wahl des Arbeitspunkts:
1 Radiallüfter gut; *2* Axiallüfter maximal;
3 Querstromlüfter ungünstig

Volumenstrom sind, wenn er rechts vom Scheitel- bzw. Wendepunkt der Lüfterkennlinie liegt. **Bild 5.43** veranschaulicht die Festlegung des Arbeitspunkts.
Für den Zusammenhang zwischen der Verlustleistung P_V des Volumenstroms $\dot{V}$ und der Temperaturerhöhung $\Delta\vartheta$ (Differenz zwischen Luftaustritts- und Lufteintrittsöffnung) ergibt sich nach [5.46]

$$\dot{V} = 8{,}3 \cdot 10^{-4} \cdot P_V/\Delta\vartheta \tag{5.59a}$$

bzw.

$$\dot{V} = 3 \cdot P_V/\Delta\vartheta \quad \text{mit } \dot{V} \text{ in m}^3/\text{h}. \tag{5.59b}$$

Aus **Bild 5.44** geht hervor, daß eine Erhöhung des Volumenstroms nur bis zum angegebenen Grenzbereich hinsichtlich einer Temperaturänderung $\Delta\vartheta$ sinnvoll ist.

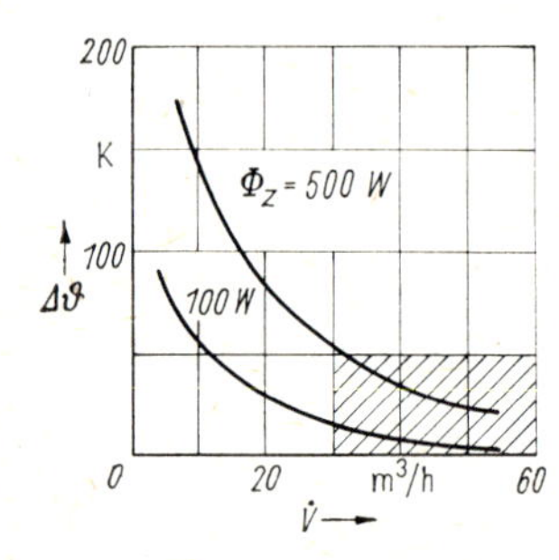

Bild 5.44
Einfluß des Volumenstroms bei Zwangskonvektion

5.4.5.3. Wärmeabführung durch Flüssigkeitskühlung

Bei der direkten Flüssigkeitskühlung umgibt die Kühlflüssigkeit die Bauelemente und Baugruppen unmittelbar, während bei der indirekten Flüssigkeitskühlung die Verlustwärme über gut wärmeleitende Materialien zur Kühlflüssigkeit geführt wird [5.8].

Das Heranführen der Kühlflüssigkeit an die Bauelemente bei der direkten Flüssigkeitskühlung stellt hohe Anforderungen an die elektrischen, wärmetechnischen, physikalischen und chemischen Eigenschaften der Flüssigkeiten. Die Größe des zu erwartenden Wärmeübergangskoeffizienten liegt bei $\alpha = 200$ W/(m² · K). Da die Elektronik bei diesem Kühlverfahren direkten Kontakt mit der Flüssigkeit hat, kommt diese Methode kaum zum Einsatz.

Konstruktiv günstiger, aber auch aufwendiger ist die indirekte Flüssigkeitskühlung, deren Anwendung bei hohen Verlustleistungen in Anlagen (z.B. EDVA) gerechtfertigt ist. Die Flüssigkeit wird über einen gesonderten Kreislauf durch die Anlage geführt und in der Regel in außerhalb der Anlage angeordneten Wärmeaustauschern gekühlt.

Sonderfälle der Flüssigkeitskühlung sind die Siede- und Kondensationskühlung. Ein Anwendungsbeispiel hierfür ist das Wärmerohr (heat-pipe). Ein evakuiertes Rohr, gefüllt mit etwas Flüssigkeit, wird auf einer Seite erwärmt, bis die Flüssigkeit siedet. Der entstehende Dampf kondensiert am anderen, kühleren Ende des Rohres, und damit entsteht zwischen beiden Enden ein intensiver Wärmestrom. Eine spezielle Auskleidung der Rohrinnenwand mit Keramik, Glas- bzw. Metallfasern oder Asbestgeweben bewirkt durch die einsetzende Kapillarwirkung einen Rücktransport der Flüssigkeit zur verdampfenden Seite. Die Wärmeleitfähigkeit des Wärmerohrs liegt in der Größenordnung von $\lambda = 10^5$ W/(m · K) und damit weit über der des besten metallischen Wärmeleiters, dem Silber, mit $\lambda = 410$ W/(m · K). Durch Kapillarwirkung im evakuierten Rohr ist dieses lageunabhängig; die Länge kann jedoch nicht unbegrenzt vergrößert werden. Anwendung findet das Wärmerohr zur Wärmeableitung an schwer zugänglichen Stellen und für konzentrierte Wärmequellen, wo hohe Wärmestromdichten abzuführen sind. Sinnvoll ist die Anwendung beispielsweise zur Wärmeableitung an Halbleiterleistungsbauelementen. Weitere Anwendungen sind aus der Militär- und Kosmosforschung bekannt.

5.4.5.4. Wärmeabführung durch thermoelektrische Erscheinungen

Thermoelektrische Effekte sind das Joulesche Gesetz, der Seebeck-, der Peltier-Effekt u.a. Praktische Bedeutung für die Kühlung eines elektronischen Geräts hat das Peltier-Element. Wenn über eine Verbindung (elektrischer Kontakt, Lötstelle), die aus zwei unterschiedlichen Materialien besteht, ein Strom fließt, kommt es in Abhängigkeit von der Stromrichtung zur Erwärmung oder Abkühlung. Bei einem Peltier-Element **(Bild 5.45)** besteht die Verbindung aus Halbleiterübergängen (pn-Übergänge), die zur Erhöhung der abführbaren Verlustleistung thermisch parallelgeschaltet werden können. Diese Elemente arbeiten mit sehr kleinen Betriebsspannungen ($U_B < 1$ V) und sehr großen Strömen ($I_B > 10$ A). Diese Speisung muß durch separate, elektrisch ungünstige Netzteile erfolgen und bringt damit einen entscheidenden Nachteil der Peltier-Elemente.

Bild 5.45
Aufbau eines Peltier-Elements

Der Wirkungsgrad des Elements liegt mit 50% ebenfalls recht ungünstig, so daß die Anwendung dieses Kühlverfahrens sehr speziellen Wärmeabführungsproblemen vorbehalten bleibt.

5.4.6. Wärmeausgleichende Konstruktionen

Aus Gründen der Zuverlässigkeit eines Geräts oder einer Anlage muß bereits in einem frühen Entwicklungsstadium das günstigste Kühlverfahren ausgewählt werden. Kriterien sind die umgesetzte Verlustleistung, die Umgebungsbedingungen und die höchsten zulässigen Bauelementetemperaturen. Die abgeführte Verlustleistung ist, wie oben dargelegt, vom Wärmeübergangskoeffizienten α_K abhängig. Charakteristische Werte für die betrachteten Kühlverfahren sind die in **Tafel 5.32** angegebenen Wärmeübergangs-

Kühlverfahren	α_K in $\frac{W}{K \cdot m^2}$
Freie Konvektion und Strahlung mit Luft	2 ... 10
Erzwungene Konvektion mit Luft	10 ... 100
Konvektion mit Ölkühlung	200 ... 1000
Konvektion mit Wasserkühlung	200 ... 3000
Kondensation organischer Dämpfe	500 ... 2000

Tafel 5.32
Wärmeübergangskoeffizient α_K für verschiedene Kühlverfahren [5.8]

koeffizienten. Für Erzeugnisse der Gerätetechnik ist i. allg. die Konvektion von Luft das dominierende Kühlverfahren. Richtwerte für die abführbare Verlustleistung enthält **Tafel 5.33.** Für eine wärmetechnisch günstige Gerätegestaltung sind folgende Richtlinien zu beachten:

Tafel 5.33. Beispiele mit Richtwerten für die abführbare Verlustleistung bei freier Konvektion von Luft

Gehäuse	Kühlverfahren	Abmessung in mm	$\Delta\vartheta_{ia}$ in K	Abführbare Verlustleistungsdichte in W/dm³
Geschlossen	freie Konvektion	130 × 430 × 280 1800 × 600 × 600	20 20	2 0,5
Perforiert	freie Konvektion	130 × 430 × 280 800 × 430 × 280	20 20	8 3,5
Perforiert	erzwungene Konvektion	130 × 430 × 280 800 × 430 × 280	20 20	50 30

Anordnung von Wärmequellen. Das Temperaturfeld in einem Gerät ist entsprechend den vorhandenen Strömungsbedingungen ausgebildet. Experimentelle Untersuchungen [5.7] mit unterschiedlich angeordneten Wärmequellen und veränderter Gerätehöhe lassen folgende Schlußfolgerungen zu:

- Bei in der Nähe der Deckfläche angebrachten Wärmequellen sind sowohl die Temperatur der Deckfläche als auch die der Wärmequelle am höchsten. Je tiefer die Wärmequelle im Gehäuse angeordnet wird, um so mehr verringern sich diese beiden Temperaturen. Der Vorteil von Wärmequellen im oberen Gehäuseteil ist der im unteren Gehäuseteil vorhandene Bereich niedriger Geräteinnentemperatur. Das gilt sowohl für das hohe als auch für das flache Gerät mit geschlossenem oder belüftetem Gehäuse.
- Bei Gehäusen mit kleiner Bauhöhe (bei konstanten Oberflächen bzw. Volumina) sind die Übertemperaturen der Wärmequelle, des Gehäuses und des Geräteinnenraums niedriger als bei Gehäusen mit großer Bauhöhe. Der in der Praxis oft genannte Effekt der „Kaminwirkung", bei dem aufgrund des Dichteunterschieds der Luft ein besonderer Auftrieb erfolgt, ist bei kleinen Geräten nicht vorhanden, sondern wird erst in größeren Anlagen (Mindesthöhe 0,3 m) wirksam.

Anordnung der Leiterplatten. Grundsätzlich können Leiterplatten horizontal oder senkrecht und als Leiterplattenstapel in einem Gerät angeordnet werden (s. Abschn. 6.1.4.).

Bei kleinen Geräten in Komplettbauweise (s. Abschn. 3.2.) ist die horizontal angeordnete Leiterplatte thermisch günstig, wenn das Verhältnis Gerätehöhe zu Breite kleiner ist als 0,6. Wird ein perforiertes Gehäuse erforderlich ($q > 80$ W/m²), so ist auch die waagerechte Leiterplatte bzw. das Chassis mit Durchbrüchen zu versehen, um eine günstige Luftströmung zu ermöglichen. Die Übertemperatur der Leiterplatte wird bei einem geschlossenen und auch bei einem belüfteten Gehäuse niedriger, wenn sich die Leiterplatte in geringer Höhe über dem Gehäuseboden befindet.

Die Anordnung von Leiterplatten im Stapel ist in Gefäßsystemen vorherrschend und kann ein- oder mehretagig erfolgen. Die vertikale Leiterplattenanordnung bringt gegenüber der horizontalen bessere Konvektionsbedingungen und ein ausgeglicheneres Temperaturprofil des gesamten Stapels. Zur Ausbildung der Konvektion zwischen den einzelnen Leiterplatten soll der Abstand der Platten in Abhängigkeit von der Grenzschichtbedingung bei freier Konvektion mindestens 30 mm und bei erzwungener Konvektion etwa 10 ... 15 mm betragen.

Anordnung der Strömungskanäle. Für die Gestaltung der Strömungskanäle im Gerät ist wegen der aufsteigenden Warmluft eine senkrechte Anordnung vorteilhaft. Eine an Boden- und Deckfläche des Gehäuses angebrachte Perforation mit dem erforderlichen Strömungsquerschnitt (Belüftungsfaktor Ψ) unterstützt die Luftzirkulation. Eine wirksame Strömung kommt im Gerät nur zustande, wenn die Höhe der Gerätefüße einen genügenden Abstand von der Aufstellfläche gestattet (Mindesthöhe für Tischgehäuse 20 mm und für Schrankaufbauten 60 mm). Im **Bild 5.46** sind Grundprinzipe für die Anordnung von Strömungskanälen für verschiedene Geräteanordnungen zusammengestellt. Der gleiche Effekt wie bei einem Meßplatz mit mehreren gestapelten Geräten tritt bei Gestellen bzw. Schrankaufbauten ein. In mehretagigen Gestellen ist eine senkrechte Luftführung anzustreben. Reicht diese Luftströmung zur Kühlung nicht aus, so kann man durch Lüfter die Strömung forcieren. In Gefäßeinheiten ist es zweckmäßig, die Lüfter in Form von Lüftereinschüben einzusetzen.

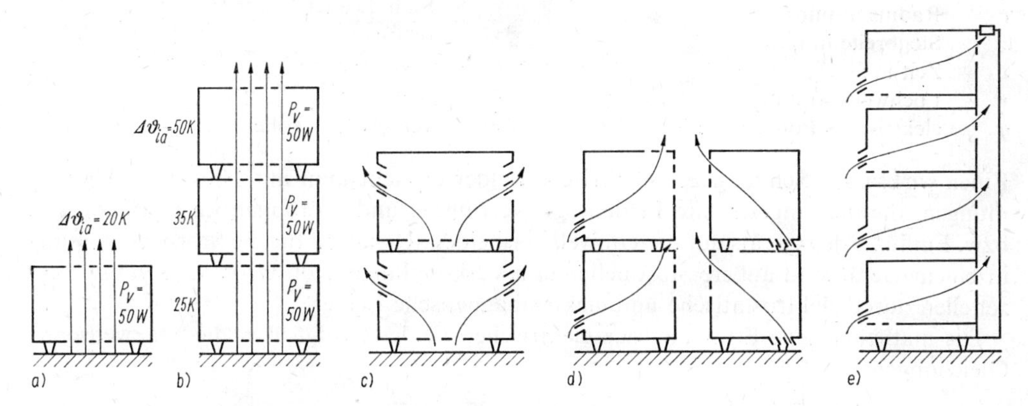

Bild 5.46. Anordnungsbeispiele von Strömungskanälen
a) bei einem Einzelgerät; b), c), d) bei Meßplätzen; e) bei Gestellen

Geschlossene Gehäuse. Zur günstigen Wärmeübertragung muß man zunächst immer versuchen, die Wärme durch Wärmeleitung an die Gehäuseoberfläche zu bringen. Mindestens 65% der Verlustleistung werden von einem geschlossenen Gehäuse bei strahlungsgünstiger Oberflächengestaltung ($\varepsilon > 0{,}8$) durch Wärmestrahlung abgeführt. Über ein geschlossenes Gehäuse lassen sich durch Konvektion und Strahlung Wärmestromdichten bis zu 80 W/m² abführen. Die Anwendung von Strahlungsschutzblechen (blanke Bleche), Luftleitblechen und Einteilung des Geräts in verschiedene Kammern bringt eine bessere Luftzirkulation im Inneren.

Perforierte Gehäuse. Soll sich ein wirksamer Luftstrom durch das Gerät ausbilden, so muß er durch den konstruktiven Aufbau des Gehäuses (Perforation) und durch die Anordnung der Leiterplatten bzw. des Chassis unterstützt werden, und ein hinreichender Strömungsquerschnitt muß vorgesehen sein. Die günstigsten Strömungsverhältnisse erhält man mit senkrechten Strömungskanälen (Bild 5.46).

Wichtige Standards enthält Tafel 5.13.

5.5. Schutz gegen Felder

[5.9] bis [5.12]

Symbole und Bezeichnungen

A	Fläche, Oberfläche in m^2
B	magnetische Flußdichte in T
C	Kapazität in µF
D	elektrische Verschiebungsdichte in $A \cdot s/m^2$
E	elektrische Feldstärke in V/m
H	magnetische Feldstärke in A/m
M	Gegeninduktivität in µH
S	Stromdichte in A/mm
a	Dämpfung in dB
d	Wanddicke in mm; Durchmesser in mm
f	Frequenz in Hz
p	Perforationsgrad
r	Radius in mm
s	Stegbreite in mm
t	Zeit in s
w	Lochweite in mm
φ	elektrisches Potential in V
γ	elektrische Leitfähigkeit in $S \cdot m/m^2$
δ	Eindringmaß
ε	Dielektrizitätskonstante in F/m
ϑ	wirksame Schichtdicke in cm
μ	magnetische Permeabilität in H/m
ϱ	Raumladungsdichte in $A \cdot s/m^3$, spezifischer Widerstand $\Omega \cdot mm^2/m$
ω	Kreisfrequenz in Hz

Indizes

A	Anfang
a	außen
i	innen
k	Koppel-
o	Summe aller Durchbrüche
r	relativ
s	Schirm-
z	Zylinder-
$\vec{H}$	vektorielle Größe

Einen wirksamen Schutz gegen elektrische Felder erreicht man mit Hilfe von Abschirmungen, die die eingestrahlte Feldenergie verringern und Störungen im Geräteaufbau bzw. Einflüsse des Geräts auf die Umwelt vermeiden. Ursachen für die Störbeeinflussung in einem Gerät sind äußere Störquellen und Verkopplungen von Stromkreisen und Einzelteilen durch elektrostatische und elektromagnetische Felder.

Die mathematische Erfassung der elektrischen Felder erfolgt über die Maxwellschen Gleichungen:

$$\mathrm{rot}\,\vec{H} = \vec{S} + \frac{\partial \vec{D}}{\partial t}, \qquad \mathrm{div}\,\vec{B} = 0, \qquad \vec{D} = \varepsilon \vec{E}$$

$$\mathrm{rot}\,\vec{E} = -\frac{\partial \vec{B}}{\partial t}, \qquad \mathrm{div}\,\vec{D} = \varrho, \qquad \vec{B} = \mu \vec{H}$$

$$\vec{S} = \varepsilon \vec{E}. \tag{5.60}$$

Für ein elektrostatisches Feld wird

$$\mathrm{rot}\,\vec{E} = 0, \qquad \vec{D} = \varepsilon \vec{E}$$

$$\mathrm{div}\,\vec{D} = \varrho, \qquad \vec{E} = -\mathrm{grad}\,\varphi \tag{5.61}$$

und für ein elektromagnetisches Feld

$$\mathrm{rot}\,\vec{H} = \vec{S} + \partial \vec{D}/\partial t, \qquad \mathrm{rot}\,\vec{E} = -\partial \vec{B}/\partial t. \tag{5.62}$$

In Abhängigkeit von der Art und der Frequenz des Felds unterscheidet man die elektrische Abschirmung sowie die magnetische Abschirmung bei niedrigen und bei hohen Frequenzen. An der Schirmoberfläche wird ein Teil der elektromagnetischen Energie reflektiert; ein weiterer dringt in den Schirm ein, und davon ein Teil wird an der gegenüberliegenden Schirmoberfläche reflektiert oder dringt durch den gesamten Schirm hindurch. Die Schwächung der einfallenden Felder bezeichnet man als *Schirmwirkung*, das Verhältnis der Feldstärken hinter und vor dem Schirm als *Schirmfaktor* und den in Dezibel ausdrückbaren Logarithmus des reziproken Schirmfaktors als *Schirmdämpfung* a_s [5.9].

5.5.1. Elektrische Abschirmung

Einen Schutz gegen elektrische Felder oder eine kapazitive Entkopplung für alle Frequenzbereiche erreicht man durch dünne, gut leitende Bleche oder Metallfolien bzw. durch Drahtgitter oder Drahtnetze.

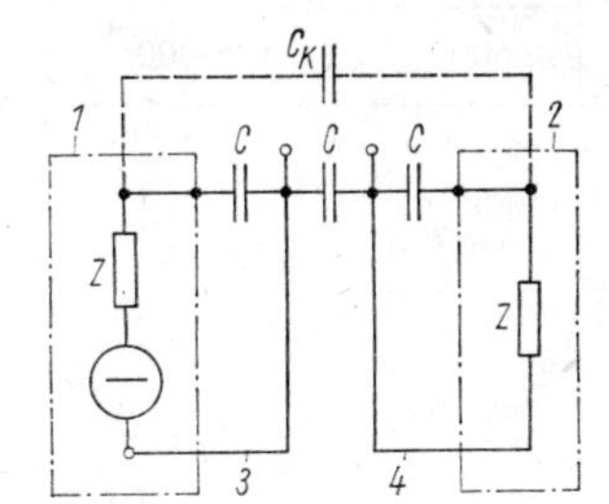

Bild 5.47
Beispiel für elektrische Abschirmung
1 Störquelle; *2* Störempfänger; *3* Schirm 1; *4* Schirm 2

Die Wirkung einer elektrischen Abschirmung zeigt **Bild 5.47** [5.10], wobei C_K klein bleiben soll. Die Schirme *1* und *2* liegen auf Bezugspotential des Störempfängers. Mit zwei Schirmen (*1* und *2*) wird eine besonders gute Schirmwirkung erzielt. Die kapazitiven Störspannungen fließen über den Schirm ab.

Für die konstruktive Gestaltung des Schirms ist zu beachten, daß gut leitende Schirmmaterialien eingesetzt und kurze Zuleitungen verwendet werden.

5.5.2. Magnetische Abschirmung

Für die magnetische Abschirmung bei **niedrigen Frequenzen** kommen Werkstoffe mit einer hohen Permeabilität und von hinreichender Materialdicke zum Einsatz (z. B. Eisenblech, Dynamoblech, Mu-Metall, Permalloy, Hipernick; **Tafel 5.34a**), mit denen sich magnetostatische Schirme aufbauen lassen. Bei der Verarbeitung der Werkstoffe sind die Vorschriften der Hersteller zu beachten, insbesondere die Glühvorschriften (z. B. Wärmebehandlung nach der Verformung).

Für die Schirmdämpfung allgemein gilt:

$$a_s = 20 \lg (H_a/H_i). \tag{5.63}$$

Bei einem magnetostatischen Schirm erhält man bei einer Hohlkugel mit $d \ll r_i$ (s. **Bild 5.51**)

$$a_s = 20 \lg [1 + \mu_r d/2r_i]. \tag{5.64}$$

Tafel 5.34. Magnetische Werkstoffe [5.11]

a) Eigenschaften

Materialbezeichnung	Materialzusammensetzung in Masse-% (Rest Fe)	ϱ μΩ · cm	μ_{rA}	$\mu_{r\max}$
Dynamoblech I	0,5 ... 0,8 Si; < 0,3 Mn; < 0,1 C	20	150	≈ 4000
Dynamoblech III	2,4 ... 3 Si; < 0,3 Mn; < 0,08 C	45	≈ 300	≈ 6000
Dynamoblech IV	3,4 ... 4,5 Si; < 0,3 Mn; < 0,07 C	≈ 55	≈ 400	7000 bis 15000
Hipernick	≈ 50 Ni	46	≈ 5000	≈ 65000
Mu-Metall	76 Ni; 5 Cu; 2 Cr (0,8 Mn)	50 ... 62	10000 bis 20000	50000 bis 100000
Permalloy	78,5 Ni; 3 Mo	55	≈ 6000	≈ 80000

b) Leiterwerkstoffe für magnetische Abschirmbleche bei hohen Frequenzen

Werkstoff	γ $\frac{\text{m}}{\Omega \cdot \text{mm}^2}$	ϱ $10^{-3} \frac{\Omega \cdot \text{mm}^2}{\text{m}}$
Aluminium, weich	35,9	27,8
Aluminium, hartgewalzt	33,0	30,3
Eisen	10,4	86
Kupfer		
E-Cu F 20, weich	> 57	< 17,5
E-Cu F 37, hart	> 55	< 18,2
Messing Ms 60		58
Ms 63		65
Ms 67		64,5
Ms 72		59
Silber	61,3	16,3

Für einen Hohlzylinder mit $d \ll r_i$ ergibt sich nach **Bild 5.48** mit

$$a_s = 20 \lg [1 + 2\mu_r d/3r_i] \qquad (5.65)$$

die im **Bild 5.49** dargestellte Schirmdämpfung für unterschiedliche Schirmwerkstoffe. Das äußere Magnetfeld H_a wird durch den Entmagnetisierungseffekt ferromagnetischer Werkstoffe im geschirmten Raum auf den Wert H_i gesenkt.

Bei **hohen Frequenzen** entsteht die Abschirmung durch induzierte Wirbelströme im Abschirmblech bei Einwirkung eines magnetischen Wechselfelds. Deshalb müssen nichtmagnetische Werkstoffe, wie Kupfer und Aluminium, angewendet werden **(Tafel 5.34b).** Das magnetische Feld der Wirbelströme wirkt dem ursprünglichen elektrischen Feld entgegen. Die Wirbelströme bilden sich, bedingt durch den Skineffekt, nur bis zur Eindringtiefe δ im Werkstoff aus, wobei unter Eindringtiefe der Abfall der Feldstärke auf 1% ihres Werts an der Oberfläche definiert ist [5.12]. Das Eindringmaß, bei dem die elektrische Feldstärke auf den Wert e^{-1} des Oberflächenwerts abgenommen hat, ist in Abhängigkeit von der Frequenz für verschiedene Werkstoffe in **Tafel 5.35** angegeben und ergibt sich nach

$$\delta_e = \frac{1}{\sqrt{\mu_0 \mu_r \gamma \pi f}}. \tag{5.66}$$

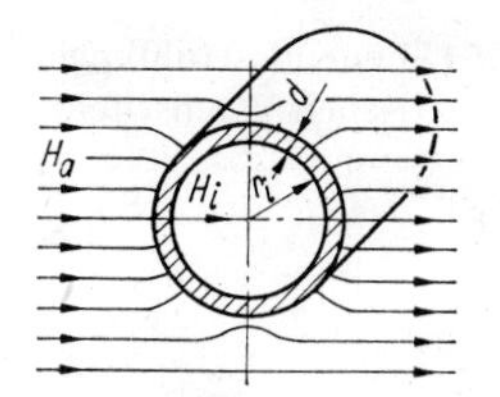

Bild 5.48. Wirkung eines magnetostatischen Schirms

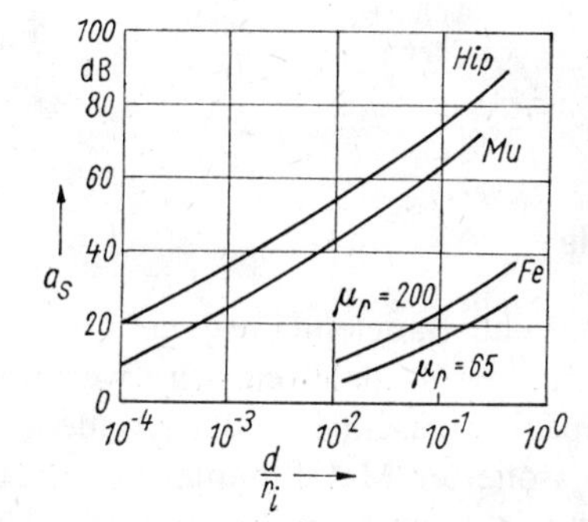

Bild 5.49
Schirmdämpfung a_s eines magnetostatischen Schirms für einen Hohlzylinder
Fe: Eisenblech; *Mu:* Mu-Metall 75% Ni, 8% Fe, 5% Cu, 2% C – μ_r = 20000
Hip: Hipernick 50% Fe, 50% Ni – μ_r = 100000

Tafel 5.35
Eindringmaß bei verschiedenen Werkstoffen für einige Frequenzen

f/Hz	δ_e/mm			
	Cu	Al	Fe	
50	9,44	12,3	$\mu_r = 200$	1,8
10^2	6,67	8,7		1,3
10^3	2,11	2,75		0,41
10^4	0,667	0,87		0,13
10^5	0,211	0,275	$\mu_r = 1$	0,36
10^6	0,0667	0,087		0,11
10^7	0,0211	0,0275		0,04
10^8	0,0067	0,0087		0,01
10^9	0,0021	0,0028		

Die wirksame Schichtdicke ϑ, in der bei gleichmäßiger Stromdichte die gleiche Stromwärme entwickelt wird wie insgesamt bei der mit der Tiefe abnehmenden Stromdichte, ermittelt man nach der zugeschnittenen Größengleichung:

$$\vartheta = 1/(2\pi\sqrt{\gamma f}) = 0{,}159/\sqrt{\gamma f}. \tag{5.67}$$

Die Frequenzabhängigkeit der wirksamen Schichtdicke verschiedener Metalle ist im **Bild 5.50** dargestellt. Daraus ergibt sich, daß zweckmäßig dünne, elektrisch gut leitende Abschirmbleche benutzt werden. Für die zu wählende Blechdicke gilt die Empfehlung $d \geqq 3\delta_e$.

Für die Schirmdämpfung einer leitenden Hohlkugel im magnetischen Wechselfeld gilt beispielsweise **(Bild 5.51)**

$$a_s = 20 \lg [(\sqrt{2}/6)(r_i/\delta_e)\, e^{-d/\delta_e}]. \tag{5.68}$$

Im HF-Gebiet und bei noch höheren Frequenzen setzt man bei Anwendung der beschriebenen Wirbelstromschirme elektrisch gut leitende Werkstoffe ein. Bei extrem hohen Frequenzen bringen z. B. versilberte Trägerwerkstoffe, wie Kupfer oder Messing, eine zusätzliche Verbesserung der elektrischen Leitfähigkeit.

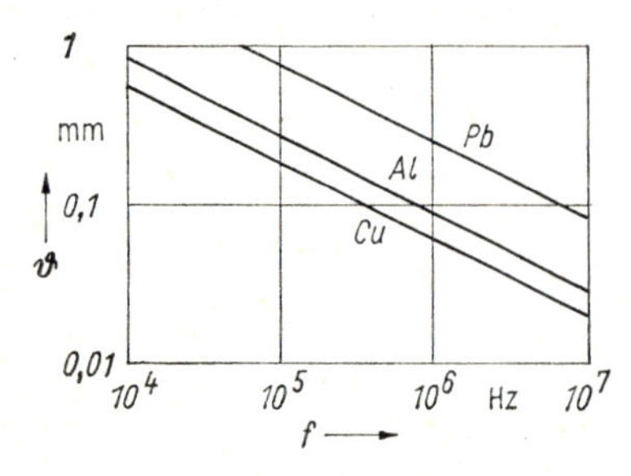

Bild 5.50 Wirksame Schichtdicke verschiedener Metalle in Abhängigkeit von der Frequenz

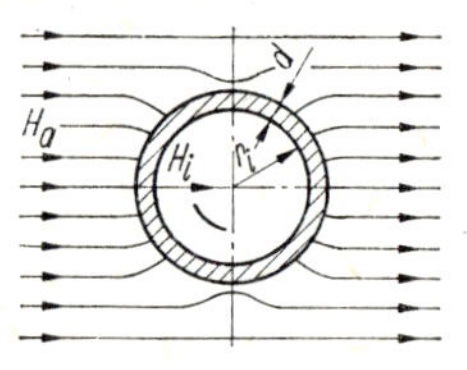

Bild 5.51. Leitende Hohlkugel im magnetischen Wechselfeld

5.5.3. Konstruktionsbeispiele

Bauelementeschirmung. Elektronische Bauelemente, wie Transistoren, Kondensatoren, veränderliche Widerstände, Bandfilter, Bildröhren u. a., werden mit einem auf Bezugspotential liegenden Schirm kapazitiv geschirmt. Bei Kondensatoren wird der gekennzeichnete Außenbelag oder ein isolierter Metallmantel auf Bezugspotential gelegt. Die Abschirmung von Spulen erfolgt mit einem Metallmantel. Die Abschirmwirkung entsteht durch im Abschirmblech fließende Wirbelströme, die ein dem Feld der Spule entgegengerichtetes Feld erzeugen. Diese Anordnung kann als ein Transformator mit sekundärseitig kurzgeschlossener Wicklung aufgefaßt werden [5.12], wobei sich nach **Bild 5.52** für die Transformatorwirkung die resultierenden Werte der geschirmten Spule ergeben:

$$R' = R_1 + R_2 \left[\omega^2 M^2/(R_2^2 + \omega^2 L_2^2)\right] \quad (5.69)$$

und

$$L' = L_1 - L_2 \left[\omega^2 M^2/(R_2^2 + \omega^2 L_2^2)\right]. \quad (5.70)$$

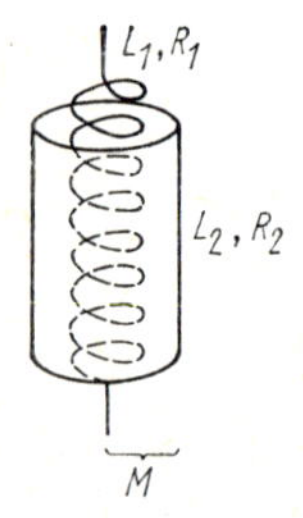

Bild 5.52. Abschirmung einer Spule
L_1, R_1 der nicht geschirmten Spule; L_2, R_2 der Abschirmung; M Gegeninduktivität

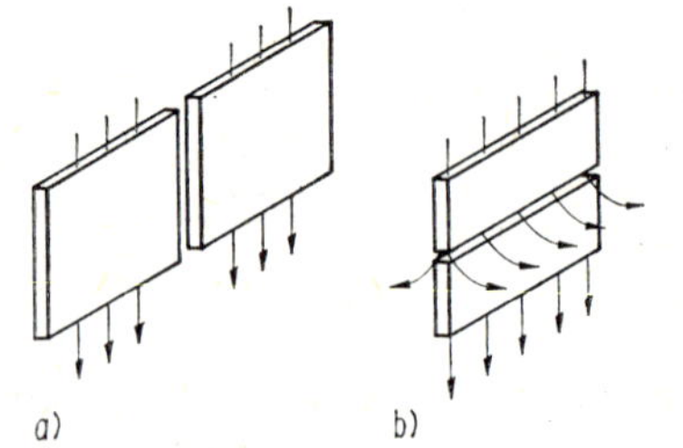

Bild 5.53. Einfluß von Fugen auf den Feldlinienverlauf
a) ungestörter Verlauf; b) gestörter Verlauf

Für eine gute Abschirmung ist es erforderlich, daß R_2 und M klein werden. Das erreicht man, wenn der Spulendurchmesser d_1 klein gegenüber dem Durchmesser des Abschirmmantels d_2 ist. Praktisch genügt ein Verhältnis $d_2/d_1 = 1{,}2 \dots 2$.

Gestaltung von Schirmen. Grundvoraussetzung einer guten Gehäuseschirmung ist ein dichter, gut leitender Schirm durch Ausbildung sauberer, korrosionsfreier Trennfugen. Diese müssen so gestaltet werden, daß der Feldlinienverlauf nicht gestört wird, d. h., alle Nähte und Fugen müssen bei elektrischen Feldern immer parallel zum Feldlinienverlauf liegen **(Bild 5.53).** Die Ausbildung von Wirbelströmen für verschiedene Körper ist im **Bild 5.54** aufgezeigt. Der Schirm muß einen möglichst ungestörten Wirbelstromfluß ermöglichen, d.h., alle Nähte und Fugen müssen in Richtung der Feldlinien verlaufen. In Richtung des Wirbelstromverlaufs soll der Schirm allseitig geschlossen sein, und zur Unterdrückung von Streuströmen wird er geerdet.

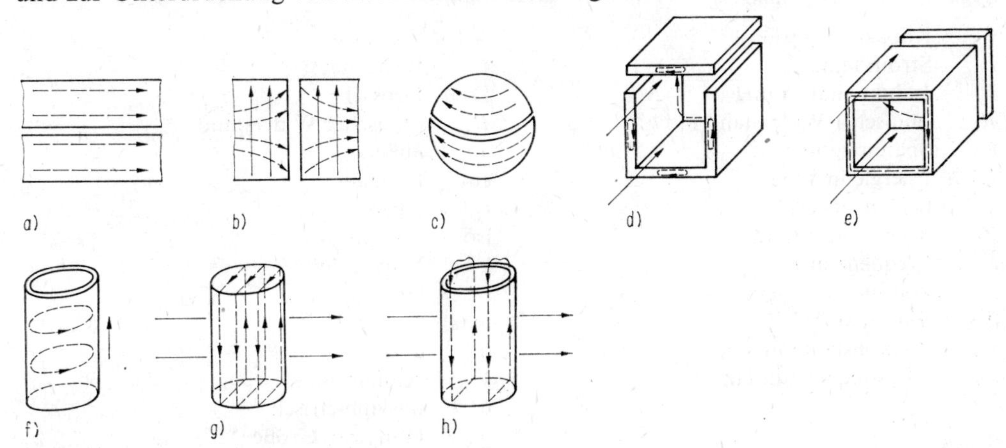

Bild 5.54. Wirbelstromverlauf

a) ungestört durch eine Fuge; b) gestört durch eine Fuge; c) ungestört bei einem Kugelschirm; d) gestört bei einem Gehäuse mit Abdeckung; e) ungestört bei einem geschlossenen Gehäuse; f) ungestört bei einem Zylinder; g) ungestört bei einem Zylinder mit Deckel; h) gestört bei einem Zylinder ohne Deckel; ---▶ elektrischer Strom; → magnetisches Feld

Bei Perforationen ist die Schirmung abhängig von der Größe der Lüftungsöffnungen. Kleine elektrisch wirksame Querschnittsflächen, d.h. Löcher oder Öffnungen, deren Abmessungen, bezogen auf die Wellenlänge der betrachteten Felder, klein sind, haben keinen Einfluß auf die Schirmwirkung. Für einen Zylinder mit Perforation nach **Bild 5.55** ist die Abschirmwirkung vom Perforationsgrad [5.10]

$$p = A_0/A_z = (1 + s/w)^{-2} \tag{5.71}$$

abhängig. Für weitmaschige Schirme ($w \gg s$) gilt die Näherung

$$p = 1 - s/w. \tag{5.72}$$

Damit ergibt sich bei hohen Frequenzen eine Schirmdämpfung

$$a_s = 20 \lg (2r/wp). \tag{5.73}$$

Bei belüfteten Geräten ist bei hohen Anforderungen an die Abschirmung eine zusätzliche Schirmung mit Metallgaze notwendig.

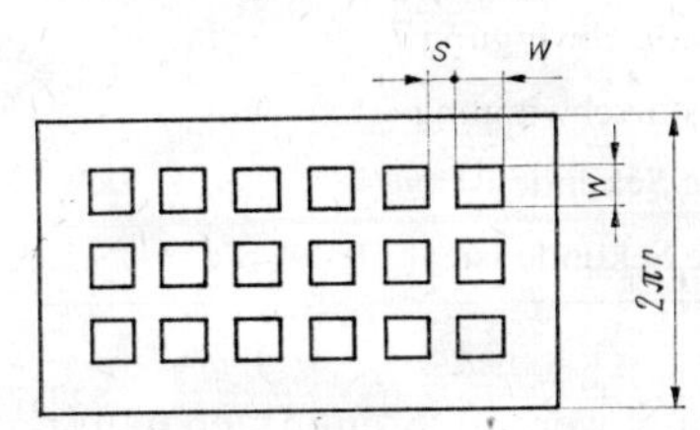

Bild 5.55
Perforierter Schirmzylinder

Um eine hohe Schirmwirkung zu erzielen, ist der Schirm möglichst weit von den zu schirmenden Gegenständen anzubringen, denn eine Vergrößerung des Schirmdurchmessers bedingt bei konstanter Schirmdicke d nach den Gln. (5.64), (5.65) und (5.68) eine Erhöhung der Schirmdämpfung.

Wichtige Standards enthält Tafel 5.13.

5.6. Netzstörschutz

[5.13] bis [5.16]

Symbole und Bezeichnungen

C	Kapazität in μF
I	Strom in mA
L	Induktivität in mH
R	ohmscher Widerstand in Ω
U	Spannung in V
W	Energie in W · s
Y	Scheinleitwert
Z	Scheinwiderstand
f	Frequenz in Hz
t	Zeit in s
δ	Verlustwinkel
τ	Zeitkonstante in s
ω	Kreisfrequenz in Hz

Indizes

A	Ableit-
C	Kapazität
D	Drossel
R	ohmscher Widerstand
a	außen
ent	Entlade-
i	innen
iso	isolations-
k	Kurzschluß
l	längs
max	maximal
q	quer
s	symmetrisch
u	unsymmetrisch
$\underline{Y}$, $\underline{Z}$	komplexe Größe

Um einen einwandfreien Funkverkehr auf allen Nachrichtenfrequenzen zu gewährleisten, ist es notwendig, alle Störungen, die den Empfang drahtloser und drahtgebundener Sendungen beeinträchtigen, zu unterdrücken. Störquellen sind neben atmosphärischen Einflüssen (z.B. Blitze) auch fremde Sender bzw. Empfänger und funkfremde elektrische Geräte, Maschinen und Anlagen, wie Motoren, Schalter oder Phasenschnittsteuerungen.

Tafel 5.36. Begriffsdefinitionen für Funkstörungen

Begriff	Erklärung
Funkstörung	erkennbare Beeinträchtigung des Funkempfangs durch HF-Schwingungen
Funkentstörung	Maßnahmen zur Minderung oder Beseitigung von Funkstörungen
Funkvorentstörung	bei der Herstellung zur Verhütung oder Minderung von Funkstörungen getroffene Maßnahmen
Funkstörmeßgerät	Gerät zum Messen von Funkstörschwingungen
Funkstörschwingung	von einer Funkstörquelle ausgehende HF-Schwingung, die nicht als Informationsträger bestimmt ist
Funkstörspannung	Spannung (Quasispitzenwert) einer Funkstörschwingung
Funkstörfeldstärke	Feldstärke (Quasispitzenwert) einer Funkstörschwingung
Kurzfunkstörung	Funkstörung, deren Dauer kleiner als eine Sekunde ist
Dauerfunkstörung	Funkstörung, deren Dauer größer als eine Sekunde ist

Störungen, die durch funkfremde elektrische Geräte erzeugt werden, breiten sich hauptsächlich über die Leitungen des Betriebsstromnetzes aus. Zur Unterdrückung dieser Störungen sind umfangreiche Kenntnisse über die Störquelle notwendig. Dazu gehören Entstehungsursachen, Eigenarten und Ausbreitungsbedingungen der Störungen, der Energiegehalt und das Frequenzband der Störquelle sowie die Art und Wirkungsweise der Empfangsanlage und deren Entfernung von der Störquelle.

Die Entstörung von Geräten läßt sich prinzipiell durch folgende Entstörungsmaßnahmen realisieren:

- Verminderung der Intensität des Störers durch Einsatz von Funktionsprinzipien mit kleiner HF-Störung und hinreichenden Wartungsmaßnahmen am Störer
- Entkopplung des Störers oder der Empfangsanlage von Störungsträger (Betriebsstromnetz) und Verhinderung der Ausbreitung der HF-Störung durch Fehlanpassung (Dämpfung) des HF-Störers an das Betriebsstromnetz oder durch Einsatz optoelektronischer Koppler.

Für Entstörmaßnahmen hat man den *Störungsgrad* (Verhältnis Störspannung/Nutzspannung in dB oder Np) und den *Belästigungsgrad* eingeführt (zeitliche Folge und Dauer sowie Intensität der Störung). Liegt nur ein geringer Belästigungsgrad vor (z. B. Lichtschalter), so sind keine Entstörmaßnahmen erforderlich.

In **Tafel 5.36** sind einige Begriffe zur Funkentstörung erläutert.

5.6.1. Ersatzschaltung des Störers

Ein Störer erzeugt HF-Energie, die über einen Störungsträger zur Empfangsanlage gelangen kann. Dabei wirken das Betriebsstromnetz des Geräts, das mit dem Störer verbunden ist, als primärer Störungsträger und ein Leitungsnetz, das mit dem Betriebsstromnetz verkoppelt ist (L/C), als sekundärer Störungsträger. Die Entstörmaßnahmen sind am primären Störungsträger durchzuführen.

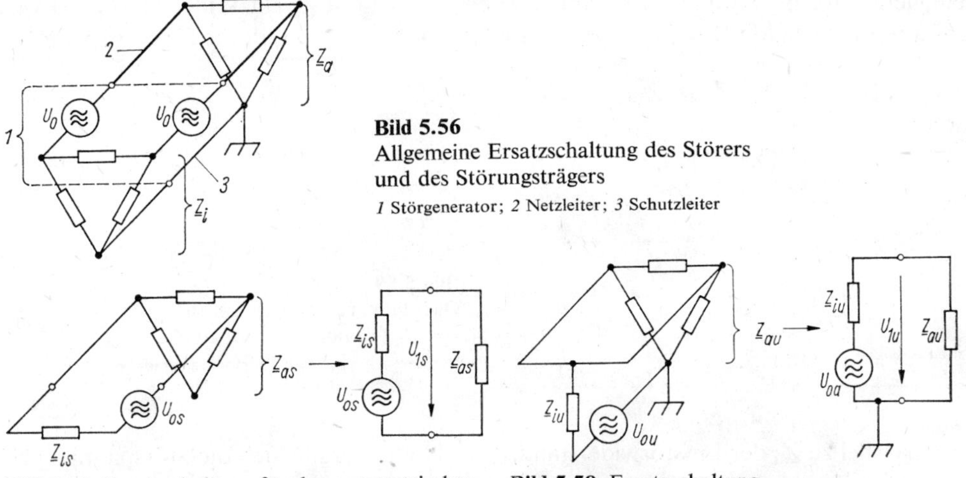

Bild 5.56
Allgemeine Ersatzschaltung des Störers und des Störungsträgers
1 Störgenerator; *2* Netzleiter; *3* Schutzleiter

Bild 5.57. Ersatzschaltung für den symmetrischen Störer

Bild 5.58. Ersatzschaltung für den unsymmetrischen Störer

Die Störenergie breitet sich aufgrund der unterschiedlichen Widerstände zwischen den Netzleitern sowie zwischen Netz und Erde in zwei voneinander unabhängigen Komponenten aus, und zwar symmetrische (s) zwischen den Netzleitern und unsymmetrische (u) zwischen Netz und Erde. Der primäre Störungsträger stellt ein Dreileitersystem dar, wobei zwei Leiter vom Betriebsstromnetz im Gerät und der dritte von der Erde gebildet werden. Die allgemeine Ersatzschaltung für Störer und Störungsträger zeigt **Bild 5.56.** Sie ist für den nichtentstörten Störer immer anzuwenden. Für den entstörten Störer kann die symmetrische und die unsymmetrische Komponente jeweils durch einen Ersatzgenerator dargestellt werden **(Bilder 5.57** und **5.58)** [5.14].

Die Entstörmaßnahmen sind demzufolge von der Schaltung und dem Innenwiderstand sowohl des Störers als auch des Betriebsstromnetzes abhängig.

Für den symmetrischen Störer ergibt sich die Störspannung U_{1s} zu

$$U_{1s} = U_{0s}\underline{Z}_{as}/(\underline{Z}_{is} + \underline{Z}_{as}). \tag{5.74}$$

Analog gilt für den unsymmetrischen Störer

$$U_{1u} = U_{0s}\underline{Z}_{au}/(\underline{Z}_{iu} + \underline{Z}_{au}). \tag{5.75}$$

5.6.2. Entstörmaßnahmen

Das Ziel der Entstörmaßnahmen ist, die an $\underline{Z}_a$ wirkende Störspannung U_1 klein zu halten: $U_1 < U_0$.

Man erreicht das, indem $\underline{Z}_i$ wesentlich größer als $\underline{Z}_a$ gewählt wird: $\underline{Z}_i \gg \underline{Z}_a$ (Überanpassung, Kurzschlußbetrieb). Ist das durch die Konstruktion des Störers nicht möglich, so sind zusätzliche Entstörwiderstände vorzusehen.

Die folgenden Aussagen gelten sowohl für symmetrische als auch für unsymmetrische Störkomponenten.

5.6.2.1. Querentstörung

Bei Querentstörung wird parallel zum äußeren Widerstand $\underline{Z}_a$ ein Widerstand $\underline{Z}_q$ (Kondensatoren) geschaltet **(Bild 5.59).** Ohne Entstörwiderstand $\underline{Z}_q$ gilt die für Störspannung

$$U_1 = U_0\underline{Z}_a/(\underline{Z}_i + \underline{Z}_a).$$

oder

$$U_1 = I_K/(\underline{Y}_i + \underline{Y}_a) \tag{5.76}$$

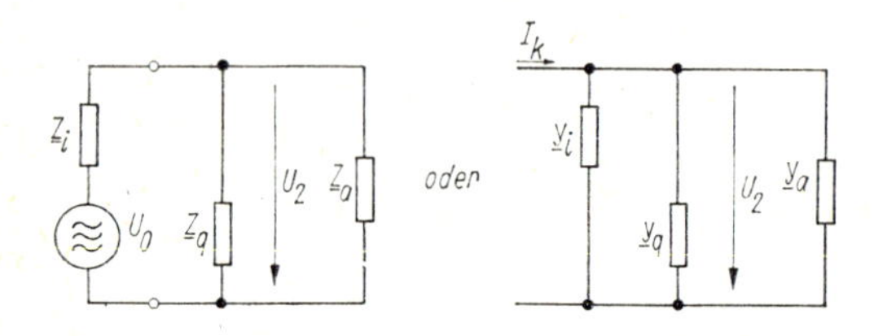

Bild 5.59
Querentstörung durch Parallelschalten von $\underline{Z}_q$ (Kondensatoren) zu $\underline{Z}_a$
U_1 Störspannung ohne Entstörwiderstand Z_q
U_2 Störspannung mit Entstörwiderstand Z_q

Wird parallel zu $\underline{Z}_a$ der Entstörwiderstand $\underline{Z}_q$ geschaltet, ergibt sich die Störspannung zu

$$U_2 = I_K/(\underline{Y}_i + \underline{Y}_a + \underline{Y}_q). \tag{5.77}$$

Die Division der Gln. (5.76) und (5.77) liefert die Entstörungswirkung

$$U_1/U_2 = 1 + \underline{Y}_q/(\underline{Y}_i + \underline{Y}_a). \tag{5.78}$$

Eine gute Entstörwirkung liegt vor, wenn $U_2 \ll U_1$ wird. Das ist für $\underline{Y}_q/(\underline{Y}_i + \underline{Y}_a) \gg 1$ und damit $U_1/U_2 \approx \underline{Y}_q/(\underline{Y}_i + \underline{Y}_a)$ der Fall.

Für den Leitwert des Entstörwiderstands ergibt sich damit die Forderung [5.14]:

$$\underline{Y}_q \gg \underline{Y}_i + \underline{Y}_a. \tag{5.79}$$

5.6.2.2. Längsentstörung
[5.14]

Bei der Längsentstörung werden symmetrische Widerstände $\underline{Z}_1$ (Spulen) in Reihe zum inneren und äußeren Widerstand ($\underline{Z}_i$ und $\underline{Z}_a$) geschaltet, die dem Betriebsstrom einen vernachlässigbar kleinen, dem Störstrom jedoch einen sehr großen Widerstand entgegensetzen **(Bild 5.60)**.

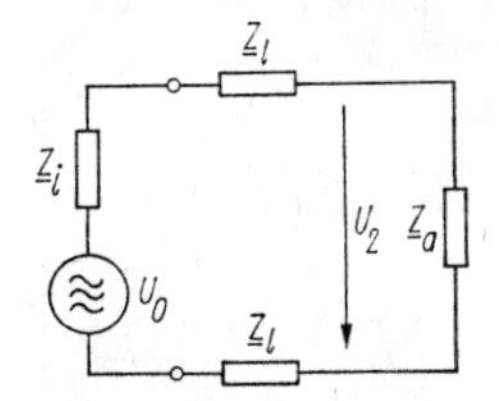

Bild 5.60
Längsentstörung durch Zuschalten von symmetrischen Widerständen $\underline{Z}_1$ (Spulen) in die Leitungen

Für die Störspannung U_1 ohne Entstörwiderstand gilt Gl. (5.76). Nach Zuschalten von zwei symmetrischen Widerständen $\underline{Z}_1$ längs der Leitungen ergibt sich die Störspannung zu

$$U_2 = U_0\underline{Z}_a/(\underline{Z}_i + \underline{Z}_a + \underline{Z}_l). \tag{5.80}$$

Die Division der Gln. (5.76) und (5.80) liefert die Entstörwirkung

$$U_1/U_2 = 1 + \underline{Z}_l/(\underline{Z}_i + \underline{Z}_a). \tag{5.81}$$

Aus der Bedingung

$$\underline{Z}_l/(\underline{Z}_i + \underline{Z}_a) \gg 1$$

folgt

$$U_1/U_2 \approx \underline{Z}_1(\underline{Z}_i + \underline{Z}_a)$$

und damit die Forderung an den Entstörwiderstand [5.14]:

$$\underline{Z}_1 \gg (\underline{Z}_i + \underline{Z}_a). \tag{5.82}$$

5.6.2.3. Entstörungsschema für Quer- und Längsentstörung

In Abhängigkeit von Frequenzband und Amplitude der durch einen Störer erzeugten Störenergie ist oftmals durch reine Quer- oder Längsentstörung keine ausreichende Entstörung zu erreichen. In solchen Fällen bringt die Kombination beider Maßnahmen eine Verbesserung der Entstörwirkung. **Bild 5.61** zeigt die praktische Anwendung von Entstörwiderständen in Abhängigkeit von $\underline{Z}_a$ und $\underline{Z}_i$.

Die Querentstörung (Bild 5.61 a) läßt sich bei großem innerem und äußerem Widerstand entscheidend verbessern, indem zwischen zwei Kondensatoren zwei HF-Drosselspulen geschaltet werden (Bild 5.61 b). Hierbei wird die an C_1 herrschende Störspannung über den hohen Widerstand der Spulen L und den niedrigen Widerstand von C_2 so geteilt, daß die Reststörspannung an $\underline{Z}_a$ klein wird.

Erweist sich bei kleinem innerem und äußerem Widerstand die einfache Längsentstörung (Bild 5.61 e) als unzureichend, so wird ein Querkondensator zwischen zwei Spulenpaare geschaltet (Bild 5.61 f). Bei großem äußerem Widerstand $\underline{Z}_a$ und kleinem innerem Widerstand $\underline{Z}_i$ wird eine Kombination zwischen Quer- und Längsentstörung nach Bild 5.61 c verwendet, im umgekehrten Fall ($\underline{Z}_i$ groß, $\underline{Z}_a$ klein) eine Kombination wie im Bild 5.61 d. Durch die Mehrfachanordnung der im Bild 5.61 angegebenen Grundprinzipe läßt sich die Entstörwirkung noch erhöhen [5.14].

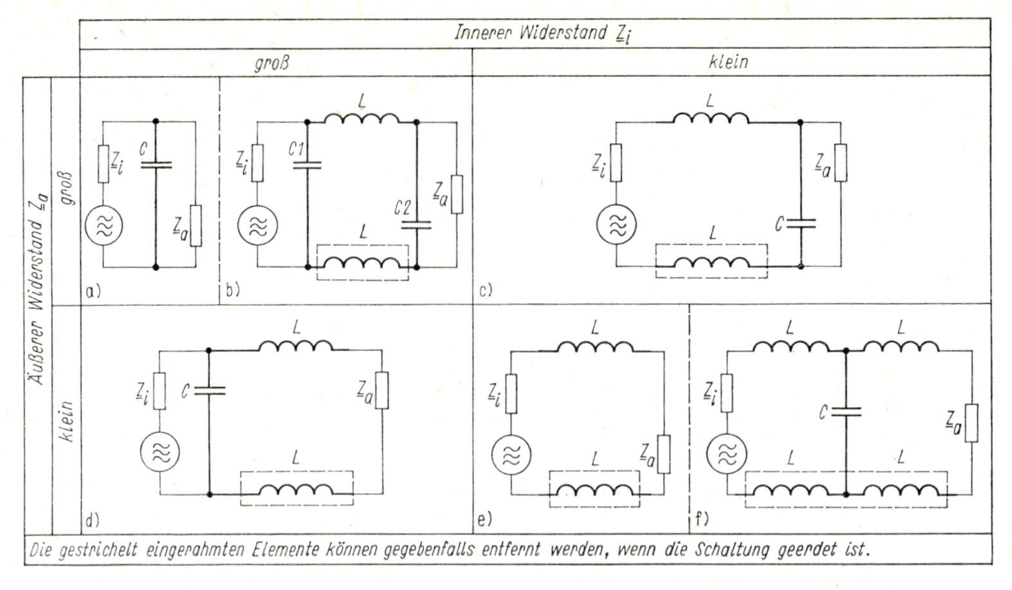

Bild 5.61. Entstörungsschema: praktische Anwendung von Entstörwiderständen in Abhängigkeit von $\underline{Z}_a$ und $\underline{Z}_i$

5.6.2.4. Entstörungsbeispiele

Einige Beispiele zeigen die **Bilder 5.62a bis f.**

Ein einfacher Kontaktstörer mit großem Innenwiderstand $\underline{Z}_i$ wird durch Parallelschalten eines Kondensators C entstört (Querentstörung; s. Bild 5.61a). Um ein Verbrennen der Kontakte durch einen zu hohen Entladestrom des Kondensators zu verhindern, wird ein Widerstand R in Reihe geschaltet (Funkenlöschschaltung; s. Bild 5.62a).

Bei einem Kontaktstörer, dessen innerer Widerstand $\underline{Z}_i$ klein und dessen äußerer Widerstand $\underline{Z}_a$ groß ist, kann der Innenwiderstand durch Zuschalten von zwei Spulen L ver-

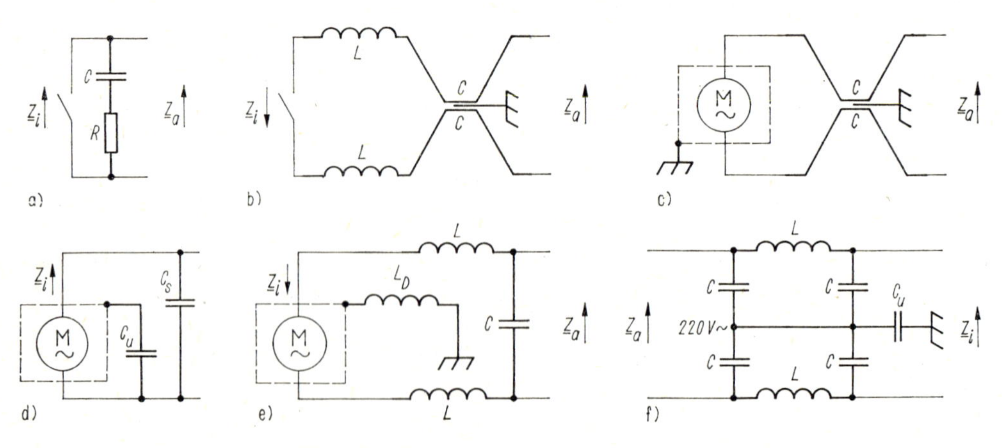

Bild 5.62. Entstörbeispiele (↑ groß; ↓ klein)

a) Kontaktstörer mit großem Innenwiderstand, $C = 0{,}1 \ldots 1\ \mu F$, $R = 5 \ldots 100\ \Omega$; b) Kontaktstörer mit kleinem Innenwiderstand, $L = 0{,}2 \ldots 2$ mH; c) motorischer Störer der Schutzklasse I, $C = 0{,}05 \ldots 1\ \mu F$; d) motorischer Störer der Schutzklasse II, $C_s = 0{,}05 \ldots 1\ \mu F$, $C_u = 2{,}5 \ldots 5$ nF; e) motorischer Störer mit kleinem Innenwiderstand, $L = 0{,}1 \ldots 10$ mH; f) Motor- und Kontaktstörer (periphere Geräte der EDV), $C = 0{,}25\ \mu F$, $C_u = 2{,}5$ nF, $L = 2{,}5$ mH

größert werden, um die Wirkung der Querentstörung zu verbessern (Bild 5.61c). Ein Schaltungsbeispiel enthält Bild 5.62b [5.14].

Die Bilder 5.62c, d und e zeigen Entstörbeispiele für motorische Störer. Im Bild 5.62c handelt es sich um einen geerdeten motorischen Störer (Schutzklasse I), an dessen Netzanschlußklemmen der Doppelkondensator *CC* angeschlossen ist, wobei der Mittelabgriff an Masse gelegt wurde (Querentstörung; s. Bild 5.61a).

Einen entstörten motorischen Störer der Schutzklasse II zeigt Bild 5.62d. Der Kondensator C_s überbrückt die Netzanschlußklemmen und unterdrückt damit die symmetrische Störkomponente (Querentstörung; s. Bild 5.61a). Die unsymmetrische Störkomponente wird durch den Kondensator C_u, der die Netzanschlußleitungen mit dem metallischen Gehäuse des Motors verbindet, beseitigt. Dieser Kondensator unterliegt besonderen Sicherheitsvorschriften hinsichtlich Kapazität und Güte, damit der maximale Ableitstrom $I_{A\,max}$, der über den Kondensator nach Erde fließt, nicht überschritten wird (s. Abschn. 5.6.3.3.).

Bei dem im Bild 5.62e dargestellten motorischen Störer mit kleinem Innenwiderstand $\underline{Z}_i$ wird die Querentstörung durch das Zuschalten zweier Induktivitäten L längs der Leitungen verbessert (Bild 5.61c). Die Erddrossel L_D setzt man für große unsymmetrische Störkomponenten ein.

Motor- und Kontaktstörer, wie sie z.B. periphere Geräte der EDV häufig darstellen, werden gemäß Bild 5.62f entstört. Es handelt sich hier um eine Variante für eine verbesserte Querentstörung nach Bild 5.61b.

5.6.3. Funkentstörmittel – Forderungen, Aufbau und Sicherheitsbestimmungen

5.6.3.1. Allgemeines

Funkentstörelemente müssen so konstruiert werden, daß man eine möglichst große Entstörwirkung erreicht, ohne daß unerwünschte Nebenwirkungen, wie die Beeinträchtigung der Funktionseigenschaften oder der Betriebssicherheit des Geräts, auftreten. Insbesondere gilt das für das Auftrennen von Schutz- und Nulleitern durch Schutzleiterdrosseln und das Überbrücken von Isolierstrecken durch Funkentstörkondensatoren. Die Entstörmittel müssen so dimensioniert werden, daß der Ableitstrom einen Maximalwert, der für einphasige Betriebsmittel der Schutzklasse I nach **Bild 5.63a** und für einphasige Betriebsmittel der Schutzklasse II nach **Bild 5.63b** gemessen wird, nicht überschreitet. In **Tafel 5.37** sind die Maximalwerte für den Ableitstrom $I_{A\,max} = (0{,}5 \ldots 3{,}5)$ mA und den Energieinhalt $W_{max} = (0{,}5 \ldots 5)$ mW · s der Entstörkondensatoren angegeben.

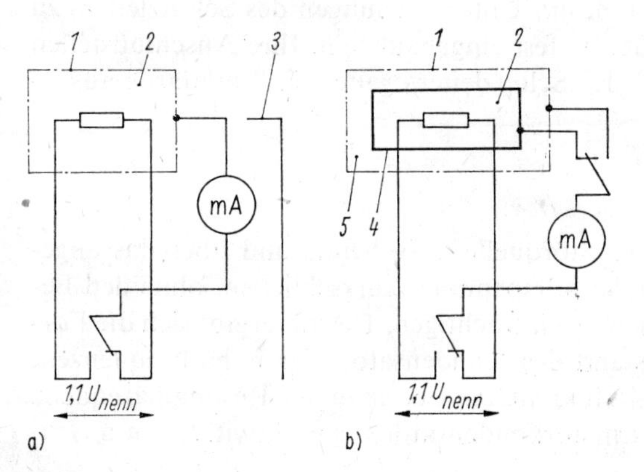

Bild 5.63
Messung des Ableitstroms bei einphasigen Betriebsmitteln

a) der Schutzklasse I
b) der Schutzklasse II
1 berührbare Metallteile
2 Betriebsisolierung
3 Schutzleiter unterbrochen oder nicht angeschlossen
4 nicht berührbare Metallteile
5 Schutzisolierung

Tafel 5.37. Maximal zulässiger Ableitstrom und Energieinhalt für Entstörkondensatoren in ortsveränderlichen Geräten, die über Steckverbinder angeschlossen sind

Schutzklasse	Berührbare leitende Teile		Nicht berührbare leitende Teile	
	$I_{A\,max}$ in mA	W_{max} in mW · s	$I_{A\,max}$ in mA	W_{max} in mW · s
I	0,5	0,5	entfällt	entfällt
II	[1])	[1])	3,5	5
III	nicht begrenzt			

[1]) Anschluß von Kodensatoren verboten.

5.6.3.2. Entstördrosseln

Entstördrosseln dienen der Dämpfung hochfrequenter Störungen. Sie erhöhen gleichzeitig den Innenwiderstand niederohmiger Störquellen. Um die Funktionseigenschaften des zu entstörenden Geräts nicht negativ zu beeinflussen, müssen die Drosseln einen kleinen ohmschen Widerstand haben. Gleichzeitig muß der Scheinwiderstand über einen großen Frequenzbereich hoch sein, um maximale Entstörwirkung zu erreichen. Eine besondere Güte ist demzufolge unerwünscht.

Mehrlagige Entstördrosseln sind aufgrund ihrer höheren Windungskapazitäten frequenzmäßig nur begrenzt einsetzbar. Sie sind mit ungeraden Lagenzahlen auszulegen. Anfang und Ende sollten an den gegenüberliegenden Stirnseiten der Wicklung herausgeführt werden, um Kopplungen zwischen gestörten und entstörten Leitungen zu vermeiden.

Aus den Anforderungen an Entstördrosseln resultieren verschiedene Bauformen:

- **Eisenkerndrosseln,** üblicherweise als Doppeldrosseln ausgebildet, können als Einzeldrosseln in zweiadrige Netzzuleitungen getrennt in jede Zuleitung geschaltet werden. Besonders im UKW-Bereich finden Ferritkerndrosseln (Ringkerne, Stabkerne, U-Kerne) Verwendung.
- **Schutzleiterdrosseln** setzt man dann ein, wenn mit Entstörkondensatoren keine ausreichende Entstörwirkung erreicht wird, der Einbau von Entstördrosseln aber aus Platzgründen nicht möglich ist [5.13].

Bei der Anwendung von Entstördrosseln darf die Wirksamkeit von Schutzmaßnahmen wie Nullung und Schutzerdung nicht vermindert werden. Schutzleiterdrosseln, deren Wickeldrahtdurchmesser nicht kleiner sein darf als der des Schutzleiters, sind mit erhöhter mechanischer Sicherheit auszuführen, um Unterbrechungen des Schutzleiters zu verhindern. Sie müssen im Inneren der Geräte fest eingebaut sein. Ihre Anschlußstellen sind entsprechend den für den Anschluß des Schutzleiters geltenden Standards auszubilden.

5.6.3.3. Entstörkondensatoren

Entstörkondensatoren sollen die von einer Störquelle ausgehende und über das angeschlossene Leitungssystem sich ausbreitende Störspannung kurzschließen, ohne den Betriebszustand des zu entstörenden Geräts zu beeinträchtigen. Daraus ergibt sich die Forderung nach einem kleinen Scheinwiderstand des Kondensators für hohe Frequenzen. Um die störenden Einflüsse von Leitungsinduktivitäten oberhalb der Resonanzfrequenz des Kondensators einzuschränken, sind Entstörkondensatoren induktivitätsarm auszuführen. Dem Betriebsstrom (Gleichstrom oder Wechselstrom mit $f = 50$ Hz) des zu entstörenden Geräts muß der Kondensator einen großen Widerstand entgegensetzen, damit ein möglichst kleiner Querstrom fließt.

Entstörkondensatoren haben neben den genannten noch eine Reihe weiterer Forderungen zu erfüllen, woraus verschiedene Bauformen resultieren. **Bild 5.64a** zeigt die induktivitätsarme Normalausführung, die jedoch nur bei Frequenzen bis zu 10 MHz wirksam ist. Berührungsschutzkondensatoren sind genau symmetrisch einzubauen, da die Entstörwirkung sonst im kurzwelligen Bereich abfällt. Im **Bild 5.64b** ist ein Durchführungskondensator dargestellt, der bis zu höchsten Frequenzen wirksam ist. Der Betriebsstrom fließt durch den Mittelleiter des Kondensators. Bei dem im **Bild 5.64c** gezeigten Vorbeischleifungskondensator handelt es sich um einen symmetrischen Vierpolkondensator, dessen Leitungsinduktivität herabgesetzt ist. Der Betriebsstrom fließt an den Anschlußfahnen des Kondensators vorbei. Vorbeischleifungskondensatoren können bedingt auch im UKW- und UHF-Bereich eingesetzt werden. Einen Durchschleifungskondensator zeigt **Bild 5.64d**. Bei diesem Vierpolkondensator symmetrischer Bauart fließt der Betriebsstrom durch die Wickel. Man erreicht eine große Breitbandigkeit mit Entstörwirkungen bis zu hohen Frequenzen [5.13].

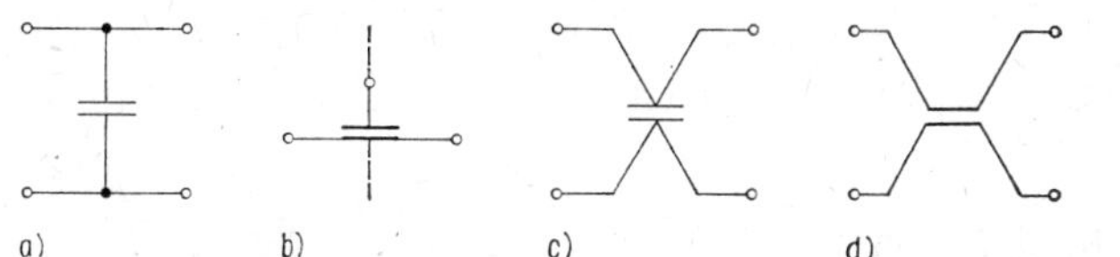

a) induktivitätsarme Normalausführung
b) Durchführungskondensator
c) Vorbeischleifungskondensator
d) Durchschleifungskondensator

Bild 5.64. Ausführungsarten von Entstörkondensatoren

Um die mit einem entstörten Gerät in Berührung kommenden Personen nicht zu gefährden, erfordert der Einsatz von Funkentstörkondensatoren die Einhaltung von Sicherheitsvorschriften. Nach Abschalten des Geräts müssen sich Funkentstörkondensatoren innerhalb einer Sekunde so weit entladen, daß die Entladespannung höchstens noch 34 V beträgt. Die Entladung erfolgt bei hinter dem Netzschalter angeordneten Kondensatoren über den inneren Widerstand des Geräts. Bei der Anordnung des Entstörkondensators vor dem Netzschalter muß die Entladung über einen entsprechend bemessenen Widerstand gewährleistet sein. Der Entladewiderstand läßt sich aus der Beziehung $U_{\text{ent}} = U_{\text{Netz}}\, e^{-t/\tau}$ mit $\tau = R_{\text{ent}}C$ bestimmen:

$$R_{\text{ent}} = t/C \ln (U_{\text{Netz}}/U_{\text{ent}}). \tag{5.83}$$

Setzt man in Gl. (5.83) die geforderten Werte $U_{\text{ent}} = 34$ V und $t = 1$ s ein, so erhält man die Größe des Entladewiderstands R_{ent} in Abhängigkeit von der Kapazität C des zu entladenden Entstörkondensators:

$$R_{\text{ent}} \approx 500/C; \quad R_{\text{ent}} \text{ in k}\Omega, \quad C \text{ in } \mu\text{F}. \tag{5.84}$$

Funkentstörkondensatoren mit Sicherung sind anzuwenden, wenn ein Kurzschluß des Kondensators zu einer Gefährdung von Menschen und Sachwerten führen kann.

Zur Unterdrückung der unsymmetrischen Störkomponente werden Funkentstörkondensatoren zwischen spannungsführende und leitende Teile des Gehäuses geschaltet. Diese Kondensatoren müssen eine erhöhte elektrische und mechanische Sicherheit gewährleisten, da durch Kurzschluß eines Berührungsschutzkondensators die volle Netzspannung am Gehäusemantel auftritt. Durch die Klassen X und Y, denen Berührungsschutzkondensatoren genügen müssen, sind besondere Prüf- und Anwendungsvorschriften vorgegeben.

Da über Berührungsschutzkondensatoren ständig ein Querstrom über das Gehäuse oder nach Erde fließt, der mit größer werdender Kapazität und Frequenz ansteigt, unterliegen diese Kondensatoren besonderen Schutzbestimmungen. Die Kapazität der Berührungsschutzkondensatoren ist zu begrenzen, damit der maximale Ableitstrom $I_{A\,max} = 0{,}25 \ldots 3{,}5$ mA (Tafel 5.37) nicht überschritten wird. Aus den Gleichungen für den Verlustfaktor $\tan\delta = I_R/I_C$ und für den Kondensatorstrom $I_C = U\omega C$ **(Bild 5.65)** ergibt sich die höchstzulässige Kapazität zu

$$C_{max} = I_R/(\omega U \tan\delta). \tag{5.85}$$

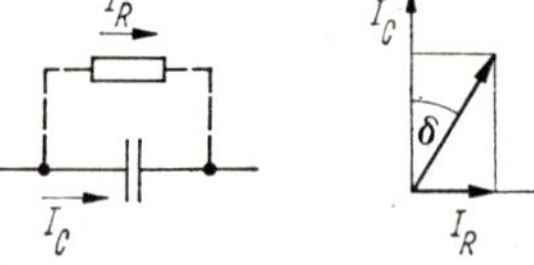

Bild 5.65
Ersatzschaltung des Kondensators

Für Gleichstrom wird die maximale Kapazität aus dem Energieinhalt des Kondensators bestimmt:

$$C_{max} = 2W/(1{,}1U)^2. \tag{5.86}$$

5.6.4. Grenzwerte für die Funkentstörung

Funkstörspannung und -feldstärke funkstörender Erzeugnisse dürfen die im jeweils gültigen Standard festgelegten Grenzwerte nicht überschreiten.

Für funkstörende Erzeugnisse, die zum Betrieb innerhalb des Wohnbereichs bestimmt sind, gelten folgende Grenzwerte: Die Funkstörspannung an Netzanschlüssen für Spannungen bis 380 V darf im Frequenzbereich von 150 kHz bis 30 MHz den Grenzwert F 1 **(Bild 5.66)** nicht überschreiten. Ist die Anwendung dieses Grenzwerts nicht möglich, so wird die Funkstörfeldstärke in diesem Frequenzbereich in 2 m Entfernung von der Meßantenne durch den Grenzwert F 3 (Bild 5.66) begrenzt. Für die Frequenzen oberhalb 30 bis 790 MHz darf in 3 m Entfernung und 3 m Höhe der Grenzwert F 3 nicht überschritten werden.

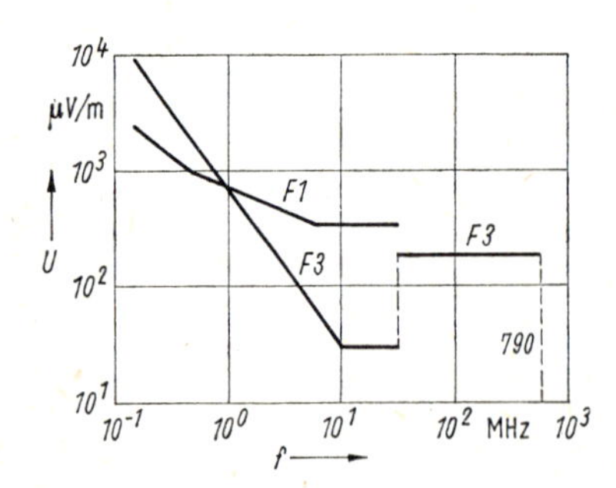

Bild 5.66
Grenzwerte für die Funkentstörung
(Auszug für Wohnbereich)

Für funkstörende, außerhalb des Wohnbereichs betriebene Erzeugnisse gelten ebenfalls Grenzwerte, die den entsprechenden Standards zu entnehmen sind.

Für spezielle funkstörende Erzeugnisse, wie industrielle, wissenschaftliche und medizinische Hochfrequenzanlagen, Leuchtstofflampen, Rundfunkempfänger, Drahtfernmeldeanlagen, Einrichtungen mit Verbrennungsmotoren, elektrisch betriebene Verkehrs-

und Transportmittel und Energiefreileitungen, gelten Sonderregelungen. Störspannung und Störfeldstärke unterliegen in bestimmten, den gültigen Standards zu entnehmenden Frequenzbereichen keiner Begrenzung.

Für Geräte, die weniger als fünf Kurzstörungen je Stunde erzeugen, und für kontaktgebende Schaltgeräte, die während des normalen Betriebs nicht betätigt werden, sind keine Entstörmaßnahmen vorgeschrieben.

Wichtige Standards enthält Tafel 5.13.

5.7. Schutz gegen Feuchte

[5.17] bis [5.21] [5.49] [5.51]

Symbole und Bezeichnungen

A	Funktion
B	Anfangssteigung in $m/\sqrt{s}$
D	Diffusionskoeffizient in m^2/s
G	Funktion
H	Saughöhe in m
J	Feuchtestromdichte in $kg/(m^2 \cdot s)$
L	Leckrate in $Pa \cdot m/s$
P	Permeationskoeffizient in $kg/(m \cdot Pa \cdot s)$ bzw. in s
R	Gaskonstante in $Pa \cdot m^3/(g \cdot K)$
S	Fläche in m^2
T	Temperatur in K
V	Volumen in m^3
X, Y	Funktionen
c	Feuchtekonzentration in g/m^3
d	Dicke des Plastmaterials in m
f	Luftfeuchte in g/m^3
h	Wasserlöslichkeitskoeffizient im Plast in $kg/(m^3 \cdot Pa)$
m	Masse in g
p	Partialdruck in Pa
r	Radius in m
t	Zeit in s
x	Feuchtegrad in g/kg; Ortskoordinate; allgemeine Variable
γ	allgemeingültige, zeit- und ortsabhängige Lösung
ε	Dielektrizitätskonstante
η	Viskosität in $N \cdot s/m^2$
λ	Eigenwerte
ξ	allgemeine Variable
σ	Oberflächenspannung in N/m
τ	Taupunkttemperatur in K
φ	relative Feuchte in %
ψ	Materialfeuchte

Indizes

D	Wasserdampf
F	Feuchte
Fo	Folie
G	Gas
L	trockene Luft
P	Probe
R	Restfeuchte
S	Sättigung
W	Wasser
WK	Kondenswasser
ges	gesamt
kr	kritisch
n	ganze Zahl
r	relativ
t	zur Zeit t
trock	trocken

Erzeugnisse der Gerätetechnik und Elektronik müssen gegen Feuchte geschützt werden, da diese Korrosionserscheinungen verursacht. Damit verbunden sind Wasseranlagerungen und Dissoziation, Verringerung von Lebensdauer und Zuverlässigkeit sowie Änderung der elektrischen und mechanischen Parameter bis zum funktionellen Ausfall.

Bei einer Verkappung kann nur die Verwendung von Metallen und anorganischen Verkappungsmaterialien den gewünschten Feuchteschutz unter extremen Bedingungen gewährleisten. Aus ökonomischen Gründen finden aber in steigendem Maß Plastwerkstoffe, die in unterschiedlichem Verhältnis Wasser aufnehmen, Anwendung. Diese Werkstoffe sind mehr oder weniger feuchtedurchlässig. Ihr Feuchteverhalten muß deshalb sicher beherrscht werden.

Wasser ist ein stark heterogener Stoff. Der Durchmesser eines Wassermoleküls **(Bild 5.67)** beträgt 0,28 nm. Das Wassermolekül ist als Ganzes elektrisch neutral, weist aber eine ungleichmäßige Ladungsverteilung auf. Dieser Dipolcharakter bestimmt das physikalische und chemische Verhalten. Bei der Anwendung von Plasten in der Gerätetechnik und Elektronik interessiert die relative Dielektrizitätskonstante ε_r und der dielektrische Verlustfaktor tan δ.

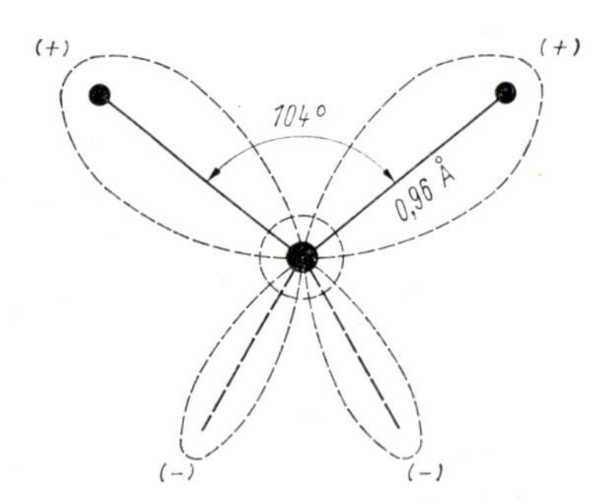

Bild 5.67
Schematische Darstellung eines Wassermoleküls (nach *Bjerrum*)

Bei Feuchteeinwirkung verringern sich Isolationswiderstände, bilden sich Nebenkapazitäten und verändern sich mechanische Parameter.

Des weiteren ist das Temperaturverhalten der Feuchte entscheidend. Bei Plastwerkstoffen sind relative Dielektrizitätskonstante und dielektrischer Verlustfaktor von der Temperatur abhängig:

$$\varepsilon_{rH_2O} = 80{,}35 \text{ bei } T = 293 \text{ K (flüssig)}$$

$$\varepsilon_{rH_2O} = 27 \text{ bei } T = 373 \text{ K (dampfförmig).}$$

Allgemein weisen Werkstoffe, insbesondere Plastwerkstoffe, nur bei bestimmten Temperaturen und Feuchtigkeiten die gewünschten Eigenschaften auf. Bei zuviel Feuchtigkeit können Plastwerkstoffe quellen, bei zu großer Trockenheit verspröden. Außerdem ist das Ausfallen von Wasser bei Unterschreiten der Taupunkttemperatur wesentlich.

Klimatische Beanspruchungen und Klimaschutz s. auch Abschnitte 5.1., 5.2., 8.3. und 8.6.

5.7.1. Feuchte-Luft-Diagramm

Zur überschläglichen Betrachtung eignet sich ein umgestaltetes Dampfdruckdiagramm (Mollier-Diagramm; s. **Bild 5.68**). Daraus können die maximale Feuchtigkeit und die Temperatur beim Verschließen von Baugruppen und Geräten ermittelt werden, die der Forderung genügen, daß bei der tiefsten Betriebstemperatur der Taupunkt nicht unterschritten wird. Das Feuchte-Luft-Diagramm bildet die Basis für konstruktive und technologische Maßnahmen.

Wichtige Definitionen und Begriffe enthält **Tafel 5.38.**

▲ **Beispiel**

Soll ein hermetisch verschlossenes Bauelement (f = konst.) auch bei T = 218 K (−55 °C) noch funktionstüchtig sein und wird es bei φ = 5% (technisch möglich) verschlossen, so muß die Verschlußtemperatur T = 248 K (−25 °C) betragen. Ein Verschließen bei dieser Temperatur ist jedoch problematisch; deshalb ist Evakuieren vorzuziehen.

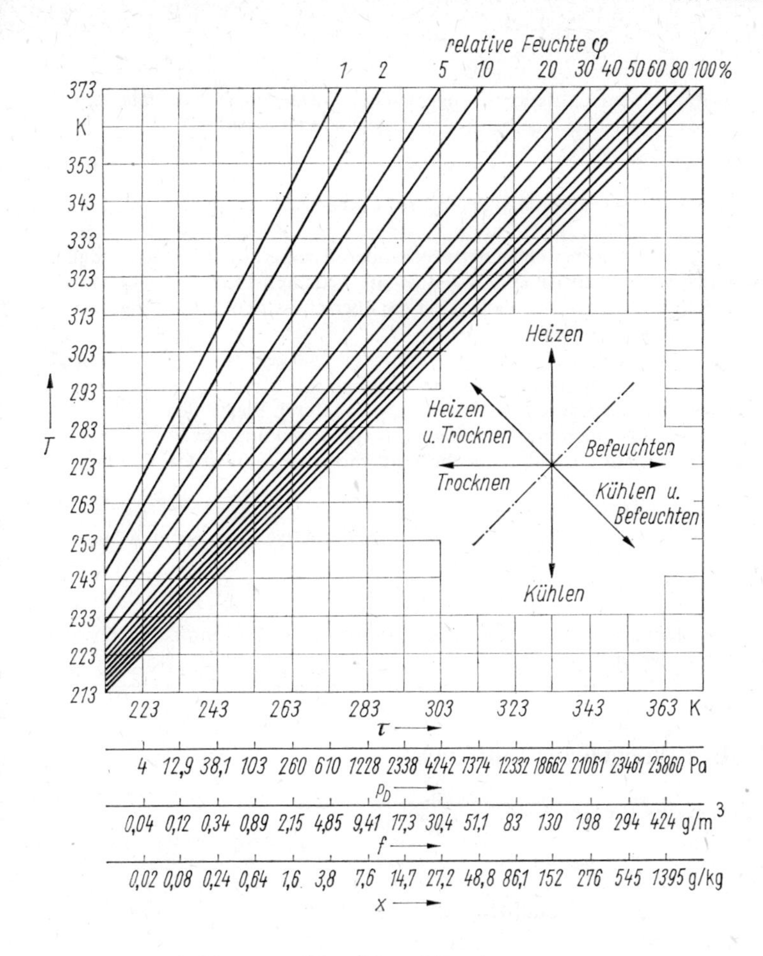

Bild 5.68
Mollier-Diagramm in abgewandelter Form
Zusammenhang im Medium zwischen Temperatur T, Taupunkttemperatur τ, Wasserdampfpartialdruck p_D, relativer Luftfeuchte φ, absoluter Feuchte f (volumenbezogen) und Feuchtegrad $\varkappa$

Tafel 5.38. Definitionen und Begriffe zur Feuchte

Partialdruck p_D. Vorhandener Wasserdampfteildruck als Teil des barometrischen Gesamtdrucks p (meteorologischer Luftdruck) der feuchten Luft, die eine Mischung von Wasserdampf und trockener Luft ist. Mit dem Partialdruck p_L der trockenen Luft gilt

$$p = p_L + p_D.$$

Sättigungsdampfdruck p_S. Bei der jeweiligen Lufttemperatur maximal möglicher Wasserdampfpartialdruck. Er ist von der Temperatur abhängig, aber unabhängig vom Umgebungsdruck und von der Anwesenheit anderer Gase.

Taupunkttemperatur τ. Temperatur, auf die die Luft abgekühlt werden müßte, um bei konstantem Druck mit dem z. Z. enthaltenen Wasserdampf die Sättigung zu erreichen.

Feuchtegrad (Feuchtigkeitsgehalt, Wasserdampfgehalt) x. Ist die in 1 kg trockener Luft enthaltene Wassermasse in g oder kg bei einem Gesamtdruck $p = 1013{,}25 \cdot 10^2$ Pa

$$x = \frac{R_G}{R_W} \frac{p_D}{p - p_D} = \frac{m_W}{m_G}.$$

Absolute Luftfeuchte f. Masse des Wasserdampfs m_W, der in einem Volumen feuchter Luft vorhanden ist. Sie ist abhängig von der Temperatur. Mit der Gaskonstante für Wasserdampf $R_W = 0{,}4613\ \text{Pa} \cdot \text{m}^3 \times \text{g}^{-1} \cdot \text{K}^{-1}$ gilt:

$$f = \frac{m_W}{V} = \frac{p_D}{R_W T} \quad \text{in g} \cdot \text{m}^{-3}.$$

Tafel 5.38 (Fortsetzung)

Relative Feuchte φ. Verhältnis der absoluten Luftfeuchte (ungesättigter Zustand) zur maximalen absoluten Luftfeuchte (Sättigungszustand) bei gleicher Temperatur und gleichem Gesamtdruck

$$\varphi = (f/f_S) \cdot 100 = (p_D/p_S) \cdot 100 \quad \text{in } \%.$$

Maximale Feuchte. Diejenige Menge Wasserdampf in g, die in 1 m^3 Luft enthalten sein kann. Sie ist stark von der Temperatur abhängig.
Sättigungsfeuchte f_S. Sie liegt vor, wenn die bei einer entsprechenden Temperatur maximal mögliche Menge Wasserdampf auch wirklich vorhanden ist, d.h., die absolute Feuchte ist gleich der maximalen Feuchte. Das Überschreiten der Sättigung ist nicht möglich, da die überschüssige Wassermenge aus der Gasphase in flüssiger und fester Form ausgeschieden wird.
Diffusion. Hier Durchdringung eines Isolierstoffs durch Wassermoleküle. Sie geht bis zum vollständigen Ausgleich, bei dem keine Aufnahme von Wassermolekülen mehr erfolgt.
Permeation. Durchtritt von Wassermolekülen durch Festkörper, speziell durch Plastfolien.
Sorption. Hier Aufnahme von Wassermolekülen durch Diffusion, Kapillarwirkung usw.
Leckrate L. Ausdruck für die Dichtheit, aus der Vakuumtechnik übernommen. Sie wird in $\text{Pa} \cdot \text{m}^3 \cdot \text{s}^{-1}$ gemessen.
Hermetisch. Als hermetisch dicht wird bezeichnet, wenn die Leckrate $L \leqq 1{,}33 \cdot 10^{-14}\ \text{Pa} \cdot \text{m}^3 \cdot \text{s}^{-1}$ ist.
Materialfeuchtigkeit ψ. Verhältnis des Anteils der Wassermasse zur Gesamtmasse eines feuchten Materials m_{ges}

$$\psi = m_W/m_{ges} = m_W/(m_{trock} + m_W).$$

Feuchtekonzentration c. Diejenige Menge Wasser m_W, die in einem Volumen V eines Stoffs von flüssiger, fester oder gasförmiger Phase enthalten ist.

5.7.2. Mathematische Beziehungen zur Luftfeuchte

Es gilt die Zustandsgleichung des idealen Gases

$$p_G V_G = m_G R_G T. \tag{5.87}$$

Für Berechnungen werden benötigt der Feuchtegrad x, die absolute Feuchte f (s. Definitionen in Tafel 5.38) und die Sättigungsfeuchte f_S:

$$f_S = p_S/R_w T. \tag{5.88}$$

Die Menge von ausgefälltem Kondenswasser m_{WK} in einem abgeschlossenen Volumen V nach einem Temperatursturz von T_1 auf T_2 ($T_1 > T_2$) läßt sich nach folgender Gleichung berechnen:

$$m_{WK} = \frac{V}{R_w}\left[\frac{p_D(T_1)}{T_1} - \frac{p_S(T_2)}{T_2}\right]. \tag{5.89}$$

5.7.3. Feuchteaufnahme in Plasten

Bei Plastwerkstoffen unterscheidet man Feuchtetransport durch Diffusion [5.49], durch Kapillarität [5.17] und durch Permeation sowie osmotische Feuchteaufnahme.

Die Konzentrationsänderung der Feuchte innerhalb eines Festkörpers kann durch die dreidimensionale Kontinuitätsgleichung der Diffusion

$$\partial c/\partial t = \operatorname{div}(D \operatorname{grad} c) \tag{5.90}$$

erfaßt werden. Eine erhebliche Verminderung des Rechenaufwands läßt sich erreichen, wenn man bei der Ermittlung der Feuchteschutzzeit einer Plastverkappung den eindimensionalen Fall betrachtet. Man nimmt an, daß diejenige Koordinate den entscheidenden Feuchteanteil liefert, bei der im Plast die kürzeste Entfernung d der maximalen Feuchtekonzentrationsdifferenz auftritt **(Bild 5.69).** Die allgemeine Kontinuitätsgleichung der Diffusion vereinfacht sich somit zur eindimensionalen Gleichung

$$\partial c/\partial t = (\partial c/\partial x)\,(D\,\partial c/\partial x), \tag{5.91}$$

wobei für den Diffusionskoeffizienten D die Beziehung

$$D = f[c\,(x, t)] \tag{5.92}$$

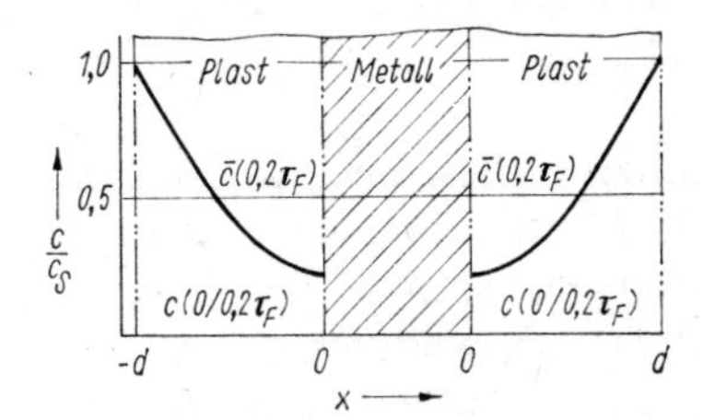

Bild 5.69
Feuchtekonzentration innerhalb einer Plastumhüllung

gilt. Die für Schutzschichten angewendeten Hochpolymere sind wasserunlöslich. Ihre Feuchtesättigungskonzentration ist, wie Messungen ergaben, durchschnittlich um drei Zehnerpotenzen kleiner als die Konzentrationsunterschiede, die während der Diffusion in den Plasten auftreten, wenn man sie den Dämpfen von speziellen Quell- bzw. Lösungsmitteln aussetzt. Deshalb ist der Fehler, den man mit der Annahme eines konzentrationsunabhängigen Diffusionskoeffizienten begeht, in erster Näherung zu vernachlässigen. Damit ergibt sich das *zweite Ficksche Diffusionsgesetz* zur Beschreibung des zeitlichen und eindimensional örtlichen Feuchtekonzentrationsverlaufs in isotropen Medien:

$$\partial c/\partial t = D\,\partial^2 c/\partial x^2. \tag{5.93}$$

Für diese Gleichung kann mit einem Produktansatz folgende *allgemeingültige, zeit- und ortsabhängige Lösung* gefunden werden:

$$\gamma\,(x, t) = X(x)\,Y(t) = [A\cos(\lambda x) + G\sin(\lambda x)] - \exp(-\lambda^2 Dt). \tag{5.94}$$

Da in der Literatur die Rand- und Anfangsbedingungen oft unklar sind und die Anwendung erschweren, sei hier auf die jeweiligen Bedingungen und Gültigkeitsbereiche hingewiesen.

Für die Diffusion an den feuchtedurchlässigen Begrenzungsebenen $x = -d$ und $x = +d$ des Modells (Bild 5.69) wird eine konstante Sättigungsfeuchtekonzentration c_S angenommen. Die Anpassung der Eigenwerte λ_n der Lösung nach Gl. (5.94) an die Randbedingungen

$$c\,(-d, t) = c\,(+d, t) = c_S = \text{konst.}; \qquad t > 0 \tag{5.95}$$

liefert für jeden Wert λ_n die Eigenfunktion

$$\gamma_n\,(x, t) = c_S - c_n\,(x, t) = A_n \cos\left[\frac{(2n+1)}{2d}\,x\right] \exp\left[-\frac{(2n+1)^2\,\pi^2 D}{4d^2}\,t\right]. \tag{5.96}$$

Für den Beginn der Feuchtediffusion wählt man den allgemeineren Fall einer nicht zu vernachlässigenden Restfeuchte c_R im Plastwerkstoff. Aus den vielen möglichen $\gamma_n\,(x, t)$

wird nun mit dem Fourierschen Theorem für gerade periodische Funktionen eine Lösung nach Gl. (5.98) konstruiert, die sowohl das zweite Ficksche Gesetz gemäß Gl. (5.93), die Randbedingungen nach Gl. (5.95) als auch die Anfangsbedingung

$$c\,(x, 0) = c_R = \text{konst.}; \qquad -d \leqq x \leqq +d \tag{5.97}$$

erfüllt. Damit ergibt sich die *zeit- und ortsabhängige Feuchtekonzentrationsfunktion*

$$c\,(x, t) = c_S \left\{1 - \left(1 - \frac{c_R}{c_S}\right) \frac{4}{\pi} \sum_{n=0}^{\infty} \frac{(-1)^n}{2n + 1} \exp\left[-\frac{2(n-1)^2 \pi^2 D}{4d^2} t\right] \cos\left[\frac{(2n+1)\pi}{2d} x\right]\right\} \tag{5.98}$$

mit c_R Restfeuchtekonzentration, c_S Sättigungsfeuchtekonzentration im Plast entsprechend dem jeweiligen Wasserdampfpartialdruck der Luft, d Entfernung der maximalen Feuchtekonzentrationsdifferenz im Plast (Dicke der Plastschicht; s. Bild 5.69).

Die Kosinusfunktion ist eine gerade Funktion $f(x) = f(-x)$, wodurch die Lösung nach Gl. (5.98) an der Stelle $x = 0$ aufgespaltet und der positive und negative x-Bereich getrennt betrachtet werden können.

Zur Ermittlung der Feuchteschutzzeit einer Plastschicht (s. Bild 5.69) muß man daher eine zeitabhängige, aber an die Ebene $x = 0$ ortsgebundene Näherungsgleichung finden. Setzt man $c_R = 0$, $x = 0$ und $n = 0$ in die allgemeine Lösung nach Gl. (5.98) ein, so erhält man die *Näherungsgleichung zur Berechnung der Feuchteschutzzeit* (z. B. einer Plastschicht):

$$t = -\frac{4d^2}{\pi^2 D} \ln\left[\frac{\pi}{4}\left(1 - \frac{c}{c_S}\right)\right]. \tag{5.99}$$

Bei Gl. (5.99) muß unbedingt der Gültigkeitsbereich von $t \geqq 0{,}2\tau_F$ bzw. $c\,(0, t) \geqq 0{,}25\,c_S$ beachtet werden, damit der absolute Fehler $\Delta c\,(0, t) \leqq 5 \cdot 10^{-3}\,c_S$ bleibt. Wenn z. B. die für die Funktion eines aktiven elektronischen Bauelements kritische relative Luftfeuchtigkeit $\varphi_{kr} = 40\%$ ($p_{Dkr} = 935{,}4$ Pa bei $T = 293$ K) beträgt [5.50], die einer kritischen Feuchtekonzentration $c_{kr} = 0{,}7305 \cdot 10^3\ \text{g} \cdot \text{m}^{-3}$ entspricht, so ist die Näherung nach Gl. (5.99) selbst bei direkter Wassereinlagerung des Bauelements mit $c_{kr} = 0{,}4 c_S$ noch gültig.

Da Feuchtediffusionsexperimente z. Z. nur die quantitative Bestimmung einer mittleren Feuchtekonzentration $\bar{c}(t)$ im Plast zulassen, wurde die spezielle Form ($c_R = 0$) der allgemeinen Lösung nach Gl. (5.98) entsprechend dem Mittelwertsatz integriert:

$$\bar{c}(t) = c_S \left\{1 - \frac{8}{\pi^2} \sum_{n=0}^{\infty} \frac{1}{(2n+1)^2} \exp\left[-\frac{(2n+1)^2 \pi^2 D}{4d^2} t\right]\right\}. \tag{5.100}$$

Das nullte Glied von Gl. (5.100) stimmt mit dem ersten Glied einer ähnlichen Gleichung überein, die in [5.18] für den Fall einer vernachlässigbaren Restfeuchte hergeleitet wurde:

$$\bar{c} = \bar{c}(t) = c_S \left[1 - \frac{8}{\pi^2} \exp\left(-\frac{\pi^2 D}{4d^2} t\right)\right]. \tag{5.101}$$

Gl. (5.101) liefert nur im Bereich von $t \geqq 0{,}2\tau_F$ bzw. $\bar{c}(t) \geqq 0{,}5 c_S$ genaue Werte ($\tau_F = d^2 D^{-1}$). Aus Gl. (5.101) und bei Gültigkeit des Henryschen Gesetzes

$$\bar{c} = h p_D \tag{5.102}$$

(p_D Wasserdampfpartialdruck der Luft, besser sind gemessene Sorptionsisotherme) folgt eine Gleichung zur Bestimmung der *Feuchteschutzzeit einer Plastschicht*, die ein Luftvolumen einschließt (nach *Michailow* [5.18]):

$$t = -\frac{4d^2}{\pi^2 D} \ln\left[\frac{\pi^2}{8}\left(1 - \frac{p_{\mathrm{Dk_r}}}{P_S}\right)\right]. \tag{5.103}$$

Im Bereich von $t \leqq 0{,}2\tau_F$ bzw. $\bar{c}(t) \leqq 0{,}5c_S$, in dem die Gln. (5.101) und (5.102) nicht vertretbare Fehler liefern, kann man zur Auswertung von Feuchtediffusionsversuchen die Gln.

$$\bar{c} = \bar{c}(t) = 2c_S \sqrt{\frac{D}{\pi d^2}\, t} \tag{5.104a}$$

bzw.

$$t = \frac{\pi}{4} \frac{d^2}{D} \left(\frac{\bar{c}}{c_S}\right)^2 \tag{5.104b}$$

verwenden, die sich aus Gl. (5.100) mit dem Gaußschen Fehlerintegral ableiten lassen. Es muß darauf hingewiesen werden, daß die Gln. (5.101), (5.103), (5.104a) und (5.104b) unter strenger Beachtung der angegebenen Gültigkeitsbereiche nur zur Auswertung von Feuchtediffusionsexperimenten an Plastscheiben mit $c_R = 0$ und mit einer Dicke von $d_P = 2d$ benutzbar sind. Der absolute Fehler der Näherungen beträgt im angegebenen Gültigkeitsbereich $s\bar{c}\,(t) = 2 \cdot 10^{-3}\, c_S$.

Feuchtetransport durch *Kapillarität* erfolgt, wenn die Kapillaren einen Radius $10^{-9} \leqq r \leqq 10^{-5}$ m haben. Liegen Kapillaren in dieser Größenordnung vor, dann überwiegt ihr Feuchtetransportmechanismus alle anderen [5.17]. Zur überschläglichen Berechnung der Saughöhe H und Saugzeit t kann folgende Gleichung benutzt werden:

$$H = \sqrt{\frac{\sigma_w r}{2\eta}\, t}; \tag{5.105}$$

σ_w Oberflächenspannung des Wassers ($\sigma_w = 72{,}8 \cdot 10^{-3}\ \mathrm{N \cdot m^{-1}}$ bei $T = 296$ K),
r Radius der Kapillare; η Viskosität.

Im Prinzip gilt das erste Ficksche Gesetz der Diffusion

$$J_{St} = -D\, \partial c/\partial x = \text{konst.} \tag{5.106}$$

mit J_{St} stationärer Feuchtestrom in $\mathrm{g \cdot s^{-1}}$ auch für Permeation.

Unter Voraussetzung der Gültigkeit des Henryschen Gesetzes

$$c = hp_D \tag{5.107}$$

läßt sich der Zusammenhang zwischen Permeationskoeffizient P und Diffusionskoeffizient herstellen:

$$P = hD. \tag{5.108}$$

Mit dem Permeationskoeffizienten P ist es möglich, den Feuchtedurchgang durch Festkörper (z. B. Verpackungsfolien, s. Abschnitte 8.3. und 8.6.) mit Gl. (5.109) zu berechnen:

$$J = -P\, \Delta p_D/d; \tag{5.109}$$

Δp_D Wasserdampfpartialdruckdifferenz zwischen den beiden Seiten der Folie.

Die osmotische Feuchteaufnahme tritt als Oberflächen- oder Adsorptionserscheinung auf, besonders bei Oberflächenverschmutzungen. Sie ist typisch bei der Herstellung von gedruckten Leiterplatten. Daher sind besonders gefährdete Oberflächen in der Elektronik zu reinigen, wozu es spezielle Reinigungstechnologien u. a. mit deionisiertem Wasser bei erhöhter Temperatur gibt.

5.7.4. Analogie Feuchte–Elektrotechnik

Für den Ingenieur mit Kenntnissen der Elektronik stellt die Erfassung der Feuchtediffusion mittels der Analogie Feuchte–Elektrotechnik [5.19] eine günstige Methode dar. Die Einführung einer solchen Analogie erfolgte aufgrund der Tatsache, daß das zweite Diffusionsgesetz einen mathematischen Sonderfall der Telegrafengleichung darstellt und daß man zu den Lösungen analoge Anfangs- und Randbedingungen wählen kann.

Für die qualitative Analogiebetrachtung wird der Plastwerkstoff als *RC*-Glied aufgefaßt. Ein Spannungssprung entspricht der Feuchtebelastung. Die Sprungantwort wird dann als entsprechendes Feuchteverhalten interpretiert. Für Folien ($d < 100\ \mu m$) überwiegt die Permeation, bei dickeren Plastschichten die Diffusion, bei der mit einer homogenen *RC*-Leitung der Länge d gearbeitet wird [5.51]. In **Tafel 5.39** sind die wichtigsten Beziehungen zusammengestellt.

5.7.5. Feuchtekennwerte und Meßmethoden

Für den Anwender ist die Kenntnis der Feuchtekennwerte der verschiedenen Plastwerkstoffe wichtig, um sie entsprechend ihren Eigenschaften einsetzen zu können **(Tafel 5.40).** Da in der Literatur nicht zu allen Materialien die Feuchtekennwerte angegeben sind, ist eine Meßmethode zu ihrer Bestimmung notwendig. Bei normaler Diffusion ist es mit Hilfe der Gleichgewichtssorptionsmessung möglich, Feuchtekennwerte an Material der Dicke $d_P = 2d$ anhand von wenigen Meßwerten zu bestimmen, bevor das Sorptionsgleichgewicht erreicht wird. Zur Bestimmung des Diffusionskoeffizienten aus Sorptionskurven [5.17] [5.20] können zwei Formen der zweiten Fickschen Diffusionsgleichung Gl. (5.93) angewendet werden. Für Diffusionszeiten $t > 0{,}2\tau_F$ läßt sich Gl. (5.100) umstellen:

$$\frac{m_t}{m_S} = 1 - \frac{8}{\pi^2} \sum_{n=0}^{\infty} \frac{1}{(2n+1)^2} \exp\left[-\frac{(2n+1)^2 \pi^2 D}{\mathrm{d}p^2}\, t\right]. \tag{5.110}$$

Für $m_t/m_S = \frac{1}{2}$ läßt sich schreiben:

$$\left(\frac{t}{\mathrm{d}p^2}\right)_{1/2} = -\frac{1}{\pi^2 D} \ln\left[\frac{\pi^2}{16} - \frac{1}{9}\left(\frac{\pi^2}{16}\right)^9\right]. \tag{5.111}$$

Für D erhält man aus Gl. (5.111) die *Bestimmungsgleichung eines integralen Diffusionskoeffizienten;*

$$D = 0{,}0491/(t/\mathrm{d}_p^2). \tag{5.112}$$

Der zweite Weg besteht in der Auswertung des Anfangs des Diffusionsvorgangs:

$$\frac{m_t}{m_S} = 4\sqrt{\frac{Dt}{d_p^2}}\left[\frac{1}{\sqrt{\pi}} + 2\sum_{n=1}^{\infty} (-1)^n \operatorname{ierfc}\left(\frac{n d_p}{2\sqrt{Dt}}\right)\right]. \tag{5.113}$$

Tafel 5.39. Analogie zwischen Feuchtegrößen und elektrischen Größen

Feuchtegrößen		Elektrische Größen	
Permeation und Grundbeziehungen 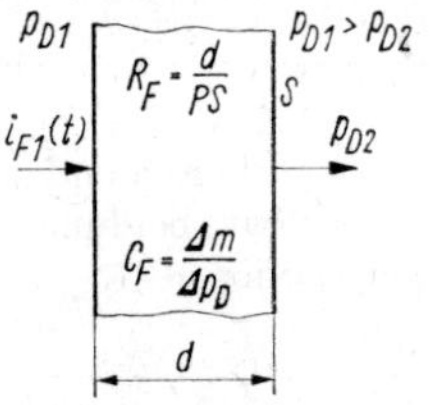 $\frac{\partial m}{\partial t} = -PS \frac{\partial p_D}{\partial x}$		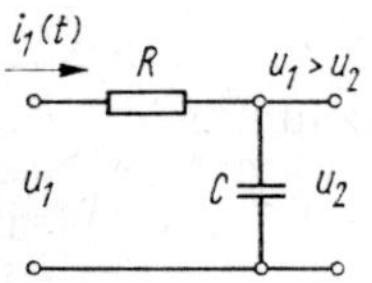 $\frac{du_2}{dt} = \frac{1}{CR}(u_1 - u_2)$	
Feuchtestromdichte $g_F = \frac{m}{St} = \frac{P \Delta p_D}{d}$	$\frac{kg}{m^2 s}$	Stromdichte $g = \frac{i}{S} = \frac{1}{S} \cdot \frac{dQ}{dt}$	$\frac{A}{m^2}$
Feuchtestrom $i_F = \frac{dm}{dt} = \frac{\Delta p_D}{R_F}$	$\frac{kg}{s}$	Strom $i = \frac{dQ}{dt}$	A
Feuchtespannung $\Delta p_D = i_F \cdot R_F$	Pa	Spannung $u = i \cdot R$	V
Feuchtewiderstand $R_F = \frac{d}{PS} = \frac{\Delta p_D}{i_F}$	$\frac{Pa \cdot s}{kg}$	Widerstand $R = \frac{l}{\gamma S} = \frac{u}{i}$	$\frac{V}{A}$
Feuchtekapazität $C_F = \frac{\Delta m}{\Delta p_D} = h \cdot V$	$\frac{kg}{Pa}$	Kapazität $C = \frac{Q}{u} = \frac{S \cdot \varepsilon}{d}$	$\frac{As}{V}$
Permeations- koeffizient P	$\frac{kg}{m \cdot Pa \cdot s}$	elektrische Leitfähigkeit γ	$\frac{S \cdot m}{m^2}$
Diffusion 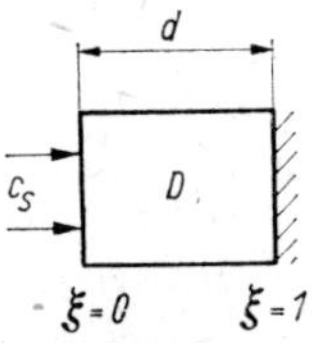		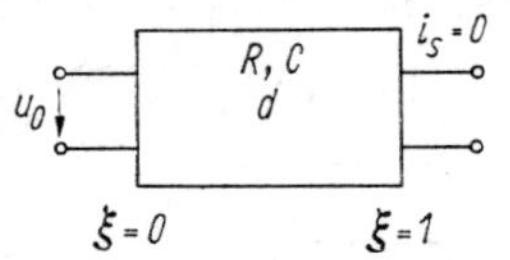 homogene RC-Leitung der Länge l	
Zweites Ficksches Gesetz $\frac{\partial c(x,t)}{\partial t} = D$ bzw. $\frac{\partial^2 c(x,t)}{\partial x^2}$		Telegrafengleichung für eine RC-Leitung: $\frac{\partial u(x,t)}{\partial t} = \frac{1}{RC}$ bzw. $\frac{\partial^2 u(x,t)}{\partial x^2}$	
Feuchtekonzentrationsdifferenz Δc $\Delta c = c_s - c$ $\Delta p_D = p_{DS} - p_D$	$\frac{kg}{m^3}$ Pa	Spannung u $u = \varphi_2 - \varphi_1$	V
Zeitkonstante $\tau_F = R_F \cdot C_F$ $= R_F' \cdot C_F' \cdot d^2 = \frac{d^2}{D}$	s	Zeitkonstante $\tau = RC = R'C'd^2$	s
Diffusionskonstante D	$\frac{m^2}{s}$		

Tafel 5.40. Feuchtekennwerte einiger Plastwerkstoffe

Bezeichnung	Permeations-koeffizient in s	Diffusions-koeffizient in m^2/s	Anwendung
Polyäthylen	$6{,}2 \cdot 10^{-17}$ bis $6{,}2 \cdot 10^{-16}$	$2{,}77 \cdot 10^{-13}$ bis $1{,}9 \cdot 10^{-8}$	$-50 \ldots +60\,°C$; elektrisch belastbar; mechanisch und thermisch bedingt belastbar; bei hoher Feuchte verwendbar; Folien als Verpackungsmaterial
Polystyrol	$7{,}56 \cdot 10^{-17}$ bis $8{,}75 \cdot 10^{-15}$	$1{,}7 \cdot 10^{-11}$ bis $4{,}3 \cdot 10^{-11}$	ähnlich Polyäthylen; Isolierstoff;
Polykarbonat	$3{,}12 \cdot 10^{-16}$ bis $1{,}51 \cdot 10^{-14}$	$1{,}2 \cdot 10^{-8}$	$-40 \ldots +100\,°C$; elektrisch und mechanisch belastbar; nicht bei hoher Feuchte verwendbar; dünnste Folien – Kondensatordielektrika
Polytetra-fluoräthylen	$3{,}33 \cdot 10^{-18}$ bis $1{,}51 \cdot 10^{-16}$	$8{,}33 \cdot 10^{-13}$ bis $2{,}77 \cdot 10^{-9}$	elektrisch, mechanisch und klimatisch extrembelastbar; vakuumstabil; $-190 \ldots +250\,°C$; wasserabweisend; hohe Stabilität elektrischer Parameter
Polyamid	$2{,}91 \cdot 10^{-16}$ bis $4{,}2 \cdot 10^{-16}$	$8{,}3 \cdot 10^{-13}$	$-40 \ldots +120\,°C$; elektrisch und mechanisch belastbar; keine thermische Belastung bei hoher Feuchte; keine Kriechstrombelastung

Die Funktion erf(x) ist als „error function" bzw. als Gaußsches Fehlerintegral bekannt, wobei gilt

$$\mathrm{ierfc} = \int_x^\infty \mathrm{erfc}(\xi)\,\mathrm{d}\xi \text{ und } \mathrm{erfc}(x) = 1 - \mathrm{erf}(x). \tag{5.114}$$

Für $t \to 0$ gilt für den Diffusionskoeffizienten D:

$$D = \frac{\pi}{16}\left[\frac{m_t/m_S}{\sqrt{(t/d_p^2)}}\right]^2.$$

Der Ausdruck $B = (m_t/m_S)/\sqrt{(t/d_p^2)}$ stellt die Anfangssteigung der sog. reduzierten Sorptionskurve

$$m_t/m_S = f(\sqrt{t}/d_p) \tag{5.115}$$

dar, d.h.

$$D = (\pi/16)\,B^2. \tag{5.116}$$

Wenn die reduzierte Sorptionskurve bis $m_t/m_S = \frac{1}{2}$ linear verläuft, dann ist

$$B = \tfrac{1}{2}/\sqrt{(t/d_P^2)_{1/2}}. \tag{5.117}$$

Aus Gl. (5.116) entsteht

$$D = \frac{\pi}{16}\,\frac{1}{4}\,\frac{1}{(t/d_P^2)_{1/2}} = \frac{0{,}049}{(t/d_P^2)_{1/2}}, \tag{5.118}$$

Tafel 5.41. Richtlinien zur Eliminierung des Feuchteeinflusses

Ungünstige Lösung	Erläuterungen	Günstige Lösung
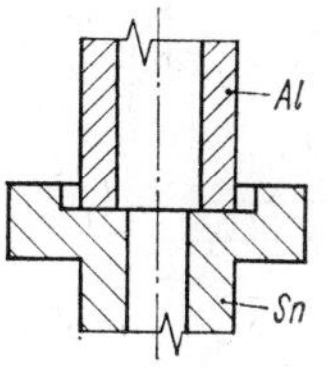 Al; Sn	Bei Auftreten von Schwall- oder Regenwasser sind gefährdete Baugruppen bzw. Funktionsblöcke durch entsprechende Werkstoffe, Werkstoffpaarungen (Beachten der elektrolytischen Spannungsreihe) und Formen so zu gestalten, daß sie notfalls kurzfristig unter Wasser funktionstüchtig sind, daß das Wasser jedoch unbehindert ablaufen kann. Durch geeignete Überzüge (Lack, Plast) ist außerdem für entsprechenden Schutz zu sorgen.	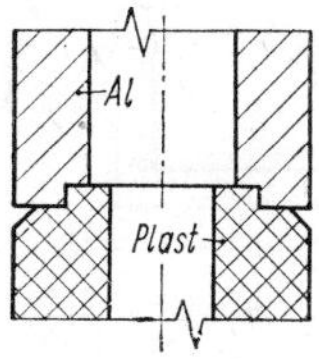 Al; Plast
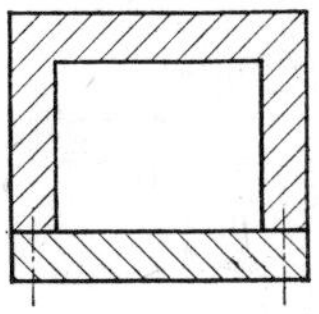	Bei Gefahr von Kondenswasser sind Baugruppen bzw. Funktionsblöcke so zu gestalten und herzustellen, daß ihre Funktionstüchtigkeit auch bei Unterschreiten des Taupunkts (Wasserausfall, Vereisen) garantiert ist. Nach Möglichkeit ist zu verhindern, daß sie durch Vorhandensein freier Ionen mit Wasser aggressive Medien bilden. Funktionsblöcke sind, wenn möglich, durch Plastüberzüge zu schützen und Formen so zu gestalten, daß Wasser abtropfen kann. Durch Öffnungen mit $r \gg r_{\text{Kapillare}}$ ist die Möglichkeit zu schaffen, daß auftretendes Wasser ablaufen kann.	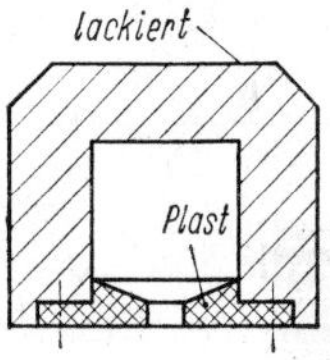 lackiert; Plast
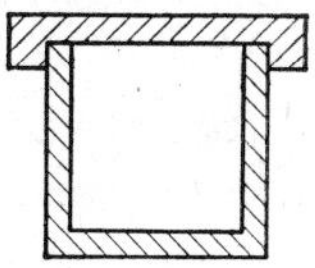	Durch Wärmeenergie, z.B. Verlustwärme, ist dem Eindringen der Feuchtigkeit entgegenzuwirken und ein Unterschreiten des Taupunkts (s. Mollier-Diagramm) zu verhindern.	 mit Wärmequelle, z.B.
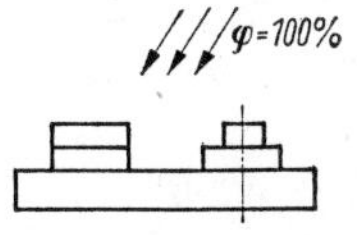 $\varphi = 100\%$	An feuchteempfindlichen Stellen sollte die Feuchte unter der kritischen Größe liegen: $\varphi_{\text{kr}} = 40\% \mathrel{\hat{=}} C_{\text{kr}} = 0{,}7305 \cdot 10^3 \mathrel{\hat{=}} p_{\text{Dkr}} = 935{,}4\ \text{Pa} \cdot \text{g} \cdot \text{m}^{-3}$.	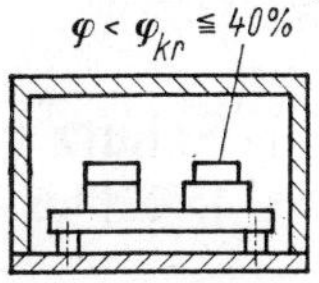 $\varphi < \varphi_{kr} \leqq 40\%$
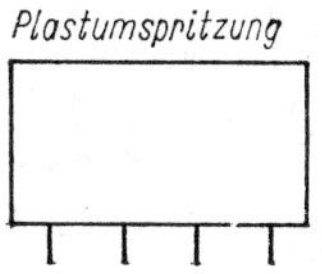 Plastumspritzung	Bei extremen Forderungen muß eine Verarbeitung im Vakuum oder unter besonderen Bedingungen, z.B. entsprechend dem Mollier-Diagramm (geringe Luftfeuchtigkeit = 5%, erniedrigte Temperaturen, Austrocknen, Imprägnieren) und anschließendes Hermetisieren, erfolgen. Letzteres wird über längere Zeit nur durch Verwendung von Metall oder Glas erreicht.	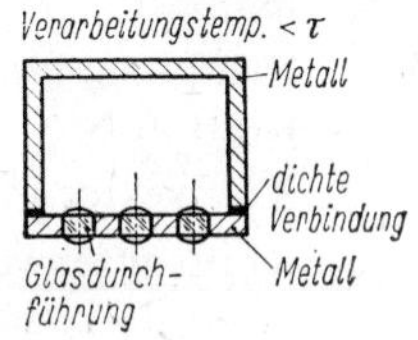 Verarbeitungstemp. < τ; Metall; dichte Verbindung; Glasdurchführung; Metall
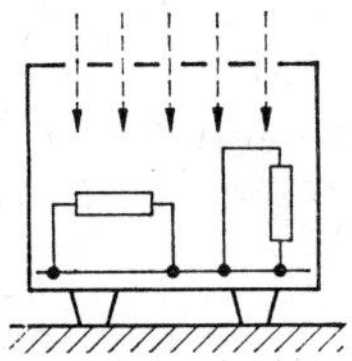	Baugruppen, auf deren Oberfläche Ströme fließen können, sind vor direkter Einwirkung von Staub zu schützen (Gefahr der Anlagerung von Feuchtigkeit). So sind z.B. spezielle Leiterplatten in einem Waschverfahren unter Verwendung von deionisiertem Wasser zu waschen.	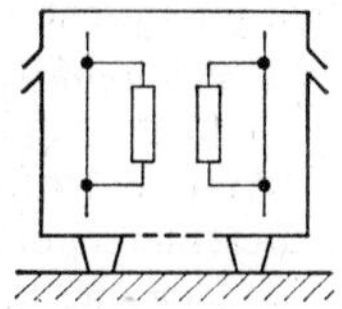

Tafel 5.41. (Fortsetzung)

Ungünstige Lösung	Erläuterungen	Günstige Lösung
	Bei normalen Beanspruchungen sind Baugruppen bzw. Funktionsblöcke durch geeignete Öffnungen völlig zu durchlüften. Damit ist ein Ausgleich zur umgebenden Atmosphäre gegeben, so daß bei langsamer Temperaturänderung der Taupunkt nicht unterschritten wird.	
Plast Metall Spannungsrisse	Bei feuchtigkeitsdichten Konstruktionen ist darauf zu achten, daß auch Kapillaren vermieden werden. Kapillaren, Spalten o. dgl. saugen sich im Verlauf des technologischen Prozesses schnell voll Feuchte und sind damit Ursache für Schäden (z. B. Punktschweißnähte).	gute therm.-mechan. Verträglichkeit

d. h., die Diffusionskoeffizienten, die nach den zwei verschiedenen Formen der Lösung des zweiten Fickschen Gesetzes berechnet werden, stimmen voll überein. Sie gelten nur für integrale, konzentrationsunabhängige Diffusionskoeffizienten. Falls $D = f(c)$, führt der oben angeführte Lösungsweg zur Bestimmung eines gemittelten Diffusionskoeffizienten.

5.7.6. Konstruktive und technologische Richtlinien

Um bei gerätetechnischen Erzeugnissen den Feuchteeinfluß zu eliminieren, gibt es verschiedene Möglichkeiten. In **Tafel 5.41** sind günstige und ungünstige Lösungen gegenübergestellt; ausgewählte Standards enthält Tafel 5.13.

5.8. Schutz gegen mechanische Beanspruchungen

[5.22] bis [5.32] [5.52] [5.53] [5.54] [5.70] ... [5.76]

Symbole und Bezeichnungen

D	Dämpfungsgrad
F	Kraft in N
$\vec{F}$	Kraftvektor in N
$\hat{F}$	Kraftspitzenwert in N
I	Stromstärke in A
L	Induktivität in V · s/A
$\|N\|$	Normalkraft (Betrag) in N
Q	mechanische Güte; Querkraft in N
T	Schwingungsdauer in s
V	Vergrößerungsfunktion (Amplitudenfrequenzgang)
a	Beschleunigung in m/s²
c	Federsteife in N/m
$\vec{e}$	Einheitsvektor
f	Frequenz in Hz; Funktion
g	Erdbeschleunigung in m/s²
i	Stromstärke in A
k	Reibungsfaktor in N · s/m
m	Masse in kg
t	Zeit in s
u	Exzentrizität in m
v	Geschwindigkeit in m/s
$\vec{v}$	Geschwindigkeitsvektor in m/s
x	Koordinate in m; Eingangsgröße
$\hat{x}$	Eingangsgrößenspitzenwert
y	Koordinate in m; Ausgangsgröße
$\hat{y}$	Ausgangsgrößenspitzenwert
z	Koordinate in m
Ψ	magnetischer Fluß in V · s
Ω	Erregerkreisfrequenz in 1/s

Symbole und Bezeichnungen

α Zahlenfaktor ($1 < \alpha < 2$)
η Abstimmung
$\varkappa$ Dämpfungsfaktor in 1/s
μ Reibwert nach *Coulomb*
ξ Abstand in m
σ Normalspannung in N/m^2
τ Schubspannung in N/m^2; Stoßdauer in s; Zeitkonstante in s
φ Phasenwinkel
ω Kreisfrequenz in 1/s

Indizes

C Coulomb
L Läufer
M Mischreibung
N Newton
St Stokes
T Tilger
el elektrisch
err Erregung
i laufender Index
m mechanisch
max maximal
v *v*-Richtung
x *x*-Richtung
y *y*-Richtung
z *z*-Richtung
0 Eigen-; primär; Amplitude; Reibung der Ruhe (Haftung)
01 residuell (sekundär)
1 elektrischer Kreis 1
2 elektrischer Kreis 2

5.8.1. Grundlagen

Mechanische Beanspruchungen von Gerät und Umwelt entstehen besonders durch dynamische Belastung (Schwingungen und Stöße). Der Schutz gegen mechanische Beanspruchungen ist durch Dämpfung, Isolierung und Tilgung möglich. Die Ziele der Schutzmaßnahmen sind:

- Gewährleistung der Funktion mechanisch beanspruchter Geräte
- Erhöhung der Genauigkeit, Zuverlässigkeit und Lebensdauer von Geräten
- Schutz des Menschen vor Lärm und Erschütterungen (Arbeits- und Gesundheitsschutz).

Einige Grundlagen der mechanischen Beanspruchungen der Bauteile und Geräte durch Schwingungen und Stöße sind festgelegt in

- TGL 200-0057/01 bis /09: Stoßfolge- und Schwingungsprüfung
- TGL 22312/01 bis /06: Wirkung mechanischer Schwingungen auf den Menschen
- TGL 25049: Zulässige Werte für die Schwinggüte rotierender elektrischer Maschinen (Kleinstmotoren 1 bis 500 W)
- TGL 25731/01 bis /04: Dynamisch beanspruchte Fundamente und Stützkonstruktionen
- TGL 33787: Schwingfestigkeit (regellose Zeitfunktionen, statistische Auswertung).
  Siehe auch DIN 40046, 45661 bis 45669, [5.74] [5.76], Tafel 5.13.

Bei Vorliegen bestimmter Erreger- oder Eingangsgrößen am System Geräte–Aufstellelemente–Aufstellort dürfen die Verformung von Arbeitselementen, Beanspruchung der Bauteile oder Schwingungen von Gebäudeteilen vorgegebene Werte nicht übersteigen.

5.8.2. Ursachen mechanischer Beanspruchungen

Mechanische Beanspruchungen von Gerät und Umwelt treten auf bei der Fertigung, beim Transport, im Betrieb oder bei der Prüfung von Geräten, Maschinen und Anlagen. Dabei unterscheidet man

- durch äußere Einflüsse verursachte Schwingungen und Stöße (Erregung durch Vibrationen des Aufstellorts):
  Fundamentschwingungen durch Stanzen, Pressen, Maschinen; Fahrzeugerschütterungen infolge Straßenunebenheiten; Rangierstöße beim Eisenbahntransport; Geräte-

schwingungen infolge Boden- und Luftbewegungen; Störungen infolge Havarien im Betrieb (Kippen, Fallen); Prüfung auf Schwing- oder Stoßtischen

- durch innere Ursachen bedingte Schwingungen und Stöße (Erregung durch Bewegungsvorgänge in Geräten oder Maschinen):
  Betrieb von Kolbenmaschinen; Unwuchten rotierender Teile; Lauf in Resonanznähe; Durchfahren kritischer Bereiche; Kopplung bewegter mit unbewegten Teilen; Fertigungsungenauigkeiten; Spiel; Zerspanungsvorgänge usw.

Meßwertaufnehmer, Meßgeräte und Prüfeinrichtungen zur Schwingungs- und Stoßmessung liefern mehrere Herstellerbetriebe [5.30] [5.31] [5.32].

5.8.3. Erregerzeitfunktionen, Erreger- und Eigenfrequenzen

Erregergrößen können Wege, Geschwindigkeiten, Beschleunigungen oder Kräfte (bei Translation) bzw. Winkel, Winkelgeschwindigkeiten, Winkelbeschleunigungen oder Drehmomente (bei Rotation) sein. Reale Erregerzeitfunktionen können durch ideale angenähert werden.

- Idealisierte Erregerzeitfunktionen **(Bild 5.70)** sind

harmonische Erregung periodische Erregung stochastische Erregung	stationäre Vorgänge
Anlauf- und Auslaufkurven sprungförmige Erregung stoßförmige Erregung (Rechteck- oder Dirac-Stoß, Halbsinus-, Dreieckstoß, Stoßfolge)	nichtstationäre Vorgänge

- Erreger- und Eigenfrequenzen für mechanische Schwingungen liegen im Bereich $f = 0 \ldots 10^6$ Hz **(Bild 5.71)**:

Boden- und Gebäudeschwingungen	$f \approx 10^{-2} \ldots 10^1$ Hz
für den Tastsinn spürbar	$f \approx 10^{-1} \ldots 10^2$ Hz
Eigenfrequenz vieler Bauelemente	$f \approx 10 \ldots 10^3$ Hz
Hörbereich des Menschen	$f \approx 16 \ldots 1{,}6 \cdot 10^4$ Hz
Bereich des Ultraschalls	$f \approx 2 \cdot 10^4 \ldots 10^6$ Hz.

Tafel 5.42 zeigt einige Werte der Eigenfrequenz f_0 und Güte Q für Bauelemente und Baugruppen. Die Kenntnis dieser Werte ist für Berechnung, Messung und Prüfung von

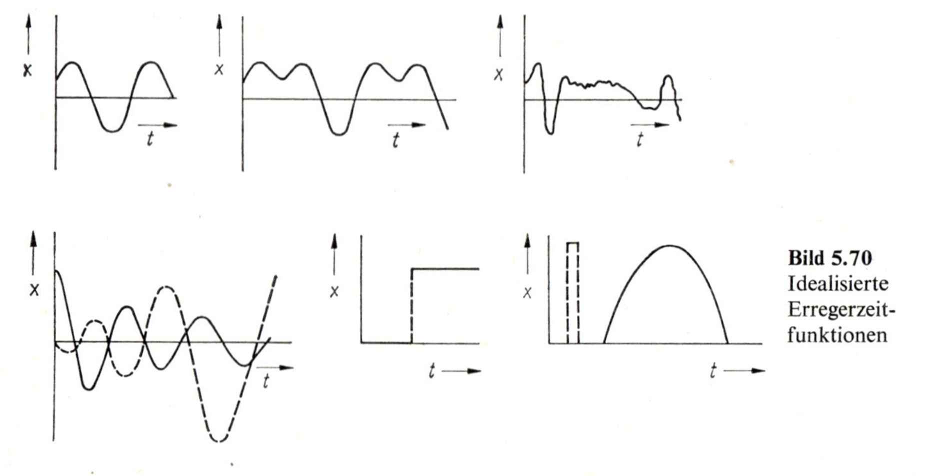

Bild 5.70 Idealisierte Erregerzeitfunktionen

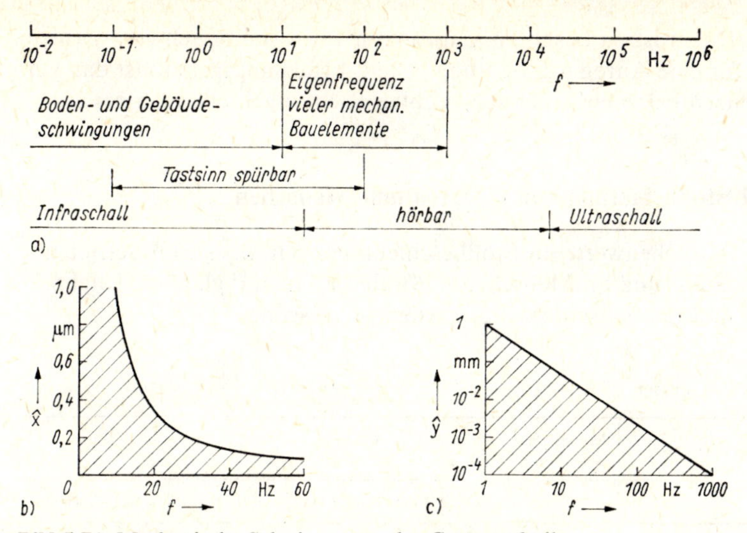

Bild 5.71. Mechanische Schwingungen der Gerätetechnik

a) Frequenzen (wesentliche Bereiche mechanischer Schwingungen); b) Eingangsamplituden (Bereich gemessener Eingangsamplituden $\hat{x}(f)$ von Boden- und Gebäudeschwingungen feinmechanisch-elektronischer Betriebe); c) Ausgangsamplituden (gemessene Ausgangsamplituden $\hat{y}(f)$ für Bauelemente und Baugruppen der Gerätetechnik bei harmonischer Erregung)

Tafel 5.42. Eigenfrequenz f_0 und Güte Q für Bauelemente und Baugruppen der Gerätetechnik (Richtwerte)

Bauelemente, Baugruppen	f_0 Hz	Q	Länge der Lötfahne mm
Widerstände (auf Leiterplatten angelötet)	200 ... 500	250 60 ... 120	10 ... 30 1 ... 8
Kondensatoren (auf Leiterplatten angelötet)	80 ... 600	40 ... 60 20 ... 40	15 ... 20 1 ... 8
Elektrolytkondensatoren (Becher auf Kondensator befestigt, Schwingungen quer zum Becher)	50 ... 140		
Transistoren und Dioden (auf Leiterplatten angelötet)	100 ... 400 50	200	20 35
Röhren (auf Leiterplatten gesteckt)	100 ... 200		
Relais (auf Leiterplatten befestigt) Gesamtkörper Kontaktsatz	 120 350		
Potentiometer (auf Leiterplatten befestigt)	170		
Drähte (angelötet) blank lackiert Kabelbäume/Litze	 200 ... 1200 600 30 ... 60	 200 90 2 ... 3	 50 ... 100
Kühl- und Abschirmbleche (2 mm Al auf Leiterplatte) Leiterplatten in Gleitschienen (Masse 60 ... 220 g) Schraubenfedern in Geräten Blattfedern in Geräten Gummipuffer Piezoelektrische Dickenschwinger	40 ... 80 40 ... 80 10 ... 100 50 ... 500 30 ... 300 einige 100 kHz	 20000	
Bauelemente, -gruppen in Geräten	(10 ... 1000) 50 ... 500	(2 ... 300) 20 ... 200	

Schwingungen wichtig. Dabei ist zu beachten, daß sie nur für diskrete Schwinger (nicht für Kontinua) und nur für eine Anregungsrichtung gelten. Erfahrungsgemäß ist das Verhältnis der Eigenfrequenzen bei zueinander senkrechten Richtungen etwa 0,5 bis 2.

5.8.4. Schwing- und Stoßbelastung von Geräten und Menschen

Tafel 5.43 zeigt Meß- und Rechenwerte für Stoßbeschleunigungen, wie sie im Betrieb und bei der Prüfung von Geräten (und an Menschen) auftreten können (vgl. auch Tafel 8.3). Bei Schutzmaßnahmen muß man von derartigen Angaben ausgehen.

Tafel 5.43. Stoßbelastung von Geräten ($g = 9{,}81\ \text{m} \cdot \text{s}^{-2}$)

Belastungsart	Maximale Beschleunigung in g	Bemerkungen
Lochen (Stanzen)	10	Locher der EDV
Sondergeräte	100	Militärtechnik
Abdruck/Anschlag	1000 (100 ... 1000)	Typenhebel-Schreibmaschine, Mosaikdrucker
Belastbarkeit des Menschen	10	(zum Vergleich)
Prüfbelastung von Geräten und Elementen	15 bzw. 60	(s. Tafel 5.13)
Erdbeben	1	mittlere Stärke
Fundamentstöße Metallische Schläge	100 10000	Stanzen, Schmieden, Rammen Kolbenkompressoren
Stoßprüfmaschinen	500	s. [5.30] ... [5.32]
Beschleunigungsaufnehmer	20000	s. [5.30] ... [5.32]

Werte für Stoßbelastungen beim Transport s. Abschn. 8., Tafel 8.3.

Tafel 5.44 gibt eine Auswahl zulässiger Werte der Schwingbeschleunigungen an Arbeitsplätzen. Es sind die Effektivwerte der frequenzbewerteten Schwingbeschleunigung in den Richtungen x, y und z für vier verschiedene Arbeitsplatzkategorien im Frequenzbereich von 1 bis 90 Hz. Zur Bewertung der in das Hand-Arm-System eingeleiteten mechanischen Schwingungen ist der frequenzbewertete Effektivwert der Schwingbeschleunigung in der Hauptschwingungsrichtung im Frequenzbereich von 2,8 bis 2800 Hz zu ermitteln (nach TGL 22312/05; Index z bedeutet senkrechte Schwingungsrichtung; s. auch VDI-Richtlinie 3831 [5.76]).

Die (äußere) Belastung der Geräte führt zur (inneren) mechanischen Beanspruchung der Bauelemente. Unter Feldbeanspruchung verstehen wir die mechanische Beanspruchung eines Systems durch Schwingungen verschiedener Frequenz und Amplitude während der Prüfung, des Transports oder des Betriebs. Dabei kann sich besonders die Erregerfrequenz in weiten Grenzen ändern. Aus Messungen an Bauelementen der Gerätetechnik bei periodischer Belastung folgt, daß die Auslenkungen (und damit die Beanspruchungen) mit steigender Frequenz abnehmen. Aus der Theorie linearer, harmonisch erregter gedämpfter Schwingungen ist die Vergrößerungsfunktion (Amplitudenfrequenzgang) V bekannt. **Bild 5.72** zeigt $V = V(\eta) = V(\Omega/\omega_0)$ für einen Einmassenschwinger. Die mechanische Spannung σ (oder τ) als Maß für die Beanspruchung ist proportional

Tafel 5.44. Zulässige Schwingbeschleunigung an Arbeitsplätzen (TGL 22312/02, VDI-Richtlinie 3831)

Kategorie	1	2	3	4
Kennzeichen für die Arbeitsplätze	keine besonderen	erhöhte Aufmerksamkeit	Behaglichkeit	geistige Tätigkeit, Präzision
Beispiele	Werkstätten	Kabinen von Kfz und Schienenfahrzeugen	Meisterbüros, Schaltwarten, Büroräume, Rechenstationen	Forschungsinstitute, Zeichen- und Konstruktionsbüros
Zulässige tägliche Expositionszeit T_i	a_z a_x, a_y (in $m \cdot s^{-2}$)	a_z a_x, a_y (in $m \cdot s^{-2}$)	a_z a_x, a_y (in $m \cdot s^{-2}$)	a_z a_x, a_y (in $m \cdot s^{-2}$)
1 min	5,60 3,96	2,80 1,98	0,89 0,63	0,05 0,04
10 min	4,72 3,32	2,36 1,67	0,75 0,53	
30 min	3,12 2,22	1,56 1,11	0,50 0,35	
1 h	2,36 1,68	1,18 0,84	0,37 0,27	
8 h	0,63 0,44	0,32 0,22	0,10 0,07	
24 h	0,24 0,17	0,12 0,09	0,05 0,04	

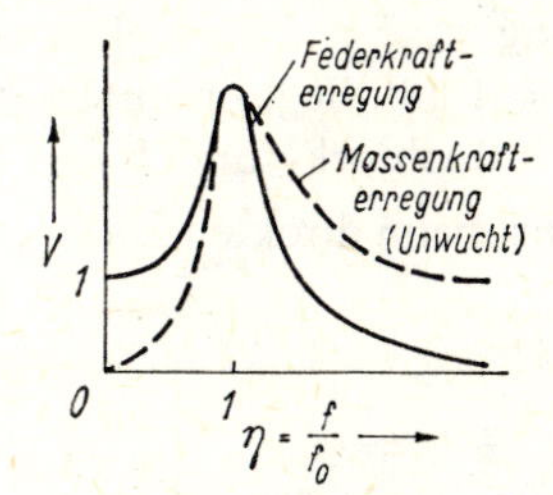

Bild 5.72
Vergrößerungsfunktion
(Amplitudenfrequenzgang)

der Ausgangsgröße, d.h. dem Ausschlag, also V. Daraus folgt die Grundregel der Feldbeanspruchung bei Schwingungserregung:

- Ein Bauteil wird nur dann wesentlich beansprucht, wenn in der Anregung Frequenzanteile mit der Eigenfrequenz des Bauteils vorhanden sind.
- Daher müssen Bauelemente mit „gleitender" Frequenz geprüft werden.
  Beachte: Ein Stoßvorgang wird durch folgende Kenngrößen charakterisiert:

Stoßform (s. Bild 5.70)
Stoßdauer (meist in der Größenordnung von ms)
Spitzenwert (maximale Belastung; s. oben).

Zur Beurteilung der Stoßbeanspruchung müssen Stoßdiagramme, Stoßspektren genannt, herangezogen werden [5.22]. Das Stoßspektrum stellt die Spitzenwerte der Stoßantwort bezogen auf den Spitzenwert $\hat{x} = \hat{a}/\omega_0^2$ der Stoßanregung in Abhängigkeit von der Stoßdauer τ und der Eigenschwingungsdauer $T_0 = 2\pi/\omega_0$ des ungedämpften Schwingers mit der Güte Q als Parameter dar.

Die Darstellung

$$y_0/\hat{x} = f_1(\tau/T_0, Q) \tag{5.119}$$

ist das primäre Stoßspektrum; die Darstellung

$$y_{10}/\hat{x} = f_2(\tau/T_0, Q) \tag{5.120}$$

ist das residuelle Stoßspektrum. y_0 ist die Amplitude der Antwort des Systems während des Stoßes und y_{10} nur die nach dem Ende der Stoßanregung. Bei der Berechnung wird zwischen direkter und indirekter Stoßanregung unterschieden **(Bild 5.73)**.

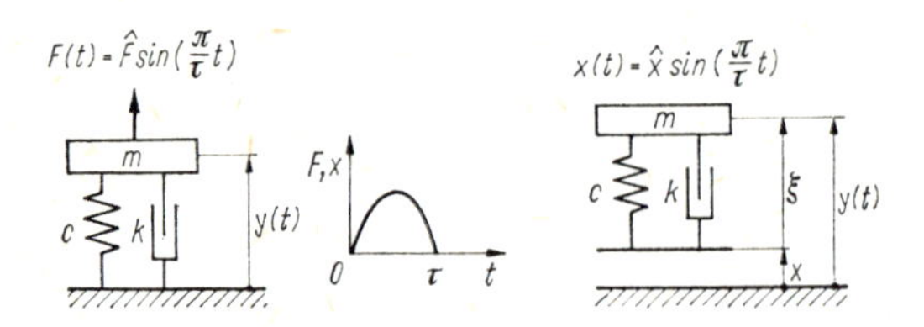

Bild 5.73
Direkte und indirekte Stoßanregung

Der Halbsinusstoß kommt realen Stößen am nächsten. Daher wurden die Stoßdiagramme für direkte und indirekte Halbsinusstoßanregung berechnet:

- **Bild 5.74** zeigt das primäre Stoßspektrum für direkte Halbsinusstoßerregung. Die größten Ausschläge y_0 werden bei direkten Halbsinusstößen mit der relativen Dauer $\tau/T_0 \approx 1$ erreicht. Kurze Stöße ($\tau \ll T_0$) sind relativ ungefährlich. Der Einfluß der Güte Q (Dämpfung $\varkappa$) auf den Ausschlag ist groß. Ungedämpfte Schwinger zeigen etwa den 1,5fachen Stoßausschlag von Schwingern mit optimaler Dämpfung $Q = 1/\sqrt{2}$. Bei einem direkten Rechteckstoß würde der relative Ausschlag $y_0/\hat{x} = 2$ sein. Der Unterschied zum Halbsinusstoß, bei dem $y_0/\hat{x} \approx 1{,}73$ für $\tau/T_0 = 1$ gilt, liegt im unterschiedlichen Impuls während des Stoßes. Die Ausschläge bei Rechteck- und beim Halbsinusstoß verhalten sich wie $2 : \sqrt{3} = 1{,}155$. Die Stoßantwort beim direkten Halbsinusstoß (ohne Dämpfung) ist 86,6% des Rechteckstoßes.

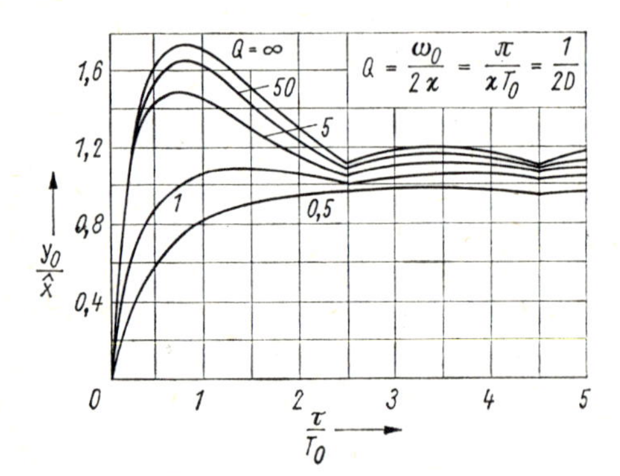

Bild 5.74. Primäres Stoßspektrum für direkte Halbsinusstoßerregung

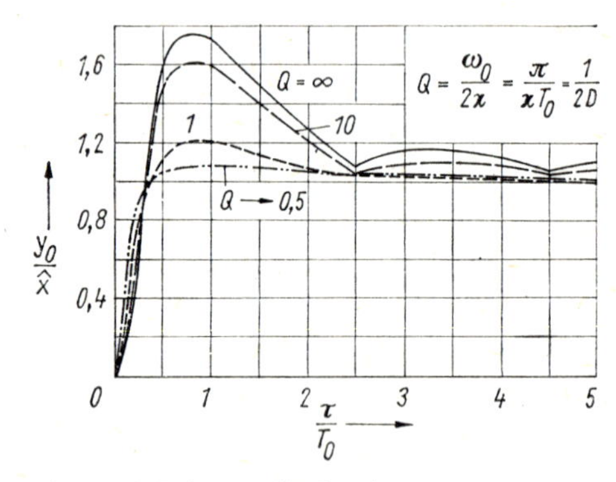

Bild 5.75. Primäres Stoßspektrum für indirekte Halbsinusstoßerregung

- Das primäre Stoßspektrum für indirekte Halbsinusstoßerregung nach **Bild 5.75** besagt: Eine Stoßdauer von $\tau = (0{,}4 \ldots 2)\, T_0$ ergibt ohne Dämpfung für die Stoßantwort Ausschläge von $y_0 = (1{,}2 \ldots 1{,}7)\, \hat{x}$. Dabei sind die Größtwerte $y_0 \approx 1{,}7\hat{x}$ bei $\tau \approx T_0$. Jede Stoßdauer, die etwa der Eigenschwingzeit des ungedämpften Schwingers entspricht, ist deshalb besonders gefährlich.
  Sehr kurze Stöße ($\tau < 0{,}2T_0$) und relativ lange Stöße ($\tau > 2T_0$) ergeben Stoßantworten $y_0 < 1{,}2\hat{x}$. Sie sind deshalb weniger gefährlich.
  Die Dämpfung (Güte Q) hat Einfluß auf die Stoßantworten. Allerdings sind die Unter-

schiede für $Q = \infty$ und $Q = 20$ (Bereich für Bauelemente der Gerätetechnik) nicht sehr groß:

$$y_{0\,\max}/\hat{x} \approx 1{,}7 \ldots 1{,}6 \quad \text{für} \quad Q = \infty \ldots 20 \quad \text{bei} \quad \tau \approx T_0. \tag{5.121}$$

Eine merkliche Verringerung der Stoßantworten tritt erst bei optimaler Dämpfung $Q = 1/\sqrt{2}$ ein.

Gegenüber einem indirekten Rechteckstoß, bei dem ein Größtausschlag $y_{0\,\max} = 2\hat{x}$ eintreten würde, ist beim Halbsinusstoß $y_{0\,\max} = 1{,}732\hat{x}$, also nur 86,6%.

- Dem residuellen Stoßspektrum **(Bild 5.76)** können wir entnehmen: Eine relative Stoßdauer von $\tau/T_0 \approx 1$ ergibt auch nach dem Stoß noch relative Amplituden von $y_{10}/\hat{x} \approx 1{,}7$ für $Q = \infty$. Das heißt, Stöße mit der Dauer der Eigenschwingzeit T_0 des Systems ergeben eine hohe Dauerbeanspruchung, sind also gefährlich.

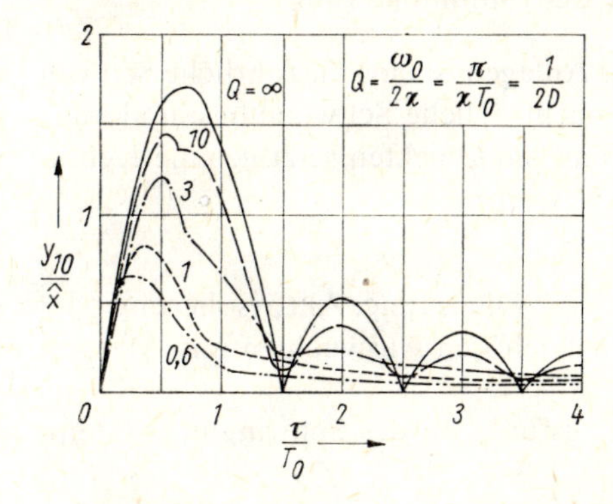

Bild 5.76
Residuelles Stoßspektrum für indirekte Halbsinusstoßerregung

Sehr kurze Stöße ($\tau < 0{,}2T_0$) und besonders relativ lange Stöße ($\tau > T_0$) ergeben kleine Ausschläge ($y_{10} \leqq \hat{x}$), sind also relativ ungefährlich. Sehr lange Stöße ergeben sehr kleine Stoßantworten ($y_{10} < \hat{x}$), auch bei der Dämpfung Null ($\varkappa = 0, Q = \infty$).

Für $\tau/T_0 = \frac{3}{2}; \frac{5}{2}; \frac{7}{2}$ usw. und $Q = \infty$ ergibt sich $y_{10}/\hat{x} = 0$, d.h., bei diesen Stoßzeiten bleibt der indirekt gestoßene Körper in Ruhe. Für $\tau/T_0 \approx 2; 3; 4$ ist $y_{10}/\hat{x}$ relativ groß (lokal extrem).

Der Einfluß der Güte Q ist zwischen $Q = \infty$ und $Q = 20$ gering. Die Ausgangsantwort wird erst für $Q < 10$ deutlich kleiner. Die Ausschläge y_{10} bleiben kleiner als $\hat{x}$ für $Q < 2$.

5.8.5. Untersuchungsmethoden

Wirksamer Schutz von Gerät und Umwelt gegen mechanische Beanspruchungen setzt u. U. eingehende theoretische oder experimentelle Untersuchungen am Entstehungsort und am Übertragungsweg der Schwingungen und Stöße voraus.

- Theoretische Verfahren [5.23] [5.24]:
  - Modellbildung für das Schwing- oder Stoßsystem
  - Herleiten der Schwingungsdifferentialgleichungen
  - Lösung der Schwingungsdifferentialgleichungen im Zeit- oder Frequenzbereich
  - Ermittlung der Resonanzstellen bzw. der Amplituden.
- Experimentelle Verfahren [5.25] [5.26] [5.27] [5.53] [5.54]:
  - Schwingungs- und Stoßmessungen am Original
  - Schwingungs- und Stoßmessungen an Modellen
  - Erprobung von Dämpfern, Tilgern und Isolatoren.

Bei theoretischer oder experimenteller Modelluntersuchung sind (jeweils mit linearem oder mit nichtlinearem Verhalten) möglich: Einmassensysteme (Freiheitsgrad 1 oder > 1), Mehrmassensysteme und Kontinua. Dabei muß zwischen direkter und indirekter Erregung unterschieden werden.

Welche Methode jeweils angewendet wird, hängt ab vom jeweiligen Problem, von den zur Verfügung stehenden Mitteln und Möglichkeiten und von den Kenntnissen des Bearbeiters.

Der exakte Zusammenhang zwischen mechanischen Beanspruchungen am Aufstellort einer Maschine oder eines Geräts und dessen Funktion ist nur durch einen Funktions- und Festigkeitstest zu finden.

5.8.6. Möglichkeiten der Schwingungsabwehr und Stoßminderung

Bei der Projektierung von Geräten, Maschinen und Anlagen ist eine ausführliche Schwingungsberechnung notwendig. Dadurch wird eine nachträgliche Schwingungsminderung überflüssig. Eine gezielte Schwingungsabwehr an fertigen Objekten setzt genaue Kenntnisse des Schwingungssystems voraus [5.54].

Bei der Schwingungsabwehr unterscheidet man

Primärmaßnahmen: Minderung der Erregergröße durch Dämpfung, Aktivisolierung oder Tilgung am Entstehungsort der Schwingungen (dazu gehören Auswuchten und Massenausgleich)

Sekundärmaßnahmen: Veränderung der Übertragungsfunktion des Schwingungssystems durch Resonanzvermeidung und Passivisolierung.

Prinzipiell hat der Konstrukteur drei Möglichkeiten, Gerät und Umwelt gegen mechanische Beanspruchungen (Schwingungen und Stöße) zu schützen:

- Dämpfung (Veränderung der Dämpfungsgröße k, $\varkappa$, Q oder D)
- Isolierung (Veränderung der Federsteife c des Schwingsystems)
- Tilgung (Veränderung der Masse m des Schwingers).

5.8.7. Dämpfung von Schwingungen und Stößen

Am schwingungsfähigen System ist Dämpfung möglich durch natürliche Reibung, durch angebaute mechanische (hydraulische, pneumatische) Dämpfer oder durch eingebaute elektrische Dämpfer. Als mechanische Dämpfer können auch Ventile, Schieber (Drosseln) oder Wellrohre (Metallbälge) eingesetzt werden.

5.8.7.1. Dämpfung durch mechanische Reibung

Die Dämpfungskräfte sind je nach Reibungsart aus den folgenden Gleichungen berechenbar:

Coulombsche Gleitreibung (Festkörper auf Festkörper)

$$\vec{F}_C = -\mu\,|N|\vec{e}_v; \qquad 0 < \mu < \mu_0 < 1 \tag{5.122}$$

Stokessche Reibung (Festkörper in Flüssigkeiten oder Gasen bei kleinen Geschwindigkeiten $\vec{v} = v\vec{e}_v$)

$$\vec{F}_{St} = -k_{St} v \vec{e}_v \tag{5.123}$$

Newtonsche Reibung (Festkörper in Flüssigkeiten oder Gasen bei großen Geschwindigkeiten; aber kleiner als die Schallgeschwindigkeit)

$$\vec{F}_N = -k_N v^2 \vec{e}_v \tag{5.124}$$

Mischreibung (Festkörper in Flüssigkeiten oder Gasen bei mittleren Geschwindigkeiten)

$$\vec{F}_M = -k_M v^\alpha \vec{e}_v; \qquad 1 < \alpha < 2. \tag{5.125}$$

Den prinzipiellen Verlauf dieser Reibungskräfte zeigt **Bild 5.77.** Die Reibungsfaktoren μ, k_{St}, k_N und k_M sind aus Tabellen des Fachgebiets Technische Mechanik zu entnehmen oder experimentell zu bestimmen. Die Werkstoffdämpfung ist bei bewegten Teilen in der Gerätetechnik um ein bis zwei Größenordnungen kleiner als die gleichzeitig auftretende Coulombsche oder Stokessche Reibung und wird daher vernachlässigt. Entsprechendes gilt für die Strukturdämpfung (Dämpfung an Verbindungsstellen).

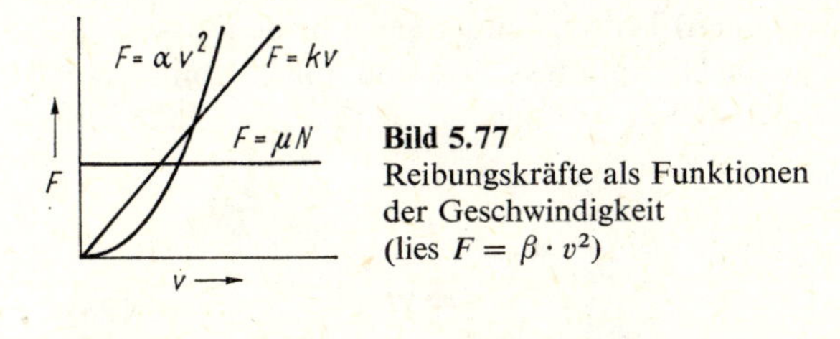

Bild 5.77
Reibungskräfte als Funktionen der Geschwindigkeit
(lies $F = \beta \cdot v^2$)

Die Gln. (5.122) bis (5.125) gelten auch für Drehbewegungen. Anstelle der Reibungskräfte treten dann Reibungsmomente, für die Geschwindigkeiten sind Winkelgeschwindigkeiten einzusetzen.

5.8.7.2. Dämpfung durch angebaute mechanische Dämpfer

Flüssigkeits- oder Luftdämpfer sind in Form von Zylinder-Kolben-Kombinationen für Translation und für Rotation möglich. Die Dämpfung wird wesentlich durch die Konstruktion des Dämpfers, d.h. durch Größe und Form des Spalts zwischen Kolben und Zylinder, und die Art des Dämpfermediums bestimmt. Im Dämpfer herrscht Stokessche Reibung. Ein quantitatives Maß für die Dämpfung ist der Dämpfungsgrad D

$$D = \frac{\varkappa}{\omega_0} = \frac{k/m}{2\sqrt{c/m}} = \frac{k}{2\sqrt{cm}} = \frac{k}{2m\omega_0} = \frac{k\omega_0}{2c}. \tag{5.126}$$

Zwischen D und der mechanischen Güte Q besteht die Beziehung

$$Q = \frac{1}{2D} = \frac{\omega_0}{2\varkappa} = \frac{\sqrt{c/m}}{k/m} = \frac{\sqrt{cm}}{k} = \frac{m\omega_0}{k} = \frac{c}{k\omega_0}. \tag{5.127}$$

Die Größen D oder Q enthalten alle wesentlichen Eigenschaften eines Schwingsystems (die Trägheit durch die Masse m, die Elastizität durch die Federsteife c, die Reibung durch die Dämpfungskonstante k). Das ist bei der mechanischen Zeitkonstante $\tau_m = 1/\varkappa = 2m/k$ nicht der Fall (hier fehlt die Elastizität c). Wesentlich für den Einsatz von Dämpfern sind Zahlenwerte von D und Q, die aber nur bei harmonischen linearen Schwingungen gelten **(Tafel 5.45).**

Tafel 5.45. Kennzeichnende Werte für Dämpfungsgrad D und mechanische Güte Q für Schwinger (mechanische Dämpfer)

	Dämpfungsgrad D	Mechanische Güte Q
Reibungslos	$D = 0$	$Q = \infty$
Festgebremst	$D = \infty$	$Q = 0$
Schwingfall	$D < 1$	$Q > \frac{1}{2}$
Optimale Dämpfung	$D = \sqrt{2}/2 = 0{,}707$	$Q = 1/\sqrt{2} = 0{,}707$
Aperiodischer Grenzfall	$D = 1$	$Q = \frac{1}{2}$
Kriechfall	$D > 1$	$Q < \frac{1}{2}$
Dämpfer	$D = 0{,}25 \ldots 1$	$Q = 2 \ldots 0{,}5$

5.8.7.3. Dämpfung durch eingebaute elektrische Dämpfer

Elektrische Dämpfung ist durch die elektromechanische Kraftwirkung stromdurchflossener Spulen möglich. Dabei muß eine Spule eines elektrischen Kreises feststehend, die andere mit dem zu dämpfenden (beweglichen) Teil verbunden sein; beide müssen miteinander in Wechselwirkung stehen. Für große Dämpfungskräfte sind hohe Stromstärken erforderlich. Die Dämpfungskraft berechnet sich aus

$$F_{el} = (I_1^2/2)\, L'_{11} + I_1 I_2 L'_{12}(x) + (I_2^2/2)\, L'_{22}\,. \qquad (5.128\,a)$$

Falls L_{11} = konst. ($L'_{11} = 0$) und L_{22} = konst. ($L'_{22} = 0$), wird

$$F_{el} = I_1 I_2 L'_{12}(x); \qquad (5.128\,b)$$

L'_{12} Ableitung der Gegeninduktivität der Spulenanordnung nach der Lagekoordinate x.

Elektrische Dämpfer sind für Translation und für Rotation möglich. Sie werden besonders bei Meßgeräten angewendet. Grundlagen zum Aufbau und zur Dimensionierung elektrischer Dämpfer s. [5.19].

5.8.8. Isolierung von Schwingungen und Stößen

5.8.8.1. Grundsätzliches zur Schwingungsisolierung

Definition. Unter Schwingungsisolierung versteht man das Unterbinden oder Vermindern der Ausbreitung von Schwingungen durch den Einbau von Schwingungsisolatoren (elastische Elemente).

Grundregel. Die Erregerfrequenz f_{err} muß von der Eigenfrequenz f_{0i} des Schwingungsisolators wesentlich verschieden sein (sonst gibt es sog. Durchbruchsfrequenzen). Empfohlen wird, den Resonanzbereich $(0{,}5 \ldots 2)\, f_{0i}$ zu vermeiden.

Wirkungsweise. Das Gerät oder die Maschine muß auf Isolatoren weich aufgestellt oder aufgehängt werden. Die Schwingungsisolierung ist nur wirksam, wenn die Eigenfrequenzen des schwingungsisolierten Systems kleiner als die niedrigste Frequenzkomponente der Störschwingung sind, möglichst $f_0 < (\frac{1}{2})\, f_{err}$.

5.8.8.2. Schwingungsisolatoren und Konstruktionsbeispiele

Schwingungsisolatoren sind:

- Stahlfedern zur Lagerung von Geräten oder Maschinen mit niedrigen Drehzahlen
- Gummifedern (sog. Elastoelemente) zur Lagerung von Geräten oder Maschinen mit mittleren bis hohen Drehzahlen

- elastische und dämpfende Zwischenglieder zur Abschirmung (Dämmplatten aus Gummi, Kork, Filz, Plast, Metall-Plast-Verbundbleche, Sandwichplatten, Sand usw.)

(s. auch Zentraler Artikelkatalog der DDR, Sonderband „Arbeitsschutztechnische Mittel" sowie [5.76], ISO 2373, TGL 30708).

Beispiele für Schwingungsisolatoren zeigt **Bild 5.78a bis f** [5.29] [5.52]. Damit derartige Elemente ihre Funktion erfüllen können und eine hohe Lebensdauer haben, sind bei ihrer Gestaltung und beim Einbau konstruktive Gesichtspunkte zu beachten.

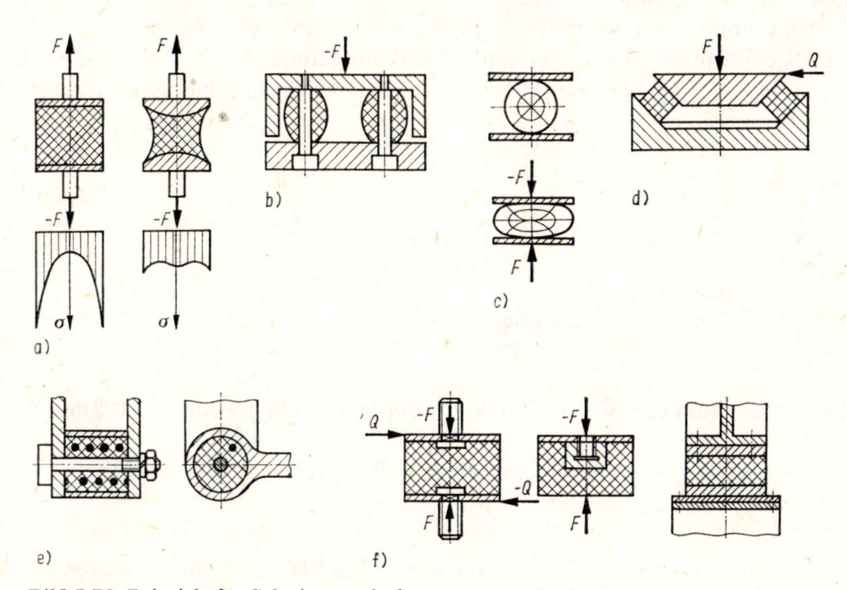

Bild 5.78. Beispiele für Schwingungsisolatoren

a) zugbeanspruchte Rundgummifeder; b) druckbeanspruchte Hohlgummifeder; c) druckbeanspruchte Walzengummifeder; d) ringförmige Scheibengummifeder; e) stoß- bzw. druckbeanspruchte Verbundgummifeder; f) Rundgummifedern (Elastoelemente) und Gummischienen

Die zugbeanspruchte Rundgummifeder (a) in zylindrischer Form ergibt hohe Spannungsspitzen, die durch entsprechende Formgebung abgebaut werden können. Falls die druckbeanspruchte zylindrische Hohlgummifeder (b) in Zylinderlängsrichtung belastet wird, dehnt sie sich in Radialrichtung stark aus. Diese Verformung muß frei möglich sein und ist beim Einbau zu beachten. Eine druckbeanspruchte zylindrische Walzengummifeder (c) wird in Radialrichtung belastet. In Querrichtung muß freier Raum für die Verformung zur Verfügung stehen. Die ringförmige Scheibengummifeder (d) dient zur Übertragung von Druckkräften, Schubkräften und von Torsionsmomenten bei gleichzeitiger Dämpfung der Schwingungen. Bei Torsion kommt es auf eine gute Verbindung zwischen Gummi und Metallhülsen an, damit die Schubspannungen ertragen werden. Bei der stoß- bzw. druckbeanspruchten Verbundgummifeder (e) wird zur Erhöhung der Druckfestigkeit eine Schraubenfeder in die Gummifeder einvulkanisiert. Für druckbeanspruchte Rundgummifedern (Elastoelemente) und Flachgummifedern (Gummischienen) (f) existieren viele Ausführungsformen. Die metallischen Anschlußteile sind mit eingeformt. Es sind Druck- und Schubbeanspruchung möglich.

5.8.8.3. Berechnungsbeispiel zur Schwingungsisolierung

Aufgabe: Körperschallisolierung

Um die Körperschallübertragung zu verhindern, wird die Antriebseinheit eines elektrischen Geräts gegenüber dem Gerät schwingungsisoliert, indem man eine elastische Befestigung durch Gummielemente vorsieht **(Bild 5.79)**. Zur überschläglichen Bestimmung der Federsteife der Gummielemente kann das Schwingungssystem als Schwinger mit einem Freiheitsgrad in y-Richtung betrachtet werden mit der Federsteife $c = 2c_1 + c_2$. (Die Elastizität der Gummielemente in x- und z-Richtung wird nicht betrachtet, d.h., die y-Bewegung als entkoppelt von der x- und z-Bewegung angesehen.) Die Masse der Antriebseinheit ist $m = 1{,}5$ kg, die Betriebsdrehzahl 20000 U/min, die Exzentrizität $u = 2\,\mu$m, die Läufermasse $m_L = 150$ g.

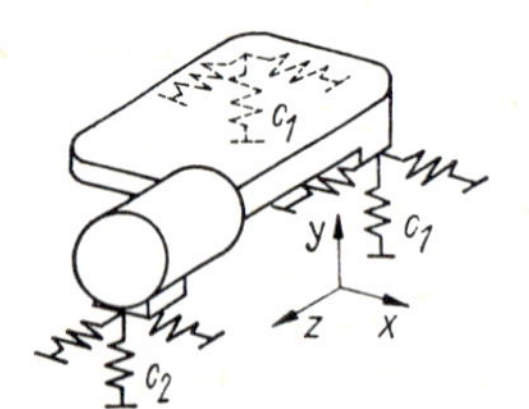

Bild 5.79
Antriebseinheit eines elektrischen Geräts, schwingungsisoliert gegenüber dem Gerät

Wie groß muß c sein, damit die Geschwindigkeit $\dot{y}$ der Schwingung kleiner als 0,5 mm/s ist?

Für den Dämpfungsgrad kann näherungsweise $D \approx 0$ $(Q \approx \infty)$ gesetzt werden.

Lösung

Für erzwungene Schwingungen mit indirekter harmonischer Erregung gilt für den Ausschlag $y(t)$ die Differentialgleichung

$$m\ddot{y} + k\dot{y} + cy(t) = F(t) = m_L u \Omega^2 \sin(\Omega t - \varphi). \tag{5.129}$$

Die Vergrößerungsfunktion (der Amplitudenfrequenzgang) beträgt

$$V = \Omega^2/\sqrt{(\Omega^2 - \omega_0^2)^2 + (2\varkappa\Omega)^2}. \tag{5.130}$$

Der Schwingungsausschlag ist mit $\varkappa = 0$ und für $\eta = \Omega/\omega_0 > 1$ (tiefe Abstimmung)

$$y(t) = \frac{m_L}{m} u \frac{\Omega^2 \sin \Omega t}{\Omega^2 - \omega_0^2} = \frac{m_L}{m} u \frac{\eta^2}{\eta^2 - 1} \sin \Omega t. \tag{5.131}$$

Die Schwinggeschwindigkeit wird

$$\dot{y}(t) = \frac{m_L}{m} u \frac{\eta^2 \Omega \cos \Omega t}{\eta^2 - 1} \qquad \hat{\dot{y}} = \frac{m_L}{m} u \frac{\eta^2 \Omega}{\eta^2 - 1}. \tag{5.132}$$

Löst man diese Gleichung nach η auf, so erhält man

$$\eta^2 = \frac{1}{1 - (m_L/m)\, u\, (\Omega/\hat{\dot{y}})}. \tag{5.133}$$

Einsetzen der Zahlenwerte ergibt $\eta^2 \approx 6{,}2$. Daraus folgt

$$c = \Omega^2 m/\eta^2 \approx 1068 \text{ N/mm}.$$

Aus der Bedingung $\eta^2_{max} \to \infty$ erhält man

$$\hat{y}_{min} = (m_L/m)\,\Omega u \approx 0{,}42\ \text{mm/s}.$$

5.8.9. Tilgung von Schwingungen

5.8.9.1. Prinzip eines Tilgers

Im Maschinen- und Großgerätebau (besonders an Werkzeugmaschinen) sind Schwingungstilger üblich, mit denen die Schwingungen der Hauptmasse bei einer bestimmten Frequenz verringert werden können. Durch den Anbau einer kleinen zusätzlichen Masse, eines Zusatzschwingers, wird die Energie der Erregung aufgenommen, und es werden die Bewegungen des Hauptsystems „getilgt". Der Tilger funktioniert entsprechend seiner Auslegung nur bei einer Erregerfrequenz. Erfahrungsgemäß können die Schwingbewegungen der Hauptmasse bis auf etwa ein Viertel der Werte ohne Tilger reduziert werden. Man unterscheidet je nach der Befestigung zwischen Tilgermasse und Hauptmasse in Federkopplung, Dämpferkopplung und Feder-Dämpfer-Kopplung **(Bild 5.80).** Von praktischer Bedeutung ist die Feder-Dämpfer-Kopplung (Bild 5.80c).

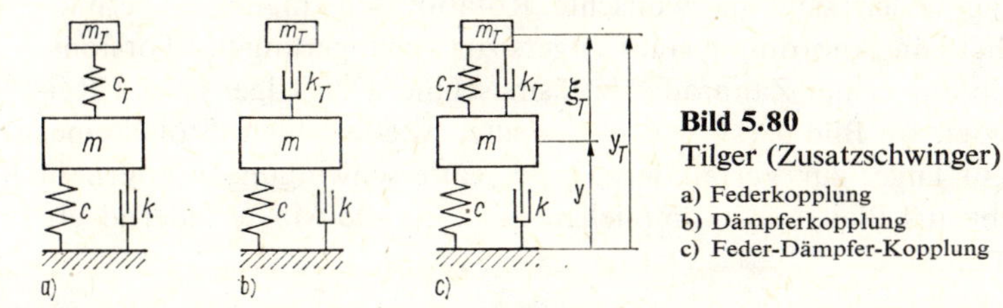

Bild 5.80
Tilger (Zusatzschwinger)
a) Federkopplung
b) Dämpferkopplung
c) Feder-Dämpfer-Kopplung

5.8.9.2. Dimensionierung von Tilgern

Bezeichnet man die für die Hauptmasse (Gerät oder Maschine) kennzeichnenden Parameter mit m, c und k, mit $y(t)$ ihre Auslenkung, mit $F(t) = F_0 \cos \Omega t$ die harmonische Erregerkraft und mit m_T, c_T und k_T die entsprechenden Parameter des Tilgers sowie mit $\xi_T(t)$ den Relativabstand zwischen Tilger- und Hauptmasse, so lauten die gekoppelten Bewegungsdifferentialgleichungen für das Zweimassensystem

Gerät:

$$m\ddot{y} + k\dot{y} + cy(t) = F(t) + k_T\dot{\xi}_T + c_T\xi_T \tag{5.134}$$

Tilger:

$$m_T\ddot{y}_T + k_T\dot{\xi}_T + c_T\xi_T(t) = 0 \quad \text{mit} \quad y_T = \xi_T + y.$$

Das Ziel der Dimensionierung besteht darin, $y(t)$ klein zu halten bei $m_T \ll m$ und $\xi_T < \xi_{max}$.

Wegen der ausführlichen Berechnung muß auf die Lehr- und Fachbücher der Mechanik verwiesen werden [5.24]. Der Tilger (Zusatzschwinger) ist optimal dimensioniert für $k = 0$ und $k_T \neq 0$, wenn

$$\omega_{02}/\omega_{01} = \sqrt{c_T/m_T}/\sqrt{c/m} = m/(m + m_T) \tag{5.135}$$

oder

$$c/c_T = (m + m_T)^2/(mm_T), \tag{5.136}$$

wobei k_T so zu berechnen ist, daß der Maximalwert für den Tilgerausschlag nicht überschritten wird.

Die Frequenz Ω der Schwingungen, die der so ausgelegte Zusatzschwinger tilgt, errechnet sich aus $\eta = \Omega/\omega_{01}$ mit

$$\eta_{1/2}^2 = \frac{m}{m + m_T}\left(1 \pm \sqrt{\frac{m}{2m + m_T}}\right). \tag{5.137}$$

Falls auch $k_T = 0$ ist, funktioniert der optimal ausgelegte Tilger nur bei Erregerfrequenzen $\Omega = \omega_{02} = \sqrt{c_T/m_T}$.

5.8.9.3. Konstruktionsbeispiele für Schwingungstilger

Bild 5.81 a bis e zeigt fünf Beispiele für Tilger (nach [5.24] und [5.54]):

Bild 5.81 a veranschaulicht, wie die Schwingungen des Lagers eines Motors in vertikaler Richtung beruhigt werden können. Als Tilger werden Blattfedern verwendet, die kleine Zusatzmassen tragen. Im Bild 5.81 b ist eine Tragsäule dargestellt, die horizontale Biegeschwingungen ausführen kann. Die Grundschwingung kann durch zwei angekoppelte Zusatzmassen verringert werden. Bild 5.81 c zeigt einen Tilger für Drehschwingungen. An dem Rotor ist über ein elastisches Wellenstück eine Drehmasse angeordnet. Bei richtiger Dimensionierung lassen sich unerwünschte Rotationsschwingungen vermindern. Bild 5.81 d verdeutlicht die Anordnung eines Tilgers zur Verringerung der Torsionsschwingungen des Getriebezugs einer Zahnradwälzfräsmaschine. Der Tilger ist mit Reibungsdämpfung ausgebildet. Im Bild 5.81 e wird angedeutet, wie an einem Stößel einer Karusselldrehmaschine ein Tilger zur Verminderung der Ratterschwingungen angebaut wurde. Der Tilger besteht aus Blei- und Gummielementen, die die Masse federnd abstützen und dämpfen.

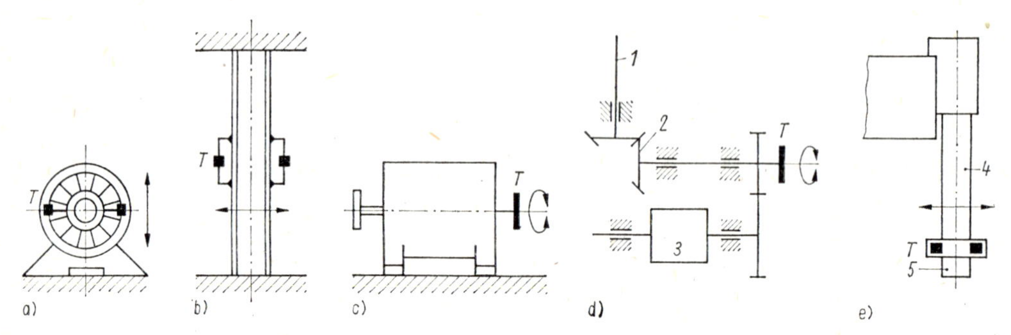

Bild 5.81. Beispiele für Tilger

a) Motorlagerung mit Tilger; b) Tragsäule mit Tilger; c) Drehschwingungstilger; d) Tilger an einer Getriebestufe; e) Tilger am Stößel eines Bohrwerks

1 Antrieb; *2* Getriebe; *3* Werkzeug; *4* Stößel; *5* Meißelhalter; *T* Tilger

5.9. Geräuschminderung

[5.33] bis [5.38] [5.55] bis [5.69]

Symbole und Bezeichnungen

A	Fläche in m²
F	Kraft in N
$K_ü$	Körperschallübertragungsfunktion
L	Schalldruckpegel in dB
L_P	Schalleistungspegel in dB
P	Schalleistung in W
T	Übertragungsfunktion
f	Frequenz in Hz
f_{gB}	Biegewellengrenzfrequenz in Hz

Symbole und Bezeichnungen		*Indizes*	
p	Schalldruck in Pa	T	Transformations-
s	Dicke in mm	e	Eingang
v	Schwinggeschwindigkeit (Schallschnelle) in ms^{-1}	ges	Gesamt-
Δ	Differenz	m	Mittelwert
ω	Kreisfrequenz in s^{-1}	n	Variable
σ	Abstrahlgrad	ν	Laufvariable
		0	Bezugsgröße

Die Emission von störenden oder sogar gesundheitsschädigenden Geräuschen durch Geräte ist in steigendem Maß im Zusammenhang mit einer umweltfreundlichen Gerätekonzeption zu betrachten. Zum einen sind die Tendenzen zu höheren Arbeitsgeschwindigkeiten und Leistungsdichten sowie zur Miniaturisierung mit einer verstärkten Geräuschentwicklung verbunden, und zum anderen werden durch zunehmenden Einsatz elektronischer und mikroelektronischer Bauelemente verschärfte Forderungen hinsichtlich Geräuschminimierung an die mechanisch und elektromechanisch arbeitenden Funktionsgruppen gestellt. Neben den funktionellen Parametern eines Geräts wird damit dessen minimale Geräuschentwicklung zu einem wesentlichen Qualitätsparameter. Das äußert sich z. B. in der stetigen Senkung der für einzelne Gerätekategorien zulässigen und in entsprechenden Standards verankerten Höchstwerte der Geräuschentwicklung bzw. in der Neufestlegung solcher Höchstwerte für Geräte, die bisher noch keiner Beschränkung unterlagen.

Diesen Entwicklungstendenzen muß durch eine systematische und wissenschaftlich fundierte Berücksichtigung konstruktiver Gesichtspunkte und Regeln zur Geräuschminderung bereits bei der Entwicklung und Konstruktion von Erzeugnissen Rechnung getragen werden.

5.9.1. Geräuschkenngrößen und ihre Ermittlung

Die vom menschlichen Ohr unmittelbar wahrgenommene physikalische Größe ist der *Schalldruck p*, ein dem atmosphärischen Gleichdruck überlagerter Wechseldruck. Das Ohr kann Schalldrücke von $2 \cdot 10^{-5}$ Pa (Hörschwelle) bis zu etwa 20 Pa (Schmerzgrenze) aufnehmen. Wegen dieses großen Dynamikumfangs wird zur zahlenmäßigen Beschreibung des Schalldrucks die logarithmische Pegeldarstellung gewählt. Mit dem Schalldruck der Hörschwelle als Bezugsgröße p_0 ergibt sich der *Schalldruckpegel L* zu

$$L = 10 \lg (p^2/p_0^2) \, dB = 20 \lg (p/p_0) \, dB. \tag{5.138}$$

Die rechnerische Handhabung von Pegelgrößen bei der Überlagerung mehrerer Schalldrücke (z. B. zur Ermittlung des Einflusses eines Baugruppengeräuschs auf das Gesamtgeräusch des Geräts) ist in **Tafel 5.46** angegeben.

Der Schalldruck einer Schallquelle ist entfernungsabhängig und eignet sich deshalb nicht zur eindeutigen Beschreibung von Schallquellen. Die wesentliche Kenngröße für Geräuschquellen ist die *Schalleistung P*. Sie umfaßt die gesamte Schallenergie, die je Zeiteinheit von einer Quelle abgestrahlt wird. Die Schalleistung ist unabhängig von den Meß- und Umgebungsbedingungen und stellt somit einen objektiven und vergleichbaren Wert dar. Die Schalleistung läßt sich jedoch im Gegensatz zum Schalldruck nicht direkt meßtechnisch erfassen, sondern muß rechnerisch aus diesem ermittelt werden.

Tafel 5.46. Rechnung mit Pegelgrößen

---

1. Pegeladdition (bei Überlagerung mehrerer inkohärenter Schalldrücke zur Bestimmung des Gesamtpegels)

$$L_{ges} = 10 \lg \left(\sum_{\nu=1}^{n} p_\nu^2 / p_0^2 \right) = 10 \lg \sum_{\nu=1}^{n} 10^{L_\nu/10} \quad \text{in dB}.$$

Vereinfachtes Verfahren: Für zwei Schalldrücke L_1 und L_2 gilt

$$L_{ges} = 10 \lg 10^{L_1/10} \left(1 + 10^{-(L_1 - L_2)/10}\right) = L_1 + \Delta L \quad \text{in dB}.$$

Bestimmung von ΔL aus nachstehendem Nomogramm:

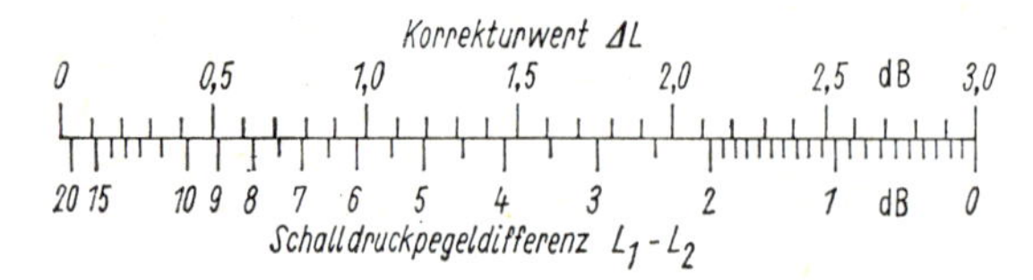

2. Pegelsubtraktion (zum rechnerischen Ausschalten eines unerwünschten Anteils, z.B. des Störpegels) Rechnung analog Addition; vereinfachtes Verfahren:

$$L_2 = L_{ges} + 10 \lg \left(1 - 10^{-(L_{ges} - L_1)/10}\right) = L_{ges} - \Delta L \quad \text{in dB}.$$

Bestimmung von ΔL aus nachstehendem Nomogramm:

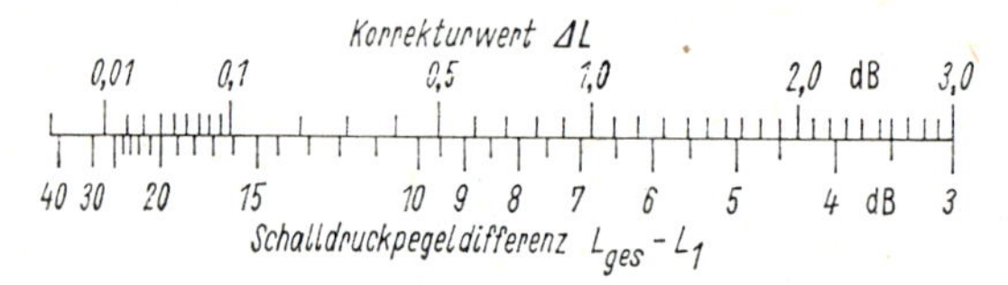

3. Mittelwertbildung mehrerer (inkohärenter) Pegel

$$L_m = 10 \lg (1/n) \sum_{\nu=1}^{n} p_\nu^2 / p_0^2 = 10 \lg (1/n) \sum_{\nu=1}^{n} 10^{L_\nu/10} \quad \text{in dB}.$$

Näherungsformel, wenn die Differenz der einzelnen Pegel kleiner als 10 dB ist:

$$L_m = (1/n) \sum_{\nu=1}^{n} L_\nu .$$

Für die Schalleistung wird ebenfalls die Pegeldarstellung verwendet. Die Definitionsgleichung für den *Schalleistungspegel* L_P lautet

$$L_P = 10 \lg (P/P_0) \text{ dB}, \tag{5.139}$$

wobei die Bezugsschalleistung $P_0 = 10^{-12}$ W auf einer die Quelle umgebenden kugeligen Hüllfläche von 1 m² einen Schalldruck von $p_0 = 2 \cdot 10^{-5}$ Pa erzeugt.

Der *äquivalente Dauerschallpegel* L_{eq} spielt bei Geräten mit intermittierendem Betrieb oder mit einem in Abhängigkeit von verschiedenen Betriebszuständen stark schwankenden Schallpegel eine Rolle und stellt in erster Näherung eine Mittelung des Schallpegels über einen längeren Zeitraum dar [5.33]. Für die Geräuschminderung ist diese Kenngröße jedoch von untergeordneter Bedeutung.

Zur exakten meßtechnischen Bestimmung des Schalldruckpegels (und damit auch des Schalleistungspegels) müssen verschiedene Bedingungen hinsichtlich Umgebung, Meßort und Betriebszustand des Prüflings sowie hinsichtlich der Auswahl und Aufstellung der Meßgeräte eingehalten werden. Diese Bedingungen sind in Standards festgelegt

(TGL RGW 541-77, TGL 37345, TGL RGW 1412-78 bis 1414-78, TGL 39253/254/255; DIN 1318, 45631, 45635; s. Tafel 5.13). Die Standards enthalten ebenfalls Vorschriften zur rechnerischen Ermittlung des Schalleistungspegels aus dem Schalldruckpegel.

Für die zur Geräuschminderung häufig notwendigen Relativmessungen, bei denen es weniger auf einen exakten Absolutwert, sondern mehr auf die Messung eines Unterschieds ankommt (z.B. zum Nachweis der Wirksamkeit von geräuschmindernden Maßnahmen), müssen die in den Standards vorgeschriebenen Bedingungen nicht eingehalten werden. Wichtig ist bei solchen Messungen, daß sie jeweils unter exakt gleichen Bedingungen durchgeführt werden.

Als Meßgerät für die Bestimmung des Schalldrucks dient ein Schallpegelmesser **(Bild 5.82)**, in dem die von einem Meßmikrofon gewonnene, dem Schalldruck proportionale Spannung verstärkt, gleichgerichtet und zur Anzeige gebracht wird. Die Zwischenschaltung von Bewertungsfiltern mit frequenzabhängiger Dämpfung gestattet eine Nachbildung des menschlichen Hörempfindens. Für den Verlauf der Dämpfung über der Frequenz existieren standardisierte Kurven der Formen A, B, C und D **(Bild 5.83)** [5.33] [5.34]. Die A-Kurve entspricht am besten dem Hörempfinden bei mittleren Schallpegeln, und ihre Anwendung wird in den meisten Fällen vorgeschrieben. Die anderen Kurven sind z.T. für spezielle Geräuschkategorien (z.B. Fluglärm) festgelegt und für die Geräuschmessung an Geräten ohne Bedeutung.

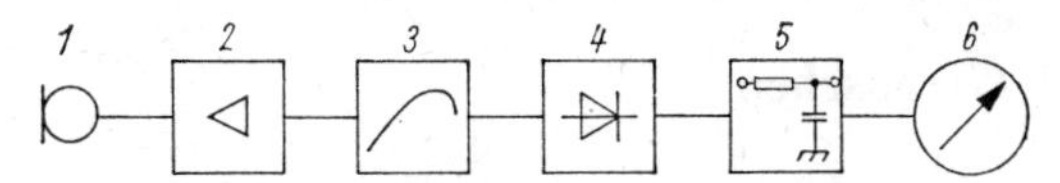

Bild 5.82. Schematischer Aufbau eines Schallpegelmessers

1 Aufnehmer (Meßmikrofon); *2* Verstärker; *3* Frequenzbewertungsfilter; *4* Effektivwertbildung; *5* Zeitbewertung; *6* Anzeigeinstrument

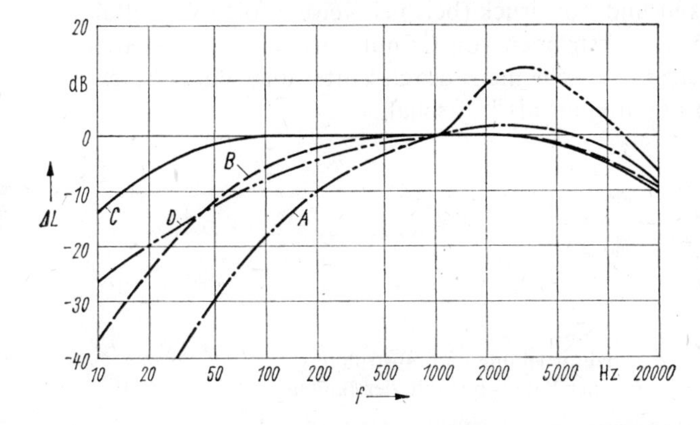

Bild 5.83
Standardisierte Frequenzbewertungskurven für Schallpegelmesser

Neben der Frequenzbewertung haben Schallpegelmesser noch eine in drei Stufen (S slow, F fast, I Impuls) einstellbare Zeitbewertung. Damit läßt sich die Anzeigedynamik des Instruments an den zeitlichen Verlauf bzw. die spektrale Zusammensetzung des zu messenden Geräuschs anpassen [5.33] [5.34]. Am häufigsten werden die Bewertungen S (Integrationszeit von 1000 ms, annähernde Mittelwertbildung bei nahezu gleichförmigen Geräuschen) und I (Integrationszeit von 35 ms, notwendig bei impulshaltigen Geräuschen) verwendet; entsprechende Festlegungen sind in den erwähnten Standards zu finden. Die Angabe der gewählten Frequenz- und Zeitbewertung erfolgt i.allg. durch Anfügen der in Klammern gesetzten Buchstaben an den jeweiligen Meßwert: $L = 85$ dB(AI) bedeutet also z. B., daß ein Schalldruckpegel von 85 dB mit der Frequenzbewertung nach der A-Kurve und der Zeitbewertung Impuls gemessen wurde.

Für bestimmte Meßaufgaben ist es notwendig, den Schallpegelmesser durch Zusatzgeräte, insbesondere Frequenzfilter und Registriergeräte, zu ergänzen. Dabei haben die Frequenzfilter unterschiedlicher Bandbreite (Oktav-, Terz- und Schmalbandfilter) für die Geräuschminderung eine besondere Bedeutung. Mit ihnen ist es möglich, das vom Gerät erzeugte Geräusch hinsichtlich seiner spektralen Zusammensetzung zu untersuchen, um daraus Rückschlüsse auf besonders geräuschintensive Baugruppen oder Vorgänge zu ziehen (s. Abschn. 5.9.3.5.).

Eine andere Möglichkeit zur Ermittlung des Beitrags einzelner Bauelemente oder Baugruppen zum Gesamtpegel besteht darin, diese getrennt zu betreiben, soweit das die Funktionsverknüpfung zuläßt.

Periodische Geräusche lassen sich bei bekanntem Funktions- oder Bewegungsablauf über die Periode auch dadurch analysieren, daß man in den Signalweg des Schallpegelmessers einen elektronischen Schalter einbringt, der während jeder Periode nur kurzzeitig geöffnet oder geschlossen wird. Durch Verschieben des Schaltzeitpunkts über der Periode und Vergleich mit dem Bewegungsablauf läßt sich ermitteln, welche Vorgänge in welchem Maß zum Gesamtschallpegel beitragen. Weitere Verfahren der Geräuschanalyse sind in [5.35] angegeben.

5.9.2. Entstehung und Ausbreitung von Geräuschen

Geräusche werden hinsichtlich ihrer Ursachen in *direkt erzeugte* und *indirekt erzeugte* unterteilt.

Bei direkt erzeugten Geräuschen wird die Luft als übertragendes Medium unmittelbar zu Schwingungen angeregt. Das kann durch periodische oder stochastische Schwankungen von Strömungsgeschwindigkeit und Luftdruck (beispielsweise infolge Wirbelbildung an rotierenden Teilen oder beim Durchströmen von Öffnungen) verursacht werden. In der Gerätetechnik entstehen solche Geräusche meist durch Lüfter und schnell rotierende Teile. Ihre Weiterleitung erfolgt unmittelbar als Luftschall.

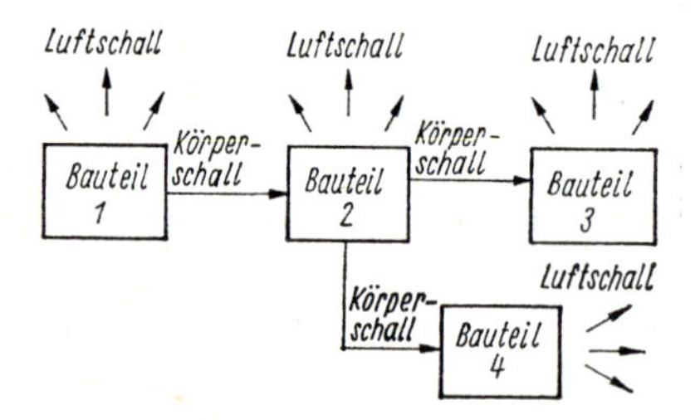

Bild 5.84
Schallfortleitung und -abstrahlung in einer Baugruppe mit vier Bauteilen

Weitaus vielfältigere Ursachen haben die indirekt erzeugten Geräusche. Sie sind dadurch charakterisiert, daß in mechanischen Bauteilen zunächst (meist mechanisch verursacht) Körperschallschwingungen angeregt werden, deren Abstrahlung dann entweder vom schwingenden Bauteil selbst oder (nach einer Weiterleitung des Körperschalls) von anderen Bauteilen bzw. vom Gehäuse als Luftschall erfolgt **(Bild 5.84).** Im Gegensatz zu direkt erzeugten Geräuschen, deren Entstehungsmechanismus z. T. noch ungeklärt ist, kann bei indirekt erzeugten Geräuschen ein allgemeiner Zusammenhang zwischen den einzelnen an der Geräuschentstehung beteiligten Vorgängen formuliert werden [5.35] [5.54].

Ausgangspunkt für das Geräusch ist eine *anregende Kraft* (Schwankungen der Betriebskräfte, Unwuchten, funktionsbedingte oder durch Spiel verursachte Stöße, stochastische Wechselkräfte infolge Reibung, Magnetostriktion od. ä.), die zweckmäßig durch ihr Frequenzspektrum $\tilde{F}(\omega)$ beschrieben wird. Diese anregende Kraft wirkt auf die Übertragungsstruktur mit der Übertragungsfunktion $T(\omega)$. Die Übertragungsfunktion umfaßt das akustische Verhalten des angeregten Bauteils und der mit ihm verbundenen Bauteile sowohl hinsichtlich der Weiterleitung des Körperschalls als auch der Umsetzung in Luftschall durch Abstrahlung. Am Ende dieser Wirkungskette **(Bild 5.85)** entsteht somit der Schalldruck $\tilde{p}(\omega)$. Mit den genannten Größen lautet das Grundgesetz der indirekten Geräuschentstehung

$$\tilde{p}(\omega) = \tilde{F}(\omega)\, T(\omega)\,. \tag{5.140}$$

Daraus geht hervor, daß eine Verringerung des Schalldrucks $\tilde{p}(\omega)$ durch Verminderung der anregenden Kraft $\tilde{F}(\omega)$ und der Übertragungsfunktion $T(\omega)$ erreicht werden kann.

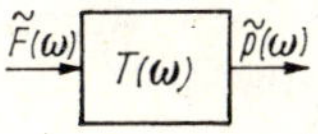

Bild 5.85
Wirkungskette der indirekten Geräuschentstehung

Für konstruktive Maßnahmen zur Verminderung der Übertragungsfunktion ist es zweckmäßig, die Funktion in Eingangsadmittanz h_e, Körperschallübertragungsfunktion $K_ü$ und Abstrahlgrad σ zu zerlegen:

$$T(\omega) = h_e(\omega)\, K_ü(\omega)\, \sigma(\omega)\,. \tag{5.141}$$

Dabei wird durch die Eingangsadmittanz $h_e = v_e/F_e$ der Zusammenhang zwischen anregender Kraft $\tilde{F}(\omega)$ und der an der Anregungsstelle entstehenden Körperschallschnelle $v(\omega)$ beschrieben.

Die Körperschallübertragungsfunktion $K_ü = v/v_e$ ist das Verhältnis zwischen der mittleren Körperschallschnelle auf dem schwingenden Bauteil und der Körperschallschnelle an der Anregungsstelle v_e. Sie enthält sowohl die geometrischen als auch die Werkstoffeigenschaften der Bauteile und die dadurch verursachte Körperschalldämpfung. Die Größen h_e und $K_ü$ werden allgemein zur mittleren Übertragungsadmittanz h_T zusammengefaßt.

Der Abstrahlgrad σ enthält schließlich die bezüglich des Abstrahlverhaltens interessierenden geometrischen und Werkstoffeigenschaften der abstrahlenden (flächenhaften) Bauteile.

Für die Geräuschminderung ist es notwendig, jede der an der Geräuschentstehung beteiligten Größen sowie deren komplexes Zusammenwirken zu betrachten. Im folgenden sind die wesentlichen der aus dem Grundgesetz der Geräuschentstehung ableitbaren Richtlinien zur Geräuschminderung durch Veränderung der Einflußgrößen zusammengefaßt.

5.9.3. Konstruktive Richtlinien zur Geräuschminderung

Hauptsächliches Ziel geräuschmindernder Maßnahmen ist, die Geräuscheinwirkung am Aufenthaltsort des Menschen herabzusetzen. Das läßt sich dadurch erreichen, daß entweder die Geräuschemission der Quelle (also z. B. eines Geräts) vermindert oder daß die Luftschallausbreitung von der Quelle zum Aufenthaltsort des Menschen behindert wird, z. B. durch schallschluckende Raumauskleidung, Aufstellen von Schallschutzschirmen oder sonstige raumakustische Maßnahmen. In diesem Zusammenhang werden häufig die Begriffe primäre und sekundäre Geräuschminderung oder Lärmbekämpfung verwendet.

Unter *primärer Geräuschminderung* versteht man alle Maßnahmen, die unmittelbar an der Quelle (z. B. an der Baugruppe oder am Gerät) von der Beeinflussung der anregenden Kraft bis hin zur Abstrahlung durchgeführt werden. Die *sekundäre Geräuschminderung* umfaßt die Beeinflussung der Luftschallausbreitung mittels schallschluckender Hauben oder raumakustischer Maßnahmen. Für den Gerätekonstrukteur sind in erster Linie die primären Maßnahmen interessant.

5.9.3.1. Allgemeine Regeln

Grundsätzlich sollte die Geräuschminderung bereits bei der Auswahl des Funktionsprinzips für ein Gerät beachtet werden. Sofern es die technisch-ökonomischen Randbedingungen zulassen, sind beispielsweise informationsverarbeitende Baugruppen mit Hilfe elektronischer Bauelemente zu realisieren, mechanische Schrittgetriebe durch elektromagnetische Schrittmotoren zu ersetzen oder mechanische Druckprinzipe durch nichtmechanische (z. B. thermografische) abzulösen. Dabei ist zu beachten, daß u. U. ein anfänglich gescheuter höherer konstruktiver oder auch technologischer Aufwand für den Einsatz solcher Prinzipe durch die Kosten für nachträglich notwendige Maßnahmen zur Geräuschminderung in einem vorwiegend mechanisch arbeitenden Gerät bei weitem übertroffen wird.

Die Anwendung effektiver Geräuschminderungsmaßnahmen erfordert eine systematische Vorgehensweise. Es ist zweckmäßig, sich anhand eines Schallflußbilds **(Bild 5.86)** die wichtigsten Quellen, Körperschallwege und Abstrahlflächen zu verdeutlichen und daraus Schwerpunkte für Geräuschminderungsmaßnahmen abzuleiten. Dazu sind die Erfahrungen mit ähnlichen Geräten und Baugruppen sowie die Ergebnisse der Geräuschanalyse mit heranzuziehen.

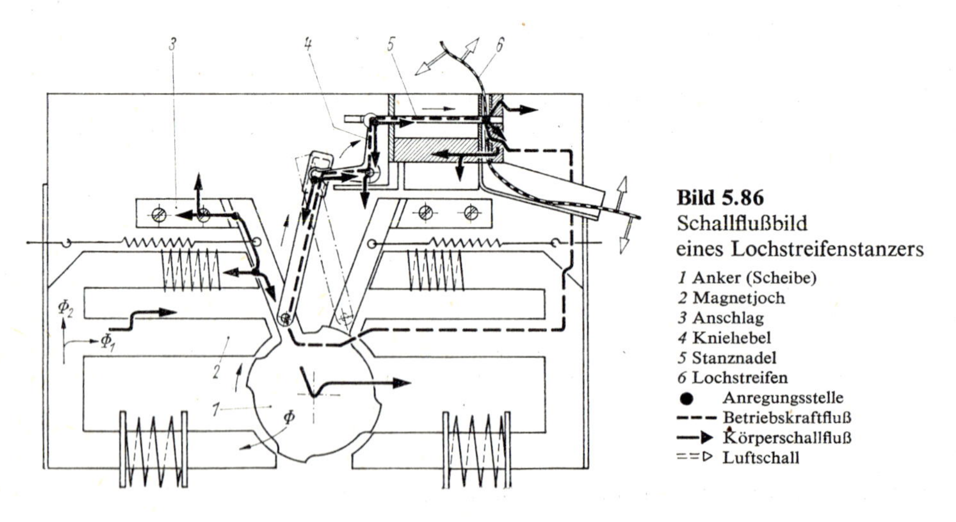

Bild 5.86
Schallflußbild eines Lochstreifenstanzers

1 Anker (Scheibe)
2 Magnetjoch
3 Anschlag
4 Kniehebel
5 Stanznadel
6 Lochstreifen
● Anregungsstelle
--- Betriebskraftfluß
—▶ Körperschallfluß
==▷ Luftschall

Aus der logarithmischen Pegeladdition folgt die Notwendigkeit, in erster Linie geräuschmäßig dominierende Baugruppen zu betrachten, d. h. solche, deren Pegel um mehr als 5 dB über dem der anderen Baugruppen liegt und die damit den Gesamtpegel des Geräts bestimmen. Sind solche dominierenden Baugruppen nicht vorhanden, so werden Minderungsmaßnahmen an allen geräuscherzeugenden Baugruppen erforderlich.

Ergibt sich aus der Analyse eines Geräts (Schallflußbild), daß das Geräusch im wesentlichen von einer Quelle verursacht wird, von der der Körperschall auf verschiedenen Wegen zu unterschiedlichen Abstrahlflächen gelangt, dann sind die Minderungsmaßnahmen möglichst nahe an der Quelle durchzuführen. Wird dagegen eine Abstrahlfläche durch mehrere Quellen angeregt, so sind Minderungsmaßnahmen an dieser Abstrahlfläche besonders wirksam.

5.9.3.2. Verminderung der Anregung

Von den direkt erzeugten Geräuschen sollen hier nur diejenigen betrachtet werden, die in der Gerätetechnik eine Rolle spielen. Es sind vor allem die von Lüftern verursachten Komponenten Wirbelgeräusch, Sirenenklang und Drehklang [5.34] [5.35] [5.55]. Das breitbandige Wirbelgeräusch entsteht infolge stochastischer Wechselkräfte innerhalb von Strömungen oder zwischen diesen und festen Körpern. Es läßt sich durch strömungsgünstige Auslegung der durch- bzw. umströmten Teile verringern (Vermeidung von in den Strömungskanal ragenden Teilen und großen und plötzlichen Querschnittsänderungen, aerodynamisch günstige Formgebung, gratfreie Spritzteile, abgerundete Kanten). Außer-

Tafel 5.47. Konstruktionsrichtlinien zur Minderung direkt erzeugter Geräusche

Die schematischen Darstellungen zeigen einen stilisierten Längsschnitt durch Strömungskanäle; das strömende Medium ist durch Pfeile angedeutet, deren Dichte die Geschwindigkeit des Mediums symbolisiert.

Konstruktionsrichtlinie	Ungünstige Lösung	Günstige Lösung
Wirbelbildung an in den Strömungskanal hineinragenden Teilen ist zu vermeiden	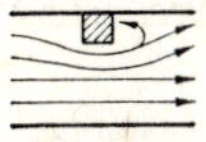	
Notwendige Querschnittsänderungen sind nicht sprunghaft, sondern mit einem allmählichen Übergang ohne scharfe Kanten auszuführen	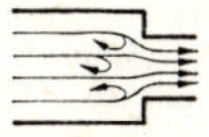	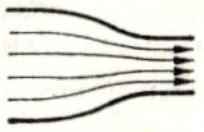
Bauteile, die aus funktionellen Gründen in die Strömung hineinragen müssen, sind strömungsgünstig zu gestalten (minimaler Strömungswiderstand durch aerodynamisch optimale Formgebung)	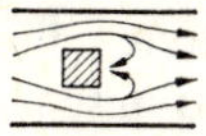	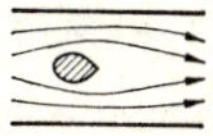
Die Strömungsgeschwindigkeit des Mediums ist möglichst niedrig zu halten (langsamer laufende Ventilatoren mit größeren Abmessungen sind bei gleicher Fördermenge günstiger als schnell laufende mit kleinen Abmessungen)	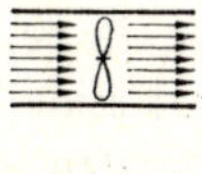	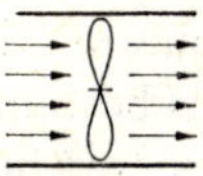
Ansaugöffnungen sind als Einlaufdüsen auszubilden, ggf. durch entsprechende Formgebung des Rotorkranzes bei Axiallüftern	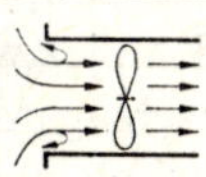	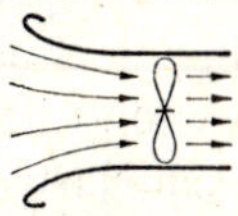
Bei Axiallüftern ist auf die Einhaltung eines kleinen und gleichmäßigen Radialspalts zwischen Rotor und Gehäusewand zu achten	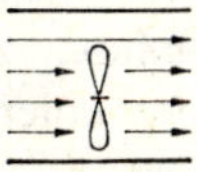	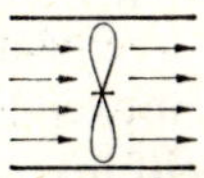
Abdeckungen von Ventilatoren oder ähnliche Störkörper sind möglichst weit entfernt vom Rotor anzubringen und strömungsgünstig zu gestalten	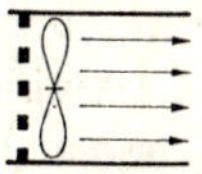	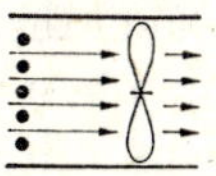

dem sollte die Strömungsgeschwindigkeit möglichst niedrig gehalten werden (z. B. langsamer laufende Ventilatoren mit größeren Abmessungen).

Sirenen- und Drehklang resultieren aus periodischen Wechselkräften zwischen Rotor und Strömung bzw. festen Körpern. Geräuschminderung erreicht man durch Vergrößerung des Abstands zwischen Rotor und Störkörpern, wie Streben zur Motorbefestigung, Verkleidungsgitter, Gehäusezungen bei Radiallüftern oder axiale Tragrippen bei durchzugbelüfteten Elektromotoren. Die strömungsgünstige Gestaltung solcher Störkörper trägt ebenfalls zur Minderung bei. Vorteilhaft sind bei Axiallüftern auch die Ausbildung des Rotorkranzes als Einlaufdüse sowie ein geringer und gleichmäßiger Radialspalt zwischen Rotorblättern und Gehäusewand **(Tafel 5.47).** Hinweise zu Geräuschen bei pneumatisch und hydraulisch arbeitenden Baugruppen siehe [5.61] bis [5.64].

Indirekt erzeugte Geräusche werden durch Kräfte unterschiedlichster Ursachen angeregt. Die Verringerung dieser Kräfte stellt damit die wirksamste Maßnahme der Geräuschminderung dar und ist vorrangig anzustreben [5.35] [5.36] [5.55] [5.56] [5.59].

Grundsätzlich sind funktionsnotwendige Kräfte so klein wie möglich zu halten, und der Weg des Kraftflusses soll möglichst kurz und auf wenige Bauelemente beschränkt sein. **Bild 5.87** verdeutlicht dies am Beispiel der Anordnung eines Zahnriemengetriebes.

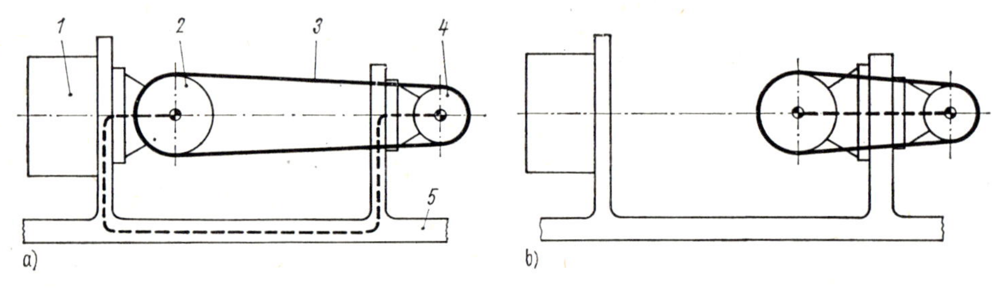

Bild 5.87. Zahnriemengetriebe in einem Gerät

a) ungünstige Lösung: Kraftfluß über Grundplatte; b) günstige Lösung: kurzer Kraftfluß
1 am Gestell *5* angekoppelte Baugruppe; *2* Motor mit Zahnriemenscheibe; *3* Zahnriemen; *4* Welle mit Zahnriemenscheibe und Lagerbock; *5* Gestell; – – – Kraftfluß

Anregungskräfte treten hinsichtlich ihres zeitlichen Verlaufs in der Gerätetechnik hauptsächlich in zwei typischen Formen auf, und zwar zum einen als Impulse mit relativ zur Impulsdauer großem Abstand (Stoßvorgänge beim Drucken und Stanzen, Anschläge, Gelenkspiel u. ä.) und zum anderen als periodische Kräfte (z. B. Unwuchten). Bei Stoßkräften wird die Amplitude des Kraftspektrums bis zu einigen Kilohertz vom übertragenen Impuls bestimmt [5.25]. Eine Verringerung der Anregung läßt sich also durch Verringerung der am Stoß beteiligten Massen und ihrer Geschwindigkeiten erreichen. Bei höheren Frequenzen nimmt die Amplitude des Kraftspektrums ab, und zwar um so eher, je größer die Stoßzeit, d. h., je „weicher" der Stoß ist. Deshalb sind (sofern nicht funktionsnotwendig) harte Anschläge durch Einsatz entsprechender Werkstoffe oder durch Anbringen elastischer Zwischenlagen zu vermeiden **(Bild 5.88).**

Ebenso ist das Spiel an solchen Bauteilen, an denen eine Stoßanregung entstehen kann, durch geeignete Maßnahmen zu verhindern oder zu verringern (z. B. elastische Bauweise oder notwendige engere Tolerierung, vgl. [5.1]). Bei periodischen Anregungskräften ist die Zeitfunktion des Grundvorgangs während einer Periode für das Anregungsspektrum und damit für die Geräuscherzeugung maßgebend. Anstieg und Krümmung dieser Zeitfunktion bestimmen die Amplitude des Kraftspektrums oberhalb der doppelten Grundfrequenz, d. h. meist schon ab einigen hundert Hertz [5.25]. Deshalb müssen insbesondere sprunghafte Änderungen und sonstige Unregelmäßigkeiten im Kraftverlauf vermieden werden. Gleiches gilt für die Bewegungsgesetze zwischen den Rasten von Kurvengetrieben, die möglichst bis zur dritten Ableitung stetig sein sollen (z.B. ein Polynom siebten Grades, eine pentadische Sinoide oder sogar ein Polynom elften Grades [5.25] [5.31]).

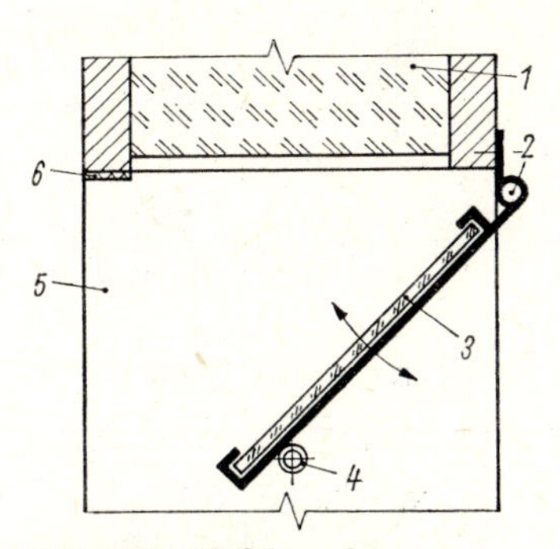

Bild 5.88. Stoßdämpfung an einer Spiegelreflexkamera

1 Prisma; *2* Drehgelenk; *3* Spiegel mit Fassung; *4* Anschlag mit Plastring zur Stoßdämpfung beim Zurückklappen des Spiegels; *5* Gestell; *6* Filzbelag zur Stoßdämpfung beim Hochklappen des Spiegels

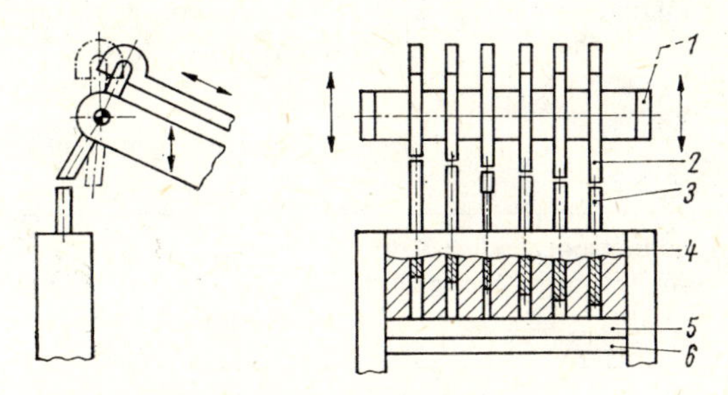

Bild 5.89. Prinzip des Lochstreifenstanzers einer Fernschreibmaschine mit zeitlich versetzten Stanzstempeln

1 Stanzbügel; *2* schwenkbare Auswahlhebel; *3* Stanzstempel; *4* Führungsblock; *5* Papierraum; *6* Stanzplatine

Anmerkung: Neben der Vermeidung gleichzeitiger Anregung wird auch die Kraftamplitude auf etwa 1/6 verringert, da jeweils nur ein Stempel schneidet.

Wirken mehrere Anregungsvorgänge parallel, so sind diese zeitlich zu versetzen, so daß eine Gleichzeitigkeit der Anregung verhindert wird **(Bild 5.89).** Die gleichzeitige Anregung größerer Längen oder Flächen läßt sich mit dem Prinzip der Schrägung umgehen, wodurch eine zeitliche Dehnung erreicht wird (z.B. Schrägverzahnung, Dachschliff bei Schneidstempeln, schräg angeordnete Nuten eines Elektromotors u.ä.; s. **Tafel 5.48).**

5.9.3.3. Verminderung der Körperschallübertragung

Die Eingangsadmittanz des von einer Kraft angeregten Bauteils hat Einfluß auf die Körperschallübertragungsfunktion (s. Abschn. 5.9.2.). Die Eingangsadmittanz wird durch die Masse und die Biegesteifigkeit an der Anregungsstelle bestimmt. Um die Anregung, d.h. die Körperschallschnelle, an der Anregungsstelle minimal zu halten, ist es notwendig, entweder das gesamte angeregte Bauteil oder zumindest die Umgebung der Anregungs-

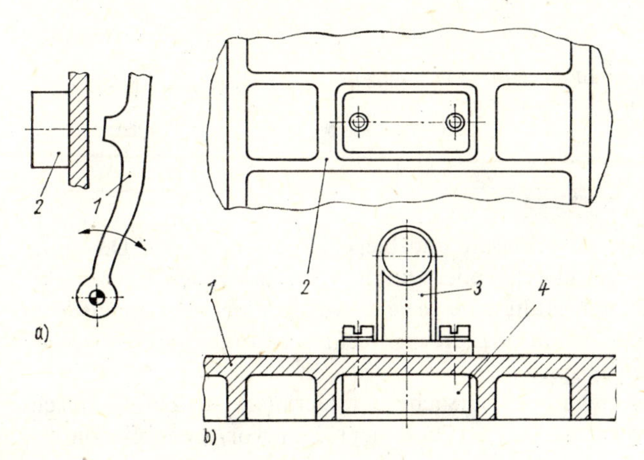

Bild 5.90
Gestaltung von Anregungsstellen mit minimaler Admittanz

a) Verringerung der Anregung durch Zusatzmasse
1 Schwinghebel mit Prellnase
2 Zusatzmasse

b) Admittanzverringerung an der Befestigungssstelle eines Lagerbocks durch Verrippung (Steifigkeitserhöhung) und Zusatzmasse
1 Grundplatte
2 Verrippung
3 Lagerbock für Wälzlager
4 Zusatzmasse

Tafel 5.48. Konstruktionsrichtlinien zur Minderung indirekt (mechanisch) erzeugter Geräusche

Konstruktionsrichtlinie	Ungünstige Lösung	Günstige Lösung
Funktionsnotwendige Kräfte sind nicht größer als unbedingt erforderlich zu wählen		
Funktionsnotwendige Kräfte sind auf dem kürzesten Weg und insbesondere nicht über größere flächenhafte Teile zu führen	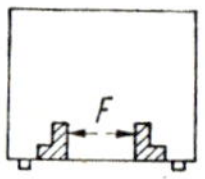 F	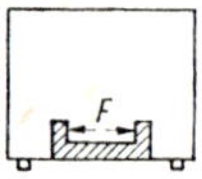 F
Bei Stoßvorgängen ist der Impuls (d.h. Masse und Geschwindigkeit) so klein wie möglich zu halten	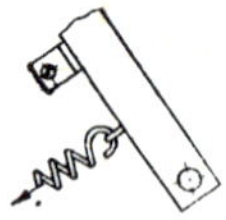	
Die Stoßdauer soll durch elastische Zwischenlagen oder geeignete Werkstoffe der Stoßpartner verlängert werden („weicher“ Stoß)		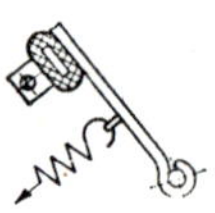
Spiel in Gelenken oder anderen Bauteilen, wo es eine Stoßanregung hervorrufen kann, ist durch geeignete konstruktive Maßnahmen zu vermeiden (z.B. elastische Bauweise [5.1])		
Anstieg und Krümmung des Kraftverlaufs sind bei periodischen Vorgängen klein zu halten; Bewegungsgesetze von Kurvengetrieben sollen bis zu höheren Ableitungen stetig sein		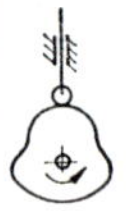
Mehrere unabhängig voneinander wirkende Anregungsvorgänge sind zeitlich zu versetzen (Gleichzeitigkeit der Anregung vermeiden)	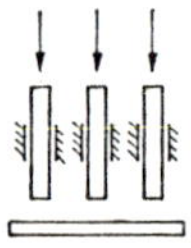	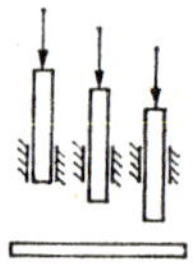
Unvermeidbare gleichzeitige Anregung ist durch zeitliche Dehnung des Anregungsvorgangs zu reduzieren (Prinzip der Schrägung)	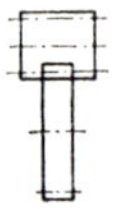	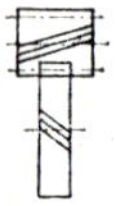

stelle mit einer geringen Admittanz, also massiv und biegesteif auszuführen. Das kann durch Zusatzmassen an der Anregungsstelle oder durch Verrippung des Bauteils geschehen. Bei fertigen Bauteilen genügt häufig eine gezielte Auswahl der Ankoppelstellen unter dem Gesichtspunkt minimaler Admittanz, die meßtechnisch vorgenommen werden kann [5.37]. **Bild 5.90** zeigt einige Beispiele.

Außer der Kraftanregung als eigentliche Ursache der Geräuschentstehung spricht man noch von einer Geschwindigkeitsanregung. Diese liegt dann vor, wenn ein Bauteil geringer Masse an ein solches mit großer Masse gekoppelt wird und somit dessen Schwinggeschwindigkeit aufgeprägt erhält, ohne daß dazu eine nennenswerte Kraft notwendig wäre. Für diesen Fall gelten die obigen Ausführungen nicht [5.57]. Hier ist eine Körperschallentkopplung durch Zwischenschalten möglichst weicher, elastischer Elemente an den Verbindungsstellen erforderlich, ggf. verbunden mit einer Masseerhöhung des leichteren Bauteils an den Verbindungsstellen durch Zusatzmassen **(Bild 5.91)**.

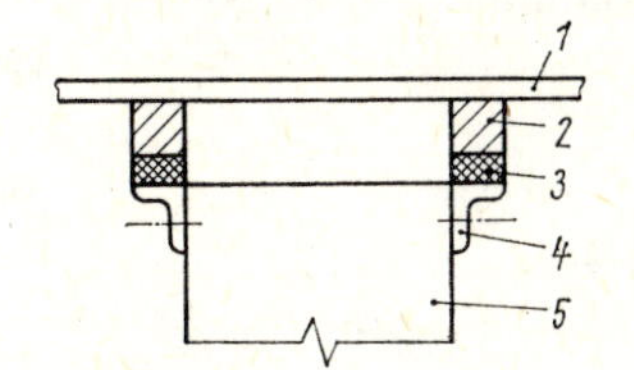

Bild 5.91
Körperschallentkopplung
bei Geschwindigkeitsanregung (Prinzip)
1 Abdeckblech; *2* Zusatzmasse (Profil);
3 elastische Zwischenlage (mit *2* und *4* verklebt);
4 Befestigungswinkel;
5 körperschallerzeugende Baugruppe

Von der Anregungsstelle breitet sich der Körperschall wellenförmig bis zur Abstrahlfläche aus. Auf diesem Weg kann eine Reduzierung des Körperschalls durch Umwandlung in Wärme (Dämpfung) und Reflexion an Inhomogenitäten (Dämmung) erzielt werden. Eine Dämpfung läßt sich durch den Einsatz von Werkstoffen mit großem Verlustfaktor (Verbundbleche, Plastwerkstoffe), aber auch durch die Wahl kraftschlüssiger Verbindungselemente erreichen (Ausnutzen der inneren Reibung sowie der Reibung an Verbindungsstellen). Eine Dämpfung bewirkt neben der allgemeinen Verringerung der Schwingungsamplitude noch den Abbau der durch Eigenresonanzen verursachten Spitzen im Frequenzgang der Bauteile sowie eine Reduzierung der Nachklingzeit [5.58].

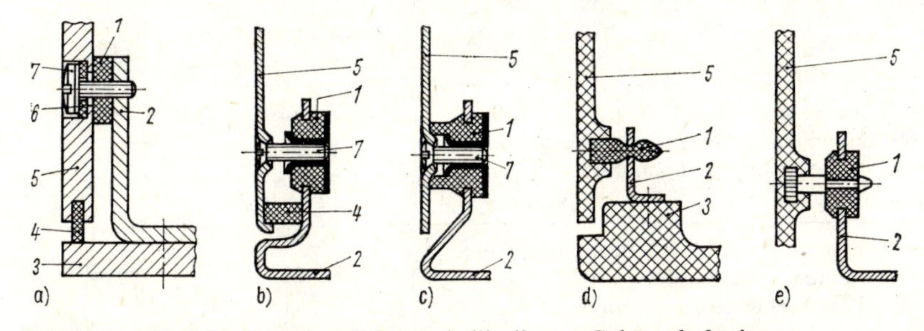

Bild 5.92. Möglichkeiten einer körperschallisolierten Gehäusebefestigung
a) bei massiven, dickwandigen Gehäusen; b), c) bei Blechgehäusen; d), e) bei kleineren Plast- oder Druckgußgehäusen
1, 4, 6 Zwischenlagen oder Formteile aus elastischem Material; *2* Befestigungsblech; *3* Grundplatte; *5* Gehäuse, Abdeckung u. ä.; *7* Befestigungsschraube

Körperschalldämmung hat gegenüber Dämpfung i. allg. untergeordnete Bedeutung. Sie beruht prinzipiell darauf, an bestimmten Stellen des Körperschallwegs die mechanischen Eigenschaften der Bauteile, insbesondere die Masse und die Biegesteifigkeit, durch Anbringen von Sperrmassen und elastischen Zwischenschichten beträchtlich zu ändern. Grundsätzlich gilt, daß die Admittanz der Sperrmasse wesentlich kleiner und die der Zwischenschicht wesentlich größer sein soll als die der angekoppelten Bauteile. Ein Beispiel dafür ist die bereits erwähnte Körperschallentkopplung bei Geschwindigkeitsanregung nach Bild 5.91. Auf dem gleichen Prinzip beruht die körperschallisolierte Gehäusebefestigung **(Bild 5.92)**. Eine spezielle Form der Körperschalldämmung ist das körperschallisolierte Anbringen von anregenden Baugruppen, z. B. Antriebselementen (Elektromotoren, Zugmagneten u. ä.). Die Wirkung der Körperschallisolierung wird um so größer, je kleiner die Admittanz von Quelle und angekoppelten Bauelementen gegenüber der Admittanz der Zwischenschicht, d.h., je weicher diese Schicht ist. Bei ihrer Dimensionierung ist neben einer ausreichenden Festigkeit darauf zu achten, daß die Resonanzfrequenz des aus den Massen von Quelle und angekoppelter Struktur sowie der Nachgiebigkeit der Zwischenschicht gebildeten schwingungsfähigen Systems unterhalb der Betriebsfrequenz liegt. **Bild 5.93** zeigt die prinzipielle Ausführung einer Körperschallisolierung (vgl. auch Abschn. 5.8.8.).

Eine Zusammenfassung der Empfehlungen zur Körperschalldämpfung und -dämmung ist in **Tafel 5.49** angegeben.

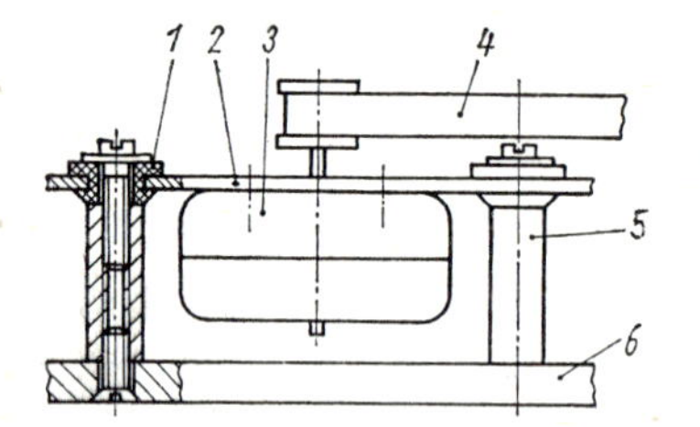

Bild 5.93
Körperschallisolierte Motoraufhängung eines Phonolaufwerks
1 Gummiformteil
2 Platine
3 Antriebsmotor
4 Gummipeese
5 Distanzbuchse (als Zusatzmasse wirksam)
6 Grundplatte

Tafel 5.49. Konstruktionsrichtlinien zur Minderung der Körperschallübertragung

Konstruktionsrichtlinie	Ungünstige Lösung	Günstige Lösung
Anregungsstellen sind so zu gestalten, daß sie eine minimale Admittanz aufweisen (Versteifung oder Anbringen von Zusatzmassen)		
Leichte, flächenhafte Bauteile sind gegenüber Körperschall führenden massiveren Bauteilen durch möglichst weiche elastische Zwischenlagen zu entkoppeln, ggf. noch durch Zusatzmassen an der Anregungsstelle		
Die Ausbreitung von Körperschall ist durch Bedämpfung der Bauelemente mittels Schichten aus Dämpfungsmaterial sowie kraftschlüssiger Verbindungsverfahren zu vermindern (Ausnutzen der inneren und der Einspannungsreibung)		
Intensive Körperschallquellen, wie Antriebe oder Getriebe, sollen mit Hilfe elastischer Zwischenschichten körperschallisoliert angebracht werden		

5.9.3.4. Verminderung der Luftschallabstrahlung

Die von einem Bauteil abgestrahlte Schalleistung P ist neben dem bereits erwähnten Abstrahlgrad σ noch von der Fläche A des Bauteils und der mittleren Schwinggeschwindigkeit (Körperschallschnelle) v dieser Fläche abhängig:

$$P \sim \sigma A \tilde{\bar{v}}^2 . \tag{5.142}$$

Die Schwinggeschwindigkeit kann durch Masse- und Steifigkeitsänderungen beeinflußt werden, wobei sich für übliche Bauteile des Geräteaufbaus (s. Abschn. 3.2.) unter Berücksichtigung der Anregungsart die in **Tafel 5.50** angeführten Verhältnisse ergeben. Daraus wird ersichtlich, daß sich die Luftschallabstrahlung durch schwere und biegeweiche Gestaltung flächenhafter Bauelemente verringern läßt. Eine weitere Möglichkeit zur Verringerung der mittleren Schwinggeschwindigkeit besteht in der zusätzlichen Bedämpfung größerer Flächen mittels Entdröhnbelägen oder Verbundkonstruktionen. Das ist jedoch nur bei solchen Teilen sinnvoll, die eine geringe innere Dämpfung haben (dickwandige Druckgußteile, geschweißte Konstruktionen u.ä.). **Bild 5.94** zeigt als Beispiele die Bedämpfung von Transportrollen durch eingelegte ringförmige Gummisegmente.

Verdoppelung von	bei Kraftanregung	bei Geschwindigkeitsanregung
Masse	7,5 dB leiser	4,5 dB leiser
Biegesteife	1,5 dB lauter	4,5 dB lauter

Tafel 5.50
Auswirkung von Masse- und Steifigkeitsänderungen auf die Luftschallabstrahlung (nach [5.35])

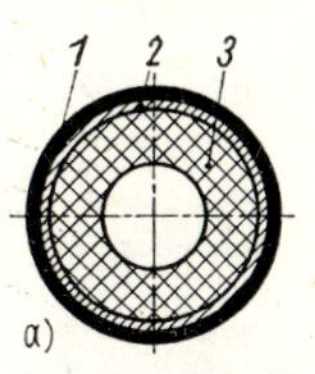

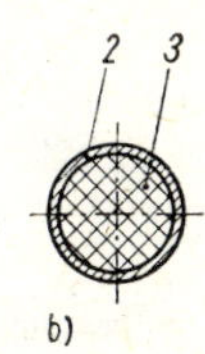

Bild 5.94
Körperschalldämpfung
a) Schreibwalze für Büromaschinen
b) Papiertransportrolle
1 Gummibelag; *2* Trägerrohr;
3 Dämpfungsmaterial (Schaumstoff, Mineralwolle o.ä.)

Der Abstrahlgrad σ beschreibt die Umsetzung des Körperschalls durch Biegeschwingungen des abstrahlenden Bauteils in Luftschall. Bei großflächigen Bauteilen kommt es nur dann zu einer intensiven Abstrahlung, wenn die Wellenlänge der Biegeschwingungen größer ist als die der Luftschallwellen; ansonsten kann zwischen benachbarten schwingenden Luftteilchen ein Druckausgleich stattfinden (hydrodynamischer Kurzschluß). Aufgrund der frequenzabhängigen Ausbreitungsgeschwindigkeit von Biegewellen gegenüber der konstanten Ausbreitungsgeschwindigkeit von Luftschallwellen tritt hydrodynamischer Kurzschluß unterhalb einer von den Bauteileigenschaften abhängigen Grenzfrequenz ein. Die Grenzfrequenz wird als Biegewellengrenzfrequenz f_{gB} bezeichnet. Sie beträgt für dünnwandige Bauteile (Wanddicke $s \approx 1$ bis 3 mm) etwa 5 bis 10 kHz, so daß die in der Gerätetechnik meist dominierenden Frequenzen von 0,5 bis 5 kHz weniger intensiv abgestrahlt werden. Bei dickeren und flächenhaften Bauteilen läßt sich der hydrodynamische Kurzschluß künstlich durch Durchbrüche herstellen, die einen Druckausgleich ermöglichen. Der Flächenanteil der Durchbrüche soll mindestens 20% betragen. Eine solche Maßnahme bewirkt aber gleichzeitig, daß die häufig erwünschte Dämmwirkung gegenüber Luftschall verlorengeht, z.B. bei Abdeckblechen, Schutzhauben und Gehäusen. Die Auslegung solcher Bauteile hängt also davon ab, ob der abgestrahlte Luftschall hauptsächlich von diesen Bauteilen infolge ihrer Kraft- oder Geschwindigkeitsanregung herrührt – dann gilt das oben Gesagte – oder ob er aus dem Geräteinneren stammt. In diesem Fall ist eine Dimensionierung im Hinblick auf maximale Luftschalldämmung und -dämpfung auf der Grundlage von Reflexion und Absorption notwendig. Dies wird durch massive und ggf. entdröhnte Bauteile erreicht, die auf der zur Quelle gewandten Seite mit einer möglichst dicken Absorberschicht (Malikustik, Mineralwolle, Texotherm, unverfestigter Nadelfilz, o.ä.) versehen sind. Sehr gute Ergebnisse (Geräuschminderung bis zu 30 dB) lassen sich mit allseitig geschlossenen Kapseln erreichen, die nach den obengenannten Gesichtspunkten aufgebaut sind. **Bild 5.95** zeigt einen Querschnitt durch eine Kapselwand. In der Gerätetechnik sind solche Werte der

Geräuschminderung wegen der zur Kommunikation notwendigen Öffnungen in den Gehäusen jedoch kaum zu erreichen, da bereits kleinste Öffnungen die Dämmwirkung erheblich mindern (ein Lochflächenanteil von 1% senkt die Dämmwirkung einer Kapsel von etwa 30 dB auf 20 dB). Deshalb müssen Öffnungen in geräuschintensiven Geräten immer sorgfältig abgedichtet werden **(Bild 5.96).** Untersuchungen haben ergeben, daß dazu Moosgummi besonders gut geeignet ist; PUR-Schaum oder Schaumgummi zeigen wegen der großen Porosität nur geringe Wirksamkeit **(Tafel 5.51).**

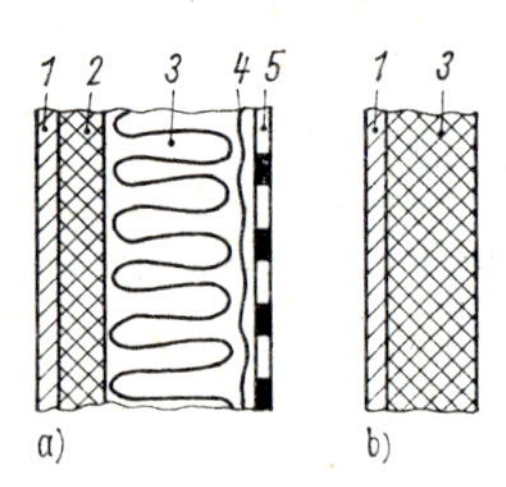

Bild 5.95
Querschnitt durch eine Kapselwand

a) vollständiger Aufbau mit mechanischem und klimatischem Schutz (nach [5.59])
b) vereinfachter Aufbau (für die meisten Geräte ausreichend)
1 Außenhaut der Kapsel (z.B. Stahlblech); *2* Entdröhnungsbelag;
3 Absorbermaterial (Plastschaum, Mineralwolle od.ä.); *4* schlaffe Plastfolie zum Schutz des Absorbermaterials gegen Staub und Feuchtigkeit;
5 mechanischer Schutz (Lochblech, Streckmetall od.ä.)

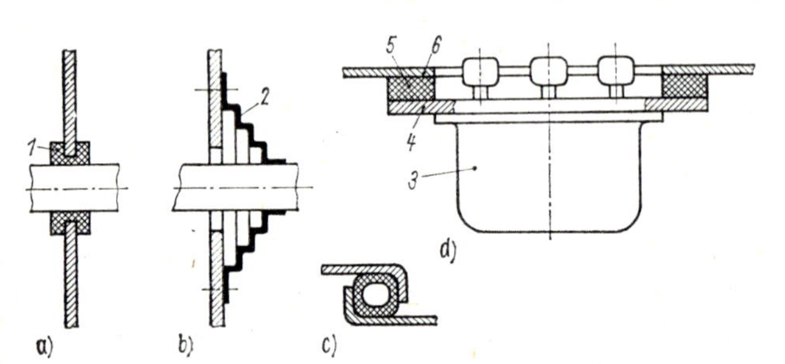

a) für drehbare Teile
b) für oszillierende Teile
c) unter Verwendung von Gummischlauch (oder -profil)
d) durch Einlegen von Dichtungsmaterial
1 Formteil aus Gummi oder Plastwerkstoff
2 Gummimanschette
3 Abdeckung der Baugruppe
4 Trägerplatte der Baugruppe (z.B. Tastenfeld)
5 Moosgummistreifen
6 Gehäuse

Bild 5.96. Möglichkeiten zur Abdichtung von Öffnungen

Tafel 5.51. Konstruktionsrichtlinien zur Minderung der Luftschallabstrahlung

Konstruktionsrichtlinie	Ungünstige Lösung	Günstige Lösung
Größere Abstrahlflächen (insbesondere Bleche) sind durch Entdröhnen oder Einsatz von Verbundmaterial zu bedämpfen		
Abstrahlende flächenhafte Abdeckungen sollen mit Durchbrüchen versehen werden, deren Flächenanteil mindestens 20% beträgt (Verwendung von Streckmetall od.ä.)		
Intensive Geräuschquellen sollen ganz oder teilweise gekapselt werden		
Gehäuseöffnungen sind sorgfältig abzudichten		

5.9.3.5. Spezielle Hinweise für typische Bauelemente der Gerätetechnik

Die angegebenen Richtlinien sind allgemeingültig und prinzipiell für jedes Bauelement anwendbar. Darüber hinaus lassen sich jedoch für einige häufig verwendete Bauelemente typische Eigenschaften hinsichtlich der Geräuscherzeugung ermitteln, die deren Verhalten detaillierter beschreiben und die demzufolge auch einen genaueren Hinweis zur Geräuschminderung gestatten. **Tafel 5.52** enthält eine Zusammenfassung von dominierenden Geräuschursachen und konstruktiven Richtlinien.

Tafel 5.52. Geräuschursachen typischer Funktionselemente und Hinweise für geräuschmindernde Maßnahmen

---

Zahnradgetriebe

Geräuschursachen:

- Reibgeräusch (breites Spektrum) durch Rauheit der Zahnflanken
- schwingungserregende Eingriffsstöße der Verzahnung
- starke Abhängigkeit des Geräusches von Drehzahl, Belastung, Schmierung, Achsauseinanderrückung, Übersetzung und Werkstoffpaarung

Geräuschmindernde Maßnahmen:

- niedrige Drehzahl und gleichmäßige Aufteilung der Übersetzung
- Verzahnungs- und Montageabweichungen klein halten
- Verwendung von Schmierstoffen hoher Viskosität
- Verringerung der Oberflächenrauheit der Zahnflanken, z.B. durch Schleifen, Polieren oder Einlaufläppen
- Verwendung von Werkstoffen mit hoher innerer Dämpfung (Hartgewebe, Polyamid o.ä.)
- Zahnkopfabrundung durch Kopfüberschneidverfahren (bei Moduln $m < 1$ mm)
- Übergang zur Schrägverzahnung
- Ersatz der Zahnradgetriebe durch Zahnriemengetriebe

Koppelgetriebe

Geräuschursachen:

- Anregung von Schwingungen durch ungleichmäßige Bewegungsabläufe in Verbindung mit der Masse der Getriebeglieder
- Stöße durch Gelenkspiel

Geräuschmindernde Maßnahmen:

- Vermeidung von Beschleunigungsspitzen im Bewegungsablauf
- Minimierung der freien Kräfte und Momente am Gestell durch günstige Massenverteilung
- spielarme bzw. spielfreie Ausführung der Gelenke (enge Passung oder elastische Bauweise [5.1])
- Einsatz von geeigneten Plastwerkstoffen mit hoher innerer Dämpfung für Getriebeglieder und Gelenke

Kurvengetriebe

Geräuschursachen:

- Anregung niederfrequenter Schwingungen durch periodisches Abtasten der Kurve
- höherfrequente Schwingungen durch Bearbeitungsungenauigkeiten
- Stöße bei Nichteinhalten des Zwanglaufs

Geräuschmindernde Maßnahmen:

- Verwendung von Bewegungsgesetzen, die bis einschließlich der dritten Ableitung stetig sind (z.B. Bestehorn-Sinoide)
- ausreichend starre Abtriebsglieder bei gleichzeitig geringer Masse
- geringe Welligkeit der Laufbahn
- Einsatz von Plastwerkstoffen (Beachtung des Kaltfließens)

Tafel 5.52 (Fortsetzung)

Wälzlager

Geräuschursachen:

- Schwingungen der Lagerteile infolge Fertigungs- und Einbauabweichungen, Verschmutzung und Verschleiß
- hauptsächlich Körperschallanregung der Umbauteile, kaum Luftschallabstrahlung
- Geräuschpegel steigt mit Drehzahl und Lagerdurchmesser

Geräuschmindernde Maßnahmen:

- Einsatz geräuscharmer bzw. besonders geräuscharmer Lager
- Vermeidung von Verformungen beim Einbau durch geeignete Montagewerkzeuge
- richtige Passungsauswahl zur Minimierung der Lagerluft
- Schutz vor Verschmutzung
- Verwendung von Schmierstoffen hoher Viskosität
- Einbau elastischer Glieder zwischen Lager und Gestell
- Ersatz durch Gleitlager unter Beachtung der funktionellen Forderungen

Kleinstmotoren und Lüfter

Geräuschursachen:

- magnetisch erzeugte Geräusche (Magnetostriktion in Blechpaketen und Wechselfelder im Luftspalt verursachen Schwingungen)
- mechanisch angeregte Geräusche durch Unwuchten, Lagerstellen und Bürsten
- aerodynamische Geräusche durch Nuten, Lüfterräder usw. als Wirbelschall, Dreh- und Sirenenklang

Geräuschemindernde Maßnahmen:

- elastische Befestigung des Motors
- Verwendung elastischer Abtriebsglieder (z.B. Zahnriemengetriebe)
- Auswahl geräuscharmer Motoren (ohne Kollektor); Auswuchten
- Vermeidung der Wirbelbildung durch glatte Oberflächen

Schlag- und stoßerregende Elemente, z.B. Anschläge, Gesperre, Schaltkupplungen

Geräuschursachen:

- funktionsbedingte Schläge (Stöße) bei Magnetsystemen, Gesperren, Schaltkupplungen, Tasten, Anschlägen usw.
- teilweise Umsetzung der Stoßenergie in Eigenschwingungen der Stoßpartner, Körperschallanregung; abhängig von Stoßgeschwindigkeit, Masse, Abmessungen der Elemente, innerer Dämpfung der Werkstoffe

Geräuschmindernde Maßnahmen:

- Massen und Geschwindigkeiten klein halten
- Verwendung elastischer Werkstoffe mit großer innerer Dämpfung (Verschleiß beachten)
- Vermeidung von Prellvorgängen und Resonanzerscheinungen
- Erhöhung der mechanischen Impedanz an der Übergangsstelle zu den Umbauteilen durch Zusatzmassen oder Versteifung der Konstruktion
- Ersatz der mechanischen durch nichtmechanische, z.B. elektrische Funktionsprinzipe

Flächenhafte Bauelemente, z.B. Gehäuse, Abdeckbleche, großflächige Hebel, Hauben

Geräuschursachen:

- Luftschallabstrahlung infolge Körperschallanregung, abhängig von Einspannung und Eigenfrequenz (Abmessungen, Biegesteifigkeit, Masse)

Geräuschmindernde Maßnahmen:

- Verlegung der Eigenfrequenz außerhalb des Hörbereichs
- Druckausgleich zwischen beiden Seiten der schwingenden Teile durch Anbringen von Durchbrüchen (Lochbleche) mit einem Lochflächenanteil von mindestens 20%
- Verwendung von Werkstoffen mit hoher innerer Dämpfung, z.B. Verbundblech
- Erhöhung der Randdämpfung durch günstigere Einspannung (z.B. Ersatz einer Schweißverbindung durch eine Schraubenverbindung)

5.9.3.6. Geräuschminderung durch Schwingungsauslöschung (Antischall) [5.60]

Das Antischallkonzept ist eine Variante der Geräuschminderung, die für die Gerätetechnik kaum Bedeutung hat; sie soll hier jedoch erwähnt werden, da man in jüngerer Zeit verschiedentlich Realisierungsbeispiele veröffentlichte. Das Prinzip des Antischalls beruht auf der Interferenz zweier Schallwellen von gleicher Frequenz, gleicher Amplitude, gleicher Ausbreitungsrichtung, aber um 180° verschobenen Phasen. Man überlagert der ursprünglichen Schallwelle eine zweite, auf elektronischem Weg (Mikrofon oder Körperschallaufnehmer) gewonnene und um 180° in der Phase gedrehte (Anti-)Schallwelle, die i.allg. von einem Lautsprecher abgestrahlt wird. Da aber normalerweise keine Punktquellen mit sinusförmiger Schwingung vorliegen, sondern räumliche Gebilde, deren Oberfläche Biegeschwingungen in unterschiedlichen Frequenzbereichen ausführt, und außerdem die künstliche Quelle immer an einem anderen Ort als die natürliche Quelle angebracht werden muß, läßt sich eine absolute Auslöschung beider Schallwellen für alle Abstrahlungsrichtungen nicht erreichen. Es ist jedoch möglich, unter bestimmten Bedingungen Pegelminderung für definierte Raumrichtungen oder Aufpunkte herbeizuführen. Allerdings ist dazu meist ein erheblicher elektronischer Aufwand erforderlich (mehrere Mikrofone, Signalverarbeitung mit Mikroprozessor u.ä.). Deshalb wird auch künftig die Geräuschminderung mittels Antischall nur auf wenige Spezialfälle beschränkt bleiben.

Literatur zu Abschnitt 5.

Bücher

[5.1] *Hildebrand, S.; Krause, W.:* Fertigungsgerechtes Gestalten in der Feingerätetechnik. 2.Aufl. Berlin: VEB Verlag Technik 1982 und 1.Aufl. Braunschweig: Verlag Vieweg 1978.

[5.2] *Jubisch, H.:* Klimaschutz elektronischer Geräte. Berlin: VEB Verlag Technik 1965.

[5.3] *van Oekren, K.A.:* Konstruktion und Korrosionsschutz. Hannover: Curt R. Vincentz Verlag 1967.

[5.4] *Hildebrand, S.:* Feinmechanische Bauelemente. 4.Aufl. Berlin: VEB Verlag Technik 1981 und München: Carl Hanser Verlag 1983.

[5.5] *Müller, R.:* VEM-Handbuch. Schutzmaßnahmen gegen zu hohe Berührungsspannung in Niederspannungsanlagen. 5.Aufl. Berlin: VEB Verlag Technik 1976.

[5.6] *Dulnjev, G.N.; Tarnovski, N.N.:* Teplovye rezimy elektronnoj apparatury. Leningrad: Energija 1971.

[5.7] *Markert, C.:* Erwärmungsprobleme in elektronischen Geräten und ihre konstruktive Berücksichtigung. Diss. TU Dresden 1965.

[5.8] *Dietze, B.:* Probleme der Wärmeabführung aus EDVA unter besonderer Berücksichtigung der indirekten Flüssigkeitskühlung. Diss. TU Dresden 1978.

[5.9] *Rint, C.:* Handbuch für Hochfrequenz- und Elektrotechniker, Bd.2. 12., erg. und völlig neu bearb. Aufl. München, Heidelberg: Hüthig und Pflaum 1978.

[5.10] *Stoll, D.:* EMC – Elektromagnetische Verträglichkeit: Berlin: Elitera-Verlag 1976.

[5.11] *Philippow, E.:* Taschenbuch der Elektrotechnik, Bd.1: Grundlagen. Berlin: VEB Verlag Technik 1972, 1981 und München: Carl Hanser Verlag 1983.

[5.12] *Vilbig, F.:* Lehrbuch der Hochfrequenztechnik, Bde. 1 und 2. Leipzig: Akadem. Verlagsges. Geest & Portig 1958.

[5.13] *Kunath, H.:* Praxis der Funk-Entstörung. Heidelberg: Dr. Alfred Hüthig Verlag 1965.

[5.14] *Bergmann, K.:* Lehrbuch der Fernmeldetechnik. Braunschweig: Friedr. Vieweg & Sohn 1949.

[5.15] *Vysockogo, B.F.:* Konstruirovanie mikroelektronnoj apparatury. Moskau: Sovetskoe Radio 1975.

[5.16] *Rotkop, L.L.; Spokojnoj, Ju.E.:* Obespečenie teplovych režimov pri konstruirovanii radio elektronnoj apparatury. Moskau: Sovetskoe Radio 1976.

[5.17] *Berhold, C.:* Feuchtetransport durch Kapillaren. Diplomarb. TH Ilmenau 1978.
Grießbach, W.: Kapazitive Aufnahme von Sorptionskurven. Diplomarb. TH Ilmenau 1979.

[5.18] *Michailow, M.M.:* Feuchtedurchdringung organischer Dielektrika. Moskau, Leningrad: Gosudarstvennoe Energetičeskoe Izdatelstvo 1960.
[5.19] *Philippow, E.:* Taschenbuch Elektrotechnik, Bd.3: Bauelemente und Bausteine der Informationstechnik. Berlin: VEB Verlag Technik 1978 und München: Carl Hanser Verlag 1978.
[5.20] *Berliner, M.A.:* Feuchtemessung. Berlin: VEB Verlag Technik 1980.
[5.21] *Hanke, H.-J.; Fabian, H.:* Technologie elektronischer Baugruppen. 3.Aufl. Berlin: VEB Verlag Technik 1982.
[5.22] *Magnus, K.:* Schwingungen. Stuttgart: B.G. Teubner-Verlag 1976.
[5.23] Schwingfestigkeit. Leipzig: VEB Dt. Verlag f. Grundstoffindustrie 1973.
[5.24] *Klotter, K.:* Technische Schwingungslehre, Bd.2. Berlin: Springer-Verlag 1960.
[5.25] *Erler, W.; Lenk, A.:* Schwingungsmeßtechnik. Radebeul: VEB Metra Meß- und Frequenztechnik 1970.
[5.26] *Holzweißig, G.; Meltzer, G.:* Meßtechnik der Maschinendynamik. Leipzig: VEB Fachbuchverlag 1973.
[5.27] *Lenk, A.; Rehnitz, J.:* Schwingungsprüftechnik. Berlin: VEB Verlag Technik 1974.
[5.28] Taschenbuch Feingerätetechnik. Bd.1. Berlin: VEB Verlag Technik 1971.
[5.29] *Göbel, E.F.:* Gummifedern – Berechnung und Gestaltung. Berlin: Springer-Verlag 1969.
[5.30] VEB Metra Meß- und Frequenztechnik Radebeul: Firmenschriften Aufnehmer, Meßgeräte.
[5.31] VEB Robotron – Meßelektronik „Otto Schön" Dresden: Firmenschriften Meßgeräte, Laborgerätesystem der Schall- und Schwingungsmeßtechnik.
[5.32] Firmenschriften von VEB Thüringer Industriewerk Rauenstein, Hottinger Baldwin Meßtechnik GmbH, Brüel & Kjaer (Dänemark), Dantec Elektronik DISA (Dänemark).
[5.33] *Kraak, W.; Weißing, H.:* Schallpegelmeßtechnik. Berlin: VEB Verlag Technik 1970.
[5.34] *Schirmer, W.*, u.a.: Lärmbekämpfung. Berlin: Verlag Tribüne 1974.
[5.35] Systematik der Geräuschentstehung und Geräuschminderung bei Maschinen. Dresden: Zentralinstitut für Arbeitsschutz 1977, Bericht Nr.776.
[5.36] *Föller, D.:* Untersuchung der Anregung von Körperschall in Maschinen und der Möglichkeiten für eine primäre Lärmbekämpfung. Diss. TH Darmstadt 1972.
[5.37] *Cremer, L.; Heckl, M.:* Körperschall. 2.Aufl. Berlin: Springer-Verlag 1982.
[5.38] *Fasold, W.; Kraak, W.; Schirmer, W.:* Taschenbuch Akustik. Berlin: VEB Verlag Technik 1984.

Aufsätze:

[5.39] *Elze, J.; Oelsner, G.:* Die Spannungsreihe in praktischen Korrosionsmitteln. Metalloberfläche *12* (1958) 5, S.129.
[5.40] *Müller, R.:* Neue internationale Berührungsbegriffe. Der Elektro-Praktiker *34* (1980) 4, S.113.
[5.41] *Redlich, D.; Witte, D.:* Gerätetemperaturen bei nichtmetallischen Gehäusen. Feingerätetechnik *29* (1980) 6, S.225.
[5.42] *Zimmermann, R.:* Kühlvorrichtungen für Transistoren. Radio, Fernsehen, Elektronik *25* (1976) 22, S.717.
[5.43] *Markert, C.:* Die Optimierung von Kühlelementen für Halbleiterbauelemente. Feingerätetechnik *23* (1974) 7, S.306.
[5.44] AEG-Telefunken: Technische Daten Halbleiter, Standardtypen 1972/73, S. A 34, Firmenschrift.
[5.45] *Elenbass, W.:* Dissipation of heart by free convection. De Ingenieur *6* (1948) 7, S.21.
[5.46] *Piewernetz, R.; Kunz, R.:* Kühlung von Baugruppenträgern in der Elektronik. Elektronik *28* (1979) 13, S.69.
[5.47] *Dulnjew, G.N.:* Kühlverfahren für elektronische Geräte. Feingerätetechnik *21* (1972) 12, S.537.
[5.48] *Markert, C.; Albrecht, H.:* Zu einigen Problemen der Wärmeabführung aus elektronischen Geräten mittels erzwungener Konvektion von Luft. Wiss. Zeitschrift der TU Dresden *31* (1982) 2, S.183.
[5.49] *Kienast, W.; Fleischmann, G.:* Mathematische Erörterungen zum Einfluß der Feuchtediffusion bei plastverkappten elektronischen Bauelementen. Nachrichtentechnik-Elektronik *30* (1980) 1, S.24.
[5.50] *Gontscharenko, J.W.; Gesemann, R.:* Feuchtigkeitsschutz elektronischer Bauelemente durch Plastwerkstoffe. Hermsdorfer Technische Mitteilungen *17* (1977) 47, S.1500.
[5.51] *Kienast, W.:* Beitrag zum Problem des Ersatzschaltbildes Feuchte – Elektrotechnik. Wiss. Zeitschrift der TH Ilmenau *28* (1982) 4, S.119.
[5.52] *Göbel, E.F.:* Gummifedern als moderne Konstruktionselemente. Konstruktion *22* (1970) 10, S.402.
[5.53] *Freund, H.;* u. a.: Anwendung von experimentellen und theoretischen Schwingungsuntersuchungsmethoden. Konstruktion *35* (1983) 10, S.397.

[5.54] *Dietrich, L.; Spanner, K.:* Schwingungsisolierung in Forschung und Produktion. Feinwerktechnik & Meßtechnik *88* (1980) 1, S. 1.
[5.55] *Müller, H. W.; Föller, D.:* Regeln für lärmarme Konstruktionen. Konstruktion *28* (1976) 9, S. 333.
[5.56] *Föller, D.:* Maschinenakustische Berechnungsgrundlagen für den Konstrukteur. VDI-Berichte Nr. 239, S. 55. VDI-Verlag 1975.
[5.57] *Föller, D.:* Maschinenakustische Probleme in neuerer Sicht. Akustik und Schwingungstechnik DAGA 73, S. 57. Aachen: VDI-Verlag 1973.
[5.58] *Heckl, M.:* Minderung der Körperschallentstehung und Körperschallfortleitung bei Maschinen und Maschinenelementen. VDI-Bericht Nr. 239, S. 39. VDI-Verlag 1975.
[5.59] *Thümmler, J.:* Geräuschminderung in der Gerätetechnik. Fernmeldetechnik *18* (1978) 4, S. 153.
[5.60] *Bschorr, O.:* Lärmminderung durch Antischall. Jahrbuch der Deutschen Gesellschaft für Luft- und Raumfahrt 1970, S. 151.
[5.61] VDI-Richtlinie Nr. 3720: Lärmarm Konstruieren. Bl. 1: Allgemeine Grundlagen; Bl. 2: Beispielsammlung; Bl. 3: Systematisches Vorgehen; Bl. 4: Rotierende Bauteile und deren Lagerung; Bl. 5: Hydrokomponenten und Systeme. Düsseldorf: VDI-Verlag.
[5.62] *Albring, W.:* Zusammenhang zwischen Strömungen und hörbaren Wirkungen. Maschinenbautechnik, Berlin *22* (1973) 4, S. 165.
[5.63] *Kindermann, W.:* Primäre und sekundäre Maßnahmen zur Geräuschminderung an hydraulischen Anlagen.
Ölhydraulik und Pneumatik, Mainz *20* (1976) 11, S. 740.
[5.64] *Költzsch, P.:* Lärmbekämpfung an aerodynamischen Lärmquellen. Impuls, Dresden (1972) 3, S. 115.
[5.65] *Debel, J.; Schmid, G.:* Konstruktive Maßnahmen zur Lärmminderung an Hydroaggregaten. Ölhydraulik und Pneumatik, Mainz *18* (1974) 10, S. 741.
[5.66] *Krause, W.:* Umweltschutz – Geräteschutz. Feingerätetechnik *31* (1982) 10, S. 434.
[5.67] *Krause, W.*; u.a.: Geräuschminderung in der Gerätetechnik. Feingerätetechnik *33* (1984) 10 und *34* (1985) 1, ff. (Weiterbildungslehrgang).
[5.68] VDI-Richtlinie Nr. 2711: Schallschutz durch Kapselung. Düsseldorf: VDI-Verlag.
[5.69] VDI-Richtlinie Nr. 3727: Schallschutz durch Körperschalldämpfung. Düsseldorf: VDI-Verlag.
[5.70] VDI-Bericht 268: Werkstoff- und Bauteilverhalten unter Schwingbeanspruchung. Düsseldorf: VDI-Verlag 1976.
[5.71] VDI-Bericht 284: Messung und Beurteilung von Schwingungs- und Stoßeinwirkungen auf Menschen und Bauwerke. Düsseldorf: VDI-Verlag 1977.
[5.72] VDI-Bericht 381: Schwingungen von Maschine, Fundament und Baugrund. Düsseldorf: VDI-Verlag 1980.
[5.73] VDI-Bericht 456: Schwingungstagung Neu-Ulm 1982 (Schwingungseinwirkung auf den Menschen). Düsseldorf: VDI-Verlag 1982.
[5.74] DIN 57530/VDE 0530: Umlaufende elektrische Maschinen. Teil 1: Nennbetrieb und Kenndaten; Anhang V: Messung der Schwingstärke; Teil 9: Geräuschgrenzwerte (1984).
[5.75] VDI-Richtlinie 3910. Auswahlhilfe elektrische Kleinmotoren. Düsseldorf: VDI-Verlag.
[5.76] VDI-Richtlinie 3831: Schutzmaßnahmen gegen die Einwirkung mechanischer Schwingungen auf den Menschen. Düsseldorf: VDI-Verlag.

6. Gerätetechnische Funktionsgruppen

Der Einsatz der Elektronik in der Gerätetechnik führt dazu, die Funktionen der Informationsverarbeitung zunehmend zu digitalisieren. Eine Reihe von bisher sehr umfangreich angewendeten Konstruktionselementen verliert dabei an Bedeutung. So lassen sich z.B. durch die Verfügbarkeit programmierbarer elektronischer Speicher zu erschwinglichen Kosten traditionelle mechanische Elemente mit Speichercharakter, wie Kurvenscheiben, Nocken usw., vorteilhaft ersetzen. Insgesamt erlangen aber mechanische und vor allem auch elektromechanische Bauelemente und Funktionsgruppen an der Peripherie der Geräte und Systeme größere Bedeutung. Gleiches gilt auch für optische Funktionsgruppen, da immer höhere Präzisionsforderungen gestellt werden.

Im folgenden werden deshalb sowohl typische elektrisch-elektronische als auch elektromechanische, feinmechanische und optische Funktionsgruppen in einer für die Belange des Konstrukteurs aufbereiteten Art dargestellt.

6.1. Elektrisch-elektronische Funktionsgruppen

Symbole und Bezeichnungen

A	Fläche in mm^2
C	Drehfedersteife in N · mm; Kapazität in F
D	Biegesteife in N · mm
E	Elastizitätsmodul in N/mm^2
F	Kraft in N
I	Flächenträgheitsmoment in mm^4
J	Massenträgheitsmoment in g · mm^2
K	Konstante
L	Induktivität in H
M	Drehmoment in N · mm
R	elektrischer Widerstand in Ω
U	elektrische Spannung in V
W	Widerstandsmoment in mm^3
a	Abstand, Kantenlänge in mm
b	Abstand, Kantenbreite in mm
c	Federsteife in N/mm
d	Durchmesser in mm
f_0	Eigenfrequenz in kHz
h	Höhe in mm
k	Packungsfaktor in %
k_m	Massenkoeffizient
l	Länge in mm
m	Masse in g
s	Dicke in mm
z	Lötstellendichte in %
α	Winkel in rad
δ	Koeffizient
ν	Querkontraktionszahl
ϱ	Dichte in g/mm^3
σ_b	Biegespannung in N/mm^2

Indizes

A	Ausgang
B	Bestückung
BE	Bauelement
E	Eingang
L	Last
LP	Leiterplatte
Ref	Referenz
st	Stahl

Elektrisch-elektronische Funktionsgruppen sind funktionell und konstruktiv-technologisch abgegrenzte, selbständige Einheiten. Art und Kopplung der zwischen ihren Eingängen und Ausgängen angeordneten Funktionselemente beruhen vorrangig auf der Wirkung elektrischer Größen (elektromagnetisches Feld, Strom, Spannung und abgeleitete Größen) [6.1.1]. Der Zusammenhang zwischen den Eingangs- und Ausgangsgrößen der Funktionsgruppen wird durch die beabsichtigten und durch parasitäre Kopplungen aller elektronischen Schaltelemente des Netzwerks zwischen Eingängen und Ausgängen bestimmt (s. Tafel 6.1.1). Je nach Betriebsfrequenzbereich wirken die ohmschen, kapazitiven und/oder induktiven Komponenten entweder als verteilte Schaltelemente, wie z.B. generell bei hohen Frequenzen oder auf Kabeln und Leitungen aller Art (siehe Abschn. 6.1.4.), oder als konzentrierte Schaltelemente, wie alle technisch realen Bauelemente der Elektrotechnik/Elektronik (s. Abschn. 6.1.1. und 6.1.2.).

In den folgenden Abschnitten werden solche elektrisch-elektronischen Funktionsgruppen behandelt, deren Betriebsfrequenz unter dem Höchstfrequenzbereich liegt. Ihre Hauptfunktion wird gesichert durch den schaltungstechnischen Entwurf des obengenannten Netzwerks auf der Basis analoger oder diskreter bzw. digitaler elektrischer Signale sowie durch den konstruktiv-technologischen Entwurf und seine technische Realisierung auf der Basis passiver und aktiver Bauelemente der Elektrotechnik/Elektronik und ihrer Verbindungen (s. Tafel 6.1.1).

Da zur Funktion elektrisch-elektronischer Funktionsgruppen bereits umfangreiche Literatur vorliegt (u.a. [6.1.1] bis [6.1.8]), befassen sich die folgenden Abschnitte vorrangig mit dem konstruktiv-technologischen Entwurf, in dessen Mittelpunkt die gedruckte Leiterplatte steht (s. Abschn. 6.1.4. und 6.1.5.).

Funktionen und Eigenschaften der Leiterplatte beeinflussen besonders die Bauelementebauformen und Gerätebauweisen der Informationselektronik (s. Tafel 6.1.7). Immer mehr Teilfunktionen werden vom Gerät auf die Leiterplatte und von der Leiterplatte in integrale Bauelemente auf der Leiterplatte verlagert. Damit wird die Anzahl der Koppelstellen reduziert, dadurch die Zuverlässigkeit erhöht, und minimale Abmessungen und Massen werden erreicht. Diese Tendenz zur Integration steht in enger Wechselwirkung mit weiteren physikalisch-technischen, ökonomischen und anwendungsspezifischen Bedingungen, wie notwendige Genauigkeit, Störsicherheit, Wärmeabfuhr, Stückzahl, Standardisierung, zulässige Kosten usw. Aus diesen außerordentlich vielschichtigen Forderungen zur optimalen technischen Realisierung elektrisch-elektronischer Funktionsgruppen resultieren für die elektronischen Bauelemente (s. Tafel 6.1.1) u.a. die Trends zu

- digitalen bzw. binären Signalen für Aufgaben, die auch auf der Basis analoger Signale lösbar sind
- nahezu gleichberechtigter Anwendung diskreter und integrierter Bauelemente infolge unterschiedlicher Merkmale von Leistungs- und Informationselektronik (s. Tafel 6.1.7) und
- anderen Verdrahtungen (neben den gedruckten Leiterplatten) für elektrische Verbindungen innerhalb und außerhalb von Funktionsgruppen (s. Abschn. 6.1.4. und 6.1.5.).

Der hier schon erkennbare enorme Spielraum für Entwurf, Fertigung und Einsatz elektrisch-elektronischer Funktionsgruppen fordert international zu fortschreitender Standardisierung heraus, die sich auf die elektrischen Ein-/Ausgangsgrößen, Umweltbeziehungen und spezifische Eigenschaften der Bauelemente, Baugruppen, Geräte und Anlagen beziehen muß. Oft von bereits eingeführten Lösungen ausgehend, erarbeiten internationale Standardisierungsbehörden (z.B. IEC International Electrotechnical Commission, IEEE Institute of Electrical and Electronical Engineers, CCITT Comité Consultatif International Télégraphique et Téléphonique) Empfehlungen und Standards, die dann eine Grundlage von nationalen Standards bilden.

Für elektrisch-elektronische Funktionsgruppen kann man drei qualitativ unterschiedliche Gruppen von Standards unterscheiden:

Grundsätzliche Standards, die Prinzipien, Begriffe, Stufungen (z.B. Auswahlreihen), einschränkende Konstruktions-, Prüf- und Liefervorschriften für bestimmte Bauelementeklassen (Typgruppen, Baureihen, Familien, Serien) enthalten; Beispiel: TGL 32377 „Bauelemente der Elektronik" (s. auch Tafeln 6.1.4, 6.1.6 und 6.1.11).
Erzeugnisstandards mit auf einen bestimmten Bauelementetyp bezogenen Angaben über Konstruktion, technische Werte, Prüfung, Lieferung und Bezeichnung. Sie enthalten allgemeine Eigenschaften (Bauform, Ausführung, Beschaffenheit, Abmessungen, Masse, Kennzeichnung usw.), elektrische Eigenschaften (Haupt- und Nebenkenngrößen, Grenzwerte und Bedingungen für Betrieb, Transport und Lagerung; s. Abschnitte 5.8 und 8..), mechanische Eigenschaften (Festigkeit der elektrischen Anschlüsse, Betätigungs- und Befestigungsmittel, Lötbarkeit, Löt-, Fluß- und Waschmittelbeständigkeit), klimatische Eigenschaften (Sicherung der Funktion innerhalb definierter Grenzwerte von Temperatur, Feuchte, Luftdruck in staubiger, korrosiver oder sonstiger Atmosphäre; s. Abschnitt 5.), Zuverlässigkeitsforderungen (s. Abschn. 4.5.) sowie Meß- und Prüfvorschriften für vorgenannte Eigenschaften; Beispiel: TGL 27423 „Schichtwiderstand Bauform 51 und 52" (s. auch Tafel 6.1.6)
Relevante Standards für elektronische Bauelemente nach den Punkten 1 und 2 mit allgemeingültigen Regeln, Bedingungen, Forderungen und Maßnahmen zur Beeinflussung, Prüfung, Messung, Klassifizierung oder Bewertung technischer Erzeugnisse; Beispiel: TGL 200-0057 „Stoßfolge- und Schwingungsprüfung".

In den folgenden Abschnitten stehen besonders wichtige Teile dieser Standards im Mittelpunkt; entsprechende DIN-Normen sind Tafel 6.1.30 zu entnehmen.

6.1.1. Funktionsgruppen mit diskreten Bauelementen
[6.1.1] bis [6.1.5]

Erfolgt die technische Realisierung eines schaltungstechnischen Entwurfs so, daß jedem Schaltelement **(Tafel 6.1.1)** ein elektronisches Bauelement (BE) entspricht, so bezeichnet man diese als „diskrete Bauelemente". Ein diskretes Bauelement ist eine für eine elementare elektrische Funktion (aktive, passive oder Verbindungsfunktion) gefertigte, in sich geschlossene Einheit. Über seine elektrischen Anschlüsse wird es mit anderen elektronischen Bauelementen durch räumlich oder flächenhaft gestaltete Leitungen verbunden oder verbindet selbst andere Bauelemente untereinander (s. Abschn. 6.1.4.).

6.1.1.1. Eigenschaften

Zwischen den Eingangs- und Ausgangsgrößen der meisten diskreten Bauelemente besteht ein linearer Zusammenhang, was sie für analoge Signalverarbeitung prädestiniert. Nichtlineare Zusammenhänge werden bei einigen Elementen (z.B. temperatur-, spannungs- oder strahlungsabhängigen Widerständen) beabsichtigt oder beschränken ihre Anwendung auf Schaltfunktionen (z.B. Dioden, Thyratrons, Thyristoren), d.h. auf binäre bzw. digitale Signale

Passive Bauelemente verbrauchen oder speichern elektrische Energie. Dazu zählen ohmsche Widerstände, Kapazitäten und Induktivitäten aller Art **(Tafel 6.1.2).**
Aktive Bauelemente können bei anliegender Betriebsspannung durch ein spezifisches Eingangssignal einen Strom, eine Spannung oder Leistung verstärken oder schalten. Dazu zählen Hochvakuum- und gasgefüllte Röhren, Halbleiterdioden, Transistoren, Thyristoren u.a. **(Tafel 6.1.3).**

Tafel 6.1.1. Eigenschaften und Anwendung von Schaltelementen in elektrisch-elektronischen Funktionsgruppen

Betriebsfrequenzbereich in Hz (in Klammern: Bauelementeschaltzeiten)	Charakteristische Eigenschaften der Schaltelemente				Beispiele für die technische Anwendung in Geräten und Anlagen	
	Lokalisierung	technische Realisierung				
		elektrische Verbindungen im Gerät	passive Bauelemente (Energie speichernd oder verbrauchend)	aktive Bauelemente (Energie schaltend oder verstärkend)	analoge Signale (meist sinusförmig)	digitale Signale (meist binär)
Gleichstrom bzw. Niederfrequenz 0 ... 20 kHz (10 ms ... 1 μs)	konzentriert	– nahezu beliebig, eventuell abgeschirmt – gedruckte Ein- und Zweiebenenleiterplatten	– Widerstände und Kondensatoren (diskret oder integriert) – Induktivität (meist diskret, teilweise standardisiert)	bis zu sehr hohen Leistungen mittels – Halbleiterbauelementen (zunehmend integriert) – elektromechanischer Kontakte	Telefonie, Tonübertragung, Tonaufzeichnung und Tonwiedergabe, Fernwirktechnik, Heimelektronik	Telegrafie, Bildtelegrafie, Datenerfassung und Datenübertragung, industrielle Elektronik, Quarzuhren
Mittel- bis Hochfrequenz 20 kHz ... 300 MHz (3μs ... 3 ns)	konzentriert	definierter Wellenwiderstand: Litze, Draht oder Folie, Flach- oder Koaxialleitungen; gedruckte Zwei- und Mehrebenenleiterplatten	– Widerstände und Kondensatoren (diskret oder integriert) – Induktivitäten in betriebsspezifischen Bauformen (auch „gedruckt“ und mit nur einer Windung)	– Halbleiterbauelemente (zunehmend integriert) – Hochvakuumröhren (für hohe Leistungen bei hohen Frequenzen)	Rundfunk, Fernsehen, Heimelektronik, Nachrichtenübertragung mit Trägerfrequenzverfahren (TF)	Rechentechnik, EDV, industrielle Elektronik, Nachrichtenübertragung mit Pulscodemodulationsverfahren (PCM)
Höchstfrequenz 300 MHz ... 300 GHz (technische Grenze für die Nutzung elektrischer Signale)	verteilt[1]	definierter Wellenwiderstand: Streifenleitungen, starre oder flexible Hohlleiter, Flansche	rechteckige oder runde Hohlleiter mit Querschnittsveränderungen (Blenden, Stifte), Verzweigungen, Schiebern usw.	– Spezialröhren – spezielle Halbleiterbauelemente (diskret) (häufig sehr geringe Fertigungsstückzahl	Richtfunkstrecken, Funknavigation, Leitsysteme, Mikrowellenerwärmung	zukünftige Kanäle für Datenübertragung (z.B. über Satelliten) PCM-Systeme (bis 15360 Kanäle)

(Analoge und digitale Signale, alle Frequenzbereiche: elektronische Meß- und Prüftechnik)

[1]) Wellenlänge der elektrischen Signale entspricht den Bauelementeabmessungen.

Tafel 6.1.2. Passive Bauelemente der Elektronik (Kennzeichnung s. Tafel 6.1.9)

Physikalische Größe	Ohmscher Widerstand					
Bauelementeart	Festwiderstände				Veränderbare Widerstände	
	Schichtwiderstände	Masse- bzw. Volumenwiderstände		Drahtwiderstände	Schichtwiderstände	Drahtwiderstände
Ausführung, Werkstoffeigenschaften	Glanzkohle-, Borkohle-, Metallschichten	linear: oxid-keramisch	nichtlinear: temperatur-, spannungs-, strahlungsabhängig	offen, umhüllt, bifilar	Dreh- und Schiebewiderstände verschiedene Kurven $R = f(\alpha)$ mit/ohne Anzapfung	
Schaltzeichen						
Hauptkenngrößen und Grenzwerte laut Erzeugnisstandard	Nennwiderstand, Auslieferungstoleranz, Nennverlustleistung, Grenzspannung, Temperaturkoeffizient, für mechanisch veränderbare Schichtwiderstände: Kurve (Nr. lt. Standard) 1, 11, 2, 3, 52, 54, 56, 57, 62. Abweichungen U, $R = f(\alpha)$					
	Prüf- und Einsatzklassen zur mechanischen Festigkeit, klimatischen Beständigkeit, Zuverlässigkeit; evtl. spezifische Angaben					

Physikalische Größe	Kapazität				Induktivität		
Bauelementeart	Festkondensatoren		Veränderbare Kondensatoren		Wickelbauelemente (Kopplung fest oder variabel)		
	Wickelkondensator	Keramikkondensator	Luftkondensator	Keramikkondensator	Fe-Blechkern	Keramikkern	Unmagnetischer Kern
Ausführung, Werkstoffeigenschaften	Papier-, MP-, Kunstfolie-, Elektrolyt-, Tantalkondensator	NDK-, HDK-, Spezialkondensatoren	Drehkondensator 1-... 4fach, verschiedene Kurven $C = f(\alpha)$	Scheiben- oder Rohrtrimmer	Netz- und NF-Drosseln und Transformatoren Übertrager	NF- und HF-Drosseln und Übertrager Elektronenstrahlablenksysteme	HF-Spulen und Übertrager, teilweise gedruckt
Schaltzeichen							
Hauptkenngrößen und Grenzwerte laut Erzeugnisstandard	Nennkapazität, Auslieferungstoleranz, Nennspannung, Spitzenspannung, Temperaturkoeffizient, Isolationswiderstand, Verlustfaktor tan δ, Dielektrikum.				Bauvorschrift, Nenninduktivität, Gleichstromwiderstand, Strombelastbarkeit, Nennspannung, Windungszahl, Drahtdurchmesser, Spulengüte, Kernwerkstoff		

Tafel 6.1.3. Aktive Bauelemente der Elektronik (Auswahl, ohne Wandler)

Bauelementenart	Hochvakuumröhren				Gasentladungs-röhren	Ge- und Si-Halbleiterbauelemente		
	Dichtegesteuerte Verstärkerröhren		Spezialröhren			Dioden	Transistoren	Sonstige
Bezeichnungen, Ausführungen, Funktionen, Anwendung	direkt oder indirekt geheizte Empfängerröhren Spannungs- oder Leistungs-verstärkung: Diode Triode (Tetrode) Pentode Hexode Heptode Oktode Enneode	Senderöhren *bevorzugt:* Sende-Trioden Mikrowellen-röhren *auch:* Sende-Tetroden -Pentoden mit Luft- oder Wasserkühlung	Laufzeit-röhren Klystron Wanderfeld-röhre Magnetron Spezialtypen	Elektronenstrahl-röhren Zählröhren Anzeigeröhren Oszillographen-röhren SW- und Farb-bildröhren Bildaufnahme-, Radar- und Röntgenröhren	*mit Kaltkatode:* Stabilisator-röhren Schaltröhren Zählröhren Anzeigeröhren Glimmlampen *mit Glühkatode:* Gleichrichter-röhren Thyratrons	*nach Aufbau:* Spitzendioden Flächendioden *nach Funktion:* Ge-Universal-dioden Schaltdioden Kapazitäts-dioden Si-Zener-Dioden Gleichrichter-dioden schnelle Schalt-dioden Tunneldioden u.a.	*nach Aufbau:* bipolar/unipolar pnp/npn *nach Funktion:* NF-Transistoren HF-Transistoren Schalttransisto-ren Leistungs-transistoren MOS-Feldeffekt-transistoren	Thyristoren Triacs u.a. bis zu extrem hohen Leistungen und Frequenzen
Schaltzeichen	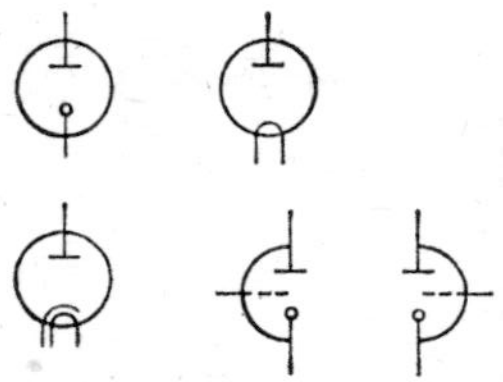		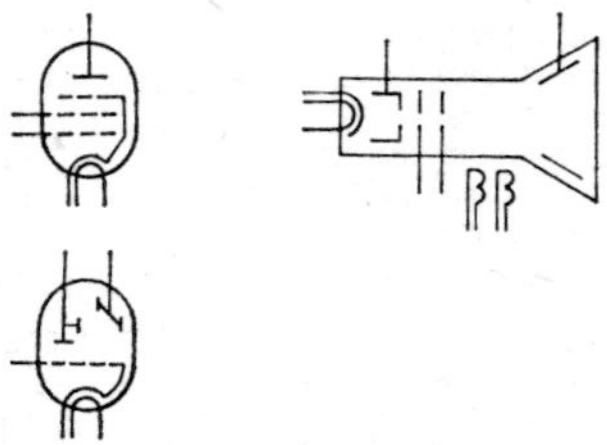		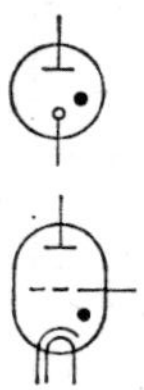	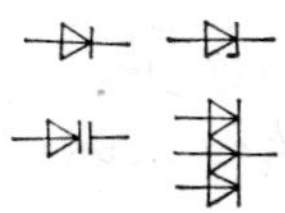	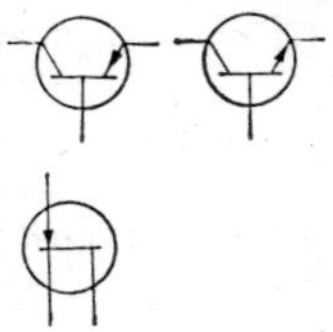	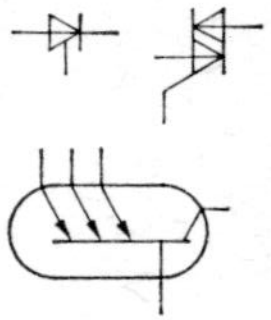
Hauptkenngrößen und Grenzwerte	Heizstrom, Heizspannung, Anoden-spannung, Anodenkaltspannung, Anodenstrom, Katodenstrom		Anodenverlustleistung, Anoden-steilheit, Innenwiderstand, spezifische Kennwerte		Anoden-sperrspannung, Katodenstrom	Nenn- und Spitzensperrspannung, Nenn- und Spitzen-durchlaßstrom, Schaltzeiten, Grenzfrequenzen, zulässige Gesamtverlustleistung		

Tafel 6.1.4. Reihen zur Stufung von Eingangs-/Ausgangskennwerten, Haupt- und Nebenkenngrößen für handelsübliche Bauelemente der Elektrotechnik/Elektronik (Auswahl)

<table>
<tr><th>Physikalische Größen</th><th>Gültigkeitsbereich, Anwendungsgebiet</th><th>Hinweise auf Standard TGL[2])</th><th>Nennwerte bzw. Kenngrößen Bezeichnung</th><th>Dimension</th><th>Grundreihe, Auswahlreihe, Zusatzreihe ( ) oder Ausnahmen ( ) (|: :| enthält dekadische Wiederholung)</th><th>Grenzen lt. Standard</th></tr>
<tr><td colspan="7">Elektrische Größen</td></tr>
<tr><td>Strom</td><td>elektrische Betriebsmittel
– allgemein</td><td>11128</td><td>Nennstrom</td><td>mA, A</td><td>|: 1 1,25 1,6 2 2,5 3,15 4 5 6,3 8 :|</td><td>0,1 A … 10 kA</td></tr>
<tr><td></td><td>– Geräte, Ausrüstungen</td><td>ST RGW 780-77</td><td>Nennstrom</td><td>mA, A</td><td>dgl.</td><td>0,1 mA … 250 kA</td></tr>
<tr><td></td><td>– G-Schmelzeinsätze F, MT, T</td><td>ST RGW 1812-79</td><td>Nennstrom</td><td>mA, A</td><td>dgl.</td><td>50 mA … 6,3 A</td></tr>
<tr><td></td><td>– G-Schmelzeinsätze T, ÜT</td><td>ST RGW 1813-79</td><td>Nennstrom</td><td>mA, A</td><td>dgl.</td><td>0,25 A … 10 A</td></tr>
<tr><td></td><td>Rücklötauslöser</td><td>21257</td><td>Nennauslösestrom</td><td>A</td><td>0,25 0,5 0,75 1 1,5 (2) (3)</td><td>0,25 A … 1,5 A</td></tr>
<tr><td></td><td>Einbaustrommeßinstrumente</td><td>16530/01</td><td>Meßbereichendwert</td><td>μA, mA, A</td><td>|: 1 1,5 2,5 4 6 :|</td><td>40 μA … 100 A</td></tr>
<tr><td></td><td>Funkentstördrosseln</td><td>200-8402</td><td>Nennstrom</td><td>A</td><td>|: 1 1,6 2,5 4 6,3 :|</td><td>0,06 A … 630 A</td></tr>
<tr><td>Spannung</td><td>elektrotechnische Netze</td><td>17872</td><td>Nenngleichspannung</td><td>V</td><td>6 12 24 (36) 48 60 110 220 440 …</td><td>6 V … 750 kV</td></tr>
<tr><td></td><td></td><td></td><td>Nennwechsel-
spannung</td><td>V</td><td>6[1]) 12[1]) 24 (36) 42 (60) 220/380 380/660 (500) …</td><td>6 V … 787 kV</td></tr>
<tr><td></td><td>Schicht- und Drahtwiderstände</td><td>24197/02</td><td>Grenzspannung</td><td>V, kV</td><td>25 50 75 100 125 150 200 220 250 300 350 …</td><td>25 V … 30 kV</td></tr>
<tr><td></td><td>Papier- und MP-Kondensatoren</td><td>200-8276/77</td><td>Nenngleichspannung</td><td>V</td><td>63 160 250 400 630 1000 (1600)</td><td>63 V … 1 kV</td></tr>
<tr><td></td><td>Elektrolytkondensatoren</td><td>200-8278</td><td>Nenngleichspannung</td><td>V</td><td>3 6,3 10 16 25 40 63 80 160 250 315 350 400 …</td><td>3 V … 500 V</td></tr>
<tr><td></td><td>Polystyrolkondensatoren</td><td>200-8281</td><td>Nenngleichspannung</td><td>V</td><td>25 63 160 250 400 630 1000</td><td>25 V … 1 kV</td></tr>
<tr><td></td><td>Einbauspannungsmeßinstrumente</td><td>16529/01</td><td>Meßbereichendwert</td><td>mV, V</td><td>|: 1 1,5 2,5 4 6,3 :|</td><td>10 mV … 1,5 kV</td></tr>
<tr><td></td><td>integrierte Schaltkreise</td><td>31485</td><td>Speisespannung, allg.</td><td>V</td><td>1,2 2,4 3 4 5 5,2 6 9 12 15 24 30 48 …</td><td>1,2 V … 200 V</td></tr>
<tr><td></td><td></td><td></td><td>zusätzlich nur für …</td><td></td><td>… Batterieversorgung: 1,5 4,5 18
… MOS: 13 27</td><td>–</td></tr>
<tr><td></td><td></td><td></td><td>max. Abweichungen</td><td>%</td><td>±5 ±10 ±20</td><td></td></tr>
<tr><td></td><td>Kleinmotoren</td><td>32348</td><td>Nenngleichspannung</td><td>V</td><td>2 4 6 12 24 36 42 48 60 110 220</td><td>2 V … 220 V</td></tr>
<tr><td></td><td></td><td></td><td>Nennwechsel-
spannung</td><td>V</td><td>6 12 24 36 42 127 220 380</td><td>6 V … 380 V</td></tr>
<tr><td>Leistung</td><td>Schicht- und Drahtwiderstände</td><td>24197/02</td><td>Nennverlustleistung</td><td>W</td><td>0,01 0,05 0,1 0,125 0,25 0,5 1,0 1,5 2 3 5 10 …</td><td>10 mW … 0,5 kW</td></tr>
<tr><td></td><td>Kleintransformatoren</td><td>200-1643</td><td>Nennleistung</td><td>VA</td><td>|: 1 1,6 2,5 4 6,3 :|</td><td>4 VA … 4 kVA</td></tr>
<tr><td>Widerstand</td><td>Schicht- und Drahtwiderstände</td><td>lt. Erzeugnis-
standard</td><td>Nennwiderstand</td><td>Ω</td><td>(E-Reihen gemäß Tafel 6.1.5)</td><td>1 Ω … 10^7 (10^{14})Ω</td></tr>
<tr><td></td><td>Hochfrequenztechnik, allgemein</td><td>6921</td><td>Wellenwiderstand</td><td>Ω</td><td>50 75 100 300</td><td>50 Ω … 300 Ω</td></tr>
<tr><td>Kapazität</td><td>Al-Elektrolytkondensatoren</td><td>200-8278</td><td>Nennkapazität</td><td>μF</td><td>|: 1 2,2 4,7 :| zusätzlich: 2 5 20 50 200 250 500 …</td><td>0,47 μF … 47000 μF</td></tr>
<tr><td></td><td>Tantalelektrolytkondensatoren</td><td>200-8279</td><td>Nennkapazität</td><td>μF</td><td>|: 1 (1,5) 2,2 (3,3) 4,7 (6,8) :|</td><td></td></tr>
<tr><td></td><td>Polystyrolkondensatoren</td><td>200-8281</td><td>Nennkapazität</td><td>nF</td><td>(Auswahl aus E-Reihen gemäß Tafel 6.1.5)</td><td></td></tr>
<tr><td>Induktivität</td><td>Funkentstördrosseln</td><td>200-8402</td><td>Nenninduktivität</td><td>μH, mH</td><td>|: 1 1,6 2,5 4,0 6,3 :|</td><td>6,3 μH … 63 mH</td></tr>
<tr><td></td><td>UKW-Drosseln</td><td>9814</td><td>Nenninduktivität</td><td>μH</td><td>6,3 10 20 40</td><td>6,3 μH … 40 μH</td></tr>
</table>

Sonstige Größen	Frequenz, Drehzahl	elektrische Einrichtungen und Maschinen, allgemein	15217	Nennfrequenz	Hz	0,1 0,25 0,5 1,0 2,5 5 10 25 50 100 150 200 (250) (300) 400 (500) (600) (800) 1000 (1200) (1600) 2000 ...	0,1 Hz ... 10 kHz
	Genauigkeit	elektrische Meßinstrumente, allgemein	19472	Genauigkeitsklassen	%	0,05 0,1 0,2 0,5 1,0 1,5 2,5 5,0	0,05 ... 5,0%
		integrierte Widerstände in Schichttechnik	29950	Toleranzklassen	%	0,02 0,05 0,1 0,25 0,5 1,0 2,0 5,0	0,02 ... 5,0%
	Betriebs-temperatur	diskrete und integrierte Bauelemente (zur Auswahl für Prüfklassen)	24197 u. v. a	Grenzwerte maximal	°C	40 55 70 85 100 125 155 200	+40 ... 200°C
				minimal	°C	−65 −60 −55 −40 −25 −10 0 +5 voneinander unabhängig	−65 ... +5°C
		Beispiele für ausgewählte Erzeugnisse	lt. Erzeugnis-standard	Temperatur-bereiche maximal	°C	155 125 70 85 55 70 55 40 70	
				minimal	°C	−55 −55 −55 −25 −25 −10 −10 −5 0 nur paarweise	
	Geometrie	Einbaumeßinstrumente, quadratisch	3004	Gehäusenenngröße	mm	48 72 96 144 (192)	48 ... 144 mm
		schreibende Meßinstrumente	16532 ... 34	Papiervorschub-geschwindigkeit	mm/h	10 20 60 120 180 360	10 ... 360 mm/h
		Bedienteile elektronischer Bauelemente	8700	Achsdurchmesser	mm	2 3 4 6 8 10	2 mm ... 10 mm
				Achslänge	mm	10 12,5 16 18 20 25 32 40 50	10 mm ... 50 mm
		Kleinmotoren	8393	Achshöhen	mm	25 32 40 50 63 80 100 112 ...	25 mm ... 1000 mm
			10543	Wellendurchmesser	mm	4 5 6 7 8 9 11 14 16 ...	4 mm ... 630 mm
		Knöpfe für Tastenschalter	38198 u. a.	Aufreihraster (min. Rastermaß)	mm	15 17,5 19	
	Farbe	Farbgestaltung und Beschriftung, allgemein	21196	Farbbezeichnung	Farb.-Nr.	(108 Vergleichsfarben gemäß Farbregister)	–

[1]) für Elektronik auch 6,3 V und 12,6 V; [2]) entsprechende DIN-Normen s. Tafel 6.1.30

Tafel 6.1.5. Internationale Stufung der Nennwerte für Widerstände und Kondensatoren nach den E-Reihen IEC-63
(s. Bild 6.1.1 und [6.1.2]; Auswahlreihen vgl. auch [6.1.9])

Reihe m $m = 3, 6, 12, \dots 192$	Faktor F $F = \sqrt[m]{10}$	Nennwerte N in Ω oder pF Dekade 1 … 10: $N = F^y$ ($y = 1, 2, \dots, m$) andere Dekaden: Multiplikation mit $10^{\pm z}$ ($z = 1, 2, 3, \dots$) Gerundete Werte!						Toleranz in % mit Über-deckung	Toleranz in % nach TGL 24197
E3	2,154435	1,00		2,20		4,70		–	>5
E6	1,467799	1,00	1,50	2,20	3,30	4,70	6,80	±20	>5
E12	1,211528	1,00 1,20	1,50 1,80	2,20 2,70	3,30 3,90	4,70 5,60	6,80 8,20	±10	>5
E24	1,100697	1,00 1,10 1,20 1,30	1,50 1,60 1,80 2,00	2,20 2,40 2,70 3,00	3,30 3,60 3,90 4,30	4,70 5,10 5,60 6,20	6,80 7,50 8,20 9,10	±5	>5
E48	1,049140	1,00	…			…	9,55	±2	<5
E96	1,024275	1,00	…			…	9,76	(±1)	<5
E192	1,012065	1,00	…			…	9,88	(±0,5)	<5

Alle handelsüblichen Bauelementtypen sind gemäß Herstellersortimenten und Standards gestuft nach ihren Bauformen, elektrischen Kennwerten und sonstigen Eigenschaften, die meist für eine vollständige Bauelementtypgruppe verbindlich ist. Die Stufung wird für jede Art spezifisch vorgenommen und entspricht meist übergeordneten, oft internationalen Standards (**Tafeln 6.1.4** und **6.1.5** sowie **Bild 6.1.1**; s. auch [6.1.9]). Be-

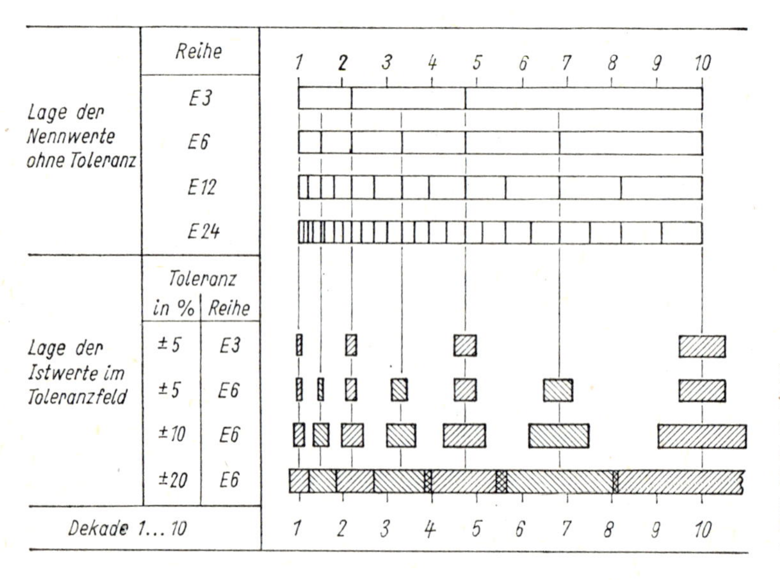

Bild 6.1.1
Nennwerte und Toleranzen der E-Reihen in linearer Darstellung
(Auswahl innerhalb einer Dekade), Auswahlreihen vgl. auch [6.1.9]

sonders Bild 6.1.1 läßt erkennen, daß in Verbindung mit einerseits unvermeidbaren, andererseits zulässigen Toleranzen die meisten Anwenderforderungen erfüllt werden können. So ergibt sich bei nur sechs Nennwerten innerhalb jeder Dekade und ±20% Toleranz eine – allerdings statistischen Gesetzen unterliegende – lückenlose Folge möglicher Istwerte für Widerstände und Kondensatoren der Reihe E 6. Eine Auswahl weiterer Standards der Gruppen 1 und 2 soll zur Charakterisierung von Bauelementtypgruppen der Informationselektronik dienen **(Tafel 6.1.6).**

Die elektrischen, mechanischen, klimatischen und sonstigen Bedingungen beim Einsatz eines Bauelementtyps entscheiden über den Fertigungsaufwand, den der Hersteller für das Einhalten aller elektrischen Kenngrößen zu treiben hat. Aus den mehr oder weniger gut vorausschauenden Forderungen des Anwenders an Genauigkeit, Zuverlässigkeit, Klimaprüfklasse usw. resultieren damit die Kosten der Bauelemente, Funktionsgruppen bzw. Geräte. Treten besondere Forderungen auf, denen Standardtypen nicht genügen, so müssen Hersteller und Anwender zusätzliche Abnahme- und Lieferbedingungen vereinbaren, was in den meisten Fällen höhere Kosten verursacht. In einigen Standards sind Abweichungen bereits vorgesehen, so auch in TGL 28158/01 bis /03 „Bauelemente der Elektronik für den Sonderbedarf" (DIN-Normen zu Tafel 6.1.6 s. Tafel 6.1.30).

Ein Vergleich zwischen Informations- und Leistungselektronik **(Tafel 6.1.7)** läßt erkennen, daß diskrete Bauelemente außerdem vor allem in der Leistungselektronik dominieren, weil die erreichbare Zuverlässigkeit thermisch hochbelasteter Chips auch bei niedrigem Integrationsgrad absinkt. Alle Endstufen mit mehr als etwa 25 W Ausgangs-

Tafel 6.1.6. Standards zu passiven und aktiven Bauelementen der Elektronik (Auswahl)

TGL-Blatt	Ausgabe	Titel bzw. Inhalt
1. Widerstände:		
24197/01 .../03	12.78	feste und mechanisch veränderliche Widerstände
35897/01 .../13	12.78	feste und mechanisch veränderliche Widerstände Prüf- und Meßverfahren
2. Kondensatoren:		
17230	8.70	elektrische Festkondensatoren
7225/01 .../09	12.77	Luftdrehkondensatoren
31281/01 .../03	8.76	Keramiktrimmerkondensatoren
3. Induktivitäten (Wickelbauelemente):		
200-1626/01	2.67	Drosseln, Siebdrosseln
200-1643/01, /02	9.73	Kleintransformatoren und Drosseln
25769/01 ... /21	8.79	Magnetomechanische Bandfilter
25378/01 ... /03	12.76	Speicher- und Schaltringkerne
4. Elektronenröhren		
9240/01,/02	12.65	Empfängerröhren
13751	2.68	Empfängerröhren für Spezialzwecke
7705	8.78	Bildwiedergaberöhren
32246	1.76	Bildaufnahmeröhren
12187/01	3.68	Oszillographenröhren
5. Halbleiterbauelemente:		
8097	4.77	Halbleiterdioden
24247	4.77	Transistoren
11811	12.72	Bauformen für Transistoren
24916/01,/02	8.76	Thyristoren bis 10 A
24917	5.75	Bauformen für Thyristoren

Tafel 6.1.7. Vergleich typischer Eigenschaften[1]) der Informations- und Leistungselektronik

Parameter	Maß-einheit	Informationselektronik	Leistungselektronik
Umgesetzte Leistung	VA	$10^{-6} \dots 1$	$1 \dots 10^5$
Dabei auftretende			
– Spannungen	V	$1 \dots 30$	$1 \dots > 10^3$
– Ströme	A	$10^{-(12} \dots 1$	$1 \dots > 10^3$
– Schaltzeiten	s	$10^{-9} \dots 10^{-3}$	$10^{-5} \dots 10^{-2}$
Verhältnis Lastwiderstand zu Generatorinnenwiderstand		> 1 (leistungsarm)	≈ 1 (Anpassung)
Erforderliches Volumen[2])	mm^3	$10^{-2} \dots 10^4$	$10^3 \dots 10^8$
Integrationsgrad verbreiteter Bauelemente		gering bis extrem hoch	gering, oft diskrete Bauelemente
Typische aktive Bauelemente		Dioden, Transistoren, Hochvakuumröhren, integrierte Schaltkreise, Wandler	Leistungsgleichrichter, -transistoren, Thyristoren, gasgefüllte Röhren
Hauptfunktionen		Signalübertragung, -speicherung und -verarbeitung	Leistungsschalter und -verstärker, auch Materialveränderung
Wesentliche Anwendungsgebiete (Auswahl)		Nachrichten-, Daten-, Meß-, Steuer- und Regelungstechnik, industrielle Elektronik, Heimelektronik	

[1]) Die hier aufgeführten pauschalen Wertebereiche charakterisieren elementare Funktionen wie „Schalten" oder „Verstärken" eines Signals mit handelsüblichen Bauelementen.
[2]) einschl. Gehäuse, Anschlüsse und Kühlkörper

leistung (gegenwärtige Grenze) enthalten keine integrierten Funktionen, sondern werden aus diskreten Bauelementen bis zu Verlustleistungen von etwa 100 kW (Siliziumthyristoren) bzw. 500 kW (Sendetrioden in ortsfesten Anlagen mit Wasserkühlung; s. Abschnitt 5.4.4.) aufgebaut.

Auch in EDVA, deren Leiterplatten fast durchweg mit integrierten Schaltkreisen (IS) bestückt sind, übernehmen diskrete Bauelemente selten vorkommende Teilfunktionen und die Stromversorgung (s. Abschn. 6.1.3.), so z.B. einzelne Kondensatoren das „Stützen" der Betriebsspannungen auf den Leiterplatten.

Wickelbauelemente (s. Tafel 6.1.2) sind teuer und besonders für Netzgeräte und NF-Verstärker oft zu groß und zu schwer. Durch Einsatz moderner Magnetwerkstoffe, Halbleiterbauelemente und integrierter Schaltkreise gelingt es immer besser, ihren Aufbau zu vereinfachen oder sie ganz zu vermeiden und trotzdem die Kennwerte der Funktionsgruppen zu verbessern (Beispiele: Schaltnetzteile, eisenlose Endstufen, Filter). Im HF-Bereich erlauben piezokeramische Bandfilter und auf die Leiterplatte gedruckte „Spulen" abgleicharme, bessere und billigere Lösungen.

Detaillierte Information über elektrische Eigenschaften diskreter Bauelemente sind der umfangreichen Fachliteratur zu entnehmen [6.1.1] bis [6.1.5].

6.1.1.2. Anwendung

Prinzipieller Aufbau und Konstruktion diskreter Bauelemente resultieren aus ihren physikalisch-technischen Wirkprinzipien sowie den Anwendungsbedingungen. Sie finden in standardisierten Bauformen (Aufbau und äußere Gestalt) und Baureihen (bezüglich

Tafel 6.1.8. Schematische Darstellung typischer Bauformen für diskrete Bauelemente der Elektronik (Auswahl)

Abmessungen, Toleranzen, Hauptkennwerte usw. sind Erzeugnisstandards zu entnehmen.

Lfd. Nr.	Form des Grundkörpers	Anschlüsse (Lage und Querschnitt)		Verbreitete Bauelemente (Beispiele)
	zylindrisch ($D:l = 0{,}1 \ldots 20$):	ein- oder mehrseitig:		
1	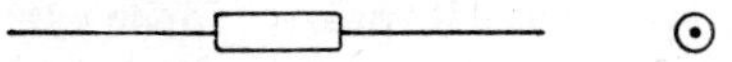	koaxial	rund	Festwiderständen, Kondensatoren
2	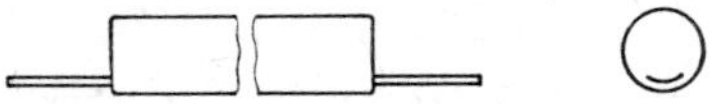	axial	flach	Dioden, Gleichrichter
3	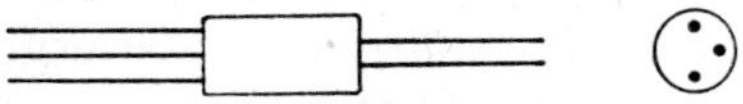	mehrfach axial (auch einseitig)	rund	Optokoppler, Dioden, Transistoren
4	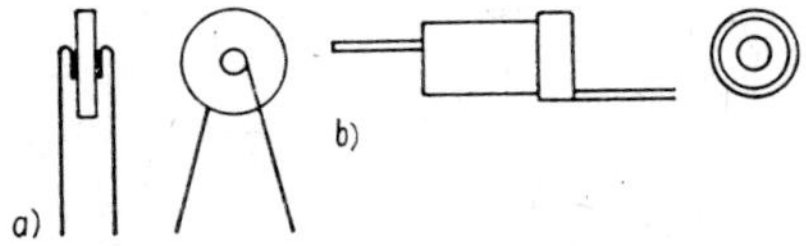 a) b)	radial axial	rund flach	Scheiben- und Rohrkondensatoren aus Keramik, Varistoren
5	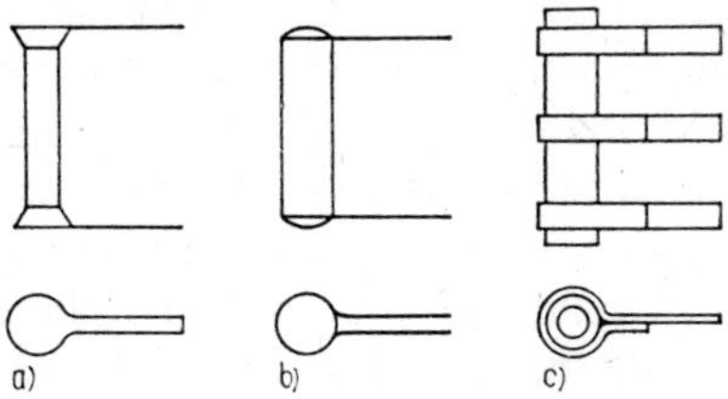 a) b) c)	radial	rund oder flach	Drahtwiderstände, Thermistoren (NTC, PTC), Elektrolytkondensatoren
6	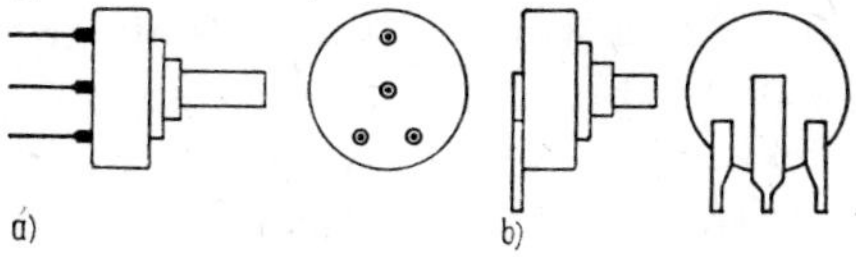 a) b)	axial oder radial	rund oder flach	Schicht- und Drahtdrehwiderstände, Scheibentrimmer
	prismatisch:			
7		axial	rund	Drahtwiderstände
8	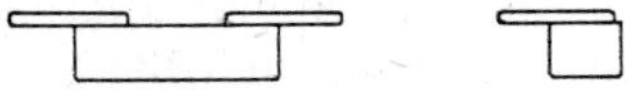	seitlich	flach	Piezofilter
9		einseitig	flach	Transistoren im Plastgehäuse
10	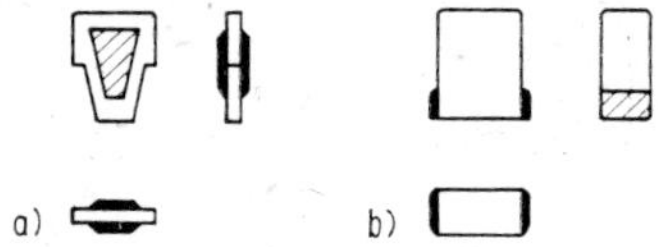 a) b)	beidseitig	oberflächig	keramische Miniaturkondensatoren, oxidische Volumenwiderstände
	zusammengesetzt:			
11	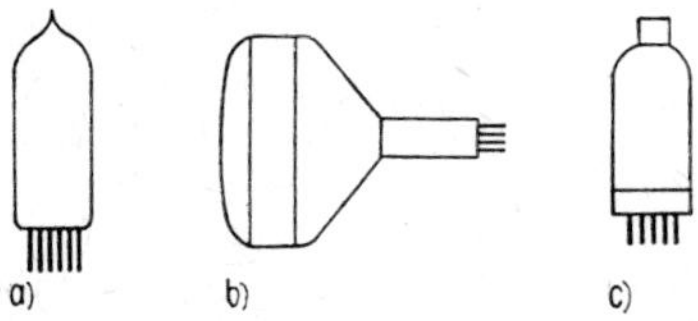 a) b) c)	ein- oder beidseitig, axial, seitlich	rund	Hochvakuumröhren aller Art, Thyratrons und Spezialröhren
12		unterschiedlich	rund und flach	Netztransformatoren, NF-Übertrager, Siebdrosseln
	a) b)	einseitig axial	rund	Leistungstransistoren, Gleichrichter, Thyristoren

Maße und elektrischer Kenngrößen gestufte, gleiche Bauformen) ihren Ausdruck, festgelegt in grundsätzlichen Standards wie TGL 32377, 38015 u.a. (s. Tafeln 6.1.11, 6.1.30) sowie in zahlreichen Erzeugnisstandards für passive und aktive Bauelemente der Elektronik. Beispielsweise enthält TGL 24197 verschiedene Bauformen für feste und veränderliche Draht-, Volumen- und Schichtwiderstände (s. Tafeln 6.1.4 bis 6.1.6), drei unterschiedliche Anforderungsklassen (allgemein, kommerziell, präzis) sowie oft bis zu acht Nenngrößen einer Bauform, was eine Vielzahl daraus ableitbarer Baureihen zur Folge hat.

Beispiel aus TGL 24197: klimafeste, hochkonstante Metallschichtwiderstände der Baureihe 11 (nach TGL 14133) mit fünf unterschiedlichen Größen (Nennverlustleistungen 0,125; 0,25; 0,5; 1 und 2 W), vier Auslieferungstoleranzen (0,5; 1; 2; 5 %) und Widerstandswerten zwischen 10 Ω und 1 MΩ nach den Reihen E 24 und E 48 (Tafel 6.1.5). Die Vielfalt an Bauformen zeigt auch **Tafel 6.1.8.**

Die Montage des diskreten Bauelements auf einem Bauelementträger umfaßt elektrische und geometrisch-stoffliche Verbindungen zur Eingliederung des Elements in die Funktionsgruppe. Sie setzt insbesondere eine geometrische Anpassung zwischen den elektrischen Anschlüssen und den evtl. erforderlichen mechanischen Befestigungselementen am Bauelement und Träger voraus. Mechanisch gering belastete Elemente kleiner Eigenmasse werden auf dem Träger über ihre elektrischen Anschlüsse durch Schrauben-, Klemm-, Steck-, Schweiß- oder Lötverbindungen zuverlässig befestigt. Die bei Montage und Betrieb an den Anschlüssen maximal zulässigen statischen und dynamischen Belastungen durch Kräfte, Momente, hohe Temperaturen und Chemikalien sind den jeweiligen Erzeugnisstandards entnehmbar, oder es wird auf weitere Standards, z.B. zum Schwall- oder Kolbenlöten, verwiesen (s. auch Abschn. 5.8.). So regelt TGL 37837 (ST RGW 2119-80, vgl. Tafel 6.1.11) für die elektrischen Anschlüsse aller elektronischen Bauelemente deren Prüfung auf mechanische Festigkeit (DIN-Normen s. Tafel 6.1.30).

Dem Raster gedruckter Leiterplatten als Bauelementträger müssen die Anschlüsse zahlreicher Bauformen durch Vorbereiten („Herrichten") vor der Montage angepaßt werden **(Bild 6.1.2).** Viele andere Bauformen stehen mit Anschlüssen im Rastermaß zur Verfügung oder beziehen auch zusätzliche Befestigungselemente mit ein **(Bild 6.1.3).**

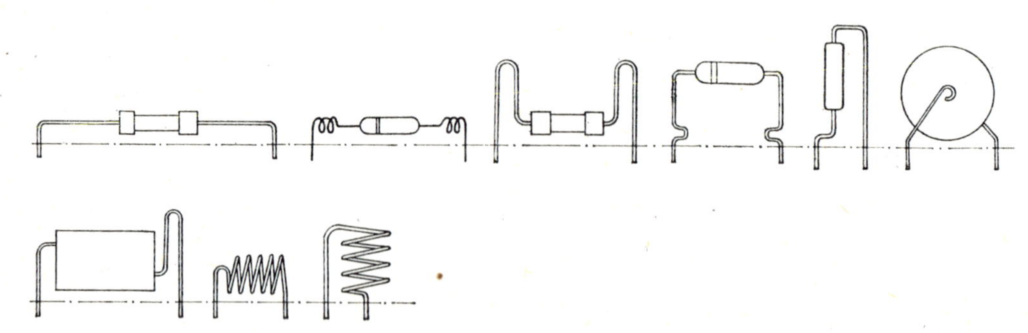

Bild 6.1.2. Möglichkeiten zur Vorbereitung von Bauelementen mit Drahtanschlüssen für die Montage auf gedruckten Leiterplatten

Die spezifischen und typgebundenen elektrischen und sonstigen Kenngrößen jedes Bauelements müssen während seiner Lebensdauer auch ohne Verpackung vor und nach der Montage sofort eindeutig und ohne Messung erkennbar sein. Daher ist eine Kennzeichnung auch kleinster Bauformen notwendig, was bisher nur bedingt einheitlich gelöst werden konnte. Bei ausreichender Beschriftungsfläche werden Herstellerzeichen, Typenbezeichnung, Hauptkenngrößen, Herstellungsdatum und weitere Angaben (gemäß TGL 32377/04) direkt oder über Schlüssel lesbar angebracht **(Tafel 6.1.9).** Bei Bauelementen kleiner Abmessungen werden Farbkodes angewendet, die teilweise internationale Verbreitung gefunden haben **(Tafel 6.1.10** und **Bild 6.1.4).** Kennzeichnung und Vorbereitung der Bauelemente haben so zu erfolgen, daß nach der Montage die Lesbarkeit gewährleistet bleibt (DIN-Normen s. Tafel 6.1.30).

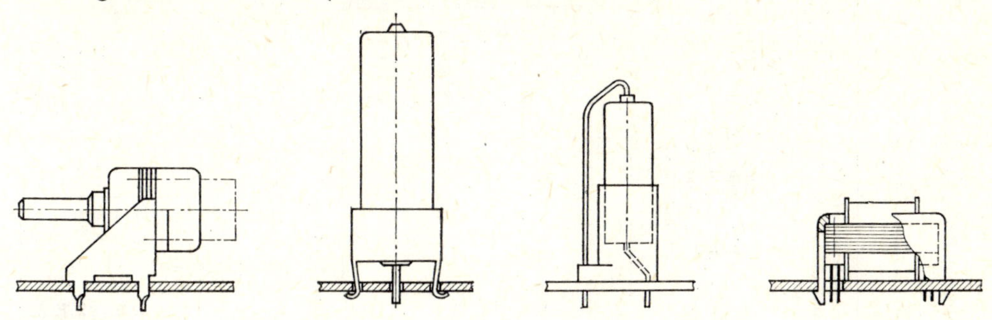

Bild 6.1.3. Befestigung mechanisch belasteter Bauelemente auf gedruckten Leiterplatten durch Zusatzelemente

1. Beispiel: Metallschichtwiderstand
47 kΩ ± 5%

Farbkennzeichen	Farbe	Bedeutung lt. Tafel 6.1.9 und 10
Ring 1	gelb	4
Ring 2	violett	7
Ring 3	orange	10^3
Ring 4	gold	±5%
Grundkörper	braun	Temperaturkoeffizient 10^{-5} K^{-1}

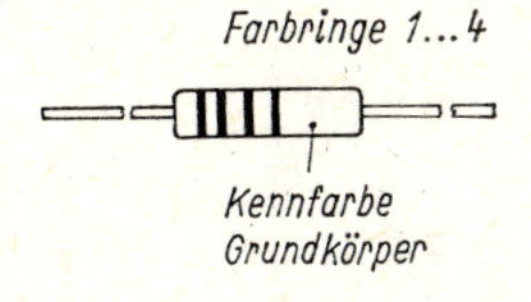

2. Beispiel: NDK-Keramikkondensator 630 pF
mit $TK_C = -0{,}22 \cdot 10^{-3}$ K^{-1}

Farbpunkt	Farbe	Bedeutung lt. Tafel 6.1.9 und 10
0	gelb	−220
1	blau	6
2	orange	3
3	braun	10
4	weiß	10

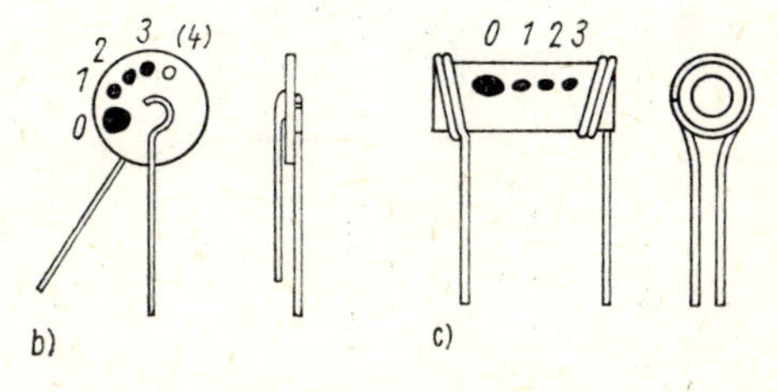

Bild 6.1.4. Anordnung und Bedeutung von Farbkennzeichen gemäß Tafel 6.1.10
a) für Schichtwiderstände (Beispiel 1); b), c) für Keramikkondensatoren (Beispiel 2)

6.1.2. Funktionsgruppen mit integrierten Schaltkreisen
[6.1.6] bis [6.1.11]

Erfolgt die technische Realisierung eines schaltungstechnischen Entwurfs so, daß mehrere Schaltelemente (s. Tafel 6.1.1) elektrisch und mechanisch zu einer konstruktiven Einheit verbunden werden, so bezeichnet man diese Einheit als *Schaltkreis* (SK). Schaltkreise sind

Tafel 6.1.9. Kennzeichnung elektronischer Bauelemente durch Aufdruck direkt lesbarer oder kodierter Ziffern, Buchstaben und Symbole (Auswahl aus Fertigung der DDR; entsprechende DIN-Normen s. Tafel 6.1.30)

1. Widerstände (nach TGL 24197/02)

1 2 3

Beispiele:

Kurzzeichen	Bedeutung	TK:
1. 68 RF	68 Ω ± 1%	> 200
2. M47 K▮▮	0,47 MΩ ± 10%	± 50
3. IK 150B▪	1,150 kΩ ± 0,1%	± 25

1. Nennwiderstand in Ω: Ziffern mit Dezimalkomma	Multiplikator (statt Komma)	2. Nennwiderstandstoleranz in „± (Buchstabe) %“			3. Temperaturkoeffizient TK in „(Symbol) · 10^{-6} K^{-1}“	
1, 2, 3 oder 4 Stellen	R ≙ 1 Ω	E ≙ 0,001	L ≙ 0,002	R ≙ 0,005	▮▮ ≙ ±10	▮▪ ≙ ±200
	K ≙ 10^3 Ω	P ≙ 0,01	U ≙ 0,02	X ≙ 0,05	▪ ≙ ±15	▮▪ ≙ +200/−300
	M ≙ 10^6 Ω	B ≙ 0,1	C ≙ 0,25	D ≙ 0,5	▪ ≙ ±25	▮▪ ≙ +200/−400
	G ≙ 10^9 Ω	F ≙ 1	G ≙ 2	J ≙ 5	▮▮ ≙ ±50	▪▪ ≙ +200/−600
	T ≙ 10^{12} Ω	K ≙ 10	ohne: 20 und andere Tolerierung		▮ ≙ ±100	ohne ≙ > 200

2. Kondensatoren

1 2 (3)(4)

Beispiele:

Kurzzeichen	Bedeutung
1. KS 3n 9Kv	Polystyrol 3,9 nF ≙ 10%, 350 V~
2. T 10 µFMa	Tantal 10 µF ± 20%, 50 V=
3. 47 nGf	Papier 47 nF ± 2%, 500 V=

1. Dielektrikum als Kurzzeichen		2. Nennkapazität
1) ≙ Keramik	MKT ≙ metallisierte Polyesterfolie	in pF: ohne Angabe
ohne ≙ Papier	MKC ≙ metallisierte Polycarbonatfolie	in nF: „n“ anstelle des Dezimalkommas
MP ≙ Metallpapier	MKL ≙ metallischer Lackkondensator	in µF: aufgedruckt
KS ≙ Polystyrolfolie	Elyt ≙ Elektrolyt	
KT ≙ Polyesterfolie	T ≙ Tantal-Elektrolyt	1, 2 oder 3 Stellen

3. Kapazitätstoleranz²): C < 10 pF: in pF	C > 10 pF: in %		4. Nennspannung in Volt²): ~	=
C ≙ ±0,25	F ≙ ±1	K ≙ ±10	u ≙ 250 V	a ≙ 50 V
D ≙ ±0,5	G ≙ ±2	M ≙ ±20	v ≙ 350 V	bis
F ≙ ±1 pF	H ≙ ±2,5	S ≙ +50 −20	w ≙ 500 V	h ≙ 1000 V
G ≙ ±2 pF	J ≙ ±5	W ≙ +80 −20		r ≙ 25 V
		Z ≙ +100 −20		

1) Farbkennzeichnung für verschiedene Werkstoffe mit verschiedenen Temperaturkoeffizienten

2) entfällt bei Platzmangel

3. Silizium-npn-Transistoren und MOS-Feldeffekttransistoren im Miniplastgehäuse

2 3 / 1

Beispiel:

Kurzzeichen	Bedeutung
C M5	Typ SF 235
F35	h_{21E} = 56 … 140
	Mai 1980

1. Typ als Kurzzeichen	2. Stromverstärkung h_{21E}
SC 236 … 239 als C 36 … C 39	U ≙ 8 … 22
SF 225 … 245 als F 25 … F 45	A ≙ 18 … 35
SF 357 … 359 als F 57 … F 59	B ≙ 28 … 71
SS 200 … 202 als S 00 … S 02	C ≙ 56 … 140
SS 216 … 219 als S 16 … S 19	D ≙ 112 … 280
SMY 50 … 60 als MY 50 … MY 60	E ≙ 224 … 560
	F ≙ 450 … 1120

3. Produktionszeitraum (allgemein anwendbar, nach TGL 31667)

1. Kennzeichen: Jahr		2. Kennzeichen: Monat	
F ≙ 1975	N ≙ 1981	1 ≙ Januar	7 ≙ Juli
H ≙ 1976	P ≙ 1982	2 ≙ Februar	8 ≙ August
I ≙ 1977	R ≙ 1983	3 ≙ März	9 ≙ September
K ≙ 1978	S ≙ 1984	4 ≙ April	O ≙ Oktober
L ≙ 1979	T ≙ 1985	5 ≙ Mai	N ≙ November
M ≙ 1980	U ≙ 1986	6 ≙ Juni	D ≙ Dezember

Tafel 6.1.10. Internationaler Farbkode zur Kennzeichnung von Schichtwiderständen und Keramikkondensatoren (s. auch Bild 6.1.4)

Bedeutung für feste und mechanisch veränderbare Schichtwiderstände		Nennwert in Ω			Auslieferungstoleranz in %	Ziffernwertergänzung Stelle 3[2])	Kurve nach TGL 24197/02[3]) [4])
		Ziffernwert Stelle 1	Stelle 2	Multiplikator			
Farbring	–	1	2	3	4	5	6
Farbe: ohne	[5])			–	±20[1])		1
silber				10^{-2}	±10[1])		
gold				10^{-1}	±5[1])		
schwarz	±0	0	0	1	±20[4])	0	
braun	−33	1	1	10	±1	1	
rot	−75	2	2	10^2	±2	2	2
orange	−150	3	3	10^3		3	3
gelb	−220	4	4	10^4		4	52
grün	−330	5	5	10^5	±0,5[1]) ±5[4])	5	54
blau	−470	6	6	10^6	±0,25	6	56
violett	−750	7	7	10^7	±0,1	7	57
grau	+33	8	8	10^8		8	62
weiß		9	9	10^9	±10[4])	9	
Farbpunkt	0	1	2	3	4		
Bedeutung für keramische Kondensatoren mit niedriger Diel. Konstante (NDK)	Temperaturkoeffizient in 10^{-6} K^{-1}	1. Stelle Ziffernwert (Nennwert in pF)	2. Stelle (Nennwert in pF)	Multiplikator (Nennwert in pF)	Auslieferungstolerenz in %		

Gültig für: [1]) Widerstände; [2]) feste Widerstände; [3]) Drehwiderstände; [4]) Kondensatoren; [5]) Erweiterung durch zwei Farbpunkte: rt/vio + 100, bl/br − 47, or/or − 1500; [4]) DIN-Normen s. Tafel 6.1.30

die Bauelemente der Mikroelektronik und erfüllen mehr oder weniger komplexe elektrische Funktionen (aktive, passive und Verbindungsfunktionen).

Diskrete Miniaturbauelemente (als selbständige Erzeugnisse separat handhabbar, prüfbar usw.) erlauben den zwei- oder dreidimensionalen Aufbau kompakter Baugruppen, die z.B. als Mikromodule auf Leiterplatten aufsetzbar sind. Dieser Weg wurde in den 60er Jahren beschritten und dient noch heute für Sonderfertigungen sowie für die Komplettierung von Hybridschaltkreisen (s.u.). In den 70er und 80er Jahren brachte die stürmische Entwicklung der Mikroelektronik-Technologien zahlreiche Varianten für den internen Aufbau von Schaltkreisen, ihre Funktionen, Bauformen usw. sowie der damit einhergehenden Standardisierung. Die zeitweise sprunghaft wachsende Packungsdichte, d.h. das Zusammenfassen verschiedener Schaltelemente auf einem Substrat, z.B. einem „Chip", führte zum Begriff „Integrierter Schaltkreis".

In einem **integrierten Schaltkreis (IS)** nach TGL 38922 und DIN 41855 sind die Schaltelemente entweder als selbständige Bauelemente (als diskretes Miniaturbauelement oder Chip für integrierte Hybridschaltkreise, s.o.) oder als vom Substrat oder Chip untrennbare Elemente (unselbständiges Element an der Oberfläche eines Substrats oder auch im Volumen eines Halbleiters für integrierte Halbleiterschaltkreise) definiert. Hinsichtlich seiner Fertigung, Prüfung, Abnahme, Lieferung, Anwendung und aller Kenngrößen ist jeder IS als „einheitliches Ganzes“ zu betrachten. Jeder IS wird für eine bestimmte Funktion ausgelegt, erhält als selbständiger Typ eine eigene Bezeichnung und gehört meist einer Typgruppe, Baureihe, Serie oder Familie an (s. TGL 38015 und Tafel 6.1.11). Die Gesamtheit der Typen in einer Schaltkreisserie ist durch gleichartige Herstellungstechnologien, verwandte Funktionen sowie übereinstimmende oder ähnliche Kombinationen elektrischer Kenngrößen und sonstiger Eigenschaften charakterisiert.

Handelsübliche Schaltkreise werden in Gehäusen mit vielpoligen Anschlüssen (Pins) zur Montage auf gedruckten Leiterplatten ausgeliefert (s. Abschn. 6.1.2.2.). Die in diesen Gehäusen durch die internen Verbindungen kontaktierten Chips als eigentliche Träger der Funktion können zur Weiterverarbeitung auch gehäuselos und geprüft bezogen werden („nackte“ Chipss. Abschn. 6.1.2.2.). Das ist für den Aufbau *integrierter Hybridschaltkreise* von besonderem Interesse. Auf der Basis von Dünn- oder Dickfilmsubstraten lassen sich so Funktionen realisieren, die in Standardbaureihen nicht zur Verfügung stehen. Dickfilmsubstrate werden im Siebdruck relativ unkompliziert auch für kleinere Stückzahlen kostengünstig hergestellt. Trotz ständig anwachsender Typensortimente in Standardbaureihen und anwendungsspezifisch programmierbarer Logik in LSI- und VLSI-Schaltkreisen wächst die Bedeutung integrierter Hybridschaltkreise, weil diese den Anforderungen in der Gerätetechnik auch bei niedrigen Stückzahlen entsprechen. Demgegenüber erfordern die Technologien *integrierter Halbleiterschaltkreise* in monolithischer (auch Halbleiterblock-)Technik für ihre wirtschaftliche Herstellung möglichst weit über 20000 Stück/Jahr und Entwicklungszeiten bis zu Jahren.

In den **Tafeln 6.1.11** und **6.1.12** sowie in den folgenden Abschnitten kann nur eine Übersicht über ausgewählte Teilkomplexe der Mikroelektronik, die bei der Konstruktion neuartiger Geräte bekannt sein müssen, geboten werden; weiterführende Literatur s. [6.1.1] bis [6.1.11].

Tafel 6.1.11. Standards zu integrierten Schaltkreisen (Auswahl); DIN-Normen s. Tafel 6.1.30

Standard	Ausgabe	Inhalt
TGL 24569/02	12.75	Klassifizierung integrierter Schaltkreise; Funktionen
TGL 24951	4.77	Integrierte Halbleiterschaltkreise
TGL 26713	11.75	Bauformen für monolithische integrierte Schaltkreise
TGL 29268 (ST RGW 1817-79)	3.82	Integrierte Halbleiterschaltkreise; Begriffe und Kurzzeichen elektrischer Kenngrößen
TGL 29948/01 .../03	4.79	Bauformen für integrierte Hybrid- und Filmschaltkreise
TGL 29949	12.80	Hybrid- und Filmschaltkreise; Begriffe
TGL 29950	5.78	Integrierte Filmschaltkreise
TGL 31486/01 .../09	12.75	Meßverfahren für digitale integrierte Schaltkreise
TGL 31487/01 .../23	12.75	Meßverfahren für analoge integrierte Schaltkreise
TGL 32377/01 .../03	11.80	Bauelemente der Elektronik; Begriffe, technische Bedingungen, Prüfung
TGL 32648/01/02	12.75	Begriffe für monolithische integrierte Schaltkreise; bipolare, digitale und analoge Schaltkreise
TGL 34798	6.78	Integrierte Hybridschaltkreise, technische Bedingungen
TGL 37837 (ST RGW 2119-80)	10.82	Prüfung der Bauelementeanschlüsse auf Festigkeit (Prüfung U)
TGL 38004	6.81	Gehäuselose Halbleiterbauelemente; technische Bedingungen
TGL 38015	4.80	Bezeichnungssystem für Halbleiterbauelemente und integrierte Halbleiterschaltkreise
TGL 38922 (ST RGW 1623-79)	12.80	Integrierte Halbleiterschaltkreise; Begriffe

Tafel 6.1.12. Technologische und anwendungstechnische Merkmale integrierter Schaltkreise (SK), Übersicht

s. auch Tafeln 6.1.13, 6.1.14 und 6.1.15; entsprechende DIN-Normen s. Tafel 6.1.30

Oberbegriff (TGL 38922)	Integrierte SK					
Sammelbegriff	Film-SK		Hybrid-SK		Halbleiter-SK	
Bezeichnungen für SK-Familien Eigenschaften der Schicht auf dem Substrat bzw. Funktion	Integrierte Dickschicht-SK $s = 1 \ldots 30$ µm	Integrierte Dünnschicht-SK $s = 0{,}01 \ldots 1$ µm	Integrierte Dünnschicht-Hybrid-SK	Integrierte Multichip-Hybrid-SK	Bipolare SK digital–analog	Unipolare SK digital–analog
Basismaterial	Al_2O_3-Keramik	verbreitet: Glas selten: Keramik	wie Dünnschicht-SK	Glas, Keramik, Polyamid, Cevausit u.a.	weltweit: Chips aus Silizium (monokrist.) vereinzelt: Chips aus Saphir, Spinell (SOS)	
Substratdicke s in mm Abmessungen $b \times l$ in mm²	0,3 ... 1,0 10 × 10 bis 75 × 75	0,2 ... 0,5 10 × 10 bis 50 × 50	0,2 ... 0,5 maximal 50 × 50	0,2 ... 1,0 maximal 80 × 80	0,1 ... 0,6 für SSI bis VLSI: 1 × 1 bis 8 × 8 (max. 200)	
Herstellung von Schichten für Kontakte und Verbindungsleitungen	Siebdruck und Einbrennen edelmetallhaltiger Pasten	Katodenzerstäubung oder Aufdampfen von Metall, dann Verzinnen	Katodenzerstäubung, Aufdampfen oder Siebdruck (Auf- oder Abbauverfahren), Verbindungsnetzwerk auch mehrlagig		Aufdampfen von Aluminium über Masken für Leitbahnen und Kontaktflächen	
Leiterdicke s in µm Leiterbreite b in mm	15 ... 25 0,15 ... 1,5	0,5 ... 1 (5) 0,1 ... 1	Geometrie gemäß gewählter Schichttechnik		0,1 ... 1,0 0,001 ... 0,05	
Herstellung passiver Bauelemente (R, C und L)	R und C in Schichttechnik üblich, L selten; R, C und L als diskrete Miniaturbauelemente auflötbar		als diskrete Miniaturbauelemente, Substrate von Film-SK oder Chips von Halbleiter-SK		R als Halbleiterbahn C als Sperrschichtkapazität	Realisierung von R und C als MOS-Schicht
Herstellung aktiver Bauelemente bzw. anwendbare Technologien	diskrete Dioden und Transistoren (bei Hybrid-SK auch Substrate von Film-SK und Chips von Halbleiter-SK) werden „nackt“ oder geschützt nachträglich aufgesetzt				Bipolartransistoren in Planar-Epitaxie-Technik auf Si-Basis	MOS-Feldeffekt-Transistoren in Planar-Epitaxie-Technik auf Si-Basis
Verfahren zur Substratbearbeitung (Abgleich) und Verbindung	Elektronenstrahl, Minisandstrahl	Elektronenstrahl, Laserstrahl	Verbindungen Substrat-Bauelemente durch Löten, Bonden, Thermokompression, Kleben u.a.		Fotolithografie mittels Licht-, Röntgen- oder Elektronenstrahlen	
Erreichbarer Integrationsgrad: allgemein nach TGL 24951	SSI IG1, IG2	SSI IG1, IG2	SSI ... MSI IG1, IG2	SSI ... VLSI IG2 ... > IG4	SSI ... VLSI IGS ... > IG4	MSI ... VLSI IG3 ... > IG4
Bevorzugter Einsatz: Liefertermine Bedarfsstückzahl Zuverlässigkeit	Wochen ... Monate 1 ... 1000 hoch	Monate > 1000 hoch	Monate > 1000 mittel bis hoch	Tage ... Wochen 1 ... 100 mittel	Standard-SK: Tage Standard-SK: beliebig sehr hoch	Kunden-SK: Jahre Kunden-SK: > 10000

6.1.2.1. Eigenschaften

Tafel 6.1.13 enthält Klassifizierungsaspekte für den Einsatz der IS in der Gerätetechnik. Entsprechend aufgebaut sind auch die **Tafeln 6.1.14 bis 6.1.16**, die die große Bedeutung der digitalen IS hervorheben. Sie sind trotz verwandter oder weitgehend übereinstimmender Herstellungstechnologien funktionell streng getrennt von den analogen IS (auch: linearen IS). Besonders die zahlreichen TTL-Schaltkreisfamilien unterschiedlichster Hersteller haben dank ihren günstigen Hauptkenngrößen umfassende Anwendung gefunden **(Tafel 6.1.15).** Analoge Schaltkreise finden vorrangig durch die immer rascher wechselnden Gerätegenerationen der Fernseh-, Rundfunkempfangs- und Tontechnik Verbreitung (Tafel 6.1.16). Andere analoge Schaltkreise liegen trotz z. T. anspruchsvollerer Funktionen stückzahlmäßig oft weit unter den IS für Heimelektronik, bei denen das Integrationsniveau stetig wächst und in Einzelfällen den LSI-Bereich bei verstärkter Einbeziehung der Digitaltechnik überschreitet.

Besonders leistungsarme IS erlaubt die CMOS-Technologie, was sie für batteriebetriebene Funktionsgruppen prädestiniert (Quarzarmbanduhren, Datenerhalt in Halbleiterspeichern bei Netzabschaltung). Die Versorgungsspannungen von IS liegen zwischen 5 und 30 V (Ausnahme: etwa 1,3 V für Armbanduhren). Zahlreiche IS-Baureihen benötigen allerdings mehr als eine Betriebsspannung, was erhöhten Aufwand für Netzteile erfordert. Moderne (V)LSI-Halbleiterspeicher (RAM und ROM mit Kapazitäten bis 256 kbit) und Einchipmikrorechner kommen hingegen bereits mit einer Betriebsspannung von 5 V aus bei maximal 1 W Verlustleistung.

Die Übernahme digitaler elektrischer Signale des Pegels einer Schaltkreisfamilie in den Pegel einer anderen ist durch Koppelschaltkreise möglich. Der Anwender von IS muß aber die Anschlußbedingungen der Eingänge und Ausgänge genau kennen. Detailkenntnisse zur Realisierung der Funktion im Schaltkreisinneren sind dagegen entbehrlich, zumal die interne Logik oft eine völlig andere ist als die der peripheren Schnittstelle; an den Anschlüssen sind zahlreiche (besonders MOS-)Schaltkreise TTL-kompatibel.

6.1.2.2. Bauformen

IS werden fast ausnahmslos auf gedruckte Leiterplatten montiert. Ihre Gehäuse müssen demnach das Raster der Anschlußkontakte (Bondinseln) auf dem Chip dem Raster auf der Leiterplatte anpassen. Dieser Forderung genügen die im Raster liegenden Anschlüsse aller quaderförmigen Gehäuse **(Bild 6.1.5** und **Tafel 6.1.17).** Lediglich das von Transistoren modifiziert übernommene TO-Rundgehäuse erfordert vor der Montage eine Vorbereitung gemäß Abschn. 6.1.1.2. oder Montagehilfsmittel zum Einführen der 8 bis 14 Anschlüsse in die Bohrungen der Leiterplatte. Während das Bestücken und Kontaktieren gegenüber diskreten Bauelementen keine grundsätzlichen Probleme bereitet, ist z. B. das Auslöten vielpoliger IS (z. B. bei Reparaturen) erheblich erschwert und kann zur Beschädigung oder Zerstörung des IS oder der Leiterplatte führen. Daher wurden besondere Reparaturplätze mit Entlötgeräten entwickelt. Auch aus diesen Gründen, besonders aber zum Vermeiden thermischer Überlastung hochwertiger IS (VLSI- und LSI-Schaltkreise) beim Löten, sind zahlreiche Hersteller dazu übergangangen, DIL-Steckfassungen (mit meist vergoldeten Kontakten) auf der Leiterplatte zu befestigen und die IS lösbar in die Fassung zu stecken. Nur absolut sichere Kontaktierung garantiert, daß die Gesamtzuverlässigkeit einer Leiterplatte nicht erheblich absinkt. International wird das DIL-Plastgehäuse bevorzugt eingesetzt. Alle anderen Gehäuse sind nahezu gleichmäßig auf bestimmte Funktionen und Anwendungsgebiete verteilt. So dominieren FP-Gehäuse

Tafel 6.1.13. Unterscheidungsmerkmale zur Klassifizierung integrierter Schaltkreise (SK), Übersicht; entsprechende DIN-Normen s. Tafel 6.1.30

Kriterium, Aspekte	Spezifizierung, Hinweise, Bemerkungen		Typische Merkmale, Eigenschaften, Unterschiede			
1 Integrationsgrad – Funktionsdichte (anwendungsorientiert)	allgemein und unterschiedlich angewendet	Bezeichnung Abkürzung Übersetzung	Kleinintegration SSI small scale integration	Mittelintegration MSI medium scale integration	Großintegration LSI large scale integration	Größtintegration VLSI (auch: GSI) very large (grand) scale integration
		Anzahl der – Gatter je Chip – Transistoren je SK	< 10 5 … 100	< 100 50 … 1000	> 100 50 … 10000	 > 5000
– Schaltelementedichte (fertigungsorientiert)	nach TGL 24951 und TGL 38922	Integrationsgrad IG – Elemente je SK	IG 1 IG 2 < 10 < 100	IG 3 < 1000	IG 4 < 10000	IG 5 < 100000
2 Einsatzbreite	Herstellerangebote (Typ aus Typgruppe)		Standard-SK	(Masken-)programmierbare SK		Kundenwunsch-SK
	interne Strukturierung verbreitete Integrationsgrade minimale Stückzahl für wirtschaftlichen Einsatz eines bestimmten SK-Typs		einfach, fest SSI, MSI, (LSI) 1 … 100	komplex, auswählbar LSI, VLSI 10 … 1000 (auch mehr)		spezifisch wählbar MSI, LSI, VLSI 100 … 10000
3 Technologie	s. Tafel 6.1.12 und TGL 38922		Filmschaltkreise (Schichtschaltkreise)	Hybridschaltkreise		Halbleiterschaltkreise (monolithische SK)
4 Funktion und Einsatzgebiete	s. Tafel 6.1.16 und TGL 24569/02	Realisierung durch	analoge SK (auch: lineare SK)		digitale SK (s. Tafel 6.1.14)	
		– bipolare Baureihen	Verstärker aller Art, Konsumgüter wie Rundfunk-/Fernsehempfänger, Heimelektronik		insbesondere in TTL-Baureihen und Halbleiterspeichern weltweit verbreitet	
		– unipolare Baureihen	Meßverstärker auf Basis des MOSFET (wenig verbreitet)		insbesondere für Halbleiterspeicher und Mikrorechner zunehmend verbreitet	
5 Temperaturbereiche und Einsatzgebiete		Umgebungstemperatur	0 °C … +70°C	−25 °C … +85°C	−55 °C … +125 °C	andere (selten)
		vorrangiger Einsatz	allgemeine, kommerzielle Bereiche	Anwendungen in der Industrie	Militärtechnik, Luft- und Raumfahrt	bei besonderer Vereinbarung
6 Elektrische Ein- und Ausgangssignale	Betriebs- und Grenzwerte nach Erzeugnisstandards	statische Kennwerte, dynamische Kennwerte, Toleranzen	Spannungen, Ströme, Leistung, Belastbarkeit, Art der Ein-/Ausgänge, … Frequenzen, Schaltzeiten, Operationszeiten, Regelzeitkonstanten, …			
7 Versorgungsspannungen	nach Erzeugnisstandards	Anzahl je SK Polarität und Betrag in V	1 (Ziel und Tendenz) Stufung s. Tafel 6.1.4	2 (z.Z. weit verbreitet)	≧ 3 (nur noch selten)	
8 Gehäuse-Bauweisen	s. Tafel 6.1.17 Bild 6.1.5	geometrische Grundform – Varianten – Anschlußraster	Quader/rechteckig FP, SIP, DIP, QIP u.a. 1,25 mm oder 2,5 mm	Zylinder/rund TO-5, TO-8, TO-18, TO-78 auf Kreisbogen ∅ 5,0 u.a.	ohne Gehäuse/„nackt" passivierte Chips auf Chips 0,15 … 0,2 mm	
		Anzahl der Anschlüsse – dominierend – außerdem	FP: an 2 oder 4 Seiten 14, 16, 20, 24, 28, 40, 64 ≦ 12, 18, 22, 36, 42, 48	 8, 10, 12 4, 6, 16	an 2, 3 oder 4 Seiten: sehr unterschiedlich	
		Gehäusewerkstoffe	allgemein: Plast, Keramik und Metall-Glas Kombinationen mit Glas, Metall FP: Metall-Glas u.a.		Glasur zur Passivierung	

Tafel 6.1.14. Technik und Eigenschaften digitaler, integrierter Schaltkreisbaureihen (Auswahl); DIN s. Tafel 6.1.30

Übergeordnetes Arbeitsprinzip und Technik	Abkürzung und Bezeichnung für Technologien bzw. Logik der wichtigsten Baureihen	Jahr der Einführung	Je Gatter typische(s) Verzögerungszeit	Leistungsaufnahme	Produkt	Gatterfläche[2])	Anzahl technologischer Schritte für Maskierungen	Diffusionen	Ausgewählte Baureihen oder Typen (Land, Bezeichnung)	Verbreitung, Anwendung, Bemerkungen
			ns	mW	pW · s	μm^2				
Bipolar: Übersteuerungstechnik (Schalterprinzip)	DTL diode transistor logic Dioden-Transistor-Logik	1962	< 500	60	> 1000		vorrangig als Dünnschicht-Hybrid-SK		DDR: KWH KME 3 D 2 UdSSR: K 194, 216	zunächst als hybride SK eingeführt, später auch monolithisch; inzwischen überholt
	R(C)TL (auch: TRL) resistor (capacitor) transistor logic Widerstand-(Kapazität-) Transistor-Logik	1963	< 200	< 10	> 500		vorrangig als Dünnschicht-Hybrid-SK		DDR: KWH KME 3 D 1, D 11 UdSSR: K 201	
	DCTL (Variante: LLL low level logic) direct coupled transistor logic direkt gekoppelte Transistor-Logik	1963 1966	< 30 < 20	< 70 2 ... 12	< 500 200				DDR: KWH KME 3 D 31 UdSSR: K 115	einfacher Aufbau, störempfindlich, erste monolithische SK
	TTL (auch: T^2L) transistor transistor logic Transistor-Transistor-Logik	1963	10	10	100	340	7	4	s. Tafel 6.1.15	am weitesten verbreitet, universell, billig
	I^2L (auch: IIL) ion implantation logic Ionen-Implantationslogik	1975 1976 1980	35 20 10	0,085 0,05 0,01	3,0 1,0 0,1	31	4 ... 5	2 ... 3	USA: VLSI-SK auch für analoge IS	einfacher Aufbau auch für VLSI, schneller als MOS
Bipolar: Stromschalttechnik	ECL (auch: ECTL) ermitter coupled (transistor) logic ermitter gekoppelte (Transistor-)Logik	1967 1974	2 0,7	30 43	60 30		7 ... 8	4	UdSSR: K 500	schnellste SK, teurer als TTL, sehr verbreitet

Unipolar (MOS, MIS[1])	statische Technik: Einkanal-technik	PMOS p-channel-MOS p-Kanal-MOS (Hochvolt!)	1970	200	0,1	20	68	4 … 5	1	DDR: U-Serie, z. B. U 808 D	erste, langsame MOS-Technologie, störsicher
		NMOS n-channel-MOS n-Kanal-MOS	1973	100	0,1	10	36	5 … 7	1 … 3	DDR: U-Serie, z. B. U 880 D	dominierende MOS-Technologie, TTL-kompatibel
		MNOS metal nitride on silicon Metallnitrid (Si_3N_4) auf Silizium	1975							ČSSR: MHB 108	für elektrisch veränderbare ROM
	statische Technik: Komple-mentär-technik	CMOS complementary MOS	1973	30[3]	1,0[3]	30[3]	320	6 … 7	3	UdSSR: K 564 K 176	für batteriebetriebene LSI, z. B. Speicher
		SOS silicon on saphire Silizium auf Saphir	1974	15[3]	0,5[3]	7,5[3]		8	2		für Speicher und VLSI, noch teuer
	dynamische Technik	dynamische Schaltungen (2-, 4- oder 6-Phasen-Technik)									für dynamische RAM Schieberegister
	Ladungs-transfertechnik	CCD charge coupled devices ladungsgekoppelte Bausteine	1975	< 20 MHz	< 20 µW je bit		60 je bit			USA: Intel 2416 (16 K bit)	für Speicher, Filter, Sensoren (Bild- verarbeitung)

[1]) MOS metal oxide on silicon/semiconductor, Metalloxid (SiO_2) auf Silizium/-Halbleiter; MIS metal isolator semiconductor, Metall-Isolator-Halbleiter
[2]) 4fach-NOR/-NAND
[3]) für 1 MHz

Tafel 6.1.15. Digitale Schaltkreisfamilien in Transistor-Transistor-Logik (TTL)

Bezeichnung und Schaltungsart der TTL-Baureihen[3])	Jahr der Einführung	Maximale Arbeitsfrequenz MHz	Je Gatter typische Verzögerungszeit ns	Je Gatter typische Leistungsaufnahme mW	Je Gatter typisches Zeit-Leistungs-Produkt pW · s	International dominierender Integrationsgrad [1])	Anzahl verschiedener Typen einer Baureihe	Bezeichnungsbeispiele für Baureihen: bei Temperaturbereich °C[2])	in den Herstellerländern des RGW (Auswahl): DDR	ČSSR	UdSSR	des NSW[4]) (verschiedene)	Verbreitung und Einsatzgebiete (internationaler Vergleich) Bemerkungen
Standard-TTL	1965	50	10	10	100	S, M, (L)	> 200	1	D 10	MH 74	K 155	X 74 nnn	am weitesten verbreitet,
								2	E 10	MH 83		X 84 nnn	anpassungsfähig, kosten-
								3		MH 54	K 133	X 54 nnn	günstig, schnell
High-speed-TTL	1967	125	6	22	132	S, M	> 20	1	D 20		K 131	X 74 Hnn	schneller als Standard-
								2	E 20			X 84 Hnn	TTL bei erhöhter Lei-
								3			K 130	X 54 Hnn	stungsaufnahme, verbreitet
Schottky-TTL	1970	125	3	19	57	S … L(V)	> 30	1		MH 74 S	K 531	X 74 Snnn	sehr schnell, relativ teuer,
								2		MH 84 S			auch für Mikrorechner-
								3		MH 54 S	K 530	X 54 Snnn	IS genutzt
Low-power-TTL	1968	3	30	1	30	S, M	30	1			K 158	X 74 Lnn	leistungsarm, durch
								2					schnellere LPS-TTL in-
								3			K 136	X 54 Lnn	zwischen überholt
Low-power-Schottky-TTL	1972	5	10	2	20	S … L(V)	> 100	1	DLnnD		K 555	X 74 LSnnn	zunehmende Verbreitung,
	1975		5	2	10			2					die Standard-TTL oft ab-
								3				X 54 LSnnn	lösend, diesen ähnlich

[1]) Integrationsgrad (s. Tafel 7.1.13): S:SSI; M:MSI; L:LSI; V:VLSI
[2]) Umgebungstemperaturbereich und Einsatzgebiet: 1: 10° … 70°C allgemein; 2: −25° … 85°C Industrie; 3: −55° … 125°C Militär u.a.
[3]) allgemeine elektrische Kennwerte: Versorgungsspannung 5 V; Störspannungsabstand 1 V; Ausgangslastfaktor („Fan out") 10; Ausführungsvarianten f. Ausgänge: 3
[4]) in dieser Spalte steht „n" statt einer Dezimalziffer zur Typenkennzeichnung; s. auch Tafel 6.1.30 (NSW – Nichtsozialistisches Wirtschaftsgebiet)

Tafel 6.1.16. Einteilung integrierter Schaltkreise (SK) nach ihrer Funktion, Übersicht nach TGL 24569/02, DIN-Normen s. Tafel 6.1.30

Signal	Funktionsgruppe	(Elementar-)Funktionen der Schaltkreise	Varianten, technische Daten (Auswahl)	Anzahl[1])
Analog	sekundäre Speisequellen (s. Abschn. 6.1.3.)	Gleichrichter, Umformer, Transverter, einstellbare und Festspannungsregler, Stromstabilisatoren, Konstantstromquellen und sonstige	integriert bis etwa 10 W Verlustleistung, auch Teilkomplexe	1, 2
Analog oder diskret	Anordnungen (passive oder aktive Arrays)	Arrays aus Widerständen, Kondensatoren, Dioden, Transistoren und/oder sonstigen Schaltelementen (z. B. LED)	$\geqq$ 2 Schaltelemente, meist hoher Genauigkeit	1, 2, ...
	Mehrfunktionsschaltungen (analog, digital, kombiniert)	Steuer-SK für Baugruppen und Geräte, SK-Baureihen für elektronische Konsumgüter (Uhren, Ton- und Bildübertragung/-speicherung, Kameras)	z. Z. obere Grenze: Ein-Chip-Rundfunkempfänger (AM/FM)	1 (selten: 2)
	Generatoren, Oszillatoren, astabile Schaltungen	für sinusförmige, stetige, rechteckförmige oder spezielle Signale (z. B. Rauschen)	frei schwingend, synchronisierbar	1, 2
	Modulatoren, Demodulatoren, Filter	für Amplituden-, Frequenz-, Phasen-, Pulskode- und sonstige Verfahren als Hoch-, Band- oder Tiefpaß, Resonanzfilter	spannungs- oder quarzgesteuert im NF- bis HF-Bereich	1 (selten: 2)
	Verzögerungsschaltungen	passiv oder aktiv (z. B. Laufzeitkette)	meist spulenlos realisiert	
	Selektions- oder Vergleichsschaltungen	mit Ausgangssignalen, abhängig von Amplitude, Frequenz, Phasenlage, Zeitdauer (und/oder deren Kombination) am Eingang	Ausgangssignale analog oder diskret meist unstetig	1, 2
	Umformer aller Art	Amplitude: Pegelumsetzer (Spannung, Leistung), Analog/Digital-, Digital/Analog-Wandler sonstige: Frequenz-, Phasen-, Impulsdauer- oder sonstige Umsetzer (Teiler u. a.)	als Standard-SK oder kundenspezifisch (oft Hybrid-SK)	1, 2, selten mehr
	Trigger	Schmitt-Trigger, Schwellwertschaltungen, evtl. Monoflop		1, 2, 4
	Ansteuerschaltungen	vorrangig für impulsförmige Signale, Adressen- und Entladungsstromerzeugung	für einmalige oder periodische Vorgänge, oft mit Pegelumsetzung	1 ... 8
	Verstärker aller Art	NF-, ZF-, HF-, Operations-, Differenz-, Impuls-, Anzeige-, Aufnahme-/Wiedergabeverstärker (z. B. Bus-)Leitungstreiber, Folgeschaltungen u. a. mit extrem unterschiedlichen Anforderungen (Konstanz, Rauschen, Bandbreite usw.)	extrem unterschiedliche Realisierung (bipolar/unipolar, Spannungs- bzw. Leistungsgrenzen, Technik)	1 ... 8
Digital (binär)	Schalter, Kommutatoren	Strom- oder Spannungsschalter, Leitungstreiber (invertierend oder nicht invertierend, s. Verstärker)	auch mit „offenem Kollektor" und Tristate-Ausgang	1, 2, 4, 6, 8
	monostabile Schaltungen	Monoflops	Kippzeit extern festlegbar	1, 2, 4
	bistabile Schaltungen	D-, T-, RS-, IK-, Master-slave- oder dynamisches Flipflop	variable Eingänge	1, 2, selten mehr
	Register	Speicher- und Schieberegister, Latches (rein parallel, serienparallel bis rein seriell, auch löschbar, kaskadierbar u. a.)	2, 4, 6, 8, 12 oder 16 bit mit wählbaren Ein-/Ausgängen	1, 2
	Zähler und Frequenzteiler	Eingänge und Teilerverhältnisse wählbar, auch programmierbar; Ausgänge: dual, oktal, dezimal, hexadezimal, BCD, 1 aus *n*, 7-Segment u. a.	4, 6, 8 und mehr bit, bis etwa 10 MHz (Standard-SK)	1, 2, selten mehr
	Speicher	Schreib/Lese-Speicher (statische oder dynamische RAM), Festwertspeicher (ROM, PROM, EPROM, EAROM), Zeichengenerator, FIFO-/LIFO-Speicher, Schreib/Lese-Speicher mit Datenerhalt (z. B. Magnetblasenspeicher)	*m* Adressen für *n* bit ($n = 1, 4, \geqq 8$; für $n = 8$: $m_{max} = 2^{16}$); mit/ohne Ansteuerelektronik (meist LSI)	1
	logische Elemente	Gatter; OR, AND, NOR, NAND u. a., auch in Kombination; Negator (Inverter), Expander	2 ... 8 bit	1, 2, 3, 4, 6, 8
	arithmetische Elemente	Halb- oder Volladdierer, Multiplizierer, Mikroprozessor/-rechner, Peripherieanpassung (auch programmierbar, z. B. PIO, UART), Funktionsgeneratoren, ALU	2, 4, 8, 16 bit (MSI ... VLSI; Grenze: Ein-Chip-Mikrorechner)	1, selten 2
	Digital-Digital-Umsetzer, Zuordner	Paritätsdetektor, Prioritätsprüfer, Datenselektor, Multiplexer, Koder und Dekoder (dual, oktal, dezimal, hexadezimal, BCD, 1 aus *n*, 7-Segment u. a.)	2 ... 9 bit, auch in anderen SK z. T. enthalten	1, 2, selten mehr

[1]) verbreitete maximale Anzahl gleicher (Elementar-)Funktionen je Schaltkreis (SSI ... VLSI)

Rastermaße	RGW: 2,5 mm NSW: 2,54 mm ± 0,125 mm ($^1/_{10}$ Zoll)	RGW: 1,25 mm NSW: $^1/_{10}$ oder $^1/_{20}$ Zoll
Bezeichnung	Untertyp – Typ – 3. ... 5. Kennziffer – Anzahl der Anschlüsse	Untertyp – Typ – 3. ... 5. Kennziffer – Anzahl der Anschlüsse
Prinzip:	21. D.e$_1$. A.n TGL 26713	41. D.E.A. n TGL 26713
Beispiel:	21. 2.3. 2.28 TGL 26713	41. 1.3.2.28 TGL 26713

Anschlußabmessungen in mm

Maße	min.	max.
Länge L	2,5	5,0
Breite b	0,3	0,55
Dicke d	0,15	0,4
Lochdurchmesser	0,75	0,9
freie Höhe A_1	0,5	1,8

Maße	min.	max.
Länge L	3,5 + Q_2	5,0
Breite b	0,3	0,5
Dicke d	0,05	0,3
Höhe Q_2	c	A

Gehäuseabmessungen in mm — Länge

3. Kennziffer	1	2
Überhang z_{max}	1,0	2,25
Gesamtlänge D_{max}	1,25n – 0,5	1,25n + 2,0

3. Kennziffer	1	2	3
Überhang z_{max}	0,375	1,0	1,625
Gesamtlänge D_{max}	0,625n – 0,5	0,625n + 0,75	0,625n + 2,0

Breite

4. Kennziffer	1	2	3	4	5	6	7
Reihenabstand $e_{1\,nom}$ Gesamtbreite E_{max}	7,5	12,5	15,0	17,5	22,5	27,5	37,5

4. Kennziffer	1	2	3	4	5	6	7
Gehäusebereich G_{max} [1])	6,0	8,5	13,5	18,5	26	41	58,5
Gesamtbreite E_{min}	4,0	5,0	10	15	22,5	37,5	55
E_{max}	5,0	7,5	12,5	17,5	25	40	57,5

Höhe

5. Kennziffer	1	2	3
Einbauhöhe A_{min}	1,0	2,0	4,5
A_{max}	2,6	5,0	7,6

5. Kennziffer	1	2	3	4
Einbauhöhe A_{min}	0,5	1,6	2,0	4,5
A_{max}	1,7	2,6	5,0	7,6

[1]) Gehäusenaher Bereich zur Kontaktierung ungeeignet.

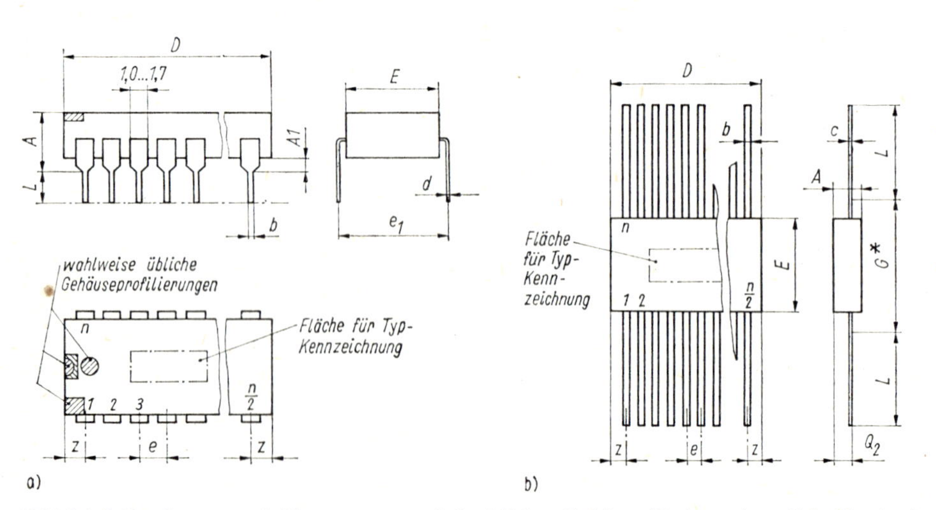

Bild 6.1.5. Bauformen und Abmessungen gebräuchlicher Gehäuse für integrierte Schaltkreise (nach TGL 26713 und internationalen Standards, s. auch Tafel 6.1.30)
a) Typ 2 (DIL-Gehäuse); b) Typ 4 (FP-Gehäuse)

Tafel 6.1.17. Gehäusevarianten gebräuchlicher integrierter Schaltkreise (Auswahl, s. Bild 6.1.5)

Lfd. Nr.	Kurzzeichen für Gehäuse[1])	Gehäusebauformen, (Raster-)Maße und Numerierung der Anschlüsse	Zahl der Anschlüsse n	Abmessungen Länge l Breite b Höhe h in mm	Gehäuseausführung und Werkstoffe
1	SIL	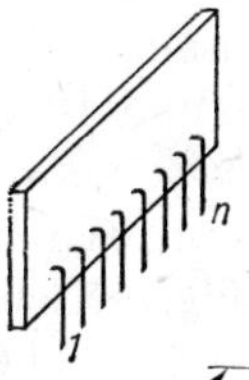	3 ... 12 Beispiel: 6	8 ... 32 1,5 ... 3 8 ... 15 12,5 × 8,5 × 3	Keramik- oder Glassubstrat, tauchumhüllt (TGL 29948)
2	SIL	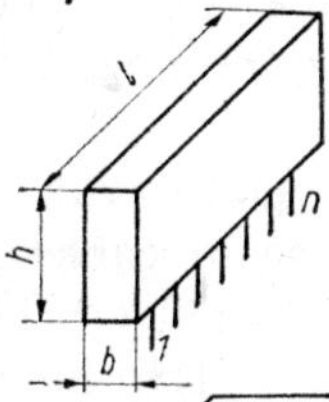	3 ... 12 Beispiel: 12	10,0 ... 32,5 6,0 13,8 32,5 × 13,8 × 6	Glassubstrat in Metallbecher eingegossen (TGL 29948)
3	DIL (speziell)	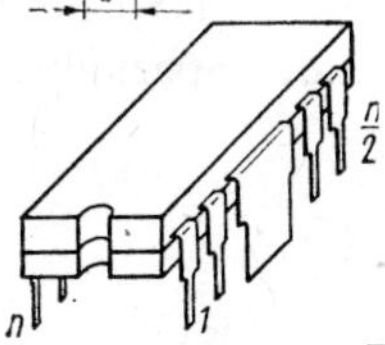	4 ... 64	5,5 ... 52,8 6,5 ... 19 (37,5) 3,5 ... 5,3	Plast oder Keramik (TGL 26713)
4	QIL (speziell)	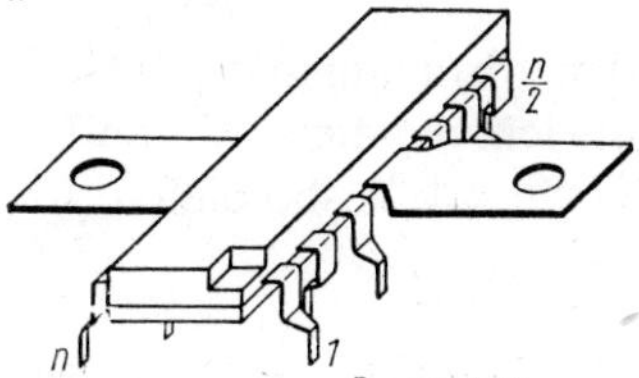	8 ... 64 Beispiel: 12	ähnlich Nr. 3 19,5 × 7,0 × 4,0	Plast oder Keramik
5	FP	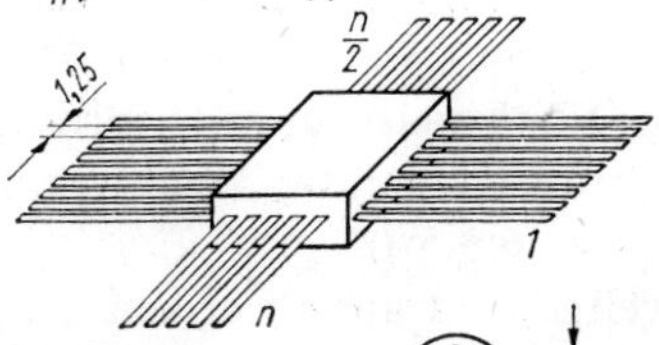	8 ... 22 24 ... 64 Beispiel: 14	9,5 ... 42,0 4,0 ... 57,5 1,5 ... 7,6 3,5 × 6,5 × 1,5	Keramik, Plast oder Metall–Glas (TGL 26713) (TO 84)
6	TO	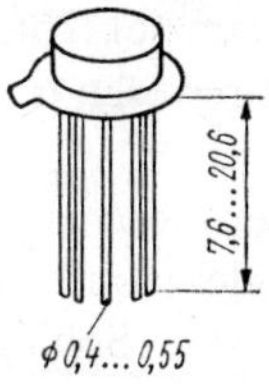 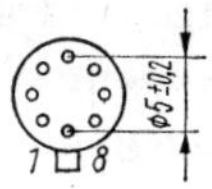	4, 6, 8	d = 7,9 ... 8,5 D = 8,9 ... 9,5 h = 4,5 oder 6,4 ... 6,6	Metall–Glas
7	TO	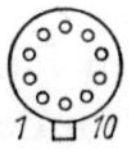	10		
8	TO	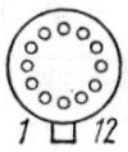	12		
9	Tropa (UdSSR)	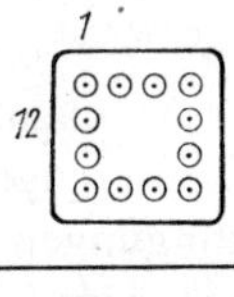 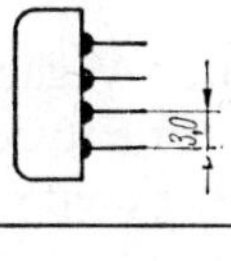	12	11,8 11,8 5	Metall–Plast

[1]) Bedeutung der Kurzzeichen: nach TGL 26713 (DIN s. Tafel 6.1.30):

SIL oder SIP	Single in line package	einreihiges Gehäuse	
DIL oder DIP	Dual in line package	zweireihiges Gehäuse	Typ 2/1
QIL oder QIP	Quad in line package	vierreihiges Gehäuse	
FP	Flat pack(age)	Flachgehäuse	Typ 4/1
TO	Transistor outlines (modifiziertes, bis 16poliges Transistorgehäuse)	Rundgehäuse	

bei VLSI-Schaltkreisen mit $4 \times 16 = 64$ Anschlüssen im 1,25-mm-Raster für flache Taschenrechner, TO-Rundgehäuse für lineare Schaltkreise, DIL-Keramikgehäuse für extreme Anforderungen in der Militär- und Raumfahrttechnik. In zunehmendem Umfang werden „nackte" Chips und **gehäuselose integrierte Schaltkreise** industriell verarbeitet, um für Geräte die Abmessungen reduzieren, Funktionsvielfalt erweitern und Kosten senken zu können. Die elektrischen Anschlüsse dieser gehäuselosen IS sind entweder starr (flip chip, beam lead, Kugelkontakte) oder flexibel (Draht- oder Blättchenanschluß). Zur mechanischen Befestigung des Chips auf seinem Träger sowie zur Wärmeabführung reichen starre Anschlüsse meist aus, flexible Anschlüsse erfordern zusätzliches Verbinden des Chips mit der Trägeroberfläche, z. B. mit thermisch leitfähigen Kleber.

Da gegenwärtig das Einsetzen der Chips in die Gehäuse nach Bild 6.1.5 und deren Montage auf die Leiterplatte mehr als das Doppelte funktionsfähiger „mittlerer" Chips kostet, ist den obigen Verfahren Beachtung zu schenken.

Neben den dargestellten Gehäuseausführungen für IS gibt es zahlreiche Modifikationen: Gehäuse mit größeren Metallflächen zur besseren Wärmeableitung, mit Quarzglasfenstern zum Löschen des Speicherinhalts von EPROM mit UV-Licht, mit erheblich größeren Abmessungen und mehr als 64 Anschlüssen bei Hybridschaltkreisen usw.

Weitere Entwicklungstrends der Mikroelektronik sind der Spezialliteratur, Periodika und Firmenschriften zu entnehmen.

6.1.2.3. Anwendung

Funktionsgruppen der Mikroelektronik werden vorrangig in der Informationselektronik (s. Tafel 6.1.7) eingesetzt. Bei der raschen Entwicklung dieser Technik realisieren sie auf der Basis analoger oder zunehmend digitaler Signale insbesondere folgende Aufgaben [6.1.10]:

- Verbesserung physikalisch-technischer, ökonomischer und anwendungstechnischer Parameter vorhandener Technik, z. B. bei
  - mechanischen und elektromechanischen Funktionsgruppen vorrangig mit Steuerfunktionen (Büromaschinen und Telegrafieendgeräte, Wählvermittlungssysteme, Schalter und Betätigungselemente (s. Abschn. 6.3.5.))
  - elektronischen Funktionsgruppen, die weitgehend aus diskreten Bauelementen oder IS mit niedrigerem Integrationsniveau aufgebaut sind (Heimelektronik, Steuerungen von Bearbeitungs- und Verarbeitungsmaschinen, im Verkehrswesen und in der Militärtechnik)
- Einführung neuartiger technischer Lösungen mit Parametern, die ohne Mikroelektronik undenkbar wären, oft in Verbindung mit modernen elektromechanischen, optoelektronischen und weiteren Wandlern, teilweise bis in den Schaltkreis oder den Chip mit der Mikroelektronik integriert (z. B. Baugruppen und Geräte der Meß-, Stell- und Bedientechnik).

Jede präzisierte Aufgabenstellung enthält u. a. Angaben über Stückzahl, Kosten, Abmessungen, Masse und Stromversorgung des zu entwickelnden Erzeugnisses. Somit ist dem Konstrukteur unter Berücksichtigung aller weiteren Bedingungen direkt oder indirekt vorgegeben, welches mittlere Integrationsniveau er anstreben muß (s. Tafel 6.1.13). In Abhängigkeit von der Art der Aufgabe, Terminen, verfügbarem Schaltkreissortiment, Ausstattung und Qualifikationsniveau im Entwicklungs- und Fertigungsbereich ist festzulegen, ob die Funktionsgruppe realisiert werden soll:

- auf mehreren Leiterplatten, auf nur einer Leiterplatte, mit einem integrierten Hybridschaltkreis oder auf nur einem Chip (entweder völlig neu zu entwickeln oder verfügbar und vollständig, teilweise oder modifiziert nutzbar)
- mit anwenderspezifischer oder mit während des Fertigungsdurchlaufs wählbarer Struktur (bezogen auf Digitaltechnik: fest verdrahtete oder programmierbare Logik).

Demnach ist in zahlreichen Anwendungsfällen zu prüfen, inwieweit der Einsatz programmierbarer LSI- oder VLSI-Schaltkreise, wie (Einchip-)Mikrorechner, Ein-/Ausgabe-, Zeitgeber-, Speicher-, Interface- und ähnlicher digitaler Schaltkreise, sinnvoll ist (s. Tafel 6.1.16). Die Schaltkreise werden mit nahezu allen Technologien (s. Tafel 6.1.14) von zahlreichen Herstellern gefertigt und international zu Preisen angeboten, die oft ihren breiten Einsatz ermöglichen.

Beispiele sind Einchipcontroller in Haushaltgroßgeräten, Heimelektronik, Kameras und anderen Konsumgütern. Für bestimmte Aufgaben führt jedoch die weitgehend serielle Arbeitsweise dieser Schaltkreise trotz Taktfrequenzen zwischen 1 und 10 MHz an die Grenzen ihres Leistungsvermögens. Außerdem ist zu beachten, daß die Erarbeitung und Speicherung der die verdrahtete Logik ersetzenden Steuerprogramme neue Aufgaben und Ausrüstungen in der Entwicklung erfordert, so z.B. Programmierarbeitsplätze, Mikrorechnerentwicklungssysteme, Wirtsrechner [6.1.8].

Neben diesen für kleine bis große Stückzahlen geeigneten programmierbaren IS bleibt auch in Zukunft einerseits den kundenspezifischen IS für höchste Stückzahlen und Anforderungen (z.B. fernbediente Heimelektronik) und andererseits den spezifischen Möglichkeiten der TTL-Technik für Funktionsgruppen hoher Arbeitsgeschwindigkeit und kleinerer Stückzahl ein erheblicher Anteil in der Mikroelektronik gesichert.

6.1.3. Stromversorgung

[6.1.12] bis [6.1.16] [6.1.22] bis [6.1.28]

Als Stromversorgung (SV) werden Funktionseinheiten bezeichnet, die die vom öffentlichen Netz oder von anderen Energiequellen vorgegebenen elektrischen Größen, wie Spannungsart und -wert, Frequenz usw., an die vom Verbraucher benötigten Größen mittels geeigneter Wandlungs- und Formungsprinzipe anpassen (Transformation, Gleichrichtung, Siebung, Stabilisierung, Wechselrichtung u. a.).

Unter Verbrauchern sind vor allem Geräte der Nachrichten-, Rechen-, Regelungs- und Automatisierungstechnik, Meß- und Prüftechnik sowie vielfältige andere elektrische und elektronische Einrichtungen zu verstehen.

Die für eine Stromversorgung charakteristischen Parameter sind:

- Eingangsspannungsbereich und ggf. Eingangsfrequenzbereich; innerhalb deren Grenzen muß die Funktionsfähigkeit gewährleistet sein, bei stabilisierten Ausgangswerten insbesondere die Einhaltung ihrer Toleranzen
- Ausgangswerte (Ausgangsspannung, Ausgangsstrombereich)
- Stabilisierungsfaktor; bei Spannungsstabilisierung das Verhältnis der relativen Eingangsspannungsschwankung zur relativen Ausgangsspannungsänderung bei Nennausgangsstrom oder im zulässigen Ausgangsstrombereich; bei Stromstabilisierung das Verhältnis der relativen Ausgangsstromänderung zur relativen Lastwiderstandsänderung bei Nenneingangsspannung oder im zulässigen Eingangsspannungsbereich; statt des Stabilsierungsfaktors wird oft die zulässige relative Abweichung des Ausgangswerts vom Nennwert bei voller Ausnutzung des Eingangsspannungs- und Lastbereichs angegeben

- relative Schwingungsbreite (bei Gleichspannungs- bzw. Glcichstromausgang), definiert als Verhältnis des Spitze-Spitze-Werts der überlagerten Brummspannung – des Brummstroms – zum Gleichspannungs[strom]wert
- Wirkungsgrad
- Ausregelzeit (bei stabilisierter Stromversorgung), definiert als Zeitspanne zwischen der sprunghaften Änderung der Einflußgröße (Eingangsspannung, Last) und dem Erreichen der Ausgangsgröße im zulässigen Fehlerbereich.

Den Gerätekonstrukteur interessieren in erster Linie die verschiedenen Funktionsarten und ihre Eigenschaften. Es soll außerdem nur auf Stromversorgungen eingegangen werden, bei denen die Spannung der Hauptausgangsparameter ist. Der Aufbau einer Stromversorgung mit Stromausgang stimmt in seinen Funktionsgruppen weitgehend damit überein.

Bild 6.1.6 gibt eine Übersicht über die wesentlichsten Stromversorgungsvarianten, wobei das Hauptgewicht auf das Bauelement zur Stabilisierung des Ausgangswerts gelegt ist.

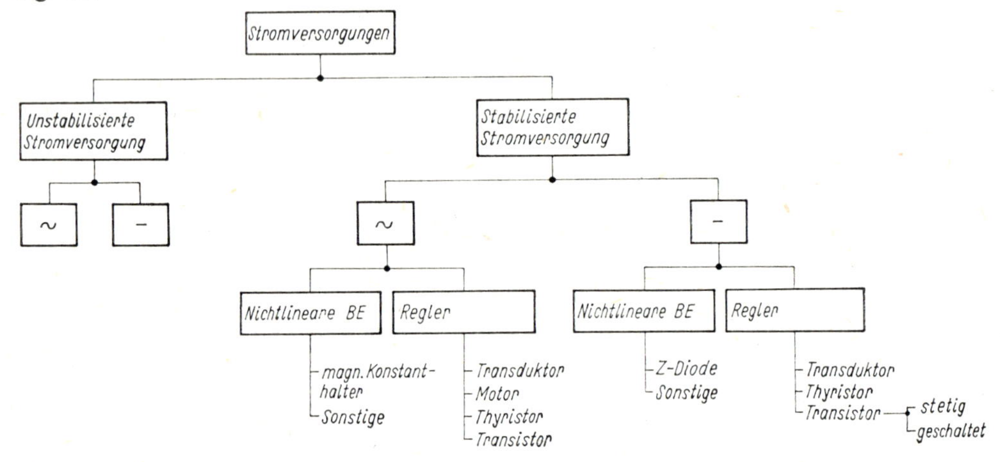

Bild 6.1.6. Hauptausführungsarten von Stromversorgungen

Die meisten Stromversorgungen werden aus einem Wechselspannungsnetz gespeist. Drehstromspeisung ist, von wenigen Ausnahmen abgesehen, erst bei Leistungen von mindestens 3 kW üblich und sinnvoll. Die Versorgung mit Gleichspannung ist vor allem bei mobilen Geräten und bei unterbrechungsfrei arbeitenden Speisequellen anzutreffen.

Ausgangsseitig herrscht stabilisierte Gleichspannung vor. Gleichstrom- oder Wechselspannungs[strom]ausgänge sind auf spezielle Anwendungsfälle beschränkt (z.B. Netzspannungsstabilisierung, Versorgung von Lampen, Röhrenheizung, Spezialrelais und -magnete). Oft hat eine Stromversorgung mehrere Ausgänge.

6.1.3.1. Unstabilisierte Netzstromversorgung mit Gleichspannungsausgang

Der Netztransformator **(Bild 6.1.7)** hat folgende Aufgaben:

- Herstellung der galvanischen Trennung von Ein- und Ausgang, um eine erdpotentialfreie Ausgangsspannung zu erreichen und um die lebensgefährliche Netzspannung (gegen Erde bzw. geerdetes Gehäuse) auf den Primärkreis der Stromversorgung zu begrenzen.

Bei besonderen Anforderungen an die Sicherheit sind Spezialtransformatoren (z.B. mit getrennten Wickelkörpern für Primär- und Sekundärseite, geerdeter Schirmwicklung, verstärkter Zwischenisolation) einzusetzen.

- Aufwärts- oder Abwärtstransformation der Netzspannung auf den geforderten Ausgangsspannungswert bzw. den Wert, der nach der Gleichrichtung den geforderten Ausgangswert ergibt.

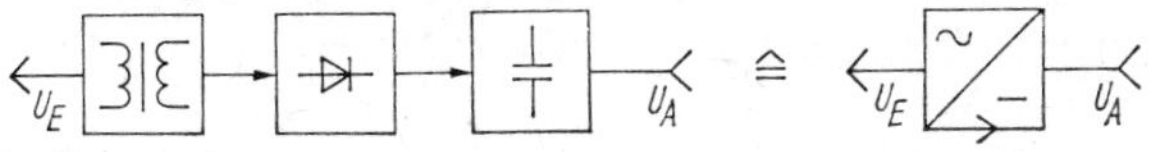

Bild 6.1.7. Prinzip einer unstabilisierten Netzstromversorgung mit Gleichspannungsausgang

Wird die Primärwicklung oder ein Teil davon gleichzeitig als Sekundärwicklung verwendet (Spartransformator), dann entfällt zwar die galvanische Trennung, es lassen sich aber bei vorgegebener Nennausgangsleistung kleinere Kerne verwenden. Maßgeblich für die erreichbaren Einsparungen ist das Übersetzungsverhältnis w_p/w_s. Bei Werten kleiner als 0,3 oder größer als 3 gehen sie schließlich gegen Null. Die Kerne der Trafos bestehen entweder aus Dynamoblech IV oder wegen der geringeren Eisenverluste bzw. der höheren Arbeitsinduktion vorzugsweise aus Texturblech. Sie haben überwiegend M-, E/I- oder LL-Form nach TGL 0-41 302 und DIN 41 302. Für besonders streuarme Übertrager setzt man Ring- oder Schnittbandkerne ein.

Als Gleichrichter werden heute nahezu ausschließlich Siliziumdioden eingesetzt, die in Einwegschaltung (nur bei sehr kleinen Strömen sinnvoll) oder in Zweiwegschaltung als Gegentakt- oder Brückenanordnungen arbeiten. Zur Hochspannungserzeugung verwendet man vielfach Verdoppler- bzw. Vervielfacherschaltungen.

Die normalen Leistungsgleichrichterdioden (SY 360, SY 170 usw.) sind wegen ihrer relativ großen Sperrverzögerungszeiten und der damit verbundenen Umschaltverluste nur bei Frequenzen bis etwa 1 kHz sinnvoll einsetzbar. Bei höheren Arbeitsfrequenzen, wie sie in Gleichspannungswandlern auftreten, sind Spezialdioden mit Sperrverzögerungszeiten $<0{,}5\ \mu s$ notwendig. Für Spannungen bis etwa 10 V eignen sich besonders Schottky-Leistungsdioden, die neben sehr geringen Schaltverlusten nur einen Flußspannungsabfall $<0{,}4$ V aufweisen, während die Flußspannung aller anderen Dioden das Zwei- bis Dreifache dieses Werts beträgt.

Die Glättung der gleichgerichteten Spannung erfolgt im einfachsten Fall durch einen Ladekondensator, bei höheren Anforderungen durch ein nachfolgendes ein- oder mehrstufiges Siebglied. Für sehr kleine Ströme ist eine *RC*-Kombination oft ausreichend; sonst werden allgemein *LC*-Ketten eingesetzt.

Da bei Gleichrichterschaltungen mit Ladekondensator die Brummspannung proportional mit dem Laststrom steigt, besteht die Gefahr, daß bei großen Strömen die für Elektrolytkondensatoren zulässigen Werte nach TGL 200-8278/01 überschritten werden. Es erweist sich dann als zweckmäßig, Zweiwegschaltungen mit nachfolgendem *LC*-Glied (d.h. ohne Ladekondensator) einzusetzen, die zudem den Vorteil haben, daß die Lastabhängigkeit der Ausgangsspannung bis zu einem kritischen unteren Laststromwert nur sehr gering ist. In den meisten Fällen ist die Ladekondensatorschaltung jedoch einsetzbar und ökonomischer.

6.1.3.2. Stabilisierte Netzstromversorgung mit Gleichspannungsausgang

Stabilisierung durch ein nichtlineares Bauelement (Bild 6.1.8). Das Schaltungsprinzip hat heute nur noch geringe Bedeutung. Die bekannteste Variante ist die Stabilisierung durch

Z-Dioden. Ihre Ausgangsleistung ist auf wenige Watt begrenzt. Vorteilhaft ist der einfache Aufbau; nachteilig sind der geringe Wirkungsgrad (≈0,5), die ziemlich hohen Toleranzen der Z-Spannung innerhalb eines Nennspannungswerts und der relativ große Temperaturkoeffizient der Z-Spannung, wenn diese merklich von 5 V abweicht. Er kann allerdings durch eine oder mehrere in Reihe zur Z-Diode geschaltete Dioden herabgesetzt werden. Diese Kombination wird als Referenzelement bezeichnet, wenn die Dioden in einem gemeinsamen Gehäuse untergebracht und optimal kompensiert sind. Referenzelemente dienen vor allem in hochwertigen Spannungsreglern als Normalspannungsquellen.

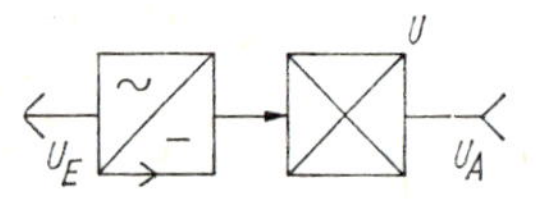

Bild 6.1.8
Prinzip einer stabilisierten Netzstromversorgung mit Gleichspannungsausgang

Eine weitere Möglichkeit der Spannungsstabilisierung ergibt sich durch Varistoren, insbesondere in Metalloxidausführung, die in gleichen Schaltungsanordnungen arbeiten wie Z-Dioden. Sie sind nur für kleine Leistungen verfügbar.

Stabilisierung durch einen Regler. Spannungsregler vergleichen den Ausgangswert einer Stromversorgung mit einer Normalspannung, verstärken die gebildete Differenz und beeinflussen das Stellglied derart, daß die Differenz möglichst einen konstanten Wert beibehält. Je höher die Verstärkung innerhalb eines solchen proportional wirkenden Regelkreises ist, desto kleiner sind die Abweichungen der Ausgangsspannung vom Sollwert. Begrenzt wird der Stabilisierungsfaktor durch Instabilitäten infolge von Phasenverschiebungen zwischen Eingangs- und Ausgangsspannung des offenen Regelkreises.

Die Bereitstellung einer Normal- oder Bezugsspannung erfolgt fast ausschließlich mittels Z-Dioden, die bei höheren Ansprüchen als Referenzelement ausgebildet sind und bei höchsten Anforderungen mit Konstantstrom gespeist werden.

Das Stellglied ist entweder ein Transduktor oder ein steuerbarer Halbleiter (Thyristor, Triac, Transistor). Seine Anordnung innerhalb der Schaltung (in Reihe oder parallel zur Last) hängt weitgehend von den gegebenen bzw. geforderten Reglerparametern ab.

Transduktorregler (Bild 6.1.9). Ein Transduktor besteht aus Drosselspulen mit ferromagnetischem Kern und zusätzlichen Gleichrichterdioden. Die nichtlinearen magnetischen Eigenschaften der Kerne werden zur Steuerung von Spannung und Strom in einem Wechselstromkreis ausgenutzt. Es wird vor allem das spannungssteuernde Prinzip, auch Selbstsättigungsschaltung genannt, eingesetzt (Bild 6.1.9).

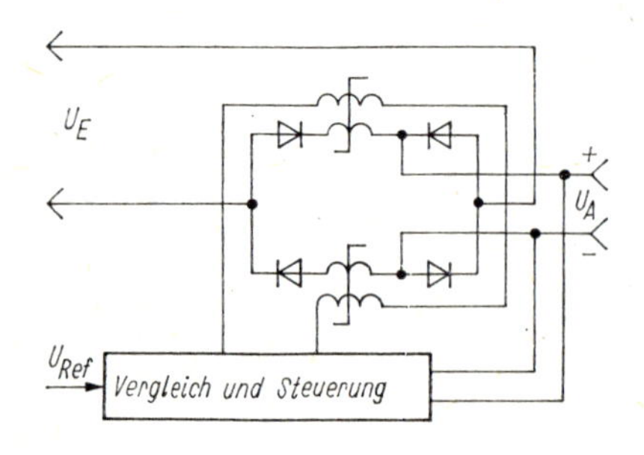

Bild 6.1.9
Prinzip des Transduktorreglers (spannungszeitflächengesteuert mit Gleichspannungsausgang)

Wegen der großen Masse und der unökonomischen Technologie für die Wickelkörper hat der Transduktorregler gegenüber Halbleiterreglern heute an Bedeutung verloren; er ist jedoch noch häufig in Stromversorgungen der Nachrichtentechnik anzutreffen.

Thyristorregler (Bild 6.1.10). Wird das Stellglied auf der Primärseite angeordnet

(Bild 6.1.10a), dann sind zwei Thyristoren antiparallel zu schalten. Die um 180° elektrisch versetzten Zündimpulse für die Phasenanschnittssteuerung muß man über Übertrager oder Optokoppler galvanisch vom Sekundärkreis trennen, was bei einem auf der Sekundärseite liegenden Stellglied vermieden wird (Bild 6.1.10b). Bei dieser Variante ist das Stellglied ein gesteuerter Gleichrichter, meist in Form einer Halbbrückenschaltung. Der Vorteil des Thyristorreglers ist sein guter Wirkungsgrad, da im Stellglied nur geringe Verluste auftreten, weil lediglich zwei statische Zustände (gesperrt – durchgeschaltet) möglich sind. Als nachteilig erweisen sich die lange Ausregelzeit, da mehrere Netzfrequenzperioden für den Regelvorgang notwendig sind, und das Entstehen von Funkstörspannungen infolge der steilen Schaltflanken.

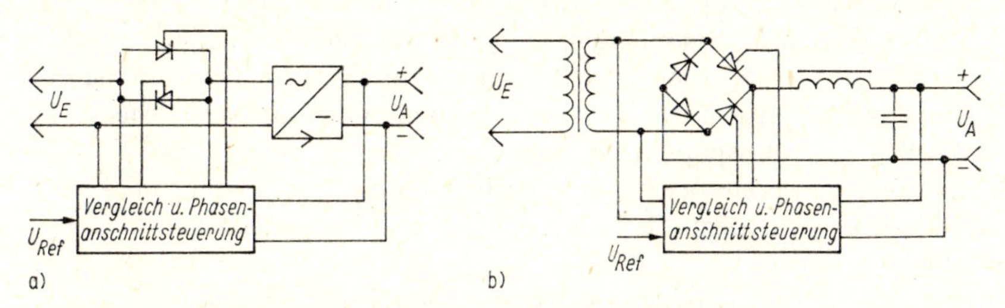

Bild 6.1.10. Prinzip des Thyristorreglers mit Gleichspannungsausgang
a) Thyristor primärseitig; b) Thyristor sekundärseitig

Thyristorregler werden vor allem bei größeren Ausgangsleistungen und als Vorstufe stetig arbeitender Transistorregler mit großem Ausgangsspannungsbereich eingesetzt.

Transistorregler (Bild 6.1.11). Man unterscheidet bei diesem Reglertyp zwei grundsätzlich unterschiedliche Funktionsweisen des Stellglieds: Entweder wirkt der Transistor als variabler ohmscher Widerstand (stetiger Regler) oder als elektronischer Schalter (Schaltregler). Beim stetigen Regler (Bild 6.1.11a) liegt das Stellglied nahezu ausschließlich in Reihe zur Last. An ihm fällt ständig die Differenz zwischen konstanter Ausgangsspannung und schwankender Eingangsgleichspannung ab. Da außerdem stets der gesamte Laststrom über den Transistor fließt, verbraucht er eine nicht unerhebliche Leistung. Seine Montage auf Kühlkörpern ist deshalb fast immer erforderlich. Bei einstellbaren Aus-

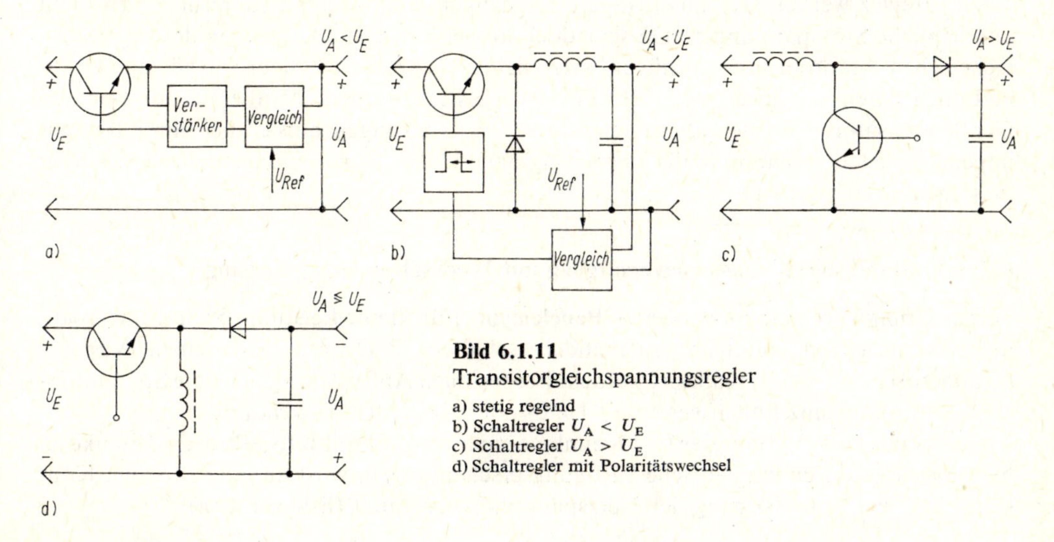

Bild 6.1.11
Transistorgleichspannungsregler
a) stetig regelnd
b) Schaltregler $U_A < U_E$
c) Schaltregler $U_A > U_E$
d) Schaltregler mit Polaritätswechsel

gangsspannungen, z. B. in Labornetzgeräten, stößt man schnell an die zulässige Verlustleistung, wenn nicht die Eingangsspannung, z. B. durch Umschaltung oder einen Thyristorregler, ebenfalls entsprechend variiert wird.

Stetige Gleichspannungsregler werden heute sehr oft mit integrierten Schaltkreisen (z. B. MAA 723) realisiert, wobei man die Ausgangsleistung durch zuschaltbare Leistungstransistoren nahezu beliebig erhöhen kann. Bei integrierten Festspannungsreglern, die Ausgangsströme bis zu einigen Ampere verarbeiten können, entfällt sogar die sonst noch notwendige Außenbeschaltung der IS zur Spannungseinstellung, Strombegrenzung und Stabilisierung.

Stetige Regler haben, insbesondere in integrierter Form, ausgezeichnete Regeleigenschaften (hoher Stabilisierungsfaktor, kurze Ausregelzeit), verursachen keinerlei Funkstörspannungen und eignen sich besonders für die dezentrale Versorgung einzelner Funktionsgruppen großer Geräte oder Einrichtungen. Ihr einziger Nachteil ist der schlechtere Wirkungsgrad gegenüber Schaltreglern, besonders bei niedrigen Ausgangsspannungen und großen Eingangsspannungsschwankungen.

Schaltregler. Bei ihm ist ein Energiespeicher erforderlich, da hier die Leistung der Quelle impulsförmig entnommen wird, dem Verbraucher aber stetig zugeführt werden muß. Energiespeicher ist eine Drossel.

Mit der Schaltung nach Bild 6.1.11 b ergibt sich eine Abwärtstransformation ($U_A < U_E$), mit der nach Bild 6.1.11 c eine Aufwärtstransformation ($U_A > U_E$). Im Bild 6.1.11 d ist das Prinzip einer Polaritätsumkehrung von U_A gegenüber U_E dargestellt. Die Regelung erfolgt entweder durch Änderung der Schaltfrequenz bei konstanter Einschaltdauer oder durch Änderung der Einschaltdauer bei konstanter Schaltfrequenz. Die zweite Methode (Impulsbreitenregelung) hat sich weitgehend durchgesetzt, allerdings ändern sich bei sog. frei schwingenden Reglern sowohl Frequenz als auch Impulsbreite. Frei schwingende Regler haben keinen gesonderten Festfrequenzgenerator. Die Schaltfrequenz liegt meist oberhalb der Hörbarkeitsgrenze ($\geqq 16$ kHz), wodurch außerdem die erforderliche Speicherdrossel klein gehalten und Ferritkerne verwendet werden können.

Die Verluste im Stellglied setzen sich überwiegend aus den Umschaltverlusten und den relativ geringen Durchlaßverlusten eines Transistors im Sättigungszustand zusammen, sind also wesentlich kleiner als beim stetigen Regler, so daß der Schaltregler einen wesentlich besseren Wirkungsgrad hat.

Schaltregler weisen aber ungünstigere Regeleigenschaften auf und verursachen nicht unerhebliche Störspannungen. Da sie jedoch in vielen Anwendungsfällen den regelungstechnischen Anforderungen genügen, setzt sich dieses Prinzip immer stärker durch, zumal auch bereits integrierte Ausführungen hergestellt werden. An die ausgangsseitigen Siebkondensatoren werden allerdings höhere Anforderungen hinsichtlich ihrer Reihenimpedanz gestellt, wenn man die Forderung nach kleiner Schwingungsbreite und kurzer Ausregelzeit erfüllen will.

6.1.3.3. Stabilisierte Netzstromversorgung mit Wechselspannungsausgang

Stabilisierung durch ein nichtlineares Bauelement. Für kleine Leistungen kann eine Spannungsstabilisierung durch gegeneinandergeschaltete Z-Dioden oder einen Varistor (symmetrisch arbeitend) realisiert werden. Bei geringen Anforderungen an die Spannungs- bzw. Stromkonstanz finden vereinzelt Heiß- oder Kaltleiter Anwendung.

Der nichtlineare Verlauf der *U–I*-Kennlinie einer Drossel mit luftspaltlosem Eisenkern, hervorgerufen durch magnetische Sättigungserscheinungen, wird im magnetischen Konstanthalter zur Stabilisierung der Netzspannung ausgenutzt **(Bild 6.1.12a)**.

Magnetische Netzspannungskonstanthalter zeichnen sich durch große Robustheit (überlastungssicher) und breiten Eingangsspannungsbereich aus, haben aber eine große Masse. Die Ausgangsspannung ist ohne zusätzliche Schaltungsmaßnahmen frequenzabhängig (1 % Frequenzänderung hat etwa 1,5 % Spannungsänderung zur Folge).

Durch spezielle Kernschnitte und -materialien lassen sich hinsichtlich der konstruktiven und der elektrischen Parameter merkliche Verbesserungen erreichen. Man bezeichnet solche Spannungskonstanthalter auch als Ferroresonanzstabilisatoren.

Stabilisierung durch einen Regler. Als Stellglied eignen sich auch bei Wechselspannungsreglern die meisten der bei der Gleichspannungsregelung bereits erwähnten Bauelemente, wobei hier der Schwerpunkt auf der Konstanthaltung der Netzspannung liegt. Daneben werden auch sog. Motorregler eingesetzt, bei denen als Stellglied ein motorangetriebener Stelltransformator arbeitet. **Bild 6.1.12b** zeigt die Wirkungsweise. Vorteile sind hoher Wirkungsgrad und sinusförmige Ausgangsspannung ohne Zusatzeinrichtungen; Hauptnachteil ist die lange Ausregelzeit.

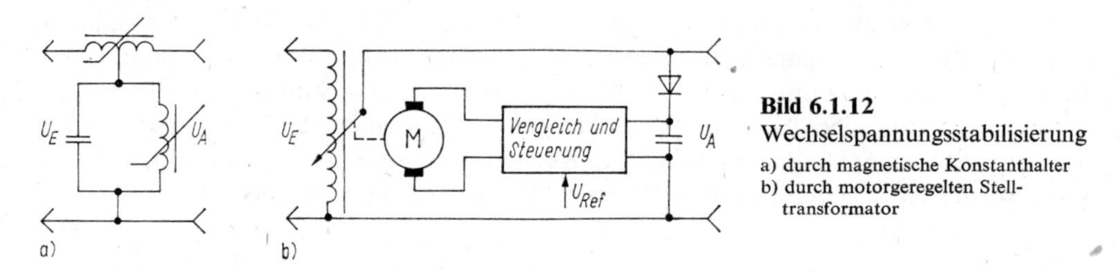

Bild 6.1.12
Wechselspannungsstabilisierung
a) durch magnetische Konstanthalter
b) durch motorgeregelten Stelltransformator

Der Transduktor hat gegenüber dem steuerbaren Halbleiter viel an Bedeutung eingebüßt. Wegen der bei Netzspannungsreglern am Stellglied auftretenden hohen Spannungen herrscht hier gegenwärtig der Thyristor vor **(Bild 6.1.13).** Er wird meist antiparallel zusammengeschaltet (Bild 6.1.13a) und ist deshalb auch durch den Triac (Symistor) ersetzbar, wobei sich die Ansteuerung noch vereinfacht. Die Ausregelzeit liegt funktionsbedingt bei einer oder mehreren Halbwellen der Netzfrequenz. Das Hauptproblem bildet der durch die Phasenanschnittsteuerung entstehende Klirrfaktor. Durch spezielle Schaltungen (Bild 6.1.13b) läßt sich dieser bereits relativ klein halten; der Rest muß durch Filteranordnungen (z.B. auf die Oberwellen abgestimmte Saugkreise) beseitigt werden. Für sehr hohe Ansprüche an das Regelverhalten finden Transistorregler Anwendung, bei denen eine Augenblickswertstabilisierung erfolgt. Der Istwert wird mit einer sinusförmi-

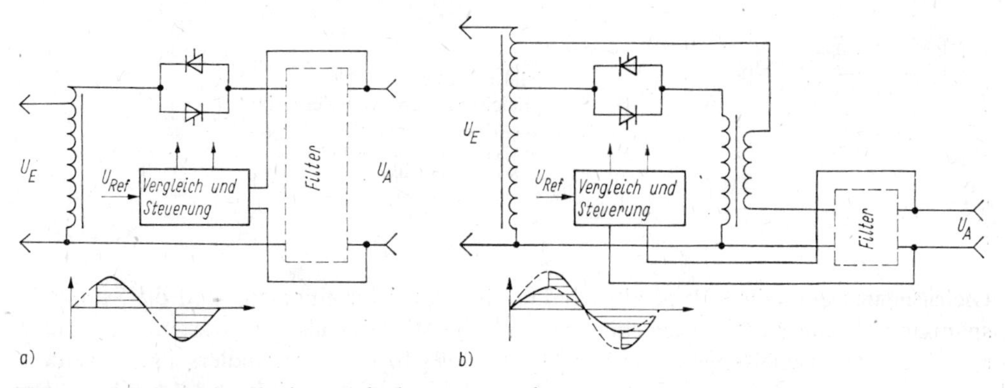

Bild 6.1.13. Prinzip des Thyristorwechselspannungsreglers
a) mit Phasenanschnittsteuerung; b) mit verringertem Oberwellengehalt

gen Bezugsspannung verglichen, und eventuelle Abweichungen werden über das Transistorstellglied sofort, also innerhalb des Bruchteils einer Periode, ausgeglichen. Da der regelungstechnische Aufwand und die Stellgliedkosten relativ hoch sind, beschränkt sich der Einsatz solcher Regler heute nur noch auf Spezialfälle.

6.1.3.4. Stromversorgung mit Gleichspannungseingang

Neben der Stromversorgung mit Netzspeisung gewinnt die mit Gleichspannung immer mehr an Bedeutung, da sich mit ihnen u. a. im Zusammenwirken mit anderen Funktionsgruppen sehr interessante Lösungen ergeben und manches bisherige Stromversorgungsproblem erfolgreich gelöst werden kann.

Stromversorgungen mit Gleichspannungsspeisung dienen vor allem dazu, eine vorhandene Gleichspannung z. B. von einer Batterie in eine oder mehrere andere, oft stabilisierte Gleich- bzw. Wechselspannungen umzuwandeln. Eine der prinzipiellen Möglichkeiten mit Gleichspannungsausgang ist bereits im Abschnitt 6.1.3.2. erwähnt worden. Hier wird auf solche Lösungen eingegangen, bei denen gleichzeitig eine galvanische Trennung zwischen Eingang und Ausgang erfolgt. Das Grundprinzip besteht darin, daß die Eingangsspannung durch einen in Reihe mit der Primärwicklung eines Übertragers liegenden elektronischen Schalter periodisch ein- und ausgeschaltet wird, so daß durch Induktion in der Sekundärwicklung eine Rechteckwechselspannung entsteht, die entweder wieder gleichgerichtet wird oder als Wechselspannung verfügbar ist.

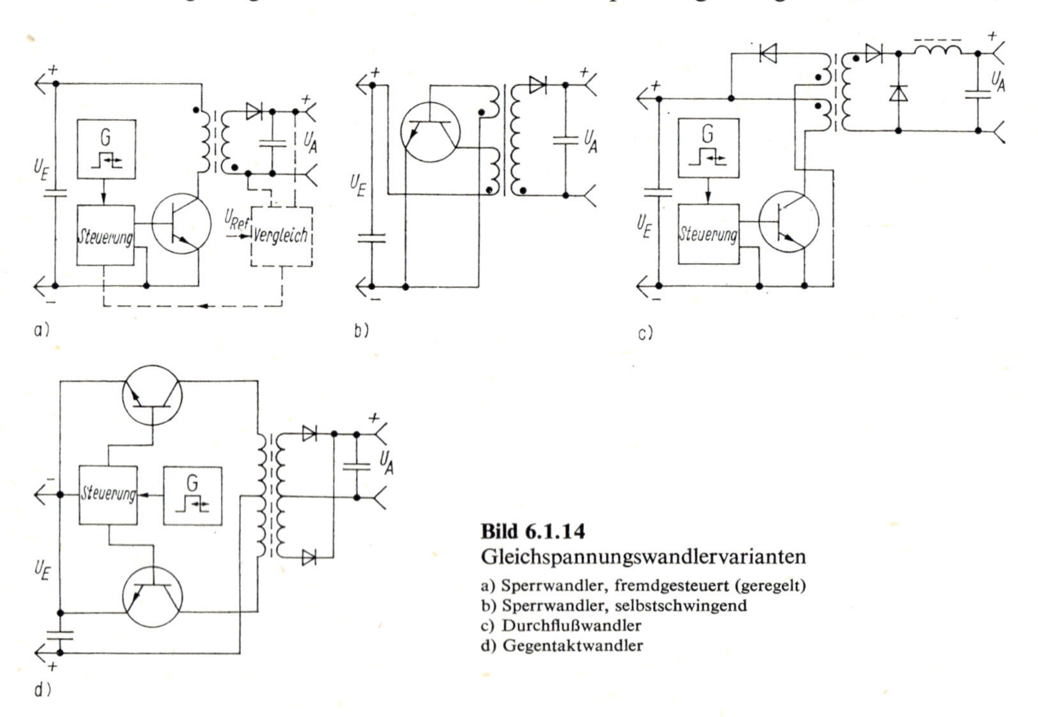

Bild 6.1.14
Gleichspannungswandlervarianten
a) Sperrwandler, fremdgesteuert (geregelt)
b) Sperrwandler, selbstschwingend
c) Durchflußwandler
d) Gegentaktwandler

Gleichspannungswandler. Wird als Schalter ein Transistor eingesetzt und die Sekundärspannung gleichgerichtet, bezeichnet man solche Wandler als Transverter. Man unterscheidet Eintaktschaltungen in Form eines Fluß- bzw. Sperrwandlers und Zweitaktschaltungen, ausgeführt als Gegentakt- bzw. Brückenwandler **(Bild 6.1.14a bis d).** Der heutige Stand der Halbleitertechnik gestattet Ausgangsleistungen von wenigen Watt und darunter bis zu mehreren Kilowatt bei Eingangsspannungen von einigen Volt bis zu mehreren hundert Volt. Bezüglich der Regeleigenschaften und der Schaltfrequenz gilt analog das bereits im Abschnitt 6.1.3.2. Gesagte.

Wechselrichter (Bild 6.1.15). Wechselrichter sind Spannungswandler mit Wechselspannungsausgang. Da der überwiegende Einsatzbereich bei höheren Leistungen und niedrigen Schaltfrequenzen (50 bis 400 Hz) liegt, werden als Schalter z.Z. meist Thyristoren eingesetzt. Da zum Ausschalten des Thyristors spezielle Löschschaltungen notwendig sind und die Sekundärspannung nicht sinusförmig ist (für Sinusspannung sind umfangreiche Filter notwendig), ist ein Thyristorwechselrichter relativ aufwendig. Auch hier gewinnt der Transistor, beginnend bei kleineren Leistungen, ständig an Bedeutung. Die Stabilisierung der Ausgangsspannung des Thyristorwechselrichters kann durch Variation der Einschaltdauer, durch Regelung der Eingangsgleichspannung oder der Ausgangswechselspannung erfolgen. Da stets eine konstante Ausgangsfrequenz gefordert wird, muß immer ein getrennter frequenzstabiler Steuergenerator vorhanden sein.

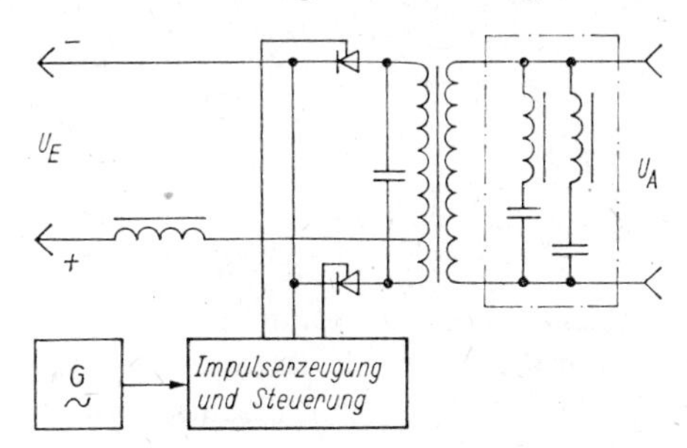

Bild 6.1.15
Prinzip des Gegentaktwechselrichters

Wechselrichter werden vor allem dort eingesetzt, wo nur eine Gleichspannung zur Verfügung steht und netzgespeiste Geräte betrieben werden sollen (z.B. auf Fahrzeugen) oder wo eine unterbrechungsfreie Versorgung zu gewährleisten ist.

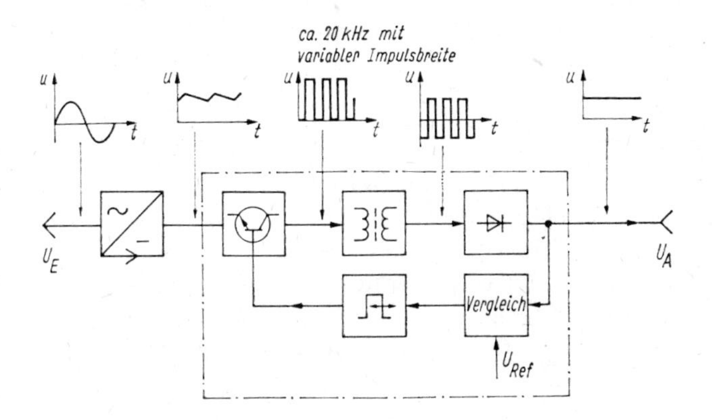

Bild 6.1.16
Prinzip des Schaltnetzteils

6.1.3.5. Schaltnetzteil

Seit wenigen Jahren setzt sich auf dem Gebiet der Netzstromversorgung das Schaltnetzteil immer mehr durch, mit dem sich wesentliche Verbesserungen gegenüber der klassischen Stromversorgung realisieren lassen. Das Schaltnetzteil ist die Kombination einer direkten Netzgleichrichtung und eines Transverters mit geregelter Ausgangsspannung **(Bild 6.1.16).** Es vereinigt die Vorteile des Schaltreglers mit dem eines wegen der hohen Betriebsfrequenz des Wandlers sehr kleinen und leichten Übertragers und wurde durch

Hochspannungsschalttransistoren realisierbar. Mit ihm lassen sich bei Verbesserung des Wirkungsgrads (um 25 bis 40 %) Volumen- und Massenreduzierungen auf 20 bis 30 % erreichen. Darüber hinaus wird ohne zusätzlichen Aufwand ein Netzspannungsausfall oder -zusammenbruch von etwa ½ bis 1 Periode sicher überbrückt, was für die Rechen- und Steuerungstechnik von Bedeutung ist. Integrierte Ansteuerschaltungen gewährleisten einen wirtschaftlichen Aufbau und eine gegenüber den bisherigen Stromversorgungen mindestens gleich hohe Zuverlässigkeit.

6.1.3.6. Unterbrechungsfreie Stromversorgung

Einrichtungen, bei denen durch Ausfall der Netzspannung schwerwiegende Nachteile auftreten (z.B. in der Fernmeldetechnik und auf bestimmten Gebieten der Steuer- und Regelungstechnik), müssen unterbrechungsfrei gespeist werden. Wesentlichstes Element ist ein zusätzlicher Energiespeicher, meist in Form von Akkumulatoren **(Bild 6.1.17).**

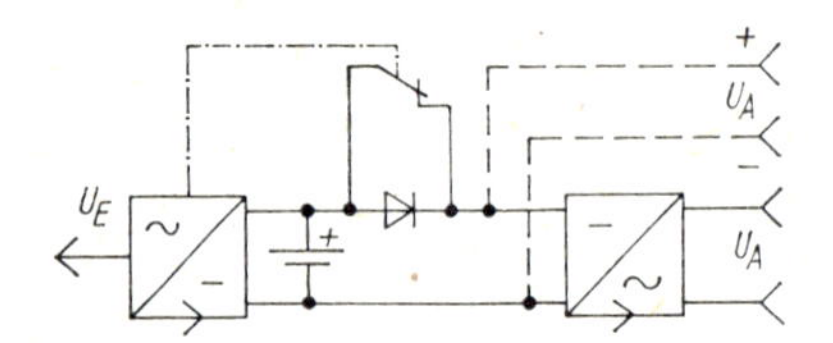

Bild 6.1.17
Prinzip
der unterbrechungsfreien Stromversorgung

Während des Netzbetriebs wird sowohl der Verbraucher versorgt als auch die Batterie geladen bzw. geladen gehalten. Bei Netzausfall übernimmt sofort die Batterie die Versorgung, und zwar so lange, bis der Ausfall beendet oder ihre Kapazität erschöpft ist.

Müssen netzspannungsgespeiste Verbraucher versorgt werden, dann ist ein Wechselrichter zwischen Verbraucher und Batterie bzw. Gleichrichterausgang zu schalten. Zur weiteren Erhöhung der Zuverlässigkeit werden oft zwei Netzgleichrichter und zwei Wechselrichter in Halblastbetrieb eingesetzt. Bei der Gleichrichter-Batterie-Kombination unterscheidet man entsprechend den Verbraucherbedingungen und der geforderten Netzausfallüberbrückungszeit hauptsächlich Puffer-, Bereitschaftsparallel- und Umschaltbetrieb.

6.1.3.7. Schutz- und Signaleinrichtungen

Zur Verhinderung unzulässiger Erwärmungen oder anderer Überbeanspruchungen von Bauelementen und zum Schutz der angeschlossenen Verbraucher und Leitungen vor Überlastungen sind Schutzeinrichtungen erforderlich.

Am einfachsten und am weitesten verbreitet sind Geräteschmelzeinsätze. Ihre Ansprechzeit und der Überlastfaktor (Verhältnis von Ansprech- zu Nennstrom) sind jedoch so groß, daß insbesondere Halbleiterbauelemente nicht mehr zuverlässig geschützt wer-

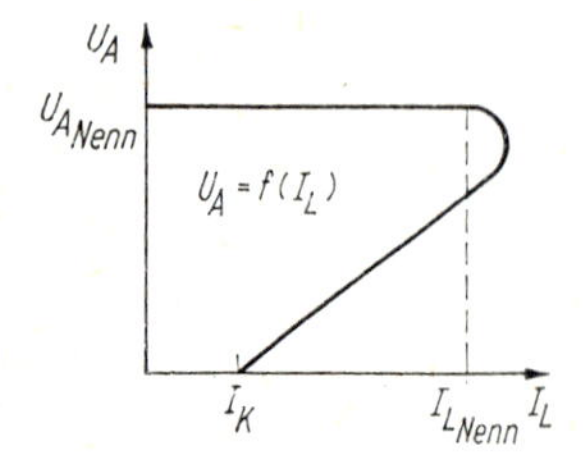

Bild 6.1.18. Kennlinie eines Gleichspannungsreglers mit Überlastungsschutz (Rückfaltung)

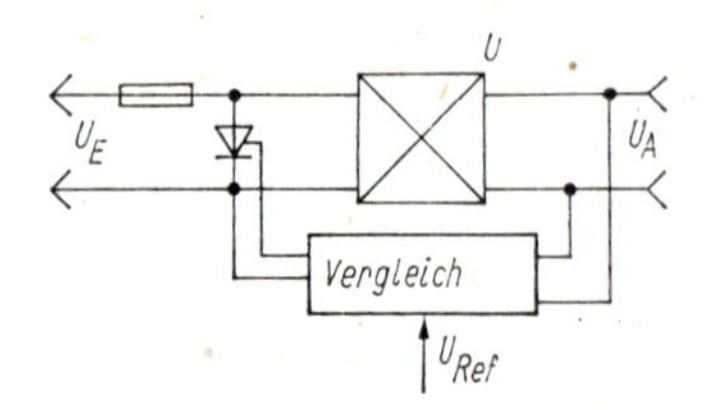

Bild 6.1.19. Thyristorkurzschlußsicherung bei Überspannung

den. Deshalb sind elektronische Schaltungen zum Überstrom- bzw. Überpannungsschutz notwendig. Bei Schaltungen mit Transistorstellglied ist der Überstromschutz mit rückgefalteter Kennlinie **(Bild 6.1.18)** weit verbreitet, weil er den Transistor sehr zuverlässig sichert. In anderen Fällen, besonders zum Schutz des Verbrauchers vor Überspannungen, setzt man Thyristorkurzschlußschaltungen **(Bild 6.1.19)** ein.

Bei den Überstromschutzschaltungen sind möglichst nur Prinzipe anzuwenden, bei denen nach Wegfall der Überlastung das Gerät automatisch wieder in Normalbetrieb übergeht.

6.1.3.8. Erwärmung

Der Wirkungsgrad von Stromversorgungen bei Nennlast liegt je nach Arbeitsprinzip zwischen 40 und 80 %. Die Verluste entstehen vor allem im Transformator, in den Gleichrichterdioden und im Stellglied des Regelkreises bzw. im nichtlinear wirkenden Stabilisierungselement einschließlich eventueller Vorwiderstände. Bei der Festlegung bzw. Berechnung dieser Bauelemente ist grundsätzlich von deren zulässiger Erwärmung (Übertemperatur), den thermischen Umgebungsbedingungen und den konstruktiven Gegebenheiten auszugehen. Außerdem muß man berücksichtigen, daß die Lebensdauer eine Funktion der Betriebstemperatur ist, was besonders für Leistungshalbleiter und Elektrolytkondensatoren gilt. Der zulässige thermische Widerstand der zuzuordnenden Kühlkörper ist von der aufgenommenen maximalen Leistung und der zulässigen bzw. vorgesehenen Übertemperatur der Halbleiter abhängig, wobei räumliche Lage und Oberflächenbeschaffenheit des Kühlkörpers sowie der thermische Übergangswiderstand der Berührungsfläche zwischen Halbleiter und Kühlkörper ebenfalls eine merkliche zusätzliche Rolle spielen. Für standardisierte Kühlprofile bzw. -körper können die R_{Th}-Werte den entsprechenden Vorschriften (z.B. TGL 26151, DIN 41882) entnommen werden (s. auch Abschn. 5.4.).

6.1.3.9. Konstruktive Gestaltung

Stromversorgungen werden heute überwiegend in Leiterplattenbauweise realisiert (s. auch Abschn. 6.1.5.). Da die regelungstechnischen Funktionsgruppen hochempfindliche Analogverstärker sind, müssen beim Leiterplattenentwurf einige wichtige Gesichtspunkte unbedingt beachtet werden. Beispielhaft seien hier genannt:

- Die das gemeinsame Bezugspotential bildenden Leiterzüge müssen einen genügend großen Querschnitt haben und sind nur an einer Stelle mit dem leistungselektronischen Teil der Stromversorgung zu verbinden.
- Der Leiterzugquerschnitt ist so festzulegen, daß auch bei Überlastungen keine unzulässige Erwärmung auftritt.
- Die Leitung für die Rückführung der Ist-Spannung (Ausgangsspannung) zum Vergleicher ist möglichst direkt an die Ausgangsklemmen anzuschließen. Auf ihr dürfen keine anderen Ströme fließen. Bei hohen Ansprüchen an die Spannungskonstanz sollte die Rückführung sogar direkt am Verbraucher angeschlossen werden, zumindest ist aber beim Einsatz von Steckverbindern der dort auftretende Spannungsabfall auszuregeln, indem man die Rückführung erst hinter der Steckverbinderbuchse anschließt **(Bild 6.1.20)**.
- Wird ein hoher Stabilisierungsfaktor gefordert, dann ist es wichtig, das Referenzelement, den Ausgangsspannungsteiler und den Strommeßwiderstand an einer relativ kalten Stelle anzuordnen. Zumindest aber ist dafür zu sorgen, daß diese Bauelemente

nicht einer wechselnden Erwärmung (z. B. des Stellglieds oder Trafos bei Wechsellast) ausgesetzt werden.

- Elektrolytkondensatoren, insbesondere bei Schaltnetzteilen und -reglern, sind durch kurze Leitungen großen Querschnitts mit den Leitungen, die den Laststrom führen, zu verbinden, damit ihre Wirkung erhalten bleibt. Das gleiche gilt sinngemäß für Kondensatoren zur Abblockung der hochfrequenten Schaltspannungen, da sonst eine Funkentstörung sehr schwierig wird.
- Bei Schaltnetzteilen ist durch sorgfältige Leitungsverlegung zu vermeiden, daß es zu kapazitiven und induktiven Kopplungen zwischen Primär- und Sekundärseite kommt.

Da besonders netzgespeiste Stromversorgungen lebensgefährliche Spannungen führen, sind eine Reihe sicherheitstechnischer Forderungen zu beachten, die in TGL 200-0602 und TGL 29286/04 und u.a. in DIN IEC 65/VDE 0860 festgelegt sind.

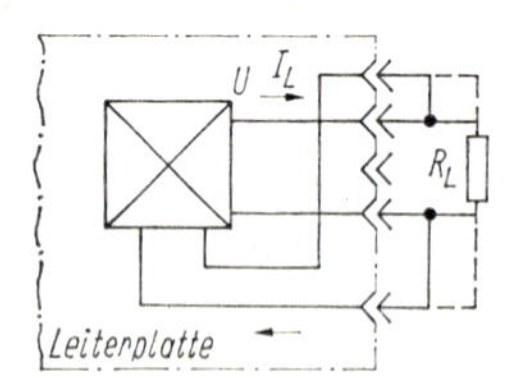

Bild 6.1.20
Rückführung der Istspannung

Stromversorgungen verbrauchen, bezogen auf das Volumen, die meiste Leistung. Sie sind deshalb in Geräten und Gestellen möglichst so anzuordnen, daß andere Funktionsgruppen nicht aufgeheizt werden. In Gestellen ist der Einbau im oberen Teil zweckmäßig, wenn es die mechanische Stabilität zuläßt (s. auch Abschn. 5.4.).

6.1.4. Elektrische Leitungsverbindungen
[6.1.10] [6.1.17] [6.1.19] [6.1.29] [6.1.30]

6.1.4.1. Funktion und Aufbau

Innerhalb der elektrisch-elektronischen Funktionsgruppen kommt den Leitungsverbindungen die Aufgabe zu, die Funktionselemente funktionell zu koppeln. Sie haben die aus fertigungs- und montagetechnischen Gründen getrennt aufgebauten elektrisch-elektronischen Bauelemente so untereinander zu verbinden, daß der zwischen ihnen erforderliche Energie- oder Informationsfluß gewährleistet wird. Daraus resultiert der im **Bild 6.1.21** dargestellte prinzipielle Aufbau der Leitungsverbindung. Sie besteht demnach aus

- dem Leitungs- oder Übertragungselement mit der ausschließlichen Funktion des Leitens oder Übertragens von Energie- oder Informationsflüssen und
- aus den Verbindungs- oder Kontaktelementen, die sich i. allg. aus jeweils einem Paar von Anschlußelementen des Bau- und des Leitungselements zusammensetzen.

Die Verbindungs- oder Kontaktelemente haben zwei Funktionen: zu leiten und zu verbinden. Damit wird deutlich, daß Leitungsverbindungen keine Anordnungsfunktionen für die zu verbindenden Bauelemente übernehmen dürfen.

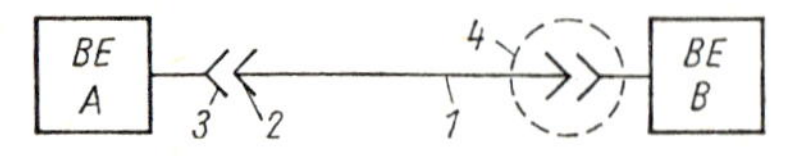

Bild 6.1.21. Prinzipieller Aufbau einer elektrischen Leitungsverbindung

1 Leitungs- oder Übertragungselement; *2* Anschlußelement des Leitungselements; *3* Anschlußelement des Bauelements; *4* Verbindungs- oder Kontaktelement; *BE* Bauelement

Tafel 6.1.18. Elektrische Leitungselemente (Auswahl, DIN-Normen s. Tafel 6.1.30)

Art des Leitungselements	Kurzzeichen	Ausführungsform und -daten	Anwendung
1. Schwachstromleitungen, feste Legung			
Schaltdraht, blank (TGL 5477)			Masse- oder Erdleiter in Geräten und Anlagen
Gedruckte Leitung	BY, BLiY	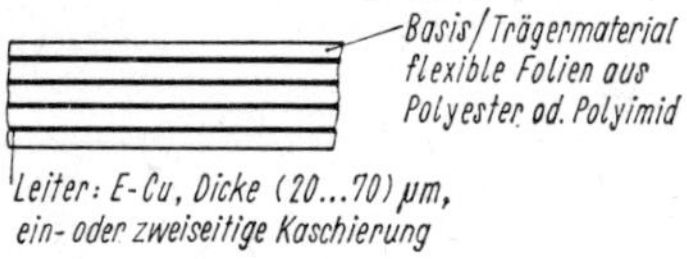 Basis/Trägermaterial flexible Folien aus Polyester od. Polyimid; Leiter: E-Cu, Dicke (20...70) µm, ein- oder zweiseitige Kaschierung	Signalleitungen für kleinste Volumina, mit minimaler Masse, hoher Reproduzierbarkeit der Leitungseigenschaften, hoher Flexibilität und Festigkeit, minimaler Anpassung an den Geräteaufbau
Fernmelde-schaltdraht, ein- bis fünfadrig (TGL 21806/05)	SL, SUL, LSL, LUL, LSUL, LSL(St, LSL(St) UL, LSUL(St, UL, Y, Yh, 7Y, Y(C), Y(St)Y	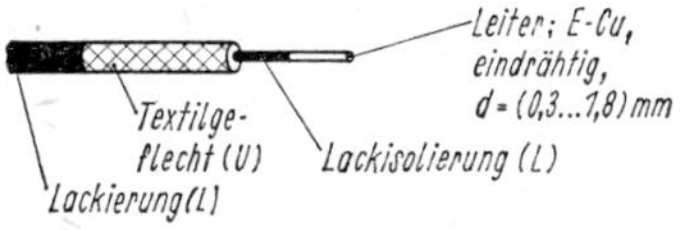 Leiter: E-Cu, eindrähtig, $d = (0{,}3...1{,}8)$ mm; Textilgeflecht (U); Lackisolierung (L); Lackierung (L)  Leiter; Isolierhülle: Plast (Y); Mantel: Plast (Y); Bewicklung; Schirm: Bewicklung aus Cu-Folie (St)	universeller Schaltdraht für Signalleitungen in allen Verdrahtungen der Gerätetechnik mit Löt-, Quetsch-, Klemm- oder Wickelverbindung; bei Scheuerbeanspruchung nur Y-Drähte; für fremdspannungsfreie Leitungen mit Schirm als Geflecht (*C*) oder Verbundfolie (St)
Fernmeldeschaltlitze, ein- bis fünfadrig (TGL 21806/06	LiSU, LiSUL, LiSL, Li2G, Li2Y, LiY, LiYfl, LiY(C), Li2Y(C)Y	Aufbau wie bei Fernmelde-Schaltdrähten Leiter: E-Cu, feindrähtig, besonders flexibel $A = (0{,}02 ... 1{,}5)$ mm²	insbesondere für Leitungen, die bei der Legung hohe Flexibilität aufweisen müssen
2. Schwachstromleitungen, ortsveränderliche Legung			
Fernmelde-schlauchleitung, 1- bis 32adrig (TGL 21807/05)	HGG, HG(C)G, HYY, HYF(C)Y	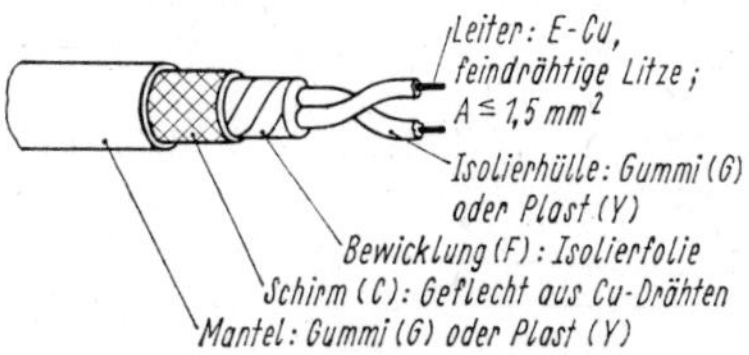 Leiter: E-Cu, feindrähtige Litze; $A \leq 1{,}5$ mm²; Isolierhülle: Gummi (G) oder Plast (Y); Bewicklung (F): Isolierfolie; Schirm (C): Geflecht aus Cu-Drähten; Mantel: Gummi (G) oder Plast (Y)	Signalleitungen für ortsveränderliche Legung in der Gerätetechnik
Koaxiales Hochfrequenzkabel, 50 Ω, 60 Ω, 75 Ω (TGL 200-1579/05)		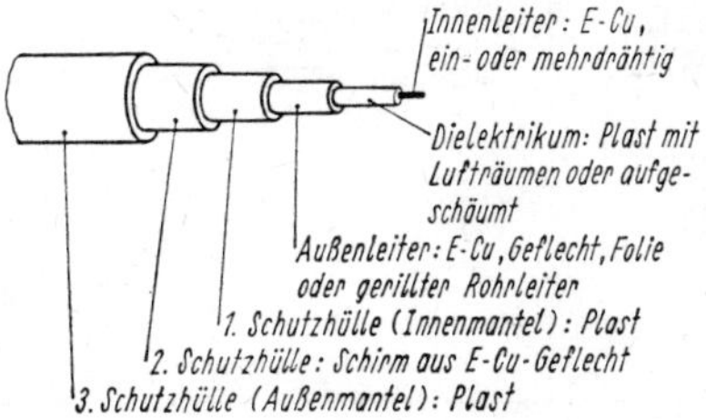 Innenleiter: E-Cu, ein- oder mehrdrähtig; Dielektrikum: Plast mit Lufträumen oder aufgeschäumt; Außenleiter: E-Cu, Geflecht, Folie oder gerillter Rohrleiter; 1. Schutzhülle (Innenmantel): Plast; 2. Schutzhülle: Schirm aus E-Cu-Geflecht; 3. Schutzhülle (Außenmantel): Plast	Signalübertragung in der Rundfunk- und Fernsehsendetechnik, der Trägerfrequenztechnik, der Hochfrequenzmeßtechnik, der Fernsehempfangstechnik (Antennenkabel)

Tafel 6.1.18 (Fortsetzung)

Art des Leitungselements	Kurzzeichen	Ausführungsform und -daten	Anwendung
Symmetrische Hochfrequenzleitung, 240 Ω, 300 Ω (TGL 200-1579/09)		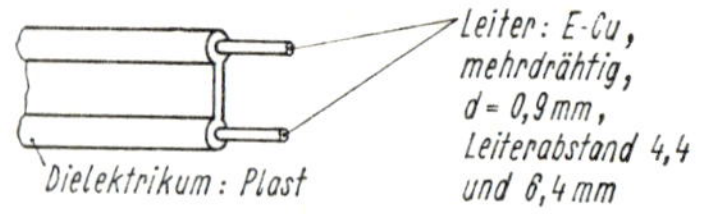 Leiter: E-Cu, mehrdrähtig, d = 0,9 mm, Leiterabstand 4,4 und 6,4 mm; Dielektrikum: Plast	wie bei koaxialem Hochfrequenzkabel
3. Starkstromleitungen, feste Legung			
Schiene, blank (TGL 5477, TGL 5478)		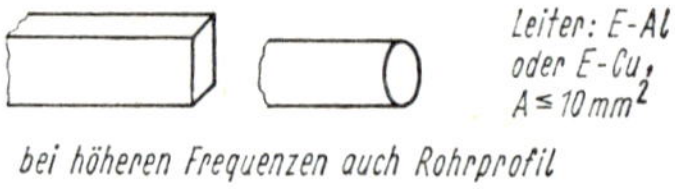 Leiter: E-Al oder E-Cu, $A \leq 10\,mm^2$; bei höheren Frequenzen auch Rohrprofil	Hauptstrom(sammel)-leitungen oder Erdungs(sammel)leitungen in größeren Geräten; Befestigung auf Porzellan- und Plastisolatoren oder in Hartpapierkämmen gleitend oder mit Dehnungsbändern wegen Längenänderungen
Aderleitung, einadrig (TGL 21 804/05/11)	NYA, NGA	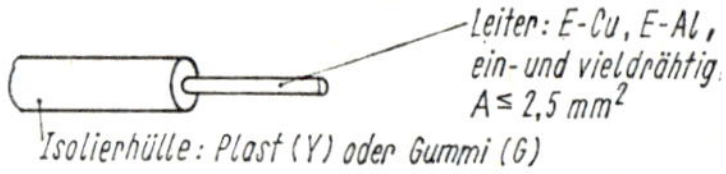 Leiter: E-Cu, E-Al, ein- und vieldrähtig, $A \leq 2{,}5\,mm^2$; Isolierhülle: Plast (Y) oder Gummi (G)	für geschützte Legung in Rohr oder Kanal, auf und unter Putz, auf Isolierkörpern, als Steuerleitung (*St*)
4. Starkstromleitungen, ortsveränderliche Legung			
Zwillingsleitung, Drillingsleitung (TGL 21 805/05)	NYZ, NYD	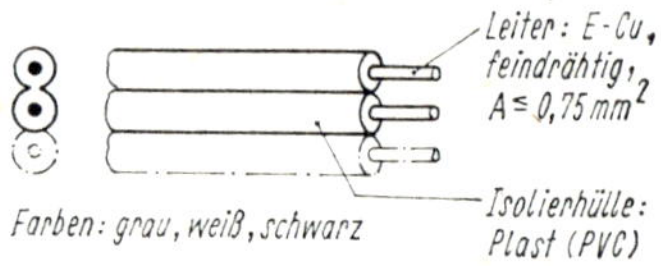 Leiter: E-Cu, feindrähtig, $A \leq 0{,}75\,mm^2$; Isolierhülle: Plast (PVC); Farben: grau, weiß, schwarz	für Netzanschluß ortsveränderlicher Geräte (z.B. Rundfunk-, Fernseh-, Phonogeräte, Elektrorasurgeräte) bei geringen mechanischen Belastungen; NYZ auch mit thermoplastisch angeformtem Flachstecker (Europastecker)
Gummischlauchleitung; ein-, drei- und vieradrig (TGL 21 805/09/10/11)	NHGGU, NLH, NMH	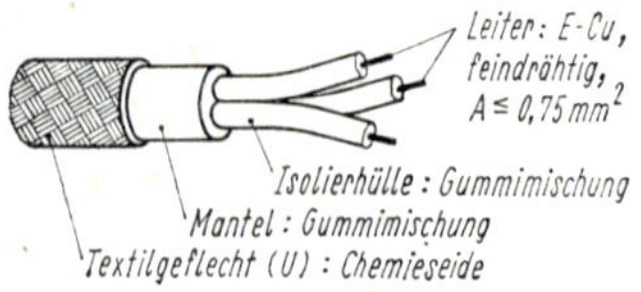 Leiter: E-Cu, feindrähtig, $A \leq 0{,}75\,mm^2$; Isolierhülle: Gummimischung; Mantel: Gummimischung; Textilgeflecht (U): Chemieseide	für Netzanschluß ortsveränderlicher Geräte (z.B. Bügelgeräte, Tauchsieder, Staubsauger, Kühlschränke, Waschmaschinen, Elektroherde, Büromaschinen), hohe Biegeelastizität

6.1.4.2. Leitungselemente

Leitungselemente bewirken nur eine Ortsveränderung der zu übertragenden Größen. Daraus ergeben sich folgende funktionelle Optimierungskriterien:

- minimale Übertragungsverluste (Energieverluste, Verluste durch Nebenschlüsse, Laufzeiteffekte und Reflexionen an den Leitungsenden)
- minimale Störbeeinflussung von außen (kapazitive, induktive, thermische Beanspruchungen; klimatische Einwirkungen, insbesondere durch Feuchtigkeit und Strahlung)
- minimale Störwirkung nach außen (kapazitive, induktive, galvanische und thermische Wirkungen; elektrischer und mechanischer Berührungsschutz).

Tafel 6.1.19. Lösbare und bedingt lösbare elektrische Kontakte (Auswahl, DIN-Normen s. Tafel 6.1.30)

Verbindungs- oder Kontaktart	Charakteristik/ Anwendung	Ausführungsformen
1. Klemmverbindung (TGL 21590)	Verbindung, bei der der Leiter mittelbar oder unmittelbar durch besondere Anschlußelemente lösbar geklemmt wird; Anwendung als leicht lösbare Anschlüsse für Starkstrominstallation in Geräten und für Anschlüsse mit geringen Zuverlässigkeitsanforderungen	
1.1. Buchsenklemmverbindung	Klemmung des Leiters indirekt (oder direkt) durch Schrauben am Klemmanschlußstück des Bauelements oder der Baugruppe; in Starkstrominstallation sehr verbreitet, z.B. für Klemmenleisten nach TGL 200-3681	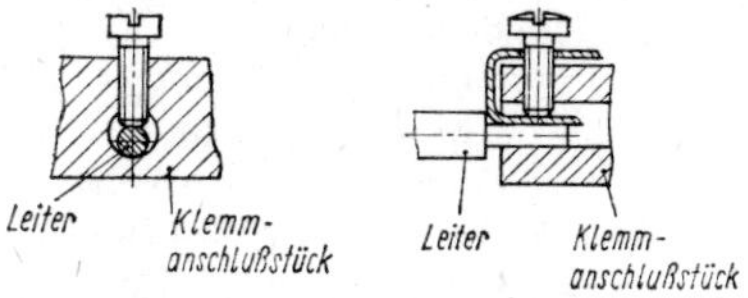
1.2. Kopfschraubenklemmverbindung	Klemmung des Leiters unmittelbar oder mittelbar durch Kabelschuhe nach TGL 11108/01 und TGL 200-3670/01 auf flaches Anschlußstück durch Schraubenkopf direkt oder indirekt; in Verbindung mit Kabelschuhen verbreitete Anwendung auch in Schwachstrominstallation	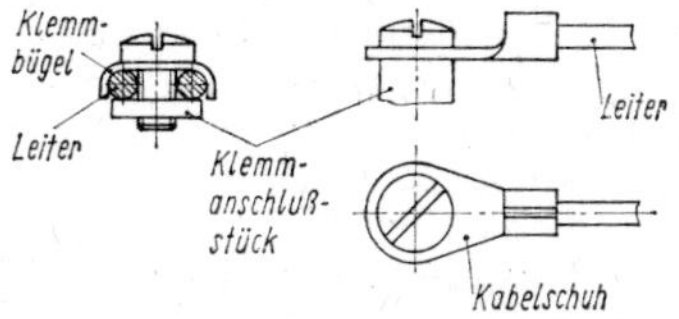
1.3. Schlitz- oder Schneidklemmverbindung	Klemmung des Leiters direkt in einem ein- oder zweifachen Kontaktschlitz; durch Schneidkanten Abisolierung der Drähte nicht erforderlich; Anschluß von Litze und Massivdraht möglich; Anwendung besonders für Anschluß von Bandleitungen an Steckverbinder	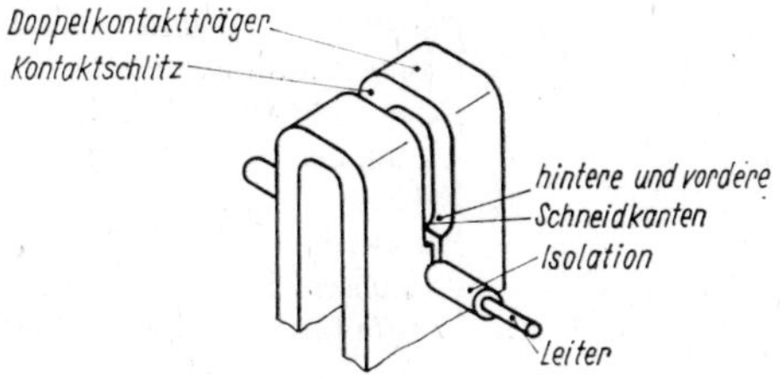

Tafel 6.1.19 (Fortsetzung 1)

Verbindungs- oder Kontaktart	Charakteristik/ Anwendung	Ausführungsformen
2. Steckverbindung	Verbindung, bei der durch federnde Ausbildung eines der beiden zu paarenden Anschlußelemente der Form Stecker–Buchse ein kraftschlüssiger Kontakt realisiert wird; Anwendung als sehr leicht lösbare Verbindung für Stark- und Schwachstrom-, Nieder- und Hochfrequenzzwecke in der gesamten Gerätetechnik	
2.1. Flachsteckverbindung (TGL 29331)	Ausbildung des Paarungssystems Stecker–Buchse in flacher Reihenanordnung als Steckerleiste und Buchsenleiste mit (14 ... 90) Einzelkontakten hoher Zuverlässigkeit und großer Lebensdauer	
2.1.1. Direkter Steckverbinder (TGL 29331/01)	Ausbildung der Randzone einer Leiterplatte als Steckerleiste: Oberflächenveredelung der Kontaktleiterzüge mit Palladium-Gold; Anwendung von Kodierschlitzen zur Erreichung einer unverwechselbaren Steckung. Buchsenleiste: Kontaktfedern unterschiedlicher Form und unterschiedlichen Werkstoffs; Anschlußstifte der Buchsenleiste für Lötung oder Wickelverbindung Steckkräfte 0,4...0,9 N, Ziehkräfte 0,3...0,7 N; Anwendung ausschließlich für die Steckung von Leiterplatten-Funktionsbaugruppen	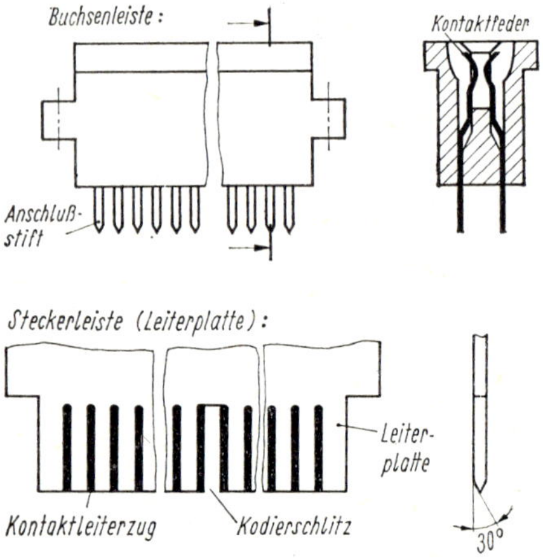
2.1.2. Indirekter Steckverbinder (TGL 29331/03/04/06/07)	Ausbildung der Steckerleiste: abgewinkelte Anschlußstifte für den Aufbau von Leiterplattensteckeinheiten mit indirektem Steckverbinder (Verlötung der Anschlußstifte in Kontaktbohrungen der Leiterplatte); gerade Anschlußstifte für Löt- und Wickelverbindung ausgebildet; geschützte Anbringung der Steckerstifte; Steckerstifte zwei- bis dreireihig. Buchsenleiste: Anschlußstifte für Löt- und Wickelbefestigung; Befestigung im Gestellrahmen starr oder schwimmend (Toleranzausgleich);	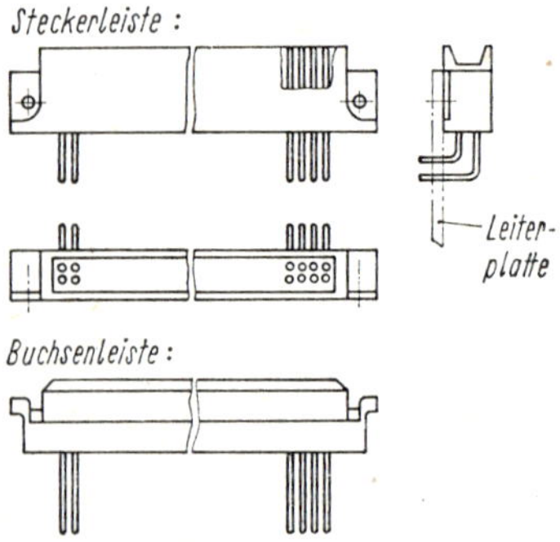

Tafel 6.1.19 (Fortsetzung 2)

Verbindungs- oder Kontaktart	Charakteristik/ Anwendung	Ausführungsformen
2.2. Flachsteckarmatur (Flachanschluß nach TGL 22425 und Flachsteckhülse nach TGL 200-3854)	Paarungssystem aus Steckhülse und flachem Anschlußstück, auf das Steckhülse aufgeschoben wird; formschlüssige Unterstützung der Verbindung durch Butzen der Hülse und Bohrung des Anschlusses; Selbstreinigungseffekt durch scharfe Kanten der Steckhülse; verbreitet in Autoelektrik, Haushaltelektrik (Waschmaschinen, Kühlschränke u.ä.)	
2.3. Rundsteckverbinder der Informations- und HF-Technik (TGL 10472, 8549, 31428, 24814, 24815)	Ausbildung des Steckverbindersystems in runder Ausführung, dadurch gute Möglichkeiten der Sicherung der Verbindung Stecker–Buchse mit Hilfe von Bajonett- und Schraubverschluß; fünfpolige Steckverbindung nach TGL 10472 in Gerätetechnik stark verbreitet	
2.4. Gerätesteckverbinder (TGL 19486/01 bis 14)	zweipolige Steckverbinder mit oder ohne Schutzkontakte für die Stromversorgung von Geräten mit der Nennspannung 250 V (Gleich- oder Wechselspannung) und Nennströmen von 1 A; 2,5 A; 6 A; 10 A Unterscheidung nach Kaltgerätesteckverbinder (bis 65 °C), Warmgerätesteckverbinder (bis 120 °C) und Extrawarmgerätesteckverbinder (bis 155 °C)	
3. Preßverbindung (Klammer- oder Klemmhülsenverbindung)	bedingt lösbarer Kontakt hoher Zuverlässigkeit durch Verwendung elastischer Klemmhülsen, die den Schaltdraht unter hohem Druck auf das Anschlußstück (Anschlußfahne) pressen; Abisolierung des Schaltdrahts durch Kontaktiervorgang, Automatisierung der Kontaktierung möglich; i.allg. bis zu 3 Anschlüsse/Anschlußfahne	

Tafel 6.1.19 (Fortsetzung 3)

Verbindungs- oder Kontaktart	Charakteristik/ Anwendung	Ausführungsformen
4. Wickelverbindung (Wire-wrap-Verbindung) (TGL 28566)	bedingt lösbarer Kontakt hoher Zuverlässigkeit durch Umwicklung von Anschlußfahnen quadratischen oder rechteckigen Querschnitts mit abisoliertem Schaltdraht mit Hilfe entspr. Werkzeugs (Wickelpistole); plastische Deformation des Drahts an scharfen Kanten; Automatisierbarkeit; Anwendung stark verbreitet im elektronischen Gerätebau, speziell zur Rückverdrahtung von Steckeinheiten	Schaltdraht nach TGL 21806/05 d = 0,3...1,0 mm Windungszahl $W_{min} = 7...4$ $b \leq 2s$ Anschlußfahne Querschnittdarstellung
5. Lötverbindung	vgl. Tafel 6.1.20 [6.1.10]	

Es ist daher eine Vielzahl spezifischer konstruktiver Lösungen erforderlich, um den in der Gerätetechnik auftretenden unterschiedlichen Einsatzbedingungen gerecht werden zu können. **Tafel 6.1.18** zeigt eine Auswahl der wichtigsten Arten, Ausführungen und Anwendungen.

6.1.4.3. Verbindungselemente

Verbindungselemente haben zwei Funktionen: das *Leiten* (Gewährleistung eines möglichst widerstands-, induktivitäts-, kapazitätslosen, reflexionsfreien, zeitlich konstanten, zuverlässigen galvanischen Kontakts an der Koppelstelle) und das *Verbinden* (Sicherung des galvanischen Kontakts an der Koppelstelle gegenüber äußeren mechanischen Zug-, Druck-, Biege-, Torsions- und Scherbelastungen sowie gegenüber klimatischen Belastungen). Es ist naheliegend, beide Funktionen zu integrieren, d.h., eine Verbindung mit möglichst guten Leitungseigenschaften zu realisieren. Entsprechend den bestehenden Möglichkeiten ergeben sich drei Kontaktarten:

lösbare Kontakte durch elastische Verformung (Klemm- und Steckverbindungen)
bedingt lösbare Kontakte durch plastische Verformung (Preß- und Wickelverbindungen) und stoffliche Veränderung (Lötverbindungen)
unlösbare Kontakte durch stoffliche Veränderung (Schweißverbindungen).

Die Besonderheit lösbarer Kontakte besteht darin, daß zwecks leichter und schneller Lösbarkeit paarige gesonderte Anschlußelemente verwendet werden (z.B. das Paar Stecker–Buchse), die ihrerseits wiederum galvanisch und mechanisch sicher mit dem Leitungselement bzw. dem Bauelement verbunden sein müssen. **Tafel 6.1.19** gibt eine Übersicht zu gebräuchlichen lösbaren und bedingt lösbaren Kontakten.

Die unlösbaren Kontakte entsprechen den in [6.1.19] ausführlich dargestellten Schweißverbindungen. Spezielle unlösbare Verbindungen durch stoffliche Veränderungen sind für

Tafel 6.1.20. Verfahren zur äußeren Kontaktierung elektronischer Bauelemente (Übersicht nach [6.1.10])

Verfahren	Prinzip	Anwendung, Bemerkungen
Kontaktierung durchsteckbarer Bauelemente		
Schwallöten	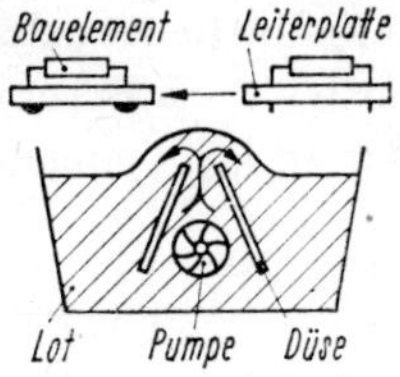 Bauelement, Leiterplatte, Lot, Pumpe, Düse	Bedeutsamstes Verfahren für steckbare Bauelemente; durch bewegtes Lot infolge Umlaufpumpe ständig oxidfreie Oberfläche; Variation der Wellenform ermöglicht auch komplizierte Lötungen (geringer Leiterabstand, Durchkontaktierungen); Schwallötanlagen meist als Komplex mit Vor- und Nachbehandlung (Fluxen, Wärmen, Löten, Waschen)
Infrarotlöten	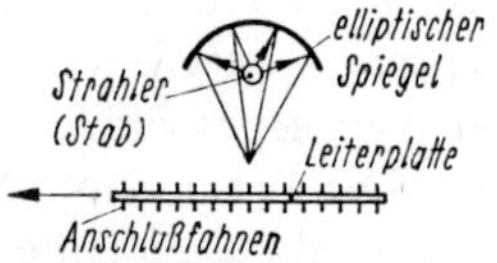 elliptischer Spiegel, Strahler (Stab), Leiterplatte, Anschlußfahnen	Sonderverfahren zum linienhaften selektiven Löten, dort, wo Schwallöten versagt (lange Anschlußfahnen, an denen noch gewickelt werden soll); dosierte Lotzugabe (Ringe) ist vor dem Löten erforderlich
Kontaktierung aufsetzbarer Bauelemente		
Widerstandslöten	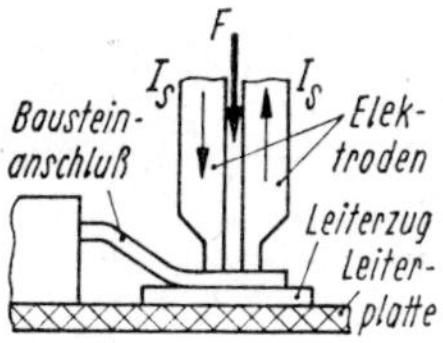 F, I_S, I_S, Baustein-anschluß, Elektroden, Leiterzug, Leiterplatte	Aufschmelzen der mittels Vorverzinnens aufgebrachten Lotschichten durch direkten Stromfluß; I_S geringer als beim Parallelspaltschweißen; große Variationsbreite der Verfahrensparameter möglich
Parallelspaltschweißen		Aufschmelzen der Verbindungspartner meist durch Stromimpuls; nur für dünne Anschlüsse; hohe Konstanz der Parameter erforderlich; geringe Übergangswiderstände der Verbindungsstellen
Löten mit Bügelelektrode	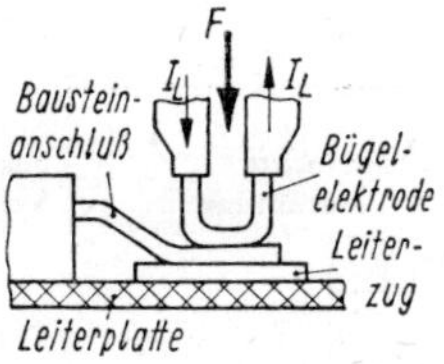 F, I_L, I_L, Baustein-anschluß, Bügel-elektrode, Leiter-zug, Leiterplatte	Aufschmelzen der Lotschichten durch indirekte Erwärmung (Wärmeleitung von der infolge Stromflusses erhitzten Bügelelektrode); gleichzeitige Kontaktierung mehrerer Anschlüsse möglich; ein Partner muß vorverzinnt sein
Lichtstrahllöten	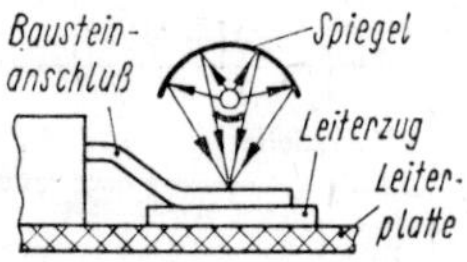 Baustein-anschluß, Spiegel, Leiterzug, Leiter-platte	Wie Infrarotlöten, aber mit höheren Temperaturen, Halogen- oder Hg-Strahler (punkt- oder linienförmig); Verbindung kann bei bewegter Leiterplatte erfolgen; hohe thermische Belastung des Trägers; vorverzinnte Anschlüsse notwendig
Lichtbogenpunktschweißen und -löten	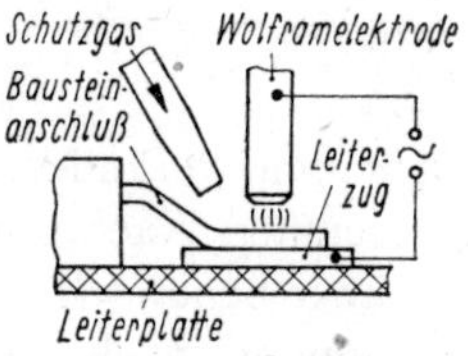 Schutzgas, Wolframelektrode, Baustein-anschluß, Leiter-zug, Leiterplatte	Kurzzeitig brennender Lichtbogen; Übergangswiderstand der Verbindungsstelle ist unkritisch; gleichzeitig mehrere Kontakte bei Bewegung herstellbar; gute Positionierung und Konstanz der Parameter erforderlich; Löten nur bei Kupferanschlüssen möglich

die Kontaktierung aktiver elektronischer Bauelemente (Transistoren, integrierte Schaltkreise u.a.) entwickelt worden, die den besonderen Bedingungen der Mikroelektronik entsprechen. Sie lassen sich unterteilen in innere Kontaktierung (elektrische Verbindung der Chipanschlüsse mit den Gehäuseanschlüssen) und äußere Kontaktierung (elektrische Verbindung der Gehäuseanschlüsse mit denen des Bauelementeträgers). Während die innere Kontaktierung (Thermokompression, Ultraschallschweißen, Beam-lead-Technik, Flip-chip-Technik [6.1.10]) nur für den Hersteller von Halbleiterbauelementen interessant ist, muß die äußere Kontaktierung bei der Gerätekonstruktion Berücksichtigung finden. **Tafel 6.1.20** enthält eine Übersicht über die ebenfalls in [6.1.10] eingehender behandelten Verfahren.

6.1.4.4. Verdrahtungen

Die verschiedenen elektrischen Leitungsverbindungen werden als Verdrahtungen bezeichnet. Die Güte ihrer Übertragungseigenschaften ist aufgrund der gestiegenen Leistungsdichte in Geräten und der damit einhergehenden gegenseitigen Beeinflussung vorrangig von der Anordnung oder Legung abhängig. Die Verdrahtungen klassifiziert man daher primär nach mechanisch-geometrischen Gesichtspunkten **(Bild 6.1.22)**.

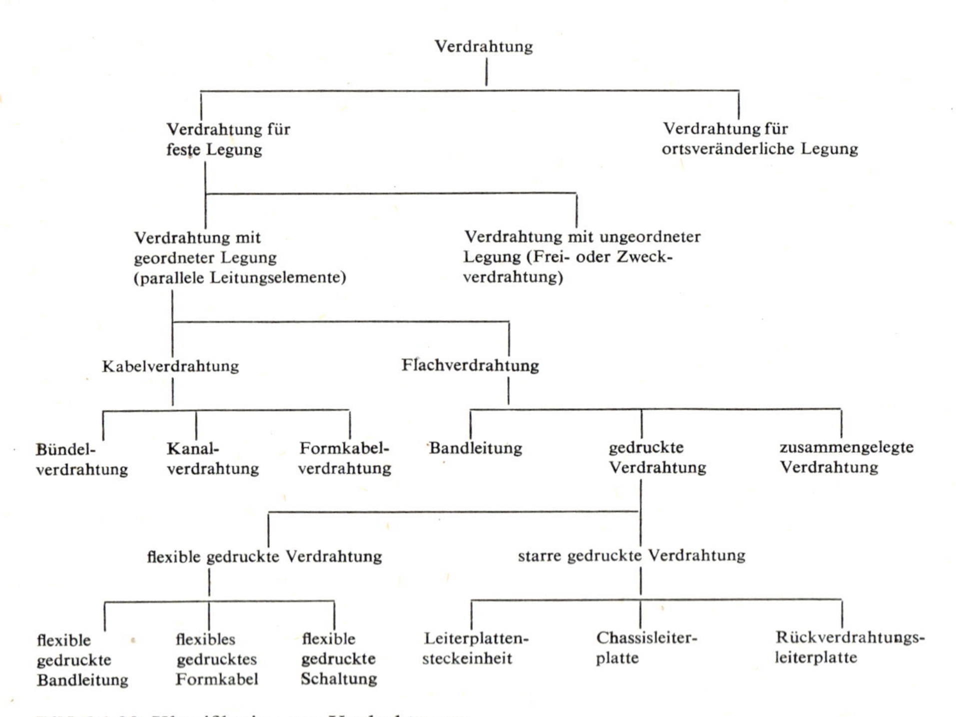

Bild 6.1.22. Klassifikation von Verdrahtungen

Bei fester Legung können die Leitungen ihre Lage nicht verändern im Gegensatz zur ständigen Lageveränderung bei ortsveränderlicher Legung. Nachfolgend werden einige für die Gerätetechnik wichtige Festverdrahtungen näher behandelt.

Frei- oder Zweckverdrahtung ist eine ungeordnete Legung einzelner diskreter Leitungen auf dem zweckmäßigsten, i.allg. dem kürzesten Weg einzeln von Anschlußstelle zu Anschlußstelle **(Bild 6.1.23)**. Diese traditionelle Verdrahtungsart ist im modernen elektronischen Gerät mit hohen Arbeitsfrequenzen der Funktionseinheiten und großen Leitungsdichten erneut aktuell geworden, da sie minimale Leitungslängen zwischen den Anschlußpunkten mit ebenfalls minimierten kapazitiven und induktiven Störkopplungen ermöglicht sowie günstige Voraussetzungen für eine automatische Legung der Verdrahtung bei der Gerätemontage bietet. Bild 6.1.23c zeigt die Rückverdrahtung von Leiterplattensteckeinheiten (Freiverdrahtung), bei der die Kontaktierung an den Anschlußstiften der Steckverbinder meist durch Wickelverbindung erfolgt.

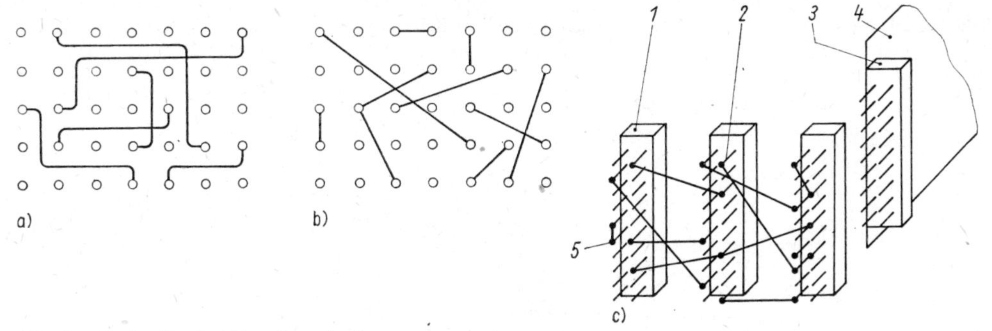

Bild 6.1.23. Frei- oder Zweckverdrahtung

a) allgemein; b) mit minimierten Leitungslängen; c) zur Rückverdrahtung von Leiterplattensteckeinheiten
1 Steckverbinderbuchsenleiste; *2* Anschlußstift des Steckverbinders; *3* Steckverbindersteckerleiste; *4* Leiterplatte; *5* Kontaktierung durch Löt- oder Wickeltechnik

Kabelverdrahtung ist eine geordnete Legung diskreter Leitungselemente, die zu Bündeln zusammengefaßt (Bündel- und Kanalverdrahtung) oder zu speziell geformten Kabeln (Formkabelverdrahtung) verbunden sind.

Bei Bündelverdrahtung werden die Leitungen während der Gerätemontage in Bündeln parallel verlegt, durch Kordelschnur, PVC-Band od. ä. zusammengebunden **(Bild 6.1.24)** und zur Erleichterung bei Montage und Kontaktierung durch Rangierösen an der Verbindungsstelle geführt.

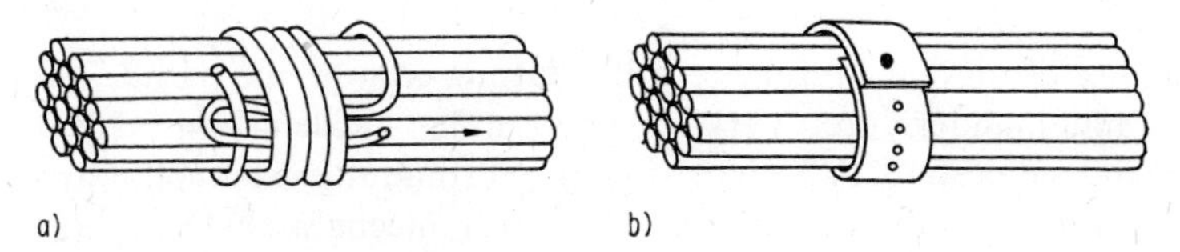

Bild 6.1.24. Bündelverdrahtung

a) Einzelabbindung mit Kordelschnur; b) Abbindung mit gelochtem PVC-Band

Bei Kanalverdrahtung liegen die Leitungen in halboffenen oder geschlossenen Leitungskanälen aus Plast oder Blech mit rechteckigem oder rundem Querschnitt **(Bild 6.1.25).**

Das Formkabel unterscheidet sich von der Bündel- und Kanalverdrahtung im wesentlichen dadurch, daß es als vorgefertigtes, durch Fäden abgebundenes Leitungsbündel (Kabelbaum) in das Gerät eingesetzt wird **(Bild 6.1.26)**. Vorteile der genannten Kabelverdrahtungen sind Montageerleichterung und Übersichtlichkeit. Nachteile sind hohe Leitungskapazitäten und -induktivitäten, so daß sie sich nur für Niederfrequenzzwecke einsetzen lassen.

Bandleitungsverdrahtung gehört zur Klasse der Flachverdrahtungen, die prinzipiell aus diskreten, in eine Ebene gelegten Leitungselementen bestehen. Die Leitungen sind unmittelbar nebeneinander angeordnet und miteinander befestigt. In modernen Geräten

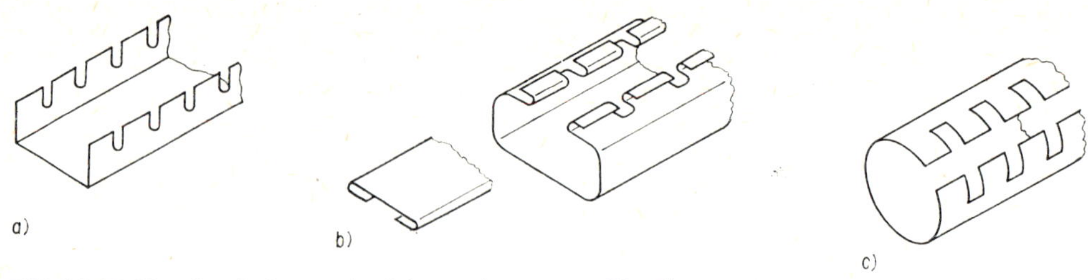

Bild 6.1.25. Kanalverdrahtung, Ausführungsformen von Kanälen
a) offener Kanal; b) Rechteckkanal mit lösbarer Abdeckung; c) Schlitzrohrkanal

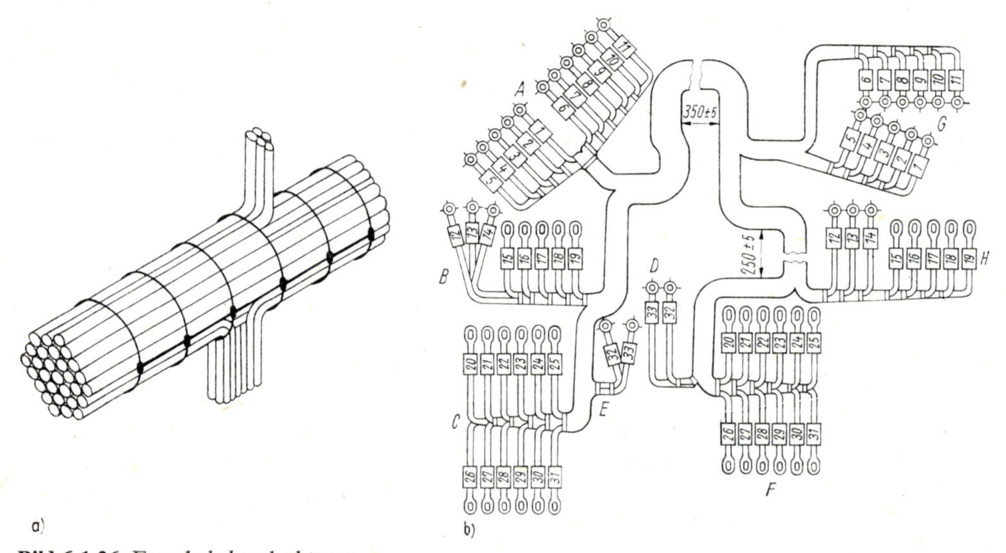

Bild 6.1.26. Formkabelverdrahtung
a) prinzipieller Aufbau; b) Kabelplan, Anschlußkennzeichnung

haben Bandleitungen aus plastisolierten Einzelleitern Bedeutung erlangt, die parallel geführt und mechanisch fest miteinander durch Verkleben verbunden werden **(Bild 6.1.27)**. Wegen ihrer Flexibilität sind sie besonders geeignet für die Verbindung räumlich unterschiedlich angeordneter Funktionseinheiten (Bild 6.1.27b), für mechanisch bewegliche Funktionseinheiten (Schwenkrahmen, Abdeckungen von Pulten u.ä.) und für die Kontaktierung von Bauelementen, deren Anschlüsse in einem einheitlichen Raster und in bestimmter Reihenfolge vorliegen (z.B. für Flachsteckverbinder). Die Schirmung einzelner Leitungen gegeneinander läßt sich durch eine oder mehrere zwischen ihnen geführte Leitungen mit Massepotential realisieren.

Gedruckte Verdrahtungen repräsentieren hinsichtlich der erreichbaren elektrischen und mechanischen Parameter, der Funktionszuverlässigkeit und der Automatisierbarkeit von Fertigung und Montage den höchsten Stand der Leitungsverbindungstechnik. Auf einem starren oder flexiblen Basis- oder Trägermaterial werden mittels chemisch-technologischer Verfahren [6.1.10] folienhafte Leiterzüge erzeugt, so daß mit der damit entstandenen starren Leiterplatte oder flexiblen gedruckten Verdrahtung eine vollständige, in einem gesonderten Prozeß vorgefertigte Verdrahtungsstruktur einer Baugruppe oder eines Geräts vorliegt. Die gedruckte Verdrahtung ist daher auch in die Klasse der Flachverdrahtungen einzuordnen. Die flexible gedruckte Verdrahtung (s. Tafel 6.1.18) entspricht am weitesten einem reinen Leitungselement, da sie im Gegensatz zur starren Leiterplatte i. allg. nicht zusätzlich als Trägerelement für elektronische Bauelemente eingesetzt wird. Das verwendete Basismaterial ist thermoplastische Kunststoffolie aus Polyester, Polyimid, Epoxidharzglasgewebe, Polytetrafluoräthylen oder Polyhydantoin, die ein- oder beiderseitig Leiterzüge trägt. In Verbindung mit einer auf die Leiterzüge aufgebrachten Deckfolie ergeben sich gute chemische und klimatische Beständigkeit sowie ausgezeichnete elektrische Eigenschaften und mechanische Beanspruchungsmöglichkeiten, wie Biegen, Winden, Falten und Rollen. Entsprechend Bild 6.1.22 werden drei Arten flexibler gedruckter Verdrahtungen unterschieden:

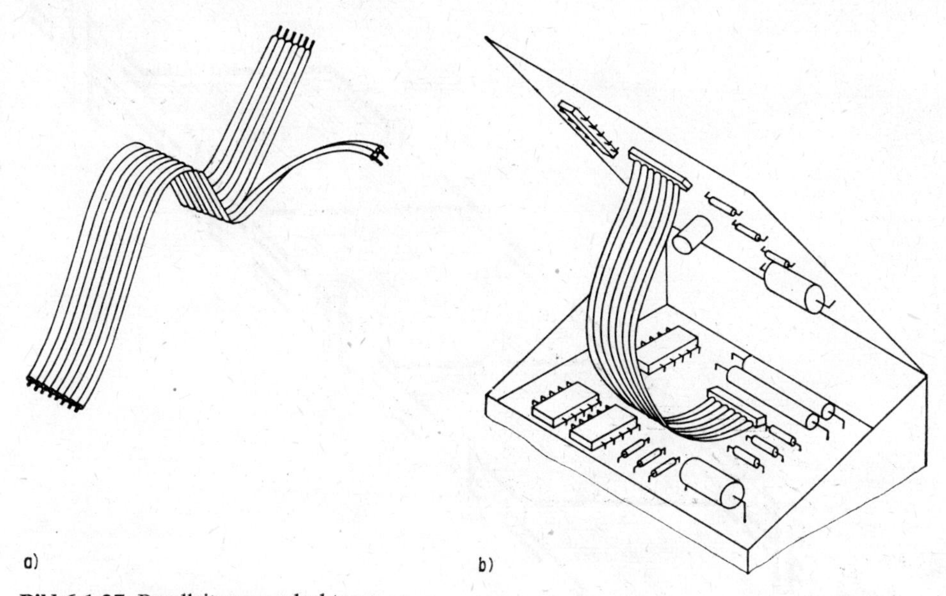

Bild 6.1.27. Bandleitungsverdrahtung

a) prinzipieller Aufbau aus plastisolierten Einzelleitern; b) Verbindung räumlich unterschiedlich angeordneter Funktionseinheiten in einem Gerät

Flexible gedruckte Bandleitung. In ihren Eigenschaften und Anwendungen entspricht sie den Bandleitungen. Die Kontaktierung erfolgt direkt an den Leiterzugenden oder durch Lötaugen.

Flexible gedruckte Formkabel. Die Bezeichnung besagt bereits, daß Form und Eigenschaften denen des konventionellen Formkabels ähnlich sind. Durch Einschneiden und Abbiegen oder Ausklinken von Teilen des gedruckten Formkabels lassen sich leicht räumliche Verdrahtungsstrukturen erreichen. Zusätzliche Vorteile gegenüber dem konventionellen Formkabel sind die bessere Störentkopplung, der geringere Platzbedarf und die geringere Masse.

Flexible gedruckte Schaltungen. Sie sind analog zu starren Leiterplatten spezielle Verdrahtungsstrukturen für bestimmte Anwendungsfälle, z. B. zur Rückverdrahtung starrer Leiterplatten bei kleinem Volumen und zur Sicherung der Beweglichkeit von Leiterplatten.

Starre gedruckte Verdrahtung hat ebenfalls drei Aufbauformen (Bild 6.1.22): die Leiterplattensteckeinheit als standardisierte Form, die gerätespezifische Leiterplatte, die in Form und Abmessungen dem Geräteaufbau angepaßt ist, und die Rückverdrahtungsleiterplatte.

Die beiden erstgenannten werden als typische Aufbauformen elektronischer Funktionsgruppen im Abschnitt 6.1.5. dargestellt. Die Rückverdrahtungsleiterplatte ersetzt die mit konventionellen Schaltdrähten ausgeführte Frei- oder Zweckverdrahtung dadurch, daß man in mehreren isolierten Ebenen mittels Leiterzügen die notwendigen Verbindungen auf i. allg. kürzestem Weg realisiert. Dafür sind folglich Mehrlagenleiterplatten mit internen Verbindungen zwischen einzelnen Leitungsebenen erforderlich, deren Fertigung aufwendig und wegen der einzuhaltenden Toleranzen auch sehr teuer ist **(Bild 6.1.28).**

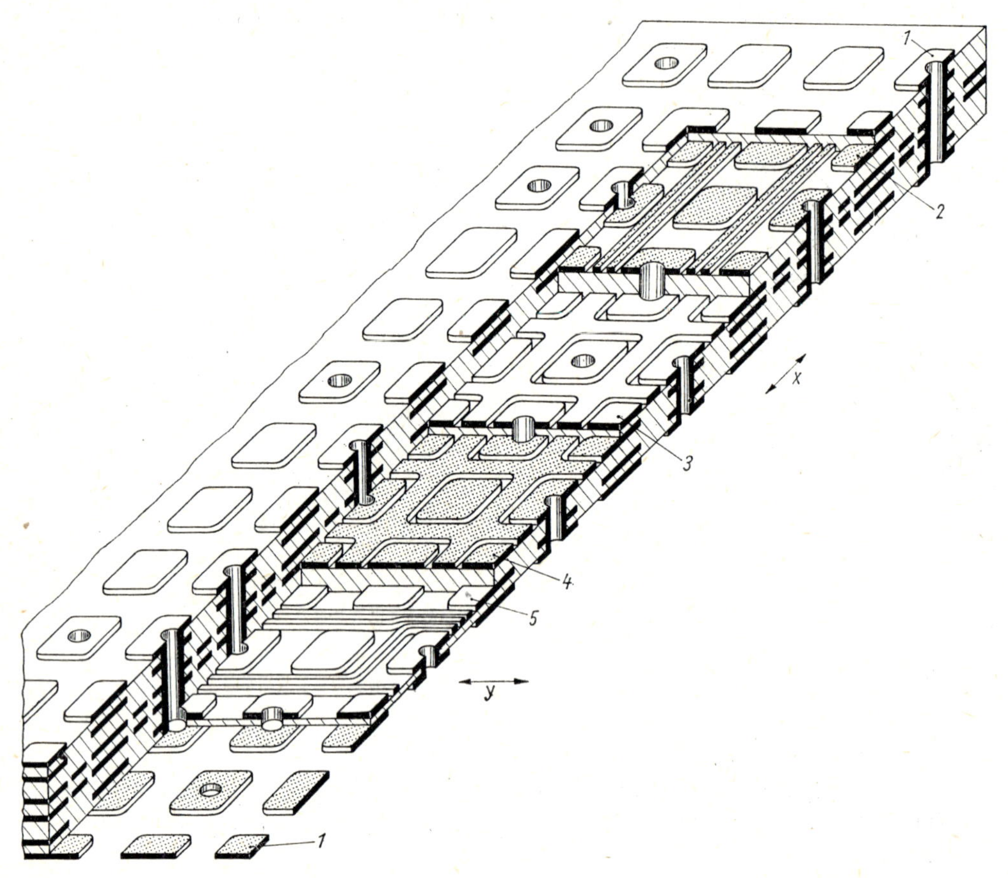

Bild 6.1.28. Mehrlagenleiterplatte

1 Lötaugenebene; *2* Signalebene mit Vorzugsrichtung der Leiterzüge in *x*-Richtung; *3*, *4* verschiedene Potentialebenen mit flächenhaften Leiterzügen; *5* Signalebene mit Vorzugsrichtung der Leiterzüge in *y*-Richtung

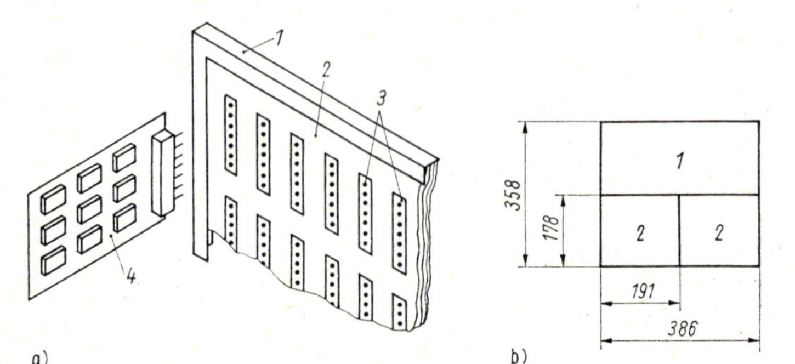

Bild 6.1.29
Mehrlagenleiterplatte zur Rückverdrahtung von Leiterplattensteckeinheiten

a) Rückverdrahtungspaneel
1 Paneelrahmen
2 Mehrebenenleiterplatte
3 eingelötete Buchsenleisten des Steckverbinders
4 Leiterplattensteckeinheit
b) Abmessungen eines Rückverdrahtungspaneels im ESER-System [6.1.31]
1 Halbpaneel; *2* Viertelpaneel

Die mit den Buchsenleisten von Steckverbindern bestückten Rückverdrahtungsleiterplatten werden auch als Paneele bezeichnet, die international abgestimmte Abmessungen haben **(Bild 6.1.29).** Die entscheidenden Vorteile der Rückverdrahtungsleiterplatte sind ihre elektrischen Eigenschaften. Durch geeignete Zuordnungen lassen sich verschiedene Signalleitungs-, Stromversorgungs- und Masse- oder Potentialebenen schaffen, die durch Lage und Gestaltung sowie durch zusätzliche Schirmebenen eindeutig voneinander getrennt werden können. Damit sind Störkopplungen ausgeschlossen (Bild 6.1.28). Für Anwendungsfälle mit geringen Stückzahlen sei auf die Mehrdrahtleiterplatte hingewiesen, bei der man isolierte Drähte mehrlagig auf einer haftvermittlerbeschichteten Oberfläche eines Basismaterials befestigt [6.1.10].

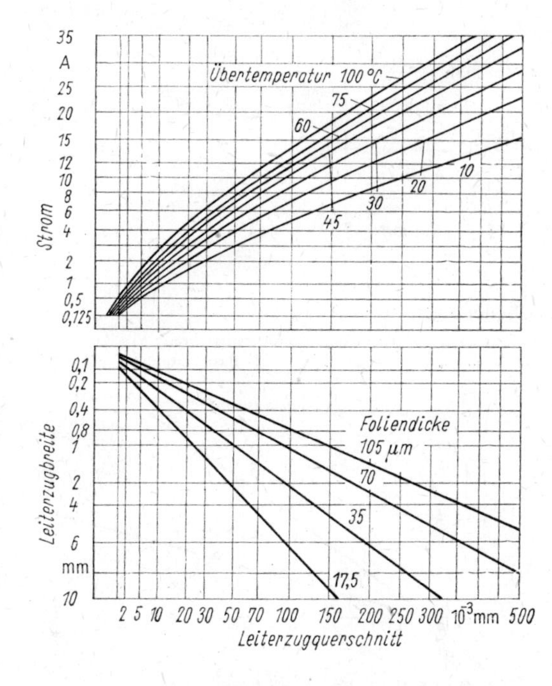

Bild 6.1.30
Strombelastbarkeit von Kupferleiterzügen auf Leiterplatten in Abhängigkeit vom Leiterzugquerschnitt und von der zulässigen Übertemperatur [6.1.1]

Die Leitungseigenschaften aller dargestellten gedruckten Verdrahtungen werden durch Strombelastbarkeit, Koppelkapazität, Signallaufzeit und Signalreflexionen wesentlich beeinflußt. **Bild 6.1.30** zeigt den Zusammenhang zwischen Temperaturerhöhung, Leiterzugquerschnitt und elektrischem Strom. Die entstehenden Koppelkapazitäten zwischen zwei Leiterzügen verdeutlicht **Bild 6.1.31.** Solche kapazitiven Kopplungen innerhalb einer Ebene können durch Vergrößern des Abstands, Verkleinern der Leiterzugbreiten und durch dazwischen geführte Masseleiterzüge bzw. -flächen herabgesetzt oder unterdrückt werden. Bei digitalen Schaltungen mit hohen Operationsgeschwindigkeiten wird die Signallaufzeit bedeutsam. Den Zusammenhang zwischen Impulsanstiegszeit und kritischen Leiterzuglängen zeigt **Bild 6.1.32.** Schließlich ist im gleichen Zusammenhang auf Signalreflexionen an den Leitungsenden und an Verbindungsstellen (Stoßstellen) hinzuweisen, die nur durch Dimensionierung auf Anpassung, d.h. mit einheitlichem Wellenwiderstand, vermieden werden können. Realisierbare Wellenwiderstandswerte für eine Mikrostripanordnung auf einer Leiterplatte gibt **Bild 6.1.33** an.

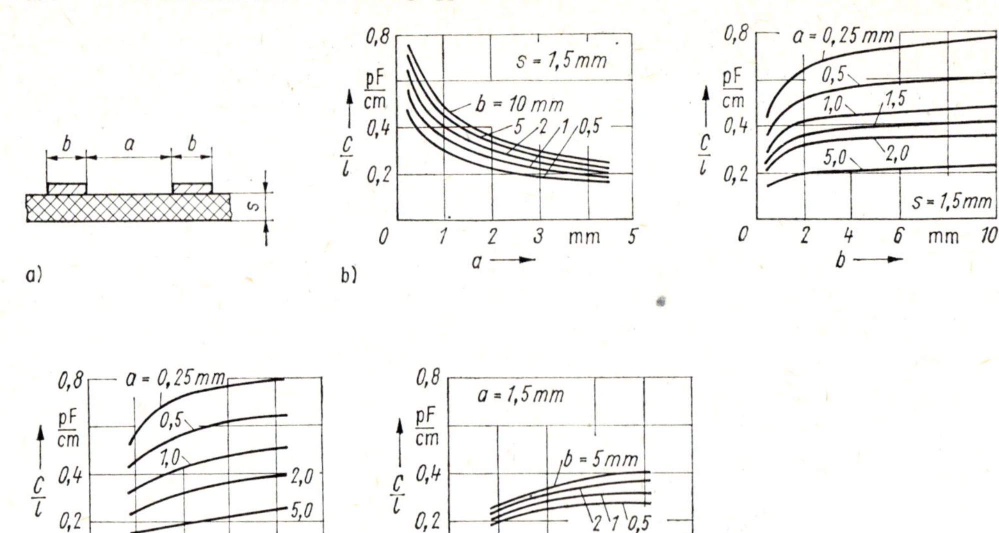

Bild 6.1.31. Koppelkapazitäten zwischen parallelen Leiterzügen [6.1.1]

a) prinzipielle Anordnung; b) Kapazitätsbelag $C' = C/l$ in Abhängigkeit von Leiterzugabstand a und -breite b; s Dicke des Basismaterials; l Leitungslänge; c) Kapazitätsbelag $C' = C/l$ in Abhängigkeit von der Dicke s des Basismaterials

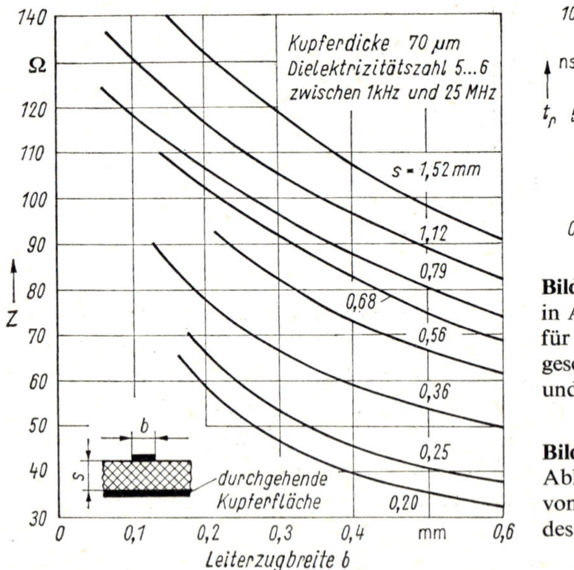

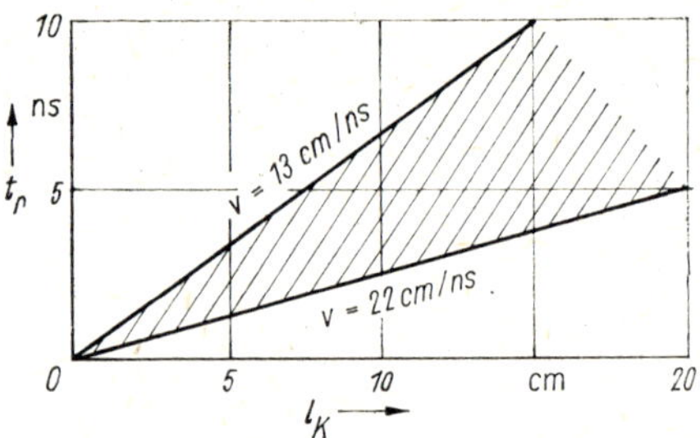

Bild 6.1.32. Kritische Leiterzuglänge l_K in Abhänigkeit von der Impulsanstiegszeit t_r für Leitungsmedien mit Ausbreitungsgeschwindigkeiten v zwischen 13 cm/ns und 22 cm/ns [6.1.1]

Bild 6.1.33
Abhängigkeit des Wellenwiderstands Z von der Leiterzugbreite b und der Dicke s des Trägermaterials [6.1.1]

6.1.5. Funktionsgruppen mit Leiterplatten

[6.1.1] [6.1.9] [6.1.10] [6.1.18] [6.1.20] [6.1.32] [6.1.33] [6.1.34]

Elektrisch-elektronische Funktionsgruppen werden praktisch nur noch auf Leiterplatten aufgebaut. Für die heute gebräuchlichen elektronischen Schaltungen mit Bauelementen extrem miniaturisierter Abmessungen sowie sehr hoher Anschlußelementeanzahl und

-dichte sind eine konventionelle Verdrahtung der Bauelemente mit einzelnen Schaltdrähten und eine diskrete Befestigung jedes Bauelements auf einem gesonderten Trägerelement überhaupt nicht mehr realisierbar. Die Leiterplatte verbindet beide Aufgaben, indem sie als Träger sowohl der elektrisch-elektronischen Bauelemente als auch zur Bauelementeverdrahtung dient. Sie ist damit selbst ein Bauelement, das in einem durchgängigen technologischen Verfahren als gesondertes Bauteil hergestellt werden kann und wegen seiner flächenhaften Struktur außerdem sehr gute Automatisierungsmöglichkeiten für Herstellung, Montage und Prüfung bietet. Weitere entscheidende Vorteile liegen in den gegenüber konventionellen Verdrahtungen insgesamt besseren elektrischen Eigenschaften, der hohen Reproduzierbarkeit aller elektrischen und mechanischen Parameter, der großen Packungs- und Verdrahtungsdichte, der Masse- und Volumenverringerung, dem ökonomischen Materialeinsatz und der Erhöhung der Zuverlässigkeit.

Als Bauelementeträger und Aufbauelement von Geräten wird die Leiterplatte vorrangig in starrer Ausführung angewendet und nur in dieser Form in ihren Eigenschaften und Aufbauformen nachfolgend dargestellt. Auf flexible Leiterplatten, die im wesentlichen als Leitungselemente und lediglich in Ausnahmefällen als Bauelementeträger eingesetzt werden, wird im Abschnitt 6.1.4. eingegangen.

Die Technologie der Leiterplattentechnik ist in [6.1.10], die Methoden und Mittel zum rechnerunterstützten Entwurf von Leiterplatten sind in [6.1.1] ausführlich dargestellt.

6.1.5.1. Eigenschaften

Leiterplattenarten (Bild 6.1.34). Die Einebenenleiterplatte läßt wegen der notwendigen Kreuzungsfreiheit der Leiterzüge nur geringe Anschluß- und damit Packungsdichten bis zu 1,5 Anschlußpunkten/cm² zu. Eine Verdopplung auf 3 bis 5 Anschlußpunkte/cm² erreicht man mit der durchkontaktierten Zweiebenenleiterplatte, die durch Wechsel der Verdrahtungsebene Leiterzugkreuzungen ermöglicht. Maximale Anschlußdichten von 10 Anschlußpunkten/cm² und extreme Forderungen bezüglich Signallaufzeiten, -reflexionen und Störeinwirkungen (s. Abschn. 6.1.4.) gewährleistet die Mehrlagenleiterplatte, die

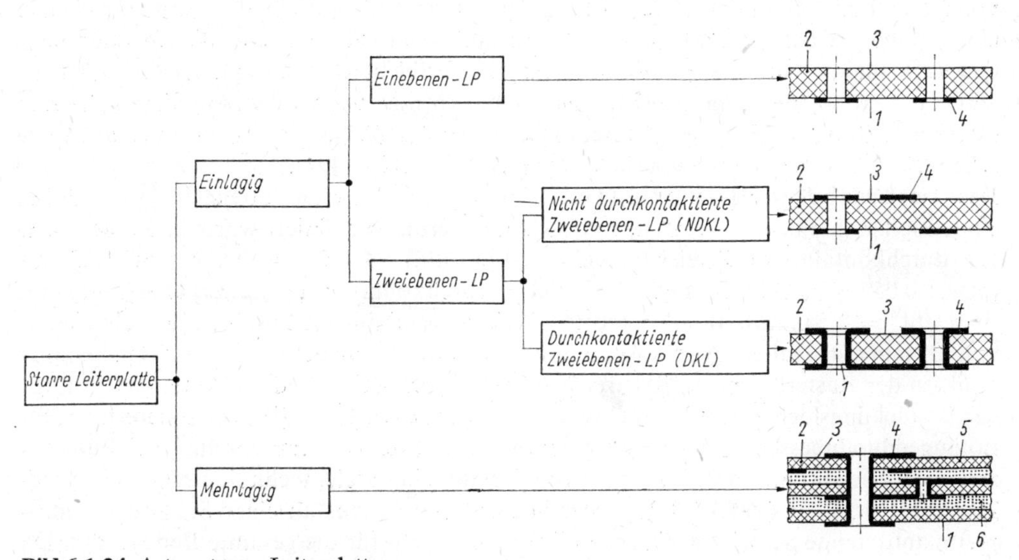

Bild 6.1.34. Arten starrer Leiterplatten

1 Lötseite; *2* Basismaterial; *3* Bestückungsseite; *4* Leiterzug (Leiterebene); *5* Lagen aus Basismaterial; *6* Zwischenlagen aus Isolierstoffolie

damit auch für digitale Schaltungen hoher Operationsgeschwindigkeiten mit fast ausschließlicher Verwendung integrierter Schaltkreise prädestiniert ist. Zu weiteren Leiterplattenarten in Mehrschicht- und Mehrdrahtausführung sei auf [6.1.10] verwiesen.

Werkstoffe (TGL 11651). Das Basismaterial besteht aus einem Trägermaterial (Hartpapier, Baumwolle- oder Glashartgewebe) und einem Bindemittel (Phenol- oder Epoxidharz). Gebräuchliche Kombinationen sind Phenolharz-Hartpapier (P1A ... D, P2A bis D) und Epoxidharz-Glashartgewebe (S1C, S2C). Die aufkaschierte elektrisch leitende Folie besteht aus hochreinem Elektrolytkupfer in den Nenndicken 0,025 mm, 0,050 mm und 0,070 mm (s. auch DIN 40802; Tafel 6.1.30).

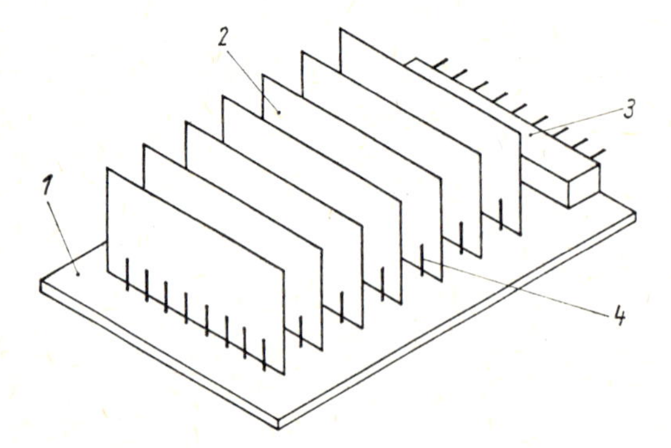

Bild 6.1.35
Leiterplattenmodulbauweise
1 Basisleiterplatte
2 Modulleiterplatte
3 indirekter Steckverbinder
4 Löt- und Befestigungsstifte

Außenabmessungen (TGL 34636). Für systemorientierte Leiterplatten liegen Breite × Länge im Bereich 35 mm × 50 mm bis 350 mm × 350 mm, während für nicht systemorientierte Leiterplatten ein noch größeres Abmessungsspektrum in verschiedenen Stufungen 2,5 mm bis 10 mm von 10 mm × 10 mm bis 240 mm × 360 mm zugelassen wird. Die Nenndicken betragen für Einlagenleiterplatten 1,0 und 1,5 mm, für Mehrlagenleiterplatten 1,5 und 2,0 mm. Für modulartige Leiterplatten, die senkrecht oder waagerecht auf einer Basisleiterplatte befestigt werden **(Bild 6.1.35)**, sind auch kleinere Nenndicken von 0,5 und 0,8 mm üblich. Solche Modulleiterplatten sind vorteilhaft, wenn man sie mit einem hohen Wiederholgrad einsetzen kann und wenn bei unterschiedlichen Bauhöhen der Bauelemente eine bessere Volumennutzung erreicht werden soll. Der Trend zum anderen Extrem, der sehr großen Leiterplatte, bringt wegen der Abnahme lösbarer externer Leitungsverbindungen wesentliche Zuverlässigkeitserhöhungen, aber auch ein erhebliches Absinken des Wiederholgrads (s. auch DIN 41494).

Rastermaß und Schwierigkeitsgrad (TGL 25016). Um alle Leiterplattenelemente maßlich eindeutig beschreiben zu können, sind Grundrastermaße definiert worden. Sie betragen für durchkontaktierte Zweiebenenleiterplatten und Mehrlagenleiterplatten 1,25 mm (bzw. 0,05″ = 1,27 mm) und für nicht durchkontaktierte Leiterplatten 2,5 mm (bzw. 0,1″ = 2,54 mm). In allen Fällen ist aber ein minimaler Bestückungslochabstand von 2,5 mm einzuhalten. Alle Anschlußpunkte der Bauelemente müssen auf den Schnittpunkten der Rasterlinien plaziert werden. In Abhängigkeit von der geometrischen Lage der Bestückungslöcher,dem Bestückungslochdurchmesser einschließlich zuzuordnendem Lötaugendurchmesser, den Leiterzugabständen und den Leiterzugbreiten bei Führung zwischen zwei Lötaugen im Abstand von 2,5 mm sind sechs technologische Schwierigkeitsgrade definiert **(Tafel 6.1.21)**. Der höchste, mindestens an einer Stelle der Leiterplatte auftretende Schwierigkeitsgrad gilt grundsätzlich für die gesamte Leiterplatte. Da ein hoher Schwierigkeitsgrad wegen der extremen Toleranzforderungen hohe Fertigungskosten verursacht, ist stets ein niedriger Schwierigkeitsgrad anzustreben (DIN 40801).

Tafel 6.1.21. Technologische Schwierigkeitsgrade von Leiterplatten

Bestimmender Anwendungsfall	Schwierigkeitsgrad
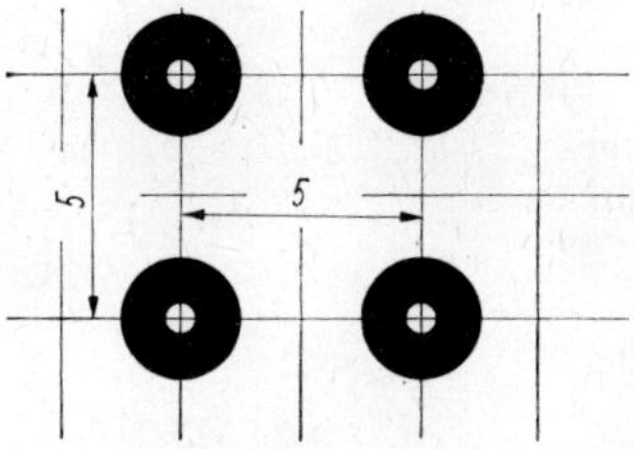 Abstand der Loch- oder Lötaugenmittelpunkte ≧ 5 mm	I
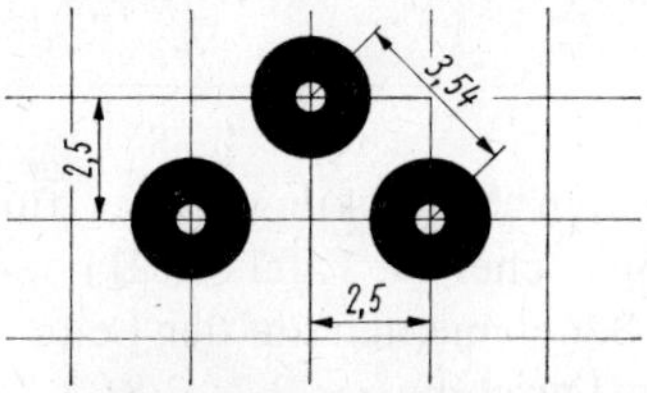 Abstand der Loch- oder Lötaugenmittelpunkte um jeweils 2,5 mm versetzt = 3,54 mm	II
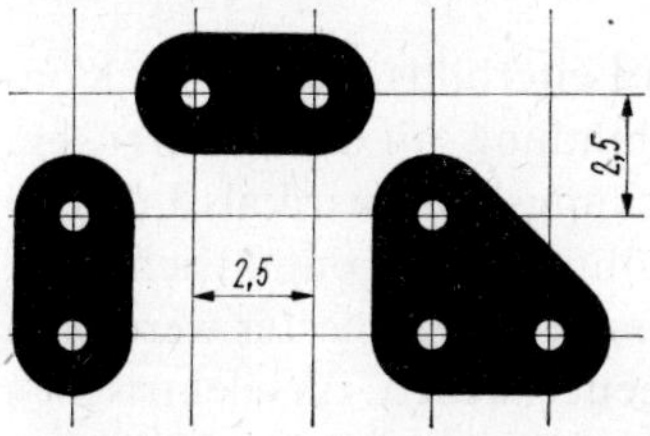 Abstand der Lochmittelpunkte in nicht getrennten Kupferflächen = 2,5 mm	
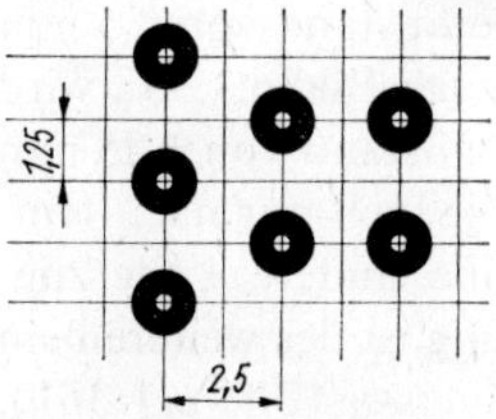 Abstand der Loch- oder Lötaugenmittelpunkte = 2,5 mm bzw. um 1,25 mm versetzt	III
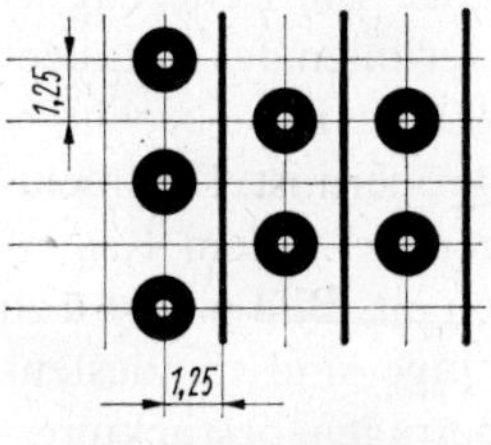 Abstand der Loch- oder Lötaugenmittelpunkte = 2,5 mm bzw. um 1,25 mm versetzt mit durchgeführtem Leiterzug zwischen zwei Lötaugen oder Vorbeiführung im 1,25 mm Abstand	IV
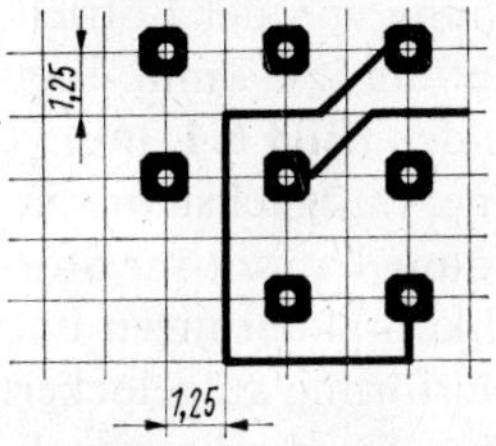 Abstand der Loch- oder Lötaugenmittelpunkte wie Schwierigkeitsgrad IV mit rechtwinkligem Abbiegen eines Leiterzugs im Abstand von 1,25 mm innerhalb von Lötaugengruppen und Durchführung von zwei Leiterzügen zwischen zwei um 2,5 mm diagonal versetzten Lötaugen	V

Tafel 6.1.21 (Fortsetzung)

Bestimmender Anwendungsfall	Schwierigkeitsgrad
Abstand der Loch- oder Lötaugenmittelpunkte zwischen – *BL* bzw. *DVL* (∅ = 0,9 mm) in getrennten Kupferflächen = 2,5 mm – *BL* oder *DVL* (∅ = 0,9 und 0,7 mm) = $1{,}25 \times \sqrt{2}$ mm – *DVL* (∅ = 0,7 mm) untereinander = 1,25 mm *DVL* Durchverbindungsloch *BL* Bestückungsloch	VI

Durchbrüche (TGL 25016). Als wichtige Durchbrüche gelten Bestückungslöcher für elektrisch-elektronische Bauelemente und Durchverbindungslöcher (s. Tafel 6.1.21) sowie Löcher zur zusätzlichen mechanischen Befestigung von Bauelementen auf der Leiterplatte bzw. der Leiterplatte im Gerät. Für letztere sind die Durchmesser 2,7; 2,8; 3,2; 3,4; 4,3; 5,0 mm zulässig (s. auch DIN 40801).

Leiterbildgestaltung (TGL 25016). Die *Anschlußflächen* des Leiterbilds dienen zur Kontaktierung der elektronischen Bauelemente und zu ihrer Verbindung mit den Leiterzügen. Die ringförmige Anschlußfläche mit Mittelbohrung (Bestückungsloch) wird als Lötauge bezeichnet. Sie ist i. allg. kreisrund ausgeführt und zur Erhöhung der Kontaktsicherheit im Durchmesser möglichst groß zu gestalten. Minimal zulässige Durchmesser werden in Tafel 6.1.21 gezeigt. Die *Leiterzüge* sind streifenförmige Leiterflächen zur elektrischen Verbindung zwischen den Anschlußflächen. Die Leiterzugbreite ist i. allg. ≧0,45 mm zu wählen und nur bei der Führung zwischen zwei Lötaugen im Rasterabstand von 2,5 mm auf 0,3 mm zu verringern **(Bild 6.1.36a)**. Eine Hindurchführung nach Bild 6.1.36a wird einer Vorbeiführung eines Leiterzugs an einem Lötauge im Rasterabstand von 1,25 mm gleichgesetzt. Die Anwendung einer derartigen Vorbeiführung ist jedoch nur nach Hindurchführung entsprechend Bild 6.1.36a zulässig oder wenn eine andere Leiterzugführung ausgeschlossen ist. Nach vorangegangener Hindurchführung ist des weiteren ein rechtwinkliges Abbiegen eines Leiterzugs im Abstand >1,25 mm zulässig **(Bild 6.1.36b)**. Der abgewinkelte Leiterzug ist hierbei auf ≧0,45 mm zu verbreitern. Ein Leiterzug ist an ein Lötauge in einem Winkel ≦45° heranzuführen, falls die Rasterlinien des Lötauges und des Leiterzugs einen Abstand ≦1,25 mm haben **(Bild 6.1.36c)**. Dabei ist zu beachten, daß die Breite des herangeführten Leiterzugs auf ≧0,45 mm zu vergrößern ist. Das rechtwinklige Heranführen eines Leiterzugs an ein bzw. zwei Lötaugen bei einem Rasterabstand zwischen Lötauge und Leiterzug von 1,25 mm ist nur in den aus **Bild 6.1.36d** zu entnehmenden Fällen gestattet. Von Lötaugen abgehende Leiterzüge sind mindestens 1 bis 2 mm geradlinig fortzuführen. Übliche Leiterzugabstände betragen bestückungs- und lötseitig in Lötrichtung ≧0,3 mm, lötseitig bei <30° Abweichung von der Lötrichtung ≧0,5 mm und lötseitig bei >30° Abweichung von der Lötrichtung ≧0,7 mm. Engstellen, spitzwinklige Leiterzüge und Lötaugenketten sind zu vermeiden **(Bild 6.1.36e)**.

Leiterfelder. Das sind größere Leiterflächen zur Herstellung einer möglichst niederohmigen Stromversorgung bzw. Masseverbindung und zur Vermeidung kapazitiver Störkopplungen (s. auch Abschn. 3.2.4.1.). Wegen vorhandener Durchkontaktierungen und aus löttechnischen Gründen werden die Leiterfelder gitter- oder rasterförmig aufgelockert **(Bilder 6.1.28** und **6.1.37)**. *Kontaktflächen* sind spezielle Leiterzüge für direkte Steck-

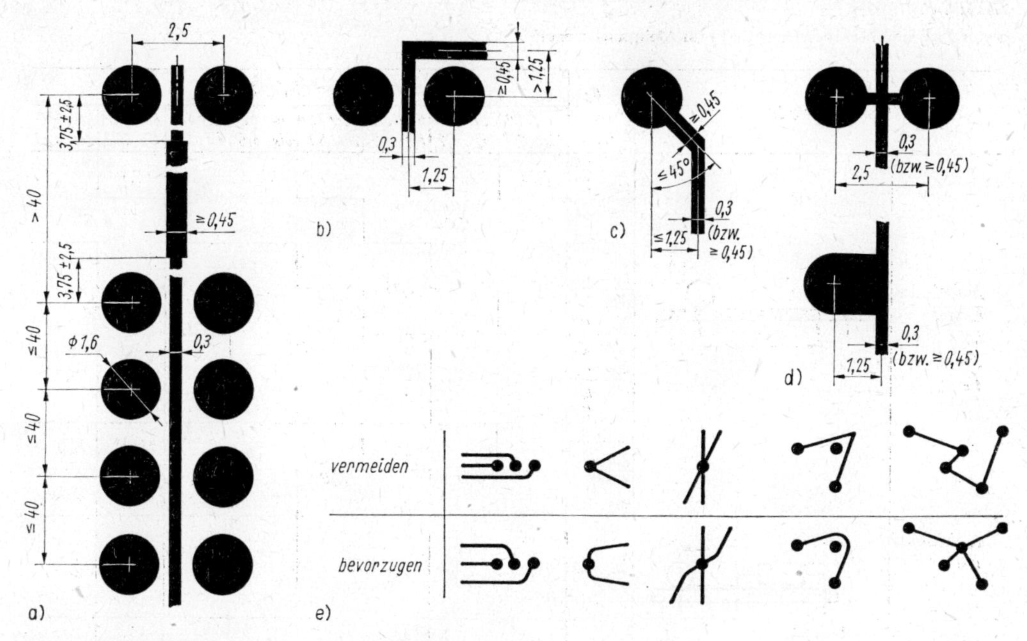

Bild 6.1.36. Leiterzugführung (Maße in mm)

a) Hindurchführung durch ein im Rasterabstand von 2,5 mm liegendes Lötaugenpaar; b) rechtwinkliges Abbiegen nach Hindurchführung durch ein Lötaugenpaar; c) Heranführung an ein Lötauge bei einem Rasterabstand von 1,25 mm zwischen Lötauge und Leiterzug; d) rechtwinklige Heranführung an Lötaugen bei einem Rasterabstand von 1,25 mm zwischen Lötauge und Leiterzug; e) unzweckmäßige und zweckmäßige Leiterzugführungen

Bild 6.1.37. Rasterförmige Auflockerung von Leiterfeldern

1 Leiterfläche; *2* Freifläche

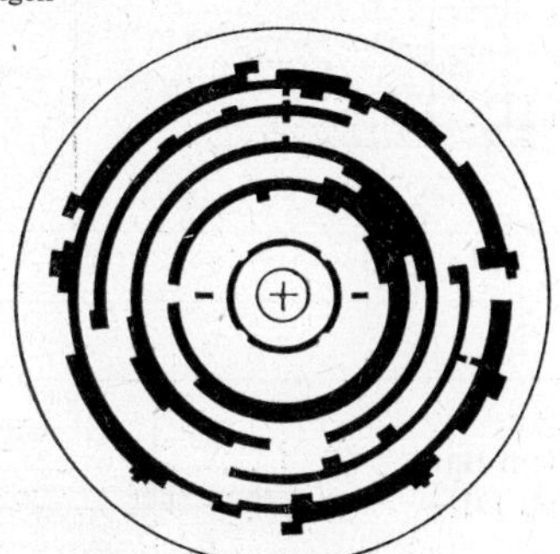

Bild 6.1.38. Schaltkontaktfläche

verbinder gemäß Tafel 6.1.19 (Randkontaktflächen) oder für Schaltverbindungen nach **Bild 6.1.38** (Schaltkontaktflächen). Für beide Kontaktflächenarten ist eine galvanische Oberflächenveredelung erforderlich (s. auch DIN 40801, DIN IEC 326).

Anordnung der Bauelemente (TGL 33564). Die **Tafeln 6.1.22** und **6.1.23** geben verschiedene Mindestabstandswerte zwischen Bauelementkonturen an. Die Bestückungshöhe beträgt 13,5 mm bzw. 8,5 mm bei Leiterplattenabständen im Gerät von 20 mm bzw. 15 mm (s. auch DIN 40801).

Mechanische Festigkeit. Die Bestückung von Leiterplatten mit schwingungsfähigen und z.T. auch schweren Bauelementen **(Bild 6.1.39)** sowie die unterschiedlichen Arten der Leiterplattenbefestigung im Gerät **(Tafel 6.1.24)** erfordern die Berücksichtigung der statischen und dynamischen Festigkeitsbedingungen. Wesentliche Schadensformen sind der

Tafel 6.1.22. Mindestabstände von Bauelementen auf Leiterplatten quer zur Bauelementelängsachse (Maße in mm)

a) für Zwei und Mehrpolelemente; b) für Mehrpolelemente

Bestückungsfall		d_1 bzw. h_1 \ d_2	Bauelementabstand a							
			1,0 bis 2,2	über 2,2 bis 3,2	über 3,2 bis 4,7	über 4,7 bis 5,8	über 5,8 bis 6,5	über 6,5 bis 7,2	über 7,2 bis 10,2	über 10,2 bis 12,0
Zweipolelement und Zweipolelement	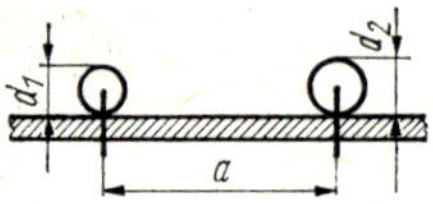	1,0 bis 2,2	3,75						7,5	
		über 2,2 bis 3,2		5,0						8,75
		über 3,2 bis 4,7			6,25					
		über 4,7 bis 5,8								10,0
		über 5,8 bis 6,5					7,5			11,25
		über 6,5 bis 7,2						8,75		
		über 7,2 bis 10,2	7,5						11,25	12,5
		über 10,2 bis 12,0		8,75		10,0		11,25	12,5	13,75
DIL-Bauelement und Zweipolelement	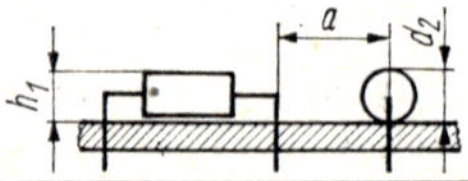	bis 8,5	2,5		3,75		5,0		6,25	7,5
Bauelement mit Anschlüssen unter dem Bauelement-Körper und Zweipolelement	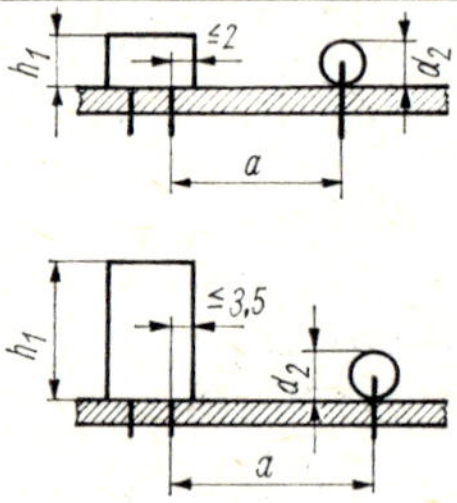 (≦ 2)	bis 13,5	5,0		6,25			7,5	8,75	10,0
	(≦ 3,5)		6,25		7,5		8,75		10,0	11,25

a)

Bestückungsfall	b_1	b_2	a
Bauelement mit Anschlüssen unter dem Bauelementkörper und DIL-Bauelement	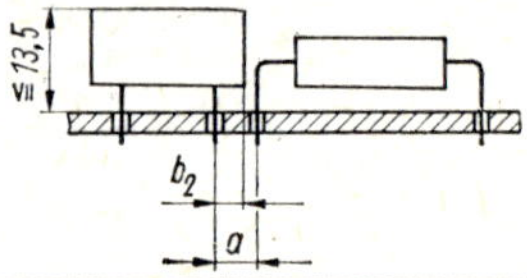 –	≦1	2,5
	–	≦2,5	3,75
	–	≦3,6	5,0
Bauelemente mit Anschlüssen unter dem Bauelementkörper	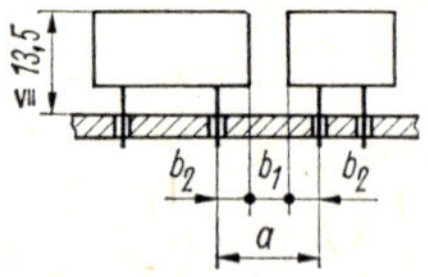 ≦1,0	≦1,0	3,75
	≦1,0	≦2,0	5,0
	≦1,0	≦2,5	
	≦2,0	≦2,0	
	≦1,0	≦3,6	6,25
	≦2,0	≦2,5	
	≦2,5	≦2,5	
	≦2,0	≦3,6	7,5
	≦2,5	≦3,6	
	≦3,6	≦3,6	8,75

b)

Tafel 6.1.23. Mindestabstände von Bauelementen auf Leiterplatten in Richtung der Bauelementelängsachse (Maße in mm)

Bestückungsfall	*a*
Zweipolelemente	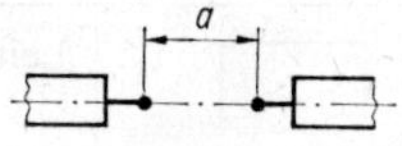 $\geqq 5{,}0$
Zweipolelement und Bauelement mit Anschlüssen unter dem Elementkörper	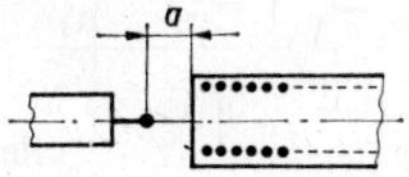 $\geqq 1{,}5$
Bauelemente mit Anschlüssen unter dem Elementkörper	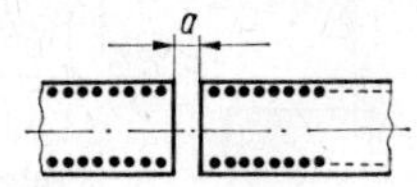 $\geqq 0{,}5$
Zweipolelement und DIL-Bauelement	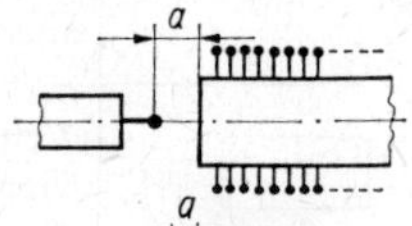 $\geqq 1{,}5$
DIL-Bauelement und Bauelement mit Anschlüssen unter dem Elementkröper	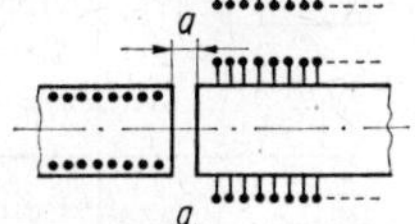 $\geqq 0{,}5$
DIL-Bauelemente	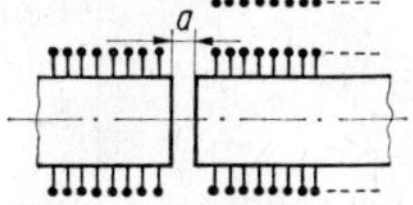 $\geqq 0{,}5$

Bild 6.1.39. Beanspruchungsmodelle für elektrisch-elektronische Bauelemente auf Leiterplatten

Ermüdungsbruch des Befestigungselements des elektrischen oder mechanischen Bauelements, der Bruch der Lötstelle oder das Ablösen des Lötauges vom Basismaterial sowie Schwingungsamplituden von Bauelementen und Leiterplatte, die zu unzulässigen Berührungen mit anderen Elementen des Geräts führen können [6.1.20] [6.1.32] [6.1.33].

Statischen Festigkeitswerte von Leiterplattenmaterialien sind TGL 11651, DIN 40802 bzw. [6.1.1] oder [6.1.10] zu entnehmen. In **Tafel 6.1.25** sind für charakteristische Bauelementeeinsatzfälle nach Bild 6.1.39 die wesentlichen Berechnungsgrößen angegeben für die Eigenfrequenzen

$$f_0 = (1/2\pi)\sqrt{c/m} \quad (6.1.1)$$

bei translatorischer und

$$f_0 = (1/2\pi)\sqrt{C/J} \quad (6.1.2)$$

Tafel 6.1.24. Typische Befestigungsarten von Leiterplatten

Ideale Einspannbedingung	Leiterplattenbefestigung	$K = f(a/b)$ nach Gl. (6.1.7)							
		0,25	0,5	1	1,5	2	2,5	3	4
Zwei Längsseiten gestützt	Leiterplatte in Gleitschienen	8	16	38	70	112	165	230	394
Zwei Längsseiten gestützt, eine Querseite fest eingespannt	Leiterplatte in Gleitschienen mit Steckverbinder	40	41	56	84	124	176	240	864
Alle Seiten gestützt	Leiterplatte in vierseitigem Rahmen mit Nut	25	29	47	76	117	170	234	375
Alle Seiten fest eingespannt	Leiterplatte in vierseitigem Versteifungsrahmen, gelötet	54	58	86	145	234	352	497	868
Zwei Längsseiten gestützt, zwei Querseiten fest eingespannt	Leiterplatte in Gleitschienen mit Steckverbinder und Verriegelung	54	56	69	93	131	181	244	406
Zwei Längsseiten und eine Querseite gestützt	Leiterplatte in dreiseitigem Rahmen mit Nut	4	10	28	58	99	151	216	380

bei rotatorischer Auslenkung des Bauelements sowie für die maximale Biegewechselbelastung

$$\sigma_{b\,max} = M_{max}/W \tag{6.1.3}$$

(s. auch Abschn. 5.8., Tafel 5.42). Das Schwingungs- und Stoßverhalten der bestückten Leiterplatte wird ebenfalls durch die Eigenfrequenz bestimmt [6.1.20] [6.1.33]. Sie ist abhängig von den Abmessungen $a \times b$ der Leiterplatte, von der Plattendicke s, vom Leiterplattenmaterial (Elastizitätsmodul E, Querzahl ν, Dichte ϱ), von der Bestückungsmasse m_B, der Leiterplattenmasse m_L, von den Befestigungsbedingungen der Leiterplatte δ (s. Tafel 3.13) und berechnet sich zu

$$f_0 = k_m (\delta/2\pi a^2) \sqrt{D/(\varrho s)} \tag{6.1.4}$$

mit der Biegesteife

$$D = (Es^3)/(12\,[1 - \mu^2)] \tag{6.1.5}$$

und dem Massekoeffizienten

$$k_m = 1/\sqrt{1 + m_B/m_L}. \tag{6.1.6}$$

In [6.1.20] werden die Konstanten auf eine unbestückte Stahlplatte bezogen, so daß für die Berechnung der Eigenfrequenz nur die Abhängigkeit von den Befestigungsbedingun-

Tafel 6.1.25. Berechnungsgrundlagen für Eigenfrequenzen elektronischer Bauelemente auf Leiterplatten

	Zylindrische Bauelemente mit axialen Anschlüssen, liegend Bauelemente mit nichtaxialen Anschlüssen, auf einer Geraden liegend	Zylindrische Bauelemente mit axialen Anschlüssen, stehend	Bauelemente mit nichtaxialen Anschlüssen, auf zwei parallelen Geraden liegend	Bauelemente, zweiseitig auf Lötösen befestigt
Federsteife bzw. Drehfedersteife	$C = \dfrac{4EI}{3\left(l - \dfrac{D}{2}\right)}$	$C = \dfrac{4EI}{3\,(l - h)}$	$c = \dfrac{12EI}{(l - h)^3}$	$c = \dfrac{192EI}{(c - e)^3}$
Masse bzw. Massenträgheitsmoment	$J = J_S + ml_0^2$ $l_0 = \dfrac{2}{3}\left(l - \dfrac{D}{2}\right)$ Zylinder $J_S = \dfrac{1}{8} mD^2$ Quader $J_S = \dfrac{1}{12} m\,(h^2 + b^2)$	$J = J_S + ml_0^2$ $l_0 = \dfrac{2}{3}(l - h) + \dfrac{h}{2}$ $J_S = \dfrac{1}{16} m \left(D^2 + \dfrac{4}{3} h^2\right)$	m	m
Maximales Moment	$M_{max} = F\left(l - \dfrac{D}{2}\right);\ \ F\left(l - \dfrac{h}{2}\right)$	$M_{max} = F\left(l - \dfrac{h}{2}\right)$	$M_{max} = F\left(\dfrac{l - h}{2}\right)$	$M_{max} = \dfrac{F\,(c - e)}{4}$
Widerstandsmoment		$W = \dfrac{\pi d^3}{32} z$		$W = \dfrac{\pi d^3}{32}$
	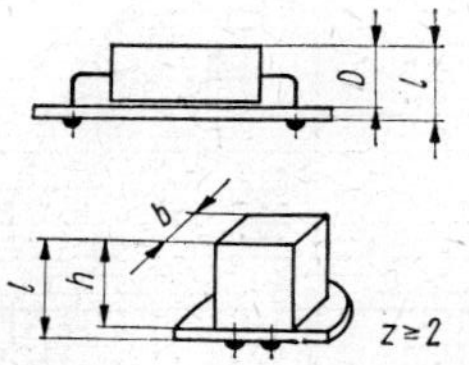 $z \geq 2$	$z = 1$ 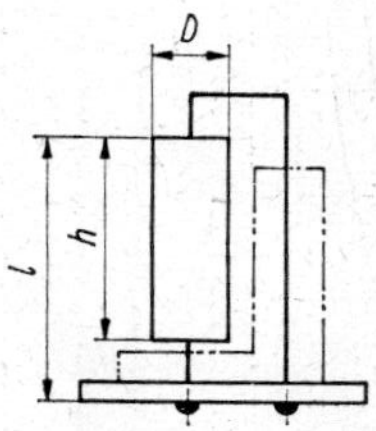	$z \geq 2$ 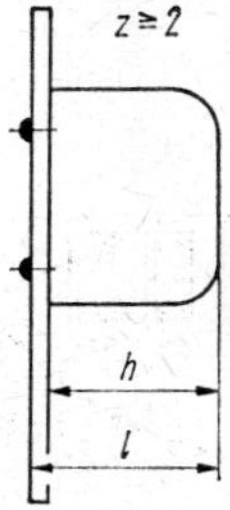	$z = 1$ 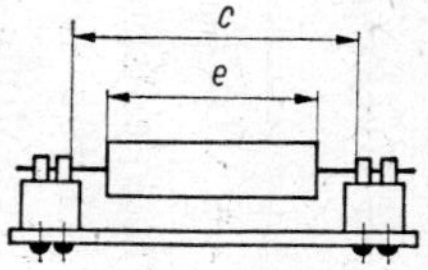

gen und entsprechende Vergleichskoeffizienten vorliegen müssen:

$$f_0 = 10\,(Ks/a^2)\,k_m k_e \tag{6.1.7}$$

mit

$$k_e = \sqrt{(E/E_{St})\,(\varrho_{St}/\varrho)} \tag{6.1.8}$$

und $K = f(a/b)$ entsprechend Tafel 6.1.24.

Im **Bild 6.1.40a** sind für verschiedene Befestigungen und im **Bild 6.1.40b** für verschiedene Werkstoffe und Nenndicken einer Leiterplatte der Größe 160 mm × 135 mm die Eigenfrequenzverläufe angegeben. Zur Erzielung möglichst kleiner Schwingungs-

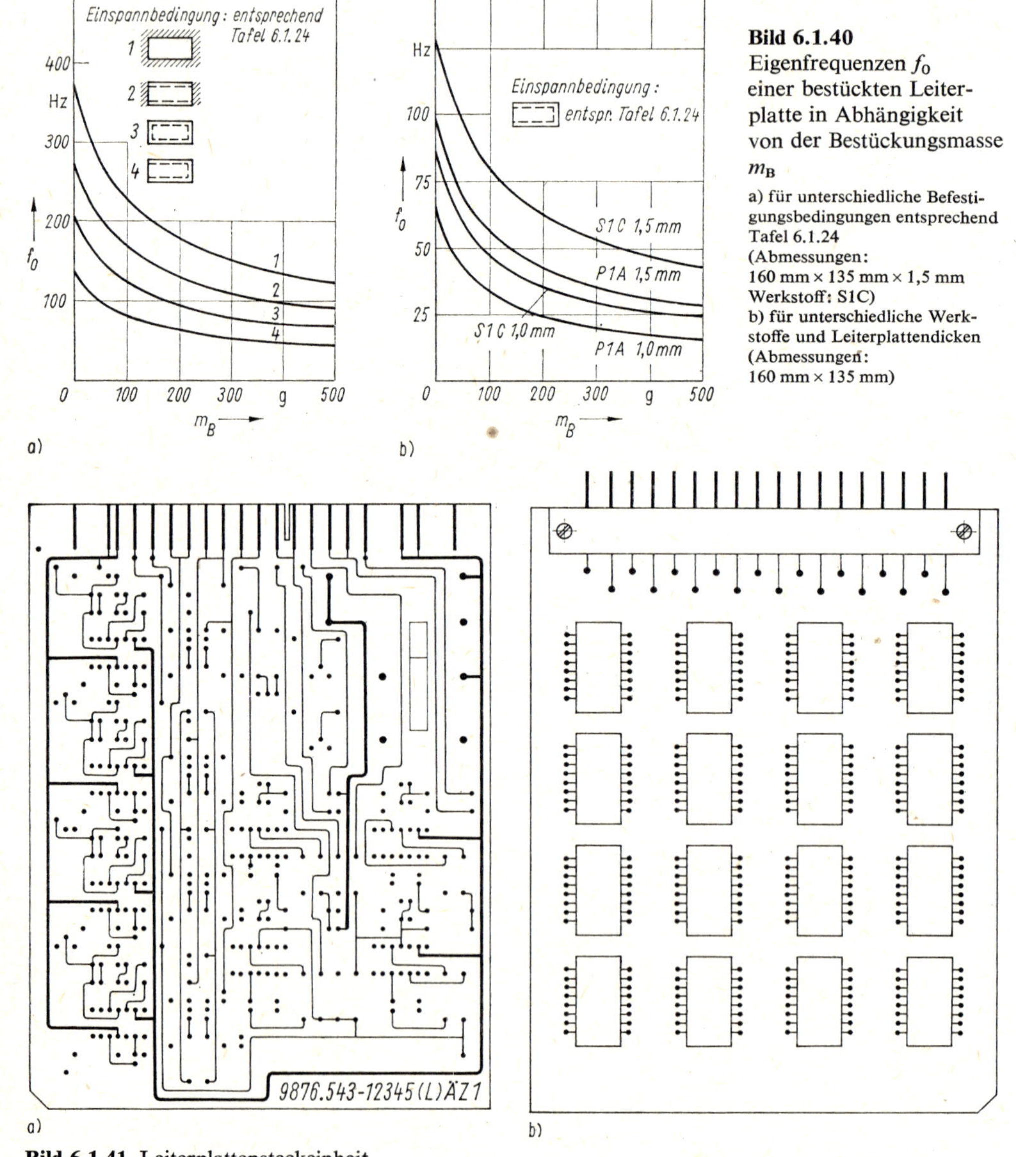

Bild 6.1.40
Eigenfrequenzen f_0 einer bestückten Leiterplatte in Abhängigkeit von der Bestückungsmasse m_B

a) für unterschiedliche Befestigungsbedingungen entsprechend Tafel 6.1.24 (Abmessungen: 160 mm × 135 mm × 1,5 mm Werkstoff: S1C)
b) für unterschiedliche Werkstoffe und Leiterplattendicken (Abmessungen: 160 mm × 135 mm)

Bild 6.1.41. Leiterplattensteckeinheit

a) mit direktem Steckverbinder (Lötseite); b) mit indirektem Steckverbinder (Bestückungsseite)

amplituden ist folglich die Eigenfrequenz zu erhöhen, d.h., für geringe Bestückungsmassen, stabile Befestigung, kleine Leiterplattenabmessungen und entsprechenden Leiterplattenwerkstoff ist Sorge zu tragen.

6.1.5.2. Aufbauformen

Die *Steckeinheit* ist in ihrer standardisierten Rechteckform mit bis zu 90poligen indirekten oder direkten Steckverbindern die gebräuchlichste Aufbauform **(Bild 6.1.41)**, die insbesondere in Verbindung mit Baukastensystemen verwendet wird (s. Abschn. 3.2.5.).

Die *Chassisleiterplatte* stellt dagegen eine anwendungsspezifische Aufbauform dar, die man i. allg. in den Fällen anwendet, bei denen sämtliche elektrischen, elektronischen und auch sonstigen Bauelemente eines Geräts auf einer als Chassis fungierenden Leiterplatte untergebracht werden können. Aufgrund des hohen Grads der erreichten Schaltungsintegration und Bauelementeminiaturisierung erhöhen sich die Anwendungsfälle für diese Aufbauform zunehmend. Das führt u. a. auch dazu, die Chassisleiterplatte in Form und Abmessungen noch stärker an die Einsatzbedingungen im Gerät anzupassen, wofür **Bild 6.1.42** charakteristische Beispiele zeigt.

Die *Rückverdrahtungsleiterplatte* als dritte Aufbauform ist ein reines Verdrahtungselement und wurde im Abschnitt 6.1.4. behandelt.

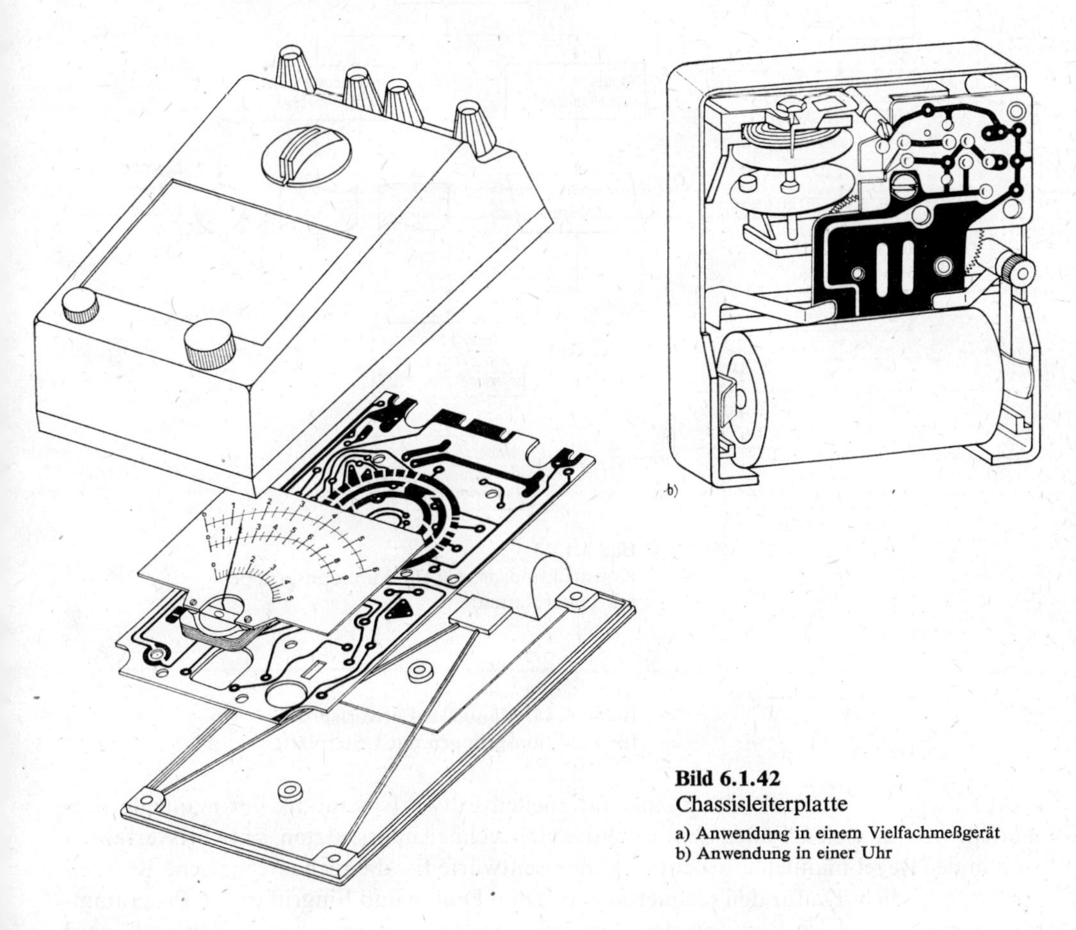

Bild 6.1.42
Chassisleiterplatte

a) Anwendung in einem Vielfachmeßgerät
b) Anwendung in einer Uhr

6.1.5.3. Konstruktion

Ziel des Konstruktionsprozesses für Funktionsgruppen mit Leiterplatten sind Entwurfszeichnungen und, daraus abgeleitet, ein vollständiger Unterlagensatz zur Herstellung der Leiterplatten und der kompletten Funktionsgruppen. Dabei werden vorgegebene Informationen zur Schaltungsentwicklung und verbindliche Konstruktionsrichtlinien berücksichtigt. **(Bild 6.1.43).** Zentrale Bedeutung hat der Leiterplattenentwurfsprozeß mit dem Ziel, einen topologischen Entwurf zu erarbeiten. Das heißt, die elektronische Schaltung wird auf einer begrenzten Fläche mit möglichst hoher Bauelementedichte je Flächeneinheit **optimal plaziert** und die leitenden Verbindungen zwischen den Bauelementen unter Einhaltung mechanischer und elektrischer Bedingungen optimal **trassiert**. Das ist eine schöpferische Aufgabe mit hohem Schwierigkeitsgrad und Zeitaufwand, so daß mehr und mehr rechnerunterstützte Entwurfsverfahren Anwendung finden (Abschn. 2.3.2.5. und 2.3.3.) [6.1.1] [6.1.9] [6.1.18] [6.1.34].

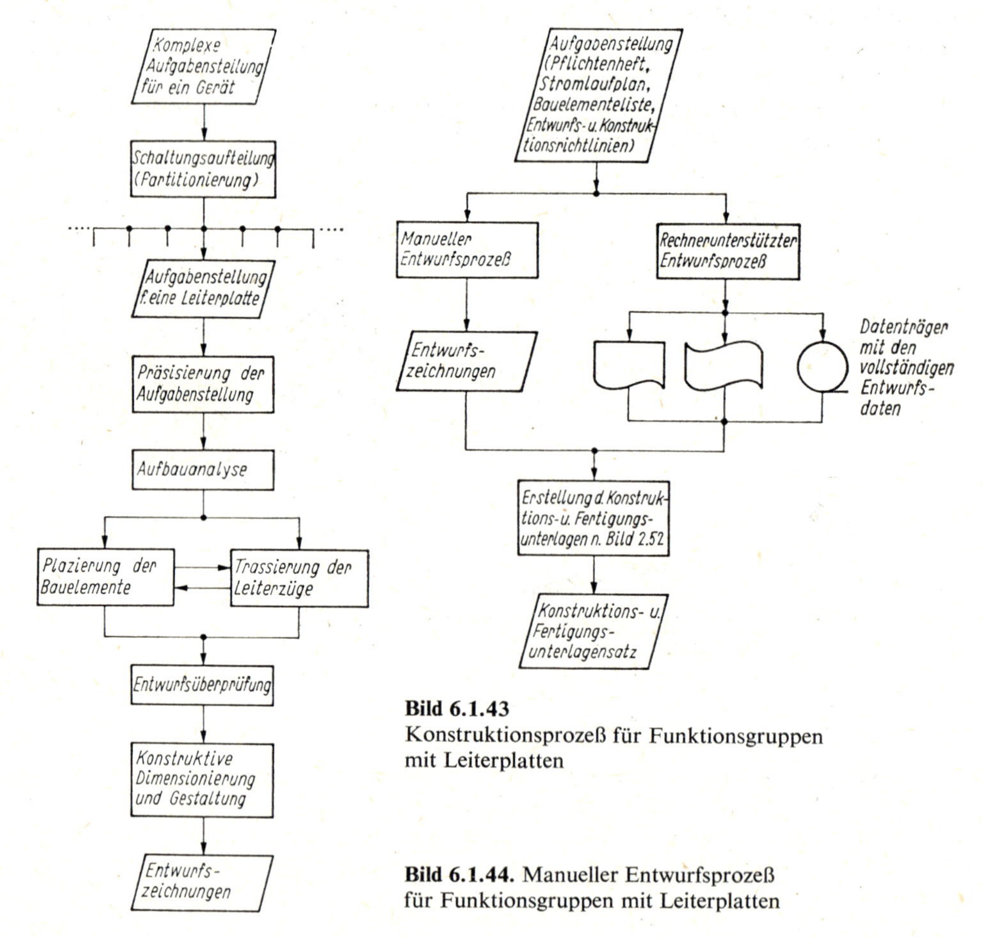

Bild 6.1.43
Konstruktionsprozeß für Funktionsgruppen mit Leiterplatten

Bild 6.1.44. Manueller Entwurfsprozeß für Funktionsgruppen mit Leiterplatten

Allerdings ist bei Anwendung einer rationellen Entwurfsmethodik der manuelle Entwurfsprozeß in vielen Fällen sehr effektiv. Bei rechnerunterstützten Entwurfsverfahren sind in der Regel manuell erarbeitete Anfangsentwürfe für die rechentechnische Bearbeitung erforderlich. Da für den rechnerunterstützten Dialog und Eingriff in den Programmablauf die umfassende Kenntnis des Entwurfsprozesses vorausgesetzt werden muß, wird nachfolgend der manuelle Entwurfsprozeß und seine Methodik in den sechs wichtigsten Etappen beschrieben **(Bild 6.1.44)**:

Schaltungsaufteilung (Partitionierung). Geht man von der Aufgabenstellung für ein Gerät aus, so ist i. allg. die elektronische Schaltung so komplex, daß eine Aufteilung (Partitionierung) auf mehrere Leiterplatten erforderlich ist, insbesondere unter den Bedingungen eines vorgegebenen Gefäßsystems und damit auch festgelegter Leiterplattenabmessungen. Wichtigstes Aufteilungskriterium ist die (minimale) Anzahl von Verbindungen zwischen den einzelnen Leiterplatten, da viele lösbare bzw. bedingt lösbare Kontakte einen erheblichen Zuverlässigkeitsverlust zur Folge haben können. Man erreicht diese Schnittstellenminimierung prinzipiell durch eine streng funktionsorientierte Aufteilung, die den einzelnen Leiterplatten in sich abgeschlossene elektronische Funktionskomplexe zuordnet. Als exakte Partitionierungsgrundlage kann das Verfahren nach **Tafel 6.1.28** angewendet werden. Eine weitere Aufgabe besteht darin, die Anordnung der Leiterplatten untereinander festzulegen; es kommt darauf an, die kritischen Leitungsverbindungslängen möglichst klein zu halten.

Präzisierung der Aufgabenstellung. Die Aufgabenstellung für den Entwurf jeder einzelnen Leiterplatte ist (zur Vermeidung von Fehlentwürfen und zur Bestimmung des Vorgehens beim Entwurf) einer gründlichen Präzisierung zu unterziehen (s. Abschn. 2.2.2.). In **Tafel 6.1.26** sind die wichtigsten Forderungen zusammengestellt.

Aufbauanalyse. Bevor die entscheidenden Entwurfsschritte des Plazierens der Bauelemente und des Trassierens der Leiterzüge vollzogen werden können, sind in Abhängigkeit von der präzisierten Aufgabenstellung und der Schaltungsart Festlegungen zum grundsätzlichen Aufbau der Leiterplatte zu treffen **(Tafel 6.1.27).**

Tafel 6.1.26. Elektrische, konstruktive und technologische Forderungen für den Entwurf von Leiterplatten

Elektrische Forderungen

- Strombelastbarkeit
- Widerstands- und Induktivitätsbelag von Stromversorgungsleitungen
- zulässige Verzögerungszeiten, kritische Leitungslängen, zulässige Massekapazitäten
- Anpassungs- und Reflexionsbedingungen (Wellenwiderstand)
- zu beachtende Leitungskopplungen (kapazitiv, induktiv)
- zu beachtende elektromagnetische Einstrahlung

Konstruktive Forderungen

- Leiterplattenabmessungen, -art, -werkstoff
- Anzahl, Lage und Zuordnung von Leiterzugebenen
- Lage, Art, Größe, Anzahl von Steckverbindern und ihre Steckerbelegung
- Leiterplattenbefestigung (notwendige Freiflächen)
- Umweltbedingungen (mechanische, thermische, klimatische Belastungen)
- Anordnung von Betätigungs- und Abgleichbauelementen

Technologische Forderungen

- einzuhaltender Schwierigkeitsgrad
- Strukturierungsverfahren
- Bestückungsverfahren
- Kontaktierverfahren
- Verfahren der Leiterbildoriginalherstellung
- Prüf- und Reparaturbedingungen

Tafel 6.1.27. Aufbauanalyse beim Entwurf von Leiterplatten

a) Bestimmung der Leiterplattenbelegungsfläche $A_{B\,(LP)}$ aus der Leiterplattenfläche A_{LP}:

$A_{B\,(LP)} = A_{LP} - \Sigma$ (Randflächen gemäß TGL 33564 und Freiflächen für Leiterplattenbefestigung, -herstellung, -beschriftung (s. auch DIN 41494))

b) Bestimmung der Bauelementebelegungsflächen $A_{B\,(BE)}$:

$A_{B(BE)}$ ergibt sich aus den Bauelementeabmessungen, den Abbiegemaßen der Anschlußelemente, den erforderlichen Lötaugendurchmessern und z.T. auch aus notwendigen Zusatzelementen (Bauelementesockel, Kühlelemente u.a.) unter Berücksichtigung der einzuhaltenden Bauelementeabstände (s. Tafeln 6.1.22 und 6.1.23):

$$A_{B\,(BE)} = \sum_{n=1}^{m} A_{B\,(BE)}$$

c) Bestimmung von Packungsfaktor k und Lötstellendichte z:

$$k = \frac{A_{B\,(BE)}}{A_{B\,(LP)}}; \quad z = \frac{\Sigma \text{ Bauelementeanschlüsse}}{\Sigma \text{ nutzbare Rasterpunkte}}$$

d) Auswahl des optimalen Aufbauprinzips:

Das Diagramm nach **Bild 6.1.45** ermöglicht eine allgemeingültige Aussage über die einzusetzende Leiterplattenart (im Grenzbereich des Diagramms ist ohne Anfertigung eines Leiterplattenentwurfs keine eindeutige Aussage möglich). Für Schaltungen mit integrierten Schaltkreisen, bei denen die Packungsdichte im wesentlichen von der Art und Vielfalt der logischen Verknüpfungen sowie von der Anzahl der zum Steckverbinder führenden Leitungen bestimmt wird, sind i.allg. speziellere Diagramme zweckmäßig, die anwendungsspezifisch aufgestellt werden müssen **(Bild 6.1.46).**

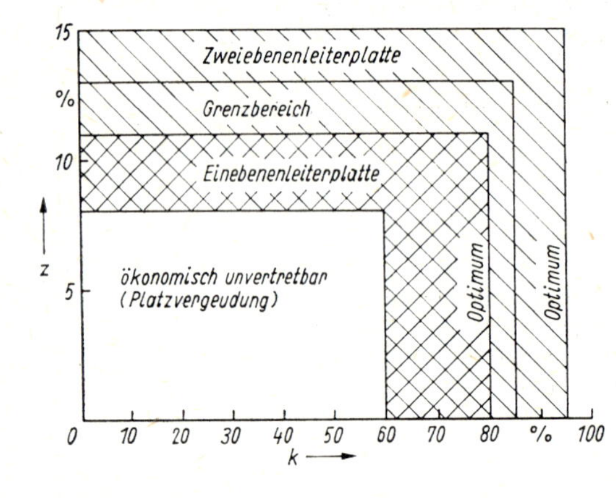

Bild 6.1.45
Diagramm zur Auswahl der Leiterplattenart
z Lötstellendichte; k Packungsfaktor

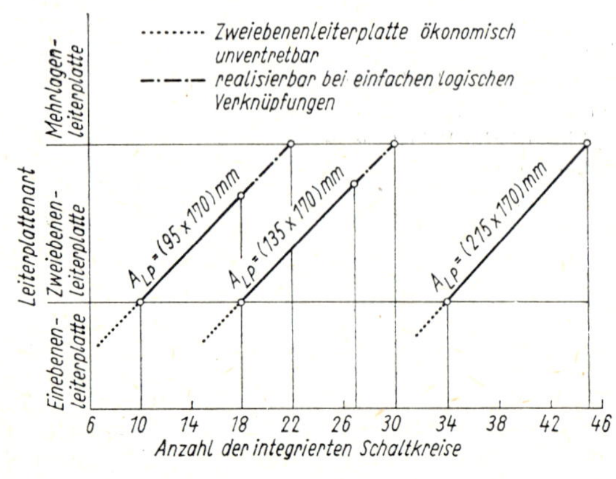

Bild 6.1.46
Diagramm zur Auswahl der Leiterplattenart bei Bestückung mit integrierten Schaltkreisen in 14poligem Dual-in-line-Gehäuse
A_{LP} Leiterplattenfläche

Tafel 6.1.27. (Fortsetzung)

e) Gruppierung der Bauelemente:

Die Gruppierung, d.h. die systematische Ordnung der Bauelemente auf der Leiterplatte, erfolgt in Abhängigkeit von der Schaltungsart nach zwei Gesichtspunkten. **Analogschaltungen** werden funktionsorientiert behandelt, d.h., auch auf der einzelnen Leiterplatte werden in sich abgeschlossene Schaltungsteilfunktionen lokal zusammengefaßt. Dazu ist ein Umzeichnen der Schaltung in der Weise erforderlich, daß die Bauelementeanordnung weitgehend dem Funktionsfluß in der Schaltung entspricht. Vermeidbare Leitungskreuzungen sollten dabei aufgelöst werden. **Digitalschaltungen** werden nach Gesichtspunkten zweckmäßiger Gatterzuordnungen zu integrierten Schaltkreisen behandelt. Um kurze Leitungsverbindungen zwischen den Gattern und eine einfache Leiterzugtrassierung mit einem Minimum an Leiterzügen auf möglichst wenigen Ebenen zu erreichen, müssen jeweils die Gatter in einem integrierten Schaltkreis zusammengefaßt werden, die untereinander die meisten Verbindungen haben. Tafel 6.1.28 zeigt an einem Beispiel die Vorgehensweise.

Tafel 6.1.28. Verfahren zur Aufteilung von Schaltungsstrukturen in Blöcke mit einem Minimum an Verbindungen untereinander

Definitionen:	Anwendungsfälle:	
Modul M als kleinstes Element	a) Teilschaltung *TS*	b) Gatter *G*
Block B aus Moduln M mit Minimum an Verbindungen zwischen den Blöcken	Leiterplatte *LP*	integrierter Schaltkreis *IS*

Verfahrensschritte	Beispiel zu Fall b)
1. Numerierung der Blöcke (1 ... n) und der Ein- und Ausgänge (−1)	
2. Festlegung der maximalen Anzahl K_{max} von Moduln je Block	Anzahl der Gatter je integrierter Schaltkreis $K_{max} = 4$
3. Aufstellung einer Verbindungsmatrix (Anzahl der Verbindungen V und Summe der Verbindungen ΣV)	(Matrix siehe unten)
4. Auswahl des Moduls mit ΣV_{max}	*G9* mit 7 Verbindungen
5. Bilden eines Blocks B mit dem unter 4. ausgewählten Modul und dem Modul, zu dem die meisten Verbindungen bestehen	*G9* und *G12* mit 3 Verbindungen Block B

G	1	2	3	4	5	6	7	8	9	10	11	12	-1	ΣV
1			1			1							1	3
2			1	1										2
3	1	1				1								3
4		1					1				1			3
5						1							1	2
6	1		1		1						1			4
7				1				1	1		1			4
8							1		1	1			1	4
9							1	1		1	1	3		7
10								1	1			1	1	4
11				1		1	1		1			1		5
12									3	1	1			5
-1	1				1			1		1				4

Tafel 6.1.28. (Fortsetzung)

Verfahrensschritte	Beispiel zu Fall b)
6. Bilden eines Blockes B^* mit den Moduln, die mit Block B in Verbindung stehen	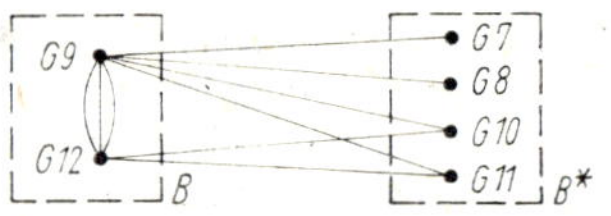
7. Auswahl des Moduls aus B^*, der die meisten Verbindungen zu B hat. Bei mehr als einem Modul Auswahl des Moduls aus B^*, der die wenigsten anderen Verbindungen hat	Gatter: *G10* *G11* andere Verbindungen: 2 3 Auswahl!
8. Übernahme des ausgewählten Moduls in Block B und des Moduls in B^*, der mit dem unter 7. ausgewähltem Modul in Verbindung steht	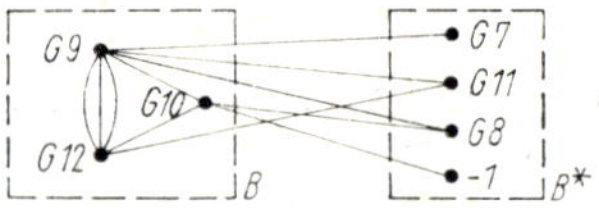
9. Erneute Durchführung von 7. und 8., bis $K = K_{max}$ in B erfüllt. Damit Bildung des ersten Blocks abgeschlossen	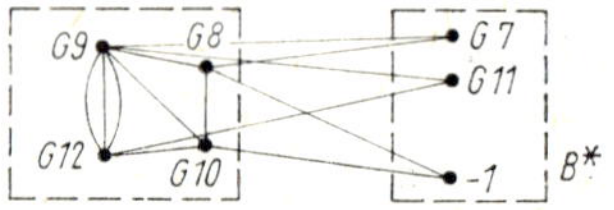 $B = IS1 = \{G8, G9\ G10, G12\}$
10. Erneute Durchführung ab 4. mit der Auswahl des Moduls mit der nächstgrößeren Summe von Verbindungen ΣV usw., bis alle Moduln in Blöcke aufgeteilt sind	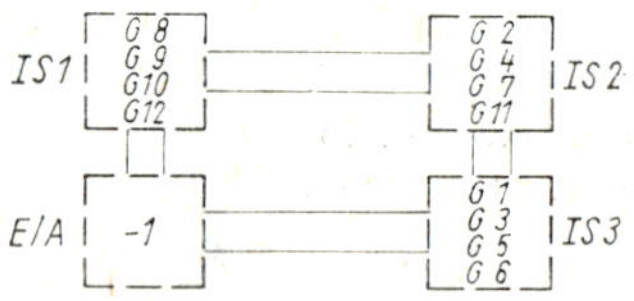

Plazierung der Bauelemente und Trassierung der Leiterzüge (Entwurf der Topologie). Wegen der gegenseitigen Abhängigkeit der Anordnungen und Verbindungen der Bauelemente ist es äußerst unzweckmäßig, zuerst vollständig die Plazierung und anschließend die Trassierung der Leiterzüge vorzunehmen. Es ist sinnvoller, beide Operationen wechselweise in Schritten gem. **Tafel 6.1.29** zu vollziehen.

Zweckmäßig für die Entwurfsarbeiten ist die Verwendung von Rasterpapier bzw. Millimeterpapier in transparenter Form, auf dem vorderseitig die Bauelemente und rückseitig die Leiterzüge eingezeichnet werden können, bei Zweiebenen- oder Mehrlagenleiterplatten entsprechend den Seiten bzw. Ebenen mehrfarbig.

Entwurfsüberprüfung. Bei der Entwurfsüberprüfung sind im wesentlichen folgende Operationen durchzuführen:

- Variation von Bauelementeanordnungen zwecks Platzgewinn; Beseitigen gegenseitiger störender Beeinflussungen und Anpassen an Forderungen der Bestückung, Prüfung, Wartung und Reparatur.
- Variation von Leiterzuganordnungen zwecks Erreichen einer gleichmäßigen Verdrahtungsdichte durch Leiterbildaufweitungen, Vereinfachen von Leiterzugführungen, Leiterzugverkürzung, Vermeiden spitzer Winkel und Drahtbrücken.
- Überprüfen des gesamten Entwurfs hinsichtlich schaltungstechnischer Richtigkeit.

Tafel 6.1.29. Plazierung und Trassierung beim Entwurf von Leiterplatten

a) Plazierung der ortsabhängigen Bauelemente:

Die Ortsabhängigkeit ergibt sich aus der Geräte- bzw. Baugruppenkonzeption (Lage und Anzahl von Steckverbindern, Zugänglichkeit zu Betätigungs- und Einstellelementen o.ä.) sowie aufgrund spezieller Bauelementeeigenschaften (Bauelementemasse, Einwirkungen von Wärme, magnetischen Feldern u.ä.).

b) Grobanordnung der Bauelemente:

- Bauelementelängsachse parallel zu einer Leiterplattenkante, zumindest gruppenweise, um eine maximal mögliche Packungsdichte zu erreichen;
- bei Analogschaltungen: vom Schaltungseingang aus in Signalflußrichtung unter Beachtung der elektrischen, mechanischen und thermischen Vorgaben (s. Abschn. 6.1.5.1.);
- bei Digitalschaltungen: nach dem Prinzip der minimalen Leiterzuglängen mit Hilfe einer Verbindungsmatrix analog der Gruppierungsmatrix nach Tafel 6.1.27;
  - Numerierung der Bauelemente einschließlich Steckverbinder,
  - Eintragung der Anzahl der Verbindungen zwischen den Bauelementen in die Verbindungsmatrix,
  - Plazierung der Bauelemente mit der größten gemeinsamen Anzahl von Verbindungen nebeneinander bzw. so nahe wie möglich.

c) Trassierung der Leiterzüge:

- Richtungsorientiertes System der Leiterzugführung durch vorrangige Trassierung auf der Lötseite in Lötrichtung und auf der Bestückungsseite rechtwinklig dazu, um insgesamt eine möglichst hohe Trassierungsdichte zu erreichen.

- Trassierung der Stromversorgungs- und Masseleitungen:

  - aus Schirmungsgründen Stromversorgungs- und Masseleitungen nebeneinander oder bei Zweiebenenleiterplatten übereinander,
  - Beachten der elektrischen Forderungen, insbesondere bezüglich der Niederohmigkeit (s. Abschnitt 6.1.5.1.),
  - Verlegung zweckmäßigerweise am Leiterplattenrand zum Erhalt der Trassierungsfreiheit für Signalleiterzüge im Leiterplattenzentrum,
  - Aufbau von Verteilungssystemen bei überwiegender oder ausschließlicher Verwendung von integrierten Schaltkreisen **(Bild 6.1.47)**.

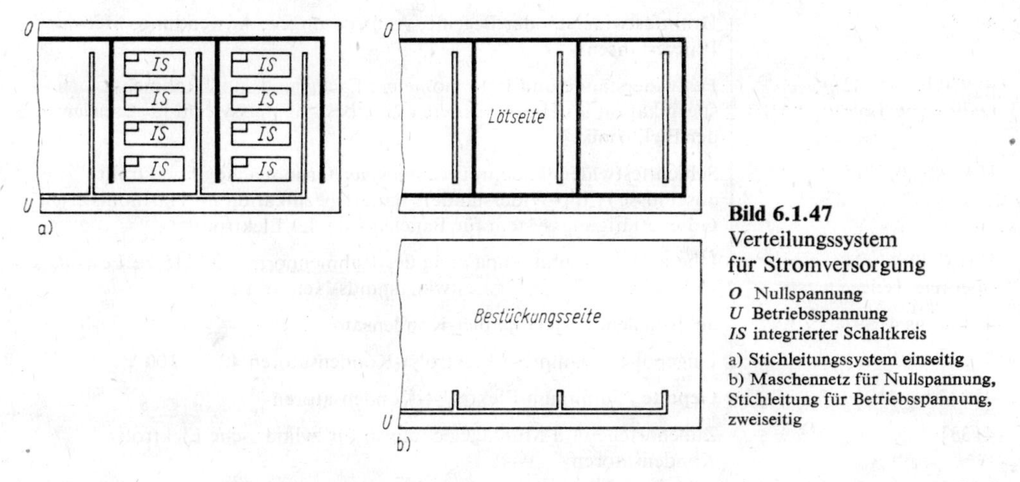

Bild 6.1.47
Verteilungssystem für Stromversorgung

O Nullspannung
U Betriebsspannung
IS integrierter Schaltkreis

a) Stichleitungssystem einseitig
b) Maschennetz für Nullspannung, Stichleitung für Betriebsspannung, zweiseitig

  - Beginn der Signalleiterzugtrassierung am Steckverbinder im schrittweisen Aufbau und im Wechsel mit der Bauelementeplazierung.

Dimensionierung und Gestaltung. Erst nach Abschluß der bisher dargestellten Entwurfsarbeiten erfolgt die detaillierte quantitative Dimensionierung und Gestaltung aller Leiterbildelemente:

- maßliche Festlegung von Lötaugenform und -durchmesser, Bestückungslochdurchmesser und von Durchverbindungslöchern einschließlich der Zuordnung von Lötaugen- zu Bohrungsdurchmesser entsprechend den Vorschriften (TGL 25016), s. auch Tafel 6.1.21 und Bild 6.1.36 und DIN 40801,
- maßliche Festlegung von Leiterzugbreiten, -längen und -abständen entsprechend den elektrischen Bedingungen und Vorschriften (TGL 25016, DIN 40801),
- Bemaßung der Konturen, sonstiger Durchbrüche, Aussparungen u.ä.,
- exakte Festlegung der Bauelementeabstände und Kontrolle wichtiger Sicherheitsabstände unter Berücksichtigung der Toleranzen entsprechend den Vorschriften (TGL 33564), s. auch Tafeln 6.1.22 und 6.1.23 und DIN 40801,
- konstruktive Gestaltung der Leiterplattenbefestigung, der Elemente zur Bauelementebefestigung, der Elemente zur Abschirmung, Wärmeabführung u.ä. (s. Abschn. 5).

Den TGL-Standards der Abschnitte 6.1.1. bis 6.1.5. entsprechende DIN-Normen enthält **Tafel 6.1.30.**

Tafel 6.1.30. DIN-Normen zu den Abschnitten 6.1.1. bis 6.1.5.

DIN	Inhalt
Bauelemente:	
41429	Farbkennzeichnung von Widerständen
41849	Integrierte Widerstandskombinationen mit einseitigen Anschlüssen (Datenblattangaben)
44050	Schichtfestwiderstände; Technische Lieferbedingungen, Begriffe, Anforderungen, Meß- und Prüfverfahren
44146 bis 44171	Einfach- und Doppel-Schichtdrehwiderstände; Verschiedene Ausführungen, Anwendungsklassen und Größen
44185	Drahtfestwiderstände; Begriffe, Anforderungen, Anwendung, Meß- und Prüfverfahren
45920 bis 45922 (zahlreiche Teile)	Festwiderstände und Potentiometer; Fachgrund- und Rahmenspezifikation im Harmonisierten Gütebestätigungssystem für Bauelemente der Elektronik
E 45921, T 1015	Schichtfestwiderstände mit rechteckiger Grundfläche ohne Drahtanschlüsse (Chip-Widerstände); Bauartspezifikation im Harmonisierten Gütebestätigungssystem für Bauelemente der Elektronik
E IEC 40 (mehrere Teile)	Überarbeitung und Anpassung der Rahmennorm IEC 115 zu Festwiderständen sowie für Festwiderstands-Netzwerke
41180 bis 41891	Selbstheilende Metallpapier-Kondensatoren
41236	Ungepolte Aluminium-Elektrolyt-Kondensatoren 40 bis 100 V
41237 bis 41259	Gepolte Aluminium-Elektrolyt-Kondensatoren
41331	Zubehörteile und Montagelochungen für zylindrische Elektrolyt-Kondensatoren
44350 bis 44361	Gepolte Tantal-Elektrolyt-Kondensatoren
41365 bis 41367	Zweifach-Luft-Drehkondensatoren für Rundfunkempfänger

Tafel 6.1.30. (Fortsetzung)

DIN	Inhalt
41 379ff. und 44 110ff.	Kunststoffolien-Kondensatoren
41 920 bis 41 923, 44 928	Keramik-Kleinkondensatoren (einschl. Lötkondensatoren)
41 952, 41 953	Luft-Trimmerkondensatoren; Anwendungsklasse FMC
45 910	Festkondensatoren; Fachgrund- und Rahmenspezifikationen im Harmonisierten Gütebestätigungssystem für Bauelemente der Elektronik
IEC 418	Variable Kondensatoren; Fachgrund- und Rahmennorm
41 284	Speicherkerne für Stromkoinzidenz; Begriffe, Prüfbedingungen, Kennzeichnende Angaben
41 290 bis 41 299, 41 980, 41 985, 41 986, 41 989 bis 41 991	Weichmagnetische Ferritkerne; Verschiedene Formen, Maße und Eigenschaften
41 300 bis 41 311	Kleintransformatoren, Übertrager, Wandler und Drosseln; Kennzeichnende Daten, Kerne, Spulenkörper, Typenreihen
45 960	Elektromechanische Schaltrelais; Fachgrund- und Rahmenspezifikation im Harmonisierten Gütebestätigungssystem für Bauelemente der Elektronik
44 450	Fassungen und Zubehör für Elektronenröhren, Halbleiter und andere steckbare Bauelemente; Begriffe, allgemeine Anforderungen und Prüfverfahren
45 980 bis 45 982	Elektronenröhren verschiedener Ausführung, Leistung und Frequenz; Bauartspezifikationen im Harmonisierten Gütebestätigungssystem für Bauelemente der Elektronik
41 740 bis 41 742	Selendioden und Selen-Überspannungsbegrenzer
41 781, 41 782	Gleichrichterdioden; Begriffe, Richtlinien
41 786, 41 787	Thyristoren; Begriffe, Richtlinien
41 814 T 2	Gehäuse für Halbleiterbauelemente; Gehäuse Typ 160 bis 168 (Hauptmaße) (s. auch DIN 41 865 und folgende)
41 855	Halbleiterbauelemente und integrierte Schaltungen; Arten und allgemeine Begriffe
45 930 T 1 sowie weitere Teile	Einzel-Halbleiterbauelemente; Fachgrundspezifikation und Bauartspezifikationen zu typischen Halbleiterbauelementen (Dioden, Transistoren u.a.) im Harmonisierten Gütebestätigungssystem für Bauelemente der Elektronik
41 848 T 1 bis T 5	Integrierte Schichtschaltungen; Allgemeines, Begriffe, Eigenschaften, Dickschichtschaltungen (Maße, Kennzeichnung), Prüfung
41 850 (7 Teile)	Integrierte Schichtschaltungen; Keramische Substrate für Dickschichtschaltungen, Werkstoffe, Pasten
45 940 (mehrere Teile)	Familien-Spezifikationen für TTL-Schaltungen (verschiedene Serien) im Harmonisierten Gütebestätigungssystem für Bauelemente der Elektronik

Leitungsverbindungen, Leiterplatten:

DIN 41611 Lötfreie elektrische Verbindungen
DIN 41612, 41617 Steckverbinder für gedruckte Schaltungen, indirektes Stecken
DIN 41620 Steckverbinder für gedruckte Schaltungen, indirektes bzw. direktes Stecken
DIN 46425 Runddrähte aus Aluminium für Elektrotechnik
DIN 46431 Runddrähte aus Kupfer für Elektrotechnik
DIN 47250 Hochfrequenz-Kabel und -Leitungen
DIN 47413, 47414 Fernmeldeschnur mit Drahtlitzenleiter
DIN 47727 PVC-Aderleitung 07 V
DIN 47730 Gummischlauchleitung 07 RN
DIN 57814/VDE 0814 Schnüre für Fernmeldeanlagen und Informationsverarbeitungsanlagen
DIN 40801 Gedruckte Schaltungen, Grundlagen, Raster, Löcher u.s.w.
DIN 40802 Metallkaschierte Basismaterialien für gedruckte Schaltungen
DIN 41494 Leiterplatten, Maße
DIN IEC 326 Gedruckte Schaltungen, Leiterplatten

Weiterführende DIN-Normen und VDE-Richtlinien:

DIN 45900 und DIN 45901 (zahlreiche Teile): Harmonisiertes Gütebestimmungssystem für Bauelemente der Elektronik; Grundlegende Bestimmungen und Verfahrensregeln im CENELEC-Komitee für Bauelemente der Elektronik
DIN 45902: Harmonisiertes Gütebestimmungssystem für Bauelemente der Elektronik; Umwelt- und Stichprobenprüfverfahren (Grundspezifikationen)
DIN IEC 319: Darstellung von Zuverlässigkeitsangaben von Bauelementen der Elektronik
E DIN IEC 47(CO)895: IEC-Gütebestätigungssystem für elektronische Bauelemente; Rahmenspezifikation für Einzel-Halbleiterbauelemente
E DIN IEC 47(CO)720: Mechanische Normen; Einheitliche Gewinde-Sechskant-Zuordnung für elektronische Bauelemente mit Sechskantsockel auf Gewindestutzen
E DIN IEC 47(CO)819 bis 825: Mechanische Normen für Halbleiterbauelemente und integrierte Schaltungen; Gehäuse und Chip-Träger-Gehäuse in Familien
E DIN IEC 47(CO)860 bis 863, 901: Gehäusenormung; Philosophie, Regeln, Typen, Zeichnungen, Überarbeitungen
DIN 41865 bis DIN 41899: Gehäuse (Hauptmaße) für Halbleiterbauelemente und integrierte Schaltungen; zahlreiche verschiedene Typen
DIN IEC 717: Verfahren zum Bestimmen des Raumbedarfs bei Kondensatoren und Widerständen mit einseitigen Anschlüssen
E DIN IEC 47(CO)701, 761 und 955: Handhabungsvorschriften für elektrostatisch gefährdete Halbleiter-Bauelemente
VDE 0435: Regeln für elektrische Relais in Starkstromanlagen
VDE 0550: Bestimmungen für Kleintransformatoren
VDE 0560: (Teile 1–16): Bestimmungen für Kondensatoren
DIN 57883/VDE 0883: Optoelektronische Koppelelemente (VDE-Bestimmung)
VDE 0625: Bestimmungen für Gerätesteckvorrichtungen bis 250 V/16 A
DIN IEC 65/VDE 0860: Sicherheitsbestimmungen für netzbetriebene elektronische Geräte und deren Zubehör für den Heimgebrauch und ähnliche allgemeine Anwendung (VDE-Bestimmung)
DIN IEC 77(CO)/VDE 0838: Rückwirkungen in Stromversorgungsnetzen, die durch Elektrogeräte für den Hausgebrauch und ähnliche Zwecke verursacht werden (VDE-Bestimmung).

Literatur zu Abschnitt 6.1.

Bücher

[6.1.1] *Philippow, E.:* Taschenbuch Elektronik, Bd. 3. Berlin: VEB Verlag Technik 1978 und München: Carl Hanser Verlag 1978.
[6.1.2] *Rumpf, K.-H.:* Bauelemente der Elektronik. 12. Aufl. Berlin: VEB Verlag Technik 1985.
[6.1.3] Friedrich-Tabellenbuch Elektrotechnik. 20. Aufl. Leipzig: VEB Fachbuchverlag 1977.
[6.1.4] *Finke, K.-H.:* Bauteile der Unterhaltungselektronik. 2. Aufl. Berlin: VEB Verlag Technik 1982.
[6.1.5] *Fischer, H.-J.; Schlegel, W. E.:* Transistor- und Schaltkreistechnik. 2. Aufl. Berlin: Militärverlag der DDR 1981.

[6.1.6] *Kühn, E.; Schmied, H.:* Integrierte Schaltkreise. 2. Aufl. Berlin: VEB Verlag Technik 1980.

[6.1.7] *Möschwitzer, A.; Jorke, G.:* Mikroelektronische Schaltkreise. 2. Aufl. Berlin: VEB Verlag Technik 1981.

[6.1.8] *Jugel, A.:* Mikroprozessorsysteme. 2. Aufl. Berlin: VEB Verlag Technik 1980.

[6.1.9] *Hilberg, W.:* Grundprobleme der Mikroelektronik. München: Oldenbourg-Verlag 1982.

[6.1.10] *Hanke, H.-J.; Fabian, H.:* Technologie elektronischer Baugruppen. 3. Aufl. Berlin: VEB Verlag Technik 1982.

[6.1.11] *Lüder, E.:* Bau hybrider Mikroschaltungen (Einführung in die Dünn- und Dickschichttechnologie). Berlin, Heidelberg, New York: Springer-Verlag 1977.

[6.1.12] Stromversorgung des drahtgebundenen Fernmeldewesens. Berlin: VEB Verlag für Verkehrswesen Transpress 1967.

[6.1.13] *Wagner, S. W.:* Stromversorgung elektronischer Schaltungen und Geräte. Hamburg: R. v. Dekker's Verlag G. Schenk 1964.

[6.1.14] *Meyer, M.:* Thyristoren in der technischen Anwendung. Bd. 1. München: Siemens AG 1967.

[6.1.15] *Wüstehube, J.:* Schaltnetzteile. 2. Aufl. Grafenau: Expert-Verlag 1982.

[6.1.16] VEM-Handbuch Leistungselektronik. Berlin: VEB Verlag Technik 1978.

[6.1.17] *Faas, K. G.; Swozil, J.:* Verdrahtungen und Verbindungen in der Nachrichtentechnik. Frankfurt/Main: Akadem. Verlagsges. 1974.

[6.1.18] *Petrenkow, A. I.; Tetelbaum, A. J.:* Formalnoje Konstruirowanie elektronno-wytschislitelnoi Apparaturi. Moskau: Sowjetskoje Radio 1979.

[6.1.19] *Krause, W.:* Grundlagen der Konstruktion – Lehrbuch für Elektroingenieure. 3. Aufl. Berlin: VEB Verlag Technik 1987 und New York/Wien: Springer-Verlag 1984.

[6.1.20] *Müller, H.:* Konstruktive Gestaltung und Fertigung in der Elektronik, Bde. 1 und 2. Braunschweig: Friedrich Vieweg & Sohn 1983.

Aufsätze

]6.1.21] *Böhme, L.:* Feingeräte unter dem Einfluß der Mikroelektronik. Feingerätetechnik *27* (1978) 5, S. 194.

[6.1.22] *Thurm, R.:* Die künftige Stromversorgungstechnik im Fernmeldewesen der Deutschen Post. Mitteilungen aus dem Institut für Post- und Fernmeldewesen (1969) 1, S. 8.

[6.1.23] *Schuster, W.; Richter, L.:* Dezentrale Stromversorgung für elektronische Nachrichtensysteme. Fernmeldetechnik *19* (1979) 6, S. 214.

[6.1.24] *Bergmann, D.:* Schaltspannungsregler. Elektronik *27* (1978) 14, S. 69.

[6.1.25] *Lau, W.:* Stromversorgung für Einrichtungen der Informationselektronik. Impuls (1976) 4, S. 145.

[6.1.26] *Hruby, F.:* Vlastnosti stabilisatoru napeti MAA 723, MAA 723 H. Sdelovaci technika (1973) 9, S. 329.

[6.1.27] *Jansson, L. E.:* A survey of converter circuits for switched mode power supplies. Mullard Technical Communications (1973) 119, S. 271.

[6.1.28] *Kampe, H.:* Netzspannungskonstanthalter für elektronische Geräte. radio fernsehen elektronik *24* (1975) 6, S. 186.

[6.1.29] *Protze, G.; Schmeißer, M.:* Rückverdrahtung elektronischer Geräte. Feingerätetechnik *23* (1974) 5, S. 221.

[6.1.30] *Langer, I.:* Ermittlung der Belastbarkeit von Streifenleitungen. Feingerätetechnik *27* (1978) 8, S. 351.

[6.1.31] Einheitliches System der elektronischen Rechentechnik (ESER) des Rates für Gegenseitige Wirtschaftshilfe (RGW): Richtlinie 04-410-077.

[6.1.32] *Lindner, H.:* Ermittlung der mechanisch-dynamischen Festigkeit von elektrischen Bauelementen auf Leiterplatten. Feingerätetechnik *25* (1976) 12, S. 531.

[6.1.33] *Lindner, H.:* Schwingungs- und Stoßverhalten von bestückten Leiterplatten. Tagungsbericht zum 23. Internationalen Wissenschaftlichen Kolloquium der TH Ilmenau 1978, S. 171.

[6.1.34] Leiterplattenfertigung heute – Fertigung, Qualität, Probleme und Problemlösungen. VDI-Berichte, Nr. 483. Düsseldorf: VDI-Verlag GmbH 1983.

[6.1.35] *Müller, H.:* Tendenzen der zukünftigen Leiterplattenentwicklung. VDI-Berichte Nr. 483. Düsseldorf 1983.

6.2. Elektromechanische Funktionsgruppen

Symbole und Bezeichnungen

A Fläche in mm²
B Induktion in T
E induzierte Spannung in V
F Kraft in N
F_0 konstante Kraft in N
H magnetische Feldstärke in $\text{A} \cdot \text{cm}^{-1}$
I Strom in A
J Massenträgheitsmoment in $\text{kg} \cdot \text{cm}^2$
L Induktivität in H
M Moment in $\text{N} \cdot \text{m}$
M_{M_v} Teilmoment in $\text{N} \cdot \text{m}$
P Leistung in W
R ohmscher Widerstand in Ω
S Schnittstelle
U, U^* Spannung, erhöhte Spannung in V
U_{mj} magnetische Spannungsabfälle in A
W Energie in $\text{W} \cdot \text{s}$, $\text{N} \cdot \text{m}$
c Federsteife in $\text{N} \cdot \text{m}^{-1}$; Konstante in $\text{N} \cdot \text{m} \cdot \text{Wb}^{-1} \cdot \text{A}^{-1}$
c_M Magnetfedersteife in $\text{N} \cdot \text{m} \cdot \text{rad}^{-1}$
e induzierte Teilspannung in V
f, f_1 Frequenz, Netzfrequenz in s^{-1}
i Momentanwert des Stroms in A
i_v Strom des Spulensystems v in A
k Dämpfungskonstante in $\text{N} \cdot \text{m} \cdot \text{s} \cdot \text{rad}^{-1}$ bzw. $\text{N} \cdot \text{s} \cdot \text{m}^{-1}$
l Koeffizient in mm^{-1}
l, l_v Leiterlänge in m
m Ständer- oder Phasenzahl; Masse in kg
n Zahl; Drehzahl in s^{-1} bzw. $U \cdot \text{min}^{-1}$
p Polpaaranzahl
r, r_v Radius, wirksamer Radius in mm
s Schlupf; Schrittanzahl
t Zeit in s
u Momentanwert der Spannung in V
w Windungszahl
x Weg in mm
$\dot{x}, \dot{x}^*$ Geschwindigkeit in $\text{m}\,\text{s}^{-1}$
$\ddot{x}$ Beschleunigung in $\text{m}\,\text{s}^{-2}$
z Zahl der Pole
Δ Differenz
Θ magnetische Urspannung in A
Φ magnetischer Fluß in Wb
Ω, Ω_0 Winkelgeschwindigkeit, Leerlaufgeschwindigkeit in s^{-1}
β Anstiegswinkel in rad
η Wirkungsgrad
μ magnetische Permeabilität in $\text{H} \cdot \text{m}^{-1}$
μ_0 magnetische Feldkonstante $12{,}566 \cdot 10^{-7}\ \text{H} \cdot \text{m}^{-1}$
v Anzahl der Leiterzüge; Leiter; Spulen
τ Zeitkonstante in s
φ Winkel in rad
φ_i Einschaltwinkel des Stroms
φ_0 konstruktiver Stellwinkel in rad
$\dot{\varphi}$ Winkelgeschwindigkeit in $\text{rad} \cdot \text{s}^{-1}$
$\dot{\varphi}_{21}$ Relativwinkelgeschwindigkeit in $\text{rad} \cdot \text{s}^{-1}$
$\ddot{\varphi}_{21}$ Relativwinkelbeschleunigung in $\text{rad} \cdot \text{s}^{-2}$
ω_g, ω_0 Kreisfrequenz; Eigenkreisfrequenz in s^{-1}

Indizes

A Arbeitsmechanismus, Anker-
AZ Ankerzusatz-
Betrieb Betriebs-
E Erreger-
H Halte-
K Kipp-
Kriech Kriech-
L Last-
M Motor-
N Normal-
R Reib-
St Steuer-
V Ankervor-
el elektrisch
j Teil
m, mag magnetisch, Magnet-
max maximal
mech mechanisch
nenn Nenn-
p Ankerparallel-
r Resonanz-, relativ
red reduziert
v Leiter, Spule
0 Anfangs-

Die zielgerichtete Entwicklung gerätetechnischer Erzeugnisse erfordert eine genaue Kenntnis elektromechanischer Baugruppen, da diese als Antriebsmittel die Funktion wesentlich mitbestimmen. Mit dem Übergang zur digitalen elektronischen Funktionsverarbeitung bei informationsverarbeitenden Bausteinen rücken sie an der Ausgangsseite der Signalverarbeitungskette vor allem als Servo- bzw. Stelleinrichtungen in den Blickpunkt des Interesses. Neben Gleichstrom- und Wechselstromhubmagneten haben Rotationsmotoren mit Leistungen von etwa 0,001 bis 500 W [6.2.38] in der Gerätetechnik nach wie vor die größte Bedeutung. Jedoch gelangen immer mehr Lineardirektantriebe für den kontinuierlichen und diskontinuierlichen Betrieb zum Einsatz. Bei ihnen können, im Gegensatz zu rotatorischen Antrieben, zur Erzeugung linearer Bewegungen u.a. die mechanischen Folgebaugruppen zur Rotations-Translations-Wandlung entfallen.

Im folgenden Abschnitt wird das Ziel verfolgt, Grundkenntnisse zu vermitteln und einen Überblick über das Gesamtgebiet gerätetechnischer elektromechanischer Funktionsgruppen zu geben und anwendungsspezifische Einzelheiten darzustellen.

6.2.1. Antriebssysteme

Elektromechanische Antriebssysteme sind dadurch charakterisiert, daß elektrische in mechanische Energie gewandelt, diese dann übertragen und in einem technologischen Prozeß in andere Energieformen, in Wege unter Kraftwirkung usw. umgesetzt wird. Dabei sind Energie- und Informationsfluß notwendig. Es ist die Besonderheit gerätetechnischer Antriebe, daß die Informationsverarbeitung die Hauptverarbeitungsfunktion ist.

6.2.1.1. Typische Strukturen

Ein Antriebssystem besteht prinzipiell aus den Systemelementen

- Motor: Anordnung zur Wandlung elektrischer in mechanische Energie (es werden hier speziell die elektromechanischen Energiewandler betrachtet)
- Arbeitsmechanismus: Anordnung zur Realisierung eines technologischen Vorgangs
- Übertragungseinrichtung: Anordnung zur Übertragung der Energie vom Motor zum Arbeitsmechanismus.

Die Struktur eines Antriebssystems wird in ein zentrales und dezentrales Antriebssystem eingeteilt (ZAS und DAS).

Im **Bild 6.2.1a** sind die Baugruppen einer x,y-Positioniereinrichtung angegeben. **Bild 6.2.1b** zeigt in einer Symboldarstellung dieses zentrale Antriebssystem. Die Struktur, d.h. die Anordnung der Systemelemente, gibt die Stellung des „zentralen“ Motors an, der durch die Übertragungseinrichtung mehrere Arbeitsmechanismen mit Energie versorgt. Die Größe des Energiestroms wird durch die Stärke der Pfeile zwischen den Systemelementen dargestellt.

In vielen Fällen wird für jede technologische Teilaufgabe ein gesondertes Antriebssystem eingesetzt. **Bild 6.2.2a** zeigt derartige dezentrale Antriebssysteme. Die einzelnen Systemelemente dieser numerisch gesteuerten Leiterplattenbohrmaschine sind im **Bild 6.2.2b** angegeben. Jedes dezentrale Antriebssystem ist durch separate Energiewandlung und -übertragung gekennzeichnet. Anpassung und Optimierung sind aufgrund der weniger komplizierten Struktur zur Realisierung des mechanischen Energieflusses einfacher als beim zentralen Antriebssystem.

Dieses ZAS jedoch kann bezüglich der Bewegungen im technologischen Prozeß Zwanglauf (starren Synchronlauf) haben.

Dezentrale Antriebssysteme sind signalmäßig gekoppelt (gestrichelte Pfeile im **Bild 6.2.3**).

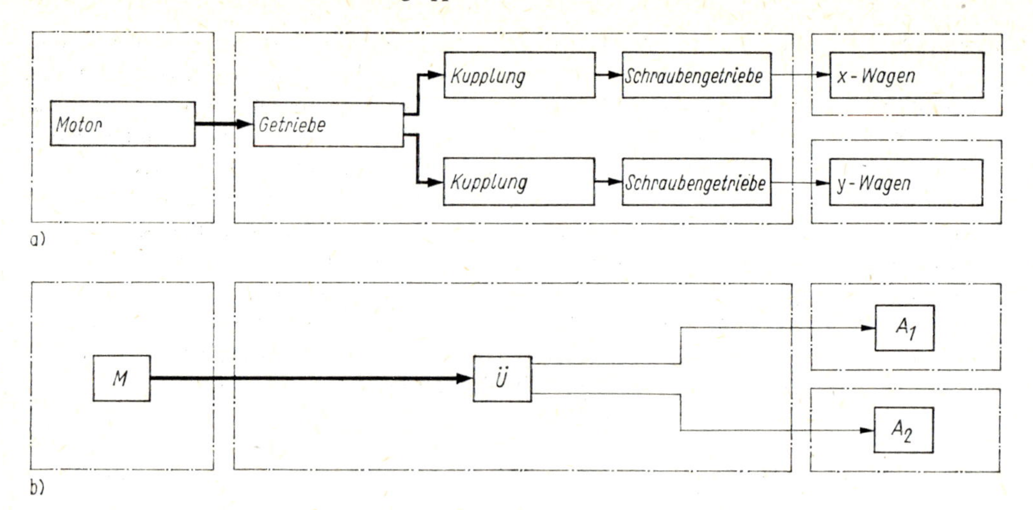

Bild 6.2.1. Zentrales Antriebssystem

a) Struktur einer x,y-Positioniereinrichtung; b) Systemelemente – Symboldarstellung
M Motor; $\ddot{U}$ Übertragungseinrichtung; A Arbeitsmechanismus

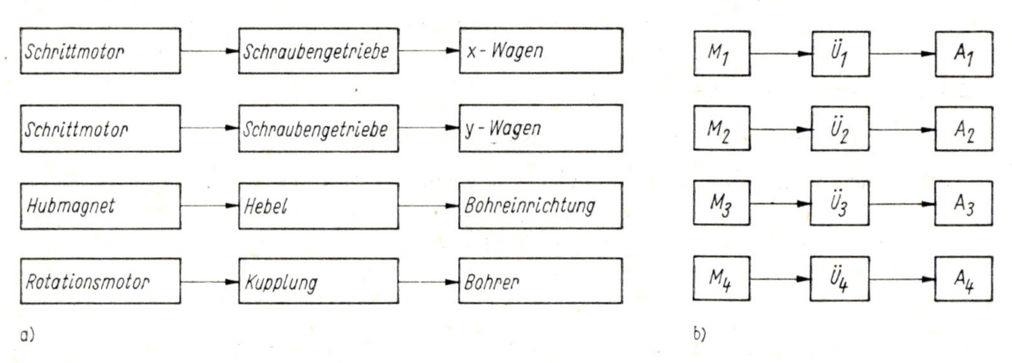

Bild 6.2.2. Dezentrale Antriebssysteme

a) Struktur einer numerisch gesteuerten Leiterplattenbohrmaschine; b) Systemelemente – Symboldarstellung

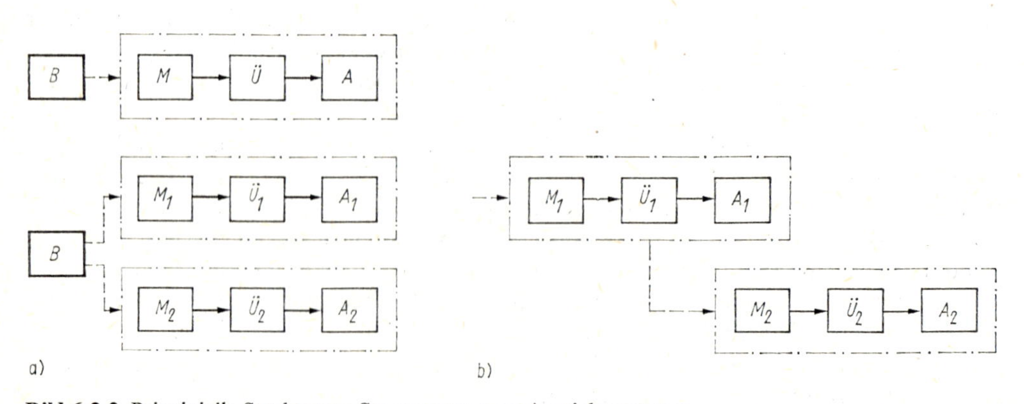

Bild 6.2.3. Prinzipielle Strukturen: Steuerungen von Antriebssystemen

a) Programmsteuerung; b) Folgesteuerung
B Befehlsgeber; M Motor; $\ddot{U}$ Übertragungseinrichtung; A Arbeitsmechanismus

Bild 6.2.4 zeigt die Struktur geregelter Antriebssysteme. Die Meßeinrichtungen *ME* sind mit einem Regler *R* gekoppelt (Bild 6.2.4a). Automatisierte Systeme können unter Verwendung eines Rechners *Re* einschließlich Speicher *Sp* und Programmgeber *P* gemäß Bild 6.2.4b aufgebaut werden [6.2.1] [6.2.2].

Bei Antriebssystemen sind die Rückwirkungen der Gesamtbelastung auf den Motor zu berücksichtigen. Insbesondere müssen beim Ein- und Ausschalten die dynamischen Wirkungen Beachtung finden [6.2.16]. Antriebssysteme, bei denen stationäre Arbeitsweise (z.B. konstante Winkelgeschwindigkeit) vorherrscht, sind nach Stabilitätskriterien zu beurteilen. Zur Realisierung von Antrieben sind neben dem Antriebssystem im engeren Sinne weitere Einrichtungen notwendig **(Bild 6.2.5)**.

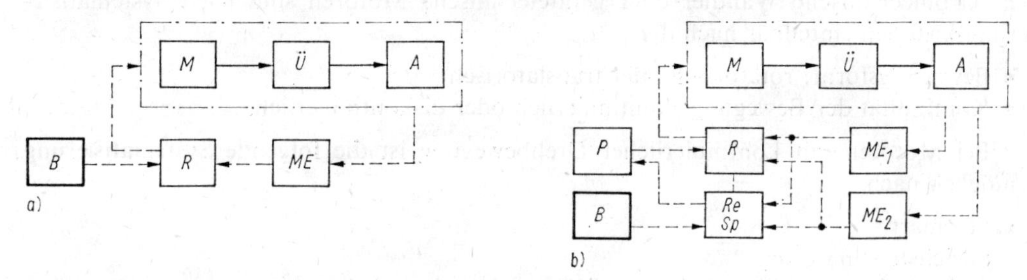

Bild 6.2.4. Prinzipielle Strukturen geregelter Antriebssysteme

a) Antriebssystem, geregelt; b) Antriebssystem, geregelt mit Rechner
ME_1, ME_2 Meßeinrichtung *1, 2;* *R* Regler; *Re* Rechner; *Sp* Speicher; *P* Programmgeber

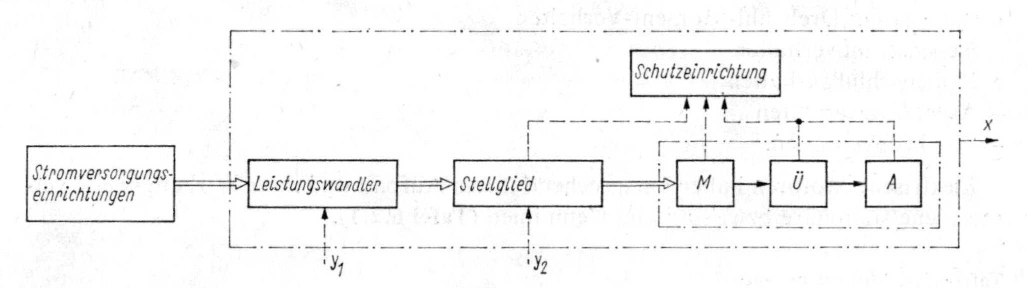

Bild 6.2.5. Notwendige Einrichtungen zum Antriebssystem

x Meßgröße; y_1, y_2 Stellgrößen; ⟶ mechanischer Energiefluß; ⇒ elektrischer Energiefluß

6.2.1.2. Systemelemente

Motoren. Elektrisch Motoren sind elektromechanische Energiewandler. Die elektrische Energie W_{el} kann direkt oder in Zwischenstufen in mechanische Energie W_{mech} gewandelt werden [6.2.21] [6.2.22].

Der Wirkungsgrad als Verhältnis der Energien

$$\eta = W_{mech}/W_{el} \tag{6.2.1}$$

bzw. der Leistungen

$$\eta = P_{mech}/P_{el} \tag{6.2.2}$$

ist ein Maß der nutzbaren mechanischen Energie bzw. Leistung:

$$0 \leqq \eta \leqq 1. \tag{6.2.3}$$

Die vom Motor M abgegebene Energie erhält man aus

$$W_{\text{mech}} = x_{\text{M}} F_{\text{M}} \tag{6.2.4}$$

bzw.

$$W_{\text{mech}} = \varphi_{\text{M}} M_{\text{M}}. \tag{6.2.5}$$

Die Leistung ergibt sich aus

$$P_{\text{mech}} = \dot{x}_{\text{M}} F_{\text{M}} \tag{6.2.6}$$

bzw.

$$P_{\text{mech}} = \dot{\varphi}_{\text{M}} M_{\text{M}}. \tag{6.2.7}$$

Elektromechanische Wandler oder gerätetechnische Motoren sind nach Systematisierungskriterien einteilbar nach der

- Bewegungsform: rotatorisch oder translatorisch
- Kontinuität der Bewegung: kontinuierlich oder diskontinuierlich.

Bei Motoren mit kontinuierlicher Drehbewegung ist die folgende Systematisierung möglich nach

- Stromart
  - Gleichstrommotoren
  - Universalmotoren (für Gleich- und Wechselstrom geeignet)
  - Einphasenwechselstrommotoren
  - Drehstrommotoren

- stationärem Drehzahl-Moment-Verhalten
  - Nebenschlußverhalten
  - Reihenschlußverhalten
  - Asynchronverhalten
  - Synchronverhalten.

Elektrische Motoren haben entsprechend ihrem Aufbau und ihrer Wirkungsweise verschiedene stationäre bzw. statische Kennlinien **(Tafel 6.2.1)**.

Tafel 6.2.1. Motorkennlinien

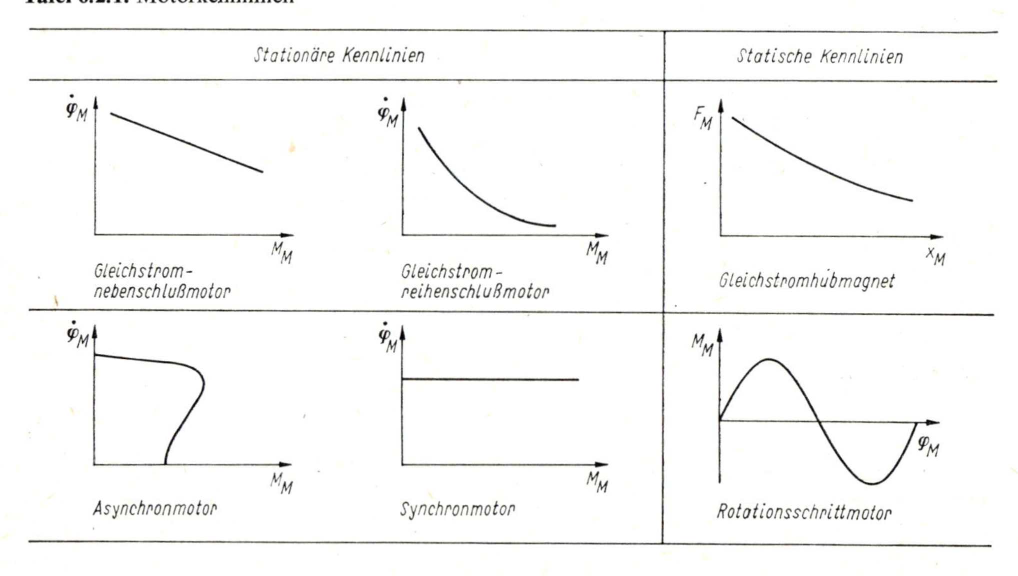

Übertragungseinrichtungen. Mechanische Energie kann weitergeleitet, verzweigt und geschaltet werden, und Bewegungswandlungen, z. B. Rotation in Translation, sind möglich.

Übertragungseinrichtungen sind in erster Linie mechanische Getriebe, [6.2.3] [6.2.4] (s. auch Bild 6.2.41 und Tafel 6.2.11) z. B.

- Rädergetriebe
- Kurvengetriebe
- Koppelgetriebe
- Zugmittelgetriebe.

Prinzipiell besteht die Möglichkeit, eine nichtmechanische Übertragung vorzunehmen durch zwei Energiewandler und eine nichtmechanische Energieleitung.

Übertragungseinrichtungen sind gekennzeichnet durch

- Laufverhalten
- Schlußart bzw. Paarung
- Übersetzung.

In **Tafel 6.2.2** sind für wichtige technische Ausführungen Beispiele angegeben.

Tafel 6.2.2. Übertragungseinrichtungen

Paarungen, Schlußarten	Formpaarung	Kraftpaarung	Reibpaarung	Phasenschluß	Kennlinienschluß	Volumenschluß
Übertragung von Bewegungen (Laufverhalten)	Zwanglauf	Zwanglauf	Schlupflauf	Zwanglauf	Schlupflauf	Schlupflauf
Beispiel	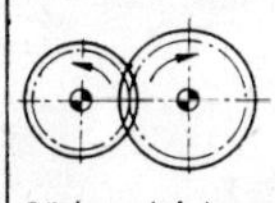 Rädergetriebe	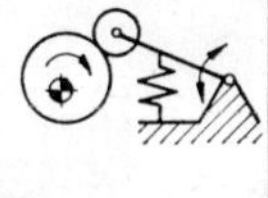 Kurvengetriebe	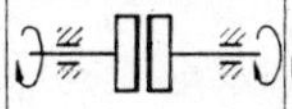 Reibkupplung	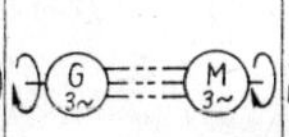 elektrische Welle (G 3~, M 3~)	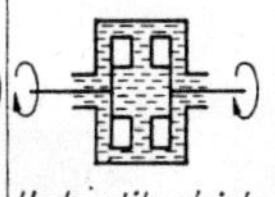 Hydraulikgetriebe	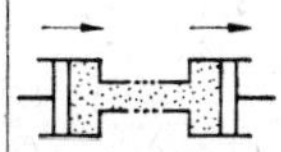 pneumatisches Kolben-Zylinder-System

Schaltkupplungen gehören zu den Übertragungseinrichtungen und werden vielfach in der Gerätetechnik elektromagnetisch betätigt [6.2.1] [6.2.23] [6.2.24].

Arbeitsmechanismen. In der Gerätetechnik sind besonders die Funktionen

- Transportieren/Positionieren
- Fixieren/Feststellen

zu realisieren [6.2.25]. In **Tafel 6.2.3** werden einige typische Grundbewegungen gezeigt. Die Arbeitsmechanismen sind gegenüber dem Motor als Last wirksam, d. h. sie stellen Widerstände dar. **Tafel 6.2.4** gibt einige Kennlinien an. Der Motor wird durch den Arbeitsmechanismus mit seinen massebehafteten Bauteilen zusätzlich zu den technologischen Kräften bzw. Momenten belastet. Bei rotatorischen Antriebssystemen muß man, z. B. auf den Motorausgang (mit φ_M bzw. $\dot{\varphi}_M$) bezogen, ein belastendes reduziertes Moment M_{red} ermitteln. Dabei ist u. U. die durch die Winkeländerung $d\varphi_M$ verursachte Massenträgheitsmomentänderung dJ_{red} zu berücksichtigen [6.2.26]:

$$M_{red} = J_{red}\, d\dot{\varphi}_M/dt + (\dot{\varphi}_M^2/2)\,(dJ_{red}/d\varphi_M). \tag{6.2.8}$$

Tafel 6.2.3. Grundbewegungen

		Bewegung				
		Fortlaufende Bewegung		Rückkehrende Bewegung		Fortlaufende Bewegung mit Teilrücklauf
Geschwindigkeit im Bewegungsablauf	konstant	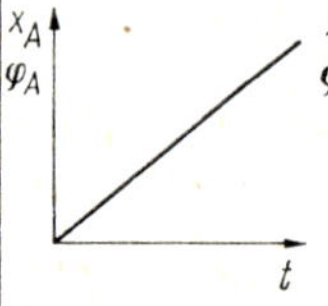 x_A, φ_A; t	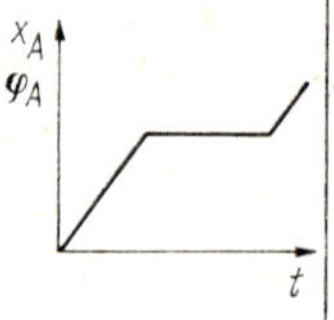 x_A, φ_A; t	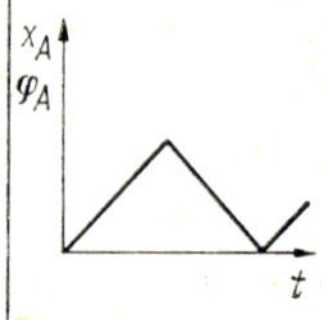 x_A, φ_A; t	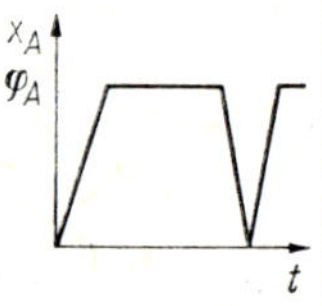 x_A, φ_A; t	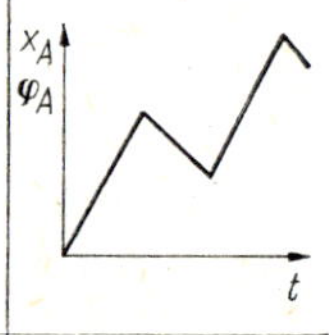 x_A, φ_A; t
	nicht konstant	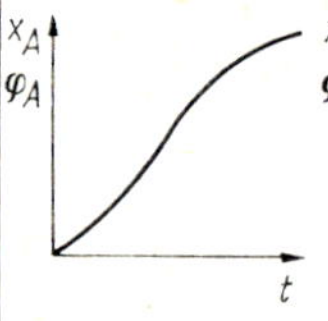 x_A, φ_A; t	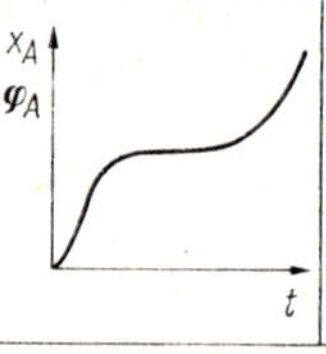 x_A, φ_A; t	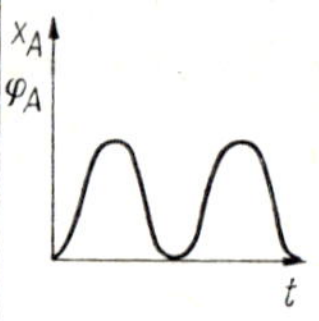 x_A, φ_A; t	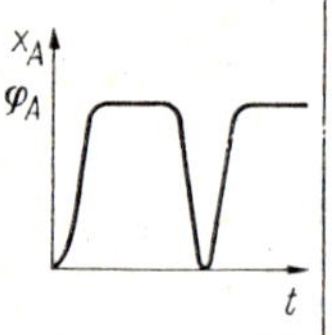 x_A, φ_A; t	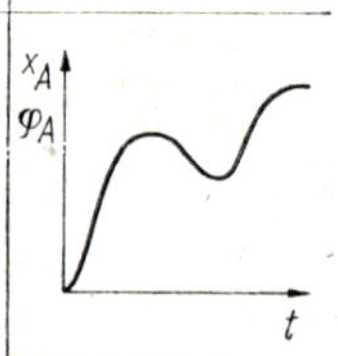 x_A, φ_A; t

Tafel 6.2.4. Kennlinien von Arbeitsmechanismen (C, D Konstanten)

Abhängigkeit	$F_L = C_1$ $M_L = D_1$	$F_L = C_2 \operatorname{sign} \dot{x}_L$ $M_L = D_2 \operatorname{sign} \dot{\varphi}_L$	$F_L = C_3 \dot{x}_L$ $M_L = D_3 \dot{\varphi}_L$	$F_L = C_4 \dot{x}_L^2 \operatorname{sign} \dot{x}_L$ $M_L = D_4 \dot{\varphi}_L^2 \operatorname{sign} \dot{\varphi}_L$	$F = C_5 \lvert \dot{x} \rvert^{-1}$ $M = D_5 \lvert \dot{\varphi} \rvert^{-1}$
Beispiel	Hubeinrichtung	Stellglied	Dämpfer	Ventilator	Lochbandaufwickeleinrichtung ($F\,\dot{x}$ bzw. $M\,\dot{\varphi}$ konst. gefordert)
Grafische Darstellung	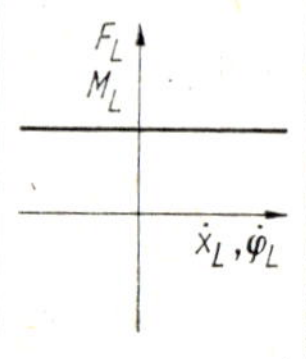 F_L, M_L; $\dot{x}_L, \dot{\varphi}_L$	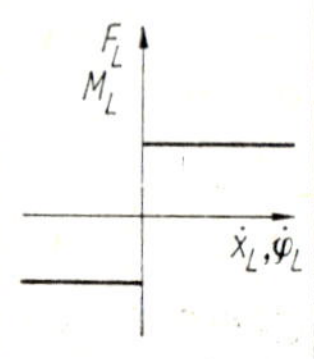 F_L, M_L; $\dot{x}_L, \dot{\varphi}_L$	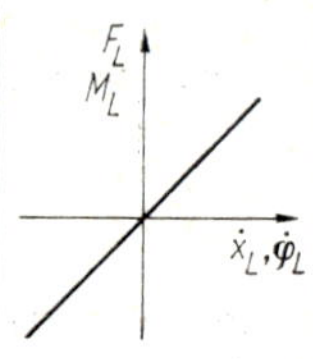 F_L, M_L; $\dot{x}_L, \dot{\varphi}_L$	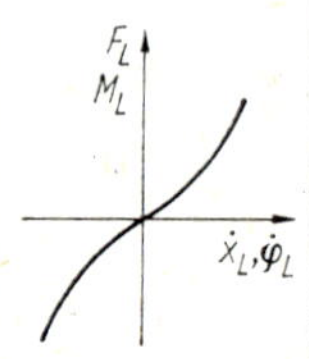 F_L, M_L; $\dot{x}_L, \dot{\varphi}_L$	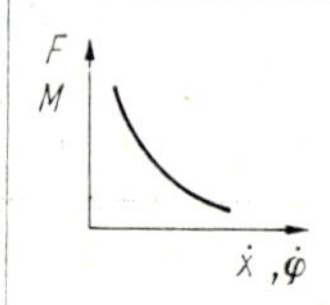 F, M; $\dot{x}$, $\dot{\varphi}$
Abhängigkeit	$F_L = f(x_L)$ $M_L = f(\varphi_L)$	$F_L = f(x_L)$ $M_L = f(\varphi_L)$	$F_L = f(t)$ $M_L = f(t)$	$F_L = f(t)$ $M_L = f(t)$	$F_L = f(t)$ $M_L = f(t)$
Beispiel	Schwingförderer	Stanzeinrichtung	Drucker	Transporteinrichtung	allgemeiner Fall
Grafische Darstellung	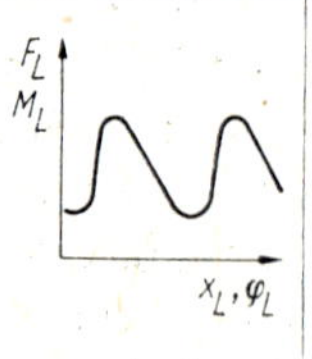 F_L, M_L; x_L, φ_L	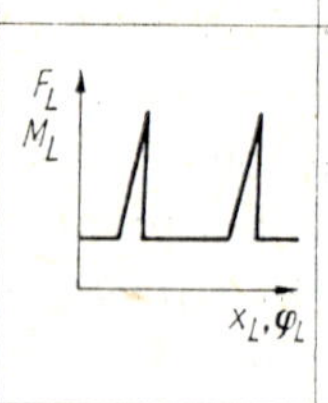 F_L, M_L; x_L, φ_L	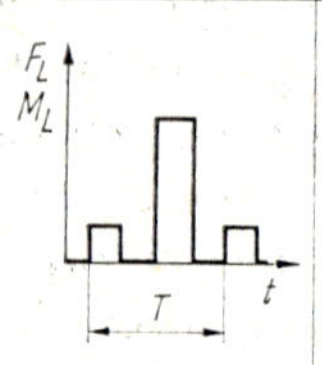 F_L, M_L; T; t	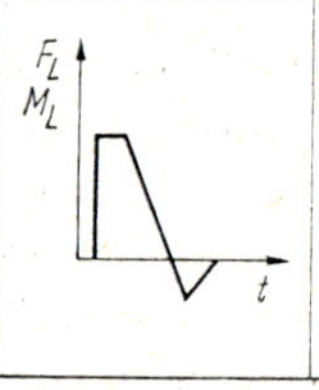 F_L, M_L; t	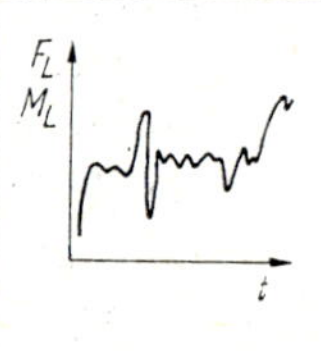 F_L, M_L; t

6.2.2. Elektromagnete

Elektromagnete sind elektromagnetische Energiewandler. Die Kraftwirkungen auf ferromagnetische Bauteile im (durch einen Elektromagneten erzeugten) magnetischen Feld werden technisch genutzt.

6.2.2.1. Grundlagen

Die Feldgrößen – magnetische Feldstärke $\vec{H}$ und magnetische Induktion $\vec{B}$ – sind Vektoren und kennzeichnen das magnetische Feld [6.2.5]. Besteht ein linearer Zusammenhang, so gilt

$$\vec{B} = \mu\vec{H}. \tag{6.2.9}$$

Die Permeabilität ist bestimmbar aus

$$\mu = \mu_0\mu_r; \tag{6.2.10}$$

μ_0 Permeabilität des Vakuums,
μ_r relative Permeabilität.

Die Permeabilität ist nicht konstant **(Bild 6.2.6)**.

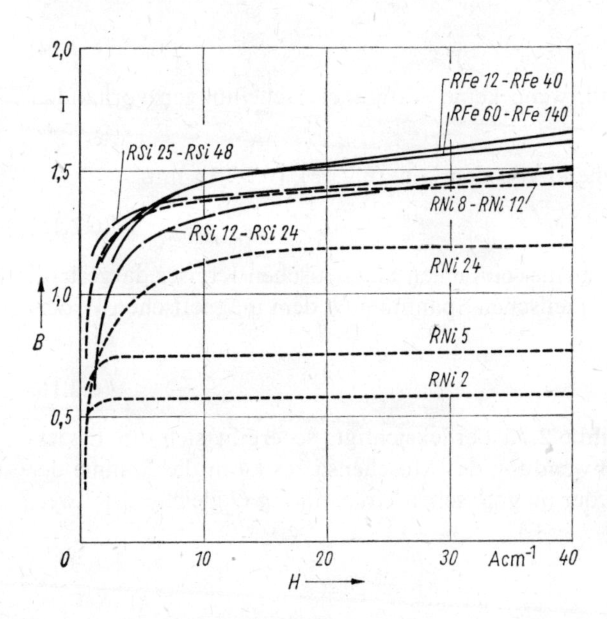

Bild 6.2.6
Magnetisierungskurven von Magnetwerkstoffen

Durch die Verwendung der sog. Integralparameter magnetischer Fluß Φ, verketteter magnetischer Fluß Ψ, Induktivität L und magnetischer Widerstand R_m ergeben sich für die praktische Berechnung Vereinfachungen.

Im **Bild 6.2.7a** ist ein technischer Magnetkreis dargestellt. Der magnetische Gesamtfluß Φ_g teilt sich in den technisch nutzbaren Luftspaltfluß Φ_δ und in den Streufluß Φ_S.

Allgemein ist der durch eine Fläche A hindurchgehende magnetische Fluß

$$\Phi = \int_A \vec{B}\,d\vec{A}. \tag{6.2.11}$$

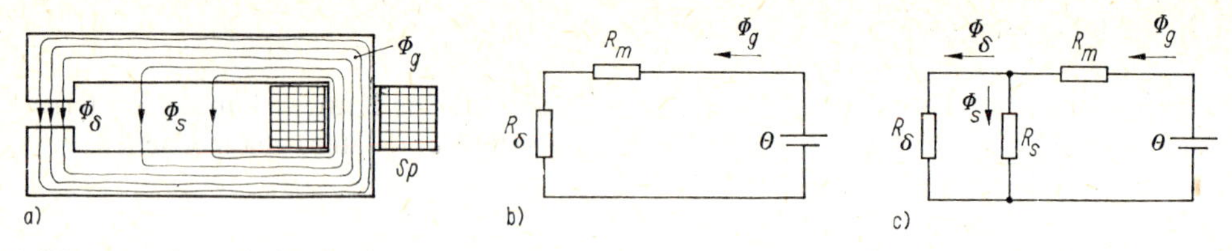

Bild 6.2.7. Magnetischer Kreis

a) technischer Magnetkreis mit einem Luftspalt; Φ_g Gesamtfluß; Φ_δ Luftspaltfluß; Φ_S Streufluß; *Sp* Spule; b) Ersatzschaltbild (Φ_S vernachlässigt); c) Ersatzschaltbild (Φ_S berücksichtigt); R_δ magnetischer Widerstand für Luftspalt; R_S magnetischer Widerstand für Streufluß

Werden die Flächen durch die w Windungen einer Spule begrenzt, so ergibt sich der mit allen Spulenwindungen verkettete Fluß

$$\psi = \sum_w \int_{A_w} \vec{B}\, d\vec{A}. \tag{6.2.12}$$

Bei konstanten Windungsflüssen gilt

$$\psi = w\Phi. \tag{6.2.13}$$

Oft ist es zulässig, den Zusammenhang zwischen verkettetem Fluß ψ und Spulenstrom i mit

$$\psi = Li \tag{6.2.14}$$

zu beschreiben. Das ist dann der Fall, wenn keine Sättigungserscheinungen vorhanden sind.

Die Induktivität ergibt sich, ausgehend von den Gln. (6.2.13), (6.2.14), mit

$$L = w\Phi/i. \tag{6.2.15}$$

Im **Bild 6.2.7b** ist das Ersatzschaltbild eines einfachen magnetischen Kreises dargestellt. Der Zusammenhang zwischen der magnetischen Spannung Θ, dem magnetischen Widerstand R_m und dem Fluß Φ lautet

$$\Theta = \Phi R_m. \tag{6.2.16}$$

Wird der Streufluß entsprechend Bild 6.2.7a berücksichtigt, so ergibt sich ein Ersatzschaltbild gemäß **Bild 6.2.7c.** Bei Anwendung des Maschensatzes kann die Summe der magnetischen Spannungsabfälle U_{mj} der magnetischen Urspannung Θ gleichgesetzt werden:

$$\Theta = \sum_j U_{mj}. \tag{6.2.17}$$

Weiterhin gilt der Knotenpunktsatz

$$\sum_j \Phi_j = 0. \tag{6.2.18}$$

Viele technische Magnetkreise haben einen beweglichen Anker, so daß die Größe des Arbeitsluftspalts veränderlich ist. Die nutzbare mechanische Energie ΔW_{mech} ergibt sich aus der Ortsveränderung des Ankers $\Delta x = x_2 - x_1$ und der Magnetkraft F_{mag}. Im **Bild 6.2.8** ist dargestellt, daß die mechanisch nutzbare Energie nicht nur vom Induktivitätsverlauf und vom Maximalwert des Stroms $I = i_3$ abhängt, sondern auch von der Geschwindigkeit der Ortsveränderung $\dot{x}$.

Tafel 6.2.5. Magnete

a) Aufbau; b), c), d) Maße und technische Parameter der GBM-Serie [6.2.75] (Tauchankermagnet mit zylindrischem Anker und rechteckförmigem Gehäuse, Anker und Ankergegenstück konusförmig) [6.2.90]

—— Verlauf bei Betriebsspannung; ------ Verlauf bei 90% der Betriebsspannung

*) Diese Maße sind Kleinstmaße; bei den Magneten GBM 100, 75 und 50 sind nur die mit „n" bezeichneten Bohrungen vorhanden.

a)

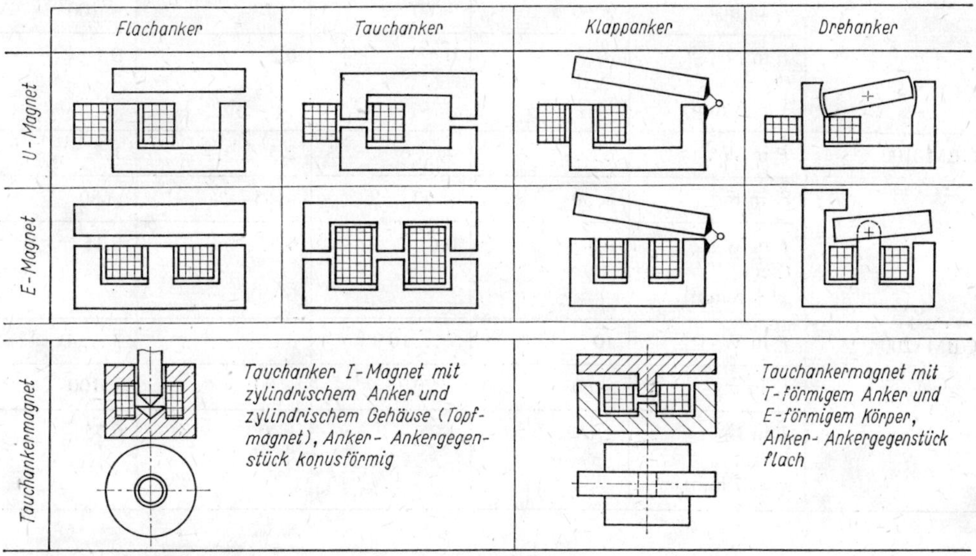

	Flachanker	Tauchanker	Klappanker	Drehanker
U-Magnet				
E-Magnet				
Tauchankermagnet		Tauchanker I-Magnet mit zylindrischem Anker und zylindrischem Gehäuse (Topfmagnet), Anker- Ankergegenstück konusförmig		Tauchankermagnet mit T-förmigem Anker und E-förmigem Körper, Anker- Ankergegenstück flach

b)

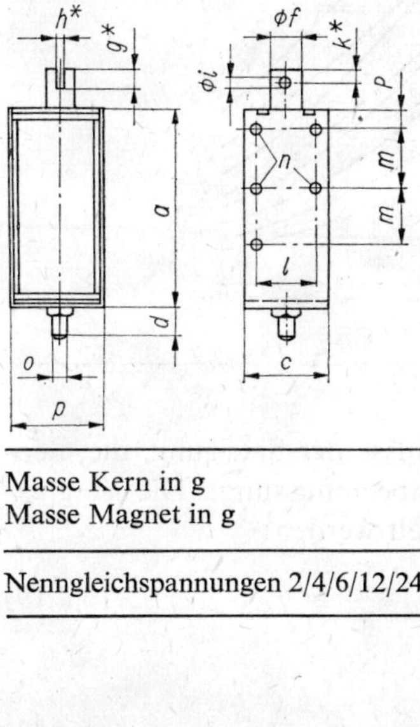

Bezeichnung		GBM 200	GBM 100	GBM 75	GBM 50
Nennhub in mm		7	5	4	3
Abmessungen (Größtmaß)	a	51,1	38	34	29
	b	25,9	18,7	16,7	14,7
	c	22,1	16,1	14,1	12,1
	d	7,5	6	6	6
	f	8	5,5	5	4
	g*	9,8	6,8	6,8	6,8
	h*	2,1	1,4	1,4	1,2
	i	4,2	2,7	2,7	2,7
	k*	3,0	2	2	1,5
	l	16,1	8,1	8,1	8,1
	m	15,1	15,1	15,1	15,1
	n	M 3	M 2,5	M 2,5	M 2,5
	o	M 4	M 3	M 3	M 2,6
	p	5,1	5,1	5,1	5,1
Masse Kern in g		14	5	4	2
Masse Magnet in g		120	43	30	20

Nenngleichspannungen 2/4/6/12/24/40/60/80/110 V

Tafel 6.2.5 (Fortsetzung)

c)

Bezeichnung	ED in %	5	25	40	100
GBM 50	P in W	4 ... 8	3 ... 5	2 ... 3	1 ... 2
	t_1 in ms	< 60	< 60	< 70	< 100
	F in N (bei $x = 3$ mm)	0,7	0,4	0,2	0,1
GBM 100	P in W	6 ... 7	4 ... 6	2,5 ... 3,5	1,5 ... 2
	t_1 in ms	< 50	< 60	< 65	< 80
	F in W (bei $x = 5$ mm)	0,8	0,6	0,35	0,15
GBM 200	P in W	10 ... 13	7 ... 10	5 ... 7	3 ... 4
	t_1 in ms	< 60	< 70	< 80	< 100
	F in N (bei $x = 7$ mm)	2,75	1,75	1,20	0,75

d)

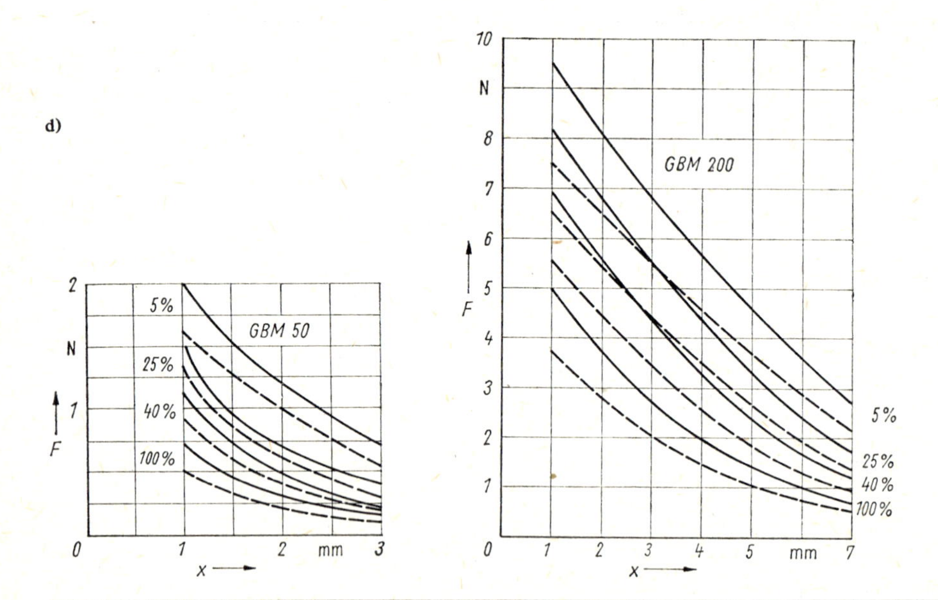

Gemessene ψ,i,x-Abhängigkeiten erfassen z. B. die Einflüsse der Sättigung, die Geometrie des Ankers und des Ankergegenstücks (Kennlinienbeeinflussung). Die Magnetkraft F_{mag} kann aus Meßwerten $\psi = f(i, x)$ grafisch ermittelt werden:

$$F_{\text{mag}} = \Delta W_{\text{mech}}/\Delta x. \tag{6.2.19}$$

Näherungsweise ist zur Kraftberechnung die Beziehung

$$F_{\text{mag}} = (i^2/2)\,\mathrm{d}L\,(x)/\mathrm{d}x \tag{6.2.20}$$

anwendbar.

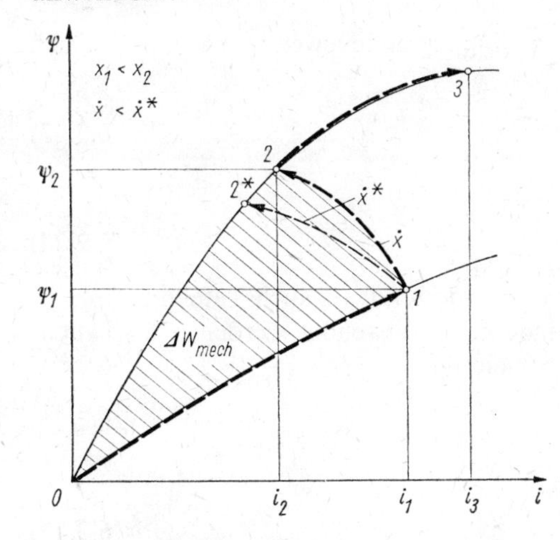

Bild 6.2.8
Energiebilanz eines elektromagnetomechanischen Systems (ohne Wärmeenergie)
x_2: obere Kurve; x_1: untere Kurve

Bekannt ist auch die sog. Maxwellsche Zugkraftformel

$$F_{\text{mag}} = (B^2/2\mu_0)\,A\,, \tag{6.2.21}$$

die die Kraftwirkung an der Stirnseite von Tauchankern zu berechnen gestattet [6.2.7] [6.2.8] [6.2.27] [6.2.28].

6.2.2.2. Bauformen

Die Bauformen [6.2.29] sind funktionsbedingt. In **Tafel 6.2.5a** sind E- und U-Magnet-Typen angegeben, die bei angezogenem Anker jeweils ähnliche Grundkreise haben. Variation von Arbeitsluftspalt und Ankerform führt zu Flachanker-, Tauchanker-, Klappanker- oder Drehankermagneten. Am Tauchankermagneten wird gezeigt, daß die Konstruktion des magnetischen Kreises mannigfaltig sein kann.

Elektromagnete können nach ihrem konstruktiven Aufbau eingeteilt werden in

- Steuermagnete (Betätigen von Ventilen, Bremsen usw.)
- Schaltmagnete (Bestandteile von Schaltgeräten, z. B. Relais, Schütze)
- Antriebsmagnete (Antriebe mit großen Kräften, z. B. Leistungsschalter).

6.2.2.3. Gleichstromhubmagnet

Dynamische Grundgleichungen. Das Antriebssystem in seiner Gesamtheit, bestehend aus dem elektromagnetischen und dem mechanischen Teilsystem, ist komplex zu betrachten. **Bild 6.2.9** zeigt ein gekoppeltes elektromagnetisches System. Es werden konzentrierte Elemente angewendet, beschrieben durch die Größen c, k, m, L und R.

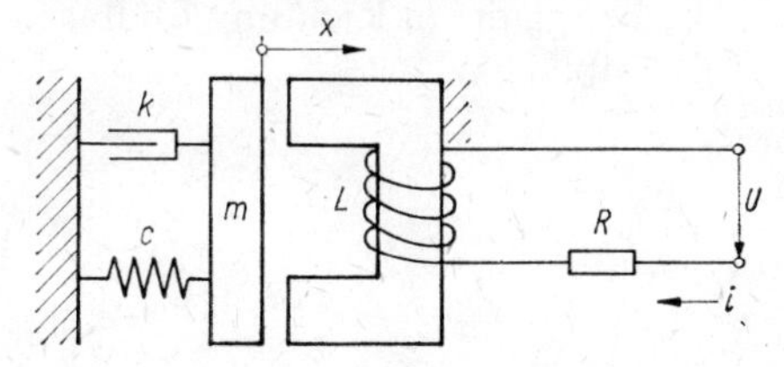

Bild 6.2.9
Gekoppeltes elektromagnetomechanisches System

Die Spannungsgleichung [6.2.5], ausgehend von den Lagrangeschen Gleichungen zweiter Art, lautet

$$U = iR + \mathrm{d}\psi(x, i)/\mathrm{d}t. \tag{6.2.22}$$

Wenn Gl. (6.2.14) unter Beachtung der Nebenbedingungen angewendet wird, ergibt sich [6.2.30] [6.2.31]

$$U = iR + L(x)\,\mathrm{d}i/\mathrm{d}t + i\,[\mathrm{d}L(x)/\mathrm{d}x]\,\dot{x}. \tag{6.2.23}$$

Das Kräftegleichgewicht

$$F_{\mathrm{mag}} = m\ddot{x} + k\dot{x} + cx + F_0 \tag{6.2.24}$$

ist zu berücksichtigen. F_0 ist eine konstante belastende Kraft (s. auch Tafel 6.2.4).

Gl. (6.2.20) kann zur Bestimmung der Magnetkraft verwendet werden. Für Tauchankermagneten ist es zulässig, als Näherungsbeziehung

$$L(x) = L_0/(1 - lx) \tag{6.2.25}$$

zu benutzen. Es folgt

$$\mathrm{d}L(x)/\mathrm{d}x = lL_0/(1 - lx)^2. \tag{6.2.26}$$

Bild 6.2.10 stellt den Ein- und Ausschaltvorgang eines Gleichstrommagneten dar. Zur Beschreibung einiger wichtiger Zeitabschnitte des Einschalthubvorgangs einer Anordnung nach Bild 6.2.9 sind die dynamischen Grundgleichungen (6.2.20), (6.2.23), (6.2.24) zu verwenden. **Bild 6.2.11** zeigt detailliert die Verkopplung der Teilsysteme beim Einschalten [6.2.9] [6.2.32].

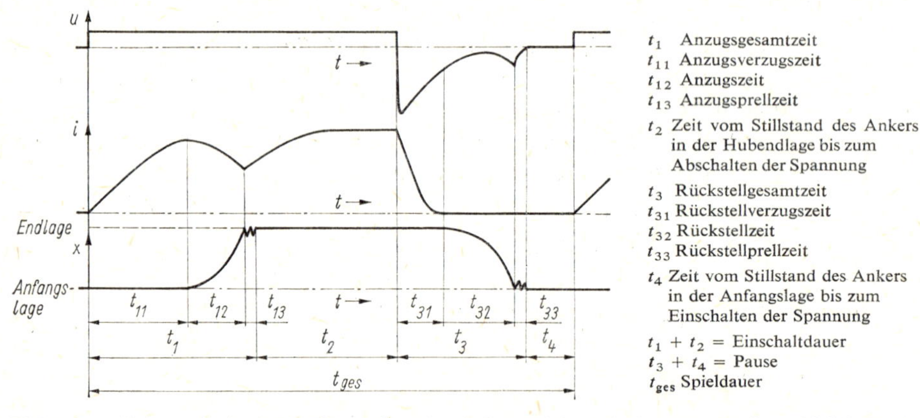

Bild 6.2.10. Schematische Darstellung des Einschalt- und Ausschaltvorgangs eines Gleichstromsteuermagneten (in Anlehnung an TGL 20448, VDE 0580)

Anzugsverzugszeit t_{11}. Die Anzugsverzugszeit ist die Zeit vom Anlegen der Betätigungsspannung U an den Magneten bis zum Beginn der Ankerbewegung in Richtung Endlage.

Unter Berücksichtigung von Gl. (6.2.23) und $\dot{x} = 0$ ergibt sich

$$i = (U/R)\,(1 - \mathrm{e}^{-t/\tau}) \tag{6.2.27}$$

mit der Zeitkonstanten

$$\tau = L/R. \tag{6.2.28}$$

Der Zeitabschnitt t_{11} endet, wenn das Kräftegleichgewicht

$$F_{\mathrm{mag}} = F_0 \tag{6.2.29}$$

erreicht ist.

Die Anzugsverzugszeit t_{11} ist unter Verwendung der Gln. (6.2.20) und (6.2.27) bestimmbar:

$$t_{11} = \frac{L(x_0)}{R} \ln \frac{1}{1 - \dfrac{R}{U}\sqrt{2F_0/[\mathrm{d}L\,(x_0)/\mathrm{d}x]}}. \tag{6.2.30}$$

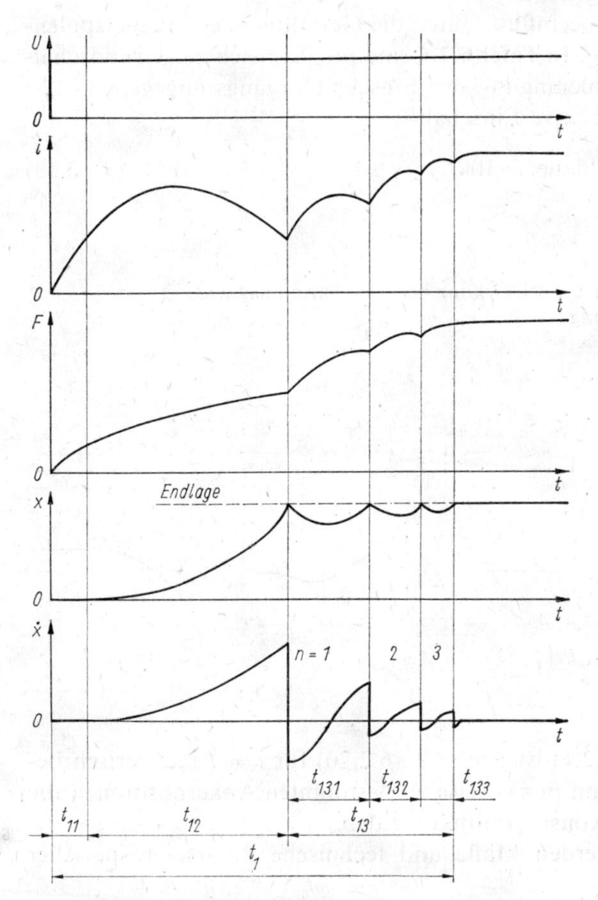

Bild 6.2.11
Dynamik des Einschalthubvorgangs eines Gleichstrommagneten
t_{131}, t_{132}, t_{133} Einzelanzugsprellzeiten
übrige Bezeichnungen wie im Bild 6.2.10

Anzugszeit t_{12}. Die Anzugszeit stellt das Zeitintervall vom Beginn der Bewegung bis zum erstmaligen Erreichen der Endlage dar.

Unter Berücksichtigung bestimmter Nebenbedingungen [6.2.17] ist die Näherungsgleichung

$$t_{12} = \sqrt[3]{\frac{6mx}{lR} \cdot \frac{1}{\dfrac{U}{R}\sqrt{\dfrac{2F_0}{\mathrm{d}L\,(x_0)/\mathrm{d}x}} - \dfrac{2F_0}{\mathrm{d}L\,(x_0)/\mathrm{d}x}}} \tag{6.2.31}$$

anwendbar.

Die Gegenkraft F_0 kann berechnet werden, bei der t_{12} ein Minimum erreicht,

$$F_{0/t_{12\min}} = \frac{I^2}{8} \frac{\mathrm{d}L(x_0)}{\mathrm{d}x}. \tag{6.3.32}$$

Anzugsprellzeit t_{13}. Die Prellzeit entspricht dem Zeitintervall der zeitweisen formgepaarten Kopplung der Anschläge der entsprechenden Baugruppen [6.2.33], d.h. vom Anfang bis zum Ende der Prellungen (s. auch Abschn. 6.3.2.).

Erfahrungsgemäß sind die Abweichungen der Rechenergebnisse von den experimentell ermittelten Werten <10%. Die Genauigkeit der für die Berechnung notwendigen Systemparameter ist dabei ausschlaggebend.

Die elektrische Ansteuerschaltung beeinflußt durch die Gestaltung des Magnetspulenstroms entscheidend den Hubvorgang. In **Tafel 6.2.6** sind im Vergleich zur Grundschaltung einige Möglichkeiten zur Beschleunigung des Einschaltvorgangs angegeben. Aus wärmetechnischen Gründen ist die relative Einschaltdauer

$$\mathrm{ED} = (\text{Einschaltdauer/Spieldauer}) \cdot 100\,\% \tag{6.2.33}$$

zu beachten.

Tafel 6.2.6. Maßnahmen zur Erzeugung der Schnellwirkung bei Gleichstrommagneten
$U^* = [(R + R_V)/R]\ U$; nU erhöhte Spannung

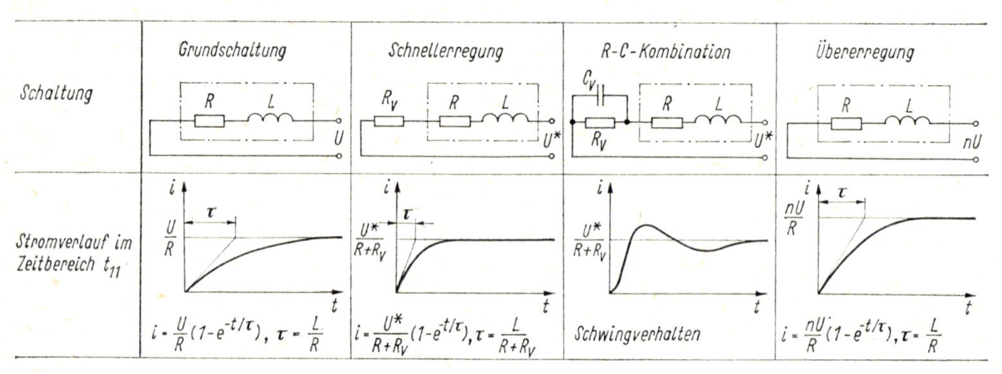

Die statische Kennlinie (s. Tafel 6.2.1) ist nach Gl. (6.2.20) für $i = I$ rechnerisch bestimmbar. Durch Abreißversuche kann punktweise zu bestimmten Ankerpositionen die entsprechende Magnetkraft bei I = konst. ermittelt werden.

In den **Tafeln 6.2.5b, c** und **d** werden Maße und technische Parameter spezieller Magneten angegeben.

6.2.2.4. Wechselstrommagnet

Zur Bestimmung der Magnetkraft soll von Gleitstrommagneten ausgegangen werden. Es wird ein sinusförmiger Fluß

$$\Phi = \Phi_{\max} \sin \omega t \tag{6.2.34}$$

vorausgesetzt. Unter Verwendung der Gl. (6.2.21) ergibt sich die Magnetkraft

$$F_{\mathrm{mag}} = (\Phi_{\max}^2/2\mu_0 A) \sin^2 \omega t = (\Phi_{\max}^2/4\mu_0 A)(1 - \cos 2\omega t). \tag{6.2.35}$$

Beim stationären Betriebsfall schwankt die Magnetkraft gemäß **Bild 6.2.12a** mit der doppelten Erregerfrequenz zwischen den Werten 0 und $\Phi^2_{max}/(4\mu_0 A)$ [6.2.34].

Dieses ungünstige Verhalten kann durch Spaltpole beseitigt werden (Spaltpolmagnet). Nach **Bild 6.2.12b** wird durch einen zusätzlichen Kurzschlußring bewirkt, daß zwei phasenverschobene Flüsse Φ_1 und Φ_2 die Magnetkraft $F_{max\,res}$ bestimmen; sie ist immer größer als Null.

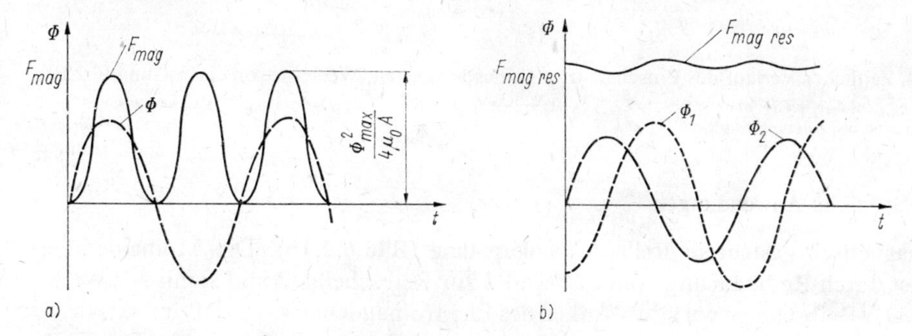

Bild 6.2.12. Krafterzeugung beim Wechselstrommagneten

a) Magnetkraft und Flußverlauf, ohne Kurzschlußring; b) Flußverschiebung durch Kurzschlußring

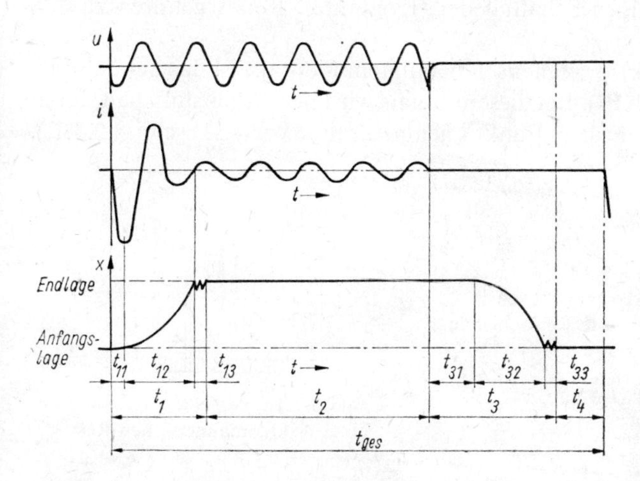

Bild 6.2.13
Schematische Darstellung des Einschalt- und Ausschaltvorgangs eines Einphasensteuermagneten
(in Anlehnung an TGL 20488, VDE 0580)
Bezeichnungen wie im Bild 6.2.10

Der Ein- und Ausschaltvorgang eines Wechselstrommagneten ist im **Bild 6.2.13** dargestellt.

Für induktivitätsbehaftete Wechselstromkreise ergibt sich ein Einschaltstrom nach der Funktion

$$i = I_{max} [\cos(\omega t + \varphi_i) - \cos \varphi_i \, e^{-t/\tau}]. \tag{6.2.36}$$

Spezielle Lösungen sind:

$$i = I_{max} [\cos(\omega t + \pi/2)] \quad \text{bei} \quad \varphi_i = \pi/2 \quad \text{und} \tag{6.2.37}$$

$$i = I_{max} (\cos \omega t - e^{-t/\tau}) \quad \text{bei} \quad \varphi_i = 0.$$

Im **Bild 6.2.14** wird der Einschaltstrom eines induktiven Wechselstromkreises mit $\varphi_i = 0$ bzw. $\varphi_i = \pi/2$ mit dem Einschaltstrom eines induktiven Gleichstromkreises bei $\dot{x} = 0$, d.h. L = konst. verglichen.

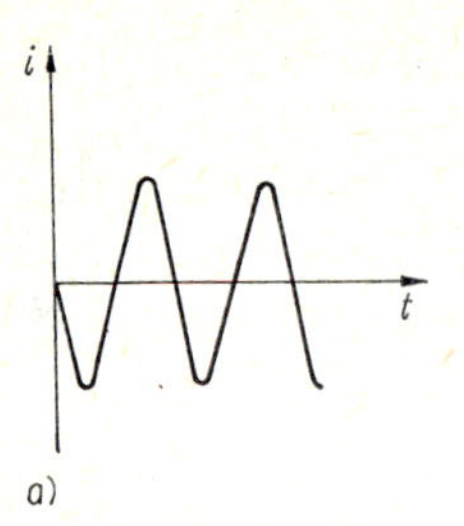

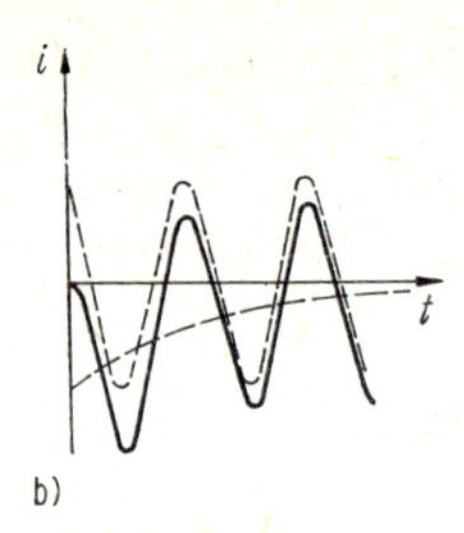

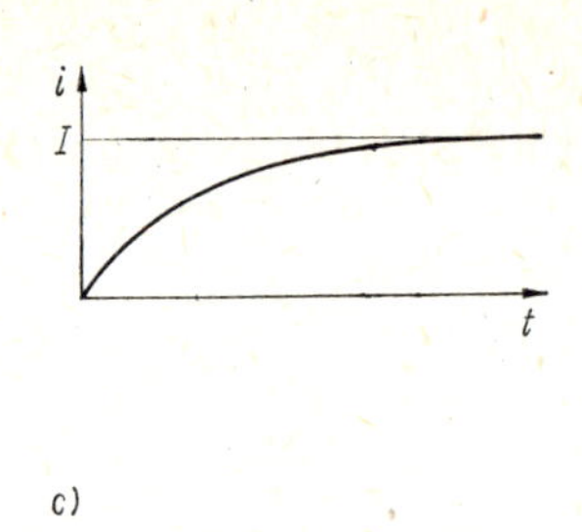

Bild 6.2.14. Zeitlicher Verlauf des Einschaltstroms eines Magneten, Wechselstromeinspeisung [6.2.10]
a) $\varphi_i = \pi/2$: $I_{max} \cos(\omega t + \pi/2)$; b) $\varphi_i = 0$: --- $I_{max} \cos \omega t$; — — $I_{max}\, e^{-t/\tau}$; —— $I_{max} (\cos \omega t - e^{-t/\tau})$, Gesamtstrom;
c) Gleichstromeinspeisung (zum Vergleich)

6.2.2.5. Spezielle Anwendungen

Elektromagnetisch gesteuerte Reibscheibenkupplung (Bild 6.2.15). Die Momentenübertragung ist durch Reibpaarung vom Zahnrad *1* zur Reibscheibe *2* und somit zur Welle *3* möglich. Die Reibscheibe wirkt als Anker des Elektromagneten *4*, so daß im aktivierten Zustand die notwendige Normalkraft F_N wirksam wird (Schaltverhalten s. Abschn. 6.3.2.).

Relais (Bild 6.2.16). Relais werden durch Änderung der Wirkungsgröße (Strom) im Triebsystem beeinflußt und betätigen Schaltglieder (Kontakte). Relais gehören zu den Schaltgeräten.

Ein Vertreter der Relais mit elektromagnetisch betätigtem Kontakt ist das Schutzrohr- oder Reed-Kontaktrelais **(Bild 6.2.17).** Bei diesem Relais wird der Arbeitsluftspalt durch die Stellung der Kontakte gebildet. Es liegt Funktionenintegration vor (s. Abschn. 4.2.3.1.).

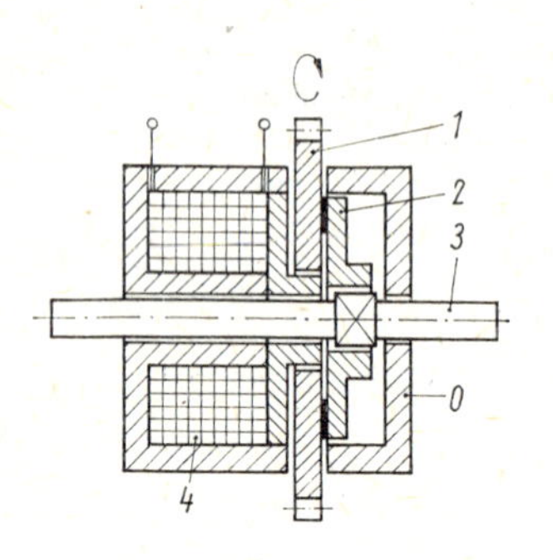

Bild 6.2.15
Elektromagnetisch gesteuerte Reibscheibenkupplung
0 Gehäuse
1 Zahnrad
2 Reibscheibe
3 Welle
4 Magnet

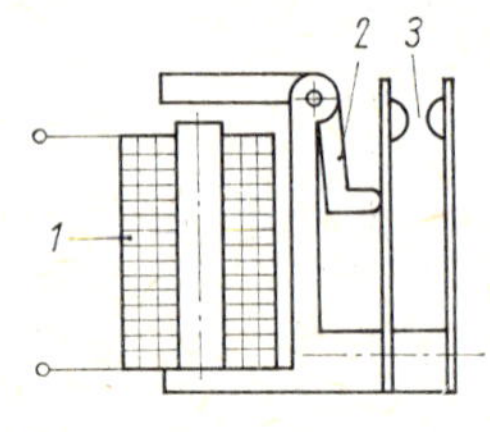

Bild 6.2.16. Aufbau eines elektromagnetischen Relais
1 Magnet; *2* Triebsystem; *3* Schaltglied (Kontakte)

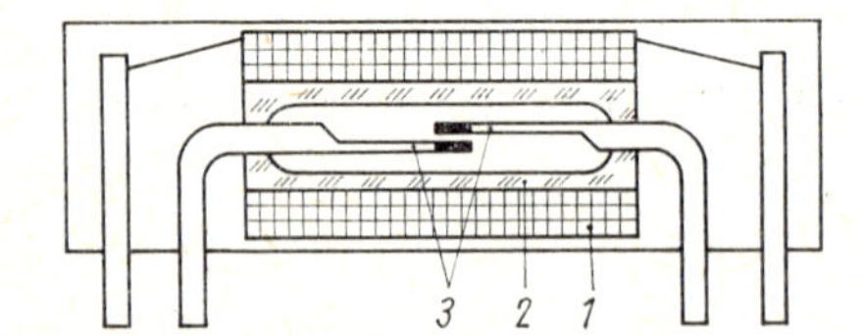

Bild 6.2.17
Schutzrohrkontaktrelais
1 Magnet
2 Schutzrohr
3 Kontakte

Das Schutzrohrkontaktrelais ist auf Leiterplatten montierbar und zeichnet sich durch kleine Schaltzeiten (etwa 1 ms), hohe Schalthäufigkeit und Wartungsfreiheit aus (6.2.35].

Die Funktion des Antriebs mit elektrischer Eingangsenergie beim Relais kann ein Hitzdraht, ein Bimetallstreifen, ein Bimorphstreifen auf Piezolanbasis od. ä. übernehmen. Bei den Relais mit Festmetallkontakten ist die elektrische Kontaktgebung zu beachten [6.2.11] [6.2.36].

Elektronische Schalter stellen eine weitere Entwicklungsrichtung dar. Die rein elektronischen Einrichtungen ersetzen hinsichtlich der Funktion die Relais mit mechanisch bewegten Kontakten [6.2.12].

Mosaikdruckermagnet. Elektromagnetische Druckwerke erfordern im konstruktiven Entwicklungsprozeß Optimierungen, um hohe Druckgeschwindigkeiten und große Abdruckkräfte zu erreichen. Beim Serienmosaikdrucker wird ein speziell ausgebildeter Magnet **(Bild 6.2.18)** direkt als Druckeinrichtung benutzt. Am Anker ist eine Drucknadel angebracht. Zur Realisierung eines kompletten alphanumerischen Mosaikdrucks sind mehrere Magnete notwendig. Die dynamische Wirkung, d.h. die Nutzung der kinetischen Energie des bewegten Ankers, gestattet Druckgeschwindigkeiten von etwa 200 Zeichen/s im Dauerbetrieb.

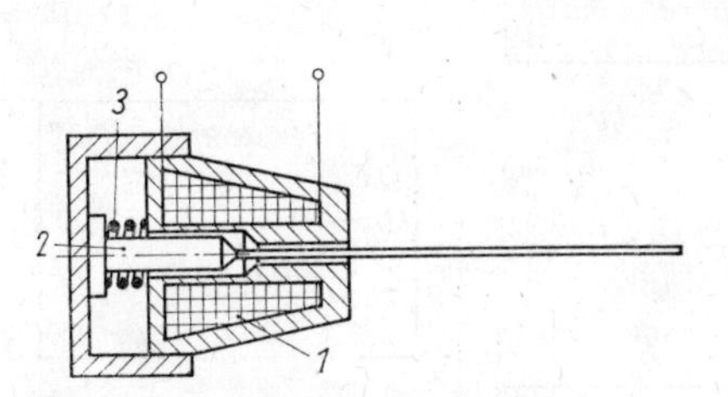

Bild 6.2.18. Mosaikdruckermagnet
1 Magnet; *2* Anker; *3* Gegenfeder

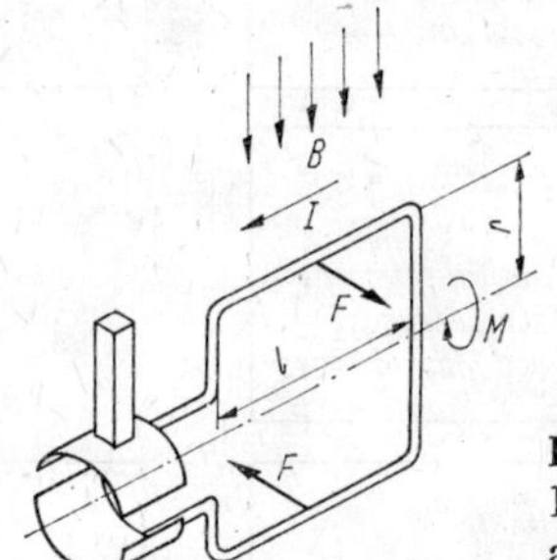

Bild 6.2.19
Kraftwirkung auf eine Leiterschleife

6.2.3. Rotationsmotoren

6.2.3.1. Überblick

Kleinst- und Kleinmotoren (TGL 20675, TGL 7274), deren Läufer konzentrisch gelagert sind, werden in der Gerätetechnik eingesetzt. **Tafel 6.2.7a** und **b** zeigt eine Übersicht der Motoren. Die Besonderheiten im stationären Verhalten [$\Omega = f(M)$-Kennlinie] werden wesentlich durch die Konstruktion von Stator (Ständer) und Rotor (Läufer) sowie durch die Stromart bestimmt [6.2.37] [6.2.38]; s. auch DIN 42005, 42025.

Ein von einem Strom I durchflossener Leiter der Länge l wird von einem Magnetfeld (charakterisiert durch B) mit einer Kraft ausgelenkt:

$$\vec{F} = (\vec{l} \times \vec{B})\, I \quad \text{bzw.} \quad F = lBI \tag{6.2.38}$$

(bei den Motoren sind die Voraussetzungen für die skalare Gleichung erfüllt).

Wirkt diese Kraft an einem Hebel der Länge r, so ergibt sich ein Moment

$$M = Fr. \tag{6.2.39}$$

Das Gesamtmoment bei ν Leiterzügen erhält man aus

$$M = \sum_{\nu} F_\nu r_\nu = \sum_{\nu} B_\nu I_\nu l_\nu r_\nu. \tag{6.2.40}$$

Bild 6.2.19 zeigt die Anordnung einer stromdurchflossenen Leiterschleife mit Bürsten und Kommutator im Magnetfeld

Die mechanische Leistung des Motors ist mit

$$P_{\text{mech}} = M\Omega \tag{6.2.41}$$

bestimmbar.

Tafel 6.2.7. Motoren mit kontinuierlicher Drehbewegung (vgl. [6.2.38])

a) Kommutatormotoren

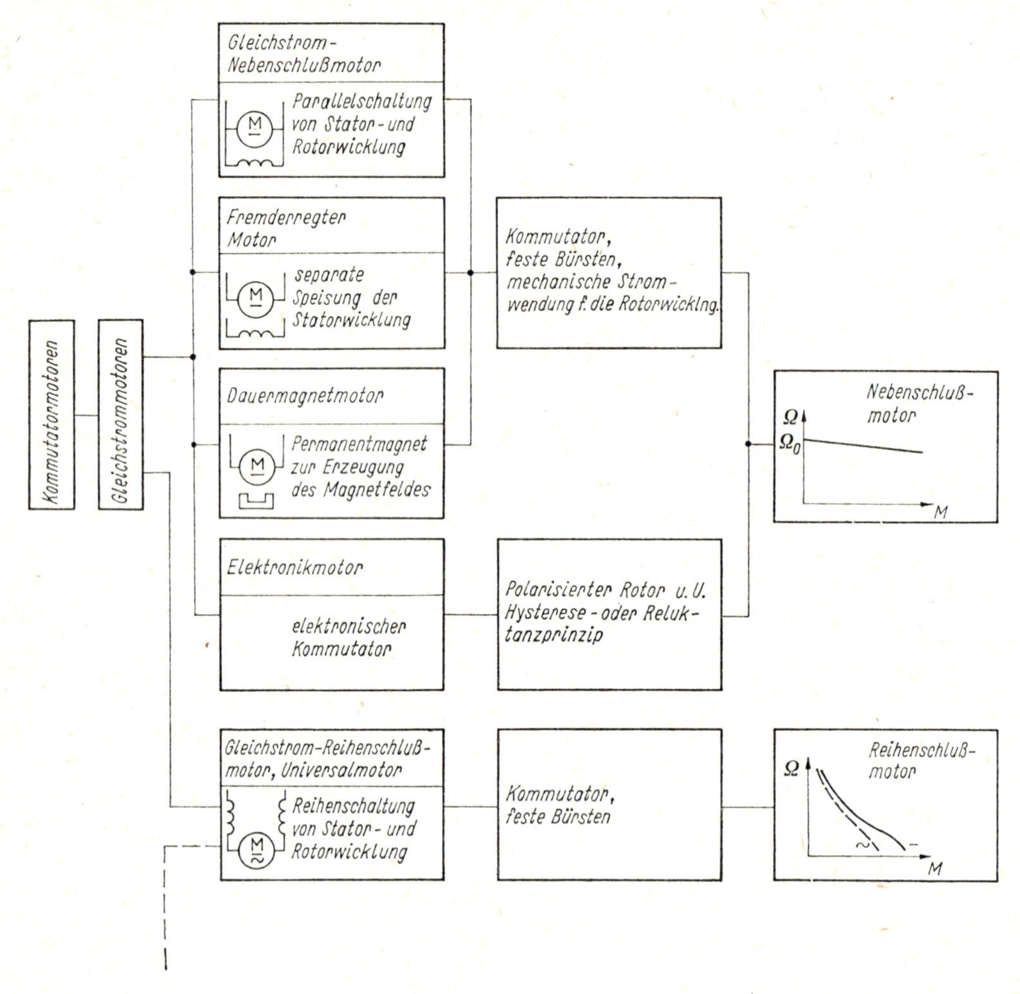

Zwischen der Winkelgeschwindigkeit der Motorwelle Ω und der Drehzahl n besteht der Zusammenhang

$$\Omega = 2\pi n. \tag{6.2.42}$$

Für das Moment (inneres Moment) des Motors kann mit einer Konstanten c und dem resultierenden magnetischen Fluß Φ sowie dem Ankerstrom I nach Gl. (6.2.40) angegeben werden

$$M = c\Phi I. \tag{6.2.43}$$

Während der Rotation des Läufers werden in den ν Leitern die Spannungen e_ν induziert. Ihre Summe ergibt die Klemmenspannung, die proportional dem magnetischen Fluß und der Winkelgeschwindigkeit ist:

$$E = \sum_\nu e_\nu = c\Phi\Omega. \tag{6.2.44}$$

Tafel 6.2.7. Motoren mit kontinuierlicher Drehbewegung (vgl. [6.2.38])
b) Drehfeldmotoren

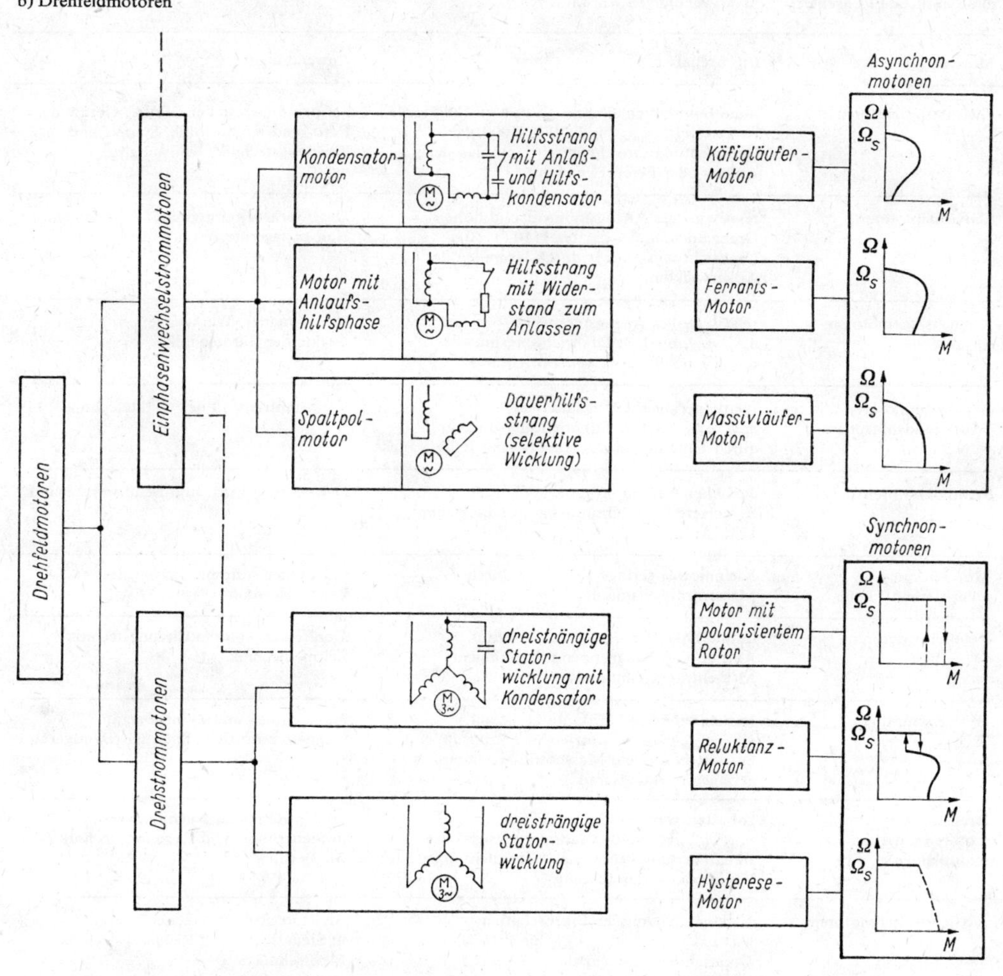

6.2.3.2. Gleichstromnebenschlußmotoren und Gleichstromreihenschlußmotoren

Gleichstromnebenschlußmotoren. Im **Bild 6.2.20a** ist das Schaltbild eines fremderregten Gleichstrommotors angegeben. Für das stationäre Betriebsverhalten kann das folgende Gleichungssystem für den allgemeinen Fall (gesonderte Speisung der Erregerwicklung) verwendet werden.

Ankerkreis

$$U = E + R_A I \tag{6.2.45}$$

Erregerkreis

$$U_E = R_E I_E . \tag{6.2.46}$$

Die Winkelgeschwindigkeit ist aus den Gln. (6.2.43), (6.2.44), (6.2.46) bestimmbar:

$$\Omega = \frac{U - R_A I}{c\Phi} = \frac{U}{c\Phi} - \frac{R_A}{(c\Phi)^2} M \tag{6.2.47}$$

Tafel 6.2.7. Motoren mit kontinuierlicher Drehbewegung (vgl. [6.2.38])

c) wesentliche Eigenschaften und Anwendungen von Motoren

Motoren	Eigenschaften	Anwendungen
Gleichstrommotoren	hohe Drehzahlen sind möglich, einfache Steuerbarkeit, $n_{min}:n_{max}$ bis 1:20 (1:4000), Drehrichtungsumkehr durch Umpolen der Anker- oder Erregerwicklung	periphere Geräte der EDVA, Geräte der Foto- und Kinotechnik, Steuer- und Regelungstechnik, Konsumgüter
Universalmotoren	relativ großes Anzugsmoment und hohe Drehzahlen, $n_{min}:n_{max}$ bis 1:10 (1:50), Drehrichtungsumkehr durch Umpolen der Ankerwicklung	Datenverarbeitungsgeräte, Schreibtechnik, Haushaltsgeräte, Werkzeuge
Kondensatormotoren	relativ großes Anzugsmoment, $n_{min}:n_{max}$ bis 1:3, Drehrichtungsumkehr durch Umkehr der Drehfeldrichtung	Konsumgüter, Werkzeuge, Geräte der Bürotechnik
Asynchronmotoren mit Widerstandshilfsphase	relativ geringes Anzugsmoment, $n_{min}:n_{max}$ bis 1:3, Drehrichtungsumkehr durch Umschalten des Haupt- oder Hilfsstrangs	Kleinstantriebe in der Gerätetechnik
Spaltpolmotoren	einfacher Aufbau, $n_{min}:n_{max}$ bis 1:2, festgelegte Drehrichtung, geringe Belastung beim Anlauf	Geräte der Klima- und Belüftungstechnik
Motoren mit polarisiertem Läufer	Kleinmotor, geringe Belastung durch Massenträgheitsmoment	Geräte der Automatisierungstechnik, Zeitmeßtechnik
Reluktanzmotoren	lastunabhängige konstante Drehzahl, Antrieb von Baugruppen mit geringem Massenträgheitsmoment	Geräte der Automatisierungstechnik, Zeitmeßtechnik
Hysteresemotoren	lastunabhängige konstante Drehzahl, $n_{min}:n_{max}$ bis 1:5, Antrieb von Baugruppen mit relativ großem Massenträgheitsmoment, geringer Wirkungsgrad	Navigations- und Zeitmeßgeräte, magnetomotorische Speicher (Bandgeräte)
Drehstromasynchronmotoren mit Kurzschlußläufer	robuster, wartungsfreier Aufbau, $n_{min}:n_{max}$ bis 1:10, Drehrichtungsumkehr durch Vertauschen zweier Netzzuleitungen oder Kondensatorumschaltung	Stellantriebe und Nachlaufwerke in Steuerungs- und Regelungstechnik, Meßtechnik
Asynchronstellmotoren	günstige dynamische Eigenschaften, leicht steuerbar, $n_{min}:n_{max}$ bis 1:1000, Drehrichtungsumkehr durch Umkehr der Drehfeldrichtung	Stellantriebe und Nachlaufwerke in Steuerungs- und Regelungstechnik, Meßtechnik

bzw.

$$\Omega = \Omega_0 - kM. \tag{6.2.48}$$

Die Verringerung der Winkelgeschwindigkeit infolge Belastung wird näherungsweise durch die Konstante k erfaßt.

Beim Drehmoment $M = 0$ (kein Leerlaufdrehmoment) ist die ideale Leerlaufdrehzahl Ω_0 vorhanden.

Bild 6.2.20b zeigt die Abhängigkeit $\Omega = f(M)$ und $I = f(M)$.

Drehzahlstellen. Aus **Bild 6.2.20c** lassen sich durch Vergleich mit Kurve *1* (Nennspannung U_{nenn}, kein Ankerzusatzwiderstand $R_{AZ} = 0$, Nennerregerfluß Φ_{nenn}) Anwendungsmöglichkeiten für die Gerätetechnik angeben:

- Änderung des Ankerkreiswiderstands: $R_{AZ} > 0$ (Kurve *2*)
- Variation der Ankerspannung: $U < U_{nenn}$ (Kurve *3*)
- Feldschwächung, z.B. durch Spannungsteiler im Erregerkreis: $\Phi < \Phi_{nenn}$ (Kurve *4*).

Tafel 6.2.7. Motoren mit kontinuierlicher Drehbewegung (vgl. [6.2.38])

d) gebräuchliche technische Parameter elektrischer Kleinstmaschinen (nach [6.2.74] [6.2.89] u.a.)

Maschinenart	Gebräuchliche technische Parameter (etwa geordnet nach Herstellergruppen)				
Gleichstrom- motoren	4,5/12/24/220 V 0,2/16/63/25 W 2200/2000/ 3000 min^{-1}	160 V 230 W ... 1500 min^{-1}	1,5/3/4,5/6/12/24 V 0,05 ... 160 W 1700 ... 12000 min^{-1}	110/220/440 V 250 W ... 500 ... 3000 min^{-1}	
Gleichstrom- stellmotoren	60 V 400 W 1500 min^{-1}			110 V 1600/2200 W 1500 min^{-1}	
Gleichstrom- getriebemotoren		160 V 5,7 ... 120 W 0,125 ... 400 min^{-1}		220/440 V 300 ... 2800 W 5 ... 400 min^{-1}	
Universal- motoren	6/12/24/60/220 V 6 ... 200 W 3000/5000/ 8000 min^{-1}		110/125/220 V 4 ... 520 W 4000 ... 20000 min^{-1}		
Universal- getriebemotoren	220 V 0,35/0,7/2 N · m 0,11 ... 416 min^{-1}				
Kondensator- motoren	125/220 V bis 200 W bis 8000 min^{-1}		125/220 V bis 26 N · cm/520 W 13000 min^{-1}		
Asynchron- motoren mit Hilfsphase	220 V 10 ... 60 W 1400/2800 min^{-1}		125/220 V 24 ... 35 W 1300 min^{-1}		220 V 25 ... 2200 W 950 ... 2800 min^{-1}
Spaltpol- motoren	220 V 0,1 ... 35 W 1400/2800 min^{-1}				220 V 6/12 W 2500 min^{-1}
Synchron- motoren, per- manent erregt					220 V 0,05 ... 0,5 W 250/375 min^{-1}
Synchron- getriebe- motoren	220 V 0,02/2,5 W 0,5 ... 6 min^{-1}				
Reluktanz- motoren	220/380 V 0,16 ... 90 W 1500/3000 min^{-1}	220/380 V 120 ... 300 W 1000/1500/ 3000 min^{-1}			
Hysterese- motoren					220 V 0,05 ... 0,1 W 375 min^{-1}
Drehstrom- asynchron- motoren	220/380 V 16 ... 90 W 1400/2700 min^{-1}	220/380 V 180 ... 13000 W 700 ... 3000 min^{-1}			220/380 V 60 ... 1500 W 950 ... 2800 min^{-1}
Asynchron- getriebemotoren	220/380 V 0,35/0,7/2 N · m 0,05 ... 225 min^{-1}	220/380 V 120 W 0,63 ... 400 min^{-1}			220 V 50 ... 100 W 280 min^{-1}
Asynchron- stellmotoren	U_E = 60 ... 220 V U_{St} = 30 ... 220 V 0,3 ... 35 W 1 ... 4500 min^{-1}		U_E = 125/220 V U_{St} = 20 ... 220 V 0,8 W 900 min^{-1}		

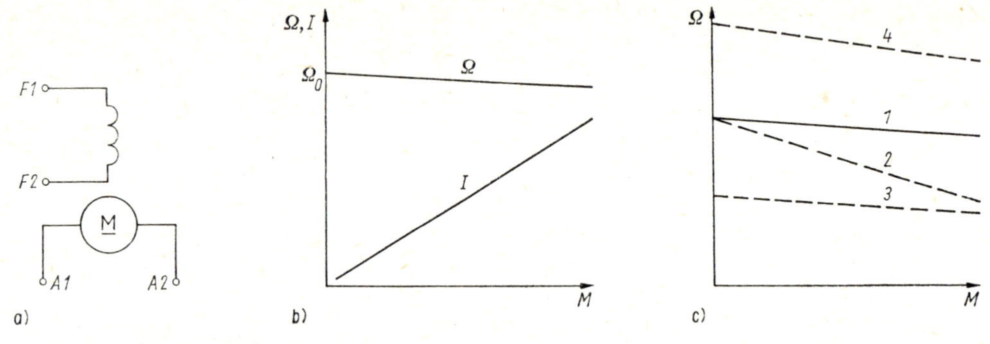

Bild 6.2.20. Fremderregter Gleichstrommotor

a) Schaltung; b) stationäre Kennlinie; c) Drehzahlstellung, stationäre Kennlinien
1 U_{nenn}, $R_{AZ} = 0$, Φ_{nenn}; *2* $R_{AZ} > 0$; *3* $U < U_{nenn}$; *4* $\Phi < \Phi_{nenn}$;
A1, *A2* Anschlüsse Ankerwicklung; *F1*, *F2* Anschlüsse Erregerwicklung

Weitere Möglichkeiten sind Pulssteuerung und Phasenanschnittsteuerung. Dabei wird der Mittelwert der Spannung verändert [6.2.12] [6.2.39].

Dauermagnetmotoren. Zahlreiche Kleinstmotoren sind dauermagneterregt. Dadurch tritt im Verhältnis zum Motor mit Erregerwicklung eine geringere Verlustleistung auf. In Abhängigkeit vom Dauermagnetmaterial ergibt sich eine Volumenreduzierung (minimaler Durchmesser etwa 12 mm). Der Motor hat einen feststehenden Dauermagneten; der Läufer ist wie beim fremderregten Gleichstrommotor aufgebaut. Die Ankerstromzuführung erfolgt über Bürsten und Kommutator [6.2.40] [6.2.41]. Nachteile sind ein relativ großes Reibmoment, Verschleiß, Staubbildung, Geräusche und Funkenbildung.

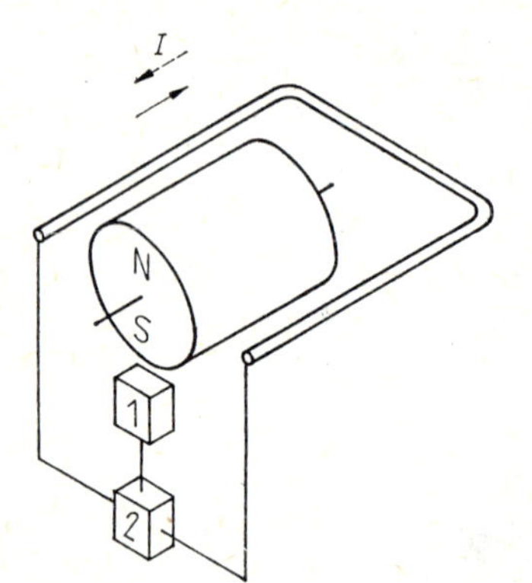

Bild 6.2.21
Schema eines Elektronikmotors (vereinfacht)
1 Lagemelder; *2* Schalter

Diese Erscheinungen treten beim Elektronikmotor nicht auf. Durch einen als Läufer ausgebildeten Permanentmagneten und mindestens drei feststehende Wicklungen (Ständerwicklungen) wird das Motormoment erzeugt. Die sog. elektronische Kommutierung kann nach **Bild 6.2.21** erfolgen. (Aus Gründen der Übersichtlichkeit ist nur eine einsträngige Statorwicklung dargestellt.) Die Umschaltung der Wicklung erfolgt mit Hilfe des Schalters *2*, der durch den Lagemelder *1* entsprechend der Läuferposition aktiviert wird [6.2.42]. Unter Umständen erfolgt keine Stromrichtungsumkehr, sondern nur ein Ein- und Ausschalten.

Es werden bis 100000 U/min erreicht. Durch Anwendung spezieller Lagerarten und Getriebe sind hohe Forderungen erfüllbar.

Trägheitsarme Stellmotoren. Zur Erzielung relativ großer Momente und kleiner Anlaufzeiten wurden Motoren mit speziellen Bauformen entwickelt. Beim Scheibenläufermotor kann der Läufer aus einer runden Leiterplatte aufgebaut sein [6.2.13] [6.2.43] [6.2.44].

Weitere Ausführungen mit Verringerung des Ankermassenträgheitsmoments sind Motoren mit wicklungstragendem eisenlosem Glockenläufer bzw. mit nutenlosem Anker [6.2.45].

Durch die Konstruktion des sog. Schlankankermotors (langer Läufer mit geringem Durchmesser) wird ebenfalls ein kleines Massenträgheitsmoment erzielt, da allgemein für ein im Abstand r (Trägheitsradius) um einen Drehpunkt rotierendes Masseteilchen dm gilt [6.2.3]:

$$J = \int r^2 \, \mathrm{d}m. \tag{6.2.49}$$

Am dynamisch günstigsten sind kleine elektromechanische Zeitkonstanten [6.2.46]. Solche Motoren finden für Regel- und Steueraufgaben in der Gerätetechnik Anwendung.

Gleichstromreihenschlußmotoren

Anker- und Erregerwicklung sind nach **Bild 6.2.22a** elektrisch in Reihe geschaltet. Ausgehend von den Gln. (6.2.44) und (6.2.46) ergibt sich für den Gleichstromreihenschlußmotor

$$U = c\Phi\Omega + (R_A + R_E)\, I. \tag{6.2.50}$$

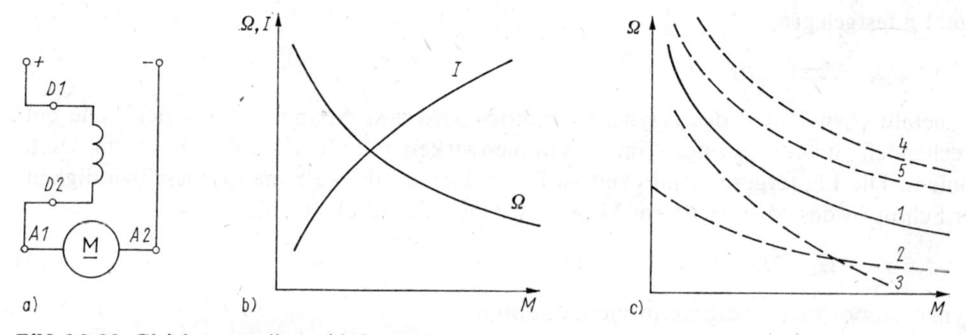

Bild 6.2.22. Gleichstromreihenschlußmotor

a) Schaltung; b) stationäre Kennlinien; c) Drehzahlstellung, stationäre Kennlinien
1 U_{nenn}, $R_p = \infty$, $R_v = 0$, Φ_{nenn}; 2 R_p; 3 R_v; 4 $U > U_{\mathrm{nenn}}$; 5 $\Phi < \Phi_{\mathrm{nenn}}$; *A1*, *A2* Anschlüsse Ankerwicklung; *D1*, *D2* Anschlüsse Erregerwicklung

Der Erregerfluß Φ ist eine Funktion des Stroms, d. h. lastabhängig. Die Winkelgeschwindigkeit ist bestimmbar aus

$$\Omega = \frac{U}{c\Phi} - \frac{(R_A + R_E)}{(c\Phi)^2} M. \tag{6.2.51}$$

Im Zusammenhang mit dem linearen Teil der Magnetisierungskennlinie kann in Näherung angenommen werden $\Phi \approx I$. Prinzipiell kann die $\Phi = f(I)$-Approximation bereichsweise erfolgen, so daß für jeden Bereich eine $\Omega = f(M)$-Berechnung notwendig ist [6.2.20].

Es ergibt sich damit nach Gl. (6.2.51)

$$\Omega = k_1/\sqrt{M} - k_2. \tag{6.2.52}$$

Hierbei können k_1 und k_2 konstante Werte annehmen. Die prinzipiellen Abhängigkeiten $\Omega = f(M)$ und $I = f(M)$ sind im **Bild 6.2.22b** angegeben.

Drehzahlstellen. Ausgehend von $\Omega = f(M)$ (Kurve *1* im **Bild 6.2.22c**; Ankervorwiderstand R_v und Ankerparallelwiderstand R_p sind nicht vorhanden) lassen sich folgende Möglichkeiten der Drehzahlstellung angeben:

- Ankerparallelwiderstand $R_p < \infty$ (Kurve *2* – Schnittpunkt mit der Ω-Achse)
- Ankervorwiderstand $R_v > 0$ (Kurve *3*)
- Variation der Betriebsspannung $U > U_{nenn}$ (Kurve *4*)
- Feldschwächung, z.B. durch Parallelwiderstand zur Erregerwicklung, $\Phi < \Phi_{nenn}$ (Kurve *5*).

Die in der Gerätetechnik benutzte Barkhausen-Schaltung ist eine Kombination von Ankerparallel- und Ankervorwiderstand. Gemäß Tafel 6.2.7 kann ein Reihenschlußmotor auch mit Wechselspannung gespeist werden (Universalmotor). Die Magnetkreise sind zur Herabsetzung der Verluste geblecht. Diese Motoren zeigen Reihenschlußverhalten. Im Leistungsbereich bis 500 W finden sie in Haushaltgeräten und Elektrowerkzeugen Anwendung.

6.2.3.3. Asynchronmotoren und Synchronmotoren

Die synchrone Winkelgeschwindigkeit Ω_s des umlaufenden Magnetfelds ist bei entsprechender Speisung der Statorwicklungen durch die Netzfrequenz f_1 und die Polpaaranzahl p festgelegt:

$$\Omega_s = 2\pi\,(f_1/p). \tag{6.2.53}$$

Im metallischen Rotor des Asynchronmotors wird eine Spannung induziert. Die entsprechenden Ströme erzeugen im Zusammenwirken mit dem Luftspaltfeld ein Drehmoment. Die Läufergeschwindigkeit ist i.allg. kleiner als die Synchrongeschwindigkeit. Der Schlupf s des Motors ist ein Maß dieser Geschwindigkeitsdifferenz:

$$s = (\Omega_s - \Omega)/\Omega_s = 1 - \Omega/\Omega_s. \tag{6.2.54}$$

Asynchronmotoren sind gekennzeichnet durch

$$0 < \Omega < \Omega_s; \qquad 1 > s > 0.$$

Für Synchronmotoren gilt

$$\Omega = \Omega_s \quad \text{bzw.} \quad s = 0.$$

Näherungsweise dient die Kloßsche Formel zur Ermittlung von Drehmoment bzw. Winkelgeschwindigkeit bei Asynchronmotoren, ausgehend vom Kippschlupf s_K und Kippmoment M_K nach **Bild 6.2.23** [6.2.1]:

$$M/M_K \approx 2/(s/s_K + s_K/s). \tag{6.2.55}$$

Drehzahlstellen durch:

- Änderung der Frequenz f_1
- Polumschaltung – Variation von p
- Spannungsänderung.

Die in Tafel 6.2.7 angegebenen Einphasenwechselstrommotoren haben spezielle Anlaufhilfen, die angeschaltet werden können. Insbesondere werden bei diesen Motoren bis 500 W Anlaufkondensatoren verwendet.

Beim Spaltpolmotor (TGL 28418) sind die Statorpole mit Nuten (Spaltpole) oder mit Kurzschlußringen versehen. Durch die Herausbildung magnetischer Teilflüsse ist das Anlaufen des Einphasenkurzschlußläufers möglich.

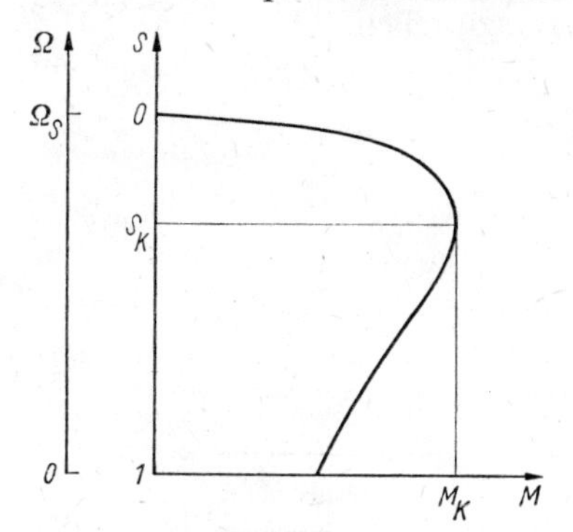

Bild 6.2.23. Stationäre Kennlinie des Asynchronmotors

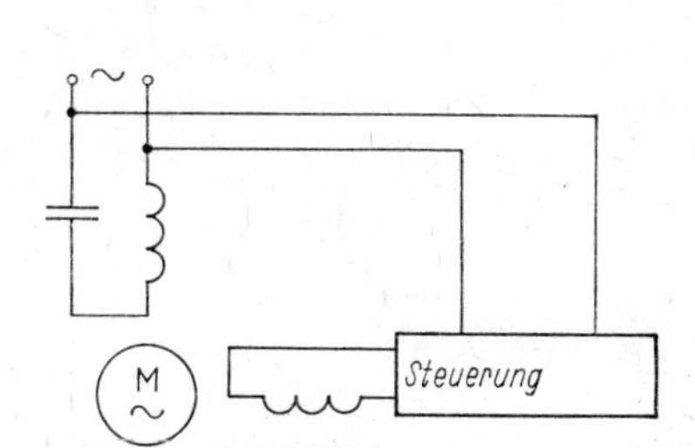

Bild 6.2.24. Schaltung Steuer- und Regelmotor (Ferrarismotor)

Die Läuferkonstruktion bestimmt wesentlich den Verlauf der $\Omega = f(M)$-Kennlinie. Beim Ferrarismotor wird ein Aluminiumhohlzylinder als Läufer verwendet. Gemäß **Bild 6.2.24** ist die Erregerwicklung über einen Kondensator mit dem Netz verbunden. Die an der Steuerwicklung liegende Spannung ist steuerbar. Im Arbeitsbereich besteht ein linearer Zusammenhang zwischen der Steuerspannung U_{St} und der Winkelgeschwindigkeit Ω. Neben der Amplitudensteuerung ist bei diesen Asynchronstellmotoren eine Phasensteuerung möglich. Bedingt durch das kleine Massenträgheitsmoment des Rotors, kann der Ferrarismotor für Antriebssysteme mit hohen dynamischen Forderungen eingesetzt werden. Der Motor ist für Steuer- und Regelzwecke geeignet (Servomotor). Die Drehrichtung ist umkehrbar.

Synchronmotoren (TGL 32349) zeichnen sich gemäß Tafel 6.2.7 durch eine prinzipiell vom Belastungsmoment unabhängige Winkelgeschwindigkeit aus. Bei Überlastung können die Motoren außer „Tritt" fallen. Motoren mit Hystereseläufer sind in der Lage, auch große Trägheitsbelastungen in den Synchronismus zu ziehen. Bedingt durch das starre Drehzahlverhalten werden Synchronmotoren in Zeitmeß- und Phonogeräten eingesetzt; s. auch DIN 42005, 42016.

6.2.3.4. Schrittmotoren

Aufbau und Wirkungsweise. Schrittmotoren arbeiten wie Synchronmotoren, wobei sich das Drehfeld i. allg. diskontinuierlich bewegt. Elektrische Rotationsschrittmotoren wandeln elektrische Impulsfolgen (digitale Signale) in entsprechende definierte Winkelschritte

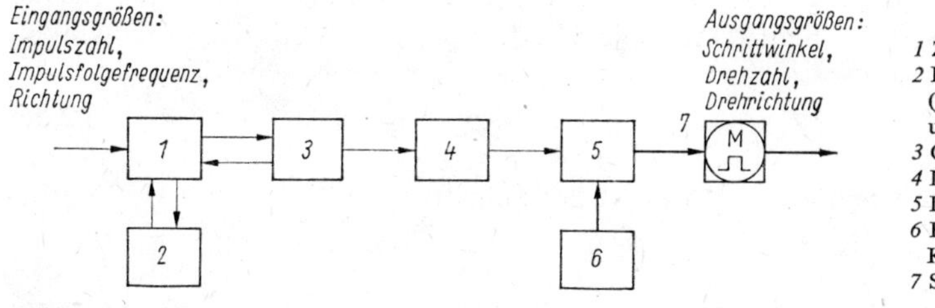

1 Zähler
2 Programmgeber (für gesteuerte Anlauf- und Bremsvorgänge)
3 Oszillator
4 Impulsverteiler
5 Leistungswandler
6 Konstantspannungs- oder Konstantstromversorgung
7 Schrittmotor

Bild 6.2.25. Blockschaltbild eines Schrittantriebs mit Ansteuerung

[6.2.14] [6.2.18]. Der Aufbau eines Schrittantriebs einschließlich elektronischer Ansteuerung ist im **Bild 6.2.25** dargestellt.

Es sind Informationen über Frequenz bzw. Drehzahl, Drehrichtung und Schrittwinkelgröße (konstruktiver oder elektrischer Schrittwinkel) bereitzustellen.

Dieser elektromechanische Wandler kann nach **Bild 6.2.26** unterschiedlich aufgebaut sein.

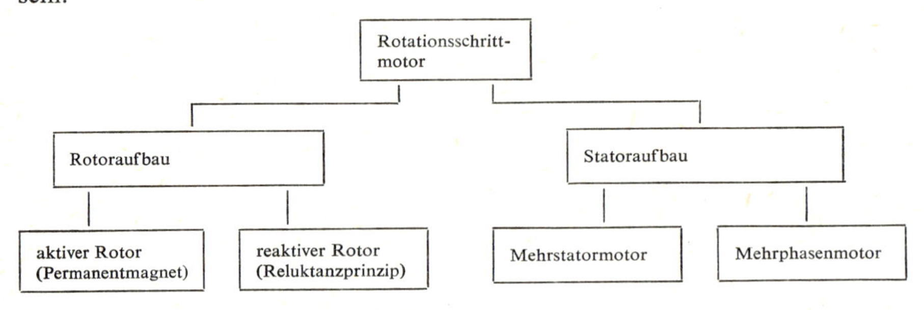

Bild 6.2.26. Aufbau von Rotationsschrittmotoren

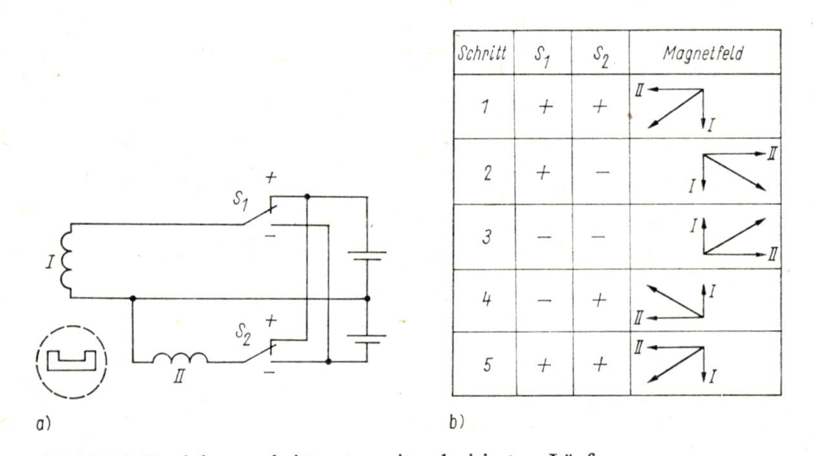

Schritt	S_1	S_2	Magnetfeld
1	+	+	
2	+	–	
3	–	–	
4	–	+	
5	+	+	

Bild 6.2.27. Zweiphasenschrittmotor mit polarisiertem Läufer

a) Steuerschaltung; b) Schalterstellung und resultierendes Magnetfeld; S_1, S_2 Schalter; *I*, *II* Wicklungen

An einem Zweiphasenmotor mit polarisiertem Läufer ist die Wirkungsweise erkennbar **(Bild 6.2.27).** Die Richtungsänderung des resultierenden Magnetfeldes infolge der Aktivierung der Wicklungen *I* und *II* bewirkt die Rotation des Läufers.

Im **Bild 6.2.28** ist der Aufbau eines Mehrstatormotors nach dem Reluktanzprinzip dargestellt. **Bild 6.2.29** zeigt an einem speziellen Schrittmotor, daß in Abhängigkeit von der elektrischen Impulsfolge die Betriebsarten konstruktiver Stellwinkel oder elektrischer Stellwinkel möglich sind. Die Schrittzahl s je Umdrehung (konstruktiver Stellwinkel) beträgt

$$s = mz. \tag{6.2.56}$$

Für den Schrittmotor mit reaktivem Rotor ist der Schrittwinkel (konstruktiver Schrittwinkel) bestimmbar

$$\varphi_0 = 2\pi/s. \tag{6.2.57}$$

Zur Feinpositionierung für beliebige Schrittwinkel, auch kleiner als der elektrische Schrittwinkel (entspricht dem halben konstruktiven Schrittwinkel) sind verschiedene Methoden bekannt [6.2.47]. Bei einer Impulsfrequenz f_s ergibt sich beim sog. Durchlaufbetrieb die Drehzahl in $U\,\mathrm{min}^{-1}$:

$$n = 60 f_s / s. \tag{6.2.58}$$

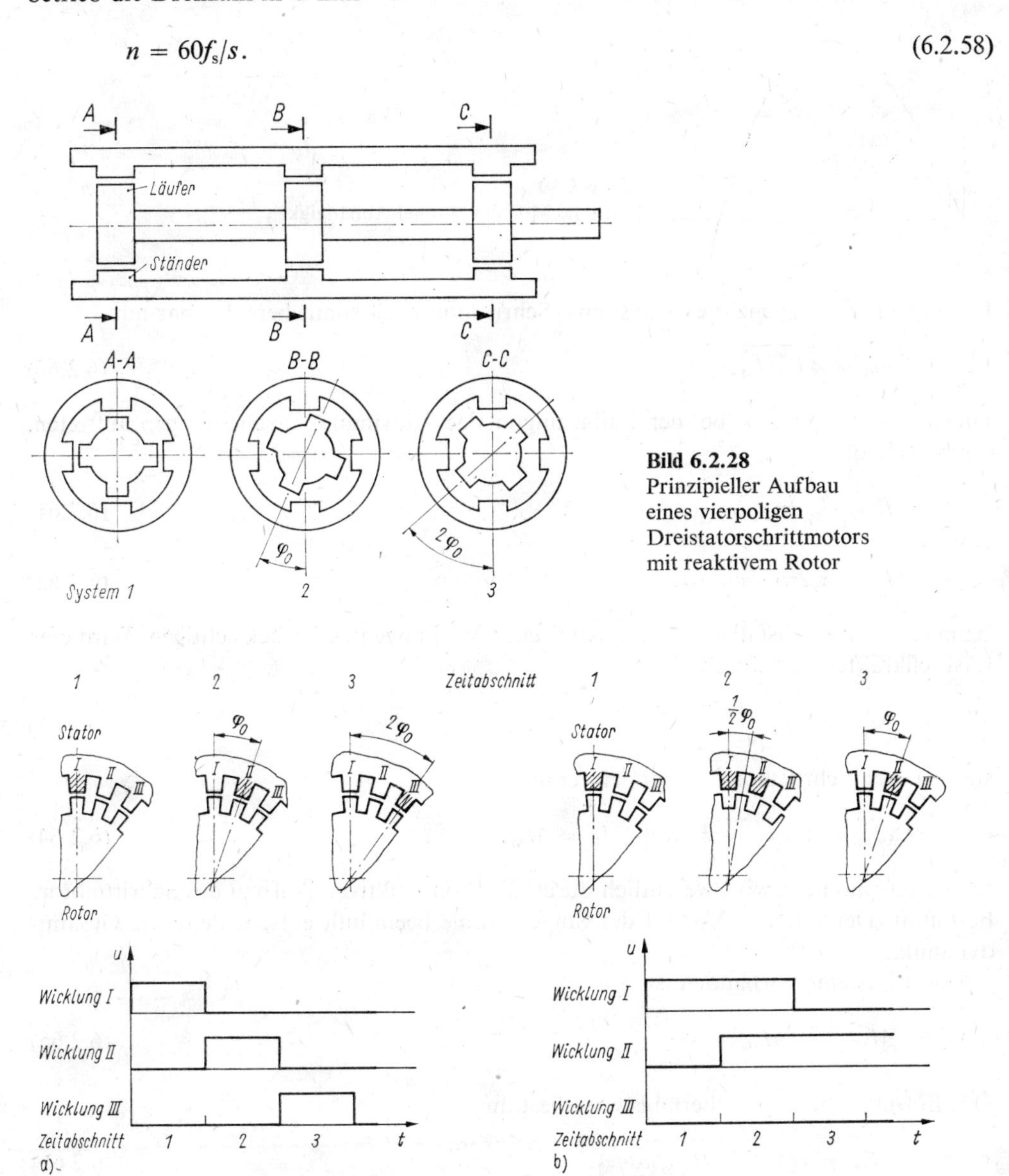

Bild 6.2.28
Prinzipieller Aufbau eines vierpoligen Dreistatorschrittmotors mit reaktivem Rotor

Bild 6.2.29. Impulsdiagramm und Rotorstellung eines Rotationsschrittmotors

a) konstruktiver Stellwinkel; b) elektrischer Stellwinkel

/ / / / / aktivierte Wicklung; Rotorstellung nach Schrittausführung

Einsatzbedingungen. Die Abhängigkeit des Moments von der relativen Lage der Rotor- und Statorpole wird aus der im **Bild 6.2.30** dargestellten statischen Moment-Winkel-Kennlinie erkennbar. Der Schrittmotor wirkt in bestimmten Winkelbereichen wie eine

Magnetdrehfeder. Die „Federsteife“ c_M ist näherungsweise aus dem Anstieg $M = f(\varphi)$ bestimmbar:

$$\tan \beta = c_M = \Delta M / \Delta \varphi. \tag{6.2.59}$$

Bild 6.2.30
Statische Moment-Winkel-Abhängigkeit

Die Eigenkreisfrequenz dieses Systems (Schrittmotor) ist somit berechenbar mit

$$\omega_0 = \sqrt{c_M / J_M}. \tag{6.2.60}$$

Die Resonanzfrequenz, bei der i. allg. ungünstige Schwingungserscheinungen auftreten, ergibt sich zu

$$f_r = \omega_0 / 2\pi \tag{6.2.61}$$

bzw.

$$f_r = (1/2\pi) \sqrt{c_M / J_M}. \tag{6.2.62}$$

Beim realen Betriebsfall sind die dynamischen Wirkungen zu berücksichtigen. Wird eine Last, charakterisiert durch

$$M_L = J_L \ddot{\varphi}, \tag{6.2.63}$$

starr an den Schrittmotor gekoppelt, ergibt sich

$$(J_M + J_L)\, \ddot{\varphi}_M + k \dot{\varphi}_M + M_R = M_M. \tag{6.2.64}$$

Das Motormoment wird wesentlich durch den konstruktiven Aufbau des Schrittmotors bestimmt. Der zeitliche Verlauf der Spulenströme beeinflußt entscheidend die Gesamtdynamik.

Sind ν Systeme vorhanden, so gilt

$$M_M = \sum_{\nu} M_{M\nu}. \tag{6.2.65}$$

Das Einzelmoment ist näherungsweise bestimmbar:

$$M_{M\nu} = (\tfrac{1}{2})\, i_{\nu_i}^2 \, \mathrm{d}L_\nu (\varphi_M) / \mathrm{d}\varphi_M. \tag{6.2.66}$$

Wenn keine spezielle elektrische Beschleunigungsschaltung vorhanden ist, kann das elektromagnetische Teilsystem mit

$$U_\nu = i_\nu R_\nu + L_\nu(\varphi_M)\, \mathrm{d}i_\nu/\mathrm{d}t + i_\nu\, [\mathrm{d}L_\nu (\varphi_M)/\mathrm{d}\varphi_M]\, \mathrm{d}\varphi/\mathrm{d}t \tag{6.2.67}$$

beschrieben werden.

Das Antriebssystem (elektrische Ansteuerung, Schrittmotor, mechanische Belastung) zeigt Schwingverhalten. Im **Bild 6.2.31** ist die Sollbewegung in Abhängigkeit von der Zeit angegeben; das reale Verhalten ist durch Schwingerscheinungen gekennzeichnet. Die Moment-Startfrequenz – Grenzkurve *1* – und die Moment-Betriebsfrequenz – Grenzkurve *2* **(Bild 6.2.32)** – sind Ergebnis der dynamischen Wirkungen. Im Gebiet „Start" liegende Arbeitspunkte zeichnen sich dadurch aus, daß bei Speisung mit einer Impulsfolge vom Stillstand ausgehend, keine Schrittfehler auftreten. Die Betriebsfrequenzkurve gibt die Maximalfrequenz bei der jeweiligen Belastung ohne Schrittfehler an, wenn die Impulsfrequenz allmählich gesteigert wird. Die begrenzten Arbeitsgebiete bestimmen die Einsatzmöglichkeiten der Schrittmotoren.

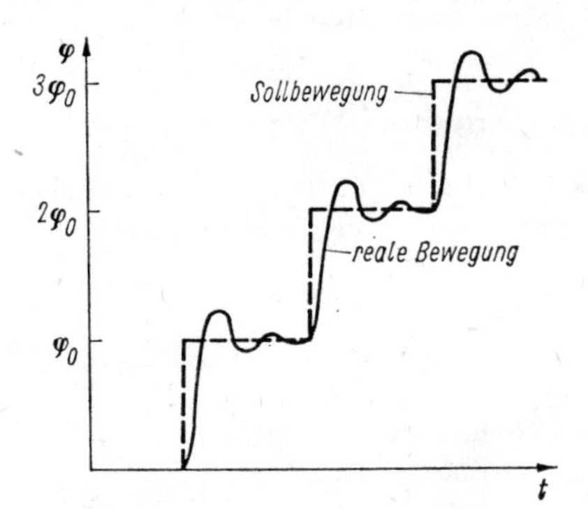

Bild 6.2.31. Bewegung des Rotationsschrittmotors

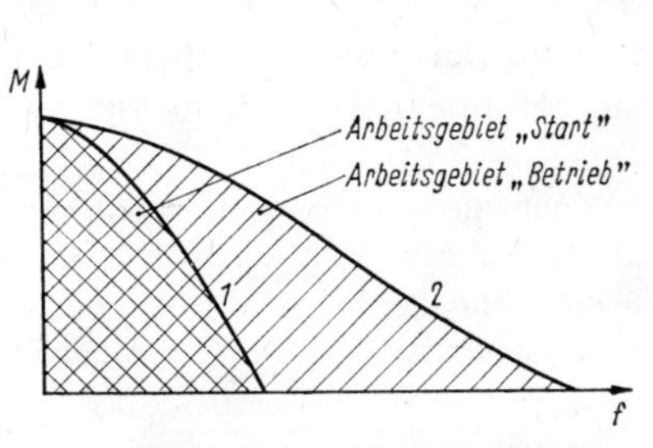

Bild 6.2.32. Arbeitsgebiete des Schrittmotors im Moment-Frequenz-Diagramm

1 Startfrequenzgrenzkurve; *2* Betriebsfrequenzgrenzkurve

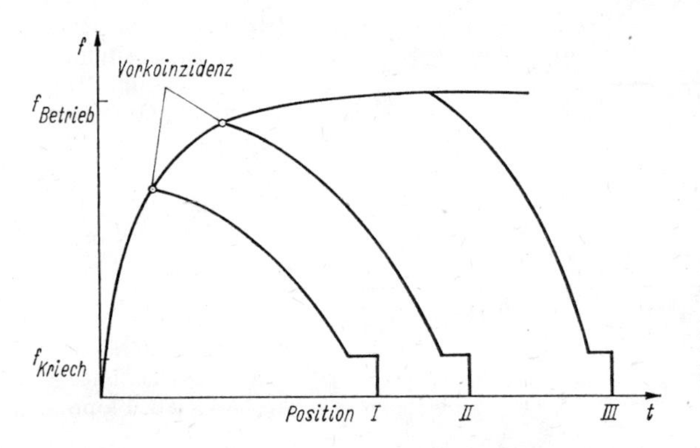

Bild 6.2.33
Frequenz-Zeit-Regime beim zeitoptimalen Positionieren

Bei Schrittmotoren mit reaktivem Rotor ist ein Spulenstrom notwendig, um bei $f = 0$ ein Haltemoment zu erzeugen. Das Moment ist bei Schrittmotoren mit aktivem Rotor ohne Erregung vorhanden. Um zeitoptimale Positionierungen vorzunehmen, wird nach bestimmten Frequenz-Zeit-Regimes gearbeitet. Im **Bild 6.2.33** ist dargestellt, daß u. U. zur Einnahme bestimmter Positionen bereits vor dem Erreichen des Maximums die Betriebsfrequenz verringert wird. Der Kriechgang mit f_{Kriech} garantiert Stop ohne Schrittfehler. Es werden Startfrequenzen von einigen Kilohertz erreicht. Eine Größenordnung höher liegen die Betriebsfrequenzen. Die minimalen Grundschrittwinkel betragen etwa 0,006 rad (etwa 0,36°). Die Haltemomente liegen bei 30 N · cm. Für größere Momente sind elektrohydraulische Schrittmotoren anzuwenden (DIN 42021).

In der Fachliteratur sind weitere spezielle Untersuchungsergebnisse angegeben [6.2.48] [6.2.49].

6.2.4. Linearmotoren

6.2.4.1. Überblick

Linearmotoren sind elektromechanische Wandler zur Erzeugung von Translationsbewegungen. Bezüglich der Stellweggröße ergeben sich spezielle konstruktive Ausführungen in der Gerätetechnik:

- Mikrolinearmotoren (Stellweg im Mikrometerbereich)
- Linearmotoren (Stellweg im Millimeter- bis Meterbereich).

Diese translatorischen elektromechanischen Wandler sind einteilbar in

- kontinuierlich und
- diskontinuierlich arbeitende Linearmotoren (Linearschrittmotoren) [6.2.50].

Eine Aneinanderfügung (Reihenschaltung) von kontinuierlich arbeitenden Linearmotoren mit Hubbegrenzung kann zur Realisierung von Schrittbewegungen genutzt wer-

Tafel 6.2.8. Kontinuierlich arbeitende elektromechanische Linearmotoren

Bezeichnung	Technische Ausführung	Stationäre Kennlinie	Stellkraftbereich (max) in N	Stellwegbereich (max) in mm	Awendungen Verfügbarkeit
Gleichstromlinearmotor a) Reihenschluß b) Nebenschluß	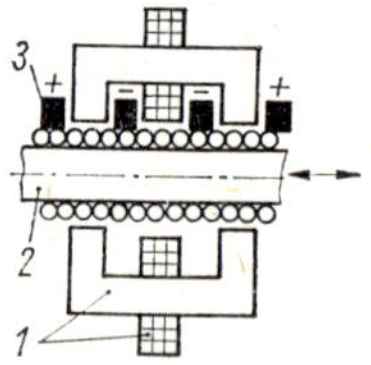 *1* Erregerteil mit Spule *2* Anker mit Spule *3* Bürsten	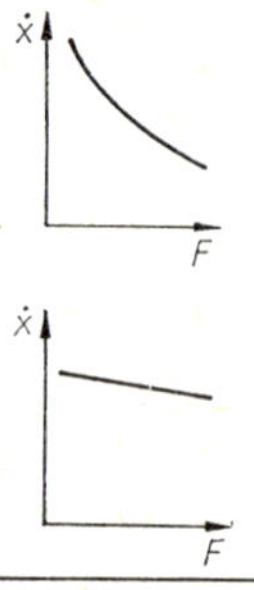	10^3	10^2	Antrieb von Transporteinrichtung (z.B. bei der automatischen Montage), Positionierung im Be- und Verarbeitungsmaschinenbau Spezialentwicklungen
Elektrodynamischer Linearmotor	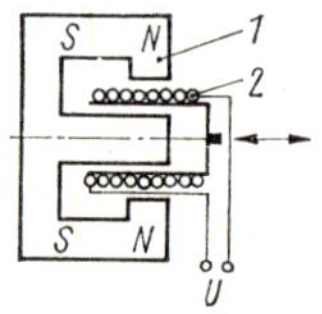 *1* Dauermagnetkreis *2* Tauchspule	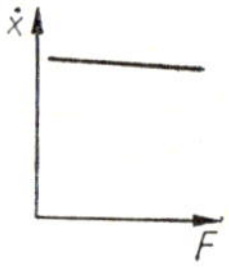	$2 \cdot 10^2$	10^2	Positionierung bei peripheren Geräten der Datenverarbeitungstechnik (z.B. Floppy-disk-Schreiblesekopfbewegung), Servoantriebe Spezialentwicklungen
Wanderfeldlinearmotor	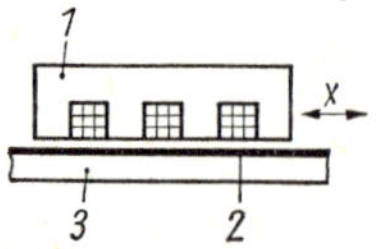 *1* Induktor *2* Sekundärteil *3* magnetischer Rückschluß	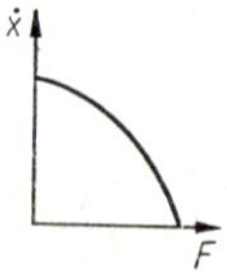	$> 10^3$	$> 10^3$	Antriebe im Verkehrswesen, bei Werkzeugmaschinen und Textilmaschinen industriell gefertigt [6.2.74] [6.2.89]

den. Für Positionieraufgaben mit großem Stellbereich und hoher Positioniergenauigkeit ist eine Kombination (Reihenschaltung) von Linearmotoren und Mikrolinearmotoren anzuwenden. Motoren zur Erzeugung oszillierender Bewegungen sind ein Sonderfall der kontinuierlich arbeitenden Linearmotoren. Weitere spezielle elektromechanische Linearmotoren (Hubmagnete) sind im Abschnitt 6.2.2. angeführt.

6.2.4.2. Kontinuierlich arbeitende Linearmotoren

In **Tafel 6.2.8** sind wichtige kontinuierlich arbeitende Linearmotoren zusammengestellt.
Gleichstromlinearmotor [6.2.51]. In Analogie zu Rotationsgleichstrommotoren ist entsprechend der Verschaltung von Erreger- und Ankerwicklung ein Reihen- bzw. Nebenschlußverhalten feststellbar. Dauermagneten können die Erregerspule ersetzen. Die Stromzuführung zum beweglichen Anker erfolgt über Bürsten. Gleichstromlinearmotoren werden für Positionierungsaufgaben in der Gerätetechnik und im Werkzeugmaschinenbau verwendet.
Elektrodynamischer Linearmotor [6.2.52]. Dieser Linearmotor hat eine Tauchspulanordnung. Das Magnetfeld kann durch einen Dauermagneten oder einen Elektromagneten erzeugt werden. Als Baugruppe von Regelkreisen werden sie z.B. zur Positionierung in peripheren Geräten oder in der Registriertechnik (Kompensationsschreiber) verwendet.
Wanderfeldlinearmotor [6.2.15] [6.2.53]. Ähnlich wie rotatorische Induktionsmotoren lassen sich Translationsmotoren aufbauen. Der Induktor als Stator kann im Vergleich zum Sekundärteil kürzer oder länger sein (Kurzstator- oder Langstatormotor). Der Induktor ist rohrförmig, oder es gibt einen oder zwei ebene Induktoren. Prinzipiell besteht auch die Möglichkeit, daß der Induktor beweglich und das Sekundärteil ruhend angeordnet ist. Eines der beiden Bauteile ist je nach Anwendung beweglich. Die stationäre Kennlinie zeigt meist Asynchronverhalten. In der Gerätetechnik hat dieser wartungsarme Linearmotor, bedingt durch die relative geringe Positioniergenauigkeit, bisher keine breite Anwendung gefunden.

6.2.4.3. Linearschrittmotoren

In **Tafel 6.2.9** sind wichtige elektromechanische Linearschrittmotoren angegeben.
Elektromagnetischer Linearschrittmotor [6.2.54] [6.2.55]. Aufbau und die elektrische Ansteuerung entsprechen dem im Abschnitt 6.2.3.5. angegebenen Rotationsschrittmotor. Grundsätzlich sind die dynamischen Wirkungen unter Einsatzbedingungen einzubeziehen. So hat z.B. die Reibkraft einen großen Einfluß auf die Positioniergenauigkeit. Elektromagnetische Linearschrittmotoren werden für Stell- und Positionierzwecke in Datenverarbeitungsanlagen und Büromaschinen sowie in Werkzeugmaschinen eingesetzt.
Piezostreifenmotor [6.2.56] [6.2.57]. Wenn piezoelektrische Stoffe (z.B. Piezolan) einem elektrischen Feld ausgesetzt werden, ergeben sich Längenänderungen. Zwei zusammengeklebte und einseitig eingespannte Piezolanstreifen werden infolge Polarisation im elektrischen Feld gemäß Tafel 6.2.9 ausgelenkt. Bei proportionaler Abhängigkeit von der Betriebsspannung kann beim Anlegen quantisierter Spannungen ein Linearschrittmotor realisiert werden. Bereits für den statischen Betrieb muß man die Belastung berücksichtigen **(Bild 6.2.34)**. Es sind elektrische bzw. mechanische Reihen- und Parallelschaltungen bekannt. Der Einsatz erfolgt z.B. in Ausrüstungsgeräten für die Mikroelektronik, um Positionierungen im Subminiaturbereich vorzunehmen.
Piezoscheibenlinearmotor [6.2.58]. Die Verwendung einer Säule, bestehend aus n mechanisch in Reihe geschalteten Piezoscheiben, gestattet durch Anlegen einer Spannung

Tafel 6.2.9. Elektromechanische Linearschrittmotoren

Bezeichnung	Technische Ausführung	Stellkraftbereich (max) in N	Stellwegbereich je Schritt in mm bzw. relative Längenänderung	Anwendungen Verfügbarkeit
Elektromagnetischer Linearschrittmotor	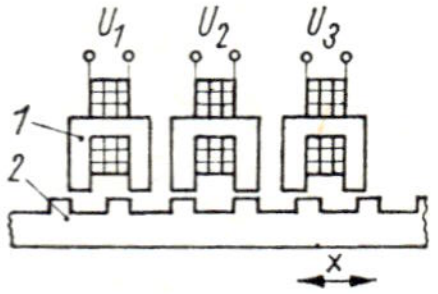 *1* Erregerteil mit Spulen *2* Läufer	$5 \cdot 10^1$	$10^0 \ldots 10^1$	Antrieb von Zeichenmaschinen, Positionierung bei Druckern und Werkzeugmaschinen Spezialentwicklungen
Piezostreifenmotor	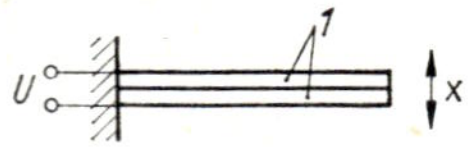 *1* Bimorphpiezoelement	$5 \cdot 10^0$	$10^{-4} \ldots 5 \cdot 10^{-1}$	Feinstpositionierung (z.B. bei der Herstellung mikroelektronischer Bauelemente), Relaisantrieb Spezialentwicklungen
Piezoscheiben-linearschrittmotor	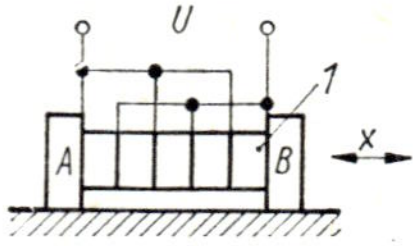 *1* Piezoscheiben *A*, *B* Feststelleinrichtung	groß, abhängig von der Kraft zwischen Feststelleinrichtung und Gestell	$\frac{\Delta l}{l} = 10^{-5}$	Feinstpositionierung bei optischen Geräten, Einrichtungen der Längenmeßtechnik Spezialentwicklungen
Magnetostriktiver Linearschrittmotor	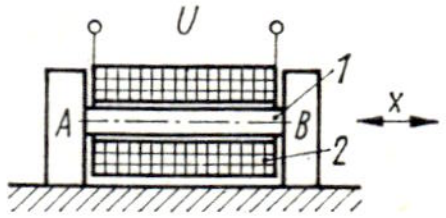 *1* Ni-Stab; *2* Spule		$\frac{\Delta l}{l} = 10^{-6} \ldots 10^{-5}$	Feinstpositionierung bei Werkzeugmaschinen, Montageeinrichtungen Spezialentwicklungen
Elektrothermischer Dehnstabmotor	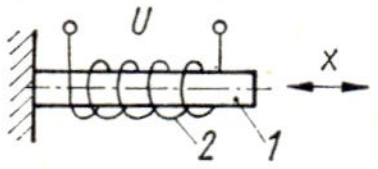 *1* Dehnstab; *2* Heizung	$> 10^3$	$\frac{\Delta l}{l} = 10^{-5}$ je K	relativ langsame Positionierung (Relaisantrieb); aktive Kühlung, um geringe Stellzeiten zu erreichen Spezialentwicklungen

Längenänderungen im Mikrometerbereich. Es ist die gleichzeitige Aktivierung aller *n* Scheiben möglich. Durch verschiedene Spannungswerte oder unterschiedliche Scheibendicken lassen sich mit bestimmten elektrischen Feldstärken gezielt verschieden quantisierte Schrittgrößen erzeugen. Die Relativbewegung des Schrittmotors gegenüber dem Gestell kann durch elektromagnetische Feststelleinrichtung *A* und *B* an den Enden der Piezoscheibensäule erfolgen (Tafel 6.2.9). Im **Bild 6.2.35** ist das Impuls-Zeit-Schema zur Addition der Teilschritte angegeben. Die übertragbare Kraft sowie die Schrittfolgefrequenz werden wesentlich durch die Feststelleinrichtung bestimmt.

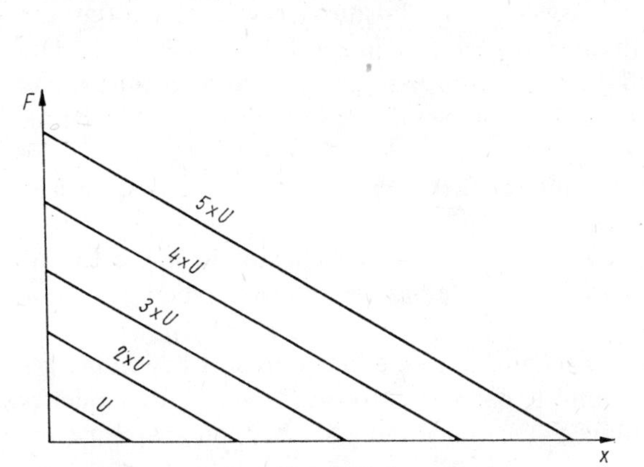

Bild 6.2.34. Statische Abhängigkeit Kraft-Auslenkung-Spannung eines piezoelektrischen Bimorphbiegeelements

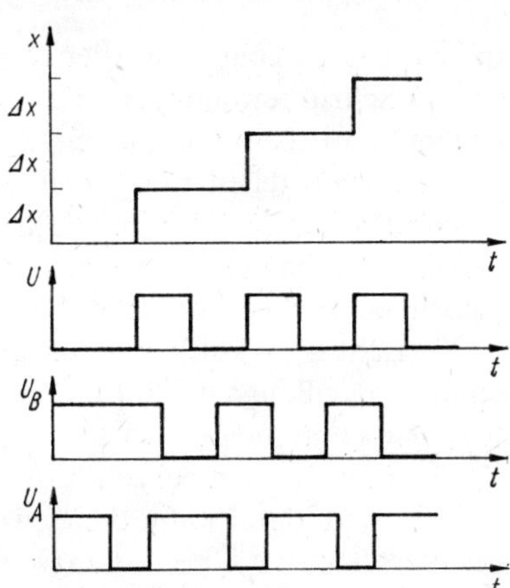

Bild 6.2.35. Impuls-Zeit- und Weg-Zeit-Schema eines Linearschrittmotors

$U_{A,B}$ Spannung an Feststelleinrichtung *A*, *B*; Δx Schritt

Linearschrittmotoren für Postionierzwecke auf Piezoscheibenbasis werden eingesetzt bei optischen Geräten, Ausrüstungsgeräten für die Mikrotechnik sowie als Antriebsmotoren in der Längenmeßtechnik.

Magnetostriktiver Linearschrittmotor [6.2.59]. Werden bestimmte ferromagnetische Werkstoffe (z. B. Nickel) von einem Magnetfeld durchsetzt, so verändern sich ihre geometrischen Abmessungen. In Abhängigkeit vom magnetostriktiven Werkstoff kann bei der Änderung der magnetischen Feldstärke eine Verlängerung oder eine Verkürzung der Bauteile (positive oder negative Magnetostriktion) auftreten. Sättigungsmagnetostriktion bedeutet, daß zwischen magnetischer Feldstärke und relativer Längenänderung ein nichtlinearer Zusammenhang besteht. Feststelleinrichtungen müssen vorgesehen werden, wenn Schrittbewegungen gegenüber dem Gestell zu realisieren sind.

Magnetostriktive Schrittmotoren werden für Feinpositionierung bei speziellen Bearbeitungseinrichtungen eingesetzt. Für die Erzeugung oszillierender Bewegungen im Bereich >50 kHz sind magnetostriktive Generatoren verwendbar. Bei Mikroschweißeinrichtungen werden in Resonanz arbeitende mechanische Schwingsysteme verwendet, um die notwendigen Schwingamplituden (einige Mikrometer) im Ultraschallbereich zu erzeugen [6.2.60] [6.2.72].

Elektrothermischer Dehnstabmotor. Unter Nutzung der Wärmedehnung fester Stoffe sind diskrete Längenänderungen realisierbar. Die Wärme kann durch Hochfrequenzerwärmung zugeführt werden. Es besteht auch die Möglichkeit, die Erwärmung eines stromdurchflossenen Drahts für seine Längenänderung zu nutzen. Dabei muß der Knickgefahr des Drahts durch eine Zugfeder begegnet werden.

Um günstige Rückstellzeiten zu erreichen, läßt sich zusätzlich eine aktive Abkühlung mit Druckluft vorsehen, wodurch jedoch komplizierte Anordnungen entstehen. Es können aber große Kräfte erzeugt werden. Das angegebene Prinzip ist deshalb nur für spezielle Aufgaben sinnvoll nutzbar.

6.2.5. Elektromechanische Positionierantriebe für lineare Schrittbewegungen

6.2.5.1. Typische Strukturen

In der Gerätetechnik werden oft Antriebssysteme für Positionierzwecke benötigt, die lineare Schrittbewegungen höchster Genauigkeit gestatten [6.2.61] [6.2.62] [6.2.64]. Die lineare Schrittbewegung ist ein Sonderfall der linearen Bewegung. Um die mechanische Energie bereitstellen zu können, ist es notwendig, die Schnittstelle Elektronik–Mechanik zu beherrschen [6.2.23] [6.2.63].

Beim Aufbau von Antriebssystemen muß eine Vielzahl technisch-ökonomischer Nebenbedingungen berücksichtigt werden.

Die richtige Wahl der Struktur bzw. Funktionskette ist entscheidend für die Eigenschaften der Baugruppen bzw. Geräte. An dieser Stelle hat die kreative Arbeit des Konstrukteurs entscheidenden Einfluß.

Wenn an der Koppelstelle zum Arbeitsmechanismus eine lineare Schrittbewegung gefordert wird, dann kann die Bewegung unmittelbar vom Motor erzeugt werden, oder es sind verschiedene Übertragungseinrichtungen zur Umformung der Bewegung vorzusehen (Bild 6.2.36).

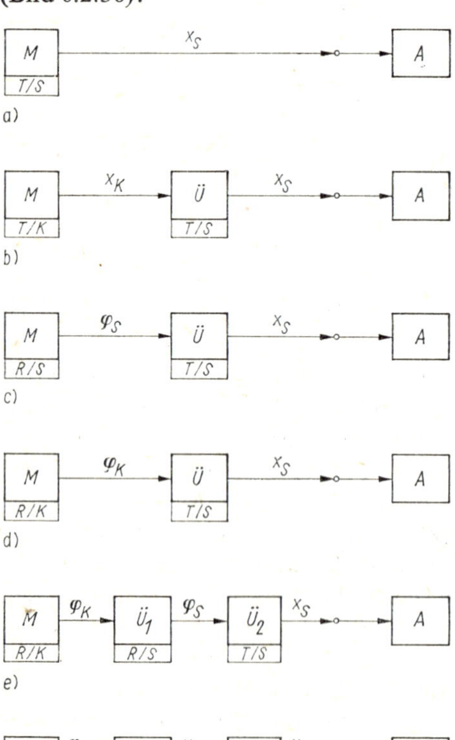

Die nachfolgend angegebenen Baugruppen sind Realisierungen von Antriebssystemen:

- Linearschrittmotor (Integration von Motor und Übertragungseinrichtung)
- kontinuierlich arbeitender Linearmotor/translatorische formgepaarte Kupplung
- Rotationsschrittmotor/Schraubengetriebe
- Rotationsmotor/Kurvengetriebe
- Rotationsmotor/Rotationsschaltkupplung/Zahnstangengetriebe
- Rotationsmotor/Zugmittelgetriebe/translatorische Reibkupplung.

Bild 6.2.36
Antriebssystemstrukturen zur Realisierung linearer Schrittbewegungen x_s an der Koppelstelle zum Arbeitsmechanismus *A*

a) direkte Erzeugung von x_S durch den Motor *M*
b) bis d) Motor und eine Übertragungseinrichtung *Ü* zur Erzeugung von x_S
e), f) Motor und mehrere Übertragungseinrichtungen zur Erzeugung von x_S
R Rotation; *T* Translation; *K* kontinuierliche Bewegung; *S* Schrittbewegung

Die Anwendung linearer Schrittmotoren (Variante a, **Bild 6.2.36**) hat u. a. die Vorteile [6.2.65]:

- direkte Verarbeitung elektrischer digitaler Signale
- Einsatz in offener Steuerkette
- direkte Erzeugung der linearen Schrittbewegung
- offenes Magnetsystem und somit gute Kühlung
- Realisierung komplizierter Bewegungsformen.

Folgende Probleme sind zu berücksichtigen:

- relativ aufwendige Läuferführung
- geringere Betriebsfrequenz als beim Rotationsschrittmotor, da Begrenzung der Schrittzahl.

6.2.5.2. Positionierantriebe

Durch Positionierantriebe werden Objekte an einen bestimmten Ort (Position) bewegt. In diesem Zusammenhang sollen (Bild 6.2.36) mögliche Linearschrittbewegungen beschrieben werden. Wichtige Baugruppen sind Motoren und Übertragungseinrichtungen, die die Umformung oder das Schalten von Bewegungen gestatten.

Motoren. Bild 6.2.37 zeigt Beispiele von Motoren, die unterschiedliche Bewegungen erzeugen. Der Linearschrittmotor realisiert als Direktantrieb die Linearschrittbewegung (vgl. Bild 6.2.36a).

	kontinuierliche Bewegung K	Schrittbewegung S
Rotation R	Gleichstrommotor R/K (Abschn. 6.2.3.2).	Rotationsschrittmotor R/S (Abschn. 6.2.3.4).
Translation T	Linearmotor T/K (Abschn. 6.2.4.2).	Linearschrittmotor T/S (Abschn. 6.2.4.3).

Bild 6.2.37. Bewegungserzeugung

Beispiele: Motoren, die unterschiedliche Formen und Arten von Bewegungen erzeugen

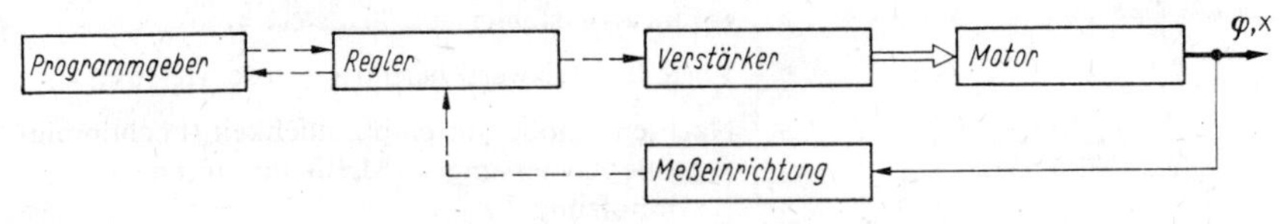

Bild 6.2.38. Rückgekoppeltes Positioniersystem (Lageregelung)

Durch die Ansteuerung können kontinuierlich arbeitende Stellmotoren (Rotations- oder Linearmotoren) so beeinflußt werden, daß sie diskontinuierliche Bewegung erzeugen. Dazu ist gemäß **Bild 6.2.38** eine Rückkopplung erforderlich. Das lagegeregelte Antriebssystem gestattet im Zusammenwirken mit einem Programmgeber die Realisierung von Schrittbewegungen. Durch den Regler können bestimmte Forderungen (z. B. Zeitverhalten, Genauigkeit) erfüllt werden. Die Aufgaben des Reglers sind auch programmtechnisch durch einen Digitalrechner lösbar. Dann ist der analogen Meßeinrichtung ein Analog-Digital-Wandler nachzuschalten, oder es ist eine digitale Meßeinrichtung vorzusehen. Eine Übersicht über Weg- und Winkelmeßsysteme für Positionierantriebe zeigt **Tafel 6.2.10.**

Bei der Ansteuerung von Schrittmotoren kommen Hard- und Softwarelösungen zur Anwendung. **Bild 6.2.39** zeigt die Struktur einer Steuerkette: Ansteuerung eines 3-Phasen-Schrittmotors durch Mikrorechner [6.2.70].

Antriebssysteme mit Steuerkettenstruktur sind sorgfältig bezüglich der dynamischen Wirkungen zu dimensionieren [6.2.66] [6.2.67] [6.2.68]. Rückgekoppelte Systeme erzielen im Vergleich zu Steuerketten mit größerem technischem Aufwand höhere Genauigkeiten.

Tafel 6.2.10. Weg- und Winkelmeßsysteme für Positionierantriebe [6.2.83] bis [6.2.88]

Weg- und Winkelaufnehmer	Eigenschaften
1. Analoge Weg- und Winkelaufnehmer	
1.1. Aufnehmer mit Potentiometer 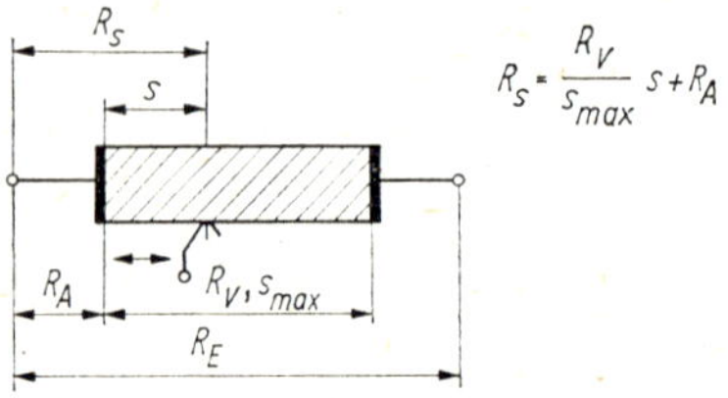 $R_S = \frac{R_V}{s_{max}} s + R_A$	• linearer Wegmeßbereich bis 2000 mm • Feinmessung bis 360° mit Ringpotentiometer, über 360° mit Wendelpotentiometer • Auflösung bis 1 µm • Linearitätsfehler ≧ 0,1 % Vorteile: preiswert, leichte Bauweise Nachteile: berührende Abtastung (Verschleiß), wegen großen Meßfehlers nur für Meßaufgaben mit geringen Ansprüchen [6.2.83]
1.2. Induktive Aufnehmer 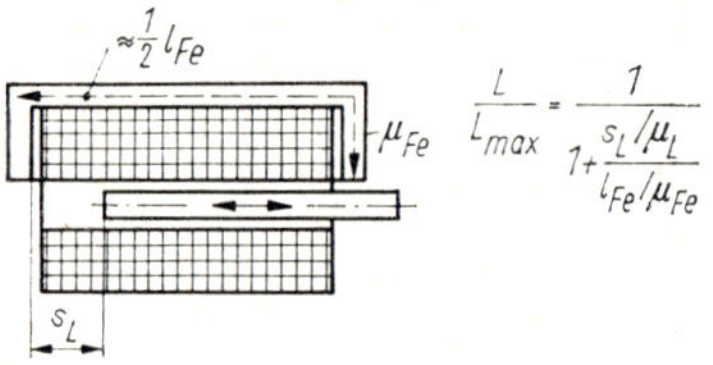 $\frac{L}{L_{max}} = \frac{1}{1 + \frac{s_L/\mu_L}{l_{Fe}/\mu_{Fe}}}$	• Wegmeßbereich bis 10 mm • Auflösung bis 10 nm • Linearitätsfehler ≧ 0,1 bis 2 % Vorteile: leicht, klein, relativ preiswert, hohe Auflösung Nachteile: großer Fehler über den gesamten Meßbereich, kurze Meßwege (Anwendung bei genauen Messungen in kleinem Meßbereich) [6.2.84]
1.3. Kapazitive Aufnehmer 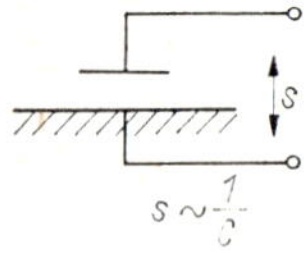 $s \sim \frac{1}{C}$	• Wegmeßbereich bis 200 mm • Auflösung bis 0,5 µm • Linearitätsfehler ≧ 2 % Vorteile: preiswert, berührungslose Messung Nachteile: hohe Störempfindlichkeit (hochohmig), große Abmessungen, Meßfehler durch Verschmutzung [6.2.83]
1.4. Fotoelektrische Aufnehmer 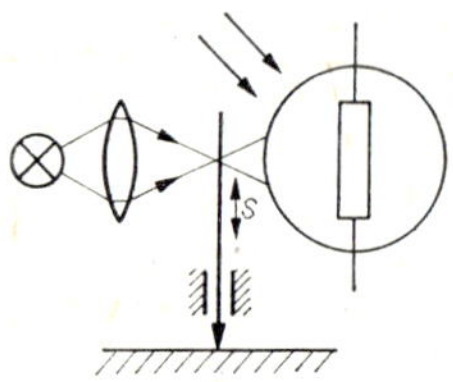	• Wegmeßbereich bis 10 mm • Auflösung bis 1 µm • Linearitätsfehler ≧ 0,5 % Vorteile: berührungslose Messung Nachteile: Meßunsicherheit durch unterschiedliche Reflexion verschiedener Prüflinge, Erwärmung durch Lichtquelle [6.2.83]

Tafel 6.2.10 (Fortsetzung)

<table>
<tr><th>Weg- und Winkelaufnehmer</th><th>Eigenschaften</th></tr>
<tr><td colspan="2">2. Digitale Weg- und Winkelaufnehmer</td></tr>
<tr><td>2.1. Inkrementale Aufnehmer
2.1.1. Inkrementale Aufnehmer mit Strichrasterplatte bzw. Scheibe
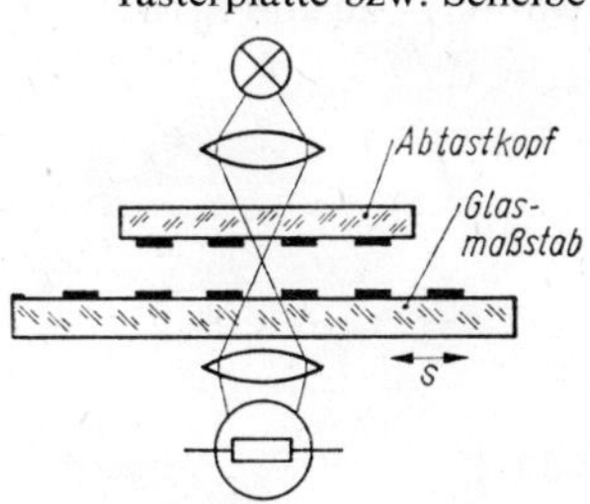

Lagebestimmung durch Zählen gleicher Weg- bzw. Winkelelemente</td><td>translatorisch:
• Wegmeßbereich bis 500 mm
• Auflösung bis 1 μm
• Meßfehler ≧ 1 μm
rotatorisch:
• Winkelmeßbereich 360°
• Auflösung bis 60000 Impulse/Umdr.
Vorteile: geringe Masse, hohe Auflösung, großer Meßweg
Nachteile: Fehlmessungen bei Störimpulsen und Verschmutzung des Maßstabes, Richtungserkennung erforderlich
[6.2.85] [6.2.88]</td></tr>
<tr><td>2.1.2. Inkrementale Wegaufnehmer auf der Grundlage ladungsgekoppelter Sensorzeilen
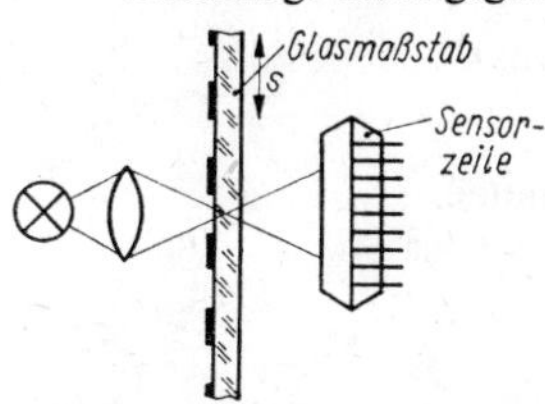

Lagebestimmung durch Zählen der Maßstabelemente (grob) sowie der überstrichenen Pixel (fein)</td><td>• Wegmeßbereich entsprechend Rasterplatte (s. 2.1.1.)
• Auflösung bei Abbildungsmaßstab 1:1 = 13 μm, bei Auswertung der Graustufen 64fach höhere Auflösung möglich
• Meßfehler ≧ 1 μm
Vorteile: hohe Meßgenauigkeit, Ausnutzung der Präzision der Halbleitertechnologie
Nachteile: komplizierte Auswerteelektronik
[6.2.86]</td></tr>
<tr><td>2.2. Kodeaufnehmer
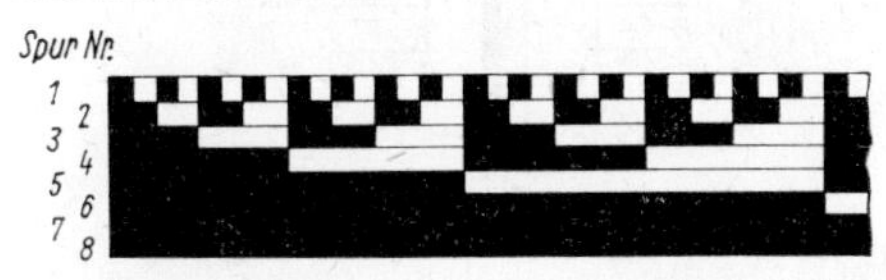

Lagebestimmung durch Auswertung des jeder Ortsposition zugeordneten Binärcodes</td><td>• Auflösung bis 20000 Positionen/Umdr. (rotatorisch)
• Grenzfrequenz 100 kHz
Vorteile: kein Informationsverlust bei Stromausfall, Störimpulse verursachen keine Meßfehler, keine Richtungserkennung notwendig
Nachteile: Einschränkung der Auflösung wegen komplizierter Struktur von Maßstab bzw. Codescheibe,
hoher Aufwand für Abtasteinrichtung
[6.2.85]</td></tr>
<tr><td>2.3. Zyklisch-absolute Wegmeßsysteme (Inductosyn – translatorisch, Resolver, Rundinductosyn – rotatorisch
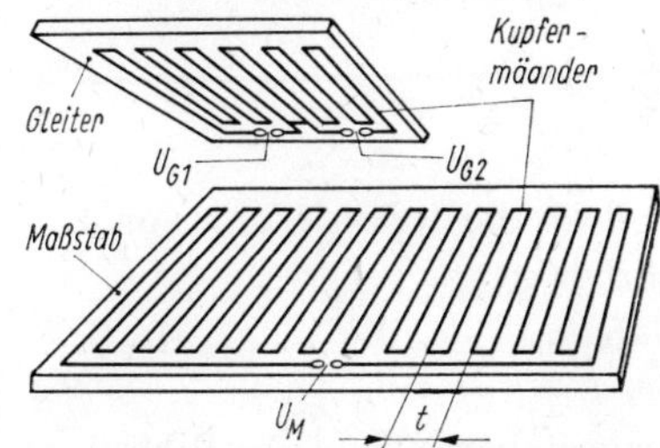

Lagebestimmung durch Zählen der überstrichenen Teilungen des Leitungsmäanders (grob) und Auswertung der Phasenverschiebung des induzierten Signals (fein)</td><td>translatorisch:
• Maßstablänge bis 250 mm
• Auflösung bis 1 μm
• Meßfehler ≧ 2 μm
• Meßgeschwindigkeit bis 50 m/min
• Maßstäbe koppelbar
rotatorisch:
• Auflösung bis 1′
Vorteile: leichtes Auffinden der Ist-Position bei Stromausfall, Unempfindlichkeit gegenüber Störimpulsen und Verschmutzung des Maßstabes
Nachteile: hohe Masse des Wegaufnehmers, großer schaltungstechnischer Aufwand für Auswerteelektronik
[6.2.85] [6.2.87]</td></tr>
</table>

Bewegungsumformer [6.2.69] bis [6.2.82]. Umformung der Bewegung ist notwendig, wenn nicht der Motor selbst die Linearschrittbewegung erzeugt.

Im **Bild 6.2.40** wird gezeigt, daß, ausgehend von der kontinuierlichen Rotationsbewegung, ein- und zweistufige Bewegungsumformungen zur Linearschrittbewegung notwendig sind.

Tafel 6.2.11 zeigt Rotations-Translations-Umformer für kontinuierliche und für Schrittbewegungen (ausführliche Darstellung s. [6.2.80]).

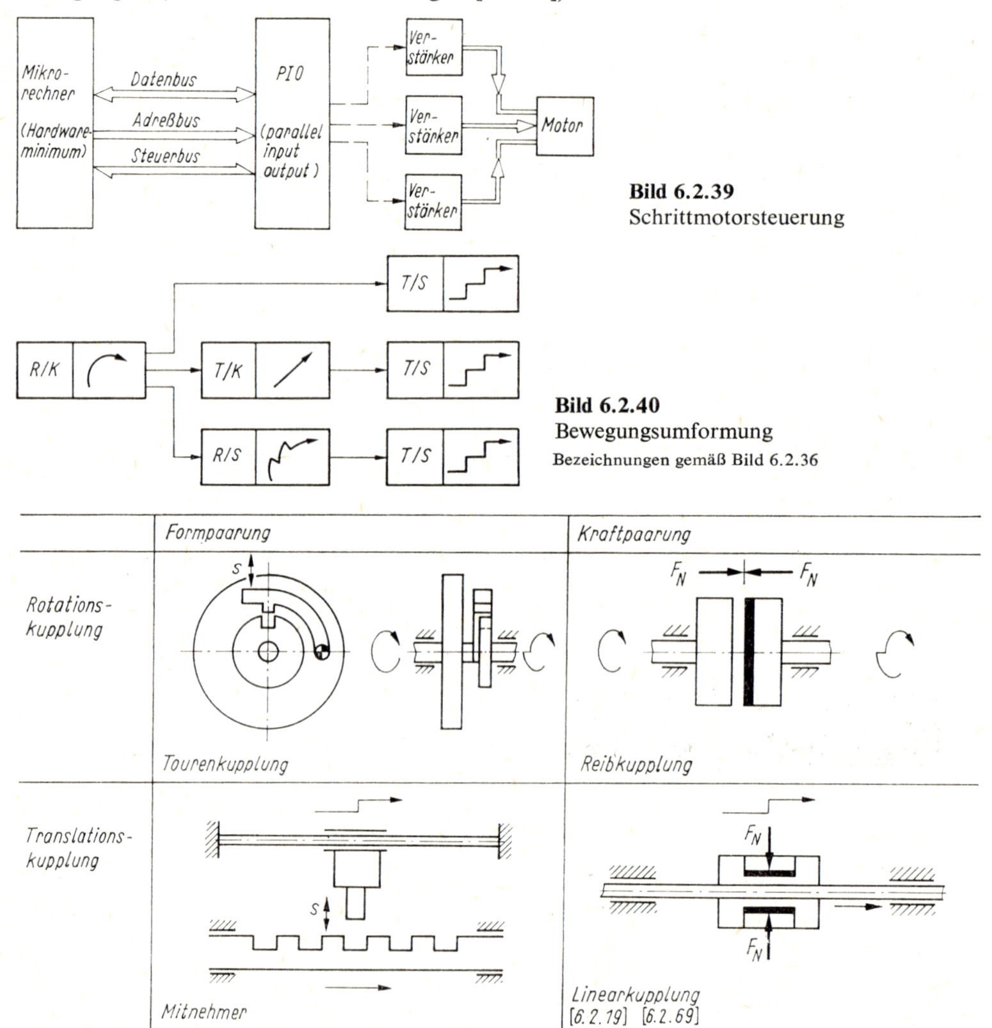

Bild 6.2.39
Schrittmotorsteuerung

Bild 6.2.40
Bewegungsumformung
Bezeichnungen gemäß Bild 6.2.36

Bild 6.2.41. Kupplungen
Steuersignale: s Weg; F_N Normalkraft

Von kontinuierlichen Rotationsbewegungen ausgehend ist die Realisierung von Rotationsschrittbewegungen durch folgende Baugruppen möglich:

- Kupplungen **(Bild 6.2.41)**
- Schaltgetriebe (Tafel 6.3.5) [6.2.4]
- Überlagerungsgetriebe bzw. Getriebe, die kurzzeitig eine Übersetzung $i = 0$ besitzen [6.2.3].

Tafel 6.2.11. Rotations-Translations-Wandler für Positionierantriebe [6.2.69] [6.2.76] bis [6.2.82]

<table>
<tr><th>Wandler</th><th>Eigenschaften, Anwendung</th></tr>
<tr><td>1. Zahnstangengetriebe
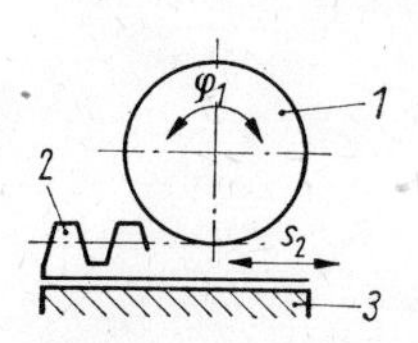

1 Ritzel (Antrieb), 2 Zahnstange (Abtrieb), 3 Gestell, 4 Feder
Sonderform:
Paarung Zylinderschnecke – Zahnstange (wenn Antriebsachse in Richtung der Antriebsbewegung liegen muß)</td><td>Ritzel: Zahnprofil nach TGL RGW 309, kinematische Genauigkeit nach TGL RGW 642 [6.2.81]; konstruktive Gestaltung für hohe Präzision s. [6.2.80] (DIN 58400, 58405, 3961 bis 3964)
Zahnstange: Zahnprofil (wie Ritzel), kinematische Genauigkeit nach TGL RGW 1160 (DIN 58400, 58405, 3961 bis 3964)
Konstruktive Gestaltung:
Spielfreiheit durch
a) gefederte Anordnung der Zahnstange
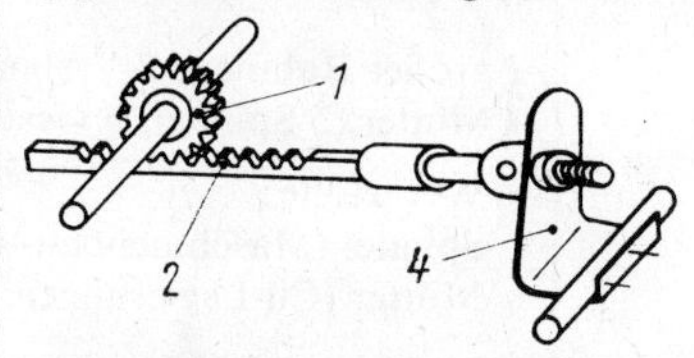

b) verspanntes Ritzel (s. Tafel 6.3.11)
c) hochelastische Plastwerkstoffe für Ritzel [6.2.82]
Zahnstangen bei sehr großen Verfahrwegen aus Teilstücken zusammensetzen [6.2.80]
Anwendung: Meßgeräte, Büromaschinen, Waagen, Positioniersysteme</td></tr>
<tr><td>2. Gleitschraubengetriebe
2.1. Einfach-Schraubengetriebe
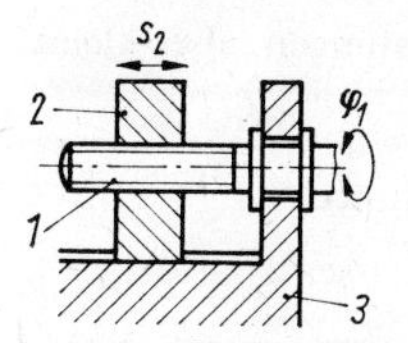

1 Spindel (Antrieb)
2 Mutter (Abtrieb)
3 Gestell</td><td>für hohe Positioniergenauigkeit große Übersetzung
$i = \varphi_1/s_2 = 360°/P$
mit $P = 2\pi r \tan \psi$;
standardisiertes metrisches oder Trapezgewinde;
Wirkungsgrad $\eta \approx 10 \ldots 30\%$ (Verbesserung durch Gewinde mit großem Steigungswinkel ψ und kleinem Profilwinkel α)</td></tr>
<tr><td>2.2. Zweifach-Schraubengetriebe
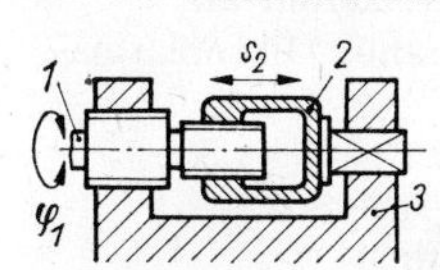

1 Spindel (Antrieb)
2 Mutter (Abtrieb)
3 Gestell
(s. auch Tafel 6.3.8)</td><td>Konstruktive Gestaltung von Schraubengetrieben:
• Spielfreiheit Mutter – Spindel durch
a) Verspannen
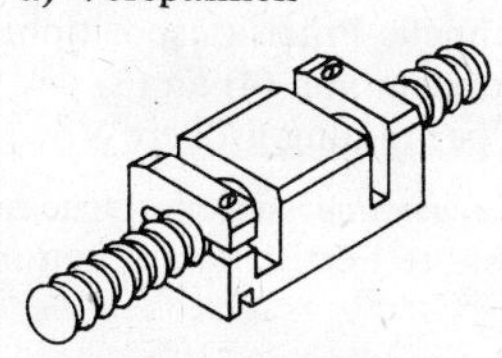
(s. auch Tafel 6.3.11)
b) Einläppen
• zwangfreie Ankopplung durch
a) kraftgepaarte Anlage
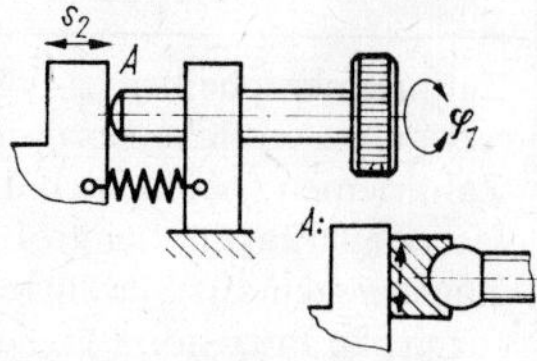

(s. auch Abschn. 4.2.3.3.)</td></tr>
</table>

Tafel 6.2.11. (Fortsetzung)

Wandler	Eigenschaften, Anwendung
2.2. Zweifach-Schraubengetriebe	b) kardanische Aufhängung 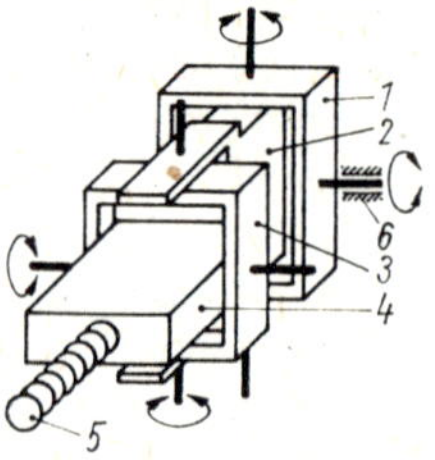 *1* großer Rahmen, *2* Verbindungsstück, *3* kleiner Rahmen, *4* Mutter, *5* Spindel, *6* Gestell • Werkstoffe: Spindel (Maschinenbau- und Vergütungsstähle) Mutter (Cu-Legierungen, Gußeisen) *Anwendung:* Instrumenten- und Apparatebau, Positioniersysteme, Büromaschinen, Meßgeräte
3. *Wälzschraubengetriebe* 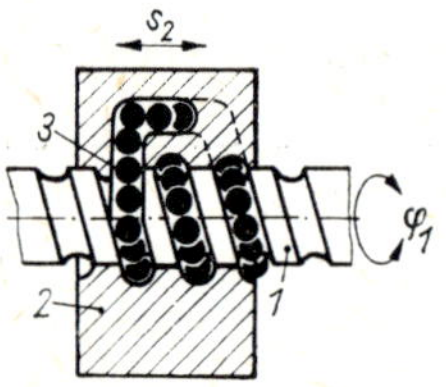 *1* Spindel (Antrieb) *2* Mutter (Abtrieb) *3* Wälzkörper mit Rückführkanal	einbaufertige Baugruppen, Wirkungsgrad $\eta \approx 90 \dots 95\%$, für hohe Präzision geeignet, spielfreie Ausführung durch Doppelmutter *Unterscheidung:* – Kugelgewindegetriebe (für gerätetechnische Anwendungen, s. Bild) – Rollengewindegetriebe (für sehr hohe Belastungen, aber kleine Drehzahlen) – Planetenrollengewindegetriebe (bis $n = 5000$ U/min bei sehr hohen Belastungen) *Anwendung:* Positioniersysteme, Meßgeräte, wissenschaftlicher Gerätebau, Werkzeugmaschinen
4. *Stahlbandgetriebe* 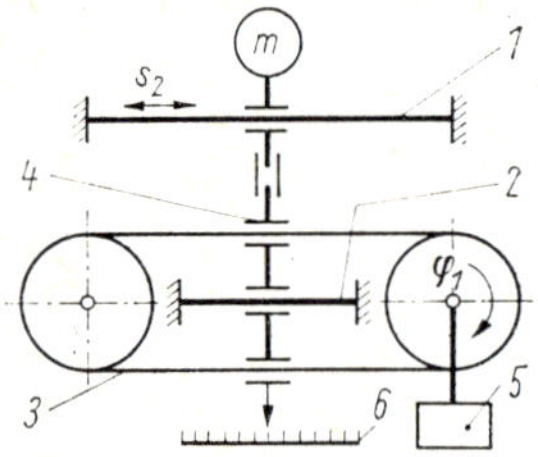 *1* Führung, *2* Bremsband, *3* Transportband, *4* Kopplungselemente, *5* Motor, *6* Maßstab	Bänder durch Auswalzen verfestigter Bandwerkstoffe aus Cr-Ni-Stahl und Fügen durch Elektronenstrahl-, Mikroplasma- oder Laser-Impulsschweißen, schnelle Präzisionspositionierung durch wechselweises Ankoppeln von (4) an (3) und (2) [6.2.69], für schlupffreie Übertragung größere Vorspannung erforderlich *Anwendung:* serielle Drucktechnik, Zuführsysteme für automatisierte Fertigungseinrichtungen
5. *Zahnriemengetriebe* 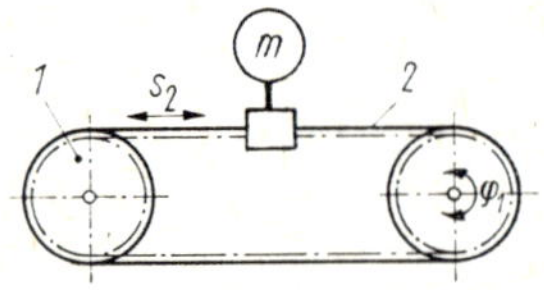 *1* Zahnscheiben *2* Zahnriemen	Zahnriemenscheiben: aus Stahl, Gußeisen, Plast durch Eigenfertigung; seitliche Bordscheiben erforderlich Zahnriemen: bei kleinen Trumlängen Neopreneriemen mit Glasfaserzugsträngen, bei großen Trumlängen PUR-Riemen mit Zugsträngen aus Stahllitze (beide Riemenarten handelsüblich) für große Präzision möglichst hohe Vorspannung sowie kleine Rundlaufabweichung, bezogen auf Kopfkreis der Zahnscheibe *Anwendung:* Büromaschinen, EDVA, Textilmaschinen, Haushaltgeräte, Gerätetechnik allgemein [6.2.77] [6.2.78]

Gemäß Bild 6.2.40 kann auch die direkte Umformung der kontinuierlichen Rotationsbewegung in die Linearschrittbewegung durch spezielle Baugruppen erfolgen (vgl. Tafel 6.3.7, Nr. 1).

Antriebssysteme sind i. allg. gekoppelte Mehrmassensysteme. Dimensionierungen sind deshalb unter Berücksichtigung der dynamischen Wirkungen vorzunehmen [6.2.71].

Im Abschnitt 6.3.2. werden diese Probleme, z. B. die Wirkung des Spiels in Getrieben, behandelt.

Literatur zu Abschnitt 6.2.

Bücher

[6.2.1] VEM-Handbuch: Die Technik der elektrischen Antriebe. Berlin: VEB Verlag Technik 1974.
[6.2.2] *Vogel, J.*: Auswahl und Einsatz elektrischer Antriebe. RA 153. Berlin: VEB Verlag Technik 1974.
[6.2.3] *Volmer, J.*: Getriebetechnik. Berlin: VEB Verlag Technik 1969.
[6.2.4] *Hildebrand, S.*: Feinmechanische Bauelemente. 4. Aufl. Berlin: VEB Verlag Technik 1981 und München: Carl Hanser Verlag 1983.
[6.2.5] *Kallenbach, E.*: Der Gleichstrommagnet. Leipzig: Akadem. Verlagsges. Geest & Portig 1969.
[6.2.6] *Reinboth, H.*: Technologie und Anwendung magnetischer Werkstoffe. Berlin: VEB Verlag Technik 1970.
[6.2.7] *Philippow, E.*: Taschenbuch Elektrotechnik. Bd. 2. Berlin: VEB Verlag Technik 1978 und München: Carl Hanser Verlag 1977.
[6.2.8] Taschenbuch Feingerätetechnik. Bd. 2. Berlin: VEB Verlag Technik 1969.
[6.2.9] *Ter-Akopov:* Dinamika bystrodejstvujuščich elektromagnitov. Moskau: Energija 1965.
[6.2.10] *Bätz, H.*: Elektrotechnische Schaltgeräte. Berlin: VEB Verlag Technik 1970.
[6.2.11] *Babikow, M. A.*: Wichtige Bauteile elektrischer Apparate. Bd. 1. Berlin: VEB Verlag Technik 1954.
[6.2.12] *Lappe, R.*: Thyristor-Stromrichter für Antriebsregelungen. Berlin: VEB Verlag Technik 1970.
[6.2.13] *Lazaroiu, D. F.; Slaiher, S.*: Elektrische Maschinen kleiner Leistung. Berlin: VEB Verlag Technik 1976.
[6.2.14] *Karpenko, B. K.; Lačenko, W. J.; Prokofjev, J. A.*: Šagovije elektrodvi. Kiew: Technika 1972.
[6.2.15] *Budig, K.P.*: Drehstromlinearmotoren. Berlin: VEB Verlag Technik 1978.
[6.2.16] *Rauch, M.*: Mechanische Schaltsysteme der Gerätetechnik und der Ausrüstungstechnik. Diss. B. TH Karl-Marx-Stadt 1978.
[6.2.17] *Rauch, M.*: Zur Dynamik elektromechanischer Funktionsgruppen am Beispiel des belasteten Gleichstromhubmagneten unter besonderer Berücksichtigung des Prellens. Diss. A. TH Karl-Marx-Stadt 1973.
[6.2.18] *Neundorf, H.*: Untersuchungen zur Auslegung und zum Betriebsverhalten schneller Schrittantriebe, Diss. TU Dresden 1970.
[6.2.19] *Boden, R.*: Ein Positionierantrieb auf Linearkupplungsbasis. Diss. TU Dresden 1976.
[6.2.20] *Habiger, E.; Richter, C.*: Elektrische Kleinantriebe. Lehrbriefe 1 bis 3. Zentralstelle für das Hochschulfernstudium des MHF, Dresden 1979.

Aufsätze

[6.2.21] *Just, E.*: Die Berechnung elektromechanischer Systeme der Gerätetechnik als Stufe der Geräteentwicklung. XIX. Internat. Wiss. Kolloquium, TH Ilmenau 1974, H. 3, S. 23.
[6.2.22] *Koller, R.*: Methodisches Konzipieren von Antrieben und Getrieben. Antriebstechnik *11* (1972) 6, S. 206.
[6.2.23] *Rauch, M.*: Mechanische Schaltsysteme für gerätetechnische Aufgaben. Feingerätetechnik *28* (1979) 4, S. 151.
[6.2.24] *Stüber, K.; Rüggen, W.*: Kupplungen in der Feinwerktechnik. Feinwerktechnik *74* (1970) 2, S. 77.
[6.2.25] *Roth, K.*: Systematik der Maschinen und ihrer mechanischen elementaren Funktion. Feinwerktechnik *74* (1970) 11, S. 453.
[6.2.26] *Artobolewski, I. I.*: Das dynamische Laufkriterium bei Getrieben. Maschinenbautechnik *7* (1958) 12, S. 663.
[6.2.27] *Kallenbach, E.; Denk, L.; Seitz, M.*: Ein Beitrag zur Synthese schneller Elektromagnete. XIX. Internat. Wiss. Kolloquium, TH Ilmenau 1974, H. 3, S. 79.
[6.2.28] *Kallenbach, E.; Dittrich, P.*: Grenzen der Schnellwirkung elektromechanischer Antriebssysteme in der Gerätetechnik. Feingerätetechnik *27* (1978) 5, S. 213.

[6.2.29] *Liedke, K.:* Systematische Ermittlung eines günstigen Gleichstrommagnetsystems unter Berücksichtigung der dynamischen Forderungen. Feingerätetechnik *21* (1972) 9, S. 412.

[6.2.30] *Breer, W.:* Berechnungen zum Betriebsverhalten von Elektromagneten für Luftschütze. Die elektrische Ausrüstung (1968) 5, S. 148.

[6.2.31] *Förster, K.-H.:* Nomographische Ermittlung des dynamischen Verhaltens von Gleichstrom-Hubmagneten. Maschinenbautechnik *19* (1970) 6, S. 313.

[6.2.32] *Rauch, M.:* Elektromechanische Funktionsgruppen mit Anschlägen. Elektrie *30* (1976) 5, S. 274.

[6.2.33] *Rauch, M.:* Das Prellen – eine wesentliche Erscheinung mechanischer Funktionsgruppen. Feingerätetechnik *23* (1974) 3, S. 105.

[6.2.34] *Franken, H.:* Eigentümlichkeiten der Zugkraftkurve von Wechselstrommagneten. Die Elektro-Post (1954) 7, S. 112.

[6.2.35] *Lusche, S.:* Kleinrelais für Informations- und Steuerungstechnik. Impuls *13* (1973) 2, S. 81.

[6.2.36] *Höft, H.:* Wissenschaftlich-technische Probleme elektrischer Kontakte. Wiss. Zeitschrift d. TH Karl-Marx-Stadt *21* (1979) 1, S. 73.

[6.2.37] *Gladun, A.:* Elektrische Kleinstmotoren. Feingerätetechnik *15* (1967) 2, S. 85.

[6.2.38] *Habiger, E.; Kunze, M.:* Elektrische Antriebe in der Feingerätetechnik. Feingerätetechnik *26* (1977) 6, S. 271.

[6.2.39] *Zenkel, D.:* Gleichstrom-Pulssteuerung für Elektrofahrzeuge. Elektrie *20* (1966) 6, S. 240.

[6.2.40] *Schütz, D.; Michalowsky, L.:* Gleichstrommotoren mit Permanentmagneten. Elektrie *23* (1969) 8, S. 325.

[6.2.41] *Eisler, H.:* Gleichstrom-Kleinstmotor mit hohem Wirkungsgrad. ETZ-B., Bd. 11 (1959) 1, S. 7.

[6.2.42] *Engel, W.:* Elektronikmotoren – permanenterregte Gleichstrommotoren ohne Kollektor. VDE-Fachberichte *25* (1968) S. 147.

[6.2.43] *Henry Bandot, J.:* Moderne Entwicklungen bei Scheibenläufermotoren. Elektrie *25* (1971) 6, S. 228.

[6.2.44] *Siekmann, H.:* Gleichstrom-Kleinmotoren mit eisenlosem Läufer, Feinwerktechnik und Meßtechnik *85* (1977) 3. S. 101.

[6.2.45] *Brockmüller, I.:* Verhalten von Kleinmotoren mit Glockenanker beim Anlauf. Feinwerktechnik und Meßtechnik *85* (1977) 3, S. 114.

[6.2.46] *Vogel, J.:* Untersuchungen zum Übergangsverhalten von Gleichstromantriebssystemen mit unterschiedlicher dynamischer Belastung. Elektrie *23* (1969) 5, S. 185.

[6.2.47] *Walosczyk, U.:* Methoden zur Feinpositionierung von Schrittmotoren im Bereich eines Schritts. Elektrie *28* (1974) 4, S. 191.

[6.2.48] *Kremen, P.; Navratil, St.:* Berechnung der Ausgleichsvorgänge an polarisierten Schrittmotoren. XXII. Internat. Wiss. Kolloquium, TH Ilmenau 1977, H. 4, S. 127.

[6.2.49] *Heine, G.:* Mehrphasiger Schrittmotor mit hohem Auflösungsvermögen. Feinwerktechnik und Meßtechnik *85* (1977) 6, S. 258.

[6.2.50] *Wolf, A.:* Elektromechanische Linearmotoren für die Gerätetechnik – eine Übersicht für den Anwender, Feingerätetechnik *24* (1975) 3, S. 100.

[6.2.51] *Reimer, H.:* Gleichstromlinearmotor. Elektrik *32* (1978) 1, S. 582.

[6.2.52] *Olbrich, O. E.:* Aufbau und Kennwerte elektrodynamischer Linearmotoren als Positionierer für Plattenspeicher. Feinwerktechnik und Micronic *77* (1973) 4, S. 151.

[6.2.53] *Timmel, H.:* Geschwindigkeitsstellmöglichkeiten bei Wanderfeldmotoren. Elektrie *26* (1972) 8, S. 228.

[6.2.54] *Boldt, R.:* Dimensionierung und Betriebsverhalten reaktiver elektromagnetischer Linear-Schrittmotoren, Feingerätetechnik *26* (1977) 9, S. 408; 10, S. 459.

[6.2.55] *Dittrich, P.:* Näherungsweise Beschreibung des dynamischen Verhaltens von Reluktanz-Schrittantrieben, insbesondere mit translatorischer Läuferbewegung. XXII. Internat. Wiss. Kolloquium, TH Ilmenau 1977, H. 4, S. 139.

[6.2.56] *Magerl, R.; Kunath, P.:* Praktische Dimensionierung piezoelektrischer Wandler. Elektrie *29* (1975) 12, S. 665.

[6.2.57] *Ringel, F.; Springer, R.; Zimmermann, H.:* Piezoelektrisches Antriebselement für Positionierungen im Subminiaturbereich. Feingerätetechnik *26* (1977) 5, S. 196.

[6.2.58] *Budig, K.P.; Magerl, R.:* Piezoelektrischer linearer Schrittmotor. Elektrie *27* (1973) 8, S. 423.

[6.2.59] *Börner, M.; Hennigs, K.E.; Strähle, U.D.:* Magnetostriktiver Kreuztisch zum Feinjustieren von Masken gegenüber Halbleiterscheiben. Meßtechnik (1969) 10, S. 244.

[6.2.60] *Wicke, E.:* Meßtechnische Untersuchungen am System Generator–Schwinger bei Ultraschall-Drahtkontaktiereinrichtungen. Schweißtechnik *24* (1974) 6, S. 258.

[6.2.61] *Krause, W.:* Positionierantriebe für lineare Bewegungen. XXII. Internat. Wiss. Kolloquium, TH Ilmenau 1977, H. 4, S. 99.

[6.2.62] *Krause, W.:* Gerätetechnische Antriebe zur linearen Positionierung. Feingerätetechnik *26* (1977) 5, S. 195 und Wiss. Zeitschr. TU Dresden *26* (1977) 6, S. 1081.

[6.2.63] *Krause, W.:* Gerätetechnische Antriebe und Positioniersysteme. Bericht zum 20. Wissenschaftlichen Symposium der Sektion 10 der TU Dresden. Feingerätetechnik *33* (1984) 2, S. 88.

[6.2.64] *Kallenbach, E.:* Rechnergesteuerte Antriebssysteme. Feingerätetechnik *30* (1981) 3, S. 98.

[6.2.65] *Dittrich, P.; Wolf, A.:* Aufbau und Wirkungsweise linearer reaktiver elektromagnetischer Schrittmotoren mit ausgeprägten Polen. Feingerätetechnik *25* (1976) 11, S. 486.

[6.2.66] *Pielot, U.:* Schrittmotorgesteuerte Positioniersysteme. Feingerätetechnik *26* (1977) 8, S. 365.

[6.2.67] *Rauch, M.; Oeser, M.; Winkelmann, G.:* Modellierung von Antriebssystemen. Feingerätetechnik *25* (1976) 5, S. 218.

[6.2.68] *Rauch, M.; Oeser, M.; Winkelmann, G.:* Berechnung des dynamischen Verhaltens eines schrittmotorgesteuerten Antriebs auf einem Analogrechner. Feingerätetechnik *25* (1976) 8, S. 353.

[6.2.69] *Krause, W.; Boden, R.:* Positionierantrieb auf Linearkupplungsbasis. Feingerätetechnik *26* (1977) 11, S. 501.

[6.2.70] *Schwabe, M.:* Mikrorechner für Positionieraufgaben. Feingerätetechnik *31* (1982) 1, S. 16.

[6.2.71] *Rauch, M.:* Antriebsprobleme in der Gerätetechnik. Wiss. Tagung „Konstruktion der Gerätetechnik" 1978, TH Karl-Marx-Stadt, Tagungsbericht S. 53.

[6.2.72] *Krause, W.:* Belange der Feingerätetechnik bei der Konstruktion technologischer Ausrüstungen der Mikroelektronik. Feingerätetechnik *19* (1970) S. 424.

[6.2.73] *Richter, C.:* Stellantriebe in der Feingerätetechnik. Feingerätetechnik *28* (1979) 12, S. 558.

[6.2.74] Firmenschriften des VEB Kombinat Elektromaschinenbau Dresden.

[6.2.75] Firmenschriften des VEB Relaistechnik Großbreitenbach – Ilmenau.

[6.2.76] *Krause, W.; Brand, S.:* Konstruktive Gestaltung von Präzisionszahnradgetrieben. Feingerätetechnik *25* (1976) 1, S. 11.

[6.2.77] *Krause, W.; Metzner, D.:* Eigenschaften von Zahnriemengetrieben. Feingerätetechnik *27* (1978) 12, S. 546.

[6.2.78] *Krause, W.; Metzner, D.:* Anwendung von Zahnriemengetrieben. Maschinenbautechnik *27* (1978) 10, S. 448.

[6.2.79] *Krause, W.; Buhrandt, U.:* Bewegungswandler für Positionierantriebe. 28. Internat. Wiss. Kolloquium TH Ilmenau 1983. Vortragsreihe „Entwicklung feinmechanisch-optisch-elektronischer Geräte". S. 149.

[6.2.80] *Krause, W.; Buhrandt, U.:* Bewegungswandler für Positionierantriebe. Feingerätetechnik *33* (1984) 4, S. 147.

[6.2.81] *Weinhold, H.; Krause, W.:* Das neue Toleranzsystem für Stirnradverzahnungen. Berlin: VEB Verlag Technik 1981.

[6.2.82] *Krause, W.:* Plastzahnräder. Berlin: VEB Verlag Technik 1985.

[6.2.83] *Götte, K.; Hart, H.; Jeschke, G.:* Taschenbuch Betriebsmeßtechnik. Berlin: VEB Verlag Technik 1982.

[6.2.84] *Berner, R.:* Analoge und digitale elektronische Längenmeßverfahren. Elektronik (1972) H. 9, S. 303, und H. 10, S. 349.

[6.2.85] *Walcher, H.:* Digitale Lagemeßtechnik. Düsseldorf: VDI-Verlag GmbH 1974.

[6.2.86] *Knabe, J.:* Ladungsgekoppelte Sensorzeile L 110 C. Orfe *32* (1983) 10, S. 635.

[6.2.87] *Singer, A.:* Verfahren zur Wegmessung mit Inductosyn. Werkstatt und Betrieb *108* (1975) 8, S. 507.

[6.2.88] *Schneider, R.:* Inkrementales Auflichtlängenmeßsystem (IAL). Werkstatt und Betrieb *112* (1979) 11, S. 787.

[6.2.89] Firmenschriften: Faulhaber GmbH & Co. KG, Schönaich; Portescap Deutschland GmbH, Pforzheim; Papst-Motoren GmbH & Co. KG, St. Georgen; Siemens-AG Würzburg; Leroy – Somer GmbH, Frankfurt/M.

[6.2.90] Firmenschriften: Nass – Elektromagnete, Hannover; Hartig – Elektrische Betätigungsmagnete, Espelkamp.

Den TGL-Standards des Abschnitts 6.2. entsprechende DIN-Normen:

DIN 42005 Umlaufende elektrische Maschinen, Begriffe
DIN 42016 Einbaumotoren für Geräte; Anbaumaße
DIN 42021 Schrittmotoren; Anbaumaße, Begriffe u. a.
DIN 42025 Stellmotoren, Gleichstrom-Klein- und Kleinstmotoren mit dauermagnetischer Erregung
DIN 42027 Stellmotoren, Übersicht
VDE 0580 Elektromagnete, Begriffe

6.3. Mechanische Funktionsgruppen

Symbole und Bezeichnungen

A Zeitpunkt vor der Abschnittsgrenze
B Bedingungen
D Wickeldurchmesser der Feder in mm
D_H Federhausdurchmesser in mm
D_K Federkerndurchmesser in mm
E Elastizitätsmodul in N/mm²
EP einseitiges Prellen
F Kraft, Transportkraft in N
F_M Magnetkraft in N
F_N Normalkraft in N
F_S Spannkraft in N
F Einzelkraft in N
F_1 Gegenkraft am Bauteil 1 in N
G Schubmodul in N/mm², Getriebe
HP Hauptprellen
I Maximalstrom in A
J_1, J_2 Massenträgheitsmomente (Bauteil 1, 2) in kg · cm²
K Stoßfaktor, Kupplung
K_i verallgemeinerte, nicht von einem Potential abhängende Kräfte, z.B. in N
L Induktivität in H
M_d Drehmoment in N · mm
M_R Reibmoment in N · mm
M_1, M_2 Antriebs-, Belastungsmoment in N · mm
N_F Anzahl der Federhausumdrehungen
NP Nebenprellen
O Zeitpunkt nach der Abschnittsgrenze
P Steigungshöhe in mm
PS Prellsystem
R ohmscher Widerstand in Ω
T Gesamtzeit in s; kinetische Energie in N · mm
U Spannung in V; potentielle Energie in N · mm
$\ddot{U}$ Übertragungseinrichtung
V_τ Schubspannungserhöhung
W Federenergie in N · mm
ZP zweiseitiges Prellen
a Länge in mm; Konstante
b Breite in mm; Konstante in $m^{-1} \cdot s$
c Federsteife in N · mm
d Durchmesser, Drahtdurchmesser in mm
f Federweg (statisch) in mm; Freiheitsgrad, Füllfaktor
h Dicke in mm
h_a Zahnkopfhöhe in mm
i aktueller Strom in A; Übersetzung; Windungszahl
k Beanspruchungs-, Korrekturfaktor; Dämpfungskonstante in $N \cdot m^{-1} \cdot s$
l Länge in mm
m Masse in kg, g
n Drehzahl in U/min; Abschnittszahl
q_i verallgemeinerte Koordinate, z.B. in m
$\dot{q}_i$ Ableitung von q_i, z.B. in $m \cdot s^{-1}$
r, r_e Radius, Ersatzradius in mm
s Weg, Schrittlänge in mm
t, t_R, t_S Zeit, Rastzeit, Schrittzeit in s
u, v Bauteilnummer
v Geschwindigkeit in $m \cdot s^{-1}$
x Weg in mm
$\dot{x}_v$ Einzelgeschwindigkeit in $m \cdot s^{-1}$
y_F Federweg (dynamisch) in mm
z Schlitzzahl, Zähnezahl
α Drehmomentabfall in %; Keil-, Steigungs-, Umschlingungswinkel in rad
β Drehmomentanstieg in %
$\varkappa$ Massenverhältnis
λ_0 Eigenwert
μ Reibwert
ν Schrittzeitverhältnis; Feinfühligkeit
σ_b Biegespannung in N/mm²
τ, τ_t Schub-, Torsionsspannung in N/mm²
φ Drehwinkel, Federwinkel in rad
$\dot{\varphi}$ Relativwinkelgeschwindigkeit in rad s^{-1}
$\ddot{\varphi}$ Winkelbeschleunigung in rad s^{-2}
ω_0 Eigenfrequenz in s^{-1}

Indizes

A anzutreibend
F Feder
S Gesamtsystem
erf erforderlich
max maximal
nutz nutzbar
opt optimal
1 Antrieb bzw. Bauteil 1
2 Abtrieb bzw. Bauteil 2

Mechanische Funktionsgruppen sind aufgrund der im Abschnitt 1. formulierten bestimmenden Aufgaben für Erzeugnisse der Gerätetechnik in erster Linie Bausteine von Signal- und Funktionswertflußketten. Zusätzlich, allerdings in vielen Fällen erst zweitrangig, sind sie für den Energiefluß im Gerät verantwortlich. Wegen der zur Verfügung stehenden, oft kleinen Antriebsleistungen unterscheiden sie sich deshalb wesentlich von den Baugruppen des Maschinenbaus, für dessen Erzeugnisse der Energiefluß das erstrangige Kriterium ist.

Kennzeichnend für feinmechanische Funktionsgruppen ist zunächst die Kleinheit der geometrischen Abmessungen. Dies ist einerseits bedingt durch die i. allg. kleinen äußeren Kräfte, die die Elemente belasten, wird aber andererseits oft gefordert, um durch kleine Massen hohe Arbeitsgeschwindigkeiten und zugleich große Genauigkeiten z. B. bei Bewegungsabläufen zu erreichen. Ein weiteres Merkmal ist die große Vielfalt der Lösungswege und Ausführungsformen, die einer weitgehenden Standardisierung im Weg steht. Das außerordentlich breite Spektrum der Forderungen bedingt ein besonderes Anpassen an die Gegebenheiten der Gerätefunktion und damit vielfach eine Neukonstruktion. Dabei sind die speziellen Eigenheiten der feinmechanischen Fertigung zu berücksichtigen, da bei den oft in sehr großen Stückzahlen benötigten Erzeugnissen die Wirtschaftlichkeit nur durch Massenfertigung und damit durch Anwendung spezieller, vom Maschinenbau beträchtlich abweichender Fertigungsverfahren garantiert werden kann.

Aufbauend auf den feinmechanischen Bauelementen, also den Verbindungselementen, Federn, Achsen und Wellen, Lagern, Führungen, Kupplungen, Zahnradgetrieben usw. [6.3.1] [6.3.2] [6.3.3], werden nachfolgend ausgewählte und häufig angewendete Funktionsgruppen, wie mechanische Antriebe und Schaltsysteme, Baugruppen für den Transport von Datenträgern, Feinstellungen sowie mechanische Betätigungseinrichtungen, dargestellt.

6.3.1. Mechanische Antriebe

[6.3.1] [6.3.2] [6.3.28] bis [6.3.30]

Jede Bewegung von mechanischen Bauteilen oder Baugruppen in Geräten und Maschinen setzt das Wirken von Antriebselementen voraus, die Energie irgendeiner Erscheinungsform in mechanische Arbeit umwandeln. Die physikalischen Wirkprinzipe derartiger Elemente sind außerordentlich vielfältig; man denke an elektromotorische, elektromagnetische, mechanische, hydraulische, pneumatische, thermodynamische, magnetostriktive, elektrostriktive und biomechanische Antriebe. Die mechanischen Antriebe werden von mechanischen Energiespeichern gespeist, die im Energiefluß eigentlich die Rolle eines Zwischenspeichers einnehmen, der von einer Energiequelle mit einem anderen Wirkprinzip geladen werden muß. Die Einteilung der mechanischen Energiespeicher

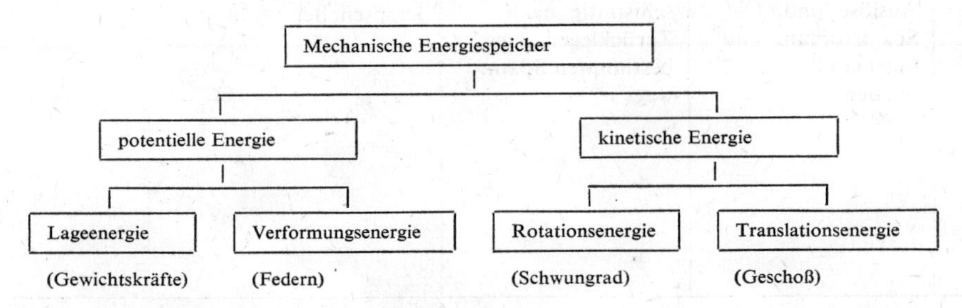

Bild 6.3.1. Mechanische Energiespeicher

kann nach **Bild 6.3.1** vorgenommen werden. Hinsichtlich der Anwendungshäufigkeit nehmen dabei die Federn in der Gerätetechnik eine deutliche Vorrangstellung ein. Kinetische Energiespeicher haben gegenüber potentiellen den Nachteil, daß sie nur über eine verhältnismäßig kurze Zeit wirksam sind. Die Vorteile der Federn im Vergleich zur Ausnutzung von Gewichtskräften liegen in der Lageunabhängigkeit, dem geringen Platzbedarf bei gleichem Energiegehalt und der kleinen Masse. Die in der Feder gespeicherte Energie steht ständig zur Verfügung und läßt sich sowohl für kontinuierliche als auch diskontinuierliche Antriebe verwenden. Die kontinuierlich arbeitenden rotatorischen Federantriebe, auch Federmotoren genannt, finden in Laufwerken u.a. für Registriergeräte, Uhren und Spielzeug Verwendung. Federn werden aber auch als Energiespeicher in Schritt-, Spann- und Sprungwerken benötigt. In der Getriebetechnik [6.3.14] bezeichnet man allgemein mit Werk einen Mechanismus, der durch willkürliches oder gesteuertes Auslösen durch ein Schaltglied eine potentielle Energie freigibt, die für die Bewegung des Antriebsglieds nutzbar ist. Die Speicherung von potentieller Energie für die Erzeugung der Antriebsbewegung ist ein Wesensmerkmal der Werke. Die Werke werden nach der Art der Freigabe der gespeicherten Energie unterschieden **(Tafel 6.3.1).**

Welche Feder für den Antrieb ausgewählt wird, hängt u.a. davon ab, ob die verlangten

Tafel 6.3.1. Systematik der Werke

Bezeichnung	Spannen	Auslösung	Beispiele
Schrittwerk	nach einmaligem Spannen mehrmaliges Auslösen	durch gesteuertes Schaltglied periodisch oder unperiodisch	Ankerhemmung in der Uhr Antrieb des Schreibmaschinenwagens
Spannwerk	für jedes Auslösen ein Spannen erforderlich	willkürlich und getrennt vom Spannvorgang	Kippspannwerk
Sprungwerk	Auslöse- und Spannvorgang sind miteinander verbunden	selbsttätig, nach Zurücklegen eines bestimmten Spannwegs	Kippschalter

1 Gestell; *2.1* Schrittrad; *2.2* Spannglied; *3.1* Schaltglied (Anker); *3.2* Sprungglied; *4* Federantrieb

Parameter für Bewegungsform und Bewegungsmaß direkt an der Feder auftreten sollen oder ob zwischen Antriebsfeder und Abtrieb ein Getriebe anzuordnen ist.

So läßt sich z.B. beim Antrieb des Schreibmaschinenwagens die Rotationsbewegung der Spiraltriebfeder durch ein Zugmittelgetriebe in eine Translationsbewegung umformen oder ein drehbar gelagerter Hebel für kleine Drehwinkel durch eine translatorisch arbeitende einfache Zugfeder antreiben. Im folgenden werden nur reine Antriebsfedern betrachtet.

6.3.1.1. Antriebsenergie

Hauptkenngröße eines Federantriebs ist die zur Verfügung stehende Energie. Sie erhält man aus der Federkennlinie nach **Bild 6.3.2**

$$W = \int F \, df \quad \text{bzw.} \quad W = \int M_d \, d\varphi . \tag{6.3.1}$$

Weil aber für den Antrieb einer Baugruppe eine Mindestkraft F_{min} bzw. ein Mindestdrehmoment $M_{d\,min}$ erforderlich ist, kann nicht die ganze in der Feder gespeicherte Energie W, sondern nur die im **Bild 6.3.3** dargestellte Nutzenergie W_{nutz} ausgenutzt werden:

$$W_{nutz} = \int_{f_{min}}^{f_{max}} F \, df \quad \text{bzw.} \quad W_{nutz} = \int_{\varphi_{min}}^{\varphi_{max}} M_d \, d\varphi . \tag{6.3.2}$$

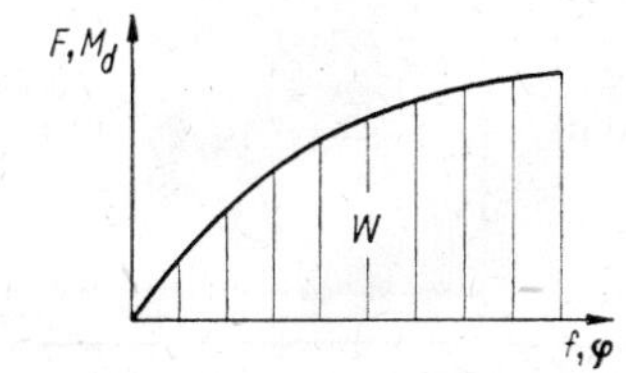

Bild 6.3.2. Federkennlinie (allgemein)

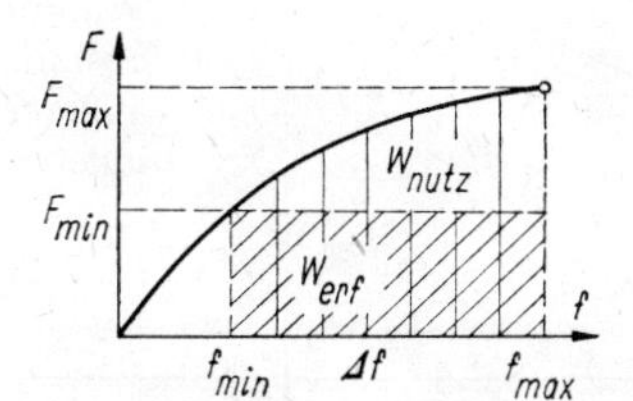

Bild 6.3.3. Federenergie

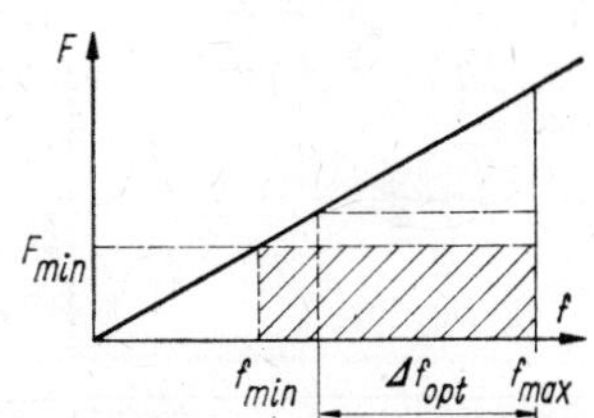

Bild 6.3.4. Optimierung bei linearer Federkennlinie

Diese zur Verfügung stehende Energie ist nicht identisch mit der erforderlichen; denn zum Antrieb der vorgesehenen Baugruppe reicht die Kraft F_{min}, so daß für den Antriebsweg $\Delta f = f_{max} - f_{min}$ nur

$$W_{erf} = F_{min} \, \Delta f = F_{min} \, (f_{max} - f_{min}) \tag{6.3.3}$$

benötigt wird. Die erforderliche Energie W_{erf} ist der Flächeninhalt des unter der Federkennlinie eingeschriebenen Rechtecks mit den Seitenlängen F_{min} und Δf. Die in der Feder gespeicherte Energie wird dann am besten ausgenutzt, wenn das Rechteck am größten ist. Bei einer solchen Optimierung des Federantriebs wird von der durch Festigkeitsrechnung bestimmten maximalen Federauslenkung f_{max} ausgegangen. Die meisten Metallfedern haben eine lineare Kennlinie

$$F = cf \tag{6.3.4}$$

mit c als Federsteife. Die Optimierung veranschaulicht **Bild 6.3.4**, wobei gilt:

$$W_{erf} = (f_{max} - f_{min}) \, F_{min} , \qquad F_{min} = c f_{min}$$

und

$$W_{erf} = c \, (f_{max} f_{min} - f_{min}^2) .$$

W_{erf} wird ein Maximum bei $dW_{erf}/df_{min} = 0$. Diese Bedingung führt zu $f_{min} = (\frac{1}{2}) f_{max}$ bzw. $\Delta f_{opt} = (\frac{1}{2}) f_{max}$.

Tafel 6.3.2. Rotationsfederantriebe

a) Übersicht

Federart	Kennlinie	Parameter	Berechnung
1. Drehfeder (Schenkelfeder) 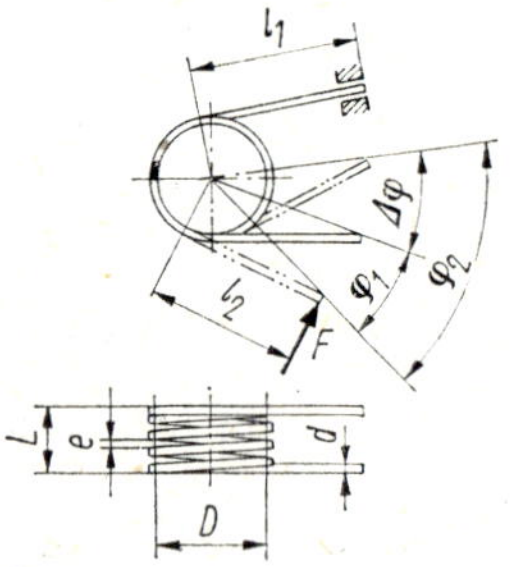	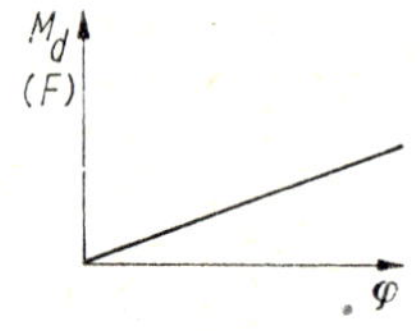	d Drahtdurchmesser D Wickeldurchmesser l_1, l_2 Schenkellänge i Windungszahl l Drahtlänge	$M_d = Fl_2 = c_\varphi \widehat{\varphi}$ $c_\varphi = \frac{\pi d^4 E}{64 l}$ $l = i\pi D + (l_1 + l_2)$
2. Freie Spiralfeder 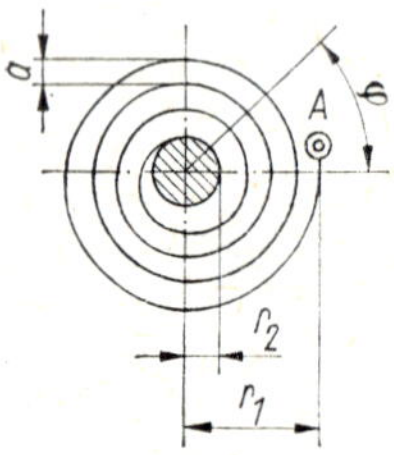	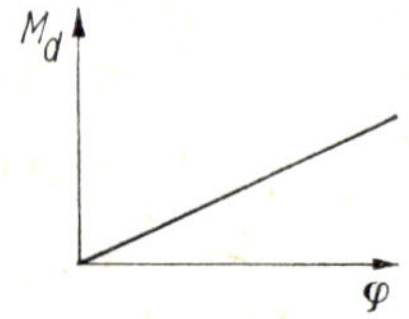	b, h Querschnittsmaße l Federlänge a Windungsabstand r_1, r_2 äußerer und innerer Radius	$M_d = c_\varphi \widehat{\varphi}$ $c_\varphi = \frac{bh^3 E}{15 l}$ $l = i\pi (r_1 + r_2)$ $= \frac{\pi}{a}(r_1^2 - r_2^2)$
3. Federhausmotor 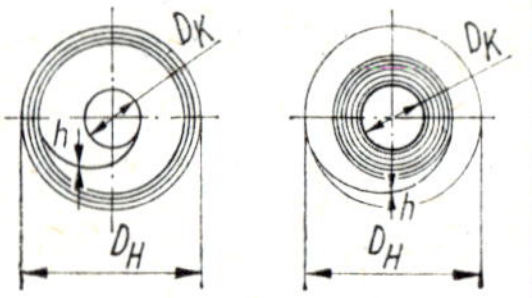	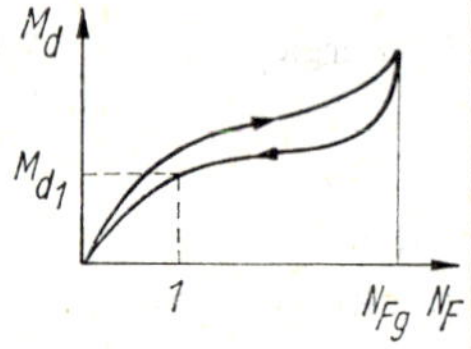	D_K, D_H Federkern-, Federhausdurchmesser b, h Querschnittsmaße N_F Umdrehungszahl $k = \frac{D_H}{h}$ relativer Federhausdurchmesser	Ablauf: $M_d = M_{d1} \sqrt[3]{N_F}$ $M_{d1} = 1{,}13 \frac{E}{k}$ $\times\, bh^2 \left(0{,}059 + \frac{1}{k}\right)$ $N_{Fg} = 0{,}08k - 1$
4. Rollfederantrieb 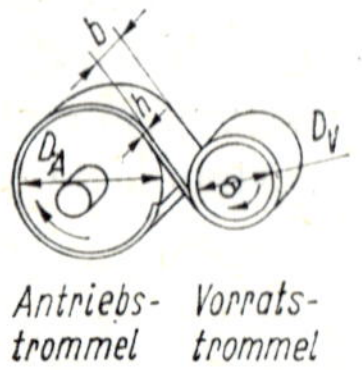	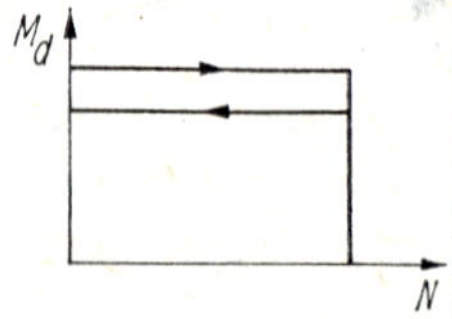	D_V, D_A Trommeldurchmesser b, h Querschnittsmaße N Umdrehungszahl K_L Berechnungsfaktor	$M_d = \frac{5}{6} Q K_L b h^2$ $D_V = K_L h$ $D_A = \frac{5}{3} D_V$

b) Eigenschaften und Bemessung

1. Drehfeder (Schenkelfeder)

Sie ist eine zylindrisch gewickelte Schraubenfeder mit Schenkeln (l_1, l_2). Gewöhnlich wird der eine Schenkel am Gestell festgelegt und der andere mit dem beweglichen Bauteil gegen diesen verdreht. Sie erfordert als Energiespeicher wenig Platz und wird zur eigenen Führung i.allg. auf die Achse oder Welle (Führungsdorn) gesteckt. Beim Energieeinspeisen (Aufziehen) soll das Moment im Wicklungssinn wir-

Tafel 6.3.2 (Fortsetzung 1)

ken, so daß sich der Wicklungsdurchmesser verkleinert. Es ist deshalb auf ausreichend Spiel zwischen Feder und Führungsdorn zu achten.

2. Freie Spiralfeder

Sie wird meist als archimedische Spirale mit konstantem Windungsabstand a gewickelt und arbeitet reibungsfrei, solange sich die Windungen nicht gegenseitig berühren. Diese Bedingung setzt dem ausnutzbaren Drehwinkel eine Grenze bei etwa $\varphi = 360°$. Bei Inkaufnahme der Reibungsverluste kann man die Spiralfeder bis zum völligen Aufeinanderliegen der Windungen am Federkern aufziehen. Beim Ablauf der Feder ist zu berücksichtigen, daß für deren Entfaltung genügend freier Raum zur Verfügung steht oder das benachbarte Funktionselemente durch Begrenzungsstifte *4* **(Bild 6.3.5)** geschützt werden. Das äußere Federende ist gelenkig an einem Gestellbolzen *3*, das innere Ende an der Welle *1* befestigt, über die die Feder gespannt wird. Durch dieselbe Welle erfolgt das Weiterleiten des Abtriebsdrehmoments an das Zahnrad *2*. Ein Zahnrichtgesperre zwischen Welle und Zahnrad verhindert die Übertragung der Aufzugsbewegung direkt auf das Zahnrad.

3. Federhausmotor

Das Federhaus begrenzt mit dem Durchmesser D_H die Entfaltung der ablaufenden Spiralfeder, so daß sich das Einbauvolumen des kompletten Federantriebs klein halten läßt. Wie beim Antrieb mit freier Spiralfeder wird die Feder über die Welle *1* **(Bild 6.3.6)** gespannt (aufgezogen). Ein Zahnrichtgesperre sorgt dafür, daß sich die Welle nicht zurückdreht. Das äußere Federende ist nicht im Gestell, sondern im Federhaus *2* befestigt, über das auch der Abtrieb erfolgt. Zu diesem Zweck ist das Federhaus unmittelbar mit einer Verzahnung *3* versehen. Die optimale Dimensionierung des an sich einfachen und in der Praxis seit vielen Jahrzehnten erprobten Federhausmotors ist mit einigen Problemen verbunden: Man muß den Zusammenhang zwischen Konstruktions-, Werkstoff- und Funktionsparametern exakt fassen, um die optimale Triebfeder ausrechnen zu können. Zu den Konstruktionsparametern zählen die Federdaten (Länge l, Breite b, Banddicke h) und die Federhausdaten (innerer Federhausdurchmesser D_H, Federkerndurchmesser D_K). Als Werkstoffparameter genügen i.allg. der Elastizitätsmodul E und die zulässige Biegespannung $\sigma_{b\,zul}$ des Federwerkstoffs. Für die tatsächliche Beanspruchung des Federwerkstoffs ist der Faktor $k = D_H/h$ maßgebend, in ihm ist die Krümmung des Federbands enthalten.

Die zur Erfüllung der beabsichtigten Funktion der Triefeder einzuhaltenden Werte sind das zum Antrieb des nachgeschalteten Laufwerks erforderliche Mindestdrehmoment $M_{d\,min}$, das maximal verträgliche Drehmoment $M_{d\,max}$, um z.B. die nachfolgende Funktionsgruppe nicht zu überlasten, und die verlangte Anzahl der Umdrehungen des Federhauses ΔN_F.

Das Nomogramm im **Bild 6.3.7** [6.3.28] ist eine rationelle Hilfe zur Dimensionierung des Federhausmotors. Ihm liegen die in Tafel 6.3.2a angegebenen Formeln zugrunde.

Es bedeuten:

σ_b	in N/mm²	maximale Spannung im Federband
$M_{d\,min}$	in N · mm	vom Federantrieb gefordertes Mindestdrehmoment
ΔN_F		Anzahl der Federhausumdrehungen zwischen $M_{d\,max}$ und $M_{d\,min}$
D_H	in mm	innerer Federhausdurchmesser
h	in mm	Federbanddicke
$k = D_H/h$		relativer Federhausdurchmesser
b	in mm	Federbandbreite
l	in mm	Federlänge
α	in %	Drehmomentabfall, $\alpha = \frac{M_{d\,max} - M_{d\,min}}{M_{d\,max}} \cdot 100\,\%$
β	in %	Drehmomentanstieg, $\beta = \frac{M_{d\,max} - M_{d\,min}}{M_{d\,min}} \cdot 100\,\%$.

Vorausgesetzt sind:

$E = 2{,}2 \cdot 10^5$ N/mm² (für Stahl) sowie $D_K = D_H/3$.

Wird die Berechnung nach dem Nomogramm durchgeführt, ergibt sich von selbst der optimale Füllfaktor $f = 0{,}5$; d.h., die Feder nimmt 50% des freien Federhausvolumens ein. Die Federenergie wird optimal ausgenutzt bei $\Delta N_F = 0{,}75\ \Delta N_g$; das ist für $\beta = 60\,\%$ der Fall.

Zur Handhabung des Nomogramms ist in Tafel 6.3.3 die Schrittfolge dargestellt.

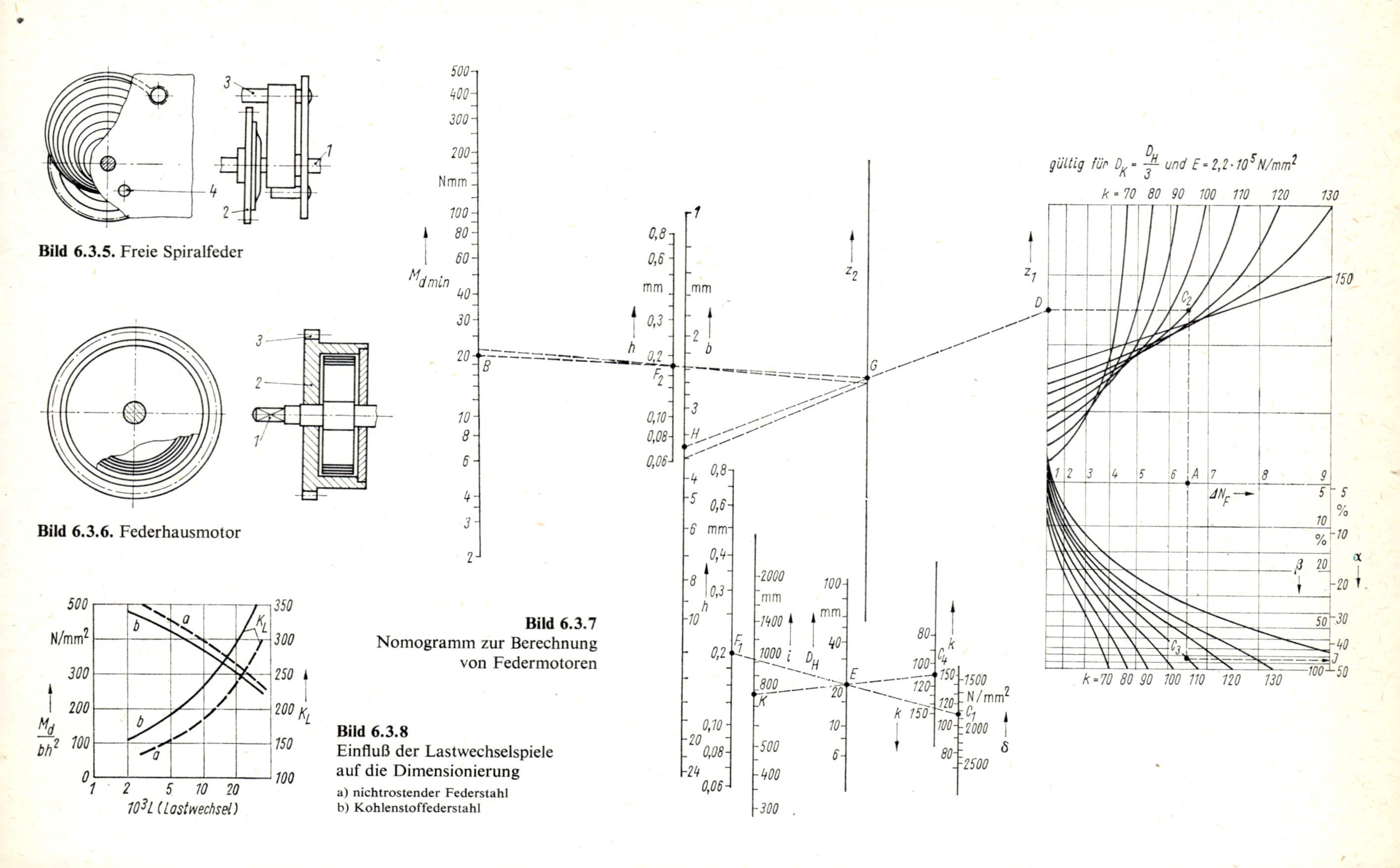

Bild 6.3.5. Freie Spiralfeder

Bild 6.3.6. Federhausmotor

Bild 6.3.7
Nomogramm zur Berechnung von Federmotoren

Bild 6.3.8
Einfluß der Lastwechselspiele auf die Dimensionierung

a) nichtrostender Federstahl
b) Kohlenstoffederstahl

Tafel 6.3.2 (Fortsetzung 2)

---

4. Rollfederantrieb

Rollfedern sind ohne Abstand gewickelte Federbandspiralen, deren Enden auf zwei Wellen befestigt sind: der Arbeitsrolle mit dem Durchmesser D_A und der Vorratsrolle mit D_V. Wird das Federband von der Vorrats- auf die Arbeitsrolle gewickelt, so ist die Feder durch ihr Formbeharrungsvermögen bestrebt, in die Ausgangslage zurückzukehren. Das dabei frei werdende Drehmoment ist nahezu über die gesamte Wickellänge konstant. Die zur Berechnung des Drehmoments erforderlichen Faktoren Q und K hängen vom Werkstoff und von der Lebensdauer (Lastwechselzahl L) ab. Dem Diagramm im **Bild 6.3.8** sind sowohl K_L als auch das bezogene Drehmoment $M_d/(bh^2)$ zu entnehmen.

Tafel 6.3.3. Schrittfolge zur Handhabung des Nomogramms für die Berechnung von Federmotoren gemäß Bild 6.3.7

Beispiel einer Aufgabenstellung

Zu einem vorhandenen Laufwerk ist ein geeigneter Federhausmotor zu ermitteln. Gegeben sind $M_{d\,min} = 20$ N · mm und $\Delta N_F = 6{,}5$.

1. Schritt: Die Punkte A und B sind im Nomogramm einzutragen.

2. Schritt: Vom Bearbeiter sind festzulegen: entweder die zulässige Spannung des Federbandstahls $\sigma_{b\,zul}$, die Abmessungen des Federquerschnitts b und h oder der Drehmomentanstieg β.

Ist z.B. ein Federbandstahl mit $\sigma_{b\,zul} = 1850$ N/mm² vorhanden, so liegt der Punkt C_1 fest und damit auch der Wert für k. Nunmehr können die Punkte C_2, C_3 und C_4 eingetragen werden. α und β sind bei J abzulesen. Es sind $\alpha = 45\%$ und $\beta = 85\%$, d.h., es ist mit einem maximalen Drehmoment von 37 N·mm zu rechnen. Die Federenergie wird nicht optimal ausgenutzt; dies wäre für $k = 120$ der Fall. Von C_2 aus erhält man durch eine waagerechte Gerade den Punkt D.

3. Schritt: Eine der übriggebliebenen Größen h, b, l oder D_H darf nun noch frei gewählt werden. Legt man z.B. h mit 0,18 mm fest (Punkte F_1 und F_2), so ergeben sich alle anderen Werte zwangsläufig.

4. Schritt: Die Verbindung von F_1 und C_1 ergibt beim Punkt E die Federhausgröße $D_H = 20$ mm, die Verbindung von C_4 über E zeigt in K die Federlänge $l = 780$ mm an. Die Gerade von B nach F_2 schneidet die Hilfsleiter z_2 im Punkt G. Die Federbandbreite b im Punkt H gewinnt man durch die Verbindung der Punkte D und G. Im Beispiel ist $b = 3{,}75$ mm.

Der Vorteil des Nomogramms ist u.a., daß die Auswirkung der Änderung eines Werts auf die übrigen schnell überblickt werden kann. So könnte es im vorliegenden Beispiel der Fall sein, daß anstelle des ermittelten Querschnitts von 0,18 mm × 3,75 mm nur ein Federbandstahl von 0,18 mm × 4,0 mm lieferbar ist. Im Nomogramm ist dazu nur der Punkt H auf $b = 4{,}0$ mm zu verschieben, mit D zu verbinden und der neue Punkt G zu markieren; F_2 bleibt unverändert. Die Verbindung von G mit F_2 zeigt dann den neuen Wert für $M_{d\,min}$ an. Im vorliegenden Fall würde sich $M_{d\,min}$ auf 22 N · mm erhöhen.

Es sei darauf hingewiesen, daß die berechneten Drehmomente für den Ablauf des Federhausmotors gelten. Zum Aufziehen ist ein um etwa 20% größeres Moment erforderlich.

Durch ein Übertragungsgetriebe läßt sich dieser optimale Federhub auf den in der Aufgabenstellung geforderten Arbeitshub bringen.

Eine Feder bietet aufgrund ihrer steigenden Kennlinie einen Energieüberschuß an, der entweder ertragen oder beseitigt werden muß. Bei der Ausnutzung von Gewichtskräften besteht dieser Nachteil nicht, da während der ganzen Wirkungsdauer eine konstante Antriebskraft bzw. ein konstantes Antriebsmoment wirkt, so daß $W_{erf} = W_{nutz}$ vorliegt. Von den Federantrieben hat nur die Rollfeder eine solche Charakteristik.

6.3.1.2. Statik der Antriebsfedern

Tafel 6.3.2a, b faßt die für Rotationsantriebe gebräuchlichen Federn zusammen, deren nähere Berechnung [6.3.1] [6.3.2] [6.3.38] zu entnehmen ist.

6.3.1.3. Dynamik der Antriebsfedern [6.3.30]

Bei den obigen Betrachtungen blieb das Zeitverhalten des Antriebs unberücksichtigt; für kontinuierlich ablaufende Vorgänge ist dies auch nicht erforderlich. Die Mehrzahl der Federn wird zum Antrieb diskontinuierlicher Bewegungen eingesetzt, z. B. in den Schritt-, Sprung- und Spannwerken. Hier ist der Vorteil der Feder, daß sie eine mechanische Energie beliebig lange speichern und zu einem beliebigen Zeitpunkt „bedarfsgesteuert" abgeben kann, voll ausnutzbar. Gütekriterium eines solchen Antriebs ist u. a. die Realisierbarkeit kurzer Bewegungszeiten der vorgegebenen Massen.

Die mathematische Untersuchung des Bewegungsverhaltens und die Vielfalt der funktionellen und strukturellen Möglichkeiten lassen die Bildung einiger typischer Modelle mit Beschränkung auf das Wesentliche zweckmäßig erscheinen. Eine ausführliche Darstellung ist in [6.3.29] zu finden.

Für den im **Bild 6.3.9** dargestellten Schraubenfederantrieb sei vorausgesetzt: Nur Trägheitskräfte sind wirksan, die anzutreibende Masse m_A bleibt während des Antriebsvorgangs konstant; die Federachse verändert während des Bewegungsvorgangs ihre Lage nicht; ein Federende ist mit dem ruhenden Bewegungssystem (Gestell) gekoppelt.

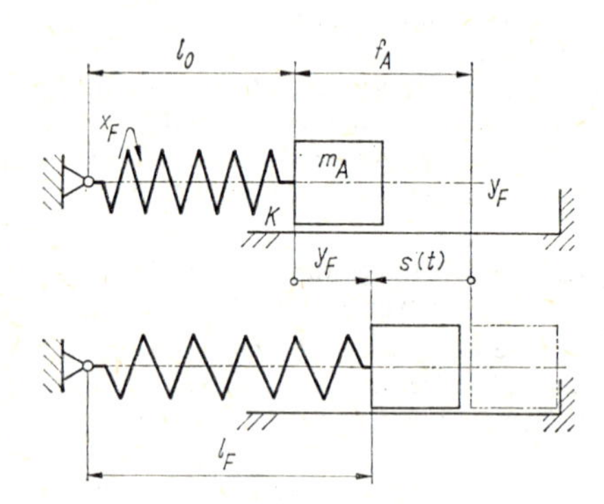

Bild 6.3.9
Schraubenfederantrieb

Der einfachste Modellfall ist das bei Vernachlässigung der Federeigenmasse m_F entstehende Feder-Masse-Schwingungssystem mit einem Freiheitsgrad. Die Bewegungsgleichung lautet

$$m_A \ddot{y}_F + c_S y_F = 0 \tag{6.3.5}$$

mit der Eigenkreisfrequenz

$$\omega_0 = \sqrt{c_S/m_A} \tag{6.3.6}$$

und dem Bewegungsgesetz

$$s(t) = f_A (1 - \cos \omega_0 t). \tag{6.3.7}$$

Wird die Federmasse einbezogen, gilt mit $m_A/m_F = \varkappa$

$$\omega_0' = \lambda_0 \sqrt{c_s/m_F}$$

wobei der Eigenwert näherungsweise

$$\lambda_0 = \sqrt{3/(3\varkappa + 1)} \tag{6.3.8}$$

ist. Damit wird die Eigenkreisfrequenz

$$\omega_0' = \sqrt{3c_S/(3\varkappa + 1)\, m_F}. \tag{6.3.9}$$

Für den Grenzfall $m_F = 0$ folgt wieder Gl. (6.3.6).

Für $m_A = 0$ ergibt sich exakt nach [6.3.29]

$$\omega_0' = \pi/2 \sqrt{c_S/m_F}.$$

Bei jeder Federberechnung ist der Festigkeitsnachweis zu erbringen. Für die dynamisch beanspruchte Feder (Bild 6.3.9) gilt

$$\tau_t = V_\tau k \frac{Gd}{D^2 i} f_A \leqq \tau_{t\,zul}. \tag{6.3.10}$$

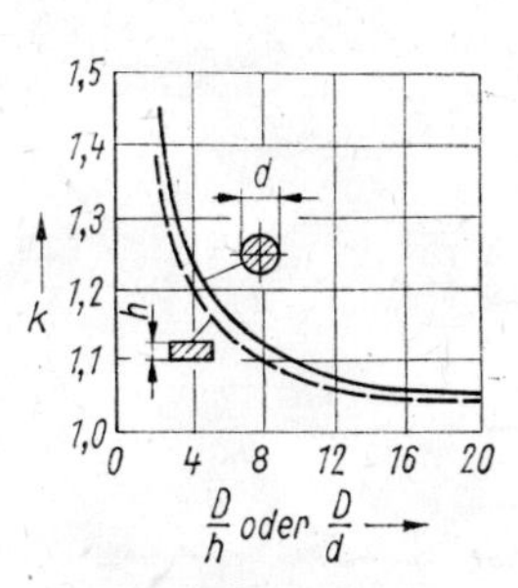

Bild 6.3.10. Korrekturfaktor (nach Göhner)

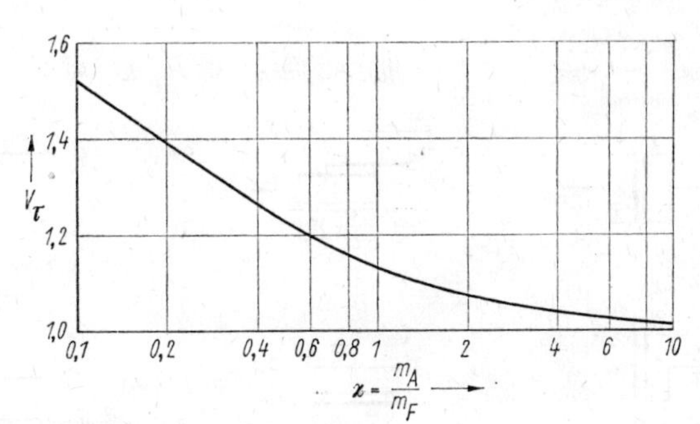

Bild 6.3.11. Korrekturfaktor bei dynamischer Belastung

k ist der Korrekturfaktor nach *Göhner*; $k = f(D/d)$, s. **Bild 6.3.10**, und V_τ ist die Schubspannungserhöhung durch die dynamische Belastung (aus **Bild 6.3.11**). Sollte $\tau_{t\,zul}$ überschritten werden, ist neu zu dimensionieren.

6.3.2. Mechanische Schaltsysteme
[6.3.5] [6.3.31] bis [6.3.45]

In der Gerätetechnik dienen bestimmte Baugruppen zum Schalten des Energieflusses. Dieser Vorgang wird auch als Koppeln bezeichnet [6.3.31] [6.3.32] [6.3.33].

Mechanische Schalter bzw. Schaltsysteme (Systembegriff nach [6.3.34]) sind dadurch gekennzeichnet, daß eine zeitweise reib- bzw. kraftgepaarte oder eine zeitweise formgepaarte Kraft- bzw. Momentenübertragung (Kopplung) auftritt. Diese Merkmale weisen viele Schaltelemente, Schrittgetriebe usw. auf [6.3.1] [6.3.14]. Zur Abgrenzung von den schaltbaren Baugruppen gilt der Begriff Schrittgetriebe dann, wenn eine Schrittbewegung charakteristisch für den Bewegungsverlauf ist.

Durch das Koppeln bzw. Entkoppeln wird, ausgehend von der Betrachtungsweise der kinematischen Kette, die Struktur dieser Kette verändert [6.3.17]. Baugruppen, die aufgrund von Montage- und Fertigungsabweichungen sowie infolge Verschleißes ein Spiel (Lose, Anlagenwechsel, Totgang) haben [6.3.35], lassen sich wie Schaltsysteme behandeln.

6.3.2.1. Übersicht

Tafel 6.3.4 zeigt eine Systematik der Baugruppen, die durch zeitweise reib- bzw. kraftgepaarte oder formgepaarte Kopplung charakterisiert sind.

Zeitweise reibgepaarte Kopplung. Reibsysteme (RS) dienen zum Antreiben oder Bremsen [6.3.36] [6.3.37], wobei die Erscheinungen Gleiten/Haften sowie Ruck (Sprung im Beschleunigungsverlauf des angetriebenen Bauteils) auftreten. **Bild 6.3.12** zeigt einige rotatorische und translatorische Anordnungen. Die im Gestell *0* gelagerten Bauteile *1*, *2* können Reibstellen haben (besondere Kennzeichnung). Bauteil *1* geht jeweils mit einem weiteren Bauteil (*0* bzw. *2*) eine Reibpaarung ein.

Die schaltbaren Reibkupplungen (Lamellen- und Reibscheibenkupplungen) sind Anwendungen, die in vielen Geräten zum Einsatz gelangen.

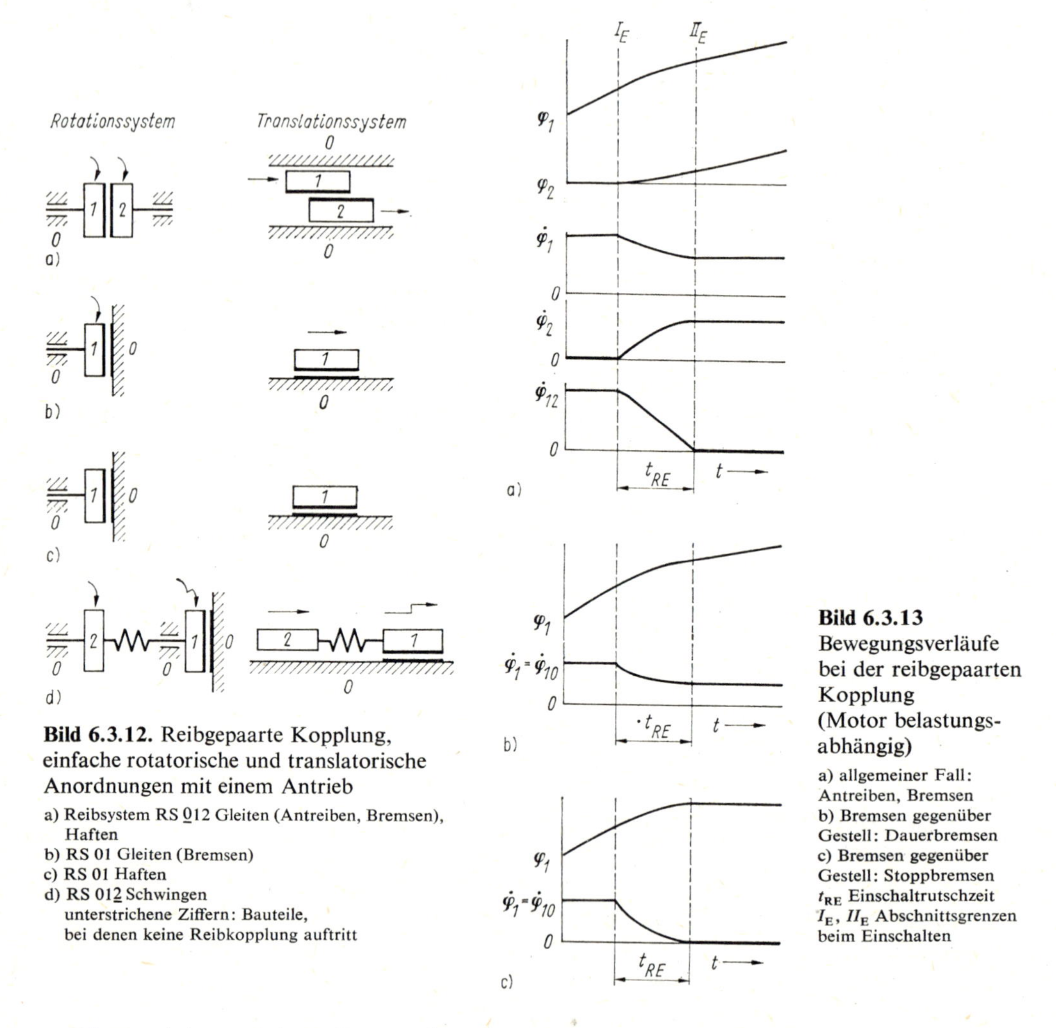

Bild 6.3.12. Reibgepaarte Kopplung, einfache rotatorische und translatorische Anordnungen mit einem Antrieb

a) Reibsystem RS 012 Gleiten (Antreiben, Bremsen), Haften
b) RS 01 Gleiten (Bremsen)
c) RS 01 Haften
d) RS 012 Schwingen
unterstrichene Ziffern: Bauteile, bei denen keine Reibkopplung auftritt

Bild 6.3.13
Bewegungsverläufe bei der reibgepaarten Kopplung (Motor belastungsabhängig)

a) allgemeiner Fall: Antreiben, Bremsen
b) Bremsen gegenüber Gestell: Dauerbremsen
c) Bremsen gegenüber Gestell: Stoppbremsen
t_{RE} Einschaltrutschzeit
I_E, II_E Abschnittsgrenzen beim Einschalten

Die Betriebsarten Antreiben und Bremsen treiben das getriebene Bauteil (*2*) an bzw. bremsen das treibende Bauteil (*1*) (s. Tafel 6.3.4, Nr. 1, 4, 6, 10). In der Gerätetechnik ist zu berücksichtigen, daß meist Rückwirkungen auf den Antrieb (Motor) auftreten **(Bild 6.3.13a).** Die Schaltzeit ist gleich der Einschaltrutschzeit t_{RE}.

Tafel 6.3.4. Übersicht über Prinzip und Anwendungsbeispiele mechanischer Schaltsysteme

1–3 zeitweise reibgepaarte Kopplung, Eingabe und Ausgabe rotatorisch; *4–6* zeitweise reibgepaarte Kopplung, Eingabe rotatorisch, Ausgabe translatorisch; *7–10* zeitweise reibgepaarte Kopplung, Eingabe rotatorisch/translatorisch, Ausgabe translatorisch/rotatorisch; *11–14* zeitweise formgepaarte Kopplung, Eingabe rotatorisch, Ausgabe rotatorisch/translatorisch; *15–18* zeitweise formgepaarte Kopplung, Eingabe und Ausgabe translatorisch/rotatorisch

Nr.	Prinzip	Konstruktive Ausführung	Anwendung
1	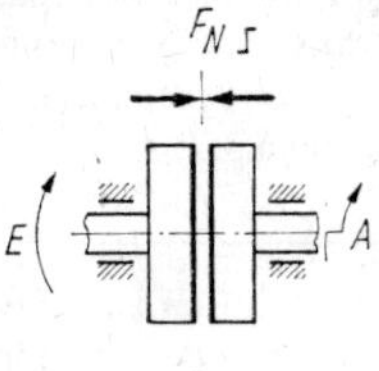	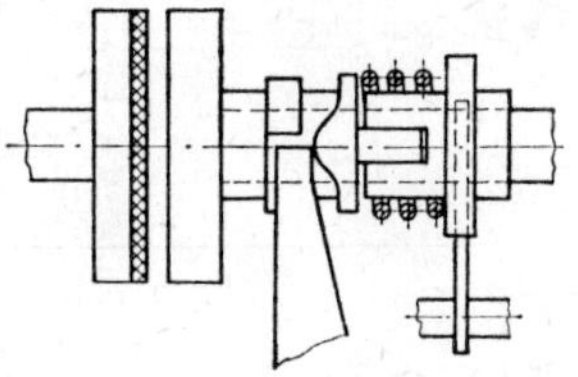	Eintourenkupplungen für jeweils nur eine Umdrehung nach Auslösen der Schaltklinke
2		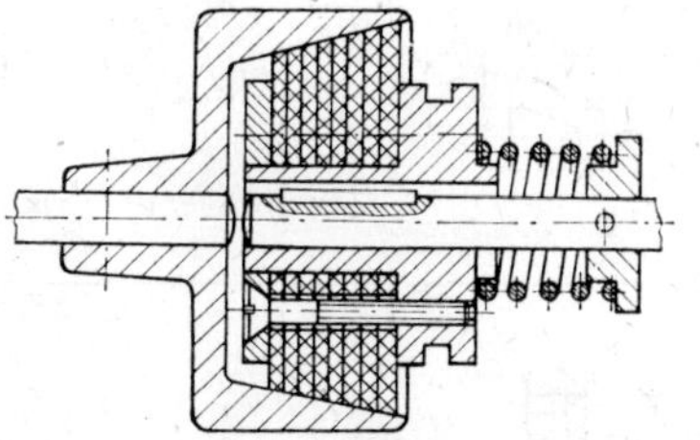	Kegelkupplungen zum Vergrößern der Normalkraft verwendet, Kegelwinkel wird größer als der Reibwinkel gewählt
3		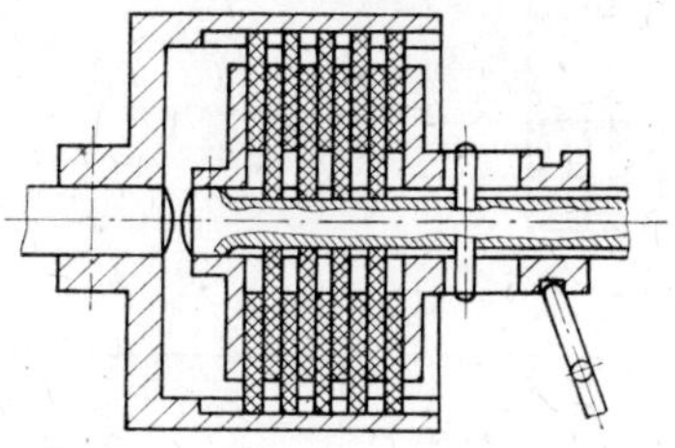	Scheiben- oder Lamellenkupplungen übertragen ein Drehmoment entsprechend der Reibflächenanzahl, Anpreßkraft ist für alle Reibpaarungen gleich
4	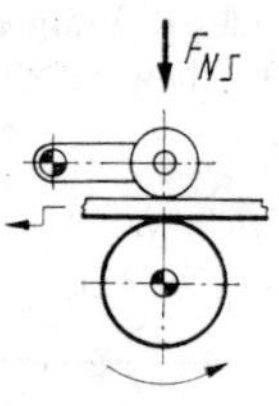	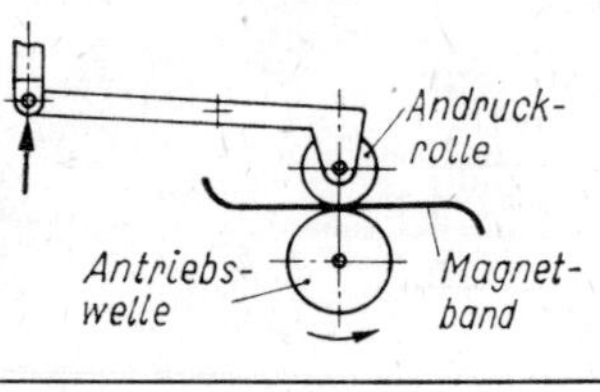	Andruckrollen für Magnetbandantrieb, elektromechanische Steuerung der beweglichen (abhebbaren) Rolle
5		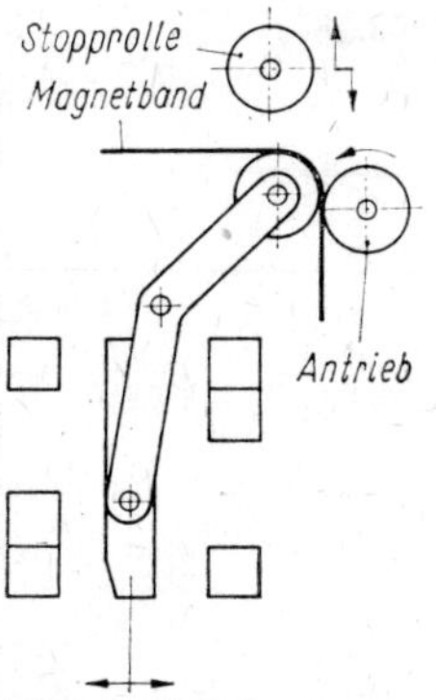	Magnetbandantrieb für Start–Stopp-Bewegung (Antriebsrolle, Stopprolle), magnetische Steuerung des Schalthebels (s. auch Abschn. 6.3.3., Tafel 6.3.7)

Tafel 6.3.4 (Fortsetzung 1)

Nr.	Prinzip	Konstruktive Ausführung	Anwendung
6	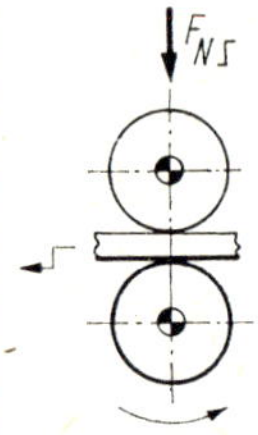	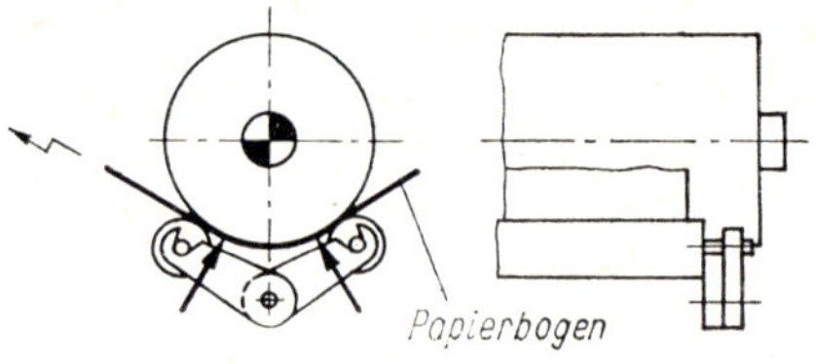	Papiervorschubgetriebe eines Ausgabedruckers, Papierhalteeinrichtung, Prinzip auch für Lochkarten- und Lochbandtransporteinrichtungen (s. auch Abschn. 6.3.3., Tafel 6.3.7)
7	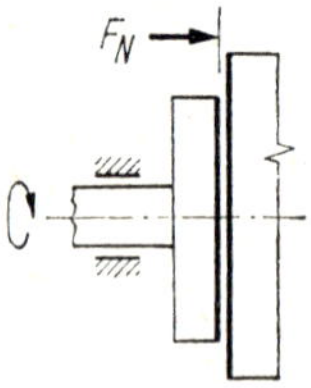	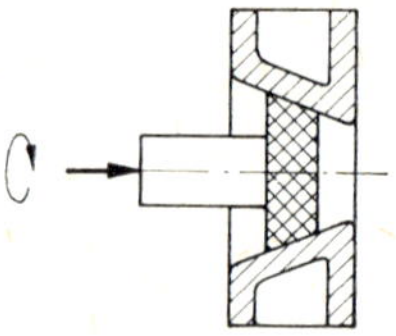	als Bremsen zum Behindern oder Beenden von Drehbewegungen
8		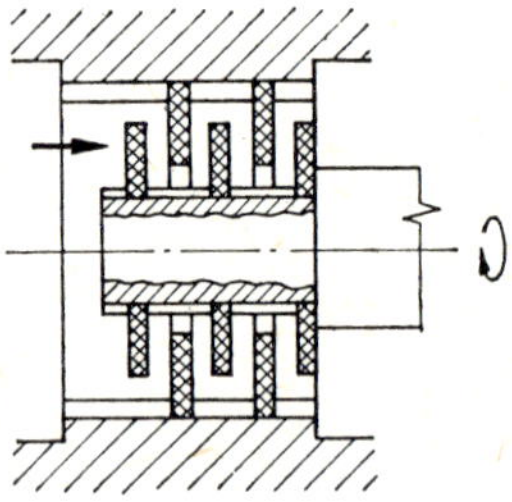	Scheiben- oder Lamellenbremsen für kurzzeitiges Beenden von Drehbewegungen
9	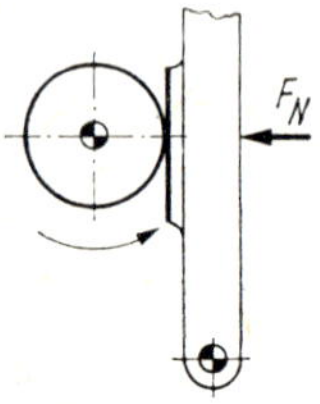	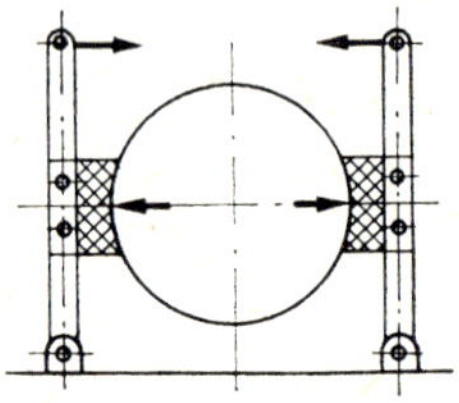	als Backenbremse oder Dämpfung für Begrenzung oder Beendigung von Drehbewegungen
10	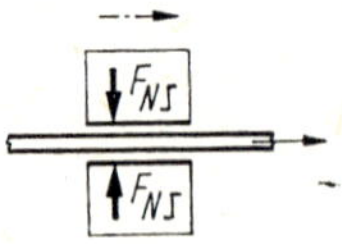	s. Abschn. 6.3.3., Bild 6.3.28	Transporteinrichtung oder Bremse für bandförmige Informationsträger
11		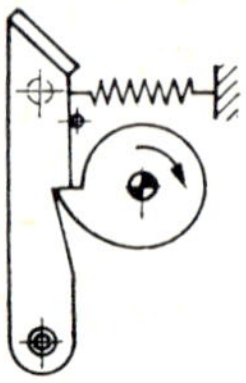	gesteuerte Anschläge mit begrenzter Aufhebung der Anschlagwirkung

Tafel 6.3.4 (Fortsetzung 2)

Nr.	Prinzip	Konstruktive Ausführung	Anwendung
12		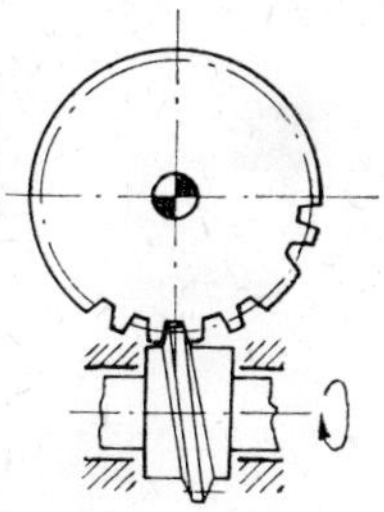	einfacher Schneckenanschlag mit fehlender Zahnlücke begrenzt Drehung der Schneckenradwelle
13	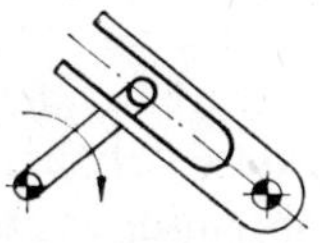	s. Abschn. 6.3.3., Tafel 6.3.6/2	Malteserkreuzgetriebe als Schrittgetriebe, beispielsweise für Filmtransport
14	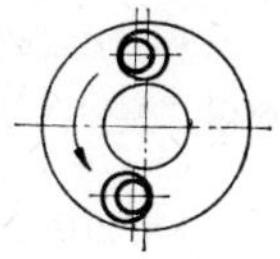	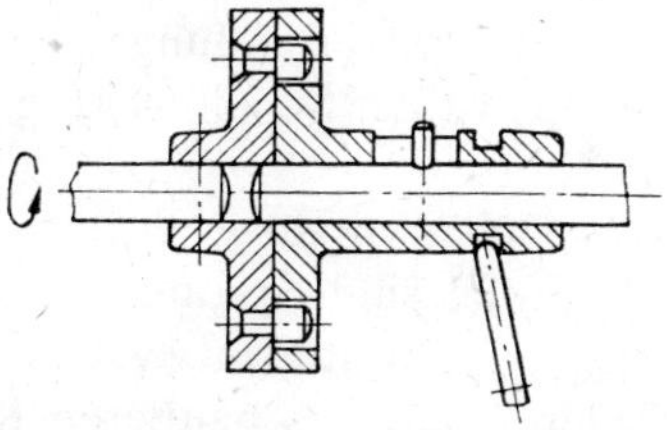	Stiftkupplungen zum Schalten (Einkuppeln) von Drehbewegungen bei Wellen; sie gewährleisten schlupffreie Übertragung der Drehzahl
15	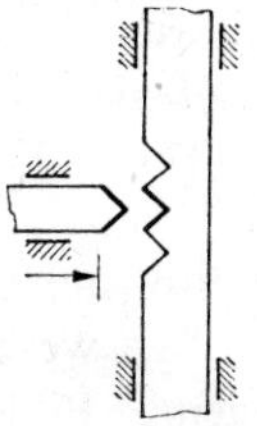	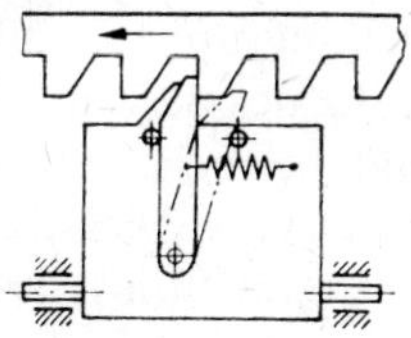	Schaltschloß zur Begrenzung der Schrittweite des Papierhaltewagens der Schreibmaschine
16		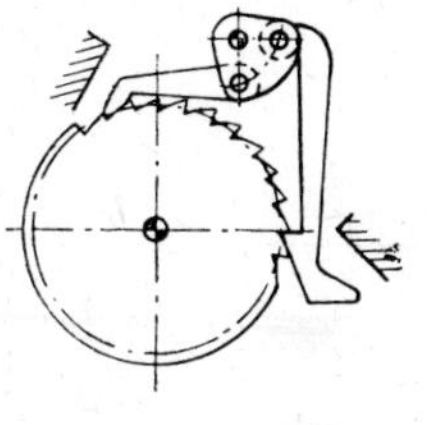	Klinkenschrittgetriebe zur Umwandlung einer translatorischen Bewegung in eine Schrittbewegung mittels Zahnklinken (s. auch Abschn. 6.3.3., Tafel 6.3.6)
17	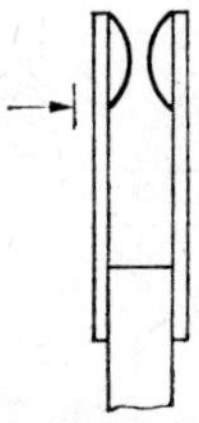	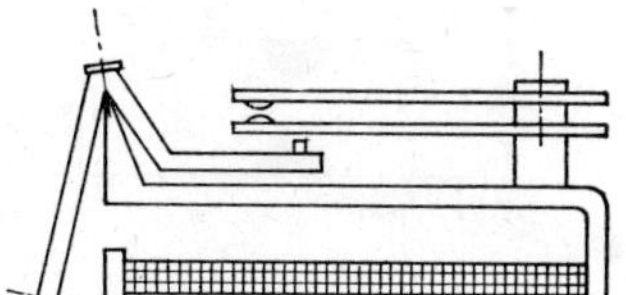	Kontaktfedersatz für Relais

Tafel 6.3.4 (Fortsetzung 3)

Nr.	Prinzip	Konstruktive Ausführung	Anwendung
18			Greiferschrittgetriebe zum Transport des Films in Kameras (s. auch Abschn. 6.3.3., Tafel 6.3.7)

Beim Dauerbremsen ist immer eine Relativgeschwindigkeit zwischen treibendem und getriebenem Bauteil zu verzeichnen (s. Tafel 6.3.4, Nr. 7, 9). Im **Bild 6.3.13b** ist der Sonderfall des Bremsens gegenüber Gestell angegeben. Beim Stoppbremsen gegenüber Gestell nach **Bild 6.3.13c** wird die Geschwindigkeit des treibenden Bauteils Null. Haftsysteme, die nicht schaltbar sind, z.B. Preßverbindungen, stellen den Grenzfall der Schaltsysteme dar. Bei Schwingsystemen ist der Schaltvorgang durch sog. Stick-slip-Erscheinungen gekennzeichnet.

Zeitweise formgepaarte Kopplung. Der Schaltvorgang bei Formpaarung ist i.allg. durch Stöße bzw. Prellen gekennzeichnet. Stöße sind Sprünge im Geschwindigkeitsverlauf, während man unter Prellen eine Vielzahl von Stößen versteht. Prell- bzw. Stoßsysteme (PS) können Schaltfunktionen erfüllen, wie die schaltbaren Klauen- oder Zahnkupplungen.

Das Begrenzen ist eine weitere Funktion der Baugruppen mit formgepaarter Kopplung [6.3.38]. Bezüglich der konstruktiven Ausführung des begrenzenden getriebenen Bauteils sind feste Anschläge (Tafel 6.3.4, Nr. 11) und bewegliche Anschläge (17) [6.3.39] zu unterscheiden. Der feste Anschlag ist dabei eine große Masse (Gestell).

Bild 6.3.14 zeigt einige translatorische Prell- bzw. Stoßsysteme. Die Stoßstellen sind besonders gekennzeichnet. Nach den Bewegungsverläufen der Bauteile, die wesentlich durch die Struktur der Prell- und Stoßsysteme bestimmt werden, können gemäß Bild 6.3.14

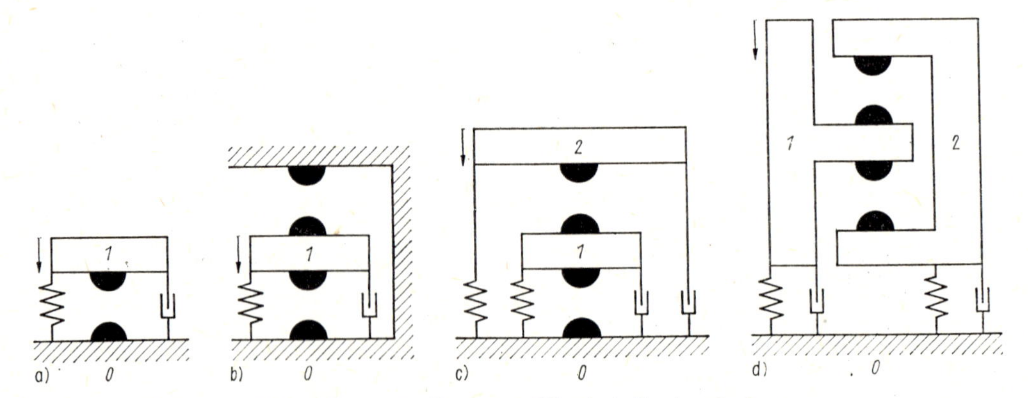

Bild 6.3.14. Mechanische Modelle von Prellsystemen PS mit Anfangsauslenkung

a) PS 01 EP; b) PS 01 ZP; c) PS 012 EP/ZP; d) PS $\underline{0}$12 ZP

EP einseitiges Prellen; ZP zweiseitiges Prellen; unerstrichene Ziffer: Bauteil, bei dem keine Formpaarung auftritt.

die Prellkategorien einseitiges Prellen EP und zweiseitiges Prellen ZP unterschieden werden [6.3.40] [6.3.41]. Das einseitige Prellen tritt bei den Baugruppen gemäß Tafel 6.3.4, Nr. 11, 17 auf, während 13, 14, 15 und 18 Bauteilanordnungen zeigen, die zweiseitiges Prellen zur Folge haben können. (Zweiseitiges Prellen kann zu einseitigem entarten.)

Bei festen Anschlägen ist das Hauptprellen HP, bei beweglichen Anschlägen das sog. Nebenprellen NP anzutreffen. (Bei Hauptprellen tritt durch die Stöße jeweils ein Vorzeichenwechsel im Geschwindigkeitsverlauf auf.)

6.3.2.2. Modellierung

In den **Bildern 6.3.13** und **6.3.15** sind Einzelabschnitte im Bewegungsverlauf bei reib- und formgepaarter Kopplung dargestellt. Die Stoßzeiten bei Formpaarung sind in der Praxis klein [6.3.42]. Sie können vielfach gegenüber der Gesamtbewegungszeit vernachlässigt werden.

Die Schaltvorgänge sind in n Abschnitte zerlegbar. **Bild 6.3.16** zeigt für den allgemeinen Fall, welche Bedingungen an den Abschnittsgrenzen zwischen den Bauteilen u und v vorliegen. Durch Kenntnis der Endbedingungen eines Abschnitts $B_{uv\,n\mathrm{A}}$ sollen die Anfangsbedingungen $B_{uv\,n+1\,0}$ des folgenden Abschnitts bestimmt werden.

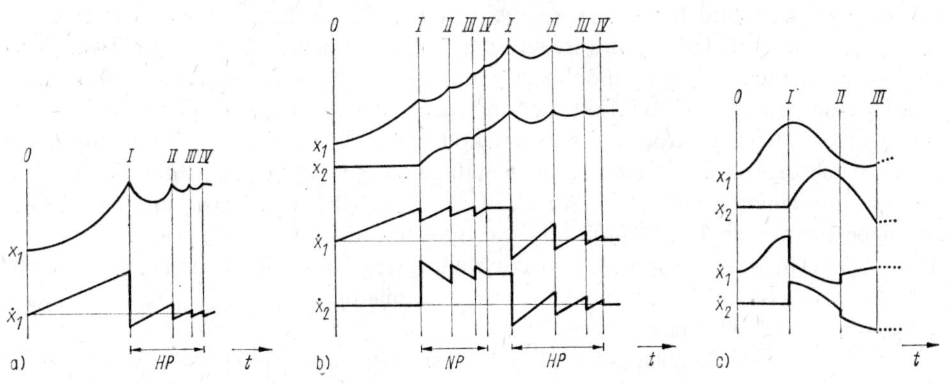

Bild 6.3.15. Bewegungsverläufe beim Prellen

a) einseitiges Prellen mit Hauptprellen (*HP*); b) einseitiges Prellen mit Haupt- und Nebenprellen (*NP*); c) zweiseitiges Prellen; *O, I, II, III, IV* Abschnittsgrenzen

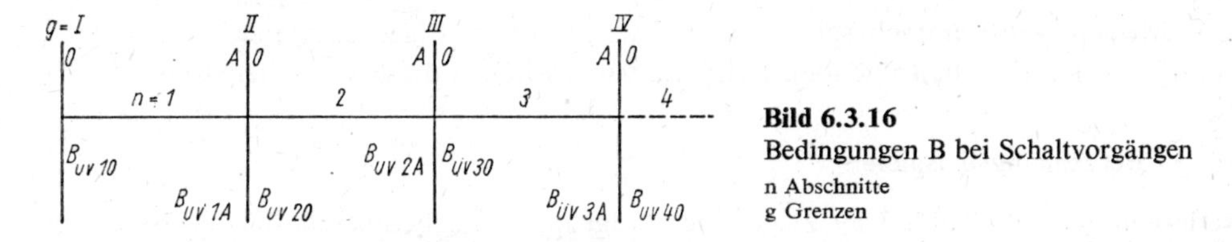

Bild 6.3.16
Bedingungen B bei Schaltvorgängen
n Abschnitte
g Grenzen

Die Kenntnis der Anfangsbedingungen gestattet die Ermittlung des Bewegungsverhaltens in den einzelnen Abschnitten sowie deren Aneinanderfügung (Anstückelverfahren). Das Bewegungsverhalten der Systeme kann in den Abschnitten durch Differentialgleichungen beschrieben werden.

Unter Verwendung des auf Schnittreaktionen beruhenden Prinzips von *D'Alembert* gilt für vorzeichenbehaftete Kräfte

$$\sum_{\nu} F_{\nu} = 0. \tag{6.3.11}$$

Die vorzeichenbehafteten Geschwindigkeiten einer beliebigen geschlossenen Masche ergeben sich zu

$$\sum_{\nu} \dot{x}_{\nu} = 0. \tag{6.3.12}$$

Die Bewegungsgleichungen können aber auch ausgehend von Energiebetrachtungen (z. B. Lagrangesche Gleichungen zweiter Art für holonome skleronome Systeme [6.3.4]) für die f Freiheitsgrade ermittelt werden:

$$\frac{\mathrm{d}}{\mathrm{d}t} \frac{\partial T}{\partial \dot{q}_i} - \frac{\partial T}{\partial q_i} + \frac{\partial U}{\partial q_i} = K_i \quad (i = 1, 2, \ldots, f); \tag{6.3.13}$$

T kinetische Energie,
U potentielle Energie,
K_i verallgemeinerte Kräfte, die nicht von einem Potential abhängen,
q_i verallgemeinerte Koordinate.

Voraussetzung für die Beschreibung der Schaltsysteme durch Differentialgleichungen ist die Kenntnis der Systemelemente, d.h. der Verbindungselemente (masselose konzentrierte Elemente) und Masseelemente (konzentrierte Massen).

Für Schaltsysteme sind besonders das zeitweise wirkende Reibungselement und das zeitweise wirkende Stoßelement von Bedeutung. Diese Elemente stellen Nichtlinearitäten dar, für deren Berechnung ihre möglichst genaue Kenntnis erforderlich ist. Das Reibelement läßt sich durch den Reibfaktor μ und das Stoßelement durch den Stoßfaktor K charakterisieren. Beide Faktoren sind nicht konstant; sie sind von Nebenbedingungen abhängig. Nachfolgend wird eine ingenieurmäßige Vorgehensweise mit der Zielstellung angewendet, mit einem vertretbaren Aufwand das Gesamtbewegungsverhalten möglichst genau zu bestimmen [6.3.5]. Durch sog. Stoßfaktor- bzw. Reibfaktorkataloge **(Bilder 6.3.17** und **6.3.18)** werden die Einflüsse der wichtigsten Nebenbedingungen berücksichtigt. Die Abhängigkeiten lassen sich als Approximationsformeln in das Gleichungssystem für die Beschreibung des Schaltsystems einbeziehen.

Ausgehend von einer Baugruppenzeichnung oder vom Antriebssystem (s. Abschn. 6.2.) erfolgt eine Darstellung in den Abstraktionsstufen:

- mechanisches Modell oder System
- Symboldarstellung bzw. Schaltnetzwerk.

Das Modell sollte einfach sein, aber die wesentlichen Eigenschaften der jeweiligen Baugruppe erfassen. Die folgenden Beispiele verdeutlichen diese Vorgehensweise.

6.3.2.3. Berechnungsbeispiele

Arretiereinrichtung. Bild 6.3.19 zeigt eine Baugruppe, die beim Schalten typische Erscheinungen einer zeitweisen formgepaarten Kopplung aufweist. Der Antrieb des Bauteils *1* erfolgt durch einen Gleichstromhubmagneten. Da in der Gerätetechnik Rückwirkungen des mechanischen Teilsystems auf das elektromagnetische zu berücksichtigen sind, muß eine abhängige Magnetkraft bzw. Motorkraft F_M zugrunde gelegt werden [6.3.43]. Über einen Stoßfaktor K kann man an den Abschnittsgrenzen, ausgehend von der Geschwindigkeit vor dem Stoß $\dot{x}_{1nA}$, die Geschwindigkeit nach dem Stoß $\dot{x}_{1n+10}$ berechnen [6.3.44].

Die Modellbildung sowie die Symboldarstellung bzw. das Schaltnetzwerk sind Grundlagen für die Berechnung.

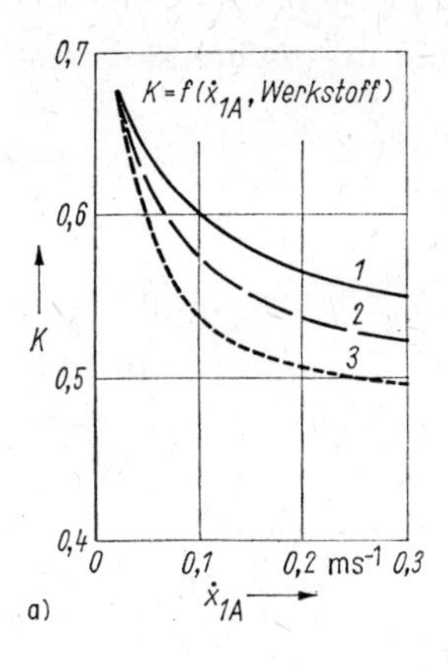

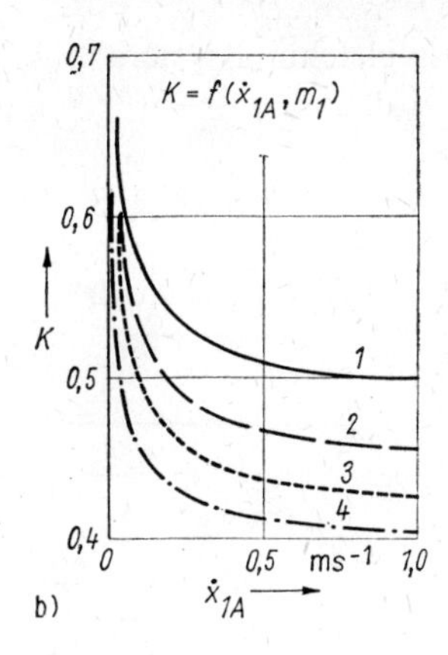

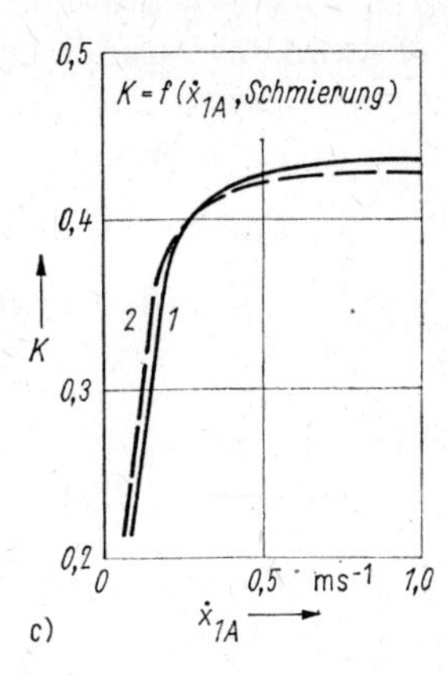

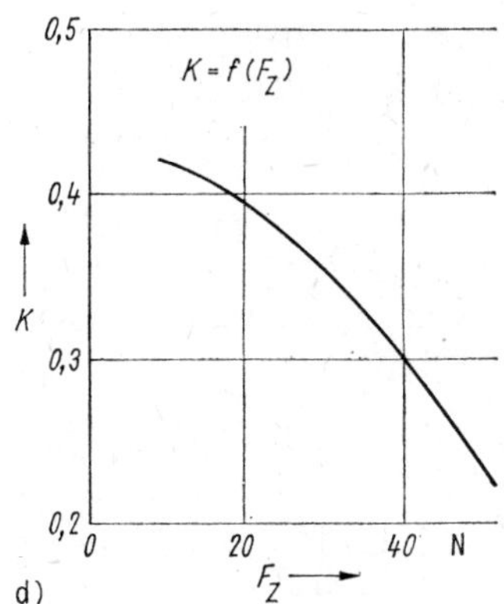

Bild 6.3.17

Teil eines Stoßfaktorkatalogs

a) m_1 = 0,157 kg; Ebene/Ebene; A = 5,3 mm²;
1 15Cr3 geh./15Cr3 geh.; 2 E-Cu/E-Cu; 3 Ms60/Ms60
b) 15Cr3 geh./15Cr3 geh.; Ebene/Ebene; A = 7 mm²;
1 m_1 = 0,157 kg; 2 m_1 = 0,22 kg; 3 m_1 = 0,273 kg; 4 m_1 = 0,327 kg
c) m_1 = 0,157 kg; Ebene/Ebene; A = 50 mm²; 15Cr3 geh./15Cr3 geh.
1 M 200; 2 M 95
d) m_1 = 0,35 kg; $\dot{x}_{1A}$ = 0,4 ms⁻¹; Kugelkalotte/Kugelkalotte;
C 15/C 15

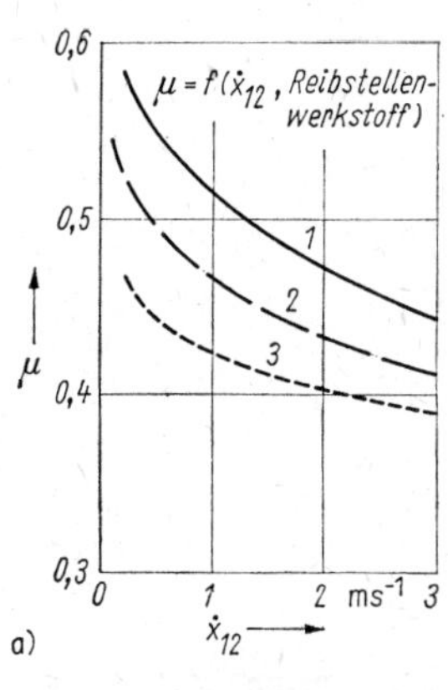

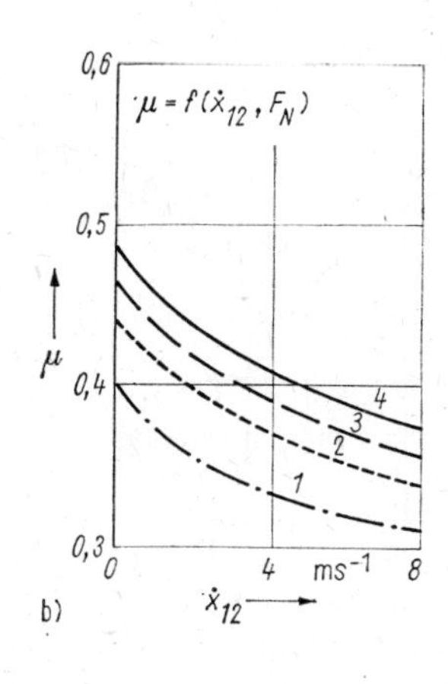

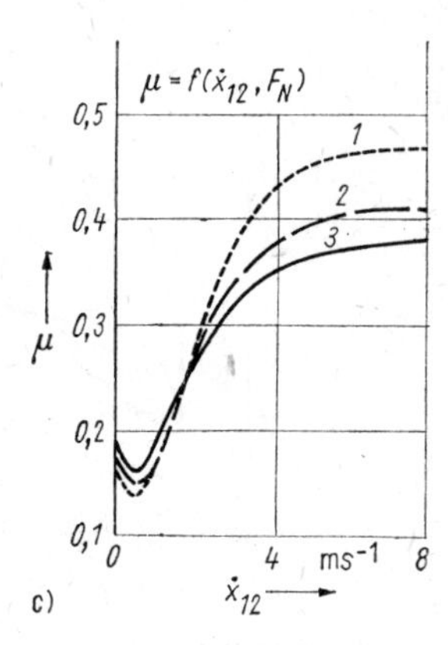

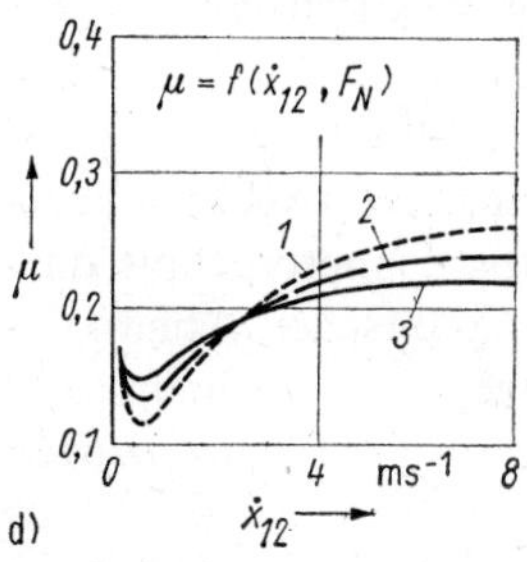

Bild 6.3.18

Teil eines Reibfaktorkatalogs

a) Stahl, R_z = 4 μm; T = 303 K; F_N = 18,7 N; A = 43 mm²;
1 COSID 19/50, R_z = 37 μm; 2 COSID 18/04, R_z = 34 μm; 3 COSID 501,
R_z = 21 μm
b) Stahl, R_z = 4 μm/COSID 501, R_z = 21 μm; A = 43 mm²; T = 303 K;
1 F_N = 10,4 N; 2 F_N = 14,5 N; 3 F_N = 18,7 N; 4 F_N = 22,9 N
c) Stahl, R_z = 4 μm/COSID 501, R_z = 33,5 μm; M 200; T = 303 K; A = 43 mm²;
1 F_N = 10,4 N; 2 F_N = 18,7 N; 3 F_N = 27 N
d) Stahl, R_z = 4 μm/COSID 501, R_z = 33,5 μm; SRL 36; T = 303 K; A = 43 mm²;
1 F_N = 10,4 N; 2 F_N = 18,7 N; 3 F_N = 27 N; R_z Rauheit

Es wird das folgende Differentialgleichungssystem in Anlehnung an Abschnitt 6.2. verwendet:

$$F_M = m_1\ddot{x}_1 + k_1\dot{x}_1 + c_1 x_1 + F_1 \qquad (6.3.14)$$

$$F_M = (i^2/2)\, \mathrm{d}L(x)/\mathrm{d}x \qquad (6.3.15)$$

$$U = iR + L(x)\, \mathrm{d}i/\mathrm{d}t + i\,[\mathrm{d}L(x)/\mathrm{d}x]\, \mathrm{d}x/\mathrm{d}t \qquad (6.3.16)$$

$$K = -\dot{x}_{1n+10}/\dot{x}_{1nA}. \qquad (6.3.17)$$

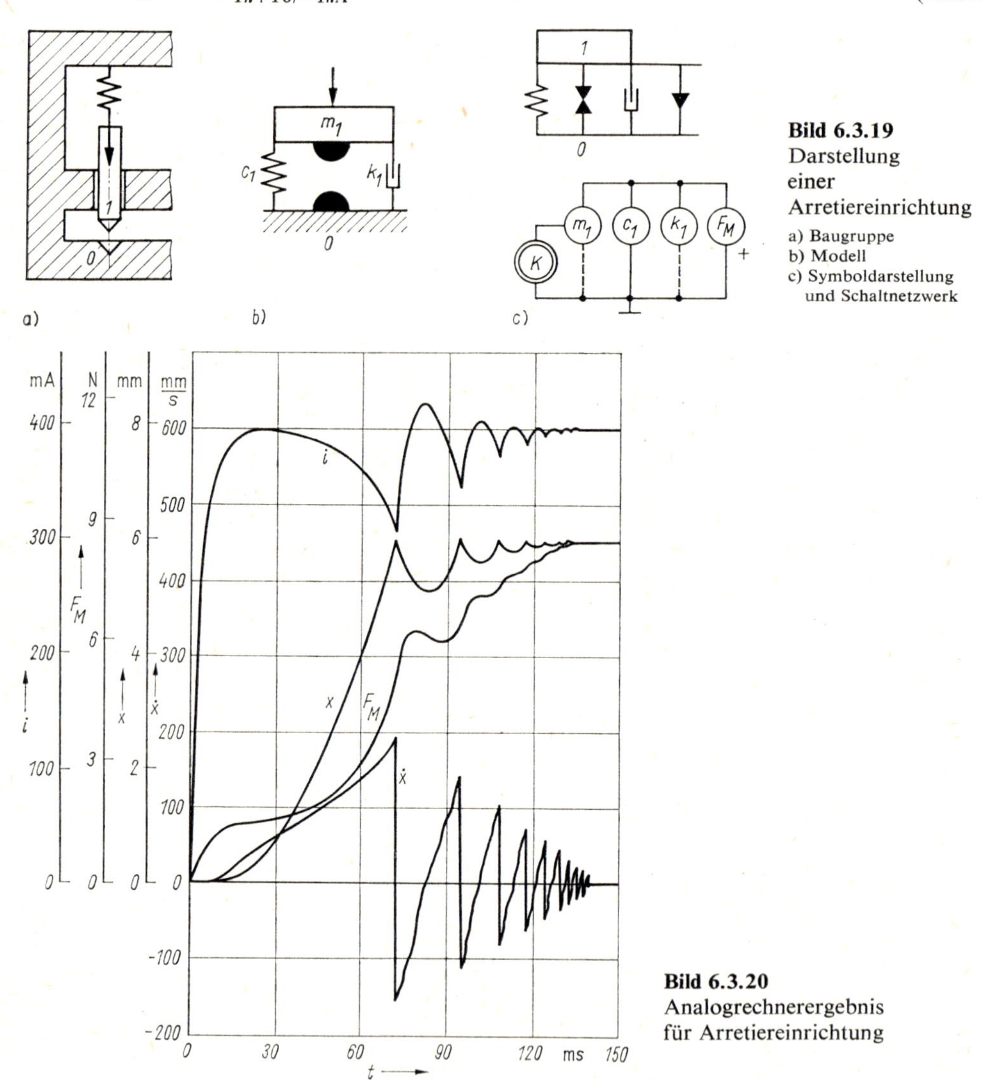

Bild 6.3.19
Darstellung einer Arretiereinrichtung
a) Baugruppe
b) Modell
c) Symboldarstellung und Schaltnetzwerk

Bild 6.3.20
Analogrechnerergebnis für Arretiereinrichtung

Der Einschaltvorgang (Koppeln) wird bei bekannten Systemparametern zweckmäßigerweise maschinell berechnet [6.3.45]. Im **Bild 6.3.20** ist ein Analogrechnerergebnis dargestellt. Typisch sind die Strom-, Kraft-, Weg- und Geschwindigkeits-Zeit-Abhängigkeiten. Man erkennt die bereits im Bild 6.2.11 (s. Abschn. 6.2.) angegebenen prinzipiellen Zusammenhänge, insbesondere das Prellen als Zeitabschnitt der zeitweise formgepaarten Kopplung.

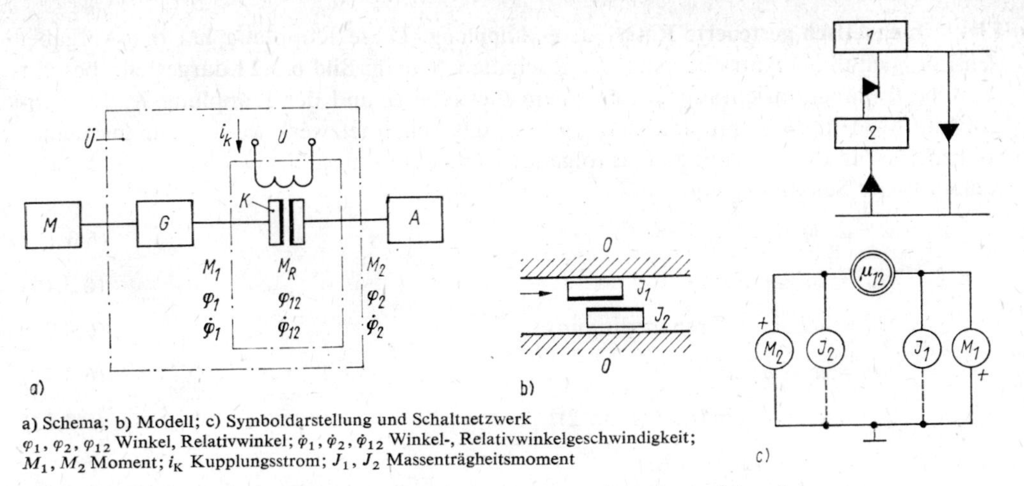

a) Schema; b) Modell; c) Symboldarstellung und Schaltnetzwerk
$\varphi_1, \varphi_2, \varphi_{12}$ Winkel, Relativwinkel; $\dot{\varphi}_1, \dot{\varphi}_2, \dot{\varphi}_{12}$ Winkel-, Relativwinkelgeschwindigkeit; M_1, M_2 Moment; i_K Kupplungsstrom; J_1, J_2 Massenträgheitsmoment

Bild 6.3.21. Darstellung einer elektromagnetisch gesteuerten Rotationsreibkupplung

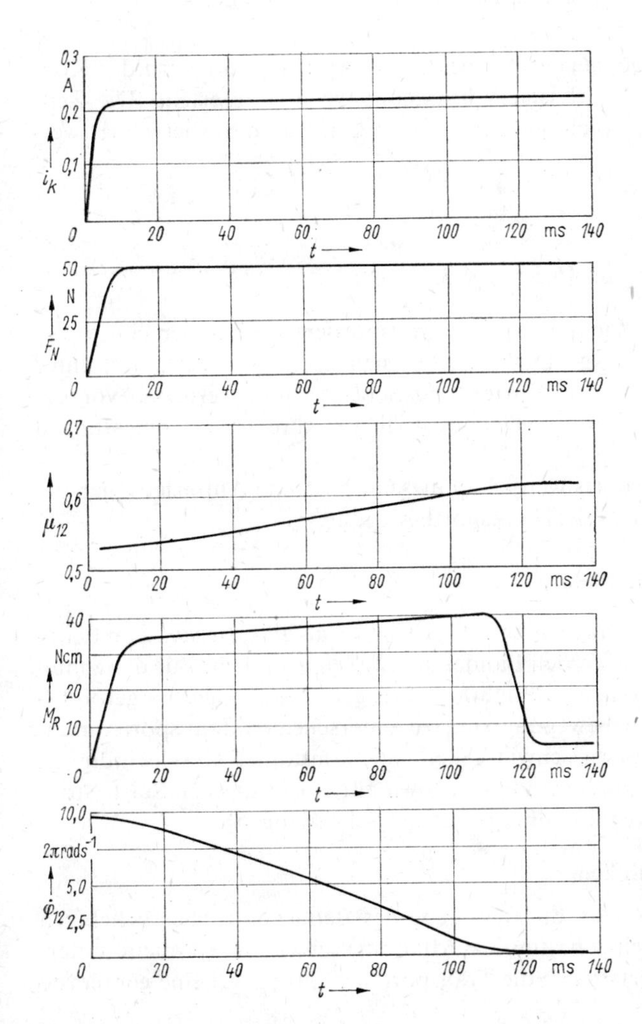

Bild 6.3.22
Digitalrechnerergebnis für Antriebssystem mit Reibkupplung
μ_{12} Reibfaktor

Elektromagnetisch gesteuerte Rotationsreibkupplung. Diese Kupplung hat die Aufgabe, den Energiefluß bei Antriebssystemen zu schalten. Wie im **Bild 6.3.21** dargestellt, besteht die Übertragungseinrichtung $\ddot{U}$ aus einem Getriebe G und der Kupplung K. Das abgeleitete Modell, die Symboldarstellung bzw. das Schaltnetzwerk werden zur mathematischen Beschreibung genutzt. Die folgenden Gleichungen sind Grundlage für die Berechnung des Schaltvorgangs

$$M_1 = M_R + J_1\ddot{\varphi}_1 \qquad (6.3.18)$$

$$M_R = M_2 + J_2\ddot{\varphi}_2 \qquad (6.3.19)$$

$$M_R = \mu F_N r_e \quad \text{(Grenzbedingung)} \qquad (6.3.20)$$

$$\mu = a - b\dot{\varphi}_{12} \qquad (6.3.21)$$

$$F_N = F\,[1 + \sin(i\pi/I + 3\pi/2)] \qquad (6.3.22)$$

$$U = iR + L(x)\,(\mathrm{d}i/\mathrm{d}t);$$

M_1 Antriebsmoment,
M_2 Belastungsmoment,
U Spannung,
i momentaner Strom
I Maximalstrom der Spule,
R Widerstand,
a, b, r_e und F konstante Größen.

Mit einem Digitalrechner (Kleinrechner) ist bei bekannten Systemparametern der Koppelvorgang bestimmbar. Im Bild 6.3.22 ist ein Einschaltvorgang dargestellt. Die Zeitdauer des Einschaltens und andere wichtige Kenngrößen können vorausberechnet werden.

6.3.3. Transporteinrichtungen

[6.3.6] bis [6.3.16] [6.3.46] bis [6.3.56] [6.3.59]

In der Gerätetechnik sind vielfach flache Körper zu transportieren. Sie haben eine in bezug auf Breite und Länge sehr geringe Dicke, lassen sich nach dem Verhältnis ihrer Hauptabmessungen einteilen in Bänder, Karten und Scheiben und werden bevorzugt translatorisch oder rotatorisch in der Ebene bewegt, in der ihre Hauptabmessungen liegen, nur selten quer dazu.

Abhängig vom Zweck des Transports werden an diesen bestimmte Anforderungen gestellt bezüglich des zeitlichen Ablaufs der Transportbewegung.

6.3.3.1. Transporteinrichtungen für Bänder

Bänder sind flache Körper, deren Länge sehr viel größer ist als ihre Breite. Zur Platzersparnis und besseren Handhabung werden Bänder auf Spulen gewickelt. Für diese muß die Transporteinrichtung über geeignete Aufnahmen verfügen. Abhängig vom geforderten zeitlichen Ablauf der Transportbewegung sind zu unterscheiden Transporteinrichtungen für Bewegungen mit Mindestgeschwindigkeit, mit konstanter Geschwindigkeit und mit periodisch veränderlicher Geschwindigkeit sowie für stochastischen Start–Stop-Betrieb (unregelmäßige Schrittbewegung, unregelmäßige Schrittlängen).

Bewegungen mit Mindestgeschwindigkeit

Für viele Anwendungen genügt es, daß die Bewegung des Bandes mit einer beliebigen Geschwindigkeit abläuft, sofern eine bestimmte Mindestgeschwindigkeit nicht unterschritten wird. In diesem Fall reduziert sich die Transportvorrichtung auf eine gebremste

Vorratsrolle *1* und eine angetriebene Aufwickelrolle *2* (**Tafel 6.3.5**, Nr. 1). Die Geschwindigkeit des Transports beträgt dann $v = 2r\pi n$, wobei r der Radius des Wickels auf der Aufwickelrolle ist. Die Minimalgeschwindigkeit wird also vom Spulenkerndurchmesser bestimmt, die Maximalgeschwindigkeit vom größtmöglichen Wickeldurchmesser.

Diese Art von Transporteinrichtung findet man häufig bei Filmprojektoren und Tonbandgeräten (Rücklauf).

Bewegungen mit konstanter Geschwindigkeit

Zwischen Vorratsrolle und Aufwickelrolle ist ein Mechanismus zu schalten, der das Band mit konstanter Geschwindigkeit bewegt. Die Aufwickelrolle muß dann über eine Reibkupplung mit dem Antrieb verbunden sein.

Als Transportmechanismen sind folgende Konstruktionen verwendbar:

Zugwalze. In Tafel 6.3.5, Nr. 2 besteht der Transportmechanismus *3* aus nur einer gleichmäßig angetriebenen Walze, die vom zu transportierenden Band umschlungen wird. Hier ist nur die Umschlingungsreibung wirksam, die den maximalen Betrag der Transportkraft bestimmt. Sie ist abhängig von der Spannkraft F_S, dem Umschlingungswinkel α und dem Reibwert μ und berechnet sich aus

$$F \leqq F_{S1} - F_{S2} \leqq F_{S2}\,(e^{\mu\alpha} - 1) = F_{S1}\,(e^{\mu\alpha} - 1)/e^{\mu\alpha}. \tag{6.3.23}$$

Da Reibwert und Umschlingungswinkel nicht unbegrenzt groß sein können, die Spannkraft ebenfalls nicht beliebig gesteigert werden kann (Festigkeit des Bandes, Festigkeit der Lagerung der Zugwalze), lassen sich mit der Zugwalze allein nur relativ geringe Bandtransportkräfte erzielen.

Zugwalze mit Gegendruckrolle. Der Zugwalze wird eine zweite Rolle zugeordnet (Tafel 6.3.5, Nr. 3), die das Band mit Federkraft auf die Zugwalze drückt. Damit kann die Druckkraft F_N bei entsprechender Gestaltung der Lagerung sehr groß gewählt werden, wodurch Reibkraft bzw. Transportkraft F ebenfalls relativ große Werte annehmen: $F \leqq F_N\mu$.

Nachteilig ist, wie bei allen Reibpaarungen, der mehr oder weniger große Schlupf zwischen den Reibkörpern. Er läßt sich zwar weitgehend vermindern durch Verwendung von Werkstoffen mit geringer Verformbarkeit (z. B. Stahl) für die Walzen, aber es ist dabei Rücksicht zu nehmen auf den Bandwerkstoff und den erzielbaren Reibwert.

Der Schlupf läßt sich nur durch Formpaarung völlig unterdrücken. Im folgenden werden entsprechende Transporteinrichtungen dargestellt.

Rolle mit Nadelkranz. Die gleichmäßig angetriebene Rolle ist am Umfang mit spitzen Nadeln besetzt, die sich in das darüberlaufende Band eindrücken (Tafel 6.3.5, Nr. 4). Dieses Prinzip ist nur bei Bändern aus weichen Werkstoffen zu einmaligem Transport anwendbar, z. B. bei Registrierpapier in schreibenden Meßgeräten. Die übertragbare Kraft ist durch Versuche zu bestimmen.

Rolle mit Verzahnung. Die gleichmäßig angetriebene Rolle trägt am Umfang eine Verzahnung, die in die Perforation des darüberlaufenden Bandes eingreift (Tafel 6.3.5, Nr. 5). Die Verzahnung kann starr (a) oder in der Rolle versenkbar sein (b). Die übertragbare Kraft ist von der Zahl der in Eingriff befindlichen Perforationslöcher und der je Perforationsloch übertragbaren Kraft abhängig. Es ist aber zweckmäßig, nur mit einem tragenden Perforationsloch zu rechnen, wenn nicht durch entsprechende präzise Fertigung der Rollenverzahnung und der Perforation des Bandes die Lastverteilung auf mehrere Lochkanten gewährleistet ist. Dies gilt sinngemäß auch für dic in Tafcl 6.3.5, Nr. 6,

Tafel 6.3.5. Transporteinrichtungen für Bänder mit kontinuierlicher Bewegung

	Nr.	Benennung	Schema	Anwendungen	Bemerkungen
Mit Mindestgeschwindigkeit	1	Wickelantrieb	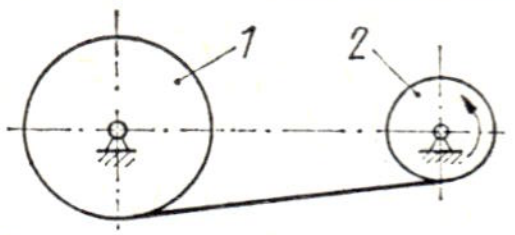	Rückspuleinrichtungen für Tonband und Film	*1* Vorratswickel *2* Aufwickelspule
Mit konstanter Geschwindigkeit	2	Zugwalze	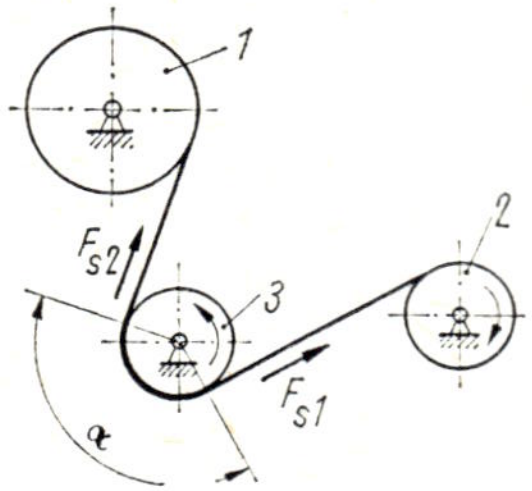	Transporteinrichtungen, bei denen Antrieb nicht auf einer der Wickelachsen sitzen kann oder bei denen Drehrichtung des Antriebs entgegengesetzt der Wickelrichtung sein soll	nur geringe Kräfte übertragbar, Antriebsrolle muß zylindrisch sein mit nur geringen Formabweichungen *1* Vorratswickel *2* Aufwickelspule *3* Antriebsrolle
	3	Zugwalze mit Gegendruckrolle	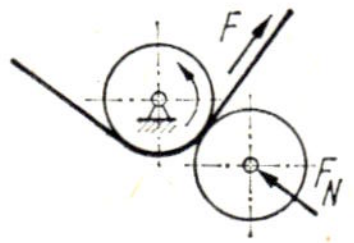	Tonbandgeräte, Schreibmaschinen, Drucker, Fernschreiber	große Kräfte übertragbar; beide Rollen dürfen nur geringe Formabweichungen haben, ihre Drehachsen müssen parallel zueinander stehen
	4	Rolle mit Nadelkranz	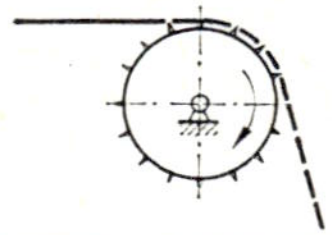	registrierende Meßgeräte	Band nur einmal transportierbar
	5	Rolle mit Verzahnung	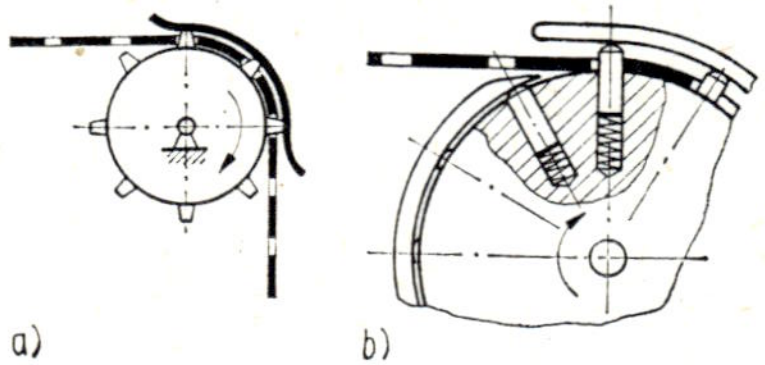	Lochbandgeräte, Aufnahmekameras und Projektionsgeräte für Film, z.T. für Tonbandgeräte, Drucker, Fotoapparate (Kleinbild)	z.T. auch versenkbare Verzahnung (*b*), statt Sicherungsblech auch Rollen zur Sicherung
	6	Zugmittel mit Verzahnung	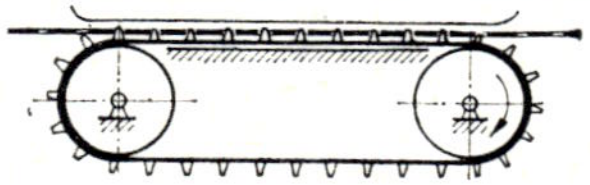	Schnelldrucker	z.T. auch versenkbare Verzahnung (s. Nr. 5)

dargestellte Transporteinrichtung mit *verzahntem Zugmittel*, die z.B. zum Papiertransport in Schnelldruckern Verwendung findet. Hier sorgt die Nachgiebigkeit des Papiers für die Lastverteilung.

Bewegungen mit periodisch veränderlicher Geschwindigkeit (Schrittbetrieb)
[6.3.46] bis [6.3.56] [6.3.59]

Hierzu zählen Transportmechanismen, die das Band schrittweise bewegen. Diese Mechanismen gliedern sich in zwei Gruppen, solche, die ständig mit dem Band in Eingriff stehen (mit Schrittgetrieben), und solche, die nur beim Transportschritt mit dem Band in Eingriff stehen (Greifergetriebe),

Tafel 6.3.6. Transporteinrichtungen für Bänder mit diskontinuierlicher Bewegung (Schrittbewegung); Kopplung im Getriebe (Schrittgetriebe), vgl. auch Tafel 6.3.4

Nr.	Benennung	Schema	Anwendungen	Bemerkungen
1	Klinken-schritt-getriebe		Farbbandantrieb bei Schreibmaschinen und Fernschreibern, Zeilenvorschub bei Schreibmaschinen	Klinken härten, Sperrverzahnung nach Möglichkeit ebenfalls *1* Sperrad; *2* Antriebshebel; *3* Transportklinke; *4* lagesichernde Klinke; *5* Anschlag
2	Malteser-kreuz-getriebe		Filmprojektoren (35-mm- und 70-mm-Film)	große Geschwindigkeit in der Mitte des Schritts, Treibereingriff nicht ruckfrei; präzise Fertigung erforderlich; zusammenwirkende Flächen härten und schleifen; gute Schmierung wird empfohlen; Schrittzeitverhältnis an Schlitzzahl gebunden *1* Treiber; *2* Zylindersicherung; *3* Malteserkreuz
3	Sternrad-getriebe		Verpackungs-, Druck-, Spulenwickelmaschinen und überall dort, wo periodisch Stillstand mit Bewegungsphase bei konstanter Geschwindigkeit im Wechsel erforderlich ist	Verzahnung kann auch als Evolventenverzahnung ausgeführt werden; Schrittzahlverhältnis in weiten Grenzen wählbar, konstante Geschwindigkeit im mittleren Teil des Schritts *1* Antriebsscheibe mit *2* Triebstockverzahnung *3* Zylindersicherung *4* Sternrad
4	Kurven-schritt-getriebe		für Spielzeuge und ähnliche untergeordnete Zwecke	je kleiner Schrittzeitverhältnis, desto größer Kräfte, Verschleiß und Klemmgefahr (Selbstsperrung) *1* Zylinderkurve *2* verzahntes Rad

Schrittgetriebe

Für die Elemente, die mit dem Band unmittelbar zusammenwirken, kommen die in Tafel 6.3.5, Nr. 2 bis 6 dargestellten Möglichkeiten in Frage. Der Antrieb muß schrittweise erfolgen. Die dazu nötigen Mechanismen werden im folgenden dargestellt.

Klinkenschrittgetriebe. Die Grundform zeigt **Tafel 6.3.6**, Nr. 1. Das Rad mit der Sperrverzahnung wird beim Hingang des Klinkenhebels *2* durch Klinke *3* mitgenommen. Beim Rückgang des Klinkenhebels verhindert Klinke *4* das Zurückdrehen des Rades. Die Anschläge *5* begrenzen den Schrittwinkel. Diese Grundform ist für verschiedene Zwecke abgewandelt worden. So ist die Veränderung des Schrittwinkels möglich, indem der Hebel *3* je nach Stellung einen mehr oder minder großen Bereich der Sperrverzahnung abdeckt **(Bild 6.3.23)**. Geräusche beim Abgleiten der Klinken auf der Verzahnung lassen sich vermeiden, indem die Klinken bei Relativbewegungen entgegen der Transportrichtung durch die Schleiffedern *3* aus der Sperrverzahnung *2* gehoben werden **(Bild 6.3.24)**. Das Klinkenschrittgetriebe ist aufgrund der oszillierenden Antriebsbewegung nicht für sehr große Frequenzen geeignet. Die Anwendung erfolgt bei Farbbandantrieben in Schreibmaschinen **(Bild 6.3.25)**. Hier sind die Klinken *3* im Gestell gelagert, und das Rad *2* mit der Sperrverzahnung wird relativ zu ihnen bewegt. Diese Bewegung wird durch die Kippung des Spulengehäuses mitsamt dem Sperrad *2* um die Achse *1* erzielt. Je nach Kippung wirkt eine der Klinken *3* auf das Sperrad *2* antreibend, die andere gleitet an der Verzahnung ab. Eine zusätzliche, nicht dargestellte Einrichtung vermag nach Ablauf des Farbbands von der Vorratsrolle die Klinken *3* vom Rad *2* wegzuschwenken und dafür die an der bisherigen Vorratsrolle einzuschwenken, so daß die Bandbewegung umgekehrt wird.

Malteserkreuzgetriebe. Es besteht nach Tafel 6.3.6, Nr. 2, aus dem Treiber *1*, auf dessen Achse der Sperrzylinder *2* befestigt ist, und dem Malteserkreuz *3*. Dieser Mechanismus

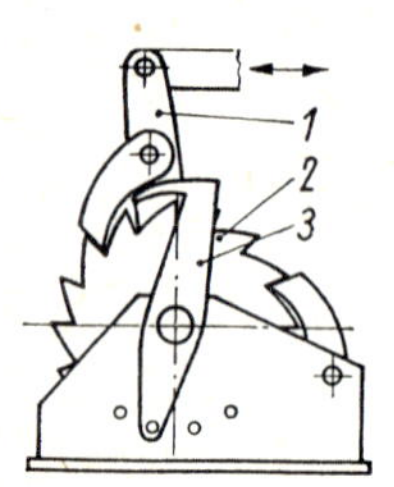

Bild 6.3.23. Klinkenschrittgetriebe mit einstellbarer Schrittweite [6.3.6]

1 Antrieb; *2* Sperrad; *3* Schritteinstellhebel

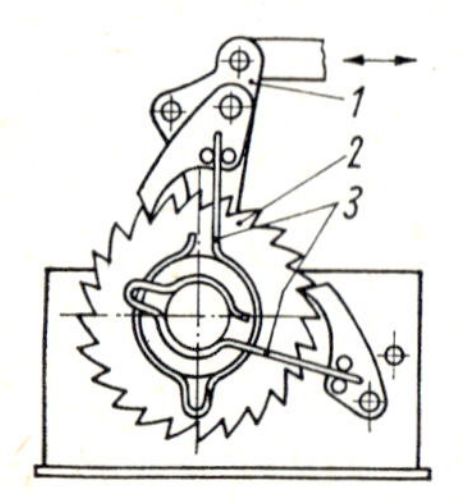

Bild 6.3.24. Klinkenschrittgetriebe, geräuscharm [6.3.6]

1 Antrieb; *2* Sperrad; *3* Schleiffeder

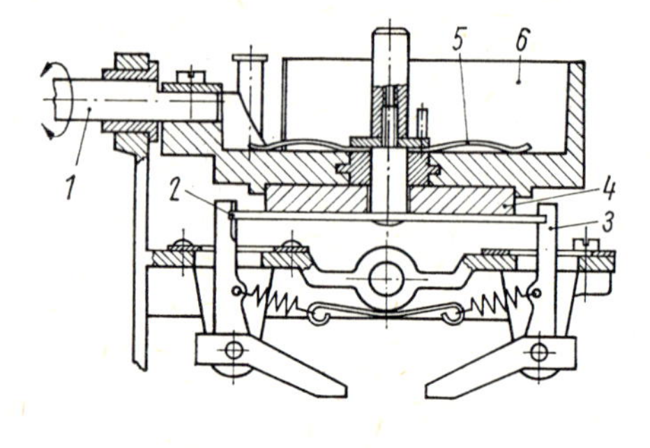

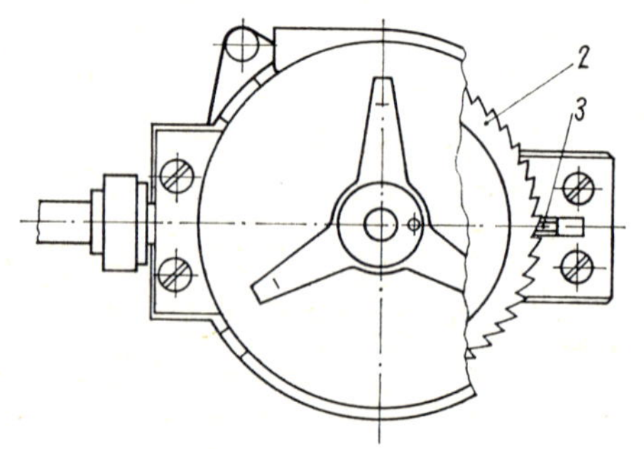

Bild 6.3.25. Klinkenschrittgetriebe am Farbbandantrieb einer Schreibmaschine

1 oszillierende Antriebswelle; *2* Sperrad; *3* Klinke; *4* Filzbremse; *5* Bremsfeder; *6* Spulengehäuse

ist eine Anwendung der Kurbelschleife. Die Bewegung des Malteserkreuzes erfolgt bei radial eingreifendem Treiber stoßfrei, aber nicht ruckfrei. Die daraus resultierenden Massenkräfte müssen, speziell bei großen Drehzahlen, durch präzise Fertigung, saubere Oberflächen und geeignete Schmierung beherrscht werden. Durch geeignete Vorschaltgetriebe (Doppelkurbel, Getriebe mit elliptischen Zahnrädern) läßt sich der Ruck vermindern [6.3.47].

Das Malteserkreuzgetriebe wird hauptsächlich bei Filmaufnahme- und Filmprojektionsgeräten angewendet, besonders bei solchen für 35 und 70 mm breite Filme. Dabei interessiert das Schritt–Zeit-Verhältnis ν, das gleich dem Verhältnis der Schrittzeit t_S zur Gesamtzeit T (Dauer der Schrittbewegung, Periode) ist. Beim Malteserkreuzgetriebe ohne Vorschaltgetriebe, also ω_{an} = konst., errechnet sich das Schritt–Zeit-Verhältnis auch aus dem Winkel, den der Treiber zum Weiterdrehen des Malteserkreuzes durchläuft, und dem Vollwinkel, also einer Umdrehung des Treibers. Da die Schlitzzahl z des Malteserkreuzes den Schrittwinkel beeinflußt, kann ν für Außenmalteserkreuzgetriebe aus der Beziehung

$$\nu = t_S/T = t_S/(t_R + t_S) = (z - 2)/2z \tag{6.3.24}$$

errechnet werden (t_R Rastzeit).

Sternradgetriebe. Die Variante in Tafel 6.3.6, Nr. 3 besteht aus dem Antriebsrad *1* mit Triebstöcken *2* und Sperrstück *3* sowie dem Sternrad *4*, das eine durch zwei Sperrschuhe unterbrochene Verzahnung trägt. Das Schritt–Zeit-Verhältnis dieser Anordnung ist größer als Eins (andere Formen s. [6.3.6]).

Kurvenschrittgetriebe (Tafel 6.3.6, Nr. 4). Antriebselement ist eine Zylinderkurve *1*, deren Schrittabschnitt auf einem relativ kleinen Winkel des Zylinders verläuft. Da die Eingriffsverhältnisse zwischen dem Rad *2* und der Zylinderkurve hauptsächlich durch Gleitreibung und ungünstige Berührungsflächen gekennzeichnet sind, weshalb auch der Verschleiß größere Ausmaße annimmt, wird dieses Getriebe nur für untergeordnete Zwecke verwendet.

Schritttransport durch periodisches Bremsen. Das Band wird durch ein Zugwalzenpaar **(Bild 6.3.26)** gezogen. Das Zugwalzenpaar wird über eine Rutschkupplung *1* gleichmäßig angetrieben.

Durch periodisches Abbremsen des Bandes, beispielsweise über eine mittels eines Elektromagneten *2* betätigte Bremse *3*, läßt sich dann ein schrittweiser Transport des Bandes erreichen. Die Rutschkupplung ist so zu bemessen, daß die für das Band zulässige Zugkraft nicht überschritten wird. Außerdem sind Reibungen des Bandes in den Führungen und der Vorratsrolle in ihren Lagern so weit zu mindern, daß die Rutschkupplung das Band bei nichtwirkender Bremse sicher zieht. Diese Art Transporteinrichtung wird z. B. bei Streifendruckern angewendet.

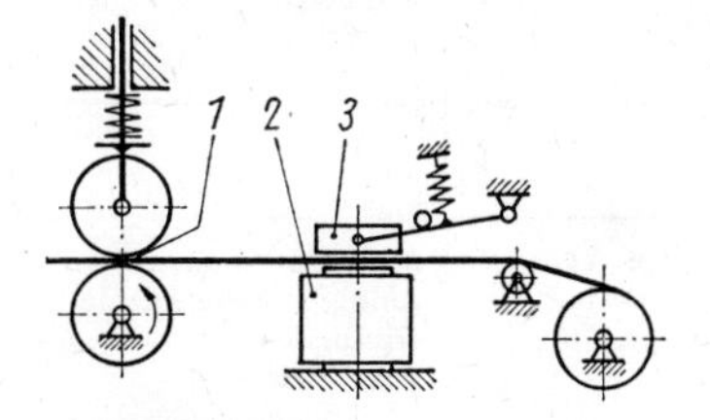

Bild 6.3.26
Schrittbetrieb durch periodisches Bremsen
1 Antrieb mit definierter Rutschkraft; *2* Bremsmagnet; *3* Bremsanker

Greifergetriebe

Greifergetriebe, die nur in der Transportphase des Schrittzyklus mit dem Band in Eingriff stehen, können auf Kraftpaarung oder Formpaarung beruhen.

Zugwalze mit unterbrochener Reibfläche. Die antreibende Rolle *1* ist am Umfang entsprechend dem angestrebten Schritt-Zeit-Verhältnis unterbrochen, so daß in diesem Bereich keine Normalkraft und folglich auch keine Transportkraft wirkt (**Tafel 6.3.7**, Nr. 1 a). Ein ähnlicher Effekt ist erzielbar, wenn eine Zugwalze normaler Bauart mit abhebbarer

Tafel 6.3.7. Transporteinrichtungen für Bänder mit diskontinuierlicher Bewegung (Schrittbewegung); Kopplung am Band (form- bzw. kraftgepaart), vgl. auch Tafel 6.3.4

Nr.	Benennung	Schema	Anwendungen	Bemerkungen
1	Zugwalze mit ausgespartem Sektor oder zeitweise abgehoben	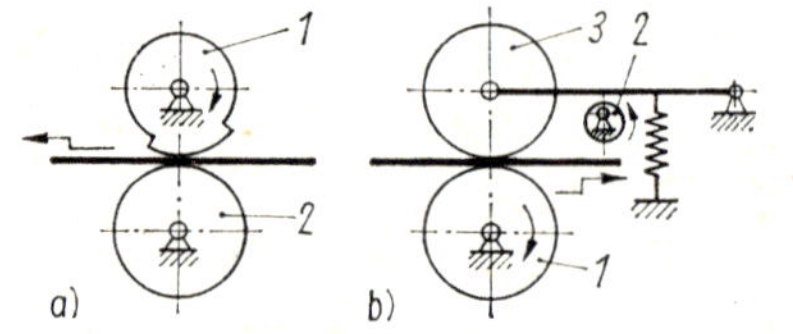 a) b) 1 2 3	Registrierkassen (Belegdrucker)	Präzision des Schritts gering a) *1* Antrieb; *2* Gegendruckrolle b) *1* Antrieb; *2* Getriebe zum Abheben; *3* Gegendruckrolle
2	Klemmgreifergetriebe	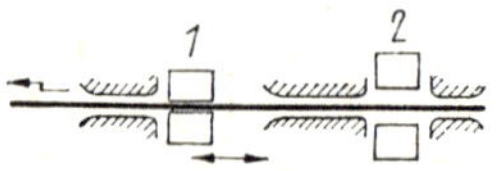 1 2	Lochbandgeräte	*1* Transportklemmpaar *2* lagesicherndes Klemmpaar (s. auch Bild 6.3.28)
3	Reibgreifergetriebe	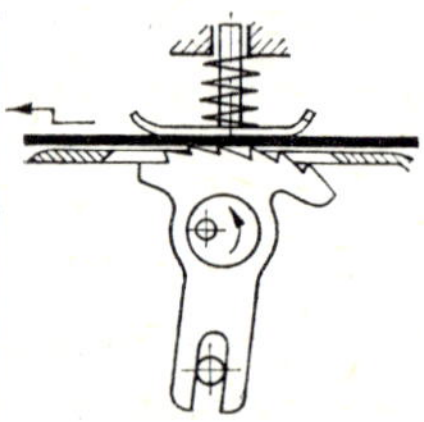	Nähmaschinen	Verzahnung zur Erhöhung der Reibung, muß gehärtet sein
4	Klinkengreifergetriebe	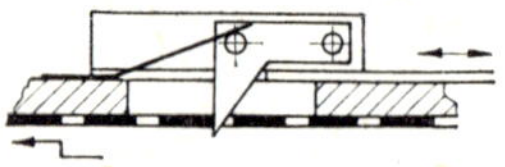	Filmaufnahmekameras (8-mm- und 16-mm-Film)	Klinke mit Filmsteuerung bewirkt Verschleiß der Perforation, deshalb Anwendung nur für Aufnahmekameras, Klinke muß gehärtet sein
5	D-Greifergetriebe (Kurbelschwinge)	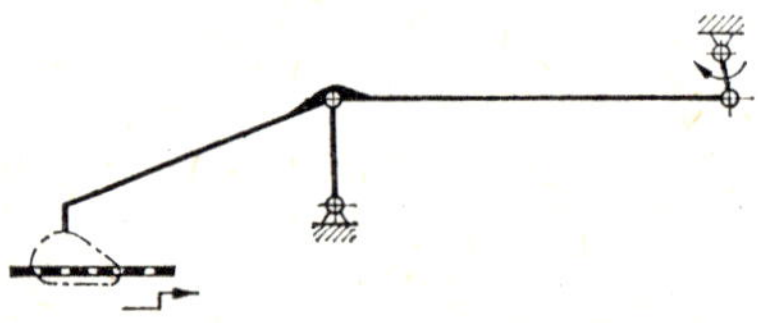	Filmaufnahmekameras (bis 35-mm-Film) Filmprojektoren (bis 16-mm-Film)	auch mehrere Greiferspitzen parallel an einem Hebel
6	D-Greifergetriebe (Kurbelschleife)	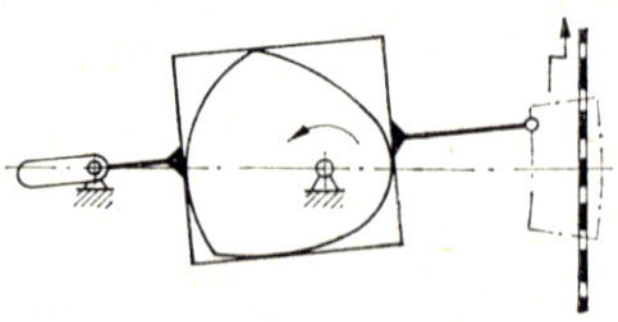	Filmaufnahmekameras (bis 35-mm-Film) Filmprojektoren (bis 16-mm-Film)	Ausführung auch mit kurbelgesteuertem Koppelglied, Greiferbahn dann abgerundet
7	Schlägerschaltgetriebe	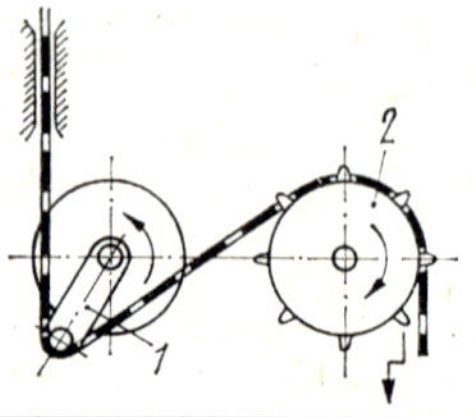 1 2	Filmprojektoren (8-mm-Film)	Präzision des Schritts gering, Justierelemente erforderlich *1* Schlägerhebel *2* verzahnte Rolle

Gegendruckrolle verwendet wird (b). In beiden Fällen ist aber ein stoßfreier Transport nicht möglich. Deshalb und auch wegen des Schlupfes wird diese Variante nur dann angewendet, wenn dadurch bedingte Beanspruchungen des Bandes vertretbar sind und Präzision der Schrittlänge nicht gefordert wird (z.B. in Registrierkassen, Buchungsmaschinen).

Klemmgreifer. Diese Einrichtung besteht aus zwei Klemmstückpaaren (Tafel 6.3.7, Nr. 2). Das Klemmstückpaar *1* faßt das Band und zieht es um den Schritt voran. Danach wird das Paar gelöst und um den Schritt zurückgeführt. Während der Rückführung wird das Band durch das Klemmstückpaar *2* festgehalten. Die Klemmstückpaare können nach verschiedenen Prinzipien wirken, z.B. nach **Bild 6.3.27** mit Klemmrichtgesperre oder nach **Bild 6.3.28** mit kurvengesteuerten Klemmstücken, die abwechselnd für den Transportschritt sorgen. Durch Abschalten eines Magneten *3* bzw. beider Magneten läßt sich die Schrittfrequenz halbieren bzw. der Transport unterbinden.

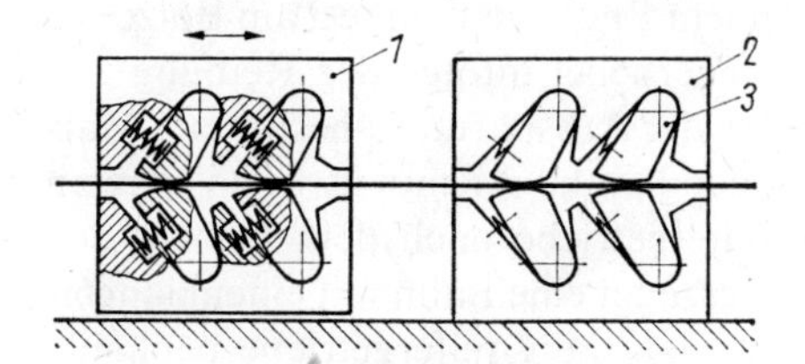

Bild 6.3.27
Klemmgreifergetriebe mit Richtgesperre
1 Schaltgreifer; *2* Rücklaufsicherung; *3* Klemmstück

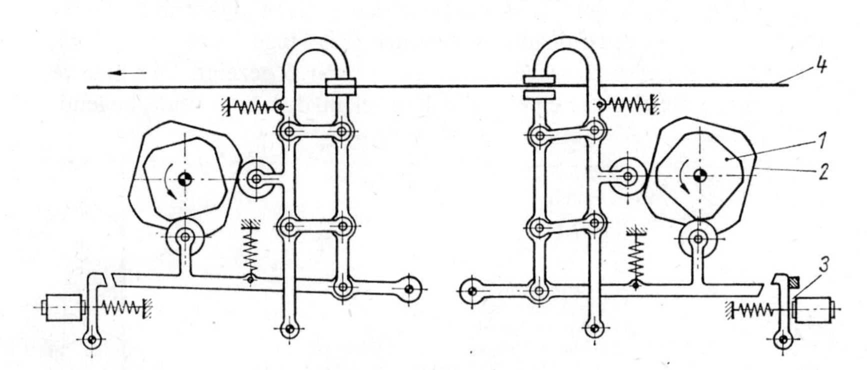

Bild 6.3.28. Kurvengesteuertes Klemmgreifergetriebe
1 transportsteuernde Kurve; *2* greifersteuernde Kurve; *3* Transportblockierung; *4* bandförmiger Informationsträger

Reibgreifer. Der Greiferhebel ist ein Teil einer Kurbelschleife. Seine Reibfläche bewegt auf einem Teil ihrer Bahn das Band um einen Schritt voran. Zur Verbesserung der Reibung kann die Reibfläche verzahnt werden (Tafel 6.3.7, Nr. 3). Der Reibgreifer findet z.B. in Nähmaschinen zum schrittweisen Transport der Stoffbahn Anwendung.

D-Greifer. D-Greifer sind mit dem zu transportierenden Band während der Transportphase formgepaart. Die Führung der Greiferspitze sollte nach folgenden Gesichtspunkten erfolgen:

- Während der Transportphase darf der Greifer keine quer zur Transportrichtung liegende Bewegung ausführen.
- Der Greifer soll beim Einfahren in die Perforation diese nicht berühren. Zu diesem Zweck muß er einen Schritt s ausführen, der den eigentlich erforderlichen Schritt s_S um einen kleinen Betrag Δs übersteigt.
- Der Greifer muß beim Ausfahren aus der Perforation von deren Kante abheben.

Die Greiferspitze kann durch verschiedene Getriebe geführt werden, z.B. Führung auf einer Koppelkurve durch Koppelgetriebe oder auch kurvengesteuert (Exzentergetriebe). Allerdings lassen sich die obengenannten Forderungen nur z.T. erfüllen. Das ist besonders dann, wenn das Band mehrmals mit solchen Getrieben transportiert wird, wegen des Verschleißes an der Perforation ungünstig. Darüber hinaus muß das Getriebe nach dem erreichbaren Schritt–Zeit-Verhältnis gewählt werden. In Tafel 6.3.7, Nr. 4 ist ein Klinkengreifergetriebe dargestellt. Die Steuerung der Klinke erfolgt hier durch die Perforation des Bandes. Beim Zurückgleiten wird die Klinke aus der Perforation gehoben. Da die Perforation damit sehr belastet wird, sollte dieser Mechanismus nur für einmaligen Transport des Bandes Verwendung finden, z.B. bei Filmaufnahmekameras. Durch geeignete Gestaltung kann jedoch auch ein solches Klinkengreifergetriebe von der Steuerung durch die Perforation befreit werden. Bei dem Getriebe im **Bild 6.3.29** ist die Klinke *3* auf dem Vorschubhebel *1* gelagert. Der Steuerhebel *2* sitzt auf der Achse *6* des Vorschubhebels mit einer bestimmten Reibung und faßt mit seinem Ende die Klinke *3* am Bolzen *4*. Bei der Bewegung des Vorschubhebels bleibt der Steuerhebel infolge der Reibung auf seiner Drehachse um das durch das Spiel der Achse *7* in der Aussparung *5* bestimmte Maß zurück. Diese Relativbewegung wird zur Steuerung der Klinke *3* benutzt. Ein Vertreter der Koppelgetriebe ist in Tafel 6.3.7, Nr. 5 das Greifergetriebe nach dem Prinzip der Kurbelschwinge. Der auf der Koppel gewählte Punkt erzeugt eine Bahn mit einem langen geraden Stück. Nach der Form der Koppelkurve werden die Greifergetriebe benannt. Das Schritt–Zeit-Verhältnis des in der Tafel dargestellten Getriebes beträgt $v = 1:2$. **Bild 6.3.30** zeigt die konstruktive Ausführung einer Kurbelschwinge als Greifergetriebe. Die Kurvensteuerung der Greiferspitze wird in Tafel 6.3.7, Nr. 6 gezeigt. Der hier verwendete Exzenter, ein sog. Gleichdick, ersetzt die Kurbel in dem zugrunde liegenden

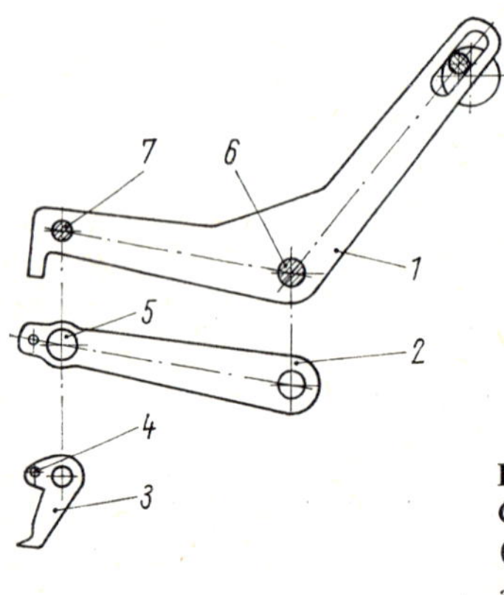

Bild 6.3.29
Klinkengreifergetriebe [6.3.7]

1 Vorschubhebel
2 Steuerhebel
3 Klinke
4 Steuerbolzen
5 Aussparung im Steuerhebel
6 Achse des Vorschubhebels
7 Drehachse Klinke

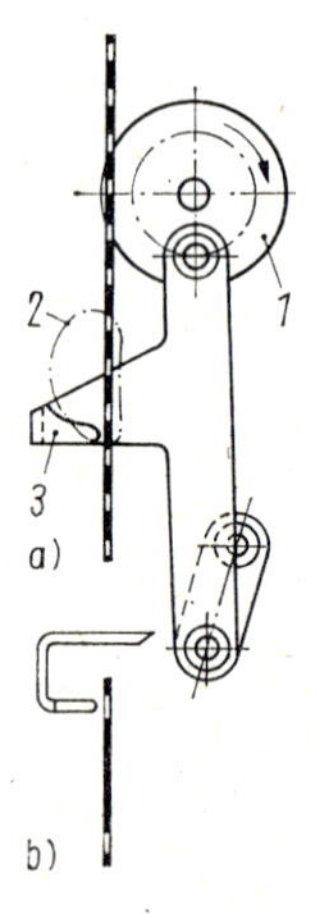

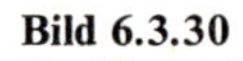

Bild 6.3.30
Greifergetriebe in einer Schmalfilmkamera (Prinzip Kurbelschwinge) [6.3.7]

a) Getriebedarstellung
b) Greiferspitze, in Filmlaufrichtung gesehen
1 Antriebskurbel; *2* Bahn der Greiferspitze; *3* Greiferspitze

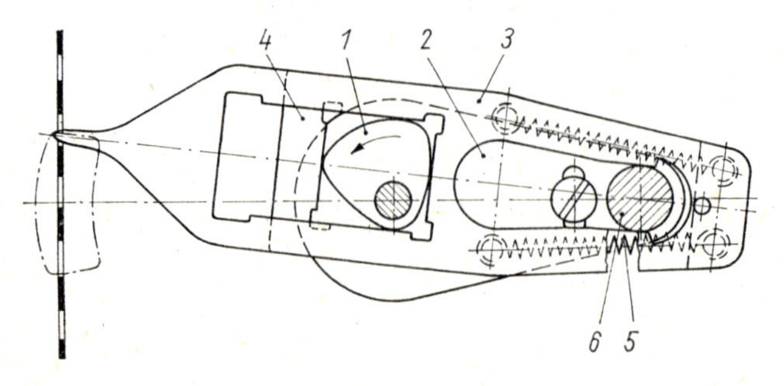

Bild 6.3.31
Greifergetriebe mit Kurvensteuerung [6.3.7]

1 Antriebsexzenter; *2* Justierhebel; *3* Greiferkoppel; *4* relativ zu *3* verschiebbares Kulissenteil; *5* Zugfeder; *6* Führungsbolzen

Kurbelschleifengetriebe. Abweichend vom exakten Kurbelschleifengetriebe erzeugt der gewählte Koppelpunkt eine Bahn, die sich aus Kreisbögen und Geradenstücken zusammensetzt. Das Schritt–Zeit-Verhältnis ist abhängig von dem Verhältnis des Hubes zum mittleren Radius des Exzenters. Es sind Werte zwischen $\nu = 1:3$ und $\nu = 1:8$ möglich. **Bild 6.3.31** zeigt die konstruktive Ausführung eines kurvengesteuerten Greifers, wie er in einer 16-mm-Filmaufnahmekamera verwendet wird. Das Gleichdick wurde durch äquidistante Vergrößerung an den Ecken abgerundet, so daß sich dem Verschleiß keine Angriffspunkte bieten **(Bild 6.3.32).** Die Aufteilung der Kurvenkulisse in die Teile *3* und *4* erlaubt es, Teil *3* gegen die Federkräfte *5* gegenüber *4* zu bewegen, wodurch die Greiferspitze aus dem Filmkanal gezogen wird (Erleichterung beim Filmeinlegen). Der Führungsbolzen *6* sitzt auf dem Justierhebel *2*, der mittels Schraube so geklemmt ist, daß sich die Greiferbahn in der richtigen Lage bezüglich des Bildfensters befindet.

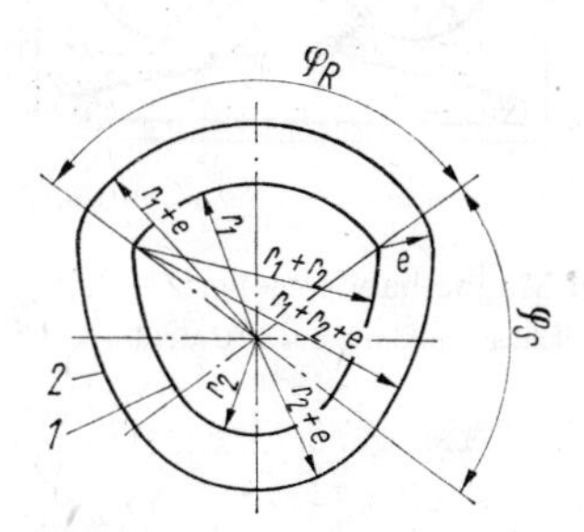

Bild 6.3.32. Konstruktion des Gleichdicks [6.3.7]

1 Grundstruktur; *2* Äquidistante; $r_1, r_2, r_1 + r_2$ Exzenterradien; *e* Abstand der Äquidistante; φ_S Antriebswinkel für Schritt; φ_R Antriebswinkel für Rast (Rastwinkel)

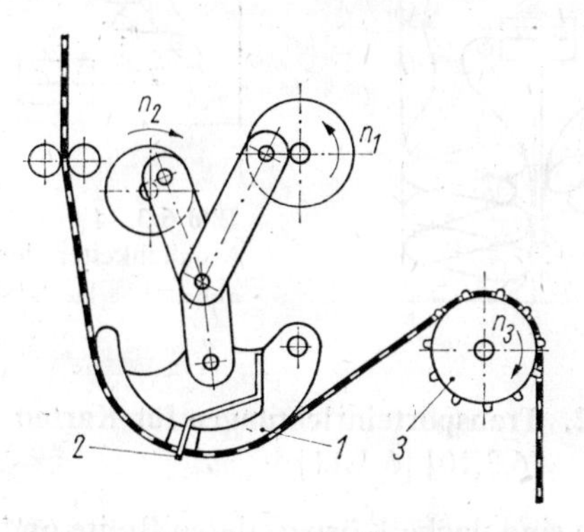

Bild 6.3.33. Schlägerschrittgetriebe mit Justierstift [6.3.6]

1 Schlägerwanne; *2* Justierstift; *3* verzahnte Rolle

Schlägerschrittgetriebe. Diese Getriebe bewegen das Band schrittweise durch periodische Schleifenbildung durch den Schläger *1* im Gegenspiel zur gleichmäßig angetriebenen Walze *2*, die die Schleife verkürzt (Tafel 6.3.7, Nr. 7). Das Band muß in den Führungen oberhalb des Schlägers Reibung haben. Die dargestellte einfache Konstruktion erreicht keine besonders gute Präzision bezüglich der Schrittlänge, da der Schläger nicht mit der Perforation des Bandes zusammenwirkt. Wird höhere Präzision gefordert, so muß die Bandlage zusätzlich durch Perforation justiert werden. **Bild 6.3.33** zeigt ein etwas komplizierter gestaltetes Getriebe aus einem Filmprojektor. In der letzten Phase der Bewegung legt sich der Stift *2* der Schlägerwanne *1* an die Lochkante des perforierten Filmbands und korrigiert die Schrittlänge. Die Antriebsdrehzahlen n_1, n_2 und n_3 stehen zueinander im Verhältnis $1:4:1/z$ (*z* Zähnezahl der verzahnten Rolle *3*).

Stochastischer Start-Stop-Betrieb

Stochastischer Start-Stop-Betrieb wird mit Mechanismen ähnlich dem in Tafel 6.3.7, Nr. 1b möglich. Ein Elektromagnet bewirkt je nach Schaltzustand das Andrücken oder Abziehen der Gegendruckrolle an die oder von der Zugrolle. Hauptanwendungsgebiet sind Magnetbandspeicher in der EDV.

Gegenüber periodischem Start-Stop-Betrieb sind Transportpausen und Transportzeiten willkürlich lang, und während der Transportphase lassen sich wesentlich größere Bandgeschwindigkeiten erreichen. Wenn aus dieser großen Geschwindigkeit in kurzer Zeit auf Geschwindigkeit Null zu bremsen ist, entstehen große Massenkräfte, die zum

Bandriß führen können. Das gleiche gilt für die kurzzeitige Beschleunigung beim Anfahren. Den Hauptanteil der Massenträgheit bilden die Aufwickel- und die Vorratsrolle. Durch Schleifen (ohne oder mit nur geringer Bandspannung) läßt sich erreichen, daß die Spulen nicht so großen Beschleunigungen ausgesetzt werden müssen, das Band also nicht übermäßige Kräfte zu übertragen hat. Allgemein gilt aber, daß der Aufwand für die Bildung der Schleifen mit größeren Geschwindigkeiten und größeren Beschleunigungen wächst (Schleifenbildungshebelsysteme mit Dämpfungen u.a.; **Bild 6.3.34**). Für hohe Ansprüche wird zusätzlich die Abwickelspule über eine Rutschkupplung angetrieben.

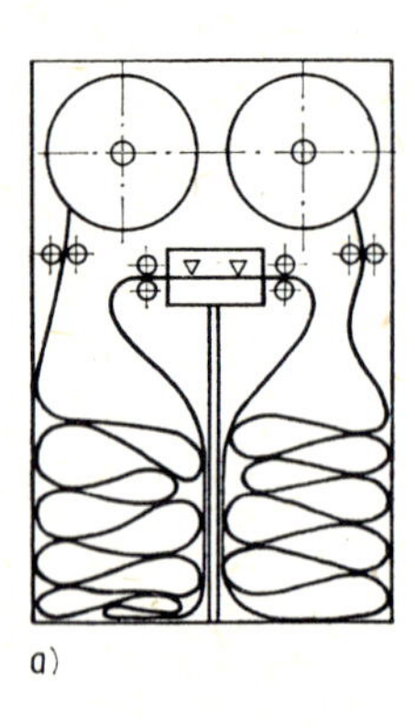

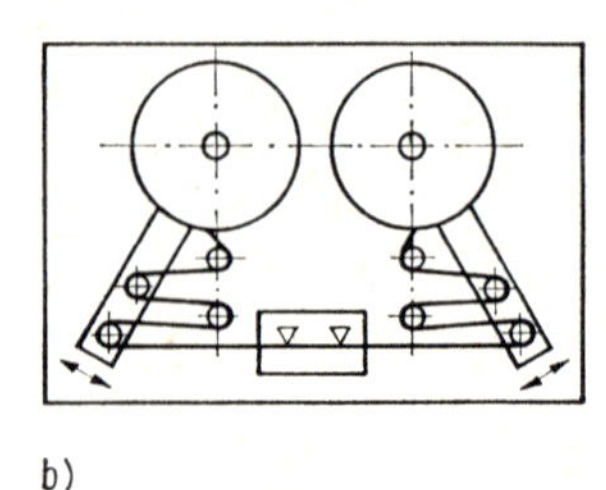

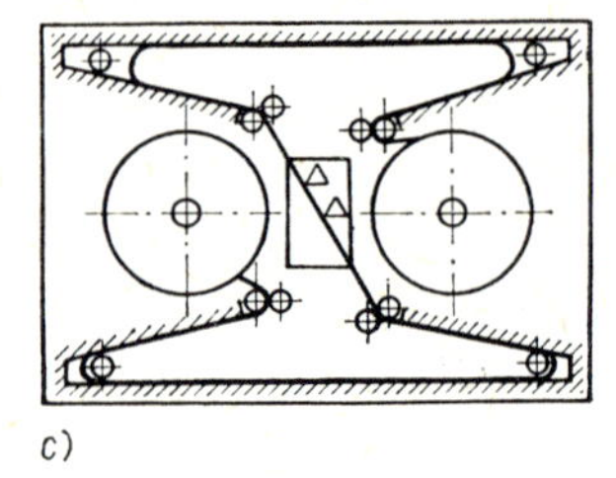

Bild 6.3.34
Möglichkeiten der Schleifenbildung bei Magnetbandspeichern [6.3.10]
a) Bandschächte; b) Schleifenbildungshebel; c) Schleifenbildung durch Unterdruck

6.3.3.2. Transporteinrichtungen für Karten [6.3.10] [6.3.11]

Karten sind flache Körper, deren Breite und Länge sich zueinander wie etwa 1:(2,5 ... 1) verhalten. Grundsätzlich sind für die Karten die gleichen Transporteinrichtungen verwendbar wie für Bänder, ausgenommen solche mit nur zeitweisem Eingriff mit dem Transportgut. Es ist aber erforderlich, eine seitliche Führung längs des gesamten Transportwegs vorzusehen und bei längeren Transportwegen (größer als die Kartenabmessung in Transportrichtung) die Transporteinrichtung mehrfach entlang dem Transportweg zu wiederholen.

Lediglich an den Enden der Transportbahn ergeben sich Unterschiede zu Bändern, da Karten gestapelt vorliegen. Sie sind also vom Stapel abzuziehen und wieder im Stapel abzulegen.

Bewegung mit konstanter Geschwindigkeit. Bevorzugt finden Zugrollen mit Gegendruckrollen Anwendung, die in zweckmäßigen Abständen längs der Transportbahn angeordnet sind. Für spezielle Zwecke werden Karten auch perforiert und dann mit verzahnten Rollen und Gegendruckrollen transportiert **(Bild 6.3.35).**

Eine weitere Möglichkeit besteht darin, Karten mit strömender Luft zu bewegen **(Bild 6.3.36).** Durch seitliche Düsen *1* strömt Druckluft in den Transportkanal *2* und an

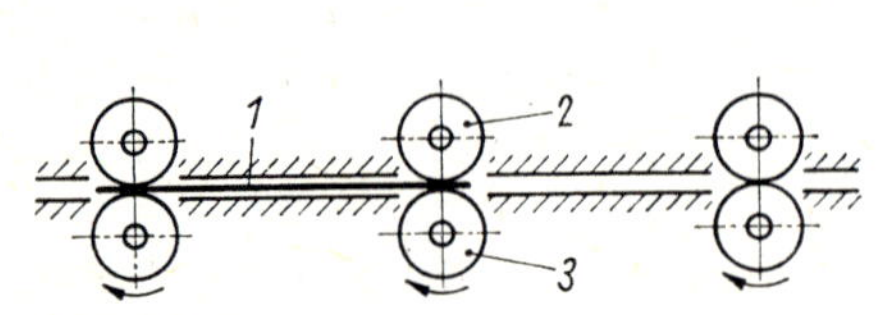

Bild 6.3.35. Transport von Karten mittels Zugwalzen
1 Karte; *2* Gegendruckrolle; *3* Antriebsrolle

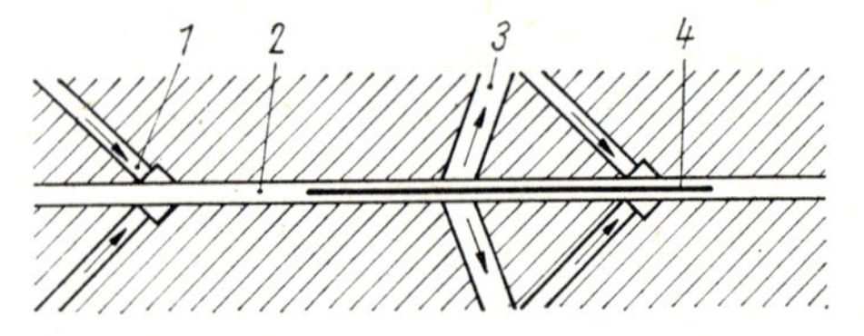

Bild 6.3.36. Transport von Karten mittels Druckluft
1 Düse; *2* Transportkanal; *3* Absaugung; *4* Karte

bestimmten Abzweigungen *3* wieder ab, so daß die Karte auf Luftpolstern getragen und transportiert wird.

Bewegung mit periodisch veränderlicher Geschwindigkeit (Schrittgetriebe). Zu diesem Zwecke werden Zugwalzen mit Gegendruckrolle bevorzugt. Es gibt Fälle, bei denen die Karte längs der Transportbahn teils mit konstanter Geschwindigkeit bewegt wird und teils im Schrittbetrieb. Für die Schrittbewegung müssen also Schrittgetriebe (siehe Abschnitt 6.3.3.1.) vorgeschaltet werden.

Kartenvereinzelung und Kartenablage. Die allgemein angewendete Kartenvereinzelung besteht darin, daß jeweils die unterste Karte des Stapels durch das Kartenmesser *1* unter dem Kartenmesser *2* hindurchgeschoben wird, bis das erste Zugwalzenpaar die Karte erfaßt **(Bild 6.3.37).** Zur Sicherung der Funktion müssen $h_1 < h < h_2$ sein, wobei die Unterschiede nur Bruchteile von h groß sein dürfen. Außerdem muß der Stapel plan und dicht liegen, was u.a. durch das Massestück *3* erreicht wird. Weiterhin sind die Qualität der Schnittkanten der Karten und die Güte der Kanten der Kartenmesser von Bedeutung.

Das Ablegen der Karten aus der Transportbahn erfolgt relativ unkompliziert durch Abwerfen vom letzten Zugwalzenpaar in ein Ablagefach **(Bild 6.3.38).**

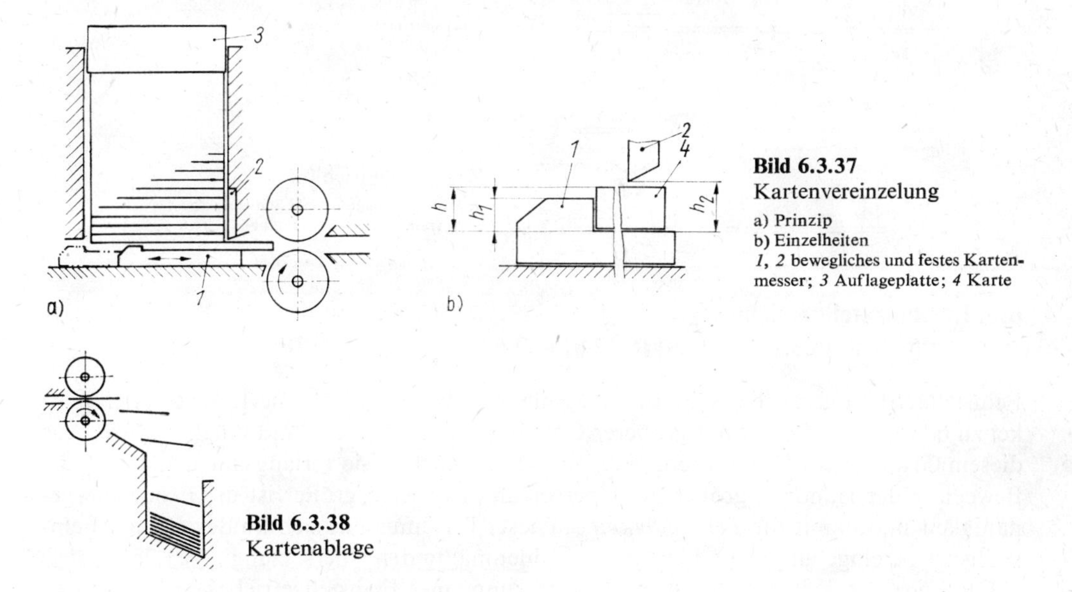

Bild 6.3.37
Kartenvereinzelung
a) Prinzip
b) Einzelheiten
1, *2* bewegliches und festes Kartenmesser; *3* Auflageplatte; *4* Karte

Bild 6.3.38
Kartenablage

6.3.3.3. Antriebseinrichtungen für Scheiben

Unter Scheiben seien hier flache Körper mit kreisförmiger Begrenzung verstanden, wie sie als Schallplatten, Magnetplatten, Lochplatten u.a. technische Anwendung finden. Sie drehen sich zweckgerichtet um eine im Mittelpunkt der kreisförmigen Begrenzung senkrecht auf der Scheibenfläche stehende Achse. Das kann in vielfältiger Weise geschehen. Meist wird aber große Drehzahlkonstanz benötigt, wodurch die Möglichkeiten eingeschränkt sind. Mechanische Präzision ist dann Grundvoraussetzung.

Für den Antrieb werden Synchronmotoren oder Spaltpolmotoren bevorzugt. Schwankungen der Drehzahl werden hervorgerufen außer durch Fertigungsabweichungen durch die endliche Polpaaranzahl des Motors und durch hochfrequente Reibmomentänderungen in den Lagern.

Soll die Scheibendrehzahl gleich der Drehzahl des verfügbaren Motors sein, so kann die Scheibenaufnahme direkt auf die Welle des Motors gesetzt werden. Die bei optimal ausgelegtem Motor verbleibenden Drehzahlstörungen sind nur durch die Massenträgheit einer geeignet zu bemessenden Schwungscheibe auszugleichen.

Falls die Drehzahl der Scheibe nicht der Drehzahl des Motors entspricht, muß ein Zwischengetriebe verwendet werden. Es kommen Reibradgetriebe **(Bild 6.3.39)** und Zugmittelgetriebe **(Bild 6.3.40)** zur Anwendung, da bei diesen die drehzahlstörenden Einflüsse noch am besten zu beherrschen sind. Beiden Getrieben gemeinsam ist der Schlupf, der sich aber in Grenzen halten läßt. Das Zugmittelgetriebe bietet neben diesem Nachteil auch eine Möglichkeit, Störungen der Drehzahl, die ihre Ursache in Baugruppen vor dem Zugmittelgetriebe haben (z.B. Motor, Lager, erstes Rad des Zugmittelgetriebes), auszugleichen. Dazu müssen Elastizität und innere Dämpfung eines geeigneten Werkstoffs und die Länge des Zugmittels auf das Trägheitsmoment der Schwungscheibe optimal abgestimmt sein. So lassen sich hohe Ansprüche an die Drehzahlkonstanz erfüllen.

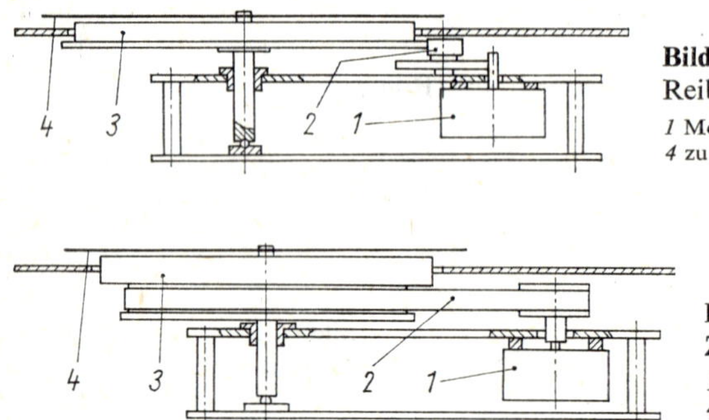

Bild 6.3.39
Reibradantrieb für Scheiben
1 Motor; *2* Reibradgetriebe; *3* Schwungscheibe; *4* zu transportierende Scheibe

Bild 6.3.40
Zugmittelantrieb für Scheiben
1 Motor; *2* Zugmittel; *3* Schwungscheibe; *4* zu transportierende Scheibe

6.3.4. Feinstellgetriebe

[6.3.18] [6.3.19] [6.3.26] [6.3.60] [6.3.64]

Feinstellgetriebe gestatten es, bestimmte Teile eines Geräts um definierte Wege oder Winkel zu bewegen, und zwar mit größerer Genauigkeit, als es von Hand möglich wäre. Aus diesem Grund haben die Getriebe eine Übersetzung $i > 1$; sie verlangsamen also z.B. die Bewegung der Hand. Je größer die Übersetzung ist, desto größer ist die Positioniergenauigkeit und damit die *Feinfühligkeit* v. Dieser Terminus hat sich im Bereich der Feinstellgetriebe eingebürgert und entspricht zahlenmäßig der Übersetzung i [6.3.22].

Die Feinfühligkeit und damit die Übersetzung eines Feinstellgetriebes ist so groß zu wählen, daß der Positioniergenauigkeit genügt wird. Spiel, Deformationen, stick-slip und die Feinfühligkeit der Hand haben dabei aber wesentlichen Einfluß. Sind große Wege oder Winkel zu durchfahren, so empfiehlt es sich, neben dem Feintrieb noch einen Grobtrieb vorzusehen.

Prinzipiell sind alle Arten von Getrieben für Feinstellzwecke einsetzbar. Ihre Vielfalt erlaubt es, ein zu konstruierendes Feinstellgetriebe durch zweckmäßige Auswahl dem Verwendungszweck optimal anzupassen. Im weiteren sollen die wichtigsten Getriebearten und ihre Anwendung als Feinstellgetriebe dargestellt werden.

6.3.4.1. Getriebe mit konstanter Übersetzung

Keilschubgetriebe (Tafel 6.3.8, Nr. 1) sind geeignet, wenn An- und Abtriebsbewegung i. allg. rechtwinklig zueinander verlaufen.

Tafel 6.3.8. Feinstellgetriebe mit konstanter Übersetzung (vgl. auch [6.3.56])

Getriebeart	Prinzip	Anwendungsbeispiele
1. Keilschubgetriebe	s_2, s_1, α	Meßgeräte, Justierungen
2. Schraubengetriebe Einfachschraubengetriebe	s_2, φ_1	Meßgeräte, Objektivfokussierung, Meißelverstellung in Ausdrehapparaten u.a.
3. Schraubengetriebe Zweifachschraubengetriebe	s_2, φ_1	Objektivfokussierung
4. Rädergetriebe Reibrädergetriebe	φ_1, φ_2	Meßgeräte, Abstimmung von Generatoren, Rundfunkempfängern u.a.
5. Rädergetriebe Zahnradgetriebe (hier Stirnradstandgetriebe)	φ_1, φ_2	Meßgeräte, Abstimmung von Generatoren, Rundfunkempfängern u.a.
6. Rädergetriebe Zahnradgetriebe, Reibradgetriebe (hier Stirnradumlaufgetriebe)	φ_1, φ_2	Nachführung astronomischer Fernrohre und Radioteleskope
7. Rädergetriebe Schneckengetriebe	φ_2, φ_1	Feinteilmaschinen, Feintrieb an Fernrohrmontierungen
8. Koppelgetriebe einfacher Hebel	s_1, s_2, r_2, r_1	Stufenknopf u.a.
9. Koppelgetriebe Storchschnabelgetriebe	s_1, $b-a$, s_2, a	Zeichengeräte, Kopiermaschinen, Manipulatoren
10. Sonderformen Federkombination nach Michelson	c_2, c_1, $c_1 < c_2$, s_2, s_1	optische Geräte (Strichplattenverstellung)

Die Übersetzung des Keilschubgetriebes bestimmt sich nach

$$i = s_1/s_2 = \cot\alpha. \tag{6.3.25}$$

Für große Übersetzungen muß der Keilwinkel α sehr klein sein. **Bild 6.3.41** zeigt die Ausführung eines Keilschubgetriebes als Justierelement in Meßgeräten. Das Übertragungsglied ist aus fertigungstechnischen Gründen kugelförmig gestaltet.

Schraubengetriebe setzen Drehbewegungen in Bewegungen längs der Drehachse um (Tafel 6.3.8, Nr. 2). Das Schraubengetriebe ist ein räumliches Getriebe, das aber auf eine ebene Form, nämlich das Keilschubgetriebe, zurückgeführt werden kann. Die Übersetzung beim Schraubengetriebe beträgt

$$i = \varphi_1/s_2 = 360°/P, \quad \text{bzw.} \quad i = \pi d/P; \tag{6.3.26}$$

d Außendurchmesser des Antriebsknopfes.

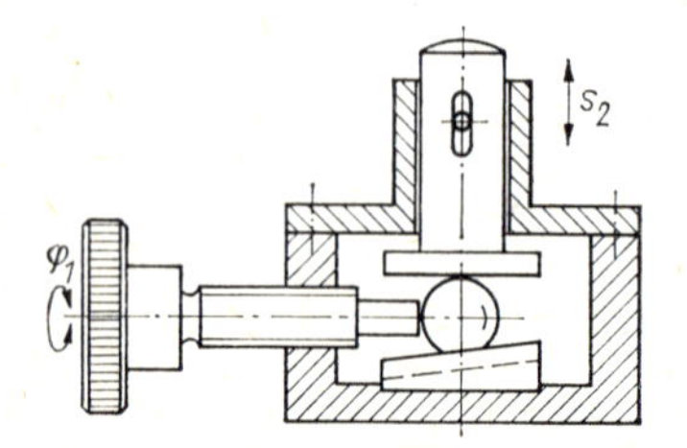

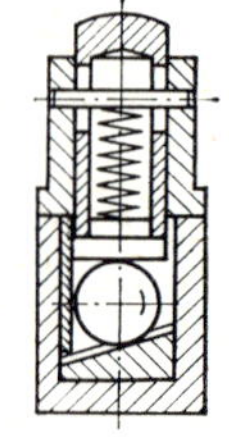

Bild 6.3.41. Konstruktive Ausführung eines Keilschubgetriebes [6.3.18]

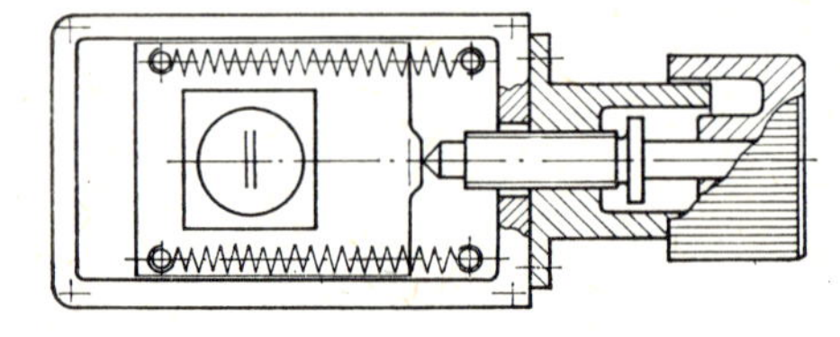

Bild 6.3.42. Okularschraubenmikrometer [6.3.18]

Die Steigungshöhe P einer Schraubenlinie ergibt sich aus dem Steigungswinkel ψ und dem Radius r des Schraubenzylinders:

$$P = 2r\pi \tan\psi. \tag{6.3.27}$$

Daraus ist abzuleiten, daß Schraubengetriebe für Feinstellzwecke einen kleinen Steigungswinkel ψ aufweisen müssen. Bild 6.3.41 zeigt im linken Bildteil ein Schraubengetriebe, das dem Keilschubgetriebe vorgeschaltet ist, nicht allein zur Vergrößerung der Feinfühligkeit, sondern auch wegen des bequemeren Antriebs. (Rotatorische Bewegungen sind von Hand besser ausführbar.)

Im **Bild 6.3.42** dient das Schraubengetriebe zur feinfühligen Verstellung der Strichplatte eines Okularschraubenmikrometers. Bild 6.3.43 zeigt ein Schraubengetriebe am beweglichen Schnabel eines Meßschiebers. Der Antrieb erfolgt hier an der Schraubenmutter.

Das Schraubengetriebe wird oft auch zur feinfühligen Einstellung von Objektiven verwendet. Sind auf dem Objektivgehäuse (Schraube) Teilungen eingraviert, die sich wegen der bequemen Ablesung nicht drehen sollen, so ist auch hier das Prinzip nach **Bild 6.3.43** zweckmäßig, also Antrieb an der Schraubenmutter **(Bild 6.3.44).**

Die Übersetzung eines Schraubengetriebes läßt sich nicht beliebig vergrößern; der Verkleinerung der Steigungshöhe P sind technologische Grenzen gesetzt. Einen Ausweg bietet das Zweifachschraubengetriebe (Tafel 6.3.8, Nr. 3). Für dieses Getriebe gilt

$$i = 360°/(P_1 - P_2), \quad \text{bzw.} \quad i = \pi d/(P_1 - P_2); \tag{6.3.28}$$

Differenz der Steigungshöhen sehr klein ausführbar;
d Durchmesser des Antriebsknopfes.

Rädergetriebe wandeln Drehbewegungen in Drehbewegungen oder Längsbewegungen. Die Radachsen von Antrieb und Abtrieb können parallel oder in beliebigem Winkel zueinander angeordnet sein. Nach Art der Kraftübertragung kann zwischen Reibradgetrieben und Zahnradgetrieben unterschieden werden. Die Übersetzung errechnet sich bei Räderstandgetrieben zu

$$i = d_2/d_1 = n_1/n_2 = \varphi_1/\varphi_2 . \tag{6.3.29}$$

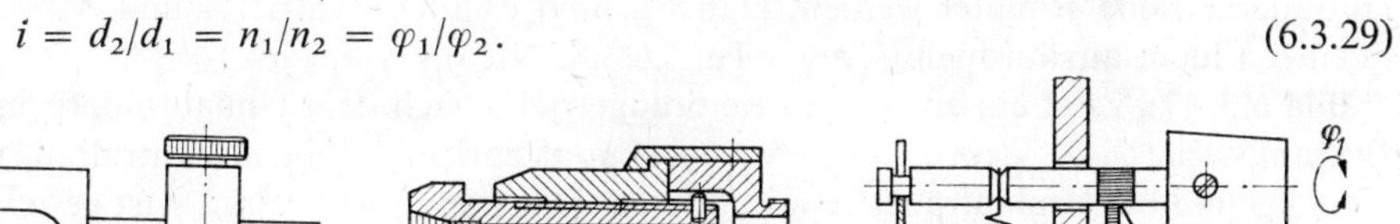

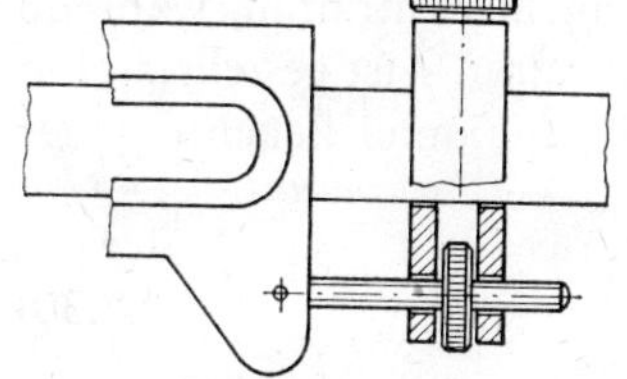

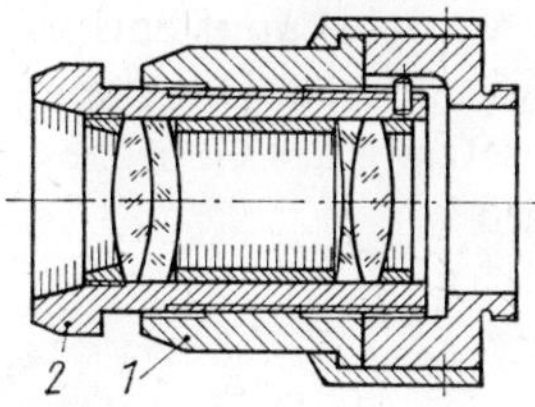

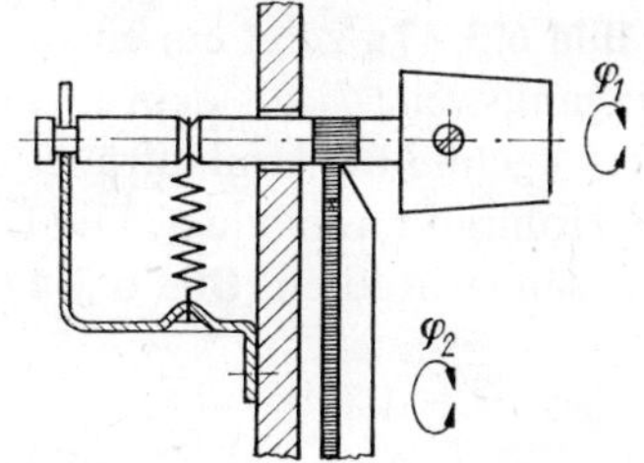

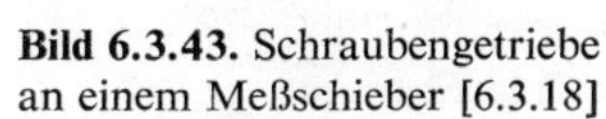

Bild 6.3.43. Schraubengetriebe an einem Meßschieber [6.3.18]

Bild 6.3.44. Objektivschraubengetriebe

Bild 6.3.45. Einfaches Reibradgetriebe [6.3.18]

Bei Zahnradgetrieben ist es jedoch zweckmäßiger, die Zähnezahl z einzusetzen ($d \sim z$). Während Zahnradgetriebe, abgesehen von der Wirkung der Verzahnungsabweichungen, durch die Formpaarung eine im Mittel konstante, dem Zähnezahlverhältnis entsprechende Übersetzung haben, ist bei Reibradgetrieben (abhängig von der Werkstoffpaarung) immer ein mehr oder minder großer Schlupf vorhanden, so daß $i = d_2/d_1$ nicht ganz erreicht wird und nur eine gute Näherung darstellt.

Oft sind jedoch Feinstellungen mit Reibradgetrieben durchaus zweckmäßig, zum Antrieb von Drehkondensatoren für die Abstimmung von Rundfunkempfängern oder Meßgeräten. **Bild 6.3.45** zeigt ein solches Feinstellgetriebe. Zur Erhöhung des Reibwerts ist die Antriebswelle gerändelt. Die Frequenzskale ist auf dem Abtriebsrad angebracht, so daß der Schlupf die Anzeigegenauigkeit nicht beeinflussen kann. Bei geeigneter Gestaltung und präziser Fertigung lassen sich mit Reibrädern auch recht anspruchsvolle Feinstellmechanismen aufbauen (Tafel 6.3.8, Nr. 4). **Bild 6.3.46** zeigt das Feinstellgetriebe einer Längenmeßmaschine, bei der am Meßschlitten *1* Positioniergenauigkeiten von $\pm 0{,}5$ µm gefordert werden. Der extrem kleine Radius r_1 des Antriebsrads wird erreicht, indem dieses als Kalotte ausgebildet ist, die gegen die Kegelfläche des Abtriebsrads gedrückt wird (Bild 6.3.46c). Der Berührungspunkt zwischen den beiden Rädern hat von der

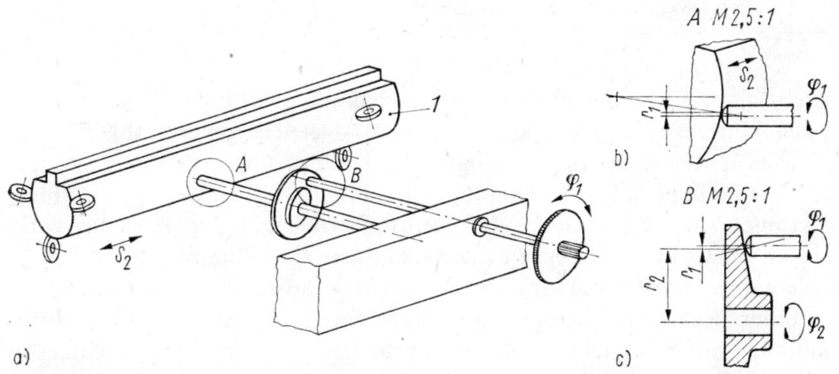

Bild 6.3.46. Zweistufiges Reibradgetriebe in einer Längenmeßmaschine [6.3.19]

a) Gesamtansicht; b) Paarung Reibrad–Meßschlitten; c) Paarung Reibrad–Reibrad

Drehachse des Antriebsrads den Abstand r_1 (wirksamer Radius des Antriebsrads). Ähnlich ist die Paarung in der zweiten Getriebestufe gestaltet, nur mit dem Unterschied, daß das Abtriebsglied hier einen unendlich großen Radius hat (Bild 6.3.46b).

Das gesamte, im Bild 6.3.46a dargestellte Getriebe erreicht eine Übersetzung von $i = 2200°/\text{mm}$. Eine große Übersetzung ist auch möglich, wenn Feinstellgetriebe als Umlaufrädergetriebe gestaltet werden. Dabei gelingt es auch, Antriebs- und Abtriebsachse in einer Flucht anzuordnen (s. auch Tafel 6.3.8, Nr. 6).

Bild 6.3.47a zeigt ein einstufiges Reibradgetriebe nach dem Umlaufräderprinzip. Die Eingangswelle *1* mit dem kleinen Antriebsknopf entspricht einem Zentralrad, während die Kugeln *3* die Umlaufräder repräsentieren. Das zweite Zentralrad *4* ist gestellfest und als Hohlrad ausgebildet. Die Übersetzung des Getriebes ergibt sich unter Beachtung der wirksamen Radien **(Bild 6.3.47b)** zu

$$i = (r_1 + r_4)/r_1 \,. \qquad (6.3.30)$$

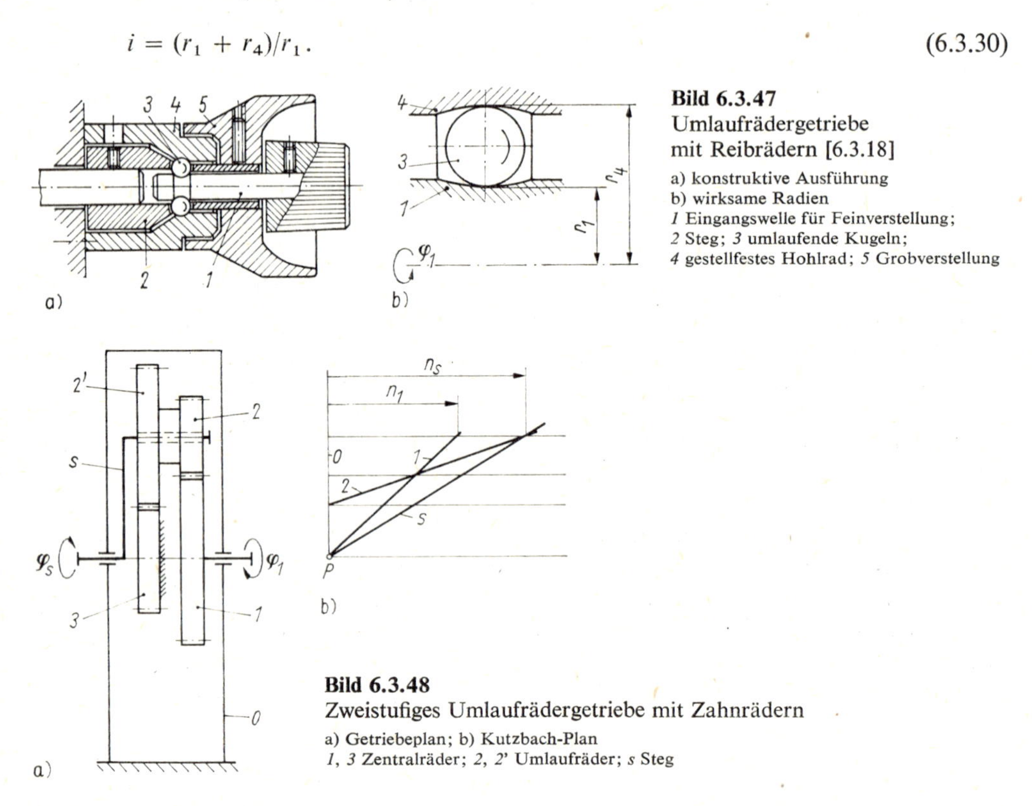

Bild 6.3.47
Umlaufrädergetriebe mit Reibrädern [6.3.18]
a) konstruktive Ausführung
b) wirksame Radien
1 Eingangswelle für Feinverstellung; *2* Steg; *3* umlaufende Kugeln; *4* gestellfestes Hohlrad; *5* Grobverstellung

Bild 6.3.48
Zweistufiges Umlaufrädergetriebe mit Zahnrädern
a) Getriebeplan; b) Kutzbach-Plan
1, 3 Zentralräder; *2, 2'* Umlaufräder; *s* Steg

Der große Antriebsknopf *5* ist mit dem Steg *2* verbunden und dient zur Grobverstellung, denn er ist mit der Abtriebswelle gekoppelt. Für Zahnradgetriebe gelten sinngemäß die gleichen Gesetze wie für Reibradgetriebe bezüglich der Übersetzung. Allerdings sind, bedingt durch die Verzahnung und die technologischen Möglichkeiten ihrer Herstellung, andere Konstruktionen entstanden. Gegenüber Reibradgetrieben, die trotz kleiner wirksamer Abmessungen relativ billig hergestellt werden können, sind Zahnradgetriebe durch das aufwendige Verzahnen der Radkörper i. allg. teurer. Stirnradstandgetriebe (Tafel 6.3.8, Nr. 5) erbringen unter Beachtung der unteren Begrenzung für Ritzelzähnezahlen durch Unterschnitt und auch mit Rücksicht auf die Baugröße des Getriebes (Raddurchmesser nicht beliebig groß) je Stufe einen Wert $i_{max} \approx 10$. Umlaufrädergetriebe erreichen auch mit Stirnrädern erheblich größere Werte (Tafel 6.3.8, Nr. 6). **Bild 6.3.48** zeigt das Prinzip eines zweistufigen Umlaufrädergetriebes mit dem zugehörigen Geschwindigkeitsplan nach *Kutzbach*. Aus diesem Plan wird ersichtlich, daß $i = n_s/n_1 = \varphi_s/\varphi_1$ ein Maximum erreicht, wenn (bei gleichem Modul in beiden Stufen) die Zähnezahldifferenz der Räder *1* und *3* und damit deren Durchmesserunterschied ein Minimum hat. Die Senkrechte und die Gerade *2* im Bild 6.3.48b schließen dann einen Winkel ein, der nur wenig kleiner als 90° ist, wodurch n_s sehr groß wird. Für einen großen Wert i ist außerdem eine große Zähnezahlsumme $z_1 + z_2$ bzw. $z_2' + z_3$ anzustreben. Die Zähnezahldifferenz kann im Minimum 1 betragen [6.3.64]. Bild 6.3.49 zeigt ein in diesem Sinne gestaltetes Getriebe. Innenverzahnungen bei Zentralrädern erbringen eine große Zähnezahlsumme $z_1 + z_2$ bei kleinen äußeren Abmessungen. Darüber hinaus läßt sich der der Zähnezahldifferenz $z_1 - z_3 = 1$ entsprechende geringe Durchmesserunterschied durch Korrektur der Verzahnung (Profilverschiebung) der Zentralräder ausgleichen, wodurch auch die Umlaufräder gleich groß werden ($z_2 = z_2'$). Die Übersetzung läßt sich dann nach

$$i = n_s/n_1 = \varphi_s/\varphi_1 = z_2/(z_1 - z_3) \tag{6.3.31}$$

berechnen. Das Getriebe nach **Bild 6.3.49** mit den dort angegebenen Abmessungen hat demnach eine Übersetzung $i = n_s/n_1 = \varphi_s/\varphi_1 = 80$.

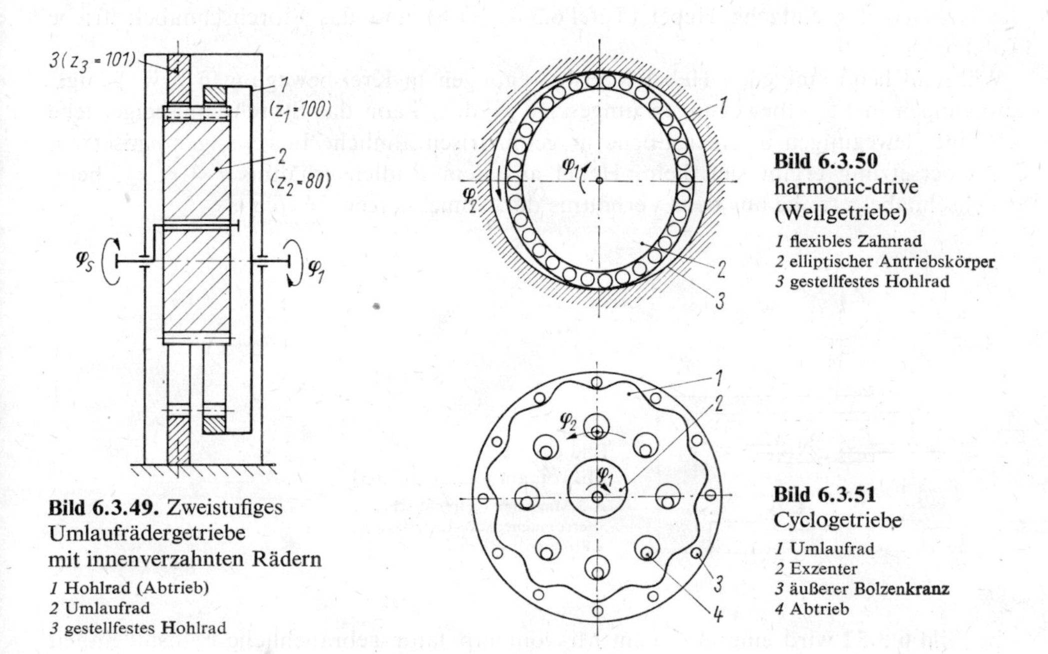

Bild 6.3.49. Zweistufiges Umlaufrädergetriebe mit innenverzahnten Rädern
1 Hohlrad (Abtrieb)
2 Umlaufrad
3 gestellfestes Hohlrad

Bild 6.3.50
harmonic-drive (Wellgetriebe)
1 flexibles Zahnrad
2 elliptischer Antriebskörper
3 gestellfestes Hohlrad

Bild 6.3.51
Cyclogetriebe
1 Umlaufrad
2 Exzenter
3 äußerer Bolzenkranz
4 Abtrieb

Bild 6.3.50 zeigt ein einstufiges Umlaufrädergetriebe, bei dem die Zentralräder ohne Zwischenschaltung des Umlaufrads direkt miteinander in Eingriff stehen. Das ist möglich, weil das kleinere außenverzahnte Rad *1* elastisch gestaltet wurde. Der Steg und das Umlaufrad werden durch den elliptischen Zentralkörper *2* repräsentiert, der das elastische Rad *1* an zwei einander gegenüberliegenden Stellen des Umfangs in das gestellfeste Rad *3* drückt. Die Wälzkörper zwischen *1* und *2* vermindern die Reibung. Diese Konstruktionen wurden unter dem Namen harmonic-drive bekannt. Die Übersetzung $i = n_2/n_1 = \varphi_2/\varphi_1 = z_3/(z_3 - z_1)$ kann Werte bis $i = 320$ erreichen. Die Zähnezahldifferenz muß $z_3 - z_1 = 2$ oder ein Vielfaches von 2 sein.

Bei Innenverzahnung, wie in den vorstehenden Beispielen verwendet, ist folgendes zu beachten: Getriebe mit innenverzahnten Rädern, bei denen sich die Zähnezahlen von Hohlrad und Planetenrad um weniger als zehn Zähne unterscheiden, sind wegen Eingriffsstörungen nicht funktionstüchtig. Diese Störungen sind vermeidbar, wenn die Zahnkopfhöhe $h_a < 1{,}0$ m und der Betriebseingriffswinkel $\alpha > 20°$ gewählt werden [6.3.21]. Das ist durch Profilverschiebung in Verbindung mit dem Kopfüberschneidverfahren zu realisieren.

Eine weitere Konstruktion eines einstufigen Umlaufrädergetriebes ist das Cyclogetriebe **(Bild 6.3.51).** Der Antrieb befindet sich am Exzenter *2*, der Abtrieb am Bolzenkranz *4*, der in Bohrungen des Umlaufrads *1* eingreift. Das Umlaufrad wälzt am äußeren Bolzenkranz *3* ab. Die Übersetzung errechnet sich wie beim harmonic-drive. Je Stufe ist ein Wert $i_{max} = 85$ erreichbar. Schneckengetriebe, eine Spezialform der Zahnradgetriebe, haben gekreuzte Achsen (Tafel 6.3.8, Nr. 7). Der Antrieb erfolgt an der Schnecke, deren Zähnezahl (Gangzahl) den Wert 1 haben kann. Die Übersetzung ist dann gleich der Zähnezahl des Schneckenrads. Die Übersetzung kann demnach bis $i_{max} = 100$ je Stufe betragen (vgl. dazu auch das im Bild 6.3.55 dargestellte Schneckengetriebe in der Feinfokussierungseinrichtung eines Mikroskops).

Koppelgetriebe. Einige Formen der Koppelgetriebe haben eine konstante Übersetzung. Dazu zählen der einfache Hebel (Tafel 6.3.8, Nr. 8) und das Storchschnabelgetriebe (Tafel 6.3.8, Nr. 9).

Während beim einfachen Hebel Kreisbewegungen in Kreisbewegungen bzw. Längsbewegungen in Längsbewegungen umgesetzt werden, kann das Storchschnabelgetriebe beliebige Bewegungen in einer Ebene in geometrisch ähnliche Bewegungen umsetzen. Die Übersetzung ergibt sich beim Hebel aus dem Radienverhältnis $i = r_1/r_2$, beim Storchschnabelgetriebe aus dem Verhältnis der Abmessungen $i = b/a$.

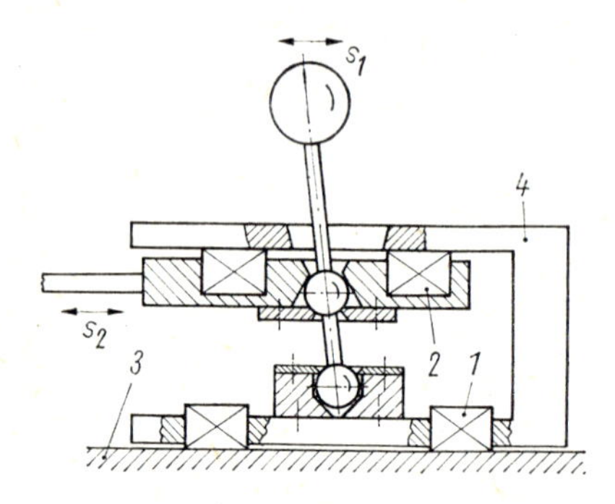

Bild 6.3.52
Mikromanipulator [6.3.63]
1, *2* Magneten (getrennt schaltbar)
3 ferromagnetische Unterlage (Gestell)
4 Rahmen

Im **Bild 6.3.52** wird eine an einem Mikromanipulator gebräuchliche Feinstelleinheit gezeigt, in der ein einfacher Hebel das wirksame Element darstellt. Bei Feinstellung sind die Magnete *1* eingeschaltet; der Rahmen *4* ist somit am Gestell *3* fixiert. Sind hingegen nur die Magneten *2* eingeschaltet, so bewegt sich bei Betätigung des Hebels der gesamte Rahmen *4*, was der Grobeinstellung entspricht. In dem erwähnten Mikromanipulator ist die Hebelfeinstellung mit einem Storchschnabelgetriebe gekoppelt. Eine weitere Anwendung des einfachen Hebels ist der Stufenknopf bei vielen Feinstelleinrichtungen (z. B. bei der Längenmeßmaschine nach Bild 6.3.46). Je nachdem, wo und wie die bedienende Hand zufaßt, ergibt sich eine dem Radius entsprechende unterschiedliche Übersetzung.

Sonderformen. Außer Getrieben eignen sich bestimmte Federanordnungen zu Feinstellzwecken. So ist die Michelson-Feder in Tafel 6.3.8, Nr. 10 für alle Feinstellungsprobleme brauchbar, wo außer der Antriebs- und Reaktionskraft keine anderen Kräfte auf das System wirken. Das ist z.B. in bestimmten optischen Geräten der Fall. Grundgedanke ist, daß eine steife Feder über eine angekoppelte weiche Feder bewegt wird. Die längs der Kombination wirksame Kraft bewirkt an der steifen Feder eine kleine, an der weichen Feder eine große Längenänderung (bzw. Winkelauslenkung, Durchbiegung usw.). Die Übersetzung wächst mit dem Unterschied der Federsteifen c der beiden Federn und beträgt

$$i = s_1/s_2 = (c_1 + c_2)/c_1 \,. \qquad (6.3.32)$$

Abschließend soll darauf hingewiesen werden, daß die Ausnutzung bestimmter physikalischer Effekte, wie Wärmedehnung oder die Magnetostriktion u.a., ebenfalls geeignet ist, Feinstellprobleme zu lösen (s. Abschn. 6.2.4. und 6.2.5.). Anwendung findet z.B. die Wärmeausdehnung in Mikrotomen, mit Hilfe derer mikroskopische Schnittpräparate mit bestimmter minimaler Dicke hergestellt werden. Die Übersetzung ist dann abhängig vom Material des Dehnungskörpers sowie von der Feinfühligkeit der Heizungsregelung.

6.3.4.2. Getriebe mit nichtkonstanter Übersetzung

Diese Getriebe sind dadurch gekennzeichnet, daß zwischen Antrieb und Abtrieb kein linearer Zusammenhang besteht, die Übersetzung innerhalb des Arbeitsbereichs also unterschiedliche Werte annimmt. Das muß aber nicht unbedingt ein Nachteil sein.

Koppelgetriebe. Das Gelenkviereck ist Grundform der Getriebearten Kurbelschwinge,

Tafel 6.3.9. Feinstellgetriebe mit nichtkonstanter Übersetzung

Getriebeart	Prinzip	Anwendungsbeispiele
1. Koppelgetriebe Kurbelschwinge	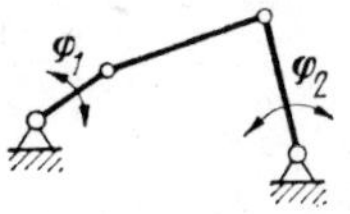 φ_1, φ_2	Justiervorrichtungen (Spezialfälle)
2. Koppelgetriebe Schubkurbel	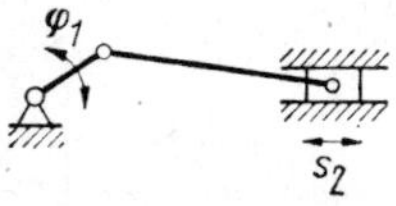 φ_1, s_2	
3. Koppelgetriebe Kurbelschleife	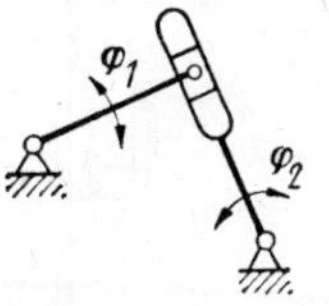 φ_1, φ_2	Nullpunkteinstellung an Drehspulmeßwerken
4. Koppelgetriebe mit elastischen Gliedern Bogenfederpaar	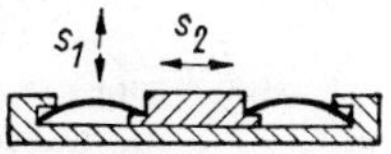 s_1, s_2	Justiervorrichtungen
5. Kurvengetriebe	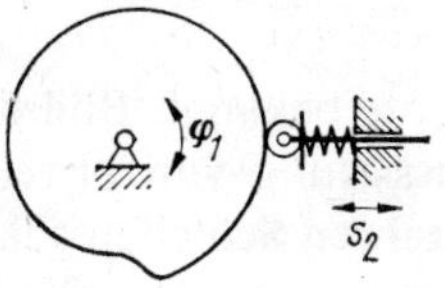 φ_1, s_2	Justierung, Linearisierung von Skalen in Verbindung mit Nachführzeiger an Meßgeräten Feintrieb an Mikroskopfokussierungen

Doppelkurbel, Doppelschwinge, Schubkurbel, Kurbelschleife u. a. Einige dieser Getriebearten sind bezüglich besonderer Lagen, die ihre Glieder zueinander einnehmen können, für Feinstellzwecke geeignet. Es sind dies Totlagenstellungen, bei denen zwei unmittelbar gelenkig verbundene Glieder in Streckung bzw. Deckung liegen. Das dritte bewegliche Glied der Kette ist dann in Ruhe.

In **Tafel 6.3.9**, Nr. 1 ist eine Kurbelschwinge nahe einer solchen Totlagenstellung dargestellt. Es ist ersichtlich, daß im Bereich um diese Lage der Getriebeglieder eine große Übersetzung vorhanden ist. Das gilt sinngemäß auch für die Schubkurbel (Tafel 6.3.9, Nr. 2). Bei der Kurbelschleife ist die größte Übersetzung gegeben, wenn die Kurbel nahezu senkrecht auf der Schleife steht (Tafel 6.3.9, Nr. 3).

Auf dieser Grundlage sind einige konstruktive Ausführungen bekannt geworden. **Bild 6.3.53** zeigt das Kniehebelgetriebe, dessen Grundform die Schubkurbel ist. Für das Kniehebelgetriebe (Kurbellänge = Koppellänge) gilt $i = s_1/s_2 = 0{,}5 \cot \alpha$.

In Tafel 6.3.9, Nr. 4 ist ein Bogenfederpaar dargestellt. Es kann als die Gegeneinanderschaltung zweier Kniehebelgetriebe mit elastischen Gliedern und Federgelenken aufgefaßt werden. Die Übersetzung erreicht in erster Näherung ähnliche Werte wie beim Kniehebelgetriebe.

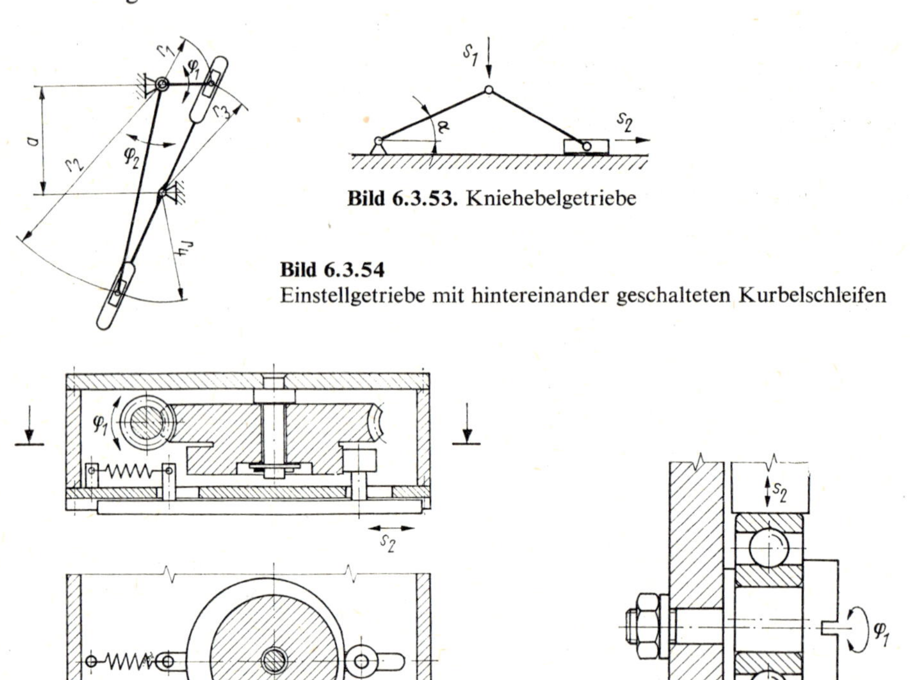

Bild 6.3.53. Kniehebelgetriebe

Bild 6.3.54
Einstellgetriebe mit hintereinander geschalteten Kurbelschleifen

Bild 6.3.55. Kurvengetriebe in einer Mikroskopfokussierung (Feinstellgetriebe)

Bild 6.3.56. Exzenterschraube für Justierzwecke

Beide Anordnungen sind als Justierelemente bekannt. **Bild 6.3.54** verdeutlicht die Anwendung der Kurbelschleife zur Umfokussierung von Nivellierinstrumenten [6.3.19]. Zwei schwingende Kurbelschleifen sind mit ihren Schleifen gekoppelt, so daß die Kurbel der einen das Antriebsglied, die der anderen das Abtriebsglied darstellt.

Die Übersetzung der Kombination ist in Symmetrielage $i = r_2 r_3/(r_1 r_4) = (r_1 + a) \times r_2/[(r_2 - a) r_1]$. Wird sie aus der Symmetrielage herausbewegt, so wächst i bis zum Wert ∞, d.h., die Antriebskurbel steht dann rechtwinklig zur Schleife.

Dieses Getriebe eignet sich für alle die Einsatzfälle, bei denen eine im Winkel begrenzte koaxiale Drehung von Antriebs- und Abtriebsglied erwünscht ist und wo die variable Übersetzung nicht stört.

Kurvengetriebe. Sie können Kurvenscheiben mit beliebigem Bewegungsgesetz und beliebigem Hub enthalten (Tafel 6.3.9, Nr. 5). Feinstellung erfordert geringen Hub. Auch hier existiert ein begrenzter Arbeitsbereich: maximal 360° bei geschlossenem Kurvenzug. Kurvengetriebe wandeln eine Drehbewegung in eine Drehbewegung oder eine Längsbewegung um. Ein Vertreter der letzteren Art ist im **Bild 6.3.55** dargestellt. Es handelt sich um ein Kurvengetriebe mit symmetrischem Bewegungsverhalten, so daß beim fortlaufenden Drehen der Kurvenscheibe sich der Mikroskoptubus um den Hub hebt und senkt. Zur Erhöhung der Übersetzung und zwecks Selbsthemmung ist dem Kurvengetriebe ein Schneckengetriebe vorgeschaltet. Die Exzenterschraube im **Bild 6.3.56** wird zur feinfühligen Einstellung eines Stützlagers angewendet.

6.3.4.3. Kombination einfacher Getriebe

Durch Kombination einfacher Feinstellgetriebe lassen sich Mechanismen aufbauen, mit deren Hilfe Bauteile in mehreren Richtungen translatorisch und um mehrere Achsen rotatorisch bewegt werden können. **Tafel 6.3.10** zeigt eine Auswahl solcher Mechanismen, vorwiegend unter Verwendung von Schraubengetrieben, geordnet nach der Zahl der translatorischen und rotatorischen Freiheitsgrade.

6.3.4.4. Konstruktive Probleme, Spielausgleich

Je größer die Übersetzung ist, desto störender wirkt das Spiel in den Gelenken der Getriebe. Das Spiel kann durch präzisere Fertigung verkleinert werden. Das würde aber die Fertigungskosten erheblich vergrößern. Nachfolgend werden deshalb Grundsätze der konstruktiven Gestaltung spielarmer Gelenke behandelt, die nur unerheblichen Mehraufwand erfordern.

Drehgelenke. Um Lagerzapfen vom Spiel in der Bohrung zu befreien, können folgende Möglichkeiten angewendet werden:

- Welle durch Betriebskräfte, Federkraft oder Schwerkraft an eine Wandung der Bohrung drücken und diese so gestalten, daß die Welle nicht wegrollen kann **(Tafel 6.3.11**, Nr. 1)
- Welle mit einem oder zwei Kegelzapfen (Kegelbohrung) versehen, die in einer Kegelbuchse (Kegelzapfen) gelagert wird (erhöhte Reibung beachten); Anstellung der Lagerelemente kann starr erfolgen (Tafel 6.3.11, Nr. 2) sowie durch Federkraft oder Schwerkraft
- Wälzlagerspiel kann bei kleinen Lagerabständen und niedrigen Betriebstemperaturen durch starre Anstellung der Wälzlagerringe, passend bemessene Distanzhülsen und Vorsatzringe verringert werden; empfehlenwert sind dann aber Lager der Toleranzgruppe PO. Bei großen Lagerabständen bzw. großen Betriebstemperaturen wählt man zweckmäßiger eine Anstellung der Wälzlagerringe durch Federkraft. Die Federn sind so zu dimensionieren, daß die zulässigen Axialkräfte der Wälzlager auch bei Betriebstemperatur nicht überschritten werden. Ggf. sind Lager zu verwenden, die besser zur Übertragung von Axialkräften geeignet sind als Rillenkugellager (Tafel 6.3.11, Nr. 3).

Tafel 6.3.10. Feineinstellungen für mehrere translatorische und rotatorische Freiheitsgrade (nach [6.3.26])

Rotatorische Freiheitsgrade φ	Translatorische Freiheitsgrade s: 0	1	2	3
0		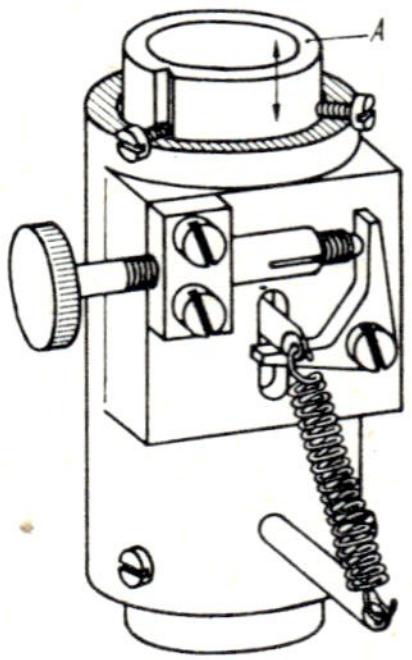 Optischer Tubus. Inneres Rohr (A) durch Schraubengetriebe gegen Federkraft im äußeren Rohr koaxial translatorisch stellbar	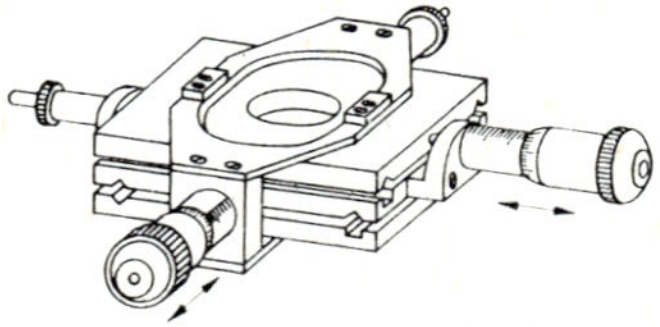 Kreuztisch. Zwei Längsführungen übereinander, deren Führungsrichtungen einen Winkel von 90° bilden	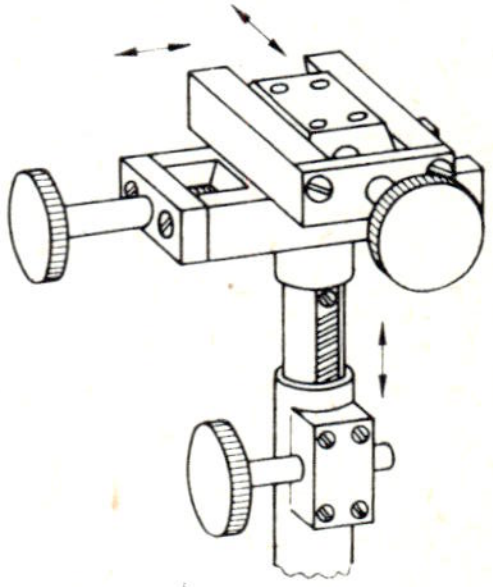 Raumzentrierung. Kreuztisch, durch Zahnstangengetriebe höhenverstellbar
1	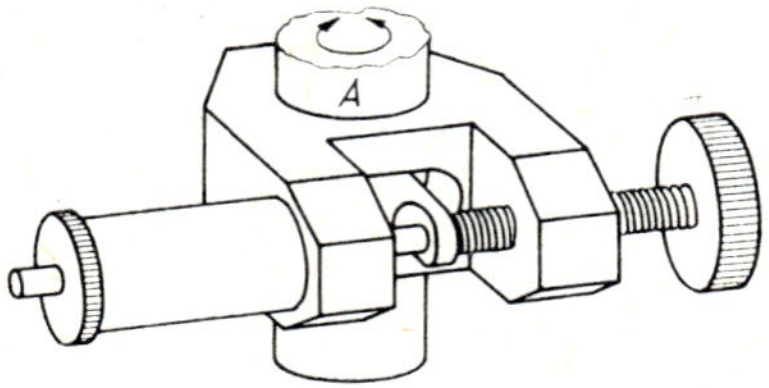 Torsionskopf. Drehung des Teils A um die Hochachse durch tangential wirkendes Schraubengetriebe	(allein nicht, aber in Kombination mit anderen Mechanismen gebräuchlich, z.B. das Unterteil der Universaleinstellung im Bild für $3\,s$, 3φ)	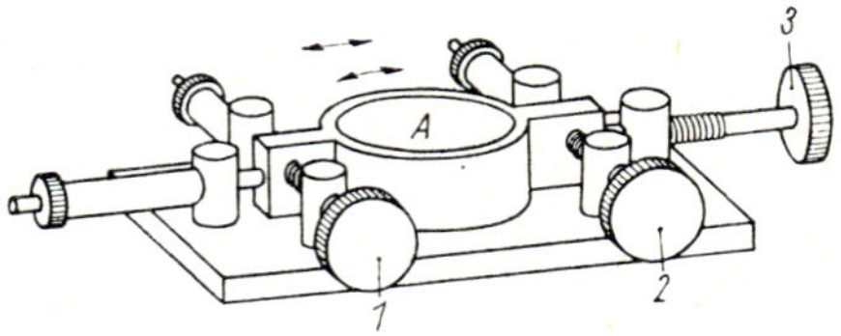 Feinstellung in der Ebene. Teil A durch drei Schraubengetriebe *1, 2, 3* in beliebige Lage in der Ebene stellbar, Mutterbolzen geschlitzt (spielfrei)	Höhenverstellbarer Kreuztisch mit um Hochachse drehbarem Oberteil, z.B. in Mikroskopen mit Tischfokussierung

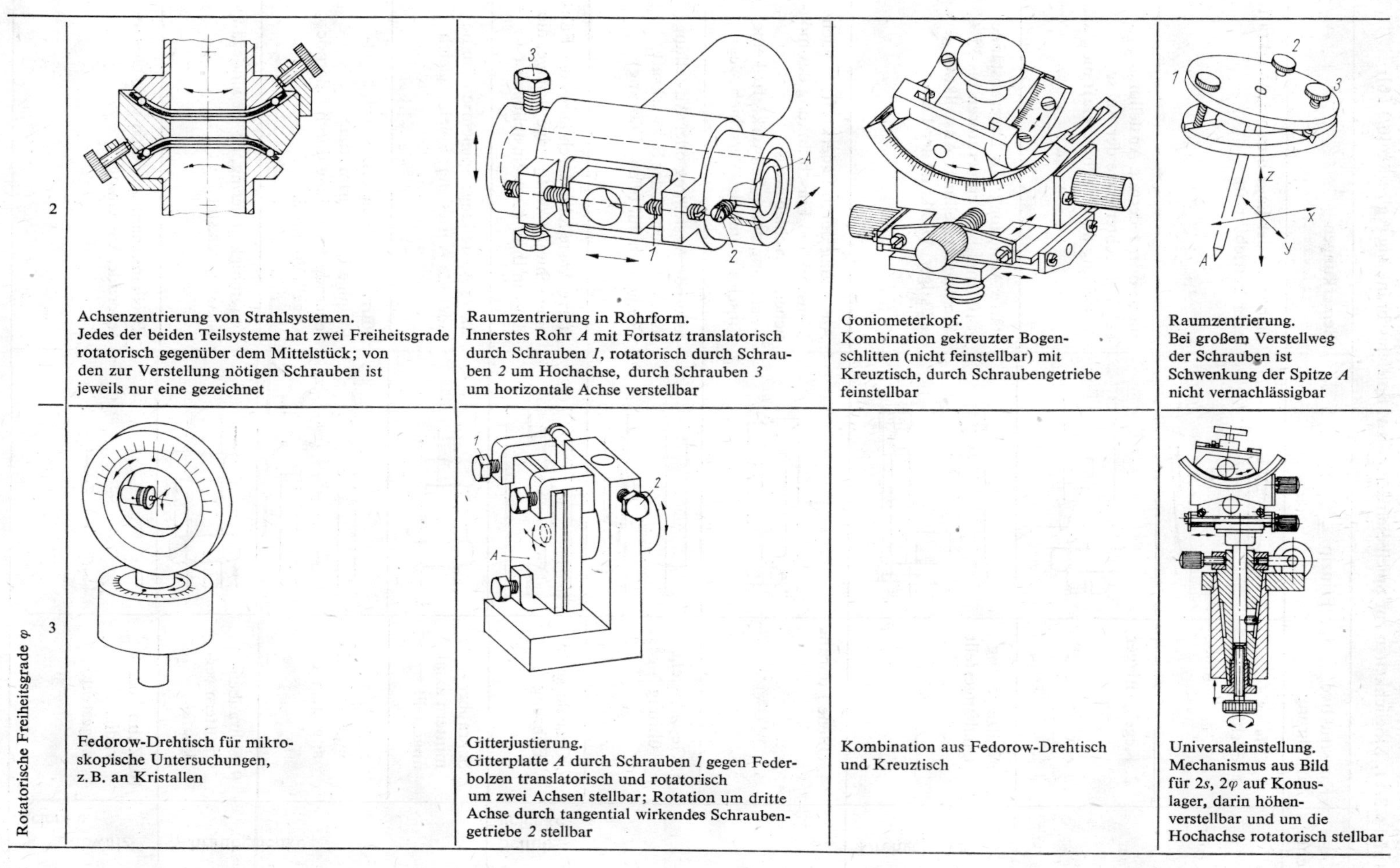

Rotatorische Freiheitsgrade φ				
2	Achsenzentrierung von Strahlsystemen. Jedes der beiden Teilsysteme hat zwei Freiheitsgrade rotatorisch gegenüber dem Mittelstück; von den zur Verstellung nötigen Schrauben ist jeweils nur eine gezeichnet	Raumzentrierung in Rohrform. Innerstes Rohr *A* mit Fortsatz translatorisch durch Schrauben *1*, rotatorisch durch Schrauben *2* um Hochachse, durch Schrauben *3* um horizontale Achse verstellbar	Goniometerkopf. Kombination gekreuzter Bogenschlitten (nicht feinstellbar) mit Kreuztisch, durch Schraubengetriebe feinstellbar	Raumzentrierung. Bei großem Verstellweg der Schrauben ist Schwenkung der Spitze *A* nicht vernachlässigbar
3	Fedorow-Drehtisch für mikroskopische Untersuchungen, z.B. an Kristallen	Gitterjustierung. Gitterplatte *A* durch Schrauben *1* gegen Federbolzen translatorisch und rotatorisch um zwei Achsen stellbar; Rotation um dritte Achse durch tangential wirkendes Schraubengetriebe *2* stellbar	Kombination aus Fedorow-Drehtisch und Kreuztisch	Universaleinstellung. Mechanismus aus Bild für $2s$, 2φ auf Konuslager, darin höhenverstellbar und um die Hochachse rotatorisch stellbar

Tafel 6.3.11. Möglichkeiten zur Spielbeseitigung bzw. Spieleinschränkung (vgl. auch [6.3.56])

Gelenke	Konstruktive Ausführung	Prinzip	Bemerkungen
Drehgelenke	1. Offenes Gleitlager	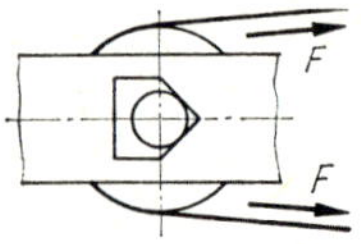 F F	Sicherung der Lage durch Schwerkraft oder Betriebskräfte
	2. Kegelgleitlager	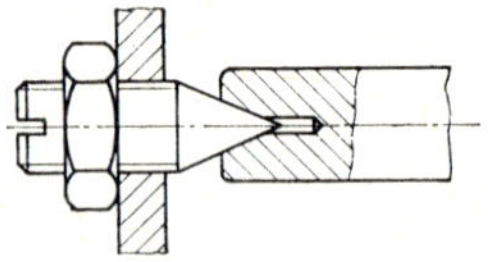	starre oder federnde Anstellung bei senkrechter Lage der Achse Anstellung durch Schwerkraft möglich
	3. Wälzlagerung axial angestellt	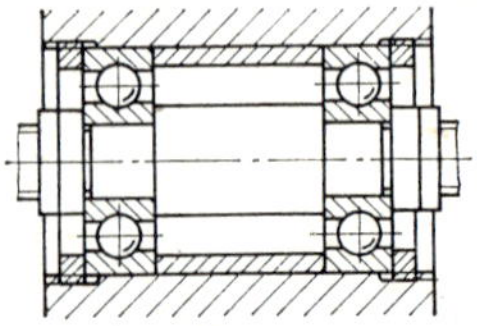	starre Anstellung: für Lagerabstände < 100 mm bei Temperaturen bis 35 °C federnde Anstellung: Anstellkraft gemäß zulässiger Axialkraft der Lager
Schubgelenke	4. Offene Führung	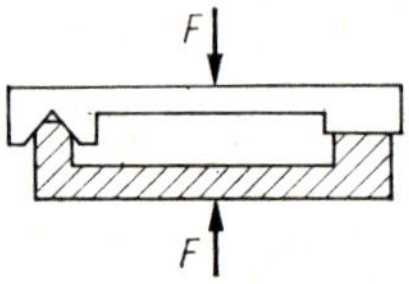 F F	Anstellung durch Federkraft; je nach Konstruktion Einschränkung des möglichen Verschiebewegs Anstellung durch Schwerkraft: keine Einschränkung des Verschiebewegs
	5. Geschlossene Führung	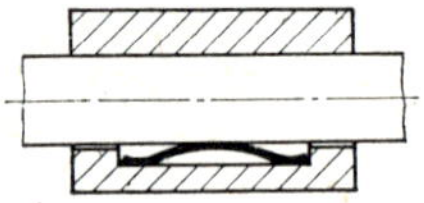	federnde Anstellung oder Anstellung durch Betriebs- oder Schwerkraft (Reduktion auf offene Führung)
	6. Geschlossene Führung	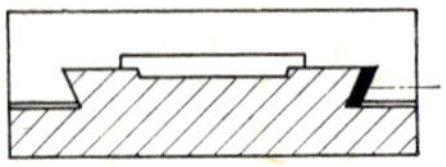	starre Anstellung durch längs der Führung schwach keilförmige Beilage, die längs in ihrer Lage einstellbar ist
Schraubgelenke	7. Schraubenmuttern axial angestellt	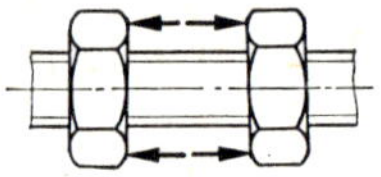	starre Anstellung: Spieleinschränkung federnde Anstellung: Spielausgleich
	8. Schraubenmuttern radial angestellt	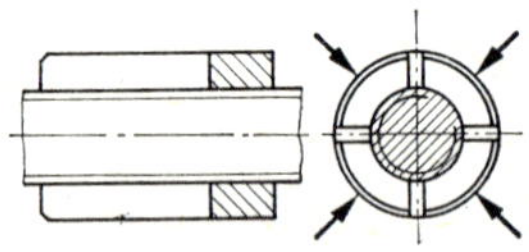	starre Anstellung z.B. durch kegelförmige Überwurfmutter federnde Anstellung durch federnde Kegelhülse od.ä.
	9. Schraubenmuttern verkantet	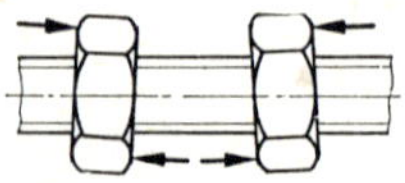	Tragfähigkeit gering, da Gewindegänge einseitig belastet
Schraubwälzgelenke	10. Zahnräder radial angestellt	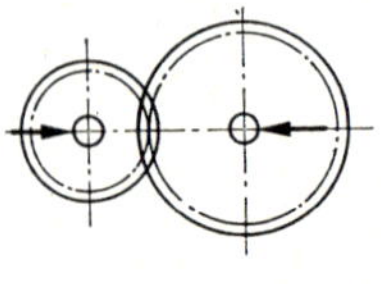	Zweiflankenanlage durch vorzugsweise federnde Anstellung

Tafel 6.3.11 (Fortsetzung)

Gelenke	Konstruktive Ausführung	Prinzip	Bemerkungen
Gleitwälzgelenke	11. Zahnräder tangential angestellt	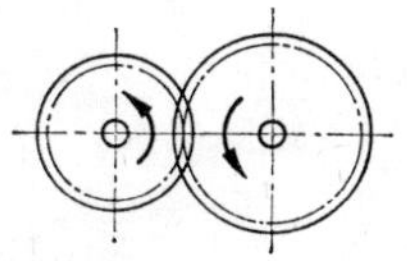	Einflankenanlage durch Vorlast bei federnder Anstellung Drehwinkel begrenzt
	12. Zahnräder tangential angestellt	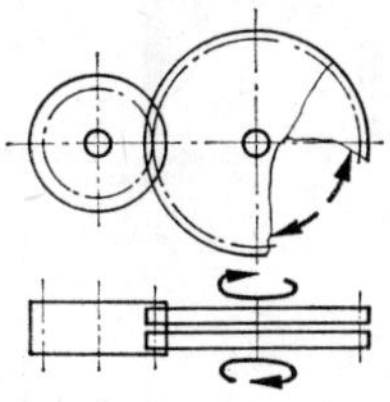	gegenläufige Anstellung zweier koaxial gelagerter Gegenräder (Zweiflankenanlage)

Pfeile kennzeichnen Richtung der Verspannkräfte.

Schubgelenke. Für die konstruktive Gestaltung gelten im Prinzip die gleichen Gesichtspunkte wie für Lagerungen. Offene Führungen sind durch Schwerkraft oder Federkraft anzustellen (Tafel 6.3.11, Nr. 4). Zu beachten ist, daß Federn hier bewegungseinschränkend wirken.

Bei geschlossenen Führungen ist die Anwendung der Federanstellung nicht unbedingt bewegungseinschränkend (Tafel 6.3.11, Nr. 5). Alle Maßnahmen laufen jedoch darauf hinaus, daß praktisch eine offene Führung entsteht, außer bei starrer Anstellung der Führungspartner (Schwalbenschwanzführung mit Beilage; Tafel 6.3.11, Nr. 6). Schubgelenke können, ähnlich wie Drehgelenke, mit Wälzkörpern ausgestattet werden. Bezüglich der Spieleinschränkung ergeben sich dabei keine Unterschiede zu Gleitschubgelenken.

Schraubgelenke. Das Spiel im Gewinde läßt sich einschränken bzw. beseitigen durch axiale Anstellung der Mutter. Das kann durch starre Mittel, durch Federkraft, Betriebskräfte oder durch Schwerkraft geschehen (Tafel 6.3.11, Nr. 7).

Das Spiel kann durch radiale Anstellung der Mutter eingeschränkt oder beseitigt werden. Hier sind starre Mittel oder die Federkraftwirkung geeignet (Tafel 6.3.11, Nr. 8).

Durch Verkanten der Mutter kann das Spiel eingeschränkt oder beseitigt werden, und zwar ebenfalls durch starre Mittel oder durch Federkräfte (Tafel 6.3.11, Nr. 9). Da aber in diesem Fall die Gewindegänge nur unvollkommen tragen, ist die Belastungsfähigkeit solcher Getriebe gering.

Schraubgelenke lassen sich auch mit Wälzkörpern aufbauen. Solche Wälzschraubgelenke werden an sich mit hoher Präzision gefertigt, so daß das Spiel sehr gering ist. Soll auch dieses beseitigt werden, so wird prinzipiell nach Tafel 6.3.11, Nr. 7 verfahren.

Gleitwälzgelenke. Zur Beseitigung des Verdrehflankenspiels bei Zahnradgetrieben sind folgende Möglichkeiten gegeben (Tafel 6.3.11, Nr. 10, 11, 12):

- Durch radiale Anstellung der Zahnräder wird Zweiflankenanlage erzielt; das ist nur mit Federkraft möglich.
- Bei tangentialer Anstellung
  - durch eine Vorlast (Betriebskraft oder Federkraft) wird Einflankenanlage erzielt; Vorlast durch Federwirkung begrenzt den Drehwinkel und legt der Drehrichtung Beschränkungen auf

Tafel 6.3.12. Kleinbetätigungselemente (Auswahl nach [6.3.69])*)

Gliederung						Lösungen			Auswahlmerkmale												
									Geometrie	Betätigungsparameter			Einsatzmöglichkeiten								
													diskrete Lagen							Kontrolle	
Bewegungsart	physikalisches Prinzip	Kopplungselement	Stellorgan	Kraftwirkung	Kopplungsart	B Betätigungselement (BA Achse B, BM Mitte B) K Kopplungselement (KA Achse K, KM Mitte K)	Name	charakter. Maß	Abmessungen mm	lichter Raum zwischen den Kopplungselementen mm	Bewegungsbereich mm bzw. Grad	Kraft- bzw. Drehmomentwirkungsbereich N bzw. Nm	zwei	drei u. mehrere	kontinuierliches Stellen	Nachfahren beweg. Marke	Stellgeschwindigkeit	Stellgenauigkeit	Vermeiden ungewollter Betätig.	visuelle	taktile
Schubbewegung begrenzt	Feder	Scheibe	ein Finger	Kraft	Formpaarung	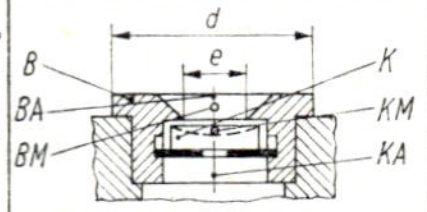 B, BA, BM, K, KM, KA, d, e	Membranknopf	d	d: 16 … 32; e: 10 … 20 (Skala 1 … 10 … 100)	einmalige Betätigung: 12,5 … 50; sequentielle: 6,3 … 25; simultane: 6,3 … 12,5 (Skala 1 … 100)	s: 1 … 1,25 (Skala 1 … 10 … 100)	F: 0,1 … 0,4 (Skala 0,1 … 1 … 10 … 100)	1	5	5	5	1	5	2	5	5
	Stab	Stange längs			Kraftpaarung	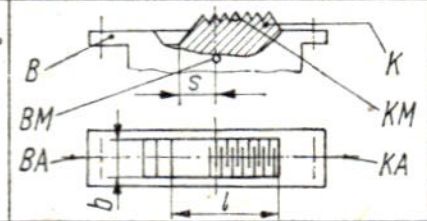 B, BM, BA, K, KM, KA, s, b, l	Schubknopf	l	l: 10 … 40; b: 6,3 … 20 (Skala 1 … 100)	—	s: 5 … 25 (Skala 1 … 100)	F: 1,25 … 8 (Skala 0,1 … 1 … 100)	1	2	2	3	2	2	4	2	3
		Ring			Formpaarung	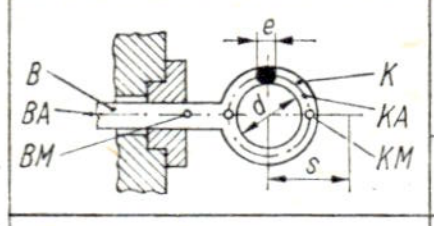 B, BA, BM, K, KA, KM, e, d, s	Zug- und Druckring	d	d: 32 … 40; e: 4 … 8 (Skala 1 … 10 … 100)	—	s: 10 … 100 (Skala 1 … 10 … 100)	F: 1 … 32 (Skala 0,1 … 1 … 100)	1	2	1	2	3	2	3	1	1
		Scheibe				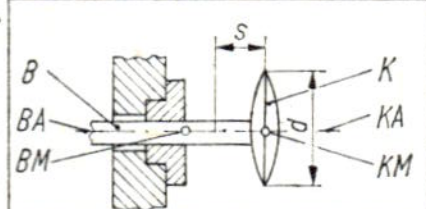 B, BA, BM, K, KA, KM, s, d	Druckscheibe	d	d: 10 … 20 (Skala 1 … 10 … 100)	—	s: 10 … 20 (Skala 1 … 10 … 100)	F: 1,6 … 3,2 (Skala 0,1 … 1 … 100)	1	3	3	3	2	2	4	1	1
		Stange längs				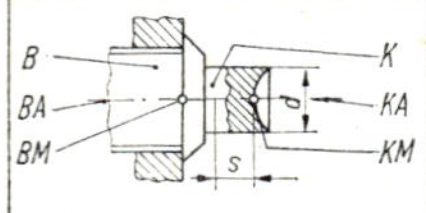 B, BA, BM, K, KA, KM, d, s	Druckknopf	d	d: 8 … 32 (Skala 1 … 100)	einmalige Betätigung: 12,5 … 50; sequentielle: 6,3 … 25; simultane: 6,3 … 12,5 (Skala 1 … 100)	s: 3,2 … 40 (Skala 1 … 100)	F: 1,6 … 16 (Skala 0,1 … 1 … 100)	1	4	5	5	1	1	4	4	4
					Kraftpaarung	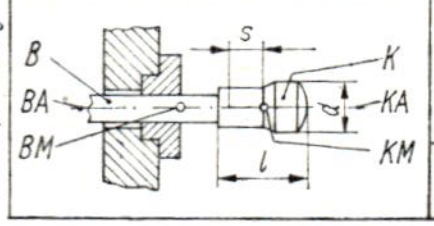 B, BA, BM, K, KA, KM, s, d, l	Zugknopf	l	l: 20 … 40; d: 10 … 16 (Skala 1 … 10 … 100)	—	s: 6,3 … 100 (Skala 1 … 100)	F: 4 … 20 (Skala 0,1 … 1 … 100)	1	3	4	4	2	3	3	2	3

Schubbewegung begrenzt	Stab	Stange quer	mehrere Finger	Kraft	Kraftpaarung	B, BM, BA, K, KM, KA, s, b, l	Finger-schieber; l	l: 32 63; b: 16 32; 1 10 100	simultane Betätigung: 32; 1 10 100	s: 5; 1 100	F: 1,6 20; 0,1 1 100	1	2	1	1	1	1	4	1	1
					Formpaarung	B, BA, BM, K, KA, KM, s, l, b	Finger-schieber; l	l: 10 32; b: 10 25; 1 10 100	simultane Betätigung: 32; 1 10 100	s: 5; 1 100	F: 1,6 25; 0,1 1 100	1	2	1	1	1	1	4	1	1
		Kugel				B, BA, BM, K, KA, KM, d, s	Kugel-knopf; d	d: 20 32; 1 10 100	—	s: 6,3 40; 1 100	F: 4 16; 0,1 1 100	1	3	3	4	2	2	4	2	3
		Scheibe				B, BA, BM, K, KA, KM, d, s	Pilz-knopf; d	d: 10 32; 1 10 100	—	s: 6,3 40; 1 100	F: 4 20; 0,1 1 100	1	3	3	4	2	2	4	2	3
Drehbewegung nicht umlauffähig	Hebel		ein Finger		Kraftpaarung	B, BA, BM, K, KA, KM, l, d, φ	Schwenk-hebel; l	l: 16 32; d: 10 20; 1 10 100	—	10 45 φ; 1° 360°	F: 1 5; 0,1 1 10 100	1	4	4	4	2	3	3	2	2
		Stange längs			Formpaarung	B, BA, BM, K, KA, KM, l, d, φ	Hebel-taste; l	l: 10; d: 10 20; 1 10 100	sequentielle Betätigung: 3,2 5; 1 10 100	10 φ; 1° 360°	F: 0,4 5; 0,1 10 100	1	4	5	5	1	2	3	4	4
		Stange quer				B, BA, BM, K, KA, KM, l, d, φ	Kipp-hebel; l	l: 12,5; d: 3,2 16; 1 100	einmalige Betätigung: 20 50; sequentielle: 6,3 40; simultane: 16 50; 1 100	15 120 φ; 1° 360°	F: 2,5 10; 0,1 1 10 100	1	3	5	5	1	3	4	1	1
						B, BA, BM, K, KA, KM, l, b, φ	Finger-hebel; l	l: 20 80; b: 5 25; 1 100	—	40 150 φ; 1° 360°	F: 3,2 10; 0,1 1 10 100	1	2	3	4	2	3	4	1	1

*) Einsatzmöglichkeiten: *1* sehr gut geeignet, *2* gut geeignet, *3* geeignet, *4* eingeschränkt geeignet, *5* nicht geeignet

Tafel 6.3.12 (Fortsetzung 1)

Gliederung						Lösungen			Auswahlmerkmale												
									Geometrie	Betätigungsparameter			Einsatzmöglichkeiten								
													diskrete Lagen							Kontrolle	
Bewegungsart	physikalisches Prinzip	Kopplungselement	Stellorgan	Kraftwirkung	Kopplungsart	B Betätigungselement (BA Achse B, BM Mitte B) K Kopplungselement (KA Achse K, KM Mitte K)	Name	charakter. Maß	Abmessungen mm	lichter Raum zwischen den Kopplungselementen mm	Bewegungsbereich mm bzw. Grad	Kraft- bzw. Drehmomentwirkungsbereich N bzw. Nm	zwei	drei u. mehrere	kontinuierliches Stellen	Nachfahren beweg. Marke	Stellgeschwindigkeit	Stellgenauigkeit	Vermeiden ungewollter Betätig.	visuelle	taktile
Drehbewegung nicht umlauffähig	Hebel	Stange quer	mehrere Finger	Drehmoment	Formpaarung	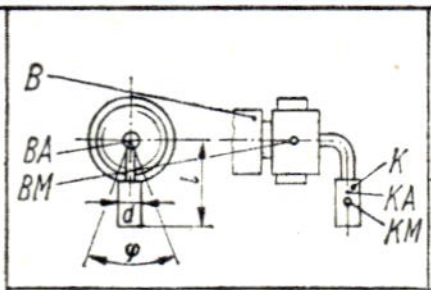 B, BA, BM, K, KA, KM, d, l, φ	Drehhebel	l	l: 32 80; b: 5 10; 1 10 100	—	10 90 φ; 1° 360°	M: 0,8 3,2; 0,1 10 100	1	2	3	4	2	3	4	1	1
		Kugel		Kraft		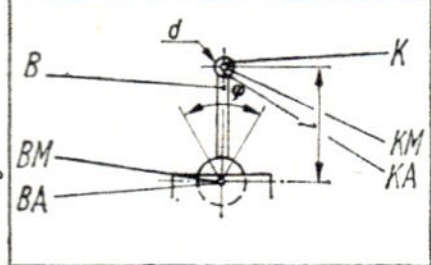 B, BM, BA, d, K, KM, KA	Kugelgelenkhebel	l	l: 40; d: 12,5 32; 1 10 100	—	90 φ; 1° 360°	F: 5 16; 0,1 1 100	2	1	1	1	1	2	4	3	3
	Doppelhebel	Stange quer	ein Finger			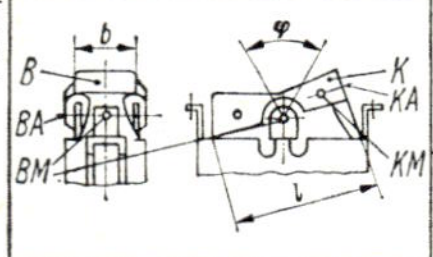 b, B, BA, BM, φ, K, KA, KM, l	Wipphebel	l	l: 20 50; b: 5 20; 1 100	sequentielle Betätigung; 2,5 6,3; 1 100	20 30 φ; 1° 360°	F: 2 8; 0,1 1 10 100	1	4	5	5	1	2	4	2	2
Drehbewegung umlauffähig mit Nachgreifen	Hebel					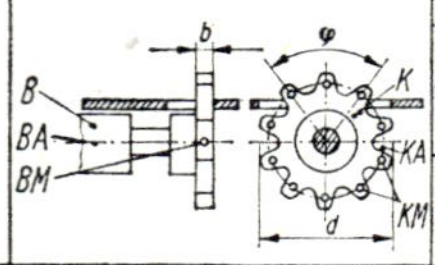 b, φ, B, BA, BM, K, KA, KM, d	Sternrad	d	d: 10 50; b: 2 6,3; 1 10 100	sequentielle Betätigung; 5 10; 1 100	30 40 φ; 1° 360°	F: 0,4 5; 0,1 10 100	2	1	5	5	1	2	4	2	2
		Scheibe			Kraftpaarung	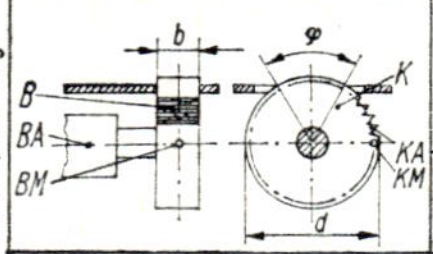 b, φ, B, BA, BM, K, KA, KM, d	Reibrad	d	d: 10 50; b: 5 12,5; 1 100	sequentielle Betätigung; 12,5 50; 1 100	15 90 φ; 1° 360°	F: 0,4 5; 0,1 10 100	3	3	1	3	3	1	4	4	4

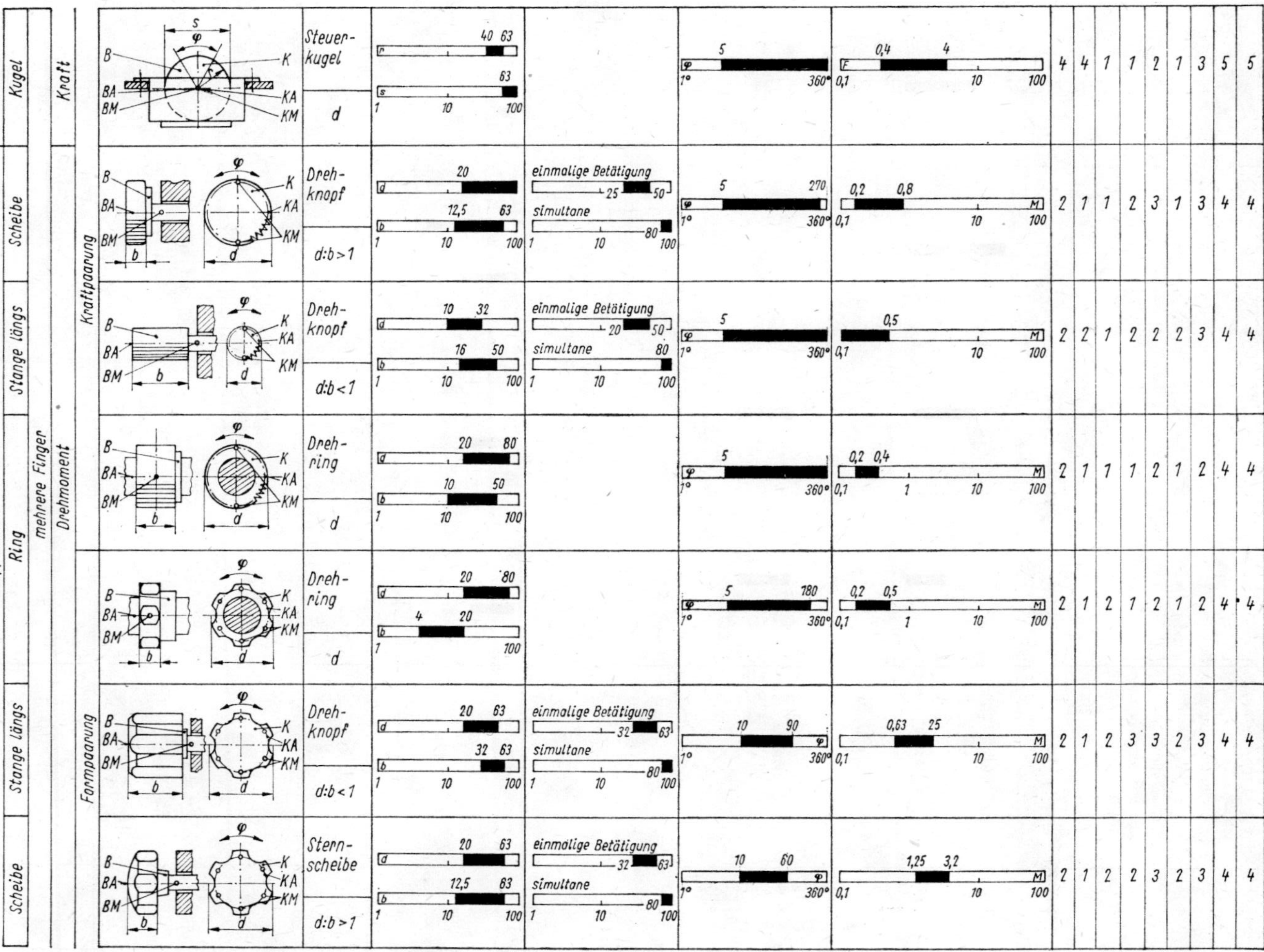

Hebel	Kugel	Kraft		Steuerkugel	d	r: 40 63; s: 63 (1 10 100)		φ: 5 (1° 360°)	F: 0,4 4 (0,1 10 100)	4	4	1	1	2	1	3	5	5
Drehbewegung umlauffähig mit Nachgreifen; Doppelhebel	Scheibe	mehrere Finger; Drehmoment	Kraftpaarung	Drehknopf	d:b>1	d: 20; b: 12,5 63 (1 10 100)	einmalige Betätigung: 25 50; simultane: 80 (1 10 100)	φ: 5 270 (1° 360°)	M: 0,2 0,8 (0,1 10 100)	2	1	1	2	3	1	3	4	4
	Stange längs		Kraftpaarung	Drehknopf	d:b<1	d: 10 32; b: 16 50 (1 10 100)	einmalige Betätigung: 20 50; simultane: 80 (1 10 100)	φ: 5 (1° 360°)	M: 0,5 (0,1 10 100)	2	2	1	2	2	2	3	4	4
	Ring		Kraftpaarung	Drehring	d	d: 20 80; b: 10 50 (1 10 100)		φ: 5 (1° 360°)	M: 0,2 0,4 (0,1 1 10 100)	2	1	1	1	2	1	2	4	4
	Ring		Formpaarung	Drehring	d	d: 20 80; b: 4 20 (1 100)		φ: 5 180 (1° 360°)	M: 0,2 0,5 (0,1 1 10 100)	2	1	2	1	2	1	2	4	4
	Stange längs		Formpaarung	Drehknopf	d:b<1	d: 20 63; b: 32 63 (1 10 100)	einmalige Betätigung: 32 63; simultane: 80 (1 10 100)	φ: 10 90 (1° 360°)	M: 0,63 25 (0,1 10 100)	2	1	2	3	3	2	3	4	4
	Scheibe		Formpaarung	Sternscheibe	d:b>1	d: 20 63; b: 12,5 63 (1 10 100)	einmalige Betätigung: 32 63; simultane: 80 (1 10 100)	φ: 10 60 (1° 360°)	M: 1,25 3,2 (0,1 10 100)	2	1	2	2	3	2	3	4	4

Tafel 6.3.12 (Fortsetzung 2)

Gliederung						Lösungen			Auswahlmerkmale													
									Geometrie	Betätigungsparameter			Einsatzmöglichkeiten									
													diskrete Lagen							Kontrolle	
Bewegungsart	physikalisches Prinzip	Kopplungselement	Stellorgan	Kraftwirkung	Kopplungsart	B Betätigungselement (BA Achse B, BM Mitte B) K Kopplungselement (KA Achse K, KM Mitte K)	Name	charakter. Maß	Abmessungen mm	lichter Raum zwischen den Kopplungselementen mm	Bewegungsbereich mm bzw. Grad	Kraft- bzw. Drehmomentwirkungsbereich N bzw. Nm	zwei	drei u. mehrere	kontinuierliches Stellen	Nachfahren bewegl. Marke	Stellgeschwindigkeit	Stellgenauigkeit	Vermeiden ungewollter Betätig.	visuelle	taktile
Drehbewegung umlauffähig mit Nachgreifen	Doppelhebel	Stange quer	mehrere Finger	Drehmoment	Formpaarung	B, BA, BM, K, KA, KM, φ, b, d	Drehknebel	l	l: 25; b: 5 20 (1 … 100)	—	φ: 10 90 (1° … 360°)	M: 1 4 (0,1 1 10 100)	1	1	1	2	1	1	2	5	2
						B, BA, BM, K, KA, KM, φ, b, d	Kreuzknebel	d	d: 20 80; b: 8 20 (1 … 100)	—	φ: 10 90 (1° … 360°)	M: 1,25 10 (0,1 10 100)	3	2	2	3	2	1	2	3	3
Drehbewegung umlauffähig	Hebel			Kraft		B, BA, BM, KA, KM, K, l, r	Fingerkurbel	r	r: 16 80; l: 5 12,5 (1 … 100)	—	n (U/min) 150 200 300 über r (mm) 0 50 150; F r → 0; F r = 0,25 Nm; F r = 0,5 Nm	F: 0,63 32 (0,1 … 100)	2	2	1	1	1	1	4	5	5
		Ring	ein Finger			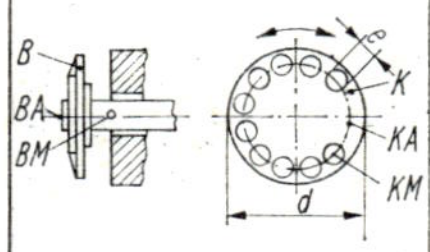 B, BA, BM, K, KA, KM, d	Drehscheibe	d	d: 50 80; e: 10 12,5 (1 10 100)	—	—	F: 1 10 (0,1 1 10 100)	3	1	3	3	2	2	2	4	4

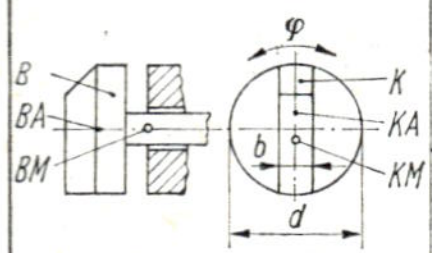

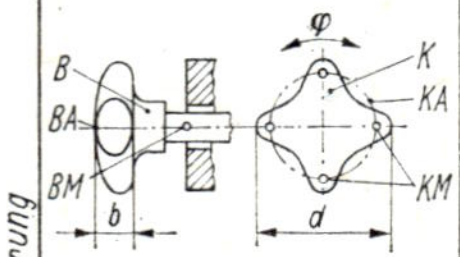

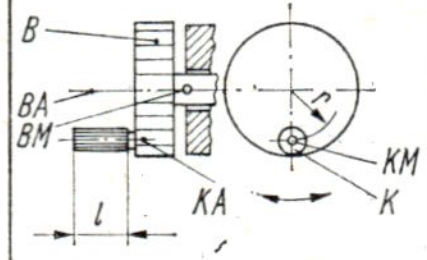

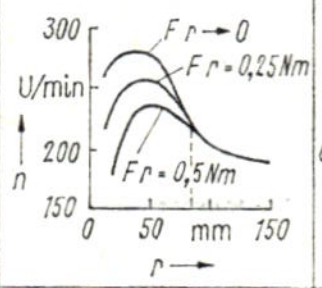

Schubbewegung begrenzt	Stab	Stange längs	Ballen	Kraft	Formpaarung	B, BA, BM, K, KA, KM, s, d	Fußdruck-knopf; d	d: 16 63 (10 100 1000)	80 400 (10 1000)	s: 12,5 63 (10 100 1000)	F: 16 100 (1 10 100 1000)	1	4	4	5	1	3	4	5	4
		Scheibe	Ballen			B, BA, BM, K, KA, KM, s, d	Pilz-knopf; d	d: 25 100 (10 100 1000)	80 400 (10 1000)	s: 12,5 63 (10 100 1000)	F: 16 100 (1 10 100 1000)	1	4	4	5	1	3	4	5	4
Drehbewegung nicht umlauffähig	Hebel	Stange quer	Rist (Ferse)			B, BA, BM, K, KA, KM, φ, l, b	Fußhebel; l	l: 100 320; b: 50 80 (10 100 1000)	—	φ: 10 30 (1° 360°)	F: 16 63 (1 10 100 1000)	1	1	3	4	3	2	4	4	3
			Ballen			B, BA, BM, K, KA, KM, φ, l, b	Pedal; l	l: 125 320; b: 50 100 (10 100 1000)	50 500 (10 1000)	φ: 10 30 (1° 360°)	sitzend F: 16 100; stehend F (1 10 1000)	1	2	1	1	2	1	4	4	3
			Knie			B, BA, BM, K, KA, KM, φ, l, b	Kniehebel; l	l: 100 200; b: 50 80 (10 1000)	—	φ: 10 20 (1° 360°)	F: 6,3 10 (1 10 100 1000)	1	5	5	5	1	3	4	1	1
	Doppelhebel		Fuß			B, BA, BM, K, KA, KM, φ, l, b	Flügel-hebel; l	l: 100 200; b: 32 100 (10 100 1000)	—	φ: 10 45 (1° 360°)	sitzend F: 25 40; stehend F: 63 250 (1 10 1000)	1	1	2	3	2	2	4	2	2
				Drehmoment	Kraftpaarung	B, BA, BM, K, KA, KM, φ, l, b	Drehpedal; l	l: 200 320; b: 80 125 (10 1000)	—	φ: 20 45 (1° 360°)	M: 2 5 (1 10 100 1000)	1	2	2	3	3	2	2	3	4

Tafel 6.3.13. Gestaltungsrichtlinien für die Kopplung obere Gliedmaßen–Betätigungselement ([6.3.27])

Kopplungs-element	Richtlinien
Allgemein	– die Kopplungsfläche ist um so größer zu wählen, je größer die einzuleitende Kraft ist – die Kopplungsfläche soll möglichst eine formgepaarte Kraftübertragung gestatten, um vor allem die statische Belastung kleiner Muskelgruppen auszuschalten – kraftgepaarte Übertragung ist nur bei kleinen einzuleitenden Kräften zulässig – die Kopplungsfläche soll so gestaltet sein, daß der Druck beim Betätigen auf die größtmögliche Berührungsfläche der Hand verteilt wird – der Werkstoff der Kopplungsfläche muß korrosionsbeständig, hygienisch einwandfrei sein und schlechte Wärmeleitungseigenschaften aufweisen
Kugel	– nur dort zweckmäßig, wo kleine Betätigungskräfte auftreten – nur dort einzusetzen, wo sich wegen einer stark gekrümmten Bewegungsbahn ein handpaßlicher, formpaariger Griff nicht eignet und die Bewegungsmöglichkeit einschränkt
Stange, quer	Handhebel: – die Kopplungsfläche ist so groß zu wählen, daß sie mit der ganzen Hand umschlossen werden kann – die Form ist handpaßlich zu gestalten, Kanten sind zu vermeiden – die von der Hand unberührte Kopplungsfläche soll etwa so groß sein wie die berührte Fläche Fingerhebel: – Gestaltung der Kopplungsfläche von untergeordneter Bedeutung, da Betätigungszeit gering  Drehknebel: geeignet für gestufte Betätigungen in Verbindung mit visueller und taktiler Kontrolle der Stellung des Betätigungselements 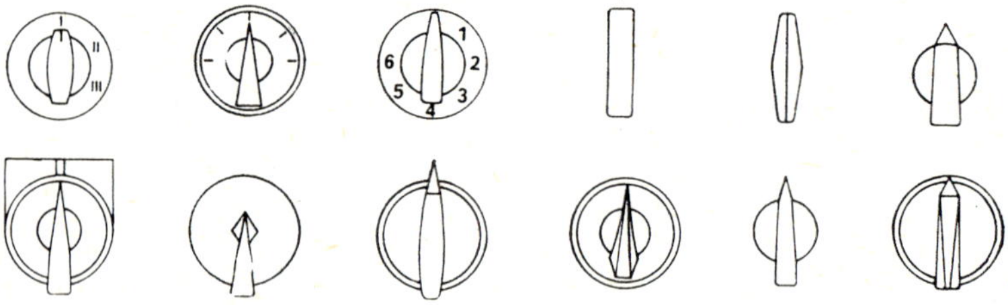 I II III — 1 2 3 4 5 6
Stange, längs	Druckschalter, Drucktaster: Kopplungsfläche bei Fingerbetätigung konkav, bei Handbetätigung konvex 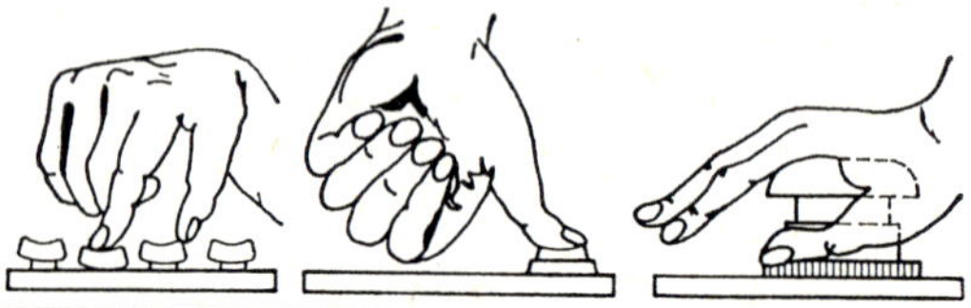
Scheibe	Drehknöpfe: Kopplungsfläche nicht glatt, sondern zur Unterstützung der formgepaarten Kopplung unterteilt in – Feinriffelung (Rändelung) für stufenlose Feineinstellung – tiefere Einschnitte und Kerben für gestufte Grobeinstellung
	12...25; ⌀ ≥ 10 — stufenlos, schnelle Einstellung geringer Drehwiderstand (< 1 N · cm) zwei Finger und Daumen
	5°; 10...25; optimal 12...15; ⌀25...40 — stufenlos, genaue Einstellung geringer bis mittlerer Drehwiderstand (1 ... 2 N · cm) mehrere Finger und Daumen
	10...25; optimal 12...15; ⌀40...100; optimal ⌀40...60 — stufenlose und gestufte Einstellung mittlerer bis großer Drehwiderstand (2 ... 5 N · cm) ganze Hand
	12...15; ≥ 25; ⌀40...120; optimal ⌀63...70 — gestufte Einstellung großer Drehwiderstand (5 N · cm) ganze Hand

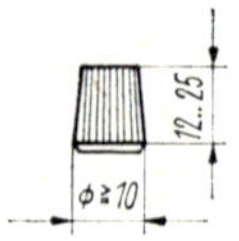

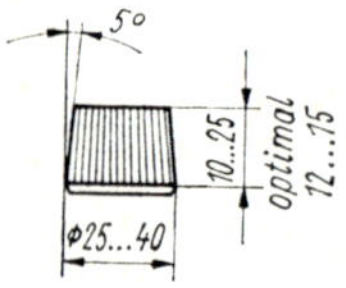

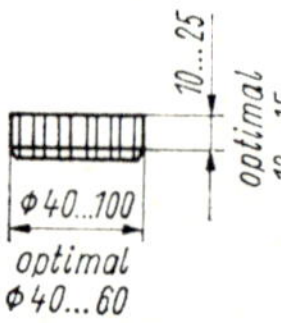

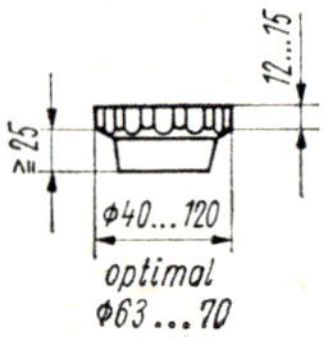

Tafel 6.3.13 (Fortsetzung)

Kopplungs-element	Richtlinien
Scheibe	ø ≥ 10 mm optimal 0,75 Ncm maximal 5 Ncm
	ø 10...25 mm optimal 4 Ncm maximal 40 Ncm
	ø 30...60 optimal 10 Ncm maximal 100 Ncm
	ø 60...80 optimal (30...100) Ncm maximal 300 Ncm
	ø ≤ 120 mm optimal (300...500) Ncm maximal 1000 Ncm

– durch gegenläufige Anstellung zweier koaxialer Räder wird Zweiflankenanlage erzeugt; das ist nur mit Federkraft möglich, diese muß so groß sein, daß sie nicht durch die Betriebskraft überwunden werden kann.

6.3.5. Betätigungselemente

[6.3.24] [6.3.27] [6.3.69]

In der Gerätetechnik werden ausschließlich Betätigungselemente mit geringem Kraftaufwand (<20 N) angewendet (sog. Kleinbetätigungselemente). **Tafel 6.3.12** gibt eine systematische Übersicht dieser Elemente und gestattet eine Auswahl nach den wichtigsten Anwendungskriterien.

Aus ergonomischen Gründen kommt der Gestaltung der Kopplungselemente zwischen Mensch und Betätigungselement besondere Bedeutung zu, so daß in Ergänzung zur Systematik der Tafel 6.3.12 in **Tafel 6.3.13** spezielle Hinweise zur Kopplung von Finger und Hand mit Betätigungselement gegeben werden. Für die in der Gerätetechnik nicht so bedeutsamen Betätigungen mit den übrigen Gliedmaßen sei auf die Literatur verwiesen [6.3.69].

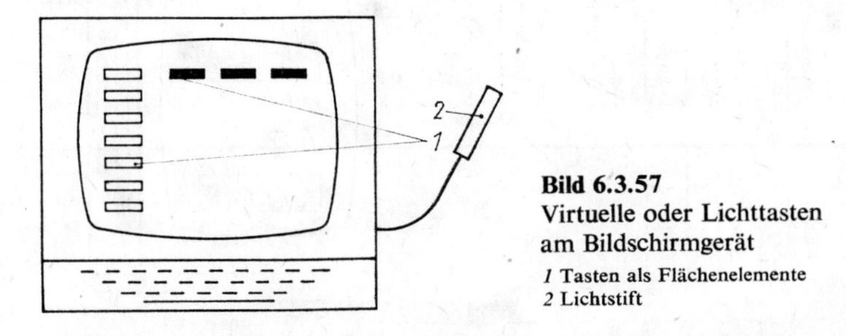

Bild 6.3.57
Virtuelle oder Lichttasten am Bildschirmgerät
1 Tasten als Flächenelemente
2 Lichtstift

Spezielle, in der Gerätetechnik aktuell gewordene Eingabeelemente sind Sensor- und virtuelle Tasten, die auf Berührung bzw. Kontakt ansprechen. Neben ergonomischen Vorteilen sind es besonders der Wegfall jeglicher mechanischer Bewegung und damit die

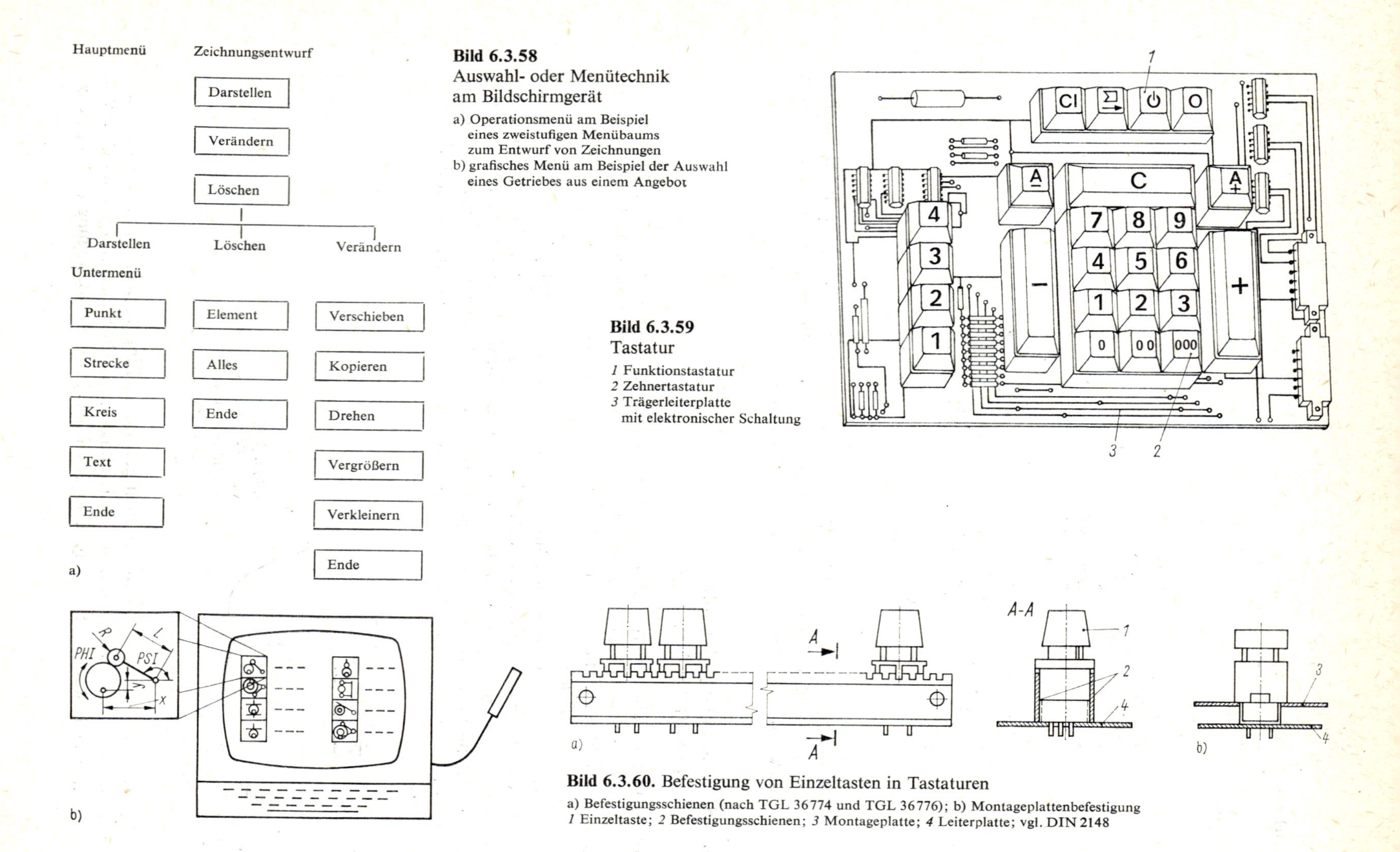

Bild 6.3.58
Auswahl- oder Menütechnik am Bildschirmgerät

a) Operationsmenü am Beispiel eines zweistufigen Menübaums zum Entwurf von Zeichnungen
b) grafisches Menü am Beispiel der Auswahl eines Getriebes aus einem Angebot

Bild 6.3.59
Tastatur

1 Funktionstastatur
2 Zehnertastatur
3 Trägerleiterplatte mit elektronischer Schaltung

Bild 6.3.60. Befestigung von Einzeltasten in Tastaturen

a) Befestigungsschienen (nach TGL 36774 und TGL 36776); b) Montageplattenbefestigung
1 Einzeltaste; *2* Befestigungsschienen; *3* Montageplatte; *4* Leiterplatte; vgl. DIN 2148

Einsparung von Einzelteilen sowie eine Erhöhung der Zuverlässigkeit und Lebensdauer. Die Sensortasten sind konventionell ausgebildete Tasten, deren Signalabgabe an das Gerät auf der durch Fingerannäherung oder -berührung bewirkten Änderung eines elektrischen bzw. magnetischen Feldes oder eines elektrischen Übergangswiderstands beruht. Virtuelle oder Lichttasten sind in Verbindung mit der Lichtstiftarbeitstechnik bei Bildschirmdisplays entstanden. Als Tasten dienen eindeutig voneinander getrennte Flächenelemente des Bildschirms, die als Ziffern-, Symbol-, Wort- oder Satzangabe in der Regel in Balkenform in horizontaler oder vertikaler Reihe auf dem Bildschirm optisch sichtbar angeordnet sind und durch Heranführen des Lichtstifts „betätigt" werden **(Bild 6.3.57).** Solche Tasten sind entweder nur in Verbindung mit einem angezeigten Bild benutzbar, oder sie werden bildunabhängig mit allgemeingültigen Bedienfunktionen ausgestattet. Große Vorteile bringt dabei die sog. Auswahl- oder Menütechnik **(Bild 6.3.58).** In der Form des Operationsmenüs gestattet sie eine mehrstufige Handlungsführung für den Bediener; als grafisches Menü ermöglicht sie eine Auswahl und Zusammensetzung grafischer Elemente zu komplexen Strukturen bzw. die schrittweise Auswahl und die Detaillierung grafischer Strukturen oder Elemente aus einem entsprechenden Angebot (s. auch Abschnitt 2.3.).

Die Reihen- und Flächenanordnung mehrerer Einzeltasten bezeichnet man als Tastatur. Sie dient zur seriellen Eingabe unterschiedlicher diskreter Informationen in das Gerät, d.h. von Zeichen eines Alphabets mit einer sog. α-Tastatur, von Ziffern mit einer Ziffern- oder numerischen Tastatur (z.B. in der bekannten Ausführung der Zehnertastatur nach **Bild 6.3.59**) sowie von Funktionen, die durch das Gerät auszuführen sind, mit einer entsprechenden Funktionstastatur. Der durch die Entwicklung der Gerätetechnik hinsichtlich Funktion und Kommunikation mit dem Menschen entstandene Bedarf an Tastaturen mit hohen Eingabegeschwindigkeiten, wesentlich besseren Zuverlässigkeits- und Lebensdauerwerten sowie großer Variabilität in der Tastenanzahl, -anordnung und -funktion hat für den Aufbau moderner Tastaturen zu wesentlichen konstruktiven Konsequenzen geführt. Die mechanische Weiterleitung des Eingabesignals in das Gerät wurde weitgehend durch das elektronische Signal abgelöst. Die mechanische Bewegung reduziert sich auf die für die Auslösung eines elektrischen Signals notwendige Tastenbewegung. Die Signalauslösung geschieht in immer stärkerem Maß kontaktlos mit Schaltsystemen auf der Basis kapazitiver oder induktiver Annäherungsschalter, leitfähiger Elastomere oder Hall-Elemente bzw. kontaktbehaftet mit Schutzrohrkontaktsystemen hoher Zuverlässigkeit. Die genannten Schaltsysteme haben derart kleine Abmessungen, daß Tastenvolumina wie im **Bild 6.3.60** möglich sind. Aus den unterschiedlichen Funktionen einzelner Tasten und Tastaturen ergibt sich die Notwendigkeit, verschiedene Kodes und Kodekombinationen der in das Gerät weiterzuleitenden Signale zu realisieren. Das erfolgt mit Hilfe mikroelektronischer Schaltkreise, die durch das elektrische Tastsignal direkt angesteuert und zusammen mit den Tasten oder Tastaturen auf einer Trägerleiterplatte untergebracht werden (Bild 6.3.59). Eine hohe Variabilität des Tastaturaufbaus erreicht man durch die Anwendung des Baukastenprinzips (s. auch Abschn. 3.2.5.), indem man Einzeltasten auf Montageplatten oder Befestigungsschienen (Bild 6.3.60) in gewünschter Weise aufreiht und anordnet (s. TGL 30108, DIN 43602).

Literatur zu Abschnitt 6.3.

Bücher

[6.3.1] *Krause, W.:* Grundlagen der Konstruktion – Lehrbuch für Elektroingenieure. 3. Aufl. Berlin: VEB Verlag Technik 1984 (4.Aufl. 1987) und New York/Wien: Springer-Verlag 1984.

[6.3.2] *Hildebrand, S.:* Feinmechanische Bauelemente. Berlin: VEB Verlag Technik 1981 und München: Carl Hanser Verlag 1983.
[6.3.3] *Hildebrand, S.; Krause, W.:* Fertigungsgerechtes Gestalten in der Feingerätetechnik. 2. Aufl. Berlin: VEB Verlag Technik 1982 und 1. Aufl. Braunschweig: Verlag Vieweg 1978.
[6.3.4] *Klotter, K.:* Technische Schwingungslehre. Berlin, Göttingen, Heidelberg: Springer-Verlag 1960.
[6.3.5] *Rauch, M.; Bürger, E.:* Elektromechanische Schaltsysteme. Berlin: VEB Verlag Technik 1983.
[6.3.6] *Sieker, K.-H.; Jahr, W.:* AWF-Getriebehefte, Sperrgetriebe, AWF 6062 Schaltwerke. Berlin, Köln, Frankfurt/M.: Beuth-Vertrieb 1956.
[6.3.7] *Weise, H.:* Kinematographische Kamera. Wien: Springer-Verlag 1955.
[6.3.8] *Weise, H.:* Kinogerätetechnik I. Leipzig: Akadem. Verlagsgesellschaft 1950.
[6.3.9] *Enz, K.:* Filmprojektoren, Filmprojektion. Jena: Foto-Kino-Verlag 1965.
[6.3.10] *Böhme, L.:* Periphere Geräte der digitalen Datenverarbeitung. RA 70. Berlin: VEB Verlag Technik 1970.
[6.3.11] *Bode, B.:* Lochkartentechnik. RA 51. Berlin: VEB Verlag Technik 1967.
[6.3.12] *Bürger, E.:* Lochkartentechnik – Mittel zur Datenerfassung und -verarbeitung. RA 86. Berlin: VEB Verlag Technik 1971.
[6.3.13] *Scholz, C.:* Magnetbandspeichertechnik. Berlin: VEB Verlag Technik 1968.
[6.3.14] *Volmer, J.:* Getriebetechnik, Lehrbuch. 4. Aufl. Berlin: VEB Verlag Technik 1980.
[6.3.15] *Volmer, J.:* Getriebetechnik, Kurvengetriebe. Berlin: VEB Verlag Technik 1976.
[6.3.16] *Bock, A.:* Arbeitsblätter für die Konstruktion von Mechanismen. KdT Suhl 1983.
[6.3.17] *Lichtenheld, W.; Luck, K.:* Konstruktionslehre der Getriebe. Berlin: Akademie-Verlag 1979.
[6.3.18] *Sieker, K.-H.:* Einfache Getriebe. Prien: C.F. Wintersche Verlagsbuchhandlung 1956.
[6.3.19] Konstruktionsbeispiele aus der Feingerätetechnik. Berlin: VEB Verlag Technik 1955.
[6.3.20] *Hildebrand, S.:* Einführung in die feinmechanischen Konstruktionen. 3. Aufl. Berlin: VEB Verlag Technik 1976.
[6.3.21] *Trier, H.:* Die Zahnformen der Zahnräder. Berlin, Göttingen, Heidelberg: Springer-Verlag 1958.
[6.3.22] *Hansen, F.:* Justierung. Berlin: VEB Verlag Technik 1967 und London: Illiffe books 1969 (engl. Ausgabe).
[6.3.23] *Aßmus:* Technische Laufwerke, einschl. Uhren. Berlin: Springer-Verlag 1958.
[6.3.24] Taschenbuch Feingerätetechnik, Bd. 1. 2. Aufl. Berlin: VEB Verlag Technik 1969.
[6.3.25] KDT-Empfehlung 4/73/72: Begriffe und Darstellungsmittel der Mechanismentechnik. 2. Folge, KdT Suhl 1975.
[6.3.26] *Pollermann, M.:* Bauelemente der physikalischen Technik. Berlin, Göttingen, Heidelberg: Springer-Verlag 1955.
[6.3.27] *Timpe, K.P.; Wunsch, B.:* Gestaltung und Anordnung von Bedien- und Anzeigeelementen. Karl-Marx-Stadt: Zentralinstitut für Fertigungstechnik des Maschinenbaus 1969.

Aufsätze

[6.3.28] *Holfeld, A.:* Zur Berechnung der Triebfedern mit Federhaus. Uhren und Schmuck *5* (1968) 3, S.90.
[6.3.29] *Bögelsack, G.;* u.a.: Richtlinie für rechnergestützte Dimensionierung von Antriebsfedern. AUTEVO „Informationsreihe“ 11, VEB Carl Zeiss JENA 1977.
[6.3.30] *Bögelsack, G.; Schorcht, H.-J.:* Dynamisches Verhalten von Federantrieben. Feingerätetechnik *19* (1970) 1, S.4.
[6.3.31] *Roth, K.:* Systematik der Maschinen und ihrer mechanischen elementaren Funktionen. Feinwerktechnik *74* (1970) 11, S.453.
[6.3.32] *Simonek, R.:* Ein Verfahren zur Ermittlung der speziellen Funktionsstruktur mit Hilfe der EDV. feinwerktechnik und micronic *78* (1974) 1, S.10.
[6.3.33] *Ewald, O.:* Eine Zusammenstellung der Maschinen- und Gerätetechnik als Hilfsmittel für das systematische Konstruieren, feinwerktechnik und micronic *76* (1972) *2*, S.66.
[6.3.34] *Frank, G.:* Zum Systembegriff in der Konstruktionswissenschaft. Feingerätetechnik *16* (1967) 9, S.394.
[6.3.35] *Seelinger, A.:* Motorkupplung und Getriebespiel. VDI-Z. *116* (1974) 2, S.107.
[6.3.36] *Graßl, H.:* Beitrag zur Optimierung einer Federbandkupplung. Feinwerktechnik und Meßtechnik *84* (1976) 1, S.22.
[6.3.37] *Köhler, A.:* Stoppbremse für Wagen von Druckwerken. Feingerätetechnik *27* (1978) 7, S.303.
[6.3.38] *Rabe, K.:* Anschläge, eine Untergruppe der Sperrungen. Feinwerktechnik *65* (1961) 5, S.166.

[6.3.39] *Rauch, M.:* Einfluß des Prellens auf die Dynamik elektromechanischer Systeme. XII. Internat. Wiss. Kolloquium Ilmenau 1977, B 1, S. 107.

[6.3.40] *Rauch, M.:* Prellerscheinungen an mechanischen Bauteilen. Feingerätetechnik *23* (1974) 11, S. 510.

[6.3.41] *Rauch, M.:* Mechanische Funktionsgruppen mit Anschlägen. Maschinenbautechnik *25* (1976) 2, S. 75.

[6.3.42] *Rauch, M.; Schmidt, W.:* Messung des Kraft-Zeit-Verhaltens und der Stoßzeiten bei mechanischen Stößen. Maschinenbautechnik *26* (1977) 2, S. 75.

[6.3.43] *Rauch, M.:* Maschinelle Berechnung translatorischer elektromagnetomechanischer Systeme. Feingerätetechnik *23* (1974) 7, S. 326.

[6.3.44] *Rauch, M.:* Zur Dynamik translatorischer elektromagnetischer Funktionsgruppen an einem ausgewählten Beispiel. Wiss. Zeitschr. d. TH Karl-Marx-Stadt *17* (1975) 1, S. 107.

[6.3.45] *Nikitenko, A. G.; Kleimenov, V. V.:* Primenie elektronych modelirujščich ustroistvo dlja rasčeta dinamičeskich charakteristnik elektromagnetnych mechanizmov. Elektricestvo (1960) 7, S. 51.

[6.3.46] *Stündel, D.:* Zur Synthese von Filmgreifergetrieben für Aufnahme- und Wiederabgabegeräte. Maschinenbautechnik *9* (1956) 10, S. 488.

[6.3.47] *Krzenciessa, H.:* Zur Getriebetechnik der Papierverarbeitungsmaschinen. Maschinenbautechnik *5* (1956) 10, S. 481.

[6.3.48] *Bock, A.:* Der systematische Aufbau der Schaltgetriebe. Maschinenbautechnik *4* (1955) 2, S. 60; 3, S. 116.

[6.3.49] *Eckerle, R.:* Optimale Auslegung von Malteserschaltwerken. Feinwerktechnik *73* (1969) 10, S. 484.

[6.3.50] *Speranskij, N. V.:* Malteserkreuzgetriebe mit Antrieb durch elliptische Zahnräder. Maschinenbautechnik *8* (1959) 12, S. 618.

[6.3.51] *Schnarbach, K.:* Malteserkreuz-Schaltgetriebe. Konstruktion *4* (1952) S. 325.

[6.3.52] *Alt, H.:* Verwendung von Malteserkreuz- und Sternradgetrieben und Rastgetrieben. Werkstatttechnik *24* (1930) S. 181.

[6.3.53] *Bock, A.:* Sternradgetriebe. ZVDI *73* (1929) S. 397.

[6.3.54] *Schnarbach, K.:* Netztafeln für Malteserkreuzgetriebe. Getriebetechnik *7* (1939) S. 19.

[6.3.55] *Simon F.:* Malteserkreuz-Sperrzylinder ohne Klemmgefahr, feinwerktechnik und micronic *76* (1972) 5, S. 262.

[6.3.56] *Krause, W.; Buhrandt, U.:* Bewegungswandler für Positionierantriebe. Feingerätetechnik *33* (1984) 4, S. 147.

[6.3.57] *Krause, W.:* Präzisionsmechanik in der Feingerätetechnik. Feingerätetechnik *22* (1973) 9, S. 446.

[6.3.58] *Krause, W.:* Feinmechanische Bauelemente. Feingerätetechnik *23* (1974) 10, S. 455.

[6.3.59] *Bögelsack, G.; Zivkovic, Z.:* Auswahlkriterien für Schrittgetriebe. Feingerätetechnik *25* (1976) 7, S. 301.

[6.3.60] *Rabe, K.:* Getriebe für Feinverstellungen im Gerätebau. Feinwerktechnik *73* (1969) 6, S. 264.

[6.3.61] *Unterberger, R.:* Konstruktionsprobleme in Feingeräten. Feinwerktechnik *60* (1956) 1, S. 3.

[6.3.62] *Mikulasek, J.:* Konstruktionsgruppen und Elemente feinmechanischer und optischer Geräte. Feingerätetechnik *12* (1963) 1, S. 16.

[6.3.63] *Krause, W.:* Belange der Feingerätetechnik bei der Konstruktion technologischer Ausrüstungen für die Mikroelektronik. Feingerätetechnik *19* (1970) 9, S. 424.

[6.3.64] *Neumann, R.:* Technische Anwendungen des Umlaufräderprinzips. Maschinenbautechnik *25* (1976) 2, S. 50.

[6.3.65] *Krause, W.; Brand, S.:* Konstruktive Gestaltung von Präzisionszahnradgetrieben der Feingerätetechnik. Feingerätetechnik *25* (1976) 1, S. 11.

[6.3.66] *Demian, Tr.; Krause, W.;* u. a.: Einsatz von Schneckengetrieben in der Feingerätetechnik. Feingerätetechnik *27* (1978) 5, S. 222.

[6.3.67] *Krause, W.:* Kinematische Genauigkeit von Zahnradgetrieben der Feingerätetechnik. XXV. Internat. Wiss. Kolloquium Ilmenau 1980, Vortragsreihe B 1.

[6.3.68] *Krause, W.; Le Van Sang:* Berechnung der Drehwinkeltreue mehrstufiger Stirnradgetriebe der Feingerätetechnik. Feingerätetechnik *29* (1980) 9, S. 387.

[6.3.69] *Neudorf, A.:* Systematischer Katalog für Bedienteile. Werkstatt und Betrieb *110* (1977) 4, S. 225.

[6.3.70] VDI-Richtlinien 1000, 2120 bis 2156, 2222, 2721 bis 2727: Ungleichförmig übersetzende Getriebe (in VDI/AWF – Handbuch Getriebetechnik, Bd. I).

[6.3.71] AWF – VDMA – VDI – Getriebehefte (H. 1: Gesperre; 2: Schaltwerke; 3: Hemmwerke; 4: Spannwerke; 5: Sprungwerke; 6: Sperrgetriebe).

[6.3.72] VDI – Richtlinien 1000, 2151 bis 2159, 2545, 2726: Gleichförmig übersetzende Getriebe (in VDI/AWF – Handbuch Getriebetechnik, Bd. II).

6.4. Optische Funktionsgruppen

Die Funktion optischer Bauelemente besteht darin,

- das Licht durch Brechung oder Spiegelung abzulenken (z.B. durch Einzellinsen, verkittete Linsengruppen, Planspiegel, sphärische und asphärische Spiegel, Spiegelprismen, Ablenkprismen)
- das Licht durch Absorption, Polarisation, Streuung und Beugung hinsichtlich Intensität, Phase und Richtung zu verändern (z.B. durch Mattscheiben, Trübgläser, Filter, Polarisatoren, Dispersions- und Polarisationsprismen, Reflexions- und Transmissionsgitter)
- Träger von Zeichen und Marken zu sein (z.B. Fadenkreuze, Skalen, Maßstäbe, Nonien, Strichplatten, Teilkreise)
- Hüll- und Schutzfunktionen zu übernehmen (z.B. Küvetten, Abdeckgläser)
- den Lichtquerschnitt zu begrenzen und zu verändern (z.B. Blenden mit rundem eckigem, sektor- und spaltförmigem Querschnitt).

Die Form der Optikbauteile wird durch die optische Wirkungsweise, Forderungen hinsichtlich ausreichender Eigenstabilität und die optischen Fertigungsverfahren bestimmt. Für die Art der Fassung ist neben den funktionellen Forderungen die Form der Bauelemente wesentlich. Bezüglich der Struktur lassen sich nahezu alle Optikbauteile zurückführen auf

- runde Optikteile, bei denen das Fassen vorzugsweise an den zylindrischen Flächen erfolgt, und
- prismatische Optikteile, bei denen man das Fassen vorzugsweise an den ebenen Flächen vornimmt.

Grundlage für die dem Konstrukteur gestellte Aufgabe, optische Bauelemente zu fassen, ist das sog. **Optikschema.**
Es enthält

- alle optisch wirksamen Bauelemente, d.h. im wesentlichen die Glas- oder auch Plastteile und Blenden
- die Abmessungen der optisch wirksamen Bauelemente, z.B. Durchmesser, Dicke und Krümmungsradien einer Linse
- Angaben funktionswichtiger Größen an den optisch wirksamen Bauelementen, z.B. freier Durchmesser einer Linse, Glasart, Brechzahl, Kennzeichnung der an einem Teil ver- oder entspiegelten Fläche, Bildfeldgröße, Skalenteilung eines Teilkreises
- die gegenseitige Zuordnung der optisch wirksamen Bauelemente, also ihre Relativlagen einschließlich der zulässigen Toleranzen, z.B. Schnittweiten, Luftabstände zwischen den Optikteilen, Objektschnittweite, zulässige Verkippung, Abweichung von der Parallelität, Zentrierfehler
- evtl. den Verlauf des Abbildungs- und des Beleuchtungsstrahlengangs.

Das Optikschema wird auch für räumliche Strahlengänge zweckmäßig in einer Ebene dargestellt und entsteht durch Abwicklung. Das Optikschema wird vom Spezialisten, dem Optikkonstrukteur oder Optikrechner, erarbeitet und dem Konstrukteur übergeben. Es darf durch diesen nicht verändert werden, ohne hierfür die Zustimmung des Spezialisten einzuholen. Selbst das Einfügen eines einfachen rechtwinkligen Prismas zum Zweck einer 90°-Ablenkung zieht Veränderungen der Schnittweiten und des Korrektionszustands nach sich. Optische Systeme haben Abbildungsfehler, die je nach Aufgabenstellung korrigiert werden. Dabei werden bestimmte Abbildungsfehler minimiert, und zwar für vorgegebene Schnittweiten. Da die Korrektion eines Gesamtsystems über das Zusammenwirken fehlerbehafteter Teilsysteme erfolgt, dürfen Teilsysteme nicht ohne weiteres zu einem Gesamtsystem kombiniert bzw. in einem Gesamtsystem ausgetauscht werden.

Vom Optikschema ausgehend, bestehen für den Konstrukteur die folgenden Aufgaben:

- Festlegen der endgültigen Ausführung der Optikbauteile, z.B. Fassungsdurchmesser, Randdicken, Anbringen von Schutz- und Maßfasen, Kennzeichnung der Oberflächen (Bearbeitungszeichen, Prüfbereiche, Ver- und Entspiegelungen, Mattierungen, Anstriche) unter Beachtung gültiger Standards und Vorschriften
- Auswahl geeigneter Fassungsarten einschließlich der Gesamtanordnung und deren Bemessung und Gestaltung mit Rücksicht auf die optische Funktion unter den Bedingungen der Herstellung und des Gebrauchs.

6.4.1. Übersicht über optische Systeme [6.4.1] [6.4.2]

Um einen kleinen Einblick in die Vielfalt optischer Bauelemente und Systeme zu gewähren und dem mit diesem Teilgebiet wenig Vertrauten Hinweise über Arten und Begriffe zum weiteren Eindringen in einschlägige Literatur zu geben, sind die Tafeln 6.4.1 bis 6.4.9 angeführt.

Tafel 6.4.1 enthält eine Auswahl wichtiger *Reflexionsprismen.* Sie dienen in erster Linie dazu, den Strahlengang den räumlichen Bedingungen innerhalb eines Geräts unter Beachtung der Bildlage anzupassen. Jede Spiegelung vertauscht Höhen oder Seiten eines Bildes, d.h. erzeugt aus einem höhen- und seitenrichtigen Bild ein umgekehrtes oder seitenvertauschtes Bild. Je nach Anordnung können dabei auch Bilddrehungen entstehen. Grundsätzlich lassen sich Spiegelprismen auch durch einzelne Spiegel oder Spiegelkombinationen ersetzen. Dies ist jedoch nur zweckmäßig bei großen Bündeldurchmessern, da die hierfür notwendigen großen Spiegelprismen eine erhebliche Masse aufweisen würden. Im allgemeinen bevorzugt man **Spiegelprismen**, da sie folgende **Vorteile** aufweisen:

- Die Spiegelwinkel untereinander bleiben unverändert.
- Die Ablenkung vieler Spiegelprismen bleibt konstant, auch bei fehlerhafter Einbaulage oder Lageveränderungen während des Gebrauchs. Derartige Prismen sind also invariant oder innozent gegenüber Verkippungen um bestimmte Achsen (s. auch Abschnitt 4.2.3.2.).
- Man strebt Totalreflexion an, damit bleiben die Reflexionsverluste geringer als bei verspiegelten Flächen.
- Prismen lassen sich häufig einfacher fassen.

Demgegenüber sind folgende **Nachteile** beachtenswert:

- Die Masse ist i.allg. größer.
- Es treten Absorptionsverluste auf.
- Den Reflexionsverlusten an den Eintritts- und Austrittsflächen begegnet man durch Entspiegelung, was zusätzlichen Aufwand bedeutet.
- Die optische Weglänge wird verändert, damit ändert sich der Ort des Bildes.
- Es besteht die Gefahr der Dispersion, und es treten Öffnungsfehler und Astigmatismus auf, die bei der Korrektur des Gesamtsystems berücksichtigt werden müssen.

Tafel 6.4.1. Häufig angewendete einfache Reflexionsprismen

Nr.	Prisma/Bezeichnung	Anzahl der Reflexionen Ablenkwinkel α	Glasweg L wichtige Abmessungen	Bemerkungen
1	Halbwürfelprisma 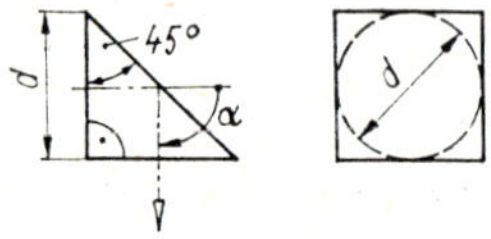	1 90°	d	meist unverspiegelt wegen Totalreflexion, Ablenkwinkel ist abhängig von Einbaulage
2	Halbwürfelprisma 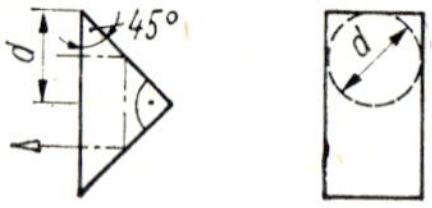	2 180°	$2d$	meist unverspiegelt wegen Totalreflexion, Ablenkwinkel ist unempfindlich gegenüber Drehungen um Achsen senkrecht zum Hauptschnitt
3	Rhomboidprisma (Spiegeltreppe) 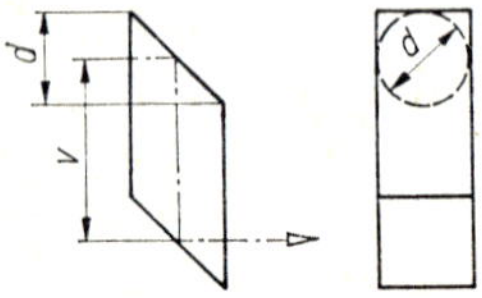	2 0°	$d + v$	meist unverspiegelt wegen Totalreflexion, Ablenkwinkel ist unempfindlich gegenüber Einbaulage, zur parallelen Versetzung von Strahlengängen um den Betrag v
4	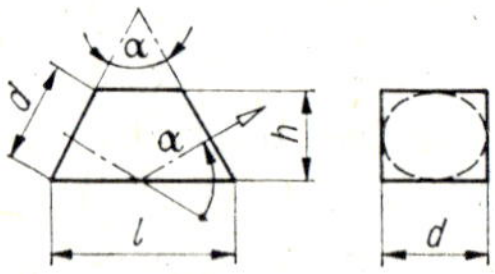	1 α (vorzugsweise α = 30°; 45°; 60°)	$L = d \cot \frac{\alpha}{2}$ $l = \frac{d}{\sin \frac{\alpha}{2}}$ $h = d \cos \frac{\alpha}{2}$	siehe Nr. 1 für α = 90° entsteht Prisma Nr. 1
5	Pentaprisma 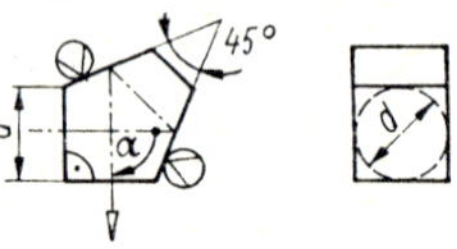	2 90°	$L = d(2 + \sqrt{2})$ $\approx 3{,}41d$	keine Totalreflexion, deshalb Verspiegelung notwendig, Ablenkwinkel ist unempfindlich gegenüber Drehungen um zum Hauptschnitt senkrecht stehende Achsen, deshalb bevorzugtes Prisma für 90°-Ablenkungen (V) verspiegelt
6	Bauernfeind-Prisma 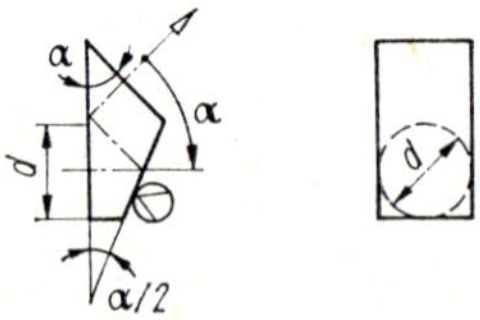	2 45° auch für 60°	$L = d + \frac{d}{2}\sqrt{2}$ $\approx 1{,}71d$ $L = d\sqrt{3} \approx 1{,}73d$	Unempfindlichkeit des Ablenkwinkels wie bei Prismen Nr. 2 und Nr. 5, häufig angewendet zur bequemen subjektiven Bildbetrachtung im abgeknickten Okulareinblick an Mikroskopen
7	Dove-Prisma 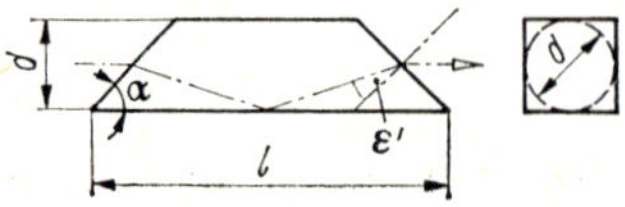	1 0° für übliche Werte	$L = \frac{d}{\cos(\alpha + \varepsilon')}$ $l = d\,[\cot \alpha + \tan(\alpha + \varepsilon')]$ mit $\sin \varepsilon' = \frac{\cos \alpha}{n}$ $\alpha = 45°;\ n = 1{,}5$ $L \approx 3{,}44d$ $l \approx 4{,}29d$	andere Bezeichnungen sind Wendeprisma, Reversionsprisma, Amici-Prisma; bei Drehung des Prismas um die optische Achse um den Winkel φ wird das Bild um 2φ gedreht; wegen schräg zur optischen Achse stehender Ein- und Austrittsfläche nur im telezentrischen Strahlengang verwendbar; angewendet zur Bilddrehung bei fluchtendem Ein- und Austrittsstrahl

Tafel 6.4.1 (Fortsetzung)

Nr.	Prisma/Bezeichnung	Anzahl der Reflexionen Ablenk-winkel α	Glasweg L wichtige Abmessungen	Bemerkungen
8	Tripelprisma, Tripelstreifen	3 180°	je nach Abmessungen	jede der drei spiegelnden Flächen steht auf den beiden benachbarten senkrecht (Abtrennung einer Würfelecke); der Ablenkwinkel von 180° ist unabhängig von der Einbaulage, jeder aus beliebiger Richtung einfallende Strahl kehrt parallel hierzu zurück

- Mögliche Staubablagerungen auf den Ein- und Austrittsflächen erfordern, daß diese nicht in einer Zwischenbildebene angeordnet werden sollen. Analoges gilt für Blasen, Einschlüsse und Schlieren im Glas.

Diese Nachteile bleiben weitgehend ohne Auswirkung, wenn Spiegelprismen im telezentrischen Strahlengang angeordnet werden.

Die in den **Tafeln 6.4.2** und **6.4.3** angeführten Umkehrprismen haben die Aufgabe, das Bild um 180° zu drehen, d.h., aus dem höhen- und seitenverkehrten Bild durch ein System mit positiver Brennweite ein aufrechtes und seitenrichtiges Bild zu erzeugen. Sie werden deshalb in Erdfernrohren angewendet und in vielen anderen Geräten mit subjektiver Bildbetrachtung.

Gerätetyp und Aufbau erfordern zahlreiche weitere Prismenkombinationen. Einige wenige Grundtypen für bestimmte Aufgaben sind stellvertretend für andere Ausführungsformen in **Tafel 6.4.4** zusammengestellt.

Okulare dienen dazu, das von einem Objekt erzeugte Zwischenbild weiter zu vergrößern und der visuellen Betrachtung zugänglich zu machen. Sie enthalten eine kreisförmige Blende, die sog. Sehfeld- oder Gesichtsfeldblende, die das abgebildete Feld scharf begrenzt. Bei Okularen mit Vorderblende vom Ramsdenschen Typ **(Tafel 6.4.5)** kann die Blende fest im Tubus angeordnet sein und beim Wechsel der Okulare im Gerät verbleiben, was Vorteile hat, wenn die Blende gleichzeitig Marken oder Strichteilungen trägt. Abgeleitet von den in Tafel 6.4.5 vorgestellten Okulargrundtypen, wurden je nach Anforderung an Korrektionszustand, Größe des abzubildenden Zwischenbilds und Vergrößerung zahlreiche Okulare entwickelt, die sich hinsichtlich Anzahl der Linsen und damit verbundenen Aufwands unterscheiden. Eine Auswahl von Mikroskopokularen zeigt **Tafel 6.4.6.** Viele Okulare, die sog. Kompensationsokulare, sind hinsichtlich ihrer Abbildungsfehler nicht in sich korrigiert, sondern dienen dazu, die Fehler der Objektive mit zu korrigieren.

Mikroskopokulare sind als Steckokulare (s. Bild 6.4.18b) ausgebildet; die Anpassung an die Fehlsichtigkeit des Beobachters erfolgt durch Fokussieren des Gesamtsystems. Soll die Anpassung an die Fehlsichtigkeit durch Fokussieren des Okulars allein vorgenommen werden, so versieht man die Okularfassung mit einem speziellen Okulargewinde, dem steilgängigen Trapezgewinde (s. Bild 6.4.18a). Dieser Aufbau ist üblich bei Fernrohren, Meßmikroskopen, Autokollimationsfernrohren und ähnlichen Geräten.

Optische Systeme, die nicht der visuellen Beobachtung dienen, sondern der Mikrofotografie oder Mikroprojektion, werden *Projektive* genannt. Sie ähneln in Aufbau und Eigenschaften den Okularen, sind jedoch für eine bestimmte Objekt-Bild-Entfernung korrigiert.

Tafel 6.4.2. Ausgewählte Umkehrprismen mit Dachkante

Strahlengang geknickt um α

Schmidt-Prisma

Amici-Prismen

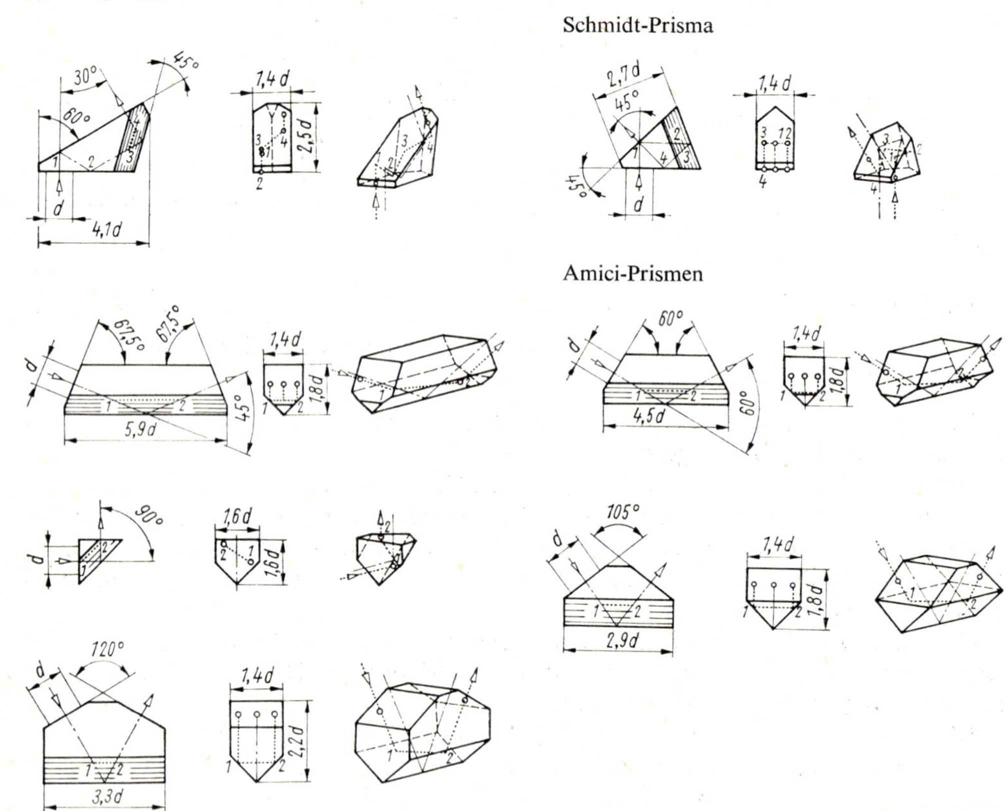

Strahlengang fluchtend

Sang-Zentmayer-Prisma

Astorri-Prisma

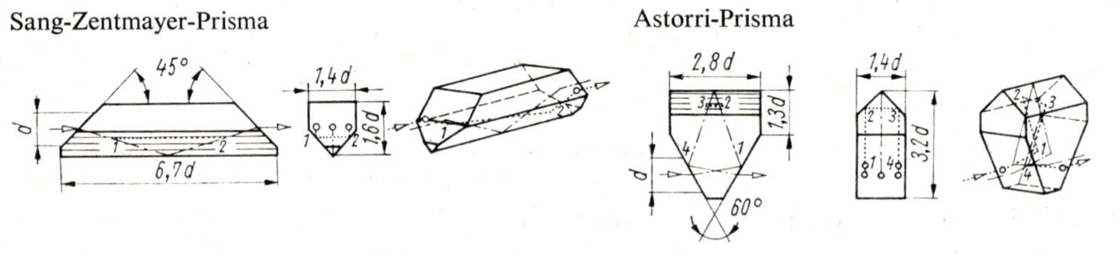

Strahlengang parallel versetzt

Leman-Prisma

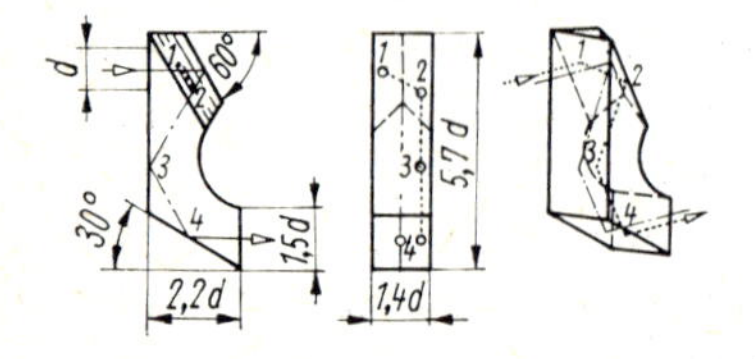

Huet-Prisma

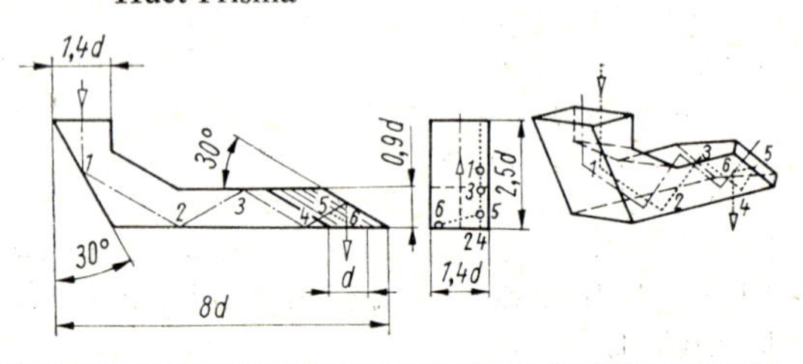

Tafel 6.4.3. Ausgewählte Umkehrprismensysteme

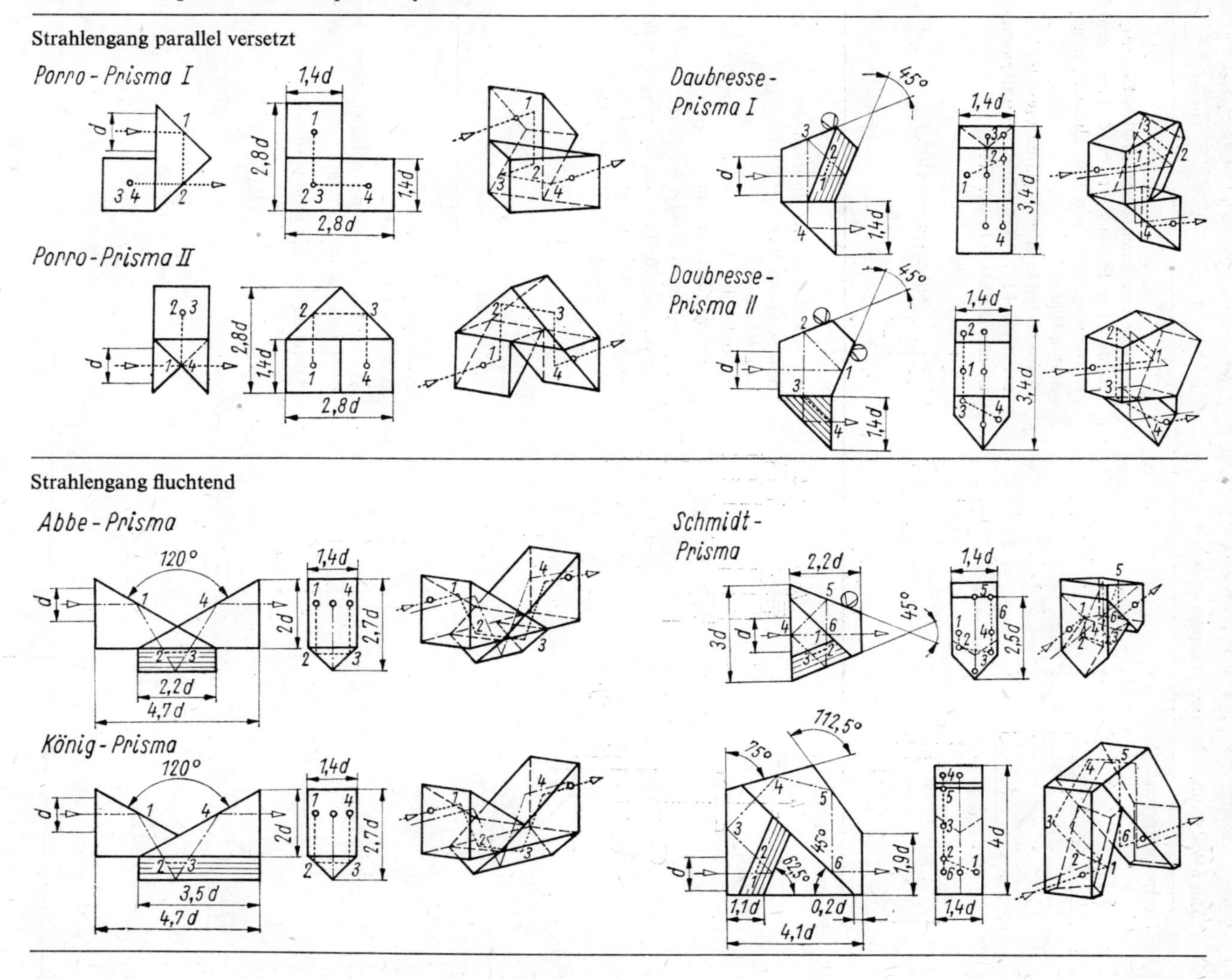

Tafel 6.4.4. Einige wichtige Prismensysteme

Doppelbildprisma

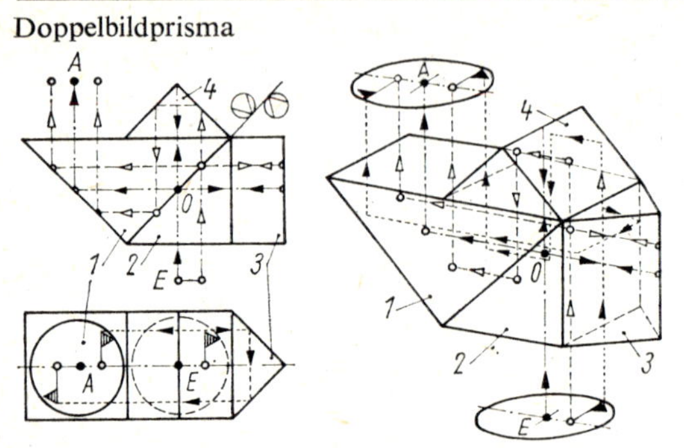

erzeugt von einem Bild in der Eintrittsebene *E*; in der Austrittsebene *A* zwei zentralsymmetrische, um 180° zueinander gedrehte Bilder

Anwendung in Meßokularen ohne Fadenkreuz mit Einstellkriterium: zentralsymmetrische Decklage beider Bilder

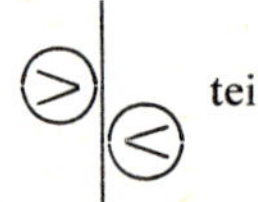

teilverspiegelt (50%)

Prismensynopter

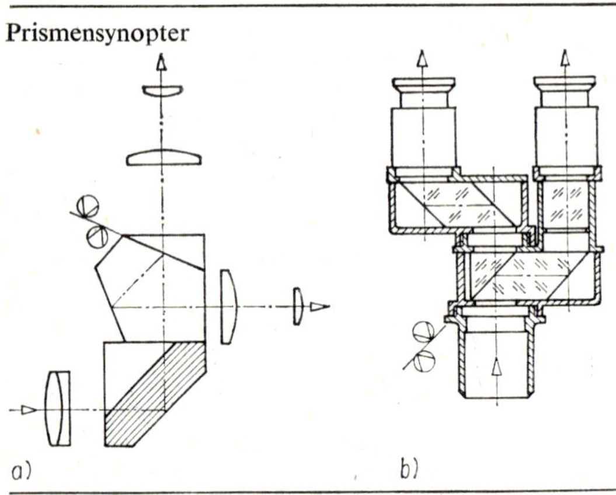

zur Aufteilung eines Strahlengangs in zwei Strahlengänge für

a) zwei Beobachter
b) beidäugige Betrachtung mit veränderbarem Okularabstand

Strahlenteilung erfolgt durch teildurchlässig verspiegelte Flächen; in umgekehrter Benutzung können zwei Strahlengänge zu einem vereinigt werden (Mischbild)

Scheideprismensysteme

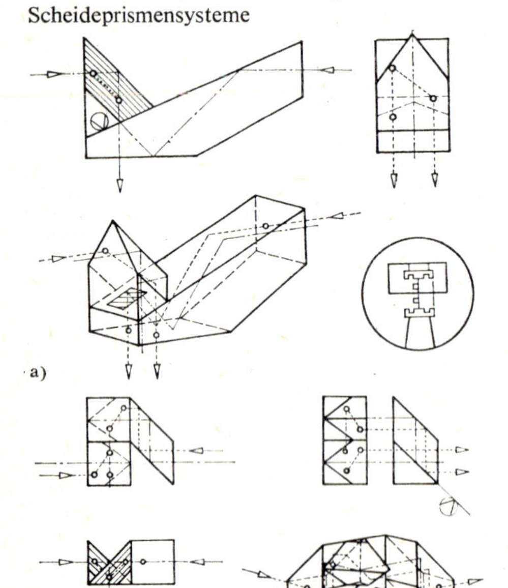

vereinigen zwei Strahlengänge zu zwei abgegrenzten Teilbildern

a) Teilbilder zueinander höhenverkehrt
b) Halbbilder höhenrichtig

Anwendung in Entfernungsmessern

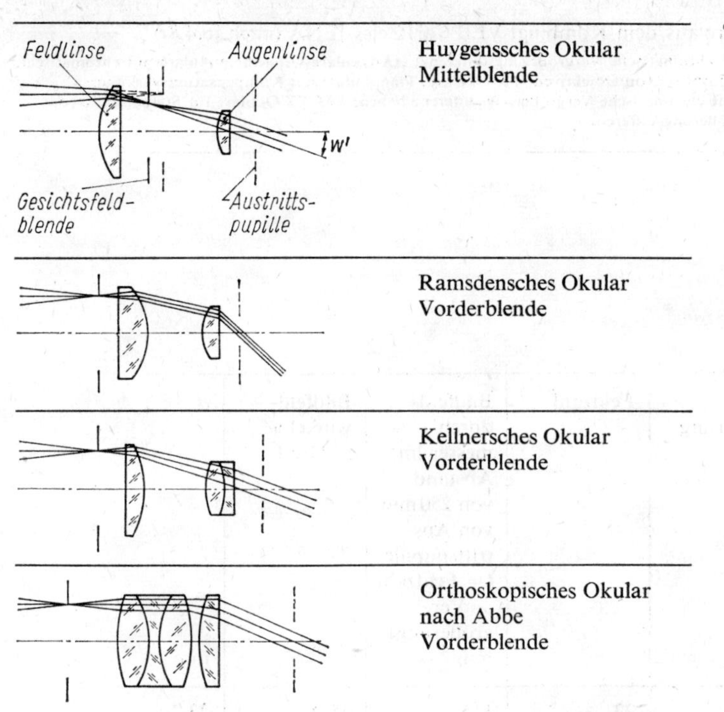

Tafel 6.4.5
Okulargrundtypen [6.4.2]

Objektive sind im allgemeinen optische Elemente, die von einem Gegenstand ein Bild erzeugten. Die Anforderungen an die Abbildungseigenschaften sind je nach Verwendungszweck eines Objektivs grundsätzlich verschieden. So müssen Größe und Entfernung des abzubildenden Gegenstands, Abbildungsmaßstab, die Entfernung des entstehenden Bildes und schließlich die Leistung des Objektivs hinsichtlich Art und Größe der zu korrigierenden Abbildungsfehler Berücksichtigung finden, was zu einer Vielzahl von Objektivarten und Ausführungsformen geführt hat. Als typische Bauformen unterscheidet man Mikroskopobjektive, Fernrohrobjektive, Fotoobjektive. Letztere werden häufig als Hochleistungsobjektive bezeichnet, wenn sie den an sie gestellten speziellen Forderungen aus der Fotogrammetrie oder Luftbildmessung besonders gut angepaßt sind (hohes Auflösungsvermögen, großes Öffnungsverhältnis, großer Bildwinkel, frei von Verzeichnung).

Tafel 6.4.7 enthält eine kleine Auswahl üblicher **Mikroskopobjektive.** Man unterscheidet

- Achromate mit einer für zwei Wellenlängen gleichen Schnittweite
- Apochromate, bei denen gleiche Schnittweite für drei Spektralfarben erreicht ist
- Planobjektive, d.h. Planachromate und Planapochromate, bei denen zusätzlich die Bildfeldwölbung nahezu vollständig beseitigt wurde.
- Halbapochromate (sog. Fluoritsysteme) mit einer gegenüber dem einfachen Achromat besseren Farbkorrektion
- Monochromate, die nur für eine Wellenlänge korrigiert und in der Ultraviolettmikroskopie von besonderer Bedeutung sind.

Achromate und Apochromate sind gewöhnlich für eine Tubuslänge von 160 mm korrigiert, Planachromate und Planapochromate auch für eine Tubuslänge unendlich. Häufig,

Tafel 6.4.6. Mikroskopokulare aus dem Kombinat VEB Carl Zeiss JENA (nach [6.4.8])

A-Okulare: Allgemeinokulare ohne chromatische Vergrößerungsdifferenz; *AK*-Okulare: Allgemeinokulare mit chromatischer Vergrößerungsdifferenz zur Kompensation von Objektiven; *PK*-Okulare: Planokulare mit Kompensationswirkung, besonders für Planobjektive, die eine chromatische Vergrößerungsdifferenz haben; *SM XX* Okulare für Stereomikroskop SM XX, ohne chromatische Vergrößerungsdifferenz

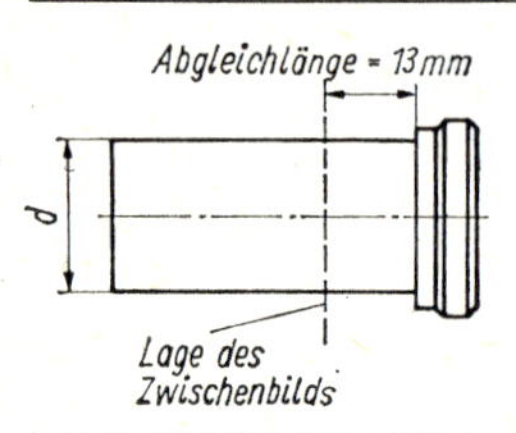

Okularbezeichnung, Kennzeichnung für den Korrektionstyp (s. auch [6.4.2] u. Firmenschriften Ernst Leitz Wetzlar GmbH, Wetzlar)	Vergrößerung	Feldzahl	Bildfelddurchmesser im Abstand von 250 mm von Austrittspupille (= Feldzahl × Vergrößerung) mm	Bildfeldwinkel w' in Grad	d mm
A	5×	23	115	25,9	23,2
	6,3×	19	120	27,0	
	8×	12	96	21,7	
	10×	14	140	31,3	
	10×	20	200	43,6	
	12,5×	16	200	43,6	
	16×	12,5	200	43,6	
	20×	10	200	43,6	
AK	8×	16	128	28,7	
	12,5×	12	150	33,4	
PK	6,3×	19	120	27,0	
	8×	18,4	147	32,8	
	10×	15,5	155	34,4	
	12,5×	16	200	43,6	
	16×	12	192	42,0	
	20×	8	160	35,5	
	25×	7	175	38,6	
	32×	6,3	200	43,6	
Okulare für SMXX	6,3×	28	176	38,8	30
	12,5×	15	187	41,0	
	25×	8	200	43,6	

insbesondere bei den Objektiven zur Durchlichtmikroskopie, ist die Objektdeckglasdicke (üblich 0,17 mm) in die Korrektur einbezogen worden. Über die bereits genannten Mikroskopobjektive hinaus gibt es Sonderobjektive, die z.B. einen besonders großen Objektabstand haben, was notwendig ist, wenn am Objekt manipuliert werden soll oder wenn es sich innerhalb einer Kammer (Vakuum-, Heiz- oder Kühlkammer) befindet, oder solche Objektive, die für spezielle Mikroskopierverfahren vorgesehen sind (Polarisations-,

Tafel 6.4.7. Gebräuchliche Mikroskopobjektive [6.4.19] [2])

Bezeichnung Ausführungsbeispiel	Abbildungs-maßstab	Numerische Apertur etwa	Freier Objektabstand in mm etwa
Achromat	3,2	0,10	9,6
	6,3	0,16	8,5
	10	0,25	7,2
	16	0,32	2,8
	40	0,65	0,5
	100[1])	1,25	0,06
Apochromat	4,0	0,16	9,3
	6,3	0,20	6,7
	16	0,40	2,3
	40	0,95	0,10
	63	0,95	0,06
	100[1])	1,32	0,05
	100[1])	1,40	0,05

[1]) homogene Ölimmersion; [2]) s. auch [6.4.2] u. Firmenschriften Ernst Leitz Wetzlar GmbH, Wetzlar

Tafel 6.4.8. Beispiele typischer Fernrohrobjektive (nach [6.4.10]) [3])

Öffnungsverhältnis für astronomische Fernrohre kleiner ewta 1:15; Öffnungsverhältnis für Präzisionsfernrohre (Kollimatoren), Meßtechnik- und hochwertige Erdfernrohre kleiner etwa 1:10; Öffnungsverhältnis für Handfernrohre, Prismenfeldstecher kleiner etwa 1:3,5

S sphärische Abweichung ist korrigiert; *SB* Sinusbedingung ist eingehalten; *Ch2* Farblängsfehler ist für zwei Wellenlängen korrigiert; *Z* Zonenfehler ist korrigiert; *ChS* chromatische Differenz der sphärischen Abweichung (Gauß-Fehler) ist korrigiert; *Ch3* Farblängsfehler ist für drei Wellenlängen korrigiert

Bezeichnung	Schema	Öffnungsverhältnis	Korrektion
Achromat		<1:3,5	S SB Ch 2
Frauenhofer-Objektiv sog. E-Objektiv		<1:11	S SB Z Ch 2
Halbapochromat sog. AS-Objektiv		<1:11	S SB Ch 3
Apochromat sog. B-Objektiv		<1:15	S SB Z Ch 3 ChS
Apochromat		<1:3	S SB Ch 3 Z ChS

[3]) s. auch [6.4.2] u. Firmenschriften Carl Zeiss, Oberkochen

Tafel 6.4.9. Typische Fotoobjektive für Kleinbildformat 24 mm × 36 mm [6.4.2]

Bezeichnung Beispiele Linsenanordnung (schematisch)	Öffnungs-verhältnis/ Brennweite mm	Aus-genutzter Bildwinkel Grad	Bau-länge mm	Kürzeste Einstell-entfernung m
Normalobjektive				
Tessar	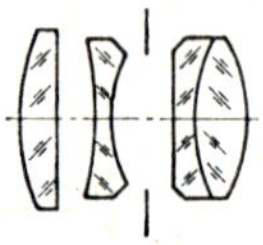 2,8/50	45	45	0,35
Pancolar	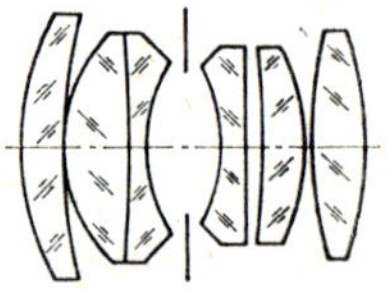 1,8/50	46	52	0,35
Weitwinkelobjektive		> 55		
Flektogon	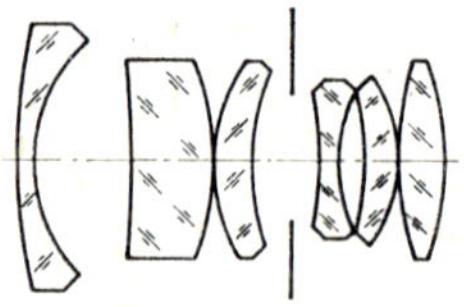 2,4/35	62	61	0,19
Flektogon	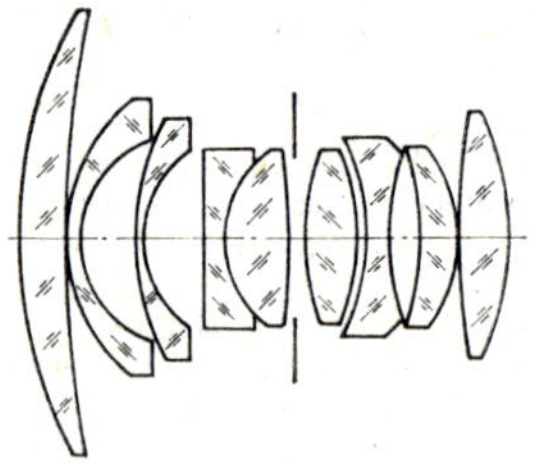 2,8/20	93	54,5	0,19
Teleobjektive		< 40		
Biometar	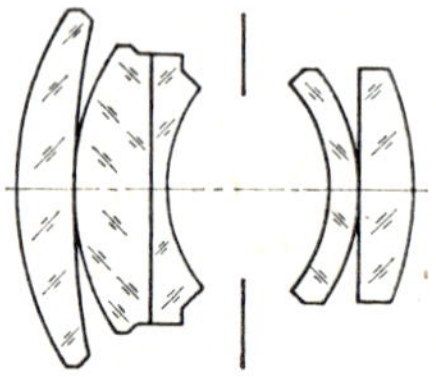 2,8/120	41	87	1,30
Sonnar	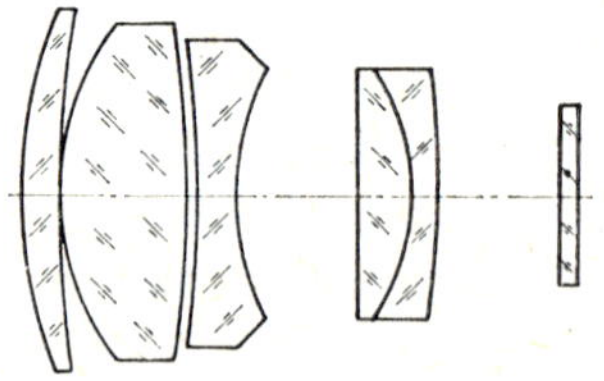 4/300	8	248	4,00
Spiegelobjektiv	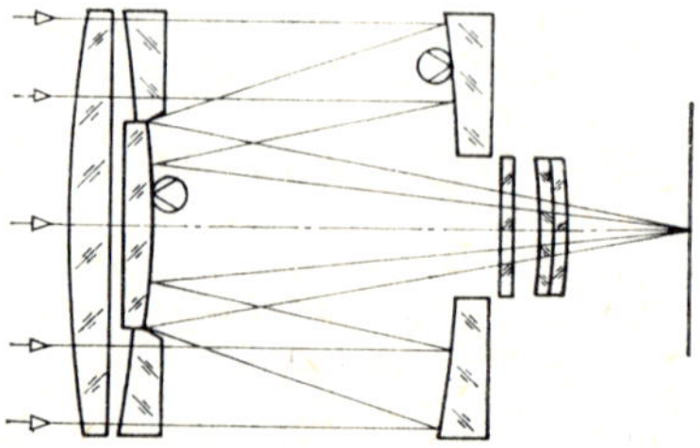 5,6/1000	2,5	512	16,00

Phasenkontrast-, Dunkelfeld-, Auflichtmikroskopie). Es sei noch darauf hingewiesen, daß auch Spiegelobjektive für die Mikroskopie entwickelt wurden, die vollständig frei von Farbfehlern sind.

Tafel 6.4.8 enthält eine Auswahl von Fernrohrobjektiven. In der Astronomie bevorzugt man, besonders für große Öffnungen, Spiegelsysteme anstelle von Refraktoren, die wegen ihres speziellen Charakters hier nicht aufgenommen wurden.

Schließlich veranschaulicht **Tafel 6.4.9** den Aufbau einiger häufiger Fotoobjektive für Kleinbildformat. Darüber hinaus gibt es zahlreiche weitere Fotoobjektive für Aufnahme und Projektion der verschiedenen Filmformate und besondere Anwendungsfälle.

Die in den Tafeln zusammengestellten optischen Bauelemente und Systeme gewähren einen Einblick in deren Vielfalt und Möglichkeiten. Beim Einsatz derartiger Elemente und Systeme in Geräten ist eine exakte Information über ihre Eigenschaften und Grenzen und die zu berücksichtigenden Bedingungen beim Zusammenwirken mit anderen optischen Elementen des Gesamtaufbaus unerläßlich. Angaben darüber sind der speziellen Literatur und Firmenschriften zu entnehmen oder direkt beim Hersteller einzuholen.

6.4.2. Fassen optischer Bauelemente
[6.4.3] [6.4.9]

Das Fassen optischer Bauelemente ist eine spezielle Verbindungsaufgabe. Die optisch wirksamen Bauteile, meist aus Glas, werden mit den als Halterung bzw. Gestell dienenden mechanischen Fassungsteilen, bestehend aus metallischen Werkstoffen oder Plaststoffen, verbunden. Prinzipiell können für diese Aufgabe die meisten bekannten Verbindungselemente herangezogen werden, wie sie auch für mechanische Bauteile Verwendung finden, wobei lösbare oder unlösbare, mittelbare oder unmittelbare, kraft-, form- oder stoffgepaarte, feste oder bewegliche Verbindungen möglich sind.

Die Besonderheiten dieser speziellen Verbindungsaufgabe ergeben sich aus drei Einflußbereichen, die man bei der Strukturierung und deren konstruktiver Gestaltung berücksichtigen muß:

- *Funktionelle Faktoren.* Die optische Funktion der Elemente – in den meisten Fällen handelt es sich um eine optische Abbildung – muß durch die Fassung gewährleistet werden. Häufig bestehen höchste Anforderungen an die feste oder funktionell veränderbare Einbaulage und deren Stabilität. Toleranzen in der Größenordnung von wenigen Mikrometern bzw. Winkelsekunden für Abstand bzw. Relativlage einer optisch wirksamen Fläche sind keine Seltenheit.
- *Geometrisch-stoffliche Faktoren.* Form und Abmessungen der optischen Bauelemente sind vielfältig. Im wesentlichen auf eine zylindrische oder prismatische Grundform zurückführbar, variieren ihre Abmessungen in weiten Grenzen (z.B. beträgt der Durchmesser der Frontlinse eines Mikroskopobjektivs 1 mm, der vom Spiegel eines Teleskops 2 m). Besondere Aufmerksamkeit gilt den speziellen Eigenschaften des Werkstoffs Glas hinsichtlich Sprödigkeit, Bruchgefahr, innerer Spannungen und Temperaturkoeffizient.
- *Umgebungsfaktoren.* Optische Geräte finden sowohl im Labor, in Fertigungsstätten, im Haushalt als auch im Freien Verwendung, wobei unterschiedlichste klimatische (im wesentlichen durch Temperatur, Feuchtigkeit, Staub) und mechanische (durch statische Kräfte, Stöße, Schwingungen) Beanspruchungen auftreten (s. Abschn. 5. und 8.).

Tafel 6.4.10. Konstruktionsgrundsätze für das Fassen optischer Bauelemente

Lfd. Nr.	Konstruktionsgrundsatz
1	Das optische Bauteil soll eindeutig und fest in seiner Fassung gehalten sein. Erfordert die Funktion die Veränderung der Raumlage, so wird i. allg. die Fassung mit dem darin befestigten Optikteil bewegt.
2	Die Befestigungskraft muß etwa gleich groß der durch die Eigenmasse des Optikteils hervorgerufenen Trägheitskraft sein (Richtwert, unabhängig von räumlicher Anordnung). Bei statischer Beanspruchung erfordert dies Kräfte, die der Eigenmasse, bei stoßartiger Beanspruchung, die dem Mehrfachen der auftretenden Erdbeschleunigung entsprechen (bei Theodoliten z. B. rechnet man meist mit 10 g).
3	Die Befestigungsmittel der Fassung dürfen das Optikteil lediglich auf Druck, möglichst nicht auf Zug und keinesfalls auf Biegung oder Torsion beanspruchen. Das erfordert neben einwandfreier Berührung die Anordnung der Auflageflächenelemente an genau gegenüberliegenden Stellen.
4	Die Formstabilität ist durch die Glasteile selbst gegeben und darf von der Fassung nicht beeinträchtigt werden. Ausnahmen bilden Optikbauelemente großer Abmessungen, z. B. Astrospiegel, wo die Formstabilität der optisch wirksamen Fläche im Zusammenspiel mit der Fassung entsteht.
5	Zu bevorzugen sind mittelbare Fassungen, d. h., die Optikbauteile bilden mit ihrer Fassung eine konstruktive Einheit, die Aufnahme im eigentlichen Gestellteil findet. Sie kann ggf. noch bearbeitet werden (z. B. zentriert), gegenüber dem Gestellteil justierbar sein und erleichtert während der Herstellung Transport und Montage.
6	In der Fassung soll diejenige Funktionsfläche des Optikteils zur definierten Anlage bestimmt werden, an die die höchsten Genauigkeitsforderungen gestellt werden, z. B. die Randzone der verspiegelten Fläche eines Spiegels.
7	Zum Vermeiden von lokalen Spannungsspitzen an den Befestigungsstellen durch Form- und Lageabweichungen infolge Herstellungstoleranzen und Veränderungen durch Temperaturunterschiede werden elastische Zwischenlagen aus Kork, Gummi, Plast, Gewebe od. ä. eingesetzt. Wegen der Eindeutigkeit der Anlage sind diese nur an einer Seite anzuwenden.
8	Bei größeren Bauelementen (etwa ab Durchmesser 100 mm) ist eine statisch bestimmte Dreipunktauflage anzustreben.
9	Optische Bauteile, die größeren Temperaturdifferenzen ausgesetzt sind (Beleuchtungseinrichtungen, Kondensoren, Geräte im Feldgebrauch), erfordern den Ausgleich entstehender Längendifferenzen durch – entsprechend reichliches Spiel – Anordnung elastischer Zwischenlagen – geeignete Materialauswahl – spezielle Kompensationseinrichtungen das Vermeiden von Temperaturunterschieden innerhalb des Glasteils durch – gleichmäßige Wärmeaufnahme, d. h. gänzliche Be- oder Durchstrahlung ohne Abschattung – gleichmäßige Wärmeabgabe, d. h. beiderseitige Konvektion und wärmeisolierende Zwischenlagen an den Befestigungsstellen das Vermeiden von Eigenspannungen, insbesondere von Kerbspannungen, im Glasteil infolge Herstellung und Art der Befestigung durch – Polieren auch der optisch nicht wirksamen Flächen – Anwendung spannungsarmer Fassungen (s. Nr. 7).
10	Die Fassung selbst muß so stabil sein, daß ihre Befestigung im Gestell justierhaltig ist und keine Deformationen entstehen. Erforderliche Justierbewegungen sind durch spielfreie Gelenke oder spielarme Anordnungen und anschließendes Klemmen zu verwirklichen (s. Abschn. 4. und 6.3.4.4.).

6.4.2.1. Konstruktionsgrundsätze

Die Fassung hat die Aufgabe, die optische Funktion auch mechanisch zu gewährleisten, indem sowohl die geforderten Raumlagen des Optikteils einwandfrei gesichert als auch unzulässige Spannungen oder Deformationen in oder an ihm vermieden werden. Letztere führen fast immer zu Qualitätseinbußen der optischen Leistung, z.B. zu einer Minderung der Abbildungsleistung eines Objektivs ähnlich dem Astigmatismus, und stets zu einer Herabsetzung der mechanischen Festigkeit.

Aus diesen Gründen sind die in **Tafel 6.4.10** dargestellten allgemeinen Regeln zu beachten.

6.4.2.2. Fassungen für runde Optikteile

Linsen aller Art, verkittete Linsensysteme, Planparallel- und Keilplatten, Strichplatten, Fadenkreuze, Filter und Spiegel werden vorzugsweise als Rundteil gefertigt, können jedoch auch in beliebig anderer äußerer Gestalt vorkommen. Das Fassen erfolgt bei runden Teilen an der äußeren Zylinderfläche durch Aufnahme in geeignete Passungen in den meist rohrförmigen Fassungsteilen und durch beiderseitige Auflage schmaler Randzonen der ebenen oder gekrümmten optisch wirksamen Flächen. Teilkreise haben eine koaxiale große Bohrung und werden in analoger Weise am inneren Zylindermantel gefaßt. Die folgenden Ausführungen beziehen sich, stellvertretend für alle runden Optikteile, vorwiegend auf Linsen.

Anforderungen

Es werden sechs typische *Linsenformen* **(Bild 6.4.1)** unterschieden. Sammellinsen, auch Positiv- oder Konvexlinsen genannt, sind in der Mitte dicker als am Rand. Zerstreuungslinsen (Negativ- oder Konkavlinsen) sind am Rande dicker als in der Mitte.

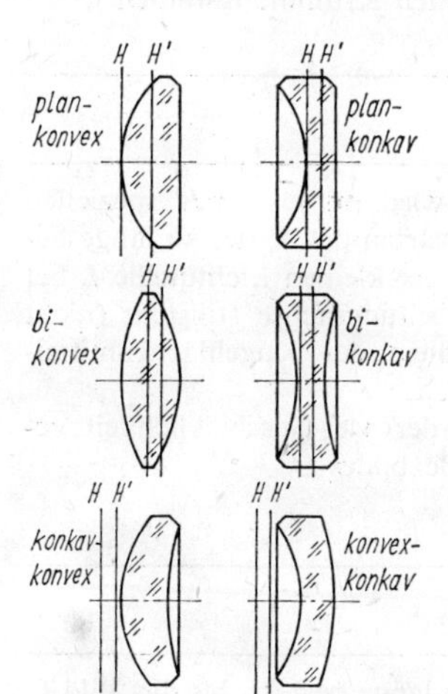

Bild 6.4.1
Linsenformen
links: Sammellinsen,
rechts: Zerstreuungslinsen
H, H' Hauptebenen

Jede Linse hat eine *optische Achse*, definiert durch die Verbindungslinie der beiden Mittelpunkte der die Linse begrenzenden Kugelflächen, und eine *mechanische Achse*, auch Formachse genannt, die durch die Mittellinie des äußeren Zylindermantels gegeben ist.

Die Durchstoßpunkte der optischen Achse durch die Kugelflächen heißen Linsenscheitel.

Die Linsen müssen zentriert werden. Das *Zentrieren* ist der Bearbeitungsvorgang, der bewirkt, daß optische und mechanische Achse zusammenfallen. Dies erfolgt in Zentriermaschinen, in denen die Linse i.allg. durch Kitten in ein Futter aufgenommen und so lange ausgerichtet wird, bis die optische Achse in die Rotationsachse fällt. Danach erfolgt das Schleifen des äußeren Zylindermantels. Man unterscheidet verschiedene Zentrierverfahren, von denen die drei wichtigsten **Tafel 6.4.11** enthält. Bevorzugt wird das Reflexbildverfahren (b) wegen der großen Empfindlichkeit, die noch gesteigert werden kann durch Beobachtung des Reflexbildes durch ein Mikroskop. Der wichtigste Vorteil besteht jedoch darin, daß an jeder optisch wirksamen Fläche des Systems je ein Reflexbild entsteht, eine einfache Linse also stets zwei Bilder erzeugt, die getrennt beobachtet werden und Auskunft über die zentrische Lage der Einzelfläche geben. Nur dadurch ist eine systematische Justierung der einzelnen Flächen und damit des Gesamtsystems möglich. Häufig, besonders bei höheren Genauigkeitsforderungen an die zentrische Lage der Linse, werden in analoger Weise die bereits in einer Fassung aufgenommenen Linsen durch Bearbeiten des Außendurchmessers und der Stirnflächen des Fassungsteils abzen-

Tafel 6.4.11. Zentrierverfahren für Rundoptik

L Lichtquelle; *L'* Bild der Lichtquelle; *O* Krümmungsmittelpunkt; *H*, *H'* Hauptebenen; *F'* Brennpunkt; $\overline{L'}$, $\overline{O}$, $\overline{H}$, $\overline{H'}$, $\overline{F'}$ die gleichen Punkte, jedoch jeweils nach Drehung der Linse um 180° um die eingezeichnete Rotationsachse

a) Mechanisches Zentrieren mit Spannen

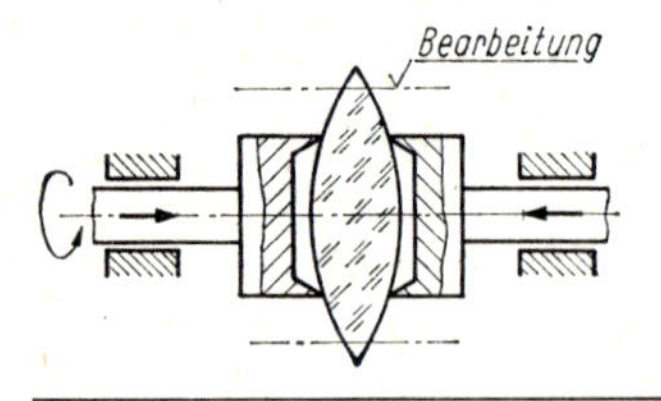

Linse legt sich zwangsläufig zwischen die axial gefederten und zueinander fluchtenden Ringschneiden, so daß die Kugelflächenmittelpunkte in die rotierende Drehachse gelangen
mäßige Genauigkeit (Reibung beim Ausrichten)
nur anwendbar bei kleinen Krümmungsradien

b) Optisches Zentrieren mit Reflexbild

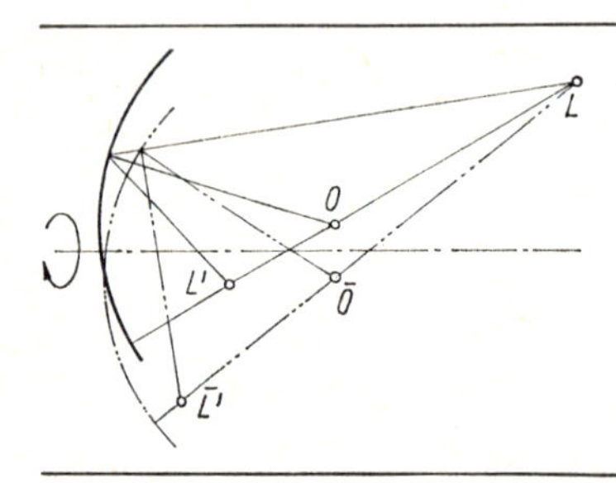

die angekittete Linse wird mittels eines speziellen Futters oder beim Aushärten des Kittes so lange bewegt, bis das Bild *L'* einer kleinen Lichtquelle *L* bei Rotation um die Bearbeitungsachse stillsteht (nicht mehr „tanzt"); dann liegt der Kugelflächenmittelpunkt *O* auf der Drehachse
hohe Genauigkeit; erfordert viel Geschicklichkeit; geringe Intensität des Reflexbildes *L'*

c) Optisches Zentrieren mit Durchlicht

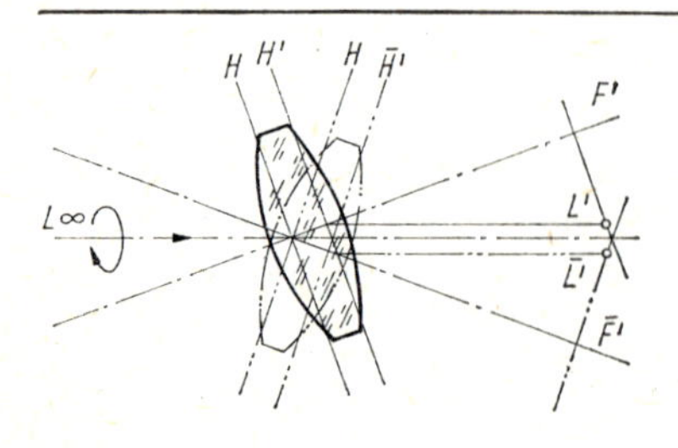

Linse wird wie bei b so lange bewegt, bis das Bild *L'* bei Rotation stillsteht
geringe Empfindlichkeit erfordert vergrößerte Betrachtung des Bildes *L'*; hohe Intensität des Bildes *L'*
Wirkung beider Kugelflächen der Linse wird gleichzeitig erfaßt
Verfahren gut für Automatisierung geeignet, da Lage des Bildes *L'* durch CCD-Matrix auswertbar

triert. Das Fassungsteil erhält zu diesem Zweck ein Innenfeingewinde zur Befestigung am Zentrierfutter. Durch diese Methode bleiben Zentrierfehler zwischen Linse und Fassungsteil ohne Auswirkung (s. Bild 6.4.13 und Abschn. Füllfassungen).

Neben der Herstellung einer zentrischen zylindrischen Mantelfläche müssen Linsen facettiert werden. Diese Fasen oder **Facetten** werden angebracht **(Bild 6.4.2)**

- zum Schutz gegen Absplittern von scharfen Kanten (Bild 6.4.2a) (Breite der Schutzfasen gewöhnlich 0,1 bis 0,3 mm)
- zur Befestigung der Linsen in ihrer Fassung, insbesondere bei Gratfassungen (Breite der Fase je nach Linsendurchmesser 0,2 bis 2 mm)
- zum Entfernen von optisch unwirksamen überflüssigen Material (Bild 6.4.2d).

Die Facetten werden möglichst so angeordnet, daß sie mit den benachbarten Flächen etwa gleiche Winkel einschließen (Bild 6.4.2b). Die sphärische Facettenform *3* wird wegen ihrer einfachen Herstellung bevorzugt (Bild 6.4.2c).

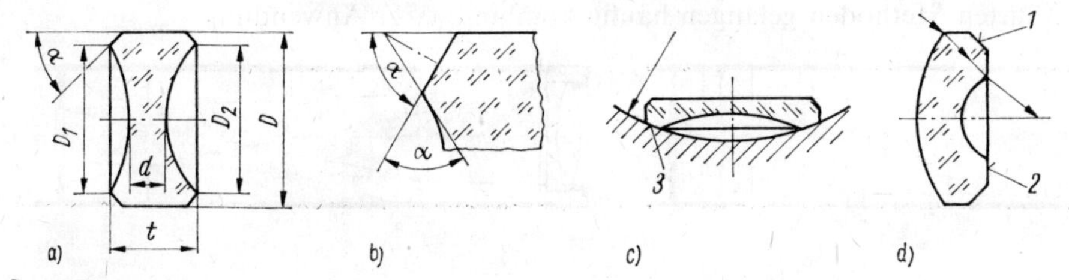

Bild 6.4.2. Facettieren von Linsen
1 Kegelfacette; *2* Planfacette; *3* Kugelfacette

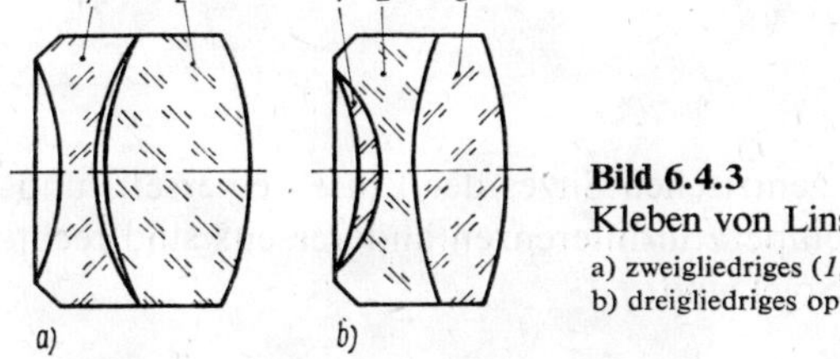

Bild 6.4.3
Kleben von Linsen
a) zweigliedriges (*1, 2*)
b) dreigliedriges optisches System (*1, 2, 3*)

Um Abbildungsfehler herabzusetzen, werden Einzellinsen zu Linsensystemen kombiniert. Dies kann bei entsprechenden Luftabständen durch die Fassung geschehen, evtl. sogar justierbar, jedoch auch durch festes Verkleben miteinander **(Bild 6.4.3).** Spezielle Optikkleber, deren Brechzahl der der Gläser nahekommt, die glasklar sein und keine Entgasungserscheinungen zeigen sollen, finden hierfür Verwendung. Das Zentrieren erfolgt beim Aushärten des Klebers unter gleichzeitiger Beobachtung nach einem der in Tafel 6.4.11 unter b oder c aufgeführten Verfahren. Beim Verkleben von drei Linsen werden deshalb Kleber mit unterschiedlichen Schmelzpunkten angewendet. Bei miteinander verklebten Linsensystemen wird eine Linse geringfügig größer im Durchmesser ausgeführt, die dann in der Passung des Fassungsteils Aufnahme findet, so daß sich Überbestimmtheiten vermeiden lassen.

Die Aufnahme ungefaßter oder gefaßter Rundoptikteile erfolgt vielfach in rohrförmigen Teilen. Dabei muß verhindert werden, daß die Innenwände dieser Röhren das hindurchtretende Licht derart reflektieren, daß unerwünschte Reflexe entstehen, die den

Kontrast des Bildes herabsetzen. Dies läßt sich durch folgende konstruktive Maßnahmen vermeiden:

- Die Abmessungen des Gehäuseinneren (Durchmesser usw.) müssen wesentlich größer als die äußeren Begrenzungen des Strahlengangs sein.
- Besonders bei langen Rohren sind Blenden gemäß **Bild 6.4.4** anzuordnen. Blenden werden, um nicht selbst Reflexe zu erzeugen, am Lichtdurchtritt scharfkantig ausgeführt.
- Verringern des Reflexionsvermögens der Oberflächen durch Schwarzbeizen, Schwarzeloxieren, Aufbringen mattschwarzer Tuschen oder Lacke, Auskleiden mit Samt oder Tuchpapier.
- Aufrauhen oder Riefeln der Flächen durch Sandstrahlen und vor allem durch Eindrehen von scharfkantigen Rillen mit Gewindewerkzeugen (Strehlern) in Form von Gewinde oder parallelen Rillen mit Steigungen bzw. Abständen von 0,25 bis 1 mm und durch Anwendung der obengenannten Schwärzungsverfahren.

Die angeführten Methoden gelangen häufig kombiniert zur Anwendung.

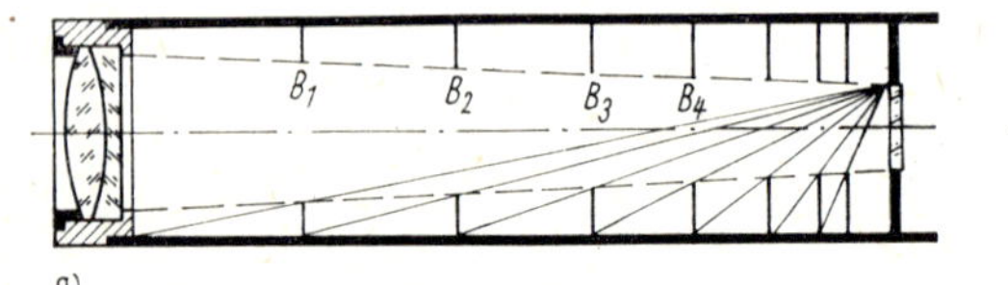

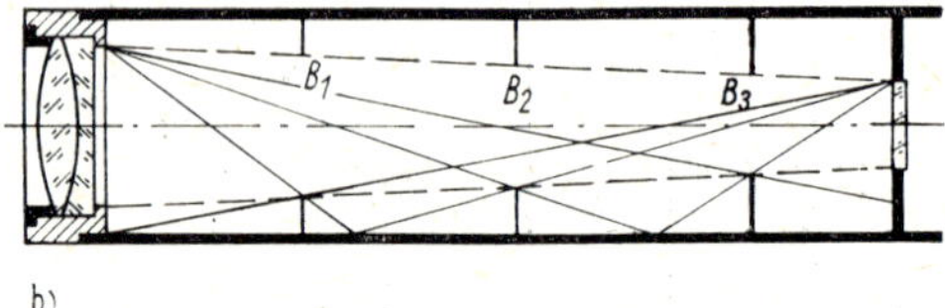

Bild 6.4.4. Reflexminderung durch Blenden

Blendenanordnung verhindert, daß bei
a) von der Rohrinnenwand direkt reflektiertes und bei b) durch die Objektivöffnung eintretendes und an der Innenwand direkt reflektiertes Licht in die Zwischenbildebene gelangt.
Lage und Durchmesser der Blenden ergeben sich als Schnittpunkte der maximal möglichen Randstrahlen mit dem Kegelmantel des Abbildungsstrahlengangs. Ausgehend von der Objektivöffnung werden nacheinander $B_1 \ldots B_n$ grafisch ermittelt.

Fassungsarten

Die Anforderungen hinsichtlich festen und zentrischen Sitzes der Linsen einerseits und radialen Spielausgleichs bei auftretenden Temperaturdifferenzen andererseits sind recht unterschiedlich. Richtwerte für das radiale Spiel sind:

Okularlinsen	0,1 mm
verkittete Achromate	0,05 mm
anspruchsvolle Optikteile	0,01 mm (Mikro-, Foto-, Fernrohrobjektive)
Beleuchtungsoptik	2 bis 5 mm (Kondensorlinsen und -spiegel).

Wenn durch Temperaturänderungen keine unzulässig großen Spannungen auftreten, gelangt folgende Passungsauswahl des in der Gerätetechnik allgemein üblichen Systems Einheitswelle zur Anwendung

(G7/h8) F8/h8 D10/h9 (D10/h11),

wobei den nicht eingeklammerten Optikpassungen der Vorzug zu geben ist. Auch werden Linsen einzeln eingepaßt oder mit speziellen Toleranzen versehen.

Man unterscheidet im einzelnen folgende *Fassungsarten*:

Gratfassung. Das Optikbauteil wird mit einer Bördelverbindung formschlüssig im Fassungsteil befestigt. Hinweise für die Gestaltung einer Gratfassung sind im **Bild 6.4.5** zusammengestellt.

Bördelrand und Passung werden in einer Aufspannung hergestellt, damit der dünne Bördelrand gleichmäßig dick ausfällt. Nach dem Einsetzen des Optikteils wird der Grat mit einer Rolle oder einem Drückstahl umgebördelt. Als Fassungswerkstoffe eignen sich nur solche, die sich leicht plastisch verformen lassen, also Messing und Aluminiumlegierungen, aber auch Plaste. **Bei der Gestaltung ist zu beachten,**

- daß der Bördelrand etwas länger ausgeführt wird als die Länge des umgebördelten Teils; es genügt, insbesondere bei größeren Durchmessern, wenn der Bördelrand lediglich die Fase erfaßt
- daß ferner die innere Randauflage sauber ausgeführt ist, ohne daß diese unbedingt der Linsenform angepaßt sein muß, und daß die evtl. notwendige Riefelung nicht bis zur Randauflage ausgeführt wird (Bild 6.4.5).

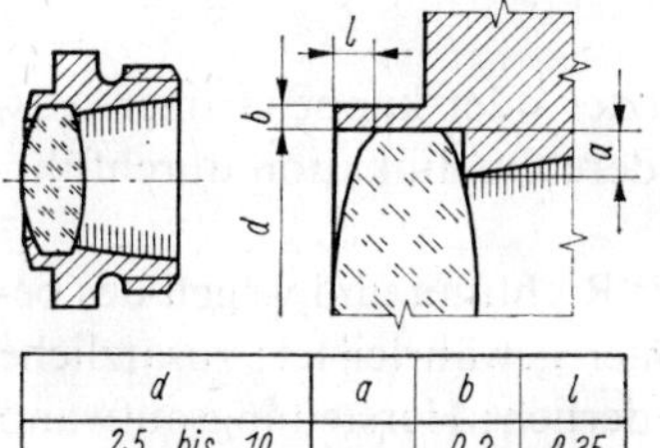

d	a	b	l
2,5 bis 10	0,4	0,2	0,35
über 10 bis 18		0,25	0,55
über 18 bis 30	0,6	0,3	0,7
über 30 bis 50	0,8	0,4	0,85
über 50 bis 80	1,2	0,5	1,1

Bild 6.4.5. Gratfassung, Richtwerte für Abmessungen (Werte in mm)
a Randauflage; *b* Dicke des Bördelrands
d Linsendurchmesser; *l* Länge des Bördelrands

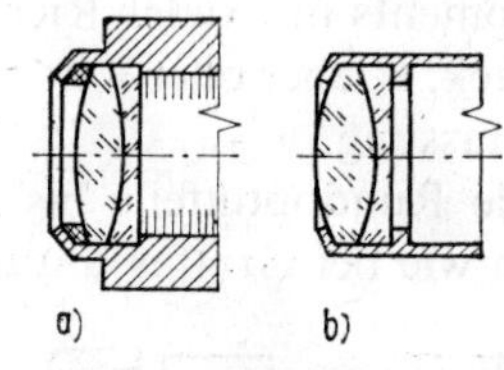

Bild 6.4.6. Spannungsarme Gratfassungen
a) vorgelagerter Druckring vermeidet den direkten Druck auf das Optikteil beim Bördeln
b) langer dünner Rohrfortsatz gibt bei Temperaturausdehnungen der Linse nach

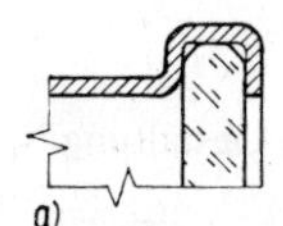

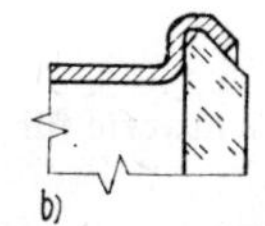

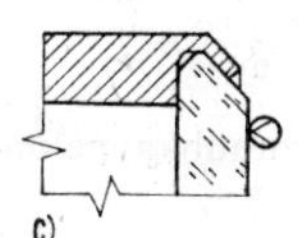

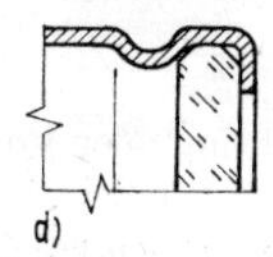

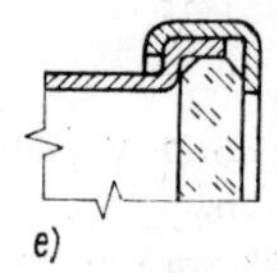

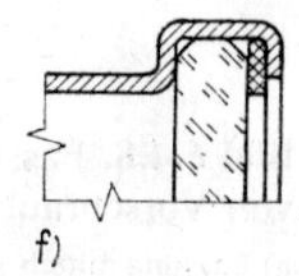

Bild 6.4.7. Beispiele für Gratfassungen
a) Fassung einer Strichplatte; b) Fassung eines Abdeckglases; c) Spiegelfassung; d) Fassung durch Sicken und Bördeln; e) Fassung durch gebördelte Kappe; f) Einlegen eines elastischen Rings; (<) verspiegelt

- Vorteile: einfache Herstellung, platzsparend, deshalb besonders geeignet für Frontlinsen mit kleinem Objektabstand.
- Nachteile: Demontage nur möglich durch Zerstörung des Grats, Entstehen von Spannungen beim Bördelvorgang und durch Temperaturgang; die Spannungen können durch konstruktive Maßnahmen nach **Bild 6.4.6** herabgesetzt werden.
- Anwendung: zur mittelbaren oder unmittelbaren Fassung von Linsen, Linsensystemen, Skalenträgern, Spiegeln, Blenden und Abdeckplatten i. allg. bis zu Durchmessern von 30 mm, in Fällen geringer Temperaturdifferenzen, bei spannungsarmen Anordnungen durch elastische Zwischenlagen, elastisch nachgiebigen Fassungsteilen oder Fassungswerkstoffen mit Ausdehnungskoeffizienten ähnlich denen des Glases auch bis zu etwa 80 mm Durchmesser.

Weitere Beispiele für Gratfassungen zeigt **Bild 6.4.7.**

Fassung mit Vorschraubring, Vorschraubkappe. Optikteile werden in ihrer Fassung durch die Aufnahme in eine Passung und durch beiderseitige Randauflage gehalten. Eine der Randauflagen ist als Gewindering, der sog. Vorschraubring, oder als Vorschraubkappe ausgebildet **(Bild 6.4.8).** Die Passung ist so zu wählen, daß durch Temperaturänderungen keine unzulässig großen Spannungen einerseits bzw. kein unnötig großes Fassungsspiel andererseits entstehen. Die Fassung erhält neben der Paßbohrung ein Feingewinde zur Aufnahme des Gewinderings. Die geschlitzte Ausführung wird mit einem speziellen Vorschraubringschlüssel angezogen. Der ungeschlitzte Ring erschwert die unbefugte Demontage besonders an Frontlinsen von Geräten und kann nur reibschlüssig durch z. B. lederbezogene Spezialwerkzeuge eingeschraubt werden. Das Gewinde ist mit reichlichem Spiel zu versehen, damit sich der Vorschraubring an das Optikteil anlegen kann. Die Fassung durch geschlitzte Vorschraubringe ist die häufigste Befestigungsart von runden Optikteilen.

- **Vorteile:** einfache Montage und Demontage bei geschlitzter oder kappenartiger Ausführung und im Gegensatz zur Gratfassung ohne besondere Qualifikation durchführbar.
- **Nachteile:** sicherer Sitz ist wegen Spielpassung in radialer Richtung und wegen des begrenzten Anzugsmoments in axialer Richtung nicht immer gewährleistet; zusätzliche Sicherung durch Lack, Kleber oder Kitt manchmal erforderlich; Herstellungsaufwand größer als bei Gratfassung.
- **Anwendung:** für alle Rundoptikteile bis zu etwa 100 mm Durchmesser (spannungsarme Anordnungen wie bei Gratfassungen).

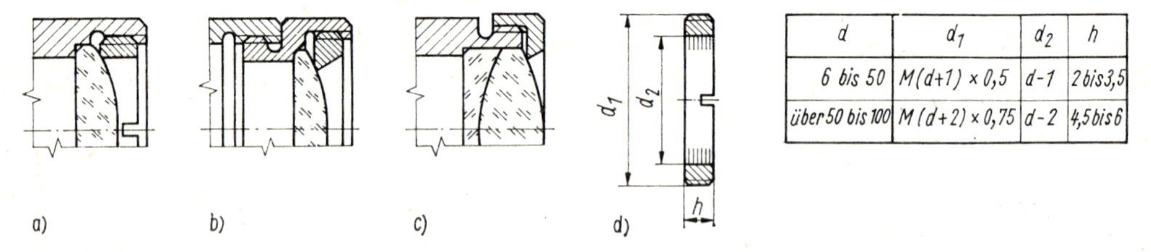

d	d_1	d_2	h
6 bis 50	M(d+1) × 0,5	d-1	2 bis 3,5
über 50 bis 100	M(d+2) × 0,75	d-2	4,5 bis 6

Bild 6.4.8. Fassung durch Vorschraubring oder Vorschraubkappe und Richtwerte für die Gestaltung von Vorschraubringen

a) Fassung mittels geschlitzten Vorschraubrings; b) mittelbare Fassung mittels ungeschlitzten Vorschraubrings; c) Vorschraubkappe; d) Gestaltung von Vorschraubringen
d Linsendurchmesser; d_1 Gewindedurchmesser; d_2 freier Durchmesser; *h* Ringhöhe
Angaben in mm

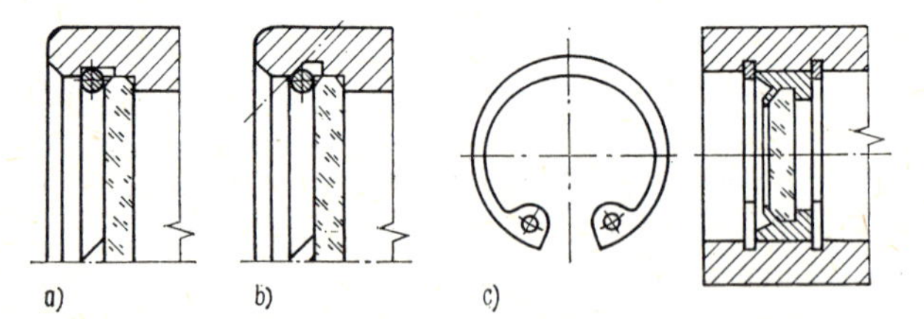

Bild 6.4.9
Fassung mit Sicherungsring
a) einfacher Sicherungsring mit rundem Querschnitt (TGL 31666)
b) wie a), jedoch auch axial federnd
c) mittelbare Fassung mittels Sicherungsringen (TGL 0-472) (DIN 9045, DIN 472)

Fassung mit Sprengring. Diese Fassungsart **(Bild 6.4.9)** ist eine formschlüssige Einspreizverbindung. Sie eignet sich zum unmittelbaren Fassen (a, b) oder Befestigen bereits gefaßter (c) optischer Teile. Die elastische Verformung des einzuspreizenden Teils vor dem Fügen gestattet das Einbringen in entsprechende Ausdrehungen der vorwiegend rohrförmigen Teile. Verwendet werden einfache Sprengringe in Form von geschlitzten federnden Drahtringen, ungeschlitzte Ringe aus Gummi oder Plastwerkstoffen, die gleichzeitig die Abdichtung übernehmen können, und standardisierte Sicherungsringe, z. B. Seegerringe.

Das i. allg. nicht unerhebliche Axialspiel (a, c) läßt sich durch kegelförmige Nuten (b) vermeiden, so daß axiale Toleranzen oder Längenänderungen durch Temperaturdifferenzen ausgeglichen werden.

- **Vorteile:** einfache, schnell montier- und demontierbare Fassung, geringer Kostenaufwand.
- **Nachteile:** wenn nicht wie bei b) ausgeführt, relativ großes Spiel und damit auch Gefahr der Kippung des Optikteils.
- **Anwendung:** für alle Rundoptikteile mit Durchmessern von etwa 20 bis 100 mm mit geringen Genauigkeitsforderungen, vorzugsweise für Kondensorlinsen und -spiegel mit reichlichem Radial- und Axialspiel.

Fassung durch Kleben und Kitten. Kitt- und Klebeverbindungen sichern durch den entstehenden Stoffschluß einen festen Sitz der Optikbauteile und können so ausgeführt werden, daß gleichzeitig Abdichtung erfolgt.

Als Kitte und Kleber gelangen solche **Bindemittel** zur Anwendung, die

- bei Temperaturerhöhung erweichen und bei normaler Temperatur erstarren (Wachse, Glaserkitt, Siegellack, Kolophonium)
- mit einem verdampfenden Lösungsmittel versetzt sind (Verdunstungskleber)
- durch chemische Umwandlung aushärten (Epoxidharze, Zweikomponentenkleber, Silikonkautschuk).

Von verschiedenen Firmen wurden spezielle Optikkleber entwickelt, die sowohl auf Glas als auch auf Metall gut haften, sich leicht verarbeiten und dosieren lassen und durch bestimmte Lösungsmittel auch eine Demontage ermöglichen.

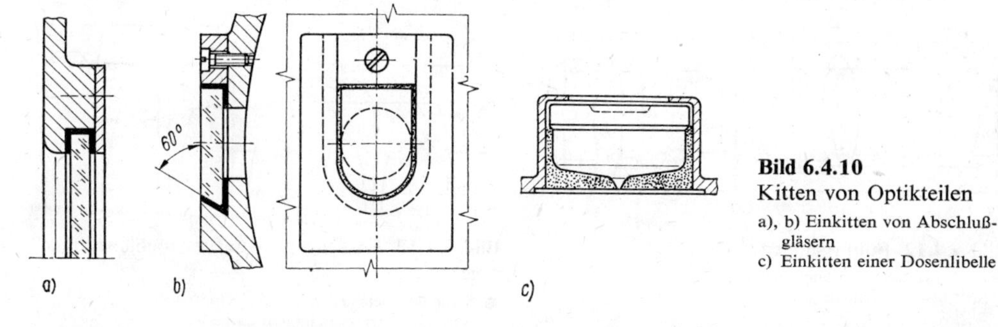

Bild 6.4.10
Kitten von Optikteilen
a), b) Einkitten von Abschlußgläsern
c) Einkitten einer Dosenlibelle

Geklebte Optikfassungen haben sich besonders in der Serienfertigung noch nicht allgemein durchgesetzt. Das Problem besteht neben der wirtschaftlichen Eingliederung in den Fertigungsablauf vor allem in den entstehenden Spannungen durch das Treiben oder Schwinden beim Aushärten (je nach verwendetem Kleber oder Kitt) und durch die Art der spielfreien Befestigung, die die unterschiedlichen Ausdehnungen bei Temperaturveränderungen nur ungenügend berücksichtigen kann. Die Verwendung elastisch bleibender Bindemittel verhindert zwar das Auftreten von Spannungen weitgehend, stellt jedoch die Zentrierung in Frage. Vorteilhaft ist die Möglichkeit, während des Klebens eine Zentrierung nach Tafel 6.4.11 a und b vornehmen zu können. Man spricht dann vom sog. Richtkitten. Die erreichbare Endgenauigkeit wird jedoch durch Verlagerung während des Aushärtens herabgesetzt.

Bild 6.4.10 zeigt eingekittete Bauelemente, an die entweder keine Genauigkeitsforderung gestellt oder deren Fassung justiert wird. Im allgemeinen sind alle Kittverbindungen durch einen zusätzlichen Formschluß zu unterstützen.

Das spannungsarme Kleben von Linsen **(Bild 6.4.11)** läßt sich durch entsprechend elastische Bauweise des Fassungsteils bei erhöhtem Fertigungsaufwand erreichen. Auch hier sichert ein zusätzlicher Formschluß die Haltbarkeit der Klebeverbindung.

- **Vorteile:** Einsparung von Masse und Raum gegenüber anderen Fassungsarten, meist geringer mechanischer Aufwand, Abdichtung.
- **Nachteile:** Entstehen von Spannungen, häufig sind Klebevorrichtungen notwendig, lange Aushärtezeiten des Klebers.
- **Anwendung:** wenn aus funktionellen Gründen keine andere Fassungsart möglich ist (z.B. Vorstehen des Optikteils aus der Fassung), vorzugsweise für Einzellinsen und bei kleinen Abmessungen.

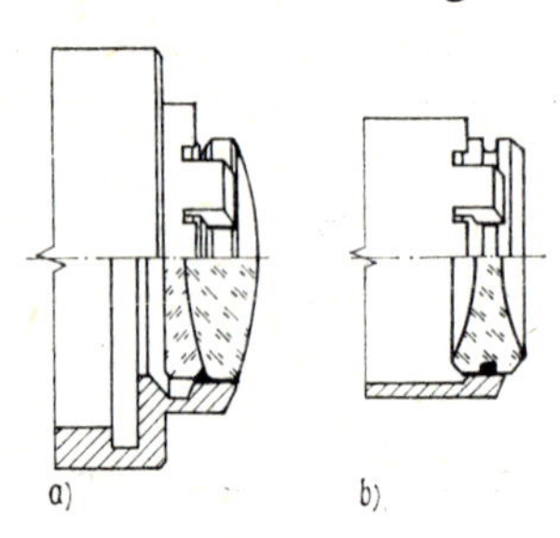

Bild 6.4.11
Spannungsarmes Kleben von Optikteilen
a) Einkleben eines Achromaten
b) Einkleben einer Einzellinse

Bei runden Optikteilen ist die Wirtschaftlichkeit des Klebens wegen der einfachen anderen Fassungsmöglichkeiten selten gegeben. Bei den mechanisch aufwendigeren Fassungen für andere Optikteile, insbesondere für Prismen, sind Klebe- und Kittverbindungen häufig wirtschaftlicher.

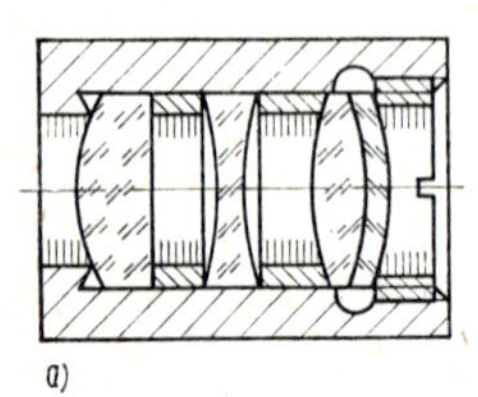

Bild 6.4.12. Füllfassungen
a) für Linsen gleichen Durchmessers
b) für Linsen verschiedener Durchmesser

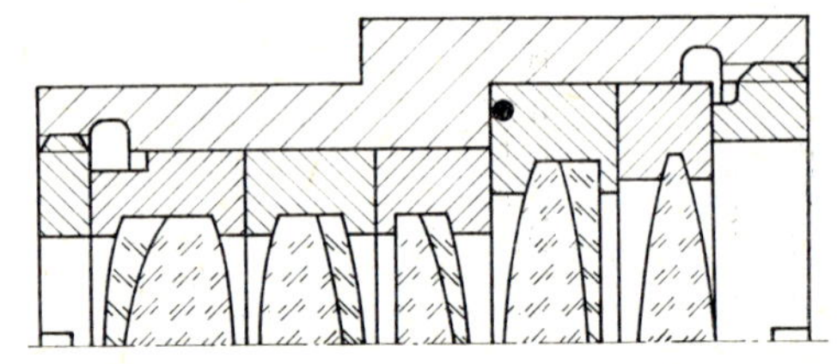

Bild 6.4.13. Fassungsprinzip für Hochleistungsobjektive
● Stelle des kleinsten zulässigen Kippfehlers, Einzelfassungen vereinfacht dargestellt

Füllfassung: Das Prinzip der Füllfassung wird für mehrgliedrige Systeme angewendet und stellt eine Schachtelverbindung dar. Die einzelnen Linsen oder bereits gefaßte Linsen werden in ein rohrförmiges Teil nacheinander eingefüllt, wobei die Luftabstände durch Zwischenringe bzw. durch die Ausführung der Einzelfassungen festgelegt sind und die Linse am Rohrende durch eine der bereits genannten Fassungsarten, meist durch einen Vorschraubring, axial zu sichern ist **(Bilder 6.4.12** und **6.4.13).** Am einfachsten gestaltet sich die unmittelbare Füllfassung, wenn nur Linsen gleichen Durchmessers zu fassen sind (Bild 6.4.12a). Linsen verschiedener Durchmesser erfordern stufenförmige Ausdrehungen und meist kegelförmige Zwischenringe (Bild 6.4.12b).

Das Prinzip der Füllfassung genügt hinsichtlich der Zentrierung, d.h. des Zusammenfallens der optischen Achsen aller Linsen mit der mechanischen Formachse, hohen Ansprüchen, wenn ein gemeinsamer Innendurchmesser möglich ist oder wenn die gestuften Durchmesser in gemeinsamer Aufspannung bearbeitet werden. Da Füllfassungen außerdem wegen der nur einmal vorzunehmenden axialen Befestigung besonders wirtschaftlich sind, gelangen sie nahezu ausnahmslos bei mehrgliedrigen Systemen zur Anwendung.

Besonders hohe Zentriergenauigkeiten, wie man sie von Hochleistungssystemen für Meß- und Dokumentationsobjektive oder in der Fotolithografie fordert, sind durch Füllfassungen realisierbar, wenn man das *Justierdrehen* anwendet. Hierzu werden die Linsen einzeln gefaßt (meist durch Vorschraubringe), mit ihrer Fassung in das spezielle justierbare Futter einer Bearbeitungsmaschine aufgenommen und optisch zentriert. Dann wird die mit entsprechenden Übermaßen versehene Fassung an den Stirnflächen und am Außenzylinder unter Beachtung der geforderten Luftabstände und Paßtoleranzen für den Rohrstutzen bearbeitet. Die so hergestellten Einzelfassungen lassen sich anschließend in einem präzis geschliffenen Fassungszylinder nach Art der Füllfassung montieren. Dabei legen sie sich vorzugsweise an ihren Stirnflächen an und gewährleisten eine gute Zentrierung, weil der fertigungstechnisch erzielbare Planschlag i. allg. kleiner ist als mögliche Rundlaufgenauigkeiten. Bei Systemen mit vielen Einzelgliedern addieren sich die Planschlagfehler und führen so zu unvertretbar großen Kippfehlern. Deshalb ist es zweckmäßig, an der Stelle des kleinsten zulässigen Kippfehlers einen Absatz vorzusehen (Bild 6.4.13) und damit auch die sich vom Absatz aus nach beiden Seiten ergebenden Summentoleranzen der Kippfehler zu verkleinern. Durch Drehen der einzelnen Linsenglieder bei gleichzeitiger Beobachtung werden die Kippfehler weiter reduziert. Fast alle Fassungen für Hochleistungsobjektive lassen sich auf dieses Prinzip zurückführen. Sie unterscheiden sich durch die verkürzte Ausführung der Zylinderflächen, um den Grad der Überbestimmtheiten zu reduzieren, und durch verschiedene konstruktive Details, die im Zusammenhang mit den Möglichkeiten der Fertigung stehen. Zu beachten ist, daß auf vielen derartigen Fassungen Schutzrechte ruhen.

Spannungsarme Fassung. Entsprechend den in Tafel 6.4.10 aufgeführten Konstruktionsgrundsätzen 3, 4, 7 und 9 haben spannungsarme Fassungen zwei wesentliche Aufgaben zu erfüllen. Sie sollen einerseits die Eigenformstabilität des Optikteils durch das Fassen nicht beeinträchtigen und andererseits die durch Temperaturänderung entstehenden Abmessungsdifferenzen ausgleichen, und zwar sowohl in axialer als auch in radialer Richtung. Die einfachste Methode, entsprechend reichliches Fassungsspiel vorzusehen, genügt in den meisten Fällen nicht, um die funktionellen Forderungen an die Lagegenauigkeit der Optikteile zu erfüllen. Sie wird deshalb lediglich bei einfachen Kondensoroptiken angewendet.

Die zweite Methode sieht die feste Anlage des Optikteils an der einen Seite der auszugleichenden Ausdehnungsrichtung und den Einbau elastischer Bauteile oder Zwischen-

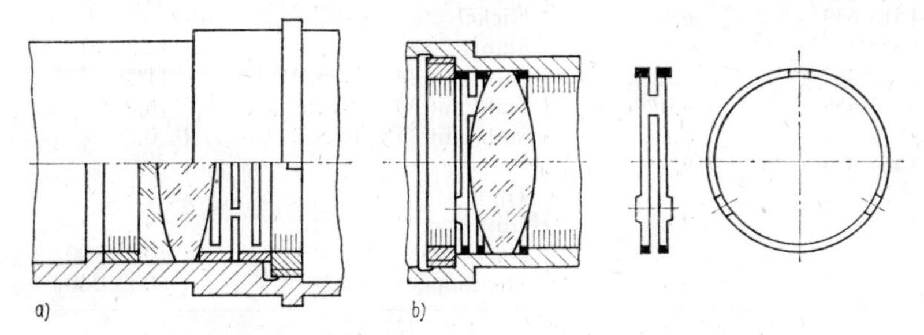

Bild 6.4.14. Spannungsarme Fassungen mit axialem Ausgleich

a) Fassung eines Achromaten zwischen Abstimmring und geschlitztem, federndem Ring; b) Linsenfassung mit beidseitiger Dreipunktanlage und geschlitztem Vorlagering

lagen auf der anderen Seite vor. Beispiele wurden schon in den Bildern 6.4.6a (elastischer Vorlagering), 6.4.9b (axial ausweichender Sprengring) und 6.4.11 (elastische Bauweise des Fassungsteils) gezeigt. Weitere Beispiele sind in den **Bildern 6.4.14** und **6.4.15** zusammengestellt, wobei gleichzeitig, insbesondere bei Abmessungen größer als 100 mm, eine statisch bestimmte Dreipunktanlage anzustreben ist.

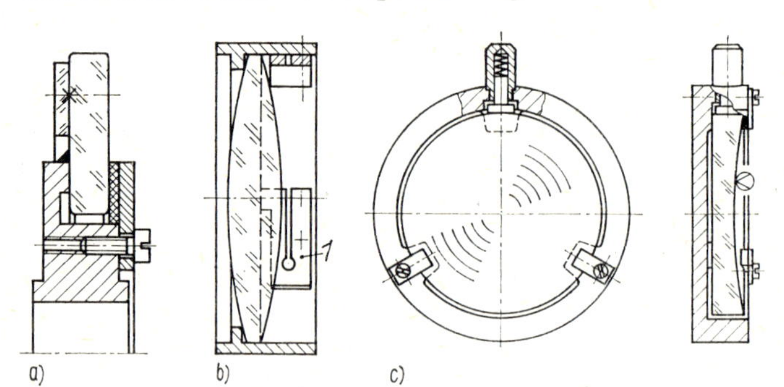

Bild 6.4.15
Spannungsarme Fassungen
a) Fassung eines Teilkreises mit einseitig angebrachter elastischer Beilage
b) Fassung einer großen Linse mittels federnder Befestigungsteile
c) Fassung eines Spiegels in radialer und axialer Dreipunktanlage mit elastischen Beilagen (axial) und gefedertem Element (radial)
verspiegelt

Eine dritte, zweifellos sehr naheliegende Methode für den Ausgleich thermisch hervorgerufener Spannungen beruht auf der Anwendung eines Fassungswerkstoffs, dessen Längen-Temperatur-Koeffizient dem des Glases nahezu entspricht. **Tafel 6.4.12** gibt hierfür einige Hinweise. Die Anwendung dieser Methode wird jedoch durch Preis, Bearbeitbarkeit und Masse der möglichen Fassungswerkstoffe begrenzt.

Ein vollständiger Ausgleich der durch Temperaturänderungen erzeugten Abmessungsdifferenzen ohne verbleibende Restspannungen wird in idealer Weise nur durch Kompensation bewirkt (s. Abschn. 4.3.). Sie ist jedoch mit erheblichem Aufwand verbunden und wird nur beim Einsatz in Umgebungen mit sehr großen Temperaturschwankungen oder bei großen Abmessungen der Glasteile, etwa ab 500 mm, angewendet, z.B. bei Spiegeln astronomischer Großgeräte. **Bild 6.4.16a** zeigt das Prinzip der Temperaturkompensa-

Tafel 6.4.12. Längen-Temperaturkoeffizienten α ausgewählter opt. Gläser und Fassungswerkstoffe bei 20 °C

Bezeichnung[1]) alt	neu[2])	$\alpha_{20} \cdot 10^6$ m/(m · K)	Bezeichnung	$\alpha_{20} \cdot 10^6$ m/(m · K)
ZK 7	D 124510/608	4,8	Aluminiumlegierungen	22 ... 24
KzFS 2	D 384560/537	5,1	Blei	29
SK 14	D 175605/607	5,3	Kupfer	17
SK 6	D 183616/560	5,5	Messing	18 ... 19
SF 11	D 535791/255	6,2	Neusilber	18
BK 7	D 064518/639	6,6	Nickel	9
SSK 2	D 266625/528	6,8	Stahl	12 ... 15
BaF 8	D 364626/467	7,3	Stahl mit 20% Nickel	11,5
BaF 7	D 360611/459	8,0	Stahl mit 30% Nickel	6,9
ZK 5	D 129536/551	8,5	Stahl mit 36% Nickel (Invar)	0,5
FK 3	D 013466/655	9,0		
F 7	D 485629/353	9,5	Titan	8,5
K 3	D 107520/587	9,8	Gußeisen	9
			Duroplaste	10 ... 100
Q 1	D 871	0,5	Thermoplaste	60 ... 240

[1]) Die Bezeichnungen optischer Gläser sind firmenspezifisch; hier entsprechen sie dem Glaskatalog des Kombinat VEB Carl Zeiss Jena (s. auch Optisches Glas, Katalog Nr. 3111, Schott Glaswerke, Mainz 1980).

[2]) Die ersten drei Ziffern kennzeichnen die Glasart, die drei weiteren die Brechzahl, die letzten drei die Dispersion (Abbesche Zahl), z. B. D 124510/608: $n = 1{,}510$, $\nu = 60{,}8$.

tion. Da i. allg. der Längen-Temperatur-Koeffizient des Glases kleiner als der üblicher Fassungswerkstoffe ist, wird zwischen Glasteil und Fassung ein dritter Werkstoff großer Ausdehnung angeordnet, so daß gilt

$$\alpha_g < \alpha_f < \alpha_k . \tag{6.4.1}$$

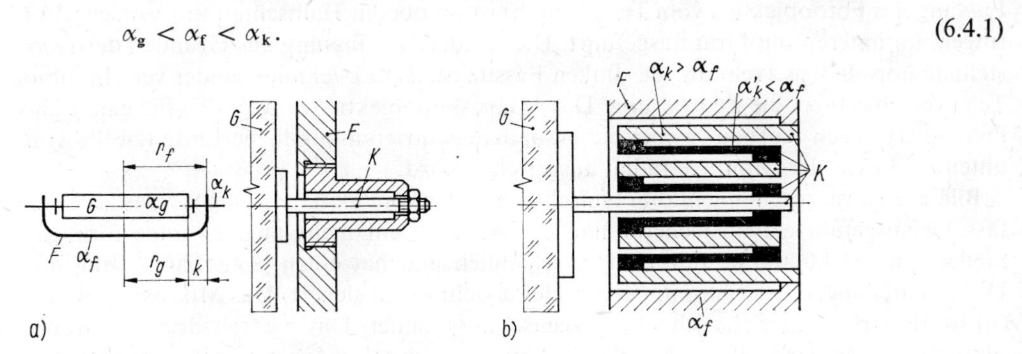

Bild 6.4.16. Kompensationsfassung

a) prinzipieller Aufbau; b) raumsparende Anordnung durch geschachteltes Hintereinanderschalten zweier Kompensationswerkstoffe

G Glasteil; *F* Fassung; *K* Kompensationsteil; r_g Radius des Glasteils; r_f Radius der Fassung; *k* Kompensationslänge; Längen-Temperatur-Koeffizienten: α_g Glas; α_f Fassungswerkstoff; α_k bzw. α_k' Kompensationswerkstoff

Die Länge *k* des Kompensationsteils errechnet sich aus der Beziehung

$$k = r_g (\alpha_f - \alpha_g)/(\alpha_k - \alpha_f) \tag{6.4.2}$$

und wird dann klein, wenn man für das Kompensationsteil Werkstoffe mit sehr großen Längen-Temperatur-Koeffizienten auswählt, z. B. Plaste. Eine weitere Verkürzung der erforderlichen Baulänge läßt sich durch Ineinanderschachteln zweier Kompensationswerkstoffe erzielen **(Bild 6.4.16b)** Für *n* Elemente gilt

$$r_f\alpha_f - r_g\alpha_g = \sum_1^n k\alpha_k - \sum_1^{n-1} k'\alpha'_k, \tag{6.4.3}$$

woraus aus Gründen der konstruktiven Vereinfachung mit $k = k'$ folgt

$$k = \frac{r_g}{n} \frac{\alpha_f - \alpha_g}{\alpha_k - (1 - 1/n)\, \alpha'_k - (1/n)\, \alpha_f} . \tag{6.4.4}$$

Da häufig $\alpha'_k = \alpha_f$ gewählt wird (gleiche Werkstoffe), entspricht der Verkürzungsfaktor der Anzahl *n* der hintereinandergeschalteten Elemente.

Beispiele typischer Fassungen in optischen Systemen. Die dargestellten Fassungsarten werden je nach funktionellen Forderungen, Anzahl der gemeinsam anzuordnenden optischen Glieder und räumlichen Verhältnissen meist in kombinierter Form angewendet. Häufig müssen einzelne optische Elemente oder das Gesamtsystem zum Zweck einer einmalig vorzunehmenden Justierung oder einer beim Gebrauch notwendigen Verstellung axial oder radial beweglich angeordnet sein. Letzteres trifft besonders auf fokussierbare Objektive, auf Okulare mit Dioptrienausgleich zur Anpassung an fehlsichtige Augen und auf einstellbare Marken- und Skalenträger zu. Die Fassungen enthalten deshalb vielfach Gelenke in Form von Geradführungen, Lagerungen oder Gewinden, die spielarm auszuführen sind. Auf spezielle Fragen der Justierung optischer Bauelemente wird im Abschnitt 6.4.2.4. eingegangen.

Bild 6.4.17 zeigt drei typische Objektivfassungen. Das Fernrohrobjektiv (a) ist durch einen geschlitzten Ring in Dreipunktausführung spannungsarm mittels eines Vorschraubrings gehalten. Die gefaßte Linse kann feinfühlig und ohne Verdrehung axial justiert werden, wobei der innere Gewindering durch den Schlitz des Rohres zugänglich ist. Die Fassung des Fotoobjektivs vom Tessartyp (b) ist im oberen Halbschnitt mit Vorschraubringen, im unteren mit Grat ausgeführt. Die bei der Gratfassung aus Gründen der Herstellung notwendige Trennung des linken Fassungsteils in zwei miteinander verschraubte Teile verschlechtert die Zentrierung. Das Mikroskopobjektiv (c) zeigt den für eine Füllfassung typischen Aufbau, wobei die besondere zentrierempfindliche Linse (zweite von unten) während der Montage radial ausgerichtet wird.

Bild 6.4.18 veranschaulicht drei typische Vertreter von Okularfassungen. Das als Füllfassung ausgeführte Feldstecherokular (a) ist durch ein mehrgängiges trapezförmiges Steilgewinde (Okulargewinde) axial verschieblich und hat einen justierbaren Ring mit Dioptrienteilung, der gleichzeitig gegen Herausschrauben sichert. Das Mikroskopokular (b) ist als Steckokular für schnellen Wechsel ausgebildet. Das mehrgliedrige Fernrohrokular (c) ist an der Stelle *A* über eine Rollmembran mit dem feststehenden Gehäuse verbunden. Die Membran verhindert, daß durch Pumpwirkung bei der Dioptrienverstellung Feuchtigkeit eindringt, die innen zu Kondensation (Taubeschlag) führen kann.

Bild 6.4.19 zeigt in vereinfachter Darstellung die Fassung eines großen Spiegels, wobei die Temperaturkompensation in radialer Richtung weggelassen wurde. Eine einfache statisch bestimmte Dreipunktauflage ergäbe unzulässig große Durchbiegungen des Spiegels. Deshalb wird das Prinzip einer erweiterten Dreipunktauflage angewendet. Der Spiegel ruht auf 18 kleinen Tellern. Jeder Teller ist auf einer Kugel beweglich angeordnet. Je drei Teller sind auf einem dreieckförmigen Zwischenteil zusammengefaßt, wobei je zwei Zwischenteile wiederum beweglich über Kugeln durch eine Wippe erfaßt werden. Die Wippen sind, ebenfalls auf Kugeln ruhend, gegenüber dem eigentlichen Gestellteil abgestützt. Die Anordnung gewährleistet, daß sich die 18 Telleroberflächen selbständig in einer Ebene ausrichten, Fertigungsungenauigkeiten und Deformationen der Fassungselemente ohne schädlichen Einfluß auf den Spiegel bleiben und auf jeden Auflageteller der gleiche Anteil der Spiegelmasse entfällt (s. auch Abschn. 4.2., Bild 4.17).

6.4.2.3. Fassungen für prismatische Optikteile

Hauptvertreter dieser optischen Bauelemente ist die große Gruppe der Reflexionsprismen, von denen es eine Vielzahl geometrischer Formen gibt. Am häufigsten dienen Prismen zur 90°-Ablenkung, ausgeführt als Halbwürfel- oder Pentaprismen. Zur Anwendung gelangen jedoch auch zahlreiche Prismen mit komplizierterer Form, bei denen mehrere reflektierende Flächen an einem Glasblock vereint sind. Ferner zählen plattenförmige Glasteile in rechteckiger, quadratischer oder beliebig anderer Form zu den prismatischen Optikteilen, wie sie für Spiegel und Teilungsträger benötigt werden. Die Gruppe wird vervollständigt durch Dispersionsprismen, Keilplatten, Gitter und diverse andere Sonderbauelemente. Allen Bauelementen ist gemeinsam, daß das Fassen vorzugsweise an ebenen Flächen erfolgt. Im Gegensatz zu runden Optikteilen lassen sich keine speziellen Fassungsarten erkennen, die eine analoge Einteilung ermöglichen. Das Gemeinsame aller Fassungen prismatischer Optikteile besteht darin, daß das Glasteil auf oder in einem Gestellteil mit Hilfe von Leisten, Winkeln, Klemmstücken, Bügeln, Federn und ähnlichen mechanischen Befestigungsteilen form- und kraftschlüssig oder durch Stoffschluß mittels Kittens oder Klebens gehalten wird. Das Gestellteil für Prismen bezeichnet man häufig als Prismenstuhl.

Anforderungen. Zunächst gibt es hinsichtlich des spannungsarmen Haltes und der Be-

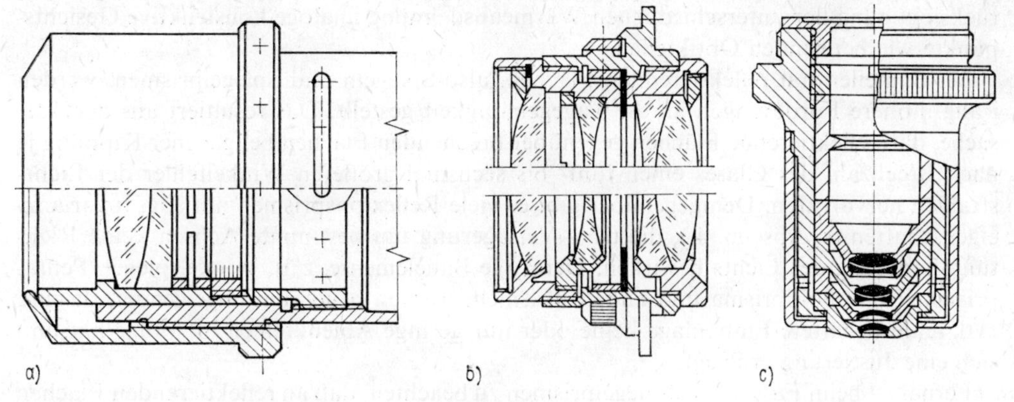

Bild 6.4.17. Ausführungsbeispiele von Objektivfassungen

a) Fernrohr- oder Kollimatorobjektiv; b) Fotoobjektiv vom Tessartyp (oberer Halbschnitt: Vorschraubring; unterer Halbschnitt: Gratfassung); c) Mikroskopobjektiv

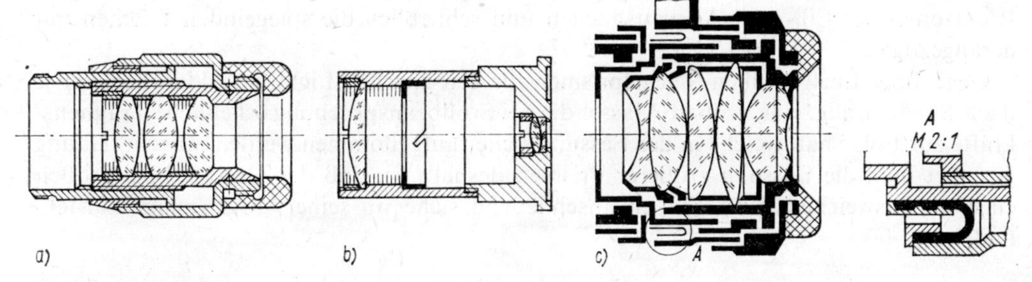

Bild 6.4.18. Ausführungsbeispiele von Okularfassungen

a) Feldstecherokular mit Dioptrieausgleich; b) Steckokular für Mikroskope; c) abgedichtetes Fernrohrokular mit Dioptrieausgleich

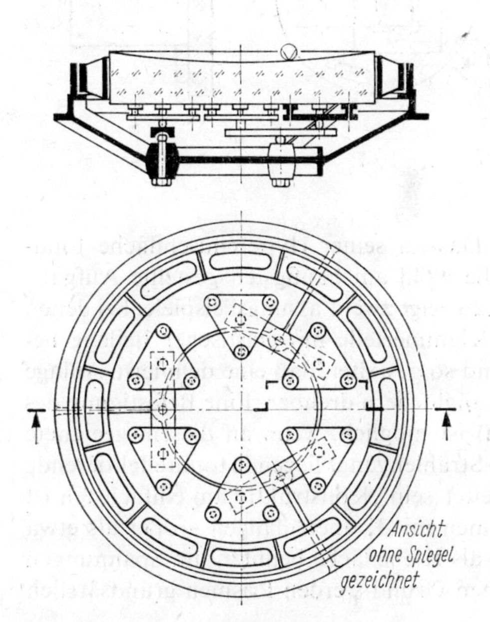

Bild 6.4.19
Fassung eines großen Spiegels

rücksichtigung der unterschiedlichen Wärmeausdehnung analoge konstruktive Gesichtspunkte wie bei runden Optikteilen.

Bei Bauteilen mit reflektierenden Flächen, also Spiegeln und Spiegelprismen, werden i. allg. höhere Forderungen an die Lagegenauigkeit gestellt. Das resultiert aus der Tatsache, daß reflektierende Flächen gegenüber brechenden Flächen bei gleicher Kippung je nach Brechzahl des Glases einen fünf- bis sechsmal größeren Winkelfehler der Lichtstrahlen hervorrufen. Demgegenüber gibt es viele Reflexionsprismen mit sog. Invarianzeigenschaften (s. Abschn. 4.), die trotz Verlagerung um bestimmte Achsen keine Richtungsänderung des Lichts bewirken. Derartige Bauelemente, z. B. Winkelspiegel, Pentaprisma, Rhomboidprisma und andere Prismen, werden bevorzugt angewendet, da ihre evtl. fehlerbehaftete Einbaulage keine oder nur geringe Ablenkfehler zur Folge hat und sich eine Justierung erübrigt.

Ferner ist beim Fassen von Spiegelprismen zu beachten, daß an reflektierenden Flächen kein Kontakt mit Fassungsbauteilen entstehen darf, damit die Totalreflexion nicht gestört bzw. der Schutzlack verspiegelter Flächen nicht zerstört wird. Grundsätzlich sind deshalb zum Fassen jene Flächen zu bevorzugen, die keine optische Funktion ausüben. Reicht dies zum sicheren Halt nicht aus, werden die an der Funktion nicht beteiligten Randzonen der Ein- und Austrittsflächen und schließlich die spiegelnden Flächen mit herangezogen.

Gegenüber Linsen haben Spiegelprismen für den gleichen Lichtbündeldurchmesser je nach Bauart i. allg. eine größere Masse, die bei Stoßbeanspruchung erhebliche Trägheitskräfte zur Folge hat, welche in der Fassung sicher aufgenommen werden müssen. Häufig gestaltet man die Fassung größerer Prismen deshalb so, daß das Optikteil bei Stößen elastisch ausweichen kann, jedoch anschließend sicher in seine Ausgangslage zurückfindet.

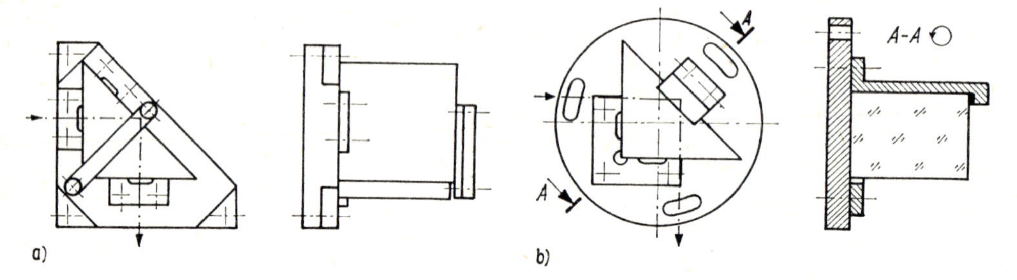

Bild 6.4.20. Fassungen für ein Halbwürfelprisma

Beispiele für häufige prismatische Optikteile. Das an seiner Hypotenusenfläche totalreflektierende Halbwürfelprisma gelangt für die wohl am häufigsten gestellte Aufgabe einer 90°-Ablenkung zur Anwendung. **Bild 6.4.20** zeigt zwei Fassungsbeispiele, bei denen das Prisma durch rückbare Richtleisten und Klammerteile mit elastischer Beilage befestigt wird. Die kurzen Flächen der Leisten sind so gestaltet, daß eine definierte Anlage entsteht. Ausführung (b) ist zur Justierung in Langlöchern drehbar. Eine Befestigung des Prismas unmittelbar am Gestell **(Bild 6.4.21a)** ist möglich, wenn an diesem geeignete Flächen angearbeitet werden. Die innerhalb des Strahlengangs liegende totalreflektierende Hypotenusenfläche muß am Gestell freigearbeitet sein. Konstruktiv am einfachsten ist eine geklebte Fassung **(Bild 6.4.21b).** Bei Prismen mit Kathetenlängen größer als etwa 15 mm wird nur noch ein Teil der Seitenfläche als Klebefläche benutzt, um Spannungen beim Aushärten zu vermeiden. Aus dem gleichen Grund werden Prismen grundsätzlich

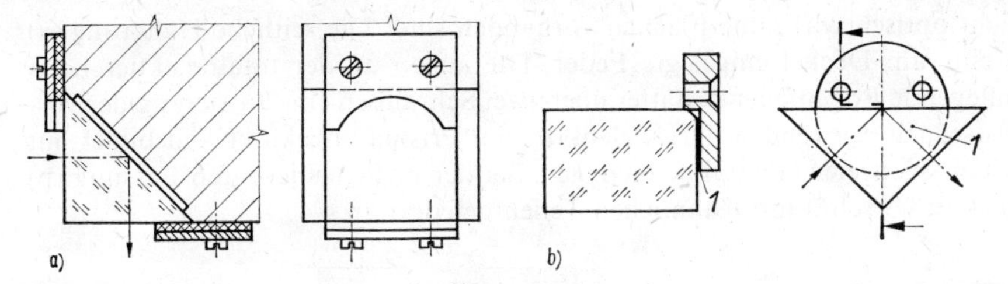

Bild 6.4.21. Fassungen für ein Halbwürfelprisma
1 Klebefläche

auch nur an *einer* Seite mit *einer* definiert klein gehaltenen Klebefläche angeklebt (s. auch Bild 6.4.33).

Ebenfalls der 90°-Ablenkung dienen Pentaprismen, deren großer Vorteil darin besteht, daß die Ablenkung invariant gegenüber Drehungen um Achsen senkrecht zum Hauptschnitt ist. Pentaprismen werden deshalb nicht justiert. Befestigungsbeispiele zeigt **Bild 6.4.22a, b** durch einfache Klammerteile aus Blech, mit elastischen Beilagen und **Bild 6.4.22c** in ähnlicher Weise wie für das Halbwürfelprisma. Zwischen der Befestigungsart bei a) und b) einerseits sowie bei c) und Bild 6.4.20 andererseits besteht ein grundsätzlicher Unterschied. Im Bild 6.4.22a, b werden die Klammerteile angerückt, evtl. mit einer definierten Kraft angedrückt und dann so befestigt, daß das Anziehen der Schrauben ohne Einfluß auf die am Prisma wirkenden Kräfte bleibt. In den Bildern 6.4.22c und 6.4.20 sind die Klammerteile und deren Befestigungsschrauben so ausgebildet und angeordnet, daß das Anziehen der Schrauben zu unterschiedlich großen Kräften auf das Prisma führt, und zwar abhängig von dem jeweiligen Toleranzzustand. Die beiden reflektierenden Flächen des Pentaprismas müssen verspiegelt und mit Schutzlack versehen sein.

Schwierig und relativ aufwendig ist das Fassen von Dachkantprismen **(Bild 6.4.23)**, da

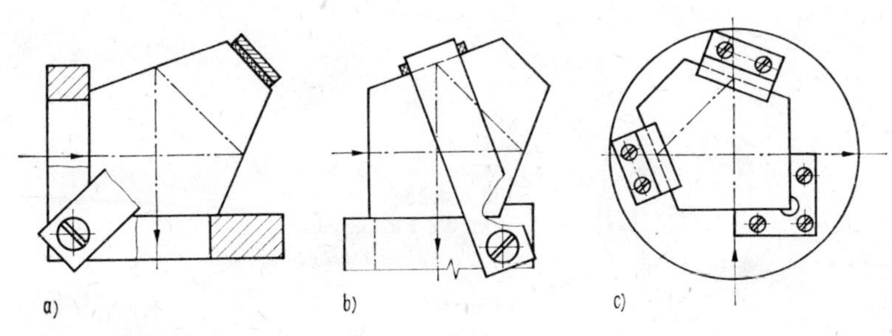

Bild 6.4.22. Fassungen für ein Pentaprisma

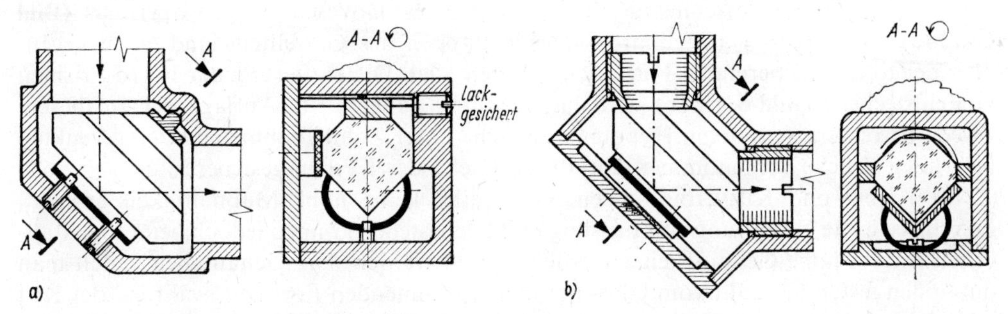

Bild 6.4.23. Fassungen für Dachkantprismen

nur wenige nicht optisch wirksame Flächen vorhanden sind. Die seitliche Halterung (a) erfolgt durch eine am Deckel eingelegte Feder. Die außen an der totalreflektierenden Dachkante anliegende Bogenfeder gestattet über zwei Schrauben eine Justierung der 90°-Ablenkung. Das dazu notwendige Drehgelenk ist am Prisma angekittet und bildet mit dem Gehäuse ein spielfreies Gleitschneidenlager. Bei der nicht justierbaren Fassung (b) liegt das Prisma an vorschraubringähnlichen Teilen gefedert an.

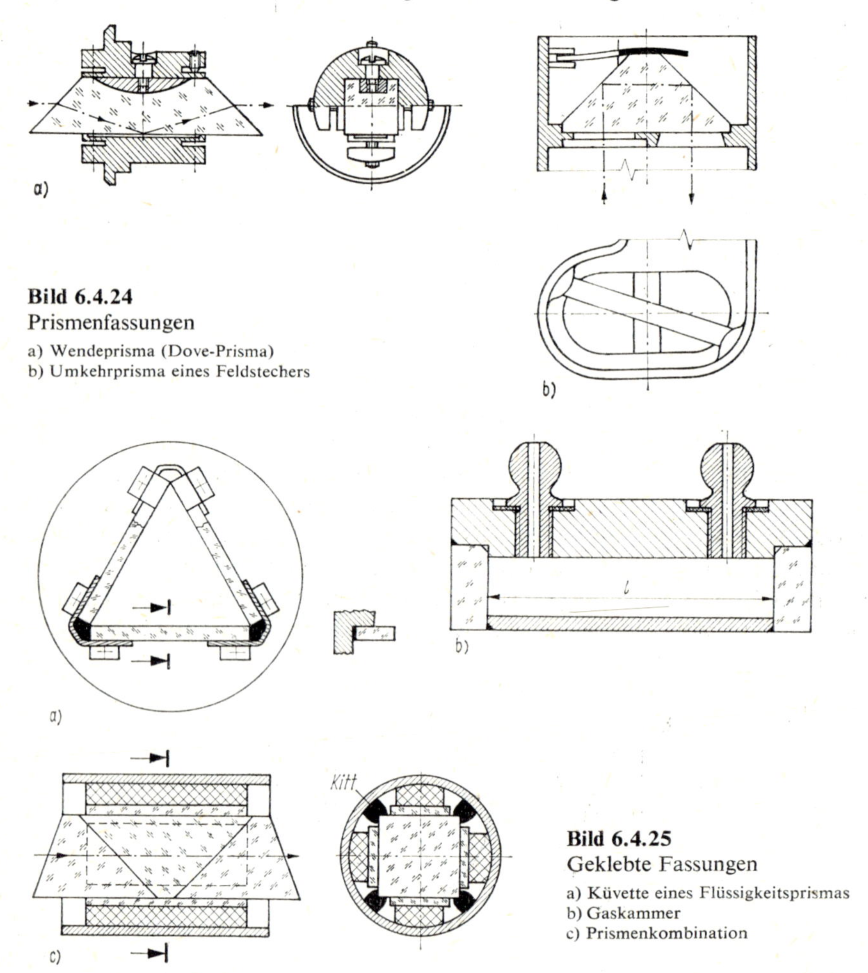

Bild 6.4.24
Prismenfassungen
a) Wendeprisma (Dove-Prisma)
b) Umkehrprisma eines Feldstechers

Bild 6.4.25
Geklebte Fassungen
a) Küvette eines Flüssigkeitsprismas
b) Gaskammer
c) Prismenkombination

Die kraft- und formschlüssige Befestigung eines Doveschen Wendeprismas **(Bild 6.4.24a)** erfolgt durch anstellbare federnde Lappen des Gestellteils und einen gegenüber der totalreflektierenden Fläche eingelegten Keil. Die Halterung der Porro-Prismen in Feldstechern **(Bild 6.4.24b)** wird häufig durch paßgerechte Auflage der zu diesem Zweck besonders gestalteten Hypotenusenfläche unter Zuhilfenahme einer eingerenkten federnden Brücke vorgenommen und durch Lack oder Kerben gesichert.

Mit Klebe- und Kittverbindungen wird i.allg. keine hohe Maßhaltigkeit erreicht. Durch geeignete Gestaltung von Fassung und Klebestellen können jedoch beim sog. Maßkitten extrem hohe Genauigkeitsansprüche erfüllt werden. Die Genauigkeit erzielt man durch den festen Kontakt vom Glas- am maßbestimmenden Formteil, während der Kitt oder Kleber lediglich den Zusammenhalt herstellt. **Bild 6.4.25a** zeigt ein Flüssigkeitsprisma mit hohen Genauigkeitsforderungen an die Winkel und mit entsprechender Forderung an die Parallelität der Abschlußgläser (b). Bei a) werden die Winkel durch Fräsen der Fassungsgrundplatte, bei b) die Parallelität durch gemeinsame Bearbeitung des Maßes *l* der vorübergehend am Gestellteil angeklebten unteren Platte garantiert. **Bild 6.4.25c** veranschaulicht die Fassung einer Prismenkombination durch Zwischenschalten eines elastischen Bettungsmaterials (z.B. Kork) zentrisch in einem Rohr. Der Kitt an den vier Ecken sichert lediglich die axiale Lage. Die Fassungsart hält Deformationen des Rohres weitgehend vom Prisma fern.

Spannungsarme Fassungen sind besonders notwendig für größere Prismen bei stoßartiger Belastung (wegen der Bruchgefahr) und aus Gründen der optischen Abbildung, wenn Polarisations- oder Doppelbrechungserscheinungen vermieden werden müssen. Durch Absätze **(Bild 6.4.26a)** oder Nuten **(Bild 6.4.26b)** am Prisma lassen sich die durch die Befestigung im Glas hervorgerufenen Spannungen vom eigentlich wirksamen Teil des Prismas im wesentlichen fernhalten (s. auch Abschn. 4.2.3.4.; Prinzip der kurzen direkten Kraftleitung).

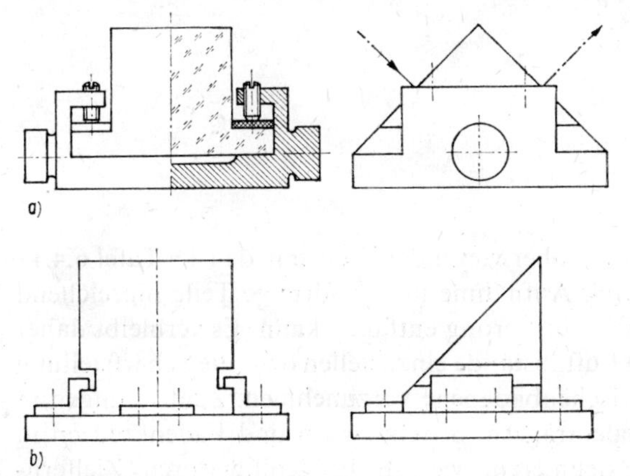

Bild 6.4.26. Spannungsarme Prismenfassungen

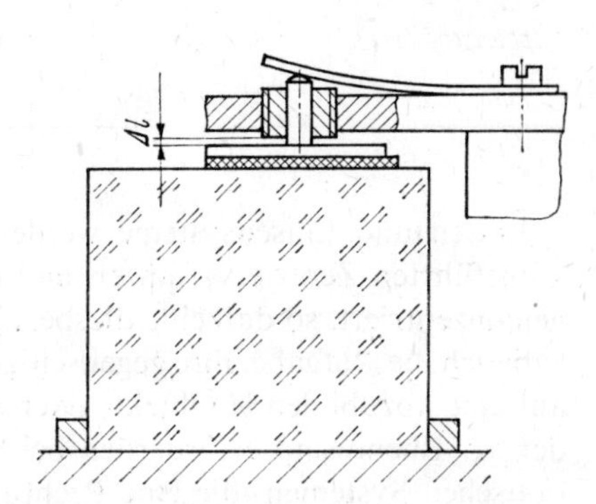

Bild 6.4.27. Spannungsarme Prismenfassung mit definierter Andruckkraft

Eine definiert spannungsarme Befestigung zeigt **Bild 6.4.27.** Das Prisma wird wie üblich in Formteilen gehalten, in einer Richtung jedoch durch eine evtl. sogar einstellbare definierte Kraft angedrückt. Bei Stößen weicht das Prisma gegen die Kraft der Feder um die justierbare Strecke Δl aus, ehe es zum harten Anschlag kommt, und findet danach in die Ausgangslage zurück.

6.4.2.4. Justieren von Fassungen

Optische Einrichtungen sind in der Regel aus mehreren optischen Einzelelementen und Teilsystemen zusammengesetzt, an deren gegenseitige Relativlage hohe Genauigkeitsforderungen gestellt werden, die fertigungstechnisch allein selten zu verwirklichen sind. Deshalb und auch aus Überlegungen zur Wirtschaftlichkeit muß man sowohl Einzelglieder als auch Teilsysteme häufig justieren. Die Justierung erfolgt einmalig während der Montage beim Hersteller, in einigen Fällen auch beim Gebrauch durch den Anwender. Sie muß unterschieden werden von den zum Arbeitsprinzip gehörenden Funktionsbewegungen in Form von Verschiebungen, Drehungen oder Kippungen, z.B. zur Scharfeinstellung, zur Anpassung an den Augenabstand oder zur Änderung eines Funktionsparameters.

Anforderungen

Eine Übersicht über häufig notwendige Justierbewegungen gibt **Tafel 6.4.13.** Selbstverständlich können in speziellen Fällen auch Justierungen erforderlich sein, die in der Tafel nicht markiert wurden.

Als Zentrierung bezeichnet man Justierbewegungen in der x, y-Ebene.

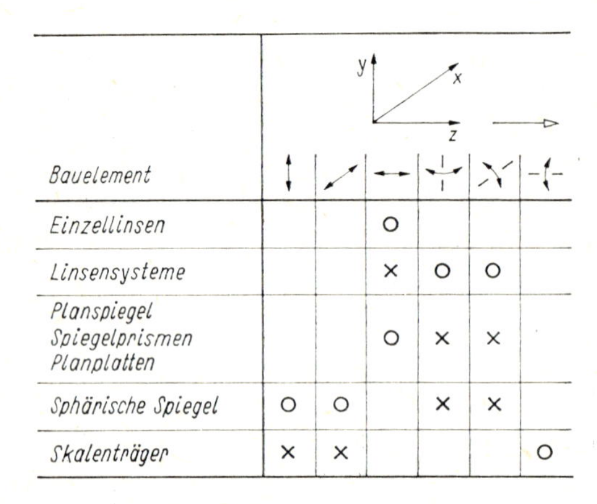

Bauelement						
Einzellinsen			O			
Linsensysteme			×	O	O	
Planspiegel Spiegelprismen Planplatten			O	×	×	
Sphärische Spiegel	O	O		×	×	
Skalenträger	×	×				O

Tafel 6.4.13
Übersicht über häufig erforderliche Justierbewegungen (Lichtrichtung in z-Koordinate)

× meist unumgänglich; O je nach Genauigkeitsforderung notwendig; —▷ Lichtrichtung

Linsen und Linsensysteme werden zum überwiegenden Teil mit den in Tafel 6.4.11 aufgeführten Zentrierverfahren und durch Aufnahme in rohrförmige Teile hinreichend genau zentriert, so daß eine diesbezügliche Justierung entfallen kann. Es verbleibt daher lediglich die Aufgabe, ihre gegenseitigen Luftabstände einzustellen bzw. die Scharfstellung auf eine abzubildende Objekt- oder Zwischenbildebene vorzunehmen. Zentrierungen in der x,y-Ebene sind erforderlich bei Skalenträgern, Strichmarken und Fadenkreuzen in optischen Systemen, die eine Richtung definieren, wie z. B. bei Kollimatoren, Zielfernrohren und Meßmikroskopen.

Bauelemente mit reflektierenden Flächen müssen wegen der bereits erwähnten Empfindlichkeit gegenüber Verkippungen fast immer um zwei Achsen justiert werden.

An justierbare Fassungen werden zusammenfassend folgende Forderungen gestellt:

- Zu bevorzugen sind solche Anordnungen, bei denen jeweils nur in einer Koordinate bzw. um eine Achse verstellt wird und das dabei erzielte Justierergebnis gleichzeitig beobachtet werden kann.
- Die Justierung muß genügend feinfühlig erfolgen, d. h., die von Hand etwa noch beherrschbare Größe von 1 mm Verstellweg ist so zu übersetzen, daß die je nach Genauigkeit geforderten Justierwege bzw. -winkel in der Größenordnung von Mikrometern oder Winkelsekunden sicher beherrscht werden.
- Die Justierbewegung soll frei von Spiel, Umkehrspanne und Stick-slip-Effekt sein. Für kleine Wege und Winkel sind deshalb Federgelenke zu bevorzugen.
- Die justierte Lage muß anschließend gesichert werden. Als Sicherung gelangen zur Anwendung:

– Stoffpaarungen durch Lack, Kitt oder Kleber
– Kraftpaarungen durch Gewindestifte, Kontermuttern oder Sicherungsscheiben
– Formpaarungen durch Verstiften.

Beispiele für justierbare Fassungen

Die Justierung von Linsen in *z*-Richtung wurde schon in den Bildern 6.4.14a und 6.4.17a erwähnt. Sie erfolgt durch Abstimmen, Schiebung oder Schraubung im Führungszylinder. **Bild 6.4.28** zeigt ein Ausführungsbeispiel für eine zentrierbare Teilkreisfassung durch Rücken, also ohne Verstellelemente, und anschließende Lacksicherung.

Die definierte Zentrierung eines Fadenkreuzes in den beiden radialen Richtungen *x* und *y* durch vier Gewindestifte nach **Bild 6.4.29** gewährleistet gleichzeitig die festen Anlagen in axialer Richtung. Zur bequemeren Justierung können zwei Gewindestifte durch federnde oder gefederte Elemente ersetzt werden. Die Sicherung gegen unbefugten Zugriff erfolgt durch die äußere Schutzhülse.

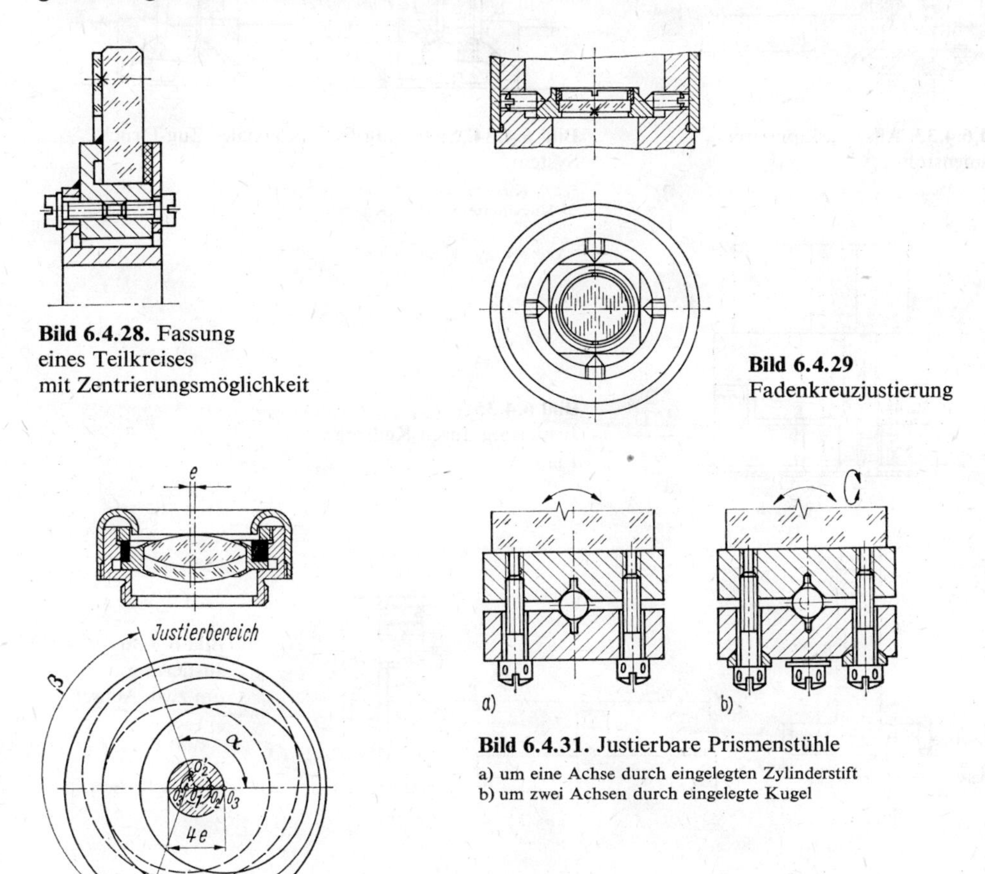

Bild 6.4.28. Fassung eines Teilkreises mit Zentrierungsmöglichkeit

Bild 6.4.29 Fadenkreuzjustierung

Bild 6.4.31. Justierbare Prismenstühle
a) um eine Achse durch eingelegten Zylinderstift
b) um zwei Achsen durch eingelegte Kugel

Bild 6.4.30. Objektivzentrierung durch Doppelexzenter

Besonders raumsparend und gleichzeitig feinfühlig ist die Zentrierung mittels Doppelexzenters nach **Bild 6.4.30.** Dazu dient ein zwischen Linsenfassung und Aufnahmebohrung befindlicher exzentrischer Ring (schwarz gezeichnet). Ferner muß die Linse in der Fassung um den gleichen Betrag *e* exzentrisch liegen. Durch Verdrehen der Fassung in diesem Ring (O_2, z.B. um β) und gemeinsames Verdrehen beider in der Aufnahme (O_1, z.B. um α) kann die optische Achse O_3 in jeden Punkt der Kreisfläche mit dem Durchmesser $4e$ gebracht werden. Die Justierung erfordert einige Übung, da kein un-

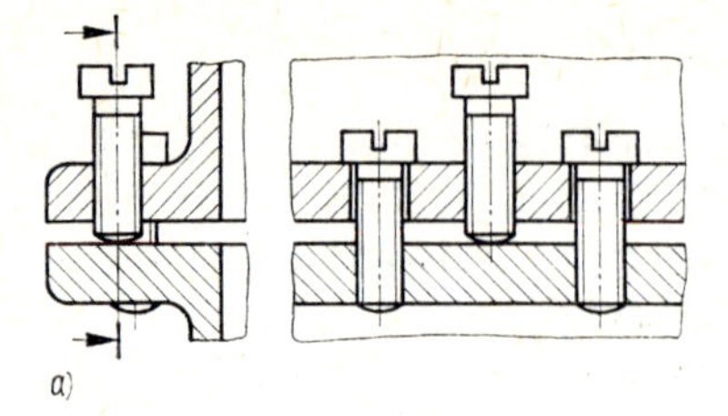

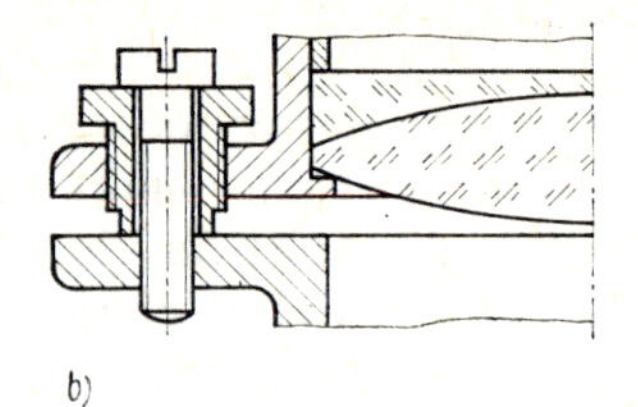

Bild 6.4.32
Flanschjustierung

a) durch drei um 120° versetzte Zug-Druck-Systeme aus je drei Schrauben
b) durch drei um 120° versetzte koaxiale Zug-Druck-Systeme

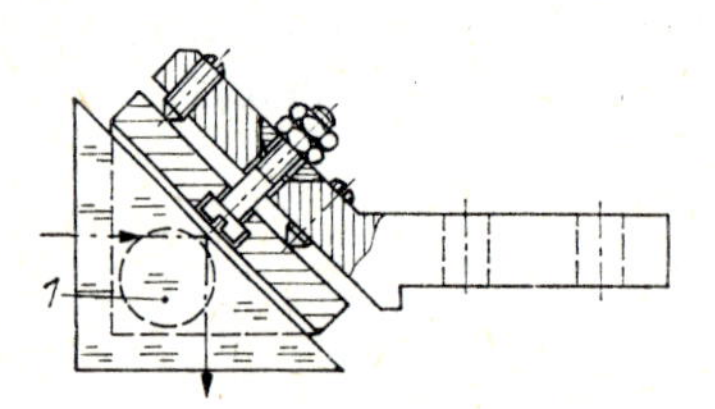

Bild 6.4.33. Allseitig kippbarer Prismenstuhl

1 Klebefläche

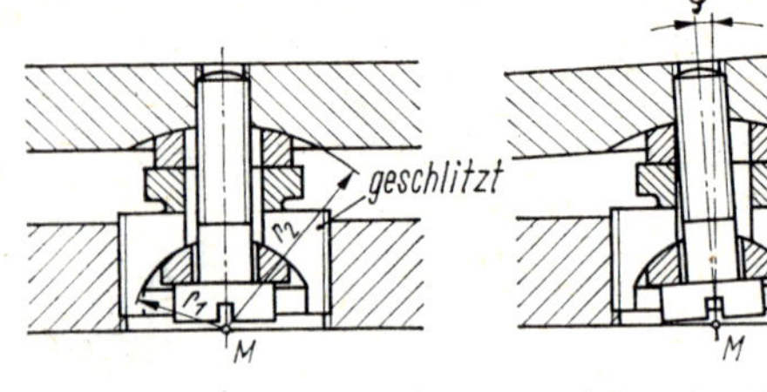

Bild 6.4.34. Spannungsfreies koaxiales Zug-Druck-System

r_1, r_2 Kugelradien der Unterlegscheiben; *M* Kugelmittelpunkt; φ Kippwinkel

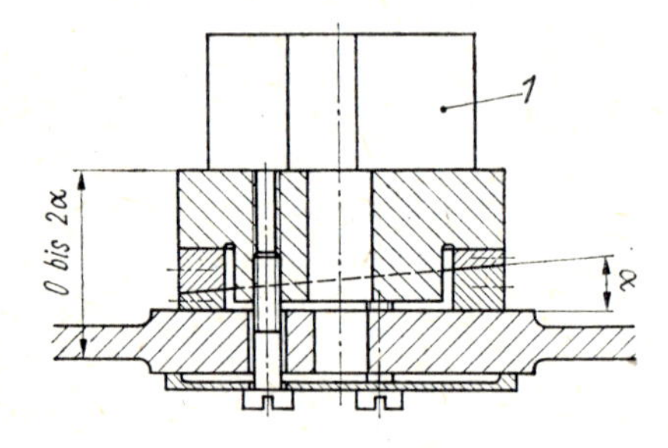

Bild 6.4.35
Justierung durch Keilringe

1 Prisma

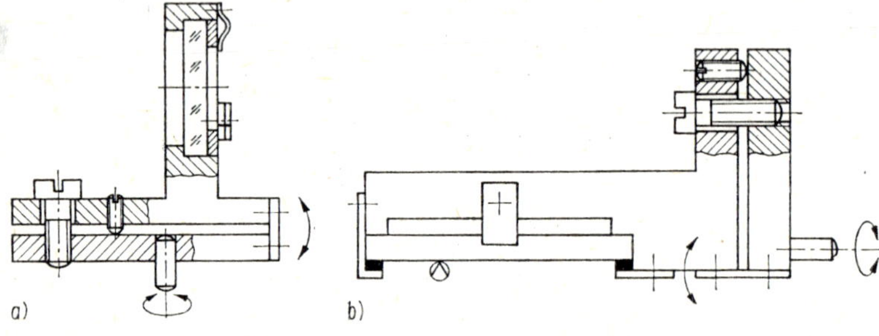

Bild 6.4.36
Justierung um zwei Achsen

a) Fassung einer Planparallelplatte
b) Spiegelfassung

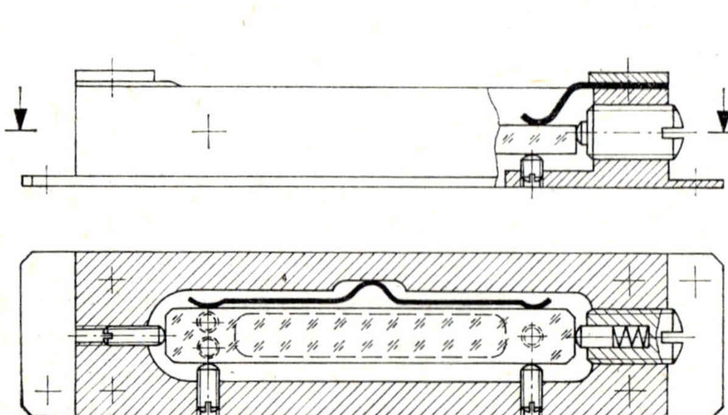

Bild 6.4.37
Justierung eines Maßstabs

mittelbarer Zusammenhang zwischen Justierbewegung (Drehung) und Justierziel (radialer Verschiebung) besteht.

Besonders einfache Anordnungen für Kippungen um eine Achse bzw. um zwei Achsen zeigt **Bild 6.4.31.** Dabei wird jedoch das Fassungsteil auf Biegung beansprucht, was zu Spannungen im darauf befestigten Optikteil führen kann. Auch die Schrauben werden deformiert; das kann man auch durch Beilegen balliger Unterlegscheiben nicht völlig beseitigen. Bei größeren Abmessungen oder gefordertem Lichtdurchtritt durch die Fassung wird die geschilderte Anordnung flanschähnlich ausgebildet **(Bild 6.4.32).** Jeweils drei um 120° versetzte Zug-Druck-Systeme, bestehend aus nebeneinanderliegenden (a) oder koaxialen (b) Schrauben, gestatten die Kippung um zwei Achsen, wobei aber in beiden Fällen, besonders jedoch bei (a), die entstehenden Biegespannungen im Rohrteil eine stabile Ausführung erfordern.

Eine analoge Bauweise zur Justierung eines Primas zeigt **Bild 6.4.33.**

Die geschilderten Nachteile lassen sich gemäß **Bild 6.4.34** vermeiden, wenn ein koaxiales Zug-Druck-System mit zwei kugelförmigen Unterlegscheiben kombiniert wird, deren Mittelpunkte M zusammenfallen. Mit dieser Anordnung können Abstand und Kipplage beider Teile zueinander eingestellt werden, ohne Biegespannungen entstehen zu lassen. Die äußere Druckschraube ist geschlitzt ausgeführt, um das Gewindespiel zu beseitigen. Die Sicherung erfolgt zweckmäßig durch Lack.

Die gleiche Aufgabe – Kippung um zwei Achsen – erfüllt die raumsparende Justiereinrichtung nach **Bild 6.4.35.** Die jeweils um den Winkel α geschrägten Ringe gestatten durch gegenseitiges Verdrehen eine besonders feinfühlige Kippung des Trägerteils um Winkel von 0 bis 2α. Durch gemeinsames Drehen beider Ringe kann der Winkel jede azimutale Lage im Bereich bis 360° einnehmen. Die drei Befestigungsschrauben übernehmen die Sicherung, wobei wegen der großen freien Gewindelänge und des nachgiebigen unteren Deckelteils die Biegebeanspruchung der Schrauben klein bleibt.

Spiegelkippungen sollten so ausgebildet sein, daß für die beiden fast immer notwendigen Kippbewegungen voneinander konstruktiv getrennte Drehachsen zur Verfügung stehen **(Bild 6.4.36)**. Bevorzugt werden spiel- und reibungsfreie Blattfedergelenke. Eine häufige Forderung besteht darin, daß beide Drehachsen in oder in der Nähe der spiegelnden Fläche liegen sollen, um die optische Weglänge beim Justieren nicht zu verändern (b),

Abschließend zeigt **Bild 6.4.37** eine allseitig justierbare Fassung für einen Glasmaßstab. Die gegen Federn arbeitenden Stellschrauben gestatten die Einstellung in allen sechs Freiheitsgraden.

6.4.3. Lichtquellen und Beleuchtungseinrichtungen

Symbole und Bezeichnungen

A	Fläche in mm², cm², m²
AP	Austrittspupille
BF	Bildfeld
DF	Dingfeld
EP	Elntrittspupille
E_e	Bestrahlungsstärke in $W \cdot m^{-2}$
E_v	Beleuchtungsstärke in lx
H_e	Bestrahlung in $W \cdot s \cdot m^{-2}$
H_v	Belichtung in lx · s
I_e	Strahlstärke in $W \cdot sr^{-1}$
I_v	Lichtstärke in cd
K_m	Maximalwert des spektralen fotometrischen Strahlungsäquivalents
L_e	Strahldichte in $W \cdot m^{-2} \cdot sr^{-1}$
L_v	Leuchtdichte in $cd \cdot m^{-2}$
M_e	spezifische Ausstrahlung in $W \cdot m^{-2}$
M_v	spezifische Lichtausstrahlung in $lm \cdot m^{-2}$
O	optischer Nutzeffekt
ÖB	Öffnungsblende
P	Leistung in W
Q_e	Strahlungsmenge in W · s
Q_v	Lichtmenge in lm · h

Symbole und Bezeichnungen

$V(\lambda)$ spektraler Hellempfindlichkeitsgrad für Tagessehen
$V'(\lambda)$ spektraler Hellempfindlichkeitsgrad für Nachtsehen
W visueller Nutzeffekt der Gesamtstrahlung
W_S visueller Nutzeffekt der sichtbaren Strahlung
a Darstellungsmaßstab der gemessenen Lichtstärke in $cd \cdot cm^{-1}$
l Abstand der Feldblende von der Pupille in m
r Radius in mm, cm, m
t Zeit in s
Λ Lichtleitwert bzw. geometrischer Strahlenfluß in m^2
Φ_e Strahlungsfluß in W
Φ_v Lichtstrom in lm
Ω Raumwinkel in sr
Ω_0 Raumwinkeleinheit
ε_1 Ausstrahlungswinkel in Grad
ε_2 Einstrahlungswinkel in Grad
σ Achswinkel in Grad
λ Wellenlänge
η_e Strahlungsausbeute in $W \cdot W^{-1}$
η_v Lichtausbeute in $lm \cdot W^{-1}$

Indizes

K Kondensor
N Nutzen
R Rest
S Spiegel
e strahlungsphysikalische Größe
i laufender Index
v lichttechnische Größe

6.4.3.1. Strahlungsübertragung in optischen Systemen

In optischen Geräten wird allgemein Strahlungsenergie von der Strahlungsquelle zum Empfänger übertragen. Damit verbunden werden Informationen, meist in Form von „Bildern", dem Empfänger zugeführt. Bei der Übertragung sind vor allem die geometrischen und physikalischen Gegebenheiten bzw. Eigenschaften der Strahlungsquelle, der Übertragungsglieder und des Empfängers zu beachten.

Als **Strahlungsquelle** können dienen

- Primärstrahler, z.B. Sonne, Sterne, Lampen aller Typen (Glühlampen, Spektrallampen usw.), Laser, Licht emittierende Dioden (LED)
- Sekundärstrahler (alle nicht selbstleuchtenden, durch Sonne oder Lampen beleuchteten Gegenstände).

Als **Übertragungsglieder** (Übertragungsmedium) wirken z.B.

- die atmosphärische Luft
- alle optischen Bauelemente, wie Linsen, Prismen, Spiegel, Filter, Fasern usw.
- optische Geräte als Folge von Bauelementen (Mikroskop, Fernrohr, Projektor, Interferometer usw.).

Als **Empfänger** dienen

- das menschliche Auge [6.4.5] (physiologischer Empfänger)
- lichtelektrische Empfänger [6.4.6], wie Fotoelemente, Fotodioden, Fotowiderstände, Sekundärelektronenvervielfacher (SEV), Bolometer usw.
- chemooptische Empfänger, wie Silberhalogenidschichten (Fotoplatten, Filme), Fotolacke usw.

Von den geometrischen Gegegebenheiten bei der Strahlungsübertragung sind besonders zu beachten:

- die Leuchtkörperform (z.B. Wendel), der von der Lichtquelle mit Strahlungsenergie ausgefüllte Raumwinkel und deren Verteilung

- die Wandlung des durch das Gerät aufgenommenen, mit Strahlung erfüllten Raumwinkels
- die Flächengröße und -form sowie der aufnehmbare Raumwinkel der Empfängereinrichtung.

Die wichtigsten physikalischen Eigenschaften einer von einer Quelle kommenden Strahlung sind Strahlungsfluß, spektrale Verteilung der Strahlung, Kohärenzgrad, Polarisationsgrad usw.

Durch die Übertragungselemente tritt infolge Absorption eine Minderung des Strahlungsflusses auf. Durch selektive Absorption und Reflexion (der Gläser, Spiegel und Filter) wird die spektrale Zusammensetzung oft sehr stark verändert. Aufgrund der Dispersion entstehen unterschiedliche Phasenänderungen für einzelne spektrale Gebiete in verschiedenen Medien in Abhängigkeit von der Weglänge. Gleichfalls kann sich der Polarisationszustand des Lichts beim Durchlauf durch bestimmte Medien ändern. Die Beugung an den Blendenrändern bewirkt einen veränderten Verlauf von Strahlungsanteilen im Gerät. Wesentlich sind des weiteren die physikalischen Eigenschaften der Empfängerbauteile. Von Interesse ist ihre Empfindlichkeit allgemein und vor allem auch ihre spektrale Empfindlichkeit. Hinzu kommen noch besondere empfängertypische Effekte, z.B. beim Auge physiologisch-optische Effekte bzw. Gesetze, wie das Talbotsche Gesetz, das Weber-Fechnersche Gesetz, die Stiles-Crawford-Effekte und der Purkyně-Effekt [6.4.5].

Die kurze Übersicht zeigt, daß bei einer konstruktiven Festlegung einer Beleuchtungseinrichtung für ein Gerät der gesamte Strahlenverlauf in seiner Vielschichtigkeit bis hin zur Empfängereinrichtung beachtet werden muß. Dabei ist immer eine prinzipielle Entscheidung zu treffen:

- Erfolgen die Beobachtungen mit strahlungsphysikalischen Meßeinrichtungen, dann hat die Bewertung leistungsmäßig (in Watt) zu erfolgen.
- Erfolgen die Beobachtungen mit dem Auge, also visuell, dann ist die Bewertung nach den lichttechnischen Größen und Einheiten vorzunehmen. Werden zur Objektivierung der Messungen fotoelektrische Einrichtungen benutzt, dann muß man die Bewertung entsprechend dem spektralen Hellempfindlichkeitsgrad $V(\lambda)$ für Tagessehen vornehmen **(Bild 6.4.38)**.

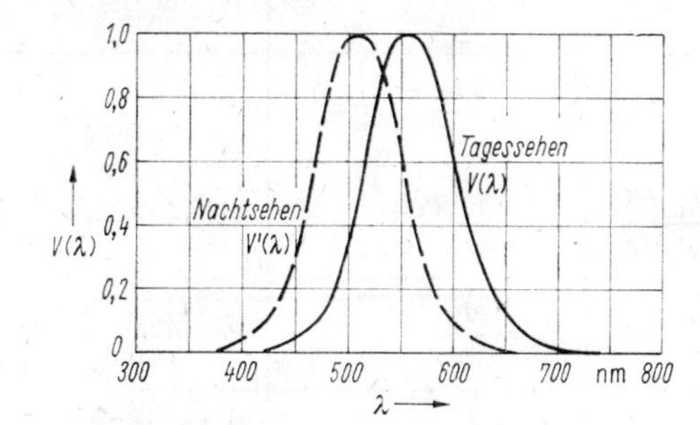

Bild 6.4.38
Kurven
des spektralen Hellempfindlichkeitsgrads
$V(\lambda)$

6.4.3.2. Strahlungsphysikalische und lichttechnische Begriffe und Einheiten

Bei strahlungsphysikalischen und lichttechnischen Größen wird allgemein die Gesamtstrahlung über den ganzen Spektralbereich – bei lichttechnischen Größen $(V\lambda)$-getreu – bewertet [6.4.7].

Die Strahlung breitet sich im Raum aus; die wichtigste geometrisch Größe für eine Berechnung ist deshalb der Raumwinkel (Einheit: Steradiant sr bzw. $\Omega_0 = 1$ sr). Nach **Bild 6.4.39** gilt

$$\Omega = (A/r^2)\,\Omega_0. \tag{6.4.5}$$

Grundlegende Beziehung ist das fotometrische Grundgesetz

$$d^2\Phi_e = L_e \frac{dA_1 \cos\varepsilon_1\, dA_2 \cos\varepsilon_2}{r^2}\,\Omega_0. \tag{6.4.6}$$

Die Flächenelemente dA_1 und dA_2 liegen beliebig im Raum. Die Winkel ε_1 und ε_2 werden durch die jeweilige Flächennormale und die Verbindungsgerade der Flächenelemente im Abstand r **(Bild 6.4.40)** dargestellt.

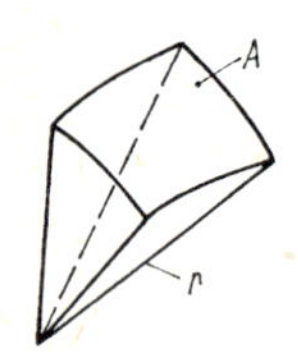

Bild 6.4.39
Zum Begriff des Raumwinkels
A Fläche; *r* Radius

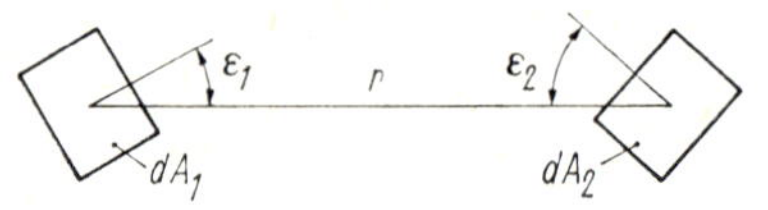

Bild 6.4.40. Zur Strahlungsausbreitung entsprechend fotometrischem Grundgesetz

Wichtige Standards der Strahlungsphysik und Lichttechnik **(Tafeln 6.4.14** und **6.4.15)** sind

- TGL 0-5031, DIN 5031 Strahlungsphysik und Lichttechnik
- TGL 32076, DIN 5032 Lichtmessung
- TGL 0-5033, DIN 5033 Farbmessung.

Tafel 6.4.14. Strahlungsphysikalische Größen (TGL 0-5031/01, DIN 5031 T 1)

Größe	Zeichen	Beziehung	Vereinfachte Beziehung[1]	Einheit
Strahlungsmenge	Q_e	–	–	W · s
Strahlungsfluß	Φ_e	$\Phi_e = \frac{dQ_e}{dt}$	$\Phi_e = \frac{Q_e}{t}$	W
Strahlstärke	I_e	$I_e = \frac{d\Phi_e}{d\Omega}$	$I_e = \frac{\Phi_e}{\Omega}$	$W \cdot sr^{-1}$
Spezifische Ausstrahlung	M_e	$M_e = \frac{d\Phi_e}{dA}$	$M_e = \frac{\Phi_e}{A}$	$W \cdot m^{-2}$
Strahldichte	L_e	$L_e = \frac{d^2\Phi_e}{\cos\varepsilon\, dA\, d\Omega}$	$L_e = \frac{\Phi_e}{\cos\varepsilon A\Omega}$	$W \cdot m^{-2} \cdot sr^{-1}$
Bestrahlungsstärke	E_e	$E_e = \frac{d\Phi_e}{dA}$	$E_e = \frac{\Phi_e}{A}$	$W \cdot m^{-2}$
Bestrahlung	H_e	$H_e = \int E_e\, dt$	$H_e = E_e t$	$W \cdot s \cdot m^{-2}$
Strahlungsausbeute	η_e	$\eta_e = \frac{\Phi_e\ ^{1)}}{P\ ^{2)}}$	–	$W \cdot W^{-1}$

[1] Die vereinfachte Beziehung gilt nur dann, wenn der Strahlungsfluß zeitlich konstant und in dem betrachteten Querschnitt bzw. Raumwinkel gleichmäßig verteilt ist, sonst gilt sie für den arithmetischen Mittelwert.
[2] P = Leistung, die zur Erzeugung des Strahlungsflusses benötigt wird.

Tafel 6.4.15. Lichttechnische Größen (TGL 0-5031/03, DIN 5031 T 3)

Größe	Zeichen	Beziehung	Vereinfachte Beziehung[1])	Einheit
Lichtstrom	Φ_v	$\Phi_v = K_m \int \Phi_{e\lambda} V(\lambda)\, d\lambda$[2])	–	Lumen lm = cd · sr
Lichtmenge	Q_v	$Q_v = \int \Phi_v\, dt$	$Q_v = \Phi_v t$	Lumenstunde lm · h
Leuchtdichte	L_v	$L_v = \frac{d^2\Phi_v}{\cos\varepsilon\, dA\, d\Omega}$	$L_v = \frac{\Phi_v}{\cos\varepsilon A\Omega}$	$cd \cdot m^{-2}$
Lichtstärke	I_v	$I_v = \frac{d\Phi_v}{d\Omega}$	$I_v = \frac{\Phi_v}{\Omega}$	Candela cd
Spezifische Licht-ausstrahlung	M_v	$M_v = \frac{d\Phi_v}{dA}$	$M_v = \frac{\Phi_v}{A}$	$lm \cdot m^{-2}$
Beleuchtungsstärke	E_v	$E_v = \frac{d\Phi_v}{dA}$	$E_v = \frac{\Phi_v}{A}$	Lux $lx = lm \cdot m^{-2}$
Belichtung	H_v	$H_v = \int E_v\, dt$	$H_v = E_v t$	lx · s
Lichtausbeute	η_v	$\eta_v = \frac{\Phi_v}{P}$	–	$lm \cdot W^{-1}$

[1]) s. Fußnote [1]) in Tafel 6.4.14.
[2]) K_m ist der Maximalwert des spektralen fotometrischen Strahlungsäquivalents. Es gilt $K_m = 683\ lm \cdot W^{-1}$.

Für die Bewertung einer Strahlung werden noch folgende Nutzeffekte angewendet (TGL 0-5031/04, DIN 5031 T 4):

- *optischer Nutzeffekt O.* Der optische Nutzeffekt einer Strahlung ist der Quotient aus dem im sichtbaren Gebiet ausgesandten Strahlungsfluß und dem gesamten Strahlungsfluß.
- *visueller Nutzeffekt der Gesamtstrahlung W.* Der visuelle Nutzeffekt der Gesamtstrahlung ist der Quotient aus dem gemäß $V(\lambda)$ gewichteten Strahlungsfluß und dem gesamten Strahlungsfluß.
- *visueller Nutzeffekt der sichtbaren Strahlung W_S.* Der visuelle Nutzeffekt der sichtbaren Strahlung ist der Quotient aus dem gemäß $V(\lambda)$ gewichteten Strahlungsfluß und dem Strahlungsfluß im sichtbaren Gebiet (380 ... 780 nm).

6.4.3.3. Hinweise zur Gestaltung und Bewertung von Beleuchtungseinrichtungen

Für die exakte lichttechnische Berechnung der Beleuchtungseinrichtung eines Geräts müssen gemäß Abschnitt 6.4.3.1. eine Anzahl geometrischer und physikalischer Parameter beachtet werden. Wie in [6.4.20] gezeigt, gestaltet sich die lichttechnische Berechnung eines gewöhnlichen Gerätestrahlengangs bei größeren Öffnungen der Systeme und größeren Bildwinkeln außerordentlich kompliziert. Aus diesem Grund werden solche Berechnungen nur bei Spezialgeräten durchgeführt. Für die Bewertung einer Gerätekonstruktion reicht oft eine überschlägliche Berechnung unter vereinfachten Annahmen aus. Nachfolgende Betrachtungen gelten für den paraxialen Raum zentrierter optischer Systeme unter Voraussetzung kleiner Bildwinkel und einer als Lambert-Strahler wirkenden Lichtquelle [6.4.5] [6.4.20] [6.4.21] [6.4.22].

Bild 6.4.41 stellt den Strahlengang bei der optischen Abbildung durch ein Linsensystem (z.B. des Kondensors einer Beleuchtungseinrichtung) mit den dazugehörigen Blenden bzw. Pupillen stark vereinfacht dar.

Bei einer optimalen Lichtführung in einem Gerät muß erreicht werden, daß bei der vorliegenden Folge von Blenden, an denen sich sammelnde Systemglieder befinden, stets die vorhergehende Blende auf die nachfolgende scharf und in gleicher Größe abgebildet wird. Es ist dann ein sog. vollständiges optisches Instrument [6.4.22] verwirklicht. Der durch das Instrument hindurchgehende Lichtstrom ist das Produkt aus der Leuchtdichte der als Dingfeld wirkenden leuchtenden Glühkörperfläche (z.B. Wendel) der Lampe und dem Lichtleitwert Λ (Λ bezeichnet man oft auch als geometrischen Strahlenfluß):

$$\Phi = L\Lambda. \tag{6.4.7}$$

Für ein „vollständiges optisches Instrument" ist der Lichtleitwert Λ konstant bis hin zur letzten Blendenfolge, wenn die Reflexions- und Absorptionsverluste an den Bauelementen vernachlässigt werden. Es gilt **(Bild 6.4.41)**:

$$\Lambda = \frac{A_1 A_2}{l_{1,2}^2} = \frac{A_2 A_3}{l_{2,3}^2} = \ldots = \frac{A_{i-1} A_i}{l_{i-1,i}^2} = \text{konst.} \tag{6.4.8}$$

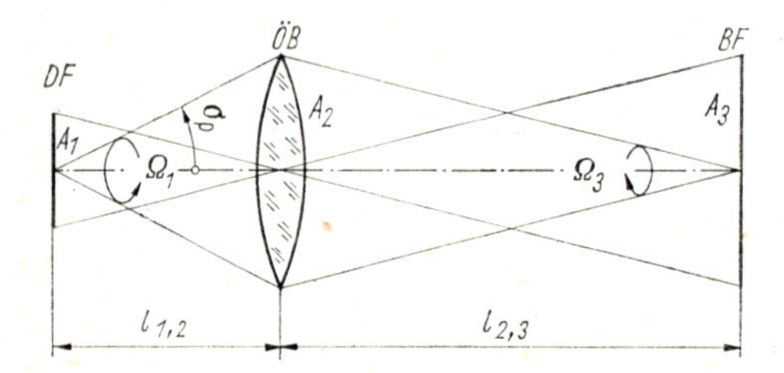

Bild 6.4.41
Strahlengang bei der optischen Abbildung
DF Dingfeld ≙ Lichtquelle; *BF* Bildfeld ≙ Lichtquellenbild; *ÖB* Öffnungsblende (ihre Bilder bezogen auf das System, sind die Eintrittspupille *EP* und die Austrittspupille *AP*, im Bild zur Vereinfachung mit *ÖB* zusammenfallend gezeichnet, Linsenrand ≙ Blende); $l_{1,2}$ Abstand von *DF* zur *EP*; $l_{2,3}$ Abstand von *AP* zum *BF*; A_1 Dingfeldfläche; A_2 Öffnungsblende bzw. Pupillenfläche; A_3 Bildfeldfläche; σ_p Aperturwinkel; Ω Raumwinkel

Daraus ergibt sich das Abbesche Theorem [6.4.21] [6.4.22], daß die Leuchtdichte im gesamten Strahlengang invariant ist. Bei bekannter Leuchtdichte lassen sich dann für ein vorgegebenes Gerät unter Beachtung der auftretenden Reflexions- und Absorptionsverluste die Beleuchtungsstärke oder andere interessierende Größen am Bildort überschläglich bestimmen.

Die Lichtstärkeverteilungskurve einer Lampe kann verhältnismäßig leicht durch Messungen ermittelt werden. Daraus ergibt sich eine relativ einfache Methode zur Bewertung von Beleuchtungseinrichtungen für optische Geräte. Mit dem Rousseau-Verfahren [6.4.7] kann man aus der Lichtstärkeverteilungskurve **(Bild 6.4.42)** den von einer Lichtquelle ausgesandten Gesamtlichtstrom nach der Beziehung

$$\Phi = (2\pi/r)\, aA \tag{6.4.9}$$

ermitteln.

Die Lichtstärkeverteilungskurve wird mit dem Polardiagramm in ein rechtwinkliges Koordinatensystem umgewandelt. Die $r \cos \sigma$-Teilung gewinnt man durch Übertragung des Polardiagramms auf die Nullachse des neuen Koordinatensystems. Das Diagramm ist grundsätzlich so anzulegen, daß die $r \cos \sigma$-Achse mit der optischen Achse identisch ist, unter der Voraussetzung, daß die Kurve in allen Meridianschnitten zur optischen Achse annähernd gleich verläuft. In Gl. (6.4.9) stellen r den Radius des Polardiagramms in cm, a den Darstellungsmaßstab der gemessenen Lichtstärke in $\text{cd} \cdot \text{cm}^{-1}$ und $A = A_K + A_R + A_S$ die Gesamtfläche unter der neu entstandenen Kurve in cm^2 dar.

Befinden sich, wie im Bild 6.4.42 angedeutet, der Kondensor und der Beleuchtungsspiegel zentriert zur Lampenwendel, dann ist die Fläche

$$A_N = A_K + A_S \qquad (6.4.10)$$

proportional dem vom Gerät aufgenommenen Nutzlichtstrom. Die Restfläche A_R ist proportional dem im Gerätegehäuse „verheizten" Lichtstrom. Daraus ist deutlich erkennbar, daß im Interesse eines guten Wirkungsgrads der Beleuchtungseinrichtung der Flächenteil A_N möglichst groß sein soll. Dies ist gleichbedeutend mit dem Ziel, einen möglichst großen Beleuchtungsaperturwinkel σ_P zu nutzen.

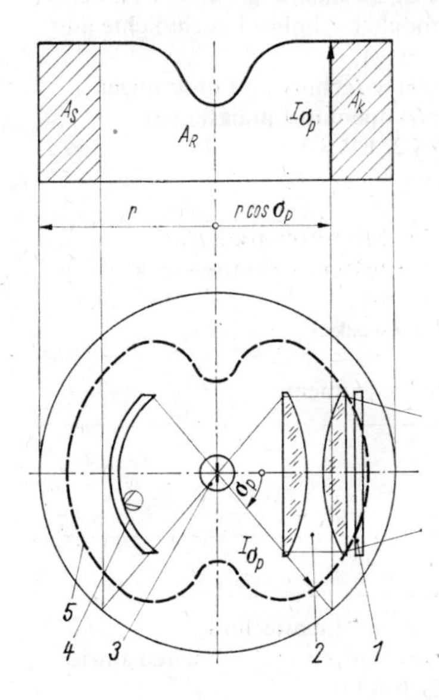

Bild 6.4.42
Beispiel für die Anwendung des Rousseau-Verfahrens: Beleuchtungssystem eines Diaprojektors
1 Dia; *2* Kondensor; *3* Lampe; *4* Spiegel; *5* Lichtstärkeverteilungskurve

Bei Laserlicht sind die besonderen geometrischen Eigenschaften der Strahlung beim Entwurf von Beleuchtungseinrichtungen zu beachten [6.4.23] [6.4.24].

6.4.3.4. Lichtquellen und Lampen

Lichtquellen sind allgemein Sender elektromagnetischer Strahlung im sichtbaren Spektralgebiet. Unter Lampen versteht man die technischen Ausführungsformen von künstlichen Lichtquellen, die in erster Linie zur Lichterzeugung bestimmt sind. Im optischen Gerätebau dienen neben Tageslicht (Sonne) fast ausschließlich elektrische Lampen (Glühlampen, Entladungslampen) sowie neuerdings Leuchtdioden (LED) und Laser zur Beleuchtung der Objekte.

Die wichtigsten Kennwerte für elektrische Lampen sind in Standards festgelegt **(Tafel 6.4.16)**.

Nachfolgend ist eine Auswahl der wichtigsten Lampentypen, die im optischen Gerätebau Anwendung finden, aufgeführt (DIN-Normen s. Tafel 6.4.16).

Zwerglampen O, Kugelform (TGL 200-8170; **Bild 6.4.43, Tafel 6.4.17a**). Anwendung: zur Beleuchtung, z.B. Skalenbeleuchtung in Geräten, wenn keine besonderen Ansprüche an die Zentrierung zur optischen Achse gestellt werden, Brennstellung beliebig.

Lichtwurflampe mit Zentrierstück (Lampe T-A nach TGL 10619, 6 V, 5 W, Zentrierstück nach TGL 34-63; **Bild 6.4.44**). Ausführungen: Kolben farblos klar oder Kolben außen

Tafel 6.4.16. Standards zu Abschnitt 6.4 (Auswahl)

TGL-Standards

Standard	Inhalt
TGL 0-5031/01 bis 04	Strahlungsphysik und Lichttechnik
TGL 0-5033/01 bis 08	Farbmessung
TGL 32076/01 bis 09	Lichtmessung
TGL 10619/01	Lichtwurflampen T, Allgemeine technische Forderungen
02	Hauptkennwerte (Diese Lampen werden vorzugsweise in Beleuchtungsoptiken verwendet, deren Blenden oder Spalte mit möglichst hoher Leuchtdichte auszuleuchten sind.)
TGL 11083	Lichtwurflampen A-B-K-L-S, Allgemeine technische Forderungen
TGL 11380	Lichtwurflampen K (Lampen für Episkope und Epidiaskope)
TGL 11381/01	Lichtwurflampen LWS, LWS 1, LWS 2, LWS 3
02	Halogen-Lichtwurflampen S 4
03	Halogen-Lichtwurflampen S 5 (Lampen für Steh- und Laufbildwerfer, Mikrofotografie)
TGL 34-63	Lichtwurflampe T-A 6 V, 5 W – TGL 10619 mit Zentrierstück (Lampe für wissenschaftlichen Gerätebau)
TGL 200-8170	Zwerglampen 0 (Lampen für optische Zwecke)
TGL 200-8175	Spektrallampen
TGL 2979, 8701	Skalen und Zeiger für elektrische Meßinstrumente

DIN-Normen

Norm	Inhalt
DIN 5031 T1 bis T10	Strahlungsphysik im optischen Bereich und Lichttechnik
DIN 5031 Bbl.	Inhaltsverzeichnis über Größen, Formelzeichen und Einheiten sowie Stichwortverzeichnis zu DIN 5031 T1 bis T10
DIN 5032	Lichtmessung
DIN 5033 T1 bis T9	Farbmessung
DIN 49820 T3 bis T12	Lichtwurflampen
DIN 49846 T1 bis T3	Zwerglampen
DIN 43802 T1 bis T6	Skalen und Zeiger für elektrische Meßinstrumente

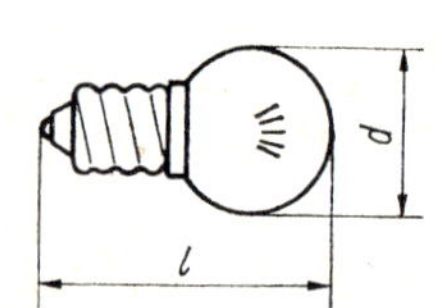

Bild 6.4.43. Zwerglampe, Grundform

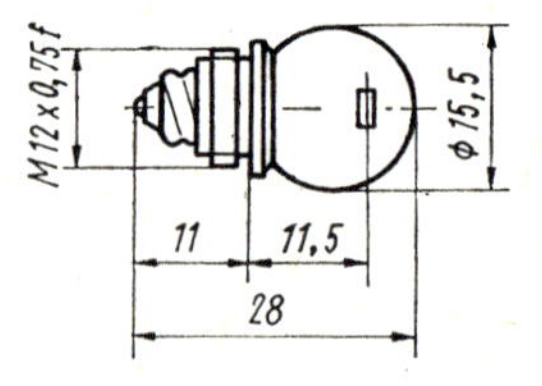

Bild 6.4.44. Lichtwurflampe mit Zentrierstück (Maße in mm)

matt. Lebensdauer etwa 100 h, Lichtstrom 50 lm, Leuchtkörperabmessungen 1,6 mm × 0,7 mm, Brennstellung beliebig.

Anwendung: Skalenbeleuchtungen, Ablesemikroskope mit Hellfeldbeleuchtung.

Lichtwurflampe T mit Zentriersockel (TGL 10619, 6 V, 15 W; **Bild 6.4.45**). Ausführungen: Kolben farblos klar oder Kolben außen matt, Lebensdauer etwa 100 h, Lichtstrom 220 lm.

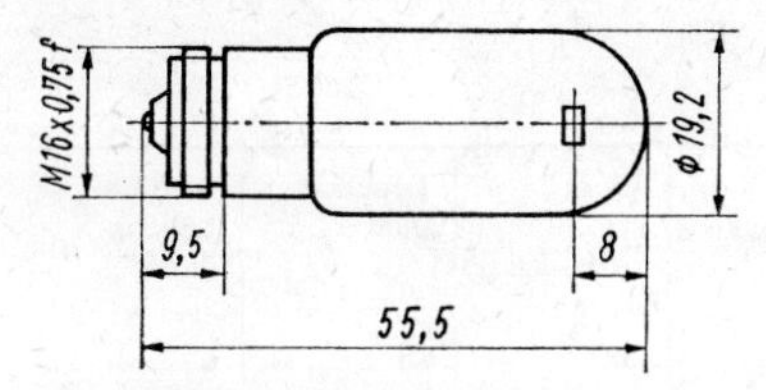

Bild 6.4.45. Lichtwurflampe mit Zentriersockel
(Maße in mm)

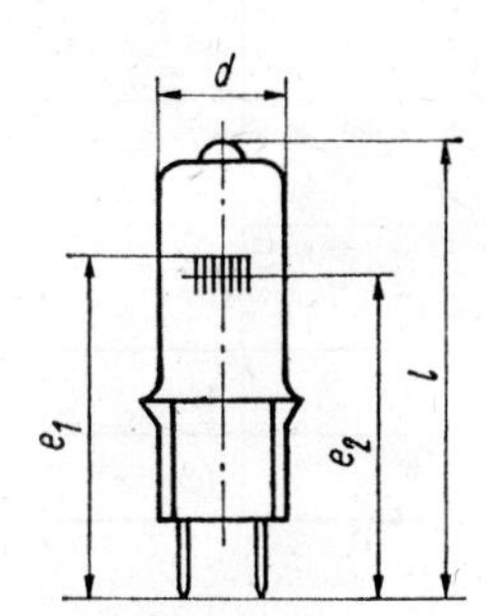

Bild 6.4.46. Halogenlampe

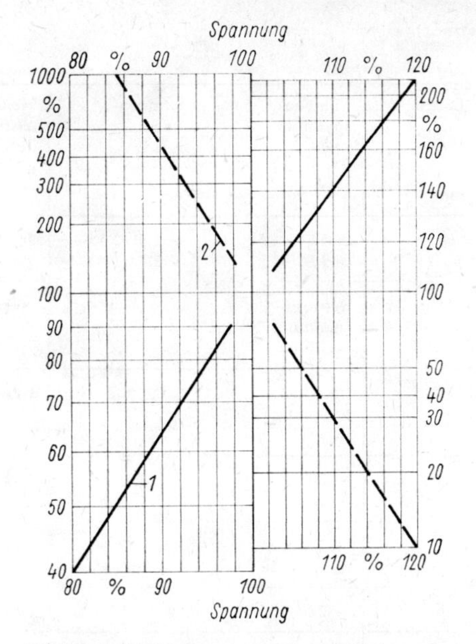

Bild 6.4.47. Lichtstrom (*1*) und Lebensdauer (*2*) einer Glühlampe in Abhängigkeit von der Betriebsspannung

Beispiele:
1. Betriebspannung 94%, Lebensdauer etwa 250%, Lichtstrom etwa 75%
2. Betriebsspannung 106%, Lebensdauer etwa 50%, Lichtstrom etwa 125%

Tafel 6.4.17. Kennwerte elektrischer Lampen [6.4.31] [6.4.38]

a. Zwerglampen 0, Kugelform

Spannung V	Stromstärke A	Leistungsaufnahme W	Abmessungen in mm *d*	*l*	Lampensockel	Lebensdauer h
2,5	0,2	–	6,5	15	E 5/8	6
3,5	0,4	–	15,5	28	E 10/13	100
4	0,3	–	15,5	28	E 10/13	100
4	0,4	–	15,5	24	E 10/13	100
4	–	2,7	15.5	28	E 10/13	100
6	–	1,8	15,5	29	E 10/137	100
6	–	2,1	15,5	28	E 10/13	100
6	–	2,7	15,5	29	E 10/137	100
6	–	3	15,5	29	E 10/137	100

b. Halogenlampen

Lampennummer		21.0007/12	21.1007/12	21.2007/22	21.3007/22
Spannung	V	12	12	24	24
Leistung	W	50	100	150	250
Lichtstrom	lm	1400	2900	4700	8500
Mittlere Lebensdauer	h	50	50	50	50
Leuchtkörperabmessungen $b \times h$	mm	3,3 × 1,9	4,2 × 2,3	5,8 × 3,2	7,0 × 3,6
Durchmesser d_{max}	mm	12	12	14	14
Gesamtlänge l_{max}	mm	44	44	50	55
Lichtschwerpunktabstand e_1	mm	30	30	e_2 = 32	33
Sockel		G 6.35-15	GY 6.35-15	G 6.35-15	G 6.35-15
Brennstellung (senkrecht ± Grad)		S 90	S 105	S 105	S 90

Tafel 6.4.17. (Fortsetzung)

c. Xenonlampen

Lampentyp	Länge l mm	Lampen-spannung V	Lampen-strom A	Nenn-leistungs-aufnahme W	Licht-strom-richt-wert lm	Leucht-dichte sb	Mittlere Lebens-dauer h
XBO 50	64	= 14 ... 20 ~ 13 ... 15	= 2,5 ... 3,6 ~ 3,7 ... 4,2	50	700		150
XBO 100	117	Betriebs-spannung ~ 220	6,8 ... 7,4	100		9000	120
XBO 101	117	Betriebs-spannung = > 110	5,5 ... 6,2	100		9000	300
XBO 200	162	= 20 ... 25 ~ 22 ... 27,5	8 ... 10	200	4200		= 800 ~ 500
XBO 500	193	= 23 ... 28 ~ 25 ... 30,5	18 ... 22	500	15000		150
XBO 1001	330	= 22	30 ... 50	1000	30000		1200
XBO 2001	375	= 26	45 ... 75	2000	56000		1200

d. Spektrallampen

Lampentyp	Füllsubstanz	Emittierte Strahlung der Wellenlänge (in nm) bzw. des UV-Bereichs	Lichtstärke (Zirkawert) cd	Mittlere Lebensdauer h
CdE	Kadmium	UV-B, UV-A 467,8 480,0 643,8	2	500
KE	Kalium	404,4 404,7 509,9 511,2 532,3 bis 536,0 578,3 580,2 ... 583,2	0,05	400
ZnE	Zink	UV-B, UV-A 468,0 472,2 481,1 636,2	1,5	500
NaE	Natrium	568,8 589,0 589,6 615,4 616,1	30,0	400
NeE	Neon	580,4 ... 659,9	5,0	500
HeE	Helium	402,6 438,8 447,1 471,3 492,2 501,6 504,8 587,6	2,0	400
D_2E	Deuterium	Kontinuum 200 ... 450 nm	–	350
HgE	Quecksilber	vornehmlich UV-C (Hg-Niederdruck-Linienspektrum)	–	350
HgE/1	Quecksilber	UV-B, UV-A 404,7 407,8 433,9 ... 435,8 546,1 577,0 579,0	100	500
HgE/2	Quecksilber	wie HgE/1	70	500
TlE	Thallium	UV-A, 535,0	0,8	150

Leuchtkörperabmessungen: Flachwendel 1,8 mm × 2 mm, Brennstellung hängend ±105°.

Anwendung: Objektbeleuchtung bei Mikroskopen, ophthalmologischen Geräten usw.
Lichtwurflampe S, Halogenlampe (TGL 11381/02 und /03; **Bild 6.4.46, Tafel 6.4.17b**). Anwendung: Diaprojektoren, Schmalfilmprojektoren, Schreibprojektoren, wissenschaftlicher Gerätebau.

Die angegebenen mittleren Lebensdauer- und Lichtstromwerte gelten bei Einhaltung des Nennwerts der Spannung. Werden die Lampen mit höherer Spannung betrieben, dann erhöht sich der abgestrahlte Lichtstrom, wobei aber, wie **Bild 6.4.47** zeigt, die Lebensdauer sinkt.

Xenonlampen (Bild 6.4.48, Tafel 6.4.17c). Xenonlampen sind Gasentladungslampen. Die spektrale Energieverteilung im sichtbaren Gebiet entspricht weitgehend der des Tageslichts. Sie haben durch ein kugelförmiges Entladungsgefäß ein nahezu punktförmiges Leuchtfeld mit sehr hoher Leuchtdichte. Anwendung finden sie als intensive Lichtquellen in der Metallmikrofotografie, bei Projektionsgeräten oder bei medizinischen Geräten usw. Die Brennlage ist stehend; die zulässige Lageabweichung beträgt ±15°. Die Lampen haben einen relativ hohen Innendruck. Aus diesem Grund dürfen sie nur in einem Schutzgehäuse betrieben werden. Es gelten für die verschiedenen Lampentypen unterschiedliche Einbaubedingungen, die vom Gerätekonstrukteur zu beachten sind.

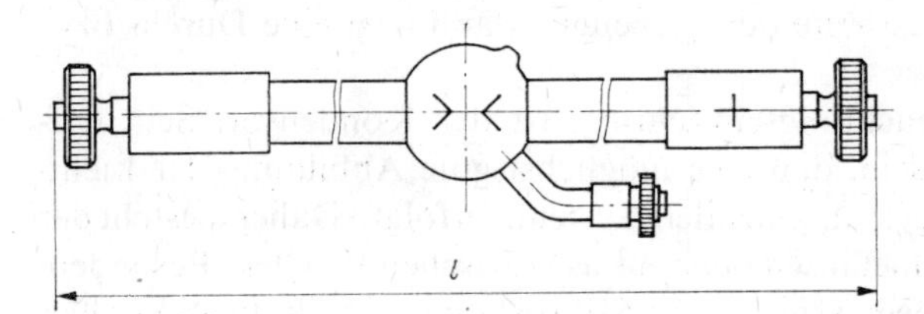

Bild 6.4.48
Xenonlampe, Typ XBO 200 und XBO 500

Spektrallampen (TGL 200-8175; **Tafel 6.4.17d**). Spektrallampen sind Entladungslampen. Anwendungsgebiete sind die Spektroskopie, die Interferometrie, die Strahlungsphysik und vor allem die analytische Chemie. Die Lampen sind mit passenden Vorschaltgeräten zu betreiben.

6.4.3.5. Beleuchtungseinrichtungen in Geräten

Die Anforderungen an Beleuchtungseinrichtungen in Geräten sind sehr vielschichtig. Neben einer geforderten Beleuchtungsstärke kommt es allgemein auf ihre möglichst gleichmäßige Verteilung im entsprechenden Feld an. Oft muß die Möglichkeit gegeben sein, die Beleuchtungsstärke im Feld kontinuierlich zu verändern. Gefordert wird oft eine entsprechende spektrale Verteilung. Diese kann durch den Einbau von Filtern weitgehend beeinflußt werden (z. B. Grünfilter bei Meßgeräten). Sehr wesentlich ist es, einen möglichst großen Raumwinkel Ω_1 des von der Lampe abgestrahlten Lichts in das optische System des Geräts überzuführen. Daher muß das Beleuchtungssystem entsprechend Gl. (6.4.8) konstruktiv so ausgelegt werden, daß die Eintrittspupillenfläche A_2 (siehe Bild 6.4.41) möglichst groß gewählt und nahe an die Lampe herangelegt wird ($l_{1,2}$ möglichst klein). Im Gegensatz dazu besteht bei fotometrischen Meßgeräten oft die Forderung, mit möglichst kleinem Raumwinkel Ω_1 im Interesse einer hohen räumlichen Auflösung zu arbeiten.

Lichtwurflampen für Projektionszwecke sind so gebaut, daß auch das nach hinten abgestrahlte Licht über einen (meist) Kugelspiegel wieder der Abbildung zugeführt wird

(s. Bild 6.4.42). Dabei müssen Lampe und Kugelspiegel so zueinander justiert sein, daß das Leuchtkörperbild in den Lücken des Leuchtkörpers oder unmittelbar daneben liegt **(Bild 6.4.49).**

Zwei prinzipielle Arten der Objektbeleuchtung sind bei optischen Geräten zu unterscheiden:

- Durchlichtbeleuchtung (transparente Objekte)
- Auflichtbeleuchtung (nichttransparente Objekte).

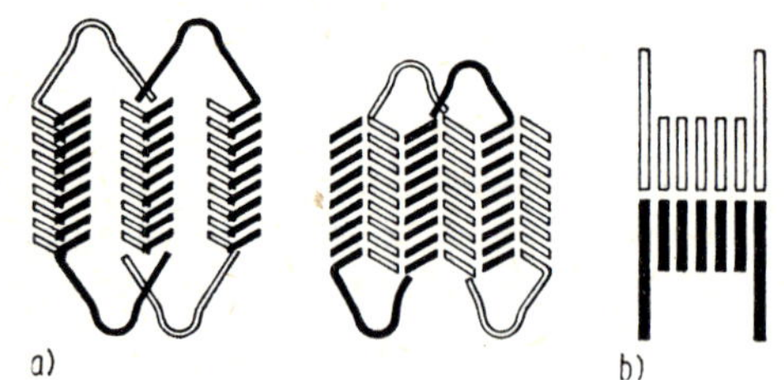

Bild 6.4.49
Leuchtkörperabbildung

a) Projektionslampen nach TGL 11381/01, links falsche und rechts richtige Justierung zum Spiegel
b) Halogenlampen nach TGL 11381/02 (s. auch DIN 49820)

Erfolgt eine unmittelbare Lichtführung über das Objekt zum Empfänger hin, spricht man von einer Durch- bzw. Auflichthellfeldbeleuchtung. Ist hingegen eine meist zentrale Abblendung der Lichtführung vorgesehen, so daß kein Licht regulär zum Empfänger gelangt, sondern nur das am Objekt gestreute oder gebeugte, dann liegt eine Durch- bzw. Auflichtdunkelfeldbeleuchtung vor.

Das Hauptbauelement einer Beleuchtungseinrichtung ist der Kondensor. Sein Öffnungsfehler muß so weit korrigiert sein, daß eine möglichst gute Abbildung der Lichtquelle am Ort der Eintrittspupille des abbildenden Systems erfolgt. Daher besteht der Kondensor i. allg. aus mehreren Sammellinsen oder aus asphärischen Flächen. Besondere Anforderungen werden an Kondensorsysteme für Mikroskope gestellt [6.4.48]. Der starken Wärmeentwicklung durch die Lampe ist bei der Werkstoffauswahl der Kondensorlinsen Rechnung zu tragen. Vielfach erweist es sich als erforderlich, ein Wärmeschutzfilter zwischen Lampe und Kondensor einzufügen.

Zur Masseeinsparung und zur Erhöhung der Wärmefestigkeit werden Kondensoren auch als Stufenlinsen (Fresnel-Linsen) oder als Wabenlinsen hergestellt.

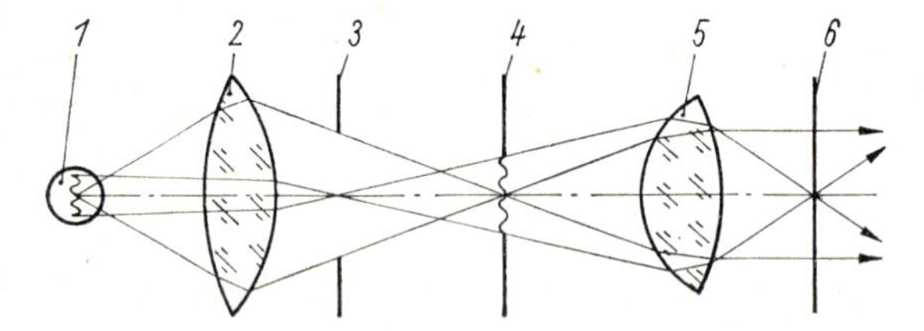

Bild 6.4.50
Köhlersche Beleuchtungseinrichtung für Durchlichthellfeldbeobachtung im Mikroskop

1 Lampe; *2* Kollektor; *3* Gesichtsfeldblende; *4* Aperturblende; *5* Kondensor; *6* Objektebene

Die Bilder 6.4.50 bis 6.4.55 zeigen Beispiele von Beleuchtungseinrichtungen in verschiedenen optischen Geräten. Die Köhlersche Beleuchtungseinrichtung **(Bild 6.4.50)** hat eine große Bedeutung für die Mikroskopie. Die Gesichtsfeld- und die Aperturblende sind im Durchmesser kontinuierlich verstellbar (Irisblende). Mit der Aperturblende kann man die Beleuchtungsapertur der Beobachtungsapertur des Objektivs anpassen. Durch die Gesichtsfeldblende, die durch den Kondensor in die Objektebene abgebildet wird, läßt sich die Größe des ausgeleuchteten Objektausschnitts einstellen.

Für die Beleuchtung nichttransparenter Objekte werden in der Mikroskopie Auflichtbeleuchtungen angewendet. **Bild 6.4.51** zeigt die Auflichthellfeldbeleuchtung mit teildurchlässigem Spiegel. Der Spiegel ist zur Vermeidung von Astigmatismus zwischen auf „unendlich“ korrigiertem Mikroskopobjektiv und Tubuslinie eingefügt. Durch die Anwendung eines teildurchlässigen Spiegels kann die Objektivpupille voll genutzt werden. Bei Anwendung eines Prismas **(Bild 6.4.52)** wird die Halbpupille zur Beleuchtung und nur die freie Halbpupille zur Beobachtung genutzt. Diese praktisch „schiefe Beleuchtung“ kann für die Beobachtung bestimmter Objekte durchaus von Vorteil sein.

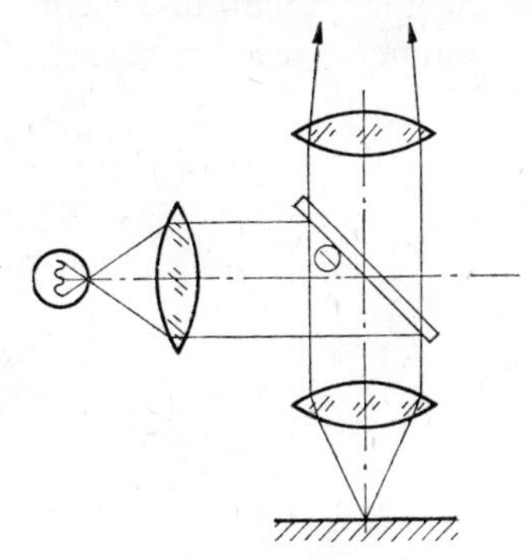

Bild 6.4.51. Auflichthellfeldbeleuchtung eines Mikroskops mit teildurchlässigem Spiegel

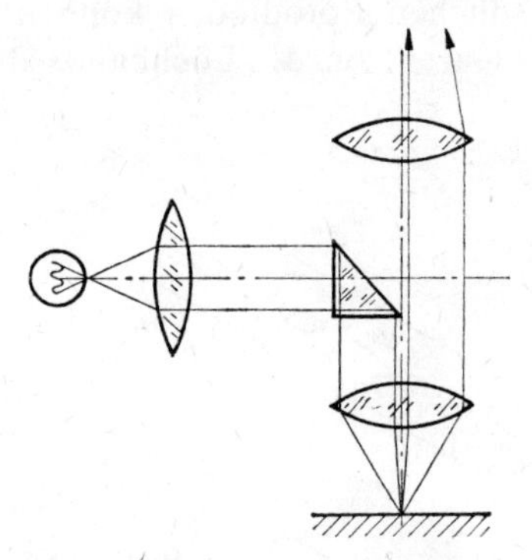

Bild 6.4.52. Auflichthellfeldbeleuchtung eines Mikroskops mit Prisma

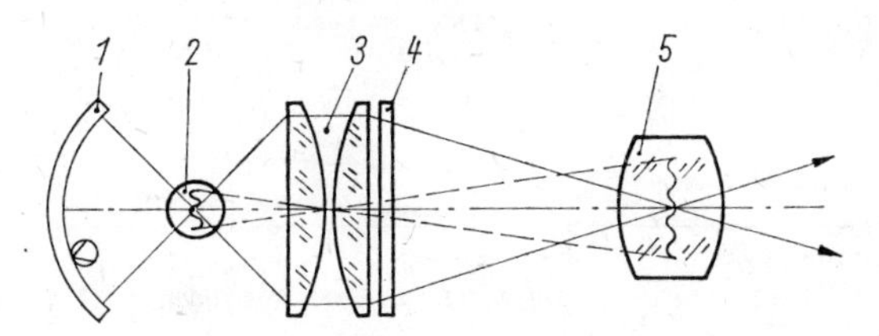

Bild 6.4.53. Beleuchtungsstrahlengang bei der Diaprojektion

1 Hohlspiegel; *2* Lampe; *3* Doppelkondensor; *4* Dia; *5* Objektiv

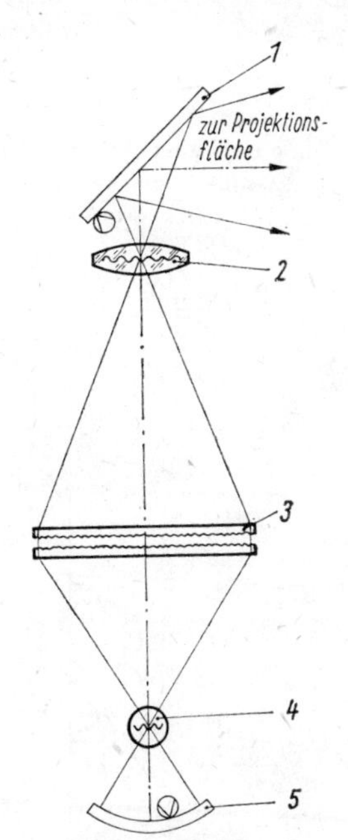

Bild 6.4.54
Beleuchtungsstrahlengang beim Schreibprojektor

1 Umlenkspiegel; *2* Objektiv; *3* Fresnel-Kondensor; *4* Halogenlampe; *5* Hohlspiegel

Im **Bild 6.4.53** wird der Beleuchtungsstrahlengang der Diaprojektion gezeigt. Der Spiegel bildet die Lampenwendel in ihren Lücken im Maßstab 1:1 ab. Durch den Kondensor werden die Wendel und das Wendelbild in die Pupille des Projektionsobjektivs abgebildet. Das somit nahezu gleichmäßig ausgeleuchtete Dia wird durch das Objektiv auf den Bildschirm projiziert. Zur Wahrung der Übersichtlichkeit ist im Bild nur die Abbildung des Achsenpunkts eingezeichnet.

Die Beleuchtungseinrichtung eines Schreibprojektors **(Bild 6.4.54)** entspricht praktisch der einer Diaprojektion. Die Geräteachse ist senkrecht angeordnet. Die Kondensorfläche dient als Auflagefläche für die Schreibfolie. Zur Masseeinsparung ist der Kondensor aus zwei Fresnel-Linsen in Plastwerkstoff gefertigt.

Ganz andere Anforderungen bestehen z.B. bei Beleuchtungseinrichtungen für Lochband- oder Lochkartenleser. Wie **Bild 6.4.55** zeigt, läßt sich diese Aufgabe vorteilhaft durch geteilte Lichtleiterbündel lösen. Die Lampe strahlt auf die Eintrittsflächen der zusammengefügten Teilbündel, die zur Beleuchtung der einzelnen Lochspuren dienen. Mit dahinter befindlichen Fotodioden können dann die entsprechenden Lichtpulse beim Durchlauf der Karte bzw. des Lochbands zur Informationsaufnahme verwendet werden.

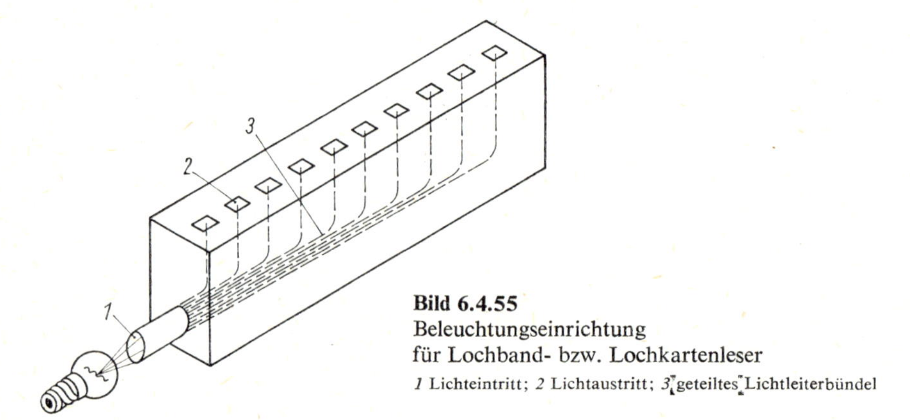

Bild 6.4.55
Beleuchtungseinrichtung
für Lochband- bzw. Lochkartenleser
1 Lichteintritt; *2* Lichtaustritt; *3* geteiltes Lichtleiterbündel

Tafel 6.4.18. Merkmale optischer Anzeigeelemente

Merkmale	Informationsart				Informationskapazität N (Anzahl der Anzeigegrundelemente pro Anzeigebauelement)			Erscheinungsform des Informationsparameters des Anzeigesignals		Zuordnung der Informationsart zum ausgegebenen Signal	
	Einzelzeichen	Zahlen	Worte, Text	Graphik	Einzelanzeige ($N = 1$)	Mehrfachanzeige ($1 < N \leq 10^3$)	Komplexanzeige ($N > 10^3$)	Analoganzeige	Digitalanzeige	direkte Anzeige	indirekte Anzeige
Beispiele	Ziffern 0,1,2, 3,... Symbole +,−,·, *,...	1539,37	„Achtung" „Gerät abschalten"		Signallampe o.a.	1980	Bildschirmanzeige	Sonderform: digitalisierte Analoganzeige mit wandernd Lichtpunkt od. Leuchtband Lampen oder Leuchtdioden	Uhrzeit 12.15 Binäranzeige ● Ein ○ Aus	Ziffernanzeigebauelemente +3.05V	0 5 10 15 0 5 10 15 Leuchtdioden

6.4.4. Optische Anzeigeelemente

In der Gerätetechnik werden zur Ausgabe von Informationen an den Menschen fast ausschließlich optische Anzeigeelemente verwendet (s. auch Abschn. 3.1.3.). **Tafel 6.4.18** zeigt eine Übersicht. Der Informationsparameter des Anzeigesignals und die Informationskapazität haben für die Wirksamkeit einer Anzeige entscheidende Bedeutung. Klassische Erscheinungsform des Informationsparameters ist die Analoganzeige, bei der der Betrag einer anzuzeigenden Größe der Auslenkung eines Zeigers analog ist und durch die Zuordnung zu einer Strichskale ablesbar wird.

6.4.4.1. Elemente zur Analoganzeige
[6.4.11] bis [6.4.14] [6.4.19]

Das die Teilung tragende Element einer Analoganzeige bezeichnet man als Skale oder Maßstab (eindimensional) oder als Koordinatennetz (zweidimensional). **Bild 6.4.56** zeigt Skalenformen elektrischer Meßinstrumente (TGL 2979), die der allgemein üblichen Ausführung mit feststehender Skale und beweglichem Zeiger entsprechen. Bewegliche Skale und feststehender Zeiger sind selbstverständlich auch möglich, z.B. bei Quer- und Hochskalen mit zylindrischen Bewegungselementen und bei Betätigungselementen **(Bild 6.4.57).**

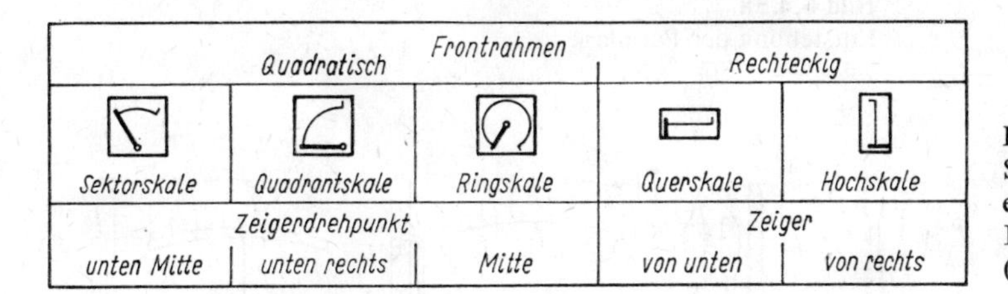

Bild 6.4.56
Skalenformen elektrischer Meßinstrumente (TGL 2979, DIN 43802)

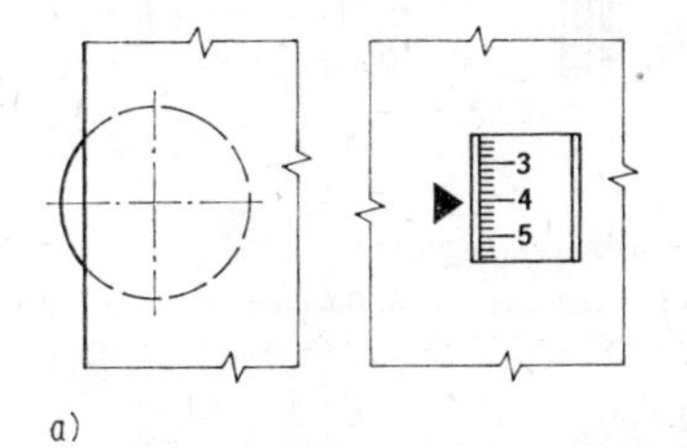

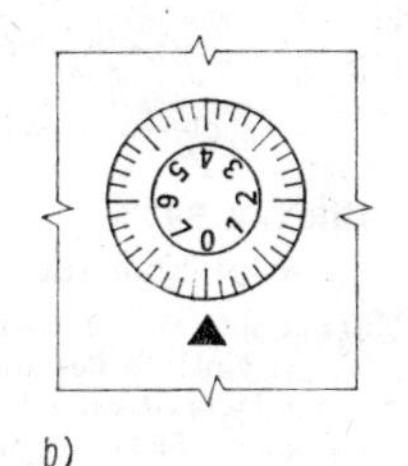

a) b)

Bild 6.4.57
Skalenformen mit festem Zeiger und beweglicher Skale
a) Zylinderskale
b) Betätigungselement (Drehknopf) mit Skale

Für Rechteckskalen gelten sowohl geradlinige als auch kreisförmige Bewegungsmöglichkeiten für Zeiger bzw. Skale. Koordinatennetze werden verwendet, wenn Zeitvorgänge oder andere mehrdimensionale Größen angezeigt werden sollen (Oszillograph, Kennlinienschreiber u.ä.). Entscheidenden Einfluß auf die Ablesegüte einer Zeigeranzeige hat die Skalenteilung, die ihrerseits vom zulässigen maximalen Anzeigefehler abhängt, d.h. von der in Prozent vom Skalenendwert ausgedrückten Genauigkeitsklasse des Meßgeräts. **Tafel 6.4.19** gibt die für elektrische Zeigermeßinstrumente gültige Zuordnung zwischen Genauigkeitsklasse und Grenzwerten der Skalenteile an. Weitere Einzelheiten zu gebräuchlichen Teilungen und Bezifferungen von Skalen sind DIN 43082, TGL 2979

Tafel 6.4.19
Grenzwerte von Skalenteilen

Genauigkeitsklasse	Skalenteil in % der Skalenlänge		
	Kleinstwert	Größtwert	
		linear	nichtlinear
1	1,5	5	7
1,5	2,5	7	10
2,5	4,0	10	14

und 8701 zu entnehmen. Ein nicht unwesentlicher Einfluß auf die Ablesegüte kann durch die Parallaxe entstehen **(Bild 6.4.58).** Da zwischen Zeiger und Skale stets ein Abstand vorhanden ist, entsteht ein Ablesefehler immer dann, wenn die Blickrichtung von der Richtung der Flächennormalen der Skale an der Stelle abweicht, an der sich der Zeiger befindet. Durch besondere Skalen- bzw. Zeigeranordnungen kann eine Parallaxe weitgehend vermieden werden **(Bild 6.4.59).** Schließlich hängt die Ablesegüte auch von der Gestaltung des Zeigers ab. Die wichtigste Größe dabei ist die Ausführung der Zeigerspitze **(Bilder 6.4.60** und **6.4.61).** Lichtzeiger bei Präzisionsinstrumenten oder als Lichtpunkt auf einem Bildschirm haben erhebliche Vorteile hinsichtlich ihrer geringen Massenträgheit und der Parallaxefreiheit.

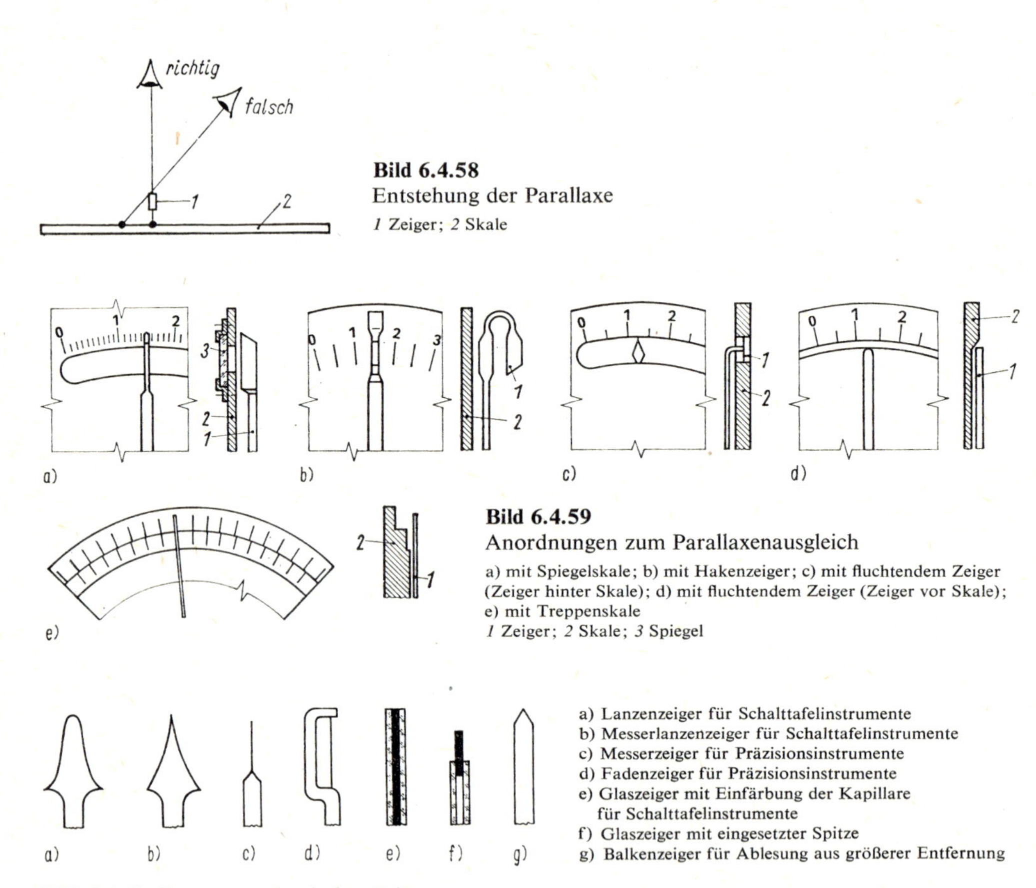

Bild 6.4.58
Entstehung der Parallaxe
1 Zeiger; *2* Skale

Bild 6.4.59
Anordnungen zum Parallaxenausgleich
a) mit Spiegelskale; b) mit Hakenzeiger; c) mit fluchtendem Zeiger (Zeiger hinter Skale); d) mit fluchtendem Zeiger (Zeiger vor Skale); e) mit Treppenskale
1 Zeiger; *2* Skale; *3* Spiegel

a) Lanzenzeiger für Schalttafelinstrumente
b) Messerlanzenzeiger für Schalttafelinstrumente
c) Messerzeiger für Präzisionsinstrumente
d) Fadenzeiger für Präzisionsinstrumente
e) Glaszeiger mit Einfärbung der Kapillare für Schalttafelinstrumente
f) Glaszeiger mit eingesetzter Spitze
g) Balkenzeiger für Ablesung aus größerer Entfernung

Bild 6.4.60. Formen mechanischer Zeiger

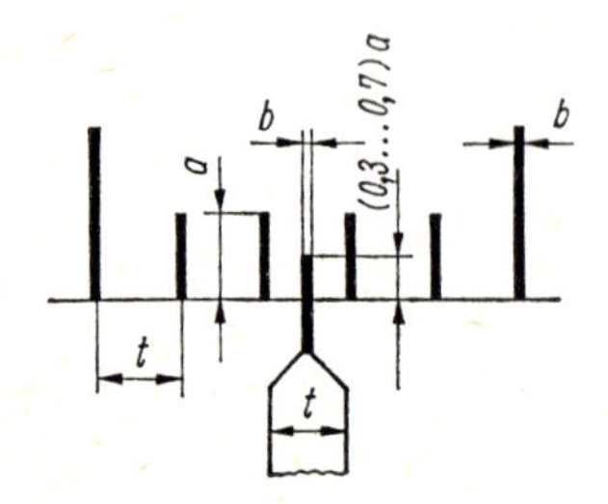

Bild 6.4.61
Günstige Zeigerabmessungen
a Länge der kleinen Teilstriche
b Breite der kleinen Teilstriche und der Zeigerspitze
t Teilungsmaß und Zeigerbreite

6.4.4.2. Elemente zur Digitalanzeige

[6.4.15] bis [6.4.18] [6.4.25] bis [6.4.30] [6.5.1] bis [6.5.36]

In der Entwicklung optischer Anzeigeelemente sind zwei bemerkenswerte Tendenzen festzustellen. Einerseits vollzieht sich aufgrund der enormen Zunahme digitaler Verarbeitungsprinzipe in der Gerätetechnik, der durch die Mikroelektronik gebotenen technologischen Möglichkeiten der Fertigung kompletter digitaler Anzeigebaueinheiten und der wesentlich höheren Ablesegüte ein Übergang von der analogen zur digitalen Anzeige. Andererseits führen die im Abschnitt 3.1.3. schon sehr deutlich formulierten Veränderungen bei der Kommunikation zwischen Mensch und Gerät dazu, daß dem Gerätenutzer ständig komplexere Informationen mit immer größerem Informationsinhalt angeboten werden müssen. Da man diese Informationen in der Regel nicht sequentiell, sondern zur gleichen Zeit in ihrer Gesamtheit anzeigen muß und das mit möglichst wenigen Anzeigeelementen bewerkstelligen möchte, führt der Trend zwangsläufig zu Anzeigesystemen mit höher werdender Anzahl der Anzeigegrundelemente je Anzeigebauelement, d.h. zu Anzeigebauelementen mit höherer Informationskapazität. Zwischen der anzuzeigenden Informationsart und der Informationskapazität dieser Elemente besteht ein kausaler Zusammenhang, derart, daß mit Einzelanzeigen der Informationskapazität $N = 1$ auch nur Einzelzeichen angezeigt werden können, während man z.B. für die Informationen einer Textseite A4, einer technischen Zeichnung oder anderer grafischer Darstellungen Komplexanzeigen mit $N > 10^3$ benötigt, die sich nur noch mit Bildschirmanzeigeeinheiten realisieren lassen (s. Tafel 6.4.18).

Einzelanzeige. Digitale Einzelanzeigen haben Bedeutung bei der Kontrolle der Geräteverarbeitungsfunktion durch die qualitative Anzeige von Zustandswerten, i. allg. von nur zwei Zustandswerten (gut–schlecht, voll–leer, ein–aus usw.). Dazu werden Signallampen (Glühfaden- und Glimmlampen) und Lumineszensdioden (s. Tafel 6.5.4) verwendet. Für die Sicherheit der Anzeige sind Größe und Helligkeit der Signallampe von entscheidender Bedeutung. Eine normale Kontrollampe sollte gegenüber der Umgebung mindestens eine dreifache Helligkeit aufweisen, die in besonderen Fällen, z.B. bei Blinksignalen im Störungsfall, auf das Fünfzig- bis Hunderfache zu erhöhen ist. Die Größe der Einzelanzeige sollte in Abhängigkeit von der Gesamtgröße des Geräteanzeigefelds und der funktionellen Bedeutung der Anzeige zwischen 5 und 20 mm Durchmesser liegen. Zur zweckmäßigen Farbgebung von Signallampen werden im Abschnitt 7. Richtlinien angegeben.

Mehrfachanzeige. Die Mehrfachanzeige wird durch die alphanumerischen Anzeigeelemente repräsentiert, die z.B. bei der Zeitanzeige der Uhr, der Ergebnisanzeige bei Taschenrechnern und bei programmierbaren Tischrechnern sowie bei der Meßwertanzeige Verwendung finden. Die Anzahl der dafür einsetzbaren physikalischen Effekte und Lösungsprinzipe ist relativ groß (s. Abschn. 6.5.).

Alphanumerische Anzeigeelemente werden als Reihen oder als Matrix angeordnet (s. Bild 6.5.1). Die Reihenanordnung besteht aus einzelnen Segmenten (7 Segmente für numerische Anzeige, 14 bzw. 15 Segmente für alphanumerische Anzeige), die Matrixanordnung aus den für alle alphanumerischen Anzeigefälle ausreichenden und zweckmäßigen 7 × 5 Rasterpunkten. Konstruktive Ausführungsformen alphanumerischer Anzeigebauelemente zeigen Bild 6.5.4 und Tafel 6.5.4 im Abschnitt 6.5.

Komplexanzeige. Für Informationskapazitäten $N > 10^3$ kommen nur noch großflächige Anzeigen nach Art eines Bildschirms in Frage. Neben der bekannten Katodenstrahlbildröhre setzen sich immer stärker Bildanzeigesysteme durch, die auf den optoelektronischen Prinzipien der Plasmaentladungs-, Flüssigkristall- und Elektrolumineszenzanzeige beruhen und erstmalig sehr flache Bauweisen ermöglichen. Den prinzipiellen Aufbau eines solchen Bildanzeigesystems zeigt **Bild 6.4.62.** Mit $(n + m)$ äußeren Anschlüssen kann eine Anzahl von $N = nm$ Anzeigegrundelementen beliebig angesteuert werden. Wie einfach sich das unter Anwendung der Plasmaentladung realisieren läßt, zeigt **Bild 6.4.63** mit den Prinzipien des Gleich- und Wechselstromplasmaanzeigefelds. An den Kreuzungspunkten der Elektroden leuchtet bei entsprechender Ansteuerung ein Bildpunkt auf, der bei Wechselstrombetrieb auch nach Abschaltung der Ansteuerung gespeichert bleibt, mit einem Löschimpuls gelöscht, aber auch elektrisch ausgelesen werden kann. Der prinzipiell hohe schaltungstechnische Aufwand für die Ansteuerung läßt sich durch integrierte Halbleitertechnologien in Zukunft ökonomisch beherrschen.

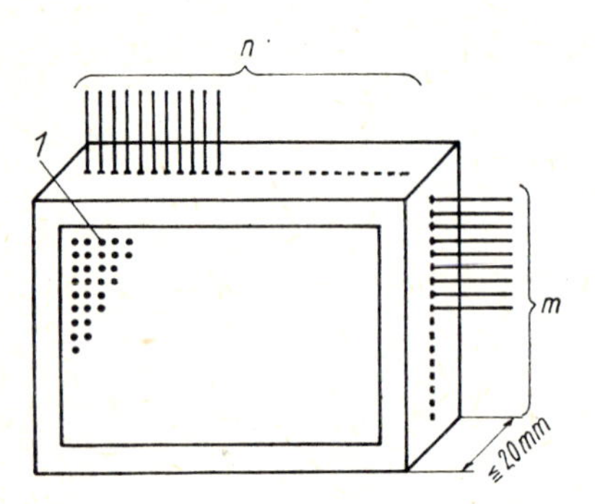

Bild 6.4.62
Prinzipieller Aufbau
eines optoelektronischen Bildanzeigesystems
1 Bildanzeigefläche mit $N = nm$ Anzeigegrundelementen; *n* Anzahl der Spaltenanschlüsse; *m* Anzahl der Zeilenanschlüsse

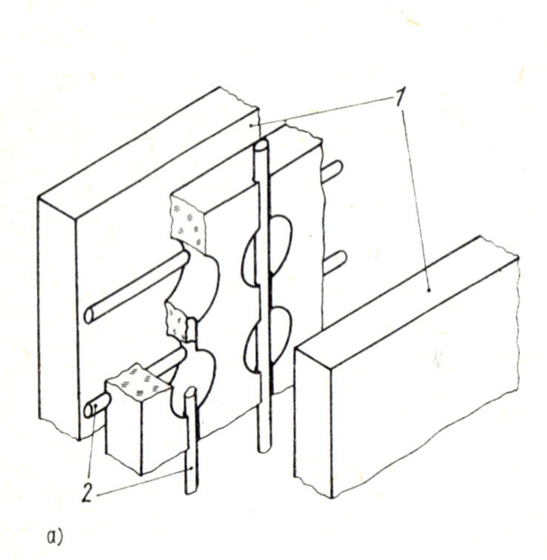

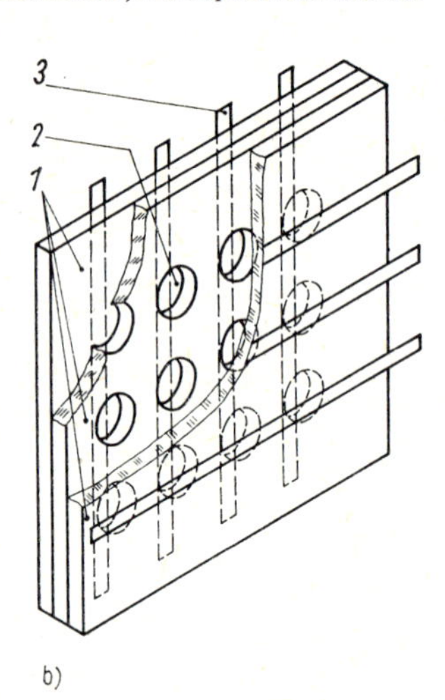

Bild 6.4.63
Prinzipieller Aufbau von Plasmaanzeigefeldern
a) Gleichstromanzeigefeld; *1* Glasplatten; *2* Platindrähte
b) Wechselstromanzeigefeld; *1* Glasplatten; *2* gasgefüllte Löcher; *3* transparente Elektroden

Literatur zu Abschnitt 6.4.

Bücher

[6.4.1] *Hodam, F.:* Technische Optik. Berlin: VEB Verlag Technik 1965.

[6.4.2] *Naumann, H.; Schröder, G.:* Bauelemente der Optik, Taschenbuch für Konstrukteure. München. Wien: Carl-Hanser-Verlag 1983.

[6.4.3] Taschenbuch der Feinwerktechnik. Hrsg. von *K.-H. Sieker.* Prien: C.F. Winter'sche Verlagsbuchhandlung 1965.

[6.4.4] *Haferkorn, H.:* Optik. Physikalisch-technische Grundlagen und Anwendungen. Frankfurt/M.: Verlag Harri Deutsch 1981.

[6.4.5] *Helbig, E.:* Grundlagen der Lichtmeßtechnik. Leipzig: Akadem. Verlagsges. Geest & Portig 1972.

[6.4.6] *Greif, H.*: Lichtelektrische Empfänger. Leipzig: Akadem. Verlagsges. Geest & Portig 1972.
[6.4.7] VEM-Handbuch Beleuchtungstechnik. 4. Aufl. Berlin: VEB Verlag Technik 1978.
[6.4.8] *Beyer, H.; Riesenberg, H.*: Handbuch der Mikroskopie. 3. Aufl. Berlin: VEB Verlag Technik 1987.
[6.4.9] *Lucas, T.*: Untersuchungen zum Fassen von Optikbauteilen im Rahmen der Verbindungsproblematik Glas–Metall im Wissenschaftlichen Gerätebau. Dipl.-Arb. FSU Jena 1972.
[6.4.10] *König, A.; Köhler, H.*: Die Fernrohre und Entfernungsmesser. Berlin, Göttingen, Heidelberg: Springer-Verlag 1959.
[6.4.11] *Timpe, K.P.; Wünsch, B.*: Gestaltung und Anordnung von Bedien- und Anzeigeelementen. Karl-Marx-Stadt: Zentralinstitut für Fertigungstechnik des Maschinenbaus 1969.
[6.4.12] *Stanek, J.*: Technik elektrischer Meßgeräte. Berlin: VEB Verlag Technik 1957.
[6.4.13] *Palm, A.*: Elektrische Meßgeräte und Meßeinrichtungen. 4. Aufl. Berlin, Göttingen, Heidelberg: Springer-Verlag 1963.
[6.4.14] *Leinweber, P.*: Taschenbuch der Längenmeßtechnik. Berlin, Göttingen, Heidelberg: Springer-Verlag 1954.
[6.4.15] *Philippow, E.*: Taschenbuch Elektrotechnik, Bd. 3. Berlin: VEB Verlag Technik 1984 und München: Carl Hanser Verlag 1978.
[6.4.16] *Elschner, H.; Möschwitzer, A.; Lunze, K.*: Neue Bauelemente der Informationselektronik. Leipzig: Akadem. Verlagsges. Geest & Portig 1974.
[6.4.17] *Weber, S.*: Optoelectronic Devices and Circuits. New York: McGraw-Hill 1974.
[6.4.18] *Goerke, P.; Mischel, P.*: Optoelektronische Bauelemente für die Automatisierung. Heidelberg: Dr. Alfred Hüthig Verlag 1976.
[6.4.19] Taschenbuch Feingerätetechnik, Bd. 1. Berlin: VEB Verlag Technik 1969.

Aufsätze

[6.4.20] *Schreiber, G.*: Zur Bestimmung des Energiestromes in optischen Instrumenten. Optik *21* (1964) 4, S. 145.
[6.4.21] *Abbe, E.*: Über die Bestimmung der Lichtstärke optischer Instrumente. Zeitschr. Med. Naturwiss. *6* (1871) S. 263.
[6.4.22] *Helbig, E.*: Grundsätzliches zur Ausleuchtung von optischen Systemen. Feingerätetechnik *21* (1972) 2, S. 57.
[6.4.23] *Kogelnik, H.; Li, T.*: Laser beams and resonators, Proceedings of the IEEE *54* (1966) 10, S. 1312.
[6.4.24] *Reschke, E.*: Optische Abbildung mit Gaußschen Bündeln. Feingerätetechnik *27* (1978) 6, S. 253.
[6.4.25] *Heidborn, W.; Biermann, M.; Geßner, R.*: Neue Möglichkeiten der Symbolanzeige durch Flüssigkristalle. Nachrichtentechnik – Elektronik *22* (1972) 12, S. 427.
[6.4.26] *Biermann, M.*: Flüssigkristalldisplays. Nachrichtentechnik – Elektronik *23* (1973) 6, S. 205.
[6.4.27] *Häußler, E.*: Fluoreszenz-Anzeigeröhren. Nachrichtentechnik – Elektronik *28* (1978) 2, S. 78; 3, S. 123.
[6.4.28] *Jehmlich, W.*: Optoelektronische Anzeigeeinheiten in der Informations- und Automatisierungstechnik, radio – fernsehen – elektronik *27* (1978) 4, S. 248.
[6.4.29] *Müller, W.*: Anwendung von LED-Ziffernanzeige-Bauelementen. radio – fernsehen – elektronik *27* (1978) 1, S. 9.
[6.4.30] *Heidborn, W.*: Integrierte Anzeigebauelemente – Überblick über den internationalen Stand und die Tendenzen. Nachrichtentechnik – Elektronik *28* (1978) 9, S. 356.
[6.4.31] Firmenschriften des VEB Kombinat NARVA, Berlin.
[6.4.32] *Schilling, M.*: Elementare Berechnungsgrundlagen für Lichtschranken. radio – fernsehen – elektronik *17* (1968) 23, S. 725.
[6.4.33] *Hofmann, R.*: Fertigen von spannungsarmen Hochleistungsobjektiven. Feingerätetechnik *32* (1983) 9, S. 410.
[6.4.34] *Patzer, K.*: Hochleistungsoptiken bestimmen das Niveau fotolithografischer Geräte. Feingerätetechnik *32* (1983) 9, S. 407.
[6.4.35] *Strobel, H.; Meister, G.*: Mechanische Wirkprinzipien für Präzisions-, Prüf- und Meßtechnik. Feingerätetechnik *32* (1983) 9, S. 387.
[6.4.36] *Guyenot, V.; Hofmann, R.*: Einige Montage- und Konstruktionsprinzipien moderner Objektive. Bild und Ton *32* (1979), S. 298.
[6.4.37] Bilddarstellende Systeme und Technologie für neue Kommunikationsformen. NTG-Fachberichte Nr. 67. Berlin: VDE-Verlag 1979.
[6.4.38] Firmenschriften Osram GmbH, München; Philips GmbH Hamburg.

6.5. Optoelektronische Funktionsgruppen

Optoelektronische Bauelemente und Systeme finden in der Gerätetechnik zunehmend Verwendung. Sie werden in Verbindung mit (mikro-)elektronischen Bauelementen zur Realisierung von Gerätegrundfunktionen eingesetzt **(Tafel 6.5.1).**

Tafel 6.5.1. Einsatz von Klassen optoelektronischer Bauelemente in Gerätegrundfunktionen

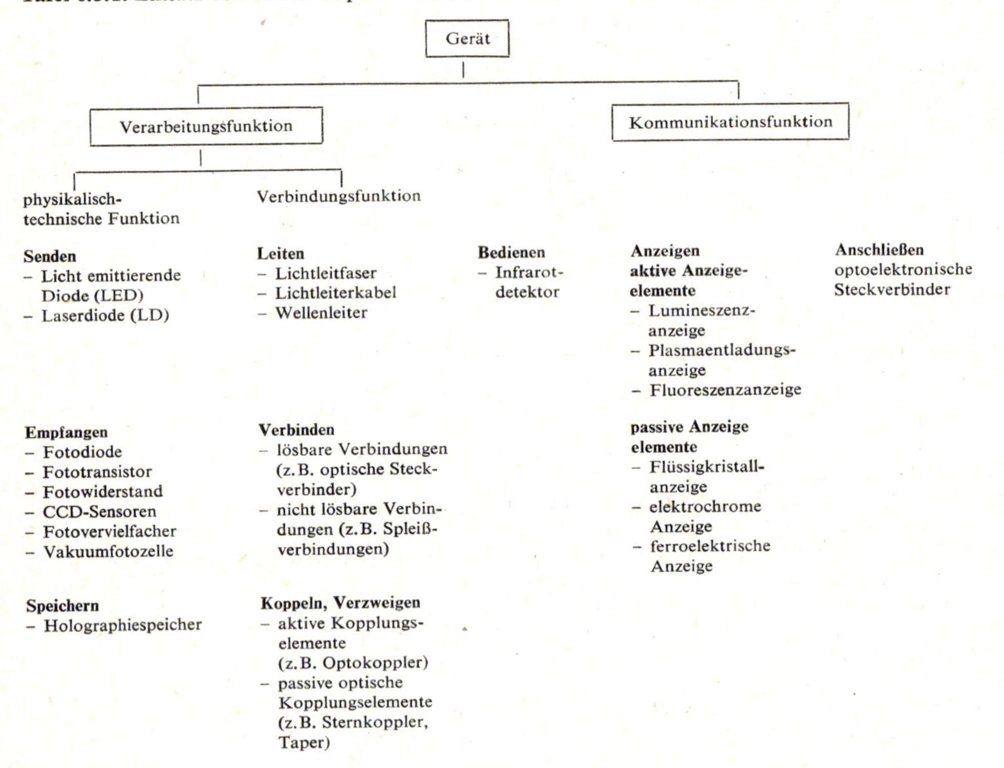

Ihre Anwendung beruht auf den Vorteilen, die die LWL-Übertragungstechnik **(LWL-Lichtwellenleiter)** und die optische Signalverarbeitung gegenüber der drahtgebundenen Übertragungstechnik und der elektronischen Signalverarbeitung bieten (geringe Dämpfung, hohe Signalbandbreite, Potentialtrennung zwischen Sender und Empfänger, keine Signalbeeinflussung durch elektromagnetische Felder u.a.) [6.5.1] [6.5.3]. Optoelektronische Anzeigebauelemente haben sich wegen ihrer mechanischen Stabilität, geringen Masse, Kompatibilität mit modernen Halbleiterbauelementen, hohen Lebensdauer und Lichtemission in verschiedenen Farben im Kommunikationsbereich durchgesetzt.

6.5.1. Grundlagen

Jedem Funktionsbereich (s. Abschn. 3.) sind typische Klassen optoelektronischer Bauelemente zuzuordnen (Tafel 6.5.1), die in einer großen Vielfalt konstruktiver Ausführungsformen angeboten werden.

Die **Tafeln 6.5.2** und **6.5.3** geben eine prinzipielle Übersicht über wesentliche im Verarbeitungsbereich verwendete optische und optoelektron. Bauelemente. Lumineszenz-

Tafel 6.5.2. Prinzipe und Bauformen von optoelektronischen Sende- und Empfangsbauelementen

	Sendebauelemente	Empfangsbauelemente		
	Lumineszenz-, Laserdiode	Fotodiode	Fototransistor	CCD-Sensorzeile
Funktionsprinzip	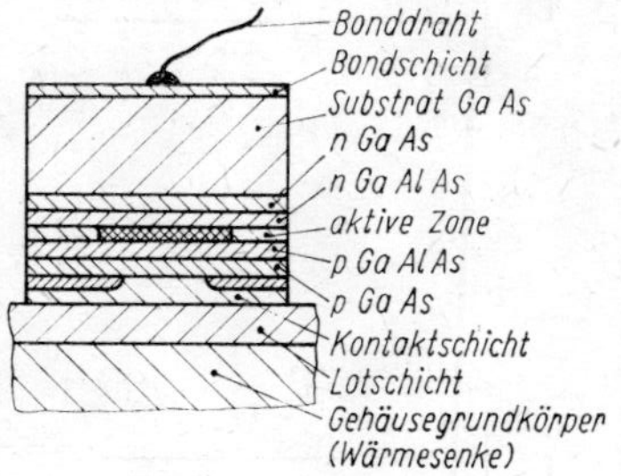 Bonddraht, Bondschicht, Substrat Ga As, n Ga As, n Ga Al As, aktive Zone, p Ga Al As, p Ga As, Kontaktschicht, Lotschicht, Gehäusegrundkörper (Wärmesenke)	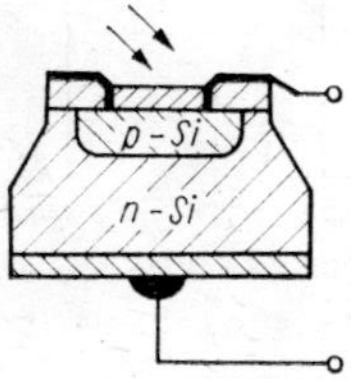 p-Si, n-Si	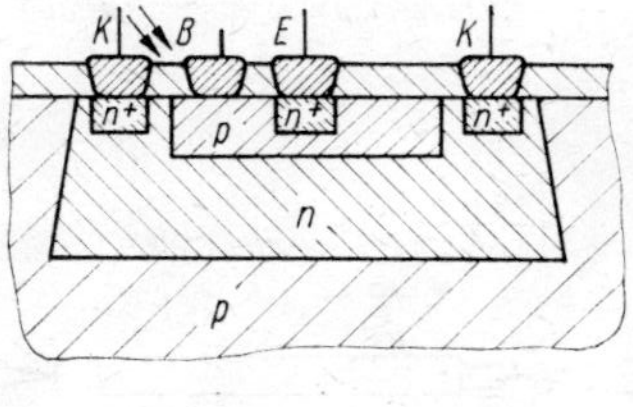 K, B, E, K, n^+, p, n^+, n^+, n, p	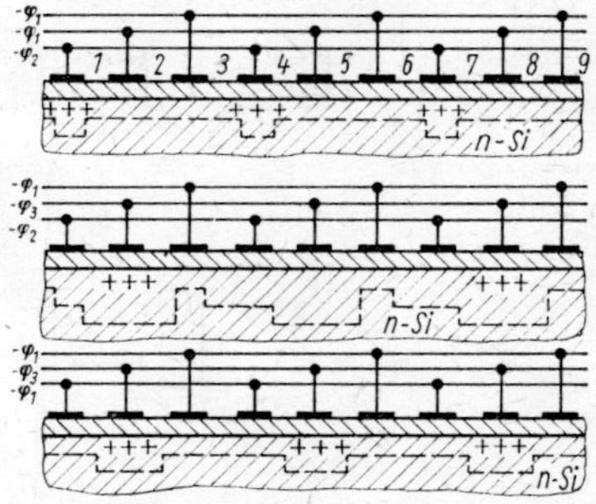 $-\varphi_1$, $-\varphi_1$, $-\varphi_2$; 1 2 3 4 5 6 7 8 9; +++; n-Si; $-\varphi_1$, $-\varphi_3$, $-\varphi_2$; +++; n-Si; $-\varphi_1$, $-\varphi_3$, $-\varphi_1$; +++; n-Si
Bauformen	Infrarotemitterdioden: 25,5; SW 14; LED-Chip; Kappe; M8; Gehäusegrundkörper; Lichtwellenleiter; ϕ 1,5; 3,3 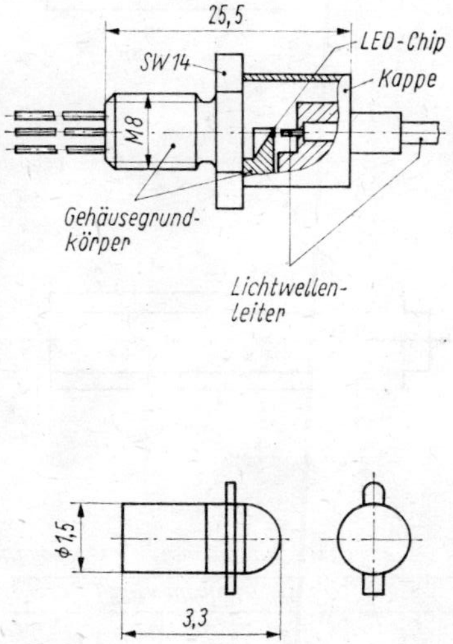	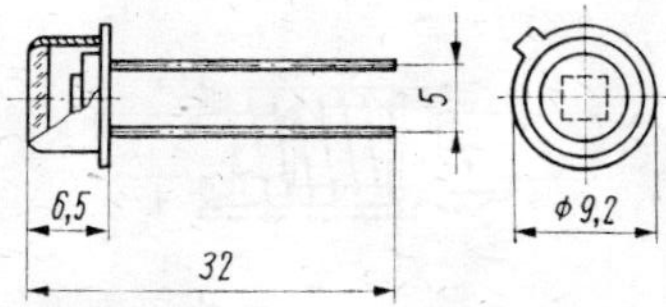 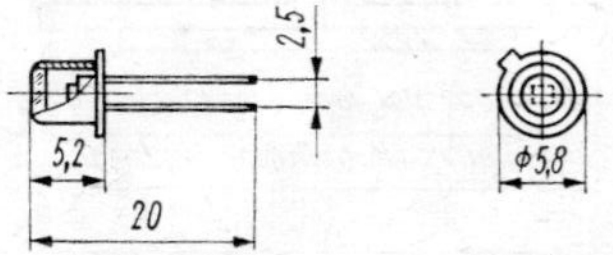 Si-Fotodioden: 5; 6,5; 32; ϕ 9,2; Lichtempfindliche Fläche 1,9 x 1,9 mm^2 (3,5 x 3,5 mm^2); 2,5; 5,2; 20; ϕ 5,8; Lichtempfindliche Fläche 0,5 x 0,5 mm^2	Si-Fototransistoren: 2,5; 5,8; 19; ϕ 4; ϕ 1,5; 3,1 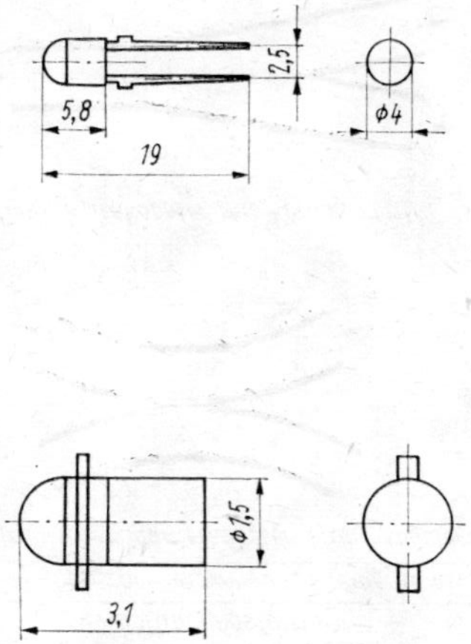	Ladungsgekoppelte Sensorzeile mit 256 Elementen: 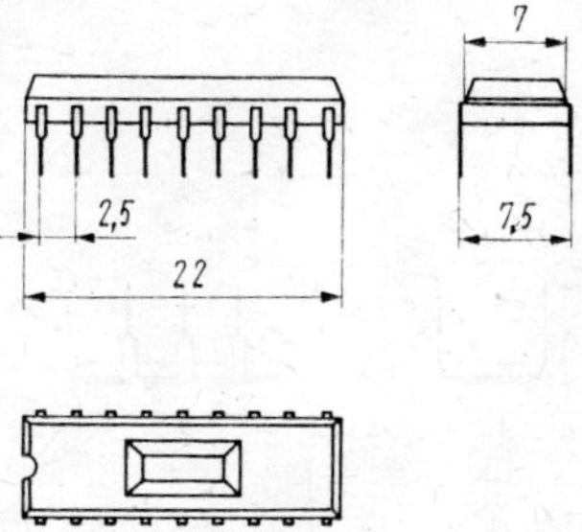 2,5; 22; 7; 7,5

Tafel 6.5.3. Elemente zur Realisierung der Verbindungsfunktion

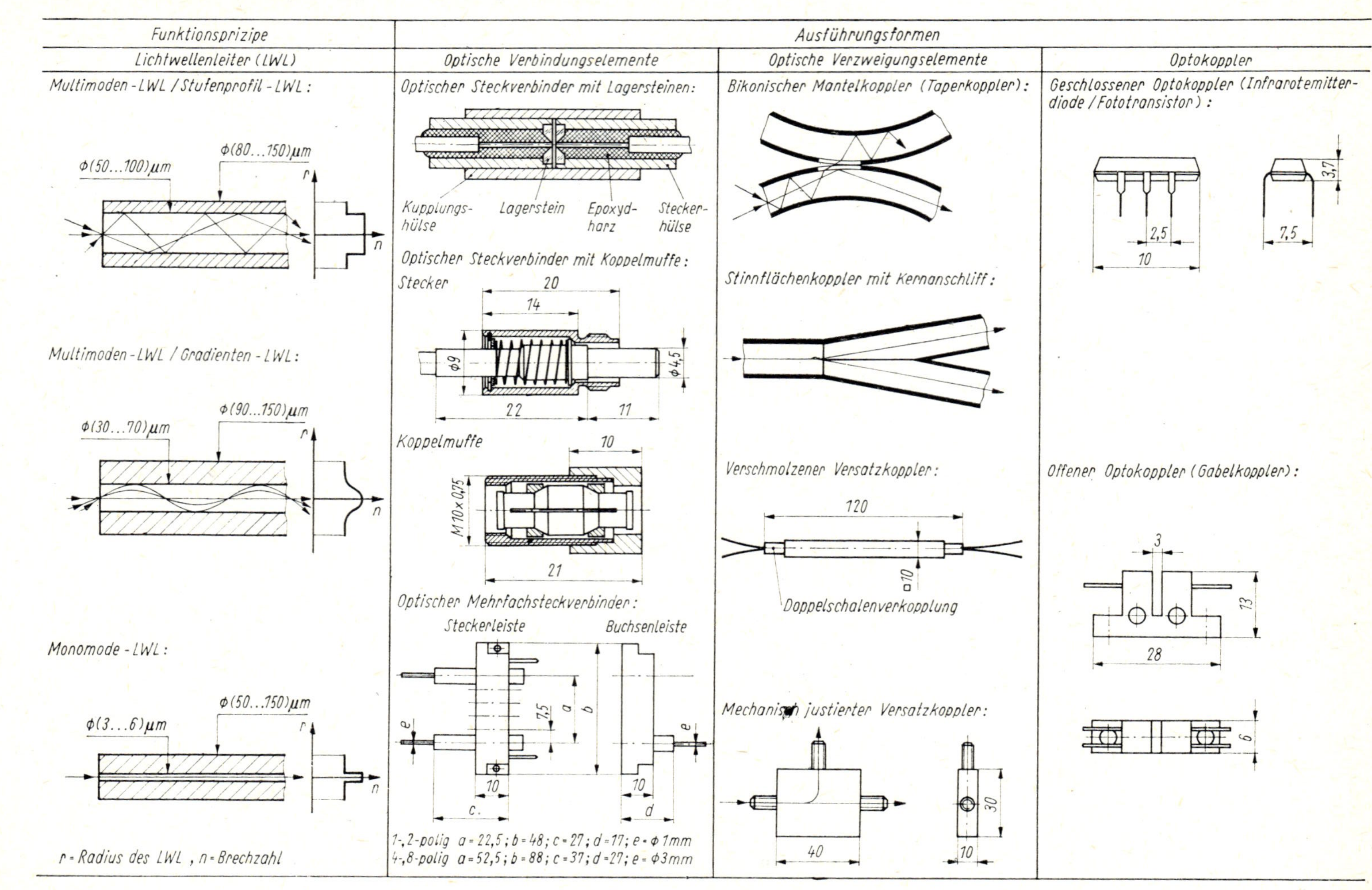

und Laserdioden arbeiten, angepaßt an die Übertragungseigenschaften der Lichtwellenleiter, im Bereich des nahen Infrarots (Wellenlänge $\lambda = 0{,}8$ bis $0{,}92\ \mu m$ – 1. Übertragungsfenster; $\lambda = 1{,}05$ bis $1{,}25\ \mu m$ – 2. Übertragungsfenster; $\lambda = 1{,}5$ bis $1{,}8\ \mu m$ – 3. Übertragungsfenster; Übertragungsfenster sind spektrale Bereiche niedriger Dämpfung im LWL-Werkstoff).

Fotodioden und -transistoren werden sowohl für den gesamten sichtbaren Spektralbereich als auch, angepaßt an die LWL-Nachrichtenübertragungs-Technik, bis in den nahen Infrarotbereich (λ_{grenz} bis $1{,}1\ \mu m$) hergestellt. CCD-Zeilen und -Matrizen (CCD, charge coupled device – ladungsgekoppeltes Bauelement) sind hochintegrierte Empfängerelemente für den Bereich des sichtbaren Lichts und finden als Bildaufnahmeelemente in gestalterkennenden Sensoren Verwendung.

Die optische Realisierung der Verbindungsfunktion basiert auf der Ausnutzung der Totalreflexion von Licht an Grenzflächen mit unterschiedlichen Brechzahlen in Lichtwellenleitern (Multimode-LWL) oder auf der Ausnutzung von Wellenübertragungseigenschaften (Monomode-LWL, Tafel 6.5.3). Ankopplungen von Lichtwellenleitern an ein Gerät, LWL-Verbindungen oder optische Trennung von Signalen werden durch lösbare oder nicht lösbare Verbindungen bzw. optische Verzweigungselemente realisiert [6.5.19] [6.5.20].

Optokoppler dienen zur galvanischen Trennung von Signalen auf optoelektronischer Grundlage. Sie ermöglichen als Gabelkoppler durch Ausnutzung des Lichtschrankenprinzips die Modulation von Licht. Die Nutzung physikalischer Eigenschaften optischer Medien (z. B. Abhängigkeit der Dämpfung eines Lichtwellenleiters von seinem Krümmungsradius) ermöglicht den Aufbau optischer Sensoren zur Erfassung verschiedener physikalischer Grundgrößen (Weg, Geschwindigkeit, Druck usw.; s. Abschn. 6.5.4.).

Integrierte optische Bauelemente nutzen die Wellenausbreitung von Licht in dünnen Schichten und Streifen aus. Abmaße und Toleranzen der aktiven Schichten und ihre Abstände liegen im Mikrometer- bzw. Submikrometerbereich bei hohen Anforderungen an die Brechzahlprofile. Schalter, Koppler, Modulatoren, AD-Wandler u. a. lassen sich prinzipiell integriert optisch strukturieren.

Die im Kommunikationsbereich verwendeten Anzeigebauelemente lassen sich in aktive (selbstleuchtende) und passive (reflektierende) Bauelemente unterteilen. **Tafel 6.5.4** zeigt typische Vertreter von Anzeigebauelementen. Die größte Einsatzbreite der aktiven Anzeigeelemente haben z. Z. Bauelemente auf der Grundlage der Injektionslumineszenz. Funktionselement ist eine in Durchlaßrichtung betriebene Halbleiterdiode, bei der durch strahlende Ladungsträgerrekombination in der Sperrschicht im wesentlichen monochromatische Lichtemission im Dauerbetrieb erfolgt. Die Leuchtfarbe (Rot, Orange, Grün oder Gelb) hängt von der Dotierung der Kristallgrundmaterialien GaAsP (Galliumarsenidphosphid) oder GaP (Galliumphosphid) mit Si, Zn, N ab **(Tafel 6.5.5).** Diese Dioden sind die funktionelle Grundlage für Einzelanzeigebauelemente (Lumineszenzdioden LED) in ein- oder mehrfarbiger Ausführung für Signal- bzw. Zustandsanzeigen und Mehrfachanzeigeelemente, wie z. B. ein- oder mehrstellige Ziffern- und Symbolanzeigen (als Segmentanzeigeelemente in integrierter oder hybrider Bauform oder als Punktrasteranzeigeelement, **Bild 6.5.1**). Die Elektrolumineszenz beruht auf Stoßionisation oder auf der durch Tunneleffekt hervorgerufenen Ladungsträgerinjektion mit nachfolgender strahlender Rekombination der Ladungsträger durch Anlegen eines elektrischen Felds an ein geschichtetes System von Leuchtstoffen (Luminophoren). Bei der Plasmaentladung tritt zwischen Katode und Anode einer gasgefüllten Röhre eine selbständige Entladung durch Stoßionisation der Ladungsträger auf, die zu einer Rekombinationsstrahlung als Glimmhaut um die Katode führt (Glimmentladung, Kaltkatodenröhre). Die Katodo-

Tafel 6.5.4. Optoelektronische Anzeigebauelemente
(Bezeichnungen s. Tafel 6.5.8)

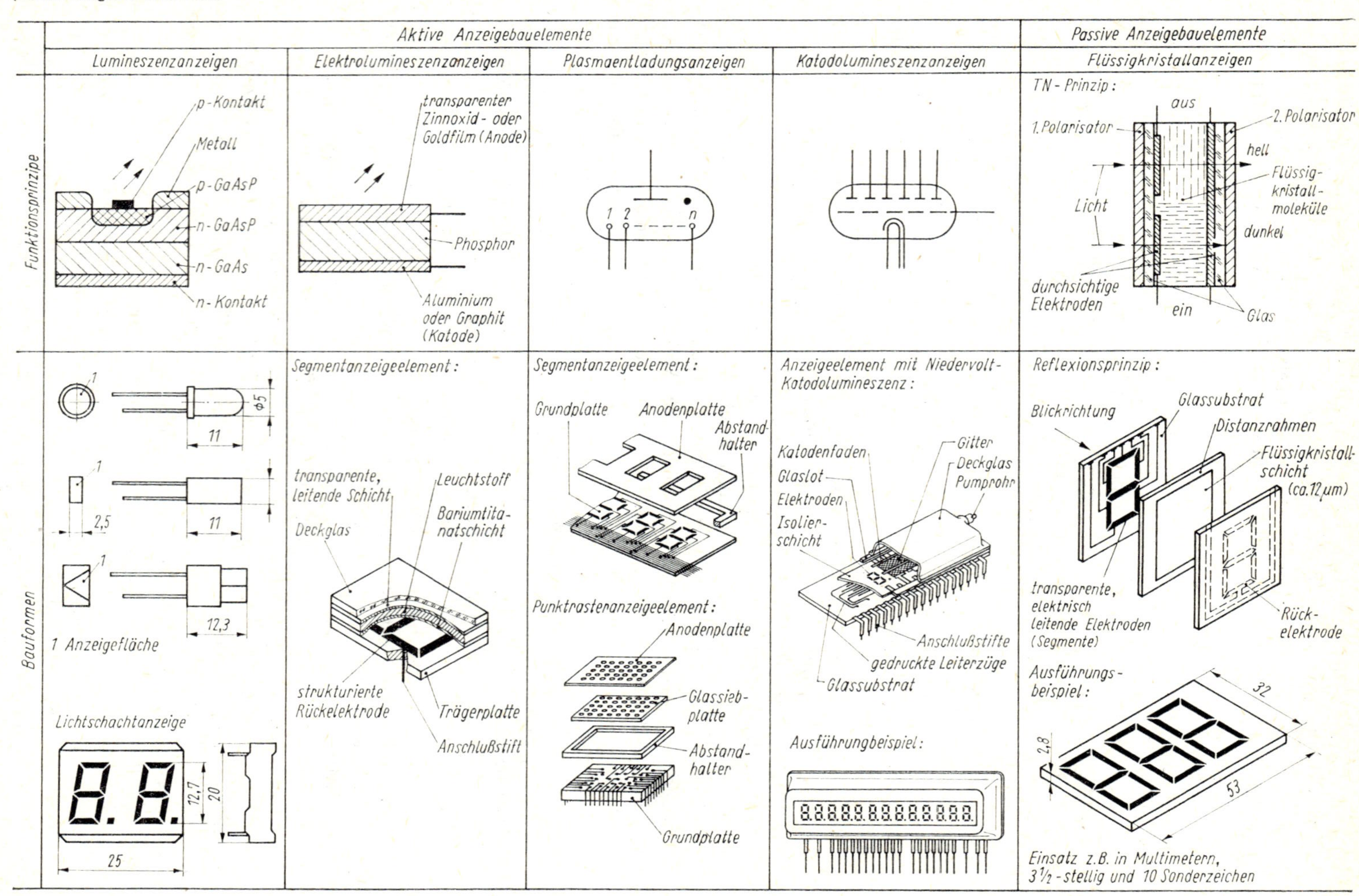

Tafel 6.5.5. Leuchtfarben von Lumineszenzdioden

Werkstoff	GaP:N	GaAsP:N	GaAsP:N	GaAsP:N	GaAs:Si	GaAs:Zn
λ in nm	555	590	625	655	930	900
Farbe	grün	gelb	orange	rot	infrarot	infrarot

lumineszenz beruht auf Gesetzmäßigkeiten der Hochvakuumröhre. Mit einer geheizten Katode unter Einfluß eines elektrischen Felds wird zwischen Katode und Anode ein Elektronenstrahl erzeugt, der bei seinem Auftreffen auf der mit einem Luminophor beschichteten Anode zu einer Rekombinationsstrahlung führt. Die bekannteste Ausführung ist die Katodenstrahlröhre mit Bildschirm, die wegen ihrer Abmessungen mit relativ hohen Betriebsspannungen arbeiten muß. Moderne Niedervoltausführungen werden speziell als alphanumerische Anzeigebauelemente (Fluoreszenzröhren) verwendet.

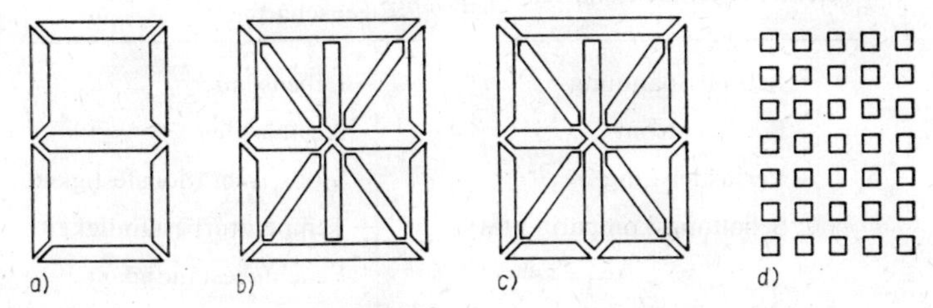

Bild 6.5.1. Struktur alphanumerischer Anzeigeelemente
a) bis c) Segmentanzeigeelemente (7, 14, 15 Segmente); d) Punktrasteranzeigeelement (5 × 7 = 35 Rasterpunkte)

Passive Anzeigeelemente benutzen zur Anzeige das Umgebungslicht. LCD- oder Flüssigkristallanzeigen (LCD – liquid crystal devices) haben wegen ihrer Vorteile (extrem niedriger Energieverbrauch, gute Ablesbarkeit auch bei hellem Umgebungslicht, flache Bauform) ein breites Anwendungsgebiet. Flüssigkristalle sind organische Substanzen, deren Moleküle sich zueinander einheitlich anordnen (kristalline Struktur). Unter dem Einfluß lokaler elektrischer Felder (z.B. in Form von Segmenten einer Ziffer) wird entweder die Struktur des Flüssigkristalls an diesen Stellen aufgebrochen (Prinzip der dynamischen Streuzellen mit Reflexion des Umgebungslichts) oder der Polarisationszustand spezieller Flüssigkristalle geändert (Prinzip der Drehzelle, TN – Zelle) [6.5.10] [6.5.22].

6.5.2. Optoelektronische Bauelemente im Kommunikationsbereich

Auswahl und Anordnung der optoelektronischen Anzeigeelemente erfolgen in erster Linie nach ergonomischen Gesichtspunkten (s. auch Abschn. 7.6.):

- Auswahl des Anzeigeprinzips (LED, LCD)
- Auswahl der Zeichenform (s. Bild 6.5.1) und ihrer Abmessungen
- Auswahl der Bauform
- Auswahl der Farbe.

Auswahlgesichtspunkte dazu zeigt **Bild 6.5.2.** Die Wahl des Anzeigebauelements beeinflußt bei Verwendung von Gefäßsystemen

- die Abmessungen der Frontplatte
- die Abmessung und Anordnung der notwendigen Frontplattendurchbrüche und ihre Toleranzen in Wechselwirkung mit der Anordnung der übrigen Bedien- und Anschlußelemente
- die Gestaltung des Raums hinter der Frontplatte bei Beachtung konstruktiv-technologischer Forderungen der elektrischen Kontaktierung der Bauelemente.

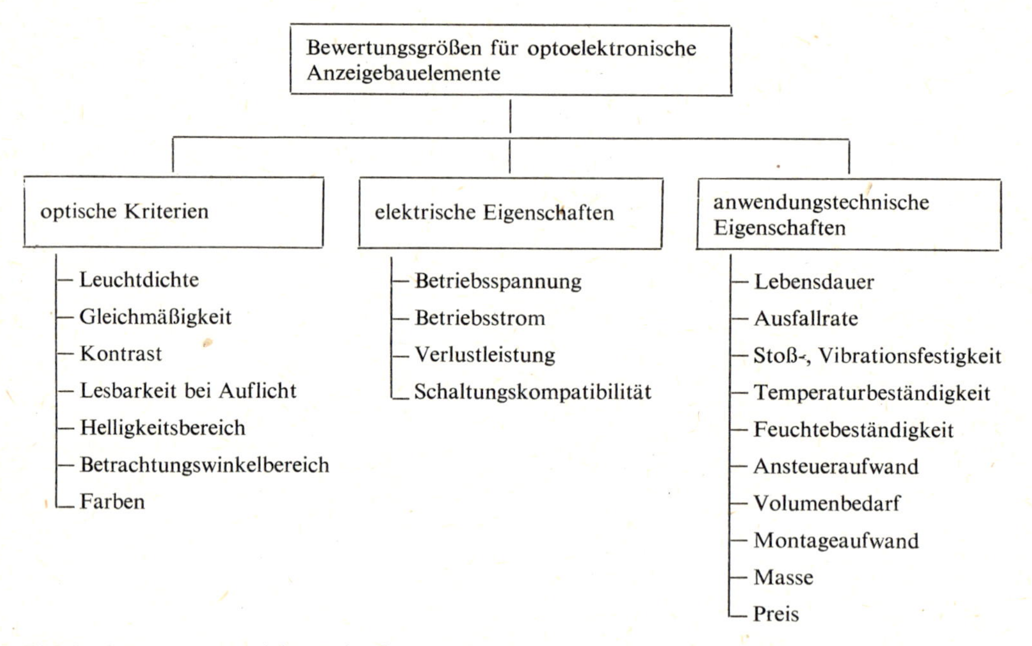

Bild 6.5.2. Bewertungsgesichtspunkte für optoelektronische Anzeigebauelemente

Die konstruktive Lösung zum Befestigen von optoelektronischen Anzeigeelementen hängt ab von der verfügbaren Frontplattenfläche, den konstruktiven Parametern der Bauelemente und den technologischen Möglichkeiten zur elektrischen Kontaktierung **(Tafel 6.5.6).**

Bei der Mehrzahl optoelektronischer Anzeigebauelemente ist die Halterung und Kontaktierung auf Leiterplatten vorgesehen. In Abhängigkeit von Form und Lage der elektrischen Anschlüsse des Bauelements in bezug auf die optische Achse ergibt sich eine Reihe von prinzipiellen Lösungsmöglichkeiten im Frontplattenbereich **(Bild 6.5.3).** Lösungen, bei denen Modul- oder Montageplatten verwendet werden (Bild 6.5.3b, d), erfordern gegenüber der direkten Befestigung der Anzeigeelemente auf der Frontplatte durch spezifische Halterungselemente einen erhöhten Fertigungsaufwand wegen der auftretenden Toleranzprobleme. Realisierungsmöglichkeiten zur Gewährleistung von Stütz- und elektrischen Verbindungsfunktionen im Frontplattenbereich zeigt **Tafel 6.5.7. Bild 6.5.4** verdeutlicht die mechanische Befestigung von Lichtschachtanzeigeelementen an der Frontplatte und ihre elektrische Kontaktierung entsprechend der Variante 4.2 in Tafel 6.5.7.

Tafel 6.5.6. Konstruktive Parameter optoelektronischer Anzeigebauelemente

Konstruktive Parameter		LED flächenhafte Einzelanzeige	LED Symbolanzeige	LCD Symbolanzeige
Befestigungsart	Zentralbefestigung	×		
	Zweipunktbefestigung		×	×
	Leiterplattenbefestigung	×	×	×
	Klemmbefestigung	×	×	
Befestigungsort	Frontplatte	×		
	Montageplatte	×	×	×
Bauform	zylindrisch	×		
	rechteckig	×	×	×
	Sonderausführungen	×		
Verdrahtungsart	freie Verdrahtung	×	×	
	starre gedruckte Verdrahtung	×	×	×
Kontaktierverfahren	löten	×	×	×
	wickeln	×	×	
	stecken		×	×
Anschlußkonfiguration	Anzahl der Anschlüsse	2 und 3	10 ... 24	8 ... 64
	Anschlußanordnung senkrecht zur Frontplatte	×	×	×
	Anschlußanordnung parallel zur Frontplatte	×	×	×

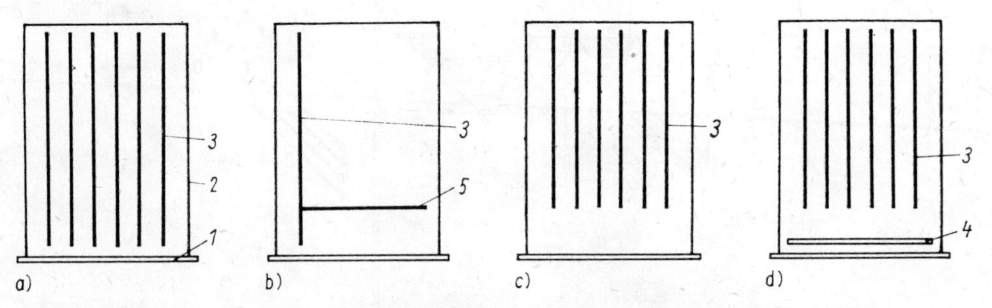

Bild 6.5.3. Gestaltungsmöglichkeiten des Frontplattenbereichs in EGS-Karteneinschüben

a) Befestigung und Kontaktierung der Anzeigebauelemente auf Leiterkarte *3*; b) Befestigung und Kontaktierung der Anzeigebauelemente auf Modulleiterplatte *5*; c) Befestigung der Anzeigebauelemente auf der Frontplatte *1*, Verdrahtung im Konstruktionsraum hinter der Frontplatte; d) Befestigung der Anzeigebauelemente auf der Montageplatte *4*, Verdrahtung wie c)
1 Frontplatte; *2* EGS-Kartenrahmen; *3* Leiterkarte; *4* Montageplatte; *5* Modulleiterplatte

Tafel 6.5.7. Kontaktierungs- und Befestigungsvarianten von optoelektronischen Anzeigebauelementen im Frontplattenbereich

Lfd Nr.	Realisierungsmöglichkeiten					Einsatz [2]
1	Leiterkarte →			Anzeigebauelement		a
2.1	Leiterkarte →	Leiterplatte →		Anzeigebauelement		b
2.2	Leiterkarte →	Band-/Formkabel →		Anzeigebauelement [1]		c, d
2.3	Leiterkarte →	Band-/Formkabel →		Anzeigebauelement →	Plastformteil	c, d
3.1	Leiterkarte →	dir. Steckverbinder →	Leiterplatte →	Anzeigebauelement		b
3.2	Leiterkarte →	indir. Steckverbinder →	Leiterplatte →	Anzeigebauelement		b
4.1	Leiterkarte →	Band-/Formkabel →	Leiterplatte →	Anzeigebauelement		c, d
4.2	Leiterkarte →	Band-/Formkabel →	Leiterplatte →	Anzeigebauelement →	Plastformteil	c, d

[1]) vorrangig für Anzeigen mit geringerem Informationsinhalt (z.B. Zustandsanzeigen, Leuchtbalken)
[2]) vorrangig eingesetzt bei Variante a, b, c oder d gem. Bild 6.5.3

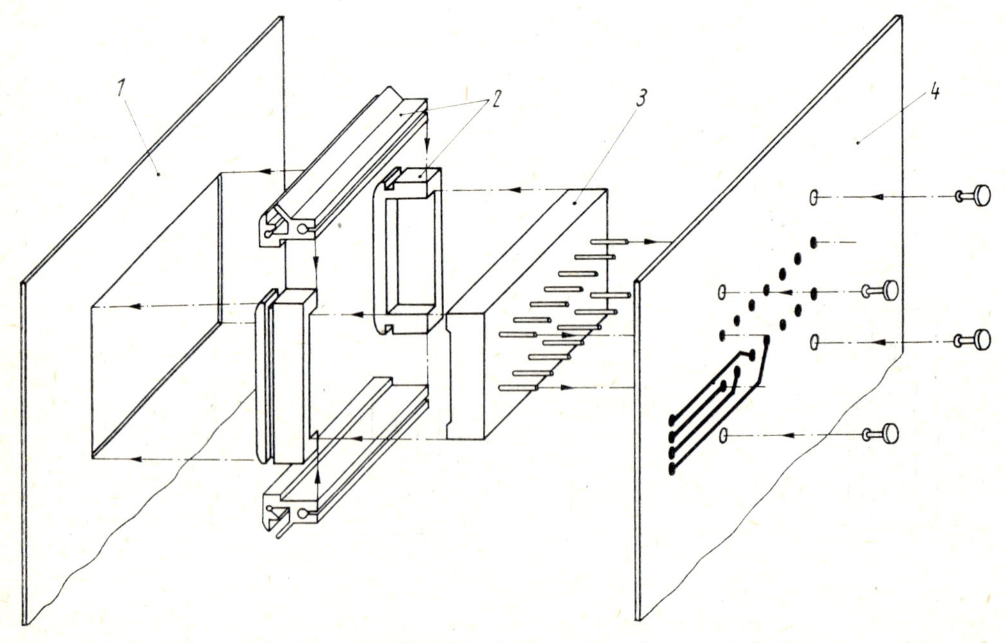

Bild 6.5.4. Frontplattenbefestigung von Lichtschacht-Symbolanzeigen mit Befestigungselementen
1 Frontplatte; *2* Befestigungselement; *3* Anzeigebauelement; *4* Leiterplatte

6.5.3. Optoelektronische Baugruppen im Verarbeitungsbereich

Besondere konstruktive Probleme bei der Anwendung optoelektronischer Bauelemente treten überall dort auf, wo die physikalischen Bedingungen der Lichtübertragung, -wandlung und -verarbeitung durch technische Lösungen verändert werden bzw. die Umweltbedingungen auf das physikalische Verhalten entscheidend Einfluß nehmen können. Schwerpunkte sind dabei die Lichtleit- und die Verbindungstechnik sowie das thermische Verhalten optoelektronischer Bauelemente.

Im Gerät erfolgt die Lichtleitung in der Regel über Einzellichtwellenleiter. Die LWL-Faser (s. Tafel 6.5.3) ist dabei mechanisch durch eine Plastummantelung (Durchmesser 1 bis 3 mm) geschützt. Für die Nachrichtenübertragung (Weitstreckenübertragung) verwendet man Lichtwellenleiter mit Kerndurchmessern von etwa 50 µm mit Stufenindex- oder Gradientenprofil. Es kommt hierbei darauf an, eine möglichst geringe Dämpfung ($\leqq$ 2 dB/km) und eine geringe Material- und Modendispersion (Laufzeitdifferenz von Signalen, materialbedingt bzw. durch unterschiedliche Weglänge des Signals z.B. in Abhängigkeit vom Einfallswinkel des Lichts) zu erreichen.

In der Kurzstreckenübertragung (Automatisierungstechnik) verwendet man Lichtwellenleiter mit Kerndurchmessern von 200 µm, weil geringere Übertragungsweglängen größere Dämpfungen zulassen und im Zusammenhang mit den im Vergleich zur Nachrichtentechnik geringeren Übertragungsraten auch niedrigere Anforderungen an die Sender, Empfänger und Steckverbinder zu stellen sind. Durch die Notwendigkeit, neben Daten auch Adressen und Steuersignale (über Bus-Systeme) zu übertragen bzw. bidirektionale Kommunikationen zu realisieren, werden die Strukturen der Koppelmodule komplizierter als in der Nachrichtentechnik (optische Mehrfachsteckverbinder).

Neben den Parametern der aktiven optoelektronischen Bauelemente sind es vor allem die Parameter der Lichtwellenleiter, die konstruktiv-technologische Konsequenzen nach sich ziehen. Das betrifft vor allem die Ankopplung untereinander sowie ihre Verlegung und Befestigung. Reflexionsverluste zwischen dem Kern des Glas-LWL (mit einem Brechungsindex von etwa 1,5) und der Luft ergibt einen Reflexionsfaktor von 4%. Die mechanische Kopplung zweier Lichtwellenleiter über eine Luftschicht im Mikrometerbereich führt damit bei idealen geometrischen Voraussetzungen (rechtwinklige, ebene und polierte Flächen der LWL-Enden) zu einem Koppelverlust von 8%, was einer Dämpfung von 0,36 dB entspricht. Der Wert ist nur zu unterschreiten, wenn der Abstand der Koppelflächen kleiner als $\lambda/4$ (etwa 0,2 µm) wird. Reflexionsverluste an derartigen Trennstellen können durch dem Brechungsindex angepaßte Immersionsflüssigkeiten gesenkt werden, über die die Koppelflächen optisch verbunden werden. Die möglichen geometrischen Einflußfaktoren bei der Realisierung von lösbaren Verbindungen zeigt **Bild 6.5.5** [6.5.9].

Zu den geometrisch verursachten Koppelverlusten kommen noch LWL-spezifische Fehler in der Kerngeometrie. Die Sicherung einer Dämpfung $\leqq$2 dB für eine lösbare Koppelstelle erfordert eine hinreichende Zentrierungsmöglichkeit der Achsen der LWL-Kabel in den Steckerteilen (z.B. durch Verwendung von Uhrensteinen (s. Tafel 6.5.3) oder Doppelexzentern) und hochplane Koppelstellen, wobei die polierten Stirnflächen der Lichtwellenleiter in der Regel durch Federkraft aneinandergedrückt werden. Die Verwendung optischer Steckverbinder als kombinierte elektrisch/optische oder optische Mehrfachsteckverbinder (s. Tafel 6.5.3) erfordert besondere Sorgfalt bei der Festlegung der Toleranzen von Gefäßen, um eine Mindestandruckkraft in axialer Richtung zu gewährleisten.

Führung und Halterung von Lichtwellenleitern im Verarbeitungsbereich wirken sich

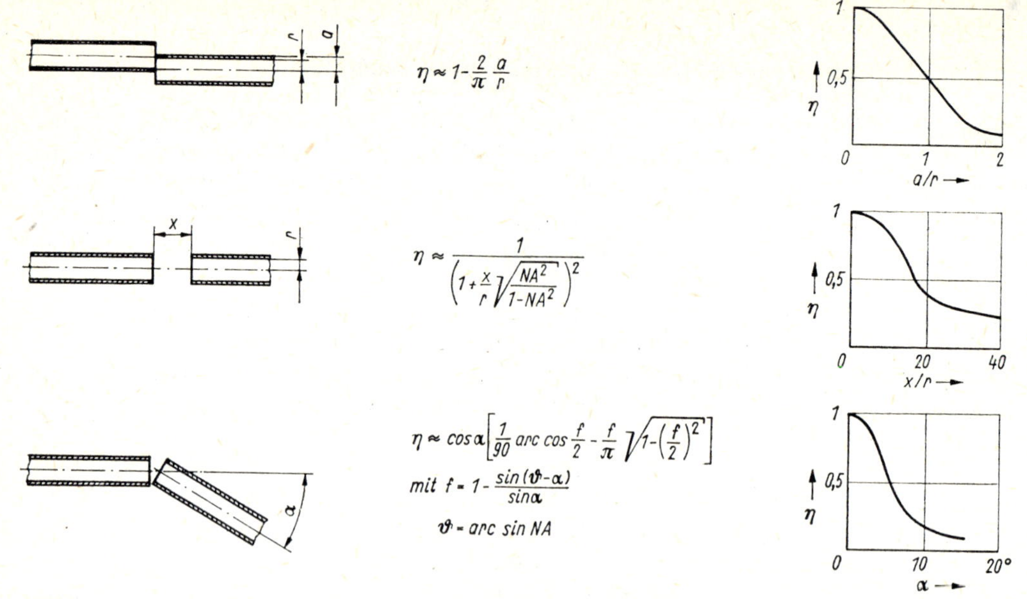

Bild 6.5.5. Geometrische Einflußfaktoren auf die Qualität von lösbaren Lichtleiterverbindungen

(Diagramme gültig für Monomode-LWL $\Delta n/n = 0{,}012$, $r/\lambda = 1{,}6$)

r Radius der Lichtwellenleiter; NA numerische Apertur $= \sqrt{n_K^2 - n_M^2}$; η Koppelwirkungsgrad; n Brechzahl; n_K Brechzahl des Kernmaterials; n_M Brechzahl des Mantelmaterials; Δn Differenz der Brechzahlen von Kern- und Mantelmaterial; λ Wellenlänge

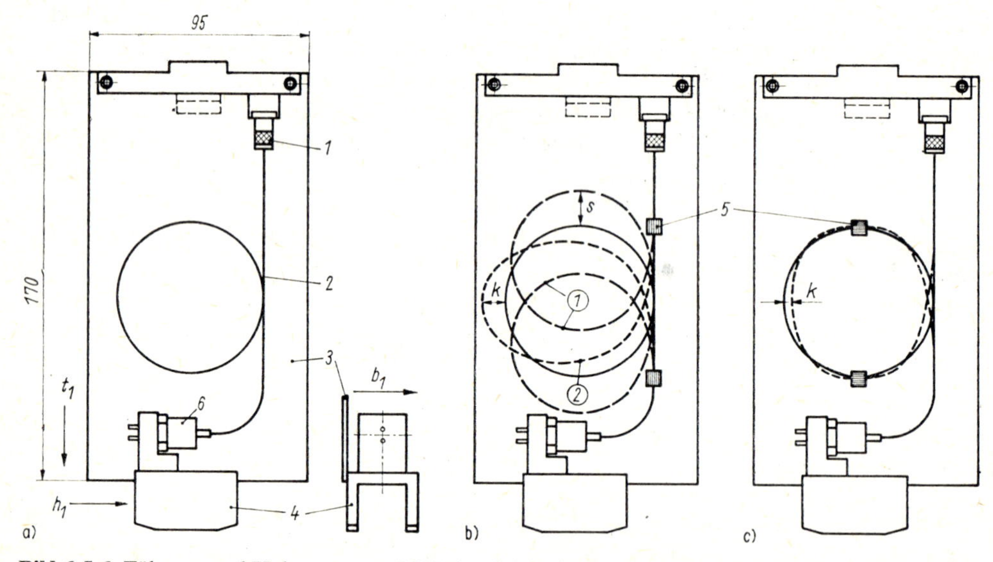

Bild 6.5.6. Führung und Halterung von LWL konfektionierter optoelektronischer Bauelemente auf Leiterplatten

a) Anordnung und LWL-Führung (Beispiel); b) Schwingungsverhalten des LWL bei willkürlicher Halterung (Erregung: 0,075 mm/2 g)

Anregung in t_1-Richtung:

① $f = 104$ Hz: $s = 23$ mm

$f = 275$ Hz: $s' = 11$ mm (Schwingungsrichtung senkrecht zur Anregungsrichtung)

Anregung in b_1-Richtung

② $f = 90$ Hz: $k = 10$ mm

$f = 225$ Hz: $k' = 8$ mm (Schwingungsrichtung senkrecht zur Anregungsrichtung)

– – Anregungsrichtung t_1

--- Anregungsrichtung h_1

c) Schwingungsrichtung bei optimaler Halterung des LWL bei $6g_n$ in h_1-Richtung:

$f = 90$ Hz: $k < 1$ mm

1 optischer Steckverbinder; *2* LWL; *3* Leiterkarte; *4* Kühlkörper; *5* Halteelement für LWL; *6* Laserdiode

auf die Topologie der Leiterplatte entsprechend aus. **Bild 6.5.6a** zeigt ein mögliches Prinzip zur Verlegung von Lichtwellenleitern auf der Leiterplatte, um das Signal von einem Sendebauelement zum Steckverbinder zu leiten. Die Sendebauelemente werden in der Regel konfektioniert angeboten (Sendebauelement mit angekoppeltem Lichtwellenleiter und Steckverbinderelement). Das zwingt (auch wegen einer möglichen Reparatur) zur Verlegung des Lichtwellenleiters in Schleifen. Besonders zu beachten sind dabei Krümmungsradius, Zugfestigkeit, Druckbelastbarkeit und Masse des Lichtwellenleiters bei seiner notwendigen Halterung.

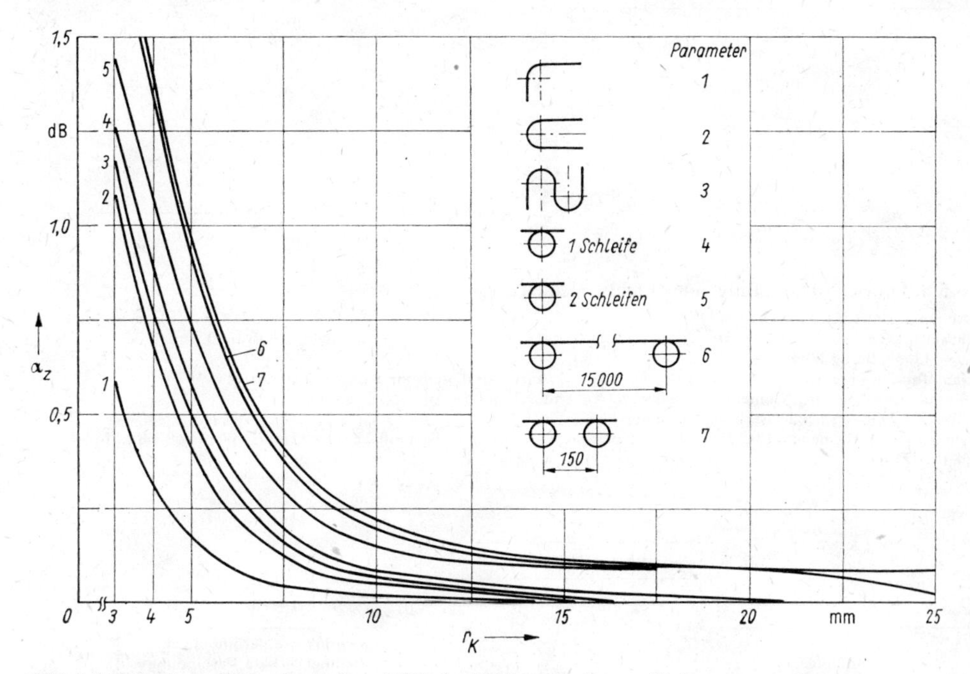

Bild 6.5.7. Optische Dämpfung eines LWL in Abhängigkeit vom Krümmungsradius

Lichtwellenleiter: α = 7,3 dB/km; d_K = 52 μm; d_M = 120 μm; d_a = 1 mm; Ummantelung Silikon + Polyäthylen 12; Bruchradius 2,9 mm

α Dämpfung des Lichtwellenleiters im „unbelasteten" Zustand, zu diesem Wert ist α_z zu addieren;
d_K Kerndurchmesser; d_M Manteldurchmesser; d_a Außendurchmesser

Bild 6.5.7 zeigt die Abhängigkeit der Dämpfung vom Biegeradius eines Lichtwellenleiters. Bei der konstruktiven Gestaltung der Halteelemente in Verbindung mit der LWL-Führung ist zu beachten, daß die Dämpfung eines Lichtwellenleiters auch druck- und torsionsabhängig ist **(Bild 6.5.8).** Der geführte Lichtwellenleiter muß, was seine dynamische Belastbarkeit betrifft, den Bedingungen der Stoßfolge- und Schwingungsprüfung genügen (s. Tafel 5.13). Bild 6.5.6b zeigt mögliche Schwingungsamplituden bei ungünstiger Halterung, die zur Zerstörung des Lichtwellenleiters oder von Bauelementen auf der Leiterplatte führen können. Beim Entwurf von Leiterplatten mit LWL-Verbindungen ist es deshalb empfehlenswert, die dynamische Belastung des Lichtwellenleiters unter Beachtung der Gesamtmasseverteilung auf der Leiterplatte im Experiment zu untersuchen und die Halteelemente an den Stellen zu plazieren, wo die Schwingungsmaxima des Lichtwellenleiters auftreten (Bild 6.5.6c). Die Plazierung der Sende- bzw. Empfängerbauelemente hat in Verbindung mit der Führung des Lichtwellenleiters und der Anordnung der Halteelemente bei der Konstruktion der Leiterplatte das Primat.

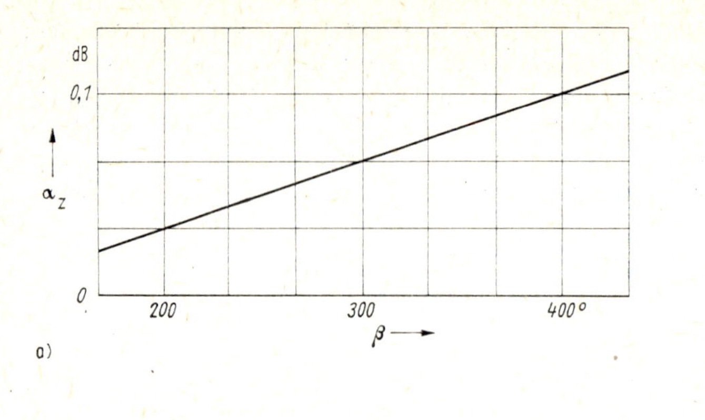

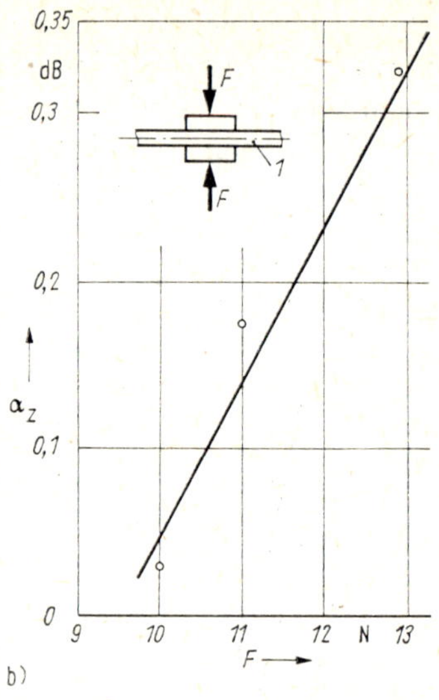

Bild 6.5.8. Optische Dämpfung eines Lichtwellenleiters

a) in Abhängigkeit von der Torsion
Lichtwellenleiter: α = 7,3 dB/km; d_K = 52 µm; d_M = 120 µm; d_a = 1 mm; Ummantelung Polyamid, Bruch bei β_{max} = 1365°, Bezugslänge 1 m
α Dämpfung des Lichtwellenleiters im „unbelasteten“ Zustand, zu diesem Wert ist α_z zu addieren;
d_K Kerndurchmesser; d_M Manteldurchmesser; d_a Außendurchmesser
b) in Abhängigkeit von der Druckbeanspruchung
Bruch des Lichtwellenleiters 1 bei $F \geqq$ 15,7 N; Leiterdaten wie bei a); Einspannfläche (1 × 1) mm²; Werkstoff der Einspannung St 38 (St 37)

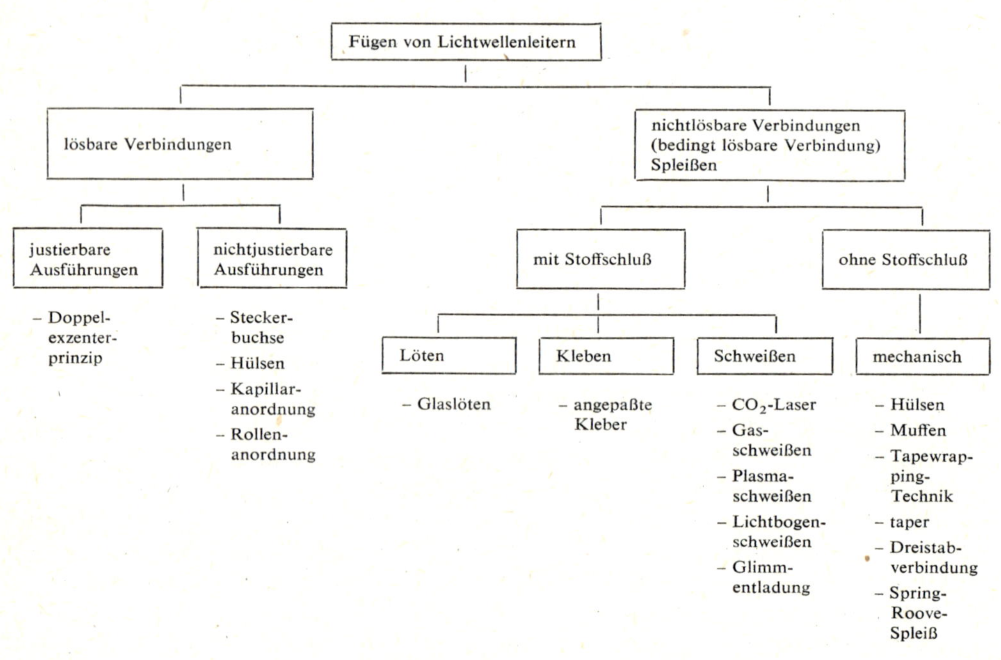

Bild 6.5.9. Fügeverfahren für Glas-LWL [6.5.19]

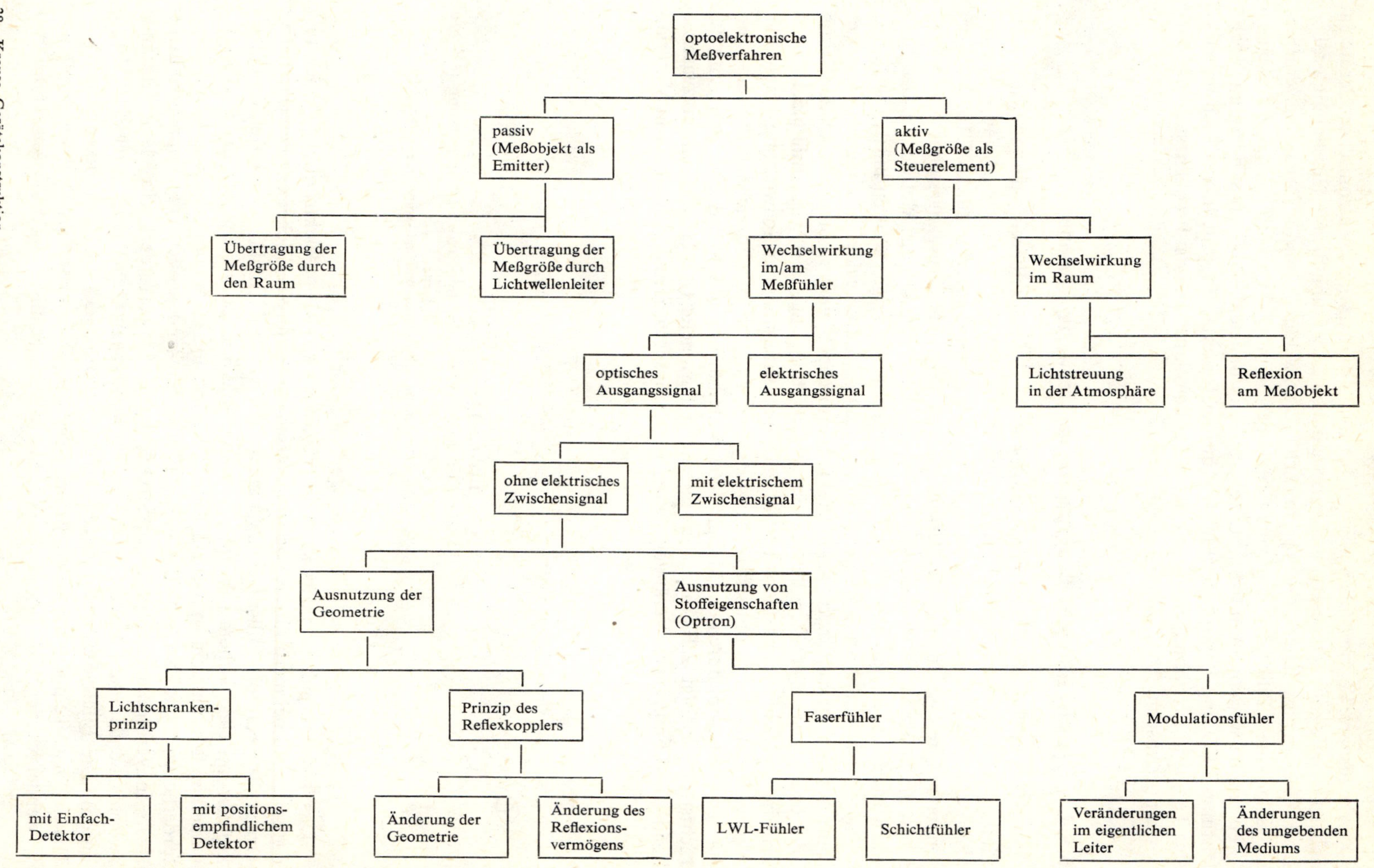

Bild 6.5.10. Optoelektronische Verfahren zur Meßwertgewinnung [6.5.29]

Nicht lösbare Verbindungen werden bei der Konstruktion elektronischer Geräte in naher Zukunft kaum eingesetzt werden. Sie haben Bedeutung für die Herstellung großer LWL-Übertragungslängen und von optischen Verzweigungs- und Informationsverarbeitungselementen. **Bild 6.5.9** zeigt eine Übersicht von möglichen Verbindungstechniken.

Thermisch werden an aktive optoelektronische Bauelemente (insbesondere an Hochleistungs-LED und Laserdioden) hohe Konstanzforderungen gestellt, weil sich unzulässige Temperaturerhöhungen negativ auf die Lebensdauer und die Frequenzstabilität auswirken (s. Abschn. 5.4.).

6.5.4. Optoelektronische Baugruppen zur Meßwertgewinnung

Optoelektronische Meßfühler (Sensoren) nutzen den mittelbaren oder unmittelbaren Einfluß physikalischer Größen auf das Licht zur Meßwertgewinnung. Eine Übersicht über optoelektronische Verfahren zur Meßwertgewinnung zeigt **Bild 6.5.10.** Von besonderem Interesse sind die Meßverfahren, die ein optisches Ausgangssignal liefern. Dieses ist direkt über Lichtwellenleiter (explosionssicher) zum Ort der Meßwertverarbeitung weiterleitbar, ohne daß elektrische Zwischensignale gewonnen werden müssen.

Passive Meßfühler mit optischem Ausgang sind dadurch gekennzeichnet, daß der Zustand des Meßobjekts direkt oder indirekt als optisches Signal erfaßt und durch den Raum oder über Lichtwellenleiter der Meßwertverarbeitung zugeführt wird. **Bild 6.5.11** zeigt Prinzipe zur Schwingungsmessung mit und ohne Erfassung der Schwingungsamplitude. Aktive Meßfühler mit optischem Ausgang sind dadurch gekennzeichnet, daß ein konstanter Lichtstrom durch die Meßgröße unmittelbar beeinflußt wird. Die Änderung des Lichtstroms erfolgt z.B. durch geometrische Parameter (Abstandsvariation zwischen Sender und Empfänger, Veränderung des Reflexionsvermögens, Variation von Materialeigenschaften usw.).

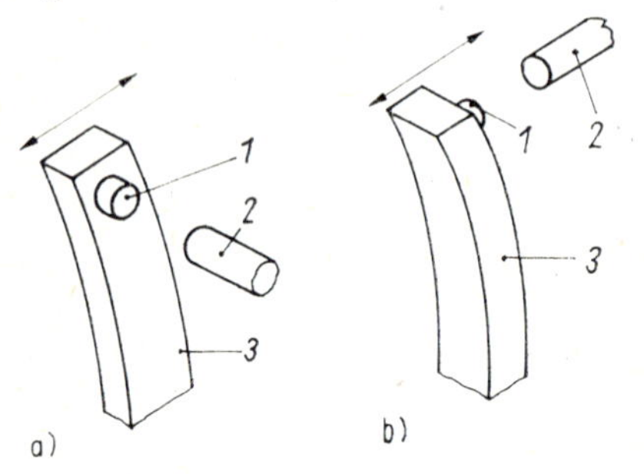

Bild 6.5.11
Prinzip optoelektronischer Schwingungsmessung [6.5.29]
a) Messung der Schwingfrequenz
b) Messung von Schwingfrequenz und -amplitude
1 LED; *2* LWL; *3* Meßobjekt

Das Lichtschrankenprinzip kann in Verbindung mit optoelektronischen oder rein optischen Aufnehmern für die Messung verschiedener physikalischer Größen (Drehzahl, Druck, Temperatur, Füllstand usw.) verwendet werden. Tafel 6.5.3 zeigt einen Gabelkoppler mit elektrischem Ein- und Ausgang. **Bild 6.5.12a** verdeutlicht das Prinzip des Gabelkopplers mit rein optischem Ein- und Ausgang. Er benötigt zur Sicherung des erforderlichen Signal-Rausch-Abstands einen hinreichend großen eingekoppelten Lichtstrom in Verbindung mit geringen Streuverlusten. Das erfordert sehr kleine Abstände zwischen Sender und Empfänger oder die Verwendung optischer Hilfsmittel (z.B. Mikrolinsen). Die **Bilder 6.5.12b, c** zeigen die Verwendung des Lichtschrankenprinzips als Druck- bzw. Temperaturmesser, wobei zwei Lichtwellenleiter als Differenzempfänger verwendet werden. Die konstruktiv-technologische Realisierung stellt sehr hohe Ansprüche an Materialauswahl, Toleranzen und optische Verbindungstechnik. Eine Alternative sind Lichtschrankensensoren mit elektrischem Ausgang. Die Differenzbildung erfolgt z.B. durch positionsempfindliche Fotozellen **(Bild 6.5.13)** oder zwei bzw. mehrere Dioden oder Diodenmatrizen.

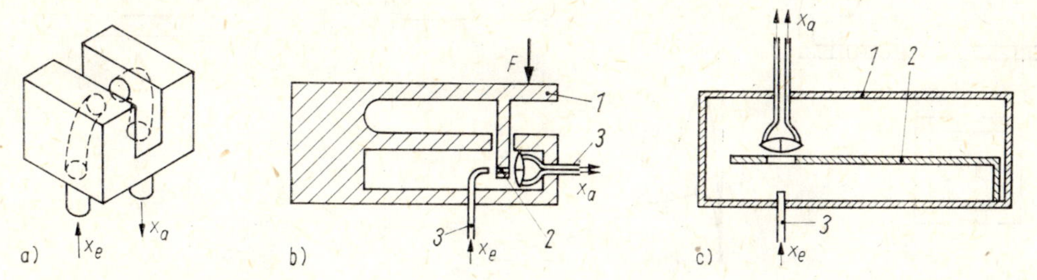

Bild 6.5.12. Optoelektronische Meßwertaufnehmer nach dem Lichtschrankenprinzip [6.5.29] mit optischem Ausgangssignal

a) Gabelkoppler mit optischem Ein- und Ausgang; b) Druckmeßanordnung
1 Biegebalken; *2* Spaltblende; *3* Lichtwellenleiter
c) Temperaturmeßanordnung
1 Meßfühler mit Längen-Temperatur-Koeffizienten α_1; *2* Ausdehnungsstab mit Spaltblende und Längen-Temperatur-Koeffizienten α_2; $\alpha_1 \neq \alpha_2$; *3* Lichtwellenleiter; x_e, x_a Eingangs-, Ausgangsgröße

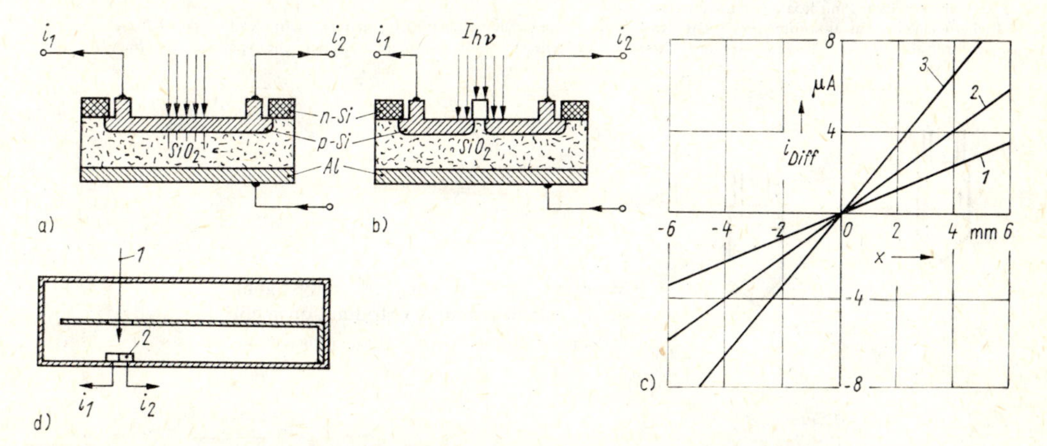

Bild 6.5.13. Positionsempfindliche Fotodioden, Anwendung und Kennlinien [6.5.30]

a) Differenzbildung durch elektrische Aufteilung des Fotostroms i; b) Differenzbildung durch geometrische Aufteilung des Lichtbündels I_h; c) Kennlinien von Differenzfotodioden $i_{Diff} = f$ (Strahlauslenkung x) *1, 2* positionsempfindlicher Fotodetektor; *3* Quadranten-Fotodiode; d) Temperaturmeßfühler mit elektrischem Ausgang (vgl. auch Bild 6.5.12)
1 Lichtzuführung (über LWL oder LED); *2* Differenzfotodiode

Reflexionsmeßverfahren nutzen das Meßobjekt als Reflektor. Sie sind sowohl in Verbindung mit aktiven optoelektronischen Bauelementen **(Bild 6.5.14a)** als auch durch rein optische Anordnungen vom Prinzip her realisierbar. Das Hauptproblem bei optischen Reflexkopplern ist es, hinreichende Lichtmengen in den Empfänger einkoppeln zu können. Koaxiale Anordnungen von Lichtwellenleitern haben bessere Koppelwirkungsgrade als parallele Anordnungen **(Bild 6.5.14b, c)**. Aus der Theorie herleitbare geometrische Anforderungen, engste Toleranzen und sehr gute Reproduzierbarkeit der optischen Eigenschaften der verwendeten Materialien (z.B. Reflexionsvermögen, Fasergeometrie, numerische Apertur) stellen höchste Anforderungen an die Fertigungstechnologien. Reflexkoppler sind sehr vielschichtig anwendbar (Zählvorgänge, Drehzahlmessung, Abstandsmessungen, Oberflächenbestimmungen, Längen-, Winkel-, Dehnungsmessungen usw.),

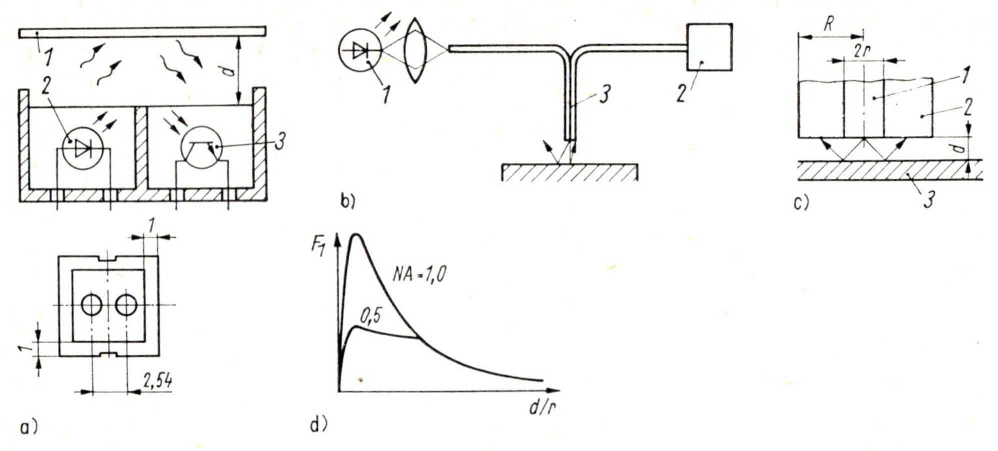

Bild 6.5.14. Reflexionskoppler

a) Wirkprinzip und Abmessungen eines Reflexionskopplers mit elektrischem Ausgangssignal
1 reflektierendes Medium; *2* Sender; *3* Empfänger
Masse des Meßkopfes etwa 0,7 g [6.5.33]
b) LWL-kompatibler Reflexionsmeßkopf [6.5.7]
1 Emitter; *2* Empfänger; *3* LWL
c) Reflexionsmeßkopf mit koaxialer LWL-Anordnung
1 Lichtwellenleiter für ankommendes Licht (Radius *r*); *2* Lichtwellenleiter für abgehendes Licht (Radius *R*); *3* Reflektor
d) Abstandsabhängigkeit des reflektierten Lichtstroms für Anordnung *c* (Parameter: Numerische Aperatur *NA*) [6.5.7]

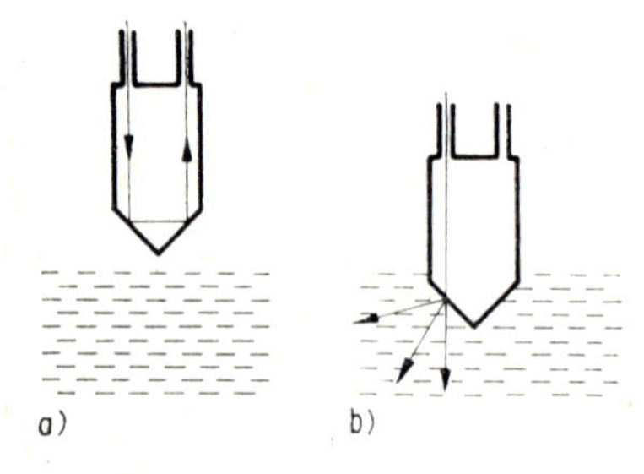

Bild 6.5.15
Meßfühler mit optischem Ausgangssignal
für Füllstandsmessung (Modulationsmeßfühler) [6.5.35]
Verhalten vor (*a*) und nach dem Eintauchen (*b*) in eine Flüssigkeit

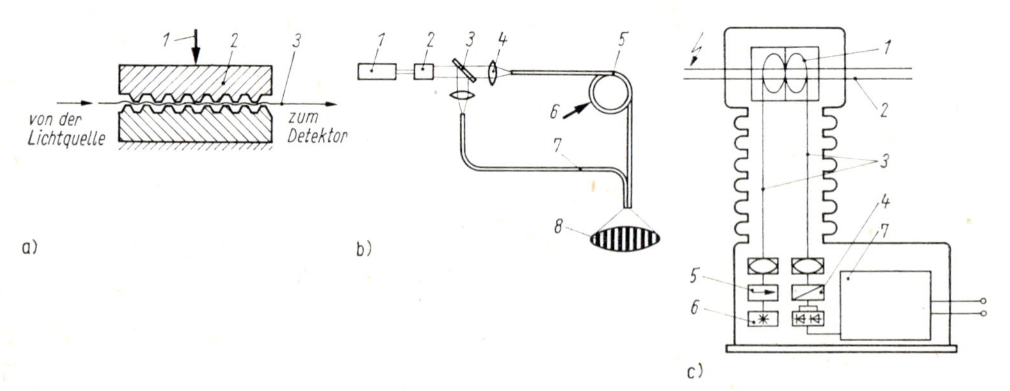

Bild 6.5.16. Optoelektronische Faser-Meßfühler

a) Sensor für Kraft, Druck, Schall durch Faserbiegungen [6.5.31]
b) Mach-Zehnder-Interferometer mit Monomode-Lichtwellenleiter für Druck- und Temperaturmessung [6.5.34]
1 Laser; *2* Strahlaufweitungssystem; *3* Strahlteiler; *4* Objektiv; *5* Signalfaser; *6* Meßgröße (Kraft, Druck, Schall); *7* Vergleichsfaser; *8* Interferenzstreifen
c) magnetooptisches Strommeßgerät [6.5.32]
1 Faserspule; *2* Stromleiter; *3* Lichtwellenleiter; *4* Analysator; *5* Polarisator; *6* He-Ne-Laser; *7* Signalverarbeitung

Tafel 6.5.8. Standards zu optoelektronischen Bauelementen (Auswahl)

TGL-Standards

Standard	Inhalt
TGL 29969	Schnelle implantierte Si-Fotodiode SP 103
TGL 32115	Fototransistor SP 201
TGL 32998	Lichtemitterdioden VQA 13, VQA 13-1
TGL 35172	Infrarotemitterdiode VQ 120
TGL 36609	Optoelektronischer Koppler MB 104
TGL 38467	Flüssigkristallanzeigen, Hauptmaße
TGL 38468	Lichtemitteranzeigeeinheit VQC 10
TGL 38567	Si-Sensorzeile SP 105
TGL 39352	Lichtemitteranzeigen VQE 21 bis VQE 24
TGL 39353	Lichtemitterdioden VQA 18, VQA 28, VQA 38
TGL 39422	Lichtemitterdioden VQA 14, VQA 24, VQA 34
TGL 39724	Lichtemitterdioden VQA 19, VQA 29, VQA 39
TGL 39797	Flüssigkristallanzeigen FAR 09 A, FAT 09 A, FAS 09 A
TGL 42254	Optoelektronischer Koppler MB 123
TGL 42283	Flüssigkristallanzeigen FAR 11 A, FAT 11 A, FAS 11 A
TGL 55110	Lichtemitteranzeigen VQE 11 bis VQE 14
TGL 55141	Lichtleiterkabel
TGL 55142	Lichtleiterkabel – Lichtleiterader mit Gradientenindex- und Stufenindexlichtleiter
TGL 200-8161/06	Halbleiterbauelemente – Begriffe für optoelektronische Bauelemente

DIN-Normen, VDI/VDE-Richtlinien

Norm, Richtlinie	Inhalt
DIN 41791 T12	Halbleiterbauelemente für die Nachrichtentechnik, Angaben in Datenblättern, Lumineszenzdioden, Infrarot-Bereich
T13	–, Lumineszenzdioden, sichtbarer Spektralbereich
T14	–, LED-Anzeigeelemente
DIN 41855 T2	Halbleiterbauelemente und integrierte Schaltungen; optoelektronische Halbleiterbauelemente, Begriffe
DIN 47255 T1	Steckverbinder für Lichtwellenleiter; Allgemeine Anforderungen, Bauform-Übersicht
DIN 57888 T1/VDE 0888 T1	Lichtwellenleiter für die Nachrichtentechnik, Begriffe
T2	–, Fasern und Adern
T3	–, Außenkabel
T4	–, Innenkabel mit einem Lichtwellenleiter
DIN IEC 46 E (CO) 8	Fachgrundnorm für Lichtwellenleiter-Fasern, Allgemeine Anforderungen
DIN IEC 46 E (CO) 12	Fachgrundnorm für Lichtwellenleiter-Kabel, Allgemeine Anforderungen
DIN IEC 47 (CO) 750	Optoelektronische Bauelemente, wesentliche Grenz- und Kennwerte für Optokoppler mit Transistorausgang
DIN IEC 47 (CO) 801	Optoelektronik, Optokoppler, Begriffe und Kurzzeichen für Grenzfrequenz
815	–, von infrarot emittierenden Dioden
VDI/VDE B 692 Bl.1	Lichtwellenleitertechnik für den industriellen Einsatz, Allgemeiner Teil
Bl.2	–, Lichtwellenleiter (LWL)

indem sie geometrische Veränderungen registrieren oder dadurch bedingte physikalische Veränderungen (z.B. Phasenänderungen von Lichtimpulsen) ausnutzen.

Optoelektronische Modulationsfühler nutzen Veränderungen von halbleiterphysikalischen Eigenschaften durch die Meßgrößen aus, wodurch ein ursprünglich konstanter Lichtstrom moduliert wird (z.B. Prinzip der Absorptionskantenverschiebung von Halbleitern als Funktion der Temperatur). Außerdem läßt sich Lichtmodulation auch durch Ausnutzung der Veränderung der optischen Bedingungen an Grenzflächen erreichen **(Bild 6.5.15).** Verändert sich z.B. die Brechzahl des den optischen Meßfühler umgebenden Mediums (durch Eintauchen in eine Flüssigkeit oder durch Konzentrationsänderungen einer Flüssigkeit), werden die Bedingungen für die Reflexion geändert, was sich in einer Modulation des Ausgangssignals äußert. Problematisch ist dabei die Reproduzierbarkeit der Messung, die durch kondensierende Dämpfe, Restflüssigkeiten, Flüssigkeitsfilme auf dem Meßfühler oder auskristallisierte Salze beeinflußt wird.

LWL-Fasern lassen sich zur Meßwertgewinnung ausnutzen. Ein Lichtstrahl kann in einem Lichtwellenleiter durch Verletzung der Wellenleitbedingungen moduliert werden (zusätzliche Verluste infolge Biegung oder Druck) **(Bild 6.5.16).** Durch Beeinflussung der Brechzahl eines Lichtwellenleiters (durch Temperatureinflüsse oder Ausnutzung fotoelastischer, elektrooptischer oder magnetooptischer Effekte) lassen sich die Veränderungen der optischen Weglänge und damit Phasenverschiebungen der Lichtwelle realisieren. Diese ermöglichen eine interferometrische Auswertung. Bilder 6.5.16b, c zeigen zwei Meßprinzipe. Derartige Interferometer erfordern als Signal- und Referenzfasern Monomode-LWL und sehr stabile Referenzstrahlen.

Den Vorteilen bezüglich der Breite der Anwendungen und der Empfindlichkeit steht eine Reihe von Nachteilen gegenüber: Als Lichtquellen werden He-Ne-Laser verwendet; es ergibt sich ein großer Platzbedarf für die Menge notwendiger optischer Elemente (Linsen, Strahlteiler, Phasenschieber, Modulatoren); die mechanische Stabilität ist begrenzt; die Meßeinrichtungen liefern überwiegend analoge Signale.

Einsatzbreite, Empfindlichkeit und LWL-Kompatibilität lassen erwarten, daß optoelektronische Meßfühler in den nächsten Jahren in technischen Systemen, insbesondere in der Automatisierungstechnik breite Verwendung finden werden.

Tafel 6.5.8 enthält eine Auswahl von Standards zu optoelektronischen Bauelementen.

Literatur zu Abschnitt 6.5.

(vgl. auch [6.4.17] [6.4.18] [6.4.25] bis [6.4.32])

Bücher

[6.5.1] *Glaser, W.:* Lichtwellenleiter, eine Einführung. 2. Aufl. Berlin: VEB Verlag Technik 1986.

[6.5.2] *Kressel, H.:* Semiconductor devices for optical communication. Berlin, Heidelberg, New York: Springer-Verlag 1980.

[6.5.3] *Tamir, T.:* Integrated optics. Berlin: Springer-Verlag 1975.

[6.5.4] *Unger, H.-G.:* Optische Nachrichtentechnik. Berlin: Elitera-Verlag 1976.

[6.5.5] *Elschner, H.; Möschwitzer, A.; Lunze, K.:* Neue Bauelemente der Informationselektronik. Leipzig: Akadem. Verlagsges. Geest & Portig 1974.

[6.5.6] *Winstel, G.; Weyrich, C.:* Optoelektronik I / Lumineszenz- und Laserdioden. Berlin, Heidelberg, New York: Springer-Verlag 1980.

[6.5.7] *Allan, W.B.:* Fibre optics. Theory and practice. London/New York: Plenum Press 1973.

Aufsätze

[6.5.8] *Acket, G.A.; Daniele, J.J.;* u.a.: Halbleiterlaser für optische Kommunikation. Phillips techn. Rdsch. *36* (1976/77) 7, S.204.

[6.5.9] *Adler, E.:* Verbindungstechnik von Lichtleitern. Feinwerktechnik und Meßtechnik *86* (1978) 7, S. 309.

[6.5.10] *Anderer, G.:* Flüssigkristall-Anzeigeelemente. Feinwerktechnik und Meßtechnik *88* (1980), S. 60.

[6.5.11] *Bedgood, M.A.; Leach, J.;* u.a.: Lösbare Steckverbindungen in Lichtleitfasersystemen. Elektrisches Nachrichtenwesen *51* (1976) 2, S. 90.

[6.5.12] *Best, S. W.:* Optische Nachrichtentechnik. nachrichten elektronik *34* (1980), S. 205–207, 229, 272, 322, 365, 389. *35* (1981), S. 23, 69, 118, 169, 182, 252, 313, 447, 489. *36* (1982), S. 72, 123, 166, 219, 313, 352, 404, 458.

[6.5.13] *Eickhoff, Huber;* u.a.: Lichtleitfasern für die optische Nachrichtentechnik. Wissenschaftliche Berichte AEG-Telefunken *52* (1979) 1, 2, S. 111.

[6.5.14] *Frahm, J.; Junge, K.:* Der Halbleiterinjektionslaser und seine Anwendung. Teil 1. Grundlagen. rfe *28* (1979) 2, S. 72. Teil 2. Eigenschaften und Anwendungen. rfe *28* (1979) 3, S. 178.

[6.5.15] *Göpel, K.; Richter, K.:* Einsatz der Optoelektronik in Automatisierungsanlagen. msr *22* (1979) 9, S. 495.

[6.5.16] *Hart, H.; Härtig, G.; Heinrich, H.-H.:* Neuartige Sensoren mit optischem Ausgang. Wissensch. Zeitschr. der Humboldt-Universität zu Berlin. Mathematisch-Naturwissenschaftliche Reihe. Berlin 1984.

[6.5.17] *Humberger, R.G.:* Integrad optics: theory and technologie. Series in Optical Sciences Vol. 33. Berlin: Springer-Verlag 1982.

[6.5.18] *Kube, E.:* Informationsübertragung mit Lichtleitern – Stand und Entwicklungstendenzen. msr *22* (1979) 9, S. 482.

[6.5.19] *Labs, J.; Scheel, W.:* Nichtlösbare Lichtleiterverbindungen – ein Überblick. Nachrichtentechnik – Elektronik *30* (1980) 9, S. 365.

[6.5.20] *Lochmann, S.; Scheel, W.; Labs, J.; Wallstein, Th.:* Passive optische Verzweigungselemente. Nachrichtentechnik Elektronik *33* (1983) 11, S. 444.

[6.5.21] *Nowak, B.:* Optoelektronische Anzeigesysteme. rtp *21* (1979) 1, S. 4.

[6.5.22] *Pauls, L.; Schwarz, G.:* Flüssigkristallanzeigen – Möglichkeiten und Grenzen. Elektronik *14* (1982) 7, S. 66.

[6.5.23] *Schmidt, B.; Hagen, B.:* Einfluß der Optoelektronik auf die Konstruktion elektronischer Geräte. Feingerätetechnik *31* (1982) 2, S. 69.

[6.5.24] *Waier, A.:* Sensoren-Technologie und Anwendung. rtp *24* (1982) 8, S. 257.

[6.5.25] *Furchert; Kallenbach;* u.a.: Optoelektronik – Strahlungssender. Feingerätetechnik *30* (1981) 6, S. 268.

[6.5.26] *Furchert; Kallenbach;* u.a.: Optoelektronik – Strahlungsempfänger. Feingerätetechnik *30* (1981) 7, S. 322.

[6.5.27] *Furchert; Kallenbach;* u.a.: Optoelektronik – Strahlungsempfänger. Feingerätetechnik *30* (1981) 8, S. 370.

[6.5.28] *Furchert; Kallenbach;* u.a.: Optoelektronik – Optoelektronische Funktionseinheit. Feingerätetechnik *30* (1981) 9, S. 419.

[6.5.29] *Hart, H.; Parthel, R.:* Meßfühler für nichtoptische Meßgrößen auf optischen Prinzipien mit optischen Ausgangssignalen. Feingerätetechnik *32* (1983) 7, S. 312; 8, S. 357; 9, S. 416.

[6.5.30] *Dünnebier, G.; Kunde, M.; Schmidt, D.:* Positionsempfindliche Fotoempfänger. Feingerätetechnik 30 (1981) 4, S. 170.

[6.5.31] *Fields, J.N.;* u.a.: Fiberoptic hydrophone. Conf. on Physics of Fiber-optics, Amer. Ceram. Soc. 1980, Abstracts S. 125.

[6.5.32] *Papp, A.; Harms, H.:* Magnetooptical current transformer. Principles. Appl. Optics *19* (1980) 22, S. 3729.

[6.5.33] Optoelektronischer Reflexkoppler CNY 70 (Prospekt der Fa. AEG-Telefunken, Heilbronn).

[6.5.34] *Hocker, G.B.:* Fiber-optic sensing of pressore and temperaturs. Appl. Optics. *18* (1979) 9, S. 1445.

[6.5.35] *Cheresizineff, N.P.:* Process level instrumentation and control. New York/Basel: M. Dekker, Inc. 1981.

[6.5.36] Firmenschriften des VEB Werk für Fernsehelektronik Berlin, VEB Kontaktbauelemente und Spezialmaschinenbau Gornsdorf.

7. Formgestaltung von Geräten

Vom Nutzerstandpunkt aus entsteht nur dann ein gutes Erzeugnis (Gerät), wenn

- der Nutzungsprozeß **(Bild 7.1)** selbst, dem ein Erzeugnis zugeordnet werden soll, auf die für die Bedürfnisse des Nutzers günstigste Weise gestaltet ist
- die Funktionen des Erzeugnisses aus den für den Nutzungsprozeß notwendigen Umweltbedingungen abgeleitet werden
- die Form (bauliche Lösung) diese Funktionen voll trägt und den Bedingungen der Nutzung bzw. des Gebrauchs entspricht.

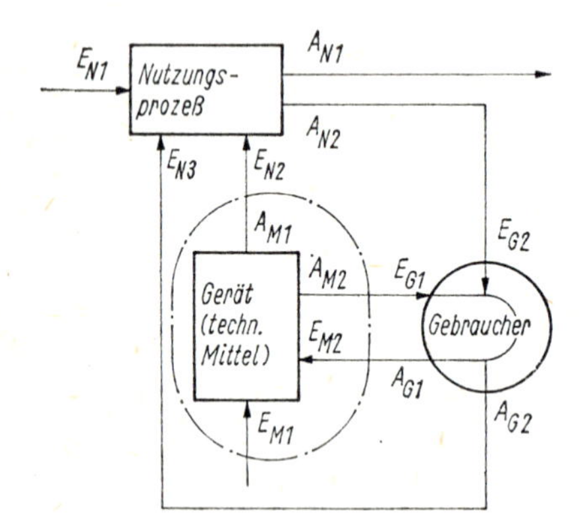

Bild 7.1
Grundbeziehungen zum Nutzungsprozeß
Gebrauchsbeziehungen: E_{G1}, A_{G1}; E_{G2}, A_{G2}
Umweltbeziehungen des Geräts: U_1: E_{M1}, A_{M1}; U_2: E_{M2}, A_{M2}; $U = U_1$ & U_2

Kriterien sind die *Brauchbarkeit* (technische Funktionstüchtigkeit hinsichtlich des vorgesehenen Einsatzes; Nützlichkeit für einen bestimmten, erwarteten Nutzen; Gebrauchstüchtigkeit, einschließlich der psychischen, für bestimmte Gebraucher) und die *Dauerhaftigkeit* (sie bestimmt die Dauer der physischen wie der moralischen Brauchbarkeit des Erzeugnisses als Verbrauchs- oder Gebrauchsgegenstand). Das Verhältnis von Brauchbarkeit und Dauerhaftigkeit ist dem von Qualität und Zuverlässigkeit ähnlich.

Objekt der industriellen Formgestaltung sind Industrieerzeugnisse unter den Bedingungen des Gebrauchens, speziell hinsichtlich der auf Sinnesreize beruhenden Wirkungen.

Ihr Gegenstand sind die Bedürfnisse, soweit sie durch Gebrauchsbeziehungen befriedigt werden können und sich dadurch auch in ästhetischen Verhaltensweisen widerspiegeln.

Die Bedeutung der menschlich bedingten Umweltbeziehungen eines Erzeugnissse (U_2) innerhalb der Gesamtheit seiner Umweltbeziehungen ($U = U_1$ & U_2, s. Bild 7.1) entspricht der Intensität (= Bedeutung × Häufigkeit) der menschlichen Beziehungen beim Gebrauchen (Gebrauchsbeziehungen). Dieser Bedeutung entspringt der Anspruch und die Kompetenz der industriellen Formgestaltung – (Industrial) Design –, vom Beginn der Erzeugnisplanung an, über die Erzeugnisentwicklung, die Herstellung bis zu handelspolitischen Entscheidungen und der Auswertung von Einsatzerfahrungen mitzuwirken. Die Aufgabenstellung für eine Erzeugnisgestaltung bildet den konkreten *Inhalt* der zu entwickelnden *Form* als bauliche Lösung. Die gegenseitige Abhängigkeit oder Beeinflussungen von Inhalt und Form stehen unter einem gegenseitigen Bestimmungszwang auf der Grundlage der jeweiligen gesellschaftlichen Bedingungen, entsprechend dem Stand der Produktivkräfte (**Bild 7.2**) [7.1] bis [7.4].

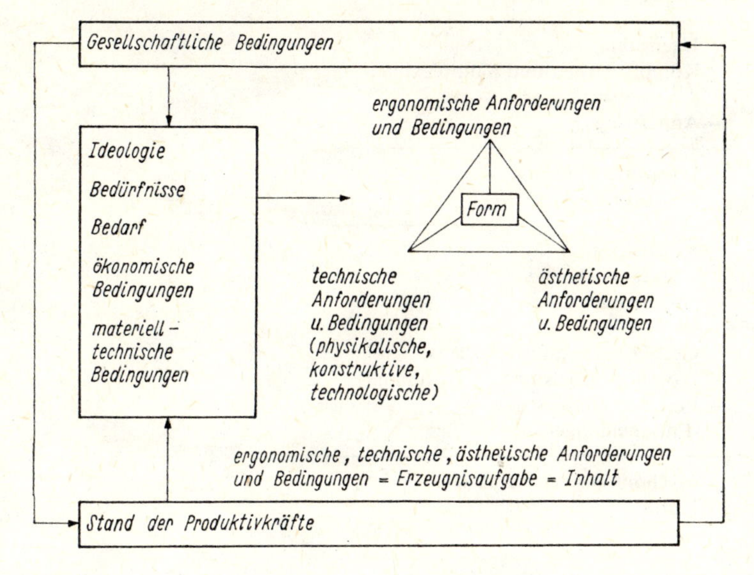

Bild 7.2
Einflüsse und Bestimmungsgrößen auf Form und Inhalt eines Erzeugnisses (gekürzt)

Es geht schließlich nicht um Erzeugnisse an sich, sondern um die Entwicklung von Lebensprozessen mit Hilfe geeigneter Erzeugnisse.

Die Einflußnahme der industriellen Formgestaltung reicht deshalb vom Einzelerzeugnis bis zu Erzeugnissystemen innerhalb eines Lebensbereichs (Ensembles) oder durch alle Lebensbereiche hindurch (Sortimente): Arbeitsumwelt, Wohnumwelt, Freizeitbereich, Spezialbereiche, Öffentlichkeitsbereiche u. a.

Die Gestaltungstiefe reicht beim Einzelerzeugnis von der Detailgestaltung am Erzeugnis über das Erzeugnis selbst bis zur Ausführung der erzeugnisbegleitenden Gegenstände und Druckschriften und auch bis zur öffentlichen Warenaufklärung.

7.1. Das Gebrauchen

Gebrauchen im engeren Sinne ist das nutzensorientierte Betätigen und Betrachten von Dingen (Erzeugnissen) durch Menschen (als Gebraucher).

Das Gebrauchen überführt die ruhende Gerätefunktion in eine wirksame, wodurch ein Nutzen eintritt. Die durch das Betrachten entstehende Gebrauchserwartung muß beim Betätigen eingehalten werden. Das gleiche gilt von der Nutzenserwartung. Der materielle Nutzen als technisch-ökonomischer Effekt ist auf einem jeweiligen relativen Höchststand also nur eine und zugleich selbstverständliche Voraussetzung für die Brauchbarkeit von Erzeugnissen. Als weitere notwendige und hinreichende Bedingungen müssen jedoch sowohl die ergonomischen Belastungen (**Tafel 7.1**) als auch der ideelle Nutzen auf einem bestimmten Niveau stehen, damit ein Erzeugnis „angenommen" wird, d.h. vertrieben werden kann. So vermindert z.B. schon ein umständlich zu gebrauchendes Gerät nicht nur den materiellen Nutzen, sondern ergibt auch eine negative Einstellung des Nutzers dazu.

Tafel 7.1
Gebrauchsaufwand
= ergonomische Belastung

Physischer Aufwand	– Kraft/Bewegung – körperliche Verteilung – Geschicklichkeit – Anpassung
Wahrnehmungsaufwand	– Intensität – Kompliziertheit und Komplexität der Wahrnehmung – Anpassung
Psychischer Aufwand	– Motivationsleistung – Anpassung
Aufmerksamkeit	– Konzentration – Reaktionsschnelle – Anpassung
Intellektueller Aufwand	– Gedächtnisleistung (Fakten) – Programmierleistung (Algorithmen) – Verknüpfungsleistung (Entscheidungen)
Abwehraufwand gegen psychophysische Störbelastungen	– psychophysische Stabilisierungsleistung

jeweils nach Häufigkeit (Menge und zeitliche Verteilung) und Dauer

Von diesen Bedingungen hängen vorrangig sowohl die subjektiv mögliche Arbeitsproduktivität des Gebrauchers als auch die Absatzfähigkeit überhaupt ab.

Werturteile. Nicht nur das Gebrauchsergebnis, der materielle und ideelle Nutzen, sondern das Gebrauchen selbst löst Bewertungen beim Gebraucher und Nutzer aus, also Werturteile. Diese sind abhängig von der Gebrauchs- und Nutzenserwartung, der Erfahrung beim Gebrauchen und vom tatsächlichen Nutzen. Werturteile sind meist Sammelurteile im Verhalten zu den Erzeugnissen: Ablehnung, Zustimmung oder Unentschiedenheit.

Ästhetische Urteile. Bei Werturteilen spielt deren ästhetische Seite als sog. ästhetisches Urteil eine besondere Rolle. Mit ästhetisch ist jene Qualität der Beziehungen zwischen Mensch (Subjekt) und Erzeugnis (Objekt) bezeichnet, deren Wirkung auf sinnlicher Wahrnehmung beruht, über die Bedeutung des Objekts für sich hinausgeht und eine durch Verstand und Gefühl zugleich geprägte Zuneigung, Abneigung oder Gleichgültigkeit, Lust oder Unlust (Stimmung) auslöst.

Ein ästhetisches Urteil wird immer gemessen an einer Idealvorstellung von dem in Beziehung zum Menschen stehenden Gebrauchsgegenstand (z.B. „schön"), also dem Vor-Urteil einer oft unbestimmten Gebrauchserwartung (darin auch Gefühlserwartung) und der Wirklichkeit des Gebrauchens, die das Vor-Urteil durchaus verändern kann. Dieses Urteil ist also durch das Subjekt bestimmt, ferner auch durch den aktuellen gesellschaftlichen Bezug und durch die Art des Objekts selbst. Ein ästhetisches Urteil kann methodisch in Faktoren zerlegt werden. Sie zeigen die prinzipiellen Bestimmungsgrößen der ästhetischen Qualität, die anhand der jeweiligen Aufgabe inhaltlich bestimmt werden muß. Vom Niedrigwertigen zum Höherwertigen sind es Gefälligkeit, Zeitnähe, Interessantheit, Übersichtlichkeit, Stimmigkeit **(Tafel 7.2)**, Glaubwürdigkeit und Gediegenheit. Letztere ist ein Schlüsselfaktor der ästhetischen Urteile, alle anderen Faktoren übergreifend. Ohne den Eindruck einer gediegenen Ausführung werden alle anderen ästhetischen Teilqualitäten stark gemindert oder sogar unwirksam. Die Gediegenheit drückt sowohl die Geschicklichkeit wie die Feinheit der konstruktiven und formgestalterischen Lösung und die der Ausführung aus. Gediegenheit ist keine absolute Größe. Sie ist abhängig von den Bedingungen der Funktionstüchtigkeit, der zweckmäßigen Herstellung und ggf. von der Größe der Erzeugnisse. Gediegenheit ist mit der Angemessenheit verschwistert. In der Gerätetechnik spielt sie eine dominierende Rolle.

Tafel 7.2. Kriterien der Stimmigkeit

Kriterium	Charakteristik	Zielvorstellung
Inhalt/Form Wesen/Erscheinung Stimmigkeit	aufgabengemäß Gebrauchserwartung erfüllend	„das Gemäße"
Qualitative Stimmigkeit	niveaugleich, angemessen, verträglich abgestimmt	„das Verträgliche"
Quantitative Stimmigkeit	ausgewogen, gewichtet, empfindsam abgestimmt	„das Ausgewogene"

Die ästhetische Erlebnisfähigkeit und die übrigen Gebrauchsbedingungen bestimmen sich gegenseitig. Ohne ausreichende technisch-ökonomische Leistung, ergonomische Anpassung an den Gebraucher und sonstige gute Gebrauchsbedingungen haben die auch auf die Gefühle zielenden ästhetischen Gestaltungsmaßnahmen nur flüchtige oder gar keine positiven Wirkungen.

7.2. Formgestaltungsprozeß
[7.4] [7.5] [7.20] [7.21] [7.22]

Er besteht im Bestimmen und Vergegenständlichen jener Umweltbeziehungen eines Erzeugnisses, die über menschliche Reaktionen speziell ergonomisch/ästhetisch wirksam werden. Er ist unlösbar verknüpft mit dem Bestimmen und Vergegenständlichen der i. allg. vollständig als physikalische Größen beschreibbaren Umweltbeziehungen durch den Techniker.

Vom Beginn der Erzeugnisentwicklung an besteht ein gegenseitiger Bestimmungszwang aller formwirksamen Einflußgrößen. Deshalb beginnt die Mitarbeit der Formgestaltung mit der Vorbereitung einer Aufgabe und endet bei der Auswertung von Einsatzerfahrungen, kompetent und verantwortlich für alle Menschbeziehungen, auch im gesellschaftlichen Zusammenhang (s. **Bilder 7.1, 7.2** und **7.3**).

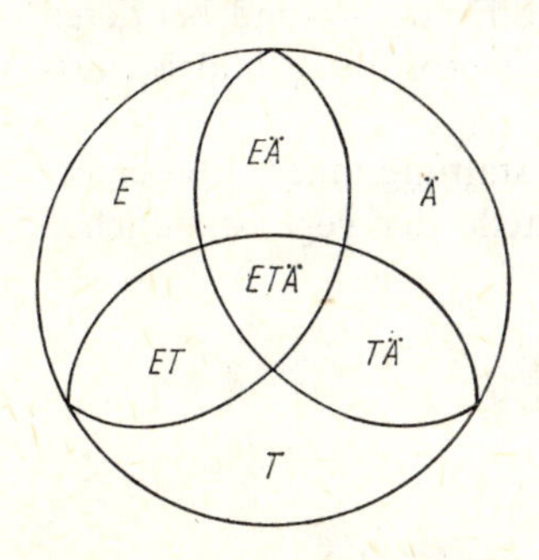

Bild 7.3
Venn-Diagramm der an der Gesamtform anteilig formwirksamen Faktoren (selbständige und vereinigte bzw. gemeinsame)
E ergonomische, *Ä* ästhetische,
T technische (konstruktive/technologische) Faktoren

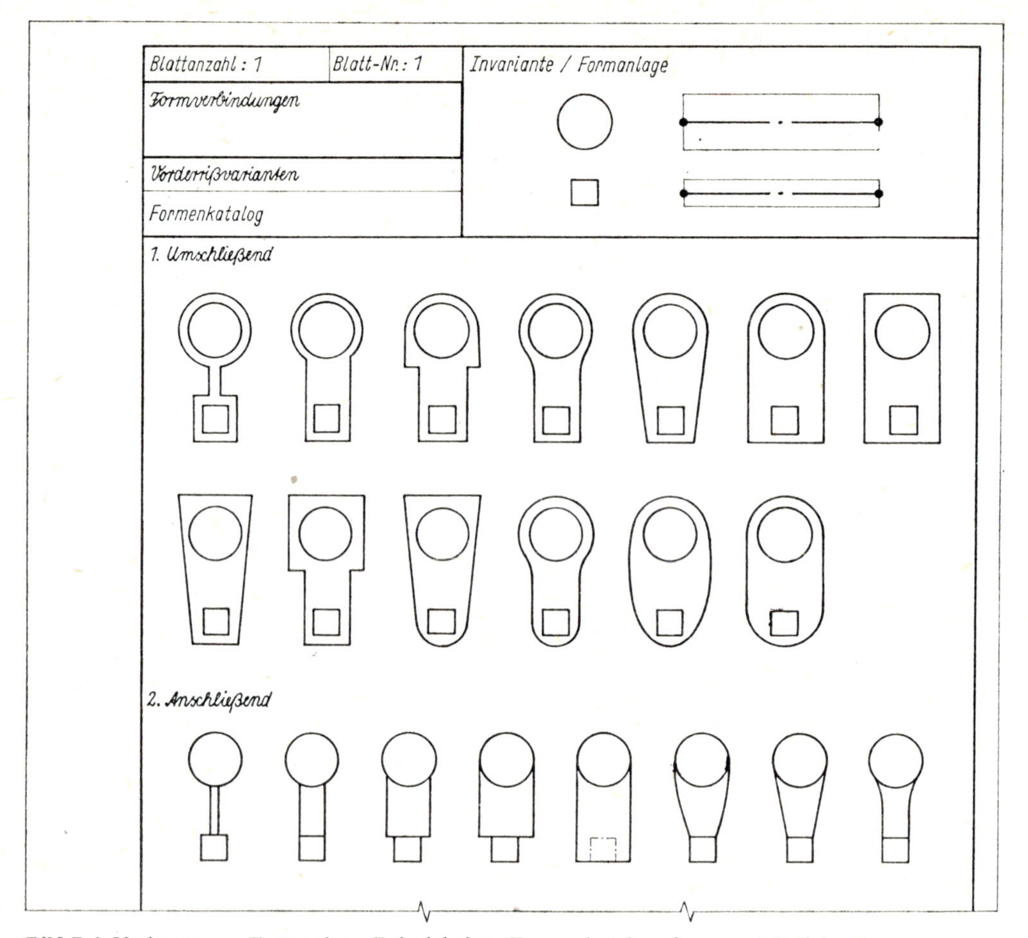

Bild 7.4. Varianten zur Formanlage, Beispiel eines Formenkatalogs für grundsätzliche Formverbindungen

Durch ein Aufbauen von der Formanlage aus, gezielt auf ein Formprinzip, oder durch Abräumen einer Ausgangsform zur Formanlage hin werden diese Varianten mittels Kombination und Abwandlung entwickelt; ggf. im Bildschirmdialog.

Die Verflechtung mit anderen Disziplinen, vor allem mit der Konstruktion, besteht in der gemeinsamen Aufgabenfindung, Aufgabenpräzisierung und Aufgabenteilung, durch Abstimmung während des weiteren Ablaufs auf einer jeweils entsprechenden Höhe der Vergegenständlichung und besonders bei der Integration aller formwirksamen Lösungsbestandteile zu einer Form mit Ganzheitsqualität (Superisation). Zudem sind alle Beteiligten gemeinsam verantwortlich bei der Überleitung in die Fertigung und bei deren Betreuung. Die Formgestaltung ist schwergewichtig bei Einsatzerprobung und Bedürfnisforschung einzubeziehen.

Durch die spezifischen Leistungen der industriellen Formgestaltung innerhalb der Erzeugnisentwicklung werden industrielle Erzeugnisse Bestandteile der gegenständlichen Umwelt

- mit als menschbezogenes Ganzes geplanten Eigenschaften,
- die ergonomisch-ästhetisch wirksam sind,
- die menschliches Verhalten beeinflussen und
- die dadurch den Gebrauchswert erhöhen.

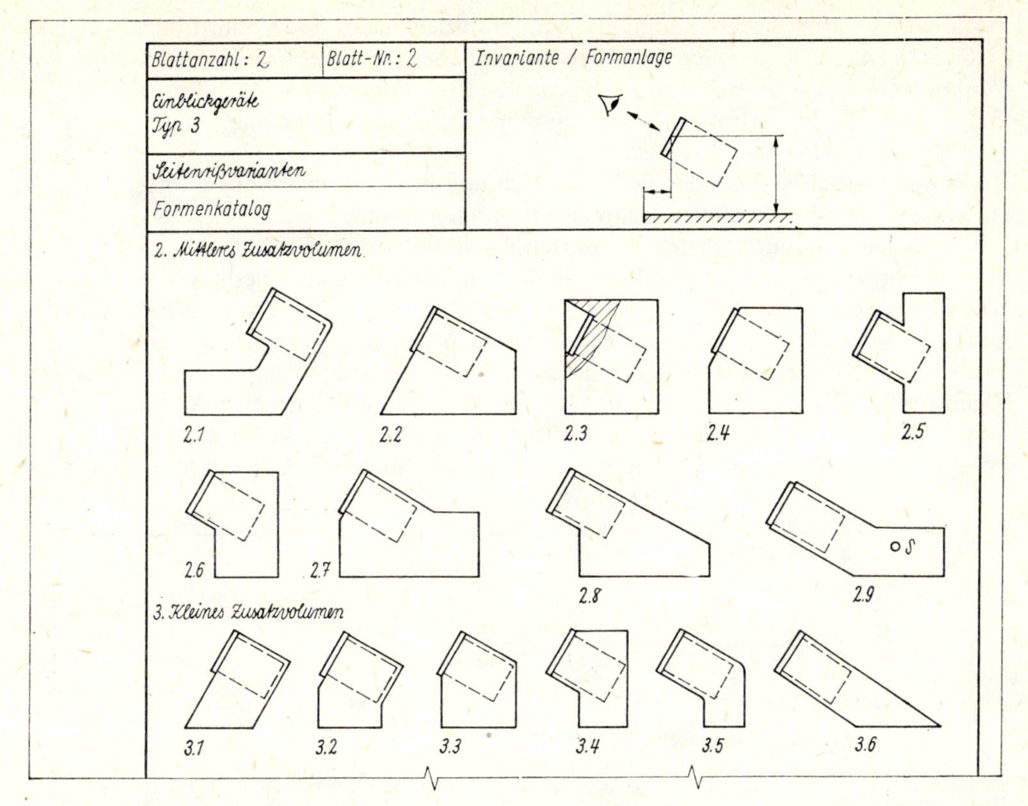

Bild 7.5. Varianten zur Formanlage, Beispiel eines Formenkatalogs für Einblickgeräte, Varianten für verschiedene Zusatzvolumina

Nr. 1 (großes Zusatzvolumen) hier nicht dargestellt (Erläuterung s. Bild 7.4); S Schwerpunkt

Die Leistungen der Formgestaltung werden in zwei miteinander verknüpften Ebenen wirksam:

■ Abhängig von den gesellschaftlichen Bedingungen untersucht die industrielle Formgestaltung die jeweiligen Lebensprozesse und die zu entwickelnden, darin wirkenden Erzeugnisse auf ihren unmittelbaren bedürfnisgerechten menschbezogenen Inhalt.

Dazu gehören

- die aufgabenbezogenen Gebrauchs- bzw. Nutzungsprozesse
- Art und Maß der notwendigen Umweltbeziehungen des Erzeugnisses zum Menschen
- (ggf. zu entwickelnde) ästhetische Verhaltensweisen bzw. Bedürfnisse der Gebrauchergielgruppe.

Das Ergebnis ist ein Gestaltungsziel, dem ein neuer Gebrauchswert und eine entsprechende neue Erzeugniskonzeption innewohnen.

Liegen alle notwendigen Umweltbeziehungen nach Umfang und Gewicht fest, dann sind voneinander abhängig die ergonomischen, technischen und ästhetischen Funktionen abzuleiten. Dem folgt das Gestalten.

■ Für die Inhalte derart geeigneter industrieller Erzeugnisse entwickelt die industrielle Formgestaltung die entsprechenden Formen.

Das *Gestalten* (im engeren Sinne) ist ein vorausdenkendes und vorausfühlendes planmäßiges Vergegenständlichen und Ordnen und besteht aus *Zuordnen* (Auswahl der Funktionsträger zu den Funktionen), *Formieren* (Ein- oder Unterordnen, In-sich-Ordnen und „zu einer Ordnung bringen", d.h. aus dem Objekt heraus eine ihm eigene Ordnungsqualität entwickeln) und *Bemessen.*

Charakteristisch ist dabei der Gestaltentwicklungsprozeß. Auch in dieser Phase herrscht ein gegenseitiger Bestimmungszwang zwischen allen Größen.

Verbunden mit dem gezielten Ausnutzen ästhetisch wirksamer Mittel wird die Form aus der Formanlage heraus gestaltet. Die Formanlage ist die optimierte Anordnung und Ausdehnung der Bestandteile. Sie ist das rationale und rationelle Gerüst des Erzeugnisses, bestimmt durch die ergonomische und technische Bestlösung, gemeinsam entwickelt vom Ergonomen, Konstrukteur und Formgestalter. Die invarianten geometrisch-stofflichen Eigenschaften der Formanlage bleiben bei allen weiteren gestalterischen Maßnahmen erhalten. Das betrifft vor allem den speziellen Formenvorrat, der in Varianten zur Formanlage entwickelt oder aus Speichern (z.B. wie in den **Bildern 7.4, 7.5, 7.6**) nach den in-

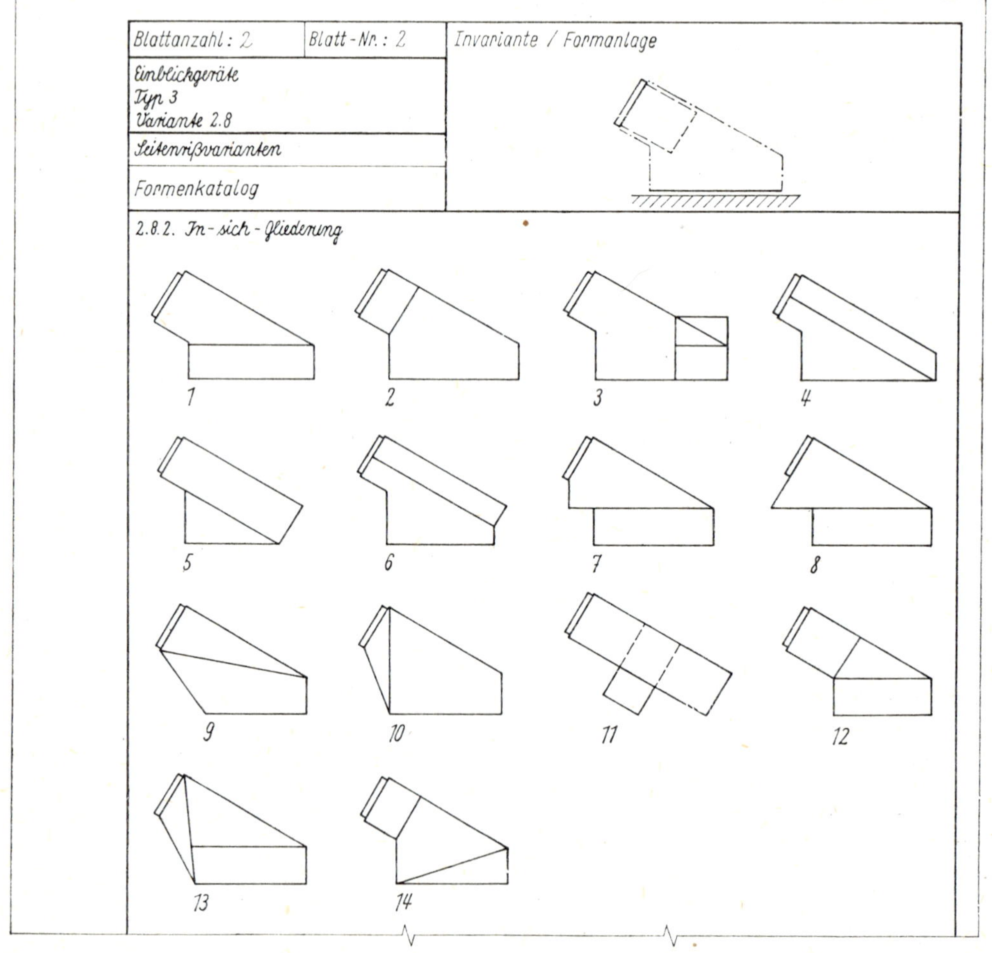

Bild 7.6. Varianten zur Formanlage, Beispiel eines Formenkatalogs für Einblickgeräte, Varianten für In-sich-Gliederungen derselben Ausgangsvariante 2.8 im Bild 7.5.
Nr. 2.8.1 (Außengliederung) hier nicht dargestellt (Erläuterung s. Bild 7.4)

varianten Merkmalen ausgesucht wird. Sinnlich erfaßbar vermittelt die Form über ihre Gestalteigenschaften hinaus den Inhalt zugleich rational wie emotional, d.h. ästhetisch. Dabei muß die Formgestaltung die gestaltwirksamen, oft widersprüchlichen Lösungsbeiträge aller beteiligten Disziplinen in ein harmonisches Ganzes („Übergestalt") überführen.

Die konstruktiv-technologisch, ergonomisch oder ästhetisch bedingte Form vertritt jeweils nur eine inhaltliche Seite der *einen* Form des Erzeugnisses.

Qualität der formgestalterischen Leistung wird gemessen

- in der Komplexität der Lösung hinsichtlich Konsumtion, Produktion, Ökonomie und Ökologie
- in der Eignung ihrer Lösungen für optimale Beziehungen zwischen Mensch, Umwelt und Erzeugnis
- in der kulturellen Wirskamkeit, die sich in der Höhe des Gebrauchswerts und darin speziell in der Vermittlungsfähigkeit materieller und ideeller Wertigkeiten des Erzeugnisses ausdrückt.

Die Zuverlässigkeit formgestalterischer Leistungen besteht in der moralischen und physischen Langlebigkeit bzw. Dauerhaftigkeit ihrer Lösungen.

Die spezifischen Arbeitsergebnisse des Formgestalters sind nur in gegenständlichen Modellen sinnlich vermittelbar, nicht in technischen Zeichnungen oder dgl. Der Modellbau ist deshalb unerläßlich im Formgestaltungsprozeß.

7.3. Formwirksame Funktionen

7.3.1. Ergonomische Funktion

Die ergonomische Funktion ist die Eigenschaft des Geräts, die menschlichen Fähigkeiten (veranlagte, erworbene) in angepaßtes Gebrauchen überzuführen. Angepaßt werden kann das Gerät an den Menschen (zunehmende Tendenz), oder es kann sich der Mensch an das Gerät anpassen, etwa durch Lernen (abnehmende Tendenz).

Die ergonomische Funktion besteht aus Teilfunktionen, die den Gebrauch sicher, effektiv, bequem und hygienisch gestalten. Sie werden realisierbar über weitere Teilfunktionen, die den Gebrauchskriterien Erkennbarkeit/Verständlichkeit, Zugänglichkeit, Bewältigbarkeit, Zwangläufigkeit und Zumutbarkeit entsprechen.

Funktionsträger. Auswahl und Dimensionierung der funktionserfüllenden Mittel erfolgt nach dem Gebrauchsfall, nach der Intensität der Gebrauchsbeziehungen (Gebrauchsaufwand) und nach den psychophysischen Leistungswerten des Menschen (anthropometrische – die menschlichen Abmessungen betreffende; ergometrische – die biomechanischen Leistungswerte betreffende; sensometrische – die Sinnesleistung betreffende; informetrische – die Informationsverarbeitung betreffende Leistungswerte). Funktionsträger sind technische Funktionen und Bedingungen, Gestalt-, Größen- und Werkstofftypen des Gebrauchens, Zeichen, Ordnungsbeziehungen und Algorithmen.

Ergonomisch bedingte technische Funktionen werden von der Aufgabenstellung her zum eigentlichen Anlaß für Produkterneuerungen. Zunächst zwingt der Arbeitsschutz zu unbedingter Sicherheit durch vollkommenen Zwanglauf, unabhängig von menschlichen Leistungen und Fehlern. Außerdem soll der Gebrauchsaufwand möglichst vermindert werden, bis hin zu technischen Lösungen, die den Gebrauch angenehm gestalten.

Gestalttyp. Die geometrischen Bedingungen, die aus der räumlichen Stellung des Gebrauchers zum Gerät und aus seinem Kontakt mit diesem resultieren, bestimmen die „Geometrie des Gebrauchens". Die geometrischen Bedingungen, die aus der Zu- und Abfuhr eines Arbeitsgegenstands und aus der (relativen) Arbeitsbewegung zu den Wirkelementen des Geräts (Arbeitsmittel) folgen, ergeben die „Geometrie" des Arbeitsprozesses". Beide Geometrien zusammen haben zu einer begrenzten, historisch stabilen Typenvielfalt von Gebrauchsformen (Archetypen der Gebrauchsformen) geführt (Bild 7.7). In der Regel bestimmen diese die Form eines neuen technischen Erzeugnisses stärker als die eigentlich technisch bedingten Formen. Diese Gestalttypen bilden bereits höhere Grundassoziationen.

Tafel 7.3. Eignung von Zeichen zum Kennzeichnen an Geräten

Ordnungsbereich	Gegenstandsbereich	Objektbereich	Eignung des Zeichentyps (Bild 7.8)						
			A[1])	B	C[2])	D	E	F	G
Allgemein	alle Lebensbereiche übergreifend, auch international	jeweils Vorgänge, Zustände und Objekte kennzeichnend	×		×			(×)	
Typisch	einen Lebensbereich betreffend, z.B. Wohn-, Öffentlichkeits-, Arbeitsbereich		×	(×)		(×)	×	×	×
Charakteristisch	einen spezifischen Aktions- bzw. Wirkungsbereich betreffend (gegenständlich, prozeßlich)		×	×	(×)	×	(×)	×	
Exemplarisch	individueller Gebrauchsfall		×						×

[1]) einheitliche Sprachkonvention erforderlich
[2]) bei entsprechender Übereinkunft (sehr kleiner gemeinsamer Zeichenvorrat)

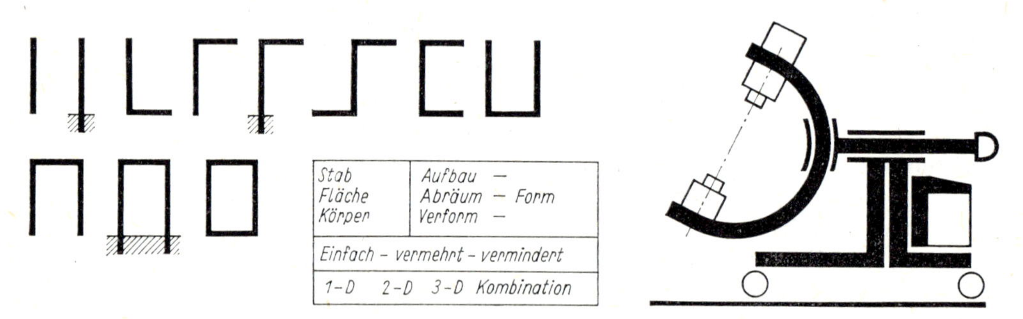

Bild 7.7. Gebrauchsformen-Archetypen und deren Anwendung am Beispiel: Röntgeneinrichtung als „Formensatz"

Zeichen als Elemente an Geräten sind in Gemeinschaftsarbeit mit Grafikern und mit Ingenieurpsychologen zu entwickeln und auf ihre Wirkungskriterien hin zu testen **(Bild 7.8, Tafeln 7.3, 7.4).**

Sie sind anderen Bezeichnungselementen (Linien, Beschriftungen) anzupassen (oder umgekehrt) und Bestandteil der Gesamtgestaltung.

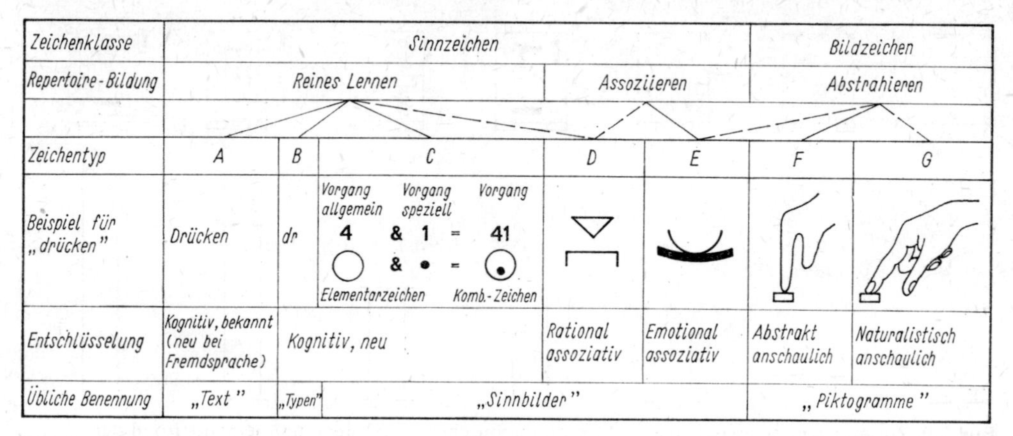

Bild 7.8. Zeichen (Bezeichnungselemente) an Geräten
(vgl. auch Tafel 7.3)

Tafel 7.4
Gestaltungskriterien für Zeichen an Geräten

Nr.	Gestaltungskriterium
1	ganzheitlich und schnell erfaßbar
2	leicht und schnell verständlich
3	verknüpfungsfähig, kombinationsfähig (formlich und semantisch)
4	behaltbar (im Gedächtnis haftend)
5	treffsicher, unverwechselbar
6	verrauschsicher, auch beim Vergrößern oder Verkleinern
7	technologiegerecht für alle Stufen des Aufbringverfahrens
8	ästhetisch reizvoll und ausgewogen, in sich und zum Ganzen

Ergonomische Ordnungsbeziehungen entstehen aufgrund der generell anzuwendenden humanwissenschaftlichen Erkenntnisse [7.6] [7.7] [7.8] und

bestehen aus:	festgelegt als:
• Festmaßordnung	Maßgestaltung von Arbeitsmitteln, z.T. in Standards
• Bewegungsordnung	Arbeitsmethodengestaltung, z.T. in technologischen Standards
• Leistungsstufen und Leistungsgrenzen	Arbeitsschutzordnung, größtenteils mit Gesetzeskraft [7.9]
• Informationsordnung	Verständigungs- und Bezeichnungsordnung, z.T. in Standards und Empfehlungen.

Die ergonomische Informationsordnung ist fast nahtlos mit der ästhetischen verbunden **(Bild 7.9)**. Die Wirksamkeit semantischer Informationen wird durch die formal-ästhetische Information verstärkt oder geschwächt.

Die Unterlagen über Arbeitsbedingungen, Arbeitsplatzmaße, arbeitsmethodische Regeln, Informationsmaße und -bedingungen geben Richtwerte an, die Mindestbedingungen für einen Normalfall darstellen. Eine ergonomisch optimale Gestaltung ist damit nicht immer gewährleistet. Jede Geräteentwicklung muß daher eine Untersuchung des gesamten Gebrauchs- bzw. Nutzungsprozesses enthalten, die die notwendigen ergonomischen Lösungsmerkmale erbringt. Ergonomen (Arbeitsmediziner, Arbeitspsychologen,

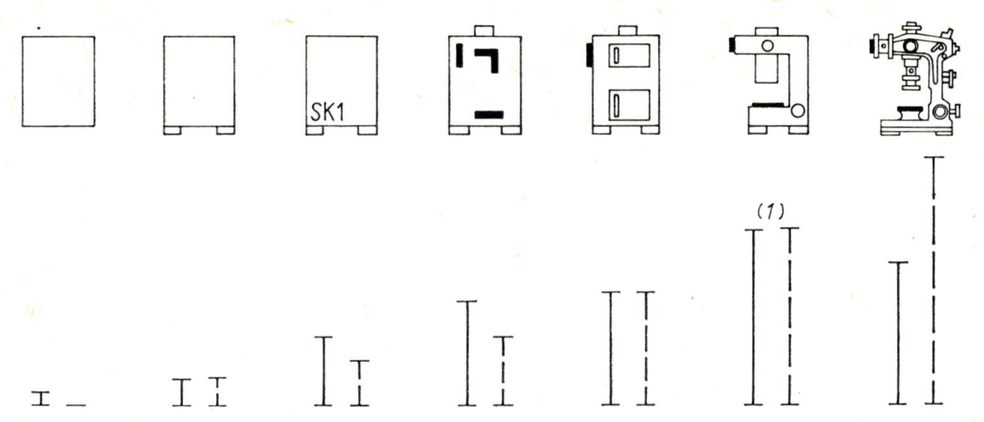

Bild 7.9. Zusammenhang zwischen einzelnen ergonomischen Wirkungen untereinander und der ästhetischen Wirkung

⌶ Erkennbarkeit ⌶ Zugänglichkeit
1 relativ günstigstes Maß ästhetischer Ordnung

Industrieanthropologen, Arbeitswissenschaftler, Ingenieurpsychologen und andere Fachleute) sind bedarfsweise vom Formgestalter und Konstrukteur heranzuziehen.

Dabei ist die Ergonomie keine direkt gestaltende Disziplin. Sie liefert nur funktionelle und bauliche, d.h. formwirksame Bedingungen. Vergegenständlicht werden diese gemeinsam durch den Formgestalter und den Konstrukteur im Entwurf. Die Ergonomie gilt als eine naturwissenschaftliche Grundlage der Formgestaltung.

Algorithmen. Das Erzeugnis selbst (als Form) ist informationstheoretisch als Zeichen aufzufassen. In der Geräteform können daher in einer deutlich entschlüsselbaren Informationsordnung Algorithmen enthalten sein. Diese Algorithmen (Informationen) sollen gewährleisten, daß eine zeitlich bestimmte Folge von Gebrauchsschritten zuverlässig ausgeführt wird. Sie können aber auch als zusätzliche Lernunterweisungen (Gebrauchsanweisungen usw.) bestehen. Das Ausarbeiten von Algorithmen und ihre Gestaltung erfordert eine geschulte, treffsichere Entwurfsarbeit anhand einer auf die mutmaßlichen Gebraucher bezogenen Handlungsanalyse bzw. -synthese (ähnlich dem Verfahren mit „vorbestimmten Zeiten“).

7.3.2. Technische Funktion

Die technische Funktion ist in der Bauweise des Geräts vergegenständlicht. Ihre Merkmale (Konstruktionsform, Werkstoffe, Herstellung) stehen im gegenseitigen Bestimmungszwang, abgängig von allen Anforderungen und Bedingungen an die Gestaltung des Geräts. Neben dem meist vorherrschenden Merkmal Gebrauchsform ist die Konstruktion als vergegenständlichtes technisches Prinzip und ausgewählte Bauweise formbestimmend. Die ästhetische Wirkung des Erzeugnisses als bauliches Gebilde wird stark geprägt durch die Konstruktionsformen (offene/geschlossene, lockere/kompakte, tragende/selbsttragende, durchlässige/undurchlässige Bauweise u. a.; s. **Bild 7.10**) und durch die Art und Weise der Herstellung. Vielfach sieht man dem Erzeugnis an, wie es hergestellt wurde. In der sinnlich wahrnehmbaren „Baulichkeit“ liegt eine grundlegende und unerschöpfliche Quelle ästhetischer Wirkungen, technischen Höchststand und Neuzustand vorausgesetzt.

Als beste technisch-konstruktive Lösung für eine gute Formgestaltung ist die mit

Minimalformeigenschaften [7.21] anzusehen. Damit gehört der konsequente Leichtbau zur technischen Lösung fortgeschrittener Formgestaltung und entspricht ihrem ökonomischen Formierungsprinzip.

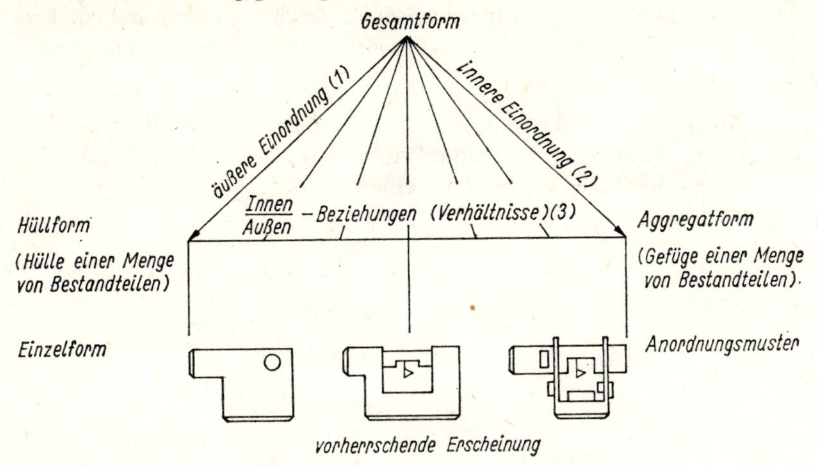

Bild 7.10. Zur Form der Bauweise

1 z.B. äußere Packung, Kopplung auch zum Gebraucher; *2* z.B. innere Packung, Kopplungsbedingungen, Zusammenbau; *3* z.B. Durchgriff von innen nach außen aus physikalischen, konstruktiven, ergonomischen, ästhetischen Gründen

7.3.3. Ästhetische Funktion

Die ästhetische Funktion eines Erzeugnisses ist seine Eigenschaft, unter bestimmten Bedingungen durch den Gebrauch vorgefaßte oder unbestimmte ästhetische Erwartungen und Einstellungen (Vor-Urteil) des Gebrauchers in eine bestimmte und positiv geprägte Stimmung und Einstellung (in ein positives ästhetisches Urteil) dem Erzeugnis und seinem Einsatz gegenüber zu überführen (s. **Bild 7.11**).

Jede aufgabenbezogene ästhetische Funktion verknüpft die Wesensvermittlung (Ausdruck des Wesens in der Erscheinung, Offenlegen von Wesenszügen), die Wertorientierung (Widerspiegelung des Werts in der Erscheinung) und das Vermitteln von Genuß beim Gebrauch des Objekts. Inhaltlich bestimmt wird jede ästhetische Funktion durch den Bezug zum Subjekt, Übersubjekt (Gruppe), zur Gesellschaft, zum Objekt und zum Überobjekt (Ensemble, System). Präzisiert wird die ästhetische Funktion durch das Allgemeine, Typische und Charakteristische der Erzeugniserscheinung.

Die Reize wahrgenommener Gestalten enthalten die zu entschlüsselnden Informationen, welche gemeinsam die ästhetische Funktion tragen: Beschaffenheitsinformation, Zeichen- und formal-ästhetische Informationen. Ohne die Wirkung formal-ästhetischer Information dienen die Beschaffenheits- und Zeicheninformationen (als Träger nur sinnhaltiger Nachrichten) lediglich zur bloßen Verständigung ohne ästhetische Reaktionen.
Beschaffenheitsinformation. Sie kann unvermittelt als offensichtlich physikalisch hinreichend beschreibbarer Tatbestand gewonnen werden.
Zeicheninformation. Das Erkennen weitergehender Erzeugniseigenschaften setzt Sachkenntnis beim Gebraucher voraus.

Anderenfalls müssen Erläuterungen zu Hilfe genommen werden oder assoziierbare oder erlernbare Zeicheneigenschaften, welche mittelbar zum Erkennen beitragen.

Das Gerät selbst fungiert als Zeichen, oder Elemente am Gerät sind Zeichen (siehe Tafel 7.3). Ersteres trifft hier vorwiegend zu. Wie alles, kann man auch die Objekteigenschaften selbst zum Zeichen erklären (z.B. als Zeichen für Wert) oder seine in der gesellschaftlichen Praxis erworbene Bedeutung verändern (z.B. wertvolle Eigenschaften zu wertlosen erklären). So kann ein und dasselbe Gerät verschiedene und – von entsprechenden Bedingungen abhängig – sogar entgegengesetzte Zeichenwirkung haben. Das Bilden eines qualitativ neuen Zeichens aus (mindestens zwei) anderen Zeichen heißt Überzeichenbildung (Superisation).

■ *Beispiele:* Die Buchstaben u, a, s bilden das Wort „aus". C-förmiger Baukörper, Einblickform, Tischform, drehknopfartige Gebilde, Präzision assoziierende Gestaltqualitäten u.a. bilden die Form eines Mikroskops bzw. eine Gestalt für „Mikroskophaftes", „Präzisionsgerätiges".

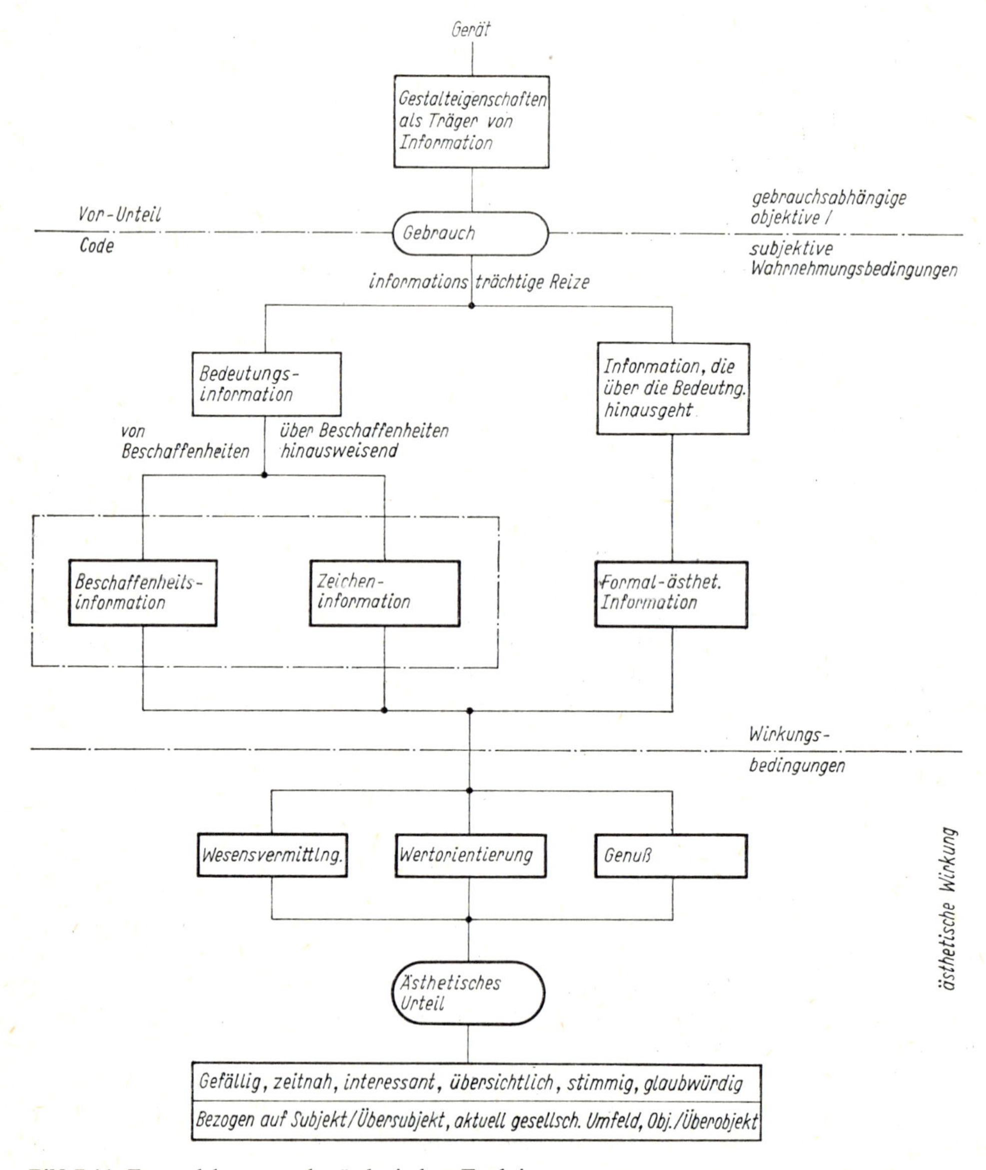

Bild 7.11. Zustandekommen der ästhetischen Funktion

Formal-ästhetische Information ist der Hauptträger des Genußvermittelns und ist im Wirkungspaar Reizung/Ordnung enthalten.

Die Reizung korrespondiert mit den Faktoren des ästhetischen Urteils Interessantheit und Zeitnähe, die Ordnung mit Übersichtlichkeit und Stimmigkeit.

Die Reizung ergibt das Reizvolle, die Ordnung das Kulturvolle. Die Art der Ordnung, ihre Qualität, ist wiederum zugleich Reizmittel.

Funktionsträger. Ästhetische Funktionen werden nur über die sinnliche Wahrnehmung von Gestalteigenschaften der Erzeugnisse realisiert. Dabei spielen die objektiven und subjektiven Wahrnehmungs- und Wirkungsbedingungen eine wesentliche Rolle.

Die Gesetzmäßigkeiten von Wahrnehmung und Gestalt gehören untrennbar zusammen. Reize auslösende Wahrnehmungselemente sind aufgrund der Gestaltgesetze bzw. Gestaltfaktoren so auszuwählen und zu formieren, daß die gewollte sinnliche Wirkung entsteht und das geplante ästhetische Verhalten (Urteil) zur Folge hat.

7.4. Gestaltwahrnehmung

7.4.1. Reiz – Empfindung

Als psychophysisches Grundgesetz beschreibt das *Weber-Fechnersche Gesetz* den sensuellen Mittelvorrat hinsichtlich der Quantitäten. Danach müssen die Reizunterschiede proportional zu den absoluten Größen der Reize wachsen, wenn sie als gleich empfunden werden sollen (geometrische Reihe, harmonische Stufung).

Das Gesetz gilt für alle Sinneskanäle unter normalen Bedingungen innerhalb eines Empfangsbereichs, dessen untere Grenze die Reizschwelle ist, unterhalb der Reizintensitäten nicht mehr wahrgenommen werden, und dessen obere Grenze die Sättigungsschwelle ist, oberhalb der auf Reizänderungen keine stabilen Reaktionen erfolgen. Innerhalb dieses Bereichs werden Reizänderungen nur wahrgenommen, wenn sie dem persönlichen Stufensprung entsprechend groß genug sind, also nicht unterhalb einer jeweiligen Mindestintensität des Reizzuwachses liegen: Zuwachsschwelle. Damit existiert eine endliche Zahl von Wahrnehmungselementen für jede Rezeptorengruppe bzw. für jeden Wahrnehmungskanal [7.10].

7.4.2. Gesetz der guten visuellen Gestalt [7.17] [7.10]

Die Gegenwartsdichte und der zeitliche Zufluß von Reizen (Information) überschreiten bei weitem die Fähigkeiten des Gebrauchers, alle zu verwerten. So werden Informationen unterdrückt, ausgelassen oder besonders nach vorhandenen Gestaltkriterien ausgewählt.

Immer ist das Bewußtsein so disponiert, daß bei mehreren Wahrnehmungen vorzugsweise das möglichst Einfache, Nahe, Einheitliche, Weiterführende, Geschlossene, Symmetrische (einschließlich das ausgewogen Unsymmetrische), das sich in die Hauptachse des (Wahrnehmungs-)Raumes Einfügende wahrgenommen wird.

Reine Gestaltwahrnehmung ist ganzheitlich. Gestalteigenschaften betreffen den inneren Zusammenhang zwischen Wahrnehmungselementen (Autokorrelation) und gehen nicht als unselbständige Bestandteile bei einer Veränderung des Wahrnehmungsgebildes verloren.

Die Gestalteigenschaften werden unterteilt in [7.11] Struktureigenschaften (Anordnungseigenschaften, Raumform und Figuralstruktur, Helligkeits- und Farbprofil, Gliederung, Gewichtsverteilung u.a.), Ganzbeschaffenheiten (strukturabhängige Sinnesqualitäten, wie durchsichtig, leuchtend, dinghaft; rauh, platt u.a.) und Wesenseigenschaften (Eigenschaften des Charakters, der Stimmung usw.).

Eine Gestalt im Sinne eines inneren Zusammenhangs bleibt mehrdeutig (ambivalent), wenn sie sich nicht von einem Hintergrund (Rauschen) abhebt; z.B. Figur-Grund-Verhältnis, Verhältnis von organisierten zu nichtorganisierten Wahrnehmungselementen. Wird die Fähigkeit überfordert, auf ganzheitliche Weise wahrzunehmen (durch zu hohe Gegenwartsdichte), dann läßt der Mensch entweder die Wahrnehmung aus oder tastet das Wahrnehmungsfeld ab: Abtasten der Wahrnehmungselemente, eines nach dem anderen. Die Grenzen der Wahrnehmbarkeit werden auch von dem Verhältnis aus Interessantheit (Information) und Verständlichkeit (semantische und syntaktische Redundanz) bestimmt, das bei soziokulturell verschiedenen Menschengruppen unterschiedlich ist.

Die Wahrnehmungswirkung ist abhängig von den objektiven und subjektiven Wahrnehmungsbedingungen und dem Produkt aus Wahrnehmungsbereitschaft und Reizintensität. Präferenz und Stimmung des Wahrnehmenden sind die wesentlichsten Faktoren der Wahrnehmungsbereitschaft.

7.4.3. Gesetz der Simultanität

Alle Wahrnehmungselemente beeinflussen sich wirkungsändernd gleichzeitig und gegenseitig, bei verändertem Umfeld ggf. auf eine andere Weise. Für das Anwenden einzelner Gestaltungsgesetze folgt daraus (nach *Renner*): „Die Formgesetze bilden ein unlösbar verknüpftes Ganzes, und die Geltung jedes einzelnen Gesetzes ist eingeschränkt durch die Geltung aller anderen. Wer eine Forderung aus diesem Zusammenhang herausnimmt und ihr unbedingte Geltung verschafft, verkehrt ihren Sinn in Unsinn“.

Beispiele: Eine Farbe wirkt zu einer anderen „kalt“, verglichen mit einer weiteren aber „warm“; bei Veränderungen des Umfelds der Wahrnehmung kann dies wiederum umgekehrt werden. Wahrnehmungsverzerrungen, populär als „optische Täuschungen“ bekannt, verändern bei Simultandarbietungen die erwarteten Gestalteigenschaften, unabhängig von intellektuellen Vorgängen (intersubjektiv nahezu gleich).

Diese Erscheinungen müssen visuell-gestalterisch ausgeglichen werden. Andererseits können unbefriedigende Formverhältnisse durch das bewußte Anwenden von Wahrnehmungsverzerrungen scheinbar verbessert werden. Solche Erscheinungen treten beim Einsatz aller Formelemente auf.

7.4.4. Assoziationen

Assoziationen (s. auch Abschn. 7.5.3.) beeinflussen die Wahrnehmung beträchtlich. Sie können einerseits vorherrschend werden und Gestaltungsabsichten zunichte machen. Andererseits lassen sie sich bewußt für gewollte Wirkungen nutzen.

7.4.5. Wahrnehmbare Geräteform als Nachricht

Innerhalb der Wahrnehmungs- und Wirkungsbedingungen beim Gebrauchen lösen die Gestalteigenschaften der Geräteform Reize aus, die als sensuelle Signale Träger von Nachrichten mit einem jeweiligen Informationsgehalt sind. Der Gestalter hat bestimmte

Nachrichten in den Gestalteigenschaften „verschlüsselt“, die im Gebrauch beim Empfänger, dem Gebraucher, bestimmte ergonomische und ästhetische Wirkungen auslösen sollen. Dies hängt davon ab, wieweit der Gebraucher die Nachrichten überhaupt empfängt und sie dann entschlüsseln kann.

Diese Nachrichten geben richtige oder falsche Auskünfte über das Wesen des Geräts und seine Zugehörigkeit zum Ensemble der Arbeitsmittel im Nutzungsprozeß, wie zur eigenen Produktfamilie, über Gebrauchsweise, Aufbau, Funktion, Gefahrenstellen, über das technisch-technologische Niveau, Gebrauchswertversprechen, Wert und über das gesellschaftlich-kulturelle Anliegen der Erzeuger.

Bei der Gestaltung ist ein hoher Informationswirkungsgrad anzustreben. Er hängt ab von (s. auch Tafel 7.4 und Abschn. 7.6.2.)

- dem gemeinsamen Kode bzw. Zeichenvorrat zwischen Gestalter und Gebraucher; qualitativ von bekannten Objektmerkmalen, Zeichen, Assoziationsmustern und quantitativ von den Intensitätsschwellen (Reizschwelle, Sättigungsschwelle, Zuwachsschwelle)
- dem Verhältnis zwischen der (latenten) Information, die vermittelt werden kann (könnte), und der offensichtlich vom Gebraucher aus der Form entschlüsselbaren (evidenten) Information [7.12]; Überlastung mit Information verunsichert zum Gebrauchsmißverständnis, zuwenig Information führt zum Nichtgebrauchenkönnen; ein Gerät (als Nachricht) ist um so besser, je weniger Gebrauchsanweisungen erforderlich sind
- dem sensuellen Rauschen; sobald der Intensitätsunterschied zwischen einem Nutz-

Tafel 7.5. Maßnahmen zur Rauschkompensation im Bereich der visuellen Kommunikation

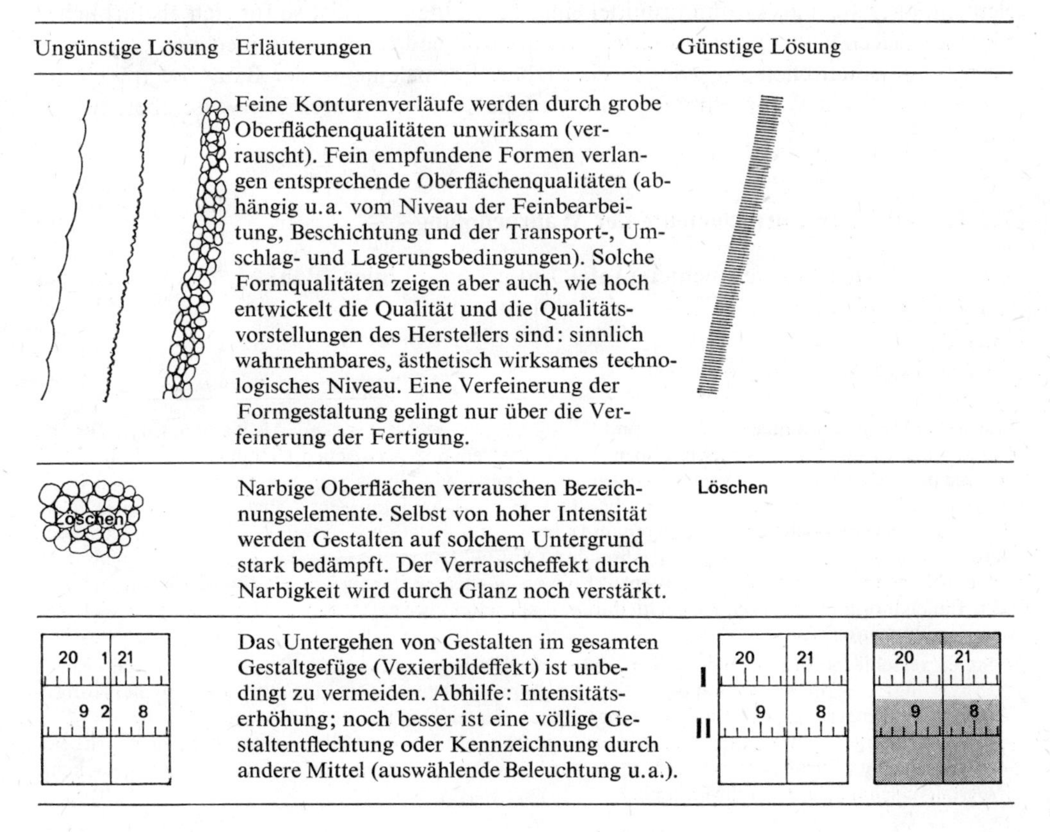

Ungünstige Lösung	Erläuterungen	Günstige Lösung
	Feine Konturenverläufe werden durch grobe Oberflächenqualitäten unwirksam (verrauscht). Fein empfundene Formen verlangen entsprechende Oberflächenqualitäten (abhängig u.a. vom Niveau der Feinbearbeitung, Beschichtung und der Transport-, Umschlag- und Lagerungsbedingungen). Solche Formqualitäten zeigen aber auch, wie hoch entwickelt die Qualität und die Qualitätsvorstellungen des Herstellers sind: sinnlich wahrnehmbares, ästhetisch wirksames technologisches Niveau. Eine Verfeinerung der Formgestaltung gelingt nur über die Verfeinerung der Fertigung.	
Löschen	Narbige Oberflächen verrauschen Bezeichnungselemente. Selbst von hoher Intensität werden Gestalten auf solchem Untergrund stark bedämpft. Der Verrauscheffekt durch Narbigkeit wird durch Glanz noch verstärkt.	Löschen
20 1 21 / 9 2 8	Das Untergehen von Gestalten im gesamten Gestaltgefüge (Vexierbildeffekt) ist unbedingt zu vermeiden. Abhilfe: Intensitätserhöhung; noch besser ist eine völlige Gestaltentflechtung oder Kennzeichnung durch andere Mittel (auswählende Beleuchtung u.a.).	I 20 21 / II 9 8; 20 21 / 9 8

signal (-reiz) und einem Störsignal kleiner oder etwa gleich den Reiz- oder Zuwachsschwellenwerten ist, können Gestalten nicht mehr sicher wahrgenommen werden. Zur Stabilisierung der Gestalt gegen Rauschen dienen Mittel der Rauschkompensation, vorrangig zusätzliche Ordnungsmaßnahmen **(Tafel 7.5).**
Beispiel: Hammerschlaglack, narbig und changierend, macht das Wahrnehmen eines feinen Konturenverlaufs oder die Lesbarkeit von Schrift unmöglich, wenn deren Feinstruktur nicht sehr viel gröber ist als die des Hammerschlaglacks (Auflösungsvermögen ist auch abhängig vom Sehabstand).

7.5. Sensuelle Mittel (Gestaltungsmittel, -verfahren)

Der Mensch nimmt sein Wissen zu etwa 78% durch das Auge, 13% durch das Ohr, 3% durch den Tastsinn, 3% durch den Geruchssinn, 3% durch den Geschmackssinn auf. Im menschlichen Gedächtnis bleiben 40% vom Gesehenen, 20% vom Gehörten haften [7.23].

Jedes sensuelle Mittel ist an sich unbestimmt wirksam. Nur zielgerichtet angewendet für sinnlich bedingte Funktionen (ergonomische, ästhetische) wirken sie als Wahrnehmungselemente ganzheitlich, d.h. im Gestaltzusammenhang. Daraus hat sich in der gestalterischen Praxis ein Vorrat an sensuellen Mitteln (Repertoire) ergeben: diskrete Formelemente (der Wahrnehmung, Wahrnehmungselemente), Ordnungsbeziehungen, Assoziationen (Bedeutungsgestalten). Diese Mittel sind untereinander zweckbezogen austauschbar. Beispielsweise läßt sich ein Assoziationsmuster auch als diskretes Formelement, aber auch als Ordnungsmittel einsetzen. Eine Farbe ist so für sich als farblicher Eigenwert (Reiz), als Ordnungsmittel oder assoziierend für die verschiedenen ergonomischen und ästhetischen Funktionen einsetzbar. Formelemente der Bauweise tragen die Formelemente der Wahrnehmung, ohne daß die Struktur notwendigerweise übereinstimmen muß.

7.5.1. Diskrete Formelemente der Wahrnehmung

Zu den diskreten Formelementen **(Tafel 7.6)** gehören Linien (Punkte), Flächen, Körper (plastische Form), Raum, Farb und Kontraste.

Tafel 7.6. Formelemente der Wahrnehmung

Linien (Punkte) (auch Bänder, Flecken) sind Gebilde, die erstreckend wirken. Als Kanten, Fugen, Rillen, Grate, aufgebrachte oder gedruckte Linien, Flächenbegrenzungen zwischen Hell und Dunkel, Schattengrenzen usw. sind sie materiell vorhanden. Linien werden aber auch als gedachte Brücken zwischen Punkten bzw. zwischen grafischen und plastischen Elementen wahrgenommen: visuelle Ergänzungen. Diese Brückenlinien lassen sich zum Gruppieren und zum Konturenglätten verwenden, müssen aber vermieden werden, wenn dadurch sinnwidrige und störende Gestaltbildungen und Gruppierungen entstehen können. Näher beieinanderliegende Linien werden als Figuren gesehen, weiter entfernte als Zwischenräume (Metzger). Linienanordnungen können leicht durch Wahrnehmungsverzerrungen zu geometrisch nicht erwarteten Wirkungen führen.

- Sollen verschiedenförmige Elemente an eine gedachte Begrenzungslinie (Brückenlinie durch visuelle Ergänzung) „anstoßen", so sind gegenüber der geometrischen Ausrichtung visuelle (sensuelle) Korrekturen anzubringen, um den Eindruck einer glatten Begrenzung zu gewährleisten.
- Linien als aufgebrachte materielle Elemente zu Ordnungszwecken sollen sparsam oder gar nicht eingesetzt werden (Unruhe), wenn aber, dann darf beim Vorhandensein von Schrift die Strichdicke keine Gestaltverschmelzung mit ihr ermöglichen.

Tafel 7.6 (Fortsetzung)

- Bei mittlerem Beleuchtungsniveau sind dunkle Linien auf hellem Grund schärfer und leichter erkennbar als helle Zeichen auf dunklem Grund; bei geringer Leuchtdichte kann die umgekehrte Ausführung besser sein.
- Bei Reihungen von linigen Elementen ist auf einen vollkommen gleichmäßigen integrierenden Grauwert zu achten, sofern diese nicht zur Gliederung unterbrochen sind.

Flächen sind Gebilde mit verdeckender Wirkung. Sie entstehen immer durch Umrißlinien, u.U. nur durch visuelle Ergänzung.

Die Haupterstreckungs- oder Seitenverhältnisse sind das Hauptkontrastmittel für die sensuelle Wirkung von Flächen. Grafische Gliederung, Teilungen (Fugen), Farbwechsel und plastisch-räumliche Strukturierung (Relief u.a.) können entscheidenden Einfluß auf die Gestaltung von Flächen ausüben. Hochglanz erzeugt einen starken und betonten Aufmerksamkeitswert gegenüber dem weniger auffälligen Mattglanz und hebt plastische Unregelmäßigkeiten hervor. Hochglanz blendet und begünstigt visuelles Rauschen. Bei Flächengliederungen durch kleinere Formelemente, z.B. Betätigungselemente oder Beschriftungen, entstehen Restflächen, die mit der Gesamtfläche untrennbar in visueller Beziehung stehen und daher sorgfältig mitgestaltet werden müssen **(Bild 7.12).** Auch Flächenformen beeinflussen sich gegenseitig, so daß Wahrnehmungsverzerrungen entstehen.

Die für die Wahrnehmung effektive Flächengröße ist von der Simultanwirkung der Umfeldhelligkeit abhängig (positiv–negativ) sowie von dem Größenkontrast zu den benachbarten Flächen. Bei der Gliede-

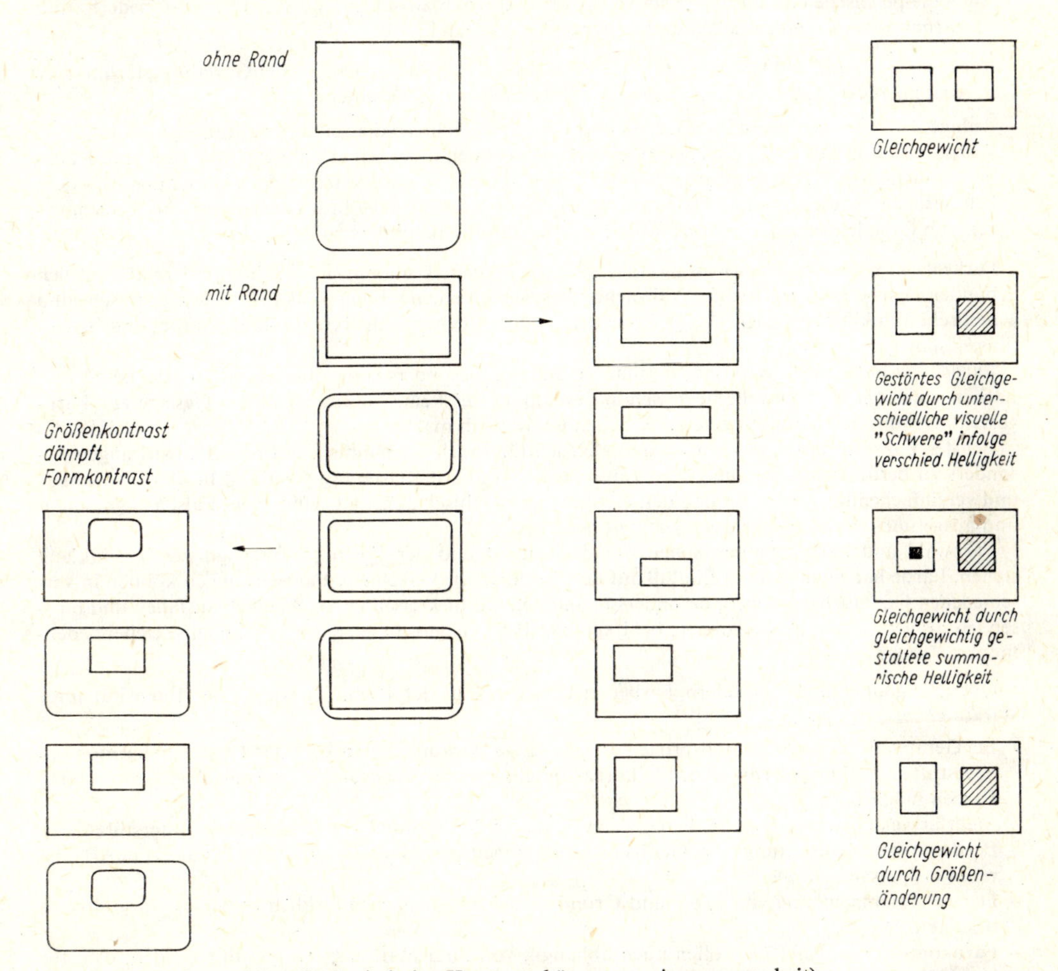

Bild 7.12. Fläche und Restfläche (relative Kontrastphänomene, Ausgewogenheit)

Tafel 7.6 (Fortsetzung)

rung von Flächen ist die waagerechte visuelle Mitte zu beachten, die bei rechteckigen Flächen etwas oberhalb der geometrischen Mitte liegt. Das visuelle Gleichgewicht um die visuelle Mitte (oben – unten), wie das besonders empfindlich wahrnehmbare Rechts-Links-Verhältnis, ist bei ebenen Flächen sehr ausgeprägt wirksam und entsprechend gestalterisch zu berücksichtigen (Bild 7.12):

- Große, ruhige Flächen in klaren, sicheren Verhältnissen fördern die Übersichtlichkeit.
- Gliederungen sind nach einem klaren, einheitlichen Ordnungsprinzip durchzuführen.

Körper (plastische Form) sind Gebilde mit dem Wirkungsmerkmal Füllung (Verdrängung) bei außerhalb liegendem Betrachtungsstandpunkt. Bei durchbrochenen Außenflächen nehmen sie mit wachsendem Durchblick eine Übergangsposition zum Raum ein. Die körperliche Wirkung wird durch die Oberflächenbeschaffenheit, die Beleuchtung und durch Wahrnehmungsverzerrungen beeinflußt. Konkave und konvexe Flächen oder Konturen sind die bestimmenden Elemente der plastischen Gestaltung. Dabei neigen konkave Elemente zur räumlichen Wirkung (Hüllung), sind also dem körperlichen Wirkungsmerkmal Füllung im Prinzip entgegengesetzt. Konkave und konvexe Formelemente bilden zueinander die plastischen Grundkontraste. Plastische oder flächige Gliederungen können dynamische oder statische Formtendenzen in einen Körper bringen und werden angewendet, wenn der Formausdruck und die Proportionen nicht eindeutig bzw. nicht „gestaltfest" sind. Solche Gestaltungsmaßnahmen muß man ggf. mit Vergleichsmodellen auf ihre Wirkungen überprüfen.

Auch die plastische Gestaltung ist ein Optimierungsprozeß zwischen Kontraststeigern (Gliedern) und Kontrastmindern (Vereinheitlichen und Vereinfachen; s. Tafel 7.14).

Raum wirkt hüllend und bildet die dimensionale Umwelt des Menschen. Bei der Gestaltung technischer Geräte ist auch die räumliche Einordnung in die Umgebung zu beachten:

- Ruhige, harmonisch unterteilte Flächen und Körper erleichtern die ästhetische Raumgestaltung.
- Körper mit funktionsbedingten sperrigen Formen können nicht selten untereinander und zum Raum in räumlich-visuelle Beziehungen treten und zu neuen Gestaltbildern verschmelzen, die Unübersichtlichkeit, visuelles Rauschen und Fehlassoziationen hervorrufen (visuelle Brückenbildung); das Verschmelzen von Gestalteigenschaften trifft für die Farbgestaltung besonders zu.

Farbe wirkt nach Art (Farbrichtung) und Maß (Helligkeit, Trübung) sinnlich intensivierend. Stofflich gebundene Farbe kann als einziges Wahrnehmungselement allein schon physikalische, ergonomische und ästhetische Funktionen tragen. Als gestalterisches Mittel dient sie als Reiz, Ordnungsmittel und Bedeutungsgestalt.

Farben verändern ihre Wirkung simultan zu anderen besonders stark, auch wenn eine der beteiligten Farben unter der Reizschwelle liegt. Schon deshalb gibt es keine allgemeingültigen Gesetze zur Farbgestaltung, was fachmännisch geschultes Sehen unerläßlich macht.

Bei der Farbauswahl sind Umwelt und Beleuchtung auch im Hinblick auf Simultanwirkungen besonders zu berücksichtigen. Die Farbe kann die Form und die Ordnung positiv, d.h. klar übersehbar und vereinfachend unterstützen und den Gebraucher psychisch günstig beeinflussen. Falsch angewendet und ausgeführt kann sie aber das Gegenteil bewirken.

Farbwahl und Farbverteilung sollen mit dem Inhalt und der Form des Erzeugnisses in Einklang stehen. Farbe hat einen starken Einfluß auf den moralischen Verschleiß. Farbwirkungen können in verschiedenen Gebrauchergruppen, besonders in anderen Kulturkreisen unterschiedlich ausfallen und müssen jeweils getestet werden, besonders bei Export (z.B. als religiös besetzte Farben, andere Zeichenbedeutung; s. Tafel 7.8).

Oberflächenqualitäten verändern Farben u.U. sowohl in der Richtung wie in der Intensität ihrer Wirkung.

- Bei Geräten für den Produktionsprozeß und für lange Wirkungszeiten kommen Farben in harmonisch abgestuften Trübungen entgegen, bei kurzzeitig eingesetzten Konsumgütern sind abgestimmte reine Farben möglich.
- Mehrfarbigkeit ist nur dann am Platz, wenn sie das Ordnungs- und Funktionsprinzip unterstützt.
- Bei der farbigen Gestaltung eines Geräts für einen Arbeitsplatz sind die farblichen Bezüge zum Arbeitsraum bedeutsam.
- Der Sehzusammenhang von Figur und Grund ist bei Arbeitsflächen farblich besonders sorgfältig zu beachten.
- Farbkontraste (s. Tafel 7.9) sollen auch abhängig von ihrer Wirkungszeit gewählt werden, d.h. für lange Wirkungszeiten (tägliche Umgebung, Arbeitsräume, Arbeitsmittel) mäßige Kontraste. Für kurze

Tafel 7.6 (Fortsetzung)

Wirkungszeiten sind stärkere Kontraste möglich (z.B. bei hohem Signalwert), aber auch als starker Reiz in einem ausgewogenen Reizgefüge.
- Je größer eine Fläche ist, desto weniger Intensität (Reinheit) wird benötigt, um eine Farbe wahrnehmbar zu machen; Signal- oder Kennfarben, z.B. Rot, Gelb, Grün oder Rot (warm) und Blau (kalt), können als reine Farben relativ kleinflächig verwendet werden.
- Changierende oder ähnliche Effektlacke fördern das visuelle Rauschen und sind demgemäß bewußt einzusetzen oder zu vermeiden; für Arbeitsflächen aller Art sind diese Anstriche grundsätzlich untauglich.

Kontraste als Wahrnehmungselemente können mit wachsender Betrachtungsintensität (zeitlich oder durch Konzentration) in steigender Anzahl wahrgenommen werden. Für die Wahrnehmung schwacher oder stark gehäufter Kontraste benötigt man dementsprechend eine lange Betrachtungszeit. Kontraste müssen in ihren Beziehungen zur Umwelt, im Verhältnis der Feinstruktur zur Gesamterscheinung und zu allen übrigen Einsatzbedingungen, vor allem zum Gebraucher hin, sorgfältig abgestimmt werden:
- Mindern von Spannungen geschieht bevorzugt durch Verringern der Anzahl oder durch Angleichen der Kontraste.
- Ein Zuwenig an Kontrast führt zur Spannungslosigkeit, die die Unterscheidbarkeit mindert und psychisch bedingte Ermüdung hervorrufen kann; Beispiele: verdunkelte Räume, Gleichartigkeit von Geräten unterschiedlicher Bedeutung, zu weit getriebene formale Angleichung überhaupt.
- Ein Zuviel an Kontrasten mindert das Reaktionsvermögen und die Wahrnehmungsfähigkeit; Beispiele: dekorative Belastung von Arbeitsmitteln, vielformige und ungeordnete Betätigungsflächen.
- Lange Wahrnehmungszeiten (Wirkungszeiten) erfordern gemäßigte Kontraste; Beispiele: Arbeitsräume, Erzeugnisse mit langer Gebrauchsdauer.
- Kurze Wahrnehmungszeiten erlauben betonte Kontraste; Beispiele: Nahverkehrsmittel, Signale, Verpackungen.

7.5.2. Ordnungsbeziehungen (Ordnungsmittel, -verfahren)

Ordnungsbeziehungen im sensuellen Bereich dienen dem Formieren eines Geräts innerhalb seines Formprinzips mit dem Ziel, der Form Gestaltqualitäten zu verleihen, die sinnvoll, leicht erfaßbar und leicht verständlich sind und günstig auf Verstand und Gefühl wirken. Das Ordnen im Sehbereich ist vorherrschend, da $\frac{4}{5}$ aller sensuellen Information damit übermittelt wird. Ordnungsmaßnahmen erfüllen mehrere Aufgaben zugleich. Dazu gehören Übersichtlichkeit, Verständlichkeit, Gestaltfestigkeit (Redundanz), Dämpfung der Reizung und selbst Reizmittel zu sein. Daher ist das Formieren entscheidend innerhalb der formgestalterischen Aktivitäten. Im wesentlichen bestimmen der Zweck, der Wahrnehmungsverlauf und das Gesetz der guten Gestalt die Ordnungsmittel: Gliedern, Vereinheitlichen, Vereinfachen und Ausgleichen.

Gliedern soll eine dem Erzeugnis und seinem Gebrauch entsprechende Orientierung gewährleisten (semantischer Aspekt der Ordnung).

Vereinheitlichen soll eine klar erkennbare Zusammengehörigkeit aller Teile und die Zugehörigkeit zum Ganzen herstellen (sigmatischer Aspekt der Ordnung). Vier unterschiedlich stark wirkende Möglichkeiten stehen zur Verfügung:

- *Gleichförmigkeit* oder strenge Regelmäßigkeit durch Teile, die untereinander und zur ganzen Form gleich wirken oder dieselbe Beziehung haben;
- *Formverwandtschaft* entsteht durch teilweise invariante Gestalteigenschaften, die sich in allen zu vereinheitlichenden Elementen wiederfinden **(Bild 7.13)**; die Formangleichung darf nicht auf Kosten einer notwendigen klaren Unterscheidbarkeit durchgeführt werden, Formangleichung durch Mischformen s. **Bild 7.14.**
- *Proportionalität* liegt vor, wenn Teilformen zwar ungleich wirken, aber zur Grundform durch vereinheitlichende Maßbeziehungen eine Ganzheit besteht.

Tafel 7.7. Gestalten mit Körperformen

a) Charakterisierung der Körperformen

- **Ebenflächig begrenzte Körper (Polyeder)** wirken besonders formbestimmt, ordnend und gliedernd. Durch fluchtende und parallele Außenflächen können bei Gruppen- und räumlichen Anordnungen schlüssige Zusammenfassungen, Gliederungen und ausgeglichene Resträume erzielt werden. Je kleiner die Anzahl der Flächen, desto ausgeprägter ist die visuelle Erscheinung, noch gesteigert durch Regelmäßigkeit (z.B. reguläre Polyeder). Scharfkantige kubische Körper sind und wirken assoziativ abweisend, verletzend und verletzlich und unorganisch. Scharfkantige, ebenflächig begrenzte Körper wirken bei gleichem Volumen größer als gewölbte. Je größer die Anzahl der Begrenzungsflächen wird, desto mehr nähert sich die Wirkung der von Wölbkörpern.
- **Wölbkörper** sind die Haupterscheinungsform der gemeinhin als „plastisch" verstandenen Körper. Kantenlose Wölbkörper wirken zusammenfassend, verkleinernd, umschließend, anziehend, organisch, „voluminös". Ihre Erfaßbarkeit sinkt mit zunehmender Konturengliederung, sofern keine Formassoziationen entstehen. Sie sind besonders für einzelne Gebilde geeignet, ergeben aber bei Reihungen und Gruppierungen oft schwierige Resträume.

b) Verbindung von Körperformen

Bei Ummantelungen von technischen Gebilden werden häufig verschiedene oder verschieden große Körper miteinander verschmolzen. Dafür gibt es zwei grundsätzliche Gestaltungsmöglichkeiten:

- **Der einfach zusammengesetzte Körper.** Die Teilkörper bleiben voneinander getrennt wahrnehmbar und sind lediglich baulich verbunden.
  Vorteile: Trennung von Funktions- und Baugruppen mit typischer Gliederung.
  Nachteile: Vielformigkeit, Unruhe, Schmutzecken, Unübersichtlichkeit bei großer Anzahl von Teilkörpern.

- **Der gebundene Körper.** Die Anzahl der Teilkörper wird auf ein unumgängliches Maß vermindert und nötigenfalls durch gewölbte Übergänge noch weiter zusammengefaßt, so daß sich nur noch Hauptfunktionsbereiche voneinander abheben (z.B. nur der für die Betätigung erforderliche Teilkörper vom Gesamtkörper.
  Vorteile: zusammenfassend wirkend, leicht zu säubern, bedingt bessere Übersichtlichkeit.
  Nachteile: „Einebnung" von ggf. notwendigen Unterscheidbarkeiten, bedingt Tendenz zur Spannungslosigkeit.
  Bei allen Gestaltungen, die keinen geschlossenen, einfachen Körper ermöglichen, sondern nur einen stark gegliederten, zusammengesetzten zulassen, muß beachtet werden, daß die Resträume zwischen den Teilkörpern genauso Gegenstand der Gestaltung sind wie die Körper selbst.

Beispiele:

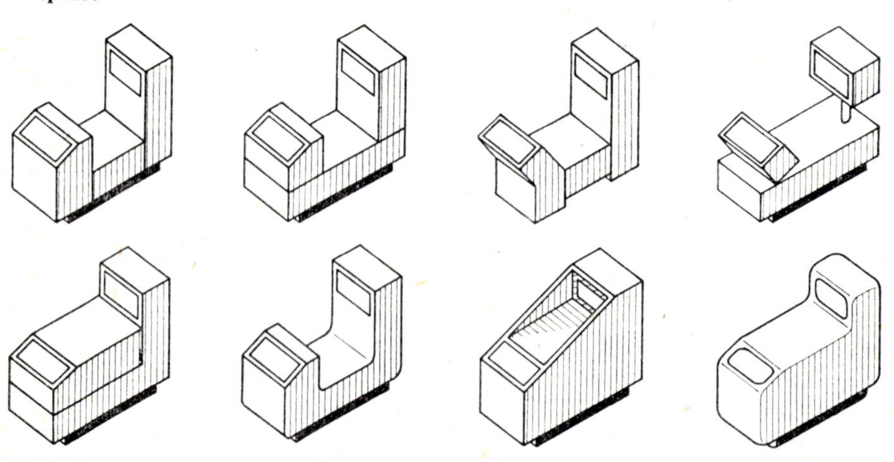

Tafel 7.8. Farbwirkungen

Farben	**gelten als**	Beschaffenheitsmerkmale Zeichen formalästhetische Mittel		
	werden benutzt als	Reize, Ordnungsmittel und Bedeutungsgestalten		
	und wirken	veränderlich, abhängig vom Umfeld und von den Wahrnehmungs- und Wirkungsbedingungen sowie den Mischungsverhältnissen objektgebunden		
	vorwiegend:			
	intensiv[1])	synästhetisch/ assoziativ	psychisch	räumlich/formlich[2])
Gelb	stark	leicht, laut, schrill, sauer, warm (Gelb, Gelbbraun)	erheiternd fahl, Altgold: kurzzeitig konzentrierend langzeitig ermüdend	nähernd, vergrößernd
Orange	sehr stark	laut, trocken, warm	aktivierend	nähernd
Rot	sehr stark	warm, laut, schwer Hellrot, Rosa: blumig Rot, Rosa, Lilarosa: süß	erregend Purpur: feierlich Rostrot: konzentrierend für Arbeitsraum	nähernd
Braun	mäßig	warm bis muffig; solide bis mondän; Schokolade	behaglich	sehr nahe, einengend
Blau	mäßig	kalt, schwer, leise, präzis, hygienisch Grünblau: salzig	konzentrierend, aber auch ggf. deprimierend	entfernend
Grün	mäßig	frisch riechend, leise, feucht, kalt (Grün, Grünblau); mineralisches Grün: hygienisch Gelbgrün: sauer	beruhigend bis einschläfernd, aber spezielles Gelbgrün aufregend bis paralysierend Wassergrün: konzentrierend für Arbeitsmittel	entfernend
Weiß	stark simultan zu dunkler gesättigter Färbung	leicht, präzis hygienisch	Weiß, Beige: konzentrierend für Arbeitsmittel; enthemmend	vergrößernd, hervortretend, wandbildend
Grau	mäßig	salzig; Hellstgrau, Metallfarben Matt und Seidenmatt: präzis	vornehm zu Buntfarben, trostlos zu Grau, allein stimmungsneutral	hell: vergrößernd dunkel: verkleinernd
Schwarz	stark simultan zu hellerer, nicht gesättigter Färbung	schwer, warm Schwarz, Braunschwarz: präzis, seriös	hemmend	verkleinernd, entgrenzend, raumfeindlich

[1]) Warme Farben wirken intensiver als kalte, reine intensiver als getrübte, gesättigte intensiver als ungesättigte und sehr helle sowie sehr dunkle Farben intensiver als mittelhelle.

[2]) Braun–Rot–Orange–Gelb–Gelbgrün–Grün–Blau
nah ◄———► fern

Tafel 7.9. Groborientierung über Spannungen (Reizintensitäten von Farbkombinationen, Farbklängen), angelehnt an *Renner* [7.14]

Spannung	Kontrast durch		
	Farbrichtung	Helligkeit	Trübung
Unerträglich	unterschiedlich	unterschiedlich	unterschiedlich
Stark	unterschiedlich unterschiedlich ähnlich	unterschiedlich ähnlich unterschiedlich	ähnlich unterschiedlich unterschiedlich
Mäßig	unterschiedlich ähnlich ähnlich	ähnlich unterschiedlich ähnlich	ähnlich ähnlich unterschiedlich

- **Farbrichtung** entsteht rein oder als Mischung aus den Primärfarben Rot, Gelb, Blau und Weiß, Schwarz (Pigmentmischung).
- **Helligkeit** ist unterschiedlich entsprechend der unterschiedlichen Empfindlichkeit des Auges bei verschiedenen Wellenlängen oder durch den Weißanteil der Mischung.
- **Trübung** entsteht durch den Schwarzanteil oder durch die Mischung der Pigmente.

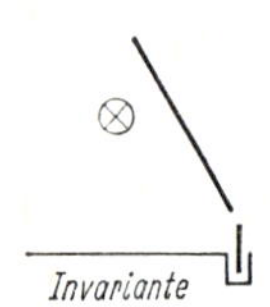

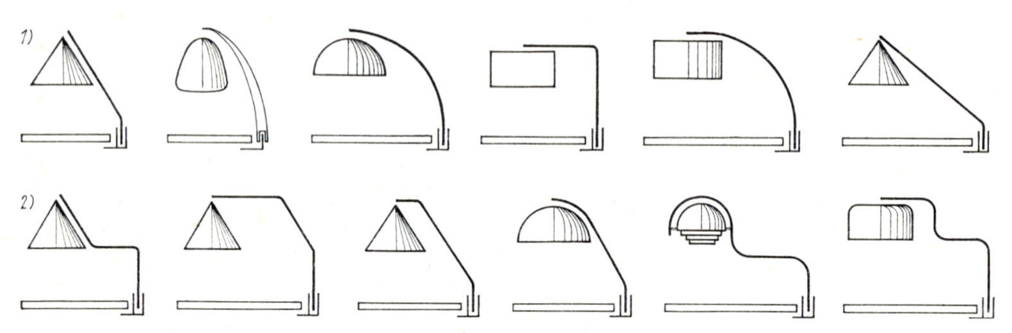

Bild 7.13. Beispiele zum Vereinheitlichen
1 Formverwandtschaft; *2* Formangleich

- *Wesensverwandtschaft* stellt eine Ganzheit bei ungleichen Teilen her, wenn diese gleiche Wesensmerkmale der Gestalt haben, z.B. Transparenz, Präzision, Glätte, Kälte, Organhaftigkeit usw., bewirkt durch gleiche Teilassoziationen.

Einheitlichkeit darf weder die notwendige Gliederung beeinträchtigen noch zur Uniformität führen.

Vereinfachen soll eine einfach wahrnehmbare und erfaßbare Gestalt der Form schaffen (pragmatischer Aspekt der Ordnung).

Beim Streben nach Einfachheit ist zu beachten, daß sowohl eine präzisierende wie auch eine nivellierende Einfachheit möglich sind.

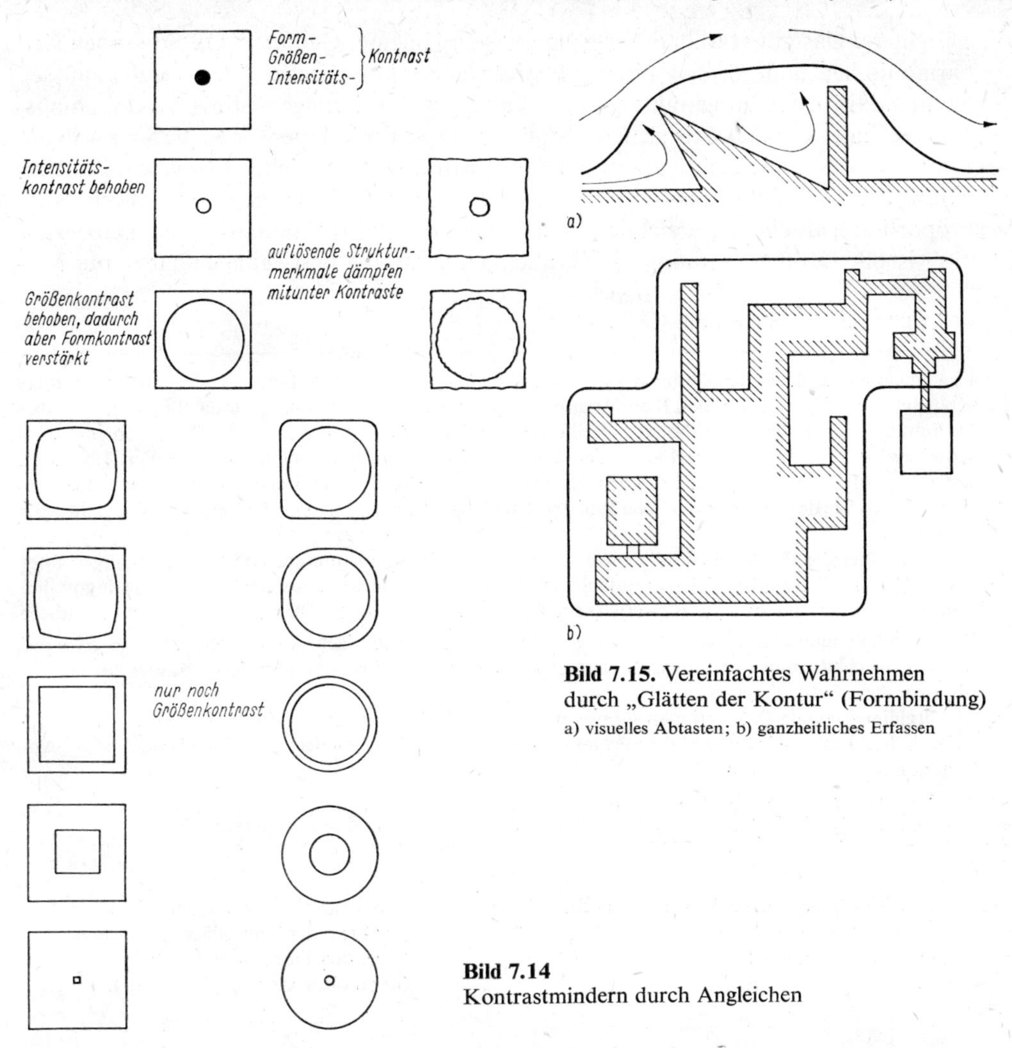

Bild 7.15. Vereinfachtes Wahrnehmen durch „Glätten der Kontur" (Formbindung)
a) visuelles Abtasten; b) ganzheitliches Erfassen

Bild 7.14
Kontrastmindern durch Angleichen

- *Formbindung/Formschluß.* Unruhige Konturen, die die Wahrnehmung behindern, sind durch Formbindung **(Bild 7.15)** zu glätten, wenn man nicht durch Umgliedern oder (visuellen) Formschluß **(Bild 7.16)** bessere Lösungen erreichen kann.
  Sind die maßlichen Voraussetzungen für eine gute Formbindung nicht gegeben, ist eine Form-gegen-Form-Anordnung bei guter Proportionierung usw. besser. Ergänzbare (additive, offene) Aufbauten erlauben nur selten oder teilweise Formbindungen.
- *Stufen.* Unterschiedwahrnehmungen werden durch sichere Stufensprünge φ der Reize

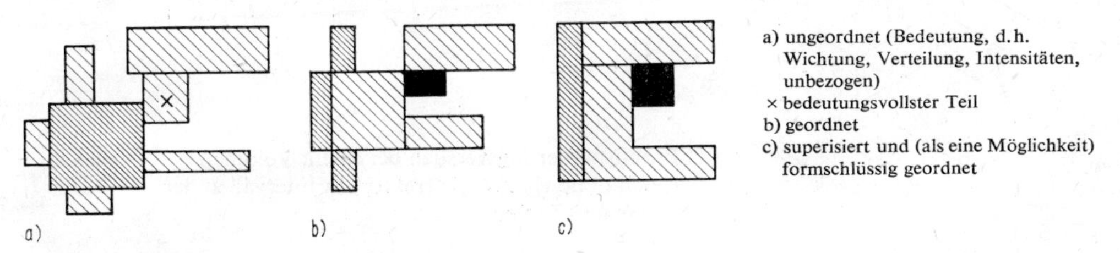

a) ungeordnet (Bedeutung, d.h. Wichtung, Verteilung, Intensitäten, unbezogen)
× bedeutungsvollster Teil
b) geordnet
c) superisiert und (als eine Möglichkeit) formschlüssig geordnet

Bild 7.16. Zum visuellen Ordnen-Vereinfachen

erleichtert. Das gilt vor allem für gleichartige Elemente. Geometrische Stufungen sind harmonischer und physiologisch günstiger als arithmetische. Andererseits müssen häufig additive Stufen gewählt werden. Für beide Forderungen ist die Verdopplungsreihe geeignet ($\varphi = 2$). Als sicherer Stufensprung ist mindestens $\varphi = 1{,}25$ zu wählen.

- *Proportionieren.* Die Erfaßbarkeit der Form wird durch ein sicheres bzw. stabiles Verhältnis der Teile untereinander und zum Ganzen entscheidend gefördert, durch „gute Proportion", als ein ausgezeichnetes Verhältnis von Wahrnehmungsgrößen. Dabei sind nur visuelle Größen bestimmend; maßlich-geometrische Festlegungen haben nur Mo-

Tafel 7.10. Proportionen als Modellverhältnisse

a) Für **eindimensionale** Unterteilungen sind seit alters her die Zahlenverhältnisse der Intervalle eines schwingenden eindimensionalen Kontinuums (Monochord) gebräuchlich.[1]) Für das Bilden modularer Ordnungen eignet sich die Fibonacci-Reihe besser: 1 1 2 3 5 8 13 21 ...[2]). Sie nähert sich mit fortschreitender Gliederzahl im Verhältnis der jeweils aufeinanderfolgenden Glieder dem Wert 1,6180..., der auch, auf 1 bezogen, den „Goldenen Schnitt" darstellt. Für harmonische Stufungen einer Proportionsfolge ist die dezimalgeometrische Reihe gut geeignet. Darin ist wieder die Verdopplungsreihe sehr praktisch.

b) Für **zweidimensionale** Proportionierungen eignen sich alle Schnittpunkte von Kreispackungen über reguläre Netze. Daraus hat sich das einfache wie das Doppelquadrat mit seinen geklappten Diagonalen und Seiten als besonders geeignet erwiesen. Für proportionierte Flächenfolgen entstehen auf diese Weise auch Seitenverhältnisse von $\sqrt{1}:\sqrt{2}:\sqrt{3}:\sqrt{4}:\sqrt{5}\ldots$ Die Fläche kann auch zentral ausbreitend in Zahlenverhältnissen der Intervalle des schwingenden zweidimensionalen Kontinuums proportioniert werden [7.20].

c) Für **dreidimensionale** Proportionen gibt es noch keine Zahlenmodelle, die gesichert sind. In der gestalterischen Praxis wird in den drei Projektionsebenen flächig gegliedert, um einen brauchbaren Anhalt zu haben.

[1]) $\frac{1}{1}\left(\frac{9}{8}\right)\frac{5}{4}\;\frac{4}{3}\;\frac{3}{2}\;\frac{5}{3}\left(\frac{15}{8}\right)\frac{2}{1}$ [2]) $\frac{1}{1}\;\frac{2}{1}\;\frac{3}{2}\;\frac{5}{3}\;\frac{8}{5}\;\frac{13}{8}\;\frac{21}{13}\ldots$

Beispiele

zu a) Proportionierungsversuche mit Intervallen des Goldenen Schnittes (oben) und mit $\frac{2}{1}$-Intervallen (unten).

zu b) Proportionierungsversuch eines Geräts (exakt: einer Seitenfläche) aus dem liegenden Doppelquadrat heraus (noch ohne visuelle Korrektur).

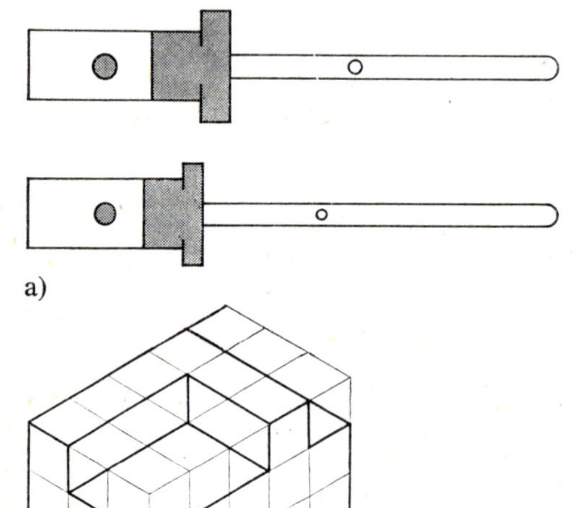

a)

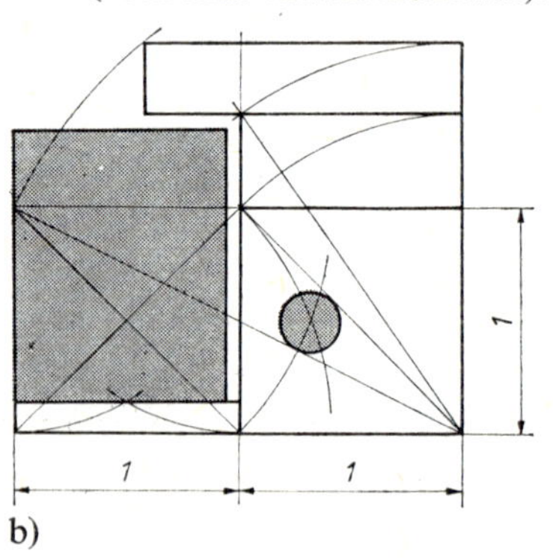

b)

zu c) Proportionierungsversuch bei einem Volumen (noch ohne visuelle Korrektur) in Intervallen der Fibonacci-Zahlen

c)

dellcharakter und werden durch Simultanwirkungen verzerrt. Zum Vorentwurf (Grobform) und zur Prüfung unklarer Verhältnisse lassen sich jedoch erprobte modellhafte Verhältnisse verwenden **(Tafel 7.10).** Verhältnisse über 7:1 werden nicht mehr erfaßt und sind zum Gliedern ungeeignet. Proportionen sind nur durch Augenschein endgültig zu bestimmen.

Ausgleichen. Alle Formelemente und Ordnungsmaßnahmen sind untereinander und zum Formprinzip so auszugleichen, daß Ausgewogenheit, Verträglichkeit und Einheitlichkeit bei der Verschiedenheit der Details gewährleistet ist und keine dem Formprinzip entgegenstehende Wirkung übrigbleibt (syntaktischer Aspekt der Ordnung; s. Bild 7.16).

Das *visuelle (sensuelle) Gleichgewicht* ist das Hauptmittel des Gesamtausgleichs. Visuelles Gleichgewicht herrscht, wenn kein Gefühl des Ergänzen- oder Verändernmüssens beim Betrachten verbleibt. Das menschliche Sehen ist für waagerecht verteilte Reizunterschiede um eine senkrechte Bezugslinie besonders empfindlich (Rechts-Links-Gleichgewicht). Senkrechte werden beim Sehen ungleich geteilt, weshalb das Oben-Unten-Gleichgewicht sich auf die „visuelle Mitte“ bezieht.

- Das visuelle Gleichgewicht darf dem mechanischen Gleichgewicht nicht widersprechen.
- Der visuelle Schwerpunkt soll im Hauptteil des Geräts liegen; alle Wahrnehmungselemente müssen dazu in Beziehung stehen.

Die gegenläufigen Wirkungen durch Kontraststeigern (Gliedern) und Kontrastmindern (Vereinheitlichen, Vereinfachen) sind auf die günstigste Weise entsprechend der Aufgabenstellung abzustimmen.

7.5.3. Assoziationen

Assoziationen sind psychisch bedingte Vorstellungsverknüpfungen anhand von Gestalteigenschaften **(Bild 7.17).** Die Assoziationsfähigkeit des Gebrauchers beschränkt die Anwendung in der Gestaltung, ist aber entwickelbar.

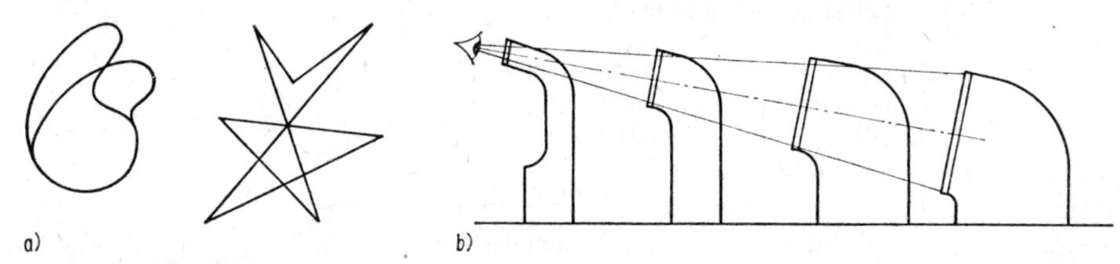

Bild 7.17. Assoziationen

a) Beispiel elementarer Assoziationen (nach Köhler), eindeutige Zuordnung von Wort(-klang) und Figur „Maluma“ und „Takete“, sozial und ethnisch unabhängig; b) höhere Assoziationen; ergonomisch bestimmte Gebrauchsformen (Archetypen von Einblickgeräten) wurden zu Assoziationsformen „verinnerlicht“ (Beispiele s. Tafel 7.11)

Die Bildung von neuen, gewollten Assoziationen ist am sichersten über Gestalteigenschaften möglich, die elementare Assoziationen hervorrufen und zu einer komplexen Assoziationsgestalt (Bedeutungsgestalt, Zeichen) verknüpfbar sind.

Fehlassoziationen beim Gebraucher entstehen aus Unkenntnis des Gestalters über dessen Verhaltensweisen, vor allem aber durch unvorhergesehene Verschmelzung von Wahrnehmungselementen eines Erzeugnisses mit solchen der Umwelt zu neuen Gestalten. Bei einer Fehlassoziation stimmt die Bedeutung der Form mit ihrer wirklichen Bedeutung, deren Gestalteigenschaft diese Assoziation auslöst, nicht überein **(Tafel 7.11).**

Da jedes technische Gebilde über eine Vielzahl unterschiedlicher assoziativer Gestalt-

Tafel 7.11. Beispiele für Assoziationen (vgl. auch Bild 7.17)

Ungünstige Lösung	Erläuterungen	Günstige Lösung
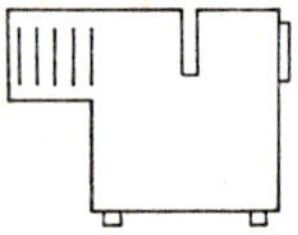	Die Richtwirkung der Form läßt den Projektionskegel auf der falschen Seite vermuten. Die ausgelöste Assoziation darf der wirklichen Wirkungs- und Gebrauchsweise nicht widersprechen. Die Formlogik ist aus informellen wie aus prinzipiellen Gründen (Einheit von Wesen und Erscheinung) wahrheitsgemäß zu entwickeln.	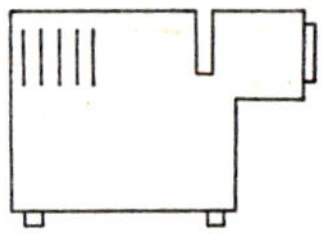
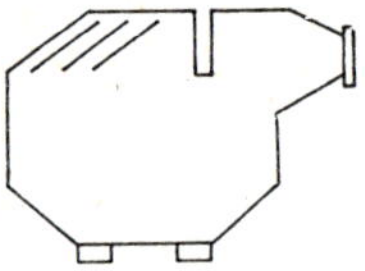	Ungeschickte Formenwahl kann Tierassoziationen (oder zu Menschen, Pflanzen usw.) hervorrufen. Diese sind dem Gerät wesensfremd und stören (dämpfen, irritieren) die Gebrauchsinformation.	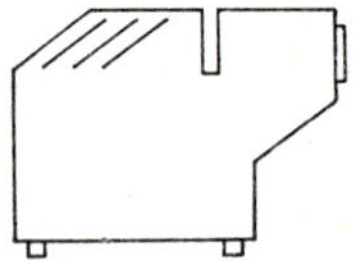
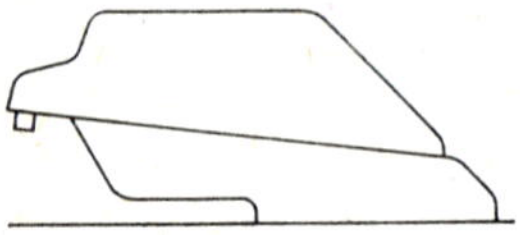	Assoziation der Bewegung und einer ungenügenden Kippsicherheit stimmen nicht mit den Eigenschaften eines Standgeräts überein. Daraus entstehen Fehlinformationen, die Gebrauchsunsicherheit und Unbehagen auslösen. In solchen Fällen sind sich nicht aufhebende Richtwirkungen zu vermeiden. Visuelle Kipplastigkeit kann durch unterschiedliche Intensitäten von Teilen des Baukörpers ausgeglichen werden.	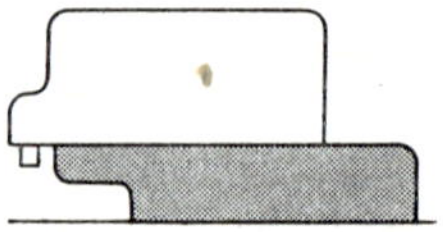
	Bei topologisch identischen Aufbaumerkmalen der Form können durchaus unterschiedliche Wirkungen der Form auftreten. Selbst geringfügige maßgeometrische Unterschiede führen mitunter zu wesentlich anderen Assoziationen. Deshalb müssen Formtendenzen an körperlichen Modellen mit allen notwendigen Gestalteigenschaften bestimmt werden.	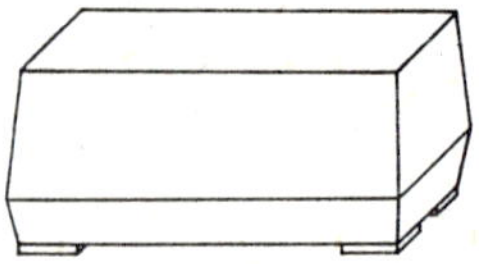
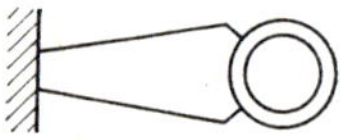	Die Form ist (statisch) in zweierlei Weise unsinnig: Der gefährdete Querschnitt ist am kleinsten, und die Scheinbewegung assoziiert die Einspannstelle als Abrißstelle. Die Form eines Trägers gleicher Festigkeit oder eine neutrale Form sichern einen statisch logischen Ausdruck.	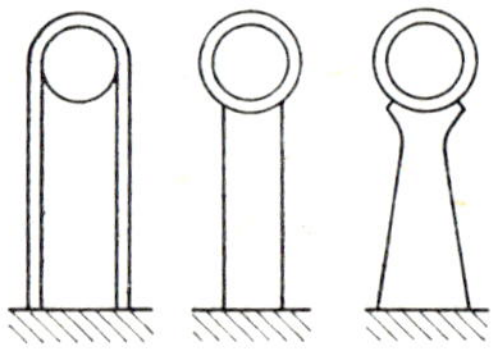
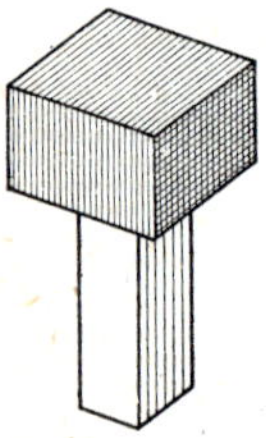	Das Gefühl der Kippunsicherheit kann durch das Verändern der Intensitäten behoben werden. Dabei entstehen allerdings auch andere Wirkungsänderungen, wie z.B. die Assoziation zum leichteren, auf dem Sockel verschieblichen Gerät.	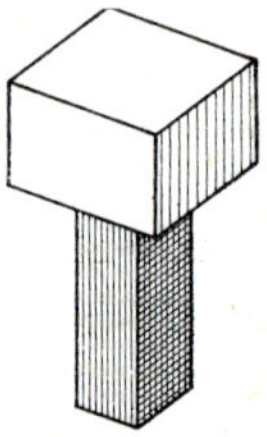

Tafel 7.11 (Fortsetzung)

Ungünstige Lösung	Erläuterungen	Günstige Lösung
A B C	Eine nur scheinbare Übersichtlichkeit, wegen einer nur formalen Ordnung, ist unbedingt zu vermeiden. Die formalistische Form des Schalthebels bewirkt den unentschiedenen Eindruck, welches Hebelende der Schaltstellungsanzeige gilt, verstärkt durch die doppelsinnige Zuordnung zu den Markierungen. Eindeutige Bedeutungsgestalten und Zuordnungen sind unerläßlich für die sichere Gebrauchstüchtigkeit von Erzeugnissen.	B A C
	Keine konkurrierenden Gestaltaktivitäten zulassen. Die Formtendenz darf nur eindeutig wirken (nicht wechselnd, ambivalent).	
	Unentschiedene Formcharaktere und Proportionen sind unbedingt zu präzisieren. Eine klare Formkonzeption (Einheitlichkeit der Wirkung zuerst) und sichere Proportionen sind das Gerüst einer übersichtlichen und zugleich charaktervollen, glaubwürdigen Erzeugniserscheinung.	

eigenschaften verfügt, hat der Formgestalter gezielt eine dem Charakter des Geräts angemessene Resultierende aus allen Teilassoziationen zur Formtendenz zu entwickeln. Die Formtendenz ist eine sinnliche, auf Gebrauchseigenschaften zielende Grundwirkung einer Form. Dabei müssen störende Assoziationen unterdrückt werden. Solche für den Gerätebau wesentlichen Assoziationen sind beispielsweise: das Robuste/Empfindliche, Leichte/Schwere, Statische/Dynamische, Lastende/Strebende, Präzise/Grobe, Aufnehmende/Abweisende (Behälter/Schutzhaube), Hygienische/Schmutzgerechte (Küchenmaschine/Grabeforke) usw.

Die Archetypen der Gebrauchsformen (s. Bild 7.7) sind als z.T. berufsbedingte höhere Assoziationen wirksam und müssen auch unter diesem Gesichtspunkt gestalterisch berücksichtigt werden.

7.6. Besonderheiten der Formgestaltung in der Gerätetechnik

7.6.1. Merkmale

Das **Allgemeine der Erscheinung von Geräten** ist durch Abmessungen geprägt, die zu denen des Menschen im Verhältnis $\leqq 1$ stehen. Mehrheitlich, vor allem bei tragbaren Geräten, ist sogar das Maßverhältnis zur Hand bestimmend. Im wesentlichen befinden sich alle Bau- und Wahrnehmungselemente in der sensuellen Handlungszone eines stehenden oder sitzenden Gebrauchers, ohne daß ein Wechsel der Gebrauchsstellung nötig wäre. Damit sind Geräte gegenüber anderen technischen Gebilden der Energie- oder Stoffverarbeitung mit teilweise architektonischen Dimensionen durch enge Nähe zum Gebraucher gekennzeichnet. Das trifft auch weitgehend auf Gerätebereiche in ausgedehnten größeren Baueinheiten zu.

Die **Gediegenheit** ist für den gesamten Gerätebaukörper, absolut gesehen, weitgehend gleich. Im (Groß-)Maschinenbau können dagegen durchaus absolut unterschiedliche (aber relativ gleiche) Anforderungen sinnvoll sein: menschferner, schmutznaher Bereich; menschnaher, schmutzferner Bereich u.a. (unterschiedliche Bereiche der Angemessenheit). Entsprechend dem sensuellen Auflösungsvermögen, insbesondere dem visuellen, ist wegen der Nähe bei Geräten Gediegenheit weitgehend mit Feinheit identisch. Der Gebraucher erwartet bewußt oder unbewußt bei technisch hochwertigen Geräten, z.B. bei technischen Konsumgütern, eine Spitzenqualität des Oberflächenzustands, ebenso bei Geräten, die ihnen besonders nah sind, wie Tischleuchten, u.a. Schon die kleinsten Mängel in der Ausführung, auch durch Beschädigung, können Geräte ästhetisch wertlos machen, weshalb sie nicht angenommen, d.h. nicht gekauft werden.

Gestaltfaktoren. Aus der vollständigen Gebrauchsnähe folgt, daß in der Gerätetechnik alle wahrnehmbaren allgemeinen Bauelemente, Betätigungs-, Melde- und Bezeichnungselemente untrennbar und ziemlich ranggleich gestaltwirksam sind und so auch bei der Gestaltung behandelt werden müssen (im Gegensatz zu größeren technischen Gebilden, wo deutlichere Gestalthierarchien mit teilweise autonomen Rangstufen zwischen Gerätebereich und sonstigen Bereichen und Elementen bestehen). Absolut gleiche Störgrößen wirken sensuell relativ stärker in der Gerätetechnik als im Maschinenbau.

Die menschlichen Glieder beim unmittelbaren Gebrauchen von Geräten (Hände, Finger, Fingerkuppen) sind Bestandteile der zu Wahrnehmungsgestalten führenden Elemente. Besonders werden dabei kinetische und wechselnde Wahrnehmungsverknüpfungen eingegangen.

Miniaturisierung im Verbund mit (Mikro-) Elektronik führt zur Vorherrschaft von Formen, die der Handhabung und Fingerbetätigung und der übrigen Sinnesübertragung untere Grenzen setzen und die Geräteerscheinung mitbestimmen.

Die Erscheinung von Geräten ist gekennzeichnet durch stark nach Archeytpen des Gebrauchs geprägte Formen, durch eine massenhaft verständliche Formensprache, Merkmale der spezifischen Fertigungsverfahren, durch die entscheidende Qualität der Gestal-

Tafel 7.12. Gesichtspunkte für die Gestaltung der Kopplungselemente Mensch–Gerät

- Jede Gestaltung der Betätigungsbereiche geht von den aus gründlichen Gebrauchsanalysen ermittelten Gebrauchsbedingungen aus, vorrangig hinsichtlich des Wahrnehmungsfelds, der logischen Ordnung (in Gruppeneigenschaften und Wichtungen), des günstigsten Gebrauchsablaufs und der ergonomischen Anpassung
- Der Aufbau sinnfälliger und flüssiger, d.h. eine leichte Wahrnehmung nicht behindernder „Informationslinien" und sicher erfaßbarer „informeller Gruppen" ist die gestalterische Grundlage sensuell geordneter Betätigungsbereiche.
- Alle Mittel des visuellen Ordnens (s. Abschn. 7.5.2.) werden angewendet, um auf dieser Grundlage
  - die Übereinstimmung der Wahrnehmungslogik, d.h. der Wahrnehmungserwartung mit der Logik des Funktions- bzw. Gebrauchsablaufs, d.h. mit der der Informationslinien, herzustellen
  - die Struktur sinnlicher Wirkungen mit der Bedeutungsstruktur gleichzurichten (Isomorphie)
  - visuelle Kompatibilität hinsichtlich der Informationsbeziehungen mit zu koppelnden Geräten von jeweils relativ abgeschlossener oder auch offener Ordnung zu sichern
  - zwischen diesen Kopplungselementen und dem Gerät als Ganzem eine harmonische Einheit durch Elemente- und Anordnungseigenschaften einerseits und durch Gestalteigenschaften der Geräteform andererseits herzustellen.
- Alle visuell bzw. sensuell erfaßbaren Elemente sind in die Gestaltung voll einzubeziehen. Es gibt für die Wahrnehmung keine nebensächlichen Elemente, außer sie haben eine Reizintensität, die im sensuellen Rauschen verschwindet.

Tafel 7.12 (Fortsetzung)

- Die wirkungsvollste erste Maßnahme, um übersichtliche und einfach wahrnehmbare Gebrauchsbereiche zu schaffen, ist das Mindern der Anzahl von Bau- bzw. Wahrnehmungselementen. Die sichtbaren Bauelemente im Gebrauchsbereich sind vorzugsweise auf die zum ständigen Betrieb notwendigen zu beschränken, selten gebrauchte Elemente sind auf Nebenseiten oder verdeckt anzuordnen.
  Integrierende Betätigungen mit entsprechenden Elementen sind bevorzugt zu entwickeln.
  Wahrnehmungselemente sind auf die Anzahl zu verringern, die noch eine förderliche Redundanz zuläßt. Beispielsweise sollen wahrnehmbare Umrandungen nur einmal erscheinen, nicht vielfältig gestaltlich gedoppelt, als Folge umständlicher konstruktiv-technologischer Lösungen (verschiedene Kanten, Fugen, Fasen, Farben, Glanzgrade als Umrandung eines Gebiets).
  Die Anzahl der Kontraste unterschiedlicher Art ist auf den Kleinstwert zu senken, bei dem eine notwendige Gliederung noch sicher erfaßt werden kann (Richtungskontraste, Farb- und Glanzkontraste sind besonders gering zu halten).
- Das visuelle Gleichgewicht, rechts–links und oben–unten, ist besonders zu beachten.
- Entstehende Rand- und Restflächen müssen wie selbständige visuelle Elemente sorgfältig in die Gesamtgestaltung einbezogen werden.
- Die äußere Begrenzung eines Betätigungsbereichs bzw. die des Geräts hat als visuelles Bezugssystem einen wesentlichen Einfluß auf die Anordnungsrichtungen und -muster der Kopplungselemente. Je mehr davon abweichende Richtungen wahrnehmbar sind, desto unübersichtlicher wird die Ordnung.
- Bevorzugte Abtastrichtungen sind durch jeweilige Lesegewohnheiten gegeben, abhängig von den spezifischen Lagebedingungen des Gebrauchers zum Arbeitsbereich/Wahrnehmungsfeld.
- Die Figur-Grund-Verhältnisse als Farb-, Helligkeits- und Strukturkontraste sind besonders sorgfältig zu stufen.
- Ununterbrochene, eng und im gleichen Abstand angeordnete Elemente werden vom Auge wie eine Oberflächenstruktur registriert (verrauscht). Sie können als Ganzes durch eine starke Richtwirkung ablenken. Abhilfe: Gliedern.
- Die Bezüge von Elementen untereinander in einer Informations- und Wahrnehmungslinie oder informellen und Wahrnehmungsgruppe werden nach den jeweils unterschiedlichen bzw. relativen visuellen und/oder informellen Schwerpunkten der einzelnen Elemente hergestellt, vorzugsweise durch Anordnung auf Achse oder Anordnung auf Begrenzung (Bild 7.18) (obere, untere oder seitliche Begrenzung nach Leseverhalten oder Anschlußbedingungen zu anderen Geräten oder Gerätebereichen).
  Werden Elemente mit ausfüllenden und eingezogenen Umrissen (z.B. Quadrat und Kreis) „auf Begrenzung" angeordnet, so muß die eingezogene Figur (Kreis) die Fluchtlinie der ausfüllenden Figur (Quadrat) um ein weniges überschreiten, d.h. visuell ausgeglichen werden, um wirklich fluchtend zu wirken.
- Bezeichnungselemente und Meldeelemente sollen möglichst weder durch die Betätigungselemente (verschiedene Blickrichtungen beachten) noch durch die Hand beim Betätigen verdeckt werden.
- Geräteteile, die vom Tastsinn des Menschen erfaßt werden (Betätigungselemente vor allem), sind durch den Werkstoff und die Oberflächenbeschaffenheit berührungsfreundlich zu gestalten. Bei häufigem Kontakt mit dem menschlichen Körper ist dieser Gesichtspunkt kompromißlos anzuwenden.

• Spezielle Gestaltungsregeln und Anordnungsmuster, selbst für nur einen Gerätetyp, haben einen beschränkten Wert, schließen Verbesserungs- und Entwicklungsmöglichkeiten aus und lassen sich durch andere Lösungsmöglichkeiten aufheben. Das visuelle Ordnen ist zu komplex, als daß ausschließende Bedingungen für die Anordnung formuliert werden könnten. Jede verbindliche Festlegung gilt nur als spezielle Standardisierungsmaßnahme, nicht als Gestaltungsregel schlechthin. Bisherige Versuche, derart die Gestaltungsmöglichkeiten einzugrenzen, haben sich nicht bewährt, schon, weil oft zunehmend hohe Elementedichten immer neue und ausgeklügeltere Lösungen erfordern.
Effekthascherei, modische Tendenzen und plakative Werbeabsichten haben an Geräten nichts zu suchen, auch weil diese eine relativ lange Lebensdauer haben und in den verschiedensten Kombinationen mit Geräten anderer Hersteller zusammenwirken, diesen vergleichbar gegenüberstehen und mit ihnen harmonisieren müssen. Vor allem beeinträchtigen solche unseriösen Mittel den Gebrauch („visueller Lärm").

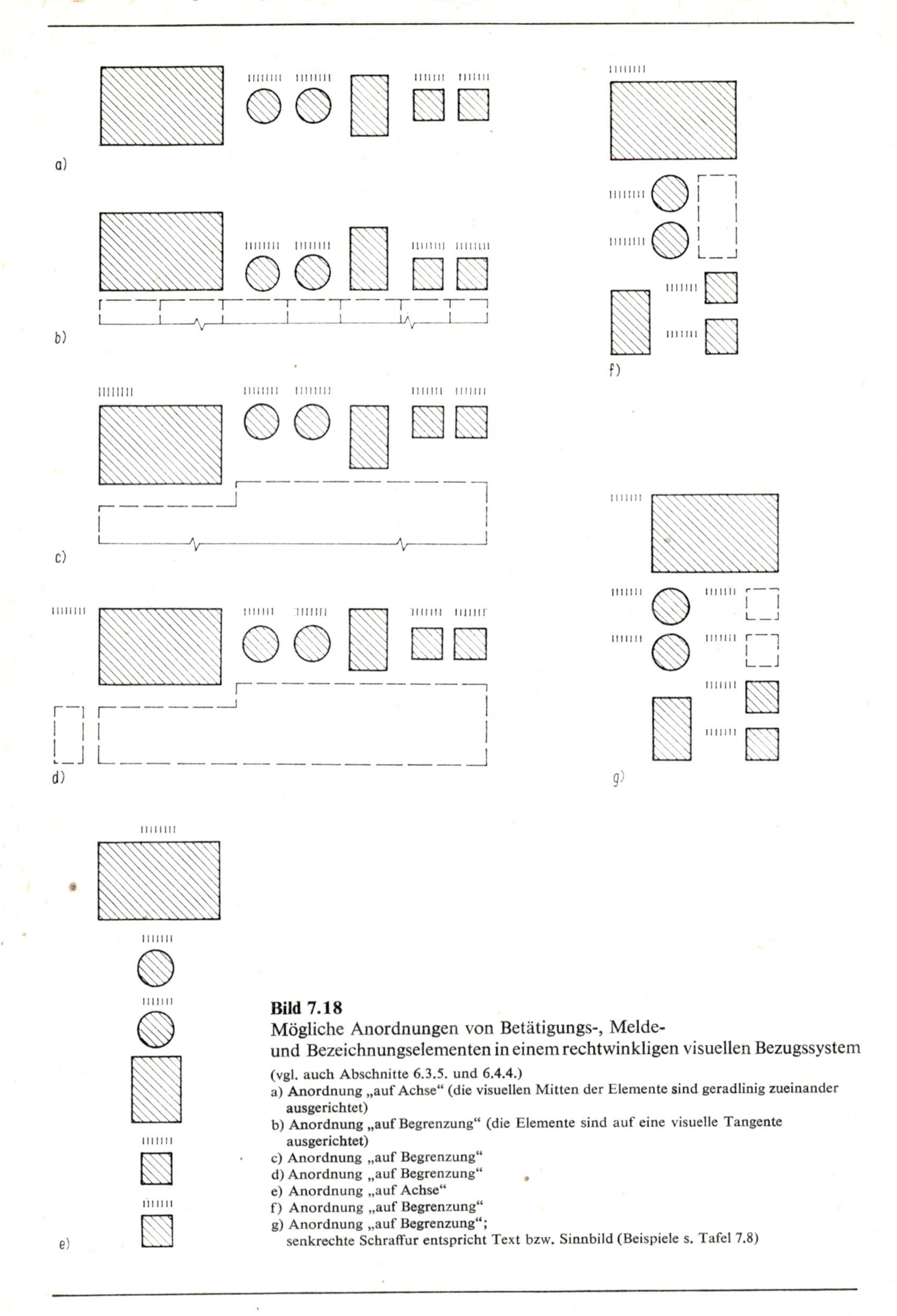

Bild 7.18
Mögliche Anordnungen von Betätigungs-, Melde- und Bezeichnungselementen in einem rechtwinkligen visuellen Bezugssystem
(vgl. auch Abschnitte 6.3.5. und 6.4.4.)
a) Anordnung „auf Achse" (die visuellen Mitten der Elemente sind geradlinig zueinander ausgerichtet)
b) Anordnung „auf Begrenzung" (die Elemente sind auf eine visuelle Tangente ausgerichtet)
c) Anordnung „auf Begrenzung"
d) Anordnung „auf Begrenzung"
e) Anordnung „auf Achse"
f) Anordnung „auf Begrenzung"
g) Anordnung „auf Begrenzung";
senkrechte Schraffur entspricht Text bzw. Sinnbild (Beispiele s. Tafel 7.8)

Tafel 7.13. Beispiele für Anordnungen von Betätigungs-, Melde- und Bezeichnungselementen in einem rechtwinkligen visuellen Bezugssystem (vgl. auch Bild 7.18)

Ungünstige Lösung	Erläuterungen	Günstige Lösung
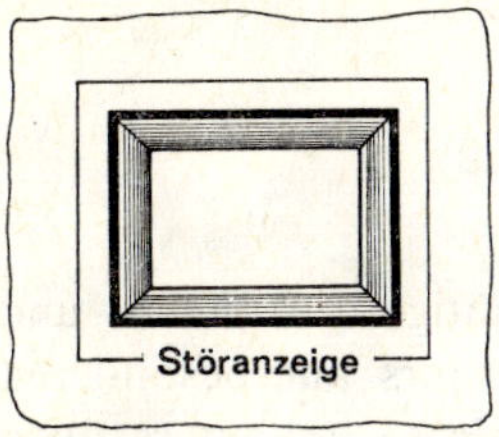 Störanzeige	Viel hilft nicht viel, weniger ist mehr in der Formgestaltung. Unnötige Redundanzen und Formelemente lenken ab, belasten psychisch und sind ästhetisch unbefriedigend („visueller Lärm"). Besonders für die zunehmende relative Fülle auf Informations- und Betätigungsflächen ist eine Reizüberflutung zu vermeiden.	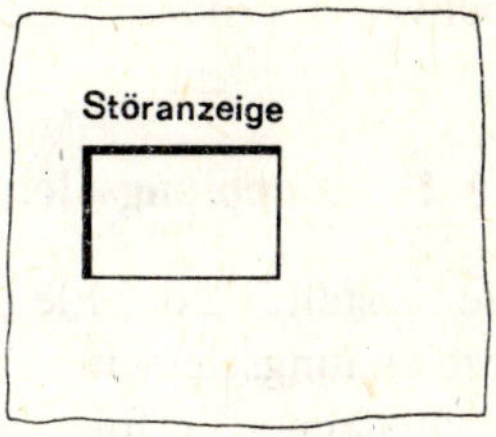 Störanzeige
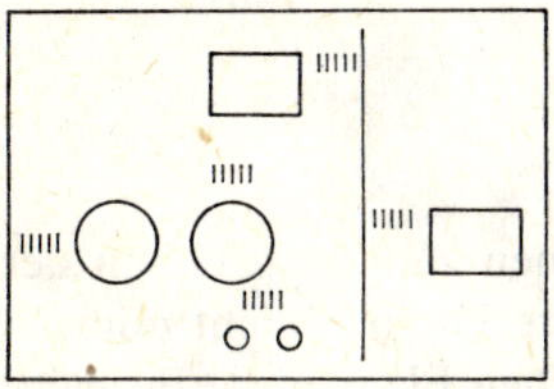	Eindeutig zu erfassende Zuordnungen bedingen eine dementsprechende logische Ordnung, das Beachten des Gesetzes der Nähe (die jeweils näher liegenden Elemente werden als zusammengehörig erfaßt) und die Einheitlichkeit der Lage der Bezeichnungen zum Bezeichneten.	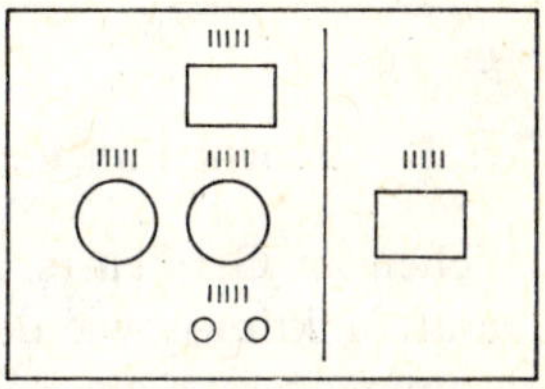
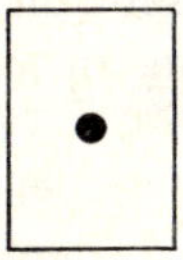	Die Anordnung in der geometrischen Mitte bewirkt Unsicherheit in der Lageerfassung und eine daraus folgende, unbewußte nervale Belastung. Statt dessen sind die visuelle Mitte oder andere, sicher „rastende" Lagen im Wahrnehmungsfeld vorzusehen, um einen stabilen, nicht irritierenden Eindruck zu gewährleisten.	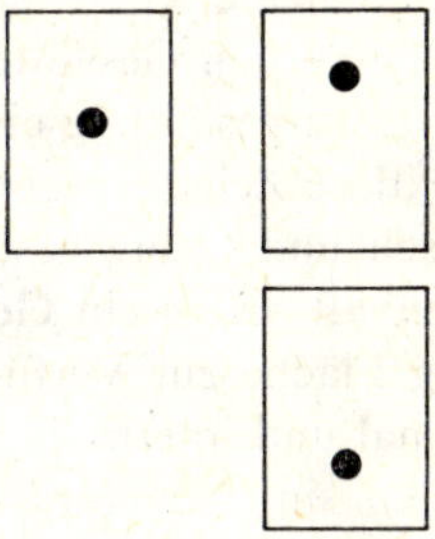
 1 Wählen	Wahlloses Anwenden (besonders aktiver) Bedeutungsgestalten und Doppelverweise unbedingt vermeiden. Wahrnehmungshygiene beachten: Sanftes, gleitendes Abtasten oder einfaches ganzheitliches Erfassen sichern. Zeicheninhalte entkoppeln, Hinweiszeichen überhaupt vermeiden, wenn durch die Logik der Anordnung eindeutige Hinweise möglich sind.	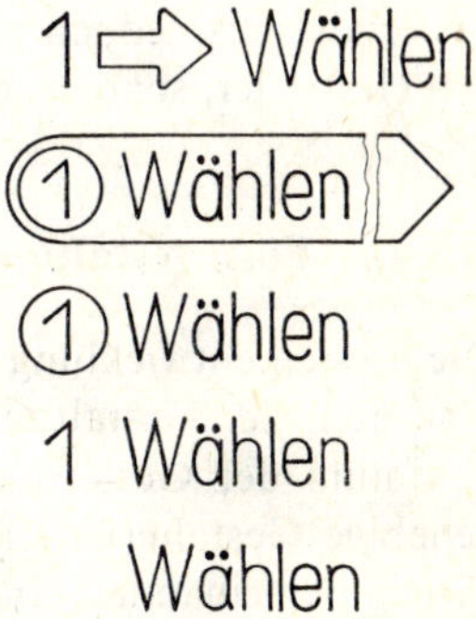 1 Wählen 1 Wählen 1 Wählen 1 Wählen Wählen
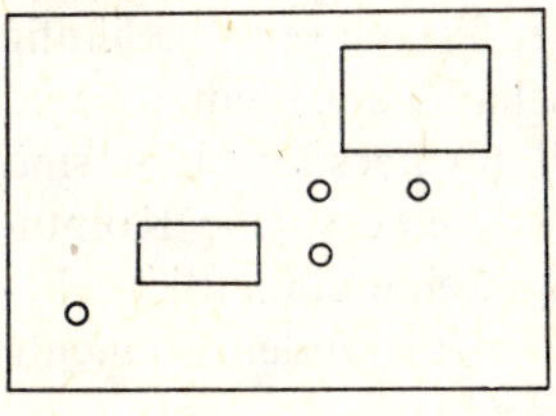	Nicht zum visuellen Bezug (Begrenzungskanten) gleichgerichtete Wahrnehmungsverläufe (hier: gekrümmt, nach oben dynamisch wirkende Wahrnehmungsachse) destabilisieren eine für sichere Arbeitsabläufe notwendige Erfaßbarkeit. Nicht koordinierbar mit anderen, gekoppelten Geräten kann dadurch ein Wahrnehmungschaos entstehen.	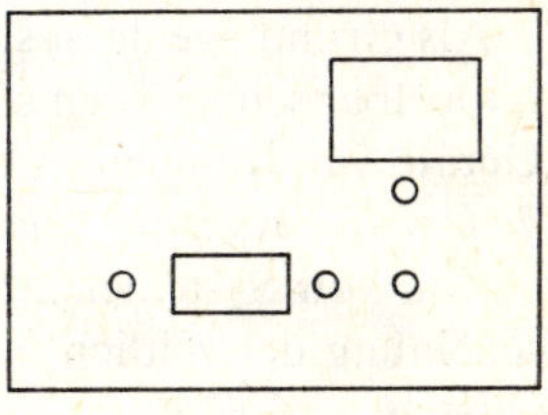

tung der Kopplungselemente Mensch–Gerät, durch eine hohe Gediegenheit von Entwurf und Ausführung und Verkleinerung. Die gelungene Formgestaltung trägt einerseits zur Produktveredelung bei und spiegelt andererseits den auch technisch-intelligenzintensiven, hohen Veredelungsgrad dieser Erzeugnisse durch ein gleichrangiges, intelligentes und hochverfeinerndes, dabei nie vordergründiges Design wider.

7.6.2. Kopplungselemente Mensch–Gerät

Die Gestaltung der Elemente für die ergonomische Kopplung (Betätigungs-, Melde- und Bezeichnungselemente) und ihre Anordnung an Geräten, besonders auf besonderen Geräteflächen, erfolgt nach den in **Tafel 7.12** dargestellten Gesichtspunkten (s. auch **Tafel 7.13** und Abschn. 6.3.5. und 6.4.4.).

7.6.3. Zeichen an Geräten (Bezeichnungselemente)

Zeichen an Geräten (s. auch Bild 7.9, Tafeln 7.3 und 7.4) dienen zum Bezeichnen der Gerätefunktion sowie der Betätigungs- und Meldeelemente. Ihre Form besteht oder ist zusammengesetzt aus Schrifttypen (Schrift) und anderen grafischen Elementen. Bezeichnungselemente können das visuelle Gleichgewicht sowie die Wahrnehmungsabläufe stören und den Gesamteindruck wesentlich beeinflussen, weshalb sie von Anfang an in die Gesamtgestaltung einzubeziehen sind.

Textlose Zeichen werden aus einzelnen Schrifttypen, sonstigen Sinn- oder Bildzeichen grafisch und farbig gestaltet (Typenzeichen, Sinnbilder, Piktogramme). Sie sind dann vorteilhaft, wenn ein Gerät in verschiedene Sprachgebiete zu exportieren ist und wenn wenig Fläche zur Verfügung steht. Nachteilig ist die Lernarbeit, vor allem wegen der national und international so unterschiedlichen Zeichen für dieselben Inhalte. Textlose Zeichen sind standardisierungsfreundlich und können mit wenigen Grundelementen einen nahezu unerschöpflichen Vorrat an Kombinationen bilden. Entscheidend für die Anwendung ist jedoch nicht der Standardisierungsgrad und der ökonomische Vorteil für den Hersteller, sondern die Zumutbarkeit für den Gebraucher (Richtlinien s. **Tafel 7.14**).

7.6.4. Formgestaltung von Gerätesystemen

Die Systementwicklung fordert auch vom Formgestalter nicht das sonst spezifische Optimum der Gestaltung eines Geräts oder einer Typenreihe, sondern ein universelles Optimum der Gestaltung komplexer Gerätesysteme. Neue Erzeugnisse müssen durch beliebige Gestalterkollektive zu beliebigen Zeitpunkten und an beliebigen Orten unabhängig voneinander einheitlich und zwangsläufig gut gestaltet werden können. Dabei müssen gegenwärtige und künftige Bedürfnisse und Produktionsweisen inbegriffen sein.

Als Grundlage dazu sind langfristig wirkende Systemparameter festzulegen, die häufig koppelbar sein müssen und eine dynamische Erweiterung neuzuschaffender Elemente und Geräte im Rahmen des Systems ermöglichen sollen. Speziell formgestalterisch sind *ästhetische Koppelgrößen* die Parameter der Gerätegestaltung, die eine solche Kombination von Systemelementen gewährleisten, daß beim Betrachten eine einheitliche Erscheinung der zeitlich und örtlich verschieden entstandenen konstituierenden Elemente entsteht.

Um modern bleiben zu können, müssen sie modisch neutral sein.

Tafel 7.14. Richtlinien für Zeichen an Geräten (Bezeichnungselemente)

- Bezeichnungselemente sind so sparsam und übersichtlich wie möglich sowie abgestimmt mit der Gesamtgestaltung einzusetzen.
- Ein Nebeneinander verschiedener Schriftarten, auch verschieden aufgebrachter Ausführungen, ist zu vermeiden.
- Für Kurzbezeichnungen (Fleckwirkung), die stets zu bevorzugen sind, sind serifenlose Schriften (z.B. Folio, Univers, Supergrotesk, Fundamental oder Sondergroteskschriften) einzusetzen. Für lange Texte sind Schriften mit Serifen besser erfaßbar (z.B. Bodoni).
- Die Schriftart und -größe ist nach der Lesegeschwindigkeit, dem häufigsten Beobachtungsabstand, den Lichtverhältnissen, der Druck- bzw. Aufbringequalität und anderen Bedingungen zu wählen. Die Größe soll $\frac{1}{200}$ des Betrachtungsabstands nicht unterschreiten, aber so klein wie möglich sein, wenn der Gesamteindruck durch die Schrift nicht gestört werden darf oder der Platzbedarf es erfordert.
- Kleinbuchstaben sind bis zu 3 m Entfernung besser lesbar, Großbuchstaben ab 5 m.
- Zugleich fette, schmale und zu enge Schrift ist schwer lesbar.
- Textlose Zeichen müssen in ihrer Größe und formalen Gestaltung an gleichzeitig verwendete Schriften angepaßt sein. Die Größe und das „Gewicht" unterschiedlicher textloser Zeichen ist visuell zu vereinheitlichen (visuelle Nenngröße).
- Mehrfarbige Bezeichnungselemente sind nur anzuwenden, wenn funktionelle Zuordnungen nicht anders ausgedrückt werden können (durch Verteilung usw.). Dafür ist Mehrfarbigkeit oft Hilfslinien, Umgrenzungslinien oder Bezugslinien vorzuziehen.
- Die Abstände der Zeichen von Betätigungs- und Meldeelementen sind so zu wählen, daß ein ausgeglichenes Gesamtbild entsteht. Der Abstand entspricht meist der Zeichenhöhe. Er ist innerhalb einer zusammengehörenden Gruppe kleiner als zu einer anderen Gruppe festzulegen.
- Typenbezeichnungen, Herstellerangaben usw. sind ebenso zu behandeln, wie die sonstigen Bezeichnungselemente. Sie werden bevorzugt in Schriftblöcken zusammengefaßt. Allein ihre Erkennbarkeit aus einem größeren Betrachtungsabstand (Lager, Überwachung u. ä.) kann eine entsprechend größere Ausführung erfordern. Seriöse Hersteller verzichten auf unseriöse Zeichen.

Alle Formelemente der Wahrnehmung sind so einzusetzen, daß durch eine beliebige (aber sinnvolle) Kombination in jedem Fall gut proportionierte, harmonisch abgestimmte und technisch effektive Lösungen entstehen **(Tafel 7.15).** Dazu sind systembezogene Gestaltungsrichtlinien zu entwickeln [7.24].

Tafel 7.15. Beispiel für die Formgestaltung von Gerätesystemen

Ungünstige Lösung	Erläuterungen	Günstige Lösung
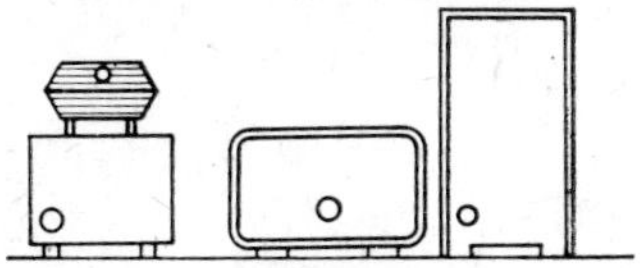	Unzumutbare psychophysische Belastungen sind die Folge von irritierenden, die Wahrnehmung erschwerenden ungeordneten und gegenläufigen Formtendenzen. Klare Formbezüge und sprungfreie Zuordnungen der Wahrnehmungsachsen im System entlasten den Gebraucher erheblich.	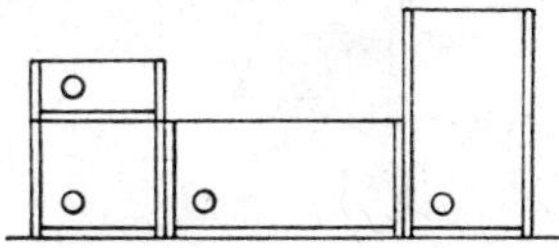

Literatur zu Abschnitt 7.

Bücher

[7.1] Technische Formgestaltung, Leitlinien. Berlin: Kammer der Technik 1968.
[7.2] *Gericke, L.; Richter, K.; Schöne, K.:* Farbgestaltung in der Arbeitsumwelt. Berlin: VEB Verlag Tribüne 1981.
[7.3] *Löbach, B.:* Industrial Design. München: Thiemig 1976.
Seeger, H.: Industriedesigns. Grafenau: expertverlag 1984.
[7.4] KDT-Empfehlung: Erzeugnisentwicklung und industrielle Formgestaltung. Berlin: Kammer der Technik 1976.
[7.5] *Frick, R.:* Struktur des interdisziplinären Produkt-Entwicklungsprozesses. Lehrbrief Nr. 3. Halle: Hochschule f. ind. Formgestaltung 1978.
[7.6] *Sintschenko, W.P.; Munipow, W.M.; Smoljan, G.L.:* Ergonomische Grundlagen der Arbeitsorganisation. Berlin: VEB Dt. Verlag d. Wissenschaften 1976.
[7.7] *Neumann, J.; Timpe, K.-P.:* Psychologische Arbeitsgestaltung. Berlin: VEB Dt. Verlag d. Wissenschaften 1976.
[7.8] *Burandt, U.:* Ergonomie für Design und Entwicklung. Köln: Otto Schmidt Verlag 1978.
[7.9] *Seiffert, R.; Teubert, K.:* Wege zur Schutzgüte. Berlin: Verlag Tribüne 1972.
[7.10] *Moles, A.A.:* Informationstheorie und ästhetische Wahrnehmung. Köln: Verlag M. DuMont Schauberg 1971.
[7.11] *Brockhaus:* ABC der Optik. Leipzig: VEB F. A. Brockhaus Verlag 1961.
[7.12] *Ellinger, Th.:* Die Informationsfunktion des Produktes. Köln-Opladen: Westdeutscher Verlag 1966.
[7.13] *Klaus, G.:* Semiotik und Erkenntnistheorie. Berlin: VEB Dt. Verlag d. Wissenschaften 1969.
[7.14] *Renner, P.:* Ordnung und Harmonie der Farbe. Ravensburg: Otto Maier Verlag 1948.
[7.15] *Garnich, R.:* Ästhetik, Konstruktion und Design. Ravensburg: Otto Maier Verlag 1977.
[7.16] Ästhetik heute. Berlin: Dietz Verlag 1978.
[7.17] *Metzger, W.:* Gesetze des Sehens. Frankfurt/M.: Verlag W. Kramer 1953.
[7.18] *Klix, F.:* Information und Verhalten. Berlin: VEB Dt. Verlag d. Wissenschaften 1971.
[7.19] *Gericke, L.; Schöne, K.:* Das Phänomen Farbe. Berlin: Henschelverlag 1970.

Aufsätze

[7.20] *Hückler, A.:* Der Weg zum Gegenständlichen. form + zweck *9* (1977) 5, S. 24.
[7.21] *Hückler, A.; Sitte, C.:* Arbeitsstufen der Gestaltung. form + zweck *4* (1972) 1, S. 9.
[7.22] *Heinemann, K.-J.:* Von Funktion zu Gestalt. form + zweck *8* (1976) 1, S. 24.
[7.23] Zeitschrift Kunst + Unterricht, Sonderheft 1971.
[7.24] *Gattnar, K.-D.; Böhnisch, G.:* Probleme der Erzeugnisgestaltung komplexer Gerätesysteme. Vortrag KDT, unveröffentlichtes Manuskript 1971.
[7.25] *Hückler, A.:* Zielorientierung Minimalform. form + zweck *5* (1973) 3, S. 13; *5* (1973) 4, S. 43.
[7.26] *Seeger, H.:* Der Kundentyp als Bestimmungsgröße. Feinwerktechnik und Meßtechnik 92 (1984) 3, S. 105.
[7.27] *Hückler, A.:* Einführung in die industrielle Formgestaltung. Lehrbrief 1 und 2. Berlin: Kammer der Technik 1983.

8. Geräteverpackung

Mehr als 90% aller industriellen Erzeugnisse erfordern eine Verpackung. Dieser hohe Anteil unterstreicht die Bedeutung des Wissens über derartige Aufgaben.

Verpacken ist nicht Selbstzweck, sondern als letzte Stufe des betrieblichen Produktionsprozesses ein objektives Erfordernis. Mit richtigen und zweckmäßigen Verpackungen wird gesichert, daß die produzierten Güter möglichst ohne Wertminderung und auf ökonomische Weise vom Erzeuger zum Verbraucher gelangen. Die Entwicklung zweckmäßiger Verpackungen kann allerdings nicht allein von Spezialisten vorgenommen werden, sondern es sind bereits bei der Konstruktion von Geräten verpackungs- und transportgerechte Richtlinien zu beachten.

Die volkswirtschaftliche Bedeutung der Verpackung wird deutlich, wenn man den Anteil der Verpackungskosten an den Produktionskosten betrachtet, der je nach Gutart zwischen 1 und 60% beträgt. Bei feinmechanischen, optischen und elektronischen Erzeugnissen liegt er bei etwa 1 bis 4%.

Da Verpackungen materialintensiv sind, der Materialverbrauch aber nicht proportional mit der Produktion gesteigert werden kann, sind Maßnahmen zur Verbesserung des Verpackens meist sehr effektiv. Jeder Finalproduzent und damit Versender ist gemäß den verkehrsrechtlichen Bestimmungen vor allem für die sichere Verpackung verantwortlich, weil er die spezifischen Eigenschaften seines Erzeugnisses und dessen Empfindlichkeit gegenüber der Belastung während Transports, Umschlags und Lagerung am besten kennt. Durch ihre Hauptfunktion, die Erhaltung des Gebrauchswerts und des Werts der Ware, trägt die Verpackung letztlich zur Sicherung der Erzeugnisqualität bei, wobei allgemein eingeschätzt wird, daß 70 bis 80% der beim Transport auftretenden Schäden vermeidbar sind.

Das Verpackungswesen umfaßt die Gesamtheit aller Organisations- und Tätigkeitsbereiche der Herstellung von Verpackungswerkstoffen, -mitteln, -hilfsmitteln und -maschinen sowie der Technologien, Verfahren und Methoden beim Verpacken von Gütern in der letzten Stufe des Reproduktionsprozesses einschließlich der dafür erforderlichen Forschungs- und Entwicklungsleistungen. Die Grundbegriffe des Verpackungswesens sind in **Tafel 8.1** zusammengestellt. Ihre Beziehungen zueinander werden im **Bild 8.1** gezeigt. Abgeleitete Begriffe geben darüber hinaus nähere Informationen zur Anwendung der Verpackungsmittel. Ihre Bildung kann beispielsweise erfolgen nach

- der aufzunehmenden Anzahl der Einheiten (Einzel-, Sammelverpackungsmittel)
- der Festlegung der Menge des Gutes (Stück-, Masse-, Volumen-, Kleinverbraucherverpackungsmittel)
- der Anzahl der Umläufe (Einweg-, Mehrwegeverpackungsmittel)
- der Art des Wechsels zwischen Eigentümer und Besitzer (Leih-, Rücklaufverpackungsmittel)
- der Eignung für den Transport (Transport-, Verbraucherverpackungsmittel)
- dem Transportweg (Landweg-, Luftweg-, Seewegverpackungsmittel)
- dem Handelsgebiet (Inland-, Exportverpackungsmittel)

Tafel 8.1. Grundbegriffe des Verpackungswesens

Benennung	Kurzzeichen	Begriffsbestimmung
Verpackung	V	Mittel oder Gesamtheit von Mitteln, die zum Schutz des Gutes vor Gebrauchswertminderung, zur Erleichterung der Handhabung des Gutes und zum Schutz der Umwelt im Zirkulationsprozeß dienen
Verpackungsmittel	VM	Hauptbestandteil der Verpackung (Erzeugnis), ist zur Aufnahme des Gutes bestimmt
Verpackungshilfsmittel	VHM	Bestandteil der Verpackung (Erzeugnis), gewährleistet ohne oder mit dem Verpackungsmittel die volle Funktion der Verpackung
Verpackungswerkstoff	VW	Werkstoffe, aus dem Verpackungsmittel und Verpackungshilfsmittel hergestellt werden
Gut	G	Erzeugnis, das bis zu seiner Benutzung oder seinem Verbrauch vor Gebrauchswertminderung zu schützen ist und dessen Handhabung bei Transport, Lagerung, Verkauf und Gebrauch erleichtert werden soll
Verpacken	–	Vorgang, bei dem das Gut unter Verwendung von Verpackungsmitteln und -hilfsmitteln transport-, lager-, verkaufs- bzw. gebrauchsfähig gemacht wird
Packung	P	Einheit von Gut und Verpackung

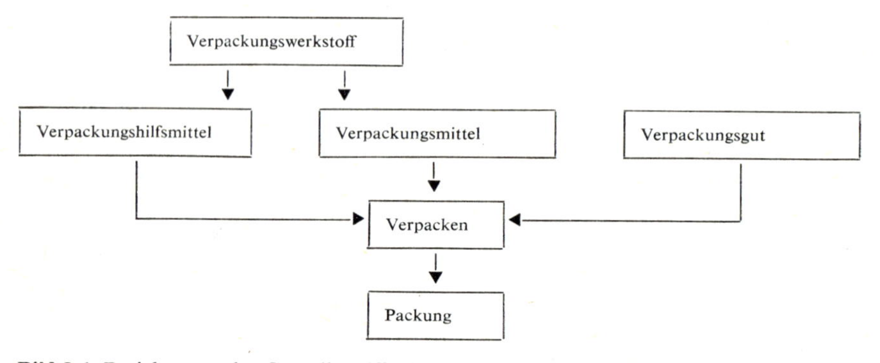

Bild 8.1. Beziehungen der Grundbegriffe des Verpackungswesens untereinander

- dem Empfänger (Einzelhandels-, Großhandels-, Industrieverpackungsmittel)
- der Eigenstabilität (flexibles, starres oder zerbrechliches Verpackungsmittel)
- der Formveränderung (faltbares, zerlegbares oder stapelfähiges Verpackungsmittel)
- der Art der Ausstattung (Geschenk-, Sichtverpackungsmittel).

In Verbindung mit dem Werkstoff (Papier, Karton, Pappe, Wellpappe, Holz, Glas, Metall, Gewebe, Plaste, Verbundwerkstoffe) ist nur der Begriff „Verpackungsmittel“ zulässig, z.B. Verpackungsmittel aus Holz.

Weitere detaillierte Angaben sind TGL 29163 bzw. DIN 55405 zu entnehmen.

8.1. Funktion der Verpackung

Verpackungen müssen den vielfältigen Anforderungen während des Reproduktionsprozesses, der Zirkulation (Lagerung und Transport) und der Konsumtion gerecht werden. Der größte Teil dieser Anforderungen läßt sich in drei Gruppen zusammenfassen:

- Schutz des verpackten Gutes (Schutzfunktion)
- Rationalisierung der Produktion, des Transports und der Lagerung (Rationalisierungsfunktion)
- Vermittlung von Informationen für Lagerung und Transport sowie für die Behandlung und Verwendung des verpackten Gutes (Informations- und Werbefunktion).

Diese drei Hauptfunktionen beeinflussen und bedingen sich gegenseitig, wobei sich keine durch eine andere ersetzen läßt.

8.1.1. Schutzfunktion

Die Schutzfunktion, als ursprünglichste und wichtigste Funktion einer Verpackung, erstreckt sich auf den Schutz des verpackten Gutes während Lagerung, Transport und Konsumtion, einerseits mit dem Ziel der Sicherung von Quantität und Qualität der Erzeugnisse (Gebrauchswerterhaltung). Andererseits erfüllt die Verpackung auch die Funktion des Schutzes der Umwelt vor Einflüssen durch das verpackte Gut, wie beispielsweise bei giftigen, feuergefährlichen und explosiven Erzeugnissen.

Bei der Beurteilung der Schutzfunktion einer Verpackung müssen die Eigenschaften des Gutes sowie der Verpackungsmittel, -werkstoffe, -hilfsmittel und -elemente, mögliche Veränderungen des verpackten Gutes, Wechselwirkungen zwischen Verpackung und Gut, Einflüsse der Umgebung (mechanische und klimatische Beanspruchungen) auf Verpackung und Gut, Versandvorschriften der Verkehrsträger, angewendete Verpackungstechnologien und Anforderungen des Verbrauchers bzw. Endabnehmers berücksichtigt werden.

Das Streben nach hoher Schutzfunktion darf jedoch nicht zu sog. Überverpackungen mit ökonomisch nicht vertretbar hohem Aufwand führen (s. auch Abschn. 8.5.).

8.1.2. Rationalisierungsfunktion

Entsprechen Verpackungen den Anforderungen der Schutzfunktion, so bilden sie i. allg. gleichzeitig eine gute Voraussetzung für rationelle Lagerung und Transport. Mit der Rationalisierungsfunktion werden hauptsächlich die Rationalisierung des Produktionsprozesses und der Verpackungstechnologie, der ökonomische Einsatz der Verpackungsmittel und -werkstoffe sowie rationelle Lagerung und Transport bei gleichzeitiger Verhütung von Schäden angestrebt.

Die Bildung von Lade- und Transporteinheiten ist dabei ein Schwerpunkt. Der Transport vom Erzeuger zum Kunden soll auf wirtschaftlichste Weise erfolgen, d. h., alle Kosten für die damit zusammenhängenden Ladearbeiten müssen möglichst niedrig sein. Die wichtigsten Ladeeinheiten sind Paletten und Container. Besonders notwendig ist, daß die zu versendenden Güter unter Berücksichtigung des Transportwegs und der zur Anwendung kommenden Fördermittel durch zweckmäßige Verpackungen transportfähig gestaltet werden, wobei die Anwendung standardisierter Abmessungen von Bedeutung ist. Für eine günstige Transportraumausnutzung und möglichst niedrige Frachtkosten spielen Versandmasse und -volumen eine wichtige Rolle. Außerdem sind Stau- und Stapelhöhen der Verkehrsmittel zu beachten.

Auf dem Weg zum Kunden werden die meisten Güter oft mehrmals gelagert (Fertigerzeugnislager beim Hersteller; Umschlagstellen der verschiedenen Transportträger; in den Transportmitteln vor, während und nach dem Transport sowie beim Kunden bis zum Gebrauch). Die Verpackung kann dabei wesentlich zur Rationalisierung im Lagerwesen beitragen.

8.1.3. Informations- und Werbefunktion

Die Verpackung eines Gutes soll über den Inhalt informieren, dem Kunden Hinweise zum Gebrauch oder Verbrauch geben (Gebrauchsanleitungen bei technischen Geräten), handelstechnische (Preis, Hersteller, Qualität usw.) und transporttechnische Angaben in Form von Markierungen und Signierungen enthalten. Informationen auf den Verpackungen zur Handhabung der Güter sind neben ihrer Bedeutung für die Schadensverhütung durch sachgemäße Behandlung außerdem ein nicht zu unterschätzendes Mittel zur Rationalisierung. *Markierungen* von Verpackungen für Transport und Lagerung sind in TGL RGW 257-76 und DIN 55402 festgelegt.

Bei Verkaufsverpackungen gewinnen des weiteren absatzfördernde Aspekte an Bedeutung. Dabei muß aus volkswirtschaftlichem Interesse zwischen Art und Aufmachung der Verpackung und dem Wert des Gutes ein angemessenes Verhältnis gesichert werden.

8.2. Verpackungsgrundsätze

Verpackungen erfüllen die im Abschn. 8.1. genannten Funktionen, wenn bei ihrer Konzeption und Festlegung die in **Tafel 8.2** dargestellten Verpackungsgrundsätze berücksichtigt und durchgesetzt sind. Dabei dürfen Verpackungsprobleme nicht als Nebensache oder notwendiges Übel betrachtet werden. Empirische Erkenntnisse reichen heute nicht mehr aus. Deshalb ist immer vom Grundsatz der *konstruierten Verpackungen* auszugehen.

Tafel 8.2. Verpackungsgrundsätze

Nr.	Grundsatz
1	Die Verpackung hat das Gut sowie die Umgebung vor dem Gut zu schützen.
2	Die Verpackung muß unnötigen Aufwand vermeiden.
3	Verpackungswerkstoffe und -hilfsmittel sind rationell und den wirtschaftlichen Möglichkeiten entsprechend einzusetzen.
4	Mit der Verpackung ist die Anwendbarkeit rationeller Fertigungs-, Verpackungs-, Lagerungs- und Versandmethoden zu erreichen.
5	Durch die Verpackung müssen der Gebrauch erleichtert, der Transportträger über sachgemäße Behandlung und der Kunde über das verpackte Gut ausreichend informiert sowie ggf. der Verkauf gefördert werden.
6	Die Verpackung ist ausgehend von den neuesten Erkenntnissen der Wissenschaft und Technik zu entwickeln.

8.3. Beanspruchungen bei Transport und Lagerung

Eine ausführliche Darstellung des Schutzes von Geräten gegenüber mechanischen und klimatischen Beanspruchungen enthält Abschn. 5. Nachfolgend werden deshalb nur die Besonderheiten im Zusammenhang mit der Geräteverpackung hervorgehoben.

8.3.1. Mechanische Beanspruchungen

Während Transports und Lagerung treten statische und dynamische Beanspruchungen auf (s. auch Tafeln 5.5 und 5.6).

Statische Beanspruchungen (im wesentlichen Druck- und Stauchbeanspruchungen) entstehen beim Stapeln von Packungen bzw. Ladeeinheiten im Lager, auf Umschlagplätzen, in Transportmitteln usw. Der Stapeldruck wirkt hauptsächlich in vertikaler Richtung, d.h. auf Boden und Deckel der Packung.

Es wird mit folgenden Stapelhöhen gerechnet:

Güterwagen, LKW, Container 2 bis 2,5 m; Schiffsladeräume 4,5 bis 8 m; Lager, Umschlagplätze bis maximal 6 m.

Die Berechnung der Belastung für Stapel mit gleichartigen Packungen ist relativ einfach. In der Praxis liegen diese jedoch im wesentlichen nur im Fertiglager des Erzeugnisproduzenten vor. In Transportmitteln und auf Umschlagplätzen ist die Ordnung gleichartiger Packungen praktisch sehr selten. Hier wird der Stapeldruck aus der maximalen Stapelhöhe und einem Wert für die spezifische Masse der Packungen von etwa 6800 N/m^3 ermittelt.

In einem aus verschieden großen Packungen bestehenden Stapel kann es zu punktartigen Belastungen kommen, d.h., der spezifische Flächendruck vergrößert sich, und die gesamte Last wirkt auf eine kleinere Fläche. Außerdem ist zu beachten, daß sich der Stapeldruck noch durch dynamische Beanspruchungen (s. unten) während des Transports erhöht. Über das Verhalten gestapelter Packungen bei zusätzlichen Stoßbeanspruchungen, Erschütterungen und Schwingungen liegen keine exakten Angaben vor. Es kann aber davon ausgegangen werden, daß sich der Stapeldruck dadurch annähernd um 30%, bei Schiffstransport in ungünstigen Fällen sogar um 50% erhöht.

Statische Belastungen entstehen nicht nur beim Stapeln, sondern auch bei Belade- und Entladevorgängen. Zu beachten sind bei größeren Erzeugnissen besonders Querdruckkräfte durch Seilzug beim Anheben mittels Krans. Wie **Bild 8.2** zeigt, treten diese Kräfte an den Seilanlegestellen der oberen Kante der Packung auf. Die Druckstellen müssen symmetrisch zu l_D liegen. Bei Kisten ohne Distanzleisten ist l_D gleich der Kufenlänge zu wählen (Berechnung des Seildrucks und nähere Hinweise dazu s. [8.1]).

Bei der Festlegung der Verpackungsausführung ist entscheidend, ob das Gut durch entsprechende Eigenstabilität in der Lage ist, derartige Druckkräfte mit aufzunehmen, oder ob das Verpackungsmittel diese Belastungen allein zu tragen hat. Bei Versandkisten sind bei der Dimensionierung der Kufen und Bodenbretter außerdem die Masse des Gutes und die entstehenden Biegemomente zu beachten.

Bei Verpackungen aus Wellpappe u.dgl. sind außer Druckbeanspruchungen darüber hinaus auch Klimabedingungen zu berücksichtigen, da durch Einwirkung von Feuchtigkeit die Stabilität beträchtlich beeinträchtigt wird. Bei entsprechender Wellpappequalität (wasserabweisende Beschichtung, wetterfeste Verleimung) in Kombination mit Versteifungselementen aus Holz oder Plast sind auch damit z.B. Überseeverpackungen möglich.

Dynamische Beanspruchungen durch Fall oder Stoß kommen in der Praxis am häufigsten vor und werden verursacht durch freien Fall auf eine Fläche, Kante oder Ecke (z.B. Fallenlassen beim Verladen, Werfen, hartes Aufsetzen, Herunterfallen vom Stapel oder vom Transport- bzw. Fördermittel), beim Kippen der Packung über eine Kante (z.B. Umfallen) sowie durch seitlichen Aufprall an andere Packungen, Seitenwände der Transportmittel oder Anfahren des Fördermittels.

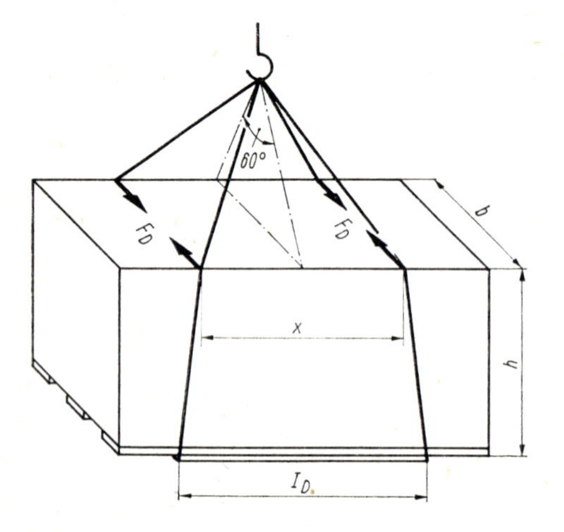

Bild 8.2
Querdruckkräfte an den Seilanlegestellen [8.1] (genaue Bestimmung der Seilkräfte bei Anschlagarten *Doppelseilschlinge, Stropp, waagerechter Seilzug* usw.; s. TGL 10615/04, Dez. 1979; vgl. auch DIN 55499 und Tafel 8.9)

In einer auf eine Höhe h angehobenen Packung der Masse m, die eine Gewichtskraft G bedingt, ist eine potentielle Energie gespeichert von

$$W_{\text{pot}} = Gh = mgh, \tag{8.1}$$

die beim Fallen bzw. beim Aufprallen als kinetische Energie frei wird:

$$W_{\text{kin}} = mv^2/2. \tag{8.2}$$

Während des Aufpralls legt die Packung den sog. Bremsweg s zurück. Setzt man dabei eine konstante Kraft F an, beträgt die Bremsarbeit

$$W_{\text{brems}} = Fs, \tag{8.3}$$

die in ihrer Größe der potentiellen Energie entspricht, so daß sich ergibt

$$F = (h/s)\,mg \quad \text{bzw.} \quad F = (h/s)\,G. \tag{8.4}$$

Das Verhältnis Fallhöhe zu Bremsweg (h/s) sagt aus, um wievielmal die Gewichtskraft der Packung durch die Kraft des Stoßes beim Aufprall übertroffen wird.

Anders betrachtet, gibt der Ausdruck $(h/s)\,g$ die Beschleunigung der Masse m an. Wird zum besseren Vergleich als Einheit der Beschleunigung die Erdbeschleunigung $g = 9{,}81\ \text{m/s}^2$ gewählt, stellt das Verhältnis h/s die Maßzahl der Beschleunigung dar (g-Wert). Die Auswirkung eines Stoßes ist demzufolge, da Fallhöhe und Masse festliegen, nur durch einen entsprechenden Bremsweg beeinflußbar. Durch verpackungstechnische Maßnahmen zur Stoßisolation sind mit Vergrößerung dieses Wegs die auf die verpackten Güter einwirkenden Stoßkräfte auf eine zulässige Größe zu reduzieren, d.h., die Beanspruchung muß unter dem Wert liegen, den das Gut selbst vertragen kann. Reicht die Elastizität des Verpackungsmittels nicht aus, werden zu diesem Zweck zusätzliche Polsterelemente in der Verpackung vorgesehen. Dabei müssen unter Beachtung der tatsächlichen Beanspruchungen bei den verschiedenen Transportarten für einen wirkungsvollen Schutz die Stoßempfindlichkeit des zu verpackenden Gutes (verpackungs- und transportgerechte Konstruktionen), die Elastizität des Verpackungsmittels, das stoßisolierende Verhalten des eingesetzten Polsterwerkstoffs unter verschiedenen klimatischen Bedingungen sowie die Dimensionierung, kontruktive Gestaltung und Anordnung der Polsterelemente Berücksichtigung finden (s. Abschn. 8.6.). Die Fülle der Einflußfaktoren läßt erkennen, daß eine theoretische Bestimmung der notwendigen Stoßisolation durch Berechnung nicht bzw. nur sehr ungenau möglich ist. Mit Prüfeinrichtungen ausgestattete Betriebe bevorzugen deshalb das empirische Herangehen zur Ermittlung der günstigsten und wirtschaftlichsten Stoßisolation durch Simulierung der Beanspruchungen (s. Abschn. 5.8.).

Die bisher beschriebenen Stöße wirken auf die ganze Fläche, eine Kante oder Ecke der Packung. Während des Transports und Umschlags treten aber auch Stoßbeanspruchungen gegen eine begrenzte Fläche auf, z. B. durch Fördergeräte oder Anstoßen an andere Packungen. Dabei wird einerseits das Verpackungsmittel örtlich beansprucht und andererseits ein Stoß auf das verpackte Erzeugnis eingeleitet. Liegt dasselbe unmittelbar an der Innenseite des Verpackungsmittels an (z. B. durch Verpackung verkleidete elektronische Geräte), kann es zu Beschädigungen (Verformungen) von lackierten Flächen, der Gehäuse u. ä. kommen. Beim schnellen Anfahren oder plötzlichen Bremsen des Transportmittels treten Horizontalbeschleunigungen auf, die sich gegenüber den Beanspruchungen beim Fall durch die Stoßrichtung unterscheiden (s. Abschn. 8.3.3., **Tafel 8.3**).

Beanspruchungen durch Erschütterungen und Schwingungen. Alle Transport- bzw. Fördermittel (s. Abschn. 8.3.3.) unterliegen bei ihrer Bewegung Erschütterungen und Schwingungen, die sich über die jeweilige Ladefläche auf die Verpackung und damit auf das verpackte Gut übertragen.

Erschütterungen wirken sich besonders aus, wenn die Packungen nicht ordnungsgemäß auf dem Transportmittel festgelegt sind, so daß sie sich von der Ladefläche abheben können. Dadurch entstehen Stöße meist hoher Frequenz. Die Gefahr für Schäden am verpackten Gut ergibt sich hier nicht durch die Intensität der Stöße, die weit unter den Beschleunigungswerten beim freien Fall liegen, sondern vor allem durch die Häufigkeit der aufeinanderfolgenden Stöße, indem es bei den Verpackungen zu Ermüdungserscheinungen kommt.

Bei Beanspruchung durch Schwingungen besteht die Gefahr darin, daß die auf die Packung einwirkende Schwingungsfrequenz in Resonanz zur Eigenschwingung des Gutes bzw. schwingungsempfindicher Baugruppen oder Teile des Erzeugnisses kommt. So entstehende Schwingungsüberhöhungen können erhebliche Kräfte verursachen, die bis zum Bruch empfindlicher Teile führen.

8.3.2. Klimatische Beanspruchungen

Art und Weise der im Zusammenhang mit der Geräteverpackung interessierenden klimatischen Beanspruchungen (s. auch Abschn. 5., Tafel 5.5) sind von Transportweg und -art sowie der zeitlichen Dauer des Transports (einschließlich Jahres- und Tageszeit) abhängig. Sie werden verursacht durch Übergang von kalten in warme Klimazonen und umgekehrt, durch Kaltlufteinbrüche, Temperaturunterschiede auf Schiffen, Durchqueren von Kaltwasserströmungen, anhaltende einseitige Winde, Einbruch feuchtwarmer

Tafel 8.3. Transportarten und -beanspruchungen [8.2]

Transportart	Einsatz, Beanspruchungen
Straßentransport	Einsatz von Güterkraftwagen, einerseits für Transport der Güter im Haus-Haus-Verkehr direkt zum Empfänger, andererseits für Transport zu anderen Verkehrsträgern (Bahn, Schiff, Flugzeug); im Vergleich zum Überseetransport nur mittlere mechanische und klimatische Beanspruchungen; Dauer des Transports in vielen Fällen kürzer als bei Seetransport; für Auswahl der Verpackung vor allem von Bedeutung, ob Transporte mit vielen Manipulationen (Beladen, Umladen und Entladen) verbunden sind, wie z.B. beim Stückguttransport; beim Haus-Haus-Verkehr entfällt jeglicher Zwischenumschlag, dadurch besondere Möglichkeiten zur Reduzierung des Verpackungsaufwands; oftmals ist ausreichend, Geräte oder Maschinen lediglich auf Kistenboden zu verschrauben und durch Plasthüllen abzudecken (evtl. einschweißen). *Beanspruchungen:* – zwei grundsätzliche Arten: Eigenschwingungen des Fahrzeugs und Stoßkräfte infolge Fahrbahnunebenheiten, Anfahren, Bremsen usw.; Maximalwerte bei dynamischen Beanspruchungen (bei 60 km/h): vertikal 4 ... 5 *g*, horizontal 5 ... 6 *g*, Schwingungsfrequenzen von 5 ... 15 Hz; Mittelwerte für Vertikal- und Horizontalbeschleunigungen liegen unter 1 *g* – auf Fahrzeug wirkende Beanspruchungen bereits durch betriebsbedingte Einflußgrößen (Reifen, Achsfedern, Radstand) gemindert; von Bedeutung ist auch Beladung, da z.B. bei zunehmender Beladung Vertikalbeschleunigungen abnehmen – Art und Weise der Verladung ist ebenfalls für sicheren Transport entscheidend; sichern, daß beim Anfahren, Bremsen, Befahren von Kurven usw. verpackte Güter nicht durcheinanderfallen; in speziellen Fällen zum Zwecke zusätzlicher Stoßisolation gleitende Verladung vornehmen (Stoßminderung durch Reibung zwischen Ladefläche und Ladegut); auftretende Kräfte sollten vom Boden und nicht von Stirn- und Seitenwänden der Fahrzeuge aufgenommen werden, bei Anwendung des Güterkraftwagentransports bestehende Transportvorschriften (z.B. Stückgut-Transport-Ordnung) beachten.
Eisenbahntransport	Eisenbahn ist dominierendes Beförderungsmittel für Kontinentaltransport; für Festlegung der Verpackung ist wichtig, ob Güter auf offenen, mit Planen abgedeckten oder in geschlossenen Waggons und ob im Stückgut- oder Wagenladungsverkehr zu befördern sind. Verkehrsträger können Annahme des Gutes verweigern, wenn verpackungspflichtige Güter in unzureichender oder unzweckmäßiger Verpackung angeliefert werden. *Beanspruchungen:* – in vertikaler und horizontaler Richtung Mittelwerte von 0,3 *g* sowie Maximalwerte vertikal von 0,5 ... 2 *g* und horizontal von 1,5 ... 2,5 *g*; beim Rangieren Mittelwerte von 1 ... 2 *g* und Maximalwerte von 5 ... 6 *g*; von besonderer Bedeutung sind Rangierstöße beim Auflaufen der Waggons, bei Auflaufgeschwindigkeit von 1 m/s (= 3,6 km/h) z.B. Stöße von 0,75 ... 2,0 *g*, bei 10 ... 12 km/h von 3 ... 6 *g*; bei wenig beladenen Waggons höhere Beanspruchungen; obwohl zulässige Auflaufgeschwindigkeit etwa 3,5 km/h beträgt, sind bei Festlegung von Verpackungen für Bahntransport von höheren Geschwindigkeiten auszugehen und Rangierstöße von 5 ... 6 *g* zugrunde zu legen – durch schnelles Anfahren, plötzliches Bremsen sowie durch Stöße beim Rangieren können Packungen um- oder herabfallen, daraus resultierende Beanspruchungen betragen ein Vielfaches der Rangierbeanspruchungen (beim Anstoß an Prallbock bei Auflaufgeschwindigkeit von 12 km/h Werte von 20 ... 25 *g*) – über auftretende Schwingungen abweichende Angaben, folgende Hauptfrequenzbereiche können angenommen werden: vertikal 2 ... 8 Hz (bei starken Schienenstößen bis 30 Hz), horizontal (längs) 4 ... 15 Hz (selten bis 30 Hz), horizontal (quer) 0 ... 2 Hz (selten bis 4 Hz) – während Fahrt und Rangierens treten außer den auf die gesamte Wagenmasse wirkenden Beschleunigungen noch überlagerte hochfrequente Schwingungen auf (Eigenschwingungen einzelner Teile des Waggons, oft mit mehr als 400 Hz, jedoch kleinste

Tafel 8.3 (Fortsetzung 1)

Transportart	Einsatz, Beanspruchungen
	Schwingungsausschläge, bereits vom Verpackungsmittel aufgenommen); Einfluß auf in Praxis auftretende Beanspruchungen haben auch Fahrzeugbauart (Dämpfungsverhalten, Anzahl der Achsen), Fahrgeschwindigkeit, Beschaffenheit der Fahrstrecke und Beladungszustand, außerdem zusätzliche Beanspruchungen durch Rutschen, Aneinanderreiben und Anstoßen einzelner Packungen; deshalb ausreichendes Festlegen der einzelnen Packungen im Waggon notwendig; wenn durch lückenlose Nutzung des Transportraums nicht möglich, zusätzliche Bauelemente verwenden. Ladeeinheiten, wie z.B. gestapelte Packungen auf Paletten, diesbezüglich besonders gefährdet und unbedingt sichern (rauhe Zwischenlagen, Umreifungen, Einschrumpfen mittels Folie) – bei speziellen stoßempfindlichen Gütern (mit niedrig liegendem Schwerpunkt) gleitende Verladung bevorzugen und durch begrenzte Bewegungsfreiheit Bremsweg schaffen, der Stoßisolation bewirkt – bei kompletten Waggonladungen ist Absender für betriebssichere Beladung und Befestigung der Packungen am Waggon und gegeneinander voll verantwortlich; Vorschriften der Eisenbahn einschließlich des internationalen Lademaßes (Ladeprofil) bzw. das Lademaß der betreffenden Länder beachten
Übersee-transport	Beim Überseeversand sind Packungen im Vergleich zu anderen Transportarten gleichzeitig mechanisch und klimatisch am härtesten beansprucht, sowohl bezüglich Intensität als auch Dauer. *Beanspruchungen:* – statische Beanspruchung durch Druck, verursacht durch Stapelhöhen bis 8 m in unteren Laderäumen; durchschnittliche spezifische Werte der Ladung zwischen 4000 N/m³ und 6800 N/m³ – Querdruckkräfte durch Seilzug beim Verladen mit Kran (vgl. auch Bild 8.2) – dynamische Beanspruchungen, besonders bei Bewegungen des Schiffes durch Seegang; solche Bewegungen sind Tauchen (Auf- und Abbewegungen), Stampfen (Bewegungen um Querachse), Rollen (Bewegungen um Längsachse) und Aufschlagen des Schiffsbodens auf Wasseroberfläche; beim Rollen Neigungswinkel bis maximal 30° und beim Stampfen bis maximal 10°; Beschleunigungen erreichen Mittelwerte von 0,3 ... 1 g und Maximalwerte von etwa 2 g – durch Stampfbeschleunigungen kann sich Stapeldruck periodisch um 40 ... 50% verändern und beim Rollen infolge Neigung des Schiffes die Ladung zusätzlich kippen oder verrutschen – von Antriebsmaschine und vor allem Schiffsschraube werden Schwingungen mit Frequenzen bis 10 Hz erzeugt; Beschleunigungen bei diesen Frequenzen bis zu 2 g – höchste klimatische Beanspruchungen, besonders für Decksladungen (Sonneneinstrahlung, Niederschläge, Salzwassereinwirkung); Oberflächentemperaturen bis zu 70 °C – hohe Temperaturschwankungen auch in Laderäumen durch Kalt- und Warmwasserstromgebiete, Durchfahrt verschiedener Klimazonen, täglichen Temperaturwechsel usw., verändern relative Luftfeuchte in Packungen und führen zur Bildung von Schwitzwasser – durch lange Lager- und Transportzeiten sind Packungen den Beanspruchungen länger ausgesetzt als bei anderen Transportarten Aus den hohen Beanspruchungen ergeben sich auch erhöhte Anforderungen an Verpackungsmittel: – hohe Steifigkeit aller Verpackungselemente und -teile, stabiler Unterbau, Quersteifungen, Diagonal- und Schrägverstrebungen, geeignete Anlegestellen für Zugseile und Haken, sichere Verbindung der einzelnen Teile der Verpackung – bei Schachteln wasserfeste, zumindest aber wasserabweisende Wellpappe einsetzen; zweckmäßig sind Wellpappe-Holz-Kombinationsverpackungen (mit eingebauten Versteifungen) – Zusammenfassen kleiner Stückgutsendungen zu Ladeeinheiten

Tafel 8.3 (Fortsetzung 2)

Transportart	Einsatz, Beanspruchungen
	– richtig dimensionierte und angeordnete Umreifungen – Einsatz von wasserdichten Sperrschichtmaterialien, richtige Konservierung, Evakuierung der Luft, Vermeidung von Schwitzwasserbildung durch Reduzierung von hygroskopischen Werkstoffen in den Verpackungen, Beigabe von Luftentfeuchtungsmitteln und Dampfphaseninhibitoren Beanspruchungen im Binnenschiffsverkehr sind geringer als bei Überseetransport.
Lufttransport	Gegenüber vorher beschriebenen Transportarten sind mechanische und klimatische Beanspruchungen bei Luftfracht geringer, dadurch folgende wesentliche Vorteile: – Reduzierung des Verpackungsaufwands durch leichtere Verpackungen, da Beanspruchungen, wie Fahrerschütterungen, Rangierstöße usw. nicht vorhanden – hoher Mechanisierungsgrad beim Umschlag auf Flughäfen, damit auch geringere Beanspruchungen – kurze Transportzeiten. *Beanspruchungen:* – Beschleunigung durchschnittlich 0,2 ... 2 g, selten bis 5 g, bei harten Landungen bis 10 g mit Stoßdauer von etwa 10 ms; Triebwerke können Vibrationen zwischen 5 und 500 Hz verursachen; Innentemperaturen in unbeheizten Frachträumen selten unter 0 °C – durch schnelle Klimawechsel und Temperaturschwankungen mit Bildung von Kondenswasser rechnen – bei Versand von Flüssigkeiten oder auch Maschinen und Aggregaten, die z.B. Öl, Säure oder Quecksilber enthalten, ist mit zunehmender Flughöhe abnehmender Luftdruck zu berücksichtigen, da Dichte flüssiger und gasförmiger Güter vom Luftdruck abhängt – wichtig für Verpackungen für Luftfracht ist auch Transportart zum Flughafen und vom Flughafen zum Empfänger, da dabei zusätzlich Beanspruchungen auftreten können.
Containertransport	Einsatz von Containern international in vergangenen zwei Jahrzehnten beträchtlich ausgeweitet; Container werden mit LKW, Bahn und Schiff transportiert und sind universelles Hilfsmittel zur Transportrationalisierung; da mechanische Beanspruchungen gering (Stapelhöhe nur maximal 2,20 m, geringe Beschleunigungen), auch Verringerung des Verpackungsaufwands erreichbar; Voraussetzung ist Einsatz der Container im direkten Haus-Haus-Verkehr; trifft vorrangig im Inlandtransport und teilweise beim grenzüberschreitenden Verkehr in die benachbarten Länder zu; obwohl feinmechanisch-optische Geräte, EDV-Anlagen, Erzeugnisse des Maschinenbaus u.ä. zu 50 bis 70% für Containertransport geeignet sind, ist praktische Anwendbarkeit nur möglich, wenn Empfänger direkt beliefert wird; folgen nach Containertransport weitere Transporte mit LKW oder Bahn, kann keine wesentliche Vereinfachung der Verpackung erfolgen. *Hinweise:* – sind Voraussetzungen für Containereinsatz gegeben, können Kisten durch Wellpappeverpackungen ersetzt werden; teilweise reicht für Maschinen und Anlagen Befestigung auf stabilem Kistenboden aus, mit Umhüllung durch Plastfolien; für Container im Pendelverkehr (d.h. Anwendung für die gleiche Erzeugnisart) wiederverwendbare leicht handhabbare Inneneinrichtungen und Befestigungselemente zweckmäßig; sind am Erzeugnis bereits bei Konstruktion entsprechende Befestigungsmöglichkeiten vorgesehen, kann Verpackung auf Minimum reduziert, teilweise sogar darauf verzichtet werden – spezielle Container sind am Boden mit T-Nuten versehen, die Verankerung von Maschinen mittels Hammerschrauben ermöglichen, auch Einbau von Zwischenböden möglich – Container sind stark wechselndem Einfluß direkter Sonneneinstrahlung, Regen und schnellem Temperaturwechsel ausgesetzt, dadurch erhöhte Gefahr zur Kondenswasserbildung, erfordert entsprechende Maßnahmen zum Korrosionsschutz.

Luft in kühle Lager und Laderäume sowie Ausladen kühler Ladungen in feuchtwarmer Luft.

Diese klimatischen Einwirkungen sind zwar bei Überseeversand am stärksten, können aber auch beim Versand mit LKW, Bahn, Container, Flugzeug und beim Lagern in nichtklimatisierten Räumen auftreten.

Prinzipiell sind zu unterscheiden:

- Beanspruchungen, die von außen auf die Verpackung einwirken und erst Schäden am Gut verursachen, wenn das Verpackungsmittel durchdrungen bzw. zerstört ist; hierzu gehören im wesentlichen Einwirkungen von Niederschlag (Regen, Schnee, Hagel, Tau), Wasser (Spritz-, Schmelzwasser, Gischt), Luftfeuchte, Lufttemperatur, Strahlungswärme, Luftbeimengungen, Mikroorganismen.
- Beanspruchungen, die sich primär auf das verpackte Gut auswirken durch das Zusammenwirken von Umgebungstemperatur und relativer Luftfeuchte (Kondens- bzw. Schwitzwasserbildung; s. auch Abschn. 5.1., 5.2. und 5.7.).

Beim *Freiluftklima* wirken alle gebietsüblichen Klimakomponenten auf die verpackten Güter ein. Bei *Außenraumklima* (unter Dächern, Wetterschutzräumen u.ä.) erfolgt ein Schutz gegen Niederschläge und Sonneneinstrahlung; ansonsten treten die gleichen Beanspruchungen wie beim Freiluftklima auf. In geschlossenen Räumen wirkt das sog. *Innenraumklima*, das besonders bei Schiffstransport von Interesse ist, da in den einzelnen Laderäumen die unterschiedlichsten Temperatur- und Feuchtebedingungen festzustellen sind. Das Zusammentreffen dieser Komponenten verursacht örtlich verschiedene Klimaverhältnisse. Die Temperaturschwankungen an Deck und im oberen Laderaum z.B. sind sehr groß. Die Temperaturen in den Laderäumen unter Deck liegen in der Nähe der Wassertemperatur und verändern sich vorwiegend bei Änderungen derselben. Die Auswirkungen können durch die Ladung selbst beeinflußt werden (s. Abschn. 8.6.5.).

Generell erhöht ein Temperaturrückgang, d.h. die Abkühlung der eine Packung bzw. ein Gut umgebenden Luft, die relative Luftfeuchte, so daß sich bei Unterschreitung des Taupunkts Kondenswasser bildet. Wenn die Temperatur an der Wandung des Verpackungsmittels schneller als die des verpackten Gutes fällt und der Taupunkt erreicht wird, bildet sich an der Innenwand der Verpackung Kondenswasser. Auch bei Temperaturerhöhung kann ein solcher Effekt eintreten. Steigt die Temperatur an der Wandung des Verpackungsmittels schneller als die des Gutes, dann kühlt sich die Luft an der Oberfläche des Gutes bis unter den Taupunkt ab, und am verpackten Gut bildet sich ebenfalls Kondenswasser. Es kommt zur Korrosion von metallischen Teilen. Dies ist bei fehlenden Korrosionsschutzmitteln auch bereits möglich durch das Zusammenwirken hoher relativer Luftfeuchtigkeit mit hohen Temperaturen der Luft, ohne daß es zur Schwitzwasserbildung durch Überschreitung des Taupunkts kommen muß.

Richtlinien zum Schutz vor klimatischen Beanspruchungen sind in den Abschnitten 5. und 8.6.5. dargestellt.

8.3.3. Transportarten

[8.2]

Besondere Merkmale, Beanspruchungen und spezielle verpackungstechnische Forderungen bei gebräuchlichen Transportarten enthält **Tafel 8.3.**

8.4. Verpackungsschäden

Hauptfunktion der Verpackung ist die Vermeidung von Schäden bei Transport und Lagerung, die infolge der Transport- und Ladebeanspruchungen in der Praxis bei Nichterfüllung der Schutzfunktion in unterschiedlichster Form auftreten. Die exakte und systematische Schadenserfassung ist jedoch noch nicht einheitlich organisiert. Die Schwierigkeit liegt vor allem in der Ermittlung der tatsächlichen Schadensursache. **Tafel 8.4** verdeutlicht beispielhaft Schäden bei Überseeversand [8.6].

Ursachen des Schadens	Anteil in %
Unvermeidbare Schäden durch Brände, Kollisionen, Katastrophen, Schiffsuntergänge	20
Vermeidbare Schäden	80
davon durch Seewasser	5
Regenwasser, Schwitzwasser	13
mangelhafte Markierung	7
Bruch	19
sonstige mechanische Beanspruchungen	5
Diebstahl, Beraubung	14
Verderb, Mengenverluste	17

Tafel 8.4
Ursachen und Anteile für Schäden bei Überseeversand (aus [8.6])

Die wesentlichen Ursachen für vermeidbare Schäden sind mangelhafte Verpackungsmittel und ungenügende Markierungen, falscher Werkstoffeinsatz, unzureichende Befestigung des Gutes am Verpackungsmittel, unzureichende Polsterung, nicht zweckmäßige Ausnutzung des Verpackungsmittels (z. B. Hohlräume bei Schachteln) bzw. mangelhaftes Verschließen, unzureichender Klimaschutz, unsachgemäße Befestigung und Stapelung während Transports und Lagerung, ungeeignetes Förder- und Transportmittel, Nichtbeachtung bestehender Bestimmungen und Vereinbarungen, ungewöhnliche Transport- und Umschlagbedingungen (z. B. in Entwicklungsländern).

Die Verteilung der Beanstandungen und Reklamationen auf die einzelnen Verpackungsmittelarten wird in **Tafel 8.5** gezeigt [8.1]. Die Darstellung der Verpackungsschäden läßt erkennen, daß durch sachgemäße Verpackung in richtiger Kostenrelation zum Gut hohe volkswirtschaftliche Verluste vermieden werden können.

Verpackungsmittel aus	*B*, *R* in %
Holz (Kisten, Verschläge, Fässer)	60
Papier, Pappe (Schachteln, Säcke)	15
Metall (Fässer, Trommeln)	5
Gewebe (Säcke)	1,5
Plaste (Plastsäcke u. ä.)	0,5
Sonstige	18

Tafel 8.5
Verteilung der Beanstandungen B und Reklamationen R bei einzelnen Verpackungsmittelarten

8.5. Optimale Verpackung

Der ökonomische Nutzen einer Verpackung liegt darin, Schäden am Gut und damit Kosten für die Schadensregulierung zu vermeiden. Man könnte theoretisch mit derartigem Aufwand verpacken, daß keine Schäden entstehen, ausgenommen Unglücksfälle, Brände usw. Das wäre wesentlich kostenaufwendiger als eine Verpackung, die für die normalen, nach Art und Intensität bestimmbaren Transportbeanspruchungen ausgelegt ist.

Von einer optimalen Verpackung **(Bild 8.3a)** kann gesprochen werden, wenn die Summe aus dem Verpackungsaufwand und den Aufwendungen für die Schadensbeseitigung ein Minimum darstellt. Bleibt man unter diesem Optimum durch übertriebene Verpackungskosteneinsparungen, dann entstehen Schäden, die ein Mehrfaches der Einsparungen an der Verpackung betragen können. Wird das Optimum überschritten, ist keine wesentliche Schadensverhütung mehr möglich, und die Gesamtaufwendungen nehmen ungerechtfertigterweise zu. Zu beachten ist dabei auch der Zusammenhang zwischen Verpackungskosten und Warenverlusten **(Bild 8.3b).**

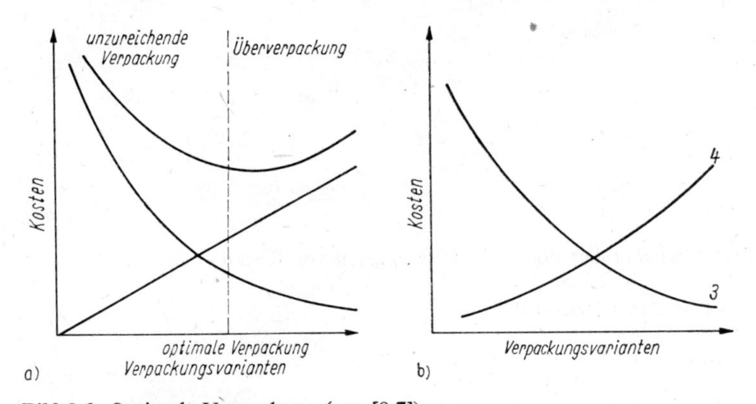

Bild 8.3. Optimale Verpackung (aus [8.7])

a) Wechselbeziehungen zwischen Verpackungsaufwand *1* und Schadenshöhe *2*; b) Zusammenhang zwischen Verpackungskosten *3* und Warenverlusten *4* bei gleichbleibendem TUL-Niveau

Das Finden der optimalen Verpackungslösung erfordert nicht nur umfassende Kenntnisse über die auftretenden Beanspruchungen und über die Einsatzmöglichkeit der Verpackungsmittel, -werkstoffe und -hilfsstoffe, sondern auch über die Beanspruchbarkeit des zu verpackenden Erzeugnisses bzw. bestimmter empfindlicher Bauteile. Es ist zu berücksichtigen, daß die Güter selbst ohne Verpackung einen Teil der Beanspruchungen ohne Schaden aufnehmen können. Die Verpackung ist so auszulegen, daß ein genügender Schutz gegen die über die Beanspruchungsgrenze des Gutes hinausgehenden maximalen Transportbeanspruchngen erfolgt. Da keine absoluten Werte vorliegen, sind diese nur durch Simulierung der Beanspruchungen mit Prüfeinrichtungen empirisch zu ermitteln (s. Abschn. 8.3.). Es ergibt sich die Aufgabe, das Aufnahmevermögen der Erzeugnisse und spezieller empfindlicher Bauteile zu erhöhen, wenn der dadurch entstehende Aufwand geringer ist als der zusätzlich für die Verpackung erforderliche.

8.6. Verpackungsarten, Verpackungsauswahl

Nachfolgend werden typische Verpackungsarten für Erzeugnisse der Feinmechanik/Optik und Elektronik sowie des Maschinenbaus behandelt (s. auch Tafel 5.4). Verpackungsmittel aus Metall, Gewebe, Glas usw. sind dabei ausgenommen.

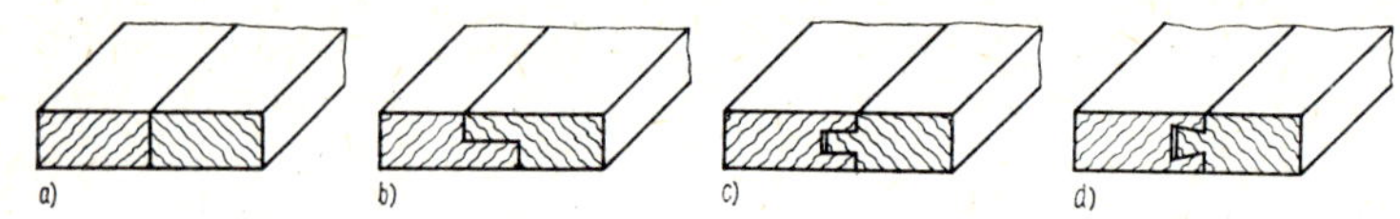

Bild 8.4. Brettverbindungen

a) stumpfe Fuge; b) Falz; c) gespundete Fuge (Nut und Feder); d) Schwalbenschwanzfuge

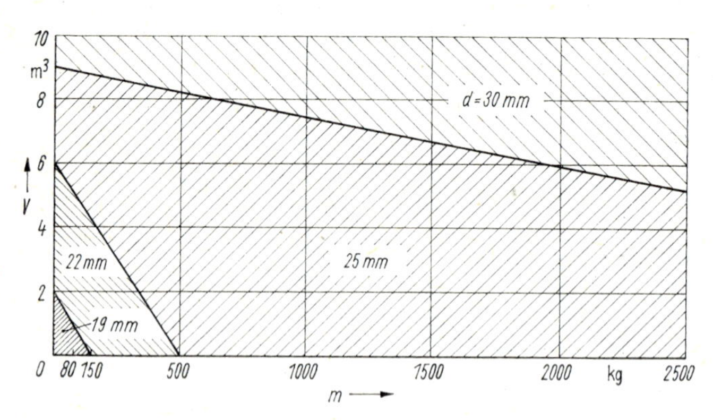

Bild 8.5. Bestimmung der Brettdicke d (außer Boden) in Abhängigkeit von Kistenvolumen V und Bruttomasse m

Brettdicke d entspricht Rohholzmaß n; TGL 18981, DIN 4071

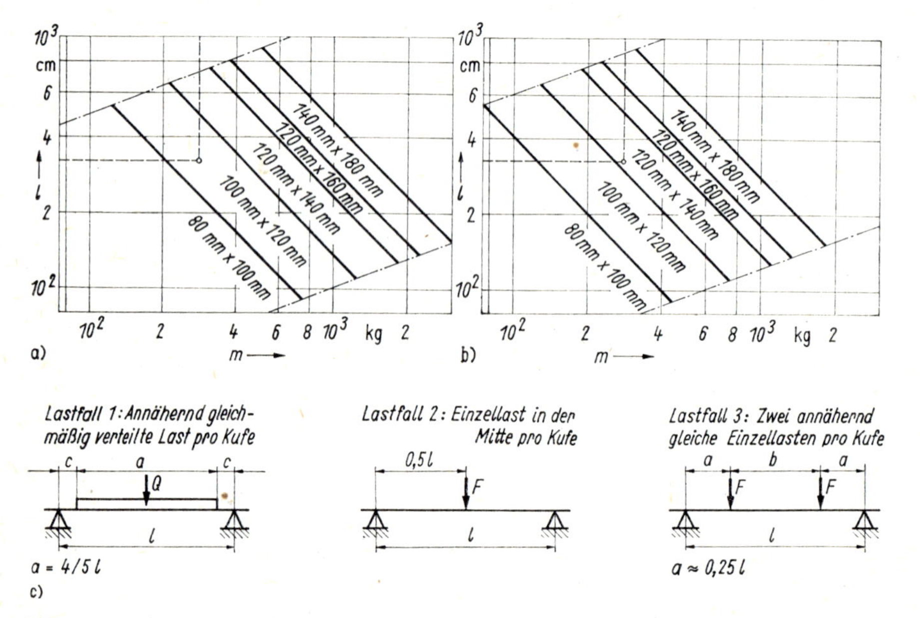

Bild 8.6. Bestimmung des Kufenquerschnitts in Abhängigkeit von Kistenlänge l ($\hat{=}$ Kufenlänge) und Masse m des Packgutes (vgl. auch Bild 8.5)

a) gilt für annähernd gleichmäßig verteilte Last je Kufe, Lastfall *1* im Bild c; b) gilt für Lastfälle *2* und *3* im Bild c und ähnliche Lastfälle. In allen Fällen gilt das größte Widerstandsmoment bei vollem Querschnitt. Querschnittsverringerungen (Durchgangsbohrungen, Ausklinkungen usw.) sind durch Wahl des nächsthöheren Kufenquerschnitts zu berücksichtigen.

Beispiel zu Diagramm a: Bei Kistenlänge l von 3,20 m und Gerätemasse von 280 kg je Kufe ist Kufenquerschnitt 100 mm × 120 mm erforderlich.

Beispiel zu Diagramm b: Bei Kistenlänge l von 3,20 m und Gerätemasse von 280 kg je Kufe ist Kufenquerschnitt 120 mm × 140 mm erforderlich.

8.6.1. Verpackungsmittel aus Holz

Besonders für Exportgüter haben Verpackungen aus Holz nach wie vor eine große Bedeutung, die sich ergibt aus guter Festigkeit des Werkstoffs, hoher Schutzfunktion bei richtiger Dimensionierung und Konstruktionsausführung, besonders gegenüber mechanischen Beanspruchungen, vielfältigen Einsatzmöglichkeiten, guten Be- und Verarbeitungsmöglichkeiten des Werkstoffs bei geringem Werkzeugaufwand [8.3].

Nachteile beim Einsatz von Holz für Verpackungszwecke sind: Quellen und Schwinden in Abhängigkeit von Feuchtigkeitsgehalt des Holzes und Temperatur der Umgebung (ein Brett kann je nach seinem Ausgangsfeuchtigkeitsgehalt in der Länge 0,1 bis 1 %, in der Dicke 2 bis 11 % und der Breite 4 bis 15 % schwinden, und Nagelverbindungen verlieren bei Schwund ihre Festigkeit); Wetter und Klima beeinflussen die Holzeigenschaften (beim Freiwerden von in Holz gebundenem Wasser durch Temperaturveränderungen kommt es im Verpackungsmittel zur Schwitzwasserbildung, lufttrockenes Holz für Kisten hat eine Holzfeuchte zwischen 15 und 20 %); keine gleichmäßige Qualität (Äste usw.); relativ hohe Eigenmasse der Verpackung (erhöhte Frachtkosten).

Als Werkstoffe kommen Vollholz und Holzverbundwerkstoffe zum Einsatz. Aus *Vollholz* fertigt man Kufen, Bretter, Leisten usw.; *Verbundwerkstoffe* sind Furnier-, Tischler-, Holzfaserhart- und Spanplatten.

Für die Seitenwände von Vollholzkisten werden die Bretter durch stumpfe Fuge, Falz, gespundete Fuge (Nut und Feder) oder Schwalbenschwanzfuge miteinander verbunden **(Bild 8.4).**

Die Festlegung der Brettdicken erfolgt in Abhängigkeit von Kistengröße und Bruttomasse entsprechend **Bild 8.5.** Die Dimensionierung der Kufen ist entsprechend **Bild 8.6** vorzunehmen.

Konstruktive Ausführungen. Es wird prinzipiell zwischen Kisten und Verschlägen unterschieden. Kisten unterteilt man außerdem in Vollholz- und Rahmenkisten **(Bilder 8.7 und 8.8).** Je nach Masse der zu verpackenden Güter und der zu erwartenden Transportart werden diese Kistentypen mit oder ohne Verstärkungsleisten bzw. Kufen versehen. Aus materialökonomischen Gründen ist auf Rahmenkisten zu orientieren. Durch die Anwendung z.B. von Furnierplatten mit 6 mm Dicke, auf Rahmen gearbeitet, kann eine Massereduzierung gegenüber Vollholzkisten bis zu 50 % erzielt werden. Neben der Verringerung des spezifischen Holzeinsatzes ist damit auch eine Frachtkosteneinsparung erreichbar. Auch bei Großgeräten, schweren Maschinenbauerzeugnissen usw., die durch konstruktive Maßnahmen am tragenden Kistenboden verankert werden können, ist das Leichtbauprinzip mit Anwendung von Furnierplatten ausreichend. Beim Versand im Inland bzw. Haus-Haus-Verkehr kann man bei diesem Prinzip operativ völlig auf die Beplankung verzichten; die Erzeugnisse sind lediglich durch Plastfolien zu schützen. Die Gestaltung des Kistenbodens ähnlich den Vierwegpaletten **(Bild 8.9)** hat sich in der Praxis gut bewährt, ist jedoch nicht für jede Kistengröße und Gerätemasse möglich.

Der Einsatz von Verschlägen hängt im wesentlichen von der Empfindlichkeit des Erzeugnisses, der vorgesehenen Transportart und den zu erwartenden Beanspruchungen ab. Bei Verschlägen ist der Holzverbrauch oft über die Hälfte geringer als bei Kisten gleicher Größe. Die wichtigsten Konstruktionselemente eines Verschlags sind als Rahmen gefertigte Seitenteile einschließlich Boden und Deckel **(Bild 8.10)** sowie die Eckenverbindungen. Die Seitenteile werden je nach Größe und Masse des zu verpackenden Gutes durch Vertikal- und Diagonalleisten (-bretter) verstrebt, so daß man erhebliche Erhöhungen der Winkelfestigkeit und Biegesteifigkeit erreicht. Bei Diagonalverstrebungen sollte der Winkel zwischen der Senkrechten und der Diagonalen 45° nicht über-

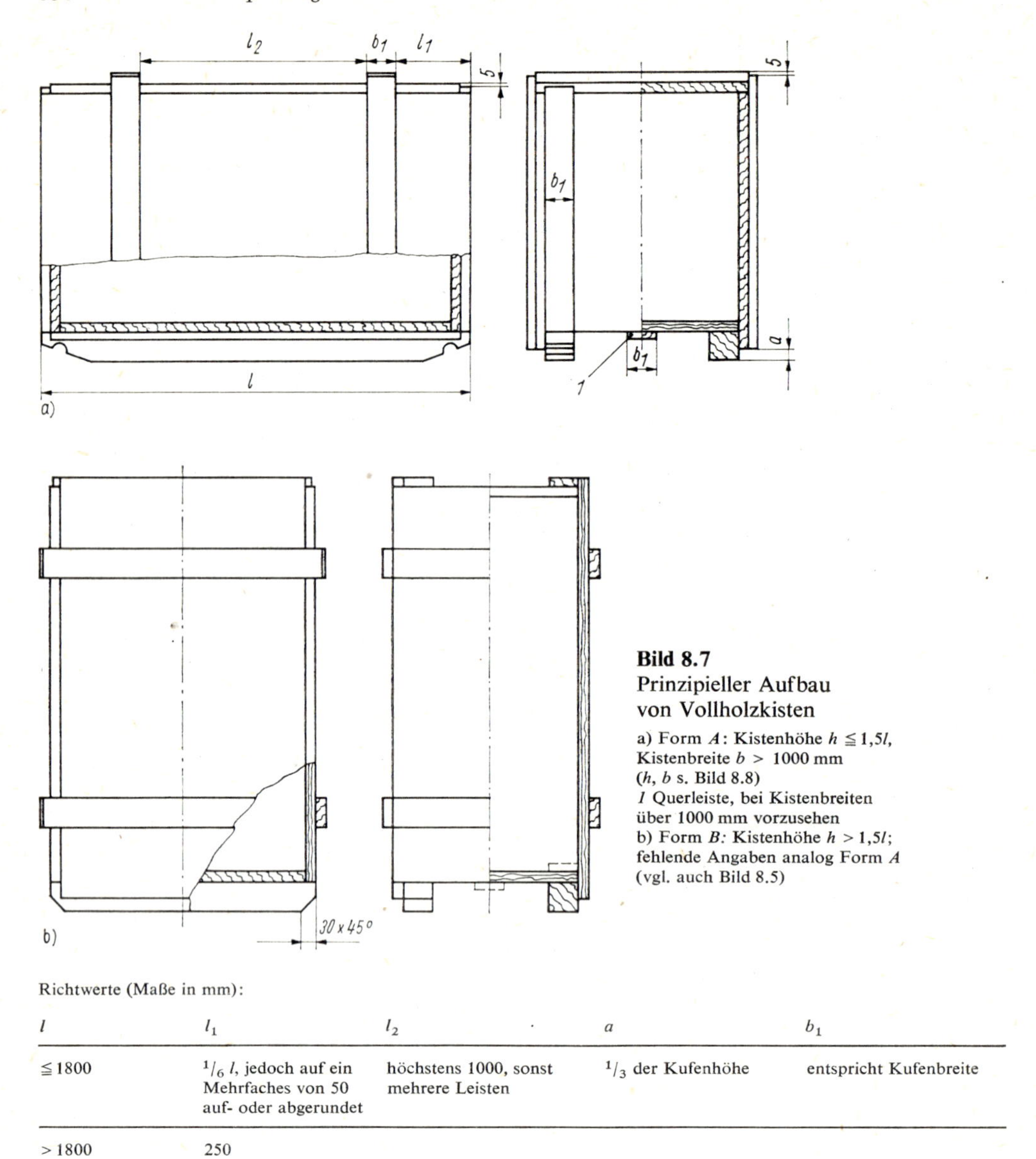

Bild 8.7
Prinzipieller Aufbau von Vollholzkisten

a) Form *A*: Kistenhöhe $h \leqq 1{,}5l$, Kistenbreite $b > 1000$ mm (h, b s. Bild 8.8)
1 Querleiste, bei Kistenbreiten über 1000 mm vorzusehen
b) Form *B*: Kistenhöhe $h > 1{,}5l$; fehlende Angaben analog Form *A* (vgl. auch Bild 8.5)

Richtwerte (Maße in mm):

l	l_1	l_2	a	b_1
≦ 1800	$^1/_6\ l$, jedoch auf ein Mehrfaches von 50 auf- oder abgerundet	höchstens 1000, sonst mehrere Leisten	$^1/_3$ der Kufenhöhe	entspricht Kufenbreite
> 1800	250			

steigen, und die Verstrebungen von zwei sich gegenüberliegenden Seiten müssen sich kreuzen.

Übersteigt das Verhältnis Höhe zu Länge den Wert 1:1,75, dann ist die Gesamtfläche des Seitenteils durch entsprechende Vertikalverstrebungen zu teilen, und die entstehenden Teilflächen erhalten Diagonalleisten.

Entscheidend für die Stabilität eines Verschlags sind die Eckenverbindungen **(Bild 8.11).**

Bei Gütern mit einer Masse über 100 kg wird zweckmäßigerweise der Verschlagboden mit Kufen ausgerüstet. Bei Verschlägen für Großgeräte und Maschinenbauerzeugnisse sollte der Boden wie bei Vollholzkisten geschlossen sein. Auf dem Boden werden die Güter verschraubt. Der Boden läßt sich auch wie bei Kisten ähnlich einer Vierwegpalette

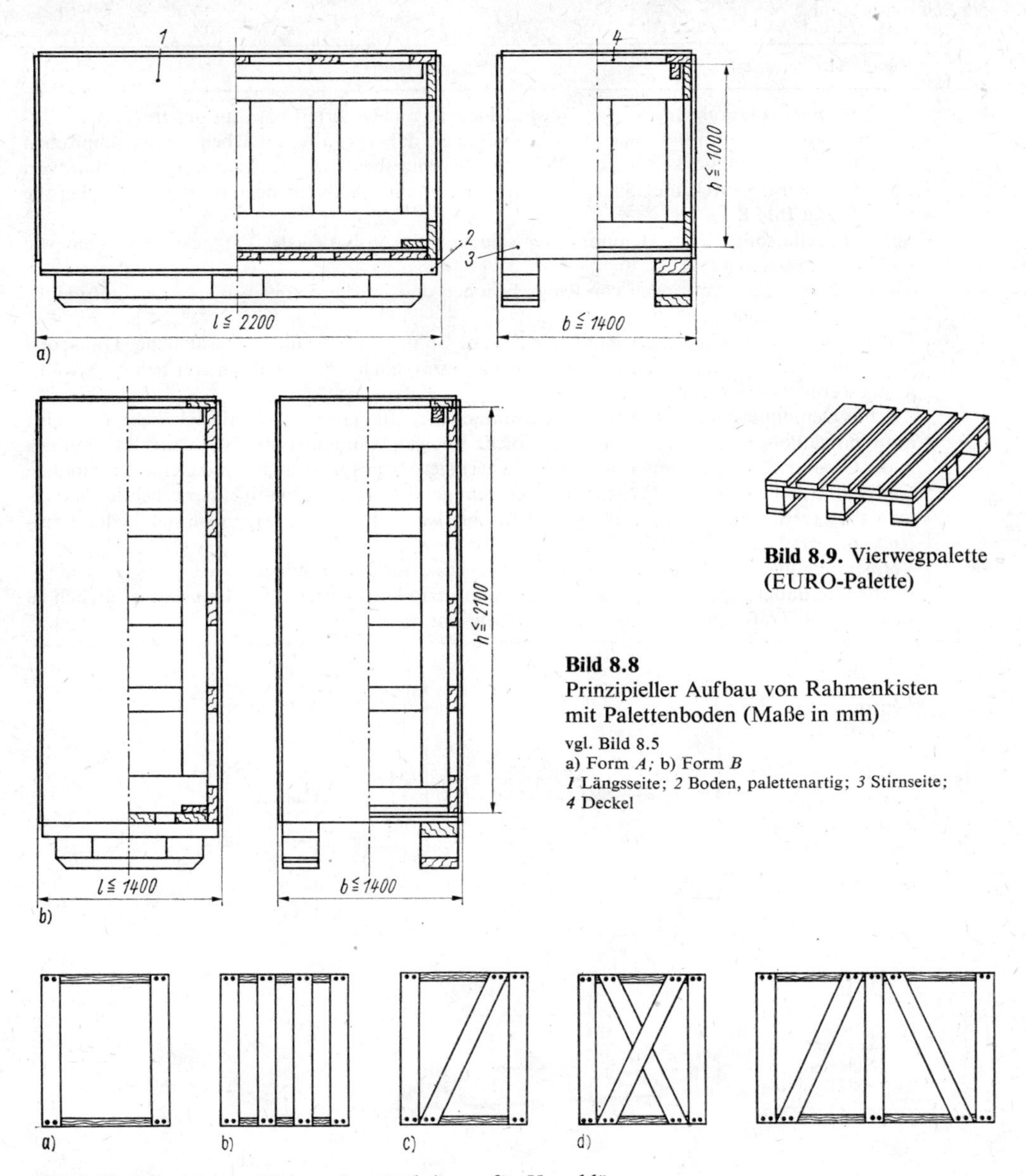

Bild 8.9. Vierwegpalette (EURO-Palette)

Bild 8.8
Prinzipieller Aufbau von Rahmenkisten mit Palettenboden (Maße in mm)
vgl. Bild 8.5
a) Form *A*; b) Form *B*
1 Längsseite; *2* Boden, palettenartig; *3* Stirnseite; *4* Deckel

Bild 8.10. Beispiele von Rahmenkonstruktionen für Verschläge

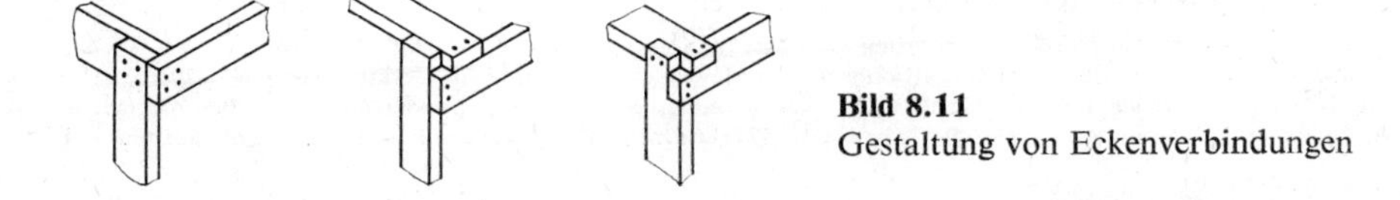

Bild 8.11
Gestaltung von Eckenverbindungen

konstruieren (s. auch Bild 8.9). Verschläge können je nach Transportart und -weg mit Furnierplatten, Well- oder Vollpappe oder Holzfaserhartpappe ausgekleidet werden. Detaillierte Berechnungsgrundlagen und Hinweise für die Konstruktion von Kisten und Verschlägen enthalten die Standards und Normen in Tafel 8.9.

Tafel 8.6. Regeln und Maßnahmen zur Reduzierung des Verpackungsaufwands und zur Erhöhung der Schutzfunktion

Nr.	Regel, Maßnahmen
1	Anordnung von Durchgangs- oder Gewindelöchern am Unterteil bzw. an der tragenden Baugruppe des Geräts zum Befestigen am Kistenboden; dabei ist u.a. aus arbeitsschutztechnischen Gründen die Zugänglichkeit zu den Befestigungsschrauben bzw. Muttern von oben bzw. von der Seite anzustreben (keine „Sacklöcher"!); zweckmäßige Befestigungen für mittlere und große Geräte zeigt **Bild 8.12**
2	Sperrige Teile sollen leicht demontierbar sein, um das Volumen der Verpackung so klein wie möglich zu gestalten
3	Möglichkeiten zum Anbringen von Ringschrauben und -muttern vorsehen als Erleichterung für das Ver- und Entpacken
4	Entlastung von Führungsbahnen, Kugellagern, Spindeln usw. durch zusätzliche Transportsicherungen, da mit den vorhandenen Verpackungsmöglichkeiten kein sicherer Schutz gewährleistet werden kann
5	Leichte Demontierbarkeit von sehr stoßempfindlichen Baugruppen, damit nur diese Teile eine aufwendige Polsterung erhalten müssen; solche Baugruppen, gut stoßisoliert verpackt, sind mit in der Gesamtverpackung unterzubringen, da geringere Beanspruchungen und kleinere Fallhöhen
6	Geräte, die nicht anschraubbar sind, müssen genügend Anlagefläche mit entsprechender Stabilität haben (z.B. sind allseitig mit leichten Blechteilen verkleidete Erzeugnisse nur bedingt verpackungs- und transportfähig)
7	Vermeidung von Kopflastigkeit durch entsprechende Schwerpunktlage
8	Kompakte Baugruppen in nach dem Leichtbauprinzip konstruierten Geräten sind zusätzlich zu sichern (z.B. Trafos großer Masse in Elektroeinschüben)

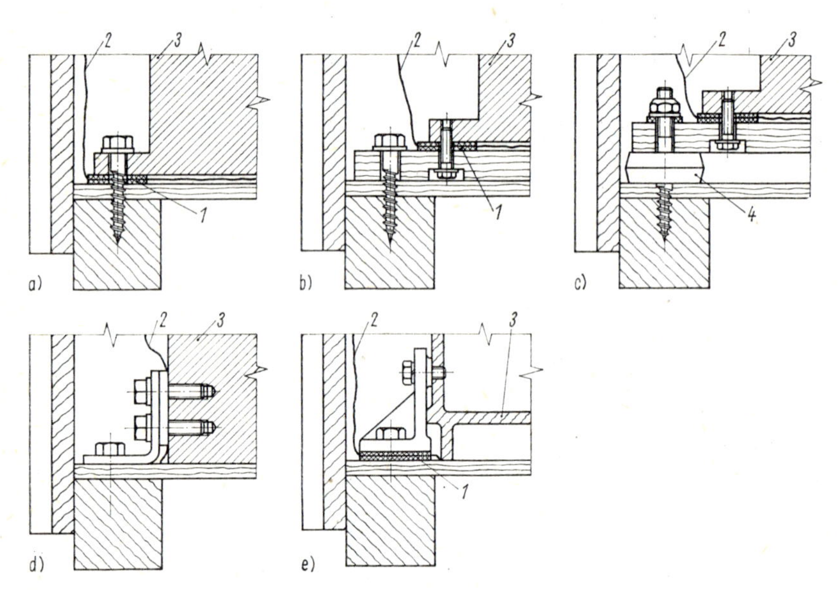

Bild 8.12. Zweckmäßige Befestigung von Geräten in Kisten

a) direkte Befestigung (Richtwerte für Durchgangsbohrung: ∅ 9 mm für Gerätemasse *m* bis 150 kg, ∅ 14 mm für *m* bis 600 kg, ∅ 18 mm für *m* über 600 kg); b) direkte Befestigung (Richtwerte für Gewindebohrung: M8 für Gerätemasse *m* bis 150 kg, M12 für *m* bis 600 kg, M16 für *m* über 600 kg); c) Befestigung wie bei b), jedoch mit speziell hergestellten Bolzen (oben mit metrischem Gewinde, unten mit Grobgewinde nach TGL 0-571 bzw. DIN 571) und mit stoßisolierenden Polsterelementen 4 aus Gummi

Reihenfolge des Einpackens bei c:

- Einschrauben des Bolzens mit Spezialschlüssel in Kistenboden
- Auffädeln der jeweils zwei Polsterelemente *4* (Gummiformteile)
- Aufsetzen des Holzrahmens (mit Gerät verschraubt) oder bei entsprechender Gestaltung direktes Aufsetzen des Geräts, ohne daß zusätzlicher Holzrahmen erforderlich ist
- Auffädeln von Filzscheibe und Scheibe
- Verschrauben mit selbstsichernder Mutter nach TGL 0-985, DIN 985

d) Befestigung mit Verbindungswinkel für Gerätemassen *m* bis etwa 300 kg (bei vier Winkeln); e) Befestigung mit speziellen Verbindungselementen für Gerätemassen *m* über 300 kg (bei vier Verbindungselementen)
1 Abdichtung; *2* Verpackungshülle; *3* Gerät; bei a) bis c) i.allg. vier, im Ausnahmefall drei Schrauben

Konstrukteure von feinmechanisch-optischen Geräten, Elektroanlagen, Maschinenbauerzeugnissen usw. können durch die in **Tafel 8.6** dargestellten Maßnahmen zur Reduzierung des Verpackungsaufwands und Erhöhung der Schutzfunktion beitragen.

8.6.2. Verpackungsmittel aus Wellpappe

In der Kategorie der Verpackungsmittel aus Papier, Karton und Pappe spielen für Erzeugnisse der Feinmechanik/Optik und Elektronik einschließlich des Maschinenbaus die Verpackungen aus Wellpappe eine dominierende Rolle. Wellpappe besteht aus einer oder mehreren Bahnen von gewelltem Papier, zwischen die eine oder mehrere ebene Bahnen Papier geklebt sind. Von der Anzahl der Gesamtpapierbahnen wird die Bezeichnung der Wellpappenart abgeleitet (z. B. Wellpappe fünffach: zwei äußere Bahnen und eine ebene sowie zwei gewellte Zwischenbahnen). Entsprechend der Wellenhöhe wird unterschieden zwischen Pappe mit Grob-, Fein- und Mikrowelle.

Bei den Verpackungsmitteln aus Wellpappe unterscheidet man als Grundausführungen die Falt-, Stülp-, Durchzug- und Schiebeschachteln **(Bild 8.13)** sowie davon jeweils wiederum eine Vielzahl spezieller Varianten, wobei Faltschachteln den mit Abstand größten Anteil stellen. Wesentliche Vorteile der Faltschachteln sind die Möglichkeit des Transports und der Lagerung in flach liegender Form sowie die schnelle Aufstellmöglichkeit.

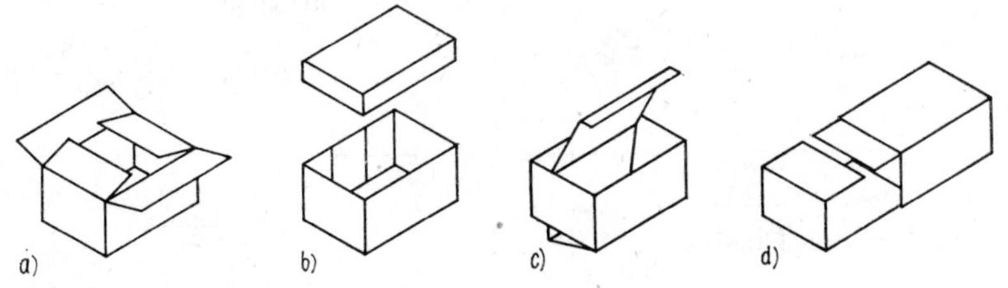

Bild 8.13. Grundausführungen von Verpackungsmitteln aus Wellpappe
a) Faltschachtel; b) Stülpschachtel; c) Durchzugschachtel; d) Schiebeschachtel

Der Gebrauchswert der aus Wellpappe hergestellten Schachteln wird im wesentlichen bestimmt durch den Berst-, Flachstauch- und Knickwiderstand. Verpackungsmittel aus Wellpappe in den herkömmlichen Ausführungen werden für Güter bis zu einer Masse von annähernd 60 kg eingesetzt. Die Schutzfunktion wird u. a. auch durch die Qualität der Verschlußart bestimmt. Das Verschließen erfolgt durch Kleben (Naßklebe-, Selbstklebebänder), Heften (Heftklammern) und durch Umreifen (Bandstahl, Plastband, Bindfaden).

Bei der Konstruktion s. Standards und Normen in Tafel 8.9. International haben sich des weiteren Verpackungen aus Kombinationen von Wellpappe mit anderen Werkstoffen (Holz, Plast) als Substitutionsvariante für Holzkisten durchgesetzt. Dazu enthält **Tafel 8.7** einige Beispiele.

Beim Einsatz hochwertiger Wellpappe (wasserabweisende Beschichtung, wasserfeste Verleimung) sind entsprechend stabilisierte Verpackungen auch für den Überseeversand geeignet.

Wellpappe bietet darüber hinaus die Möglichkeit zur Fertigung entsprechender Inneneinrichtungen (Zwischenlagen, Abstützungen, Polsterelemente) zur Lagesicherung des Gutes und Stabilitätserhöhung der Schachtel selbst.

Werden Schachteln oder Inneneinrichtungen mit in Verpackungshüllen aus Plastfolie eingeschweißt, ist zu beachten, daß Wellpappe einen Feuchtegehalt von 8 bis 14% hat.

Tafel 8.7. Substitutionsvarianten für Holzkisten (Beispiele)

- Verwendung je eines Holzrostes für Boden und Deckel; Zusammenhalt durch Umreifung **(Bild 8.14)**
- Kombination von Schachteln mit Vierwegpaletten; Zusammenhalt durch Umreifung **(Bild 8.15)**
- Kombination mit Verpackungselementen aus Schaumpolystyrol (Ecken- und Kantenpolster, spezielle Formteile), z.B. für Meßgeräte in Tischgehäusen
- Stabilisierung der Schachtel durch eingebaute Holzrahmen, die einerseits die Arretierung des Gutes gewährleisten und andererseits die Stapelfähigkeit erhöhen
- Wellpappe als Beplankungsmaterial, d.h. stabiler Boden wie bei einer Holzkiste und Wellpappeverkleidung als Zuschnitt auf Rahmen gefertigt; hier sind bei Anwendung wasserfester 7fach-Wellpappe Spezialverpackungen für Erzeugnisse bis zu einer Masse von 1000 kg möglich

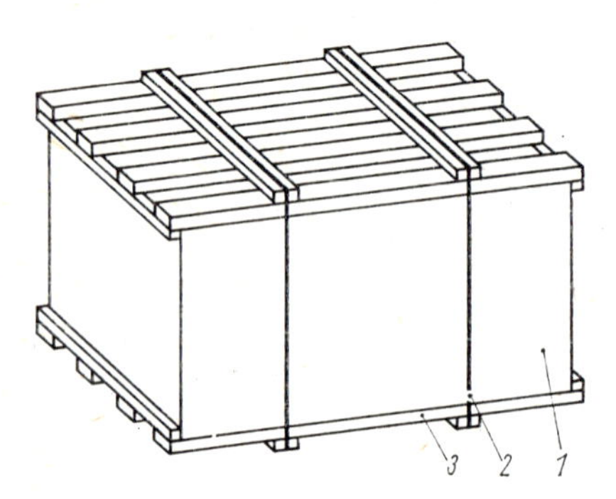

Bild 8.14. Stabilisierung durch Holzroste
1 Wellpappeschachtel; *2* Umreifung; *3* Lattenrost

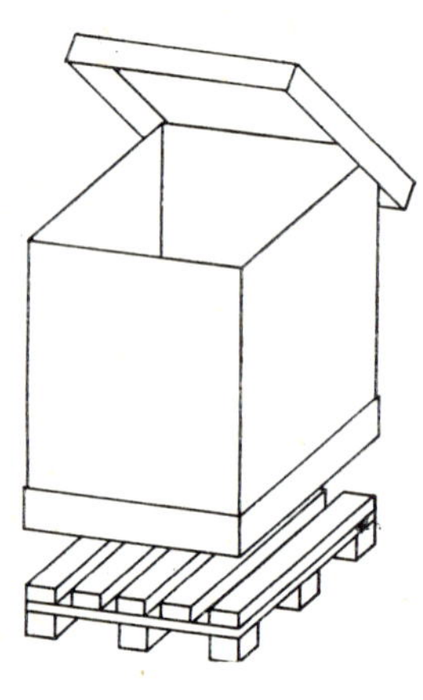

Bild 8.15
Kombination von Palette und Wellpappeschachtel

8.6.3. Verpackungsmittel aus Plasten

Für technische Erzeugnisse finden vorrangig Verpackungsmittel und -elemente aus Polystyrol- und Polyurethanschaumstoffen Anwendung. Sie zeichnen sich durch gute Lagesicherung des Gutes, ausreichende Festigkeit bei geringer Masse (Frachtkosteneinsparung), hohe Energieabsorption, Beständigkeit gegen Wasser, Seewasser und z.T. gegen Chemikalien, thermische Isolierung, geringe Dampfdiffusion, hohe Maßgenauigkeit sowie rationelle Gestaltung des Packprozesses aus. Das Herstellen der Formteile aus *Polystyrolschaumstoff* (EPS), eingesetzt als vollständige Verpackungsmittel oder Polsterelemente, erfolgt in zwei Arbeitsgängen [8.5].

Das in einem besonderen Polymerisationsverfahren durch Treibmittelbeigabe gewonnene schäumbare Polystyrol wird zunächst stufenweise mittels Wasserdampf erhitzt und dabei durch das Treibmittel aufgebläht. Danach werden die „vorgeschäumten" Schaumstoffteilchen in einem Werkzeug zu den jeweiligen Formteilen geschäumt. Nach Ausdiffundieren der enthaltenen Feuchtigkeit sind die Formteile einsatzfähig. Formteile für Verpackungszwecke lassen sich mit Dichten von 20 bis 30 kg/m^3 herstellen. EPS-Schaumstoff eignet sich für Flächenbelastungen ab etwa 0,5 N/cm^2.

Bei tragenden Verpackungsteilen aus EPS ist durch entsprechende Flächenbelastung eine Zusammendrückung von 5 % nicht zu überschreiten. Treten während des Transports Stoßbeanspruchungen auf, verformt sich das Schaumstoffgerüst und wirkt infolge der Energieabsorption als Polster. Bei Temperaturänderung wird die Formbeständigkeit unbedeutend beeinflußt.

Polystyrolschaumstoff hat eine geringe Wärmeleitfähigkeit, so daß man hochwertige temperaturempfindliche Erzeugnisse in geschlossenen Verpackungen bestimmte Zeit extremen Temperaturen (von etwa -40 bis $+55\,°C$) aussetzen (z. B. während des Umladens auf Flughäfen) oder das Gut vor schnellem Temperaturwechsel schützen kann. EPS-Schaumstoffe sind nicht hygroskopisch. Bei Einwirkung von Wasser oder hoher Luftfeuchte tritt keine Verringerung der mechanischen Festigkeit ein.

Formteile aus EPS finden in der Verpackungstechnik Anwendung als geschlossene Verpackungen (zwei Halbschalen) für Erzeugnisse bis zu einer Masse von maximal 40 kg **(Bild 8.16)**, als Verpackungselemente (Schutz- und Polsterecken, Winkelprofile als Kantenschutz, Polsterrahmen; s. **Bild 8.17**) sowie als innerbetriebliches Transporthilfsmittel in Form von stapelbaren einzelnen Paletten bzw. einzelnen Halbschalen **(Bild 8.18)**.

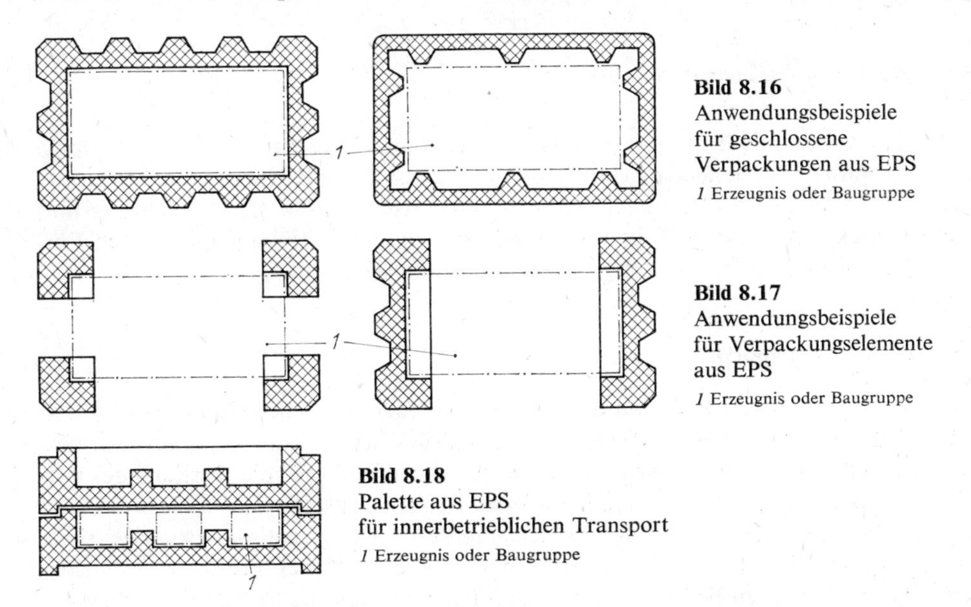

Bild 8.16
Anwendungsbeispiele für geschlossene Verpackungen aus EPS
1 Erzeugnis oder Baugruppe

Bild 8.17
Anwendungsbeispiele für Verpackungselemente aus EPS
1 Erzeugnis oder Baugruppe

Bild 8.18
Palette aus EPS für innerbetrieblichen Transport
1 Erzeugnis oder Baugruppe

Bei der Konstruktion von Verpackungen sind Entformungsneigungen von mindestens 1°30′, gleichmäßige Dimensionierung der Wanddicken und zweckmäßige Anordnung entsprechender Verrippung zu berücksichtigen [8.5].

Entscheidend für den ökonomischen Einsatz derartiger Verpackungen ist aufgrund der notwendigen Schäumwerkzeuge die jährliche Stückzahl. Bei einem annähernd gleichen Erzeugnissortiment (hinsichtlich Art und Abmessungen) sind die Außenabmessungen zu vereinheitlichen, um unter Verwendung des gleichen Außenwerkzeugs und durch jeweiligen Austausch des Werkzeugteils für die Innenform Werkzeugkosten einzusparen.

Der Einsatz von *Polyurethanschaumstoff* (PUR) erfolgt sowohl in Form von Verpackungselementen für Polsterzwecke (formgeschäumt im Werkzeug, Formschneiden oder Stanzen von Formteilen aus Plattenmaterial) als auch durch direktes Einschäumen von Erzeugnissen (hierbei wird PUR-Füllschaum in den Zwischenraum zwischen Gut und Verpackungsmittel, z. B. Faltschachtel oder Kiste, eingebracht; s. **Bild 8.19**). Das Direkteinschäumen erfordert entsprechende Verschäumanlagen und ist dort ökonomisch, wo Güter mit hohen Stückzahlen und annähernd gleicher Größe unmittelbar als letzte Stufe des Produktionsprozesses sofort verpackt werden, z. B. am Ende einer Fließfertigung. Durch unterschiedlichen Vernetzungsgrad können weiche, halbharte und harte Schaumstoffteile gefertigt und durch die Dichte die Federkonstante beeinflußt werden. Weiche und halbharte Schaumsysteme lassen durch Fall ausgelöste Schwingungen schnell abklingen. Beim Direkteinschäumen mit SYS-PUR SF 4705 wird nach [8.8] auf eine Rohdichte des frei verschäumten Materials von 7 bis 12 kg/m³ orientiert; dabei ist für die Festigkeit bei einer 10%igen Stauchung ein Wert von 1,0 bis 1,2 N/cm² erreichbar [8.9].

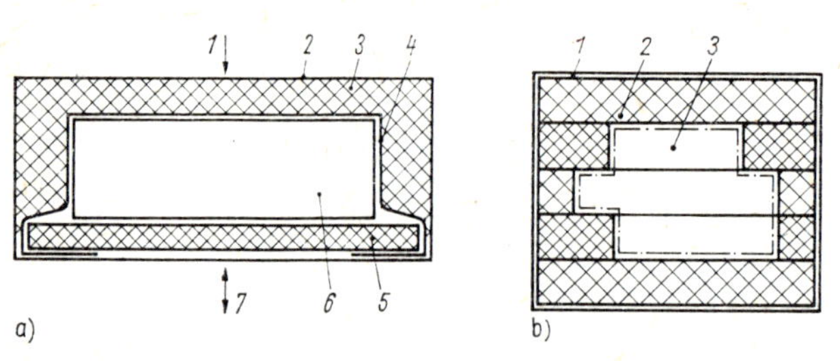

a) Beispiel für das Direkteinschäumen
1 Einfüllrichtung; *2* Verpackungsmittel; *3* PUR-Schaumstoff; *4* Trennfolie; *5* elastische Auflage; *6* Erzeugnis; *7* Erzeugnisentnahme

b) Anwendungsbeispiel für PUR-Plattenmaterial
1 Verpackungsmittel (z. B. Schachtel); *2* PUR-Plattenmaterial (geschnitten, gestanzt, geklebt); *3* Erzeugnis

Bild 8.19. Einsatz von Polyurethanschaumstoff

An das zu verpackende Erzeugnis sind dabei Forderungen wie einfache, quaderförmige Form, keine spitzen, vorstehenden Teile und Hinterschneidungen, Unempfindlichkeit des Gutes gegen Temperaturerhöhung (Reaktionstemperatur etwa 80 °C), Abdichtung und Sicherung druckempfindlicher Teile (Schäumdruck) zu stellen (Erzeugnisse durch Einlegen in Folienbeutel vor Einwirkung des Schaumstoffs schützen).

8.6.4. Verpackungspolster

Die Wirkung eines Polsters kann mit der einer Druckfeder verglichen werden. Die durch einen Stoß ausgelöste Kraft bewirkt das Zusammendrücken der Feder um einen bestimmten Weg, den Feder- bzw. Bremsweg. Dieser Weg, entscheidend für die Wirkung des Polsters, ist abhängig von der Widerstandskraft des Polsterwerkstoffs und diese wiederum von den Materialkonstanten und der Dimensionierung. Der günstigste Federweg liegt vor, wenn die einwirkende Kraft und die Widerstandskraft des Polsters im Gleichgewicht sind. Dabei ist zu berücksichtigen, daß bereits durch die Eigenmasse (statische Beanspruchung) des Gutes ein Teil des zur Verfügung stehenden Federwegs in Anspruch genommen wird. Eine ausreichende Stoßisolation erreicht man also nur, wenn für die zusätzlichen dynamischen Beanspruchungen noch ein entsprechender Bremsweg vorhanden ist. Der Polsterwerkstoff muß eine gute Reversibilität (Rückstellvermögen in den Ausgangszustand) aufweisen, da während des Transports sich ständig wiederholende Stoßbeanspruchungen auftreten können. Die bleibende Verformung soll gering sein [8.4].

Die Federkennlinie eines Polsters sagt aus, wie weit sich dieses bei Belastung zusammendrückt. **Bild 8.20** zeigt typische Federkennlinien, aus denen das Rückstellvermögen und die bleibende Verformung zu erkennen sind. Die absolute Zusammendrückung bei einer bestimmten Polsterdicke und Flächenbelastung hängt von der Dichte des jeweiligen

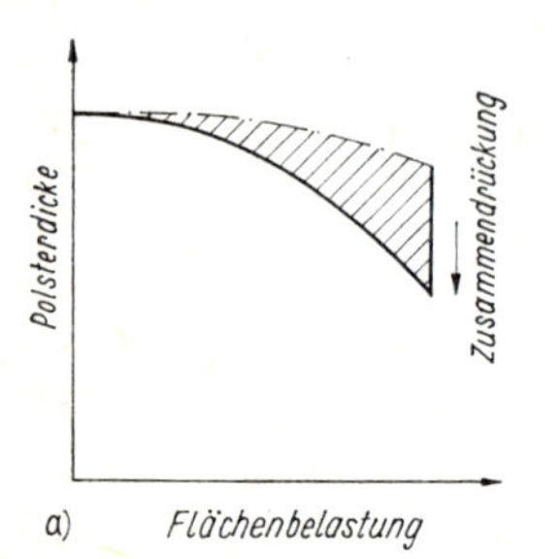

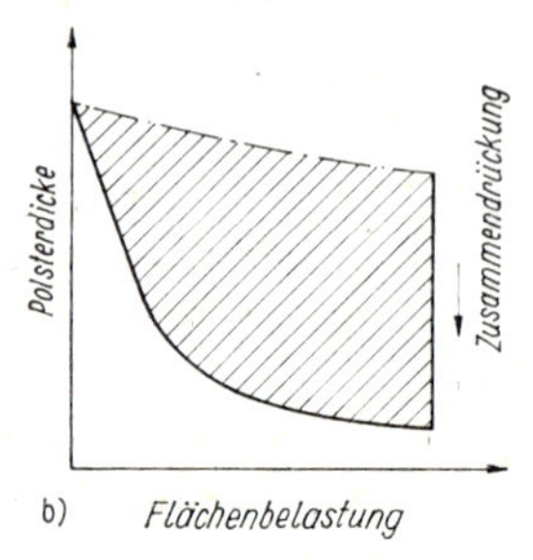

Bild 8.20
Typische Federkennlinien für Schaumstoffe
a) Polystyrol; b) Polyurethan

Tafel 8.8. Gebräuchliche Polsterwerkstoffe und Polsterarten

Werkstoff, Polsterart	Eigenschaften, Anwendung
Holzwolle	gute Polstereigenschaften, geeignet für individuelles Verpacken, niedrige Materialkosten, hoher manueller Aufwand beim Verpacken, abnehmende Polsterwirkung bei Feuchtigkeitseinwirkung, beim Einschweißen in Plastfolien schwitzwasserbildend, Staubentwicklung beim Ein- und Auspacken, zunehmender Ersatz durch neuartige Polsterwerkstoffe
Wellpappe	Einsatz als Plattenmaterial und für vielfältige Formpolster, aber aufwendige Herstellung der Polster (Kleben, Heften, Kanten usw.), beschränkt reversibel (geringer Federweg); Polster werden konstruktiv gestaltet und lassen sich genau auf Gut abstimmen, Voll-, Hohl- und Wickelpolster vorwiegend in der Massen- und Serienfertigung (Fließfertigung) eingesetzt (z.B. elektrische Haushaltsgeräte u.ä.), Stabilitätsverlust bei Feuchtigkeitseinwirkung, hygroskopisch (schwitzwasserbildend)
Polystyrolschaumstoff (EPS)	Einsatz als komplettes Verpackungsmittel sowie als Polsterelement in Verbindung mit Schachteln und Kisten. Fertigung mittels Schäumwerkzeugen, dadurch Anwendung erst bei ökonomisch vertretbaren Stückzahlen; bei einer Dichte von 20 ... 30 kg/m³ und einer Flächenbelastung von 0,5 ... 1,0 N/cm² günstigste Stoßisolationseigenschaften richtige Flächenbelastung durch zweckmäßige Anordnung von Polsterrippen (Bilder 8.16, 8.17 und 8.18)
Polyurethanschaumstoff (PUR)	Schaumstoffstruktur ist offenzellig (im Gegensatz zu EPS, das geschlossenzellig ist), dadurch bessere Polstereigenschaften, gute Reversibilität PUR-Weichschaumstoff als Plattenmaterial (geschnitten, gestanzt, geklebt) für leichte stoßempfindliche Erzeugnisse eingesetzt; günstigste Flächenbelastung zwischen 0,5 und 0,8 N/cm²; für geschäumte Formteile werden halbharte PUR-Schaumstoffsysteme eingesetzt; statische Federkennlinien gestatten hier keine sicheren Aussagen für dynamische Beanspruchungen, da vom jeweiligen Schaumsystem abhängig; deshalb richtige Auswahl des Schaumsystems und Dimensionierung sowie Formgebung für einzusetzendes Polster durch praktische Versuche ermitteln Noch problematischer ist richtige Polsterdimensionierung bei Einsatz für schwingfähige Erzeugnisse, da deren Eigenschwingungen Beanspruchungsverlauf beträchtlich beeinflussen können; eine optimale Verpackungsvariante ist deshalb durch entsprechende Tests auf empirischem Weg zu ermitteln PUR-Formteile finden vorrangig für spezielle Gerätebehälter (z.B. Vermessungsgeräte) Anwendung
Gummi	Schwamm- und Schaumgummi wird als Plattenmaterial (geschnitten, gestanzt, geklebt) eingesetzt, bei Kälteeinwirkung nachlassende Polsterwirkung; für schwere, aber stoßempfindliche Meßgeräte und Maschinen finden spezielle vulkanisierte Gummiformteile Anwendung (s. Bild 8.12c); auch Einsatz sog. Gummi-Metall-Federn
Filz	Filz, aus Plattenmaterial geschnitten bzw. gestanzt, wird einerseits als Polsterwerkstoff und andererseits als Schutz für lackierte Flächen verwendet; bei Kälteeinwirkung keine Beeinträchtigung der Polsterwirkung, jedoch feuchtigkeitsaufsaugend und anfällig gegen Schimmelpilzbefall
Faserpolster	Polster aus gummierten Fasern werden aus Kokosfasern oder Tierhaaren, gebunden mit Latex, hergestellt und als Platten, Zuschnitte oder Formteile (Ecken- und Kantenpolster) eingesetzt; Anwendung für das Verpacken von hochwertigen, stoßempfindlichen Gütern
Luftkissenpolster	Luftkissen werden zumeist unter Verwendung von extrudiertem Folienschlauch hergestellt, indem nach Aufpumpen mit Luft durch entsprechende Querschweißung (HF-Schweißung) einzelne Kissen entstehen. Es lassen sich sog. schwimmende Verpackungen erzielen für stoßempfindliche Güter; Luftkissen sind als Polstermaterial zwischen Innen- und Außenverpackungen und zum Ausfüllen von Hohlräumen in Verpackungen geeignet; bei Stoßeinwirkung wird Luft im Kissen komprimiert, bei Entlastung schnelle Rückstellung; geringe Luftdurchlässigkeit, bei Transport- und Lagerzeiten bis 200 Tage vernachlässigbar (Bild 8.21)

Polsterwerkstoffs ab. Die Schwingungsdämpfung von Polsterwerkstoffen ermittelt man zweckmäßig experimentell (s. [8.10] und **Bild 8.22** sowie Tafel 8.9). Eine Übersicht über gebräuchliche Polsterwerkstoffe und Polsterarten enthält **Tafel 8.8.**

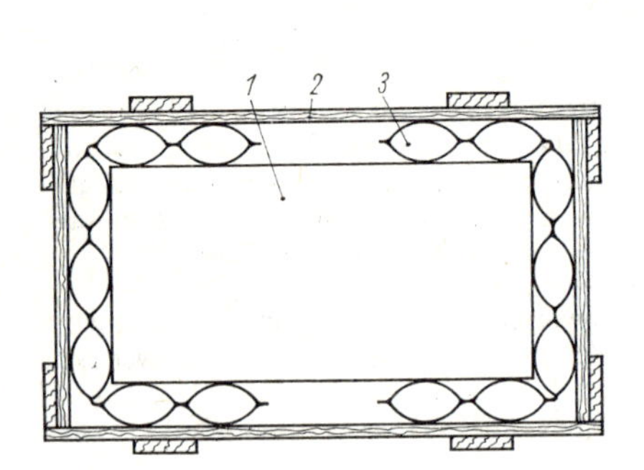

Bild 8.21. Beispiel für die Anwendung von Luftkissenpolstern

1 Innenverpackung; *2* Außenverpackung; *3* Luftkissen

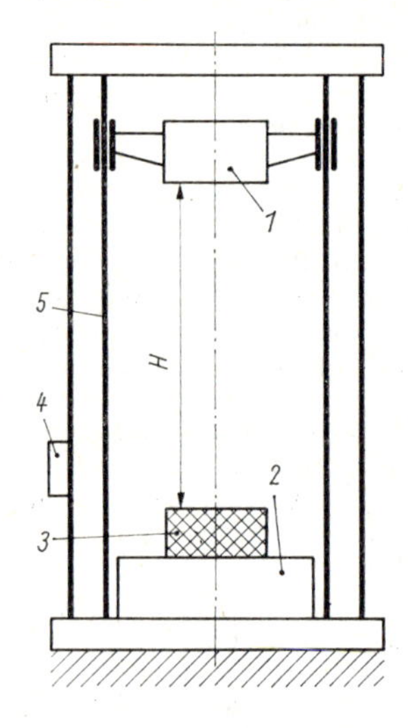

Bild 8.22 Schema eines Fallwerkes zum Prüfen von Polstern

1 Hammer
2 Amboß
3 Probe (Polster)
4 Geschwindigkeitsmeßeinrichtung
5 parallele Führungsschienen
H Fallhöhe

8.6.5. Schutz vor klimatischen Beanspruchungen

Bei Gütern der metallverarbeitenden Industrie werden über die Hälfte der Schäden durch Korrosion verursacht. Die Wahl des geeignetsten Klimaschutzmittels hängt ab von der Empfindlichkeit des Gutes gegen die während Lagerung und Transports zu erwartenden klimatischen Beanspruchungen, den Eigenschaften des Schutzmittels und der Dauer der Schutzwirkung sowie der Anwendbarkeit des Schutzverfahrens (s. auch Abschn. 5.1., 5.2. und 5.7.). Der Schutz vor schädigenden Einflüssen erfolgt mittels zweier prinzipieller Methoden: der Vorbehandlung der zu verpackenden Güter und der Verhinderung des Eindringens von Feuchtigkeit durch verpackungstechnische Maßnahmen, wobei zwischen atmender und luftdichter Verpackung zu unterscheiden ist.

Bei der *atmenden* Verpackung wird die Möglichkeit eines raschen Ausgleichs von Feuchte und Temperatur zwischen innen und außen genutzt, damit die Bildung von Kondenswasser verhindert bzw. eingeschränkt wird oder trotzdem entstandenes Kondenswasser schnell verdunstet. Trotz Anordnung von Lüftungsschlitzen ist das Eindringen von Wasser zu verhindern. Die atmende Verpackung ist jedoch nur anwendbar bei Landversand und bei kurzer Transport- und Lagerzeit. Besteht klimatisch keine Möglichkeit der Luftzirkulation und des raschen Austrocknens evtl. gebildeten Kondenswassers, z. B. beim Versand in tropische Gebiete, ist luftdichte Verpackung zu verwenden.

Bei der *luftdichten* (hermetischen) Verpackung wird der Austausch der Luft zwischen außen und innen verhindert bzw. stark eingeschränkt, indem man das Gut in eine Hülle aus Sperrschichtmaterial (Plastfolien, Al-Verbundfolien) dicht einschweißt. Von den Plastfolien haben Polyäthylenfolien die geringste Wasserdampfdurchlässigkeit; für höchste Ansprüche werden Al-Verbundfolien eingesetzt. Das luftdichte Einschweißen der Güter garantiert jedoch noch nicht die Verhinderung von Korrosionsschäden, da die eingeschlossene Luft und die ebenfalls eingeschweißten Verpackungswerkstoffe Feuchtigkeit enthalten. Diese schädigenden Einflüsse kann man vermindern durch Evakuierung der Luft, Reduzierung des Einschweißens von hygroskopischen Werkstoffen auf ein

Minimum, Beigabe von Entfeuchtungsmitteln, Anwendung von Dampfphaseninhibitoren sowie Konservierung durch Vorbehandlung.

Entfeuchtungsmittel dienen zur Absorption des in der Luft enthaltenen Wasserdampfs innerhalb einer luftdichten Verpackung. Zur Anwendung kommen vorwiegend Kieselgele (s. TGL 22865), die sich durch Erwärmen bis maximal 180 °C mehrmals regenerieren lassen. Es braucht keine absolute Absorption des enthaltenen Wasserdampfs erreicht zu werden. Man muß aber sichern, die relative Luftfeuchtigkeit unter den für die Korrosion kritischen Wert (etwa 60 %) zu reduzieren. Kieselgel wird in luftdurchlässigen Beuteln an verschiedenen Stellen einer Verpackung beigegeben. Die erforderliche Menge hängt von der Wasserdampfdurchlässigkeit des Verpackungswerkstoffs, der Gesamtfläche der Verpackung, der Dauer des Transports und der Lagerung, vom Innenvolumen und von hygroskopischen Verpackungselementen bzw. -hilfsmitteln ab (TGL 27217, DIN 55474).

Dampfphaseninhibitoren haben chemische Wirkstoffe, die durch ständiges Verdampfen eine korrosionshemmende Schutzatmosphäre bilden. Voraussetzung für die Schutzwirkung ist eine dichte Verpackung der Güter. Zum Einsatz kommt Korrosionsschutzpapier A für Eisenmetalle und B (Unicor) für NE-Metalle. Die Schutzwirkung ist am größten bei direkter Berührung mit der zu schützenden Fläche. Die Fernwirkung in einer dichten Verpackung ist auf einen Abstand von 20 bis 30 cm (8 cm bei UNICOR) begrenzt. Bei Anwendung sind TGL 29921, DIN 55473 und 55474 zu beachten.

Der Korrosionsschutz der Güter durch *Vorbehandlung* erfolgt durch Reinigen, Trocknen und Aufbringen temporärer Korrosionsschutzstoffe. Durch das Reinigen werden zunächst korrosionsfördernde Substanzen (Fingerabdrücke, Löt- oder Schweißrückstände, Staub, Rost usw.) von metallischen Oberflächen entfernt. Dazu verwendet man u.a. Waschbenzin, Perchloräthylen, Methanol usw. Nach dem sich anschließenden Trocknen (trockene Tücher, Druckluft, Ofentrocknung) erfolgt das Konservieren durch Aufbringen einer Schutzschicht aus temporären Korrosionsschutzstoffen. Diese halten die Feuchtigkeit von der zu schützenden Fläche fern und sind Träger von Korrosionsschutzinhibitoren. Sie dienen bevorzugt als zeitweiliger Schutz von metallisch blanken Flächen. Hiermit lassen sich geschützt liegende Teile, die aus technischen und ökonomischen Gründen keinen anderen Korrosionsschutz erhalten können, ausreichend über längere Zeit schützen.

Es werden Korrosionsschutzöle, -fette, -fluide angewendet. Das Aufbringen erfolgt durch Streichen, Tauchen oder Spritzen.

8.7. Verpackungsprüfung

Die Verpackungsprüfung hat folgende Aufgaben zu erfüllen:

Schutzfunktion. Überprüfung, ob die Verpackung dem Gut gegenüber mechanischen Beanspruchungen während Transports und Lagerung einen ausreichenden Schutz gewährt.

Wirtschaftlicher Materialeinsatz. Die Verpackungsprüfung soll das Finden der zweckmäßigsten (optimalen) Verpackung unterstützen und sog. Überverpackungen verhindern helfen.

Transporttauglichkeit des Gutes. Durch die Prüfung der Einheit Gut–Verpackung kann die verpackungs- und transportgerechte Konstruktion des Erzeugnisses überprüft werden, um evtl. bei Schwachstellen rechtzeitig konstruktive oder technologische Maßnahmen einzuleiten.

Die Verantwortung für die Durchführung trägt die betriebliche TKO in Zusammenarbeit mit dem Beauftragten für Verpackungswesen des Betriebs. Die Prüfung ist Bestandteil der Funktionsmustererprobung eines Erzeugnisses.

Die Art und Weise der durchzuführenden Verpackungsprüfung hängt ab von der Bruttomasse (i. allg. in den Stufen über 0 bis 25 kg, über 25 bis 50 kg, über 50 bis 150 kg, über 150 bis 2000 kg, über 2000 kg), dem Transportmittel (LKW, Bahn, Schiff, Flugzeug), dem Transportweg (Inlandtransport, kontinentaler bzw. überkontinentaler Transport) sowie der Transportart (Stückgutversand oder geschlossene Wagen- bzw. Behälterladung im Haus-Haus-Verkehr) [8.11] [8.12].

Es kommen folgende Prüfarten zur Anwendung: Bestimmung des Stauchwiderstands, Stoßprüfung auf der schiefen Ebene bzw. durch freien Fall oder durch Abkanten, Vibrationsprüfung sowie Transportversuch.

Mit der Bestimmung des Stauchwiderstands wird die Widerstandsfähigkeit der Pakkung gegenüber zusammendrückend wirkenden Belastungen mit einer Stauchdruckpresse bestimmt. Das Verfahren zur Bestimmung des Stoßwiderstands durch freien Fall dient der Beurteilung der Widerstandsfähigkeit von Packungen mit Bruttomassen bis 50 kg gegenüber Stoßbeanspruchungen, wie sie beim freien Fall auf eine starre Unterlage auftreten können. Fallvorrichtungen können Falltische, Fallhaken oder Greifer sein. Die Fallhöhen betragen je nach Transportmittel, -weg und -art bei Bruttomassen bis 25 kg zwischen 0,25 und 0,8 m und bis 50 kg zwischen 0,2 und 0,6 m. Die Fallanzahl schwankt in Abhängigkeit von der Transportkette zwischen drei und zehn.

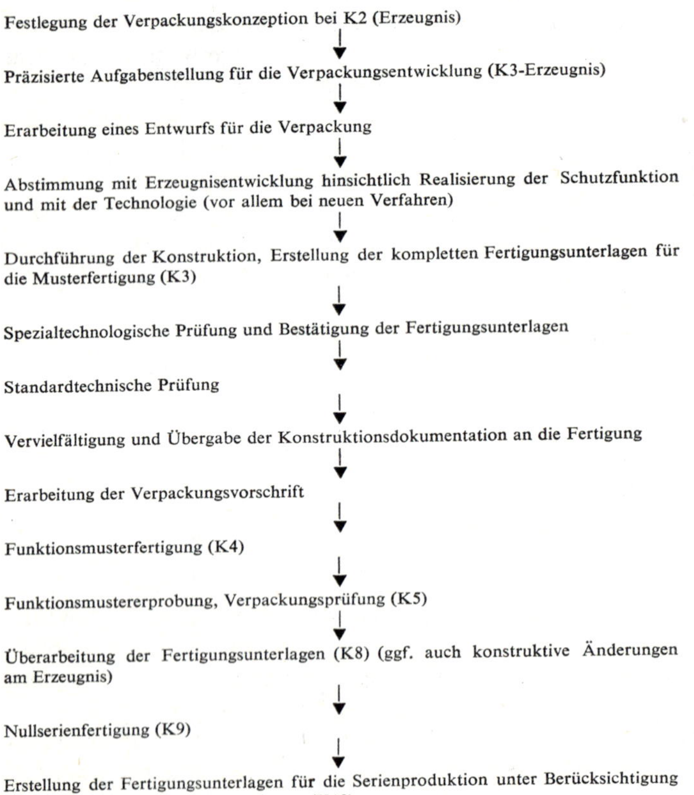

Festlegung der Verpackungskonzeption bei K2 (Erzeugnis)
Präzisierte Aufgabenstellung für die Verpackungsentwicklung (K3-Erzeugnis)
Erarbeitung eines Entwurfs für die Verpackung
Abstimmung mit Erzeugnisentwicklung hinsichtlich Realisierung der Schutzfunktion und mit der Technologie (vor allem bei neuen Verfahren)
Durchführung der Konstruktion, Erstellung der kompletten Fertigungsunterlagen für die Musterfertigung (K3)
Spezialtechnologische Prüfung und Bestätigung der Fertigungsunterlagen
Standardtechnische Prüfung
Vervielfältigung und Übergabe der Konstruktionsdokumentation an die Fertigung
Erarbeitung der Verpackungsvorschrift
Funktionsmusterfertigung (K4)
Funktionsmustererprobung, Verpackungsprüfung (K5)
Überarbeitung der Fertigungsunterlagen (K8) (ggf. auch konstruktive Änderungen am Erzeugnis)
Nullserienfertigung (K9)
Erstellung der Fertigungsunterlagen für die Serienproduktion unter Berücksichtigung der Ergebnisse der Nullserienfertigung (K10)

Bild 8.23. Arbeitsschritte bei der Verpackungsentwicklung im Rahmen des Überleitungsprozesses (Nomenklaturstufen K2 bis K10 s. Tafel 2.12 in Abschn. 2)

Tafel 8.9. Standards für Geräteverpackung (Auswahl)

TGL

Standard	Inhalt
TGL RGW 227-75	Verpackungsmittel, System der Abmessungen
TGL RGW 257-76	Markierung des Frachtguts
TGL 3195/01 bis 06	Wellpappen für Verpackungszwecke
TGL 4451	Verpackungsmittel aus Werkstoffen aus Holz
TGL 9275/01 bis 04	Flachpaletten aus Holz
TGL 10615/01 bis 11	Konstruktionsrichtlinie für Kisten und Verschläge
TGL 17448/01 bis 10	Konstruktionsrichtlinien für Plastformteile
TGL 18700/01 bis 07	Korrosionsschutz
TGL 18977/01 bis 06	Werkstoffe aus Holz; Begriffe
TGL 18981/06 bis 07	Technische Lieferbedingungen für Schnittholz
TGL 20789/02 bis 05	Verpackungsfolien
TGL 20789/02 bis 05	Verpackungsfolien
TGL 21754/01 bis 04	Faltschachteln aus Wellpappe
TGL 22131/01 bis 05	Grundkonstruktion von Schachteln
TGL 22865	Kieselgele
TGL 23422	Verpackungsteile aus Schaumpolystyrol; Technische Lieferbedingungen
TGL 27217	Verpacken unter Verwendung von Sperrschichthüllen und Beigabe von Trockenmitteln, Ermittlung der Trockenmittelmenge
TGL 27366	ESEG, Korrosionsschutzöle, -fette und -wachse
TGL 28361/01 bis 10	Typentechnologien des Versandverpackens
TGL 28403/01	Kriterien für die Ermittlung von Forderungen an die Verpackung, den Transport und die Lagerung von Erzeugnissen
TGL 29163/01 bis 08	Verpackungswesen, Terminologie
TGL 29472/01 bis 06	Rahmentechnologien für den Einsatz von Behältern und Paletten
TGL 29473	Transportverpackungen; Mechanische Beanspruchung bei Transport; Umschlag und Lagerprozessen
TGL 29921	Verpacken unter Verwendung von Sperrschichthüllen und Beigabe von Dampfphaseninhibitoren
TGL 31253/01 bis 06	Prüfung von Verpackungsmitteln
TGL 32437/01 bis 09	Transportverpackungen; Lufttemperatur- und Luftfeuchtebedingungen bei Transport-, Umschlag- und Lagerprozessen
TGL 7-1090/01	Verpackungshilfsmittel aus Wellpappe
TGL 200-0859/01 bis 04	Elektrotechnik und Elektronik; Verpackung, Transportwege und Verpackungsarten

DIN

Norm	Inhalt
DIN 55405 T1 u. 2	Begriffe für das Verpackungswesen (systematische Übersichten, Packstoffe, Packmittel, Packhilfsmittel, Packgut, Abmessungen, Massen, Volumina)
DIN 55402 T1 u. 2	Markierung für den Versand von Packstücken
DIN 55510	Verpackung; Modulare Koordination im Verpackungswesen; Modulare Teilflächen des Flächenmoduls 600 mm × 400 mm
DIN 55520	Stellflächen für Versandverpackungen, abgeleitet aus den Stellflächen 800 mm × 1200 mm und 1000 mm × 1200 mm
DIN 55439 T1 u. 2	Verpackungsprüfung; Prüfprogramme für Packstücke (Grundsätze und Schärfegrade)
DIN 55440 T1 u. 2	Verpackungsprüfung; Stauchprüfung
DIN 55441 T1	Verpackungsprüfung; Stoßprüfung, Freier Fall
DIN 55442	Verpackungsprüfung; Stoßprüfung auf der schiefen Ebene
DIN 55444	Verpackungsprüfung; Probenvorbereitung, Benummerung der Flächen, Ecken und Kanten

Tafel 8.9 (Fortsetzung)

Norm	Inhalt
DIN 55449 T1 u. 2	Packstückprüfung; Kippfallen, Umstürzen
DIN 55511 T1 u. 2	Packmittel, Schachteln aus Wellpappe oder Vollpappe, Maße
DIN 55521 T1 u. 2	Packmittel; Schachteln aus Wellpappe und Vollpappe
DIN 55468	Packstoffe; Wellpappe
DIN 55468 T2	Packstoffe; Wellpappe naßfest, Anforderungen, Prüfung
DIN 55429 T1	Packmittel; Schachteln aus Karton, Vollpappe und Wellpappe; Bauarten, Ausführungen, Lieferformen
DIN 55429 T2	Packmittel; Schachteln aus Karton, Vollpappe und Wellpappe; Bestimmung von Abmessungen, zulässige Abweichungen
DIN 55499 T1	Packmittel; Kisten aus Vollholz, Bauformen, Maße, Güteklassen
DIN 15141 bis DIN 15147	Paletten
DIN 55471	Polystyrol-Schaumstoff für Verpackungszwecke; Anforderungen, Prüfungen
DIN 16995	Packstoff; Kunststoff-Folien; Haupteigenschaften, Prüfverfahren
DIN 53122 T1 u. 2	Prüfung von Kunststoff-Folien
DIN 53439	Prüfung von Schaumstoffen; Bestimmung des Verhaltens von Schaumstoffen für Verpackungszwecke
DIN 55473	Packhilfsmittel, Trockenmittelbeutel, Techn. Lieferbedingungen
DIN 55474	Trockenmittel in Beuteln, Anwendung, Berechnung der erforderlichen Anzahl Trockenmitteleinheiten
VG 95146	Kisten aus Holz für Verpackungsgüter bis 500 kg
VG 95621	Verschläge aus Holz, offen für Verpackungsgüter bis 1000 kg; Konstruktionsrichtlinien
VG 95622	Schwergutkisten für Versorgungsgüter bis 1500 kg
VG 95629	Holz für Kisten und Verschläge, Anforderungen, Gütebedingungen
VG 95607	Packmittel; Behälter aus Wellpappe und eingesetzten Kopfwänden
VG 95631	Packmittel; Behälter aus Wellpappe mit Palette
DIN 4071 T1	Ungehobelte Bretter und Bohlen aus Nadelholz, Maße
DIN 4072 T1	Gespundete Bretter aus Nadelholz
DIN 4073 T1	Gehobelte Bretter und Bohlen aus Nadelholz; Maße
DIN 53577 T1	Prüfung weichelastischer Schaumstoffe, Bestimmung der Standhärte und Federkennlinien im Druckversuch

Das Verfahren zur Bestimmung des Stoßwiderstands auf der schiefen Ebene dient zur Prüfung der Festigkeits- und Schutzeigenschaften von Verpackungsmitteln und Verpackungen mit Bruttomassen von 50 bis 150 kg beim Anprall an die Prallwand der schiefen Ebene. Die Probe ist so auf einem auf Gleisen ablaufenden Wagen unterzubringen, daß sie in der gewünschten Stellung (Fläche oder Kante) auf die Prallwand auftrifft. Bei einer Neigung der schiefen Ebene von 10° werden je nach Transportmittel, -weg und -art bei Ablaufstrecken zwischen 2 und 4 m Aufprallgeschwindigkeiten von 1,7 bis 3 m/s erreicht. Die Stoßanzahl ist sechs, wobei jede Stirnseite und jede Stirnseitenkante je einmal dem Stoß auszusetzen sind. Bestehen keine technischen Voraussetzungen für diese Prüfart, so kann die Stoßprüfung durch freien Fall erfolgen. Die Fallhöhe wird aus der geforderten Aufprallgeschwindigkeit ermittelt.

Die Bestimmung des Stoßwiderstands durch Abkanten erfolgt bei Packungen mit Bruttomassen zwischen 150 und 2000 kg. Voraussetzung für die Prüfung sind eine ebene Betonfläche als Unterlage, eine 100 mm hohe Schwelle, auf die jeweils eine Bodenkante der Verpackung aufgelegt, und ein Hebezeug, mit dem die gegenüberliegende Kante um eine bestimmte Höhe angehoben wird. Die Abkanthöhe beträgt 0,7 m bei Bruttomassen von 150 bis 300 kg, 0,5 m bei Bruttomassen von 300 bis 1500 kg, 0,3 m bei Bruttomassen von 1500 bis 2000 kg.

Die Bestimmung des Widerstands gegenüber Vibration dient zur Prüfung der Schutzeigenschaften von Verpackungen bei Anregung durch sinusförmige Schwingungen. Als Prüfmittel werden Schwingtische eingesetzt, die Schwingungsfrequenzen im Bereich zwischen 1 und 80 Hz (oder in Teilbereichen) sowie eine maximale Beschleunigung von mindestens $0,75 \pm 0,25\,g$ ermöglichen.

Der Transportversuch findet Anwendung für überschwere Packungen, für solche mit Sonderabmessungen und für Verpackungseinheiten, die außergewöhnlichen Transportbedingungen unterliegen. Als Prüfmittel sollte ein LKW mit einer Nutzlast von 49 kN dienen, wobei eine Strecke von jeweils etwa 100 km Straße zweiter und erster Ordnung (jeweils 40 bis 50 km/h) sowie Autobahn (80 km/h) zu fahren ist. Dabei sind zweimaliges ruckartiges Anfahren und zweimalige Vollbremsung (bei 30 km/h) einzubeziehen.

Die genannten Verpackungsprüfungen können entweder selbständig oder als Teil eines Prüfprogramms durchgeführt werden. Sind nach den jeweiligen Prüfungen Schäden am verpackten Gut entstanden, ist von Fall zu Fall zu entscheiden, ob die Verpackung oder das Gut konstruktiv zu verändern sind (s. TGL 31253, DIN 55440). **Bild 8.23** zeigt in einer Zusammenfassung die Arbeitsschritte bei der Verpackungsentwicklung im Rahmen des Überleitungsprozesses, und **Tafel 8.9** enthält eine Zusammenstellung ausgewählter Standards zur Geräteverpackung.

Literatur zu Abschnitt 8.

Bücher

[8.1] *Schubert, J.:* Handbuch der Exportverpackung. Berlin: Verlag Die Wirtschaft 1969.

[8.2] *Hörger, H.-H.:* Beanspruchungen, Maßnahmen und Vereinbarungen im Transportwesen. Düsseldorf: VDI-Verlag 1966.

[8.3] Verpackungsrichtlinie des Industriebereiches Elektrotechnik/Elektronik der DDR 1975.

[8.4] *Rockstroh, O.:* Handbuch der industriellen Verpackung. München: Wolfgang Dummer & Co. Verlag Moderne Industrie 1972.

[8.5] *Hildebrand, S.; Krause, W.:* Fertigungsgerechtes Gestalten in der Feingerätetechnik. 2. Aufl. Berlin: VEB Verlag Technik 1982 und Braunschweig/Wiesbaden: Friedr. Vieweg & Sohn Verlag 1978.

Aufsätze

[8.6] Ports of the World, 8. Ausg., Insurance Company of North America World Headquarters Philadelphia, Pa S. 34.

[8.7] *Schmidt, G.; Michel, U.:* Verpackungsökonomie und der Zusammenhang zwischen TUL- und Verpackungsprozessen. Die Verpackung *21* (1980) 1, S. 3.

[8.8] *Steudel, H.; Anger, H.-H.; Walter, H.; Kunz, J.:* Über Erfahrungen beim Verpacken elektronischer Geräte mit PUR-Füllschaum. Die Verpackung *20* (1979) 6, S. 192.

[8.9] *Stock, M.; Giesen, G.; Naber, B.:* PUR-Schaumstoffe als Packmaterial. Die Verpackung *23* (1982) 3, S. 103.

[8.10] *Heinrich, Chr.; Steinbach, H.:* ST RGW 1662-79, ein RGW-Standard über die Prüfung von Polsterstoffen für Verpackungen. Die Verpackung *22* (1981) 6, S. 209.

[8.11] *Heinrich, Chr.:* Prüfung von Transportverpackungen (I und II). Die Verpackung. *23* (1982) 5, S. 170, und 6, S, 227.

[8.12] *Heinrich, Chr.:* Schwingungsfestigkeitsprüfung von Verpackungen. Die Verpackung *22* (1981) 1, S. 26.

Sachwörterverzeichnis